HANDBUCH DER LEBENSMITTELCHEMIE

HERAUSGEGEBEN VON

L. ACKER · K.-G. BERGNER · W. DIEMAIR · W. HEIMANN
F. KIERMEIER · J. SCHORMÜLLER · S. W. SOUCI

GESAMTREDAKTION

J. SCHORMÜLLER

BAND V/2. TEIL

OBST, GEMÜSE, KARTOFFELN, PILZE

SPRINGER-VERLAG BERLIN HEIDELBERG GMBH

1968

OBST, GEMÜSE, KARTOFFELN, PILZE

BEARBEITET VON

E. BENK · A. TH. CZAJA · W. BÖTTICHER · H. DREWS
J. GUTSCHMIDT · K. HERRMANN · A. S. KOVACS · F. MARTENS
H. MOHLER · P. NEHRING · F. REIFF · H. SULSER

SCHRIFTLEITUNG

L. ACKER

MIT 178 ABBILDUNGEN

SPRINGER-VERLAG BERLIN HEIDELBERG GMBH

1968

ISBN 978-3-642-87681-3 ISBN 978-3-642-87680-6 (eBook)
DOI 10.1007/978-3-642-87680-6

Ursprünglich erschienen bei Springer-Verlag, Berlin · Heidelberg 1968
Softcover reprint of the hardcover 1st edition 1968

Library of Congress Catalog Card Number 65-18301

Titel Nr. 5574

Inhaltsverzeichnis

Obsterzeugnisse

Gemüsedauerwaren

Inhaltsübersicht Band V, Teil 1: Kohlenhydratreiche Lebensmittel

Verzeichnis der Mitarbeiter

Reg.-Chemiedirektor ERICH BENK,
Chemische Landesuntersuchungsanstalt,
748 Sigmaringen, Hedingerstr. 2a

Dr. rer. techn. WERNER BÖTTICHER,
8 München 90, Theodolindenstr. 81

Prof. Dr. phil. ALPHONS THEODOR CZAJA,
Botanisches Institut der Technischen Hochschule,
51 Aachen, Hainbuchenstr. 20

Dr. rer. nat. HORST DREWS,
1 Berlin 20, Südekumzeile 17b

Dipl.-Ing. JOHANNES GUTSCHMIDT,
Bundesforschungsanstalt für Lebensmittelfrischhaltung,
75 Karlsruhe, Engesserstr. 20

Dr. rer. nat. habil. KARL HERRMANN,
7012 Fellbach b. Stuttgart, Drosselweg 24

Dr.-Ing. AKIVA S. KOVACS,
2 Hamburg 20, Faaßweg 3

Dr. FRIEDRICH MARTENS,
73 Eßlingen/Neckar, Mettinger Str. 109

Prof. Dr. H. MOHLER,
CH—8057 Zürich,
Oskar Biderstraße 10

Dipl.-Chem. Dr. rer. nat. PETER NEHRING,
33, Braunschweig, Bismarckstr. 7

Prof. Dr. FERDINAND REIFF,
68 Mannheim 32, Leinpfad 30

Dr. sc. nat. HEINZ SULSER,
CH—8125 Zollikerberg, Waldstr. 14

Frisches Obst

Von

Dr. **Horst Drews**, Berlin

Mit 4 Abbildungen

Begriffsbestimmung

Unter der Bezeichnung „Obst“ wird eine große Zahl von Früchten *mehrjähriger* Pflanzen zusammengefaßt, die sowohl roh als auch in den verschiedensten Zubereitungsformen genossen werden. Das Wort „Frucht“ ist dabei nicht im botanischen Sinne zu verstehen, sondern umfaßt auch Scheinfrüchte, Fruchtstände und Samenkerne, dagegen nicht Wurzeln, Stengel und Blätter. Die Zuordnung der Früchte einiger nichtkultivierter Pflanzen — z. B. Holunderbeeren und Hagebutten — zum Obst ist umstritten.

Die Obstarten werden in verschiedenen Gruppen zusammengefaßt, die im einzelnen im Abschnitt II besprochen werden.

I. Grundlagen des Obstbaues

1. Anbau des Obstes

a) Geschichtliches

Der Anbau des Obstes erfolgt, abgesehen von Wildfrüchten und den Früchten einiger tropischer Bäume, meistens in Gartenkulturen oder besonderen Anlagen. Die ersten Obstkulturen sind in Persien, Ägypten, Griechenland und Italien angelegt worden. Um das Jahr 800 sind bei uns erstmalig Sortenempfehlungen für den Anbau zusammengestellt worden. In den späteren Jahrhunderten wurde der Obstbau besonders durch die Klöster gefördert, diente aber zunächst vorwiegend der Liebhaberei und Eigenversorgung. Das Entstehen des *Erwerbs*obstbaues kann in Deutschland bis zum Beginn des 18. Jahrhunderts zurückverfolgt werden.

In den letzten Jahrzehnten ist die Welternte an Obst bedeutend angestiegen. Die Ursachen für diesen Anstieg liegen in der Entwicklung neuer Obstbaugebiete, Erweiterung der Anbauflächen und Steigerung der Produktivität durch Umstellung der Anbaumethoden nach neuzeitlichen Gesichtspunkten.

b) Anbaumethoden

Der deutsche Obstbau steht augenblicklich in einem Umstellungsvorgang, der den Anbau von alten Traditionen lösen und zu einer Qualitätssteigerung bei gleichzeitiger Kostensenkung führen soll. Es wird nach dem Vorbild überseeischer Obstbaugebiete die Schaffung größerer Anbaugebiete angestrebt, bei denen je nach Klima und Bodenverhältnissen in sich geschlossene Pflanzungen verschiedener Obstarten miteinander abwechseln. In den alten Obstbaugebieten werden überalterte Baumbestände gerodet und Neuanlagen mit modernen, niedrigen Baumformen, die regelmäßige und hohe Ernten bringen sollen, erstellt. Die bei Neuanlagen durchgeführte *Gruppenpflanzung*, bei der nur *eine* Obstart in *einer* Baumform angepflanzt wird und auch die Sorten in Reihen oder Blocks angeordnet sind, ermöglicht eine weitgehende Rationalisierung der Arbeiten. Die Mischpflanzung (Pflanzung verschiedener Obstarten oder gleicher Arten, aber mit verschiedenen Altersstufen und Pflegeansprüchen) ist betriebswirtschaftlich nicht vertretbar und bereitet große Schwierigkeiten bei der Düngung, Bodenbearbeitung, Schädlingsbekämpfung und Ernte.

Für den Anbau sind eine Reihe von allgemeinen Gesichtspunkten (klimatische Verhältnisse, Bodenbeschaffenheit, biologische Bodenverhältnisse) zu beachten. Grundsätzlich sollte Erwerbsobstbau nur dort durchgeführt werden, wo die natürlichen Verhältnisse einen sicheren Ertrag erwarten lassen. Die Ansprüche der einzelnen Obstarten an die klimatischen Verhältnisse sind besonders unterschiedlich. Der Feuchtigkeitsbedarf des Apfels ist beispielsweise hoch, während der Bedarf der Schattenmorelle gering ist. Einige Obstarten (Pfirsiche, Quitten, Walnüsse) sind sehr empfindlich gegenüber stärkeren Frosteinbrüchen (Einzelheiten zum Frostschutz vgl. bei F. SCHNELLE 1963). Auf die Ansprüche der verschiedenen Obstgehölze an den Standort kann an dieser Stelle nicht näher eingegangen werden. Es wird dazu auf die obstbauliche Fachliteratur verwiesen (F. HILKENBÄUMER 1953; F. KOBEL 1954; R. TRENKLE 1956; P. G. DE HAAS 1957; R. FRITZSCHE 1964).

c) Sortenbereinigung

Die Frage der Sortenbereinigung spielt bei den Umstellungsmaßnahmen eine wichtige Rolle. Die Anbauwürdigkeit einer Obstsorte ist von einer Reihe biologischer und physiologischer Eigenschaften abhängig. Die wichtigsten Fruchteigenschaften sind: Ansprüche an Klima, Boden und Ernährung; Widerstandsfähigkeit gegen Frost, Trockenheit, Schädlinge und Krankheiten; Vitamingehalt, Lagerfähigkeit und Versandfähigkeit. Der Zug zur Sorteneinheitlichkeit wird auch durch die Haltung des Verbrauchers beeinflußt, der immer mehr bestimmte Sorten bevorzugt. Die empfehlenswerten Sorten für den Erwerbsobstbau sind in der Bundessortenliste zusammengestellt worden. Über Grundlagen und Methoden der Obstzüchtung vgl. H. KAPPERT u. W. RUDORF (1962).

d) Anbaugebiete

Traditionelle Anbaugebiete sind das Alte Land, das Bodenseegebiet und die Bergstraße. Weitere bedeutende Obstbaugebiete befinden sich im Vordertaunus, in der Pfalz, in Unterfranken und in Baden-Württemberg. In den letzten Jahren sind auch im südwestlichen Holstein, um Meckenheim bei Bonn und am Niederrhein moderne, geschlossene und leistungsstarke Erwerbsanlagen entstanden. Der Anteil der Obstarten in den verschiedenen Anbaugebieten ist in Tab. 2 wiedergegeben. Die Anbaugebiete in der Pfalz (um Neustadt und Speyer) und in Rheinhessen sind klimatisch begünstigt und für den Pfirsichanbau besonders geeignet, während Aprikosen in den wärmeren Gebieten am Rhein und Main (Mombach bei Mainz) angebaut werden. Anbaugebiete für Beerenobst sind an der Bergstraße, in den Vierlanden bei Hamburg, am Vorgebirge, im Rheingau und in der Rheinpfalz. Im Osten Deutschlands tritt der Erwerbsobstbau zugunsten des Selbstversorgerobstbaues zurück. Die Obstbaugebiete haben, abgesehen von Werder, weder die Ausdehnung noch die volkswirtschaftliche Bedeutung der westlichen Großanbauräume (G. FRIEDRICH 1960).

e) Schädlingsbekämpfung und Reifungsbeeinflussung

Im Obstbau sind sichere Erträge nur bei sachgemäßer Durchführung der erforderlichen Pflanzenschutzmaßnahmen zu erwarten. Es ist an dieser Stelle nicht möglich, auf die verschiedenen Maßnahmen zur Verhütung und Bekämpfung von Krankheiten und Beschädigungen durch pflanzliche Erreger (Pilze und Bakterien), Viren und tierische Schädlinge (Insekten) einzugehen. Für die verschiedenen Bekämpfungsmaßnahmen steht ein schwer zu übersehendes Angebot wirksamer Erzeugnisse zur Verfügung. Das Pflanzenschutzmittel-Verzeichnis der Biologischen Bundesanstalt für Land- und Forstwirtschaft[1] enthält die vom

[1] Erhältlich bei den Pflanzenschutzämtern.

Deutschen Pflanzenschutzdienst geprüften und von der Biologischen Bundesanstalt anerkannten Pflanzenschutz- und Schädlingsbekämpfungsmittel. Bezüglich der Anwendung und Wirkungsweise dieser Mittel wird auf die Spezialliteratur verwiesen (W. KOTTE 1960; W. HOLZ u. B. LANGE 1962; G. SCHRADER 1963). Von der Biologischen Bundesanstalt werden in den Pflanzenschutzmittel-Verzeichnissen auch Empfehlungen über die unbedingt einzuhaltenden Zeiträume von der letzten Anwendung der Mittel bis zur Ernte (Karenzzeiten) mitgeteilt. Zu Geschmacks- und Qualitätsveränderungen durch Anwendung von Schädlingsbekämpfungsmitteln vgl. E. F. MURPHY u. Mitarb. (1961) und C. H. MAHONEY (1962).

Der Reifezeitpunkt kann durch Besprühen mit Wachstumsregulatoren (2,4-Dichlorphenoxyessigsäure, 2,4,5-Trichlorphenoxyessigsäure, 2,4,5-Trichlorphenoxypropionsäure, α-Naphthylessigsäuremethylester, 4-Chlorphenoxyessigsäure u. a.) beeinflußt werden.

Die Rolle dieser Verbindungen wurde von J.P. NITSCH (1953) eingehend untersucht; vgl. auch A.C. LEOPOLD (1955). Zur Behandlung einzelner Fruchtarten vgl. u. a. F. GERHARDT u. D.F. ALMENDINGER (1946): Äpfel, Birnen, Süßkirschen; F.W. SOUTHWICK (1946, 1949): Äpfel, Pfirsiche; J.C. CRANE u. R.M. BROOKS (1952): Aprikosen; F.W. ALLEN (1953): Birnen; R.J. WEAVER u. S.B. MCCUNE (1957): Trauben.

2. Ernte des Obstes

a) Erntezeitpunkt

Der Erntetermin unterliegt starken klimabedingten Schwankungen und wird auch durch Unterlagen und Pflegemaßnahmen beeinflußt. Der richtige Zeitpunkt kann vom Fachmann auf Grund der Erfahrung nach äußeren Fruchtmerkmalen annähernd bestimmt werden. Zur objektiven Feststellung des Reifegrades werden neben der Untersuchung des Zucker- und Säuregehaltes die Bestimmungen von Grund- und Deckfarbe sowie Festigkeitsmessungen der Frucht empfohlen (F. KOBEL 1957; E. LETZIG u. E. KÖNIG 1960; K. STOLL 1961; J. WOLF u. T. GRÜNEWALD 1962; J. SCHMIDT 1962), während die Haftfestigkeit des Stieles am Baum und die Bräunung der Fruchtkerne keine gesicherten Hinweise für den Erntezeitpunkt geben. Zur Beurteilung des Reifezustandes können auch die Messung der Summe der Wärmeeinheiten (J. WOLF u. T. GRÜNEWALD 1962), die spektralphotometrische Messung der Lichtdurchlässigkeit (A. P. SIDWELL u. Mitarb. 1961) und der Jod-Stärke-Test (P. G. DE HAAS u. L. WENNEMUTH 1964) herangezogen werden.

Bei Kernobstfrüchten wird zwischen Baumreife (Pflückreife) und Genußreife unterschieden. Die Atmungsintensität dieser Früchte — auch der Bananen und anderer tropischer Früchte — verläuft nicht gleichmäßig, sondern durchläuft ein Maximum (klimakterischer Gipfelpunkt) und geht dann wieder allmählich zurück. Die Ernte soll bei Dauersorten ausreichend lange Zeit vor dem Beginn des Atmungsanstieges (Klimakterium[1]) erfolgen; bei späterer Ernte wird die Lagerdauer deutlich vermindert, die Fruchtausfärbung aber gefördert (Angaben über Erntezeitpunkte: F. HILKENBÄUMER 1962). Die Genußreife liegt bei Äpfeln kurz nach dem Klimakterium, während sie bei Birnen mit dem Klimakterium zusammenfällt. Bei Sommeräpfeln und -birnen fallen Baum- und Genußreife zusammen, doch sind vollreif geerntete Früchte weniger schmackhaft und haltbar. Die Ernte muß bei allen Obstarten sehr sorgfältig durchgeführt werden, damit auch kleinste Fruchtverletzungen vermieden werden.

[1] Zum Begriff des Klimakteriums vgl. J.B. BIALE (1960b) und J.B. BIALE u. R.E. YOUNG (1962).

Die Ernte der Stein- und Beerenobstarten erfolgt meistens etwas vor dem Zeitpunkt der Vollreife; vollreif werden nur Früchte geerntet, die sofort dem Verbrauch zugeführt werden.

b) Sortierung

Die Wahl einer Ware der gewünschten Beschaffenheit wird durch eine Sortierung der Früchte nach Güteklassen erleichtert. Für Äpfel, Birnen und die Hauptpflaumensorten ist die Sortierung nach Handelsklassen verbindlich vorgeschrieben. Die Unterteilung erfolgt nach der Fruchtgröße und -beschaffenheit; allerdings bietet die Fruchtgröße keine Gewähr für eine gute ernährungsphysiologische Beschaffenheit (W. Schuphan 1961). Zur Sortierung ungeeignetes, schadhaftes Obst wird der Verwertung zugeführt.

Die Größensortierung nach dem Querdurchmesser wird mit Hilfe von Sortiermaschinen, bei Pfirsichen und druckempfindlichen Kernobstsorten mit der Hand vorgenommen; auch Gewichtssortiermaschinen werden verwendet. Die Sortierung erfolgt nach verschiedenen Systemen (Doppelbandsystem nach dem Prinzip der weichenden Bänder, Leisten-, Loch- und Spaltsystem).

Die Sortierung nach der Qualität kann durch Verlesebänder, die bei Kernobst auch mit Größensortierern gekoppelt werden, erleichtert werden (K. Stoll 1963b).

3. Stand der Obsterzeugung und des Obstverbrauchs (Statistik)

a) Obstbaumbestände und -erträge

Die Obstbaumbestände der Bundesrepublik Deutschland beliefen sich 1958 auf rund 135 Mio Stück, von denen rund 95 Mio ertragfähig waren. Die Tab. 1 gibt eine nach Obstarten getrennte Übersicht über die Zahl der ertragfähigen Obstbäume und die Entwicklung des Obstbaumbestandes. In Tab. 2 ist der Anteil der Obstarten in den verschiedenen Anbaugebieten zusammengestellt.

Tabelle 1. *Anzahl der ertragfähigen Obstbäume (ohne Walnüsse) in Millionen Stück und die Entwicklung des Obstbaumbestandes in der Bundesrepublik Deutschland* (nach Angaben im Statistischen Jahrbuch über Ernährung, Landwirtschaft und Forsten 1964)

Jahr	Äpfel	Birnen	Pflaumen[1]	Kirschen	Pfirsiche	Aprikosen
1934	36,6	14,6	17,5	6,2	1,4	0,1
1938	40,3	15,5	21,6	7,4	2,9	0,2
1951	44,1	14,1	19,3	7,8	3,1	0,2
1958	48,2	14,8	21,8	10,0	2,5	0,2
1964	49,2	15,1	22,1	10,3	2,5	0,2

[1] Einschl. Mirabellen und Renekloden.

Tabelle 2. *Anteil der Obstarten in verschiedenen Anbaugebieten* (zusammengestellt nach Angaben in „Der Gartenbau in der Bundesrepublik Deutschland"[1])

Anbaugebiet	Äpfel	Birnen	Pflaumen	Kirschen	Pfirsiche
Altes Land	50%	7%	25%	18%	
Niederrhein	75%				
Meckenheim	70%	4%	16%	7%	3%
Vordertaunus . . .	50%	12%	20%	10%	
Pfalz	31%	11%	28%		20%
Unterfranken . . .	>50%	8%	29%	5%	
Baden-Württembg.	>70%	>15%	10%		
Bergstraße	33%	11%	28%	8%	7%
Bodenseegebiet. . .	65%				

[1] Herausgegeben vom Land- und Hauswirtschaftlichen Auswertungs- und Informationsdienst e.V., Bad Godesberg 1960.

Die Erträge an den verschiedenen Obstarten sind von Jahr zu Jahr sehr unterschiedlich, doch zeigt der Vergleich mit den Durchschnittsernten in den Vorkriegsjahren eine deutliche Zunahme der Durchschnittserträge je Baum. Die Gesamterträge der letzten Jahre können aus Tab. 3 entnommen werden.

Zur Weltobsterzeugung vgl. die Internationalen Jahrbücher des Früchtegroßhandels (z. B. 1961, S. 15—54); Obsterzeugung in Westeuropa: S. MASSANTE (1962).

Tabelle 3. *Durchschnittsernten in 1000 t an verschiedenen Obstarten in der Bundesrepublik Deutschland* (nach Angaben im Statistischen Jahrbuch über Ernährung, Landwirtschaft und Forsten 1964)

Obstarten	1953/58	1959	1960	1961	1962	1963	1964
Äpfel	1361	851	2489	757	1694	1962	1216
Birnen	391	236	634	354	461	423	484
Kirschen	184	150	253	214	213	255	267
Pflaumen	372	330	534	768	246	617	313
Aprikosen	1	1	2	3	2	4	3
Pfirsiche	23	21	34	33	38	25	35
Johannisbeeren	103	100	98	109	97	128	120
Stachelbeeren	64	61	63	67	64	75	74
Himbeeren	18	16	19	17	18	21	19
Erdbeeren	14	20	20	21	20	16	18
Walnüsse	8	3	10	5	8	12	13

b) Obstverbrauch

Der Wunsch der Verbraucher nach einer besseren und gesünderen Ernährung und die zunehmende Kaufkraft haben in den letzten Jahren zu einer erfreulichen Steigerung des Obstverbrauches geführt. Der Mehrverbrauch wird in erster Linie durch vermehrte ausländische Zufuhren und nur zu einem geringen Teil durch eine Erweiterung der einheimischen Obsterzeugung gedeckt. In besonders starkem Maße ist der Bananenverzehr angestiegen; gegenüber den Zahlen vor dem zweiten Weltkrieg hat sich die Einfuhr mehr als vervierfacht.

Die Entwicklung des Pro-Kopf-Verbrauches im Jahresdurchschnitt geht aus Tab. 4 hervor.

Die aus der einheimischen Obsternte verfügbaren Mengen gelangen nur zu einem Teil als Marktobst zum Verkauf. Etwa die Hälfte der Obsternte stammt aus Haus- und Kleingärten und dient überwiegend der Eigenversorgung der Erzeuger.

Tabelle 4. *Pro-Kopf-Verbrauch in kg an Frischobst in der Bundesrepublik Deutschland*[1] (nach Angaben im Statistischen Jahrbuch über Ernährung, Landwirtschaft und Forsten 1964)

Jahr[2]	Frischobst ohne Südfrüchte	Südfrüchte	Jahr[2]	Frischobst ohne Südfrüchte	Südfrüchte
1935/38	36,3	5,7	1960/61	81,4	21,9
1950/51	40,7	7,8	1961/62	59,3	23,1
1957/58	29,0[3]	18,8	1962/63	63,5	22,1
1958/59	76,5	18,9	1963/64	72,3	22,5
1959/60	49,0	21,4			

[1] 1935/38 ohne, übrige Jahre einschl. Berlin (West).
[2] 1935/38 Durchschnittswerte; ab 1950/51 April bis März.
[3] Sehr ungünstige klimatische Verhältnisse.

II. Obstarten

Die verschiedenen Obstarten werden im allgemeinen zu folgenden Gruppen zusammengefaßt:

Kernobst: Scheinfrüchte verschiedener Rosaceen, die im Inneren des fleischig gewordenen Blütenbodens in fünf Fächern die eigentlichen Früchte (Samen oder Kerne) enthalten.

Steinobst: Echte Steinfrüchte (einsamige Schließfrüchte); der den Samen umschließende harte Kern besitzt eine fleischige, eßbare Hülle.

Beerenobst: Echte Beeren, bei denen das fleischige Fruchtgewebe die Beere bildet. Außerdem beerenähnliche zusammengesetzte Früchte (Himbeeren und Brombeeren) und Scheinbeeren (Erdbeeren).

Schalenobst: Früchte mit genießbarem Samenkern und einer festen, nicht genießbaren Hülle.

Schalenobst wird vom Verbraucher, der unter dem Begriff „Obst" in erster Linie fleischige und saftige Früchte versteht, häufig nicht dem Obst zugeordnet, gehört aber obstbaulich, handelsmäßig und zolltariflich zum Obst im Sinne der eingangs gegebenen Begriffsbestimmung.

Südfrüchte: Unter dem Begriff „Südfrüchte" werden die aus subtropischen und tropischen Gegenden stammenden Kern-, Stein- und Beerenobstarten zusammengefaßt, die für unseren Anbau aus klimatischen Gründen ohne Bedeutung sind. In wärmeren Gebieten angebautes Schalenobst wird im folgenden in Übereinstimmung mit der Einteilung im Obsthandel nicht mit den Südfrüchten, sondern mit dem übrigen Schalenobst besprochen.

Wildfrüchte: Sammelbezeichnung der wildwachsenden Kern-, Stein- und Beerenobstfrüchte, von denen einige auch angebaut werden.

1. Kernobstarten

a) Äpfel

Der Apfel (Scheinfrucht von *Pirus malus*) ist in Deutschland und allen Ländern der gemäßigten Zonen die wichtigste und wirtschaftlichste Obstart; er wird in mehreren hundert Sorten angebaut. Von der Bundessortenliste werden 16 Apfelsorten zum Anbau empfohlen.

Im Handel wird Tafel-, Wirtschafts- und Mostobst unterschieden. Für die Obstverwertung (Herstellung von Mus, Mark, Saft und Apfelwein) werden säurereiche Sorten bevorzugt, zur Herstellung von Apfelgeliersaft dienen Äpfel mit hohem Pektingehalt.

Ausführliche Angaben über Äpfel vgl. bei R. M. SMOCK u. A. M. NEUBERT (1950) und A. C. HULME (1958). Zur Verwertung von Äpfeln vgl. V. L. S. CHARLEY (1960). Anbauwürdige Apfelsorten vgl. R. TRENKLE (1961).

b) Birnen

Birnen (Scheinfrüchte von *Pirus communis*) sind als Tafelobst sehr geschätzt und werden auch zu Konserven verarbeitet, während die Herstellung von Trockenbirnen deutlich zurückgegangen ist. Zum Anbau werden von der Bundessortenliste 10 Sorten empfohlen.

Nähere Angaben über Birnen vgl. P. JACQUIN (1955a) und A. C. HULME (1958). Anbauwürdige Birnensorten vgl. R. TRENKLE (1961).

c) Quitten

Quitten (*Cydonia oblonga* Mill.) sind im Erwerbsobstbau kaum noch anzutreffen. Die aromatischen, herb-säuerlichen Scheinfrüchte sind wegen des harten Fleisches nicht zum unmittelbaren Genuß geeignet, können aber vielseitig verwertet werden (Kompotte, Gelees, Süßmost). Nach der Fruchtform werden Apfel- und Birnquitten unterschieden. Birnquitten haben weniger Steinzellen, unterscheiden sich aber geschmacklich nicht von den Apfelquitten.

2. Steinobstarten

a) Pflaumen

Die Systematik der Pflaumenarten ist ziemlich willkürlich, da die zahlreichen hybriden Formen schwer gegeneinander abzugrenzen sind. Von K. ROEDER (1940) werden die Kulturpflaumen (*Prunus domestica* L.) in folgende Unterarten gegliedert: *Subspec. insititia* (L.) *Poir.* (Haferschlehen, Spillinge und Mirabellen), *Subspec. italica* (Renekloden und Rundpflaumen), *Subspec. intermedia* (Eierpflaumen, Spitzpflaumen und Dattelzwetschgen) und *Subspec. oeconomica* (Echte Zwetschgen).

Im Obsthandel werden nach E. DASSLER (1957) unterschieden:

Pflaumen von rundlicher Form mit runden Enden, Fruchtfurche und weichem Fleisch; von gewisser Bedeutung für den Frischverzehr.

Zwetschgen oder Zwetschken (Zwetschen) von länglicher Form, spitzen, aber auch runden Enden, ohne Fruchtfurche. Frühzwetschgen werden überwiegend als Frischobst verzehrt und im Haushalt verwendet, während Spätzwetschgen von der Verwertungsindustrie zu Mus, Marmeladen und Konserven verarbeitet werden.

Renekloden mit grüngelber Haut, runder Form, grünlich-weißem Fleisch und festhaftendem Kern.

Mirabellen von kirschgroßer, runder Form, mit gelbem, festem und süßem Fleisch; in erster Linie von der Verwertungsindustrie verarbeitet.

Spillinge mit schwarzblauer Haut, gelbgrünem und wenig süßem Fleisch.

Daneben sind noch zu erwähnen: Susinen (*Prunus salicina*) oder Japanische Pflaumen mit gelber oder roter Haut, Mirakosa (Kreuzung zwischen „Mirabelle von Nancy“ und „Viktoria-Pflaume“; etwas größer als die Hauszwetschge) und Kirschpflaumen (*Prunus cerasifera*).

Auf den Pflaumenanbau entfällt ein bedeutender Teil der Obsterzeugung (vgl. Tab. 1). Die Weiterentwicklung ist schwer zu übersehen, da die Absatzmöglichkeiten infolge veränderter Verbrauchergewohnheiten zurückgegangen sind. Die Ernteerträge übersteigen augenblicklich den Bedarf für den Frischverzehr erheblich (A. SCHALLER u. W. SALLER, 1959). Beträchtliche Mengen werden daher zu Kompottfrüchten, Dickzuckerfrüchten, Alkoholfrüchten, Trockenfrüchten, Pflaumenmus, Marmeladen und Branntwein verarbeitet.

b) Kirschen

Süßkirschen (*Prunus avium* L.) und Sauerkirschen (*Prunus cerasus* L.) mit zahlreichen Spielarten, z. B. Steinweichsel (*Prunus mahaleb*), werden nach der Fleischbeschaffenheit und Schalenfarbe folgendermaßen eingeteilt:

Einteilung der Kultursorten der Kirschen Europas
(nach M. ZWINTZSCHER 1962a)

Süßkirschen

Herz-Kirschen		Knorpel-Kirschen	
weichfleischig		festfleischig	
dunkel	hell	dunkel	hell

Sauerkirschen

Bastard-Kirschen		Echte Sauerkirschen	
Süßweichseln	Glaskirschen	Weichseln	Amarellen
weich bis mäßig fest		weichfleischig	
dunkel	hell	dunkel	hell

dunkel = Früchte dunkel, Saft rot, färbend.
hell = Früchte gelb oder bunt, Saft hell, nicht färbend.

Die Süßkirschen, vor allem die festfleischigen Knorpelkirschen, werden in erster Linie als Tafelkirschen verwendet, während aus Sauerkirschen Konfitüren, Gelees, Kompotte, Säfte und Spirituosen (Maraschino aus dalmatinischen Maras- ken) hergestellt werden. R. E. MARSHALL (1954) berichtete ausführlich über Anbau, Zusammensetzung und Verwertung von Kirschen. In den meisten Anbaugebieten sind neben den von der Bundessortenliste empfohlenen Sorten (Werdersche Braune, Hedelfinger, Große Prinzessin u. a.) wertvolle Süßkirschen-Lokalsorten vorhanden. Der Anbau von Glaskirschen ist nicht empfehlenswert.

c) Pfirsiche

Pfirsiche (*Prunus persica* L.) werden in Europa vor allem in der oberitalienischen Tiefebene, im Rhônetal und in einzelnen Küstenstrichen des Mittelmeeres angebaut.

Die Pfirsicharten werden im Fruchthandel wie folgt eingeteilt:

1. Früchte mit samtartiger Haut
   a) Pfirsiche mit leicht herauslösbarem Stein
   b) Pfirsiche mit schwer herauslösbarem Stein.
2. Früchte mit glatter, harter Haut
   a) Nektarinen mit leicht herauslösbarem Stein
   b) Brugnolen mit schwer herauslösbarem Stein.

Nektarinen und Brugnolen (Anbau hauptsächlich in Südafrika, Kalifornien und Japan) sind Kreuzungen zwischen Pfirsich und Pflaume und haben ein recht festes Fruchtfleisch. Die Steinlöslichkeit der Pfirsicharten wird durch Klima- und Bodenverhältnisse beeinflußt. Frühpfirsiche und die meisten mittelreifen Sorten zu Saisonbeginn haben einen schwer herauslösbaren Stein. Die Fleischfarbe der Pfirsiche ist weiß, gelb oder rot (Blutpfirsiche). Die Verwertungsindustrie bevorzugt heute in zunehmendem Maße die gelbfleischigen Sorten.

d) Aprikosen

Aprikosen oder Marillen (Steinfrüchte des Aprikosenbaumes *Prunus armeniaca* L.) werden in der Hauptsache zu Konfitüren und Dosenware verarbeitet. Die Frischware wird überwiegend aus Italien und Spanien bezogen; von den sehr zahlreichen Sorten (vgl. H. PLOCK 1963) sind nur wenige (Wahre Große Frühe, Aprikose von Breda, Aprikose von Nancy, Ungarische Beste) für den Anbau in Deutschland geeignet.

J. LÖSCHNIG u. F. PASSECKER (1954) berichteten über Zusammensetzung, Anbau und Verwertung der Aprikosen.

3. Beerenobstarten

a) Erdbeeren

Die Kulturformen der Gartenerdbeere sind aus Kreuzungen der nordamerikanischen Scharlacherdbeere (*Fragaria virginiana* Duchn.) und der Chileerdbeere (*Fr. chiloensis* L.) im 18. Jahrhundert entstanden und haben wegen des vorzüglichen Geschmackes und der vielseitigen Verwendungsmöglichkeiten weite Verbreitung gefunden.

Es werden ein- und zweimaltragende Sorten sowie Monatserdbeeren unterschieden. Die Monatserdbeere (*Fr. vesca* var. *semperflorens* Duchn.) stammt von der mitteleuropäischen Walderdbeere (*Fr. vesca* L.) ab. Der Erwerbsanbau bevorzugt die stärker wüchsigen einmaltragenden Sorten; Monatserdbeeren sind nur von geringer Bedeutung. Die Zahl der Erdbeersorten ist sehr groß, da Neuzüchtungen ohne Schwierigkeiten möglich sind. Die Senga-Züchtungen sind für die Weiterverarbeitung zu Naß- und Gefrierkonserven meistens gut geeignet. W. Hondelmann u. R. v. Sengbusch (1963) berichteten über Erdbeerzüchtungen für die industrielle Verwertung.

b) Johannisbeeren

α) Rot- und weißfrüchtige Johannisbeeren

Die rot- und weißfrüchtigen Johannisbeersorten sind durch Kreuzungen und Auslesen aus den Arten *Ribes rubrum* L., *Ribes vulgare* Lam., *Ribes petraeum* Wulf. und *Ribes multiflorum* Kit. entstanden. Die weißen Johannisbeeren sind ausgesprochene Liebhaberfrüchte, während rote Johannisbeeren als Frischobst und von der Verwertungsindustrie gut aufgenommen werden.

β) Schwarze Johannisbeeren

Die Schwarze Johannisbeere (*Ribes nigrum* L.) hat in den letzten Jahren wegen ihres hohen Vitamin C-Gehaltes wesentlich an Bedeutung gewonnen und wird in steigendem Maße von der Süßmostindustrie verarbeitet. Über die Verwertung berichteten E. Wieloch u. P. Sorge (1958). Anbau: J. Baumann u. Mitarb. (1964).

c) Himbeeren

Die Himbeere (*Rubus idaeus* L.) ist für zahlreiche Verwertungsarten gut geeignet. Der Erwerbsanbau bevorzugt einmaltragende rotfrüchtige Sorten. Zweimaltragende Sorten und gelbfrüchtige Auslandssorten werden selten, schwarze Himbeeren (*Rubus occidentalis* L.) bei uns überhaupt nicht angebaut.

Es besteht wegen der starken Zunahme von Viruserkrankungen ein großer Bedarf an neuen virusresistenten Sorten.

d) Brombeeren

Der Anbau der Brombeere (*Rubus fruticosus*; kultiviert: *Rubus eubatus*) hat in Deutschland geringe Bedeutung, da fast alle Kultursorten (großfrüchtiger als die Waldbrombeeren) für mitteleuropäische Anbauverhältnisse zu frostempfindlich sind. Es werden rankende und aufrechtwachsende Sorten unterschieden; für den Erwerbsobstbau kommen nur letztere in Frage.

e) Stachelbeeren

Die Stachelbeeren (*Ribes grossularia* L. = *R. uva-crispa*) sind in der wirtschaftlichen Bedeutung zurückgegangen. Nach der Fruchtfarbe werden gelbe, grüne, weiße und rote Sorten unterschieden. Die grünen Sorten werden in erster Linie von der Verwertungsindustrie, die großfrüchtigen roten Sorten vom Frischmarkt aufgenommen.

f) Kulturheidelbeeren

Die Kulturheidelbeeren sind aus den nordamerikanischen Vacciniumarten *V. australe* Small., *V. corymbosum* L. und *V. lamarckii* Camp. hervorgegangen. Die Früchte sind größer als die Waldheidelbeeren und erreichen bei einzelnen Sorten die Größe kleiner Kirschen.

Die Kulturformen werden in Nordamerika in großem Umfange auf sauren Böden (pH 3,5—4,8) angebaut und zur Hälfte zu Konserven und tiefgefrorener Ware verarbeitet. In Europa steht der Heidelbeeranbau noch am Anfang; ein Anbau geringer Mengen erfolgt in der Lüneburger Heide.

Die Kulturheidelbeere ist von G. Liebster (1961) in einer Monographie beschrieben worden. (Kürzere Darstellungen: P. G. de Haas u. E. Froese-Gertzen 1958; W. Bötticher 1963a.)

g) Weintrauben

Weintrauben oder Weinbeeren sind die Beerenfrüchte der in zahlreichen Kulturformen angebauten Weinrebe (*Vitis vinifera* L.). In Deutschland werden Trauben nur für die Weinbereitung (Keltertrauben) angebaut.

Tafeltrauben sind überwiegend großbeerige und süß schmeckende hellfrüchtige Sorten. Datteltrauben (Regina aus Italien, Bolgar aus Bulgarien und Rozaki aus Griechenland) werden besonders geschätzt, während kleinbeerige „blaue" Sorten (Alphonse Lavallée, Muscat, Burgunder) weniger gefragt sind.

In der ersten Jahreshälfte werden Tafeltrauben in Südamerika und Südafrika, Mitte Juli bis Mitte August in Algerien, Ägypten und Israel und danach in den europäischen Anbaugebieten geerntet. Blauer und weißer Treibwein aus niederländischen und belgischen Gewächshäusern wird während des ganzen Jahres angeboten.

h) Einige weitere Beerenfrüchte

Großfrüchtige *Moosbeeren*-Arten (*Vaccinium macrocarpum* Ait. oder *Oxycoccus macrocarpus* Pers.; engl. cranberry) werden in Nordamerika in größerem Umfange kultiviert. Einzelheiten vgl. bei C. R. FELLERS u. W. B. ESSELEN (1955).

Maulbeeren sind die brombeerähnlichen Früchte des vereinzelt auch bei uns wachsenden, meistens zur Seidenraupenzucht angebauten Maulbeerbaumes (*Morus alba*); von süß-säuerlichem Geschmack.

Multbeeren (*Rubus chamaemorus*; engl. cloudberry): Brombeerart.

Zu erwähnen sind schließlich noch einige bei uns nicht angebaute Beerenarten, die überwiegend Kreuzungen von Himbeeren mit Brombeeren sind und gelegentlich als Dosenware zu uns gelangen.

Loganbeeren (*Rubus Ursinus* Cham. u. Schlecht var. *loganobaccus* Bailey): Kreuzung aus der europäischen Himbeere und der kalifornischen wildwachsenden Brombeere.

Boysenbeeren: ebenfalls Kreuzung aus Himbeere und Brombeere.

Youngbeeren sind eine Kreuzung aus „Phenomenal" (ähnlich der Loganbeere) und „Mayes" (*Rubus caesius*, eine Art Brombeere; engl. dewberry). Youngbeeren sind dunkelrot, sehr aromatisch und weniger sauer, aber weniger beliebt als Boysenbeeren.

4. Schalenobstarten

a) Walnüsse

Walnüsse sind die einsamigen Steinfrüchte des Walnußbaumes (*Juglans regia* L., Fam. *Juglandaceae*). Der wulstige und durch zwei Scheidewände geteilte Samenkern ist in einer steinharten, zweiklappigen Kernschale enthalten. Vor der Reife sind die Nüsse von einer grünen und fleischigen Fruchtschale umgeben. Durch Veredlungsverfahren können die Walnußbestände vereinheitlicht und frühere Erntetermine ermöglicht werden.

Für den westdeutschen Handel sind insbesondere Walnüsse aus Frankreich (Grenobles, Marbots und Cornes) und Italien von Bedeutung. Die deutsche Ernte aus Süddeutschland, dem Rheinland, Westfalen und Thüringen ist gering; ein Teil wird im ungetrockneten Zustand verzehrt und vereinzelt auch zu Kompottfrüchten und zur Herstellung von Typagen für Weinbrand verarbeitet.

b) Haselnüsse

Haselnüsse sind die echten Nüsse der Haselsträucher. Die gewöhnlichen Waldhaseln (*Corylus avellana* L., Fam. *Betulaceae*) sind weit verbreitet.

Die Haselnüsse des Handels stammen von veredelten Waldhaseln, die vorwiegend in der Türkei, Italien und Spanien angebaut werden; am bekanntesten sind die längliche Lambertsnuß (*Corylus tubulosa*) und die rundliche Baumhasel (*Corylus Colurna*). Verwendet werden Haselnüsse als Dessertobst und Rohkost, für die Schokoladen- und Süßwarenherstellung und zur Ölgewinnung in den Anbauländern.

c) Paranüsse

Paranüsse sind die dreiseitigen Samen des Juvianußbaumes (Bertholletbaumes *Bertholletia excelsa*), der in Brasilien (Bundesstaat Pará) wild wächst, mehr als 30 m hoch wird und 100—600 kugelartige, kopfgroße Kapselfrüchte trägt. In einer Kapselfrucht liegen 15—40 Paranüsse. Die Paranüsse enthalten unter der braunen Steinschale einen weißen, entfernt walnußartig schmeckenden Kern.

d) Hickorynüsse

Hickorynüsse oder Pekannüsse sind die echten Steinfrüchte des in Nordamerika heimischen, walnußähnlichen Hickorybaumes (verschiedene Arten von *Carya* Nutt., *Juglandaceae*, insbesondere *Carya illinoensis*). Der Geschmack des zweiteiligen Samenkernes ist walnußähnlich.

e) Cashewnüsse

Cashewnüsse (Kaschunüsse) sind die einsamigen Steinfrüchte des Cashew-Baumes (*Anacardium occidentale* L.). Die nierenförmige Cashewnuß sitzt im unteren Ende eines apfel- oder birnenförmigen, fleischigen Fruchtstieles, der zu Marmelade und Saft (J. S. Pruthi u. Mitarb. 1963) verarbeitet werden kann. Der von einer harten Schale umgebene Samenkern wird nach dem Rösten herausgelöst. Die Nüsse werden als Mandelersatz verwendet und der Speiseölgewinnung zugeführt.

f) Erdnüsse

Die Früchte der *einjährigen* Erdnußpflanze (*Arachis hypogaea* L.) sind keine Nüsse, sondern Hülsenfrüchte; sie gehören nicht zum Obst im Sinne der Begriffsbestimmung auf S. 1, werden aber im Obsthandel vielfach als Schalenobst angesehen.

Die Samenkerne werden nach dem Rösten im ungesalzenen oder gesalzenen Zustand verzehrt. Rohe Erdnüsse sind wegen des Bitterstoffgehaltes zum unmittelbaren Genuß ungeeignet. Aflatoxine (toxische Stoffwechselprodukte von *Aspergillus flavus* Link) sind in der letzten Zeit gelegentlich in verschimmelten Erdnüssen angetroffen worden (T. J. Coomes u. J. C. Sanders 1963).

g) Cocosnüsse

Cocosnüsse sind die kopfgroßen Früchte der Cocospalme (*Cocos nucifera* L.). Die Früchte bestehen aus Exokarp, Mesokarp (dicke Faserschicht) und Endokarp. Das Endokarp bildet eine steinharte Schale, die den Samen umschließt. Der Samen enthält im Gegensatz zu dem üblichen Aufbau der Schalenobstarten ein ölhaltiges Fruchtfleisch mit einem von Cocoswasser (Cocosmilch) gefüllten Hohlraum. Das getrocknete und zerkleinerte Fruchtfleisch (Kopra) wird in der Margarine- und Seifenindustrie, das gedarrte und geraspelte Fruchtfleisch in der Süßwarenindustrie verwendet.

Die vom Exokarp befreiten Früchte können durch Pilzbefall verderben, wenn das Fasermesokarp nicht vollständig entfernt wird (C. Griebel 1951).

Bezüglich näherer Einzelheiten wird auf die Monographie von R. Child (1964) verwiesen.

h) Mandeln

Mandeln sind die Samenkerne der Steinfrucht des Mandelbaumes (*Amygdalus communis* L.), der vereinzelt auch in der Rheinpfalz und an der Bergstraße angebaut wird. Die Steinfrucht enthält die von einer Steinschale umhüllten Samen in einer hartfleischigen, bei der Reife aufspringenden Fruchtschale.

Es werden Krachmandeln, süße Mandeln und bittere Mandeln unterschieden. Die Krachmandeln kommen mit der leicht zerbrechlichen Steinschale, süße und bittere Mandeln ausgekernt in den Handel. Krachmandeln finden als Dessertfrucht Verwendung und werden daneben ebenso wie süße Mandeln als Zutat zu Back- und Süßwaren, zur Herstellung von Marzipan, Mandelöl und Mandelmilch verwendet. Die bitteren Mandeln dienen als Backzutat und zur Gewinnung von Bittermandelöl. Entbitterte bittere Mandeln werden zur Herstellung von Persipanmassen verwendet.

Der Genuß von bitteren Mandeln hat wegen der Bildung von Cyanwasserstoff aus Amygdalin in verschiedenen Fällen zu schweren Vergiftungserscheinungen geführt (E. TRUBE-BECKER 1963). Ein Verzehr von sieben bitteren Mandeln kann bei Kindern bereits zum Tode führen.

i) Edelkastanien

Edelkastanien sind die Schließfrüchte des edlen Kastanienbaumes (*Castanea vesca* Gaerth.). Es werden Kastanien (wenig haltbar), Maronen und Dauermaronen unterschieden. Die geröstete und gekochte Edelkastanie ist in Italien ein Volksnahrungsmittel. Daneben werden Kastanien auch für Dessertzwecke (Kastanienreis: A. SCHALLER 1962) verwendet.

k) Pistazien

Pistazien sind die Steinfrüchte des Pistazienbaumes (*Pistacia vera* L.), der in den Mittelmeerländern angebaut wird. Die Pistazie ist etwa 3 cm lang, hat meistens eine dreikantige Form und enthält einen mandelähnlich schmeckenden Kern von grüner Farbe mit rötlicher oder violetter Haut. Die Pistazienkerne werden von der Süßwarenindustrie, im Bäckereigewerbe und als Zutat zu Wurstwaren (Mortadella) verwendet.

l) Pignolen

Pignolen (Pinienkerne) sind mandelartig schmeckende, 1—2 cm lange Samenkerne der Pinie (*Pinus pinea*), einer Kiefernart der Mittelmeerländer.

5. Citrusfrüchte

Die Zahl der kultivierten Citrus-Arten und -Abarten ist sehr groß. Von J. B. BRAVERMAN (1949) werden die Citrusfrüchte in sechs Gattungen mit 29 Arten und 11 Abarten unterteilt. Nachstehende Aufstellung enthält die wichtigsten Citrusfrüchte, von denen einige auf dem deutschen Markt keine oder eine sehr geringe Bedeutung haben (zu einigen weniger bekannten Arten vgl. E. BENK 1960b):

Citrus medica L. *subspec. limonum* Hook	Zitronen
Citrus medica L. *var. bajoura*	Cedrat-Zitronen
Citrus sinensis (L.) Osbeck	Apfelsinen
Citrus reticulata Blanco	Mandarinen
Citrus reticulata Blanco *var. deliciosa* Swingle	Tangerinen
Citrus reticulata Blanco *var. unshiu* Swingle	Satsumas
Citrus paradisi Macf.	Grapefruits
Citrus grandis (L.) Osbeck = *decumanus* L.	Riesenfrüchtige Pampelmusen
Citrus aurantium L.	Pomeranzen (Bitterorangen)
Citrus aurantium L. *subspec. amara var. pumila*	Chinotti
Citrus aurantium L. *subspec. bergamia* Risso	Bergamotten[1]
Citrus aurantifolia Swingle	Limetten
Citrus limetta Risso	Süßlimetten
Fortunella margarita Swingle (*Citrus japonica*)	Kumquats
Citrus-Hybriden	Clementine[2] (Mandarine · Apfelsine) Tangelos (Tangerine · Grapefruit) Temples (Mandarine · Pomeranze)

[1] Bergamotten werden auch als Hybride (Limette · Pomeranze) angesehen.

[2] Nach SWINGLE ist die Clementine wahrscheinlich ein interspezifischer Rassenbastard der Mandarine (I. ESDORN 1961).

Gemeinsam ist allen Citrusfrüchten die verhältnismäßig dicke, ölhaltige Außenschale (Flavedo), die weiße und häutige Innenschale (Albedo) und das Endokarp mit einer wechselnden Anzahl von Samenkernen in den Fruchtfächern; einzelne Züchtungen sind auch kernlos. Das Fruchtfleisch wird von saftigen Emergenzen gebildet, die von der Innenseite der Fruchtwand in die Fächer hineinwachsen. Flavedo und Albedo werden mit den Preßrückständen der Saftgewinnung als Viehfutter verwendet und der industriellen Verwertung (Herstellung von ätherischen Ölen, Pektingewinnung) zugeführt; außerdem dienen die Schalen als Beigabe zu einigen Zubereitungen (Konfitüren, Liköre, Erfrischungsgetränke). Zur industriellen Verwertung der Citrusfrüchte vgl. E. H. G. SMITH u. D. E. KAY (1960).

a) Zitronen

Zitronen sind die Früchte des Zitronenbaumes *Citrus medica* L., der in vielen wärmeren Ländern angebaut wird und zahlreiche Spielarten gebildet hat, von denen die Formen *limonum* und *bajoura* (vgl. oben) die meiste Bedeutung haben. Die italienischen Zitronen werden nach Winterzitronen (Primofiori und Limoni) und Sommerzitronen (Verdelli; grüne Schale, etwas weniger saftig und haltbar) unterschieden. Zunehmende Bedeutung gewinnen die dünnschaligen, saftigen und farbstarken Zitronen aus Kalifornien.

Einzelheiten über Zitronen: E. T. BARTHOLOMEW u. W. B. SINCLAIR (1951).

Cedrat-Zitronen sind wesentlich größer als die normalen Handelszitronen (bis 2,5 kg); sie haben eine sehr unterschiedliche Form und Farbe, eine dicke Schale und eine häufig kaum entwickelte Pulpa. Die Schale der meist unreif geernteten Früchte wird zu Zitronat (Sukkade) verarbeitet.

b) Orangen

Apfelsinen oder Orangen kommen in mehr als hundert Varietäten vor, die nach Saftfarbe, Kernzahl, Fruchtform und Reifezeit unterteilt werden; systematische Einteilungen sind sehr schwierig. Es können nach der Reifezeit frühe, mittelfrühe und späte Sorten unterschieden werden; Einzelheiten bei W. B. SINCLAIR (1961). Durch die Züchtung früh- und spätreifender Sorten sind die Mittelmeerländer bis in den Sommer hinein lieferfähig. Von Juli bis Oktober werden Orangen überwiegend aus Südafrika und den USA eingeführt.

Navel-Orangen sind süße, kernlose oder sehr kernarme Früchte, die gegenüber dem Stielansatz eine kleine Nebenfrucht haben.

c) Mandarinengruppe

Die Mandarinengruppe umfaßt in der Hauptsache die in Tab. 5 aufgeführten Arten und Kreuzungen, von denen die gewöhnliche Mandarine die stärkste Verbreitung gefunden hat. Tangerinen werden als Dosenware (Tangerinenscheiben) eingeführt.

Tabelle 5. *Übersicht der Mandarinenarten und -kreuzungen*

Mandarinenart	Hauptausfuhrländer	Kerngehalt	Fruchtschale
Mandarinen	Spanien, Italien, Nordafrika	kernreich	dünn, leicht ablösbar
Tangerinen	USA, Japan	kernarm	rot, leicht ablösbar
Satsumas	Japan, Spanien	sehr kernarm	leicht ablösbar
Clementinen	Nordafrika, Spanien, Italien	sehr kernarm[1]	festhaftend
Temples	USA, Spanien	kernreich	dünn, leicht ablösbar
Tangelos	nicht zur Ausfuhr geeignet		zart, leicht ablösbar

[1] Neuerdings durch Entartung teilweise stärker kernhaltig.

Über Clementinen vgl. E. BENK (1961a), über Tangerinen E. BENK u. R. BERGMANN (1963b).

d) Grapefruits und Pampelmusen

Grapefruits sind wegen des angenehm säuerlichen, meist auch herb-bitteren Geschmackes besonders in den angelsächsischen Ländern ein beliebtes Frühstücksobst. Die runden Früchte sind etwa doppelt so groß wie Orangen. Es werden „pale-fleshed", „pink-fleshed" und „red-fleshed" Sorten (graugrünes, rosafarbenes oder rotes Fruchtfleisch) unterschieden.

Pampelmusen sind sehr dickschalig und können bis zu 6 kg schwer werden; für den Handel haben sie keine Bedeutung. Im Früchtehandel und vom Verbraucher werden Grapefruits häufig noch unzutreffend als Pampelmusen bezeichnet.

e) Pomeranzengruppe

Pomeranzen oder Bitterorangen haben eine sehr dicke, großporige Schale, ein auffallend schwammiges Albedo und einen sauren, bitterlich-aromatischen Geschmack. Das Fruchtfleisch wird bei der Herstellung von Orangenmarmelade (Sevilla-Marmelade) mitverwendet. Die Pomeranzenschalen werden kandiert und bei der Likörherstellung (Curaçaolikör) verwendet. *Chinotti* sind die kleinen Früchte einer Pomeranzen-Varietät mit gelbem, säuerlichem Fruchtfleisch. Die Schalen dienen in Italien zur Aromatisierung der Bitterlimonade „Chinotto".

Bergamotten ähneln der Zitrone und haben einen sauren, etwas bitterlichen Geschmack; sie werden nicht als Frischfrucht verzehrt (E. BENK u. I. WILDFEUER 1961). Die Fruchtschalen dienen zur Herstellung von Bergamottenöl für die Parfümerie.

f) Limetten

Limetten haben einen zitronenähnlichen, gewürzhaften Geschmack. Die Früchte sind eigroß, haben eine dünne Schale, ein grünliches Fruchtfleisch und praktisch kein Albedo. Der Saft dient zur Herstellung von Erfrischungsgetränken (E. BENK 1958).

Süßlimetten sind eine Abart der Limetten mit dicker Schale (E. BENK u. R. BERGMANN 1963a); sie werden nicht gehandelt.

g) Kumquats

Kumquats sind länglich und pflaumengroß (Nagami) oder rund und mandarinenähnlich (Meiwa) und werden in China und Japan angebaut. Die Früchte können mit der Schale gegessen werden; sie werden auch zu Konfitüre verarbeitet oder kandiert.

6. Südfrüchte mit Ausnahme der Citrusfrüchte

Die Gruppe der Südfrüchte umfaßt neben den bereits behandelten Citrusfrüchten eine sehr große Zahl verschiedener Obstarten aus tropischen und subtropischen Gegenden, von denen nachstehend nur die wichtigsten besprochen werden können. Die anderen Südfrüchte werden nur kurz erwähnt; sie haben auf dem deutschen Markt keine oder sehr geringe Bedeutung.

Das Kapitel „Market Fruits and Varieties" im Internationalen Jahrbuch des Früchtegroßhandels (1961) gibt einen Überblick über die verschiedenen Obstarten des Weltmarktes; vgl. auch W. POPENOE (1938).

a) Bananen

Bananen sind die eßbaren Früchte verschiedener *Musa*-Arten aus der Familie *Musaceae*; sie werden auch als Kapselfrüchte angesehen, gehören aber im botanischen Sinne zu den Beeren. Bezüglich näherer Einzelheiten wird auf die Monographie von H. W. v. LOESECKE (1950) verwiesen.

Die Gruppe der Bananen mit eßbaren Früchten wird unterteilt in:

1. *Obstbananen: Musa sapientum* L. (Westindische Banane) und *Musa Cavendishii* Lamb. (Kanarische oder Chinesische Banane);

2. *Mehlbananen: Musa paradisiaca* L. (englisch: plantain). Der Handel bevorzugt *Musa sapientum* mit der Sorte Gros Michel. *Musa Cavendishii* liefert kleine, dünnschalige und aromatische, aber weniger haltbare Früchte. Die Früchte von *Musa paradisiaca* sind wegen des

hohen Stärkegehaltes nicht roh genießbar, werden aber von der einheimischen Bevölkerung gekocht oder gebraten verzehrt.

Die Bananen werden grün geerntet und auf Spezialdampfern (Kühlschiffe mit Isolierungsschutz, Temperatur 11—13° C) verschifft. Die nach der Ausladung halbreifen Früchte werden in Reifungskammern innerhalb von 3—10 Tagen zur Reife gebracht (W. FLECHTENMACHER 1960).

b) Ananas

Die Ananas (*Ananas comusus* Merrill = *Ananas sativa* Lindl.) gehört zur Familie der *Bromeliaceae*. Zahlreiche Einzelfrüchte verwachsen untereinander und mit der Blütenachse zu einer Scheinfrucht, die bis 4 kg schwer wird. Einzelheiten über Anbau und Verwertung der Ananas vgl. bei J. L. COLLINS (1960). Hauptanbaugebiet sind die Hawaii-Inseln; ein großer Teil wird dort zu Dosenware verarbeitet. Frische Ananas kommt überwiegend von den Azoren, z. T. auch von Formosa und Mittel- und Südamerika nach Europa.

c) Datteln

Datteln sind die Früchte der in Nordafrika (Algerien), Saudi-Arabien, Iran, Irak und Kalifornien kultivierten Dattelpalme *Phoenix dactylifera* L. Die Früchte sind gelb, rot oder schwärzlich und enthalten unter einer derben Oberhaut und dem süßen Fruchtfleisch einen walzenförmigen Samen. Die Ernte erfolgt für den Frischverzehr zur Reifezeit, während die halbreif geernteten Datteln getrocknet werden.

d) Feigen

Die Feige ist eine birnenförmige Scheinfrucht des Feigenbaumes (*Ficus carica* L.), der vorwiegend in den Mittelmeerländern angebaut wird. Reife Feigen sind gelb, purpurrot oder bräunlichviolett. Die an der Sonne oder künstlich getrockneten Feigen sind hellgelbbraun und von honigartigem Geschmack.

e) Johannisbrot

Die Frucht des Johannisbrotbaumes (*Ceratonia Siliqua* L.) wird unreif geerntet und an der Sonne getrocknet. Die getrocknete Frucht hat einen süßen Geschmack und honigartigen Geruch.

f) Einige weitere Südfrüchte

Die nachstehenden Früchte enthalten häufig für uns ungewöhnliche Aromastoffe (vgl. dazu A. M. BURGER 1959) und sind vielfach für einen längeren Transport ungeeignet; sie spielen deshalb für den Frischverzehr bei uns eine ziemlich unbedeutende Rolle.

Granatapfel (*Punica granatum* L.): ähnelt einer Apfelsine, in der Reife gelblich oder bräunlich, von einer glatten Lederhaut umschlossen. Die Frucht enthält viele Samenkerne; verzehrt werden die saftigen, süßsäuerlichen Samenhüllen. Der Saft dient zur Herstellung von Grenadine-Sirup und Sorbet (Erfrischungsgetränk).

Avocado oder Avocatofrucht (*Persea americana* Mill.): meistens birnenförmige Steinfrucht mit süßem, ölhaltigem, butterweichem Fruchtfleisch und sehr großem, von einer Lederhaut umgebenen Samenkern (C. GRIEBEL 1955; C. FRANZKE u. H.-J. HENNING 1956).

Guave oder Guajave (*Psidium guayava* L.): apfel- bis birnenförmige Frucht, die vor allem in Südafrika angebaut wird; wird auch zu Guavensaft verarbeitet. Der Geschmack des Fruchtfleisches wird als Kombination aus Feige und Birne beschrieben.

Mango (*Mangifera indica* L.): mit großem Samenkern und sehr unterschiedlicher Form und Größe; häufig von leicht terpentinartigem Geruch. Zubereitungen mit Zucker und Gewürzen (Mango-Chutney) werden als Reisbeigabe verzehrt. Einzelheiten zur Mangofrucht vgl. L. B. SINGH (1960).

Litschi-Pflaumen (*Litchi chinensis* Sonner.): rundoval (4—5 cm Durchmesser) mit weißem, saftigem Fruchtfleisch. Die Früchte haben einen der Sauerkirsche ähnlichen Geschmack mit einem muskat- bis fast kampferartigen Beigeschmack.

Papaya (*Carica papaya* L.): ovale, bis zu 70 cm lange Frucht mit blaßgelbem bis lachsrotem Fruchtfleisch und muskatartigem Nachgeschmack; für längeren Transport ungeeignet.

Anone (*Anona muricata* L.): ähnlich einer Riesenerdbeere, mit weißem oder bläulichem Fruchtfleisch, sehr wohlschmeckend (besonders Sorte Cherimoya). Der Import ist wegen der geringen Haltbarkeit nur auf dem Luftwege möglich.

Kaki (*Diospyros Kaki* L.): orangegelbe Frucht, in Form und Größe apfelähnlich, geschmacklich aprikosenartig; geringe Mengen werden aus Italien eingeführt (Einzelheiten vgl. H.M. BALLSCHMIETER 1963b).

Zur Gattung *Diospyros* gehören neben der Kakifrucht die in Ostasien sehr verbreitete Lotosfrucht oder Dattelpflaume (*Diospyros lotus*) und die Persimmone (*Diospyros virginiana*).

Acerola oder Westindische Kirsche (*Malpighia punicifolia* L.): in Westindien wildwachsende, nunmehr auch kultivierte, kirschenähnliche Frucht von recht saurem Geschmack und sehr hohem Vitamin C-Gehalt (C.F. ASENJO u. C.G. MOSCOSO 1950; E. BENK 1961b).

Passionsfrucht (*Passiflora edulis*): ähnelt einer großen Pflaume und gleicht geschmacklich einer Mischung aus Ananas, Guave, Mango, Aprikosen und Erdbeeren (H.P. MOLLENHAUER 1962).

Die nachstehenden Südfrüchte haben bei uns praktisch keine Bedeutung, werden aber der Vollständigkeit halber erwähnt:

Achras zapota (Sapotaapfel, Brerapfel); *Artocarpus integrifolia* (Jackbaumfrucht, engl. jackfruit); *Adansonia digitata* (Affenbrotbaum, Baobab); *Arbutus unedo* (Erdbeerbaum, Erdbeerkirsche); *Averrhoa Carambola* (Kamrakh-Frucht); *Durio zibethinus* (Cibetbaum, Durian-Frucht); *Eriobotrya japonica* Lindl. (Japanische Mispel, Loquat-Frucht); *Feijoa Sellowiana* Berg (Feijoa, Ananas-Guava: H.M. BALLSCHMIETER 1963a); *Nephelium lappaceum* L. (Rambutan); *Opuntia ficus indica* Mill. (Feigenkaktus, Stachelfeige); *Solanum quitoense* (Naranjilla: G. LEHMANN u. Mitarb. 1964); *Zizyphus Jujuba* Lam. (Jujuben).

7. Wildfrüchte

Die Bedeutung der Wildfrüchte tritt zwar gegenüber dem kultivierten Obst stark zurück, doch sind einzelne Wildfruchtarten, wie Heidelbeeren, Preißelbeeren und die kleinfrüchtigen, aber aromareichen wildwachsenden Himbeeren, Erdbeeren und Brombeeren auf dem deutschen Obstmarkt nicht ganz unbedeutend.

Zahlen über Ernte und Einfuhr an Wildfrüchten veröffentlicht in: Industrielle Obst- und Gemüseverwertung, Bd. 48, S. 737 (1963).

Die Zusammensetzung der Wildfrüchte wird gemeinsam mit der Zusammensetzung der kultivierten Beerenfrüchte besprochen, da die wichtigsten Wildfrüchte dem Beerenobst zuzuordnen sind.

a) Heidelbeeren

Heidelbeeren oder Blaubeeren (*Vaccinium Myrtillus* L.) gedeihen auf weiten Waldflächen in Mittel- und Nordeuropa sowie in Asien und Nordamerika. Der jährliche Durchschnittsertrag in den Wäldern der Bundesrepublik (Bayerischer Wald, Spessart, Oberpfalz, Rhön, Lüneburger Heide) beträgt 6500 t; davon gehen 10—15 % in die Verwertungsindustrie.

b) Preißelbeeren

Preißelbeeren (Preisel-) oder Kronsbeeren (*Vaccinium vitis idaea* L.) wachsen in der Oberpfalz und in der Lüneburger Heide. In den Wäldern Schwedens und Finnlands sind reiche Preißelbeervorkommen; ein geringer Teil wird nach Deutschland exportiert. Die herb-aromatischen Früchte werden hauptsächlich zu Kompotten und Konfitüre verarbeitet.

c) Moosbeeren

Moosbeeren oder Torfbeeren (*Vaccinium oxycoccus* L.) sind in Deutschland nur vereinzelt anzutreffen. Die kleinfrüchtigen, den Preißelbeeren ähnlichen, mit den großfrüchtigen amerikanischen Moosbeeren (*Vaccinium macrocarpum* Ait.) aber näher verwandten Früchte kommen auf den Moorböden Finnlands und Estlands in großen Mengen vor.

d) Sanddornbeeren

Sanddornbeeren sind die Früchte des Sanddornstrauches (*Hippophae rhamnoides*), der an einzelnen Stellen der Nord- und Ostseeküste sowie an Geröllhalden und in Flußtälern Süddeutschlands vorkommt. Der Anbau der sauren Früchte, aus denen man eine Reihe zuckerhaltiger Zubereitungen herstellt, wird wegen des hohen Ascorbinsäuregehaltes gefördert.

e) Einige weitere Wildfrüchte

Ebereschen (Vogelbeeren): Früchte der gewöhnlichen oder bitteren Eberesche (*Sorbus aucuparia* L.), von der die süße oder mährische Eberesche (*Sorbus aucuparia* L. var. *moravica*) unterschieden wird (vgl. E. Letzig u. W. Handschack 1963). Die Ernte der bitteren Eberesche erfolgt nach Frosteintritt, da dann der bittere Geschmack gemildert ist.

Hagebutten: Scheinfrüchte verschiedener Rosenarten (*Rosa canina, Rosa rugosa Regeliana* und *Rosa pomifera*) von unterschiedlicher Form, Größe und Farbe. Zahlreiche Verwertungsmöglichkeiten (H. Hadorn u. R. Jungkunz 1952a). Zusammensetzung: E. Benk (1960a).

Schwarze Holunderbeeren (Fliederbeeren): kleine schwarzviolette Früchte des schwarzen Holunders (*Sambucus nigra*). Die Früchte sollen nicht roh und nicht in unreifem Zustand verzehrt werden (Bundesgesundh.-Bl. Bd. 6, S. 26, 1963).

Rote Holunderbeeren (Berg- oder Traubenholunder) (*Sambucus racemosa*): sollen bei Rohgenuß vielfach Erbrechen hervorrufen (E. Benk 1960a); als gesundheitsschädlich wird das Kernöl angesehen.

Schlehen (Schwarzdornbeeren): pflaumenähnliche, kirschengroße Früchte des Schlehdorns (*Prunus spinosa*); finden Verwendung als Zusatz zu Obstwein und zur Herstellung verschiedener Zubereitungen.

Andere wildwachsende Früchte, wie z. B. Mispeln (*Mespilus germanica* L.), Speierlinge (*Sorbus domestica* L.) und Elsbeeren (*Sorbus terminalis* L.), werden heute nur noch in ganz unbedeutenden Mengen verwertet. Verschiedene Hinweise gibt W. Bötticher (1963b, 1964); Weißdornfrüchte (*Crataegus oxyacantha*): E. Benk u. B. Bliesener (1960), Kornelkirschen (*Cornus mas*): A. Koch (1957).

III. Zusammensetzung der Obstarten

Die Zusammensetzung der Obstfrüchte unterliegt nicht nur innerhalb der verschiedenen Gruppen von Obstarten, sondern auch bei den einzelnen Arten beträchtlichen Schwankungen. Die Angaben über die Zusammensetzung in den folgenden Tabellen sollen eine Übersicht über die Variabilität der Verteilung verschiedener Inhaltsstoffe geben und umfassen daher auch Werte, die selten anzutreffen sind; bei neuen Sorten oder außergewöhnlichen Witterungsbedingungen können weitere Abweichungen möglich sein. Die Unterschiede in der Zusammensetzung gleichen sich bei der industriellen Früchteverwertung aber weitgehend aus, so daß die Extremwerte nicht zur Beurteilung von Obsterzeugnissen herangezogen werden sollten. Eine genaue Aussage über Mittelwerte und über die Schwankungsbreite in der Zusammensetzung kann nur auf Grund der statistischen Auswertung einer großen Anzahl von Untersuchungsergebnissen erfolgen; bisher sind derartige Untersuchungen erst vereinzelt durchgeführt worden (P. Nehring u. H. Klinger 1957). In letzter Zeit ist in Einzelfällen auch der Frage einer Relation zwischen einzelnen Bestandteilen der Früchte nachgegangen worden (L. A. Rolle u. C. E. Vandercook 1963).

Der Einfluß der Obst*sorte* auf die Verteilung der Inhaltsstoffe ist seit langem bekannt. Es können aber auch bei der gleichen Sorte in Abhängigkeit von Klima, Reifezustand (Erntetermin), Standort und Boden erhebliche Schwankungen in der Zusammensetzung auftreten. Der Einfluß des Klimas macht sich bei allen Früchten außer der Zitrone durch Erhöhung des Zucker-Säure-Verhältnisses mit zunehmender Sonnenwärme bemerkbar; auch auf den Gehalt an anderen Inhaltsstoffen wirkt sich der Temperaturfaktor aus. Die Unterschiede zwischen den bei *einer* Sorte erhaltenen Werten sind daher oft ebenso groß wie zwischen den Werten von

Proben verschiedener Sorten. Unterschiede in der Zusammensetzung sind bereits an *einem* Baum bei Früchten verschiedener Größe und verschiedener Stellung am Baum zu beobachten. In der Regel sind die Inhaltsstoffe auch ungleichmäßig im Fruchtgewebe verteilt (R. ULRICH 1956).

Die nachstehenden Zahlenangaben über die Zusammensetzung sind insbesondere aus den Tabellen von J. LAVOLLAY u. Mitarb. (1951, 1961) sowie von S. W. SOUCI u. Mitarb. (1963, 1964) zusammengestellt worden. Daneben gehen sie auf verschiedene andere Tabellen und Literaturangaben (T. MACARA 1931; R. W. MONEY u. Mitarb. 1950, 1958; R. A. OSBORN 1964, u. a.) zurück.

Die große Schwankungsbreite zahlreicher Tabellenangaben ist nicht zuletzt darauf zurückzuführen, daß auch außereuropäische Untersuchungsergebnisse verwertet worden sind. Die letzteren können allerdings wegen der sehr unterschiedlichen klimatischen Faktoren nur mit Einschränkungen auf unsere Verhältnisse übertragen werden. Für einheimisches Obst werden deshalb die Tabellen von S. W. SOUCI u. Mitarb. (1963, 1964) heranzuziehen sein, in denen in erster Linie mitteleuropäische Untersuchungsergebnisse berücksichtigt worden sind.

Zusammenfassende Darstellungen oder Ergebnisse eingehender Untersuchungen über das Vorkommen einzelner Inhaltsstoffe bringen u. a. folgende Arbeiten:

Organische Säuren:	A. POLLARD (1959), J. WOLF (1960);
Aminosäuren:	A. POLLARD (1959), L.B. ROCKLAND (1959), R. SILBER u. Mitarb. (1960);
Mineralstoffe:	W. BECKER u. G. ZAUSCH (1961), E. ZUBECKIS u. G. SIRON (1963);
Aromastoffe:	J.G. KIRCHNER (1949), A. MEHLITZ u. K. GIERSCHNER (1962a), K. HERRMANN (1963c);
Phenolische Verbindungen:	K. HERRMANN (1959, 1960a, b), vgl. auch T.A. GEISSMAN (1962);
Anthocyane:	J.B. HARBORNE u. E. HALL (1964);
Carotinoide:	G. MACKINNEY (1962); K. HERRMANN (1962).

Daneben wird besonders auf die ausführlichen Angaben von K. HERRMANN (1966) verwiesen.

Die folgenden Ausführungen beziehen sich mit wenigen Ausnahmen auf den eßbaren Anteil. Auf die Besprechung der Inhaltsstoffe von Kernen, Samen und Schalen mußte weitgehend verzichtet werden.

1. Zusammensetzung der Kernobstarten

Die Tab. 6 gibt eine Übersicht über die Zusammensetzung des Kernobstes. Nähere Einzelheiten zur Zusammensetzung von Äpfeln und Birnen enthalten insbesondere die Veröffentlichungen von W. EGGENBERGER (1949), R. M. SMOCK u. A. M. NEUBERT (1950), P. JACQUIN (1955a) und A. C. HULME (1958).

Tabelle 6. *Zusammensetzung des eßbaren Anteils von Kernobst- und Steinobstarten*

		Äpfel	Birnen	Quitten	Kirschen		Pflaumen	Aprikosen	Pfirsiche
					süß	sauer			
Wasser	%	78–93	78–88	82–85	78–86	78–88	76–92	78–93	80–89
Gesamtzucker	%	3–15	6–14	6–10	10–17	7–15	3–15	3–16	6–16
Saccharose	%	1–6	1–3	0,6	bis 1	bis 1	1–4	1–5	4–7
Stickstoffverbindungen	%	0,1–0,4	0,4–0,7	0,3–0,6	0,5–1,2	0,8–1,1	0,5–1,0	0,8–1,1	0,5–1,0
Rohfett	%	0,1–0,7	0,1–0,5	0,2–0,9	0,5–0,8	0,5	0,1–0,2	0,1	0,1
Asche	%	0,2–0,5	0,2–0,4	0,3–0,6	0,3–0,6	0,3–0,6	0,3–0,7	0,4–1,0	0,3–0,6
Acidität mval/100 g		3–41	1–22	7–18	5–14	6–30	7–43	5–38	4–17
Pektin, ber. als Calciumpektat	%	0,1–1,6	0,1–0,9	0,6	0,1–0,8	0,1–0,4	0,3–1,5	0,5–1,3	0,6–1,0

a) Kohlenhydrate

Der Anteil von Fructose, Glucose und Saccharose am Gesamtzuckergehalt schwankt innerhalb eines weiten Bereiches; es überwiegt der Gehalt an Fructose. R. V. LOTT (1943) ermittelte an nordamerikanischen Apfelsorten nachstehende Zuckergehalte: Fructose 3,8—6,4 %, Glucose 0,9—2,7 %, Saccharose 1,4—4,0 %. In Herbst- und Winterbirnen-Sorten nimmt der Saccharose- und Glucoseanteil zu, während Sommersorten in der Hauptsache Fructose enthalten (N. WOHLMUTH 1956). Xylose ist in freier Form in allen Kernobstarten, Galaktose in Birnen nachgewiesen worden (J. G. HAY u. J. B. PRIDHAM 1953; A. S. ASH u. T. M. REYNOLDS 1955a).

Stärke ist in der reifen Frucht nur in Spuren vorhanden. Der durchschnittliche Cellulosegehalt des Apfelfruchtfleisches beträgt 0,44 % (Z. I. KERTESZ u. Mitarb. 1959).

Sorbit ist in allen Kernobstarten in stark wechselnden Mengen enthalten (G. REIF 1934). Die maximale Sorbitkonzentration kann bei Birnen etwa 2 % betragen (A. E. BRADFIELD u. A. E. FLOOD 1950); sie vermindert sich deutlich nach der Ernte.

b) Stickstoffverbindungen

Die Zusammensetzung der Eiweißstoffe untersuchten S. G. DAVIS u. Mitarb. (1949): Äpfel; A. C. HULME (1951): Äpfel und R. ULRICH u. O. THALER (1957): Birnen.

Asparagin, Asparaginsäure und Glutaminsäure sind als *freie* Aminosäuren in Äpfeln (L. F. BURROUGHS 1957a), α-Alanin und Prolin in Birnen (R. ULRICH u. O. THALER 1957) vorherrschend. Von G. E. URBACH (1955) wurde aus Äpfeln 4-Hydroxy-methylprolin isoliert. L. F. BURROUGHS (1957b) hat diese Verbindung in Birnensäften festgestellt. In Mostbirnen, aber nicht in Tafelbirnen, wurde außerdem 1-Amino-cyclopropan-1-carboxylsäure gefunden. F. HILKENBÄUMER u. Mitarb. (1960) konnten in Äpfeln iso-Amylamin und Hexylamin nachweisen.

c) Lipide

Der Fettgehalt des Fruchtfleisches von Äpfeln ist von F. E. HUELIN u. R. A. GALLOP (1951) sowie von P. MAZLIAK u. J. POMMIER-MIARD (1963) untersucht worden. Zur Zusammensetzung des Schalenwachses vgl. P. MAZLIAK (1960 a, b). J. NEUBELLER (1963) beobachtete kurz vor der Genußreife eine starke Zunahme des Gehaltes der Apfelschalen an ungesättigten Fettsäuren. Das Fruchtfleisch der Kernobstfrüchte enthält geringe Mengen an Phosphatiden (B. REWALD u. A. SCHWIEGER 1933).

Die Samen der Kernobstfrüchte sind fettreich (15—25 % Öl; im Öl sind Palmitin-, Stearin-, Öl-, Linol- und Arachinsäure nachgewiesen worden (J. NEUBELLER 1963).

d) Organische Säuren

Die Zusammensetzung der Fruchtsäuren in Kernobstfrüchten unterliegt stärkeren Schwankungen. Einen Überblick über die Verteilung der wichtigsten Säuren gibt Tab. 7.

Der relativ hohe Citronensäureanteil von Mostbirnen wird von H. TANNER u. H. RENTSCHLER (1954) als Ursache für ein leichteres Verderben angesehen. Von K. WUCHERPFENNIG u. G. BRETTHAUER (1962) untersuchte *Tafel*birnensorten enthielten keine Citronensäure.

Manche Apfelsorten enthalten keine freie Chinasäure, sondern nur Chlorogensäure (H. RENTSCHLER u. H. TANNER 1956); daneben kann Chinasäure in Äpfeln und Birnen auch in depsidartiger Bindung mit p-Cumarsäure als p-Cumaroylchinasäure vorliegen (R. A. CARTWRIGHT u. Mitarb. 1955; A. H. WILLIAMS 1958). In geringen bis sehr geringen Konzentrationen enthalten Äpfel und Birnen nach Untersuchungen der unter Tab. 7 genannten Verfasser Glycerinsäure, Galakturonsäure, Glykolsäure, Milchsäure, Bernsteinsäure und Schleimsäure. Shikimisäure ist in allen Kernobstarten nachgewiesen worden (A.C. HULME 1956, 1958;

G. C. WHITING 1957). Der Gehalt an Ketosäuren ist sehr gering. In Äpfeln ist auch Isocitronensäure (F. BRYANT u. B. T. OVERELL 1951) und Fumarsäure (G. BUCHLOH u. M. HANE 1958), in Apfelschalen Citramalsäure (2-Methyläpfelsäure) aufgefunden worden (A. C. HULME 1954a). In Apfelpreßsäften wurden neben Ameisensäure und Essigsäure geringe Mengen Buttersäure nachgewiesen (A. MEHLITZ u. B. MATZIK 1956).

Tabelle 7. *Zusammensetzung der Fruchtsäuren von Kernobst- und Steinobstarten*

Obstart	Äpfelsäure	Citronensäure	Chinasäure	Literatur (wichtigste)
Äpfel, saure	80—90%	unter 10%[1]	+	[2]
süße	+ + +	unter 10%[1]	bis 30%	[2]
Tafelbirnen	+ + +	etwa 10%	+	J. D. PHILLIPS u. Mitarb. (1956)
Mostbirnen	+ + +	30—50%	+	H. RENTSCHLER u. H. TANNER (1954)
Quitten	+ + +	+		A. MEHLITZ u. B. MATZIK (1957)
Pflaumen	bis 90%	bis 2,5%	bis 25%	E. PEYNAUD (1951a, b)
Kirschen	bis 95%	bis 2%	1—2%	A. C. HULME u. L. S. C. WOOLTORTON (1958b)
Pfirsiche	20—64%	12—36%	16—40%	E. F. ANET u. T. M. REYNOLDS (1955)
Aprikosen	50—90%	10—50%	3%	C. GUICHARD (1955); E. F. ANET u. T. M. REYNOLDS (1955)

[1] Nach K. WUCHERPFENNIG u. G. BRETTHAUER (1962) besteht in Apfelsäften bei einem Citronensäureanteil an der Gesamtsäure von mehr als 5% der Verdacht unzulässiger Zusätze.

[2] Untersuchungen über die Säurezusammensetzung von Äpfeln sind u. a. von P. JACQUIN u. J. TAVERNIER (1949), H. TANNER u. H. RENTSCHLER (1954), J. D. PHILLIPS u. Mitarb. (1956) und A. C. HULME u. L. S. C. WOOLTORTON (1957) durchgeführt worden; vgl. auch A. C. HULME (1958).

Tabelle 8. *Vitamingehalte des eßbaren Anteils der Obstarten außer Schalenobst*

Obstart	Vitamin C mg/100 g	β-Carotin mg/100 g	Vitamin B_1 µg/100 g	Vitamin B_2 µg/100 g	Nicotinsäureamid mg/100 g	Pantothensäure mg/100 g
Äpfel	0,5–40	0,02–0,09	20–120	3–50	0,1–0,7	0,03–0,2
Birnen	0,5–23	0,01–0,19	10–90	10–100	0,1–0,4	0,02–0,05
Quitten	12–15	0,01–0,05	20–40	20–30	0,2	
Kirschen	4–28	0,03–0,37	20–60[1]	20–60[1]	0,2–0,5[1]	0,12
Pflaumen	1–23	0,05–0,60	20–200	20–90	0,2–0,6	0,12–0,24
Aprikosen	3–10	0,3 –4,8	30–60	50–130	0,7–0,8	0,3
Pfirsiche	2–59	0,2 –1,8	10–120	10–120	0,4–0,9	0,04–0,07
Erdbeeren	20–100	0,03–0,42	20–50	20–100	0,2–1,1	0,1 –0,5
Johannisbeeren, rot	20–60	0,01–0,15	20–80	20	0,1–0,4	0,6
„ schwarz	65–400	0,01–0,24	20–80	20–60	0,2–0,4	0,4
Brombeeren	6–40	0,02–0,48	20–40	20–50	0,2–0,5	0,1 –0,2
Himbeeren	13–50	0,03–0,08	20–80	40–70	0,3–0,5	0,3
Stachelbeeren	25–55	0,01–0,24	10–70	10–30	0,1–0,4	0,1 –0,3
Heidelbeeren	6–50[2]	0,06–0,21	20–30	10–70	0,2–0,5	0,1
Weintrauben	0,5–11	0,01–0,05	10–100	10–90	0,2–0,8	
Orangen	16–100	0,04–0,36	35–165	10–90	0,1–0,5	0,1 –0,3
Mandarinen	20–60	0,24–0,53	50–160	10–65	0,2–0,6	
Grapefruits	27–70	0,01–0,02	15–120	10–50	0,1–0,4	0,1 –0,5
Zitronen	30–100	0,01–0,02	5–125	5–70	0,1–0,4	0,3
Bananen	3–16	0,03–1,0	30–60	40–90	0,6–0,8	0,2
Ananas	15–25	0,1 –0,8	60–80	30–90	0,1–0,8	0,2
Feigen	5–30	0,03	60	50	0,5	
Avocado	9–30	0,04–0,30	60–100	130–200	1,1	0,3
Guava	120–1100	0,2 –3,0	40–70	20–40	1,2	
Papaya	30–130	0,7 –1,0	40–50	40–50	0,2–0,8	
Acerola	500–3300	0,11	10–30	50–90	0,4–0,5	

[1] In Sauerkirschen: 0 (S. W. SOUCI u. Mitarb. 1964).

[2] Kulturheidelbeeren: 0,4–16 mg/100 g Vitamin C.

e) Vitamine

Von J. Wolf (1941a) wurden an 37 Apfelsorten Vitamin C-Gehalte zwischen 2,7 und 31,0 mg/100 g ermittelt; ein Drittel aller Sorten enthielt 20—30 mg/100 g. Die Mittelwerte der Vitamin C-Gehalte von 134 Apfelsorten liegen nach Untersuchungen von W. Catel u. Mitarb. (1953, 1954) zwischen 2,3 und 31,8 mg/100 g. Es wurden folgende Vitamin C-Gehalte einiger wichtiger Apfelsorten festgestellt: Berlepsch 24, Ontario 21, Boskoop 16, Cox Orange 11, Jonathan 9 und Golden Delicious 8 mg/100 g.

F. Kidd u. C. West (1952) ermittelten an der Sorte Boskoop einen Ascorbinsäuregehalt von 21 mg/100 g im Fruchtfleisch und von 68 mg/100 g in den Schalen. Die subepidermale Schicht der Äpfel ist mit teilweise mehr als 1 mg/g Gewebe am vitaminreichsten, während in der Epidermis selbst Vitamin C nicht nachweisbar ist (K. A. Bogdański 1960). Die Vitamin C-Gehalte von Apfelsorten verschiedener Herkünfte sind von A. C. Hulme (1958, S. 362) zusammengestellt worden. Die Unterschiede im Ascorbinsäuregehalt der Äpfel sind genetisch bedingt, jedoch modifizierbar; hoher Vitamin C-Gehalt wird partiell dominant vererbt (K. Anjou 1956).

Die Vitamin C-Gehalte von Birnen (nach P. Jacquin 1955a bis 23 mg/100 g) und Quitten (12 mg/100 g) sind ebenfalls nicht ganz unbedeutend.

Zum Gehalt des Kernobstes an anderen Vitaminen vgl. Tab. 8.

f) Mineralstoffe

Die Gehalte des Kernobstes an Mineralstoffen und Spurenelementen gehen aus Tab. 9 hervor. Zum Mineralstoffgehalt von Äpfeln vgl. B. G. Wilkinson u. M. A. Perring (1961). In geringen Mengen ist im Kernobst auch Schwefel (5—14 mg/100 g), Chlorid (1—4 mg/100 g), Silicium und Aluminium (unter 1 mg/100 g) enthalten. Äpfel enthalten 5—28 mg/kg Bor, bezogen auf Trockensubstanz (A. C. Hulme 1958, S. 371).

Tabelle 9. *Gehalte der Kernobst- und Steinobstarten an Mineralstoffen und Spurenelementen*

		Äpfel	Birnen	Quitten	Kirschen	Pflaumen	Aprikosen	Pfirsiche
Kalium	mg/100 g	55–210	75–160	130–245	80–270	110–305	150–480	115–260
Phosphor[1]	mg/100 g	9–34	9–31	8–24	7–59	11–47	16–47	13–35
Calcium	mg/100 g	1–14	4–20	5–16	4–21	2–22	5–23	1–16
Magnesium	mg/100 g	2–8	3–7	6–10	1–12	5–15	4–11	4–11
Natrium[2]	mg/100 g	4	1	3	2	1	1	1
Eisen	mg/100 g	0,1–0,6	0,2–0,4	0,3–1,3	0,2–0,9	0,2–1,9	0,3–2,5	0,2–2,0
Zink	µg/100 g	20–400	100–300[3]		20–150[4]	30–100	40–100	20
Kupfer	µg/100 g	30–150	50–100	130	50–125	65–300	20–200	10–100
Mangan	µg/100 g	40–80	60–145		30–180	50–300	80–370	40–110
Kobalt	µg/100 g	10	18		(0,5)[5]		3	
Jod	µg/100 g	0,1–2	2		(330)[5]	1–10	0,5	1–2
Fluor	µg/100 g	4–13	6–22	6	18	2	2–20	21

[1] Von R. W. Money (1964) werden höhere Phosphorgehalte als von anderen Autoren angegeben.
[2] Höchstwerte.
[3] J. Causeret (1961); von S. W. Souci u. Mitarb. (1963) werden Zinkgehalte von 0,2–1,8 mg/100 g angegeben.
[4] J. Schwaibold u. G. Nagel (1939) und J. Causeret (1961).
[5] S. W. Souci u. Mitarb. (1963) nach Voeding **19**, Nr. 2, 48–63 (1958).

g) Aromastoffe

Das sortenspezifische Aroma von Äpfeln wird nach K. H. Strackenbrock (1961) in erster Linie durch die prozentuale Zusammensetzung der Ester geprägt. Die Sorten Cox Orange und Golden Delicious unterscheiden sich beispielsweise in ihrem Gehalt an Äthylcapronat und Hexylacetat. Die Carbonylverbindungen in Kernobstaromen untersuchte G. SENN (1963). Der typische Apfelgeruch soll in erster Linie durch den Aldehyd Hexenal hervorgerufen werden (J. KOCH u. H. SCHILLER 1964). Die Ergebnisse älterer Arbeiten über die Aromastoffe von Äpfeln und Birnen sind von A. C. HULME (1958) zusammengestellt worden. Zahlreiche neuere Untersuchungsergebnisse enthält der Bericht über das Symposium „Fruchtaromen" (H. LÜTHI 1962). D. F. MEIGH (1959) untersuchte die während der Apfellagerung ausgeschiedenen Kohlenwasserstoffe.

Von W. G. JENNINGS (1961) sowie W. G. JENNINGS u. R. K. CREVELING (1963) liegen Untersuchungen über das Birnenaroma vor.

h) Phenolische Verbindungen

Die Zahl der ein- und mehrwertigen Phenole ist in den Kernobstfrüchten sehr groß (vgl. dazu K. HERRMANN: Pflanzenphenole in Lebensmitteln, Bd. I dieses Handbuches u. 1963a). In Äpfeln konnten bis zu 20 phenolische Verbindungen nachgewiesen werden. Tafeläpfel und -birnen enthalten überwiegend Hydroxyzimtsäuren (Chlorogensäure, Isochlorogensäure, Neochlorogensäure sowie p-Cumarsäure und Ferulasäure als Ester; K. HERRMANN 1958) und nur sehr geringe Mengen an Catechinen und Leukoanthocyanidinen. Im Wirtschaftsobst steigt dagegen der Gehalt an Catechinen und Leukoanthocyanidinen stärker an (A. H. WILLIAMS 1957); besonders hoch ist er bei nicht voll ausgereiften Mostäpfeln und -birnen (K. HERRMANN 1960a). Birnen können 0,05—1,2 % Leukoanthocyanidine in kondensierter Form enthalten (M. E. KIESER u. Mitarb. 1953).

In der Schale einiger Apfelsorten wurde der rote Anthocyaninfarbstoff Idaein (Cyanidin-3-monogalaktosid) nachgewiesen. (I.J. DUNCAN u. R.B. DUSTMAN 1936). In Äpfeln wurden außerdem die an der gelben Grundfarbe beteiligten Flavonole Quercetin-3-monogalaktosid, Isoquercitrin, Quercitrin, Rutin, Quercetin-3-monoarabinosid und Quercetin-3-monoxylosid (H.W. SIEGELMAN 1955), in Birnen und Quitten Quercetin-3-glykosid (K. HERRMANN 1959) aufgefunden.

i) Fermente

Die Kernobstarten enthalten ebenso wie fast alle anderen Obstarten Oxydasen (Peroxydasen, o-Polyphenoloxydase), Katalase und Amylasen. Der Gehalt an o-Polyphenoloxydase ist verhältnismäßig hoch (K. HERRMANN 1958). K. P. DIMICK u. Mitarb. (1951) berichteten über o-Polyphenoloxydase im Zusammenhang mit technologischen Fragestellungen (vgl. auch S. I. JANKOV 1962). Die Katalase-Aktivität ist in der Schale und den subepidermalen Gewebebereichen des Apfels relativ hoch (B. D. EZELL u. F. GERHARDT 1942). Die Pektinesterasegehalte von Äpfeln und Birnen sind gering (A. MEHLITZ u. H. MAASS 1935). Nach P. JACQUIN (1955b) ist der Pektinesterasegehalt mehr reife- als sortenbedingt; überreife Früchte enthalten am meisten Pektinesterase. In Birnen ist auch Polygalakturonase nachgewiesen worden (C. WEURMAN 1953, 1954; R. M. MCCREADY u. E. A. MCCOMB 1954).

2. Zusammensetzung der Steinobstarten

In der Tab. 6 wird eine Übersicht über die Zusammensetzung der Steinobstarten gegeben. Die Veröffentlichungen von R. E. MARSHALL (1954), E. PEYNAUD (1950, 1951a) sowie E. PEYNAUD u. H. CAILLAVET (1955) enthalten nähere Einzelheiten zur Zusammensetzung von Kirschen, Pfirsichen und Pflaumen.

a) Kohlenhydrate

Die Hauptmenge des Gesamtzuckers kann bei Pfirsichen und Aprikosen aus Saccharose bestehen. Die Frühpfirsiche enthalten weniger Saccharose als die länger lagerfähigen Spätsorten (L. GENEVOIS u. E. PEYNAUD 1947). Der Anteil der Saccharose am Gesamtzucker beträgt bei Pflaumen etwa 20 % (A. SCHALLER u. W. SALLER 1959). Der Glucosegehalt der Steinobstfrüchte ist meistens etwas höher als der Fructosegehalt. Maltose ist in Aprikosen, Xylose in Aprikosen, Pfirsichen und Pflaumen nachgewiesen worden (J. G. HAY u. J. B. PRIDHAM 1953; A. S. ASH u. T. M. REYNOLDS 1955b).

Die Steinobstarten enthalten auch wechselnde Mengen an Sorbit (G. REIF 1934). Der Sorbitgehalt von Pflaumen kann bis zu 4,5 % betragen, nimmt nach der Ernte aber stark ab (I. DONEN 1939; A. E. BRADFIELD u. A. E. FLOOD 1950).

b) Stickstoffverbindungen

Untersuchungen über den Gehalt von Pflaumen und Aprikosen an freien Aminosäuren wurden von M. A. JOSLYN u. W. STEPKA (1949) durchgeführt. A. SCHALLER (1960) berichtete über freie Aminosäuren im Pflaumensaft. Der Gehalt von Pflaumensäften an Formol-Stickstoff liegt zwischen 40 und 50 % des Gesamtstickstoffgehaltes (A. SCHALLER u. W. SALLER 1959). Pfirsiche und Aprikosen enthalten die gleichen Aminosäuren (T. M. REYNOLDS 1957). In Kirschen sind von O. THALER u. J. RATEAU (1957) 18 Aminosäuren identifiziert worden.

Die milde laxierende Wirkung von Pflaumen ist wahrscheinlich auf das Vorkommen von Diphenylisatin zurückzuführen, das von H. M. BAUM u. Mitarb. (1951) nachgewiesen werden konnte.

c) Lipide

Pflaumenkerne enthalten durchschnittlich 37 %, Pfirsichkerne 46 % und Aprikosenkerne 51 % Öl, das überwiegend aus Ölsäure und Linolsäure zusammengesetzt ist (M. L. MEARA 1957). In Pflaumen- und Pfirsichkernen sind auch 0,4 bzw. 0,2 % Phosphatide (B. REWALD u. A. SCHWIEGER 1933) vorhanden.

d) Organische Säuren

Die Säurezusammensetzung der Steinobstfrüchte ist sehr unterschiedlich und stark wechselnd (vgl. Tab. 7). Das Verhältnis von Äpfelsäure zu Citronensäure (Menge in mVal) variiert beispielsweise bei Pfirsichen im Bereich von 0,8—4,7 (J. WOLF 1960, S. 744).

In sehr geringen Mengen sind Bernsteinsäure, Galakturonsäure und Schleimsäure in Pfirsichen (E. F. ANET u. T. M. REYNOLDS 1954, 1955), Bernsteinsäure, Citramalsäure (O. THALER u. J. RATEAU 1957), Shikimisäure (A. C. HULME u. L. S. WOOLTORTON 1958b) und Isocitronensäure (A. MEHLITZ u. B. MATZIK 1957; papierchromatographisch) in Kirschen nachgewiesen worden. Pflaumen können neben Chlorogensäure in verschiedenen isomeren Formen relativ große Mengen an noch unbestimmten Säuren enthalten (E. PEYNAUD 1951 a, b).

e) Vitamine

Die Vitamingehalte der Steinobstarten sind in Tab. 8 zusammengestellt. Bemerkenswert ist der hohe β-Carotingehalt der Aprikosen. Die Gesamtcarotinoide der Aprikosen bestehen zu etwa 60 % aus β-Carotin (A. L. CURL 1960). Der β-Carotinanteil von geschälten Halford-Cling-Pfirsichen beträgt 10 % des Gesamtcarotinoidgehaltes (A. L. CURL u. G. F. BAILEY 1959). Einzelne Pflaumensorten sind auch relativ reich an Vitamin B_1.

f) Mineralstoffe

Die Gehalte des eßbaren Anteils der Steinobstfrüchte an Mineralstoffen und Spurenelementen können aus Tab. 9 ersehen werden. Die Angaben für Kirschen beziehen sich dabei auf Süßkirschen; im wesentlichen stimmt die Zusammensetzung der Mineralstoffe von Sauerkirschen mit denen von Süßkirschen überein.

Für den Zinkgehalt von Kirschen werden von S.W. SOUCI u. Mitarb. (1963) mit 0,2—2,2 mg/100 g relativ hohe Werte angegeben (vgl. auch Zinkgehalte von Birnen). Im Hinblick auf die Beurteilung von Restmengen zinkhaltiger Schädlingsbekämpfungsmittel dürften weitere Untersuchungen über den natürlichen Zinkgehalt des Obstes erforderlich sein.

In geringen Mengen enthalten die Steinobstarten auch Schwefel (4—8 mg/100 g), Chlorid (1—3 mg/100 g), Aluminium und Silicium.

g) Farbstoffe und Phenole

Der Farbstoff der Aprikosen besteht aus einem Gemisch verschiedener Carotinoide (A. L. CURL 1960) und Flavonole. In Pfirsichen sind Violaxanthin und Kryptoxanthin Hauptbestandteile des Carotinoidgemisches (A. L. CURL u. G. F. BAILEY 1959). Neben den Carotinoiden sind als Farbstoffe Chrysanthemin und zwei Cyanidinmonoside vorhanden (G. JOHNSON u. Mitarb. 1951; A. FOUASSIN 1956).

Die Anthocyangemische in Kirschen und Pflaumen können sehr unterschiedlich zusammengesetzt sein (vgl. dazu auch K. HERRMANN, Bd. I dieses Handbuches). Tab. 10 gibt eine Übersicht über das Vorkommen von Anthocyanen und Flavonolen in verschiedenfarbigen Süßkirschen- und Pflaumensorten.

Tabelle 10. *Anthocyane und Flavonole in Süßkirschen und Pflaumen*

Obstart	Fruchtfarbe	Anthocyane bzw. Flavonole	Literatur
Süßkirschen	dunkelrot	Keracyanin	K. C. LI u. A. C. WAGENKNECHT 1958
	schwarz	Chrysanthemin, Cyanidinmonosid	A. FOUASSIN 1956, K. C. LI u. A. C. WAGENKNECHT 1958
Pflaumen	gelb	Quercetin, Isoquercitrin, Quercitrin, Quercetin-3-arabinosid	B. L. WILLIAMS u. S. H. WENDER 1953
	rot	Chrysanthemin, Cyanidinmonosid, Paeonidin-Derivat	D. DICKINSON u. J. H. GAWLER 1956, A. FOUASSIN 1956
	schwarzblau	Malvidin-3-glykosid, 2 Cyanidinglykoside	H. REZNIK 1956

In Tab. 11 sind die bisher im Steinobst nachgewiesenen Hydroxyzimtsäuren und Hydroxycumarine zusammengestellt.

Tabelle 11. *Hydroxyzimtsäuren und Hydroxycumarine im Steinobst* (nach K. HERRMANN 1958 u. 1963a)

Obstart	Chlorogensäure	Isochlorogensäure	Neochlorogensäure	p-Cumarsäure (als Ester)	Ferulasäure (als Ester)	Scopoletin
Pflaumen	+	+	+	+	+	+
Kirschen	+	+	+	+		
Pfirsiche	+	+	+			
Aprikosen	+		+			+

Die Steinobstarten enthalten ferner (+)-Catechin, (—)-Epicatechin (außer in Pfirsichen) und Leukoanthocyanidine (außer in Aprikosen). In Pflaumen wurde auch Gallocatechin nachgewiesen (K. HERRMANN 1958). Der Gehalt an Catechinen ist höher als bei den Kernobstarten (K. HERRMANN 1958); darauf ist der herbe Geschmack einzelner Pfirsichsorten zurückzuführen.

3. Zusammensetzung der Beerenobstarten einschließlich der Wildbeerenfrüchte

Die Tab. 12 gibt die Zusammensetzung der Kultur- *und* Wildbeerenfrüchte ohne Unterscheidung nach Herkunft an.

Tabelle 12. *Zusammensetzung von Beerenobstfrüchten*

	Wasser %	Gesamtzucker %	Stickstoffverbindungen %	Asche %	Acidität mVal/100 g	Pektin, ber. als Calciumpektat %
Erdbeeren	79—93	3—10	0,6—1,0	0,2—0,8	7—32	0,1—0,9
Johannisbeeren, rot	79—88	2—10	1,0—1,4	0,4—0,8	21—50	0,3—1,5
Johannisbeeren, schwarz	75—86	2—14	0,7—1,3	0,5—0,9	35—65	0,6—1,8
Himbeeren	75—91	2—13	1,0—1,4	0,3—0,6	11—52	0,1—0,9
Brombeeren	77—88	2—12	0,9—1,3	0,2—0,6	7—44	0,4—1,2
Stachelbeeren	85—92	2—10	0,5—1,0	0,3—0,6	12—43	0,3—1,2
Heidelbeeren	79—90	2—15	0,4—1,1	0,1—0,7[1]	10—18	
Weintrauben	76—88	9—20	0,5—1,3	0,3—0,7	4—18	0,2—0,5
Moosbeeren	83—88	4—5	0,2—0,4	0,2—0,3	37	1,2

[1] Kulturheidelbeeren haben einen geringeren Mineralstoffgehalt als Waldheidelbeeren.

Die wildwachsenden Beerenfrüchte unterscheiden sich in der durchschnittlichen Zusammensetzung einzelner Inhaltsstoffe von den kultivierten Beerenfrüchten gleicher Art. Walderdbeeren und -himbeeren haben einen höheren Zucker- und Aromagehalt als die kultivierten Arten. Der Trockensubstanzgehalt von deutschen Gartenerdbeeren liegt beispielsweise zwischen 8 und 14 %, während der Trockensubstanzgehalt von Walderdbeeren im *Mittel* 15,4 % beträgt. Der Zuckergehalt der Kulturheidelbeeren ist dagegen etwa doppelt so hoch wie der von Waldheidelbeeren; andererseits ist der Vitamin C-Gehalt der Kulturheidelbeeren deutlich geringer (vgl. G. Liebster 1961; W. Bötticher 1963a). Aus Tab. 13 geht die Zusammensetzung von einigen Wildfrüchten hervor.

Tabelle 13. *Zusammensetzung einiger wildwachsender Beerenobstfrüchte*

	Hagebuttenfruchtfleisch	Preißelbeeren	Sanddornbeeren	Ebereschen gewöhnl.	Ebereschen süße	Holunderbeeren	Schlehen
Wasser %	42—57	83—89	82,5	66—81	63—75	79—85	74—80
Gesamtzucker %	12—21	8,7	3,5	5—9	8—9	5—9	6—9
Stickstoffverbindungen %	2,1—4,1	0,1—0,4	1,2	0,9—1,2	1,5	2,5	0,9
Asche %	1,9—3,3	0,3	0,5	0,7—1,0	0,8	0,4—0,8	0,4—1,3
Acidität mVal/100 g	28—60	39	22	18—46	24—46	6—19	12—54
Rohfaser %		1,8	0,9		3,2	4,1—8,2	0,8
Vitamin C mg/100 g	250—1400	10—20	100—1200	40—60	35—200	10—29	0,5—10

a) Kohlenhydrate

Das Glucose-Fructose-Verhältnis liegt im allgemeinen bei 1:1. Der Saccharosegehalt der Beerenfrüchte ist sehr schwankend und liegt meistens unter 1 %. Bei Erdbeeren beträgt das Verhältnis von reduzierenden Zuckern zu Saccharose 2:1 bis 50:1 (F. Matzner 1960). Die Bildung von Saccharose wird bei Weintrauben als objektives Merkmal der physiologischen Reife angesehen (K. N. PATARAJA u. L. S. SSILAGADSE 1962). In Erdbeeren sind auch Xylose und Galaktose nachgewiesen worden (L. CULTRERA u. A. PIEGAI 1961).

b) Stickstoffverbindungen

Das Traubenprotein besteht aus mehreren elektrophoretisch auftrennbaren Substanzen und setzt sich aus 18 Aminosäuren zusammen (W. DIEMAIR u. Mitarb. 1961a, b).

Von L. F. BURROUGHS (1960) wurden an Beerenfrüchten (außer Weintrauben und Heidelbeeren) Gehalte an alkohollöslichem Stickstoff von 0,02—0,05 % festgestellt und 12—16 freie Aminosäuren nachgewiesen (α-Alanin und Glutamin vorherrschend). In Weintrauben sind 21 und in Heidelbeeren 5 freie Aminosäuren aufgefunden worden (R. SILBER u. Mitarb. 1960). Weintrauben enthalten auch die relativ größten Mengen an essentiellen Aminosäuren, während diese in Stachelbeeren ganz fehlen sollen. In Preißelbeeren wurde erstmalig in der Natur 1-Aminocyclopropan-1-carboxylsäure (0,4 mg/100 g) aufgefunden (A. I. VIRTANEN 1955; M.-L. VÄHÄTALO u. A. I. VIRTANEN 1957).

c) Lipide

Der Rohfettgehalt der Beerenobstarten beträgt im allgemeinen nicht mehr als 1%. Eine Ausnahme bilden Sanddornbeeren (rund 5% Öl) und Weintrauben. Weintrauben haben einen durchschnittlichen Rohfettgehalt von 1,6%, an dem die Wachsschicht der Oberfläche mit einem natürlichen Wachsgehalt von 0,11—0,18 mg/cm² Gesamtoberfläche beteiligt ist (W. F. DUDMAN u. M. GRUCAREVIC 1962).

d) Organische Säuren

Die Verteilung der Fruchtsäuren im Beerenobst ist aus Tab. 14 zu ersehen. Weintrauben enthalten hauptsächlich Weinsäure und Äpfelsäure, die zusammen mehr als 90 % der Gesamtsäure ausmachen; daneben kann etwas Citronensäure vorliegen. Zur Säurezusammensetzung von Heidelbeeren vgl. P. MARKAKIS u. Mitarb. (1963). Sanddornbeeren enthalten neben Äpfelsäure nicht unbedeutende Mengen an Chinasäure und Ascorbinsäure, aber keine Buttersäure (H. RENTSCHLER u. H. TANNER 1957). Das Vorkommen von Ketosäuren in Preißelbeeren und Moosbeeren wurde von A. I. VIRTANEN u. M. ALFTHAN (1955) und in Erdbeeren von M. HANE (1961) untersucht.

Tabelle 14. *Zusammensetzung der Fruchtsäuren von Beerenobstarten* (nach Angaben von J. WOLF 1960 u. a.)

Beerenobstart	Citronensäure	Äpfelsäure	Chinasäure	Shikimisäure	Isocitronensäure
Erdbeeren	70—90 %	um 10 %	(+)	(+)	—
Johannisbeeren	85—90 %	10—15 %	—	—	(+)
Himbeeren	vorherrschend	wenig	—	—	—
Brombeeren	(+)	15—35 %[1]	+	+	65—85 %[1]
Stachelbeeren	ca. 45 %	ca. 45 %	+	5—10 %[2]	—
Heidelbeeren[3]	vorherrschend	+ +	5 %	(+)	(+)
Moosbeeren	+ + +	+	+ + +	—	—
Holunderbeeren	vorherrschend	wenig	(+)	(+)	(+)

[1] A. L. CURL u. E. L. NELSON (1943)
[2] G. C. WHITING (1957, 1958); in unreifen Stachelbeeren bis zu 50 Gew.% Shikimisäure.
[3] P. MARKAKIS u. Mitarb. (1963).

Der Gehalt an Benzoesäure beträgt bei Moosbeeren bis zu 0,1 % (C. R. FELLERS u. W. B. ESSELEN 1955); bei Preißelbeeren kann er sogar bis auf 0,2 % ansteigen

(E. Polenske 1911). Die Benzoesäure liegt dabei teilweise als Vacciniin (Glucose-6-benzoat) vor (P. Brigl u. W. Zerrweck 1934). Heidelbeeren enthalten Benzoesäure zum Unterschied von den rotfrüchtigen Vacciniumarten nicht oder in sehr geringen Mengen (O. A. Merriam u. C. R. Fellers 1936: 2 mg/100 g Benzoesäure).

Vogelbeeren enthalten neben Äpfelsäure wenig Parasorbinsäure, dagegen keine Sorbinsäure (W. Diemair u. K. Franzen 1959).

e) Vitamine

Die Vitamingehalte des Beerenobstes sind in Tab. 8 zusammengestellt (vgl. auch Tab. 13). Der Ascorbinsäuregehalt von Erdbeeren (überwiegend 30—60 mg/100 g) entspricht dem der Citrusfrüchte (K. J. Maurer 1961). Der höchste Vitamin C-Gehalt der schwarzen Johannisbeeren (bis 260, im Extremfall bis 400 mg/100 g) wird kurz vor der Vollreife der Beeren erreicht (H. Fore 1957). Die Ascorbinsäuregehalte von schwarzen Johannisbeeren und Erdbeeren sind stark sortenabhängig. Bei Erdbeeren besteht vielfach eine umgekehrte Beziehung zwischen der Titrationsacidität und dem Vitamin C-Gehalt (F. Matzner 1959).

Der Gehalt an B-Vitaminen wird durch die Sorte weniger beeinflußt (H. Haenel u. R. Wegner 1957). Im Durchschnitt ist der Gehalt der roten Weintrauben an B-Vitaminen höher als der von weißen (A. P. Hall u. Mitarb. 1956).

W. Schuphan (1942) sowie J. Koch u. G. Bretthauer (1956) untersuchten den Einfluß des Klimas auf die Ascorbinsäuregehalte von Erdbeeren und schwarzen Johannisbeeren.

Der besonders hohe Ascorbinsäuregehalt von Sanddornbeeren (vgl. Tab. 13) ist von der Höhenlage und von klimatischen Faktoren abhängig. Der Vitamin C-Gehalt von Gebirgssanddornbeeren ist etwa dreimal so hoch wie der von Sanddornbeeren aus Küstengegenden (T. Sabalitschka u. H. Michels 1946; C. Griebel u. M. Rohkohl 1948). Der Ascorbinsäuregehalt von Hagebutten ist ebenfalls sehr hoch (vgl. Tab. 13). Zum β-Carotin-Gehalt von Sanddornbeeren vgl. W. Feldheim u. E. Jarmatz (1956). Der Vitamin C-Gehalt von Kulturheidelbeeren ist deutlich geringer als der von Waldheidelbeeren (G. Liebster 1961).

f) Mineralstoffe

Die Zusammensetzung der Asche des Beerenobstes ist aus Tab. 15 zu ersehen. Die Beerenfrüchte enthalten etwa doppelt soviel Eisen wie die meisten anderen

Tabelle 15. *Mineralstoffgehalte von Beerenobstfrüchten (in mg/100 g)*

	Kalium	Phosphor[1]	Calcium	Magnesium	Natrium[2]	Eisen	Mangan
Erdbeeren . .	100—220	9—38	14—41	7—15	1	0,3—1,4	0,1—0,4
Johannisbeeren							
rot	110—340	9—50	10—60	5—15	1	0,6—1,3	0,2—1,0
schwarz . . .	230—440	23—55	10—60	10—25	2	0,9—2,8	0,2—0,4
Himbeeren . .	90—250	10—50	18—63	12—30	4	0,6—1,3	0,3—0,7
Brombeeren . .	70—240	10—34	17—64	26	1	0,9—1,0	0,6
Stachelbeeren .	90—280	11—38	4—34	8—19	4	0,4—1,0	0,1
Heidelbeeren .	30—110	2—20	3—25	2—3	2	0,4—1,0	2,3—4,4[3]
Weintrauben .	40—250	1—35	14—36	5—15	5	0,2—0,8	0,04—0,1
Moosbeeren . .	65—120	3—13	14—20	5—8	2	0,4—1,1	0,6

[1] Von R. A. Osborn (1964) werden z. T. wesentlich niedrigere Phosphorgehalte als von anderen Autoren angegeben. Dagegen liegen von R. W. Money (1964) mitgeteilte Phosphorgehalte sehr hoch (über den in der Tabelle wiedergegebenen Werten).

[2] Höchstwerte.

[3] 0,2—0,7 mg/100 g Mangan in Kulturheidelbeeren (S. W. Souci u. Mitarb. 1964).

Obstarten. Verschiedene Beerenobstarten sind relativ reich an Manganverbindungen (Himbeeren: W. Diemair u. F. Mayr 1936; J. Fleischanderl 1956; W. Liegel 1959; Heidelbeeren: W. Bötticher 1963a; Brombeeren: J. Fleischanderl

1956). Die Kupfer- und Zinkgehalte liegen zwischen 0,1 und 0,2 mg/100g. Fluor ist in Erdbeeren, Johannisbeeren und Stachelbeeren nachgewiesen worden (11—18 μg/100 g).

g) Aromastoffe

Von den Beerenfrüchten enthalten vor allem Himbeeren und Erdbeeren besonders ansprechende flüchtige Aromastoffe (vgl. dazu M. WINTER u. Mitarb. 1962). Als charakteristische Bestandteile des Himbeeraromas werden p-Hydroxyphenyl-1-butanon-3 (H. SCHINZ u. C. F. SEIDEL 1957; M. WINTER 1961) und Gerianol (E. SUNDT u. M. WINTER 1960) angesehen (vgl. M. WINTER u. E. SUNDT 1962). Flüchtige Säuren in Himbeeren: E. PALLUY u. Mitarb. (1963). Die Aromastoffe von Erdbeeren untersuchten K. P. DIMICK u. B. MAKOWER (1956), M. WINTER u. Mitarb. (1958), C. F. SEIDEL u. Mitarb. (1958), M. WINTER (1963: Flüchtige Schwefelverbindungen) sowie R. TERANISHI u. Mitarb. (1963). A. D. WEBB (1962) berichtete über die Zusammensetzung des Traubenaromas. Die höhersiedenden Komponenten (Sdp. > 150° C) des Aromakomplexes schwarzer Johannisbeeren untersuchten J. ANDERSSON u. E. VON SYDOW (1964).

h) Phenolische Verbindungen einschließlich Farbstoffe

Das Vorkommen und die Mischungsverhältnisse der *Farbstoffe* im Beerenobst unterliegen sehr starken reife- und sortenbedingten Schwankungen. Die Anthocyane und Flavonole der Beerenobstarten sind von K. HERRMANN (Pflanzenphenole in Lebensmitteln, Bd. I dieses Handbuches) zusammengestellt; vgl. auch H. SUOMALAINEN u. C. ERIKSSON (1960) und K. HERRMANN (1963a, b).

Tabelle 16. *Vorkommen phenolischer Inhaltsstoffe (außer Farbstoffen) im Beerenobst* (nach K. HERRMANN 1963a)

	Erdbeeren	Johannisbeeren	Himbeeren	Brombeeren	Stachelbeeren	Weintrauben
Chlorogensäure	+	+	+	+	+	+
Isochlorogensäure						+
Neochlorogensäure	+	+	+	+	+	+
p-Cumarsäureester	+	+			+	+
Ferulasäureester		+	+	+	+	
1-p-Cumaroyl-glucose	+					
(+)-Catechin	+	+	+	+	+	+
(—)-Epicatechin			+	+		+
Gallocatechin	+	+			+	+
(—)-Epigallocatechin	+					+
Epicatechingallat						+
Leukoanthocyanidin						+

P. RIBÉREAU-GAYON (1960) untersuchte die quantitative Verteilung der Anthocyane in Weintrauben (bis zu 17). In Hybridentrauben sind sehr häufig Anthocyanidin*di*glucoside (z. B. Malvin) aus Kreuzungen mit *Vitis riparia* und *Vitis rupestris* enthalten, die in *Vitis vinifera* fehlen.

Gartenerdbeeren enthalten Pelargonidin-3-monoglucosid und Cyanidin-3-monoglucosid im Verhältnis 1:0,05, während bei Walderdbeeren das Verhältnis 1:1 beträgt (E. SONDHEIMER u. C. B. KARASH 1956). Die Anthocyane in Erdbeeren werden nach Verarbeitung der Früchte rasch zu braunen, unlöslichen Verbindungen abgebaut (P. MARKAKIS u. Mitarb. 1957).

Rote Stachelbeeren unterscheiden sich von den gelben, grünen und weißen Sorten durch den Gehalt an Cyanidin-3-monosid (G. M. u. R. ROBINSON 1931).

Der Unterschied in der Zusammensetzung der Anthocyane von roten und schwarzen Johannisbeeren (vgl. K. HERRMANN, Bd. I dieses Handbuches) kann zur Unterscheidung roter und schwarzer Johannisbeersäfte herangezogen werden (A. MEHLITZ u. H. DREWS 1960). Der Gehalt der Johannisbeeren an Flavonolen (Myricetin, Quercetin und Kämpferol) ist geringer als der an Anthocyanen. Schwarze Johannisbeeren enthalten mehr Myricetin; im übrigen bestehen keine wesentlichen Unterschiede (W. GLEISBERG u. H. AUMANN 1958).

In Weißdornbeeren konnten zwei neuartig zusammengesetzte Pro-anthocyanidine nachgewiesen werden (K. FREUDENBERG u. K. WEINGES 1962).

Eine Übersicht über das Vorkommen phenolischer Inhaltsstoffe außer Farbstoffen in den Beerenobstarten gibt Tab. 16.

i) Fermente

Die Aktivität der o-Polyphenoloxydase ist in Himbeeren und Brombeeren gering; nur wenig o-Polyphenoloxydase (1—2 % der Aktivität von Peroxydase) ist in Stachelbeeren und Johannisbeeren vorhanden (K. HERRMANN 1958). In Weintrauben ist Polyphenoloxydase besonders in und unter den Beerenhäuten von beträchtlicher Aktivität (E. BAYER u. Mitarb. 1957). In Erdbeeren ist o-Polyphenoloxydase nicht enthalten. A. C. WAGENKNECHT u. Mitarb. (1960) konnten in Himbeeren, Brombeeren und Heidelbeeren Anthocyanase nachweisen.

4. Zusammensetzung von Schalenobst

Die Schalenfrüchte unterscheiden sich von den übrigen Obstarten durch einen bedeutenden Fett- und Eiweißgehalt (vgl. Tab. 17).

Der Wassergehalt lufttrockener Kerne beträgt im allgemeinen 3—7 %. Als kritischer Wassergehalt gegenüber Pilzinfektionen wurden bei Walnußkernen 5,3—5,4 % Wasser ermittelt (H. B. MURTHY u. Mitarb. 1957). Der Wassergehalt des eßbaren Anteils frischer Edelkastanien beträgt 48—54 %. Die Kokosnuß hat einen Wassergehalt von etwa 48 %.

Tabelle 17. *Fett- und Eiweißgehalte der Schalenobstarten in Prozenten des eßbaren, lufttrockenen Anteils*

Schalenobstart	Eiweiß	Fett
Walnüsse	13—23	56—68
Haselnüsse	11—18	61—73
Paranüsse	9—17	63—68
Hickorynüsse	9—15	67—74
Mandeln, süße	18—27	51—67
Edelkastanien	5—11	2—7
Erdnüsse	26—34	39—52
Cashewnüsse	12—20	44—47
Pistazien	20—22	53—54
Kokosfleisch, getrocknet	8—9	60—67

Der Rohfasergehalt der verschiedenen Schalenobstarten liegt zwischen 1 und 4 % des eßbaren Anteils.

a) Kohlenhydrate

Nüsse, Mandeln und Pignolen enthalten nach Untersuchungen von H. THALER (1957) neben Saccharose auch höhere Oligosaccharide, von denen Raffinose und das Tetrasaccharid Stachyose identifiziert werden konnten; Fructose ist vielfach abwesend. In türkischen Haselnüssen sind von J. CERBULIS (1955) 14 weitere Oligosaccharide nachgewiesen worden, von denen die meisten Ketosen als Bausteine enthalten. Die Veränderungen in der Zuckerzusammensetzung des praktisch fett- und eiweißfreien Milchsaftes der Cocosnuß (Cocoswasser) während der Reifung untersuchten R. CHILD u. W. R. NATHANAEL (1950). Im Cocoswasser sind Saccharose, Galaktose und Glucose, im Endosperm u. a. Raffinose und Rhamnose gefunden worden (A. S. BHOWN 1962).

In verschiedenen Schalenobstarten (Edelkastanien, Paranüsse, Cashewnüsse) übersteigt der Gehalt an Stärke den Zuckergehalt; daneben sind Pentosane vorhanden (3—4 % in Edelkastanien).

H. HADORN u. R. JUNGKUNZ (1952b) fanden in der Trockensubstanz von Edelkastanien 45—58 % Stärke und 22—34 % Saccharose.

Bittere Mandeln enthalten 2—4 % Amygdalin (D-Mandelsäurenitril-β-gentiobiosid), das durch β-Glucosidase (Hauptbestandteil von Emulsin; daneben α- und β-Galaktosidase) in Gentiobiose und Benzaldehydcyanhydrin gespalten wird.

b) Stickstoffverbindungen

Das Eiweiß der Schalenfrüchte ist vorwiegend aus Globulinen unterschiedlicher Zusammensetzung aufgebaut. Der Gehalt der Globuline einiger Schalenobstarten an essentiellen Aminosäuren wird in Tab. 18 wiedergegeben. Die Zusammensetzung der Eiweißhydrolysate von Hasel- und Walnüssen wurde von J. EUBEL (1956) untersucht, während H. WINTER (1957) Angaben über die Aminosäurenzusammensetzung des Erdmandelglobulins und anderer Schalenobstglobuline gemacht hat. Die freien Aminosäuren des frischen Cocoswassers bestehen zu 75 % aus Alanin, γ-Aminobuttersäure und Glutaminsäure (W. TULECKE u. Mitarb. 1961).

Tabelle 18. *Gehalt der Schalenobstglobuline an essentiellen Aminosäuren in g pro 100 g Protein* nach E. WALDSCHMIDT-LEITZ (1958a)

Aminosäure	Mandeln	Paranüsse	Erdnüsse		Cocosnüsse
	Amandin	Excelsin	Arachin	Conarachin	Cocosin
Valin	0,2	1,5	4,9	3,7	5,9
Leucin	} 4,5	} 8,7	7,8	6,6	7,2
Isoleucin			7,6	4,0	4,4
Phenylalanin	2,5	3,6	6,3	4,3	5,1
Arginin	12,2	14,3	14,0	16,5	16,7
Histidin	1,9	1,5	2,2	2,1	1,5
Lysin	0,7	1,6	4,6	4,7	4,4

Der Stickstoffanteil ist im Eiweiß der Schalenfrüchte etwas höher als in anderen Eiweißstoffen. Es werden deshalb für die Umrechnung auf Eiweiß die Faktoren 5,30 (Walnüsse) und 5,46 (Erdnüsse und Paranüsse) verwendet.

In Walnußkernen ist 5-Hydroxytryptamin (17—34 mg/100 g) nachgewiesen worden (E. KIRBERGER u. L. BRAUN 1961).

c) Lipide

Das Fett der Schalenfrüchte ist im wesentlichen aus ungesättigten Fettsäuren (Ölsäure, Linolsäure, Linolensäure und sehr wenig Arachidonsäure) zusammengesetzt; lediglich beim Cocosfett herrschen die gesättigten Fettsäuren vor. Bezüglich der Zusammensetzung der Öle von Schalenfrüchten und der Kennzahlen der Öle wird auf Bd. IV dieses Handbuches verwiesen.

Edelkastanien enthalten einen in Äther und Petroläther löslichen Phosphatid-Zucker-Komplex (H. HADORN u. R. JUNGKUNZ 1952b).

d) Vitamine

Die Schalenfrüchte sind relativ reich an verschiedenen B-Vitaminen; besonders bemerkenswert ist der hohe Nicotinsäureamidgehalt der Erdnüsse (vgl. Tab. 19). Der Vitamin C-Gehalt trockener Schalenfrüchte ist unbedeutend. Dagegen beträgt der Ascorbinsäuregehalt grüner Walnüsse 450 mg/100 g (K. HENNIG u. P. OHSKE 1940); zum „scheinbaren Vitamin C-Gehalt“ vgl. F. WOKES u. R.

MELVILLE (1949). Auch der Vitamin C-Gehalt von Edelkastanien ist relativ hoch (A. SCHALLER 1962: durchschnittlich 61 mg/100 g, bezogen auf Trockensubstanz).

Tabelle 19. *Vitamingehalte der Schalenobstarten in mg/100 g des eßbaren Anteils*

Schalenobstart	β-Carotin	Vitamin B_1	Vitamin B_2	Nicotin-säureamid	Vitamin C	α-Tokopherol[1]	γ-Tokopherol[1]
Walnüsse . . .	0,02—0,08	0,2—0,5	0,1	0,6—1,2	2—30	1,5	20,5
Haselnüsse . .	0,27	0,3—0,9			6	21	1,5
Paranüsse . .	Spuren	0,9—1,1	0,04	0,2		6,5	11
Hickorynüsse .	0,03	0,7	0,1	0,9	2	1,5	17
Mandeln . . .	0,16	0,2—0,3	0,7	4,6	6,5	15	0,5
Erdnüsse, geröstet . .	0,13	0,3—0,9	0,1	9—21	0	6,5	11
Edelkastanien .		0,1—0,3	0,2	0,5	23—31		

[1] Nach G. LAMBERTSEN u. Mitarb. (1962).

e) Mineralstoffe

Die Mineralstoffgehalte der Schalenfrüchte liegen im allgemeinen zwischen 2 und 3 %. Relativ hoch ist der Eisengehalt mit 2—5 mg/100 g (vgl. Tab. 20); Pistazien enthalten bis zu 8 mg/100 g Eisen.

Tabelle 20. *Asche- und durchschnittliche Mineralstoffgehalte einiger Schalenobstarten*

Schalenobstart	Asche %	Kalium mg/100 g	Phosphor mg/100 g	Calcium mg/100 g	Magnesium mg/100 g	Eisen mg/100 g	Mangan mg/100 g
Walnüsse	1,6—3,2	580	430	70	130	2,1	1,8
Haselnüsse	1,8—3,1	600	355	245	150	4,5	4,2
Paranüsse	1,8—3,9	640	675	175	160	3,4	0,6
Hickorynüsse . .	1,6—2,5	420	340	80	95	2,5	3,5
Mandeln	1,5—3,2	600	475	250	255	4,4	
Erdnüsse, geröstet	1,5—2,7	670	410	65	150	2,0	1,6
Edelkastanien[1] . .	2,1—2,7	1100	194	71	83	1,7	1,5

[1] Bezogen auf Trockensubstanz (L. RANDOIN u. Mitarb. 1961).

5. Zusammensetzung der Citrusfrüchte

Die Tab. 21 enthält Angaben über die Zusammensetzung des eßbaren Anteils verschiedener Citrusfrüchte. In der Zusammensetzung von Flavedo, Albedo und Endokarp bestehen erhebliche Unterschiede. Zur Zusammensetzung des Exokarps vgl. J. B. BIALE (1960a, S. 305).

Tabelle 21. *Zusammensetzung des eßbaren Anteils von Citrusfrüchten*

Fruchtart	Gesamt-säure %[1]	Gesamt-zucker %	Stickstoff-verbindung %	Asche %
Zitronen	3,1—8,7	0,9— 9,0	0,3—1,0	0,5—0,6
Orangen	0,2—2,6	4,0—12,0	0,5—1,5	0,4—0,6
Mandarinen	0,3—2,0	6,9—11,4	0,5—0,8	0,4—0,7
Grapefruits	0,8—2,7	3,3—12,0	0,5—0,8	0,4

[1] Berechnet als Citronensäure.

Die Arbeiten von J. F. KEFFORD (1955, 1959) enthalten zahlreiche Einzelheiten über die Inhaltsstoffe von Citrusfrüchten. Zur Zusammensetzung von Orangen vgl. auch W. B. SINCLAIR (1961) und S.M. HART (1961); Zitronen: E.T. BARTHOLOMEW u. W.B. SINCLAIR (1951). R. STROHECKER u. H. BEINDORF (1959) haben Zitronen unterschiedlicher Größe untersucht.

a) Kohlenhydrate

Das Saccharose-Glucose-Fructose-Verhältnis beträgt bei Orangen etwa 2:1:1 mit großer Schwankungsbreite (Z. SAMISCH u. A. COHEN 1949; J. KOCH u. E. SAJAK 1964). Der Saccharosegehalt von Grapefruits ist etwas geringer als der Gehalt an reduzierenden Zuckern, während Mandarinen relativ viel, Zitronen dagegen sehr wenig Saccharose enthalten.

Die Kohlenhydrate in den Schalen von Orangen und Grapefruits untersuchten S. V. TING u. E. J. DESZYCK (1961); Xylose und Rhamnose wurden in Spuren nachgewiesen. Die Schalen enthalten 20—40% Pektin in der Trockensubstanz.

b) Stickstoffverbindungen

Untersuchungen über die Zusammensetzung der Proteine von Orangen sind u. a. von P. M. TOWNSLEY u. Mitarb. (1953) sowie von R. T. WEDDING u. W. B. SINCLAIR (1954) durchgeführt worden; Glutathion in Orangen: E. F. JANSEN u. R. JANG (1952).

Der Anteil der freien Aminosäuren am Gesamtstickstoff beträgt in Citrussäften etwa 70% (R. L. CLEMENTS u. H. V. LELAND 1962). In Orangen, Zitronen und Tangerinen ist Prolin (0,04—0,2%), in Grapefruits Asparaginsäure (0,08%) vorherrschend.

Neuerdings sind in Citrusfrüchten geringe Mengen physiologisch wirksamer Stickstoffverbindungen aufgefunden worden (4,5 mg/100 g (—)-Sympatol in Orangen: L. GJESSING u. M. D. ARMSTRONG 1963; vgl. auch I. STEWART u. Mitarb. 1964).

c) Lipide

Die Lipidbestandteile des Fruchtfleisches und Saftes von Orangen sind in neuerer Zeit von L. J. SWIFT u. M. K. VELDHUIS (1951) und L. J. SWIFT (1952) untersucht worden. Neben Fettsäuren in freier Form und als Glyceride konnten β-Sitosterin und β-Sitosteryl-D-glucosid nachgewiesen werden.

d) Organische Säuren

Im Fruchtfleisch der Citrusfrüchte ist Citronensäure vorherrschend. Der Anteil der Äpfelsäure beträgt bei Zitronen 3—5% und bei Orangen 10—16% der Gesamtsäure (J. WOLF 1958a; W. B. SINCLAIR u. R. C. RAMSEY 1944; W. B. SINCLAIR u. D. M. ENY 1945).

In sehr geringen Mengen wurden Ameisensäure und Essigsäure (A. MEHLITZ u. B. MATZIK 1956), Galakturonsäure in Orangen (V. V. ALMENDINGER u. Mitarb. 1954) und Bernsteinsäure in Zitronen (R. E. YOUNG u. J. B. BIALE 1956) nachgewiesen.

Die Schalen der Citrusfrüchte sind säureärmer als das Fruchtfleisch und enthalten die Säuren vorwiegend in gebundener Form. Der Gehalt an Citronensäure tritt gegenüber dem an Chinasäure (S. V. TING u. E. J. DESZYCK 1959), Äpfelsäure und Oxalsäure in Form von Calciumoxalat zurück.

e) Vitamine

Zum Gehalt von Citrusfrüchten an Vitaminen vgl. Tab. 8.

Der Ascorbinsäuregehalt ist im Albedo und Flavedo der Citrusfrüchte noch wesentlich höher als im Fruchtfleisch.

Der Anteil der Carotine am Gesamtcarotinoidgehalt, berechnet als β-Carotin, liegt in Orangen normalerweise unter 15% (E. BENK 1961c). Der β-Carotingehalt des Fruchtfleisches von rosa- und rotfleischigen Grapefruitsorten ist mit 1,3—2,1 mg/kg relativ hoch (M. KHAN u. G. MACKINNEY 1953; vgl. Tab. 22).

Für die Beurteilung der Provitamin A-Wirkung von Citrusfrüchten ist auch der Gehalt an Kryptoxanthin (57% der Wirksamkeit von β-Carotin) von Bedeutung. Von L. ZECHMEISTER u. P. TUZSON (1936a) wurden in Orangen 3,8 mg/kg Kryptoxanthin (2,4 mg/kg im Fruchtfleisch) gefunden. In Mandarinen beträgt das Verhältnis von β-Carotin zu Kryptoxanthin 1:10 bis 1:25 (L. ZECHMEISTER u. P. TUZSON 1933, 1936b).

Tabelle 22. *Carotinoidgehalte von Orangen und Grapefruits in Prozenten des Gesamtcarotinoidgehaltes* (nach A. L. CURL u. G. F. BAILEY 1957a, 1961)

Carotinoid	Navel-Orangen		Ruby Red-Grapefruits	
	Schale	Fruchtfleisch	Schale	Fruchtfleisch
β-Carotin	0,2	0,5	7,2	27,0
ζ-Carotin	8,4	8,5	7,2	3,5
Lycopin			11,0	40,0
Kryptoxanthin	3,1	10,0	1,4	0,7
Antheraxanthin	3,1	11,6		0,7
Violaxanthin	26,4	45,6	1,0	0,9

f) Mineralstoffe

Die Gehalte der Citrusfrüchte an Mineralstoffen und Spurenelementen sind in Tab. 23 wiedergegeben.

Der Calciumgehalt von Orangen- und Grapefruitschalen (bezogen auf Trockensubstanz) ist zehnmal höher als der des Saftes (L. J. SWIFT u. M. K. VELDHUIS 1957). Orangen (ganze Frucht) enthalten 2,3—4,0 mg/kg Bor (G. BIONDA 1947);

Tabelle 23. *Gehalte des eßbaren Anteils von Citrusfrüchten an Mineralstoffen und Spurenelementen*

		Zitronen	Orangen	Mandarinen	Grapefruits
Kalium	mg/100 g	95—170	90—220	140—250	95—235
Phosphor	mg/100 g	10—22	20—28	12—20	16—20
Calcium	mg/100 g	6—60	20—58	11—41	11—23
Magnesium	mg/100 g	10	10—12	11	12
Natrium	mg/100 g	2—6	0,6—1,0	bis 0,8	0,4—4,0
Eisen	mg/100 g	0,1—0,6	0,3—0,8	0,3—0,6	0,2—0,3
Zink	μg/100 g	30—200	80—170	80	200
Kupfer	μg/100 g	300—400	25—300	90	30—40
Mangan	μg/100 g	bis 80	30—140	40	10
Jod	μg/100 g	0,8	2	0,8	1,3
Fluor	μg/100 g	3—17	7—18		12—36

vgl. auch M. IHLOFF u. M. KALITZKI (1961) sowie P. DUPAIGNE u. Mitarb. (1961). Die Chloridgehalte der Citrusfrüchte liegen bei 2—6 mg/ 100g, die Schwefelgehalte bei 7—12 mg/100 g.

g) Aromastoffe

Das ätherische Öl liegt in den Öldrüsen der Citrusfruchtschalen vor; im Endokarp ist nur wenig ätherisches Öl vorhanden. Die Zusammensetzung der Schalenöle ist in einer Reihe ausführlicher Arbeiten besprochen worden (vgl. K. HERRMANN: Ätherische Öle, Bd. I dieses Handbuches). Neben 70—95 % D-Limonen enthalten die Citrusöle andere Kohlenwasserstoffe, Carbonylverbindungen, Alkohole und Ester. Das ätherische Öl von Navel-Orangen ist aus mehr als 50 Verbindungen zusammengesetzt (R. A. BERNHARD 1961).

Das Citrusaroma wird in erster Linie durch Aldehyde und Ester in den Schalenölen hervorgerufen. Als wesentlicher Aromaträger der Zitronen ist Citral, der Orangen und Grapefruits n-Octanal und n-Decanal anzusehen. Aromastoffe im Orangensaft: R. W. WOLFORD u. Mitarb. (1963).

h) Phenolische Verbindungen

In Citrusfrüchten sind Flavanonglykoside in einer Menge von 1—6 g pro Frucht (überwiegend im Albedo und in den festen Teilen des Fruchtfleisches) vorhanden. Zitronen, Orangen und Mandarinen enthalten Hesperidin (Hesperetin-7-rutinosid), Grapefruits und Pampelmusen Naringin (Naringenin-7-neohesperidosid) und Rhoifolin (Apigenin-7-rutinosid) (K. M. ROWELL u. C. G. BEISEL 1963), Pomeranzen Naringin oder Hesperidin (K. HERRMANN 1962). Naringin schmeckt im Gegensatz zu Naringenin stark bitter. Der bittere Geschmack kann durch Naringinase vermindert werden (F. P. GRIFFITHS u. B. J. LIME 1959). Bezüglich der Flavanonglykoside (Bioflavonoide) der Citrusfrüchte vgl. K. HERRMANN Bd. I dieses Handbuches.

i) Fermente

Im Gegensatz zu fast allen anderen Obstarten enthalten Citrusfrüchte keine o-Polyphenoloxydase. Pektinesterase (in Orangen: E. F. JANSEN u. Mitarb. 1960) ist relativ hitzestabil (A. H. ROUSE u. C. D. ATKINS 1952). Es besteht eine direkte Beziehung zwischen der Aktivität an Pektinesterase und dem Gehalt an wasserunlöslichen Zellgewebeteilen (strukturgebundenes Enzym) (A. H. ROUSE 1951, 1953).

In Orangen, Zitronen und Grapefruits ist ferner Acetylesterase (E.F. JANSEN u. Mitarb. 1947) sowie Phosphatase (B. AXELROD 1947) und im Flavedo von Zitronen und Orangen Glutaminsäuredecarboxylase (B. AXELROD u. Mitarb. 1955) nachgewiesen worden. Die Citrusfruchtschalen enthalten weitere Fermente (Di- und Polyaminopeptidase: E.F. JANSEN u. Mitarb. 1952; Ascorbinsäureoxydase in Orangenschalen: F.E. HUELIN u. I.M. STEPHENS 1948).

k) Farbstoffe

Der Farbton orangefarbener Citrusfrüchte wird durch verschiedene Carotinoide hervorgerufen, die überwiegend in den Schalen lokalisiert sind. In verschiedenen Orangensorten sind 0,4—3,4 mg/100 g Gesamtcarotinoide (G. MACKINNEY 1962), in Orangenschalen 38—142 mg/100 g Gesamtcarotinoide (E. BENK 1961c) festgestellt worden.

Von A. L. CURL u. G. F. BAILEY (1956, 1957a, b, 1961) konnten in verschiedenen Citrusfrüchten mehr als vierzig Carotinoide aufgefunden werden, die als Carotinoidkohlenwasserstoffe, Carotinoidalkohole, -epoxide und -aldehyde vorliegen. Tab. 22 zeigt den Anteil der wichtigsten Carotinoide am Gesamtcarotinoidgehalt von Orangen und rotfleischigen Grapefruits. Von L. ZECHMEISTER u. P. TUZSON (1936a, b) wurde aus Citrusfruchtschalen Citraurin isoliert. In Orangen- und Clementinenschalen wurden β-Apo-8'-carotinal (H. THOMMEN 1962), β-Apo-2'-carotinal und einige weitere Carotinoidaldehyde nachgewiesen (A. WINTERSTEIN 1960; A. WINTERSTEIN u. Mitarb. 1960).

Zitronen (Sorte Meyer) enthalten 2,4—5,6 mg/kg Gesamtcarotinoide (A. L. CURL 1962a).

Die rote Farbe von Tangerinenschalen wird durch Reticulataxanthin und Tangeraxanthin hervorgerufen (A.L. CURL 1962b).

Bei Blutorangen ist die rote Färbung auf die Anwesenheit von Anthocyanen (Cyanidin- und Delphinidin-3-monoglucosid) zurückzuführen (B.V. CHANDLER 1958).

l) Bitterstoffe

Citrusfrüchte enthalten neben Naringin eine Reihe von Bitterstoffen, die als „Limonoide“ zusammengefaßt werden (R. HUET 1961) und überwiegend in den Schalen und Samen vorliegen. Der wichtigste Vertreter dieser Gruppe ist Limonin $C_{26}H_{30}O_8$. Weitere Bitterstoffe sind: Obacunon $C_{26}H_{30}O_7$, Nomilin $C_{28}H_{34}O_9$, „limonexic acid“ $C_{25}H_{30}O_{10}$ und eine Verbindung der Formel $(C_9H_{12}O_4)_n$ (O.H. EMERSON 1948, 1951; B.V. CHANDLER u. J.F. KEFFORD 1953).

6. Zusammensetzung der Südfrüchte mit Ausnahme der Citrusfrüchte

Die Zusammensetzung einiger Südfrüchte ist aus Tab. 24 zu ersehen.

Es werden nachstehend nur die wichtigsten der in anderen Obstarten nicht vorkommenden Inhaltsstoffe kurz erwähnt. Wegen näherer Einzelheiten über die Zusammensetzung der Südfrüchte sei auf F. A. LEE (1951), J. B. BIALE (1960a) und auf verschiedene Arbeiten über einzelne Südfrüchte verwiesen (vgl. Kapitel Obstarten).

Tabelle 24. *Zusammensetzung einiger Südfrüchte*

	Wasser %	Gesamtzucker %	Stickstoffverbindungen %	Rohfett %	Asche %
Banane	69—79	11—22	0,8—2,2	0,1—0,8	0,7—1,2
Ananas	75—89	8—18	0,4—0,5	0,1—0,4	0,2—0,5
Granatapfel . . .	75—84	12—13	0,3—1,2	0,1—0,2	0,5—0,7
Avocado	59—82	3—6	1,1—4,4	10—32	0,5—1,4
Guave	78—83	3—11	0,7—1,0	0,4—0,6	0,5—0,9
Dattelpflaume . .	78—85	14—20	0,5—0,8	0,1—0,4	0,4—0,7
Papaya	85—89	9—10	0,5—0,7	0,1—1,0	0,5—0,6

Zum Gehalt von Südfrüchten an Vitaminen vgl. Tab. 8.

a) Kohlenhydrate

In Bananen ist neben Saccharose, Glucose und Fructose auch Maltose nachgewiesen worden (B. S. LULLA u. D. S. JOHAR 1955). R. W. HENDERSON u. Mitarb. (1959) stellten die Bildung eines Trisaccharides (wahrscheinlich eine Fructosidosaccharose) im Verlaufe der Bananenreifung (Sorte Cavendish) fest.

Der Gehalt der Banane an Hemicellulose, die offenbar ein zweites Reservekohlenhydrat der Banane ist, nimmt während der Reife beträchtlich ab. Das reife Fruchtfleisch der Banane enthält 0,5 % Lignin, 0,2 % Cellulose, 0,1 % Hemicellulose (F. C. HUMMEL u. Mitarb. 1940) und 0,2—6,5 % Stärke. Die Mangofrucht besitzt zum Erntezeitpunkt ebenfalls Reservekohlenhydrate (V. K. LELEY u. Mitarb. 1943).

Die Avocadofrucht enthält eine Heptose (D-Mannoheptulose), die im Verlaufe der Reifung verschwindet (J. B. DAVENPORT u. S. C. ELLIS 1959). Die erste natürlich vorkommende Octulose (D-Glycero-D-manno-octulose) ist ebenfalls in der Avocadofrucht nachgewiesen worden; eine weitere Octulose und eine Nonulose sind in sehr geringen Mengen aufgefunden worden (A. J. CHARLSON u. N. K. RICHTMYER 1959, 1960; vgl. auch J. M. WEBBER 1962).

Johannisbrotbaumfrüchte enthalten zwei reduzierende Disaccharide unbekannter Konstitution (Bausteine eines Disaccharides: Xylose und Glucose) (H. TINNER 1960).

b) Stickstoffverbindungen einschließlich Fermente

In reifen Bananen sind Serotonin (5-Hydroxytryptamin), Noradrenalin und Dopamin (3,4-Dihydroxyphenyläthylamin) enthalten (G. B. WEST 1958; T. P. WAALKES u. Mitarb. 1958). Der Gehalt des Fruchtfleisches an 5-Hydroxytryptamin beträgt 2—5 mg/100 g, während Noradrenalin und Dopamin in Mengen von 0,1—2 mg/100 g vorhanden sind; in der Schale sind die Gehalte noch höher. D. W. BRUCE (1960) konnte 5-Hydroxytryptamin in Ananas nachweisen.

Die Papaya-Frucht besitzt Papain, eine Proteinase, die vielseitig verwendet wird (Mürbesalz für Fleisch, Magenmittel). Feigen und Ananas enthalten Proteinasen (Ficin bzw. Bromelin), die dem Papain hinsichtlich Spezifität und Eigenschaften ähneln (vgl. dazu E. Waldschmidt-Leitz 1958b).

c) Aromastoffe

Am typischen Bananenaroma sind Ester (A. I. McCarthy u. Mitarb. 1963) und Carbonylverbindungen (u. a. 2-Hexenal: H. O. Hultin u. B. E. Proctor 1961) beteiligt. Der Geruch überreifer Bananen wird durch Isoamylalkohol hervorgerufen.

Zur Zusammensetzung des Ananasaromas vgl. A.J. Haagen-Smit (1945) und D.W. Connell (1964).

IV. Obstlagerung

1. Grundlagen der Obstlagerung

a) Allgemeines

Die Möglichkeit einer Obstlagerung bis zum Zeitpunkte günstiger Verwertungs- und Absatzmöglichkeiten ist von großer wirtschaftlicher und ernährungsphysiologischer Bedeutung. Voraussetzungen für eine ausreichende Haltbarkeit sind die Ermittlung des richtigen Erntezeitpunktes, die sorgfältige Auswahl einwandfreier Ware, günstige Umweltverhältnisse vor der Ernte und geeignete Lagerbedingungen. Für Obstarten mit geringer Haltbarkeit wird vor dem Transport eine Vorkühlung mit Kaltluft, Eiswasser oder Kohlensäureschnee und eine Kühlung während des Transportes empfohlen (V. L. Charley 1959). Die Lagerfähigkeit kann durch eine Verlangsamung der Atmung wesentlich verlängert werden. In erster Linie wird die Herabsetzung der Atmungsintensität durch eine Senkung der Lagertemperatur erreicht.

Zur Vorratspflege von Obst vgl. insbesondere H. Kessler (1960), F. Hilkenbäumer (1962), J.C. Fidler (1962), J. Herrmann (1963) und J. Schormüller (1966).

b) Einfluß der Umweltverhältnisse vor der Ernte

Die Lagerergebnisse werden bereits durch die Umweltverhältnisse vor der Ernte in starkem Maße beeinflußt. Zu den Umweltfaktoren gehören natürliche Standortbedingungen und Bedingungen, die vom Anbauer gesteuert werden können (Bodenpflege, Bewässerung, Schnitt). Mit zunehmender Höhenlage wird die Fruchtreife verzögert, womit eine Erhöhung der Lagerfähigkeit und Verbesserung der Fruchteigenschaften verbunden sind (F. Hilkenbäumer 1959). Die Haltbarkeit wird durch trockenes und ausreichend warmes Wetter vor der Ernte begünstigt; eine zu späte Ernte vermindert aber die Lagerfähigkeit.

c) Lagerbedingungen

Für die Obstlagerung kommt praktisch nur eine Kaltlagerung bei Temperaturen zwischen —1 und + 4° C in Frage. In Lagerräumen, die nicht gekühlt werden, können einige Apfelsorten unter günstigen Umständen mehrere Wochen oder auch länger gelagert werden, doch ist dabei wegen der hohen und stark schwankenden Temperaturen und der geringen Luftfeuchtigkeit immer mit Verlusten zu rechnen.

Der Erfolg der Obstlagerung hängt in erster Linie von der Einhaltung des für die eingelagerte Obstsorte günstigen Temperaturbereiches ab. Bei Überschreitung der kritischen Lagertemperaturen wird der normale Verderb beschleunigt, darunter können Kaltlagerschäden und unterhalb von —2,5° C echte Gefrierschäden eintreten. Die relative Luftfeuchtigkeit beträgt in den Lagerräumen zur Vermeidung von Wasserverlusten in der Regel 85—90 %. Bei höheren Feuchtigkeitsgehalten wird der mikrobielle Verderb (Oberflächenschimmel, Fäulnis) begünstigt. Die Lagerluft muß ausreichend bewegt und ausgetauscht werden, damit es nicht zu einer schädlichen Ansammlung flüchtiger Aromastoffe und zu größeren Temperaturunterschieden im Lagergut kommt.

2. Verfahren zur Haltbarkeitsverlängerung

a) Kaltlagerung

Die Temperatur in den Lagerräumen kann durch natürliche Belüftung (Frischluftkühlung) oder durch Maschinenkühlung eingestellt werden. In vielen Fällen ist die Lagerung in kontrollierter Atmosphäre als zusätzliche Maßnahme von Erfolg.

α) Frischluftkühlung

Zur Frischluftkühlung werden überwiegend unterirdische oder halbunterirdische Lagerkeller angelegt. Die Einstellung der gewünschten Lagertemperatur erfolgt durch besondere Lüftungsvorrichtungen (Abzugsschächte mit Ventilatoren an der Decke, Klappenöffnungen für Frischluftzufuhr an den Seitenwänden). Die Frischluftzufuhr kann mit Hilfe eines Differentialthermostaten geregelt werden. Die Luftfeuchtigkeit wird durch eine Luftwäsche oder auf einfachere Weise durch Benetzen des Fußbodens geregelt.

Die *Luftwäsche* führt durch die Auswaschung eines Teiles der reifefördernden Aromastoffe zu einer Verbesserung des Lagerergebnisses (F. Hilkenbäumer u. G. Buchloh 1959). Die Lagerluft wird dabei durch einen Wasserschleier geleitet; mit Raschigringen oder Metallspänen kann die Austauschfläche vergrößert werden. Der nach der Luftwäsche verbleibende, geruchlich kaum wahrnehmbare Anteil von Aromastoffen, zu denen auch Äthylen gehört, verursacht bei Temperaturen von 4° C und darunter keine nennenswerte Reifebeschleunigung (G. Buchloh 1956). Durch die Luftwäsche werden auch Schalenbräunebefall und Druckempfindlichkeit vermindert (P. G. de Haas 1959).

β) Maschinenkühlung

Die Maschinenkühlung bewirkt durch eine schnelle Temperatursenkung die sofortige Herabsetzung der Atemtätigkeit der Früchte. Die Kälteerzeugung erfolgt durch Kompressions-Kältemaschinen mit möglichst großen Verdampferoberflächen. Der Verdampfer wird meistens von Kompressor und Kondensator räumlich getrennt im Kühlraum als Turm-, Decken- oder Wandverdampfer oder in einem mit dem Kühlraum verbundenen Vorraum untergebracht. In fast allen elektrischen Kühlanlagen ist eine Luftwäsche vorgesehen.

γ) Lagerung in kontrollierter Atmosphäre

Das Verfahren der Kaltlagerung in kontrollierter Atmosphäre (Gaskaltlagerung) geht auf die Untersuchungen von F. Kidd u. Mitarb. (1927) über die Verlängerung der Lagerdauer durch eine Erhöhung des Kohlendioxidgehaltes der Lagerluft zurück. Der Kohlendioxidgehalt steigt

Tabelle 25. *Mögliche Lagerdauer einiger Kernobstsorten in Monaten bei verschiedenen Lagerungsverfahren* (nach K. Stoll u. A. Meyer 1963)

Sorten	Frischluftkühlung	Maschinenkühlung	Gaskaltlagerung
Boskoop	4	5—6	6—8
Jonathan	3—4	5—6	6—8
Golden Delicious	3—4	5—6	6—8
Williams Christbirne	0,5	2—3	4—6
Conférence	0,5	4—5	5—6

bei gasdichtem Abschluß der Lagerräume mit Blech- oder Kunststoffauskleidungen durch die Atmung des Obstes an, während der Sauerstoffgehalt gleichzeitig vermindert wird. Durch Frischluftzufuhr und Absaugen der Lagerluft ist die Zusammensetzung teilweise steuerbar.

Die Verwendung eines Absorptionswäschers (Scrubber), durch den die Lagerluft im Gegenstrom zu Lauge, Kalkmilch, Sodalösung oder Mono- bzw. Triäthanolamin geleitet wird, ermöglicht die Aufrechterhaltung eines beliebigen, vom Sauerstoffgehalt unabhängigen Kohlendioxidgehaltes (P. NOORDZIJ 1965). Die Haltbarkeitsverlängerung ermöglicht die Aufbewahrung von kälteanfälligen Sorten bei etwas höheren Temperaturen. Allgemeine Richtlinien für die Zusammensetzung können wegen des unterschiedlichen Sortenverhaltens nicht gegeben werden. In den USA werden für Äpfel und Birnen Atmosphären mit 3% Sauerstoff und 2—5% Kohlendioxid bevorzugt (R.M. SMOCK 1959). Die Verlängerung der Lagerdauer einiger Kernobstsorten ist aus Tab. 25 zu ersehen.

Bei der *Lagerung in Kunststoffolien* wird ebenfalls der Kohlendioxidgehalt erhöht und der Sauerstoffgehalt vermindert. Die relative Luftfeuchtigkeit liegt wegen der sehr geringen Wasserdampfdurchlässigkeit bei 96%, was eine erhöhte Anfälligkeit für Schimmelbefall und Fäulnis zur Folge hat. Die Lagerversuche in verschlossenen oder perforierten Folien waren allerdings bisher erfolgversprechend (K. STOLL u. A. NYFELER 1957). Verschlossene Kunststoffbeutel müssen gelüftet werden, wenn sie das Kühllager verlassen, da sich infolge der geringen Durchlässigkeit der Folien bei höheren Temperaturen leicht ein zu hoher Kohlendioxidgehalt entwickelt (D.A. LUVISI u. N.F. SOMMER 1960).

b) Behandlung mit chemischen Mitteln

Die Lagerfähigkeit kann durch eine Abtötung oder Hemmung von Mikroorganismen und Schädlingen mit Hilfe verschiedener chemischer Behandlungsverfahren verbessert werden. In diesem Zusammenhang ist auch die Desinfektion der Lagerräume (Ausschwefeln, Kalkanstrich) zu erwähnen. Kurze Übersicht über chemische Behandlungsverfahren: V.L. CHARLEY (1959).

α) Begasungsverfahren

Zur Bekämpfung von Mikroorganismen und tierischen Schädlingen ist die Behandlung von frischem Obst mit verschiedenen Begasungsmitteln vorgeschlagen worden.

Die Begasung mit *Äthylen* wird zur Beschleunigung der Farbentwicklung von Citrusfrüchten (Zerstörung des Chlorophylls) durchgeführt. Die Behandlung mit einem Gemisch aus gleichen Volumenteilen *1,1,1-Trichloräthan* und *Chlormethan* bewirkt neben der Farbentwicklung auch eine Abtötung von Schimmelpilzen (C. COTRAN 1962).

Ozon verlangsamt in hohen Konzentrationen die Wachstumsgeschwindigkeit von Schimmelpilzen, vermindert aber nicht den Fäulnisbefall (H.A. SCHOMER u. L.P. MCCOLLOCH 1948). Nach J. KUPRIANOFF (1953) ist die Anwendung von Ozon auf die Kaltlagerung beschränkt.

Ein Ozongehalt der Lagerluft von 1—2 mg/kg ist günstig im Hinblick auf die desodorierende Wirkung und zur Verhütung des Schimmelwachstums auf Kisten und Wänden (J. KUPRIANOFF 1960). Als obere Grenze der Ozonkonzentration, bei der an Äpfeln noch keine Schädigungen zu erwarten sind, wird der Bereich von 10—12 mg/m³ bei 3,5° C angesehen (H. HANSEN u. A. BERGER 1964).

Bei Erdbeeren können die Rhizopus-Fruchtfäule und der Grauschimmel mit Ozon bekämpft werden.

Methylbromid wird in erster Linie zur Bekämpfung der Mittelmeerfruchtfliege (Citrusfruchtschädling) verwendet; auch Weintrauben, Pfirsiche (Rotfärbung) und Pflaumen sind mit Methylbromid begast worden. Es verbleiben nach dreitägiger Belüftung 32 mg/kg im Fruchtfleisch von Citrusfrüchten (F. STRACHE 1956). Nüsse können nach einwöchiger Belüftung noch 3—16 mg/kg Methylbromid enthalten (P. DESBAUMES u. J. DESHUSSES 1956).

Ammoniak (100 bzw. 500 mg/kg während 10 Std: I.L. EAKS 1959) und Ammoniumverbindungen (Diammoniumsuccinat) werden ebenfalls zur Verhinderung des Verderbs von Citrusfrüchten eingesetzt.

Auch *Blausäure* (vgl. M. FEUERSENGER 1959a), *Äthylendibromid* (1,2-Dibromäthan), *Äthylenoxid* und *Stickstofftrichlorid* sind als Begasungsmittel verwendet worden.

β) Citrusfruchtbehandlungsmittel

Zur Bekämpfung des Befalls von Citrusfrüchten durch Grün- und Blauschimmel (*Penicillium italicum* und *Penicillium digitatum*) werden vor allem Diphenyl und Orthophenylphenol (o-Hydroxy-diphenyl), meistens in Form der Natriumverbindung, eingesetzt.

Diphenyl: Überwiegend indirekte Verwendung durch Imprägnierung des Einwickelpapiers oder besonderer Papierbögen in den Fruchtkartons. Die Rückstandsmengen betragen bei dieser Behandlung 3—70 mg/kg in der Gesamtfrucht. Der Diphenylgehalt des Fruchtfleisches und des Saftes liegt meistens unter 1 mg/kg (in Ausnahmefällen bis zu 3 mg/kg) (S. W. Souci 1959; A. Rajzman 1961a); andere Behandlungsverfahren können zu höheren Diphenylrückständen führen. Unbehandelte verpackte oder unverpackte Citrusfrüchte können bis zu 11 mg/kg Diphenyl aufnehmen, wenn sie in einem Raum mit Früchten gelagert werden, die in Diphenylpapier eingewickelt sind (A. Rajzman 1961b).

Natrium-o-phenylphenolat wird meistens zusammen mit Diphenyl verwendet. Die Behandlung mit o-Phenylphenol führt zu Schalenschädigungen, die durch gleichzeitige Anwendung von Hexamethylentetramin vermieden werden können. Der o-Phenylphenol-Gehalt von Apfelsinen mit Schalenschäden beträgt bis zu 22 mg/kg im Fruchtfleisch, während ungeschädigte Früchte weniger als 1 mg/kg enthalten (W. Thode 1960). o-Phenylphenol wirkt nicht nur fungicid, sondern auch bactericid und dient deshalb auch als Zusatzmittel bei der Wäsche von Citrusfrüchten.

In einigen Ländern ist Natrium-o-phenylphenolat auch zur Behandlung von Kernobstarten und Pfirsichen zugelassen.

2,4-Dichlor-phenoxyessigsäure (2,4-D) und *2,4,5-Trichlor-phenoxyessigsäure* (2,4,5-T) werden im Sprüh- und Tauchverfahren, auch als Zusätze bei der Wachsbehandlung, angewandt (W.S. Stewart 1949).

Thioharnstoff wird wegen der gesundheitlichen Bedenklichkeit der in das Fruchtfleisch eindringenden Mengen kaum noch verwendet.

γ) Wachsbehandlung

Die Atmungsvorgänge und Gewichtsverluste bei der Lagerung von Citrusfrüchten werden durch eine Wachsbehandlung weitgehend eingeschränkt. Gleichzeitig wird der Verlust eines Teiles der natürlichen Wachsschicht infolge der Säuberung der Früchte wieder ausgeglichen. Für die Überzüge sind neben Paraffin und Harzen (Schellack, Cumaron-Inden-Harze) verschiedene Stoffe natürlicher Herkunft (Bienenwachs, Zuckerrohrwachs, Walrat, Carnaubawachs) und synthetische Wachse („Wachssäuren“, Polyoxyäthylen, teilweise verseiftes Polyvinylacetat, Alkalioleate u. a.), zuweilen gleichzeitig mit haltbarkeitsverlängernden Zusätzen (Na-o-phenylphenolat, 2,4-D oder 2,4,5-T), vorgeschlagen worden.

Die Überzugsmittel werden direkt auf die Fruchthaut gespritzt oder durch kurzes, ein- bis zweimaliges Eintauchen in eine stark verdünnte Emulsion auf die Fruchtoberfläche gebracht. Zu große Wachsmengen führen durch Unterdrückung der Atmungsvorgänge zu nachteiligen geschmacklichen Veränderungen.

Die Verwendung von öl- oder paraffinhaltigem Papier (Einwickler oder Schnitzelpackungen) hat auch bei der Lagerung von Äpfeln zu guten Ergebnissen geführt (H. Kessler 1949); vor allem wird die Entstehung der Schalenbräune wesentlich eingeschränkt. Durch Überzüge mit Mischungen aus Schellack, Öl- und Wachsemulsionen konnte die Haltbarkeit von Äpfeln um die Hälfte verlängert werden (E.G. Hall u. Mitarb. 1953). Versuche mit Paraffinwachsen (Obstabil) führten zu weniger befriedigenden Ergebnissen (H. Kessler 1945).

δ) Andere chemische Behandlungsverfahren

Zur Verhinderung des Verderbs werden beim *Waschen* von Citrusfrüchten verschiedene Zusätze verwendet (Borverbindungen, Natriumhypochlorit, Sulfonate). Für andere Früchte sind zur Reinigung Natrium- oder Calciumhypochloritlösungen, 2—3 %ige Kaliumpermanganatlösungen und oberflächenaktive Netzmittel (J. E. Brekke u. Mitarb. 1956) vorgeschlagen worden, die durch gründliches Spülen wieder entfernt werden müssen.

Die Anwendbarkeit von *Pyrokohlensäurediäthylester* zur Haltbarkeitsverlängerung von Erdbeeren ist von W. Schmidt-Lorenz u. H. Hansen (1962) untersucht worden. Die Haltbarkeit während der Kaltlagerung konnte durch 2 min langes Eintauchen in 0,05—1 %ige Lösungen um etwa das Doppelte verlängert werden.

Diphenylamin und *Santoquin* sind in den USA zur Schalenbräunebekämpfung von Lageräpfeln (Restmengen von 10 mg/kg bzw. 3 mg/kg) freigegeben worden (K. Stoll 1963a).

Als Zusätze zu Tauchlösungen oder zum Einwickelmaterial sind u. a. auch Natriumsilicat, Salicylsäureanilid (Bananen, Citrusfrüchte), Thioacetamid, N-Benzyladenin, Dehydracetsäure (V. Tuli u. Mitarb. 1962) und 2-Aminobutan vorgeschlagen worden. Weitere Literaturstellen bei S.W. Souci u. E. Mergenthaler (1958).

ε) Behandlung von Schalenobst

Die Verwendung von *Butylhydroxyanisol* wird zur Verhinderung oxydativer Veränderungen während der Lagerung des Schalenobstes empfohlen. Zur Verlängerung der Lagerfähigkeit von Walnußkernen durch Behandlung mit Antioxydantien vgl. L.B. Rockland u. Mitarb. (1961).

Die Bleichung mit *Natriumhypochlorit* im Tauch- oder Sprühverfahren, die an die Stelle der Behandlung mit schwefliger Säure getreten ist und eine wesentliche Aufhellung der äußeren Nußschale bewirkt, dürfte nicht mit einer technologischen Notwendigkeit zu begründen sein. Die Hypochlorit-Behandlung ist mit einem Anstieg des prozentualen Anteils geöffneter Nüsse verbunden und bewirkt eine der Bleichlaugenkonzentration und Behandlungsdauer proportionale Erhöhung des Chloridgehaltes der Kerne (H.P. Kaufmann 1963). Der Chloridgehalt von behandelten Walnüssen liegt bis zu 100 mg/kg (300 mg/kg bei geöffneter Schale) höher als der natürliche Chloridgehalt von 240—280 mg/kg (M. Feuersenger 1962).

c) Verlängerung der Haltbarkeit durch Bestrahlung

Die günstigsten Strahlendosen liegen bei den einzelnen Obstarten verschieden hoch; im allgemeinen sind weniger als 500 krad ausreichend. Durch zu hohe Strahlendosen werden die organoleptischen Eigenschaften und die Gehalte an einigen Inhaltsstoffen (Ascorbinsäure, Anthocyanine, Pektin) nachteilig verändert.

Für Äpfel liegt der Schwellenwert je nach Sorte bereits zwischen 40 und 140 krad (I.D. Clarke 1958), während bei Kirschen eine Strahlendosis von 300 krad noch vorteilhaft ist (E. Stutz 1963). Die Reifung von Birnen wird bei 20—50 krad beschleunigt und bei 200—400 krad verlangsamt (H. Hansen u. T. Grünewald 1961). Vgl. auch H. Lück u. R. Kohn (1960).

Die Bestrahlung könnte eine gewisse praktische Bedeutung bei der Lagerung der wenig haltbaren Beerenobstarten gewinnen.

Die Lagerfähigkeit von Erdbeeren und schwarzen Johannisbeeren bei 2—7° C ist durch Strahlendosen von 150—175 krad (nach Vorkühlung auf 8—12° C) auf 2—3 bzw. 3—4 Wochen verlängert worden (E. Stutz 1963). Zur Bestrahlung von Erdbeeren vgl. L. Beraha u. Mitarb. (1961), D.C. Martin u. D.A. Tichenor (1962), T.A. Truelsen (1963), M. Tomaňa u. Mitarb. (1963) und C.E. Wells u. Mitarb. (1963).

3. Lagerfähigkeit der Obstarten

Die Tab. 26 enthält die günstigsten Lagertemperaturen und die zugehörigen Frischhaltezeiten für einige Obstarten. Die Stein- und Beerenobstarten haben nur eine kurze Lagerfähigkeit; in Zeiten eines Überangebotes kann aber auch eine kurzfristige Lagerung den Markt fühlbar entlasten.

Die Gewichtsverluste während der Kaltlagerung betragen im allgemeinen bei Äpfeln 3—5%, bei Pfirsichen 8—10% und bei den meisten übrigen Obstarten 4—6%.

Verfahren zur Berechnung der medianen Haltbarkeitsdauer[1]: E.A. Roberts u. K.J. Scott (1962).

Zur Lagerung von Citrusfrüchten vgl. O. Lang (1964).

[1] Der in der Literatur anzutreffende Begriff „mittlere Haltbarkeitsdauer“ ist nicht eindeutig und sollte, soweit damit die Zeitspanne bis zum Verderb der Hälfte des Lagergutes (t_{50}) gemeint ist, durch den Begriff „mediane (zentrale) Haltbarkeitsdauer“ ersetzt werden (A. Schaller 1964).

Tabelle 26. *Günstigste Kaltlagertemperaturen für Obst und zugehörige Frischhaltezeiten* (nach L. NICOLAISEN-SCUPIN 1959; R. PLANK 1960, S. 81; F. HILKENBÄUMER 1962)

Fruchtart	Temperatur °C	Angenäherte Frischhaltezeit
Ananas, reif	7	2—4 Wochen
Äpfel	0 bis 4	3—8 Monate
Apfelsinen	2 bis 3	1—4 Monate
Aprikosen	— 1 bis 1	1—3 Wochen
Bananen, reife	14 bis 16	5—10 Tage
Birnen	— 1 bis 1	2—7 Monate
Erdbeeren	0 bis 1	1—2 Wochen
Grapefruits	0 bis 4	6 Wochen
Waldheidelbeeren	— 1 bis 0	2—3 Wochen
Kulturheidelbeeren	0	4—6 Wochen
Himbeeren	— 1 bis 0	1—2 Wochen
Johannisbeeren, rote	— 1 bis 0	6—8 Wochen
schwarze	— 1 bis 0	2—3 Wochen
Kirschen, süß	— 1 bis 0	3—5 Wochen
sauer	— 1 bis 0	2—3 Wochen
Mandarinen	3 bis 5	8 Wochen
Pfirsiche	— 1 bis 1	2—4 Wochen
Pflaumen	— 0,5 bis 1	2—8 Wochen
Preißelbeeren	2 bis 4,5	1—3 Monate
Quitten	0	2—3 Monate
Stachelbeeren	— 1 bis — 0,5	4—6 Wochen
Weintrauben	— 2 bis 0,5	1—3 Monate
Zitronen	2	3—5 Wochen

a) Kaltlagerung von Äpfeln

Die Lagerfähigkeit der einzelnen Apfelsorten ist in starkem Maße von den natürlichen Standortbedingungen abhängig und wird auch durch das Auftreten physiologischer Lagerkrankheiten beeinflußt. In einigen Fällen haben deshalb die Lagerungsversuche verschiedener Untersucher — soweit die Versuchsbedingungen überhaupt vergleichbar sind — zu unterschiedlichen und auch gegensätzlichen Ergebnissen geführt.

Von G. KRUMBHOLZ (1943) wurde für Äpfel ganz allgemein eine Lagertemperatur von 2—3° C vorgeschlagen. Die Anfälligkeit vieler Apfelsorten für die Kältefleischbräune erfordert aber eine Unterteilung in zwei bis drei Sortengruppen. Die Lagerfähigkeit der fleischbräuneanfälligen Sorten ist je nach Herkunft und Wachstumsbedingungen sehr unterschiedlich; sie sollen im allgemeinen nicht unter 4° C gelagert werden. Sorten, bei denen in geringem Ausmaß oder unter ungünstigen Bedingungen Fleischbräune beobachtet worden ist (Ingrid Marie, Jonathan), können bei etwas tieferen Temperaturen, fleischbräune*freie* Sorten bei 0—1° C gelagert werden. Die Lagerfähigkeit einiger Apfelsorten kann aus Tab. 27 ersehen werden.

Tabelle 27. *Lagerfähigkeit einiger Apfelsorten in Monaten nach dem Erntezeitpunkt* (nach F. HILKENBÄUMER 1962)

Sorte	Günstigste Lagertemperatur	Beginn der Eßreife	Ausreichender Geschmack	Maximale Lagerdauer
Berlepsch	1° C	2	5	7
Boskoop	3—4° C	2	2—3	5,5
Cox Orange	4° C	1—2	3	5
Glockenapfel	0—1° C	5	2—3	8
Golden Delicious	0—1° C	bald	3—4	6—7
Goldparmäne	3—4° C	1	1,5—2,5	4
Ingrid Marie	1—2° C	1	3	5—6
Jonathan	4° C	1—2	3—4	8
Oldenburg	4° C	sofort	1—1,5	3
Ontario	4° C	2—3	3	7—8

Für die Gaslagerung sind Golden Delicious, Finkenwerder und Weißer Winterglockenapfel besonders geeignet. Jonathan, Boskoop, Cox Orange und Laxton's Superb können für die Lagerung in kontrollierter Atmosphäre nur mit Einschränkung empfohlen werden; bei Cox Orange treten frühzeitig Kohlensäureschäden auf (E. LOEWEL 1959).

b) Kaltlagerung von Birnen

Die Kaltlagerung von Birnen ist wegen der sehr geringen Haltbarkeit im Normallager von großer Bedeutung. Besonders im Temperaturbereich unter 5° C wird die Haltbarkeit bei einer Temperatursenkung wesentlich verlängert. Die Lagertemperatur sollte 2° C nicht überschreiten und liegt am besten zwischen —1 und +1° C. Die Einlagerung der völlig fehlerfreien Birnen muß sofort nach der Ernte erfolgen, weil eine Vorlagerung von wenigen Tagen die Haltbarkeit erheblich verkürzen kann (L. NICOLAISEN-SCUPIN 1955; L. NICOLAISEN-SCUPIN u. Mitarb. 1955). Die meisten Birnensorten sind nach der Kaltlagerung noch nicht genußreif und müssen bei höheren Temperaturen (18—20° C, einige Sorten 15—16° C) nachreifen. Nach längerer Kaltlagerung verlieren viele Birnensorten das Nachreifungsvermögen bei höheren Temperaturen.

Maximale Lagerdauer: Clapps Liebling und Williams Christ 2—3 Monate, Gellerts Butterbirne und Madame Verté 4—5 Monate, Gräfin von Paris, Gute Luise und Köstliche von Charneu 5—6 Monate, Alexander Lucas 5—7 Monate.

Zur Gaslagerung sind die Sorten Conférence und Williams Christ besonders geeignet (vgl. Tab. 25).

c) Kaltlagerung von Steinobst

Kirschen vgl. Tab. 26.

Pflaumen und Mirabellen können im allgemeinen 2—4 Wochen, einzelne Sorten (Hauszwetsche, Nancymirabelle) 6—8 Wochen bei —0,5 bis +1° C gelagert werden. Die Lagerung in kontrollierter Atmosphäre ist in Einzelfällen günstig.

Pfirsiche sind bei —1 bis +1° C mit Sicherheit 2—3 Wochen, einige Sorten, besonders Roter Ellerstädter, auch länger lagerfähig.

Bei langer Lagerung werden Pfirsiche häufig vom Stein her braun. Wenn Pfirsiche sofort nach der Ernte kalt gelagert werden, kann es zu einer als Wolligkeit bezeichneten, nicht parasitären Krankheit kommen, bei der das Fruchtfleisch austrocknet und schließlich einen faden Geschmack erhält. Die Wolligkeit wird durch Vorlagerung bei höheren Temperaturen (2—3 Tage bei 20—24° C) verhindert.

d) Kaltlagerung von Beerenobst

Erdbeeren, Himbeeren und Brombeeren können auch bei Temperaturen von —1 bis +1° C (Erdbeeren vertragen Temperaturen unter 0° C nicht) kaum länger als 10—14 Tage gelagert werden; weichfleischige Erdbeersorten sind für die Kaltlagerung ungeeignet. Unter besonderen Bedingungen konnten bei Erdbeeren Haltbarkeitszeiten bis zu einem Monat erzielt werden (R. ULRICH 1951).

Für die Aufbewahrung von Beerenobst hat sich die Lagerung in kontrollierter Atmosphäre als günstig erwiesen.

Schwarze Johannisbeeren sind bei einer Anfangskonzentration von 50% Kohlendioxid (25% CO_2 nach einer Woche) etwa vier Wochen haltbar (W. H. SMITH 1959). Für die Lagerung von Himbeeren sind CO_2-Konzentrationen von 20—25% bei Temperaturen von 1,5 bis 4,5° C sehr günstig. Die Lagerfähigkeit der Weintraubensorten ist sehr unterschiedlich. Die günstigsten Lagertemperaturen sind —1 bis —2° C für Freilandtrauben und +0,5° C für Gewächshaustrauben. In kontrollierter Atmosphäre sind Weintrauben bis zu 3 Monaten, bei normaler Kaltlagerung etwa einen Monat haltbar.

e) Kaltlagerung von Citrusfrüchten

Die Lagerfähigkeit von Apfelsinen ist wegen der unterschiedlichen Kälteempfindlichkeit stark sortenabhängig. Zu tiefe Lagertemperaturen führen häufig zu physiologischen Hautschäden, wie der Braunfleckenkrankheit, die zunächst die ölausscheidenden Drüsen, später große Teile der Fruchtschale erfaßt und zu einer Geschmacksverschlechterung führt.

Die Temperatur bei der Lagerung von Zitronen muß um so höher sein, je unreifer die Früchte sind (grüne Früchte: 12° C). Bei zu tiefen Temperaturen können physiologische Lagerkrankheiten („Gänsehaut“, Bitterwerden) besonders an unreifen Früchten auftreten.

V. Veränderungen während der Lagerung

Die Veränderungen während der Lagerung des Obstes werden kurz besprochen, da sie für Lebensmittelchemiker und Ernährungsphysiologen von Interesse sind. Auf die Veränderungen der Früchte bis zur Baumreife kann dagegen nicht näher eingegangen werden. Es wird dazu u. a. auf F. A. Lee (1951), R. Ulrich (1952), J. P. Nitsch (1953), E. Peynaud (1956), E. V. Miller (1958a), J. B. Biale (1960b), H. W. v. Loesecke (1960) sowie B. G. Wilkinson u. M. A. Perring (1964) verwiesen.

Die Lagerung führt in der Regel nach einem vorübergehenden Anstieg des Gehaltes an einzelnen Inhaltsstoffen zu einer allmählichen Qualitätsverschlechterung und einem Zerfall des Zellverbandes. Neben verwickelten enzymatischen Abbau- und Veratmungsvorgängen bewirken physikalische und mikrobiologische Vorgänge (Wasserverdunstung, Mikroorganismenbefall) mehr oder weniger starke Veränderungen. Im weiteren Verlauf können pathologische Erscheinungen auftreten, die stärkere Schäden und ein Verderben des Obstes zur Folge haben.

1. Veränderungen der Inhaltsstoffe während der Lagerung

Es liegen eine Reihe von Arbeiten über Veränderungen der Inhaltsstoffe verschiedener Obstarten vor (Äpfel: W. Eggenberger 1949; J.F. Turner 1949; Birnen: C. Dame u. Mitarb. 1956; Citrusfrüchte: E.V. Miller 1946, 1958b). Zahlreiche Einzelheiten enthalten auch die Übersichtsarbeiten von R.M. Smock u. A.M. Neubert (1950), E.T. Bartholomew u. W.B. Sinclair (1951), A.C. Hulme (1958) und R. Ulrich (1958). Die Veränderungen tropischer und subtropischer Früchte während der Lagerung sind von J.B. Biale (1960a) beschrieben worden.

Die Veränderungen sind im allgemeinen um so größer und vollziehen sich um so schneller, je höher die Lagertemperaturen sind. Die nachstehenden Ausführungen beziehen sich in der Hauptsache auf Veränderungen während der Lagerung von Kernobstarten, da diese Obstarten längere Zeit lagerfähig sind und ein besonderes wirtschaftliches Interesse beanspruchen.

a) Kohlenhydrate

Die Veränderungen im Glucose-, Fructose- und Saccharosegehalt während der Lagerung von *Äpfeln* bei verschiedenen Temperaturen sind von D. G. Griffiths u. Mitarb. (1950) und K. Stoll (1958) untersucht worden. Der Gehalt an Saccharose und reduzierenden Zuckern steigt bei gleichzeitigem Abbau der gespeicherten Stärke vorübergehend an. Auch durch Feuchtigkeitsverluste kann ein geringfügiger Anstieg erklärt werden. Im weiteren Verlauf werden die Zucker ständig abgebaut, was in einer gleichförmigen Abnahme des Trockensubstanzgehaltes bei unterschiedlicher Abbaugeschwindigkeit der einzelnen Zucker zum Ausdruck kommt. Der Gehalt an Monosen wird nach Erreichen des Maximums nur langsam geringer, während der Saccharosegehalt deutlich abnimmt.

Der Saccharosegehalt von lagernden *Birnen* nimmt nach einem starken Anstieg schnell wieder ab. Weniger deutlich sind die Veränderungen der Gehalte an reduzierenden Zuckern (R. Ulrich u. Mitarb. 1952).

Während der Lagerung von *Orangen* vermindert sich ebenfalls zunächst der Saccharosegehalt zugunsten des Gehaltes an reduzierenden Zuckern. Im weiteren Verlauf der Lagerung nimmt der Gesamtzuckergehalt allmählich ab. Der Zuckergehalt von *Grapefruits* kann dagegen während der Lagerung zunehmen (A. L. Stahl u. A. F. Camp 1936).

Die Veränderungen im Gehalt an Kohlenhydraten sind besonders deutlich bei der Reifung und Lagerung von *Bananen* (vgl. Tab. 28: vgl. auch H. W. v. Loesecke 1950).

Tabelle 28. *Veränderungen der Kohlenhydrate des Fruchtfleisches von Bananen während der Lagerung* (nach H. R. Barnell 1941)

Reifestadium	Gesamt-gewicht in g	Trocken-masse in %	Glucose in %	Fructose in %	Saccharose in %	Stärke in %
Unreif	100	28	0,02	0,02	0,05	17,5
Reif	108	21	6,25	5,75	1,84	0,7
Überreif	99	17	4,80	4,80	0,99	0,3

Der Sorbitgehalt der Kern- und Steinobstarten vermindert sich deutlich während der Lagerung. Nach der Ernte von Pflaumen sinkt der Sorbitgehalt von 4,5 % (Höchstwert) bis auf einen Gehalt von 0,2—0,3 % (I. Donen 1939).

b) Pektin

Die Festigkeit des Fruchtfleisches nimmt während der Lagerung von *Äpfeln* allmählich ab, während bei Birnen der Übergang sehr schnell erfolgt. Mit der Abnahme der Fruchtfleischfestigkeit ist eine Abnahme des Gehaltes an wasserunlöslichem Pektin („Protopektin") verbunden. Der Gesamtpektingehalt bleibt zunächst unverändert, da das Protopektin in wasserlösliches Pektin umgewandelt wird; letzteres wird erst im Zustand der Überreife (Mehligwerden bei einzelnen Apfelsorten) bis zur Galakturonsäure abgebaut. Die Gehalte überreifer Äpfel an freier Galakturonsäure sind mindestens zehnmal höher als die normalen Werte (J. H. McClendon u. Mitarb. 1959).

Tabelle 29. *Veränderungen der Pektinstoffe in Bartlett-Birnen während der Nachreifung bei 20° C* (nach B.S. Luh u. Mitarb. 1963)

Nachreifung	Gesamt-pektinstoffe	Protopektinanteil am Gesamtpektin
0 Tage	0,63 %	51 %
2 Tage	0,58 %	39 %
4 Tage	0,66 %	17 %
6 Tage	0,42 %	17 %

Die Pektinveränderungen während der Lagerung von *Birnen* sind u. a. von C. Weurman (1952), C. S. Leonard u. Mitarb. (1954), P. Esau u. Mitarb. (1962) sowie O. Raunhardt u. H. Neukom (1964) untersucht worden; vgl. auch Z. I. Kertesz (1951). Die starke Abnahme des Protopektinanteils ist aus Tab. 29 zu ersehen.

Bei längerer Kaltlagerung von Birnen (unter 5° C) nimmt die Fähigkeit zur Hydrolyse von Protopektin ab (W. B. Date u. E. Hansen 1954); viele Birnensorten besitzen auch nach Beendigung einer längeren Kaltlagerung nicht mehr die Fähigkeit zum Abbau des wasserunlöslichen Pektins. Es bestehen möglicherweise Beziehungen zwischen dem Verlust der Nachreifbarkeit und der Erhöhung der Aktivität von α-Amylase im Verlaufe der Kaltlagerung (G. W. Maris McArthur-Hespe 1956).

Während der Reifung von *Bananen* ist eine 2—15fache Zunahme des Gehaltes an löslichem Pektin bei gleichzeitiger Abnahme des wasserunlöslichen Pektins zu beobachten (H. W. v. Loesecke 1950).

c) Stickstoffverbindungen

Der Eiweißgehalt von Äpfeln steigt zu Beginn der Lagerung geringfügig an und sinkt dann wieder langsam. Von A. Zachariae (1958) ist bei Äpfeln aus höheren Lagen ein höherer und später auftretender Gipfelpunkt beobachtet worden. Der Gehalt an alkohollöslichem Stickstoff, bezogen auf Gesamtstickstoff, nimmt während der Kaltlagerung mehr oder weniger stark ab, während der Anteil des Protein-Stickstoffs zunimmt (E. Bottini 1963; vgl. auch R. M. Smock u. A. M. Neubert 1950, S. 76). Die Zunahme des Proteingehaltes lagernder Äpfel setzt mit Beginn des Klimakteriums ein (A. C. Hulme 1954b).

d) Lipide

F. E. Huelin u. R. A. Gallop (1951) stellten bei der Lagerung von *Äpfeln* eine Zunahme des ausgeschiedenen Fettes auf der Schale und eine Erhöhung der Jodzahl des Fettes fest.

Die Veränderungen der Fette während der Lagerung von *Schalenobst* gehen auf die Tätigkeit der Lipasen zurück und bestehen vor allem in einer Zunahme der freien Fettsäuren. Das Auftreten von freien Fettsäuren in Nüssen ist weitgehend von der Höhe des Wassergehaltes abhängig (D. D. Musco u. W. V. Cruess 1954). Bei Erdnüssen neigen die verschiedenen Sorten verschieden stark zur Peroxidranzigkeit (T. A. Pickett u. K. T. Holley 1951).

e) Organische Säuren

Die titrimetrische Acidität nimmt während der Lagerung von *Äpfeln* und *Birnen* nach einem Übergangsstadium von wenigen Tagen im allgemeinen fortlaufend ab. Die Geschwindigkeit des Säureabbaus ist der Konzentration an titrierbarer Säure z. Z. der Einlagerung proportional und wird durch Temperatursteigerung erhöht. Der Säuregehalt kann bei Äpfeln, Birnen und Pflaumen in logarithmischer Weise abnehmen; es treten aber auch Abweichungen auf (J. F. Turner 1949; W. Eggenberger 1949; L. R. Leinbach u. Mitarb. 1953; K. Stoll 1958). Die Unterschreitung kritischer Temperaturgrenzen für kälteempfindliche Apfelsorten führt zu einer sehr schnellen Abnahme des Gehaltes an titrierbarer Säure (F. Hilkenbäumer u. Mitarb. 1959). Die Aciditätsabnahme bei der Lagerung von Äpfeln ist allein durch einen Abbau der Äpfelsäure bedingt. Der Gehalt an Citronensäure steigt dagegen an (J. F. Turner 1949). Vorübergehend ist auch eine Zunahme des Gehaltes an Chinasäure und das Auftreten von Shikimisäure zu beobachten (A. C. Hulme u. L. S. Wooltorton 1958a).

Der Gesamtsäuregehalt von *Kirschen* kann während der ersten Tage der Lagerung ansteigen (A. C. Hulme u. L. S. Wooltorton 1958b). M. H. Haller u. P. L. Harding (1939) fanden eine relativ schnelle Säureabnahme bei der Lagerung von *Pfirsichen* (vgl. auch C. Sterling 1958).

Der Säuregehalt von *Bananen* ist am höchsten (pH 4,2), wenn die Schalenfarbe nach gelb umschlägt (J. Wolf 1958b; vgl. auch K. Wülfert 1939).

Bei der Lagerung von *Zitronen* ist eine *Zunahme* des Säuregehaltes beobachtet worden (I. L. Eaks 1961).

f) Vitamine

Der Ascorbinsäuregehalt von *Äpfeln* kann bei Lagertemperaturen von 0° C und darunter bis z. Z. der optimalen Eßreife erhalten bleiben, während bei Temperaturen von 4° C und höher ein mehr oder weniger starker Abbau erfolgt. Die Abnahme des Ascorbinsäuregehaltes ist allerdings nicht immer mit steigender Lagerungstemperatur des Obstes erhöht (K. Paech 1939). Nach Untersuchungen von J. Wolf (1941b) bedingt die Lagerung von Äpfeln bei —0,5° C einen Vitamin C-Verlust bis zu 30%, bei 2,5° C bis zu 50% des Ausgangswertes.

Von K. A. Bogdański u. H. W. Bogdańska (1961) wurde während der Lagerung von Äpfeln bei 0° und 4° C festgestellt, daß der Ascorbinsäuregehalt nicht immer gleichförmig abnimmt, sondern bei einzelnen Sorten zunächst sogar zunehmen kann und erst gegen Ende der Lagerung wieder zurückgeht. Es bestehen möglicherweise Beziehungen zwischen einer Vitamin C-Synthese während der Lagerung und der Bildung von Galakturonsäure im Verlaufe des Abbaus von Pektinsubstanzen (A. C. Hulme 1958).

Die Lagerung in kontrollierter Atmosphäre wirkt sich auf die Vitamin C-Erhaltung nicht günstig aus (H. Gerber u. A. Bussmann 1958). Der Gehalt an Dehydroascorbinsäure steigt besonders stark auf Kosten des Ascorbinsäuregehaltes an, wenn Bedingungen bestehen, die zur Kältefleischbräune führen (G. Buchloh 1957).

H. SCHLOTTMANN u. Mitarb. (1961) stellten bei *Pflaumen* und *Mirabellen* einen deutlichen Anstieg des Vitamin C-Gehaltes während der Nachreifung fest.

Der Vitamin C-Gehalt von *Erdbeeren, Stachelbeeren* und *roten Johannisbeeren* geht schon kurz nach der Ernte deutlich zurück, wobei der Rückgang sortenmäßig verschieden ist (K. PAECH 1939; CH. SCHÄTZLEIN u. E. FOX-TIMMLING 1940).

Der Vitamin C-Verlust während der Lagerung von Citrusfrüchten ist relativ gering und liegt nach einem Monat bei *Apfelsinen* um 20 % und bei *Zitronen* um 6 % (J. SCHORMÜLLER 1966, S. 315).

Der Ascorbinsäuregehalt von *Bananen* nimmt bis zur Gelbfärbung der Schale zu und geht im überreifen Zustand wieder stark zurück (P. L. HARRIS u. G. L. POLAND 1939).

Ascorbinsäureabnahme bei der Kaltlagerung von *Ananas* (+ 6° C): E. V. MILLER u. A. S. HEILMANN (1952).

Das Verhalten der B-Vitamine während der Lagerung ist von V. KOCHER (1958) an Äpfeln untersucht worden. Der Gehalt an Vitamin B_1 nimmt zunächst ab, steigt aber später wieder stark an und erreicht oder überschreitet am Ende der Lagerung den Ausgangswert.

g) Farbstoffe

Von W.-D. NAUMANN (1964) wurden Untersuchungen über den Einfluß der Temperatur während der Nachreife von Äpfeln auf die Anthocyanbildung durchgeführt. Birnen: vgl. E. HANSEN (1955).

2. Veränderungen des Kernobstes durch physiologisch bedingte Lagerkrankheiten[1]

Bei der Aufbewahrung des Kernobstes im Kaltlager können als Folge von Störungen des Gewebestoffwechsels verschiedenartige Fruchtschäden auftreten, für die zunächst der Kältefaktor verantwortlich gemacht worden ist. Es ist aber sehr wahrscheinlich, daß bei den physiologischen Lagerkrankheiten ein ganzer Komplex von Ursachen (genetisch bedingte Veranlagung und zahlreiche, meistens bisher nicht näher untersuchte Umweltfaktoren) vorliegt. Die physiologischen Krankheiten Fleischbräune, Markbräune und Stippigkeit scheinen beispielsweise weitgehend oder teilweise nährstoffbedingt zu sein (G. BÜNEMANN 1964).

Die Einwirkung ungünstiger Bedingungen während der Lagerung ruft vermutlich in den Zellen, die durch nachteilige Bedingungen während der Fruchtentwicklung bereits geschwächt worden sind, einen latenten Krankheitszustand hervor. Im weiteren Verlauf kommt es bei den verschiedenen Krankheitsbildern zu einer letalen Schädigung unterschiedlicher Gewebeteile, die immer mit einer Bräunung verbunden ist.

Die folgenden Ausführungen beziehen sich in erster Linie auf Veränderungen an Äpfeln. Das Auftreten von Markbräune und Schalenbräune ist in geringerem Ausmaß auch bei Birnen zu beobachten.

a) Kältefleischbräune

Die Unterschreitung bestimmter Grenztemperaturen (2—3° C bei anfälligen, 4° C bei stark anfälligen Sorten) kann zu einer von außen zunächst nicht sichtbaren Bräunung des Fruchtfleisches zwischen der Schale und den primären Gefäßbündeln führen. Zu Beginn erfolgt eine starke Bildung von Äthylalkohol und Acetaldehyd bei gleichzeitiger Abnahme des Säuregehaltes (A. OSTERWALDER u. H. KESSLER 1934). Die Ursache der Kältefleischbräune dürfte in einer Störung des Ketosäurenstoffwechsels liegen (J.D. JONES u. A.C. HULME 1962). In Jahren mit starken Niederschlägen und ungenügender Sonnenwärme in den letzten Monaten

[1] Physiologische Lagerkrankheiten bei Pfirsichen und Citrusfrüchten vgl. S. 42.

vor der Ernte ist eine stärkere Fleischbräuneanfälligkeit beobachtet worden (H. KESSLER u. K. STOLL 1953).

Die verschiedenen Formen der Fleischbräune sind u. a. von A. OSTERWALDER u. H. KESSLER (1934), N. NICOLAISEN u. L. NICOLAISEN-SCUPIN (1952), G. BUCHLOH (1957) und J. WOLF (1959) beschrieben worden.

b) Markbräune

Zu hohe Kohlendioxidgehalte (mehr als 5%) können zu einer auf die Zone zwischen Kernhaus und innerem Gefäßbündelring begrenzten Form von Fleischbräune führen. Die Markbräune ist vermutlich auf eine Hemmung der Succinoxydase zurückzuführen (J.D. JONES u. A.C. HULME 1962).

c) Schalenbräune

Bei der Schalenbräune (Scald) verfärben sich die Epidermis und die darunter liegenden Gewebebereiche (Hypodermiszellen), während das Fruchtfleisch unversehrt bleibt. Die Veränderungen treten häufig erst auf, wenn die Früchte nach der Kaltlagerung in eine wärmere Umgebung gebracht werden. Das Auftreten der Schalenbräune wird auch durch höhere Kohlendioxidgehalte begünstigt.

Die Entstehung der Schalenbräune ist mit großer Wahrscheinlichkeit auf flüchtige Aromastoffe zurückzuführen, die in den peripheren Gewebebereichen angereichert werden und dort als Zellgifte wirken. Von D.F. MEIGH (1957) wurde eine Korrelation zwischen der Größe der Ausscheidung an leichtflüchtigen Alkoholen und Estern und dem Auftreten der Schalenbräune festgestellt. Daneben scheint der Resistenzgrad der Fruchthaut von Bedeutung zu sein (K. STOLL 1959). Nach G. BUCHLOH (1959) führt auch eine erhöhte Aktivität der Cytochromoxydase zur Entstehung von Schalenbräune.

Zur Verhinderung der Schalenbräune sind Maßnahmen geeignet, die einer Anreicherung flüchtiger Aromastoffe entgegenwirken (Luftwäsche, Luftventilation, Einwickeln in öl- oder paraffinhaltigem Papier, selektive Entfernung der flüchtigen Verbindungen durch Aktivkohle u. a. Adsorptionsmittel). Indirekte Verhütungsmaßnahmen sind aussichtsreich, genügen aber nicht immer (K. STOLL 1963a). Durch Behandlung mit einer Lösung von Diphenylamin (0,1 mg pro Oberfläche eines Apfels mittlerer Größe) kann die Schalenbräune wirksam verhindert werden (E.G. HALL u. Mitarb. 1961); gegen eine derartige Anwendung bestehen aber Bedenken.

d) Stippigkeit

Als Stippigkeit wird das inselartige, meistens dicht unter verfärbten Stellen der Schale zu beobachtende Auftreten brauner Verfärbungen des Fruchtfleisches bezeichnet (G. BUCHLOH 1960; G. BUCHLOH u. Mitarb. 1961). Die Stippigkeit kann bereits am Baum auftreten und ist vermutlich auf eine Stoffwechselstörung vor der Ernte zurückzuführen; wahrscheinlich bestehen Zusammenhänge mit der Mineralstoffversorgung (G. BÜNEMANN 1959). Der Stickstoffgehalt des stippigen Gewebes in der Trockenmasse ist etwa doppelt so hoch wie der des stippenfreien Gewebes (G. BÜNEMANN 1960). Der Geschmack stark stippiger Früchte ist ausgesprochen bitter.

e) Jonathanfleckenkrankheit

Die Jonathanfleckenkrankheit kann bei Äpfeln der Sorte Jonathan u. a. rot gefärbten Sorten nach einigen Wochen in Form von sehr kleinen, allmählich größer werdenden, bräunlichschwarzen Flecken auftreten. An der Entstehung der Jonathanfleckenkrankheit sollen Pilze beteiligt sein (A. OSTERWALDER 1957). Die Krankheit kann durch eine Lagerung in kontrollierter Atmosphäre verhindert werden (K. STOLL 1954).

Der Jonathanfleckenkrankheit ähnlich sind die Lentizellenfleckenkrankheiten, bei denen sich von den Lentizellen ausgehende braune Flecken von einigen mm Durchmesser bilden.

3. Veränderungen durch pilzparasitäre Krankheiten

Die Obstfäulnis wird durch zahlreiche parasitäre Pilze verursacht, die in erster Linie durch Ritzen und Wunden der Fruchthaut und durch die Kelchröhre in das Innere der Frucht gelangen. Die Erreger der Bitterfäule können auch durch die unverletzte Fruchtschale eindringen. Der Fäulnisbefall kann durch Fungicidbehandlung vor der Ernte, sorgfältige Entfernung aller verletzten und angestochenen Früchte vor der Einlagerung, tiefe Lagertemperaturen und nicht zu hohe Luftfeuchtigkeit eingeschränkt werden. Die Fäulnisanfälligkeit der verschiedenen Obstsorten ist sehr unterschiedlich. Die wichtigsten Fäulniserreger des Schweizer Obstes sind von A. OSTERWALDER u. H. KESSLER (1934) beschrieben worden. Zur Obstfäulnis vgl. W. KOTTE (1958).

Die wichtigsten Fäulnisarten sind:

Schwarzfäule (*Monilia fructigena, Sclerotinia fructigena*): Die Schwarzfäule ist kenntlich an der braunschwarzen Verfärbung der Schale ohne Sporenbildung oder an den konzentrischen Kreisen gelbbrauner Sporenpolster.

Lagerschorf (*Venturia inaequalis*): Flecken von graubrauner bis schwarzer Farbe auf der Schale.

Grünfäule (*Penicillium-Arten*): Fruchtfäule, bei der das Fruchtfleisch sehr weich, wäßrig und durchscheinend wird und aus der Frucht grünlichblaue Sporenträger hervorragen.

Grauschimmel (*Botrytis cinerea*): Früchte sind mit grauem Schimmelrasen überzogen.

Bitterfäule (*Gloeosporium album* und *Gloeosporium fructigenum*): *Gloeosporium album* führt auch bei tiefen Lagertemperaturen (—1° C) zur Fäulnis und bildet scharf umgrenzte Faulflecken mit konzentrisch angeordneten, hellen und dunklen Ringen, während *Gloeosporium fructigenum* vorzugsweise bei höheren Lagertemperaturen vorkommt und dunkle Faulflecken mit später rötlichem Sporenschleim bildet. Die Fäulnis ist mit einem bitteren Geschmack des scheinbar noch gesunden Fruchtfleisches verbunden. Der Befall durch *Gloeosporium fructigenum* kann bei Kirschen zu großen Verlusten führen.

Phytophthora-Fruchtfäule (*Phytophthora cactorum*): Fäulnis, bei der die befallenen Früchte trotz einer Verbräunung fest bleiben.

Fusariumfäulnis (*Fusarium putrefaciens*): Kernhausfäule, die sich nach einer Infektion der Kernhauspartie über die Stielbasis bei verletzten Stielen oder durch die Kelchröhre von innen nach außen ausbreitet.

VI. Chemische Untersuchung des Obstes

Die Untersuchung des frischen Obstes wird sich im Rahmen der Lebensmittelüberwachung meistens auf die Sinnenprüfung beschränken. In Verdachtsfällen ist eine Untersuchung auf Fruchtbehandlungs- und Schädlingsbekämpfungsmittel notwendig. Daneben kann bei werbenden Hinweisen auf einen hohen Vitamingehalt auch eine Ascorbinsäurebestimmung angebracht sein. Nur in besonderen Fällen (Grundlagen- und Nährwertuntersuchungen, Lagerungs- und Züchtungsversuche) erstreckt sich die Untersuchung auch auf die Inhaltsstoffe des Obstes. Es werden dazu nur einige allgemeine Hinweise gegeben, da die Analytik der Inhaltsstoffe in anderen Kapiteln dieses Handbuches ausführlich behandelt wird.

1. Fruchtinhaltsstoffe

Die Früchte werden zunächst nach Abtrennung des ungenießbaren Anteils (Stiele, Steine bzw. Kerngehäuse) in einem Mixgerät gründlich zerkleinert und durchgemischt. Die Untersuchung des Fruchtbreies kann nach den im Kapitel „Marmeladen und Konfitüren" von K. HERRMANN angegebenen Methoden durchgeführt werden. Des weiteren können neben den Untersuchungsmethoden in Bd. II/2 dieses Handbuches auch die Angaben über die Untersuchung von Obstsäften herangezogen werden. Auf den analytischen Teil des Kapitels „Obstsäfte, Konzentrate und Obstsirupe" von K. HERRMANN wird insbesondere bei der Untersuchung von Vitaminen, Pflanzenfarbstoffen und Aromastoffen hingewiesen. Bei allen Untersuchungen ist eine *schnelle* Verarbeitung des zerkleinerten Fruchtmaterials unerläßlich. Zur Fermentinaktivierung empfiehlt sich vielfach ein kurzes Erhitzen des Untersuchungsmaterials im Wasserbad. Die Ascorbinsäurebestimmung führt nur dann zu richtigen Ergebnissen, wenn bereits während der Zerkleinerung der Früchte eine Stabilisierung der Ascorbinsäure erfolgt (vgl. dazu O. WISS u. Mitarb. Bd. II/2 dieses Handbuches). Die Papierchromatographie hat sich für die Trennung zahlreicher Inhaltsstoffe (Säuren, Zucker, Anthocyane, Carbonylverbindungen u. a.) bewährt.

Zucker: Von G. JOHNSON u. Mitarb. (1964) wurde die Bestimmung von Glucose, Fructose und Saccharose in Pflanzenmaterial durch Anwendung einer Kombination enzymatischer und chemischer Methoden beschrieben; vgl. auch Bd. II/2.

Organische Säuren: A. C. HULME u. L. S. C. WOOLTORTON (1958a); vgl. auch L. SCHMID, Bd. II/2 dieses Handbuches. Für die Äpfelsäurebestimmung ist die Messung der optischen Drehung eines Uranylmalat-Komplexes geeignet (C. E. VANDERCOOK u. Mitarb. 1963). Shikimisäure: S. YOSHIDA u. M. HASEGAWA (1957).

Aromastoffe: A. MEHLITZ u. K. GIERSCHNER (1962b). Zur Abtrennung von Aromastoffen vgl. auch W. HEIMANN u. K. H. STRACKENBROCK (1963) mit weiteren Literaturhinweisen.

Pektinstoffe: Vgl. E. A. McCOMB u. R. M. McCREADY (1952), R. M. McCREADY u. E. A. McCOMB (1952). G. JAKOVLIV (1952, J. M. LAWRENCE u. K. G. GROVES (1954), W. B. SINCLAIR u. V. A. JOLLIFFE (1960), M. A. JOSLYN u. H. DEUEL (1963).

Anthocyanfarbstoffe: Zur Dünnschichtchromatographie vgl. H. TANNER u. Mitarb. (1963).

Für die Schnellbestimmung von Oxydationsveränderungen des *Fett*anteils von Walnußkernen wurde eine colorimetrische Destillationsmethode unter Benutzung von Thiobarbitursäure mitgeteilt (B. A. SEDLÁČEK 1958).

Der Nachweis entbitterter bitterer Mandeln ist über eine Kaliumbestimmung möglich, da der Kaliumanteil der Asche durch die Wässerung bis auf 5 % sinken kann (A. FINCKE 1957).

2. Fruchtbehandlungsmittel

Die Mittel zur Fruchtbehandlung im weiteren Sinne umfassen alle zur Haltbarkeitsverlängerung und Reifungsbeeinflussung verwendeten chemischen Zusätze. Für die Untersuchung der wichtigsten Fruchtbehandlungsmittel werden einige Arbeitsvorschriften wiedergegeben, während zur Analytik der übrigen nur kurze Hinweise gegeben werden können.

a) Diphenyl, o-Phenylphenol und Thioharnstoff

α) Qualitativer Nachweis

Der Nachweis von *Diphenyl und o-Phenylphenol* ist erst nach Wasserdampfdestillation oder Extraktion mit organischen Lösungsmitteln möglich. Am einfachsten wird die *Abtrennung* dieser Fruchtbehandlungsmittel wie folgt vorgenommen (E. BOHM 1961):

Arbeitsvorschrift: Etwa 100 g Citrusfrüchte werden dünn geschält und die Schalen in einem Mixgerät fein zerkleinert. Der Schalenbrei wird in einen 250 ml-Erlenmeyerkolben überführt, mit 50 ml Dichlormethan und 1 ml 4 n-Salzsäure versetzt und 5 min auf dem siedenden Wasserbad unter Verwendung eines Einhängekühlers erhitzt. Der Kolben wird in kaltes Wasser gestellt, die erkaltete Lösung durch ein mit einem Uhrglas bedecktes Faltenfilter in eine Porzellanschale filtriert und das Filtrat im Kaltluftstrom eingedunstet.

Die Verfahren zum *Nachweis von Fruchtbehandlungsmitteln* setzen im allgemeinen eine Entfernung von störenden Begleitstoffen voraus (Literaturübersicht: H. SPERLICH 1963). Die Abtrennung durch Wasserdampfdestillation macht eine Reinigung des Diphenyls vom ätherischen Öl durch konz. Schwefelsäure oder Chromatographie an Aluminiumoxid erforderlich, während o-Phenylphenol über eine Extraktion des Wasserdampfdestillates mit organischen Lösungsmitteln und Abtrennung mit Natronlauge gereinigt werden kann. Zur Reinigung nach Extraktion der Fruchtschalen mit Dichlormethan ist die Mikrosublimation geeignet (E. BOHM 1961). Für den *Diphenyl*-Nachweis sind mehrere Verfahren vorgeschlagen worden, die auf einer Überführung in reaktionsfähige Derivate beruhen und auch für die quantitative Bestimmung (vgl. dort) empfohlen worden sind. Der papierchromatographische Nachweis von *o-Phenylphenol* kann durch Phenolreagentien

(2,6-Dibromchinonchlorimid: M. Ihloff u. M. Kalitzki 1960a; diazotierte Cleve-säure-1,7: H. Thaler u. H. Günder 1960) geführt werden. Die Messung der Absorption im UV (Absorptionsmaxima: Diphenyl 248 nm, o-Phenylphenol 285 nm) ist ebenfalls nach Abtrennung und Reinigung zum Nachweis herangezogen worden (vgl. quantitative Bestimmungsmethoden).

IR-Spektrographie: L. R. Knodel u. E. J. Elvin (1956), M. Ihloff u. M. Kalitzki (1957), F. de Francesco u. L. Gianotti (1963).

Gaschromatographie: R. Thomas (1960), J. Vogel u. J. Deshusses (1964).

Zum Nachweis von Thioharnstoff vgl. auch F. Hoeke u. H. Cats (1957) und W. P. McKinley u. R. Yasin (1960).

Für den *papierchromatographischen Nachweis* der Fruchtbehandlungsmittel ohne besondere Reinigung ist nachstehendes Verfahren geeignet (H. Sperlich 1963).

Arbeitsvorschrift: Der nach dem Abtrennungsverfahren von E. Bohm (vgl. oben) erhaltene Rückstand wird sofort nach dem Verdunsten des Lösungsmittels aus dem Luftstrom entfernt (Flüchtigkeit des Diphenyls!), innerhalb von 15 min in 0,5 ml Äthanol aufgenommen und zur Chromatographie auf ölimprägniertem Papier (Schleicher & Schüll 2043 b) verwendet. Das Papier wird kurz (längstens eine Stunde) vor der Chromatographie durch ein 5 sec langes Tauchbad in einer Öllösung (danach zur Verdunstung kurz schwenken) imprägniert.

Sättigungsflüssigkeit: Methanol-Wasser (2:8 Vol.).

Fließmittel: Methanol-Wasser (8:2 Vol.).

Imprägnierungslösung: 10 vol.-%ige Lösung eines nicht ranzigen Öles (z. B. Rapsöl) in Petroläther (Sdp. 50—70° C).

Diphenyl bildet mit 2,4,7-Trinitrofluorenon (0,5%ige Lösung in Aceton) eine im UV-Licht gelborange fluoreszierende Komplexverbindung. Zur Sicherung des Nachweises wird die Nitrierung (zweifaches Abrauchen mit je 0,5 ml rauchender Salpetersäure) und Chromatographie der in 0,5 ml Äthanol aufgenommenen Polynitroderivate (Papier und Fließmittel wie oben) empfohlen. Sprühreagens: Mischung von 8 Vol. einer 20 vol.-%igen Lösung von Methyläthylketon in Dimethylsulfoxid und 2 Vol. Tetraäthylammoniumhydroxid (25%ig). Dieses Verfahren ist besonders für den Nachweis kleiner Diphenylmengen (Nachweisgrenze 0,5 mg/100 g) geeignet.

o-Phenylphenol wird durch Besprühen mit 2,6-Dibromchinonchlorimid-Lösung (0,1% in 95%igem Äthanol; täglich frisch bereitet) nachgewiesen (Blaufärbung).

Thioharnstoff bleibt bei der Extraktion mit Dichlormethan in den Fruchtschalen zurück und kann aus den mit wasserfreiem Natriumsulfat und wasserfreier Soda gemischten Fruchtschalen durch Extraktion mit Äthylacetat-Aceton (2:1) entfernt werden. Der Nachweis von Thioharnstoff erfolgt im Anschluß an die für Diphenyl und o-Phenylphenol angegebene papierchromatographische Methode. Es wird dazu nach dem Besprühen mit 2,6-Dibromchinonchlorimid mit Ammoniak und gegebenenfalls mit Bromdämpfen behandelt. Sehr empfindlich ist der Nachweis mit 0,1%iger wäßriger Palladium(II)-chlorid-Lösung (Papier und Fließmittel wie oben).

Der Nachweis von Diphenyl und o-Phenylphenol kann nach Dichlormethan-Extraktion auch mit Hilfe der *Dünnschichtchromatographie* (Dichlormethan-Cyclohexan 1:3 auf Kieselgel G) ohne vorherige Abtrennung mitextrahierter Schalenbestandteile erfolgen (H. Staritz 1962).

Über einen dünnschichtchromatographischen Nachweis von Diphenyl, o-Phenylphenol und 2,4-Dichlorphenoxyessigsäure (Kieselgel G; Fließmittel: Shell Sol A — Essigsäure 24:1) berichteten T. Salo u. R. Mäkinen (1964).

β) Quantitative Bestimmung

Zur *photometrischen Bestimmung von Diphenyl* sind die Verfahren von H. Böhme u. G. Hofmann (1961) und von A. Rajzman (1963) geeignet.

Arbeitsvorschrift nach H. Böhme u. G. Hofmann (1961): 100 g Orangen werden geschält und die Schalen im Mixgerät unter Zusatz von 200—300 ml Wasser zerkleinert. Bei Zitronen nimmt man die ungeschälten Früchte nach vorherigem Abpressen des Saftes. Der Schalenbrei wird in einen 1 l-Rundkolben überführt (Nachspülen mit etwas Wasser). Es wird ein Aufsatz (Abb. 1) aufgesetzt und in das graduierte Rohr des Aufsatzes so viel dest. Wasser gegeben, daß dieses am seitlichen Hahn überfließt; außerdem werden 2 ml reines Cyclohexan (z. Spektroskopie oder gereinigt, wie für Petroläther beschrieben) zugesetzt. Unter starker Wasserkühlung heizt man langsam an und hält die Mischung 45 min lang im Sieden. Danach wird die Cyclohexanlösung aus dem seitlichen Hahn abgelassen und mit dem noch im Schenkel befindlichen Wasser in einen kleinen Scheidetrichter gebracht. Das graduierte Rohr wird mit etwa 20 ml gereinigtem Petroläther (vgl. nachstehendes Reinigungsverfahren) nachgespült, der Petroläther ebenfalls in den Scheidetrichter übergeführt und die wäßrige Phase verworfen. Die organische Phase wird in einem Meßkolben auf ein Volumen von 50 ml gebracht und mit wenig Calciumchlorid versetzt. Man füllt nun in ein Glasrohr von 1,5 cm Durchmesser 7 g Aluminiumoxid „Woelm sauer", Aktivitätsstufe I, feuchtet die Säule mit etwa 10 ml Petroläther an und gibt 25 ml der mehrfach umgeschüttelten Petrolätherlösung auf die Säule. Nach dem Nachwaschen mit 95 ml Petroläther entfernt man die noch auf der Säule verbliebenen Lösungsmittelreste durch einen Luftstrom (Handgebläse), stellt unter das Chromatographierrohr einen 100 ml-Rundkolben und eluiert mit 30 ml Chloroform. Zu der Chloroformlösung gibt man 6 ml

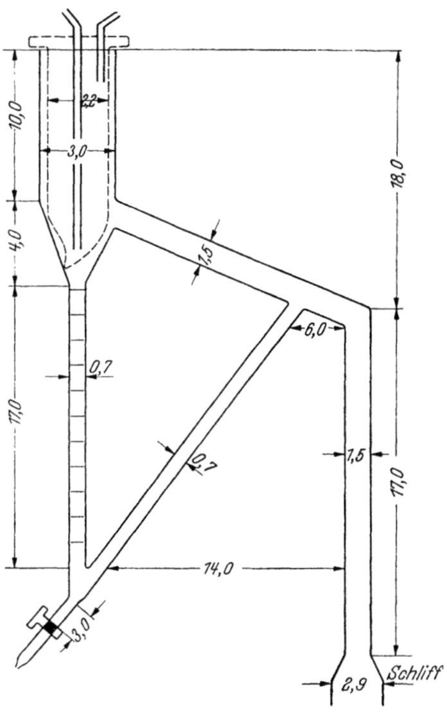

←
Abb. 1. Aufsatz zur Abtrennung von diphenylhaltigem ätherischem Öl bei der Wasserdampfdestillation behandelter Citrusfrüchte

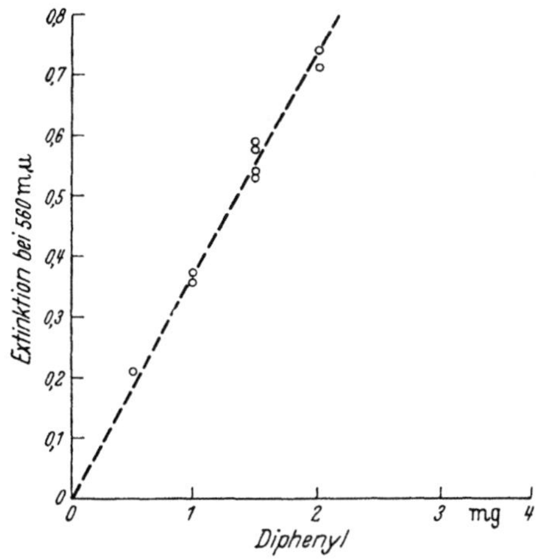

Abb. 2. Eichkurve zur photometrischen Bestimmung von Diphenyl, aufgestellt unter Verwendung unbehandelter Zitronen nach MAIER-HAARLÄNDER (1964) (Schichtdicke 0,5 cm)

98,6 %ige Salpetersäure und kocht die Mischung 25 min lang auf dem Wasserbad am Rückflußkühler (Siedesteinchen). Nach kurzem Abkühlen wird die Chloroformschicht im Scheidetrichter 1mal mit 500 ml Wasser, darauf 1mal mit 200 ml 0,02 n-Natronlauge und schließlich noch 2mal mit je 500 ml Wasser gewaschen. Nach dem Verwerfen der Waschflüssigkeit verdampft man das Chloroform in einem 100 ml-Erlenmeyerkolben auf dem Wasserbad. Die zurückbleibenden Nitroderivate des Diphenyls (ab 1 mg deutlich als Nadeln zu erkennen) werden in 5 ml Eisessig unter schwachem Erwärmen gelöst und nacheinander mit 10 ml 6 n-Salzsäure und 1,0 g Zinkpulver versetzt. Wenn die Wasserstoffentwicklung nachgelassen hat, schüttelt man 10 min lang öfter um und filtriert nach dem Verdünnen mit 50 ml Wasser in einen 500 ml-Meßkolben, wäscht mit 200 ml Wasser nach und versetzt die Lösung unter Umschwenken mit 8 ml frisch bereiteter 0,25 %iger Natriumnitritlösung. Nach 10 min gibt man 10 ml 1%ige Ammoniumsulfamatlösung (frisch bereitet) zu und läßt die Lösung unter mehrmaligem Umschütteln 10 min lang stehen. Schließlich fügt man 9 ml 0,5%ige N-(1-Naphthyl-) äthylendiamin-dihydrochlorid-Lösung zu, füllt nach weiteren 10 min bis zur Marke auf und bestimmt nach gutem Umschütteln die Extinktion der entstandenen Farblösung in 0,5 cm-Küvetten gegen Wasser. Die Messung kann entweder spektralphotometrisch bei 560 nm oder in einem Photometer (Filter S 55 E) durchgeführt werden.

Die entsprechenden Diphenylmengen entnimmt man der Eichkurve (Abb. 2) und berechnet den Diphenylgehalt unter Berücksichtigung der Verdünnung. Die Eichkurve muß unter Verwendung unbehandelter Früchte und unter Zugabe bekannter Mengen Diphenyl aufgestellt werden (G. MAIER-HAARLÄNDER 1964).

Reinigung des Petroläthers: Handelsprodukte der Qualität „leicht siedend, etwa bis 40° C" läßt man mit einer Mischung von 250 ml konz. Schwefelsäure und 50 ml 68%iger Salpetersäure einige Tage lang unter häufigem Umschwenken stehen. Man trennt und schüttelt wiederholt mit konz. Schwefelsäure, bis diese farblos bleibt, wäscht mit dest. Wasser bis zur neutralen Reaktion, trocknet über Natriumsulfat und destilliert über eine Kolonne die zwischen 32 und 40° C siedenden Anteile ab.

Prinzip der *Methode nach* A. RAJZMAN (1963): Nach entsprechender Vorbereitung der Früchte wird das Diphenyl durch Wasserdampfdestillation übergetrieben. Das Destillat wird in Chloroform aufgenommen und die erhaltene Lösung durch Ausschütteln mit Natriumdisulfit, Natriumhydroxid und konz. Schwefelsäure gereinigt. Nach Einengung des gereinigten Extraktes wird durch Zugabe von Eisessig, Formaldehyd, Schwefelsäure und Eisen(III)-sulfat eine Blaufärbung erzeugt und der Diphenylgehalt durch Messung der Absorption bei 610 nm bestimmt (vgl. dazu G. MAIER-HAARLÄNDER 1964).

Für die *Diphenyl-Bestimmung durch Messung der Eigenabsorption im UV-Bereich* wird von S. W. SOUCI u. G. MAIER-HAARLÄNDER (1963) nachstehendes Verfahren empfohlen, das auf eine Arbeitsvorschrift von F. A. GUNTHER u. Mitarb. (1963) zurückgeht:

1 kg Früchte werden möglichst ohne Berührung mit den Händen geviertelt. Genau 250 g werden mit etwa 400 ml Wasser in einem Mixgerät fein püriert. Der erhaltene Fruchtbrei wird quantitativ in einen 2 l-Rundkolben (vgl. Abb. 3) übergeführt. Es werden dann noch 200 ml Wasser, 2 ml konz. Schwefelsäure, 0,5 g Antischaummittel und einige Siedesteinchen zugegeben. Sodann wird der modifizierte Clevenger-Aufsatz auf den Kolben gesetzt und das seitliche Rohr bis zum Überlaufen mit Wasser gefüllt. Schließlich werden 20 ml Cyclohexan (Merck Nr. 9666 für Chromatographie) in das seitliche Rohr über das Wasser hinzugegeben. Nach Aufsetzen des Kühlers wird der Fruchtbrei 2 Std kräftig gekocht (Heizhaube). Die Cyclohexanlösung wird nach Beendigung der Destillation mit dem Wasser in einen Scheidetrichter abgelassen und das seitliche Rohr des Aufsatzes mit 5 ml Cyclohexan nachgewaschen. Die wäßrige Schicht im Scheidetrichter wird verworfen. Dann wird evtl. vorhandenes o-Phenylphenol durch 5maliges Ausschütteln mit je 10 ml 0,5%iger Natronlauge abgetrennt. Zur Entfernung der übrigen Verunreinigungen wird mehrmals mit annähernd gleichen Mengen konz. Schwefelsäure im Scheidetrichter ausgeschüttelt, bis die Säureschicht klar und farblos bleibt; 5- bis 8maliges Ausschütteln ist im allgemeinen ausreichend. Dann wird die Cyclohexanlösung 3mal mit ungefähr gleichen Mengen Wasser ausgeschüttelt, wobei das erste Waschwasser noch milchig trüb ist und in einen Erlenmeyerkolben mit Glasstopfen abgelassen (Scheidetrichter nicht mit Cyclohexan nachwaschen). Es werden sodann 25 ml 6%ige Kaliumpermanganatlösung und 25 ml Eisessig zugegeben; die Mischung wird etwa 30 min geschüttelt. Anschließend wird diese wieder in einen Scheidetrichter gegeben, die wäßrige Schicht abgezogen und die zurückbleibende Cyclohexanlösung der Reihe nach 2mal mit je 10 ml 5%iger Natriumcarbonatlösung, 1mal mit 25 ml Wasser und schließlich so oft (etwa 3—6mal) mit je 20 ml konz. Schwefelsäure geschüttelt, bis die Säureschicht klar und farblos bleibt. Nach 3maligem Auswaschen mit annähernd gleichen Mengen Wasser wird die Cyclohexanlösung schließlich in einen Kolben mit etwa 3 g wasserfreiem Natriumsulfat gegeben. Nach mindestens 10 min wird 1 ml der Lösung im Verhältnis 1:10 mit Cyclohexan verdünnt und bei 248 nm gegen reines Cyclohexan gemessen. Liegt die Extinktion über 0,74, so verdünnt man die Lösung nochmals mit Cyclohexan im Verhältnis 1:10.

Zur Aufstellung der Eichkurve werden Lösungen von 0—0,9 mg Diphenyl in 1 ml Cyclohexan hergestellt und nach der oben angegebenen Methode (ab Abtrennung von o-Phenylphenol) behandelt. Die Lösungen werden 2mal 1:10 verdünnt.

Die Abweichungen von den theoretischen Werten betrugen bei Modellversuchen von S. W. SOUCI u. G. MAIER-HAARLÄNDER (1963) —2,5 bis +4,1%.

Photometrische Bestimmung von o-Phenylphenol nach H. BÖHME u. G. HOFMANN (1961):

Die Schalen von 300—400 g Citrusfrüchten (bei Zitronen die ungeschälten Früchte nach Abpressen des Saftes) werden im Mixgerät unter Zusatz von etwa 300 ml Wasser zerkleinert und in einen 1 l-Rundkolben übergeführt (Nachspülen mit etwa 100 ml Wasser). Dann versetzt man mit 5 ml Phosphorsäure (84%) und destilliert im Wasserdampfstrom. Als Vorlage dient ein 1 l-Enghalskolben, der 150 ml Wasser enthält, in welches das verlängerte Kühlerende eintaucht. Nach Beendigung der Destillation überführt man das Destillat in einen Scheidetrichter, säuert mit 2 ml Phosphorsäure (84%) an und schüttelt 3mal mit je 50 ml gereinigtem Petroläther (Reinigung vgl. Diphenyl-Bestimmung) aus, der vorher zum Ausspülen von Kühler und Vorlage verwendet wurde. Die vereinigten Petrolätherfraktionen werden auf 150 ml aufgefüllt und davon 50 ml in einem Scheidetrichter 2mal je 3 min lang mit 20 ml 0,25 n-Natronlauge geschüttelt. Die Lauge läßt man anschließend in einen zweiten Scheidetrichter ab, der 40 ml 0,5 n-Schwefelsäure enthält. Die saure Lösung schüttelt man 2mal je 3 min lang mit 5 ml Petroläther. Darauf wird die wäßrige Phase verworfen, die Petrolätherlösung mit etwa

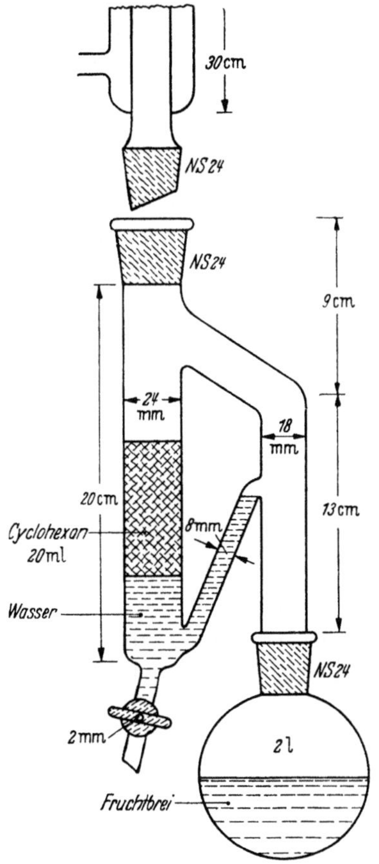

←

Abb. 3. Modifizierte Clevenger-Apparatur zur Bestimmung von Diphenyl in Citrusfrüchten

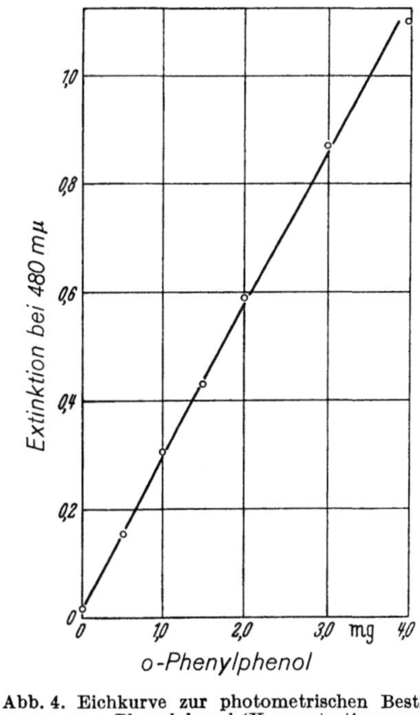

Abb. 4. Eichkurve zur photometrischen Bestimmung von o-Phenylphenol (Konzentrationsangabe bezogen auf 100 ml; Schichtdicke 0,2 cm)

10 ml Wasser gewaschen und durch wenig Watte auf eine mit etwa 10 ml Petroläther durchfeuchtete Säule von 7 g Aluminiumoxid „Woelm sauer" in einem Glasrohr von 1,5 cm Durchmesser gegeben. Nach Durchlaufen des Lösungsmittels trocknet man das Aluminiumoxid durch kurzes Anschließen des Glasrohres an die Wasserstrahlpumpe und überführt es quantitativ in eine Extraktionshülse, die 2 Std mit 50 ml Isopropanol in der Siedehitze extrahiert wird. Nach dem Abkühlen füllt man das Isopropanol in einem Meßkolben auf 50 ml auf. 25 ml davon werden in einen 100 ml-Meßkolben überpipettiert und 10 ml Methanol sowie 2 ml 0,1 n-Natronlauge zugegeben. Unter Umschwenken läßt man aus einer Meßpipette eine frisch hergestellte Lösung von 20 mg „Echtblausalz B" in 10 ml Wasser zulaufen, füllt nach 10 min mit 50%igem Methanol auf und bestimmt nach 5 min die Extinktion bei 480 nm oder mit Filter S 47 E in 0,2 cm-Küvetten gegen Wasser.

Die o-Phenylphenol-Gehalte können der Eichkurve (Abb. 4) entnommen werden.

Ein weiteres photometrisches Verfahren (Rotfärbung mit p-Nitrobenzoldiazoniumfluoborat in methanolischer Kalilauge; Absorptionsmaximum: 515 nm) ist von F. A. Gunther u. Mitarb. (1963) angegeben worden.

Die *o-Phenylphenol-Bestimmung im UV-Bereich* (Absorptionsmaximum: 285 nm) kann mit der nach Ausschüttlung der Cyclohexanlösung erhaltenen alkalischen Lösung (vgl. Diphenyl-Bestimmung im UV) nach dem von F. A. GUNTHER u. Mitarb. (1963) mitgeteilten Verfahren durchgeführt werden.

Bestimmung von Thioharnstoff: W. O. WINKLER (1961).

b) Wachsüberzüge

Der Nachweis einer Wachsbehandlung wird dadurch erschwert, daß die Zusammensetzung der natürlichen Wachse der Citrusfrüchte (Menge nach S. W. SOUCI, 1959: 100 mg/kg) und der zugesetzten Wachse (50—150 mg/kg) vielfach sehr ähnlich ist.

Nachweis und Bestimmung von Alkalioleat und *Cumaron-Inden-Harz* können nach dem von M. IHLOFF u. M. KALITZKI (1960b) mitgeteilten Verfahren erfolgen. Ölsäure wird nach Ausschüttlung mit Petroläther papierchromatographisch nachgewiesen: H. P. KAUFMANN u. W. H. NITSCH (1955). Für den Nachweis von Carnaubawachs und Cumaron-Inden-Harz ist die IR-Spektrographie geeignet (vgl. Tab. 30).

Tabelle 30. *IR-Spektrographie von Citrusfruchtwachsen* (nach M. IHLOFF u. M. KALITZKI 1960b)

Wachs	Charakteristische Absorptionen bei		
Carnaubawachs	5,75 μ stark	13,7 μ mäßig stark	13,9 μ mäßig stark
Cumaron-Inden-Harz	6,25 μ schwach	13,4 μ sehr stark	13,95 μ schwach
Natürl. Citrus-Fruchtwachs wahrscheinlich	5,75 μ sehr stark		13,85 μ schwach

c) Sonstige Fruchtbehandlungsmittel

Die Bleichung von Walnüssen mit *Natriumhypochlorid*-Lösung kann durch Bestimmung des Chloridgehaltes der Walnußkerne nachgewiesen werden (H. P. KAUFMANN 1963):

10 g fein gemörserte Nußkerne werden mit 2,5 g Magnesiumoxid in einer Reibschale homogenisiert. Die Masse wird danach mit 1,5 g Magnesiumoxid aufgelockert und in einer Platinschale zur Vermeidung spontaner Gasentwicklungen über *kleiner* Flamme erhitzt. Wenn die Mischung durchgeglüht und keine Rauchentwicklung mehr zu beobachten ist, wird 45 min bei 550° C nachgeglüht. Nach Auslaugen des Glührückstandes mit heißem Wasser und Filtration erfolgt die Chloridbestimmung nach VOLHARD.

Dehydracetsäure kann mit 2 %iger Sodalösung dem Untersuchungsmaterial entzogen und nach Ausschüttlung der angesäuerten Lösung mit Petroläther papierchromatographisch (Fließmittel: n-Butanol-Äthanol-4 n-Ammoniak = 40:11:19; Papier: Schleicher & Schüll 2043b; Sprühreagens: 1,5 %ige Titan(III)-chlorid-Lösung) nachgewiesen werden (H. SPERLICH 1960).

Naphthylessigsäure wird nach Extraktion mit verd. Ammoniak und Reinigung durch Chromatographie an Kieselsäure spektralphotometrisch bei 283 nm bestimmt (C. A. BACHE u. Mitarb. 1962).

2,4-Dichlorphenoxyessigsäure:	L. C. ERICKSON u. H. Z. HIELD (1962)
2,4,5-Trichlorphenoxyessigsäure:	H. N. DAOUD u. B. S. LUH (1962)
Diphenylamin:	R. B. BRUCE u. Mitarb. (1958)
Äthylendibromid:	T. DUMAS (1962)
Methylbromid:	M. FEUERSENGER u. G. MÜLLER (1963)
Blausäure:	M. FEUERSENGER (1959a).

Über den Nachweis von künstlichen *Farbstoffen* (Citrus Red No. 2, Oil Red XO u. a.) auf Orangen berichteten W. PRZYBYLSKI u. Mitarb. (1960) sowie H. SUTER u. H. HADORN (1960).

3. Schädlingsbekämpfungsmittel

Die folgenden Ausführungen beschränken sich auf einige allgemeine Hinweise zur Untersuchung von Restmengen an Schädlingsbekämpfungsmitteln auf Obst, da die Rückstandsbestimmungsverfahren von R. FRANCK u. G. BRESSAU in Bd. II/2 dieses Handbuches ausführlich besprochen werden. Vgl. auch F. A. GUNTHER u. R. C. BLINN (1955), M. S. SCHECHTER u. I. HORNSTEIN (1957), R. MÜLLER u. Mitarb. (1957), J. EICHENBERGER (1960a), J. EICHENBERGER u. L. GAY (1960), E. HEINISCH (1962), V. CIELESZKY (1962), H. FREHSE u. H. NIESSEN (1963), G. ZWEIG (1964), F. EDER u. Mitarb. (1964) und zur Analytik insecticider Phosphorsäureester G. SCHRADER (1963).

a) Anorganische Wirkstoffe

Die Entfernung der an der Oberfläche haftenden Rückstände an anorganischen Spritzmitteln kann vielfach mit verdünnter Salpetersäure erfolgen. *Arsen* wird nach Extraktion mit 50%iger Salpetersäure (M. FEUERSENGER 1959b) oder nach nasser Veraschung bestimmt. Als Bestimmungsverfahren ist u. a. die Arsen-Molybdänblau-Methode empfohlen worden (I. HOFFMANN u. P. M. MORSE 1961). Schnellmethode (Zeitaufwand 20 min) zum Nachweis arsenhaltiger Spritzmittel auf Äpfeln: H. SCHLEE (1962). Die anderen Schwermetalle (Blei, Kupfer, Zink) können mit den üblichen Methoden (Ausschüttlung mit Dithizonlösung) bestimmt werden. Für die *Kupferbestimmung* hat E. KRÖLLER (1962) auch die Umsetzung mit Bleidiäthyldithiocarbamat nach Abtrennung mit 5%iger ÄDTA-Lösung vorgeschlagen. Zur Bestimmung von *Quecksilber* (Bestandteil zahlreicher organischer Insecticide) wird anstelle der feuchten Veraschung eine modifizierte Schöniger-Veraschung empfohlen (W. H. GUTENMANN u. D. J. LISK 1960). Nach Dithizonextraktion kann eine flammenphotometrische Bestimmung im UV-Bereich erfolgen (M. B. JACOBS u. L. J. GOLDWATER 1961).

b) Organische Wirkstoffe

Der Nachweis der organischen Wirkstoffe und ihrer Metabolite ist im allgemeinen erst nach Extraktion des Untersuchungsmaterials und Reinigung der Extrakte von störenden Begleitstoffen möglich. In der Regel sind dabei für die verschiedenen Gruppen von Schädlingsbekämpfungsmitteln, in vielen Fällen aber auch für die verschiedenen Obstarten unterschiedliche Reinigungsverfahren erforderlich.

Die Extraktion von Wirkstoffrückständen kann bei Routineuntersuchungen wie folgt durchgeführt werden (H. FREHSE u. H. NIESSEN 1963):

250 g Untersuchungsmaterial werden in einem Mixgerät 5 min mit 375 ml Aceton maceriert. 300 ml des Filtrates (Gesamtvolumen des Macerates vorher abmessen und daraus die 300 ml Filtrat entsprechende Obstmenge berechnen) werden nach Entfernung des Acetons im Rotationsverdampfer mit Chloroform (Wasserrest : Chloroform = 1:1) extrahiert.

Für die Reinigung und Aufarbeitung der Extrakte sowie für die Rückstandsbestimmungen sind so viele Verfahren vorgeschlagen worden, daß an dieser Stelle nicht darauf eingegangen werden kann (vgl. obige Literaturhinweise und das entsprechende Kapitel in Bd. II/2 dieses Handbuches).

Für Stichprobenkontrollen und orientierende Vorprüfungen sind relativ schnell durchzuführende *biologische Testverfahren* mit verschiedenen Organismen (z. B. *Drosophila melanogaster:* R. P. TEW u. J. M. SILLIBOURNE 1961; P. S. HALL 1963) geeignet (vgl. u. a. W. WEINMANN 1963).

Der Drosophila-Direkttest eignet sich für den Nachweis geringer Mengen an Phosphorsäureestern, während mit dem Mückenlarventest (Lichtreiz-Test mit Larven von *Aedes aegypti*) Spuren chlorierter Kohlenwasserstoffe festgestellt werden können (J. EICHENBERGER 1957, 1960b). Aus dem Vergleich der Ergebnisse beider Teste lassen sich gewisse Schlüsse auf Art und Menge der vorliegenden Insecticide ziehen, wodurch der Umfang der chemischen Untersuchung verringert und die Identifizierung mit Hilfe der Papier-, Dünnschicht- und Gaschromatographie erleichtert werden kann.

Mit *Daphnia magna* als Testobjekt kann nach etwa 4 Std festgestellt werden, ob bei Verdachtsproben bedenkliche Mengen an Phosphorverbindungen oder Carbamidaten vorliegen (W. DIEMAIR u. K. KNOPF 1964).

Neben biologischen Testverfahren sind auch dünnschichtchromatographische Methoden für Voruntersuchungen vorgeschlagen worden (T. SALO u. Mitarb. 1962).

Schnellverfahren zur Abschätzung von Phosphorsäureester-Rückständen: E. SÁNDI (1962).

VII. Hinweise für die lebensmittelrechtliche Beurteilung

Die Beurteilung von Frischobst erfolgt nach den allgemeinen Bestimmungen des § 4 des Lebensmittelgesetzes, soweit nicht unzulässige Fremdstoffzusätze oder Verstöße gegen die Fruchtbehandlungs-Verordnung und andere lebensmittelrechtliche Vorschriften in Betracht kommen. Die Vorschriften der Verordnung über gesetzliche Handelsklassen für Obst und Gemüse (Handelsklassen-Verordnung) vom 3. VII. 1955 (BAnz. Nr. 127 vom 6. VII. 1955) können als Hilfsmaßstäbe für die Feststellung der Verbrauchererwartung herangezogen werden; sie sind aber keine Spezialvorschriften gegenüber dem Lebensmittelgesetz und treten nicht an dessen Stelle (Urteil des Kammergerichts Berlin vom 25. I. 1962; vgl. Sammlg. lebensmittelrechtl. Entsch. *3*, 200, 1962). In Zweifelsfällen — wie bei der Feststellung der Sorteneinheitlichkeit — kann die Hinzuziehung eines landwirtschaftlichen Sachverständigen zweckmäßig sein.

Zu berücksichtigen ist die Verordnung über Pflanzenschutz-, Schädlingsbekämpfungs- und Vorratsschutzmittel in oder auf Lebensmitteln pflanzlicher Herkunft (Höchstmengen VO-Pflanzenschutz) vom 30. XI. 1966 (BGBl. I S. 667), die am 1. I. 1968 in Kraft tritt.

Die Kennzeichnungspflicht der Schalenobstarten ist umstritten. Nach K.-H. NÜSE (1963) und W. ZIPFEL (1964) gehören auch Nüsse und Mandeln, wenn sie getrocknet sind, zu den haltbaren Obsterzeugnissen und damit — ohne Rücksicht darauf, ob sie nach dem allgemeinen Sprachgebrauch dem Trockenobst zugerechnet werden — zum kennzeichnungspflichtigen Trockenobst (vgl. Urteil des AG Mannheim vom 30. X. 1959; mitget. Betriebsberater 1960, S. 1001). Demgegenüber hat der Fachausschuß „Allgemeines" des Bundes für Lebensmittelrecht und Lebensmittelkunde e. V. (Dtsch. Lebensmittel-Rdsch. *57*, 255, 1961) die Ansicht vertreten, daß Nüsse, Mandeln u. ä. kein Trockenobst im Sinne der Lebensmittel-Kennzeichnungsverordnung sind, da sie trocken geerntet werden und keiner Trocknung bedürfen.

Für den EWG-Bereich gilt ferner die Verordnung Nr. 158/66/EWG des Rates vom 25. X. 1966 über die Anwendung der Qualitätsnormen auf Obst und Gemüse, das innerhalb der Gemeinschaft in den Verkehr gebracht wird (Amtsbl. der Europ. Gemeinschaften Nr. 192, S. 3282/66), die die in Art. 2 der Verordnung Nr. 23 (Amtsbl. der Europ. Gemeinschaften Nr. 30 vom 20. IV. 1962) genannten Qualitätsnormen in Kraft setzt.

1. Irreführung

In der Regel liegt eine Irreführung vor, wenn die Eigenschaften einer angegebenen Handelsklasse nicht erfüllt sind. Es haben aber auch allgemeine Güte- und Qualitätshinweise für den Verbraucher eine ähnliche Bedeutung wie die Angabe der Handelsklasse A. Der Verkauf von Obst unter hervorhebenden Qualitätshinweisen wie „Handelsklasse A", „Ia", „Spitzenqualität", „erstklassig" u. dgl. ist deshalb als irreführend im Sinne des § 4 des Lebensmittelgesetzes anzusehen, wenn die Beschaffenheit der Ware nicht den für die Handelsklasse A aufgestellten Güteanforderungen entspricht. Es ist aber bei geringfügigen Verstößen sorgfältig zu prüfen, ob eine Handelsklassenangabe auch tatsächlich zur Irreführung geeignet ist.

Als irreführende Aufmachung ist der Verkauf von Obst geringerer Qualität in Körben mit einwandfreier Oberschicht anzusehen.

Die Bezeichnung „naturrein" ist bei Früchten mit Restgehalten an Schädlingsbekämpfungsmitteln ebenfalls irreführend im Sinne des Lebensmittelgesetzes (vgl. Bundesgesundheitsblatt *5*, 370, 1962).

Nach allgemeinen lebensmittelrechtlichen Grundsätzen müssen Sorten- und Herkunftsangaben den Tatsachen entsprechen.

Als Blutorangen bezeichnete Orangenfrüchte müssen nennenswerte Mengen an Anthocyanfarbstoffen enthalten (vgl. Bundesgesundheitsblatt *9*, 94, 1966).

2. Verdorbenheit

Ein geringer Prozentsatz an verdorbenen (verfaulten, verschimmelten, vermadeten, in Gärung befindlichen oder aus anderen Gründen genußuntauglichen) Früchten kann noch als unvermeidliche Verunreinigung geduldet werden. Bei erheblicher Abweichung von der Normalbeschaffenheit ist eine Ware aber insgesamt als verdorben anzusehen. Diese Abweichung liegt nach einem Urteil des HansOLG Hamburg vom 11. XI. 1953 (Sammlg. lebensmittelrechtl. Entsch. *1*, 211, 1958) bei einem Anteil von 20—30 % unbrauchbarer Nüsse vor. Zur Beurteilung von Schalenobst vgl. A. F. Lindner (1964).

Für die Feststellung einer Verdorbenheit sollte nach Möglichkeit eine größere Obstmenge herangezogen werden. Bei Nüssen ist für eine orientierende Untersuchung auf Verdorbenheit wenigstens eine 1 kg-Probe erforderlich. Ergibt sich ein Verderb von etwa 15 Zählprozenten, so ist zweckmäßigerweise eine 5 kg-Probe zu prüfen (A.F. Lindner 1964).

Als verdorben im Sinne des § 4 Nr. 2 des Lebensmittelgesetzes ist auch *unreifes* Obst anzusehen, dessen Brauchbarkeit wesentlich beeinträchtigt ist (K.-H. Nüse 1961). Es dürfen deshalb unreife Äpfel, die höchstens zur Herstellung von Apfelmus geeignet sind, nur unter ausreichender Kenntlichmachung in den Verkehr gebracht werden. Die Unreife ist bei Nüssen ein erheblicher und nicht zu behebender Mangel, während andere unreife oder nicht ganz ausgereifte Obstarten aber nicht in jedem Falle als verdorben zu beurteilen sind.

3. Verfälschungen

Bei Beerenobst ist gelegentlich ein Zusatz von Wasser beobachtet worden, der ebenso wie die Erhöhung des Wassergehaltes von Schalenobst durch „Auffrischen" mit Wasser bzw. Wasserdampf als Verfälschung im Sinne des § 4 des Lebensmittelgesetzes anzusehen ist.

Die Beimischung geringerwertiger Obstarten (Vogelbeeren zu Preißelbeeren, Aprikosenkerne zu Mandeln) ist ebenfalls als Verfälschung zu beurteilen. Entbitterte bittere Mandeln dürfen nur unter entsprechender Kenntlichmachung in den Verkehr gebracht werden.

Bibliographie

BARTHOLOMEW, E.T., and W.B. SINCLAIR: The lemon fruit. Its composition, physiology and products. Berkeley and Los Angeles: University of California Press 1951.

BAUMANN, J., H. THÖNGES u. H. PETRI: Die schwarze Johannisbeere. 4. Aufl. Bad Homburg v.d.H.: Verlag Flüssiges Obst 1964.

BIALE, J.B.: The postharvest biochemistry of tropical and subtropical fruits. Advanc. Food Res. **10**, 293—355 (1960a). — Respiration of fruits. In: Handbuch der Pflanzenphysiologie. Hrsg. von W. RUHLAND, Bd. XII/2, S. 536—592. Berlin-Heidelberg-New York: Springer 1960b.

BÖTTICHER, W.: Wildfrüchte. Schriftenreihe „Richtige Ernährung", Nr. 18. Köln: Bundesaussch. f. volkswirtschaftl. Aufklärung 1963b.

BRAVERMAN, J.B.S.: Citrus products. Chemical composition and chemical technology. New York: Interscience Publ. 1949.

BUCHLOH, G.: Auftreten und Ursachen von Schalenbräune bei den verschiedenen Sorten und unter verschiedenen Lagerbedingungen. In: Gesichtspunkte bei der Lagerung von Kernobst, S. 59—63. Hrsg. vom Bundesmin. f. Ernährg., Landwirtsch. u. Forsten, Bonn, 1959.

CAUSERET, J.: Tables showing the composition of fruit and vegetables. In: Nutritive and therapeutic value of fruit and vegetables. Hrsg. von European productivity agency O.E.E.C. Documentation in food and agriculture. 1960 Series Nr. **31**, S. 101—114, Paris 1961.

CHILD, R.: Coconuts. London: Longmans, Green and Co. 1964.

COLLINS, J.L.: The pineapple. Botany, cultivation and utilization. New York: Interscience Publ. 1960.

DASSLER, E.: Warenkunde für den Fruchthandel. 2. Aufl. Berlin und Hamburg: Paul Parey 1957.

DE HAAS, P.G.: Marktobstbau. Bonn-München-Wien: Bayer. Landwirtschaftsverlag 1957. — Über Erfahrungen mit der Luftwäsche. In: Gesichtspunkte bei der Lagerung von Kernobst, S. 30—36. Hrsg. vom Bundesmin. f. Ernährg., Landwirtsch. u. Forsten, Bonn, 1959.

ESDORN, I.: Die Nutzpflanzen der Tropen und Subtropen der Weltwirtschaft. Stuttgart: Gustav Fischer 1961.

FIDLER, J.C.: Fresh fruit and vegetables. In: Recent advances in food science. Hrsg. von J. HAWTHORN and J.M. LEITCH, Bd. I, S. 269—284. London: Butterworth 1962.

FINCKE, A.: Zucker und Zuckerwaren, S. 94. Berlin: A.W. Hayn's Erben 1957.

FRIEDRICH, G.: Der Obstbau. Radebeul: Neumann 1960.

FRITZSCHE, R.: Obstbau. Wädenswil: Schweiz. Verband der Ingenieur-Agronomen 1964.

GEISSMAN, T.A.: The chemistry of flavonoid compounds. New York: The Mac Millan Company 1962.

GUNTHER, F.A., and R.C. BLINN: Analysis of insecticides and acaricides. New York: Interscience Publ. 1955.

HERRMANN, J.: Obst. In: Lehrbuch der Vorratspflege, S. 746—764. Berlin: VEB Deutscher Landwirtschaftsverlag 1963.

HERRMANN, K.: Grundlagen und Fortschritte der Lebensmitteluntersuchung, Bd. 9: Obst, Obstdauerwaren und Obsterzeugnisse. Berlin u. Hamburg: Paul Parey 1966.

HILKENBÄUMER, F.: Obstbau. Grundlagen, Anbau und Betrieb. 3. Aufl. Berlin u. Hamburg: Paul Parey 1953.

— Einfluß der Umweltverhältnisse auf den Lagerungserfolg von Kernobstfrüchten. In: Gesichtspunkte bei der Lagerung von Kernobst, S. 5—10. Hrsg. vom Bundesmin. f. Ernährg., Landwirtsch. u. Forsten, Bonn, 1959.

— Obstlagerung. Grundlagen, Durchführung und Kosten. Berlin u. Hamburg: Paul Parey 1962

HOLZ, W., u. B. LANGE: Fortschritte in der chemischen Schädlingsbekämpfung. Oldenburg: Landwirtschaftsverlag Weser-Ems GmbH. 1962.

HULME, A.C.: Some aspects of the biochemistry of apple and pear fruits. Advanc. Food Res. **8**, 297—413 (1958).

Internationales Jahrbuch des Früchtegroßhandels: The Fruit Annual. Yearbook and directory of the world's fruit trade. London: British Continental Trade Press 1961.

KAPPERT, H., u. W. RUDORF: Züchtung von Gemüse, Obst, Reben und Forstpflanzen. In: Handbuch der Pflanzenzüchtung. 2. Aufl. Bd. VI. Berlin u. Hamburg: Paul Parey 1962.

KEFFORD, J.F.: The chemical constituents of citrus fruits. Advanc. Food Res. **9**, 285—372 (1959).

KERTESZ, Z.I.: The pectic substances. New York: Interscience Publ. 1951.

KESSLER, H.: Obst und Gemüse. 1. Die Kaltlagerung verschiedener Fruchtarten. In: Handbuch der Kältetechnik. Hrsg. von R. PLANK, Bd. X, S. 451—520. Berlin-Heidelberg-New York: Springer 1960.

KIRCHNER, J.G.: The chemistry of fruit and vegetable flavors. Advanc. Food Res. **2**, 259—296 (1949).

KOBEL, F.: Lehrbuch des Obstbaues auf physiologischer Grundlage. Berlin-Heidelberg-New York: Springer 1954.
KOTTE, W.: Krankheiten und Schädlinge im Obstbau. 3. Aufl. Berlin u. Hamburg: Paul Parey 1958.
— Leitfaden des Pflanzenschutzes im Obst- und Gemüsebau. Berlin u. Hamburg: Paul Parey 1960.
KUPRIANOFF, J.: Die Zusatzverfahren. In: Handbuch der Kältetechnik. Hrsg. von R. PLANK, Bd. X, S. 101—126. Berlin-Heidelberg-New York: Springer 1960.
—, u. K. LANG: Strahlenkonservierung und Kontamination von Lebensmitteln. Darmstadt: Dr. Dietrich Steinkopff 1960.
LAVOLLAY, J., S. PATRON and A. PATRON: The chemical composition of fruit from the nutritional standpoint. In: Nutritive and therapeutic value of fruit and vegetables. Hrsg. von European productivity agency O.E.E.C. Documentation in food and agriculture. 1960 Series Nr. 31, S. 68—93, Paris 1961.
LEE, F.A.: Fruits and nuts. In: The chemistry and technology of food and food products. Hrsg. von M.B. JACOBS, 2. Aufl., Bd. II, S. 1348—1589. New York: Interscience Publ. 1951.
LEOPOLD, A.C.: Auxins and plant growth. Berkeley and Los Angeles: Univ. of California Press 1955.
LIEBSTER, G.: Die Kulturheidelbeere. Berlin u. Hamburg: Paul Parey 1961.
LÖSCHNIG, J., u. F. PASSECKER: Die Marille (Aprikose) und ihre Kultur. Wien: Österreichischer Agrarverlag 1954.
LOESECKE, H.W. v.: Bananas. Chemistry, physiology, technology. 2. Aufl., New York: Interscience Publ. 1950.
— Relation of maturity to nutritive value (Fruits: S. 58—67); Handling and harvesting of raw products (Fruits: S. 75—78). In: Nutritional evaluation of food processing. Hrsg. von R.S. HARRIS and H.W. v. LOESECKE. New York-London: Wiley & Sons 1960.
LOEWEL, E.: Das Verhalten einiger wichtiger Apfel- und Birnensorten in Lägern mit kontrollierter Atmosphäre. In: Gesichtspunkte bei der Lagerung von Kernobst, S. 37—45. Hrsg. vom Bundesmin. f. Ernährg., Landwirtsch. u. Forsten, Bonn, 1959.
LÜTHI, H.: Symposium Fruchtaromen (Berichte der Wissenschaftlich-Technischen Kommission der Internationalen Fruchtsaftunion IV). Zürich: Juris 1962.
MAHONEY, C.H.: Flavor and quality changes in fruits and vegetables in the United States caused by application of pesticide chemicals. In: Rückstands-Berichte. Hrsg. von F.A. GUNTHER, Bd. I, S. 11—23. Berlin-Heidelberg-New York: Springer 1962.
MARSHALL, R.E.: Cherries and cherry products. New York: Interscience Publ. 1954.
MASSANTE, S.: Der Obstmarkt in Westeuropa. München: Bayerischer Landwirtschaftsverlag 1962.
MEARA, M.L.: The fats of higher plants. In: Handbuch der Pflanzenphysiologie. Hrsg. von W. RUHLAND, Bd. VII, S. 10—49. Berlin-Heidelberg-New York: Springer 1957.
MILLER, E.V.: The accumulation of carbohydrates by seeds and fruits. In: Handbuch der Pflanzenphysiologie. Hrsg. von W. RUHLAND, Bd. VI, S. 871—880. Berlin-Heidelberg-New York: Springer 1958a.
NICOLAISEN, N., u. L. NICOLAISEN-SCUPIN: Lagerungsschäden an Obst. Karlsruhe: C.F. Müller 1952.
NICOLAISEN-SCUPIN, L.: Über das Verhalten mittelspäter und später Birnensorten bei der Kaltlagerung. Abh. Dtsch. Kältetechn. Vereins, Nr. 11. Karlsruhe: C.F. Müller 1955.
— Leitfaden für die Kühllagerung von Gemüse und Obst, 2. Aufl. Braunschweig: Günter Hempel 1959.
—, H. ANDRESEN u. E. BOEKH: Über das Verhalten früher und mittelfrüher Birnensorten bei der Kaltlagerung. Abh. Dtsch. Kältetechn. Vereins, Nr. 5. Karlsruhe: C.F. Müller 1955.
NITSCH, J.P.: The physiology of fruit growth. Ann. Rev. Plant Physiol. **4**, 199—236 (1953).
NOORDZIJ, P.: Carbon dioxide scrubbers. Progress in Refrigeration science and Technology. Paris: Institut International du Froid 1965.
NÜSE, K. H., HOLTHÖFER-JUCKENACK-NÜSE: Deutsches Lebensmittelrecht. Bd. I, S. 258. Berlin-Köln-München-Bonn: Carl Heymanns 1961.
— — — Deutsches Lebensmittelrecht. Bd. II, S. 698. Berlin-Köln-München-Bonn: Carl Heymanns 1963.
PLANK, R.: Der Kältebedarf bei der Kaltlagerung von Obst und Gemüse; Optimale Lagerbedingungen für gekühlte und gefrorene Lebensmittel (Obst und Gemüse). In: Handbuch der Kältetechnik. Hrsg. von W. RUHLAND, Bd. X, S. 9—12, 81—84. Berlin-Heidelberg-New York: Springer 1960.
POPENOE, W.: Manual of tropical and subtropical fruits. New York: Macmillan Comp. 1938.
SCHALLER, A., u. W. SALLER: Pflaumensaft (Zwetschkensaft). Eine umfassende Darstellung unter besonderer Berücksichtigung eigener Versuchsergebnisse. Frankfurt a.M.: Sigurd Horn 1959.

Schechter, M.S., and I. Hornstein: Adv. in pest control research. Hrsg. von R.L. Metcalf, Bd. I, S. 353—447. New York: Interscience Publ. 1957.
Schnelle, F.: Frostschutz im Pflanzenbau. Bd. I: Die meteorologischen und biologischen Grundlagen der Frostschadensverhütung. München-Basel-Wien: BLV Verlagsgesellschaft 1963.
Schormüller, J.: Die Erhaltung der Lebensmittel. Stuttgart: Ferdinand Enke 1966.
Schrader, G.: Die Entwicklung neuer insektizider Phosphorsäure-Ester. 3. Aufl. Weinheim/Bergstr.: Chemie GmbH. 1963.
Schuphan, W.: Zur Qualität der Nahrungspflanzen. Erzeugerinteressen — Verbraucherwünsche. München-Bonn-Wien: BLV Verlagsgesellschaft 1961.
Sinclair, W.B.: The orange. Its biochemistry and physiology. Berkeley and Los Angeles: University of California, Printing Dept. 1961.
Singh, L.B.: The mango. Botany, cultivation and utilization. New York: Interscience Publ. 1960.
Smock, R.M., and A.M. Neubert: Apples and apple products. New York: Interscience Publ. 1950.
Souci, S.W.: Die Behandlung von Citrusfrüchten mit besonderer Berücksichtigung der Verhältnisse in USA. In: Internationales Jahrbuch des Früchtegroßhandels, S. 52—78, 1959.
—, W. Fachmann, H. Kraut u. H. Bosch: Die Zusammensetzung der Lebensmittel. Stuttgart: Wissenschaftliche Verlagsges. m.b.H. 1963; II. Lieferg. 1964.
—, u. E. Mergenthaler: Fremdstoffe in Lebensmitteln mit besonderer Berücksichtigung der Konservierung. München: J. F. Bergmann 1958.
Statistisches Jahrbuch über Ernährung, Landwirtschaft und Forsten der Bundesrepublik Deutschland 1964. Hrsg. vom Bundesministerium f. Ernährg., Landwirtsch. u. Forsten. Hamburg u. Berlin: Paul Parey 1965.
Trenkle, R.: Neuzeitlicher Obstbau. 7. Aufl. Wiesbaden: Limes 1956.
— Obstsortenwerk Bd. I.: Anbauwürdige Kernobstsorten. Beschreibung und Beurteilung von 23 Apfel- und 21 Birnensorten. München: Obst- und Gartenbauverlag 1961.
Ulrich, R.: La vie des fruits. Paris: Masson & Cie 1952.
— La conservation par le froid des denrées d'origine végétale. Paris: Baillère et Fils 1954.
— Postharvest physiology of fruits. Ann. Rev. Plant Physiol. **9**, 385—416 (1958).
Waldschmidt-Leitz, E.: Pflanzliche Eiweißkörper. In: Handbuch der Pflanzenphysiologie. Hrsg. von W. Ruhland, Bd. VIII, S. 277—314. Berlin-Heidelberg-New York: Springer 1958a.
— Enzyme des Eiweißumsatzes. In: desgl., S. 431—436. Berlin-Heidelberg-New York: Springer 1958b.
Webber, J.M.: Higher carbon sugars. Adv. Carbohydr. Chem. **17**, 15—63 (1962).
Wolf, J.: Kohlenhydratstoffwechsel massiger Speicherorgane nach Abschluß der Speicherung; Lagerung; Kältekonservierung. In: Handbuch der Pflanzenphysiologie. Hrsg. von W. Ruhland, Bd. VI, S. 881—908. Berlin-Heidelberg-New York: Springer 1958.
— Auftreten und Ursachen von Fleischbräune bei verschiedenen Sorten von Kernobst und unter verschiedenen Lagerbedingungen. In: Gesichtspunkte bei der Lagerung von Kernobst, S. 46—58. Hrsg. vom Bundesmin. f. Ernährg., Landwirtsch. u. Forsten, Bonn, 1959.
— Der Säurestoffwechsel fleischiger Früchte. In: Handbuch der Pflanzenphysiologie. Hrsg. von W. Ruhland, Bd. XII/2, S. 720—808. Berlin-Heidelberg-New York: Springer 1960.
Zipfel, W.: Lebensmittelrecht. C 7 39. München u. Berlin: C.H. Beck 1964.
Zweig, G.: Analytical methods for pesticides, plant growth regulators and food additives. Bd. II: Insecticides. New York: Academic Press 1964.
Zwintzscher, M.: Kirschen. In: Handbuch der Pflanzenzüchtung, 2. Aufl. Hrsg. von H. Kappert u. W. Rudorf, Bd. VI, S. 573—602. Berlin u. Hamburg: Paul Parey 1962a.
— Äpfel. Die genetischen Grundlagen und die Methoden der Züchtung. Desgl. S. 651—695. Berlin u. Hamburg: Paul Parey 1962b.

Zeitschriftenliteratur

Allen, F.W.: The influence of growth regulator sprays on the growth, respiration and ripening of Bartlett pears. Proc. Amer. Soc. hort. Sci. **62**, 279—298 (1953).
Almendinger, V.V., C.A. Dilman and C.G. Beisel: Determination of free galacturonic acid in citrus products. Food Technol. **8**, 86—88 (1954).
Andersson, J., and E. von Sydow: The aroma of black currants. I. Higher boiling compounds. Acta chem. scand. **18**, 1105—1114 (1964).
Anet, E.F.L.J., and T.M. Reynolds: Isolation of mucic acid from fruits. Nature (Lond.) **174**, 930 (1954).
— Water-soluble constituents of fruit. IV. The organic acids in peaches. Austral. J. Chem. **8**, 280—284 (1955).

Anjou, K.: Undersökningar över C-vitaminhaltens nedärvning hos äpple. Sv. Pomol. Fören Årskr. **1956**, 61—69; zit. nach M. Zwintzscher (1962b, S. 663).

Asenjo, C.F., and C.G. Moscoso: Ascorbic acid content and other characteristics of the West Indian cherry. Food Res. **15**, 103—106 (1950).

Ash, A.S.F., and T.M. Reynolds: Water-soluble constituents of fruit. III. An examination of the sugars and polyols of apricots, peaches, pears and apples by paper chromatography. Austral. J. Chem. **8**, 276—279 (1955a).

— Water-soluble constituents of fruit. V. Sugars and polyols of the apricot fruit. Austral. J. Chem. **8**, 444—450 (1955b).

Axelrod, B.: Citrus fruit phosphatase. J. biol. Chem. **167**, 57—72 (1947).

—, R. Jang and J.M. Lawrence: Glutamic acid decarboxylase of lemons and oranges. J. agric. Food Chem. **3**, 1039—1041 (1955).

Bache, C.A., L.J. Edgerton and D.J. Lisk: Determination of naphthaleneacetic acid in apples. J. agric. Food Chem. **10**, 365—366 (1962).

Ballschmieter, H.M.: Ein Beitrag zur Kenntnis der Feijoa-Frucht. Fruchtsaft-Industr. **8**, 220—223 (1963a).

— Ein Beitrag zur Kenntnis der Dattelpflaume. Fruchtsaft-Industr. **8**, 284—289 (1963b).

Barnell, H.R.: Studies in tropical fruits. XI. Carbohydrate metabolism of the banana fruit during ripening under tropical conditions. Ann. Botany (Lond.) **5**, 217—247 (1941).

Baum, H.M., R.G. Sanders and G.J. Straub: The occurrence of a diphenyl isatin in California prunes. J. amer. pharm. Ass. **40**, 348—349 (1951).

Bayer, E., F. Born u. K.H. Reuther: Über die Polyphenoloxydase der Trauben. Z. Lebensmittel-Untersuch. u. -Forsch. **105**, 77—81 (1957).

Becker, W., u. G. Zausch: Natrium-, Kalium- und Calcium-Tabellen von Lebensmitteln. 9. Fortsetzg. Dtsch. med. J. **12**, 560—562 (1961).

Benk, E.: Über Limetten und Limettensaft. Fruchtsaft-Industr. **3**, 116—117 (1958).

— Eigenschaften, Zusammensetzung und Verwendungsmöglichkeiten verschiedener Wildfrüchte. Fruchtsaft-Industr. **5**, 176—181, 309—314 (1960a).

— Zur Kenntnis verschiedener, wenig bekannter Citrusfrüchte. Riechstoffe u. Aromen **10**, 280—281 (1960b).

— Clementinen, mandarinenähnliche Citrusfrüchte. Fruchtsaft-Industr. **6**, 208—210 (1961a).

— Die „westindische Kirsche" (Acerola) und ihre Zubereitungen. Riechstoffe u. Aromen **11**, 134—135 (1961b).

— Über den Nachweis des Zusatzes von β-Carotin in Orangensäften und deren Zubereitungen. Dtsch. Lebensmittel-Rdsch. **57**, 324—329 (1961c).

—, u. R. Bergmann: Zur Kenntnis der Süßlimette. Fruchtsaft-Industr. **8**, 87—90 (1963a).

— — Über Tangerinen und Tangerinensäfte (II). Fruchtsaft-Industr. **8**, 290—294 (1963b).

—, u. B. Bliesener: Über die Zusammensetzung und Verwendung der Früchte des Weißdorns. Fruchtsaft-Industr. **5**, 10—12 (1960).

—, u. I. Wildfeuer: Über Bergamotten, Bergamottensaft und Bergamottöl. Fruchtsaft-Industr. **6**, 22—25 (1961).

Beraha, L., G.B. Ramsay, M.A. Smith, W.R. Wright and F. Heiligman: Gamma radiation in the control of decay in strawberries, grapes and apples. Food Technol. **15**, 94—98 (1961).

Bernhard, R.A.: Citrus flavor. Volatile constituents of the essential oil of the orange (*Citrus sinensis*). J. Food Sci. **26**, 401—411 (1961).

Bhown, A.S.: Indian J. appl. Chem. **25**, 97—98 (1962); zit. nach Z. analyt. Chem. **201**, 290 (1964).

Biale, J.B., u. R.E. Young: Die Biochemie des Reifens der Früchte. Endeavour **21**, 164—174 (1962).

Bionda, G.: Boron contents of oranges. Rass. chim. per chim. e ind. **9**, 19 (1957); zit. nach J.F. Kefford (1959, S. 313).

Böhme, H., u. G. Hofmann: Über die photometrische Bestimmung von Diphenyl und o-Hydroxy-diphenyl in Citrusschalen. Z. Lebensmittel-Untersuch. u. -Forsch. **114**, 97—105 (1961).

Bötticher, W.: Die Kulturheidelbeere und ihre Inhaltsstoffe. Industr. Obst- u. Gemüseverwert. **48**, 224—228 (1963a).

— Waldbeeren und Wildfrüchte — ihre Bedeutung für die Ernährung. Industr. Obst- u. Gemüseverwert. **49**, 298—302 (1964).

Bogdański, K.A.: On the distribution gradient of ascorbic acid in fruits of some apple varieties. Bull. Acad. pol. Sci., Ser. Sci. biol. **8**, 189—193 (1960); zit. nach Z. Lebensmittel-Untersuch. u. -Forschung. **116**, 435 (1962).

—, u. H.W. Bogdańska: Der Einfluß der Kühlraumlagerung auf den Ascorbinsäuregehalt von Apfelsorten. Mitt. Lebensmitteluntersuch. Hyg. **52**, 283—286 (1961).

Bohm, E.: Beitrag zur Prüfung von Citrusfrüchten auf Fremdstoffe. Dtsch. Lebensmittel-Rdsch. **57**, 8—9 (1961).

Bottini, E.: Stickstoff-Stoffwechsel von Äpfeln während der Kühllagerung. XI. Int. Kälte-Kongreß München 1963; zit. nach Fruchtsaft-Industr. **8**, 376—377 (1963).
Bradfield, A.E., and A.E. Flood: Soluble carbohydrates of fruit plants. Nature (Lond.) **166**, 264—265 (1950).
Brekke, J.E., C.C. Nimmo, H.A. Swenson, C.E. Samuels and J.R. Brock: New washing technique ups berry throughput. Food Engin. **28**, 84—85 u. 154 (1956).
Brigl, P., u. W. Zerrweck: Zur Kenntnis des Vacciniin und anderer Mono-benzoylglucosen; Hoppe-Seylers Z. physiol. Chem. **229**, 117—124 (1934).
Bruce, D.W.: Serotonin in pineapple. Nature (Lond.) **188**, 147 (1960).
Bruce, R.B., J.W. Howard and J.B. Zink: Determination of diphenylamine residues on apples. J. agric. Food Chem. **6**, 597—600 (1958).
Bryant, F., and B.T. Overell: Displacement chromatography on ion-exchange columns of the carboxylic acids in plant tissue extracts. Nature (Lond.) **167**, 361—362 (1951).
Buchloh, G.: Der Einfluß der „Luftwäsche" auf die Lagerung von Äpfeln. Angew. Bot. **30**, 169—184 (1956).
— Zur Entstehung von Fruchtfleischverbräunungen bei Äpfeln. Gartenbauwiss. **22**, 449—479 (1957).
— Entstehung und Verhinderung der Stippigkeit bei Äpfeln. Erwerbsobstbau **2**, 227—229 (1960).
—, P. Baxter u. J. Neubeller: Zur Ätiologie der Stippigkeit. II. Mitt. Angew. Bot. **35**, 259—262 (1961).
—, u. M. Hane: Der Nachweis von Fumarsäure und einigen anderen organischen Säuren in Apfelfrüchten. Gartenbauwiss. **23**, 507—511 (1958).
Bünemann, G.: Zusammenhänge zwischen Stickstoff- und Kationengehalt und Auftreten von Stippigkeit bei Äpfeln verschiedener Sorten und Herkünfte. Gartenbauwiss. **24**, 330—333 (1959).
— Der Stickstoffgehalt stippiger Äpfel. Z. Pflanzenernähr. Düng., Bodenkunde **89**, 188—190 (1960).
— Die Fruchtqualität beim Apfel in Abhängigkeit von der Nährstoffzufuhr. Gartenbauwiss. **29**, 481—516 (1964).
Burger, A.M.: Exotische Früchte und ihr Aroma. Riechstoffe u. Aromen **9**, 316—318 (1959).
Burroughs, L.F.: The amino acids of apple juices and ciders. J. Sci. Food Agric. **8**, 122—131 (1957a).
— 1-Aminocyclopropane-1-carboxylic acid: a new amino acid in perry pears and cider apples. Nature (Lond.) **179**, 360—361 (1957b).
— The free amino acids of certain British fruits. J. Sci. Food Agric. **11**, 14—18 (1960).
Cartwright, R., E.A. Roberts, A.E. Flood and A.H. Williams: Suspected presence of p-coumarylquinic acids in tea, apple and pear. Chem. and Industr. **1955**, 1062—1063.
Catel, W., u. W. Schuphan: Über den verschiedenen Gehalt einzelner Apfelsorten an Vitamin C und seine Bedeutung für die Ernährung (Untersuchungen an tuberkulosekranken Kindern). Mschr. Kinderheilk. **101**, 473—477 (1953).
— —, L. Barth, H. Kathen u. I. Weinmann: Tier- und humanphysiologische Untersuchungen über die Vitamin C-Wirksamkeit von Apfelsorten verschiedener Ascorbinsäuregehalte. Biochem. Z. **325**, 109—122 (1954).
Cerbulis, J.: Carbohydrates in hazel (*Corylus* sp.). I. Major sugar component in Turkish hazelnut kernel. J. amer. chem. Soc. **77**, 6054—6056 (1955).
Chandler, B.V.: Anthocyanins of blood oranges. Nature (Lond.) **182**, 933 (1958).
—, and J.F. Kefford: The chemistry of bitterness in orange juice. 4. Limonexic acid. Austral. J. Sci. **16**, 28 (1953); zit. nach J.F. Kefford (1959).
Charley, V.L.S.: The prevention of microbiological spoilage in fresh fruit. J. Sci. Food Agric. **10**, 349—358 (1959).
— Utilisation of apples. J. Sci. Food Agric. **11**, 177—180 (1960).
Charlson, A.J., and N.K. Richtmyer: Isolation of D-glycero-D-manno-octulose from the avocado. J. amer. chem. Soc. **81**, 1512—1513 (1959).
— Isolation of an octulose and an octitol from natural sources: D-glycero-D-manno-octulose and D-erythro-D-galacto-octitol from the avocado and D-glycero-D-manno-octulose from sedum species. J. amer. chem. Soc. **82**, 3428—3434 (1960).
Child, R., and W.R.N. Nathanael: Changes in the sugar composition of coconut water during maturation and germination. J. Sci. Food Agric. **1**, 326—329 (1950).
Cieleszky, V.: Lebensmittelhygienische und -chemische Probleme in bezug auf Pflanzenschutzmittelrückstände. Nahrung **6**, 36—47 (1962).
Clarke, I.D.: Possible applications of ionizing radiations in the fruit, vegetable and related industries. A.E.R.E. (Harwell) I IR 2749 (1958); zit. nach J. Kuprianoff u. K. Lang (1960, S. 142—143).

CLEMENTS, R.L., and H.V. LELAND: An ion-exchange study of the free amino acids in the juices of six varieties of citrus. J. Food Sci. **27**, 20—25 (1962).
CONNELL, D.W.: Volatile flavouring constituents of the pineapple. I. Some esters, alcohols, and carbonyl compounds. Austral. J. Chem. **17**, 130—140 (1964).
COOMES, T.J., and J.C. SANDERS: The detection and estimation of aflatoxin in groundnuts and groundnut materials. Analyst **88**, 209—213 (1963).
CRANE, J.C., and R.M. BROOKS: Growth of apricot fruits as influenced by 2,4,5-trichlorophenoxyacetic acid application. Proc. amer. Soc. hort. Sci. **59**, 218—224 (1952).
CULTRERA, L., u. A. PIEGAI: Frischhaltung und Verwertung von Erdbeeren. Industr. ital. Conserve **36**, 215—222 (1961) [italienisch].
CURL, A.L.: The carotenoids of apricots. Food Res. **25**, 190—196 (1960).
— The carotenoids of Meyer lemons. J. Food Sci. **27**, 171—176 (1962a).
— Reticulataxanthin and tangeraxanthin, two carbonyl carotenoids from tangerine peel. J. Food Sci. **27**, 537—543 (1962b).
—, and G.F. BAILEY: Comparison of carotenoids of Valencia orange peel and pulp. J. agric. Food Chem. **4**, 156—159 (1956).
— — The carotenoids of Ruby red grapefruit. Food Res. **22**, 63—68 (1957a).
— — The carotenoids of tangerines. J. agric. Food Chem. **5**, 605—608 (1957b).
— — The carotenoids of cling peaches. Food Res. **24**, 413—422 (1959).
— — The carotenoids of Navel oranges. J. Food Sci. **26**, 442—447 (1961).
—, and E.K. NELSON: The occurrence of citric and iso-citric acid in blackberries and in dewberry hybrids. J. agric. Res. **67**, 301—303 (1943).
DAME, C., S.J. LEONARD, B.S. LUH and G.L. MARSH: The influence of ripeness on the organic acids, sugars and pectin of canned Bartlett pears. Food Technol. **10**, 28—33 (1956).
DAOUD, H.N., u. B.S. LUH: Spektralphotometrische Bestimmung von 2,4,5,-Trichlorphenoxyessigsäure (2,4,5-T) in dosenkonservierten Aprikosen. Fruchtsaft-Industr. **7**, 33—40 (1962).
DATE, W.B., and E. HANSEN: Pectic changes in pears during storage and ripening. Proc. Indian Acad. Sci., Sect. B **39**, 171—178 (1954).
DAVENPORT, S.B., and S.C. ELLIS: Chemical changes during growth and storage of the avocado fruit. Austral. J. Biol. Sci. **12**, 445—454 (1959).
DAVIS, S.G., C.R. FELLERS and W.B. ESSELEN: Composition and nature of apple protein. Food Res. **14**, 417—428 (1949).
DE HAAS, P.G., u. E. FROESE-GERTZEN: Die Heidelbeere als Kulturpflanze und Handelsfrucht. Dtsch. Gartenbauwirtsch. **6**, 101—103 (1958).
—, u. L. WENNEMUTH: Reifeverlauf und Lagerverhalten bei Äpfeln in Abhängigkeit vom Zeitpunkt der Ernte. I. Untersuchungen zum Reifeverlauf der Äpfel. Gartenbauwiss. **29**, 213—244 (1964).
DESBAUMES, P., et J. DESHUSSES: Dosage du bromure de méthyle absorbé dans les denrées traitées par cet insecticide. Mitt. Lebensmitteluntersuch. Hyg. **47**, 550—561 (1956).
DICKINSON, D., and J.H. GAWLER: The chemical constituents of Victor plums. Chrysanthemin, acid and pectin contents. J. Sci. Food Agric. **7**, 699—705 (1956).
DIEMAIR, W., u. K. FRANZEN: Über das Vorkommen der Parasorbinsäure und der Sorbinsäure. Z. Lebensmittel-Untersuch. u. -Forsch. **109**, 377—378 (1959).
—, u. K. KNOPF: Über die Eignung von *Daphnia magna* zur Ermittlung von Rückständen auf frischem Obst und Gemüse. II. Z. analyt. Chem. **200**, 226—232 (1964).
—, J. KOCH u. E. SAJAK: Zur Kenntnis der Eiweißstoffe des Weines. V. Mitt. Allgemeine Eigenschaften des „löslichen" Traubenproteins. Z. Lebensmittel-Untersuch. u. -Forsch. **116**, 7—13 (1961a).
— — — VI. Mitt. Die Aminosäuren des „löslichen" Traubenproteins der Sorten Riesling und Müller-Thurgau. Z. Lebensmittel-Untersuch. u. -Forsch. **116**, 209—215 (1961b).
—, u. F. MAYR: Über den Calciumpektat- und Mangangehalt von Himbeeren. Z. Untersuch. Lebensmittel **72**, 470—475 (1936).
DILLEY, D.R.: Malic enzyme activity in apple fruit. Nature (Lond.) **196**, 387—388 (1962).
DIMICK, K.P., and B. MAKOWER: Volatile flavor of strawberry essence. I. Identification of the carbonyls and certain low boiling substances. Food Technol. **10**, 73—75 (1956).
—, J.D. PONTING and B. MAKOWER: Heat inactivation of polyphenolase in fruit purées. Food Technol. **5**, 237—241 (1951).
DONEN, I.: The role of sorbitol in the carbon metabolism of the Kelsey plum. X. Changes in chemical composition during growth and storage. Biochem. J. **33**, 1611—1620 (1939).
DUDMAN, W.F., and M. GRUCAREVIC: Determination of the surface waxy substances of grapes. J. Sci. Food Agric. **13**, 221—224 (1962).
DUMAS, T.: Determination of 1,2-dibromo-ethane in air and as residue in fruits. J. agric. Food Chem. **10**, 476—477 (1962).

Duncan, I. J., and R. B. Dustman: The anthocyanin pigment of the Winesap apple. J. amer. chem. Soc. **58**, 1511—1514 (1936).
Dupaigne, P., A. Robin et H. Bogdańska: Dosage du bore dans les agrumes. Fruits **16**, 71—73 (1961).
Eaks, I. L.: Effect of ammonia gas fumigation on respiratory rate, chemical composition of juice, and general appearance and vitality of lemon and orange fruits. Proc. amer. Soc. hort. Sci. **73**, 237—241 (1959).
— Effect of temperature and holding period on some physical and chemical characteristics of lemon fruits. J. Food Sci. **26**, 593—599 (1961).
Eder, F., H. Schoch u. R. Müller: Nachweis von Insektizidrückständen (chlorierte Kohlenwasserstoffe, Phosphorsäureester) in bzw. auf Obst und Gemüse mit Hilfe der Papier- und Dünnschichtchromatographie. Mitt. Lebensmitteluntersuch. Hyg. **55**, 98—133 (1964).
Eggenberger, W.: Biochemische Untersuchungen an Äpfeln während der Entwicklung und Lagerung. Diss. Eidgen. TH Zürich 1949.
— Ber. Schweiz. bot. Ges. **59**, 91—154 (1949).
Eichenberger, J.: Nachweis und Bestimmung der Spritzmittelrückstände als Aufgabe der Lebensmittelkontrolle. Mitt. Lebensmitteluntersuch. Hyg. **48**, 396—412 (1957).
— Über den Einsatz von chemischen Pflanzenschutzmitteln im Obstbau und die Frage der Bedeutung der Spritzrückstände für die menschliche Gesundheit. Schweiz. Z. Obst- u. Weinbau **69**, 117—121, 139—142, 162—165, 179—186 (1960a).
— Über neuere Ergebnisse und Methoden der Rückstandsanalyse. Mededelingen van de landbouwhogeschool en de opzoekingsstations van de staat te Gent. **25**, 1258—1284 (1960b).
—, u. L. Gay: Zur semiquantitativen Bestimmung von Rückständen systemischer Insektizide in Pflanzenmaterial mit Hilfe der Papierchromatographie. Mitt. Lebensmitteluntersuch. Hyg. **51**, 423—455 (1960).
Emerson, O. H.: The bitter principles of citrus fruit. I. Isolation of nomilin, a new bitter principle from the seeds of oranges and lemons. J. amer. chem. Soc. **70**, 545—549 (1948).
— Bitter principles of citrus. II. Relation of nomilin and obacunone. J. amer. chem. Soc. **73**, 2621—2623 (1951).
Erickson, L. C., and H. Z. Hield: Determination of 2,4-dichlor-phenoxyacetic acid in citrus fruit. J. agric. Food Chem. **10**, 204—207 (1962).
Esau, P., M. A. Joslyn and L. L. Claypool: Changes in water-soluble calcium and magnesium content of pear fruit tissue during maturation and ripening in relation to changes in pectic substances. J. Food Sci. **27**, 509—526 (1962).
Eubel, J.: Allgemeine Zusammensetzung und Aminosäuren des Eiweißes von Hasel- und Walnüssen. Z. Lebensmittel-Untersuch. u. -Forsch. **104**, 429—434 (1956).
Ezell, B. D., and F. Gerhardt: Respiration and oxidase and catalase activity in apples in relation to maturity and storage. J. agric. Res. **65**, 453—471 (1942).
Feldheim, W., u. E. Jarmatz: Über das Vorkommen von β-Carotin und den Vitamingehalt von Sanddornbeeren. Vitamine u. Hormone **7**, 263—268 (1956).
Fellers, C. R., and W. B. Esselen: Cranberries and cranberry products. Bull. Agric. Exper. Stat. Nr. 481, S. 1—58 (1955).
Feuersenger, M.: Bestimmung und Beurteilung von Blausäurerestmengen in Äpfeln. Dtsch. Lebensmittel-Rdsch. **55**, 277—280 (1959a).
— Bestimmung und Beurteilung von Rückständen arsenhaltiger Pflanzenschutzmittel auf Äpfeln. Dtsch. Lebensmittel-Rdsch. **55**, 304—306 (1959b).
— Über die Behandlung von Walnüssen in der Schale mit Natriumhypochloritlösung. Dtsch. Lebensmittel-Rdsch. **58**, 69—71 (1962).
—, u. G. Müller: Methylbromid als Schädlingsbekämpfungsmittel bei Lebensmitteln und Futtermitteln. Dtsch. Lebensmittel-Rdsch. **59**, 69—75 (1963).
Flechtenmacher, W.: Bananenreifung. Kältetechnik **12**, 44—49 (1960).
Fleischanderl, J.: Über den Mangangehalt von Himbeersäften und anderen Beerensäften. Industr. Obst- u. Gemüseverwert. **41**, 338—339 (1956).
Fore, H.: Der L-Asorbinsäure-Gehalt der schwarzen Johannisbeere. Flüss. Obst **24**, XI, 14—16 (1957).
Fouassin, A.: Chromatographic identification of the anthocyanin pigments of fruits and vegetables. Rev. fermentat. industr. aliment. **11**, 173—192 (1956); zit. nach Chem. Abstr. **51**, 1500 (1957).
Francesco, F. De, u. L. Gianotti: Optisches Verhalten von Diphenyl im UV- und IR-Bereich. Boll. Lab. chim. provinciale **14**, 36—59 (1963) [italienisch].
Franzke, C., u. H.-J. Henning: Zur Kenntnis der Avocatobirne. Dtsch. Lebensmittel-Rdsch. **52**, 184—186 (1956).
Frehse, H., u. H. Niessen: Die Analyse von Pflanzenschutzmittelrückständen. Z. analyt. Chem. **192**, 94—136 (1963).

Freudenberg, K., u. K. Weinges: Zusammengesetzte Pro-anthocyanidine. Angew. Chem. **74**, 182—183 (1962).
Genevois, L., et E. Peynaud: Composition de 16 variétés de pêches. Rev. hort. N.S. **30**, 295 à 298 (1947).
Gerber, H., u. A. Bussmann: Untersuchungen an Lageräpfeln. III. Der Verlauf des Vitamin C-Gehaltes während der Lagerung. Mitt. Lebensmitteluntersuch. Hyg. **49**, 192—200 (1958).
Gerhardt, F., and D. F. Almendinger: The influence of naphthaleneacetic acid spray on the maturity and storage physiology of apples, pears, and sweet cherries. J. agric. Res. **73**, 189—206 (1946).
Gjessing, L., and M. D. Armstrong: Occurrence of (—)-sympatol in oranges. Proc. Soc. exp. Biol. (N.Y.) **114**, 226—229 (1963).
Gleisberg, W., u. H. Aumann: Die Flavonole der Schwarzen Johannisbeeren. I. Der Gehalt der Beeren an Flavonolen. Gartenbauwiss. **23**, 512—531 (1958).
Griebel, C.: Durch Pilzbefall verdorbene Cocosnüsse. Z. Lebensmittel-Untersuch. u. -Forsch. **92**, 184—185 (1951).
— Zur Mikroskopie der Avocatobirne. Z. Lebensmittel-Untersuch. u. -Forsch. **102**, 432—435 (1955).
—, u. M. Rohkohl: Über Sanddornbeerensaft. Z. Lebensmittel-Untersuch. u. -Forsch. **88**, 2—8 (1948).
Griffiths, D. G., N. A. Potter and A. C. Hulme: Data for the study of the metabolism of apples during growth and storage. J. hort. Sci. **25**, 266—288 (1950).
Griffiths, F. P., and B. J. Lime: Debittering of grapefruit products with naringinase. Food Technol. **13**, 430—433 (1959).
Guichard, C.: Contribution à l'étude de la nature et de l'évolution des acides organiques dans diverses plantes à fruits comestibles. Diss. Bordeaux 1955, zit. nach J. Wolf (1960).
Gunther, F. A., R. C. Blinn and J. H. Barkley: Procedure for routine determination of biphenyl and o-phenylphenol on and in citrus fruit. Analyst. **88**, 36—42 (1963).
Gutenmann, W. H., and D. J. Lisk: Rapid determination of mercury in apples by modified Schöniger combustion. J. agric. Food Chem. **8**, 306—308 (1960).
Gutschmidt, J.: Kühllagerung von Obst und Gemüse. In: Ullmanns Enzyklopädie der technischen Chemie. Hrsg. von W. Foerst, Bd. XI, S. 475—477 (1960).
Haagen-Smit, A. J., J. G. Kirchner, A. N. Prater and C. L. Deasy: Chemical studies of pineapple (*Ananas sativus* Lindl.). I. The volatile flavor and odor constituents of pineapple. J. Amer. chem. Soc. **67**, 1646—1650 (1945).
Hadorn, H., u. R. Jungkunz: Über die Hagebutte und ihre Erzeugnisse. Z. Lebensmittel-Untersuch. u. -Forsch. **94**, 305—309 (1952a).
— Über die Analyse und Zusammensetzung der Edelkastanie (*Castanea vesca*). Z. Lebensmittel-Untersuch. u. -Forsch. **95**, 418—429 (1952b).
Haenel, H., u. R. Wegner: Über den Gehalt an einigen B-Vitaminen in verschiedenen Sorten schwarzer Johannisbeeren. Ernährungsforsch. **2**, 801—802 (1957).
Hall, A. P., L. B. Maynard, M. A. Amerine and A. F. Morgan: The B vitamin content of grapes, musts and wines. Food Res. **21**, 362—372 (1956).
Hall, E. G., S. M. Sykes and S. A. Trout: Effects of skin coatings on the behavior of apples in storage. II. Common storage investigations. Austral. J. agric. Res. **4**, 264—282 (1953).
—, K. J. Scott and G. G. Coote: Control of superficial scald on Granny Smith apples with diphenylamine. Austral. J. agric. Res. **12**, 834—853 (1961).
Hall, P. S.: Detection of insecticide residues in fruit and vegetables. J. Ass. Publ. Analysts **1**, 5—11 (1963).
Haller, M. H., and P. L. Harding: Effect of storage temperature on peaches. US Dept. Agr. Techn. Bull. No. **680** (1939).
Hane, M.: Untersuchungen über den Säurestoffwechsel von Erdbeerfrüchten. Gartenbauwiss. **27**, 453—482 (1961).
Hansen, E.: Factors affecting post-harvest color development in pears. Proc. Amer. Soc. hort. Sci. **66**, 118—124 (1955).
Hansen, H., u. A. Berger: Ozonisierungsschäden an kühlgelagerten Äpfeln. Gartenbauwiss. **29**, 517—521 (1964).
—, u. T. Grünewald: Behandlung von Birnen mit Röntgen- bzw. Elektronenstrahlen. Atompraxis **7**, 213—216 (1961).
Harborne, J. B., and E. Hall: Plant polyphenols. XIII. The systematic distribution and origin of anthocyanins containing branched trisaccharides. Phytochemistry **3**, 453—463 (1964).
Harris, P. L., and G. L. Poland: Food Res. **4**, 317 (1939); zit. nach H. W. v. Loesecke (1960), S. 61.
Hart, S. M.: Authentic data for Texas oranges. J. Ass. off. agric. Chem. **44**, 633—639 (1961).

HAY, J.G., and J.P. PRIDHAM: Free xylose in fruits. Nature (Lond.) **172**, 207 (1953).
HEIMANN, W., u. K.H. STRACKENBROCK: Gewinnung und Analyse natürlicher Aromen. I. Mitt. Über ein neues Verfahren der Rückgewinnung der in hochsiedenden Lösungsmitteln angereicherten Aromen mit Hilfe der Molekulardestillation. Z. Lebensmittel-Untersuch. u. -Forsch. **120**, 273—277 (1963).
HEINISCH, E.: Analytische Probleme bei der Kontrolle von Lebensmitteln auf Pflanzenschutzmittelrückstände. Nahrung **6**, 17—35 (1962).
HENDERSON, R.W., R.K. MORTON and W.A. RAWLINSON: Oligosaccharide synthesis in the banana and its relationship to the transferase activity of invertase. Biochem. J. **72**, 340—344 (1959).
HENNIG, K., u. P. OHSKE: Der Vitamin C-Gehalt der Früchte und Blätter von *Juglans regia* und *Juglans nigra*. Biochem. Z. **306**, 16—23 (1940).
HERRMANN, K.: Über Oxydationsfermente und phenolische Substrate in Gemüse und Obst. III. Catechine, Oxyzimtsäuren und o-Polyphenoloxydase im Obst. Z. Lebensmittel-Untersuch. u. -Forsch. **108**, 152—157 (1958).
— Vorkommen und Bedeutung der phenolischen Inhaltsstoffe des Obstes. Mitt. Lebensmitteluntersuch. Hyg. **50**, 121—136 (1959).
— „Obstgerbstoffe" — eine Übersicht. Fruchtsaft-Industr. **5**, 87—98, 139—143 (1960a).
— Die Anthocyane der Früchte — eine Übersicht. Fruchtsaft-Industr. **5**, 296—309 (1960b).
— Über die Bioflavonoide und Carotinoide der kultivierten Citrus-Früchte. Fruchtsaft-Industr. **7**, 320—331 (1962).
— Über „Gerbstoffe" in Lebensmitteln und deren Bestimmung. Dtsch. Lebensmittel-Rdsch. **59**, 309—317 (1963a).
— Über die phenolischen Inhaltsstoffe der Trauben und des Weines (Flavonoide, Phenolcarbonsäuren, Farbstoffe, Gerbstoffe). Weinberg u. Keller **10**, 154—164 u. 208—220 (1963b).
— Die flüchtigen Aromastoffe der Obstarten. Fruchtsaft-Industr. **8**, 329—339 (1963c).
HILKENBÄUMER, F., u. G. BUCHLOH: Kühlung von Obstlagerräumen mit Frischluft unter Verwendung von Luftwaschgeräten. Erwerbsobstbau **1**, 87—90 (1959).
— — u. A. ZACHARIAE: Beobachtungen über Veränderungen der Titrationsacidität in Äpfeln während der Lagerung bei verschiedenen Temperaturen. Gartenbauwiss. **24**, 1—7 (1959).
— Primäre Amine in Apfelfrüchten und ihre Bedeutung für die Beurteilung physiologischer Zustandsänderungen im Fruchtparenchym. Angew. Bot. **34**, 104—109 (1960).
HOEKE, F., u. H. CATS: Detection and determination of diphenyl and thiourea on oranges. Chem. Weekbl. **53**, 609—611 (1957).
HOFFMANN, I., and P.M. MORSE: Evaluation of several arsenic residue methods. J. Ass. off. agric. Chem. **44**, 180—182 (1961).
HONDELMANN, W., u. R. v. SENGBUSCH: Erdbeerzüchtung für die industrielle Verwertung. Industr. Obst- u. Gemüseverwert. **48**, 131—133 (1963).
HUELIN, F.E., and R.A. GALLOP: Studies in the natural coating of apples. I. Preparations and properties of fractions. II. Changes in the fractions during storage. Austral. J. Sci. Res. B **4**, 526—532, 533—543 (1951).
—, and I.M. STEPHENS: Enzyme-catalyzed oxidation of ascorbic acid in fruit and vegetable suspensions. Austral. J. Sci. Res. B **1**, 58—64 (1948).
HUET, R.: L'amèrtum de jus d'orange Navel. Fruits **16**, 61—65 (1961).
HULME, A.C.: The amino acids present in the protein of the apple fruit. J. Sci. Food Agric. **2**, 160—166 (1951).
— The isolation of 1-citramalic acid from the peel of the apple fruit. Biochim. biophys. Acta **14**, 36—43 (1954a).
— The nitrogen metabolism of apple fruits. The climacteric rise in relation to changes in the equilibrium between protein synthesis and breakdown. J. exp. Bot. (Lond.) **5**, 159—172 (1954b).
— Shikimic acid in apple fruits. Nature (Lond.) **178**, 991—992 (1956).
—, and L.S.C. WOOLTORTON: The organic acid metabolism of apple fruits: Changes in individual acids during growth on the tree. J. Sci. Food Agric. **8**, 117—122 (1957).
— — Determination and isolation of the non-volatile acids of pome fruits and a study of acid changes in apples during storage. J. Sci. Food Agric. **9**, 150—158 (1958a).
— The acid content of cherries and strawberries. Chem. and Industr. **1958**b, 659.
— Separation of the enzymes present in the mitochondrial fraction from apple peel. Nature (Lond.) **196**, 388—389 (1962).
HULTIN, H.O., and B.E. PROCTOR: Changes in some volatile constituents of the banana during ripening, storage and processing. Food Technol. **15**, 440—444 (1961).
HUMMEL, F.C., M.L. SHEPARD and I.C. MACY: J. amer. dietet. Ass. **16**, 199 (1940); zit. nach H.W. v. LOESECKE (1950, S. 90).

IHLOFF, M., u. M. KALITZKI: Zur Diphenylbestimmung in Zitrusfrüchten. Mitt.Bl. GDCh. — Fachgr. Lebensmittelchem. **11**, 129—130 (1957).
— Diphenyl und o-Phenylphenol als Zitrusfrucht-Konservierungsmittel. Dtsch. Lebensmittel-Rdsch. **56**, 139—140 (1960a).
— Über natürliche und künstliche Citrusfruchtwachse. Z. Lebensmittel-Untersuch. u. -Forsch. **112**, 391—394 (1960b).
— Über Konservierungs- und Schönungsmittel sowie Rückstände von Schädlingsbekämpfungsmitteln bei Importobst. Mitt. Lebensmitteluntersuch. Hyg. **52**, 321—330 (1961).
JACOBS, M.B., and L.J. GOLDWATER: Ultramicrodetermination of mercury in apples. Food Technol. **15**, 357—360 (1961).
JACQUIN, P.: Le poiré. Bull. Soc. sci. Hyg. aliment. **43**, 194—213 (1955a).
— Pectin methylesterase and pectinic substances in the apple and pear and their importance in the fabrication of ciders and berries. Ann. inst. nat. recherche agron., Ser. E, Ann. technol. agr. **4**, Nr. 1, 67—99 (1955b).
—, et J. TAVERNIER: L'acidité organique des moûts de pommes et de poires. Industr. agric. aliment. **66**, 513—530 (1949).
JAKOVLIV, G.: The methods of determination of pectin in fruit. Industr. agric. aliment. **69**, 317—320 (1952); zit. nach Chem. Abstr. **47**, 2899 (1953).
JANKOV, S.I.: Hitze-Inaktivierung der Polyphenoloxydasen in einigen Fruchtsäften. Fruchtsaft-Industr. **7**, 13—32 (1962).
JANSEN, E.F., and R. JANG: Cysteine and glutathione in orange juice. Arch. Biochem. Biophys. **40**, 358—363 (1952).
— — and A.K. BALLS: Citrus amino-peptidases. Federation Proc. **11**, 236 (1952); zit. nach J.F. KEFFORD (1959).
— — and J. BONNER: Orange pectinesterase binding and activity. Food Res. **25**, 64—72 (1960).
— — and L.R. MACDONELL: Citrus acetylesterase. Arch. Biochem. **15**, 415—431 (1947).
JENNINGS, W.G.: Volatile esters of Bartlett pears. I. J. Food Sci. **26**, 564—568 (1961).
—, and R.K. CREVELING: Volatile esters of Bartlett pears. II. J. Food Sci. **28**, 91—94 (1963).
JOHNSON, G., M.M. MAYER and D.K. JOHNSON: Isolation and characterisation of peach tannins. Food Res. **16**, 169—180 (1951).
—, C. LAMBERT, D.K. JOHNSON and S.G. SUNDERWIRTH: Colorimetric determination of glucose, fructose, and sucrose in plant materials using a combination of enzymatic and chemical methods. J. agric. Food Chem. **12**, 216—219 (1964).
JONES, J.D., and A.C. HULME: 1st International Congress of Food Science and Technology 1962; zit. nach Fruchtsaft-Industr. **8**, 177—178 (1963).
JOSLYN, M.A., and H. DEUEL: The extraction of pectins from apple marc preparations. J. Food Sci. **28**, 65—83 (1963).
—, and W. STEPKA: The free amino acids of fruits. Food Res. **14**, 459—467 (1949).
KAUFMANN, H.P.: Unveröffentlichtes Gutachten v. 13. 3. 1963.
—, u. W.H. NITSCH: Die Papier-Chromatographie auf dem Fettgebiet. XVII. Trennung ungesättigter Fettsäuren. Fette, Seifen, Anstrichmittel **57**, 473—474 (1955).
KEFFORD, J.F.: Recent additions to knowledge of the chemistry of citrus fruits. Rev. pure and appl. chem. **5**, 77—98 (1955).
KERTESZ, Z.I., M. EUCARE and G. FOX: A study of apple cellulose. Food Res. **24**, 14—19 (1959).
KESSLER, H.: Die Beeinflussung der Wasserabgabe leicht schrumpfender Lagersorten. Schweiz. Z. Obst- u. Weinbau **54**, 335—339 (1945).
— Versuche zur Verhütung der Hautbräune an Lagerobst. Schweiz. Z. Obst- u. Weinbau **58**, 359—365 (1949).
—, u. K. STOLL: Versuchsergebnisse bei der Kaltlagerung von Apfelsorten. Landwirtsch. Jb. **67**, 1157—1184 (1953).
KHAN, M.U.D., and G. MACKINNEY: Carotenoids in grapefruit, *Citrus paradisi*. Plant Physiol. **28**, 550—552 (1953).
KIDD, F., and C. WEST: The storage qualities of late dessert varieties of apples. Food Invest. Board (Lond.), Techn. Paper No. 2, 1952.
— — and M.N. KIDD: Gas storage of fruit. Dept. of Sci. a. Ind. Res., Food Invest., Spec. Rep. No. 30. London: His Majesty's Stationary Office 1927.
KIESER, M.E., A. POLLARD and A.H. WILLIAMS: Occurrence of leuco-anthocyanins in perry pears. Chem. and Industr. **1953**, 1260.
KIRBERGER, E., u. L. BRAUN: Über das Vorkommen von 5-Hydroxytryptamin in der Walnuß (*Juglans regia*). Biochim. biophys. Acta **49**, 391—393 (1961).
KNODEL, L.R., and E.J. ELVIN: Rapid spot tests for identification of biphenyl, o-, m-, and p-terphenyl, and certain other polyphenols. Analytic. Chem. **27**, 96—99 (1955).

Kobel, F.: Das Pflücken des Obstes im richtigen Zeitpunkt. Schweiz. Z. Obst- u. Weinbau **66**, 478—480 (1957).
Koch, A.: Die Inhaltsstoffe der Kornelkirsche. Pharmaz. Zentralh. **96**, 448—451 (1957).
Koch, J., u. G. Bretthauer: Der Vitamin C-Gehalt reifender Früchte. Landwirtschaftl. Forschg. **9**, 51—61 (1956).
—, u. E. Sajak: Zur Frage der chemischen Zusammensetzung von Orangenerzeugnissen. I. Frischgepreßte Orangensäfte. Fruchtsaft-Industr. **9**, 26—35 (1964).
—, u. H. Schiller: Beitrag zur Kenntnis des Apfelaromas. Z. Lebensmittel-Untersuch. u. -Forsch. **125**, 364—368 (1964).
Kocher, V.: Untersuchungen an Lageräpfeln. II. Das Verhalten der Vitamine des B-Komplexes während der Lagerung. Mitt. Lebensmitteluntersuch. Hyg. **49**, 181—192 (1958).
Kröller, E.: Eine Möglichkeit zur Restmengenbestimmung kupferhaltiger Fungizidrückstände. Dtsch. Lebensmittel-Rdsch. **58**, 248—251 (1962).
Krumbholz, G.: Bericht über die Ergebnisse der seit 1936 durchgeführten Kaltlagerungsversuche mit Äpfeln. Vorratspfl. u. Lebensmittelforsch. **6**, 67—76 (1943).
Kuprianoff, J.: Die Verwendung von Ozon bei der Obstkaltlagerung. Kältetechnik **5**, 283 bis 286 (1953).
Lambertsen, G., H. Myklestad and O.R. Brækkan: Tocopherols in nuts. J. Sci. Food Agric. **13**, 617—620 (1962).
Lang, O.: Die Lagerung von Citrusfrüchten. Die Kälte **17**, 7—18 u. 42 (1964).
Lavollay, J., S.A. Patron et A. Patron: La composition chimique des fruits envisagée du point de vue alimentaire. Bull. Soc. sci. Hyg. aliment. **39**, 145—174 (1951).
Lawrence, J.M., and K.G. Groves: Determination of a soluble pectin in apples. J. agric. Food Chem. **2**, 882—885 (1954).
Leinbach, L.R., W.F. Talburt and E.W. Carlsen: Changes in composition of North-West Standard Delicious apples during storage that effect their suitability for juice production. Food Technol. **7**, 404—408 (1953).
Leley, V.K., N. Narayana and J.A. Daji: Biochemical studies in the growth and ripening of the Alphonse mango. Indian J. agr. sci. **13**, 291 (1943); zit. nach J.B. Biale (1960a).
Letzig, E., u. W. Handschack: Vergleichende Untersuchungen über einige Inhaltsstoffe bitterer und süßer Ebereschenfrüchte während des Reifens. Nahrung **7**, 591—605 (1963).
—, u. E. König: Über ein neues handliches Prüfgerät zur Messung von Fruchtfleischfestigkeit und seine vielseitigen Anwendungsmöglichkeiten. Nahrung **4**, 933—951 (1960).
Li, K.C., and A.C. Wagenknecht: A minor anthocyanin pigment of sweet cherry. Nature (Lond.) **182**, 657 (1958).
Liegel, W.: Ein Beitrag über die Funktion des Mangans in der Ernährung und über die Himbeere als wertvoller Manganproduzent. Rhein. Mschr. Gemüse-, Obst- u. Gartenbau **47**, 233—234 (1959).
Lindner, A.F.: Beitrag zur Beurteilung von Schalenobst, insbesondere von Walnüssen. Mitt.-Bl. GDCh., Fachgr. Lebensmittelchem. **18**, 143—145 (1964).
Lott, R.V.: The levulose, dextrose and sucrose content of fifteen Illinois apple varieties. Proc. Amer. Soc. hort. Sci. **43**, 56 (1943); zit. nach R.M. Smock and A.M. Neubert (1950, S. 50).
Lück, H., u. R. Kohn: Strahleneinwirkung auf Lebensmittel. Einfluß auf Kartoffeln, frisches Gemüse, Gemüsekonserven, Obst, Marmelade, Wein und Fruchtsäfte. Industr. Obst- u. Gemüseverwert. **45**, 2—8 (1960).
Luh, B.S., J.N. Tate u. F. Villarreal: Polyphenoloxydase-Aktivität und Bräunung bei Bartlett-Birnen. Fruchtsaft-Industr. **8**, 274—283 (1963).
Lulla, B.S., and D.S. Johar: Chromatographic analysis of sugars in banana. Current Sci. **24**, 92—93 (1955).
Luvisi, D.A., and N.F. Sommer: Polyethylene liners and fungicides for peaches and nectarines. Proc. amer. Soc. hort. Sci. **76**, 146—155 (1960).
Macara, T.: The composition of fruits as used for jam manufacture in Great Britain. Analyst **56**, 35—43 (1931).
Mackinney, G.: Les caroténoides des fruits. Fruits **17**, 341—350 (1962).
Maier-Haarländer, G.: Untersuchungen zur Analytik des Diphenyls II. Z. Lebensmittel-Untersuch. u. -Forsch. **124**, 270—273 (1964).
Maris McArthur-Hespe, G.W.: The activity of starch-hydrolysing enzymes in pears during development and coldstorage. Acta Botan. Neerl. **5**, 200—213 (1956).
Markakis, P., A. Jarczyk and S.P. Krishna: Non volatile acids of blueberries. J. agric. Food Chem. **11**, 8—11 (1963).
—, G.E. Livingston and C.R. Fellers: Quantitative aspects of strawberry pigment degradation. Food Res. **22**, 117—130 (1957).
Martin, D.C., and D.A. Tichenor: Affects of low-dose irradiation and storage on acceptability of broccoli, sweet corn, and strawberries. Food Technol. **16**, 96—100 (1962).

Matzner, F.: Über den Vitamin C-Gehalt in Erdbeeren (*Fragaria grandiflora*). Wiss. Z. Friedrich-Schiller-Univ. Math.-naturwiss. Reihe 8, 253—259 (1959).
— Über die Variabilität wertbestimmender Inhaltsstoffe in Erdbeeren (*Fragaria grandiflora*) verschiedener Sorten. Arch. Gartenbau **8**, 50—71 (1960).
Maurer, K.J.: Über den Ascorbinsäuregehalt in den Früchten der Erdbeere. Flüssiges Obst **28**, 5, 9—12 (1961).
Mazliak, P.: Étude, par chromatographie en phase gazeuse, des acides gras de la cire des pommes. C.R. Acad. Sci. (Paris) **250**, 2255—2257 (1960a).
— Étude, par chromatographie en phase gazeuse, des paraffines et des alcools à longue chaîne de la cire cuticulaire des pommes. C.R. Acad. Sci. (Paris) **251**, 2393—2395 (1960b).
—, et J. Pommier-Miard: Les lipides de la pomme. Fruits **18**, 177—183 (1963).
McCarthy, A.I., J.K. Palmer, C.P. Shaw and E.E. Anderson: Correlation of gas chromatographic data with flavor profiles of fresh banana fruit. J. Food Sci. **28**, 379—384 (1963).
McClendon, J.H., C.W. Woodmansee and G.F. Somers: On the occurence of free galacturonic acid in apples and tomatoes. Plant Physiol. **34**, 389—391 (1959).
McComb, E.A., and R.M. McCready: Colorimetric determination of pectic substances. Analytic. Chem. **24**, 1630—1632 (1952).
McCready, R.M., and E.A. McComb: Extraction and determination of total pectic materials in fruit. Analytic. Chem. **24**, 1986—1988 (1952).
— Pectic constituents in ripe and unripe fruit. Food Res. **19**, 530—535 (1954).
McKinley, W.P., and R. Yasin: Paper-chromatographic identification of thiourea in extracts of oranges. J. Ass. off. agric. Chem. **43**, 829—830 (1960).
Mehlitz, A., u. H. Drews: Über Untersuchungen an roten und schwarzen Johannisbeersäften. 4. Mitt. Industr. Obst- u. Gemüseverwert. **45**, 174—179 (1960).
—, u. K. Gierschner: Über bisherige gaschromatographische Untersuchungen der Aromastoffe von Früchten. In: Int. Fruchtsaft-Union, Ber. Wiss.-Techn. Kommission **4**, 25—55 (1962a).
— Weitere Untersuchungen über Aromakonzentrate aus Fruchtsäften. In: Int. Fruchtsaft-Union, Ber. Wiss.-Techn. Kommission **4**, 301—318 (1962b).
—, u. H. Maass: Über enzymatische Klärung von Fruchtsäften und Süßmosten. III. Mitt. Biochem. Z. **276**, 66—85 (1935).
—, u. B. Matzik: Zur Kenntnis der in Obstsäften vorkommenden flüchtigen Säuren. Fruchtsaft-Industr. **1**, 130—146 (1956).
— Papierchromatographische Untersuchungen über die in Obstsäften vorkommenden nichtflüchtigen Säuren. Industr. Obst- u. Gemüseverwert. **42**, 127—131 (1957).
Meigh, D.F.: Volatile compounds produced by apples. II. Alcohols and esters. J. Sci. Food Agric. **8**, 313—326 (1957).
— Nature of the olefins produced by apples. Nature (Lond.) **184**, 1072—1073 (1959).
Merriam, O.A., and C.R. Fellers: Composition and nutritive studies on blueberries. Food Res. **1**, 501—512 (1936).
Miller, E.V.: Physiology of citrus fruits in storage. Bot. Review **12**, 393—423 (1946).
— The physiology of citrus fruits in storage. Bot. Review **24**, 43—59 (1958b).
—, and A.S. Heilmann: Ascorbic acid and physiological breakdown in the fruits of the pineapple. Science (Lancaster) **116**, 505—506 (1952).
Mollenhauer, H.P.: Einige Beobachtungen an Fruchtpulpe von *Passiflora edulis*. Fruchtsaft-Industr. **7**, 370—379 (1962).
Money, R.W.: Analytical data of some common fruits potassium and phosphorus contents. J. Sci. Food Agric. **15**, 594—596 (1964).
—, and W.A. Christian: Analytical data of some common fruits. J. Sci. Food Agric. **1**, 8—12 (1950).
—, et al.: Analytical data of some common fruits. J. Sci. Food Agric. **9**, 18—20 (1958).
Müller, R., G. Ernst u. H. Schoch: Der Nachweis von Insektizidrückständen auf Pflanzenmaterial (Gemüse und Früchte) und die Trennung einzelner Schädlingsbekämpfungsmittel mit Hilfe der Papierchromatographie. Mitt. Lebensmitteluntersuch. Hyg. **48**, 152—197 (1957).
Murphy, E.F., A.M. Briant, M.L. Dodds, I.S. Fagerson, M.E. Kirkpatrick and R.C. Wiley: Pesticides and food flavor, effect of insecticides and fungicides on the flavor quality of fruits and vegetables. J. agric. Food Chem. **9**, 214—223 (1961).
Murthy, H.B.N., B. Anandaswamy, K.S. Srinivasan, M. Muthu, N.V.R. Iyengar and S.V. Pingale: Studies on the packaging of walnut kernels. J. sci. industr. Res. (Delhi) **16A**, 570—573 (1957).
Musco, D.D., and W.V. Cruess: Food rancidity. Studies on deterioration of walnut meals. J. agric. Food Chem. **2**, 520—523 (1954).
Naumann, W.-D.: Untersuchungen über den Einfluß der Temperatur auf die Nachreife von Äpfeln der Sorten „Jonathan“ und „Ontario“. Gartenbauwiss. **29**, 523—539 (1964).

Nehring, P., u. H. Klinger: Zur Beurteilung von Konfitüren; nicht veröffentlicht (1959).
Neubeller, J.: Über den Lipoidgehalt von Apfelfrüchten während ihrer Entwicklung am Baum und ihrer Lagerung. Gartenbauwiss. **28**, 199—244 (1963).
Osborn, R. A.: Chemical composition of fruit and fruit juices. J. Ass. off. agric. Chem. **47**, 1068—1086 (1964).
Osterwalder, A.: Vom Jonathan Spot. Schweiz. Z. Obst- u. Weinbau **66**, 444—447 (1957).
—, u. H. Kessler: Das Auftreten der Fäulnis und nicht parasitärer Krankheiten bei der Kühllagerung des Obstes. Schweiz. Z. Obst- u. Weinbau **43**, 413—528 (1934).
Paech, K.: Die Veränderung des Vitamin C-Gehaltes bei der Kaltlagerung und beim Gefrieren von Obst und Gemüse. Forschungsdienst **7**, 391—411 (1939).
Palluy, E., E. Sundt et M. Winter: Analyse de l'arôme des framboises. III. Les acides et esters inférieurs. Helv. chim. Acta **46**, 2297—2299 (1963).
Pataraja, K. N., u. L. S. Ssilagadse: Saccharose als objektives Merkmal der physiologischen Reife von Weintrauben [russisch]. Weinbereit. Weinbau UdSSR **22**, 4, 26—28 (1962); zit. nach Chem. Zbl. **133**, 18311 (1962).
Peynaud, E.: Sur la composition chimique des pêches. Ann. agronom. **1**, 775—791 (1950).
— Sur la composition chimique des prunes. Ann. agronom. **2**, 51—56 (1951a).
— Sur les acides organiques des pêches et de prunes. C.R. Acad. Sci. (Paris) **232**, 2474—2475 (1951b).
— Qualitätsveränderungen von Früchten während der Reife, dargestellt an Trauben. Landwirtsch. Forsch. **1956**, 8. Sonderh., 100—109.
—, et H. Caillavet: Qualité des pêches et des prunes en fonction des variétés. Ann. Nutr. (Paris) **9**, 173—190 (1955).
Phillips, J. D., A. Pollard and G. C. Whiting: Organic acid metabolism in cider and perry fermentations. I. A preliminary study. J. Sci. Food Agric. **7**, 31—40 (1956).
Pickett, T. A., and K. T. Holley: Susceptibility of types of peanuts to rancidity development. J. Amer. Oil Chem. Soc. **28**, 478—479 (1951).
Plock, H.: Marillensorten. Mitt. Klosterneuburg, Serie B **13**, 298—305 (1963).
Polenske, E.: Beiträge zum Nachweis der Benzoesäure in Nahrungs- und Genußmitteln. I. Über die quantitative Bestimmung der gesamten Benzoesäure in Preißelbeeren und Preißelbeer-Kompott. Arb. Reichsgesundh.-Amt (Berlin) **38**, 149—154 (1911).
Pollard, A.: Die organischen Säuren und Aminosäuren der Fruchtsäfte. Flüssiges Obst **26**, 11, 11—14 (1959).
Pruthi, J. S., R. N. Chakraborty, S. P. Sondhi, L. V. L. Sastry and G. S. Siddappa: Studies on concentrating the juice of cashew apple. Food Technol. **17**, 1433—1436 (1963).
Przybylski, W., R. B. Smyth and G. G. McKeown: Determination of coal-tar colors on oranges. J. Ass. off. agric. Chem. **43**, 274—278 (1960).
Rajzman, A.: The effect of storage and airing upon diphenyl residues in diphenyl-wrapped oranges. Israel J. agric. Res. **11**, 125—131 (1961a).
— Diphenyl absorption by citrus fruit wrapped in plain wraps and stored together with diphenylwrapped fruit. Israel J. agric. Res. **11**, 137—138 (1961b).
— The quantitative microdetermination of biphenyl in citrus fruit. Analyst **88**, 117—124 (1963).
Randoin, L., et al.: Tables de Composition des Aliments. Paris: Lanore 1961; zit. nach A. Schaller (1962).
Raunhardt, O., u. H. Neukom: Über Veränderungen der Pektinstoffe von Äpfeln und Birnen während des Reifeprozesses. Mitt. Lebensmitteluntersuch. Hyg. **55**, 446—455 (1964).
Reif, G.: Über den Nachweis von Sorbit in Obsterzeugnissen. Z. Untersuch. Lebensmittel **68**, 179—186 (1934).
Rentschler, H., u. H. Tanner: Über die Zusammensetzung der Fruchtsäuren von schweizerischen Obstsäften. 1. Mitt. Die Fruchtsäuren der schweizerischen Mostbirnensäfte. Mitt. Lebensmitteluntersuch. Hyg. **45**, 142—158 (1954).
— Über Gerbstoffe der Kernobstsäfte. Fruchtsaft-Industr. **1**, 30—35 (1956).
— Ein Beitrag zur Kenntnis des Saftes von Sanddornbeeren. Fruchtsaft-Industr. **2**, 83—86 (1957).
Rewald, B., u. A. Schwieger: Über den Phosphatidgehalt von Äpfeln, Birnen, Pflaumen und Pfirsichen. Biochem. Z. **257**, 289—292 (1933).
Reynolds, T. M.: Water soluble constituents of fruit. VI. The amino acids in apricots and peaches. Austral. J. Chemistry **10**, 198—202 (1957).
Reznik, H.: Untersuchungen über die physiologische Bedeutung der chymochromen Farbstoffe. Sitz.-Ber. Heidelberger Akad. Wiss., math.-naturwiss. Kl. **1956**, 2. Abh.
Ribéreau-Gayon, P.: Untersuchungen über die Farbstoffe roter Trauben. Dtsch. Lebensmittel-Rdsch. **56**, 217—223 (1960).
Roberts, E. A., and K. J. Scott: Estimation of storage life of fruits. Nature (Lond.) **195**, 824—825 (1962).

ROBINSON, G. M., and R. ROBINSON: A survey of anthocyanins I. Biochem. J. **25**, 1687—1705 (1931).
ROCKLAND, L. B.: Free amino acids in citrus and other fruit and vegetable juices. Food Res. **24**, 160—164 (1959).
—, D. M. SWARTHOUT and R. A. JOHNSON: Studies on English (Persian) walnuts, *juglans regia*. III. Stabilisation of kernels. Food Technol. **16**, 112—116 (1961).
ROEDER, K.: Sortenkundliche Untersuchungen an *Prunus domestica*. Kühn-Archiv **54**, 1 (1940); zit. nach A. SCHALLER u. W. SALLER (1959).
ROLLE, L. A., and C. E. VANDERCOOK: Lemon juice composition. III. Characterisation of California-Arizona lemon juice by use of a multiple regression analysis. J. Ass. off. agric. Chem. **46**, 362—365 (1963).
ROUSE, A. H.: Effect of insoluble solids and particle size of pulp on the pectinesterase activity in orange juice. Proc. Florida State hort. Soc. **64**, 162—166 (1951).
— Distribution of pectinesterase and total pectin in component parts of citrus fruits. Food Technol. **7**, 360—362 (1953).
—, and C. D. ATKINS: Heat inactivation of pectinesterase in citrus juices. Food Technol. **6**, 291—294 (1952).
ROWELL, K. M., and C. G. BEISEL: Isolation of gram quantities of a rhamno-glucoside of apigenin from grapefruit. J. Food Sci. **28**, 195—197 (1963).
SABALITSCHKA, T., u. H. MICHELS: Der Vitamin C-Gehalt von Sanddornbeeren aus dem Küsten- und dem Alpengebiet. Süddtsch. Apoth.-Ztg. **86**, 153—154 (1946).
SALO, T., u. R. MÄKINEN: Dünnschichtchromatographie von Diphenyl, o-Phenylphenol und 2,4-Dichlorphenoxyessigsäure. Z. Lebensmittel-Untersuch. u. -Forsch. **125**, 170—171 (1964).
—, K. SALMINEN u. K. FISKARI: Dünnschichtchromatographie in der Analytik der Insecticidrückstände. Z. Lebensmittel-Untersuch. u. -Forsch. **117**, 369—371 (1962).
SAMISCH, Z., and A. COHEN: Composition of oranges in Israel. Jewish Agency Palestine, Agr. Res. Sta., Rehovoth, Bull. No. **51**, 1949.
SÁNDI, E.: Neue Wege zum Nachweis und zur Bestimmung der Rückstände insektizider Phosphorsäureester in Lebensmitteln. Nahrung **6**, 57—67 (1962).
SCHÄTZLEIN, CH., u. E. FOX-TIMMLING: Untersuchungen über den Vitamin C-Gehalt von Gemüse und Obst. Z. Untersuch. Lebensmittel **79**, 157—164 (1940).
SCHALLER, A.: Freie Aminosäuren im Zwetschkensaft. Fruchtsaft-Industr. **5**, 127—131 (1960).
— Tiefgefrorener Kastanienreis. Lebensmittel u. Ernährung (Wien) **15**, 2, 11—14 (1962).
— Haltbarkeitsdauer von Lebensmitteln (Diskussion eines Begriffes). Lebensmittel u. Ernährung (Wien) **17**, 1, 5—7 (1964).
SCHINZ, H., u. C. F. SEIDEL: Untersuchungen über Aromastoffe. 1. Mitt. Über das Himbeeraroma. Helv. chim. Acta **40**, 1839—1859 (1957).
SCHLEE, H.: Schnell-Methode zum qualitativen Nachweis von arsenhaltigen Spritzmitteln auf Äpfeln. Mitt.-Bl. GDCh., Fachgr. Lebensmittelchem. **16**, 201—202 (1962).
SCHLOTTMANN, H., E. MÜHLENDYCK u. W. SCHUPHAN: Wertstoffverluste bei Gemüse und Obst zwischen Ernte und Verzehr. Dtsch. Lebensmittel-Rdsch. **57**, 270—276 (1961).
SCHMIDT, J.: Zum Problem der sortenbedingten Festigkeit des Fruchtfleisches. Gartenbauwiss. **27**, 303—358 (1962).
SCHMIDT-LORENZ, W., u. H. HANSEN: Über die Anwendung von Pyrokohlensäurediäthylester zur Haltbarkeitsverlängerung von Erdbeeren. Fruchtsaft-Industr. **7**, 293—309 (1962).
SCHOMER, H. A., and L. P. MCCOLLOCH: US. Dep. Agr. Circular No. 765 (1948), S. 1—24; zit. nach H. KESSLER (1960, S. 500).
SCHUPHAN, W.: Die Veränderung der Vitamin C- und kalorischen Wertstoffgehalte bei deutschen Erdbeersorten unter dem Einfluß schönen und schlechten Wetters. Biochem. Z. **311**, 151—162 (1942).
SCHWAIBOLD, J., u. G. NAGEL: Die Bestimmung kleiner Mengen Kupfer, Blei und Zink mit Dithizon, mit besonderer Hinsicht auf ihre Bestimmung in biochemischen Materialien. III. Das Vorkommen von Kupfer, Blei und Zink in pflanzlichen Produkten und Lebensmitteln. Vorratspfl. u. Lebensmittelforsch. **2**, 231—235 (1939).
SEDLÁČEK, B. A.: Beurteilung der Walnußkerne durch objektive Ranzigkeit-Methoden. Z. Lebensmittel-Untersuch. u. -Forsch. **107**, 28—32 (1958).
SEIDEL, C. F., H. SCHINZ u. M. STOLL: Untersuchungen über Aromastoffe. II. Über das Erdbeeraroma. Helv. chim. Acta **41**, 372—377 (1958).
SENN, G.: Carbonylverbindungen in Kernobstaromen. Z. Lebensmittel-Untersuch. u. -Forsch. **120**, 455—460 (1963).
SIDWELL, A. P., G. S. BIRTH, J. V. ERNEST and C. GOLUMBIC: The use of light transmittance techniques to estimate the chlorophyll content and stage of maturation of Elberta peaches. Food Technol. **15**, 75—78 (1961).

Siegelman, H.W.: Quercetin glycosides of Grimes Golden apple skin. J. biol. Chem. **213**, 647—654 (1955).
Silber, R.L., M. Becker, M. Cooper, P. Evans, P. Fehder, R. Gray, P. Gresham, J. Rechsteiner and M.A. Searles: Paper chromatographic identification and estimation of the free amino acids in thirty-two fruits. Food Res. **25**, 675—680 (1960).
Sinclair, W.B., and D.M. Eny: The organic acids of lemon fruits. Bot. Gaz. **107**, 231—242 (1945).
—, and V.A. Jolliffe: Methods of analysis of soluble carbohydrates and pectic substances of citrus fruits. Food Res. **25**, 148—156 (1960).
—, and R.C. Ramsey: Changes in the organic-acid content of Valencia oranges during development. Bot. Gaz. **106**, 140—148 (1944).
Smith, E.H.G., and D.E. Kay: The utilisation of citrus fruit. J. Sci. Food Agric. **11**, 181—188 (1960).
Smith, W.H.: X. Internat. Kältekongreß, Bericht 4—44, Kopenhagen 1959; zit. nach Kältetechnik **12**, 249 (1960).
Smock, R.M.: X. Internat. Kältekongreß, Bericht 4—28, Kopenhagen 1959; zit. nach Kältetechnik **12**, 229 (1960).
Sondheimer, E., and C.B. Karash: The major anthocyanin pigments of the wild strawberry (*Fragaria vesca*). Nature (Lond.) **178**, 648—649 (1956).
Souci, S.W., u. G. Maier-Haarländer: Untersuchungen zur Analytik des Diphenyls. Z. Lebensmittel-Untersuch. u. -Forsch. **119**, 217—222 (1963).
Southwick, F.W.: Effect of some growth regulating substances on the rate of softening respiration, and soluble solids content of peaches and apples. Proc. Amer. Soc. hort. Sci. **47**, 84—90 (1946).
— Further studies on the influence of methyl-naphthaleneacetate on ripening of apples and peaches. Proc. Amer. Soc. hort. Sci. **53**, 169—173 (1949).
Sperlich, H.: Zum Nachweis der Dehydracetsäure. Dtsch. Lebensmittel-Rdsch. **56**, 70—73 (1960).
— Nachweis von Diphenyl, o-Phenylphenol und Thioharnstoff in Citrusfrüchten. Z. Lebensmittel-Untersuch. u. -Forsch. **123**, 269—278 (1963).
Stahl, A.L., and A.F. Camp: Cold storage studies of Florida citrus fruit. I. Effect of temperature and maturity on changes in composition and keeping quality of oranges and grapefruit in cold storage. Florida Agricult. Exp. Stat. Bull. **303** (1936).
Staritz, H.: Ein Beitrag zur schnellen Bestimmung von Fremdstoffen auf Citrusfrüchten. Mitt.-Bl. GDCh., Fachgr. Lebensmittelchem. **16**, 199—200 (1962).
Sterling, C.: Effect of temperature and bruising on sugar and acid content in free-stone peaches. Food Res. **23**, 380—383 (1958).
Stewart, I., W.F. Newhall and G.J. Edwards: The isolation and identification of l-synephrine in the leaves and fruit of citrus. J. biol. Chem. **239**, 930—932 (1964).
Stewart, W.S.: Effect of 2,4-dichlorophenoxyacetic acid and 2,4,5-trichlorophenoxyacetic acid on citrus fruit storage. Proc. Amer. Soc. hort. Sci. **54**, 109—117 (1949).
Stoll, K.: Die Lagerung von Äpfeln in konditionierter Luft (Gaslagerung). Schweiz. Z. Obst- u. Weinbau **63**, 418—421 (1954).
— Untersuchungen an Lageräpfeln. I. Der allgemeine Reifeverlauf sowie die Zucker- und Säuregehalte der Sorten Boskoop und Jonathan in Abhängigkeit verschiedener Lagerungsbedingungen. Mitt. Lebensmitteluntersuch. Hyg. **49**, 174—181 (1958).
— Das Problem der flüchtigen Ausscheidungen bei der Hautbräune kaltgelagerter Äpfel. Kältetechnik **11**, 400—403 (1959).
— Zur Bestimmung des Pflückzeitpunktes von Apfelsorten. Schweiz. Z. Obst- u. Weinbau **70**, 444—448 (1961).
— Bekämpfung der Hautbräune des Apfels mit Hilfe neuer Methoden. Schweiz. Z. Obst- u. Weinbau **72**, 297—303 (1963a).
— Maschinelles Verlesen und Kalibrieren von Obst. Schweiz. Z. Obst- u. Weinbau **72**, 464 bis 469 (1963b).
—, u. A. Meyer: Lagerung von Früchten in gasdichten Kühlräumen mit CO_2-Absorptionsaggregaten. Alimenta **1963**, 1, 6—11.
—, u. A. Nyfeler: Polyäthylenfolien für die Lagerung von Äpfeln und Birnen. Z. Obst- u. Weinbau **66**, 331—340 (1957).
Strache, F.: Der Einfluß der Methylbromidbegasung auf Apfelsinen. Dtsch. Lebensmittel-Rdsch. **52**, 191—195 (1956).
Strackenbrock, K.H.: Untersuchungen über Apfelaromen. Diss. Bonn 1961.
Strohecker, R., u. H. Beindorf: Neuere Untersuchungen von Zitronen verschiedener Große auf Gesamtgewicht, Saftanteil, Gesamtsäure, Aschegehalt und Ascorbinsäuregehalt im Vergleich mit im Handel befindlichen Zitronensaftpräparaten. Dtsch. Lebensmittel-Rdsch. **55**, 170—172 (1959).

STUTZ, E.: Ionisierende Strahlen und deren Verwendung zur Konservierung obst- und weinbaulicher Produkte. Schweiz. Z. Obst- u. Weinbau **72**, 538—542 (1963).

SUNDT, E., u. M. WINTER: Untersuchungen über Aromastoffe. III. Die Isolierung von Geraniol aus Himbeeren. Helv. chim. Acta **43**, 1120—1121 (1960).

SUOMALAINEN, H., u. C. ERIKSSON: Anthocyanine in nordischen und in einigen anderen Beerenfrüchten. Z. Lebensmittel-Untersuch. u. -Forsch. **112**, 197—212 (1960).

SUTER, H., u. H. HADORN: Der Nachweis von künstlichen organischen Farbstoffen in Orangenschalen. Mitt. Lebensmitteluntersuch. Hyg. **51**, 293—303 (1960).

SWIFT, L.J.: Isolation of β-sitosteryl-D-glucoside from the juice of Florida Valencia oranges (*Citrus sinensis*, L.). J. Amer. chem. Soc. **74**, 1099—1100 (1952).

—, and M.K. VELDHUIS: Constitution of the juice lipids of the Florida Valencia orange (*Citrus sinensis*, L.). Food Res. **16**, 142—146 (1951).

— Fruit juice constituents. Composition of commercial, segment, and peel juices of Florida oranges. J. agric. Food Chem. **5**, 49—52 (1957).

TANNER, H., u. H. RENTSCHLER: Über die Zusammensetzung der Fruchtsäuren von schweizerischen Obstsäften. II. Mitt.: Die Fruchtsäuren der schweizerischen Mostäpfelsäfte. Mitt. Lebensmitteluntersuch. Hyg. **45**, 305—310 (1954).

— — u. G. SENN: Über die Charakterisierung von Anthocyanfarbstoffen mittels Dünnschicht-Chromatographie. Mitt. Klosterneuburg A **13**, 156—161 (1963).

TERANISHI, R., J.W. CORSE, W.H. MCFADDEN, D.R. BLACK and A.I. MORGAN: Volatiles from strawberries. I. Mass spectral identification of the more volatile components. J. Food Sci. **28**, 478—483 (1963).

TEW, R.P., and J.M. SILLIBOURNE: Pesticide residues on fruit. I. Microbioassay of pesticide residues using the vinegar fly, *Drosophila melanogaster*. J. Sci. Food Agric. **12**, 618—623 (1961).

THALER, H.: Die löslichen Kohlenhydrate einiger Rohstoffe der Schokoladenindustrie. II. Mitt. Die Oligosaccharide von Nüssen und Mandeln. Z. Lebensmittel-Untersuch. u. -Forsch. **105**, 198—200 (1957).

—, u. H. GÜNDER: Zur Analytik des o-Hydroxydiphenyls. I. Dtsch. Lebensmittel-Rdsch. **56**, 262—264 (1960).

THALER, O., u. J. RATEAU: Veränderungen des Zuckers, der organischen Säuren und der Aminosäuren bei Kirschen im Verlauf des Wachstums und der Reife am Baum. Mitt. Klosterneuburg, Serie B **7**, 191—196 (1957).

THODE, W.: Das Verhalten von o-Oxydiphenyl auf den Schalen eingelagerter Apfelsinen. Dtsch. Lebensmittel-Rdsch. **56**, 46—49 (1960).

THOMAS, R.: The detection and determination of diphenyl and o-phenylphenol in concentrated orange juice by gas chromatography. Analyst **85**, 551—556 (1960).

THOMMEN, H.: Über das Vorkommen von β-Apo-8'-carotinal im Saft und in der Schale von frischen Orangen. Naturwiss. **49**, 517—518 (1962).

TING, S.V., and E.J. DESZYCK: Isolation of l-quinic acid in citrus fruit. Nature (Lond.) **183**, 1404—1405 (1959).

— The carbohydrates in the peel of oranges and grapefruit. J. Food Sci. **26**, 146—152 (1961).

TINNER, H.: Die Zucker der Johannisbrotbaumfrüchte (Karube). Mitt. Lebensmitteluntersuch. Hyg. **51**, 366—372 (1960).

TOMAŇA, M., O. ŠVÁBENSKÝ u. K. OTTA: Studium der Wirkung der Gammastrahlung auf die l-Ascorbinsäure. Nahrung **7**, 212—221 (1963).

TOWNSLEY, P.M., M.A. JOSLYN and C.J.B. SMIT: The amino acids in various tissues of citrus fruits and in orange protein. Food Res. **18**, 522—531 (1953).

TRUBE-BECKER, E.: Vergiftung durch bittere Mandeln infolge von Störungen des Geschmacksempfindens? Ärztl. Mitt. **35**, 1726—1728 (1963).

TRUELSEN, T.A.: Radiation pasteurization of fresh fruits and vegetables. Food Technol. **17**, 336—339 (1963).

TULECKE, W., L.H. WINSTEIN, A. RUTNER and H.I. LAURENCOT: The biochemical composition of coconut water (coconut milk) as related to its use in plant tissue culture. Centr. Coyce Thompson Inst. **21**, 115—128 (1961); zit. nach Z. Lebensmittel-Untersuch. u. -Forsch. **120**, 259 (1963).

TULI, V.R., R. DEDOLPH and S.H. WITTNER: Effects of N-benzyl-adenine and dehydroacetic acid on the storage behaviour of cherries and strawberries. Quart. Bull. Michigan State Univ. agric. Exper. Stat. **45**, Nr. 2, 223—226 (1962); zit. nach Fruchtsaft-Industr. **9**, 101 to 102 (1964).

TURNER, J.F.: The metabolism of the apple during storage. Austral. J. Sci. Res. B **2**, 138—153 (1949).

ULRICH, R.: Proc. VIII. Int. Congr. Refrigerat. London (1951), S. 422; zit. nach H. KESSLER (1960, S. 515).
— Gradients physiques, chimiques et physiologiques des fruits. Fruits **11**, 239—244 (1956).
—, J. RENAC et J. MIMAULT: Proces-verbaux acad. agr. France 1952, 19. März; zit. nach A.C. HULME (1958, S. 319).
—, et O. THALER: Variations quantitatives et qualitatives de quelques constituants glucidiques, acides et azotés de la poire Williams, en cours de son développement. J. Agric. trop. Bot. appl. **4**, 12—30 (1957).
URBACH, G.E.: A new amino acid from apples. Nature (Lond.) **175**, 170—171 (1955).
VÄHÄTALO, M.-L., and A.I. VIRTANEN: A new cyclic α-amino-carboxylic acid in berries of cowberry. Acta chem. scand. **11**, 741—743 (1957).
VANDERCOOK, C.E., L.A. ROLLE and R.M. IKEDA: Lemon juice composition. I. Characterization of California-Arizona lemon juice by its total amino acid and l-malic acid content. J. Ass. off. agric. Chem. **46**, 353—358 (1963).
VIRTANEN, A.I.: Neue Amino- und Ketosäuren in grünen Pflanzen und die Biosynthese der Aminosäuren. Angew. Chem. **67**, 381—388 (1955).
—, and M. ALFTHAN: New α-keto acids in green plants. II. β-Hydroxy- and γ-hydroxy-α-ketobutyric acid in cowberries. Acta chem. scand. **9**, 188—190 (1955).
VOGEL, J., et J. DESHUSSES: Recherche et dosage du diphényle dans les agrumes par chromatographie en phase gazeuse. Mitt. Lebensmitteluntersuch. Hyg. **55**, 84—92 (1964).
WAALKES, T.P., A. SJOERDSMA, C.R. CREVELING, H. WEISSBACH and S. UDENFRIEND: Serotonin, norepinephrine and related compounds in bananes. Science (Washington) **127**, 648 to 650 (1958).
WAGENKNECHT, A.C., D.M. SCHEINER and J.P. VAN BUREN: Anthocyanase activity and its possible relation to scald in sour cherries. Food Technol. **14**, 47—49 (1960).
WEAVER, R.J., and S.B. MCCUNE: Response of Thompson Seedless grapes to 4-chlorophenoxyacetic acid and benzothiazol-2-oxyacetic acid. Hilgardia **27**, 189—200 (1957).
WEBB, A.D.: Present knowledge of grape and wine flavors. Food Technol. **16**, 56—59 (1962).
WEDDING, R.T., and W.B. SINCLAIR: A quantitative paper-chromatographic study of the amino acid composition of proteins and juice of the orange. Botan. Gaz. **116**, 183—188 (1954).
WEINMANN, W.: Verbesserte Methode zum serienmäßigen quantitativen Nachweis von Insecticidrückständen bei Obst und Gemüse. Z. Lebensmittel-Untersuch. u. -Forsch. **119**, 334—341 (1963).
WELLS, C.E., D.A. TICHENOR and D.C. MARTIN: Ascorbic acid retention and color of strawberries as related to low-level irradiation and storage time. Food Technol. **17**, 77—80 (1963).
WEST, G.B.: Tryptamines in edible fruits. J. Pharmacy Pharmacol. **10**, 589—590 (1958).
WEURMAN, C.: Pektinumwandlungen und Pektinenzyme in Birnen der Sorte Doyenné Boussoch [niederländisch]. Publ. centr. Inst. Voeding Sonderz. T.N.O. Utrecht **147**, 1—74 (1952).
— Pectinase inhibitors in pears. Acta Botan. Neerl. **2**, 107—121 (1953).
— Pectinase in pears. Acta Botan. Neerl. **3**, 108—113 (1954).
WHITING, G.C.: Occurence of shikimic acid in gooseberry fruits. Nature (Lond.) **179**, 531 (1957).
— The nonvolatile organic acids of some berry fruits. J. Sci. Food Agric. **9**, 244—248 (1958).
WIELOCH, E., u. P. SORGE: Die Verwertung der Schwarzen Johannisbeere unter Berücksichtigung der Sorten. Der dtsch. Gartenbau **5**, 43—46 (1958).
WILKINSON, B.G., and M.A. PERRING: Variation in mineral composition of Cox's Orange Pippin apples. J. Sci. Food Agric. **12**, 74—80 (1961).
— Changes in the chemical composition of apples during development and near picking time. J. Sci. Food Agric. **15**, 146—152 (1964).
WILLIAMS, A.H.: The simpler phenolic substances of plants. J. Sci. Food Agric. **8**, 385—389 (1957).
— A p-coumarylquinic acid from apple fruit. Chem. and Ind. **1958**, 1200.
WILLIAMS, B.L., and S.H. WENDER: Isolation and identification of quercitin and some quercitin glycosides from plums (*Prunus salicina*). J. Amer. chem. Soc. **75**, 4363—4364 (1953).
WINKLER, W.O.: Determination of thiourea in orange peel. J. Ass. off. agric. Chem. **44**, 476 to 479 (1961).
WINTER, H.: Die Proteine der Erdmandel (*Cyperus esculentus*). Z. Lebensmittel-Untersuch. u. -Forsch. **105**, 200—206 (1957).
WINTER, M.: Odeur et constitution XIX. Sur des homologues et analogues de la p-hydroxyphenyl-1-butanone-3 ("cétone des framboise"). Helv. chim. Acta **44**, 2110—2121 (1961).

WINTER, M.: Über flüchtige Schwefelverbindungen der Erdbeere. Mitt. Lebensmitteluntersuch. Hyg. **54**, 520—527 (1963).
—, E. PALLUY, M. HINDER et B. WILLHALM: Recherches sur les arômes. 4. Procédé d'isolement des constituants volatils de la fraise et de la framboise. Helv. chim. Acta **45**, 2186—2195 (1962).
—, u. E. SUNDT: Recherches sur les arômes. 5e communication. Analyse de l'arôme des framboises. I. Les constituants carbonyles volatils. Helv. chim. Acta **45**, 2195—2211 (1962).
—, B. WILLHALM, M. HINDER, E. PALLUY and E. SUNDT: Chromatography on columns and paper in study of the volatile fruit flavor of strawberries. Perfumery Essent. Oil Record **49**, 250—255 (1958).
WINTERSTEIN, A.: Neuere Ergebnisse der Carotinoid-Forschung. Angew. Chem. **72**, 902—910 (1960).
—, A. STUDER u. R. RÜEGG: Neue Ergebnisse der Carotinoidforschung. Chem. Ber. **93**, 2951 bis 2965 (1960).
WOHLMUTH, N.: Fruktose, Glukose und Saccharose in reifen Früchten. Mitt. Klosterneuburg B **6**, 49—55 (1956).
WOKES, F., and R. MELVILLE: Apparent vitamin C in the walnut (*Juglans regia*). Biochem. J. **45**, 343—352 (1949).
WOLF, J.: Über den Vitamin C-Gehalt deutscher Äpfel. Gartenbauwiss. **16**, 292—313 (1941a).
— Kühlen und Gefrieren von Obst und Gemüse unter besonderer Berücksichtigung der Vitamin C-Erhaltung. Vorratspfl. u. Lebensmittelforsch. **4**, 241—256 (1941b).
— Über die organischen Säuren von Citrusfrüchten. Fruchtsaft-Industr. **3**, 93—97 (1958a).
— Über die organischen Säuren der Banane. Z. Lebensmittel-Untersuch. u. -Forsch. **107**, 124—131 (1958b).
—, u. T. GRÜNEWALD: Moderne Methoden zur Bestimmung des Reifegrades von Früchten. Int. Fruit World **3**, 199—225 (1962).
WOLFORD, R.W., J.A. ATTAWAY, G.E. ALBERDING and C.D. ATKINS: Analysis of the flavor and aroma constituents of Florida orange juices by gas chromatography. J. Food Sci. **28**, 320—328 (1963).
WUCHERPFENNIG, K., u. G. BRETTHAUER: Die Zusammensetzung der Fruchtsäuren in Apfel- und Birnensaft. Dtsch. Lebensmittel-Rdsch. **58**, 190—192 (1962).
WÜLFERT, K.: Zur Kenntnis der Reifungsvorgänge bei der Banane. Biochem. Z. **302**, 232—246 (1939).
YOSHIDA, S., and M. HASEGAWA: A micro colorimetric method for the determination of shikimic acid. Arch. Biochem. Biophys. **70**, 377—381 (1957).
YOUNG, R.E., and J.B. BIALE: Carbon dioxide fixation by lemons in a CO_2 enriched atmosphere. Plant Physiol. **31** (Suppl.) XXIII (1956); zit. nach J. WOLF (1960).
ZACHARIAE, A.: Untersuchungen über den Eiweißhaushalt von Äpfeln und Birnen in Abhängigkeit von verschiedenen Höhenlagen. Mitt. Klosterneuburg B **8**, 1—20 (1958).
ZECHMEISTER, L., u. P. TUZSON: Zur Kenntnis des Mandarinenpigmentes I. Hoppe-Seylers Z. physiol. Chem. **221**, 272—280 (1933).
— Über das Polyen-Pigment der Orange I. Ber. dtsch. chem. Ges. **69**, 1878—1884 (1936a).
— Zur Kenntnis des Mandarinenpigmentes II. Hoppe-Seylers Z. physiol. Chem. **240**, 191—194 (1936b).
ZUBECKIS, E., and G. SIRON: Mineral composition of fruit in Vineland, Ontario. Rep. hort. Exper. Stat. **1963**, 77—81; zit. nach Fruchtsaft-Industr. **10**, 169 (1965).

Patente

COTRAN, C.: Anm. Brogdex & Co. U.S.P. 3034903 (ausg. 1962); zit. nach Chem. Zbl. **135**, 2833 (1963).

Obstdauerwaren

A. Tiefgefrorenes Obst

Von

Dipl.-Ing. J. GUTSCHMIDT, Karlsruhe

Mit 2 Abbildungen

In den USA wurde mit dem industriellen Gefrieren von Obst für den Einzelhandel um etwa die gleiche Zeit (1929) begonnen wie mit dem Gefrieren von Gemüse. Beerenobst für die Weiterverarbeitung war dagegen schon 20 Jahre früher in Gefrierräumen gefroren worden (D.K. TRESSLER u. C. F. EVERS 1957). In Deutschland und anderen europäischen Ländern wurde neben tiefgefrorenem Gemüse (vgl. S. 362) stets auch tiefgefrorenes Obst hergestellt. Die Produktion, insbesondere für den Einzelhandel, blieb jedoch im Vergleich zu Gemüse in den USA (vgl. Tab. 1), wie auch in den europäischen Ländern, verhältnismäßig gering. In der

Tabelle 1. *Produktion an gefrorenem Obst in den USA 1965*[1]

Obstart	Produktion insgesamt in t	Anteil für den Großverbrauch in %
Äpfel	42362	100
Aprikosen	7425	100
Brombeeren	10546	98,3
Erdbeeren	86195	65,0
Himbeeren (rot)	12533	59,4
Heidelbeeren	12691	24,7
Kirschen	66386	100
Pfirsiche	46336	96,2
andere Obstarten	44500	—
alle Obstarten	329694	83,8

[1] nach Quick Frozen Foods 29, Nr. 5 (Dez.) (203), 211, 213 (1966)

Bundesrepublik Deutschland wurden 1965 nur 360 t (0,8% der Gemüseproduktion), davon rd. 70% Erdbeeren, gefroren und 3709 t tiefgefrorenes Obst vorwiegend in Großpackungen eingeführt (H.G. HAUPT 1966). Ein großer Teil des eingeführten, lose gefrorenen Beerenobstes wurde im gefrorenen Zustand in Einzelpackungen ohne oder mit einem Zusatz von Trockenzucker umgepackt. In den USA wird etwa 80% des tiefgefrorenen Obstes für die Weiterverarbeitung hergestellt.

1. Eignung zum Gefrieren

Obst wird üblicherweise roh gegessen, so daß der Verlust der Lebensfähigkeit und damit des Turgors beim Gefrieren den Genußwert von Obst sehr viel stärker beeinflußt als den von Gemüse, das vor dem Essen gekocht wird. Ein Gemüse, das seinen Charakter durch das Gefrieren einbüßt, kann ein gutes Gefrierprodukt ergeben, da die gleiche Veränderung durch das Erhitzen beim Zubereiten hervorgerufen wird (vgl. S. 363). Beim Obst dagegen führt der Verlust einer typischen Eigenschaft stets zu einer Qualitätsminderung. Durch den Gefrier- und Auftauvorgang wird insbesondere die Konsistenz und damit verbunden das Safthaltevermögen der meisten Obstarten nachteilig verändert (vgl. Abschn. 5), aber oft auch die Farbe, der Geschmack und der Geruch. Insbesondere hellfleischige Früchte verfärben sich schnell, wenn man sie ohne besonderen Schutz gefriert und auftaut (vgl. Abschn. 3 u. 4). Wenn auch die Farbe, der Geschmack und der Nährwert mancher tiefgefrorenen Obstarten denen der Frischprodukte entsprechen, so ist es wegen der auftretenden Strukturveränderung doch nicht — wie bei einigen Gemüsearten — möglich, tiefgefrorene Obstprodukte den frischen gleichzusetzen.

Nicht nur die einzelnen Obstarten können sich unterschiedlich stark beim Gefrieren verändern, auch innerhalb einer Art kann es zum Gefrieren gut und schlecht geeignete Sorten geben, so daß die Güte des Gefrierproduktes bei einigen Obstarten entscheidend von der verwendeten Sorte abhängt. So ist z. B. bei Pfirsichen die Farberhaltung und bei Erdbeeren die Konsistenzerhaltung der einzelnen Sorten sehr unterschiedlich. Seit Beginn des kommerziellen Gefrierens wird daher an der Auslese geeigneter und an der Entwicklung neuer Sorten mit den gewünschten Eigenschaften gearbeitet (H.C. Diehl u. K.F. Warner 1945; H. Kessler 1946; P. Nehring u. H. Krause 1962; D.K. Salunkhe u. Mitarb. 1966; K. Stoll 1966).

Im allgemeinen sind dunkelfarbige Früchte zum Gefrieren geeigneter als hellfarbige und Früchte mit einem kompakten Fleisch geeigneter als solche, deren Fleisch weich ist oder viele Lufträume enthält. Wenn geeignete Sorten verwendet werden, geben praktisch alle Beerenobstarten, mit Ausnahme von Weintrauben, gute Gefrierprodukte. Von den Steinobstarten lassen sich dunkle Sauerkirschen und Zwetschgen gut gefrieren, während hellfarbige Arten wie Aprikosen, Pfirsiche oder Mirabellen einer besonderen Behandlung oder eines Schutzes gegen oxydative Veränderungen bedürfen, um gute Gefrierprodukte zu ergeben; weiches, nicht vom Stein lösendes Steinobst läßt sich nicht befriedigend gefrieren. Auch Kernobst muß entsprechend vorbehandelt werden, um als Gefrierprodukt anzusprechen (Einzelheiten vgl. Abschn. 10). Wenn auf die Eignung bestimmter Sorten hingewiesen wird, ist zu beachten, daß diese insbesondere bei Beerenobst stark von den Anbaubedingungen abhängen kann. Sorten, die — in einem Land angebaut — gute Gefrierprodukte ergeben, können in einem anderen Land versagen, auch wenn sie für den Frischverzehr gut geeignet bleiben.

2. Die Rohware

Ein hochwertiges Gefrierprodukt kann nur aus einer hochwertigen gesunden Rohware einheitlicher Reife hergestellt werden. Schon kleine Mengen von Schädlingsbekämpfungsmitteln können z. B. den Geschmack tiefgefrorener Erdbeeren nachteilig beeinflussen (D.A. Tichenor u. Mitarb. 1959). Als Richtlinien für die Beurteilung der Rohware dienen z. T. die VO über gesetzliche Handelsklassen (1955) oder die VO Nr. 23 des Ministerrats der EWG (1962) für Frischobst und Gemüse.

Die Güte des Gefrierproduktes ist entscheidend vom Reifegrad der zur Verarbeitung kommenden Früchte abhängig. Obst wird ausgereift, aber noch fest oder kurz vor dem Erreichen der Vollreife zu Gefrierware verarbeitet. Überreife Früchte werden durch das Gefrieren unangenehm weich oder zerfallen; unreife haben nach dem Gefrieren und Auftauen wenig Aroma und werden z. T. sehr sauer und rübig fest. Erdbeeren verfärben sich stärker in überreifem, Pfirsiche in unreifem Zustand.

Die meisten Obstarten ergeben ein besseres Gefrierprodukt, wenn die Früchte etwas später gepflückt werden, als für den Frischmarkt oder für die Herstellung von Naßkonserven üblich ist. Viele Obstarten werden im für die Verarbeitung günstigsten Reifegrad geerntet. Aber auch für die Gefrierkonservierung werden z. B. Pfirsiche und Aprikosen einige Tage vor dem Erreichen des für die Verarbeitung optimalen Reifegrads gepflückt (C.L. BEDFORD u. W.L. ROBERTSON 1955). Auch Erdbeeren ergeben, unter günstigen Bedingungen nachgereift, noch ein gutes Gefrierprodukt (W. SMITH u. P. HEINZE 1958).

Obst im optimalen Reifegrad wird am Tag der Anlieferung verarbeitet und nur wenn erforderlich im Kühlraum unter günstigen Bedingungen (vgl. S. 37) kurzfristig gelagert. Vor der Verarbeitung einen Tag bei 21 °C gelagerte Erdbeeren ergeben eine schlechtere Gefrierware, als wenn sie gleich verarbeitet werden (W.A. SISTRUNK 1963). Nicht ausgereiftes Obst wird im Anlieferungszustand kalt gelagert, wenn es länger aufbewahrt werden soll, als zur Ausreifung erforderlich ist.

3. Zurichtung und Vorbehandlung

Obst wird vor dem Gefrieren eßfertig zubereitet. Für das Sortieren, Putzen, Schälen oder Entfernen der Haut, Waschen, Zerteilen, Entsteinen und Verlesen, werden die in der Konservenindustrie für die Herstellung von Dosenkonserven üblichen Verfahren und Vorrichtungen verwendet.

Eine nachteilige Veränderung der Farbe hellfleischiger Früchte tritt nach der Verletzung des Fruchtgewebes während der Zurichtung durch das Zerteilen oder Schälen auf. Die Verfärbung ins Braune wird im wesentlichen durch eine enzymatische Oxydation hervorgerufen, und eine Reihe von Untersuchungen an Pfirsichen hat gezeigt, daß die Neigung zur Bräunung bei Anwesenheit von Sauerstoff direkt von ihrem Gehalt an Polyphenolen und Polyphenoloxydasen abhängt (D.G. GUADAGNI u. Mitarb. 1949). Hellfarbige Früchte werden deshalb sehr schnell verarbeitet oder bei Verzögerungen unter Ausschluß des Luftsauerstoffs in schwacher Salz- oder Citronensäurelösung aufbewahrt.

Mit Ausnahme einiger hellfarbiger Arten wird Obst nicht blanchiert, da es durch die Erhitzung seine charakteristischen Eigenschaften einbüßen würde. Birnen und z. T. auch Äpfel, Aprikosen und Pfirsiche für die Weiterverwendung werden im blanchierten Zustand gefroren. Eine Bräunung des Fruchtfleisches durch die Einwirkung von Luftsauerstoff wird durch die Zerstörung der Phenoloxydase mit Sicherheit unterbunden (über das Blanchieren vgl. S. 364). Eine Inaktivierung der Enzyme in der Randschicht durch Übergießen mit heißer Zuckerlösung und kurzfristiges Einwirken der Hitze ist für alle Obstarten vorgeschlagen worden (US. Dept. of Agric. 1954). Durch die Erhitzung des Obstes entstehen im allgemeinen Kompottfrüchte. Ein Kochgeschmack wird verhindert, wenn man Aprikosen und Erdbeeren nicht über 10 min auf 60—65 °C, Pfirsiche nicht über 15 min auf 75 °C erwärmt (WM.J. PERRY u. W.V. CRUESS 1952/53).

4. Aufguß und Zusätze

Infolge der Zerstörung der Zellfunktionen durch das Gefrieren bräunt hellfarbiges, unblanchiertes Obst beim Auftauen, aber auch während der Gefrierlagerung, sehr schnell. Die Bräunung und die damit verbundenen Geschmacks- und Geruchsveränderungen können vermindert werden, wenn man den Sauerstoff ausschließt oder Stoffe zusetzt, die die Aktivität der Phenoloxydase hemmen oder reduzierend wirken (M.A. JOSLYN u. J.D. PONTING 1951; J.D. PONTING 1960).

a) Zuckerlösungen und Trockenzucker

Zum Ausschluß des Luftsauerstoffs werden hellfarbige Früchte wie Aprikosen, Pfirsiche, Mirabellen, helle Sauerkirschen und Birnen für den Einzelhandel in einer Zuckerlösung gefroren. Durch die Zugabe von Zuckerlösung wird nicht nur eine Braunfärbung weitgehend verhindert, sondern es bleiben auch Konsistenz, Form und daneben oft das Aroma der Früchte besser erhalten. Da außerdem bei vielen Früchten der gewünschte Süßungsgrad erreicht wird, ist ganz allgemein für alle Obstarten das Gefrieren in Zuckerlösung empfohlen worden (H.C. DIEHL u. Mitarb. 1939). Eine 35—50 %ige Zuckerlösung hat sich dabei für die meisten Obstarten als am günstigsten erwiesen. Zuckerlösungen unter 30 % und über 50 % setzt man normalerweise nicht zu, da sonst entweder der Geschmack verwässert wird oder die Früchte durch die plasmolytische Wirkung stark schrumpfen. Je nach dem Verbraucherwunsch und der Art sowie dem Säuregrad der Frucht wird die Konzentration meist im Bereich von 40—50 % gewählt (Deutsches Lebensmittelbuch 1966). In den USA werden Früchte wie Pfirsiche, Zwetschgen und Sauerkirschen z. T. in einer 60 %igen Zuckerlösung gefroren.

In Verbindung mit Saccharose werden auch Dextrose und Stärkesirupe mit mindestens 45 % Dextrose-Äquivalent in der Trockenmasse zum Ansetzen der Zuckerlösung verwendet, um die Süßkraft zu verringern bzw. die Viscosität zu erhöhen. Durch die Zugabe von Dextrose oder Stärkesirup allein, sowie von Lösungen aus Mischungen dieser Zucker mit Saccharose, konnten die Eigenschaften des Obstes keineswegs besser erhalten werden, als durch die Zugabe einer reinen Saccharoselösung gleicher Konzentration (M.A. JOSLYN 1949).

Um die Lösung besser eindringen zu lassen, ist vorgeschlagen worden, die mit Zucker übergossenen Früchte vor dem Gefrieren im Kühlraum kurze Zeit zu lagern. Trotzdem bleibt die vom Obst aufgenommene Zuckermenge relativ gering (K.E. KAETHER u. G. BÜNEMANN 1961). Nach M.A. JOSLYN u. G.L. MARSH (1933) beträgt beim Gefrieren in einer 50 %igen Zuckerlösung die Zuckeraufnahme von ganzen Erdbeeren der Sorte Banner 3,2—3,7 %, wenn sie gleich gefroren werden und 6—7 %, wenn man sie vorher 24 Std bei 0°C stehen läßt. Die Zuckeraufnahme und Wasserabgabe ist von der Fruchtart, dem Reifegrad, der Verarbeitungsart u. a. abhängig. Sie betrug bei Kirschen mit Stein 2,2 % und entsteint 11,4 %. Sowohl die Zuckeraufnahme als auch die Wasserabgabe geht mit der Konzentration der Lösung schnell zurück. Erdbeeren verloren in 50 %iger Zuckerlösung 30—40 %, in 40 %iger Zuckerlösung etwa 10 % an Gewicht (vgl. Tab. 2). Halbwertzeiten der Eindringgeschwindigkeit von Zucker wurden für mehrere Obstarten unter verschiedenen Bedingungen gemessen (R. HEISS 1955).

Durch die Zugabe einer Zuckerlösung zum Obst vor dem Gefrieren wird die Verpackung stärker beansprucht, das Füll- und damit das Lager- und Transportgewicht größer und der Kältebedarf zum Gefrieren höher. Außerdem wird die Verwendungsfähigkeit des Produktes eingeschränkt. Dieser Nachteile wegen wird praktisch nur noch hellfarbiges Obst in Zuckerlösung für den Einzelhandel gefroren. Die anderen Früchte werden entweder mit einem Zusatz von Trockenzucker oder ohne jegliche Zugabe verpackt. Für die Weiterverwendung gefriert man auch hellfarbige Früchte meist nach einer Vorbehandlung mit Trockenzucker und bräunungsverhindernden Zusätzen. Nicht besonders zum Gefrieren geeignetes Beerenobst gibt nur, wenn es in Zuckerlösung gefroren wird, ein noch annehmbares Gefrierprodukt. Dagegen sind hochwertige, zum Gefrieren geeignete Sorten von etwa gleicher Güte, wenn ihnen statt Zuckerlösung Trockenzucker vor dem Gefrieren oder während des Auftauens zugesetzt wird (J. GUTSCHMIDT 1952).

Die Verwendung von Trockenzucker hat den Vorteil, daß der Geschmack der Frucht selbst oft besser erhalten bleibt als beim Gefrieren in Zuckerlösung. Die Früchte sind auch weniger süß, da sie bei einem üblichen Zusatz von 1 Teil Zucker auf 6 Teile Obst nur etwa 2 % während des Gefrierens und Auftauens aufnehmen. Wieviel Zucker zugegeben wird, richtet sich nach den Wünschen des Verbrauchers. Von der deutschen Gefrierindustrie wird 1 Teil Zucker auf 5—10 Teile Obst, von der amerikanischen 1 Teil Zucker auf 3—5 Teile Obst zugesetzt. In den USA und vereinzelt auch in europäischen Ländern werden Erdbeeren, um das Eindringen des Zuckers zu erleichtern, auch halbiert oder in Scheiben gefroren.

Tabelle 2. *Stoffaustausch von Obst und Zuckerzugabe während des Gefrierens, einer mehrtägigen Lagerung bei —18° und des Auftauens nach* WM. J. PERRY u. W. V. GRUESS (1952/53). *Zugesetzt wurde eine 40 %ige Zuckerlösung oder Trockenzucker im Verhältnis 1 Teil Zucker auf 4 Teile Frucht*

Obstart	Zurichtung	lösliche Trockensubstanz in %				Gewichtsverlust der Früchte in %	
		Obst mit Trockenzucker		Obst mit Zuckerlösung		Obst mit Trocken-zucker	Obst mit Zucker-lösung
		Früchte	Zugabe	Früchte	Zugabe		
Erdbeeren	ganz	15,0	34,8	14,7	33,8	20,0	9,7
Erdbeeren	Scheiben	18,9	35,9	17,1	35,1	25,3	14,7
Pfirsiche	Spalte	20,3	43,2	15,4	33,0	23,0	11,0
Aprikosen	Spalte	18,8	42,7	17,5	38,2	20,0	7,8

Den zerschnittenen, aber auch den ganzen Früchten wird durch die Einwirkung des Zuckers Saft entzogen (vgl. Tab. 2), so daß ohne Trockenzucker gefrorenes Obst oder Obst, dem im gefrorenen Zustand der Zucker beigemischt wird, beim Öffnen von Kleinpackungen mehr anspricht. Beim Gefrieren von Obst mit Trokkenzucker in Großpackungen für die Weiterverarbeitung kann ein Ziehenlassen der Früchte Vorteile haben.

b) Ascorbinsäure

Eine Verfärbung von hellfleischigem Obst wie Aprikosen und Pfirsiche kann auch durch das Gefrieren in Zuckerlösung nicht ganz unterbunden werden. Bei längerer Gefrierlagerung sind die Früchte nach dem Auftauen weniger leuchtend und etwas dunkler. Ein sehr wirksames Mittel zur Verhinderung einer Bräunung und zur Verbesserung der Lagerfähigkeit ist die Ascorbinsäure (L. L. INGRAHAM 1956). Als reduzierender Stoff unterbindet sie die Entstehung brauner Oxydationsprodukte. Ein Zusatz von Ascorbinsäure in kristalliner Form zur abgekühlten Zuckerlösung unmittelbar vor der Verwendung hat sich allgemein durchgesetzt, wenn sie als Aufguß für hellfarbige Früchte verwendet wird. Da Ascorbinsäure durch die Einwirkung des Enzyms abgebaut wird, muß eine ausreichende Menge zugesetzt werden. Ein Zusatz von 0,03—0,08 % auf die Fruchteinwaage gerechnet, ist gebräuchlich. Je nach dem Anteil der Zuckerlösung in der Packung werden dieser 0,1—0,2 % Ascorbinsäure zugemischt. Die Zuckerlösung wird meist vor der Zugabe auf eine Temperatur von 0° oder tiefer gebracht.

Zur Verminderung einer Bräunung werden die Früchte auch mit Trockenzucker und Ascorbinsäure gemischt oder vorher in einer ascorbinsäurehaltigen Zuckerlösung getaucht bzw. mit dieser vor dem Gefrieren besprüht.

c) Kochsalz und Citronensäure

Von den Salzen, die die Aktivität der Phenoloxydase hemmen, wird Kochsalz auch bei Obst neben Citronensäure zur Verhütung einer Bräunung bei der Verarbeitung verwendet. Salzkonzentrationen und Eintauchzeiten werden dann so gewählt, daß die Salzaufnahme gering und ohne Einfluß auf den Geschmack bleibt. Um eine Bräunung während der Lagerung zu verhindern, ist ein Zusatz von Salz wegen der Geschmacksbeeinflussung ungeeignet. In schwacher Konzentration wird es jedoch für eine Vorbehandlung von Früchten vor dem Gefrieren benutzt.

Die Wirkung der Phenoloxydase vermindert sich, wenn der pH-Wert des Fruchtfleisches gesenkt wird, so daß durch den Zusatz einer Säure oder durch das

Tauchen in Säurelösungen das Auftreten einer Bräunung verzögert werden kann. Außerdem wurde eine spezifische Wirkung der einzelnen Säuren festgestellt; Äpfelsäure ist z. B. wirksamer als Citronensäure (J.D. PONTING 1960). Für die Verminderung der Farbveränderung während der Zubereitung hat sich die Lagerung in Wasser mit einem Zusatz von Citronensäure bewährt. Ein Zusatz zur Aufgußlösung für Obst, allein oder zusammen mit Ascorbinsäure, in einer den Geschmack nicht nachteilig beeinflussenden Konzentration (unter 0,5 %) hatte nur einen geringen positiven Einfluß auf die Farberhaltung (C.C. STRACHAN u. A.W. MOYLS 1949).

d) Schwefeldioxid

Wenn tiefgefrorenes Obst für Bäckereien oder für die Herstellung von Konfitüren gefroren wird, ist der Zusatz von Zuckerlösung unerwünscht. Um eine Bräunung hellfarbigen Obstes zu vermeiden, wird bei solchen Lieferungen in den USA auch Schwefeldioxid zur Verhinderung einer Bräunung angewandt (M.A. JOSLYN u. L.H. HOHL 1948). Phenoloxydase ist sehr empfindlich gegen die Einwirkung von SO_2, wenn dieses vor dem Auftreten einer enzymatischen Oxydation einwirkt; eine Behandlung muß dementsprechend unmittelbar nach dem Zerteilen erfolgen. Für die Farberhaltung ist eine Konzentration von 50—75 mg/kg in Aprikosen und Pfirsichen und von 25—50 mg/kg in Äpfeln erforderlich. Üblicherweise werden die Früchte in Spalten aufgeteilt, je nach Größe 1—3 min in eine Natriumhydrogensulfit-Lösung mit 0,2—0,3 % aktivem SO_2 getaucht und dann ohne oder mit Trockenzucker gefroren. Mit SO_2 behandelte Früchte sind nur als Halbfabrikate für Produkte geeignet, die bei der Herstellung entschwefelt werden.

e) Pektine und Calciumsalze

Zur besseren Erhaltung der Konsistenz der Früchte während des Gefrierens und Auftauens ist ein Zusatz von niederveresterten Pektinen zur Zuckerlösung empfohlen worden (R.E. BUCK u. Mitarb. 1944; J.B. WEGENER u. Mitarb. 1951). Nur bei Erdbeeren brachte ihre Anwendung Vorteile. Zum Festigen des Fleisches, insbesondere von Äpfeln, die beim Gefrieren und Auftauen weich werden, ist eine Behandlung der Apfelstücke in Lösungen mit Calciumsalzen möglich (W.B. ESSELEN jr. u. Mitarb. 1949).

5. Gefrieren

Je nach ihrem Gehalt an löslicher Trockensubstanz beginnen Früchte — wenn man von einer häufig auftretenden Unterkühlung absieht — im Temperaturbereich von —1 bis —3,2° C zu gefrieren (vgl. Tab. 3). Infolge der durch das Gefrieren reinen Wassers zunehmenden Konzentration des Zellsaftes bildet sich Eis in einem weiten Temperaturbereich. Während bei Erdbeeren 80 % des Wassers gefroren sind, wenn die Temperatur auf —5° C gesenkt wird, bedarf es bei Süßkirschen mit dem extrem hohen Gehalt an löslicher Trockensubstanz von 22,5 % einer Temperatur von —16° C, um diesen Anteil an Wasser zu gefrieren (vgl. Abb. 1).

Bei der für tiefgefrorene Lebensmittel zulässigen höchsten Lagertemperatur von —18° C sind in Erdbeeren 4 %, in Kirschen 17 % des gesamten Wassers nicht gefroren. Erst zwischen —30 und —40° C ist, wie der Verlauf der Kurven in Abb. 1 zeigt, der Gefriervorgang praktisch abgeschlossen. Da die Konzentration der einzelnen gelösten Substanzen klein und der kryohydratische Punkt ihrer Lösung verschieden ist, zeigen Gefrierkurven von Lebensmitteln keinen Haltepunkt. Bei einer Temperatur von —50 bis —60° C bilden sich die letzten Mischkristalle (L. RIEDEL 1961).

Tabelle 3. *Durchschnittliche Gefriertemperatur, lösliche Trockensubstanz und pH-Wert der eßbaren Anteile einiger in verschiedenen Staaten der USA angebauten Obstsorten* (nach T. M. WHITEMAN 1957)

Art	Sorte	Temperatur des Gefrierbeginns °C	Saftanalyse	
			lösliche Substanz %	pH-Wert
Äpfel	Golden Delicious	—2,3	—	—
	Gravenstein	—1,9	11,9	3,3
Aprikosen	Royal	—1,5	13,1	3,9
Birnen	Anjou	—1,9	15,0	4,4
Brombeeren . . .	Schwarze Sorte	—0,9	7,0	3,3
Erdbeeren	Klondyke	—1,3	—	—
	Midland	—1,0	7,6	3,6
Heidelbeeren . .		—1,7	—	—
Himbeeren . . .	Latham	—1,2	—	—
Kirschen, sauer. .	Montmorency	—1,7	6,8	3,4
Kirschen, süß . .	Bing	—3,2	22,5	3,9
	Lambert	—2,1	16,7	4,2
Nektarine	Quetta	—1,8	13,1	3,7
Pfirsiche. . . .	Elberta	—1,2	10,4	3,7
	J. H. Hale	—1,2	9,9	3,9
Pflaumen . . .	Damson	—1,9	13,8	3,3
	Italien prune	—2,4	14,9	3,5
Stachelbeeren . .		—1,1	9,2	3,0
Trauben	Sultanina (Thompson Needles)	—2,7	17,8	3,2

Bei Obst und Gemüse sind 0,2—0,3 kg Wasser/kg Trockensubstanz so fest gebunden — hauptsächlich an die Kohlenhydrate —, daß sie nicht gefrieren. Bei Erdbeeren beträgt der Anteil an diesem nicht gefrierbaren oder gebundenen Wasser 3 % und bei den Süßkirschen 9 %; bei —18 °C sind in den Erdbeeren 1 % und in den Kirschen 8 % des ungebundenen Wassers noch nicht gefroren. Infolge der Zuckeraufnahme und Wasserabgabe der Früchte vor dem Gefrieren in Trockenzucker oder Zuckerlösung (vgl. Tab. 2) kann dieser Anteil auf über 10 % ansteigen.

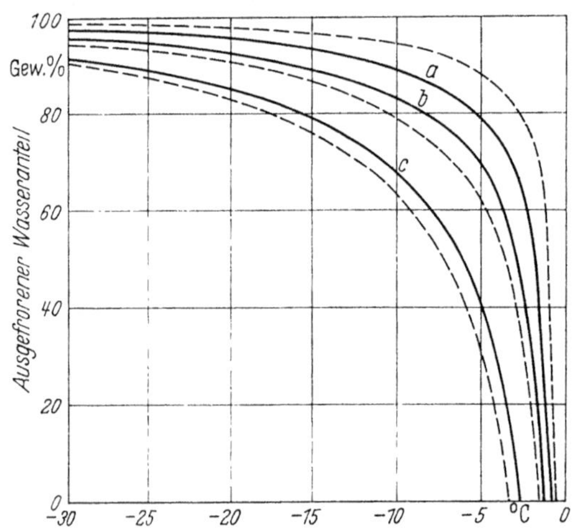

Abb. 1. Gefrorener Wasseranteil bei Obst und Gemüse im Temperaturbereich vom Gefrierbeginn bis —30 °C in Gewichtsprozent des Gesamtwassergehalts nach Werten von L. RIEDEL (1950). a) Erdbeeren 9 %, b) Erbsen 13 % und c) Süßkirschen 22,5 % Gehalt an löslicher Trockensubstanz. Gestrichelte Kurven: Fruchtsaft mit einem Trockensubstanzgehalt von 5, 15 und 25 %

Die als Aufguß für Obst verwendeten 35—60 %igen Zuckerlösungen gefrieren entsprechend ihrer Konzentration bei tieferer Temperatur als das Obst (vgl. Tab. 4). Über das Gefrieren von Zuckerlösungen vgl. L. RIEDEL (1949). Infolge der Aufnahme löslicher Stoffe aus der Frucht, verschiebt sich der kryohydratische Punkt einer Aufgußlösung, außerdem kann sie stark unterkühlt werden, so daß sich nicht wie in einer reinen Rohrzuckerlösung bei einer Konzentration von 62,6 % und einer Temperatur von —13,9 °C ein eutektisches Gemisch bildet. Bei sehr langsamem

Gefrieren kann auch bei einer Endtemperatur von —18° C ein Teil der Zuckerlösung noch zähflüssig sein.

Das Volumen reinen Wassers dehnt sich durch das Gefrieren bei 0° um etwa 9% aus. Die Ausdehnung der einzelnen Früchte hängt von ihrem Gehalt an gefrierbarem Wasser sowie von der Menge und Verteilung der im Gewebe eingeschlossenen Luft ab. Ganze Erdbeeren dehnen sich um 3%, Himbeeren um 4% aus, während das Volumen zerdrückter Erdbeeren und Himbeeren etwa 8 bzw. 6% beim Gefrieren zunimmt (M.A. Joslyn u. G.L. Marsh 1933). Auch wenn in ganzen Früchten Hohlräume das sich beim Gefrieren ausdehnende Wasser aufnehmen, so entstehen doch infolge der ungleichen Verteilung des Wassers große Druckunterschiede und Spannungen im Zellgewebe, die zu einer Zerstörung der Zellwände führen können. Der hohe Druck kann auch Veränderungen im Protoplasma hervorrufen.

Die Ausdehnung von Zuckerlösungen ist abhängig von ihrer Konzentration (vgl. Tab. 4). Infolge der Aufnahme von Zucker wird auch die Ausdehnung des Saftes in den Randschichten von Obst, das mit Zucker eingefroren wird, kleiner

Tabelle 4. *Ausdehnung von Zuckerlösungen verschiedener Konzentration beim Gefrieren. Endtemperatur —15° C bis —18° C* (nach M.A. Joslyn u. G.L. Marsh 1933)

Konzentration Gew.-% Saccharose bei +20° C	Spez. Gewicht bei +20° C kg/dm³	Gefrierbeginn °C	Volumzunahme %
0	1	0	8,6
10	1,038	— 0,54	8,7
20	1,081	— 1,5	8,2
30	1,127	— 2,7	6,2
40	1,177	— 4,5	5,2
50	1,230	— 7,3	3,9
60	1,286	—12,0	0

und damit die Beanspruchung des Zellgewebes geringer werden. Der Zusatz von Zuckerlösung oder Trockenzucker wirkt sich auch dadurch vorteilhaft auf die Konsistenzerhaltung der Produkte aus.

Auf die Ausdehnung des Füllgutes beim Gefrieren muß beim Verpacken geachtet werden (vgl. S. 382).

Infolge der Volumenzunahme der Lebensmittel beim Gefrieren gibt es eine obere Grenze für die Gefriergeschwindigkeit, bei der die sehr schnell gefrorene Randschicht oder die ganze Frucht durch die Ausdehnung der Innenteile gesprengt wird. Das ist beim sehr schnellen Gefrieren in verflüssigten Gasen (vgl. S. 374) zu berücksichtigen.

Die Zerstörung der Zellfunktion und die dadurch bedingte Veränderung der Konsistenz von Früchten durch den Gefriervorgang kann zwar durch die mechanische Beanspruchung des Zellgewebes mit hervorgerufen worden sein, wenn auch die Zellmembranen widerstandsfähig und den auftretenden Druckunterschieden meist gewachsen sind (F. Bergh 1948). Die Hauptursache dürfe jedoch die Veränderung des Cytoplasmas durch den mit der Eisbildung verbundenen Entzug des Wassers aus den Zellsäften, Proteinen und Kohlenhydratgelen sein (A.M. Karrow jr. u. W.R. Webb 1965). Die konzentrierte Restlösung, insbesondere die in ihr enthaltenen Salze, beeinflussen die kolloiden Bestandteile so, daß sie ihre Fähigkeit, das beim Auftauen schmelzende Wasser zu reabsorbieren und zu halten, weitgehend verlieren.

Das Aufhören der Zellfunktion beim Gefrieren wirkt sich unterschiedlich auf die einzelnen Obstarten aus (J. Schormüller 1966). Obst mit einem festen Stützgewebe, wie Preiselbeeren, verändert sich nach dem Auftauen wenig; Früchte mit großen intercellularen Räumen, wie Äpfel oder Erdbeeren, deren Gewebe durch den osmotischen Druck straff gehalten wird, werden schlaff und weich. Sie können zusammenfallen und eine beträchtliche Menge Saft verlieren. Der Saftverlust von Erdbeeren, die ohne Zuckerzugabe gefroren werden, beträgt 20—40%, je nach Sorte. Reifegrad und Behandlung. Ungeeignete Aprikosen und Pfirsiche können eine wattige Konsistenz annehmen. Außerdem wird die Haut dieser und anderer Früchte härter oder als härter empfunden. Neben der Konsistenz können sich die anderen Eigenschaften der Früchte verändern. Hellfarbige Früchte verfärben sich beim Gefrieren und Auftauen ins Braune (vgl. S. 78), zum Gefrieren ungeeignete rote Früchte ins Violette oder Graue. Erdbeeren können einen fremdartigen Geruch und einen starken metallischen Geschmack annehmen, der als Gefrier-, Luft- oder Oxydationsgeschmack bezeichnet wird. Brombeeren, Himbeeren und Pflaumen schmecken saurer. Dagegen wird der Nährwert der Früchte, wenn man den Tropfsaft mit berücksichtigt, durch den Gefriervorgang kaum beeinflußt (J. GUTSCHMIDT u. R. ZACHARIAS 1960). Vitamin C-Verluste bleiben im allgemeinen vernachlässigbar gering und überschreiten auch beim Gefrieren empfindlicher Obstarten im Luftstrom kaum 10% (R. HEISS 1955).

Die Sortenwahl ist für die Erhaltung der sensorischen Eigenschaften beim Gefrieren entscheidend (vgl. Abschn. 1 u. 10). Außerdem kann die Güte z. B. bei Erdbeeren durch den Gefriervorgang beeinflußt werden. Obst wird nach denselben Verfahren und in den gleichen Einrichtungen gefroren wie Gemüse. Über das Gefrieren und den Einfluß der Gefriergeschwindigkeit auf die Güte vgl. S. 369.

6. Gefrierlagerung und Transport

Tiefgefrorenes Obst wird wie tiefgefrorenes Gemüse (vgl. S. 375) bei einer Temperatur von —18°C und tiefer gelagert und transportiert. Durch chemische Umsetzungen hervorgerufene Veränderungen der Farbe, des Geschmacks und der Konsistenz begrenzen im wesentlichen die Lagerungsdauer.

Hellfarbige Früchte bräunen, wenn sie zu lange oder unter ungünstigen Bedingungen gelagert werden, selbst wenn sie vor dem Zutritt von Luft geschützt oder vorbehandelt worden sind (vgl. Abschn. 3 u. 4). Auch dunkle Früchte können sich durch die Einwirkung des Luftsauerstoffs, z. B. auf die Anthocyane, nachteilig verändern und dunkler oder blaßgrau werden und ihren Glanz verlieren (D. G. GUADAGNI u. Mitarb. 1957b).

Die Verfärbung ist in der Regel mit der Entwicklung eines strengen fremdartigen Geschmacks verbunden. Durch die Veränderung des geringen Fettanteils können Pfirsiche und Aprikosen erst einen alten, abgestandenen, später einen tranigen Geschmack annehmen. Auch eine bittere Geschmacksrichtung ist beobachtet worden. Bei Beerenobst können strenge, heuartige oder grasige Geschmacks- und Geruchskomponenten auftreten. Der beim Gefrieren ungeeigneter Erdbeersorten entstehende Gefriergeschmack kann sich verstärken.

Bei ungünstigen Lagerbedingungen vergrößern sich auch die beim Gefrieren entstandenen Mängel in der Konsistenz der Früchte. Die Ursache dafür ist nicht nur in einer weiteren chemischen Veränderung der Gele zu suchen, sondern wird auch auf den Einfluß einer Rekristallation (vgl. S. 375) zurückgeführt. Schon bei kleinen Temperaturschwankungen und dem damit verbundenen Kristallwachstum sondert sich in Packungen mit stark gezuckertem Obst auch während der Lagerung bei —18°C oft eine stark konzentrierte zähflüssige Zuckerlösung ab. Beim Gefrieren von sauren Früchten, wie Himbeeren, unter Zugabe von Trockenzucker, bildet sich oft während der Lagerung Invertzucker, der das Aussehen beeinträchtigt.

Um einen Anhalt über die Veränderung des ernährungsphysiologischen Wertes von gefrorenem Obst während der Gefrierlagerung zu bekommen, ist das Verhalten der Ascorbinsäure oft untersucht worden. Pfirsiche mit 50 %iger Zuckerlösung in Einzelhandelspackungen verloren nach D. G. GUADAGNI u. Mitarb. (1957 a) während der Lagerung bei —18° 15—20 % ihres Ascorbinsäuregehaltes in einem Jahr (0,015 mg/100 g, Tag). Nach einjähriger Lagerung bei —18° C hatten Erdbeeren in Kleinpackungen, mit einer Zugabe von 1 Teil Zucker auf 5 Teile Frucht gefroren, 10—25 %, unter den gleichen Bedingungen gefrorene und gelagerte Himbeeren 20—30 % ihres Gehalts an Gesamtvitamin C verloren (R. ZACHARIAS u. J. GUT-

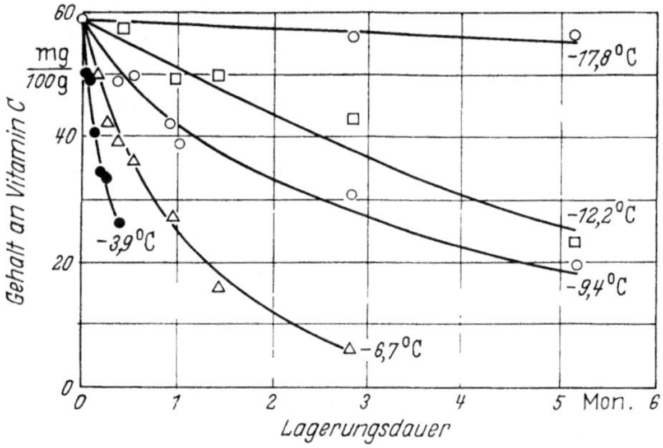

Abb. 2. Ascorbinsäuregehalt von gefrorenen Erdbeeren mit einem Teil Zucker auf vier Teile Frucht in Kartonpackungen nach einer Lagerungsdauer bis 12 Monate bei verschiedenen Temperaturen (D. G. GUADAGNI u. Mitarb. 1957 b)

SCHMIDT 1963). Dagegen war nach R. HEISS (1955) und auch nach D. G. GUADAGNI u. Mitarb. (1957 b) der Ascorbinsäureverlust von Erdbeeren während einer kurzfristigen Gefrierlagerung bei —18° C vernachlässigbar gering (vgl. Abb. 2) und Himbeeren mit Zuckerlösung in Einzelhandelspackungen verloren bei einjähriger Lagerung rd. 10 % ihrer Ascorbinsäure (D. G. GUADAGNI u. Mitarb. 1957 c). Bei allen Untersuchungen wurde gefunden, daß der Ascorbinsäureverlust schnell zunimmt, wenn die Lagertemperatur über —18° C ansteigt (vgl. Abb. 2). Die Geschwindigkeit des Ascorbinsäureabbaus ist nicht nur abhängig von Art, Sorte und Verarbeitung der Frucht, sondern außerdem von der vorhandenen wirksamen

Tabelle 5. *Lagerungsdauer einiger sachgemäß verarbeiteter und verpackter Obstarten bei —18° C ohne bemerkenswerten Qualitätsrückgang*

Obstart	Zugabe	mögliche Lagerungsdauer bei —18° C (in Monaten)
Aprikosen	Zuckerlösung	8—10
Aprikosen	Zuckerlösung mit Ascorbinsäure	12
Erdbeeren . . .	Trockenzucker	12
Himbeeren . . .	ohne Zucker	12
Himbeeren . . .	Trockenzucker	18
Pfirsiche	Zuckerlösung	8—10
Pfirsiche	Zuckerlösung mit Ascorbinsäure	12
Sauerkirschen . .	Trockenzucker	12
Süßkirschen . . .	Zuckerlösung	8—10

Lagerungszeiten für tiefgefrorenes Gemüse werden angegeben von: Institut Int. du Froid (1964) S. 60 u. S. 110, und D.K. TRESSLER u. C.F. EVERS (1957) S. 894.

Sauerstoffmenge und wird daher von der Art der Verpackung und des Verpackens beeinflußt. Über die Zusammensetzung tiefgefrorenen Obstes vgl. M. BURGER u. Mitarb. (1956).

Wenn der Qualitätsrückgang während der Lagerung gering bleiben, d. h. die Ware noch mit einer guten Qualität verkauft werden soll, dann sind für Kleinpackungen die in Tab. 5 angegebenen Lagerungszeiten zulässig. In Weißblechbehältern mit rd. 14 kg Fassungsvermögen gelagerte Erdbeeren, Himbeeren und Brombeeren (1 Teil Trockenzucker auf 4 Teile Frucht) waren etwa 2 Jahre bei —18° C lagerfähig (D.G. GUADAGNI u. Mitarb. 1961).

Sowohl die Veränderung des Nährwerts als auch des Genußwerts während der Gefrierlagerung sind temperatur- und zeitabhängig (vgl. S. 378). Der Quotient Q_{10}, der angibt, wievielmal länger das Produkt bei einer um 10° C tieferen Temperatur bei gleichem Umfang der Veränderungen gelagert werden kann, steigt bei den meisten Obstarten im Temperaturbereich über —18° C auf Werte von 10 und weit darüber an (A.D. SHEPHERD 1960). Im Temperaturbereich unter —18° liegt der Q_{10}-Wert wie bei tiefgefrorenem Gemüse (vgl. S. 378) zwischen 2 u. 3.

7. Auftauen

Obst wird im genußfähigen Zustand gefroren; zum Verzehr braucht es daher nur auf die gewünschte Temperatur erwärmt zu werden. Die Früchte werden im Haushalt meist bei Raumtemperatur oder zur Zeitüberbrückung im Kühlschrank aufgetaut. Auch ein Auftauen durch Berieselung der Packung mit kaltem Wasser ist vorgeschlagen worden. Die Veränderungen, die durch die Gefrierkonservierung am Obst hervorgerufen werden, treten erst an den aufgetauten Produkten in Erscheinung, so daß Gefrier- und Auftauveränderungen meist nicht voneinander unterschieden werden können.

Obst wird üblicherweise roh eingefroren, die chemischen Umsetzungen laufen daher der höheren Temperatur beim Auftauen entsprechend verstärkt weiter und führen zu Veränderungen der sensorischen Eigenschaften und des Nährwertes. Unter dem Einfluß des Luftsauerstoffs verfärben sich viele Früchte und verlieren an Aroma. Ein Vitamin C-Verlust von 2—10 % wurde beim Auftauen von Kirschen, Johannisbeeren, Brombeeren und Himbeeren gefunden (R. ZACHARIAS 1964). Seine Höhe hängt von der Art der Frucht und von ihrer Zurichtung ab. Die Beschaffenheitsmerkmale von Früchten werden nach einem Auftauen auf 5—10° C beurteilt (Deutsches Lebensmittelbuch 1966). Vorteilhaft ist es, die Früchte schnell auf diese Temperatur zu bringen, ohne daß sich die Randschicht über die Raumtemperatur erwärmt.

8. Verhalten der Mikroorganismen

Bei tiefgefrorenem Obst ist die Gefahr der Entwicklung von Lebensmittelverderbern und pathogenen Mikroorganismen gering. Nicht nur, daß die saure Reaktion und der hohe Zuckergehalt eine Vermehrung von Hefen und Pilzen begünstigen, die eine Entwicklung putrifizierender Mikroorganismen unterdrücken, auch durch die Gefrierkonservierung wird die Keimzahl der Früchte sehr stark reduziert und steigt beim Auftauen nur langsam an (I. MALINOWSKA 1966). Weiteres zum Verhalten der Mikroorganismen vgl. S. 380.

9. Verpackung

Die Anforderungen an die Verpackung für Obst sind die gleichen wie an die für Gemüse (vgl. S. 382). Die Verpackung muß stets flüssigkeitsdicht sein, da auch die ohne Zucker eingefrorenen Früchte beim Auftauen Saft abgeben können.

Nicht nur der Packstoff, sondern auch die Verschlüsse müssen bei der auftretenden Belastung hinreichend dicht bleiben. Eine gute Naßfestigkeit des Packstoffes ist erforderlich, da Obst oft noch verpackt z. T. in kaltem Wasser aufgetaut wird. Neben Kartonpackungen (vgl. S. 383) werden für das Verpacken von Obst auch beschichtete Wickelrumpfdosen mit Kunststoff- oder Metalldeckeln, sowie vereinzelt Aluminium- oder Weißblechdosen verwendet. Die Hausfrau gefriert Obst in Kunststoffdosen oder Becherpackungen.

Für den Großverbrauch wird Obst wie Gemüse in beschichteten oder mit Einsatzbeuteln versehenen Wellpappkästen, aber in großen Mengen auch in Metallbehältern mit einem guten Korrosionsschutz oder in beschichteten Fibrebehältern verpackt.

10. Verarbeitung einzelner Obstarten

Einzelheiten über die Eignung verschiedener Obstarten und ihre Verarbeitung findet man bei K. Paech (1945), W.V. Cruess (1948), M.A. Joslyn u. L.A. Hohl (1948), R. Heiss (1955), D.K. Tressler u. C.F. Evers (1957), H. Kessler (1960), P. Nehring u. H. Krause (1962), K. Stoll (1966), Deutsches Lebensmittelbuch (1966).

a) Ananas wird in Hawaii in beträchtlichen Mengen gefroren und gibt ein sehr gutes Gefrierprodukt. Die Früchte werden vollreif geerntet, in Scheiben oder Stücke geschnitten und ohne weitere Vorbehandlung in 30—40%iger Zuckerlösung gefroren (L.A. Hohl 1945). Da sich weder die Farbe noch die Konsistenz von Ananas durch das Gefrieren verändert, läßt er sich auch ohne Zusatz gut gefrieren. Während der Lagerung kann insbesondere bei nicht vollreifen Früchten ein Fremdgeschmack auftreten (D.K. Tressler u. C.F. Evers 1957, S. 546).

b) Äpfel. Für das Gefrieren haben sich Apfelsorten mit festen, saftigen, wenig zum Braunwerden neigendem Fleisch und vollem, mittelsäuerlichem Geschmack, wie *Golden Delicious*, *Cox Orange Renette* oder *Jonathan* als geeignet erwiesen. Zum Gefrieren werden die Äpfel geschält und nach Entfernen des Kernhauses meist in 6—12 Spalten geschnitten. Zur Verhinderung einer Braunfärbung während der Verarbeitung werden die geschälten oder zerschnittenen Äpfel in 1%ig. Kochsalzlösung aufbewahrt. Die Apfelstücke werden dann entweder 2—3 min in Dampf, oder $1^1/_2$—2 min in Wasser blanchiert. Auch ein Blanchieren in ascorbinsäurehaltiger Zuckerlösung ist empfohlen worden. Apfelstücke werden auch unblanchiert gefroren. Zur Verhinderung einer Bräunung während der Gefrierlagerung und des Auftauens werden dann die Äpfel auf verschiedene Weise behandelt (vgl. Abschn. 4). Die Apfelspalten werden für die Weiterverarbeitung in Großpackungen ohne oder mit Trockenzucker verpackt gefroren.

c) Aprikosen. Sorten mit festem und gleichmäßig gelbem, wenig zum Braunwerden neigendem Fruchtfleisch und leichtlöslichem Stein wie *Vintschgauer* (Südtirol), *Canino* (Spanien) und *Blenheim* (Kalifornien), geben ein gutes Gefrierprodukt. Aprikosen werden in Hälften geschält oder — wenn sie eine glatte, zarte Haut haben — auch ungeschält gefroren. Zur Verhinderung einer Bräunung beim Lagern und Auftauen werden für die Weiterverarbeitung bestimmte Aprikosenhälften oft in Dampf oder Wasser 4—5 min blanchiert. Dem Blanchierwasser wird meist etwas Citronensäure (1 g/l) zugesetzt. Blanchierte Aprikosenhälften werden mit Trockenzucker oder ohne Zusatz in Großpackungen gefroren, aber auch nach dem Gefrieren verpackt. In den USA werden für die Herstellung von Konfitüre Aprikosenhälften auch vor dem Gefrieren in SO_2-Lösung getaucht (vgl. Abschn. 4). Für den Frischverzehr werden Aprikosen üblicherweise unblanchiert in einer 40%igen Zuckerlösung, der 0,1% Ascorbinsäure zugesetzt worden ist, gefroren. Eine Konsistenz- und Farbverbesserung wird erzielt, wenn Aprikosenhälften nach einer Erhitzung von 10—15 sec in stromendem Dampf und dem Schälen in Wasser mit einem Zusatz von 1% NaCl, 0,02% $CaCl_2$ und 0,01% Ascorbinsäure gekühlt werden (H. Gerber u. H. Kessler 1949).

d) Birnen. Geeignete, festfleischige Sorten geben ein gutes Gefrierprodukt, wenn die Früchte kurz vor dem Erreichen der Vollreife verarbeitet werden. Unreife und überreife Birnen sind ungeeignet, da die Konsistenz nach dem Gefrieren einerseits körnig, andererseits breiig wird. Birnenhälften oder -viertel werden je nach Größe 2—4 min in kochendem Wasser blanchiert. Ein zu kurzes oder zu langes Blanchieren ist zu vermeiden. Birnen werden stets unter 35 bis 45%ig. Zuckerlösung in Einzelhandelspackungen oder Großhandelspackungen verpackt gefroren.

e) Brombeeren. Die in Deutschland hauptsächlich angebauten Sorten, *Theodor Reimers*, *Wilsons Frühe* und *Taylors Fruchtbare*, eignen sich gut zum Gefrieren. Voraussetzung ist allerdings, daß sie vollreif gepflückt werden. Nicht ganz ausgereifte Beeren verfärben sich rötlich und schmecken selbst beim Gefrieren in Zuckerlösung unangenehm sauer. Brombeeren werden in Zuckerlösungen, mit Trockenzucker oder ohne Zusatz gefroren. Auch im optimalen Reifegrad geerntete Beeren geben in Zuckerlösung von über 35% gefroren farblich und geschmacklich die besseren Gefrierprodukte (R. Heiss 1955).

f) Citrusfrüchte. *Pampelmusen* (*Grapefruit*) *und Orangen* ergeben ein gutes Gefrierprodukt. Die Spalten werden ohne weitere Vorbehandlung in einer leichten Zuckerlösung gefroren. Die Konzentration der Lösung wird auf den Geschmack des Produktes abgestimmt (D.K. Tressler u. C.F. Evers 1957, S. 537).

g) Datteln. Der hohe Genußwert frischer Datteln kann — wie Versuche zeigten — bei geeigneten Sorten durch die Gefrierkonservierung erhalten werden (D.K. Tressler u. C.F. Evers 1957, S. 482).

h) Erdbeeren. Geeignet sind Sorten mit festen, rotfleischigen, kleinen bis mittelgroßen Früchten mit vollem herzhaftem Geschmack wie z. B. die Sorten *Senga-Sengana* oder *Marshall*. In den einzelnen Ländern werden verschiedene Erdbeersorten zum Gefrieren empfohlen (A. Schaller 1962). Weiche Sorten mit großen luftigen Beeren und hellem Fruchtfleisch wie *Madame Moutôt*, *Regina* und *Senga Precosa* ergeben mangelhafte Produkte. Außer Gartenerdbeeren werden auch Walderdbeeren und Monatserdbeeren gefroren. Tiefgefrorene Erdbeeren sind praktisch frei von Kelchen und werden üblicherweise ohne Kelch gepflückt. Sie weichen im kleinsten Querschnittsdurchmesser um nicht mehr als 10 mm voneinander ab. Erdbeeren werden in Deutschland meist als ganze Frucht ohne Zusatz oder mit einem Teil Trockenzucker auf 5—10 Teile Frucht gemischt gefroren. Lose gefrorener Ware wird der Zucker auch bei dem Umpacken in Kleinpackungen zugesetzt. Bei Verwendung geeigneter Sorten bringt das Gefrieren in Zuckerlösung keine wesentliche Verbesserung der Qualität; dagegen können die sensorischen Eigenschaften weniger geeigneter Sorten durch die Verwendung von Zuckerlösung besser erhalten werden. Erdbeeren werden auch halbiert und in 5—7 mm dicke Scheiben, mit Trockenzucker gemischt, gefroren. Diese Produkte sprechen an, wenn eine stärkere Durchsüßung der Frucht gewünscht wird. Ganze Erdbeeren werden verpackt oder unverpackt gefroren.

i) Feigen. Grüne Feigen geeigneter Sorten mit vollem Aroma, zarter Haut, einheitlich dunkler Farbe und wenig spürbaren Samen ergeben ein befriedigendes Gefrierprodukt, wenn sie vollreif, jedoch bevor eine Schrumpfung auftritt, geerntet werden. Die Feigen werden vorsichtig gewaschen, sorgfältig geschält und zerteilt. Gefroren werden sie in 35—50%iger Zuckerlösung mit einem Zusatz von 0,5% Ascorbinsäure (M.A. Joslyn u. L.A. Hohl 1948).

j) Heidelbeeren. Sowohl Waldheidelbeeren als auch Gartenheidelbeeren werden gefroren. Bei den Gartenheidelbeeren sind die kleinfrüchtigen Sorten den großfrüchtigen vorzuziehen (K. Stoll 1966). Wichtig ist insbesondere bei Waldheidelbeeren, daß die Ware trocken gereinigt, gut verlesen und gewaschen wird. Lose gefrorene Beeren können auch nachdem Gefrieren von Stielresten befreit werden. Das Gefrieren der Heidelbeeren erfolgt entweder ohne Zusatz oder mit einem Teil Trockenzucker auf 4—6 Teile Frucht und vereinzelt auch in 40—50%iger Zuckerlösung. Die Verwendung von Zucker oder Zuckerlösung wirkt sich vorteilhaft auf den Geschmack und die Konsistenzerhaltung aus (E.E. Anderson u. W.B. Esselen 1954). Heidelbeeren werden auch lose im Luftstrom gefroren.

k) Himbeeren geben ein vorzügliches Gefrierprodukt, wenn Früchte geeigneter Sorten vollreif gepflückt und frisch verarbeitet werden. Sehr gut geeignet sind Sorten mit sattrotgefärbten, mittelgroßen bis großen, festen, nicht zum Zerbröckeln neigenden Sorten wie *Schönemann*, *Paul Camenzind* oder *Record*. Himbeeren werden besonders vorsichtig von der Pflücke bis zum Gefrieren behandelt. Sie werden in kleine Transportkörbe oder -kästen gepflückt, so daß sie nicht umgeschüttet zu werden brauchen. Die Verarbeitung beschränkt sich auf ein sorgfältiges Verlesen und ein vorsichtiges Abbrausen mit kaltem Wasser. Tiefgefrorene Himbeeren sind praktisch frei von Kelchen und annähernd gleich groß. Sie werden meist ohne Zusatz, aber auch mit einem Teil Trockenzucker auf 5—8 Teile Frucht oder in 40—50%iger Zuckerlösung, je nach Säuregrad und Verbraucherkreis, gefroren. Obgleich ohne Zusatz gefrorene Himbeeren auch im aufgetauten Zustande wie frische aussehen, ist doch der Geschmack und die Konsistenz besser, wenn sie in Zuckerlösung gefroren werden (K. Stoll 1966). Himbeeren werden meist vor dem Gefrieren verpackt, aber auch lose im Luftstrom gefroren.

l) Johannisbeeren. Sorten mit tiefroten bzw. sattschwarzen großen Beeren, kleinen Samen und zarter Haut wie *Rote Vierländer*, *Rote Holländer* und *Heros* bei den roten und *Rosenthal langtraubige Schwarze* bei den schwarzen Sorten sind am besten geeignet. Die Beeren werden nicht nur für den Einzelhandel, sondern auch für die Weiterverarbeitung entrappt, da sonst ein grasiger Beigeschmack auch bei der aus ihnen hergestellten Konfitüre auftritt. Johannisbeeren gewinnen kaum, wenn sie mit Trockenzucker oder Zuckerlösung eingefroren werden. Man gefriert sie daher in der Regel ohne Zuckerzusatz und verpackt sie je nach Zustand oder Rohware vor oder nach dem Gefrieren. Johannisbeeren werden meist für die Weiterverarbeitung gefroren.

m) Kirschen. Sauerkirschen werden ihrer vielseitigeren Verwendungsmöglichkeit und ihrer guten Gefriereignung wegen in sehr viel größerer Menge gefroren als Süßkirschen.

Sauerkirschen. Gefroren werden gleichmäßig gefärbte dunkle Sorten mit festem Fleisch und zarter Haut, wie die *Schattenmorelle (Große lange Lotkirsche)*, aber auch hellfarbige Sauerkirschen, wie *Ludwigs Frühe (Montmorency)*. Sauerkirschen werden für den Einzelhandel mit und ohne Stein meist in 40—50 %iger Zuckerlösung, dunkle Sorten jedoch auch mit einem Teil Trockenzucker auf 4—6 Teile Frucht in der Packung gefroren. Für die Weiterverwendung werden entsteinte Sauerkirschen mit oder ohne Trockenzucker gefroren und meist vor dem Gefrieren verpackt.

Süßkirschen. Am besten eignen sich durchgefärbte dunkle Sorten mit festem Fleisch und zarter Haut wie *Hedelfinger Riesen-* oder *Schneiders Späte Knorpelkirsche*. Kirschen solcher Sorten mit Stein werden oft ohne Zugabe gefroren. Entsteinte Kirschen geben in Zuckerlösung ein besseres Gefrierprodukt. Hellfarbige Süßkirschen, insbesondere Glaskirschen, sind zum Gefrieren weniger geeignet. Wenn sie aber doch gefroren werden, ist ein Aufguß erforderlich, dem vorteilhaft 0,2 % Ascorbinsäure zugesetzt wird. Süßkirschen ohne Zuckerzugabe werden meist nach dem Gefrieren verpackt.

n) Melonen. Gefroren werden Zuckermelonen (Cantaloupes) mit festem, saftigem lachs- oder orangefarbigem Fruchtfleisch und würzigem Aroma. Melonen verlieren durch das Gefrieren ihre knackige Konsistenz und geben daher nur ein befriedigendes Gefrierprodukt. Wassermelonen sind zum Gefrieren ungeeignet. Melonen werden in 2—3 cm breite Streifen oder in Würfel aufgeteilt ohne jeglichen Zusatz oder mit einem Aufguß von 40—50 %iger Zuckerlösung oder einer Zugabe von einem Teil Trockenzucker auf fünf Teile Frucht gefroren. Ein schnelles Gefrieren ist vorteilhaft.

o) Mirabellen sind wegen ihrer Neigung zum Braunwerden und ihres geringen Eigengeschmacks weniger zum Gefrieren geeignet. Am Baum gereifte, jedoch noch feste, von Hand gepflückte Früchte von wenig zur Bräunung neigenden Sorten, wie *Nancy*, werden mit 40 %iger Zuckerlösung bedeckt gefroren. Mirabellen werden nicht entsteint. Die Früchte auch besser geeigneter Sorten bräunen stets während der Gefrierlagerung und besonders während des Auftauens, wenn sie nicht vollständig mit Zuckerlösung bedeckt sind.

p) Oliven. Tiefgefrorene Oliven haben nicht den charakteristischen Kochgeschmack der sterilisierten Produkte und sind, wenn sie schnell gefroren werden, auch in der Konsistenz befriedigend. Die Haut verhärtet sich etwas während der Lagerung. In den USA werden in 5 %iger Salzlösung vorbehandelte Oliven unblanchiert ohne Zugabe entsprechend verpackt gefroren.

q) Pfirsiche. Die Qualität tiefgefrorener Pfirsiche hängt entscheidend von der für ihre Herstellung verwendeten Sorte ab. Geeignet sind Sorten mit festem, nicht faserigem saftigem Fleisch von gleichmäßig gelber, wenig zur Bräunung neigender Farbe und vollem aromatischen Geschmack, die gut vom Stein lösen, wie die Sorten *J. H. Hale* und *Elberta*. Aber auch Pfirsichsorten mit grünlich-weißem Fleisch oder mit einer Rotfärbung am Kern können befriedigend gefroren werden, wenn sie den sonstigen Bedingungen genügen. Überreife Früchte und solche mit Druck- und Fehlstellen sind zum Gefrieren ungeeignet, pflückreife können unter günstigen Bedingungen nachgereift werden. Nach dem Entfernen der Haut, die meist durch kurzes Erhitzen in Wasser oder mit Dampf gelöst wird, werden die Pfirsiche geteilt und entsteint. Pfirsiche gefriert die Industrie in Hälften oder in Stücken, meist Spalten, wegen der Bräunungsgefahr in Einzelhandelspackungen mit einer 40—50 %igen Zuckerlösung bedeckt. Der gekühlten Zuckerlösung werden vor der Verwendung 0,1—0,2 % Ascorbinsäure zugesetzt. Ein Ascorbinsäuregehalt von 0,05 %, auf die Fruchteinwaage gerechnet, genügt üblicherweise zur Farberhaltung.

r) Pflaumen und Renekloden. Die meisten Sorten sind zum Gefrieren weniger oder nicht geeignet. Das Fleisch wird weich und faserig, die Schale zäh und der Geschmack empfindlich sauer. Während der Lagerung kann sich ein heuartiger Fremdgeruch entwickeln. Nur wenige feste Pflaumensorten mit dünner Schale geben ein befriedigendes Gefrierprodukt, aber auch diese haben eingedost meist einen höheren Genußwert. Wenn Pflaumen für die Weiterverwendung gefroren werden, nimmt man nur feste Früchte geprüfter Sorten, sortiert, wäscht, zerteilt sie in Hälften oder Viertel, entfernt die Steine und gefriert sie lose oder in einer 50 %ig. Zuckerlösung. Ein Zusatz von 0,1 % Ascorbinsäure zur Zuckerlösung ist vorteilhaft. Die Schnittflächen praktisch aller Sorten verfärben sich, wenn sie nach dem Gefrieren mit Luft in Berührung kommen.

s) Preiselbeeren mit gleichmäßiger, scharlachroter glänzender Farbe und zartem, nicht mehligem Fleisch lassen sich sehr gut gefrieren. Sie werden wie Waldheidelbeeren gepflückt und wie diese sorgfältig gereinigt und verlesen. Obgleich mit Zuckerlösung gefrorene Beeren eine etwas bessere Erhaltung des Geschmacks zeigten (R. Heiss 1955), werden Preiselbeeren nicht nur für die Weiterverarbeitung, sondern auch für den Einzelhandel vorwiegend ohne Zusatz eingefroren. Sie werden vor oder nach dem Gefrieren verpackt.

t) Stachelbeeren lassen sich für die Weiterverarbeitung und zur Herstellung von Kompott gut gefrieren. Besonders geeignet sind im grünen Reifestadium geerntete Beeren von Sorten wie *grüne Kugel*, *Weiße Triumpf* und *Lady Delamère*. Die von Kelchen und Stielen befreiten, gewaschenen und sortierten Beeren werden üblicherweise vor dem Verpacken lose gefroren. In 40—50%iger Zuckerlösung geben knapp vollreife Stachelbeeren auch ein für den Frischverzehr ansprechendes Produkt. Ein Sticheln der Haut und ein Ziehenlassen der Lösung vor dem Gefrieren ist dann empfehlenswert.

u) Weintrauben geben meist ein minderwertiges Gefrierprodukt, weil die Haut fester und ledrig zäh, das Innere dagegen flüssiger wird und sie außerdem meist sauer oder fremdartig schmecken. Auch wenn Sorten mit kleinen festen Beeren und zarter Schale in Zuckerlösung gefroren werden, ist das Produkt nicht befriedigend. In den USA werden Weintrauben für die Weiterverwendung, hauptsächlich zur Herstellung von Obstsalaten und Fruchtcocktails, in Zuckerlösung gefroren (M.A. JOSLYN u. L.A. HOHL 1948).

v) Zwetschgen. Feste fleischige, vom Stein lösende Spätzwetschgen wie die *Hauszwetschge*, eignen sich gut zum Gefrieren. Die Zwetschgen werden kurz vor der Vollreife gepflückt, wenn sie am Stielansatz noch fest, aber schon einheitlich blau sind. Nach dem Sortieren und Waschen werden die Früchte halbiert und entsteint, je nach Säuregrad in 40—60%iger Zuckerlösung, aber für die Weiterverwendung auch lose, gefroren. Halbierte Zwetschgen verfärben sich an den Schnittflächen, wenn sie nach dem Gefrieren mit Luft in Berührung kommen. Vereinzelt werden Zwetschgen auch ganz mit Stein lose für die Weiterverwendung gefroren.

11. Hinweise für die lebensmittelrechtliche Beurteilung

Für die Beurteilung von tiefgefrorenem Obst kommen die Leitsätze für tiefgefrorene Lebensmittel (veröffentlicht in der Beilage zum Bundesanz. Nr. 101 vom 2. VI. 1965) und die Leitsätze für tiefgefrorenes Obst und Gemüse des Deutschen Lebensmittelbuches (Beilage zum Bundesanz. Nr. 163 vom 1. IX. 1966) in Betracht. Zu beachten ist das Übereinkommen über besondere Beförderungsmittel für leicht verderbliche Lebensmittel und deren Verwendung für die internationale Beförderung bestimmter leicht verderblicher Lebensmittel der ECE, Genf, vom 15. I. 1962.

Zusätze sind nach den allgemeinen lebensmittelrechtlichen Bestimmungen zu beurteilen, insbesondere ist die Fruchtbehandlungs-VO vom 19. XII. 1959 (BGBl. I S. 751) in der Fassung vom 16. VII. 1965 (BGBl. I S. 622) zu beachten, wenn Obst für die Weiterverarbeitung gefroren wird. Nach dem Vorschlag für eine Direktive des Ministerrats der EWG über die Angleichung der Gesetzgebung der Mitgliedstaaten hinsichtlich tiefgefrorenen Obstes und Gemüses ist es verboten, tiefgefrorene Früchte, die künstlich gefärbt sind und/oder Konservierungsstoffe oder Antibiotica enthalten, in den Verkehr zu bringen (Common Market Recommendations 1965/66).

Tiefgefrorenes Obst wird als kennzeichnungspflichtige Dauerware im Sinne der Lebensmittel-Kennzeichnungs-VO vom 8. V. 1936 (RGBl. I S. 590) in der Fassung vom 9. IX. 1966 (RGBl. I S. 590) zu werten sein, da durch die Änderungs-VO vom 9. IX. 1966 tiefgefrorene Lebensmittel in die Kennzeichnungs-VO einbezogen wurden, tiefgefrorenes Obst aber unter § 1 Abs. 1 Nr. 6 nicht gesondert aufgeführt worden ist.

Bibliographie

CRUESS, W.V.: Commercial fruits and vegetable products. 3. Aufl. New York-Toronto-London: McGraw-Hill 1948.

HEISS, R.: Fortschritte in der Technologie des Konservierens von Gemüse und Obst. Braunschweig: Dr. Serger & Hempel 1955.

Institut International du Froid: Recommendations for the processing and handling of frozen foods. Annexe au Bulletin de l'Institut International du Froid, Paris 1964.

JOSLYN, M.A., and L.A. HOHL: The commercial freezing of fruit products. Calif. Univ. Agr. Expt. Stat. Bull. 703, 1948.

KESSLER, H.: Die Sortenwahl ein wichtiger Faktor bei der Herstellung vollwertiger Gefrierkonserven aus verschiedenen Obst- und Gemüsearten. Bern: Verbanddruckerei A.G. 1946.

— Obst und Gemüse. In: Handbuch der Kältetechnik. Hrsg. von R. PLANK, Bd. X, S. 532—549. Berlin-Göttingen-Heidelberg: Springer 1960.

NEHRING, P., u. H. KRAUSE: Konserventechnisches Taschenbuch. 14. Aufl. Braunschweig: G. Hempel 1962.

PAECH, K.: Gefrierkonservierung von Gemüse, Obst und Fruchtsäften. 2. Aufl. Berlin: Paul Parey 1945.

PONTING, J.D.: The control of enzymatic browning of fruits. In: Food Enzymes. Hrsg. von H.W. SCHULTZ, S. 105—124. Westport. Conn.: Avi Publ. Co. 1960.

SCHORMÜLLER, J.: Die Erhaltung der Lebensmittel. Stuttgart: F. Enke 1966.
TRESSLER, D.K., and C.F. EVERS: The freezing preservation of foods. 3. Aufl., Westport, Conn.: Avi Publ. Co. 1957.

Zeitschriftenliteratur

ANDERSON, E.E., and W.B. ESSELEN jr.: Factors influencing the quality and texture of frozen cultivated blueberries. Food Technol. **8**, 418—421 (1954).
BEDFORD, C.L., and W.F. ROBERTSON: Harvest maturity and ripening of peaches in relation to quality of the canned and frozen products. Mich. Agric. Exp. Stat. Techn. Bull. **245**, 1—33 (1955).
BERGH, F.: Formation of ice in tissues in freezing foods. Academy of Technical Sciences, Copenhagen. Engng. Science Publ. Nr. **3** (1948).
BUCK, R.E., G.L. BAKER, and H.H. MOTTERN: Pectinates improve frozen fruit. Food Industr. S. Afr. **16**, Nr. 2, 100—102, 134 (1944).
BURGER, M., L.W. HEIN, L.J. TEPLY, P.H. DERSE and C.H. KRIEGER: Nutrients in frozen foods. Vitamin, mineral and proximate composition of frozen fruits, juices, and vegetables. J. agric. Food Chem. **4**, 418—425 (1956).
Common Market Recommendations: Suggested standards for processing, Marketing, Frozen Foods. Quick Frozen Foods Internat. **7**, 68—72, 45—46 u. 56—64 (1965/66).
Deutsches Lebensmittelbuch: Leitsätze für tiefgefrorenes Obst und Gemüse. Bekanntmachung vom 26. 7. 1966. Beilage zum Bundesanzeiger Nr. 113, 9—11 (1966).
DIEHL, H.C., E.H. WIEGAND and J.A. BERRY: Preservation of fruits and vegetables by freezing in the Pacific Northwest. U.S. Dept. of agric. Mineo. Circ. **49**, 1—58 (1939).
—, and K.F. WARNER: Freezing to preserve home grown foods. U.S. Dept. of agric. Circ. **709** (1945).
ESSELEN jr., W.B., C.R. FELLERS and J.E.W. MCCONNELL: Frozen apples and apple products. Food Technol. **3**, 121—126 (1949).
GERBER, H., u. H. KESSLER: Die Gefrierkonservierung von Aprikosen. Mitt. Lebensmitteluntersuch. Hyg. **40**, 342—351 (1949).
GUADAGNI, D.G., and C.C. NIMMO: The time-temperature tolerance of frozen foods. III. Effectiveness of vacuum, oxygen removal, and mild heat in controlling browning of frozen peaches. Food Technol. **11**, 43—47 (1957).
—, M.J. DOWNES, D.W. SANSHUCK and SUMIKO SHINADA: Effect of temperature on stability of commercially frozen bulk pack fruits — strawberries, raspberries, and black berries. Food Technol. **15**, 207—209 (1961).
—, S.H. KELLY and L.L. INGRAHAM: Kinetics of color, ascorbic acid, and total acid diffusion in frozen sirup-packed raspberries. Food Res. **25**, 464—470 (1960).
—, C.C. NIMMO and E.F. JANSEN: The time-temperature tolerance of frozen foods. II. Retail packages of frozen peaches. Food Technol. **11**, 33—42 (1957a).
— — — The time-temperature tolerance of frozen foods. XI. Retail packages of frozen strawberries. Food Technol. **11**, 389—397 (1957b).
— — — The time-temperature tolerance of frozen foods. X. Retail packages of frozen red raspberries. Food Technol. **11**, 633—637 (1957c).
—, D.G. SORBER and J.S. WILBUR: Enzymatic oxidation of phenolic compounds in frozen peaches. Food Technol. **3**, 359—364 (1949).
GUTSCHMIDT, J.: Die Gefriereignung deutscher Erdbeer-Neuzüchtungen. Kältetechnik **4**, 38—41 (1952).
—, u. R. ZACHARIAS: Gefrierkonservierung. Untersuchungen an Gemeinschaftsgefrieranlagen. Angewandte Wissenschaft Nr. 99. Hiltrup bei Münster: Landwirtschaftsverlag 1960.
HAUPT, H.G.: Tiefgefrorenes Gemüse und Obst. Industr. Obst- u. Gemüseverwert. **51**, 765 bis 768 (1966).
HOHL, L.A.: Untreated natural pineapple freezes best. Quick Frozen Foods **8**, 37—38 (1945).
INGRAHAM, L.L.: Effect of ascorbic acid on polyphenol oxidase J. amer. chem. Soc. **78**, 5095—5097 (1956).
JOSLYN, M.A.: Use of liquid sugar in freezing of apricots, peaches, and nectarines. Food Technol. **3**, 8—14 (1949).
—, and G.L. MARSH: Changes occuring during the freezing and thawing of fruits and vegetables. Univ. of Calif. Agr. Exp. Sta. Bull. 551 (1933).
—, and J.D. PONTING: Enzyme-catalysed oxidative browning of fruit products. Advanc. Food Res. **3**, 1—44 (1951).
KAETHER, K.-E., u. G. BÜNEMANN: Die Verwendung von Zuckerlösung beim Tiefgefrieren von Weichobst. Versuche an Johannisbeeren und Sauerkirschen. Erwerbsobstbau **3**, 211—213 (1961).
KARROW jr. A.M., and W.R. WEBB: Tissue freezing. A theory for injury and survival. Cryobiology **2**, 99—108 (1965).

Lee, F. A., F. Fenton and H. B. Stevens: The control of browning in frozen sliced apples. Food Technol. **5**, 114—116 (1951).
Malinowska, I., G. Mylinska and E. Urbanska: Stability in the quality of fruit frozen by means of the fluidizing method. Annexe au Bulletin de l'Institut International du Froid. **1**, 409, 1966.
Perry, WM. J., and W. V. Cruess: Observations on sugar penetration in frozen fruits. Quick Frozen Foods **15**, (June), 55, 56, 219, 220, 225 (1952/53).
Riedel, L.: Brechungsvermögen und Gefriertemperaturen von Fruchtsäften in Abhängigkeit von der Konzentration. Z. Lebensmittel-Untersuch. u. -Forsch. **89**, 289—299 (1949).
— Der Kältebedarf beim Gefrieren von Obst und Gemüse. Kältetechnik **2**, 195—202 (1950).
— Zum Problem des gebundenen Wassers in Fleisch. Kalorimetrische Untersuchungen an Rindfleisch von verschiedenem Wassergehalt bei Temperaturen zwischen —180° und 0° C. Kältetechnik **13**, 122—128 (1961)
Salunkhe, D. K., N. S. Schvaneveldt, D. R. Walker, J. L. Anderson, E. B. Wilcox and R. A. Norton: Evaluation of variety, maturity, and storage on the processing quality of Utah-grown fruits. Utah State Univ. Agric. Exp. Stat. Spec. Rep. 20 (June 1966).
Schaller, A.: Eignung verschiedener Erdbeersorten für die Gefrierkonservierung. Kälte **15**, 73—82 (1962).
Shepherd, A. D.: Relative stability of various frozen foods. In: Conference on Frozen Food Quality. Held at Albany, Calif., November 1960.
Sistrunk, W. A.: Field conditions and processing practices relating to frozen strawberry quality. Proc. Amer. Soc. for Hortic. Sci. **83**, 440—446 (1963).
Smith, W., and P. Heinze: Effect of color development at harvest on quality of postharvest ripened strawberries. Proc. An. Soc. Hort. Sci. **72**, 207—211 (1958); Ref. Z. Lebensmittel.-Untersuch. u. -Forsch. **113**, 341 (1960).
Stoll, K.: Versuchsergebnisse bei der Gefrierkonservierung von Obstarten. Schweiz. Landwirtsch. Forschung **5**, 211—247 (1966).
Strachan, C. C., and A. W. Moyls: Ascorbic, citric and dihydroxymaleic acids as antioxidants in frozen packed fruits. Food Technol. **3**, 327—332 (1949).
Tichenor, D. A., J. G. Rodriguez and C. E. Chaplin: Effects of certain pesticides on flavour of frozen strawberries. Food Technol. **13**, 587—590 (1959).
Verordnung über gesetzliche Handelsklassen für Frischobst und Gemüse. Bundesanzeiger Nr. 127 vom 6. Juli 1955.
Verordnung Nr. 23 des Ministerrates der Europäischen Wirtschaftsgemeinschaft über die schrittweise Errichtung einer Marktorganisation für Obst und Gemüse. Amtsblatt der Europäischen Gemeinschaften S. 965, 1962, vgl. auch P. Nehring u. H. Krause S. 952—1027.
Wegener, J. B., B. H. Baer and P. D. Rodgers: Improving quality of frozen strawberries with added colloids. Food Technol. **5**, 76—81 (1951).
Whiteman, T. M.: Freezing points of fruits, vegetables, and florist stocks. U.S. Dept. of agric. Mark. Res. Rep. Nr. 196 (Dec. 1957).
Zacharias, R.: Das Auftauen und Zubereiten von Gefrierprodukten. In: Probleme der Ernährung durch Gefrierkost. Wiss. Veröffentl. der DGE, Bd. 12. Darmstadt: Steinkopff 1964.
—, u. J. Gutschmidt: Eignungsprüfung von Obst- und Gemüsesorten für die Gefrierkonservierung. Landwirtschaft — Angewandte Wissenschaft Nr. 115. Hiltrup bei Münster: Landwirtschaftsverlag 1963.

Patente

U.S Department of Agriculture, Erfinder D. G. Guadagni: U.S.P. 2780551 (angem. 1954).

B. Obst in Dosen und Gläsern

Von

Dr.-Ing. AKIVA S. KOVACS, Hamburg

Mit 1 Abbildung

I. Allgemeines

Obst in luftdicht verschlossenen Behältern, Dosen und Gläsern (Obst- und Fruchtkonserven), stellt eine sehr wichtige und willkommene Bereicherung des „Speisezettels" weiter Kreise der Verbraucherschaft dar. Die Obstkonserven haben sich zweifellos aus dem Bedürfnis entwickelt, durch Haltbarmachung die Verfügbarkeit (availability) von Obst auf das ganze Jahr oder bei schlechten, ertragsarmen Ernten auf mehrere Jahre auszudehnen. Daneben ist als Ursache und Grundlage der Obstkonserven-Herstellung in den letzten Jahren oder Jahrzehnten eine sehr wichtige Eigenschaft der Obstkonserven getreten: sie sind, vielleicht in einem viel stärkeren Maße als die Gemüsekonserven, typische Vertreter von sog. Bequemlichkeits-Lebensmitteln (convenience foods). Sie sind jederzeit tafel- und genußfertig, bieten eine fast unbegrenzte Abwechslung oder Variationsmöglichkeit und bringen als Folge des zunehmenden internationalen Warenaustausches die Früchte ferner oder exotischer Länder auf den Tisch des Verbrauchers.

Zur Illustration der zunehmenden Popularität sollen einige Produktions- und Verbrauchszahlen für die Bundesrepublik Deutschland und vergleichsweise für Großbritannien und die USA dienen (Tab. 1).

Tabelle 1. *Überblick über Produktion, Import und Verbrauch in den Jahren 1938 und 1964*

	Produktion in 1000 t		Import in 1000 t		Gesamtverbrauch (errechnet) in 1000 t		pro-Kopf-Verbrauch (errechnet) in kg	
	1938	1964	1938	1964	1938	1964	1938	1964
BR Deutschland .	46,3	83,8	7,7[1]	122,2	50,2[2]	293,3	1,0[2]	5,0
Großbritannien . .	32,5	97,5	221,3	395,4	255,2	491,2	5,3	9,1
USA.	807,0	2397,0	14,3	86,6	673,0	2257,6	5,1	11,8

[1] Obst und Gemüse zusammen
[2] geschätzt

Wert der Produktion 1964: DM 103 Millionen

Diese Zahlen beleuchten auch die wirtschaftliche Bedeutung dieses Industriezweiges. Die Anzahl der Beschäftigten und Anzahl der Betriebe der Obstkonservenindustrie ist nicht feststellbar, da fast alle Betriebe sowohl Obst- als auch Gemüsekonserven herstellen.

Die Obstkonservenindustrie hat eine nicht unbedeutende Auswirkung auf andere Wirtschaftszweige. Die für die Herstellung von Obstkonserven benötigte Rohobstmenge kann mit ungefähr 55000—60000 t angenommen werden. Nicht unwesentlich ist eine weitere Auswirkung der Obstkonservenherstellung auf den Obstanbau, die mehr qualitativer Art ist. Während sie in den Frühstadien der Industrie in der Hauptsache die Überschüsse verarbeitete und damit zweifellos zur Marktregulation beitrug, wird heute auch im europäischen Gartenbau in zunehmendem Maße — wie in den USA seit längerer Zeit üblich — Obst für die Industrie produziert. Als Folge der Erkenntnis der Bedeutung der Sorteneigenschaften für die Konservenqualität werden für die Konservenherstellung *geeignete* Sorten bevorzugt. Eine Liste der in der Industrie am meisten verwendeten Sorten ist z. B. im Nachschlagewerk von P. NEHRING u. H. KRAUSE (1963) zu finden.

Die Sortenliste wird dauernd ergänzt werden müssen, soweit es den Züchtern oder Forschungsinstituten gelingt, neue Varietäten mit für die Konservierung besonders günstigen Eigenschaften zu entwickeln.

II. Behälter

Die bevorzugten Behälter für Obstkonserven sind Weißblechdosen. Die Dosenformate und Eigenschaften werden im Kapitel über Gemüsekonserven (vgl. S. 407 ff) diskutiert. In den letzten Jahren zeichnet sich eine zunehmende Tendenz ab, Obstkonserven in *Gläsern* herzustellen.

Beide Arten der Verpackung haben ihre Vor- und Nachteile.

Vorteile der Dosenverpackung	*Nachteile*
Geringeres Gewicht (des Behälters) praktisch keine Bruchgefahr absoluter Schutz vor Lichteinwirkung	unsichtbarer Inhalt erhöhte Korrosionsgefahr
Vorteile der Gläserverpackung	*Nachteile*
Inhalt für Verbraucher sichtbar praktisch keine Wechselwirkung zwischen Inhalt und Verpackung	erhöhte Bruchanfälligkeit größeres Behältergewicht kein Schutz des Inhalts vor Lichteinwirkung (die aber als nicht bedeutend angenommen wird (P. NEHRING u. H. KRAUSE 1963).

III. Grundlagen der Herstellung

Über die wissenschaftlichen mikrobiologischen Grundlagen der Haltbarmachung durch Hitzesterilisation vgl. P. NEHRING: „Gemüse in Dosen und Gläsern" in diesem Band. Obstkonserven zählen infolge ihres niedrigen pH-Wertes zu den sauren Konserven. Der pH-Wert von Obstkonserven kann nach Reifegrad, Sorte oder/und Wachstumsbedingungen schwanken. In Tab. 2 (P. NEHRING u. H. Krause 1963) sind die am häufigsten festgestellten pH-Werte der wichtigsten Obstkonserven aufgeführt:

Tabelle 2. *pH-Bereiche der wichtigsten Obstkonserven*

Obstart	pH
Pflaumen, Stachelbeeren, Sauerkirschen, Äpfel, Beerenobst, Pfirsiche, Ananas, Aprikosen	2,7—3,5
Aprikosen, Ananas, Pfirsiche, Birnen, Süßkirschen	3,5—4,0
Birnen, Tomaten	4,0—4,8

Die Abb. 1 veranschaulicht diese Verhältnisse (nach W.V. BIGELOW u. P.H. CATHCART 1921).

Infolge des sauren Milieus gehören die bei Obstkonserven vorkommenden Mikroorganismen anderen Arten an, als die bei Gemüsekonserven. Am wichtigsten sind verschiedene Hefen. Schimmel sind im allgemeinen nicht als Verderbniserreger angetroffen worden (C. R. STUMBO 1965). Eine bemerkenswerte Ausnahme ist *Byssochlamys fulva*, zuerst beschrieben von M. OLLIVER u. T. RENDLE (1934). Sie kann durch Abbau der Pektinstoffe in den Früchten zur völligen Zersetzung derselben führen und durch Kohlensäurebildung Bombagen verursachen. Sie ist verhältnismäßig hitzeresistent (T. G. GILLESPY u. R. H. THORPE 1962). Auch eine hitzeresistente Penicillium-species wurde beschrieben (C. C. WILLIAMS u. Mitarb. 1941). Diese widerstandsfähigen Schimmelpilze stellen eine Ausnahme dar und sind nicht bedeutend als Lebensmittelverderber (C. R. STUMBO 1965).

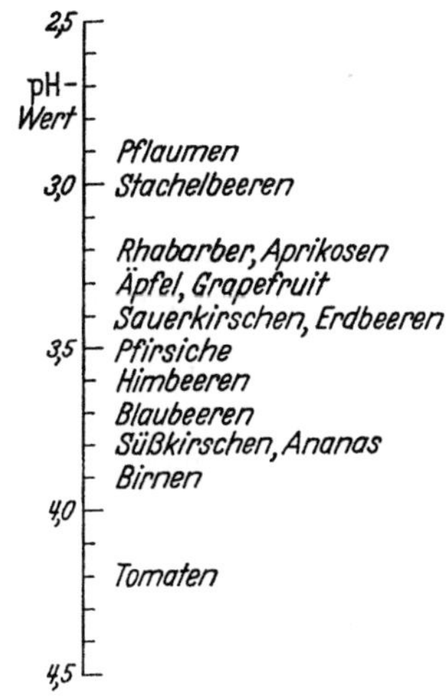

Abb. 1. Die pH-Werte verschiedener Obstkonserven

Es sind daher wesentlich niedrigere Sterilisationstemperaturen als bei Gemüsekonserven ausreichend: Obstkonserven werden im allgemeinen bei 100° C (kochendes Wasserbad) sterilisiert.

IV. Herstellung von Obstkonserven

Die Herstellung von Obstkonserven kann durch folgendes allgemeines Schema dargestellt werden:

Annahme	Entsteinen (Schälen, Schneiden)
Entstielen (Entkelchen)	Füllen (Exhaust)
Entfernen von Blättern	Aufguß
Größensortierung	Sterilisieren
Waschen	Kühlen
Inspektion	Etikettieren

Die aufgezeichneten Verfahrensschritte variieren naturgemäß je nach Fruchtart; es werden auch nicht bei jeder Fruchtart alle diese Stufen oder in der schematischen Reihenfolge durchgeführt. Jeder dieser Schritte oder Stufen hat seinen Einfluß auf die Qualität des Erzeugnisses und erfordert die entsprechende Sorgfalt bei der Durchführung.

1. Annahme

Die Annahme der Rohware ist ein wichtiger Abschnitt des gesamten Herstellungsvorgangs. Sie kann über den Ausfall der Qualität der gesamten Produktion entscheiden. Der für die Annahme Verantwortliche soll mit den Fruchtsorten und Varietäten durchaus vertraut sein, so daß die Anlieferungen danach getrennt werden können. Er muß auch die Qualitätsklassen, z. B. bezüglich Eignung für Konservierungszwecke, kennen, damit eine Vorsortierung bereits in der Annahmestelle vorgenommen werden kann.

2. Entstielen (Entkelchen)

Beeren und Steinobst müssen vor der Verarbeitung von den Stielen, Kelchen und Blättern befreit werden. Die Stiele und Kelche von Erdbeeren werden in Handarbeit durch vorsichtiges Drehen und Herausziehen entfernt, wobei das empfindliche Fruchtfleisch nicht beschädigt werden darf. Für Kirschen sind Entstielmaschinen konstruiert worden, die auch für das sog. Entrappen von Johannisbeeren und das Entfernen der Blätter, z. B. bei Heidelbeeren, benutzt werden.

3. Größensortierung

Für ein möglichst gleichmäßiges Aussehen der Früchte in den Behältern, aber auch für das fernere Verarbeiten, ist eine Sortierung der Früchte nach ihrer Größe notwendig.

Für diesen Verfahrensschritt sind verschiedene Maschinen entworfen worden. Einige sind auf dem Siebprinzip aufgebaut: die Früchte fallen durch die verschieden großen Löcher von vibrierenden perforierten Blechen oder Netzen oder durch die Perforation rotierender Trommeln. Es gibt Konstruktionen, in denen die Früchte über divergierende Rollenpaare laufen und entsprechend ihrer Größe an verschiedenen Stellen durch die Abstände der Rollen fallen. Ähnlich arbeiten Maschinen, in denen die Rollen kegelförmig sind, wodurch der Abstand zwischen ihnen größer wird. Auch durch divergierende Anordnung von Bändern (Gummi, Kunststoff, rostfreier Stahl) kann die Trennung der Früchte verschiedener Größe erzielt werden.

4. Waschen

Für das Waschen der Früchte sind Maschinen verschiedenen Typs in Verwendung. Sehr wirksam sind sog. Gebläse-Waschmaschinen, in denen die Früchte durch einen Luftstrahl kräftig bewegt werden. Ein anderer Typ ist die rotierende Stabtrommel, durch die die Früchte unter Besprühung aus Sprühdüsen geführt werden.

Sprühdüsen werden auch benutzt bei einem weiteren Typ, bei dem die Früchte auf einem Fördernetz bewegt und von allen Seiten besprüht werden. Die Sprühwaschmaschinen gelten als die wirksamsten. Die Wirksamkeit hängt ab vom Wasserdruck, der Wassermenge, der Entfernung der Düsen von den Früchten und auch von der Geschwindigkeit, mit der die Früchte unter oder zwischen den Düsen durchgeführt werden. Wenig Wasser mit hohem Druck ist wirksamer als eine große Wassermenge unter niedrigem Druck. Diese Bedingungen müssen mit der Empfindlichkeit der Früchte abgestimmt werden. Für bestimmte Früchte (z. B. Citrusfrüchte) werden auch rotierende Bürsten mit Wasserberieselung verwendet.

5. Inspektion

Diese wird meistens nach dem Waschen durchgeführt. Sie ist einer der für die gleichbleibende Qualität wichtigen Abschnitte, bei dem nicht auf die Beteiligung der menschlichen Arbeitskraft verzichtet werden kann. Die Früchte werden dabei auf einem verhältnismäßig langsam laufenden Band an einer Reihe Arbeiterinnen vorbeigeführt, die darauf achten, daß die Rohware den im Betrieb geltenden Qualitätsvorschriften (Normen) entspricht und dabei alle von ihnen abweichenden Früchte (Farbe, Größe, Beschaffenheit, sonstige Fehler) mit der Hand entfernt werden.

6. Entsteinen (Entkernen), Schälen, Schneiden

Steinobst wird sowohl mit Steinen als auch entsteint, ganz (Kirschen) oder halbiert (Pflaumen, Aprikosen, Pfirsiche) oder geschnitten (Pfirsiche) verarbeitet. Kernobst wird, von kleineren Früchten abgesehen, die als „ganze Frucht“ (Birnen) verarbeitet werden können, entkernt und in 2 („halbe Frucht“), 4 („viertel Frucht“) oder 6—8 Stücke („Äpfel in Stücken“) geschnitten. Bei Äpfeln wird das

Kerngehäuse vor dem Schälen in der Apfelschälmaschine ausgestoßen; Birnen werden nach dem Schälen in der Birnenschälmaschine halbiert oder geviertelt, und danach wird das Kerngehäuse entfernt (Birnenhalbiermaschine). Gewisse Früchte können auch geschält werden, indem die Haut durch leichte Hitzeeinwirkung (Dampf, heißes Wasser oder heiße 0,2—0,5 %ige Sodalösung) gelockert und dann leicht abgestreift wird. In zunehmendem Maße wird auch das Laugenschälverfahren angewandt. Hierbei werden die Früchte der Einwirkung von verdünnter Natronlauge ausgesetzt, entweder in einem Bad oder unter Berieselung. Das letztere Verfahren wird hauptsächlich bei halbierten Früchten (Pfirsiche, Aprikosen) angewandt. Die Konzentration der Lösung wechselt, der Beschaffenheit der Frucht entsprechend; sie beträgt im allgemeinen 1,5—2 %. Sie kann bei weniger reifer Frucht stärker und bei reiferer Frucht etwas schwächer sein (1,3—3 %). Es werden auch Verfahren angewandt, in denen die Früchte zuerst mit heißem Wasser, dann mit zwei verschieden starken Laugenlösungen behandelt werden. Nach dem Laugenbehandeln wird die Haut (Schale) durch Besprühen mit Wasser unter Druck entfernt.

Die *Wirkung* der Laugenbehandlung beruht auf der leichteren Löslichkeit der zwischen den äußeren Epidermiszellen der Haut und den größeren Parenchymzellen des Fruchtfleisches liegenden, pektinhaltigen Lamelle in der heißen Lauge. Bei richtiger Durchführung des Laugenschälens (Zeitdauer) bleibt das Fruchtfleisch glatt und unverletzt, während bei zu langer Einwirkung die Oberfläche rauh und narbig sein kann. Die Temperatur der Lauge ist im allgemeinen ziemlich konstant (nahe dem Kochpunkte); dadurch wird das Verfahren durch zwei Faktoren, die Zeitdauer des Einwirkens und die Laugenkonzentration, bestimmt. Da die Zeitdauer des Einwirkens mit Rücksicht auf die Leistung der Anlagen (der Fabrik) nicht stark variiert werden kann, wird die Konzentration den durch die Fruchtqualität gegebenen Erfordernissen angepaßt.

Nach dem Abspülen mit Wasser werden die Früchte häufig mit einer verd. (0,5 %) Citronensäurelösung behandelt — einerseits um evtl. noch vorhandene Laugenspuren zu neutralisieren, andererseits um die das Bräunen des Fruchtfleisches verursachende Oxydasenaktivität zu hemmen.

Als eine besondere Form des Entkernens wäre das Entkernen der Citrusfrucht-Segmente (Mandarinen-Orangen und Grapefruit) zu erwähnen. Die Kerne werden aus den einzelnen bereits geschälten (von den Zwischenlamellen befreiten) Segmenten mit Hilfe von zugespitzten dünnen Stäbchen entfernt.

7. Füllen

Das Füllen ist eine für die Gleichmäßigkeit der Erzeugung besonders wichtige Herstellungsphase. Da die Behältnisse (Gläser, Dosen) genormte Größen bzw. Rauminhalte haben, ist die Menge der Rohware, die eingefüllt werden muß, um die Dosen (Gläser) so voll wie technisch möglich zu machen, sehr verschieden. Die Unterschiede hängen sowohl von den verschiedenen Obstarten und bei diesen auch von den Sorten ab, können aber auch wachstums-, klima- oder jahrgangsmäßig bedingt sein. Für deutsche Herstellungsverhältnisse sind erfahrungsgemäß Mindesteinfüllgewichte festgelegt (vgl. Tab. 3). Bei Obst wird das Füllen überwiegend von Hand durchgeführt. Es werden halbautomatische Hilfsmaschinen verwendet, die die Behältnisse und die zubereiteten Früchte den Arbeitern zuführen und die gefüllten Dosen (Gläser) fortführen. Für breiige Erzeugnisse (z. B. Apfelmus) werden automatische Füllmaschinen benutzt, die vorherbestimmte Mengen (Volumen) in die Behältnisse füllen.

Tabelle 3. *Mindestfüllgewichte und Aufgußkonzentrationen für Obstkonserven*

Erzeugnis	Füllgewicht je 1/1 Dose bzw. Glas (in g)	Aufguß (in ° Brix)
Erdbeeren	600	39—44
Erdbeeren, vorbehandelt	700	49
Heidelbeeren	600	42—44
Himbeeren	600	44—46
Johannisbeeren, rot, weiß und schwarz	600	46
Preiselbeeren	600	s. Text
Stachelbeeren	600	42—44
Äpfel in Stücken, roh	550	42
Äpfel in Stücken, blanchiert	600	42
Apfelmus	volle Packg.	s. Text
Birnen, ganze Frucht	560	38—46
Birnen, halbe Frucht	600	38—46
Birnen, Viertelfrucht	600	38—46
Quitten	600	42—46[1]
Aprikosen, halbe Frucht	600	46
Kirschen, extra groß	600	40—42
Kirschen, rot, dunkel, schwarz ohne Stein	620	40—42
Sauerkirschen, Schattenmorellen, ohne Stein	620	44—46
Kirschen, rot, dunkel, schwarz mit Stein	600	40—42
Sauerkirschen, Schattenmorellen mit Stein	600	44—46
Pfirsiche, ganze Frucht	560	42—46
Pfirsiche, halbe Frucht	600	42—46
Pfirsiche, in Stücken	600	37—39
Pflaumen, mit Stein	600	35—37
Pflaumen, halbe Frucht	620	39
Mirakosa, halbe Frucht	620	
Mirakosa, mit Stein	600	
Mirabellen	600	38—40
Renekloden	550	48
Obstmark	volle Packg.	s. Text
Dunstsauerkirschen	650—700	—
Walnüsse	600	53
Kürbis	600	42—51[2]
Melonen		49

[1] Zusatz von 0,1 % Citronensäure; [2] Zusatz von 1,0 % Essigsäure

8. Aufguß

Obstkonserven erhalten einen zuckerhaltigen Aufguß, wodurch sie als Fertigware ein tafelfertiges Dessert darstellen. Dunstobst, bei dem als Aufguß Wasser dient, ist eine Ausnahme. Diese Erzeugnisse sind nicht für den unmittelbaren Verbrauch, sondern als Zwischenerzeugnis für die Weiterverarbeitung bestimmt.

Die Qualitätsnormen für verarbeitetes Obst und Gemüse schreiben Mindestkonzentrationen an Zucker für die einzelnen Erzeugnisse vor, die sie nach dem osmotischen Austausch zwischen Früchten und Aufguß haben müssen. Da der Zuckergehalt der Früchte je nach Sorte, Jahr, Reifegrad verschieden ist, ferner die eingefüllte Fruchtmenge — wie im vorigen Abschnitt dargelegt — auch variiert, muß die Zuckerkonzentration der Aufgußflüssigkeit vorher bestimmt werden. Sowohl die deutschen Qualitätsnormen als auch die ausländischen und die zu erwartenden internationalen Standards setzen Zuckerkonzentration für diesen Fall mit dem refraktometrisch bei 20° C bestimmbaren Gehalt an löslicher Trockensubstanz (Extrakt) gleich.

Zur Festlegung der Konzentration der Aufgußflüssigkeit müssen der Zuckergehalt (Gehalt an löslicher Trockenmasse) der Früchte, die Einwaage an Früchten und die Menge der Aufgußflüssigkeit berücksichtigt werden. Wenn es praktisch unmöglich ist, den Trockensubstanzgehalt einer Lieferung von Obst mit genügender Sicherheit festzustellen, sollte man sich auf Erfahrungswerte stützen, wie sie in Tab. 4 angegeben sind (P. NEHRING u. H. KRAUSE 1963).

Tabelle 4. *Zuckergehalt von Früchten*

Fruchtart	Durchschnitt %	Höchstwert %	Tiefstwert %
Erdbeeren	8—9	12	5
Himbeeren	8—9	12	6
Johannisbeeren, rot	9—10	13	6
Johannisbeeren, schwarz	12—13	16	8
Stachelbeeren	7—8	12	5
Äpfel	10—12	17	8
Birnen	9—10	15	6
Aprikosen (ohne Stein)	13—14	18	8
Mirabellen (mit Stein)	11—13	16	9
Kirschen (ohne Stein)	12—13	18	9
Pfirsiche (ohne Stein)	8—9	12	6
Pflaumen (ohne Stein)	12—14	17	9
Renekloden (ohne Stein)	13—14	18	9

P. NEHRING u. W. SKOTT (1966) haben die Grundlagen der Berechnung für die Aufgußkonzentration nachgeprüft und eine nomographische Methode vorgeschlagen, die die Vorberechnung der notwendigen Zuckerkonzentration wesentlich erleichtert.

Zum Aufgießen der Zuckerlösungen (Klären) dienen automatische Füllmaschinen („Siruper") wie sie bei den Gemüsekonserven beschrieben werden.

9. Exhaustieren

Eine in Deutschland wenig, im Ausland, insbesondere in Übersee, stark geübte Praxis ist das Entfernen der Luft bzw. des gelösten Sauerstoffs aus den Dosen und Gläsern. Dadurch wird eine wesentliche Schonung des Dosenmaterials vor Korrosion, aber auch eine Herabsetzung der Beanspruchung der Dose während des Sterilisierens erreicht.

Für das Füllgut sind auch Vorteile verbunden: sauerstoffempfindliche Bestandteile (Farbe, Geschmack, Aroma, Vitamine) werden besser geschont und erhalten. Durch das Entfernen der Luft entsteht ein Unterdruck im Behältnis. Die Evakuierung der Behältnisse kann auf verschiedene Weise erfolgen:

heißes Auffüllen der Aufgußflüssigkeit (durch die beim Abkühlen entstehende Kontraktion der Flüssigkeit entsteht ein Vakuum),

durch Vorerhitzen der gefüllten, aber noch nicht verschlossenen Dose in sog. Exhaustoren, in denen die Behältnisse durch ein heißes Wasserbad geführt oder durch Bedampfung von außen erwärmt werden,

durch Injektion von Dampf in den Kopfraum wird die Luft durch Dampf ersetzt, der durch die Kondensation nach dem Abkühlen das Vakuum erzeugt,

durch mechanisches Abpumpen des Luftsauerstoffs in den sog. Vakuumverschlußmaschinen, bei denen die Dosen in einer Vakuumkammer evakuiert und sofort verschlossen werden. Das Evakuieren kann auch in sog. Vakuumsirupern erfolgen.

Bei all den Verfahren ist es wichtig, daß das endgültige Verschließen der Behältnisse möglichst schnell nach dem Entfernen der Luft (des Sauerstoffs) erfolgt.

Über Verschließen der Dosen und Gläser vgl. P. Nehring: Gemüse in Dosen und Gläsern (dieser Band).

10. Sterilisieren (Pasteurisieren)

Nach den konventionellen Verfahren werden Früchte im allgemeinen bei 100°C haltbar gemacht. Aber auch auf diesem Gebiete setzt sich die neuere Methode der Kurzzeithocherhitzung (HTST = high temperature short time) durch, bei der kürzere Zeit auf höhere Temperaturen erhitzt wird. Dieses Verfahren bringt eine bessere Schonung der Beschaffenheit, der organoleptischen Qualitäten und auch des Vitamingehaltes mit sich.

Für das Sterilisieren bei 100°C werden offene Wasserbäder oder kontinuierlich unter atmosphärischem Druck arbeitende Sterilisatoren verwendet. Dosenkonserven können dabei durch eine spiralenförmige Anordnung durch das Kochbad geführt, Gläser auf einem Förderband (Siebband) durch einen Tunnel, in dem sie durch heißes Wasser berieselt oder durch Dampf erhitzt werden.

11. Kühlen

Im Anschluß daran erfolgt die Kühlung durch ein Kühlbad oder durch Berieselung. Die hygienisch einwandfreie Beschaffenheit des Kühlwassers ist eine wichtige Voraussetzung für einwandfreies Arbeiten.

V. Herstellung einzelner Obstkonserven

Im Folgenden sollen keine technologischen Einzelheiten, sondern nur das Wesentliche bei der Herstellung einzelner Obstkonserven dargestellt werden. Wie bereits erwähnt, ist die Wahl der für die Konservierung geeigneten Sorte eine der wichtigsten Maßnahmen bei der Herstellung.

1. Beerenobst

a) Erdbeeren

Verarbeitet werden sollen nur Sorten, deren Form- und Farberhaltung beim Konservierungsprozeß den vom Verbraucher gestellten Anforderungen genügen. Zur Konservierung eignen sich vor allem die Sorten, die in der Sortentabelle aufgeführt sind. Die verschiedenen „Senga“- und „Senga-Sengana“-Sorten erfreuen sich wegen der Festigkeit des Fruchtfleischs und der guten Farberhaltung zunehmender Beliebtheit. Ein besonderer Vorteil der Senga-Sorten ist es, daß sie bei der Herstellung von Gläserware nicht hochsteigen.

Bei der Anlieferung der Rohware müssen die Früchte ausgereift sein, gleichmäßige Farbe und Konsistenz aufweisen und den Güte- und Sortierungsvorschriften genügen. Die empfindlichen Erdbeeren sind während des Transportes und der Lagerung mit besonderer Vorsicht zu behandeln. Sie sollten auf jeden Fall bis zur Verarbeitung in kühlen und gut gelüfteten Räumen gelagert werden.

Die Erdbeeren werden von Stielen und Kelchen befreit und in große und mittlere feste Früchte für Konserven und solche zur Pulp- und Markverarbeitung sortiert. Die sortierten Früchte werden gewaschen und abgetropft.

Die Qualitätsnormen und Deklarationsvorschriften unterscheiden für Obstkonserven „Erdbeeren“ — das sind roh eingefüllte — und „Erdbeeren, vorbehandelt“ — das sind solche, bei denen vor der Einfüllung eine Vorbehandlung mit Zucker oder Zuckerlösung erfolgt ist. Die roh eingefüllten Erdbeeren werden voll gepackt, da sie bei der nachfolgenden Sterilisation erheblich schrumpfen. Nach dem Füllen wird die Zuckerkläre heiß aufgegeben. Bei den meisten Erdbeersorten (außer den Senga-Sorten) ist wegen der Verblassung des Fertigfabrikates eine schwache Färbung unerläßlich. Der Farbstoff wird dem Aufguß zugesetzt, und zwar je 100 l etwa 25—50 g. Die Stärke der Aufgußkläre wird entsprechend dem Zuckergehalt der Früchte eingestellt.

Bei Erdbeeren muß auf das beinahe unvermeidbare Vorkommen von Sand hingewiesen werden, der auch durch Waschen nicht ganz entfernt werden kann (D. Dickinson u. T. W. Raven 1960).

„Erdbeeren, vorbehandelt" werden nach dem Waschen mit einer warmen, gefärbten Zuckerlösung von 49° Brix übergossen. Die Früchte läßt man über Nacht in der Lösung liegen und füllt sie mit dem Schaumlöffel in die Dosen oder Gläser ein. Die abtropfende Zuckerlösung, deren Konzentration während der Vorbehandlung der Erdbeeren erheblich absinkt, wird erneut auf 49° Brix eingestellt und als Aufguß aufgegeben.

b) Heidelbeeren

Transport und Lagerung der Früchte muß möglichst kurzfristig erfolgen, weil die Rohware sonst leicht weich wird und sich zur Konservenware nicht mehr verarbeiten läßt.

Die Rohware wird zunächst sauber am Band verlesen. Zur Entfernung der anhaftenden Blattteile eignen sich sehr gut der Einsatz der Kirschen-Entstielmaschine oder die seit langem verwendeten, schräg nach oben laufenden Bänder. Heidelbeeren werden roh eingefüllt; dabei ist auf eine volle Packung zu achten, da die Früchte bei der Sterilisation erheblich zusammenfallen. Die Qualitätsnormen schreiben eine Mindestzuckerkonzentration im Endprodukt von 18% vor. Diese wird im allgemeinen erreicht, wenn man eine Aufgußkläre von 42—44° Brix verwendet. Eine Färbung der Heidelbeeren ist nicht zulässig, aber auch nicht notwendig.

c) Himbeeren

Himbeeren werden wegen der Empfindlichkeit der Früchte zu Dosen- und Gläserkonserven nur in geringem Umfang verarbeitet. Falls eine Verarbeitung zu Konserven erfolgt, ist der *Zerfall der Früchte* während der Sterilisation *meist unvermeidlich*. Die Rohware muß bei der Anlieferung und Lagerung außerordentlich vorsichtig behandelt werden, indem sie nur in dünner Schicht in kleinen Kisten angeliefert werden soll.

Die Früchte werden nur schwach abgebraust und durch Verlesen von etwa noch anhaftenden Kelchen und mißfarbenen Teilen befreit. Die Früchte werden roh eingefüllt; eine Färbung ist nicht zulässig. Sie können auch, ähnlich den Erdbeeren, vorbehandelt werden.

d) Johannisbeeren

Es werden hauptsächlich rote und weiße Johannisbeeren, schwarze kaum, zu Dosenkonserven verwendet. Johannisbeeren sind weniger empfindlich als die vorgenannten Beerenfrüchte, jedoch ist auch hier für eine schnelle Verarbeitung und möglichst kurzfristige Lagerung zu sorgen.

Die Beeren werden zunächst entrappt, dann vorsichtig gewaschen (abgebraust) und roh eingefüllt. Keine künstliche Färbung. Johannisbeeren können auch wie Erdbeeren vorbehandelt werden.

e) Preiselbeeren

Preiselbeeren-Konserven sind Kompotte, die einen erheblich höheren Zuckergehalt als die übrigen Obstkonserven aufweisen.

In den Qualitätsnormen und Deklarationsvorschriften ist die Zuckerkonzentration auf 50% begrenzt, um auch eine Überschreitung nach oben hin auszuschalten. Auf diese Weise soll eine klare Abgrenzung gegenüber Konfitüren und Marmeladen geschaffen werden. Die höchstzulässige Zuckerkonzentration bei Preiselbeeren beträgt demnach unter Ausnutzung der 10%igen Toleranz 55% (refraktometrisch gemessen). Verarbeitet wird hauptsächlich schwedische und finnische Rohware, die als Frischware oder in Fässern angeliefert wird; deutsche Rohware wird meist in Kisten angeliefert. Der bei der Anlieferung — besonders von Kistenware — auftretende Gewichtsverlust überschreitet häufig die 5%-Grenze. Bei Faßware muß auf den Wassergehalt geachtet werden.

Die Preiselbeeren werden gut gewaschen, verlesen und sodann im Kessel unter Zusatz von 10 l Wasser auf 50 kg Rohware zum Kochen gebracht. Auf diese Weise wird erreicht, daß die Preiselbeeren den Zucker gut aufnehmen. Nach 15—20 minütigem Kochen wird langsam portionsweise die erforderliche Zuckermenge unter dauerndem Umrühren zugegeben. Es ist auf jeden Fall zu vermeiden, daß der gesamte Zucker auf einmal zugegeben wird, da sonst die Früchte schrumpfen. Nach dem Kochen wird unter Umrühren etwa $^1/_5$ des Zuckers in Form von Stärkesirup zugesetzt, die Masse in Kühlwannen gekühlt und abgefüllt.

f) Stachelbeeren

Es werden nur grüne Früchte oder auch in der Reife grüngefärbte Sorten verarbeitet, da sonst die Gefahr gewisser Farbabweichungen besteht.

Die Früchte werden für 1—2 Std in Wasser eingelegt, geputzt, von Stengeln und Kelchen befreit, nach Größe sortiert, evtl. zur Vermeidung des Platzens gestichelt, eingefüllt.

2. Kernobst

a) Äpfel

Bevorzugt werden die in der Bundessortenliste aufgeführten Sorten. Da sowohl bei ,,Äpfeln in Stücken" als auch bei ,,Apfelmus" hohe Ansprüche bezüglich Farbe gestellt werden, kommen für diese Produkte nur festfleischige Äpfel in Frage, die eine möglichst helle Farbe besitzen. Äpfel mit gefärbter Schale geben häufig Anlaß zu nicht vermeidbaren Dunkelfärbungen der konservierten Produkte.

Für ,,Äpfel in Stücken" werden Äpfel der Güteklasse A und B verwendet; für ,,Apfelmus" kommt außer Äpfeln der Güteklasse B auch ein gutes Industrieobst (Güteklasse C) zur Verarbeitung.

α) Äpfel in Stücken

Die möglichst fest- und weißfleischigen Äpfel werden im Laugenschälverfahren, mit der Apfelschälmaschine oder von Hand geschält. Das Kerngehäuse wird maschinell ausgestoßen. Die geschälten Äpfel werden in sechs bis acht Spälten geschnitten. Das Nachputzen dieser Spälten von Hand ist unbedingt erforderlich. Sowohl beim Handschälen als auch beim Maschinenschälen werden die Stücke sofort in Wasser eingelegt, dem man 0,2% Citronensäure zusetzt. Es ist zu vermeiden, daß die Apfelstücke an der Luft liegen bleiben, da sie sich schnell verfärben (Polyphenoloxydase).

Das Blanchieren der Apfelstücke erfolgt im Blanchierkessel unter Zusatz von 0,1—0,2% Citronensäure zum Blanchierwasser. Das Blanchieren ist beendet, wenn die Apfelstücke leicht von der Nadel fallen; dazu werden je nach Apfelsorte und Reifegrad 2—5 min benötigt. Nach dem Blanchieren wird gut gekühlt, eingefüllt und mit heißer Aufgußkläre, der man am besten 0,05—0,1% Citronensäure zusetzt, aufgegossen.

β) Apfelmus

Für Apfelmus sollen nur hellfleischige Sorten verwendet werden. Die Früchte werden entweder mit etwas Wasser im offenen Kessel oder in Dämpfanlagen durch Dampf weichgekocht, passiert, mit der notwendigen Zuckermenge verrührt und unter möglichst großem Luftabschluß abgefüllt. Vgl. auch K. HERRMANN: ,,Konfitüren usw." in diesem Band.

b) Birnen

Zu Birnenkonserven werden Früchtesorten von unterschiedlichen Qualitätseigenschaften verarbeitet. ,,Williams-Christ"-Birnen, als edelste Sorte, werden mit Namen gekennzeichnet. Man unterscheidet zwischen ,,Edelbirnen" und ,,Birnen", je nach der verwendeten Sorte oder Varietät und ,,ganze", ,,halbe" oder ,,viertel Frucht". Als ,,Birnen, ganze Frucht" werden die kleinsten Größen verarbeitet. Die verwendeten Sorten sollen auch nach der Hitzebehandlung hell bleiben; rotfärbende Kochbirnen sind daher für Konserven ungeeignet.

Die Früchte werden geschält — mit der Maschine oder im Laugenschäler — nachgeputzt, geteilt (halbiert oder geviertelt) und vom Kerngehäuse befreit, in 0,1%ige Citronensäurelösung eingelegt (Hemmung der Oxydasen) und kurz blanchiert. Bei besonders gleichmäßigem Reifegrad kann auf das Blanchieren verzichtet werden.

c) Quitten

Quitten werden nur in beschränktem Umfang industriell verarbeitet. Man erntet die Früchte noch unreif, sie dürfen aber nicht holzig oder steinig sein. Die Verarbeitung ist ähnlich wie bei Birnen. Dem Aufguß setzt man 0,1% Citronensäure zu.

3. Steinobst

a) Aprikosen

Die Früchte müssen im geeigneten Reifestadium (weder zu grün noch überreif) sein. Sie werden nach der Größensortierung entlang der Mittelrinne geschlitzt und durch drehende Bewegung der Hälften entkernt (Spezialeinrichtungen).

Geschält konservierte Früchte werden durch kurzes Blanchieren in einer 0,2—0,3 %igen Sodalösung behandelt oder laugengeschält.

b) Pfirsiche

Wegen der ungünstigen klimatischen Verhältnisse wird in der Bundesrepublik Deutschland hauptsächlich Rohware italienischer Herkunft verarbeitet. Die Pfirsiche sollen möglichst gleichmäßig in Reifegrad, Größe und weitgehend frei von Druckstellen sein.

Die Pfirsiche werden zunächst nach Größe sortiert, nur die kleinen Früchte werden zu „Pfirsiche, ganze Frucht" verarbeitet. „Pfirsiche, halbe Frucht" werden entsteint wie Aprikosen. Zum Schälen werden sie auch, ähnlich den Aprikosen, in Wasser oder verd. Sodalösung leicht blanchiert oder laugengeschält. Aufgegossen wird mit einer Kläre, die 0,05—0,1 % Citronensäure und 0,15 % Ascorbinsäure enthalten kann.

Für „Pfirsiche in Stücken" werden Früchte verarbeitet, die in größerem Maße Flecken oder Druckstellen enthalten.

c) Kirschen

Für die verschiedenen Arten von Kirschenkonserven, die nach den Qualitätsnormen und Deklarationsvorschriften zugelassen sind, kommen folgende Sorten in Frage:

für „Kirschen, rot" die hellroten Süßkirschensorten;
für „Kirschen, dunkel" ausschließlich dunkle Süßkirschen;
für „Kirschen, schwarz" die schwarzen Süßkirschensorten;
für „Sauerkirschen, hell, die hellen Sauerkirschensorten oder Amarellen;
für „Sauerkirschen, dunkel" alle dunklen Sauerkirschensorten;
die edleren Kirschensorten dürfen nach den Qualitätsnormen als solche bezeichnet werden; es handelt sich bei den Süßkirschen um die „Napoleonskirschen", bei den Sauerkirschen um die „Schattenmorellen" und „Weichselkirschen".

Die Qualitätsnormen sehen außer der Sorteneinteilung eine Einteilung nach der Größe vor.

Die Früchte werden zunächst entstielt, anschließend gewaschen und entsteint. Sie werden roh eingefüllt und mit der Kläre aufgegossen, die für die hellen Sorten Farbstoff enthalten darf. Das Anfärben der Früchte kann in der Dose einige Wochen dauern. Bei höheren Qualitätsansprüchen, z. B. dem Färben von Kaiserkirschen, wird der Prozeß durch Behandlung der Früchte in einer 60—80°C warmen Farbstofflösung durchgeführt.

d) Pflaumen

Verwendet wird hauptsächlich die gewöhnliche deutsche Hauszwetschge. Die Verarbeitung erfolgt zu „Pflaumen mit Stein" und „Pflaumen, halbe Frucht".

Für „Pflaumen mit Stein" werden zwei Größensortierungen unterschieden. Bei der Anlieferung der Rohware ist darauf zu achten, daß die Früchte nicht überreif, aber im Fleisch goldgelb und gut steinlösend sind.

Die Pflaumen werden nach der Größe sortiert in solche, die sich zu „Pflaumen, ganze Frucht, extra" oder „Pflaumen, halbe Frucht, extra" eignen, und solche, die sich zu „Pflaumen mit Stein" verarbeiten lassen. Sodann werden die Früchte gewaschen und bei ganzer Frucht nach dem Abtropfen gegebenenfalls gestichelt. Halbe Frucht wird entsteint und halbiert. Die Füllung der Dosen erfolgt von Hand oder am Handfülltisch. Die Kläre für „Pflaumen mit Stein" darf gefärbt werden.

e) Mirabellen

Hauptsächlich werden die „Nancy-Mirabellen" und die „Metzer Mirabellen" verarbeitet. Für „Mirabellen, extra" dürfen Frühmirabellen und die Sorte „Flotow" nicht verwendet werden.

Die Früchte müssen im richtigen Reifestadium: voll ausgereift, jedoch festfleischig, sein. Soweit die Ernteverhältnisse es zulassen, sollen die Früchte möglichst wenig Flecken aufweisen.

Die Früchte werden nach der Größe und bezüglich etwa vorhandener ungeeigneter Früchte sortiert, gewaschen und können anschließend gestichelt werden, um das Platzen der Haut so weit wie möglich zu vermeiden. In den meisten Fällen wird trotzdem ein Platzen auftreten.

f) Mirakosa

Mirakosa ist eine Kreuzung zwischen der „Nancy-Mirabelle" und „Königin Viktoria". Die Frucht ist etwas größer als die gewöhnliche Hauszwetschge. Die Verarbeitung erfolgt wie bei Pflaumen.

g) Renekloden

Verwendet wird ausschließlich die echte, große, grüne Reneklode, die sich durch ihre charakteristisch runde, am Stiel etwas eingedrückte Form auszeichnet.

Die Rohware soll im Reifegrad für die Konservierung geeignet sein. Nur feste, grüne Früchte lassen sich ohne Schwierigkeiten verarbeiten; insbesondere sollen die Früchte möglichst frei von braunen Flecken sein. Unter besonderer Kenntlichmachung können auch „Quellins", eine nicht steinlösende Sorte, verarbeitet werden.

Die Renekloden werden entstielt und nach Größe und äußerer Beschaffenheit verlesen; verarbeitet wird wie bei Pflaumen (eine Färbung ist nicht notwendig und nicht zulässig).

4. Dunstobst

Dunstobst wird wie Kompotte hergestellt, nur wird anstelle einer Zuckerkläre Wasser verwendet. Dunstobst dient als Zwischenprodukt zur späteren Weiterverarbeitung (für Konfitüren, Belegfrüchte, evtl. Fruchtmischungen).

Von besonderer Bedeutung sind Dunstapfelstücke und Dunstsauerkirschen (Belegfrüchte für die Backwarenindustrie, Dunstaprikosen (Oreillons) als Halbfabrikate für die Konfitürenherstellung. Sie werden meist in Großpackungen in den Verkehr gebracht.

5. Fruchtmischungen

Fruchtmischungen werden besonders wegen ihres Aussehens als Zierkompott geschätzt. Für die Mischungen ist die Verwendung von mindestens vier verschiedenen Obstsorten, die in den Qualitätsnormen aufgeführt sind, vorgeschrieben; außerdem können Schalenfrüchte, also insbesondere Mandeln und Walnüsse, mit verwendet werden. Die Verarbeitung von Früchten aus Vorratsdosen ist statthaft. Man verwendet Früchte aus Vorratsdosen, da das für die Mischung in Frage kommende Obst nicht in der gleichen Jahreszeit anfällt. Bevorzugt werden Mischungen aus „Napoleonskirschen", Mirabellen, Renekloden, Birnen, Aprikosen, Pfirsichen, gegrünten Stachelbeeren und Ananas hergestellt. Bei den Mischungen werden möglichst Früchte verschiedener Farbe ausgewählt, um dem Erzeugnis ein ansprechendes Äußeres zu geben.

Die Vorbereitung der Früchte für Fruchtmischungen ist die übliche, nur wird die Färbung besonders intensiv und gleichmäßig durchgeführt. Die gefärbten Früchte müssen gründlich ausgewässert werden, damit überschüssiger Farbstoff nicht in die Fruchtmischung von der Zuckerkläre ausgelaugt und an die in der Mischung enthaltenen hellen Früchte abgegeben wird. Geben die gefärbten Früchte noch einen Überschuß an Farbstoff ab (bluten), so wird die Aufgußflüssigkeit rötlich und die Fruchtmischung insgesamt mißfarben. Zum Färben der Früchte kommt demnach ausschließlich das Färben im Blanchierkessel in Frage. Die Früchte dürfen, insbesondere wenn sie aus Vorratsdosen entnommen werden, nicht zu weich sein und sollen die nachfolgende zweite Sterilisation ohne Zerfall des Fruchtfleisches überstehen. Im anderen Falle würde der Aufguß infolge der von den Früchten abgegebenen Gewebebestandteile trübe. Der Aufguß besteht aus einer Zuckerkläre, die man unter Mitverwendung der nicht gefärbten Aufgußflüssigkeiten aus den Vorratsdosen herstellt. Die Aufgußlösung wird geklärt und auf 46—48° Brix eingestellt. Beim Füllen der Dosen wird darauf geachtet, daß ein Spiegel gelegt wird; handelt es sich um Gläserware, so werden meist mit Hilfe von Holzzangen die Früchte so eingelegt, daß sich ein ansprechendes Bild ergibt.

In den letzten Jahren sind zwei Erzeugnisse, vorwiegend oder zuerst amerikanischen Ursprungs, sehr populär geworden: Frucht-Salat („fruits for salad") und Frucht-Cocktail („fruit-cocktail"). Frucht-Salat ist eine Mischung von 15—30% geschälten oder ungeschälten Aprikosen (Vierteln oder Hälften), 23—46% geschälten Pfirsichen (Vierteln oder Stücken), 19—38% geschälten Birnen (Vierteln oder Stücken), 8—16% Ananas (Segmente von Scheiben), 3—8% Kirschen (ganze, gefärbt oder aromatisiert), 6—12% kernlosen Weintrauben.

Frucht-Cocktail („fruit-cocktail") ist eine Mischung von 30—50% gewürfelten Pfirsichen, 25—45% gewürfelten Birnen, 6—16% Ananas, gewürfelt oder Stücke, 6—20% ganzen kernlosen Trauben, 2—6% halbe Kirschen, hell oder gefärbt. Als Farbstoff wird für die Kirschen Erythrosin als der am wenigsten „blutende" (farblassende) Farbstoff verwendet.

6. Fruchtmark

a) Apfelmark

Apfelmark wird, ähnlich wie Apfelmus, nur ohne Zuckerzusatz, aus möglichst weißfleischigen, säuerlichen Äpfeln hergestellt.

b) Hagebuttenmark

Reife, nicht welke Früchte werden entstielt, entkelcht, längs aufgeschnitten und von den Samen und Härchen befreit, passiert, unter Zuckerzusatz aufgekocht und abgefüllt. Zuckerzusatz muß deklariert werden.

c) Mark sonstiger Früchte

Es wird reife, aromatische, gesunde Rohware, die aber als Kompottfrucht nicht geeignet ist, verwendet.

Die Früchte werden, wie bei Obstkonserven, vorbereitet, roh oder blanchiert, passiert, unter Zuckerzusatz (ca. 10%) aufgekocht und abgefüllt.

7. Nicht durch die Qualitätsnormen erfaßte Obstkonserven

a) Walnüsse

Walnüsse werden als schwarze Walnüsse Fruchtmischungen beigegeben.

Man verwendet grüne, unreife Walnüsse, die tief gestichelt und für 14 Tage in kaltes Wasser eingelegt werden, wobei täglich das Wasser gewechselt wird. Die Früchte fangen während dieser Zeit an zu gären und färben sich schwarz bis schwarzbraun. Sie werden dann blanchiert, anschließend gekühlt und in Obstpfannen mit einer heißen Zuckerlösung von 39° Brix übergossen. Nach 12—24 Std wird die Zuckerlösung auf 46° Brix verstärkt und nochmals 12—24 Std stehen gelassen. Dann läßt man die Früchte abtropfen und füllt in die Behälter ein. Als Aufguß verwendet man die von den vorbehandelten Walnüssen abgetropfte Zuckerkläre, die auf 53° Brix eingestellt wird.

b) Kürbis

Hauptsächlich gelbfleischige Sorten, die fest sein müssen und während der Sterilisation nicht zerfallen dürfen, werden vom Kerngehäuse befreit, sodann in Streifen geschnitten und geschält, danach in Stücke von etwa 3 cm Länge und 2—3 cm Breite geschnitten, die gewaschen und roh in die Dosen eingelegt werden. Als Aufguß verwendet man eine Zucker-Essig-Lösung, die je nach Geschmack mit Nelken, Zimt, auch Ingwer und Vanille gewürzt wird. Die Gewürze werden von der Aufgußlösung abfiltriert, da Nelken und Vanille auf den Kürbisstücken dunkle Flecke verursachen.

Die Kürbisstücke können vor dem Füllen auch blanchiert werden, bis sie ein glasiges Aussehen haben, und so abgefüllt werden.

c) Melonen

Melonen werden ähnlich wie Kürbis behandelt, doch meistens ohne besondere Würzung abgefüllt.

Durch den immer mehr zunehmenden Warenaustausch werden auf dem deutschen Markt Fruchtkonserven angeboten und in großen Mengen verbraucht, die nicht in den „Qualitätsnormen" beschrieben sind, und deren Herstellung hier interessieren dürfte.

d) Ananas

Ananaskonserven haben sich zu einer der populärsten Fruchtkonserven entwickelt. Ursprünglich wurde die Frucht auf den Hawaii-Inseln für die Ausfuhr nach dem amerikanischen Kontinent angebaut. Der Markt für frische Frucht war sehr begrenzt, zudem mußte sie wegen des langen Transportes in unreifem Zustand geerntet werden. Die Folge war der Übergang zur Dosenkonservierung der reifen Früchte im Erzeugerland. Neben Hawaii sind Taiwan (Formosa), Malaya (Malaysia) die wichtigsten Produktionsländer, aber auch die Philippinen, Ostafrika (Kenia), Indien (Trichur) erscheinen mehr oder weniger stark auf dem Weltmarkt.

Die Frucht wird durch scharfes Knicken von der Staude abgebrochen, von der Krone befreit und in die Fabriken gebracht. Der richtige Augenblick der Ernte ist wichtig, da eine zu frühe Ernte ein aroma-armes Erzeugnis liefert, eine überreife Frucht dagegen vor oder während der Verarbeitung in Gärung übergehen kann.

Die Früchte variieren in Größe und Durchmesser und werden deshalb vorsortiert. Die wichtigste Form der Konservierung ist die in Scheiben, weshalb die vorsortierten Früchte erst in eine zylindrische Form gebracht werden, in der sog. Ginaca-Maschine, die die Schale entfernt, die Enden flach schneidet und das zentrale Mark (Pulpe) ausbohrt. Die Fruchtzylinder, einheitlichen Durchmessers, werden inspiziert, nachverputzt, wobei die Arbeiterinnen wegen eines in der Frucht enthaltenen proteolytischen Enzyms (Bromelin) Schutzhandschuhe tragen müssen, und in Scheiben geschnitten. Die geschnittenen Scheiben werden nochmals inspiziert und je nach Beschaffenheit in einer der folgenden Formen eingedost:

ganze Scheiben,
halbe Scheiben,
gebrochene Scheiben (kreissektorförmige, ungleiche Stücke, kleiner als $^1/_2$ Scheibe und verschiedene Stücke).

Aus den Fruchtteilen, die beim Zuschneiden und Bohren des Zylinders erübrigt werden, stellt man die verschiedenen unregelmäßigen Stücke, ferner geraspelte (crushed) Ananas her.

Als Aufguß werden leichte (light), mittlere (medium) oder schwere (heavy) Zuckerklären (syrup) verwandt. Nach erfolgtem Ausgleich sollen sie 14—18, 18—22 und 22—35° Brix haben. Häufig wird auch der bei der Bearbeitung der Früchte anfallende Fruchtsaft zur Herstellung des Aufgusses benutzt.

Die Dosen werden exhaustiert und wie andere Früchte sterilisiert.

e) Mandarin-Orangen

Die ersten Mandarin-Orangen sind in Japan in Dosen konserviert worden, und Japan beherrscht auch heute noch den Weltmarkt, obwohl Formosa (Taiwan) steigende Mengen exportiert, und auch andere Länder (Indien, V.R. China) kleine Mengen herstellen. Die Varietät, die sich für die Konservierung am besten eignet, ist die Satsuma, in Indien wird die King-Varietät verarbeitet.

Die Früchte werden von der äußeren Schale befreit und in die einzelnen Segmente zerlegt. Die Segmente werden nach der japanischen Praxis erst zum Spalten des Protopektins mit verd. Salzsäure, dann mit heißer Natronlauge behandelt, die die Lamellen und Gerüstsubstanz um die Fruchtsaftsäcke löst. Dann wird mit kaltem Wasser abgebraust und hernach zwecks Neutralisierung evtl. noch verbliebener Natronlauge mit verdünnter Citronensäure behandelt. Die einzelnen Segmente werden mit der Hand nachbehandelt, um noch vorhandene Kerne und Lamellen bzw. Gerüstsubstanzreste zu entfernen. Die japanische Industrie verarbeitet Varietäten der Satsuma-Mandarine, die weitgehend kernlos gezüchtet wird — die einzelnen Segmente enthalten keine oder ganz kleine, völlig verkümmerte Kerne, die leicht zu entfernen sind, während in Indien das Entfernen der normal entwickelten Kerne häufig zum Bruch des Segmentes führt, was die Herstellungskosten einer Qualitätsware wesentlich erhöht. Kehrseite der Züchtung der kernlosen Varietät ist eine Verflachung des Aromas und etwas zähe Beschaffenheit. Die japanische Industrie scheint diesen qualitätbeeinflussenden Faktor weitgehend überwunden zu haben, die Industrie in Formosa hat noch damit zu kämpfen.

Die geschälten Segmente werden nach dem Füllen und Aufguß üblicherweise exhaustiert oder Vakuum verschlossen und pasteurisiert oder sterilisiert. In Japan und Indien hat sich ein interessanter „wiegender" Pasteurisierapparat bewährt, in dem die Dosen über die Längsachse in einem heißen Wasserbad gerollt werden. Zum Kühlen wird ein nach demselben Prinzip arbeitender Apparat verwandt. Zum Aufguß wird mittlere oder schwere Kläre benutzt.

f) Grapefruit-Segmente

Die Konservierung von Grapefruit-Segmenten („sections") ist sehr populär geworden, und in manchen Jahren ist der Import von Grapefruit-Konserven nach Europa größer als der von frischer Frucht.

Die ganze Frucht wird in lauwarmem Wasser eingeweicht, wodurch die äußere Schale anquillt und leicht zu entfernen ist. Die innere Frucht kann in einzelne Segmente zerlegt werden, die durch Laugenschälen von den Lamellen befreit werden, oder sie wird als ganze Frucht laugengeschält, und nach dem Absprühen (und evtl. Citronensäurebehandlung) werden die einzelnen Segmente mit einem stumpfen, spatelähnlichen Messer ausgelöst. Da die Kerne meistens in der Mitte sitzen, ist ihr Entfernen leicht, muß aber durch Handarbeit erfolgen. Aufguß ist meistens mittlere oder schwere Kläre. Exhaustierung, Pasteurisierung im offenen Wasserbad ist üblich.

g) Mango (Mangifera indica)

Mango ist eine in Europa noch fast unbekannte Fruchtkonserve, die wegen ihres Aromas verdiente, populär zu werden.

Von den über 270 in Indien bekannten Varietäten ist hauptsächlich die Alfonso zum Konservieren geeignet. Die Frucht wird gewaschen, 1 min bei genau 93—94°C blanchiert, gekühlt, mit gebogenen Schälmessern vorsichtig geschält. Von der geschälten Frucht werden 4 Scheiben, 2 breitere und 2 schmale, entsprechend der Fruchtform, geschnitten. Je nach Reifegrad werden die Scheiben in eine Calciumsalz-Lösung getaucht zwecks Festigung des Gefüges. Die gefüllten Dosen werden exhaustiert und pasteurisiert. Der Aufguß entspricht der „schweren" Kläre.

Aus dem an den sehr großen Steinen anhaftenden Fruchtfleisch wird ein gesüßtes Mangomus, unter Standardisierung des Säure- und Zuckergehaltes, hergestellt.

h) Guavas

Diese besonders aromatische Frucht ist über die Tropen verbreitet und hat sich auch in subtropischen Ländern festgesetzt.

Das sehr kernreiche, schleimhaltige Kerngehäuse wird entfernt, die halbierten oder geviertelten Früchte werden ähnlich wie Birnen konserviert. Es wurde auch ein sehr aromatisches Guavapüree auf den Markt gebracht.

i) Papaya

Diese Frucht, die äußerlich wie eine mittelgroße Zuckermelone aussieht, wird als Mus (Pulpe) oder Kompott in Zuckerkläre konserviert.

Die Frucht wird mit der Hand geschält, vom Kerngehäuse befreit, in Scheiben oder Würfeln geschnitten, mit mittelstarker oder schwerer Kläre aufgegossen, exhaustiert, pasteurisiert. Wegen der starken Polyphenoloxydase- und Oxydaseaktivität wird während der Verarbeitung die Frucht mit 0,1 %iger Citronensäure-Lösung bedeckt.

j) Banane

Eine Konservierung der Banane als Frucht ist bis jetzt nicht gelungen. Dagegen ist ein Bananenpüree mit sehr guten organoleptischen Eigenschaften auf den Markt gekommen. Es werden dafür Varietäten mit einem besonderen Aromareichtum und einer Aromastabilität verarbeitet.

k) Weintrauben

In Italien und im Orient werden Weintrauben als Kompottfrüchte verarbeitet. Wegen des verhältnismäßig hohen pH-Wertes wird gewöhnlich Citronensäure dem Aufguß zugefügt. Als Aufguß dient eine „mittlere" Kläre. Pasteurisiert wird im offenen Wasserbad.

l) Feigen

Feigen werden meistens ungeschält als Kompott verarbeitet. Sie werden kurz blanchiert und mit einer „leichten" bis „mittleren" Kläre aufgefüllt. Zur Erniedrigung des pH-Wertes wird Citronensäure zugesetzt. Hartschalige oder feste Varietäten können auch laugengeschält werden.

m) Kakteen-Früchte

Der Inhalt der Früchte gewisser Kakteensorten (Opuntia), englisch „prickly pears", wird in einzelnen Mittelmeerländern als Kompott konserviert.

Die äußerst stachelige Frucht wird durch kurzes Eintauchen in heißes Wasser von den Stacheln befreit, der sehr kernreiche Inhalt durch zwei Schnitte aus der verhältnismäßig dicken Schale entfernt, mit einer leichten bis mittleren Kläre, der zur Erniedrigung des pH-Wertes und zur Geschmackskorrektion etwas Citronensäure zugesetzt wurde, aufgefüllt. Pasteurisierung erfolgt im offenen Wasserbad.

Im Aufguß vieler ausländischer Fruchtkonserven, vor allem aus den USA, ist ein Teil des Zuckers (Rohr- oder Rübenzucker) durch Stärkesirup (Glucosesirup) ersetzt. Die amerikanischen Standards (Qualitätsnormen) gestatten einen Ersatz des Saccharosegehaltes bis zu $^1/_3$ durch Stärkesiruptrockenmasse. Durch den Stärkesirupzusatz soll eine vorteilhafte Geschmacksabrundung der Obstkonserven (Mildern der aufdringlichen Süße der Saccharose) erreicht werden. In den deutschen Qualitätsnormen ist Stärkesirup bzw. Stärkezucker nicht unter den zur Süßung von Obstkonserven zugelassenen Zuckerarten aufgeführt.

VI. Fehlfabrikate

Fehlfabrikate, die durch mangelhafte Konservierungstechnologie (fehlerhaften, undichten Verschluß, Untersterilisation, zu stramme Packung) verursacht wurden, werden im Kapitel über Gemüsekonserven behandelt, ebenso die durch Wechselwirkung zwischen Füllgut und Behälter-(Dosen-)Material hervorgerufenen Korrosionserscheinungen und chemischen Bombagen. Interessant sind die Beobachtungen, daß stark anthocyanhaltige Lebensmittel die punktförmige Korrosion (Lochfraß) fördern (C.W. Culpepper u. J.S. Caldwell 1927; W.V. Cruess 1958).

Bei einzelnen Früchten können noch andere Fehlfabrikate auftreten: bei Preiselbeeren kann durch unsachgemäßen Zusatz des Zuckers ein Schrumpfen der Beeren eintreten, Stachelbeeren und Mirabellen können während der Sterilisation platzen, Stachelbeeren können mißfarben sein. Das Klumpen der Heidelbeeren ist kein Fehlfabrikat, sondern charakteristisch für dieses Erzeugnis und läßt sich durch Umrühren beseitigen (P. Nehring u. H. Krause 1963).

VII. Veränderungen

1. Veränderungen während der Herstellung

Wie im Kapitel über Gemüsekonserven ausgeführt wird, hat die zur Haltbarmachung erforderliche Hitzebehandlung unvermeidbare Auswirkungen auf die Füllgüter und bewirkt wesentliche Veränderungen derselben. Generell gesehen sind diese Veränderungen mit denen, die bei der normalen küchenmäßigen Zubereitung auftreten, vergleichbar.

Die Einwirkungen bei der industriellen Konservenherstellung sind aber häufig wesentlich milder durch die kontrollierten Behandlungs-(Verfahrens-)Bedingungen, das Ausschalten von Sauerstoff und/oder Licht u. a. mehr.

Die Veränderungen sind organoleptischer, chemisch-physikalischer oder ernährungsphysiologischer Natur, — wobei zwischen den drei Gruppen enge Zusammenhänge bzw. Abhängigkeiten und Übergänge bestehen.

a) Farbe

Die Farbe farbiger Fruchtarten wird durch verschiedene Kombination von Pigmenten verursacht, die zu den nahe miteinander verwandten Gruppen der Anthocyane (R. WILLSTATTER u. Mitarb. 1915, 1916), der Flavone und Flavonole (A. G. PERKIN u. A. E. EVEREST 1918) (vgl. auch Bd. I dieses Handbuches) gehören.

Die Anwesenheit der verschiedenen Anthocyane und Flavone und ihre unterschiedliche Kombination bzw. ihr Verhältnis untereinander ist für die große Variation und Schattierung in der Färbung der Früchte verantwortlich (rot, blau, violett usw.).

Die Anthocyane werden durch Hitzebehandlung zerstört, wobei zunächst eine saure Hydrolyse stattfindet, bei der das Glykosid in die Zuckerkomponente und das Aglykon, das Anthocyanidin, gespalten wird. Anthocyanidine wandeln sich oberhalb pH 4 leicht in farblose Verbindungen um. Das Ausmaß der Verfärbung hängt daher vom pH des Füllgutes ab.

Die Veränderungen der Farbe der Früchte hat aber nicht nur qualitative, sondern auch quantitative Aspekte. Bereits P. MARKAKIS u. Mitarb. (1957) haben auf Möglichkeiten der besseren Farberhaltung pigmentreicher Früchte hingewiesen. In der modernen Praxis beobachtet man auch, daß die Erdbeersorten, deren Farbstoff im äußeren Teil der Frucht konzentriert ist, wesentlich stärker verblassen, als die Sorten, in denen er durch die ganze Frucht verteilt ist (einer der Vorzüge der „Senga"-Varietäten).

Sauerstoff und Ascorbinsäure fördern den Abbau z. B. des Erdbeerfarbstoffes (A. LUKTON u. Mitarb. 1956).

Die ebenfalls in manchen Früchten vorkommenden Carotinoide (Aprikosen, Pfirsiche, Kürbis) sind hitzebeständiger als die Anthocyane. Trotzdem kann eine Aufhellung durch zu lange oder hohe Hitzebehandlung eintreten. Durch die moderne Sterilisationstechnologie läßt sich dies weitgehend vermeiden.

Farbänderungen können auch bei hellfleischigen Früchten auftreten. So kennt man das enzymatische Bräunen von ungeschütztem Fruchtgewebe (beim Schälen, Schneiden, usw.), das durch eine Oxydation der Polyphenole (Brenzcatechine, Chlorogensäure, Kaffeesäure usw.) durch Polyphenoloxydasen hervorgerufen wird.

Unter der sog. nichtenzymatischen Bräunung werden verschiedene Vorgänge oder Reaktionen zusammengefaßt, die zu einer Verfärbung der Früchte oder Kläre führen können. Eine wichtige Rolle kann die sog. Maillard-Reaktion (Kondensation von reduzierenden Zuckern mit Aminosäuren) spielen (vgl. Band I dieses Handbuchs). Eine weitere Reaktion, die für die Dunkelfärbung verantwortlich gemacht wird, ist die Kondensation der Oxydationsprodukte von Ascorbinsäure mit Aminosäuren mit anschließender Polymerisation. Der Umfang der nichtenzymatischen Bräunung ist jedoch in der Regel gering.

Bei grünen Früchten (z. B. Stachelbeeren) spielen wie bei Gemüsekonserven die Veränderungen des Chlorophylls eine wichtige Rolle für die Farbveränderungen.

Schwermetall-Ionen können ebenfalls Verfärbungen verursachen. Eisen-Ionen reagieren zu dunkelgefärbten Verbindungen mit den Polyphenolen. Zinn-Ionen bilden mit den Anthocyanen rotgefärbte Komplexe, die den Früchten ein „ausgebleichtes" Aussehen verleihen.

Die Farbveränderungen bei den Früchten, insbesondere den pigmentierten, stellen recht komplexe Vorgänge dar. So haben schon C. W. CULPEPPER u. T. S. CALDWELL (1927) darauf hingewiesen, daß die Verfärbungsprobleme eng mit Korrosions- und Perforations-(Lochfraß-)Problemen verwandt sind. Der bei der Korrosion durch Wechselwirkung zwischen Metall und Säure gebildete Wasserstoff reduziert die Anthocyane und übt dadurch eine bleichende Wirkung aus.

Lackierte Dosen verhindern diese Wirkung, allerdings besteht die Gefahr der Lochfraßkorrosion. Sauerstoff beschleunigt die Korrosion und fördert den Anthocyanabbau (A. LUKTON u. Mitarb. 1956). Die wechselseitigen Beziehungen zwischen den einzelnen Faktoren sind so komplex, daß praktisch jede Obstkonserve ein spezifisches Problem darstellt (C.W. CULPEPPER u. T.S. CALDWELL 1927).

b) Konsistenz

Hitzebehandelte Früchte sind weicher in ihrer Konsistenz. Die Ursachen sind ähnlich, wie bei Gemüsekonserven erwähnt, eine hydrolytische Spaltung der Pektinlamellen und eine Elution von Calcium- und Magnesium-Ionen aus dem Zellgewebe. Durch Zugabe von Calciumsalzen läßt sich, wenn erforderlich, eine Verfestigung erreichen.

c) Geschmack und Geruch (Aroma)

Die Veränderungen des Geruchs und des Geschmacks von hitzebehandelten Obstkonserven sind, ebenso wie von Gemüsekonserven, wenig untersucht worden. Neben den Ursachen, die bei Gemüsekonserven angegeben wurden (hydrolytische Spaltung von Inhaltsstoffen, Kondensationsreaktionen), dürften auch die veränderten Konzentrationsverhältnisse der einzelnen Geschmacks- und Geruchskomponenten und ihr Verhältnis zueinander eine Rolle spielen. Die Wechselwirkung zwischem dem zuckerhaltigen Aufguß, der auch Genußsäuren enthalten kann, und den Inhaltsstoffen der Früchte, hat ebenfalls einen maßgeblichen Einfluß auf die organoleptischen Veränderungen. Es sind auch Ansätze einer Untersuchung der Aromaveränderungen in Obstkonserven mit Hilfe der Gaschromatographie vorhanden (A.S. KOVACS u. H.O. WOLF 1964).

d) Vitamingehalt

Über die Veränderungen des Vitamingehaltes der Früchte während der Herstellung gibt es nur vereinzelte Angaben. Einen Hinweis auf die Erhaltung einzelner Vitamine während des gesamten Herstellungsprozesses in einigen Früchten geben folgende Zahlen (nach E.J. CAMERON u. J. RUSSEL ESTY 1950 und P. NEHRING 1954):

Vitaminerhaltung in % des Ursprunggehaltes
(Durchschnittswerte eingeklammert)

	Ascorbinsäure	Carotin + Vit. A	Thiamin	Nicotinsäure
Aprikosen .	75—97(87)	77—98(90)		
Pfirsiche . .	59—91(71)	59—99(84)	63—93(73)	87—92(89)

2. Veränderungen während der Lagerung

Die Veränderungen, die Obstkonserven während der Lagerung durchmachen können, hängen in erster Linie von den Lagerungsbedingungen ab: Lagerdauer und Lagertemperatur. Der Temperatur kommt ein wesentlicher Anteil an den Veränderungen zu. Mit erhöhten Temperaturen und fortschreitender Lagerung steigen Gesamt- und reduzierende Zucker und Säure an, während Anthocyane, Carotinoide, Pektinstoffe, flüchtige reduzierende Substanzen abnehmen. Ebenso nehmen die organoleptischen Qualitäten (Farbe, Geschmack/Aroma und Gefüge) ab (K.B. DALAL u. D.K. SALUNKHE 1964). Diese Feststellungen wurden bei Aprikosen, Sauer- und Süßkirschen getroffen, dürften aber für Obstkonserven generell gültig sein. Die Verfasser empfehlen für die Qualitätserhaltung hochwertiger Konserven eine Lagerung bei ca. +5°C, eine unter normalen Bedingungen kaum durchführbare Maßnahme.

Die Veränderungen des Vitamingehaltes der Obstkonserven während der Lagerung hängt von denselben Bedingungen ab, wie die anderen Veränderungen. Aus Tab. 5 ist die Erhaltung einiger wichtiger Vitamine in verschiedenen Obstkonserven nach Lagerung von 12 und 24 Monaten bei drei verschiedenen Lagerungstemperaturen ersichtlich (nach E. J. CAMERON u. J. RUSSEL ESTY 1950 und P. NEHRING 1954).

Die Erhaltung (Retention) der Ascorbinsäure in Obstkonserven wird als ein gutes Kriterium für die Lagerungsveränderungen angesehen. Die Kinetik des Ascorbinsäureabbaus entspricht einer Reaktion erster Ordnung (B. S. LUH u. B. W. T. KANUJOSO 1966).

Tabelle 5. *Vitaminerhaltung während der Lagerung von Obstkonserven* (in % des Anfanggehalts)

Vitamin	Ascorbinsäure						Thiamin						Riboflavin						Nicotinsäure					
Lagerdauer Monate	12			24			12			24			12			24			12			24		
Lagertemperatur °C	10	18	27	10	18	27	10	18	27	10	18	27	10	18	27	10	18	27	10	18	27	10	18	27
Ananas, Scheiben	100	95	74	83	78	53	97	96	89	102	103	89												
Aprikosen . .	96	93	85	94	90	56																		
Grapefruit Segm.	94	91	73	87	77	46																		
Pfirsiche . . .	98	85	72	98	80	53	92	90	81	88	100	86												
Pflaumen . . .													84	82	78	84	82	76	95	93	103	86	91	95

3. Veränderungen der Gewichtsverhältnisse

Eine der wichtigsten Veränderungen, die Obstkonserven während Herstellung (Hitzebehandlung) *und* Lagerung erleiden, betrifft das Gewicht der Früchte bzw. des Fruchtanteils in der Konserve. Das Gewicht der in der Behältereinheit befindlichen Früchte unterscheidet sich wesentlich von der Fruchteinwaage. I. GEBAUER (1961, 1962) und W. P. SKOTT (1963) beobachteten während mehrerer Jahre das sog. Abtropfgewicht (Fruchtauswaage) von einer Anzahl selbst hergestellter Obstkonserven und stellten fest, daß sie nach 6 Monaten Lagerung zwischen 50 % bei Erdbeeren (1959) bis 110 % (bei Äpfeln) der Fruchtauswaage betragen kann. B. S. LUH u. Mitarb. (1959) studierten das Abtropfgewicht von Aprikosen und stellten fest, daß das Abtropfgewicht sofort nach dem Pasteurisieren einen Tiefpunkt erreicht, dann im Laufe der nächsten 5—10 Tage zunimmt und einem konstanten Gewicht zustrebt, das praktisch in ca. 60 Tagen erreicht wird. Die Faktoren, die einen Einfluß auf die Größe des Abtropfgewichts haben, sind Reifegrad, Anbaugebiet, das Original-Einfüllgewicht und die Konzentration der Kläre. W. P. SKOTT (1963) hat noch einen Einfluß der Sortenunterschiede beobachtet.

C. STERLING (1959) befaßt sich mit den verschiedenen Vorstellungen über die Gewichtsveränderungen und Erklärungen für die Gewichtsveränderungen und schlägt eine neue Theorie vor, in der die Polysaccharide der Zellwand eine wesentliche Rolle spielen. Nach seiner Theorie wickeln sich nach dem Eindosen (Sterilisieren, Pasteurisieren) die Bewegungen des Wassers und der gelösten Substanzen, entsprechend den betreffenden Aktivitäten oder Konzentrationen ab. Die Frucht schrumpft in der Zuckerlösung (Kläre, Sirup), weil das Wasser die Frucht schneller verläßt, als die in der Kläre gelösten Stoffe eindringen können, um die Konzentrationsunterschiede auszugleichen. Das Aufhören des Wasseraustritts aus der Frucht und eine Umkehrung seiner Bewegungsrichtung wird durch eine Aufnahme von Zuckern in den Zellwänden, wahrscheinlich durch Wasserstoffbindung derselben mit den Polysacchariden der Zellwand, verursacht. Die höhere Zuckerkonzentration in den Zellwänden ermöglicht den Eintritt von Wasser in diese und die Schaffung einer stärker hydratisierten Lage, wodurch das Zellvolumen und das Abtropfgewicht sich erhöhen.

W. P. Skott (1963) hat aufgrund der erwähnten Beobachtungen die in Tab. 6 angeführten Mindestauswaagen (Abtropfgewichte) für Obstkonserven für die $^{1}/_{1}$-Dose vorgeschlagen.

Tabelle 6. *Mindestauswaagen (Abtropfgewichte) für Obstkonserven* ($^{1}/_{1}$-Dose; Abtropfzeit 2 min; nach W. P. Skott 1963)

Obstart	Mindestwert in g	Obstart	Mindestwert in g
Erdbeeren, roh eingefüllt . . .	310	Kirschen, mit Stein	490
Erdbeeren, vorbehandelt . . .	470	Kirschen, ohne Stein	470
Stachelbeeren, grün	510	Aprikosen	500
Himbeeren	450	Mirabellen	510
Heidelbeeren	440	Renekloden	485
Johannisbeeren, rot	390	Pflaumen, mit Stein	500
Johannisbeeren, schwarz . . .	460	Pflaumen, halbiert (ohne Stein)	520
Birnen	520	Pfirsiche	515
Äpfel in Stücken	500		

VIII. Untersuchung von Obstkonserven

a) Gewichtsverhältnisse

Der Gesamtinhalt wird durch Wägen des vollen und Rückwägen des leeren, ausgespülten und abgetrockneten Behälters bestimmt.

b) Auswaage (Abtropfgewicht)

Man läßt den Inhalt der Dose (des Glases) auf einem Sieb von 250 mm Durchmesser und 3 mm Lochweite während 2 min abtropfen. (Halbierte Früchte werden mit der Schnittfläche nach unten gelegt.) Nach dem Abtropfen werden die Früchte gewogen.

c) Konzentration der Kläre

Die Konzentration der Kläre wird mit dem Abbé-Refraktometer bei 20°C bestimmt (Saccharose-Skala), eine Korrektur für andere Zucker oder Säure findet nicht statt.

d) Stärkesirup

Bei ausländischen, insbesondere amerikanischen Konserven ist ein Zusatz von Stärkesirup (Glucosesirup) zur Kläre häufig, der bis zu $^{1}/_{3}$ des Zuckeranteils (als Stärkesiruptrockenmasse) betragen kann. Zum Nachweis und zur Bestimmung von Stärkesirup in Obstkonserven sei hier auf K. Herrmann „Konfitüren usw." in diesem Band verwiesen.

e) Künstliche Farbstoffe

Die bei gewissen Obstkonserven (Kirschen, Pflaumen, Erdbeeren) evtl. verwendeten künstlichen Farbstoffe können nach den im Kapitel „Konfitüren usw.") dieses Bandes angegebenen Isolierungs- und Identifizierungsverfahren nachgewiesen werden.

Als sehr brauchbar hat sich die von J. Davidek u. E. Davidková (1966) vorgeschlagene Methode erwiesen, bei der die Farbstoffe anstatt auf einem Wollfaden auf Polyamidpulver isoliert werden. Die Ausbeute an isoliertem Farbstoff ist wesentlich höher als beim Wollfaden.

IX. Hinweise für die lebensmittelrechtliche Beurteilung

Zur Beurteilung von Obstkonserven dienen in erster Linie die „Qualitätsnormen und Deklarationsvorschriften für verarbeitetes Obst und Gemüse" (letzte Fassung 1965, Verlag Günther Hempel, Braunschweig), die den z. Z. geltenden Handelsbrauch der deutschen Konservenindustrie zum Ausdruck bringen.

Außer den Richtlinien dieser „Qualitätsnormen" sind die Vorschriften der Kennzeichnungs-VO und der Farbstoff-VO zu berücksichtigen.

Die in starkem Maße aus den USA importierten Obstkonserven unterliegen ihren eigenen Normativbestimmungen, die von der Food and Drug Administration erlassen werden. Diese kennen hauptsächlich drei Konzentrationen des Aufgusses:

light syrup (leichte Kläre)
heavy syrup (schwere Kläre)
extra heavy syrup (extra schwere Kläre).

Die vorgeschriebenen Konzentrationen (nach dem osmotischen Austausch) variieren je nach der Fruchtart. So gilt z. B. für

	leicht ° Brix	schwer ° Brix		leicht ° Brix	schwer ° Brix
Aprikosen	16—21	21—25	Pflaumen, blau. . .	18—21	21—26
Pfirsiche	14—19	19—24	Pflaumen, andere. .	16—19	19—24
Sauerkirschen . . .	18—22	22—28	Ananas	14—18	18—22
Süßkirschen	16—20	20—25	Trauben	14—18	18—22
Birnen	14—18	18—22			

Wo diese Konzentrationen sich von den in den deutschen Qualitätsnormen geforderten unterscheiden, muß auf die Abweichung von den deutschen Qualitätsnormen hingewiesen werden.

Es soll nach gewissen Auffassungen die Übersetzung des englischen Ausdrucks „syrup" mit dem deutschen Wort „Sirup" unstatthaft sein, da man im deutschen Sprachgebrauch unter Sirup eine dick-zähflüssige, hochkonzentrierte Lösung verstehe (V. Hamann 1964). Bei dem immer mehr zunehmenden Warenaustausch ist aber allmählich ein Vertrautwerden mit dem englischen Ausdruck „syrup" und seiner Bedeutung zu erwarten.

Bibliographie

Cameron, E. J., and J. Russel Esty: Editors: Canned food in Cruman nutrition. Washington, D. C.; National Canners Association 1950.

Cruess, W. V.: Commercial fruit and vegetable products. 4. Aufl. New York-Toronto-London: McGraw-Hill Book Co. 1958.

Nehring, P.: Gemüse- und Obstkonserven in der menschlichen Ernährung. Braunschweig: Eigenverlag 1954.

—, u. H. Krause: Konserventechnisches Taschenbuch der Obst- und Gemüseverwertungsindustrie. 14. Aufl. Braunschweig: G. Hempel 1963.

Stumbo, C. R.: Thermobacteriology in food processing. New York and London: Academic Press 1965.

Zeitschriftenliteratur

Bigelow, W. V., and P. H. Cathcart: Relation of processing to the acidity of canned foods. Nat. Canners Ass. Res. Lab. Bull. **17**. L., Washington (1921).

Culpepper, C. W., and T. S. Caldwell: The behavior of the anthocyanin pigments in canning. J. agric. Res. **35** (2) 107—132 (1927).

Dalal, H. B., and D. K. Salunkhe: Thermal degradation of pigments and relative biochemical changes in canned apricots and cherries. Food Technol. **18**, 1198—1200 (1964).

Davidek, T., u. E. Davidková: Verwendung von Polyamid bei der Untersuchung wasserlöslicher Lebensmittelfarbstoffe II. Z. Lebensmittel-Untersuch. u. -Forsch. **131**, 99—101 (1966).

Dickinson, D., and T. W. Raven: Sand in canned strawberries. Analyst. **85**, 521—523 (1960).

Gebauer, J.: Fruchtauswaage bei Obstkonserven. Industr. Obst- u. Gemüseverwert. **46**, 357—360 (1961); **47**, 383—386 (1962).

Gillespy, T. G., and R. H. Thorpe: Survey of Byssochlamis fulva ascospore infection on strawberries for canning. Tech. Mem. No. 44. Fruit and Veg. Canning and Quick Freezing Res. Ass. Campden (1962).

Hamann, V.: Kurzbericht zur Tätigkeit des Unterausschusses für lebensmittelrechtliche Fragen. Mitt.-Bl. GDCh., Fachgr. Lebensmittelchem. **18**, 15—18 (1964).

Kovacs, A. S., u. H. O. Wolf: Über den Einfluß der Bearbeitung auf das Aroma von Obst und Gemüse. Industr. Obst- u. Gemüseverwert. **49**, 53—57 (1964).

Luh, B. S., S. T. Leonard and E. M. Mrak: Drained weight of canned apricots. Food Technol. **13**, 253—257 (1959).

—, and B. W. T. Kanujoso: Chemical changes in canned cling peaches. Fruchtsaft-Industr. **11**, 196—203 (1966).

Lukton, A., C. O. Chichester and G. Mackinney: The breakdown of strawberry-anthocyanin pigment. Food Technol. **10**, 427—432, (1956).

Markakis, P., G. E. Livingston and C. R. Fellers: Quantitative aspects of strawberry pigment degradation. Food Res. **22**, 117—130 (1957).

Nehring, P., u. W. P. Skott: Berechnung der Zuckerkonzentration im Aufgußsirup für Obstkonserven. Industr. Obst- u. Gemüseverwert. **51**, 385—390 (1966).

Olliver, M., and T. Rendle: A new problem in fruit preservation, Byssochlamis fulva. J. Soc. chem. Industr. (Lond.) **53** (22), 166—172 (1934).

Perkin, A. G., and A. E. Everest: The natural organic colouring matters (1918); zit. nach C. W. Culpepper and T. S. Caldwell (1927).

Skott, W. P.: Fruchtauswaage bei Obstkonserven. Industr. Obst- u. Gemüseverwert. **48**, 489—494 (1963).

Sterling, C.: Drained weight behavior in canned fruit: an interpretation of the rôle of the cell wall. Food Technol. **13**, 629—634 (1959).

Williams, C. C., E. J. Cameron and O. B. Williams: A facultatively anaerobic mold of unusual heat resistance. Food Res. **6**, 69 (1941).

Willstätter, R., u. H. Mallison: Untersuchungen über die Anthocyane. III. Liebigs Ann. Chem. **408**, 15—41 (1915).

—, u. E. H. Zollinger: Untersuchungen über die Anthocyane. VI. Liebigs Ann. Chem. **408**, 83—109 (1915).

— — Untersuchungen über die Anthocyane. XIV. Liebigs Ann. Chem. **412**, 164—178 (1916).

C. Trockenobst
(einschließlich gefriergetrocknetes Obst und Obstpulver)

Von

Dr. Karl Herrmann, Stuttgart

Mit 1 Abbildung

Das Trocknen von Lebensmitteln zählt zu den ältesten Konservierungsverfahren. Die Haltbarkeit der getrockneten Lebensmittel beruht auf der Tatsache, daß unterhalb eines bestimmten, allerdings je nach Lebensmittel verschiedenen Wassergehaltes ein Wachstum von Mikroorganismen in der Regel nicht mehr stattfindet. Für Früchte war jahrhundertelang das Trocknen der einzige Weg der Haltbarmachung, bis das Einkochen (Sterilisieren) aufkam und sich durchsetzte.

Die Methoden der Trocknung blieben lange Zeit unverändert. In wärmeren Gebieten erfolgte sie in der Regel an der Luft, und man benutzte die durch die Sonneneinstrahlung hervorgerufene Wärme zum Entziehen des Wassers, während in den gemäßigten Zonen die künstliche Trocknung, z. B. in sog. Obstdarren, eine verbreitete Anwendung fand.

1. Trockenobst herkömmlicher Art

a) Allgemeines

Mit dem Fortschreiten von Wissenschaft und Technik wurden die Trocknungsverfahren und damit die Qualität des Trockenobstes verbessert und wurden getrocknete Früchte immer mehr zu einem Welthandelsartikel. Die Weltproduktion wird mit 1000000 t pro Jahr angegeben, wovon allein 400000 t auf die USA entfallen (J. C. Harper u. A. L. Tappel 1957). Der Verbrauch an Trockenfrüchten beträgt in den einzelnen Kulturländern 1—5 kg pro Kopf und Jahr, im Durchschnitt um 3 kg.

Zu Trockenobst werden hauptsächlich Äpfel, Pflaumen, Aprikosen, Pfirsiche, Weinbeeren, Feigen und Datteln, weniger Birnen verarbeitet, während Kirschen z. B. in Rußland und Beerenobst wohl nur gelegentlich getrocknet werden. Früher wurden Heidelbeeren für meist pharmazeutische Zwecke getrocknet.

Haupterzeugerland für getrocknetes Kern- und Steinobst sind bisher unumstritten die USA. In Deutschland werden nur Äpfel in sehr bescheidenem Umfang industriell getrocknet. Rosinen, Sultaninen und Korinthen werden in beträchtlichen Mengen in Spanien, Griechenland, Kleinasien, USA und Australien und Feigen im wesentlichen in Spanien, Portugal, Italien, Türkei, Algerien und Griechenland gewonnen. Datteln werden aus den nordafrikanischen und arabischen Ländern sowie aus Persien importiert.

Getrocknete Früchte (dried fruits) weisen in der Regel einen Wassergehalt von 18—24 % (getrocknete Weinbeeren 14—18 %) auf. Durch Pressen in Blöcke wird die Transport- und Lagerfähigkeit erhöht. Trockenfrüchte sollen beim Zusammendrücken mit dem Finger nachgeben, jedoch nicht als Klumpen zusammenkleben, sondern sich leicht voneinander lösen lassen.

In USA werden u. a. folgende Qualitäten unterschieden: Extra Fancy, Grade A = Fancy, Extra Choice, Grade B = Choice, Grade C = Standard. Unter „Fancy" werden gute Qualitäten verstanden. So sind z. B. „Fancy"-Ringäpfel von einheitlicher Größe und einheitlicher weißer bis leicht hellgelber Farbe und praktisch frei von Schalen- und Gehäuseresten sowie Beschädigungen. „Fancy"-Trockenpflaumen besitzen nur bis zu 10% beschädigte Früchte. „Choice"-Ringäpfel können schon leicht hellbräunlich sein und bis zu 50% dürfen Schalen- und Gehäusereste enthalten. „Choice"-Trockenpflaumen weisen bis zu 15% beschädigte Früchte auf. „Standard" umfaßt billigere Konsumware. „Standard"-Ringäpfel sind braun und -Trockenpflaumen enthalten bis zu 20% beschädigte Früchte. Bei getrockneten Aprikosen, Pfirsichen, Weintrauben und US-Feigen spielt bei der Eingruppierung auch die Größe eine Rolle.

Bei den getrockneten Früchten geht die Entwicklung — zumindest in USA — dahin, sie auf einen höheren Wassergehalt einzustellen. So sind z. B. Pflaumen mit 30—33 % Wasser sehr ansprechend, schmackhaft und eignen sich gut zum sofortigen Verzehr. Allerdings erfordern sie einen Schutz gegen Schimmel- und Hefenbefall, wozu 2 %ige Kaliumsorbatlösungen eingesetzt werden können (F.S. NURY u. Mitarb. 1960). Auch Feigen und Rosinen (M.W. MILLER u. C.D. FISHER 1961) eignen sich mit 30—33 % Wasser besser zum sofortigen Verzehr und werden zusätzlich in dieser Form neben Pflaumen in USA gehandelt.

In USA werden weiterhin Früchte auf einen Wassergehalt von 3—5 % im Vakuum getrocknet (dehydrated fruits). Diese sind bei höheren Temperaturen (Tropen) besser lagerfähig, und ihr Vitamin C-Gehalt ist beständiger.

Die wesentlichen Lagerveränderungen der Trockenfrüchte bestehen in Schädlingsbefall und der nichtenzymatischen Bräunung. Damit ist ein Geschmacksabfall verbunden. Ebenfalls geht eine Verminderung des Vitamin C-Gehaltes mit der Länge der Lagerung einher. Eine künstliche Trocknung wirkt sich hier besser als eine Sonnentrocknung aus. Durch SO_2 wird die Vitamin C-Zerstörung beim Trocknen und Lagern vermindert.

Auch beim Trockenobst übt neben der Lagerzeit in besonderem Maße die Lagertemperatur einen Einfluß auf die Haltbarkeit aus. So sollen bei $+2°$ C gelagerte Trockenpflaumen noch nach 6 Jahren von guter Beschaffenheit sein, während bei 27—30° C die Früchte schon nach 6 Monaten unansehnlich werden.

Literatur über Trockenobst und Obsttrocknung vgl. in erster Linie bei W.V. CRUESS (1958); zusätzlich bei J. SCHORMÜLLER (1966), H.W. VON LOESECKE (1955); H. SCHIEFERDECKER (1942) sowie D.J. TILGNER (1933).

b) Trocknungsvorgang und -apparate

Trockenobst kann durch natürliche und künstliche Trocknung gewonnen werden.

Bei der *Sonnentrocknung* werden die vorbereiteten und meist geschwefelten Früchte (vgl. Abschnitt c) auf Holzhorden in dünner Schicht ausgebreitet und an der Sonne getrocknet. Häufig wird der Trocknungsvorgang unterbrochen, wenn die Früchte zu etwa 50—75 % entwässert sind, und dann nach Stapelung der Horden im Schatten langsam zu Ende geführt, bis der erwünschte Trocknungsgrad erreicht ist. Bisweilen dürfte heute zum Nachtrocknen die künstliche Wärme Verwendung finden. Bei der Sonnentrocknung reifen die Früchte etwas nach und entwickeln eine volle Farbe.

Auch die *künstliche Trocknung* in der herkömmlichen Form ist im wesentlichen eine Verdunstungstrocknung. Durch einen erwärmten und/oder getrockneten Luftstrom wird einmal das zu trocknende Gut erwärmt und zum anderen das verdunstende Wasser fortgeführt, wobei die Erwärmung des Gutes weit unterhalb des Siedepunktes des Wassers gehalten werden kann.

Der Verdunstungsvorgang verläuft in zwei Phasen. Bei konstanter Oberflächentemperatur verdunstet das Zellwasser, das aus den Capillaren und tieferliegenden Zellen nachgezogen wird, an der Oberfläche des Gutes. Die Trocknungsgeschwindigkeit bleibt hierbei konstant. In der zweiten Phase, die nach Verdunstung von 50—60 % des enthaltenen Wassers einsetzt, verlagert sich die Verdunstungszone mehr und mehr in das Innere des Gutes, was zu einer Verminderung der Trocknungsgeschwindigkeit und zur Erhöhung der erforderlichen Wärmemenge pro gleiche Menge des zu entziehenden Wassers führt. Die Temperatur des Gutes steigt an und dieses wird zunehmend hygroskopischer. Die zweite Phase, der sog. „Trocknungsschwanz", ist mit Vorsicht durchzuführen, da hier die Gefahr nachteiliger Veränderungen des Trockenproduktes am größten ist. Durch möglichst geringe Trocknungsgeschwindigkeit ist einer sog. „Verhornung" der Oberfläche, die zu einem erheblichen Verlust an Quellfähigkeit führt, vorzubeugen.

Als Anhalt kann gelten, die Gutstemperatur während des gesamten Trocknungsvorgangs nicht über 65—70° C steigen zu lassen. Hierdurch wird die Erscheinung des „Anbrennens" ebenso wie bei den Vakuumverfahren, die sich noch nicht durchsetzen konnten, verhindert. Gutstemperatur und Trocknungsgeschwindigkeit sollen überall möglichst gleich sein. Auch soll das gesamte Trockengut gleichmäßig von der erwärmten Luft umspült werden. Neben dem Feuchtigkeitsgrad der Luft ist die Umlaufgeschwindigkeit eine wichtige Größe. In modernen Anlagen wird mit Luftgebläseeinrichtungen gearbeitet (weitere Angaben zum Trocknungsvorgang vgl. P. Nehring u. H. Krause 1963 oder F. Kneule 1959).

Die heute im wesentlichen verwendeten Trocknungsanlagen für Obst können in *Kammertrockner*, *Kanaltrockner* und *Bandtrockner* eingeteilt werden. Hinzu kommen neben Vakuumtrocknern und Gefriertrocknungsanlagen die speziellen Flüssigkeitstrockner für Obstsäfte, in denen das Wasser dem Gut durch Verdampfung entzogen wird. Hierauf wird weiter unten beim „gefriergetrockneten Obst" und „Obstpulver" näher eingegangen.

Kammertrockner (Schranktrockner) werden in der Regel nur für kleine Mengen an Trockengut eingesetzt. Von wesentlich größerer Bedeutung sind die Kanal- und die Bandtrockner. Bei den *Kanaltrocknern* (oder Tunneltrocknern) wird das Gut auf Hordenwagen durch die Anlage befördert. Mehr noch hat sich der *Bandtrockner*, der in zahlreichen Typen existiert, durchsetzen können. Das Gut wird hierbei auf einem Band durch den Trocknungsraum bewegt. Die Anlage ermöglicht eine schonende Trocknung großer Mengen. Beim Kanal- und Bandtrockner wird die Belüftung stufenweise vorgenommen. Weitere nähere Angaben über die Technologie der Trocknung und die verwendeten Trocknungsanlagen können Werken, wie denen von F. Kneule (1959) und von K. Kröll (1959) entnommen werden; vgl. auch P. Görling (1951) sowie P. Nehring u. H. Krause (1963). Über Tunneltrockner für Früchte und Gemüse berichteten ausführlich P. W. Kilpatrick u. Mitarb. (1955).

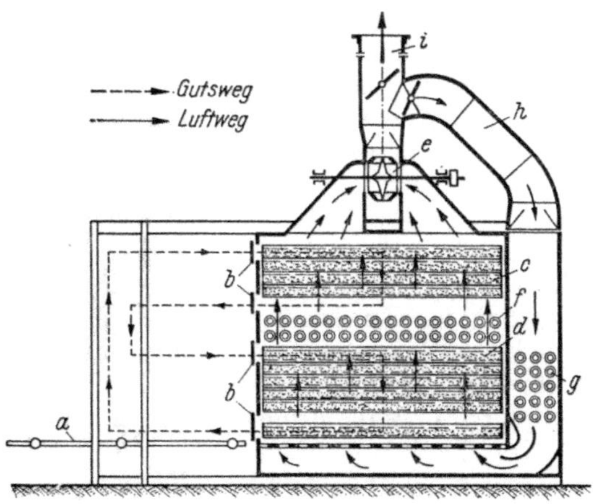

Abb. 1. Horden-Schachttrockner mit Gutsdurchlüftung (Bauart „Favorit" der Benno Schilde Maschinenbau-A.G., Bad Hersfeld)
a Fahrstuhl; *b* Klappen; *c, d* Hordenstapel; *e* Ventilator; *f, g* Heizkörper; *h* Umluftrohr; *i* Abluftrohr
(entnommen aus K. Kröll 1959, S. 261)

c) Vorbereitung des Obstes

Für das Trocknen von Obst spielt ebenso wie für das Sterilisieren und das Tiefgefrieren die Wahl der Rohware (Sortierung) eine entscheidende Rolle, wobei auf geeignete Sorten zu achten ist. Nur gesundes und ausgereiftes Obst, das ebenso gut frisch verzehrt werden könnte, ist zur Trocknung zu verwenden. Genügende Festigkeit des Fruchtfleisches, leichte Schälbarkeit, gutes Lösen des Steines bzw. geringer Kernanteil sind Voraussetzungen für die Verarbeitung. Wichtig ist nicht zuletzt der richtige Reifegrad, wobei gute Genußreife, ausgebildeter Geschmack und spezifisches Aroma mit einer noch einwandfreien Festigkeit des Fruchtfleisches einhergehen sollen.

Zur Trocknung wird das Obst in üblicher Weise sorgfältig gewaschen und, wie weiter unten für die einzelnen Obstarten beschrieben, vorbereitet. Da das Obst in der Regel nicht blanchiert wird, muß der Verhütung der enzymatischen Bräunung besondere Beachtung geschenkt werden. Diese Verfärbungserscheinungen werden in der Regel durch Anwendung von SO_2 verhindert. Die gewaschenen und zur Trocknung vorbereiteten Früchte werden in sog. Schwefelkammern (das sind gasdichte Räume, in welche das Obst auf Horden eingebracht wird) SO_2-Dämpfen ausgesetzt, die man durch Abbrennen von Schwefel erzeugt. Gleichzeitig erhält das getrocknete Obst durch den SO_2-Gehalt einen gewissen Schutz gegen späteren Schädlingsbefall. Nicht zuletzt wird die Ausbildung einer nichtenzymatischen Bräunung (Maillard-Reaktion) zwischen reduzierenden Zuckern und den freien Aminosäuren sowie den NH_2-Gruppen der Eiweißstoffe verzögert. Selbstverständlich sollte die SO_2-Anwendung auf das unbedingt notwendige Maß beschränkt werden, weshalb einzelne Länder Höchstwerte für SO_2 in Trockenfrüchten festgelegt haben (nähere Angaben vgl. „Hinweise für die lebensmittelrechtliche Beurteilung", S. 125).

Bisweilen wird die SO_2-Gasbehandlung durch Eintauchen in Sulfitlösungen, z. B. Natriumhydrogensulfit- oder Kaliumdisulfitlösungen, ersetzt, doch sind die erzielten Ergebnisse nicht immer zufriedenstellend. Das Verfahren soll u. a. für tropische Früchte ungeeignet sein. Zusätzlich zu der seit langem geübten Schwefelung wird das Eintauchen bzw. Einlegen von Fruchtstücken in Citronensäure- oder 2 %ige Natriumchlorid-Lösung angegeben, wobei ebenfalls die enzymatische Oxydation zurückgedrängt wird. Auch soll z. T. ein kurzes Blanchieren (Überwellen) der Früchte in Anwendung sein.

d) Nachbehandlung

Vor allem die an der Sonne getrockneten Früchte müssen nach der Trocknung einige Zeit in einem Raume lagern, damit sich die unterschiedliche Feuchtigkeit zwischen den Früchten und innerhalb der einzelnen Frucht ausgleichen und die Fruchtschale eine geschmeidige Beschaffenheit annehmen kann. Sonnengetrocknete Früchte weisen meist eine bessere Farbe auf, während künstlich getrocknetes Obst sich durch besseres Aroma und günstigere Kochqualitäten auszeichnet.

e) Herstellung der einzelnen Trockenerzeugnisse

Im folgenden werden Vorbereitung und Trocknung der einzelnen Obstarten kurz beschrieben und die Trockenprodukte charakterisiert:

Äpfel werden ausgelesen, geschält, geputzt, vom Kerngehäuse befreit und in der Regel zu Ringen von ca. 0,5—0,7 cm Dicke geschnitten. Im allgemeinen werden nur hellfleischige Sorten mit festem Fruchtfleisch und genügendem Säuregehalt verwendet. Anschließend werden die Scheiben meist 30—90 min in Schwefelkammern geschwefelt, wobei SO_2 in die Früchte eindringen muß, und danach einer künstlichen Trocknung bei Temperaturen um 70° C unterworfen. Während der ersten Stunden der Trocknung, die bis 12 Std benötigt, wird weiter geschwefelt. Die trockenen Scheiben läßt man Feuchtigkeit bis auf einen Wassergehalt von höchstens 24% aufnehmen und schwefelt sie dann nach.

Das Endprodukt soll sich weich und geschmeidig anfühlen und möglichst von einheitlich heller Farbe sein.

Birnen, die als Trockenobst geringere Bedeutung haben, werden für 1—3 min in ein Reinigungsbad aus 0,5—1%iger Salzsäure gebracht, dann mit Wasser abgespült, z. T. auch geschält, geputzt und vom Kerngehäuse befreit. Die vom Blütenende zum Stiel halbierten oder in bis acht Längsteile geschnittenen Früchte werden stark geschwefelt und mit der Schnittfläche nach oben in der Regel an der Sonne getrocknet. Geeignet sind süße und saftige Sommer- und Frühherbstbirnen.

Gute Trockenbirnen sollen geschmeidig, von einwandfreier Textur und durchscheinend sein sowie eine helle Farbe besitzen. Eine kalkig-weiße oder braune Färbung ist wie bei Äpfeln unerwünscht.

Pflaumen wurden früher 5—30 sec in etwa 0,5%ige heiße Natronlauge getaucht, um den wachsartigen Überzug zu entfernen und zur Beschleunigung der Verdunstung die Haut stellenweise zum Platzen zu bringen, nach Größe sortiert und an der Sonne getrocknet. Bei der künstlichen Trocknung (bis 70° C), die heute bei weitem den Vorrang hat, wird die Behandlung mit Lauge durch eine solche mit heißem Wasser ersetzt. Vor dem Verpacken werden die Trockenpflaumen nach Größe und Gewicht sortiert und häufig etwa 2 min lang mit heißem Wasser behandelt oder auch Dampf ausgesetzt, um ihnen ein glänzendes Aussehen zu geben, sie weich und geschmeidig zu machen und um Verunreinigungen, wie Insektenlarven, Schmutzteile u. dgl., zu entfernen.

Eine gute Trockenpflaume enthält bis 20% Wasser. Sie soll eine lederartige Oberfläche und ein pastös-festes Fleisch aufweisen und säuerlich schmecken; der Samen (Stein) soll sich mit den Fingern nicht herausdrücken lassen.

Aprikosen werden wie die Birnen halbiert, wobei auf eine glatte Schnittfläche zu achten ist, vom Stein befreit und mit der Schnittfläche nach oben auf Horden gebracht. Nach mehrstündiger Begasung mit SO_2 werden die Früchte meist 1—4 Tage an der Sonne getrocknet, wobei eine Nachreifung eintritt und die goldgelbe Farbe sich verstärkt, oder auch bei Temperaturen bis 70° C künstlich getrocknet. Das Trockenprodukt wird auf mißfarbene Früchte und fremde Beimengungen durchgesehen, dann auf ein Schwingsieb gegeben und mit Wasser gereinigt. Hierbei erfolgt eine Wasseraufnahme. Der Endwassergehalt soll 23—24% nicht überschreiten. Vor dem Verpacken wird in der Regel nachgeschwefelt.

Gut getrocknete Aprikosen sollen groß sein, ein geschmeidiges, nicht klebriges Fruchtfleisch von fester Konsistenz besitzen und einen hohen Zuckergehalt aufweisen. Solche Früchte kräuseln sich nicht beim Trocknen und behalten ein gutes äußeres Aussehen und eine einwandfreie Beschaffenheit.

Pfirsiche werden in gleicher Weise getrocknet. Zum Teil kommen die getrockneten Hälften ohne Schale in den Handel, die vor dem Trocknen durch Laugenbehandlung entfernt worden ist.

Trockenpfirsiche sollen goldgelb, aber nicht graugrün oder braun sowie fest und geschmeidig, aber nicht klebrig sein.

Weinbeeren (Trauben), die eine dünne zarte Schale aufweisen müssen, werden mit heißer alkalischer Flüssigkeit, z. B. 0,5%iger Natronlauge, seltener Natriumcarbonatlösung, 3—6 sec abgebrüht. Dabei wird die Wachsschicht entfernt und die Frucht erhält feine Risse, welche das Trocknen wesentlich erleichtern und beschleunigen. Bei festerer Fruchtschale wird auch bis 3%ige Natronlauge angewendet. Nach dem Abspülen werden heute die Weinbeeren oft geschwefelt und dann an der Sonne oder bei bis 70° C künstlich getrocknet. Zum Teil werden sie auch ohne jede Vorbehandlung an der Sonne getrocknet. Dann werden sie maschinell von Stielen, Blättern, Sand und anderen Verunreinigungen befreit und mit einem bis 18% betragenden Wassergehalt verpackt.

Künstlich getrocknete Weinbeeren sind in der Regel heller als sonnengetrocknete; auch neigen sie stärker zum Zusammenkleben. Die Trockenfrüchte werden als Rosinen. Sultaninen und Korinthen gehandelt. Unter *Rosinen* werden kernhaltige, dunkelfarbige und unter *Sultaninen* kernlose. hellfarbige Trockenfrüchte verstanden. Die *Korinthen* sind mit und ohne Kerne, dunkelfarbig und viel kleiner als die beiden vorstehenden Sorten.

Feigen sollen am Baume reifen und nicht gepflückt werden, sondern abfallen. Zur Trocknung werden Herbstfeigen (September) bevorzugt.

Nach dem Sortieren werden sie z. T. auf Matten ausgebreitet und in etwa 2—4 Tagen an der Sonne getrocknet, bis aus ihnen zwischen den Fingern kein Saft mehr ausgepreßt werden kann. In USA werden bestimmte Feigenarten vor der Sonnentrocknung einem Reinigungsbad unterzogen und geschwefelt, was aber mit den großen, süßen Smyrnafeigen als wertvoller Sorte nicht vorgenommen wird. Die getrockneten Feigen werden in Kleinasien nach Güte und Größe in drei Qualitätsstufen sortiert. Die wertvolleren Früchte werden häufig aufgeschnitten, flach gedrückt, mit heißem Wasser gereinigt und nach Entfernung des Stielansatzes verpackt. Die kleinen dickschaligen griechischen Feigen wurden früher in größerer Menge als sog. Kranzfeigen, d. h. ringförmig auf Schnüre aufgezogene Feigen, ausgeführt. Heute wird die Haushaltsware meist in Kunststoff (Cellophan) verpackt. Zum Teil erfolgt das Verpacken erst nach einer weiteren Reinigung in den Verbraucherländern.

Von den **Datteln**, die kurz vor dem Abfallen von der Dattelpalme gepflückt werden, werden die unreifen auf Palmblättern an der Sonne nachgereift und getrocknet. Ein Teil wird zu Blöcken gepreßt, wobei Sirup austritt und wodurch die Fruchtmasse nicht mehr so leicht von Insekten befallen werden kann. Die besseren Qualitäten werden ungepreßt verpackt. Vor und nach dem Trocknen werden diese meist Behandlungsverfahren unterzogen, die eine Reinigung bezwecken und einen Schädlingsbefall vermeiden sollen.

Die walzenförmigen pflaumengroßen Früchte enthalten in gelb- bis rotbrauner Fruchthaut ein süßes klebriges Fleisch und einen 2,5—3 cm langen Samen (Kern). Bekannt sind die großen, braunroten ägyptischen (Alexandriner) Datteln.

Auch geschälte **Bananen** werden in den Anbauländern zu Trockenfrüchten verarbeitet („Bananenfeigen").

D.P. DAS u. Mitarb. (1955) empfehlen, die hergerichteten Früchte 15 min in eine 1%ige Natriumcarbonatlösung zu tauchen, mit einer 0,05%igen Citronensäurelösung zu übergießen und dann mit Wasser zu waschen. Anschließend werden die Früchte 1 Std SO_2-Dämpfen ausgesetzt und dann bei 55—60° C zu einem dunklen, geschmeidigen, weichen und nicht klebenden Produkt getrocknet.

2. Gefriergetrocknetes Obst

Die Gefriertrocknung (freeze-drying) kombiniert die Vorzüge des Tiefgefrierens mit jenen der Trocknung. Im Prinzip ist der Gefriertrocknungsprozeß sehr einfach. In der Praxis stellt er dagegen noch zahlreiche physikalische und technische Probleme, auf die hier nicht näher eingegangen werden kann.

Das zu trocknende Gut wird zunächst bei tiefen Temperaturen (—20 bis —40°C) gefroren und dann in eine Vakuumkammer gebracht. Auch kann das Einfrieren in der Anlage selbst vorgenommen werden. Mit Hilfe einer wirksamen Pumpe wird dann in der Kammer ein ausreichendes Vakuum (0,1—1 Torr) erzeugt. In diesem Hochvakuum wird das Wasser dem zu trocknenden Gut durch Sublimation, d.h. durch direkten Übergang aus der festen in die gasförmige Phase, entzogen und meist an tiefgekühlten Flächen (Eiskondensatoren) niedergeschlagen. Während bei anderen Trocknungsverfahren der Übergang in die gasförmige Phase an der Oberfläche des Gutes stattfindet, erfolgt die Sublimation bei der Gefriertrocknung von einer scharf abgesetzten Grenze aus, die sich während der Trocknung immer weiter in das Innere des Gutes zurückzieht.

In Großbritannien wird seit einigen Jahren eine sog. „beschleunigte" (accelerated) Gefriertrocknung verwendet. Das Verfahren stellt eine Kombination von Gefriertrocknung und einer nachfolgenden Vakuumtrocknung dar und hat den Vorteil, daß die Kosten geringer als bei einer ausschließlichen Gefriertrocknung sind.

Das Verfahren der Gefriertrocknung, über dessen Anwendung auf Lebensmittelprobleme bereits mehrere Übersichtsberichte vorliegen (J.C. HARPER u. A.L. TAPPEL 1957; P. GÖRLING 1961; G. NEMITZ 1963), hat zweifellos eine Reihe sehr wesentlicher Vorteile gegenüber den üblichen Trocknungsverfahren einschließlich moderner Vakuumverfahren:

1. Eine weitgehende Erhaltung des natürlichen Aussehens, des Volumens, der Struktur und der Form, so daß ein poröses, den Naturprodukten weitgehend ähnliches Erzeugnis entsteht.

2. Damit im Zusammenhang steht eine gute Wasseraufnahmefähigkeit, die sich im allgemeinen grundlegend von der anderer Trockenprodukte unterscheidet. Das abgegebene Wasser wird rasch und oft nahezu vollständig wieder aufgenommen.

3. Die Inhaltsstoffe werden wie bei keinem anderen Verfahren geschont. Eine Denaturierung des Eiweißes wird weitgehend vermieden. Empfindliche Inhaltsstoffe werden nicht oder wenig beeinflußt. Flüchtige Aromastoffe bleiben in wesentlich stärkerem Maße erhalten.

Entscheidend für die Lagerfähigkeit ist ein möglichst geringer Wassergehalt und ein niedriger Sauerstoffgehalt des umgebenden Luftraumes. Daher sollten gefriergetrocknete Erzeugnisse auf einen Restwassergehalt von ca. 2 %, höchstens 3 %, eingestellt werden, was bisher noch beträchtliche Zeit benötigte und damit erhebliche Kosten verursachte. Der Sauerstoffgehalt sollte höchstens 2 % betragen. Für die so getrockneten Produkte wird in der Regel eine Lagerfähigkeit von 2 Jahren ohne jede Qualitätseinbuße angegeben.

Gefriergetrocknete poröse Produkte, deren Charakteristikum die rasche und leichte Wasseraufnahme ist, erfordern zur Erzielung der Lagerbeständigkeit eine geeignete, gegen Wasserdampf dichte Verpackung. Für eine längere Lagerung sind Dosen oder nichtpermeable, mehrschichtige, flexible Filme geeignet, die weder Wasserdampf noch Sauerstoff durchlassen. Nicht zuletzt werden die Produkte in inerter Atmosphäre oder unter hohem Vakuum verpackt (T.C. Taylor 1961).

Die meisten Obstarten, z. B. ganze Erdbeeren, Himbeeren, Johannisbeeren sowie Teile von Früchten, wie Apfelringe, Aprikosen- und Pfirsichscheiben, eignen sich gut zur Gefriertrocknung. An die Rohware sind schon wegen der Aufwendigkeit des Verfahrens besondere Qualitätsanforderungen zu stellen. Wie bei den anderen Konservierungsverfahren spielt auch hier die Sortenfrage eine Rolle, und es werden ebenfalls Bemühungen zur Züchtung geeigneter Sorten unternommen.

Die gefriergetrockneten Früchte kommen im äußeren Bild dem frischen Obst am nächsten. Sie behalten weitgehend ihre Form. Sie sehen allerdings oft etwas matter aus, und die empfindlicheren Färbungen, wie die der Erdbeere, sind etwas verblaßt. Die porösen Produkte können in einigen Minuten ihr abgegebenes Wasser wieder aufnehmen. Gefriergetrocknetes Obst unterscheidet sich also grundsätzlich von dem nach üblichen Verfahren getrockneten. Nach Wasseraufnahme gleicht sein Geschmack etwa dem frischgefrorener Früchte. Es kann aber ebenso in trokkenem Zustand gegessen werden und stellt damit ein bisher unbekanntes Produkt dar.

Eine gewisse Bedeutung für Notverpflegung scheinen neben gefriergetrockneten Erdbeeren und Ananas gefriergetrocknete Pfirsiche (in USA) zu haben. Über ihre Herstellung berichteten S. Jackson u. Mitarb. (1957), die sich damit beschäftigten, die Gefriertrockenzeiten zu verkürzen. Unveröffentlichte Versuche von M.W. Miller u. E.M. Mrak (vgl. J.C. Harper u. A.L. Tappel 1957) zeigten, daß gefriergetrocknete Pfirsiche und Aprikosen eine sehr gute Lagerbeständigkeit aufwiesen. Wenn sie vor dem Trocknen mit Schwefeldioxid behandelt wurden, konnten sie 6 Monate bei 38° C ohne Qualitätseinbuße aufbewahrt werden. Es ist empfehlenswert, nur bis ca. 100 mg SO_2/kg anzuwenden, da die Früchte diese Stoffe stark zurückhalten. Vor dem Einfrieren werden Pfirsich-Hälften am besten kurze Zeit blanchiert, wofür Dampfblanchieren von 1 min ausreichen dürfte, um die o-Polyphenoloxydase weitgehend zu zerstören. Anschließend werden die Früchte mit Schwefeldioxid behandelt, dann mit geringem Druck in Pappkartons gepreßt und bei —37° C im Gefriertunnel eingefroren. Vor dem Trocknen müssen die Kartons entfernt werden. Gefriergetrocknete Pfirsiche unterliegen Lagerveränderungen in wesentlich geringerem Umfange als mit üblichen Verfahren entwässerte Früchte. Fruchtsäfte eignen sich ebenfalls gut zur Gefriertrocknung.

Zur Rekonstitution werden im allgemeinen 200 g (nach dem „beschleunigten" Verfahren) gefriergetrocknete Früchte in 1 l Wasser angesetzt, 1—5 min einweichen gelassen, dann zum Sieden gebracht und 1—10 min in schwachem Kochen gehalten.

3. Gefrierkonservierung, kombiniert mit Vortrocknung (dehydrofreezing)

Das Verfahren ist grundsätzlich von der Gefriertrocknung zu unterscheiden. Das Obst wird in einer der üblichen Trocknungsanlagen bis auf ca. 50 % Trockensubstanz vorgetrocknet und dann eingefroren. Wegen der geringeren Trocknung (nur erste Phase, vgl. S. 116) reichen in der Regel kurze Trocknungszeiten aus. Die Qualität der Produkte, z. B. Pfirsiche und Aprikosen, soll besser als die üblicher Trockenfrüchte sein (M.J. POWERS u. Mitarb. 1956).

4. Obstpulver

Die Trocknung von Fruchtsäften ist — zumindest im großtechnischen Maßstabe — ebenfalls noch stark in der Entwicklung begriffen. Die Bemühungen um die Flüssigkeitstrocknung, welche u. a. zur weltweiten Einführung des Instant-Kaffees (Kaffeetrockenextrakt) führten, brachten eine größere Zahl an Entwicklungsarbeiten auf dem Gebiete der Fruchtsafttrocknung, die u. a. H. LÜTHI (1962) und F. EMCH (1961) referierten. So konnten in Versuchs- und halbtechnischen Anlagen der verschiedensten Systeme und Bauarten brauchbare Trockenpulver aus konzentrierten Fruchtsäften erhalten werden.

Die Schwierigkeiten der Fruchtsafttrocknung liegen in der Hygroskopizität, der Hitzeempfindlichkeit, der Thermoplastizität und den Aromaverlusten der Ausgangssäfte, so daß sich die bisher zur Trocknung anderer Lebensmittel entwickelten großtechnischen Trocknungsanlagen (z. B. für Milch, Kaffee usw.) nicht oder nur bedingt eignen.

Bisher sind im wesentlichen folgende Trocknungsverfahren mit wechselndem Erfolg durchgeprüft worden:

a) **Walzentrocknung**: Die Löslichkeit der Trockenprodukte, z. B. Orangensaftpulver, ist noch unbefriedigend.

b) **Bewegtfilmtrocknung**: Sie besteht im wesentlichen darin, daß heiße Konzentrate mit ungefähr 75 % Trockensubstanz in einem Dünnschichtverdampfer (LUWA) unter Vakuum bei einer Verweilzeit von etwa 100 sec bei Temperaturen von über 100° C getrocknet werden. Die Trocknung erfolgt unter Zusatz von 50—100 % an Saccharose, bezogen auf die Trockensubstanz des konzentrierten Fruchtsaftes (V.A. TURKOT u. Mitarb. 1956).

c) **Bandtrocknung im Vakuum**: In einer Vakuumkammer läuft ein endloses Chromnickelband zuerst über eine beheizte Trommel, wobei das Wasser aus dem Produkt verdampft, und dann über eine gekühlte, wodurch das Produkt spröde und leicht abschabbar wird (D.K. TRESSLER 1956). Das Verfahren soll zu ansprechenden Produkten führen; die Entwicklung ist aber über die erste Fabrik noch nicht hinausgekommen (H. LÜTHI 1962).

d) **Pufftrocknung**: Die Einrichtung besteht aus diskontinuierlich beschickten Kastentrocknern, die mit hohlen Trägerregalen ausgerüstet sind. Das Produkt wird etagenweise in Schalen eingebracht. Die Schichthöhe beträgt z. B. bei Orangensaftkonzentrat 1,5 mm, die Trocknungstemperatur 60—65° C und die Trocknungszeit 90—120 min. Während des Trocknens entsteht bei vielen — aber nicht allen — Ausgangsprodukten eine schwammige Struktur (Verpuffen) (M.J. COPLEY u. Mitarb. 1956; G.K. NOTTER u. Mitarb. 1959). In die Entwicklung des Verfahrens ist in USA viel Arbeit hineingesteckt worden. Ein wirtschaftlicher Einsatz des erfolgversprechenden Verfahrens ist bisher nicht bekannt.

e) Schaummattentrocknung (Foam-mat drying): Die Ausbildung stabiler Schäume erfordert ein Stabilisationsmittel, z. B. Sojaprotein oder besonders Glyceryl-monostearat. Der Schaum erleichtert die Trocknung durch kräftige Warmluftströme. Das Verfahren, das in den Obstbaugebieten der USA entwickelt wurde, soll zu brauchbaren Trockenprodukten führen (A.I. MORGAN u. Mitarb. 1961). Ein technischer Einsatz erfolgte offensichtlich noch nicht.

f) Gefriertrocknung: Das Verfahren, das ohne Zweifel zu ausgezeichneten Produkten führen kann, ist zu kostenaufwendig und dürfte nur für Spezialprodukte in Betracht kommen.

g) Hochfrequenztrocknung: In ausführlichen Versuchen von F. EMCH (1961) wird bei dem Verfahren erfolgreich versucht, unter Einsatz von hochfrequentem Wechselstrom im Vakuum (25—50 mm Torr.) die Verdampfungswärme auf dielektrischem Wege direkt im Wasser des zu trocknenden Gutes zu erzeugen. So wird eine gleichmäßige Erhitzung ohne Randschädigungen ermöglicht. Die Trockenzeiten betrugen 7—20 min. Das Verfahren ist bisher industriell noch nicht angewendet worden, scheint aber wirtschaftlich interessant zu sein.

h) Kühllufttrocknung (BIRS-Verfahren): Das großtechnisch, z. B. in Burgdorf (Schweiz), verwirklichte Verfahren arbeitet nach einem einfachen Gegenstromprinzip. Die Anlage besteht in der Hauptsache aus einem (70 m hohen) Trockenturm, in den gekühlte Trockenluft von unten eingeführt wird. Dem unter der Decke des Turmes zerstäubten Gut wird während des Fallens langsam und immer wirksamer das Wasser entzogen. In der Regel ist eine Nachtrocknung mit Luft von 20—28° C und 0,5—3%iger relativer Feuchtigkeit notwendig. Im Gegensatz zur Zerstäubungstrocknung soll das BIRS-Verfahren ohne Zusätze und Stabilisatoren auskommen. Das Aroma soll gut erhalten bleiben. Das Verfahren dient z. Z. im wesentlichen zur Erzeugung von Tomatensaftpulver (H. LÜTHI 1962).

i) Sprüh- oder Zerstäubungstrocknung: Sie wird bereits großtechnisch, u. a. in der Bundesrepublik Deutschland, angewendet. Sie erfordert Trockenhilfen. Neben Stärkesirup werden in der Industrie Saccharose, Lactose, Alginate, Agar, Pektine, Stärke usw. verwendet. Der Zusatz beträgt nach H. TROESCH u. G. WILK (1964) bis 50 Gew.-%.

Die Trockenhilfen sind — wie bei anderen Verfahren — erforderlich, um die Hygroskopizität und die Klebepunkte zu verringern. Es ist von Vorteil, die Trocknung bei möglichst hohem Gehalt an Disacchariden durchzuführen. Invertzucker erschwert die Trocknung sehr. Wesentlich günstiger als Obstsaft ist Obstmark wegen des Gehaltes an Pektin, Cellulose u. a. „trockenfreudigen" Stoffen. Weiterhin setzt die Struktur des Materials der Trocknung einen hohen Diffusionswiderstand entgegen, so daß die Trockenprodukte im Innern des Zerstäubungstrockners haften bleiben und den Austrag erheblich verringern können. Weitere Einzelheiten sind in der interessanten Mitteilung von H. TROESCH u. G. WILK (1964) enthalten.

Der günstige Wassergehalt liegt bei 1—3 %. Dann sind auch die Haltbarkeit und die Lagerfähigkeit der Obstpulver gut.

Getrocknete Fruchtsäfte sollten nach Wiederauflösen in Wasser den Geschmack, das Aroma, die Farbe und die sonstigen Eigenschaften qualitativ einwandfreier Fruchtsäfte haben. Die Löslichkeitseigenschaften müssen gut sein. Citrustrockenprodukte sollten Säfte geben, die eine gleichmäßige Trübung gewährleisten (vgl. S. 209 dieses Bandes). Bei Orangensaftpulvern muß es als ein beträchtlicher Qualitätsmangel bezeichnet werden, wenn die daraus hergestellten Getränke einen deutlichen Nachgeschmack nach Citrusölen haben oder wenn — umgekehrt — das Aroma zu flach ist.

Da die flüchtigen Aromastoffe beim Konzentrieren verlorengehen, fügt man dem trockenen Pulver in der Regel 0,006 % an terpenfreiem ätherischem Schalenöl in weitgehend löslicher Form, z. B. in Sorbit oder geschmolzener Glucose und Saccharose, zu.

5. Untersuchung

Vor einer chemischen Untersuchung sollten Trockenfrüchte und Früchte in Dickzucker (vgl. S. 127) einer gründlichen und eingehenden Sinnenprüfung unterzogen werden, wobei auf Aussehen, Farbe, Konsistenz, Geruch, Geschmack, Verunreinigungen und Schädlingsbefall zu achten ist. So können sich Trockenfrüchte unter ungünstigen Lagerbedingungen (höhere Temperatur) dunkel verfärben (F.S. NURY und J.E. BREKKE 1963). Die weißlichen Abscheidungen („Verzuckerung") auf den Früchten, die hauptsächlich an Pflaumen und Feigen auftreten, bestehen aus Glucose und Fructose sowie Spuren von Citronen- und Äpfelsäure, Lysin, Asparagin und Asparaginsäure (M.W. MILLER u. C.O. CHICHESTER 1960).

An chemischen Untersuchungen kommen u. a. in Betracht: Bestimmung des Wassergehaltes (bzw. Trockensubstanz- oder Extraktgehaltes), des Gehaltes an SO_2 sowie der Nachweis einer künstlichen Färbung oder der Paraffinierung getrockneter Weinbeeren. Weiterhin erscheint die Prüfung auf Sorbinsäure ratsam, nachdem sie wiederholt zum Einsatz in Trockenfrüchten empfohlen wurde.

Ein geeignetes Verfahren zur Bestimmung des Kaliumsorbats in Trockenfrüchten veröffentlichten F.S. NURY u. H.R. BOLIN (1962), bei dem die Sorbinsäure ohne Destillation durch Schwefelsäure in Freiheit gesetzt und mit Kaliumbichromat zu Malonaldehyd oxydiert wird, der mit 2-Thiobarbitursäure eine Rotfärbung ergibt (Maximum 530 mμ). In verunreinigtem Trockenobst ist die Ermittlung der Asche (Sand) in Erwägung zu ziehen.

In der Regel dürften die im Kapitel ,,Konfitüren, Marmeladen, Gelees, Muse und verwandte Erzeugnisse sowie Halberzeugnisse' dieses Bandes mitgeteilten Untersuchungsmethoden Anwendung finden können. Weiterhin sei auf die allgemeinen Untersuchungsverfahren in Bd. II/2 dieses Handbuches verwiesen.

Eine beträchtliche Bedeutung gewinnen durch die zunehmende Verwendung von Pflanzenschutzmitteln die auf dem Obst verbleibenden Rückstände und damit die Analyse dieser Rückstände. Durch die erhebliche Zahl der verwendeten Mittel wird die Analyse sehr kompliziert. Auf einen umfassenden Sammelbericht von H. FREHSE u. H. NIESSEN (1963) sei hingewiesen; vgl. im übrigen den Beitrag von R. FRANCK u. G. BRESSAU über Rückstände von Schädlingsbekämpfungsmitteln in Lebensmitteln in Bd. II/2 dieses Handbuches.

Zu den Untersuchungsverfahren sei folgendes hinzugefügt:

a) Wasser

Die AOAC-Methoden (W. HORWITZ 1960) empfehlen, 5—10 g gut zerkleinerte Trockenfrüchte in einem (Metall-)Wägeschälchen von 8,5 cm ⌀ und flachem Boden, das mit einem eingeschliffenen Deckel verschließbar ist, 6 Std bei 70° C und einem Druck von weniger als 100 mm Torr zu trocknen. Bei zuckerreichen Trockenfrüchten, z. B. getrockneten Weinbeeren, wird zusätzlich das Verreiben von etwa 5 g Probe mit 2 g fein zerkleinertem Asbest nach Anfeuchten mit heißem Wasser empfohlen. Die Probe wird dann zunächst auf dem Dampfbad und dann im Vakuum getrocknet.

b) Schwefeldioxid

Eine zuverlässige Bestimmung in Trockenfrüchten stößt noch auf Schwierigkeiten. Nach dem jetzigen Stand der Kenntnis erscheint die Methode von MONIER-WILLIAMS, die von J.F. REITH u. J.J.L. WILLEMS (1958) modifiziert wurde, noch am besten. Sie gibt aber bei Trockenpflaumen und Feigen zu niedrige Ergebnisse. Wegen der Methodik sei auf S. 161 in diesem Band verwiesen.

H. ZONNEVELD u. A. MEYER (1960) haben das Verfahren für Trockengemüse modifiziert. J.J. THRASHER (1961/1962) teilte eine Modifikation der Monier-Williams-Methode zur Bestimmung der schwefligen Säure in Trockenobst mit. Hierbei wird mit Stickstoff, der durch alkalische Pyrogallol-Lösung von Sauerstoffresten befreit worden ist, gearbeitet.

c) Schädlingsbefall und Verunreinigungen

Milben, Motten, Käfer, Larven, Maden und Schimmelpilze werden bei sorgfältiger Durchmusterung entdeckt. Auch können sich die Insekten und Larven bei längerem Kochen von ca. 25 g Trockenobst mit ca. 200 ml Wasser unter Rühren auf der Oberfläche ansammeln. In Zweifelsfällen ist die mikroskopische Untersuchung heranzuziehen.

Von großem Schaden für den Handel mit Trockenobst sind neben Motten und Käfern die Milben (Backobst-, Haus- und Pflaumenmilbe). Sie haben eine annähernd kugelige Gestalt, sind weißlich oder hellgrau gefärbt und meist weniger als 0,5 mm lang. Sie entwickeln sich oft an Stellen, die bereits mit Schimmelpilzen befallen sind. Die einzelnen Milben sind mit unbewaffnetem Auge gerade noch — am besten auf glattem dunklem Papier — als weißliche, sich langsam bewegende Punkte zu erkennen und werden leicht übersehen.

Verunreinigungen, die schwerer als Wasser sind, können erhalten werden, wenn ca. 50 g der Probe in einem Becherglas — mit genügend Wasser bedeckt — geschüttelt oder gut gerührt und dann die Früchte auf einem Sieb mit einem scharfen Wasserstrahl in das Becherglas abgespült werden. Die Flüssigkeit wird gegebenenfalls in einen großen Scheidetrichter überführt, wobei die Verunreinigungen mit wenig Wasser ablaufen und dann u. U. mikroskopisch geprüft werden können (W. HORWITZ 1960).

d) Bestimmung von Paraffin auf getrockneten Weinbeeren

Arbeitsvorschrift: Etwa 30 g unzerkleinerte getrocknete Weinbeeren werden in einer Soxhlet-Apparatur über Nacht (16 Std) in Petroläther belassen und anschließend 7 Std lang extrahiert. Die auf etwa 40—50 ml eingeengte Petroläther-Lösung wird auf eine homogene, mit dem Lösungsmittel befeuchtete Säule aus 6 g Kieselgel („Merck" aktiv, zur Wachsanalyse standardisiert nach SPENGLER) gegeben, welches sich in einem Glasrohr von 360 mm Länge und 12 mm innerem Durchmesser befindet. Durch Öffnen des Glashahnes, mit dem das Rohr am unteren Ende zu verschließen ist, wird eine Tropfgeschwindigkeit von 40 Tropfen/min eingestellt. Der verwendete Kolben wird viermal mit je 5 ml Petroläther nachgespült und die Säule viermal mit je 20 ml Petroläther nachgewaschen. Aus dem Eluat wird das Lösungsmittel abdestilliert, der Rückstand bei 120° C unter öfterem Einblasen von Luft 1 Std lang getrocknet und nach dem Abkühlen im Exsiccator gewogen (G. KRUMMEL 1962). Äther ist als Lösungsmittel ungeeignet, da er etwas Zucker lösen kann. H. WERNER u. Mitarb. (1964) verwendeten Cyclohexan zur Extraktion und reinigten den Extrakt über Aluminiumoxid nach BROCKMANN.

Qualitativer (dünnschichtchromatographischer) Nachweis (H. WERNER u. Mitarb. 1964):

10 g Rosinen werden mindestens 1 Std am Soxhlet mit Cyclohexan extrahiert. Der Extrakt wird auf 10 ml (Meßkölbchen) eingeengt. 0,05 ml dieser Lösung sowie mehrere Vergleichsproben Paraffin (ab 0,005 mg aufwärts) werden auf eine Kieselgel G(Merck)-Platte aufgetragen. Dann wird die Platte 15 min lang bei 105° C gehalten und nach dem Abkühlen im Exsiccator mit Cyclohexan entwickelt. Nach dem Verdampfen des Fließmittels wird mit 3 %iger äthanolischer Phosphomolybdänsäurelösung kräftig besprüht (10 ml/Platte) und mindestens 30 min lang bei 105° C gehalten. Aus der Größe der an der Lösungsmittelfront entstandenen Flecke kann der Paraffingehalt der Probe mit ± 20% abgeschätzt werden. Rosinen aus Backwaren werden aus dem Gebäck herausgelöst und — nach dem Trocknen bei 60° C — extrahiert. Rosinen aus Schokoladen usw. werden aus diesen isoliert, wobei möglichst wenig Masse anhaften soll, und dann extrahiert. Wegen des Nachweises der Paraffinbehandlung von Rosinen in Backwaren vgl. auch A. ROTSCH (1963).

P. RADLER u. M.V. GRNCAREVIC (1964) empfehlen, 25 g Trockenfrüchte zweimal mit je 25 ml Chloroform 1 min lang zu schütteln und dann den dekantierten Extrakt auf Kieselgel G-Platten dünnschichtchromatographisch zu prüfen. Als Fließmittel dient Petroläther, Sdp. 60—70° C. Nach Besprühen mit einer Lösung von 5 g Kaliumdichromat in 100 ml 40%iger Schwefelsäure und Erhitzen auf 200° C für 20 min erscheinen Mineralöle mit Rf-Werten von 0,85—0,91 als dunkle Punkte.

Der natürliche Paraffingehalt auf getrockneten Weinbeeren beträgt 0,002 bis 0,007 % i.Tr. oder 0,5—3,2 % im Cyclohexan-Extrakt (H. WERNER u. Mitarb. 1964). Für australische getrocknete Weinbeeren wurde ein Gehalt von 0,2—0,3 % an natürlichem Wachs angegeben (P. RADLER u. M.V. GRNCAREVIC 1964).

6. Hinweise für die lebensmittelrechtliche Beurteilung

Die Anforderungen an Trockenobst und Obstpulver sind weder vom Gesetzgeber noch von den interessierten Verbänden niedergelegt worden.

Zur Beurteilung der *Obstpulver* sei auf die „Hinweise für die lebensmittelrechtliche Beurteilung" der Fruchtsäfte (S. 227 dieses Bandes) verwiesen. Sie dürften zur Erkennung von Verfälschungen (vgl. auch S. 218) eine Hilfe sein.

Trockenobst (sowie Früchte in Dickzucker) dürften in Analogie zu den Beurteilungsgrundsätzen der Verordnung über Obsterzeugnisse vom 15. Juli 1933, die auf denen des allgemeinen Lebensmittelrechtes beruhen, als verdorben anzusehen sein, wenn sie „verschimmelt, stark verunreinigt oder mit Milben befallen sind oder fremdartig oder ekelerregend riechen oder schmecken". Dasselbe dürfte für einen deutlichen Befall mit Käfern u. a. Insekten, besonders aber mit Maden gelten, sowie für Früchte zutreffen, die in starke Gärung (Essiggärung) übergegangen sind. Der Nachweis kann gegebenenfalls durch Bestimmung der flüchtigen Säuren (vgl. Kap. „Wein", Bd. VII dieses Handbuches) geführt werden. Ein geringer Anteil an Stielen dürfte bei getrockneten Weinbeeren kein Beanstandungsgrund sein, ebenfalls nicht ein geringfügiger Schmutzbesatz bei Trockenobst (wegen „Verdorbenheit" vgl. auch S. 170 dieses Bandes). Als Verfälschung ist die Untermischung anderer Früchte und Fruchtteile, die in der Regel leicht zu erkennen ist, anzusehen.

Die Verwendung von Konservierungsstoffen u. a. fremden Stoffen ist in der Fruchtbehandlungs-Verordnung vom 19. Dezember 1959 (in der Fassung vom 16. Juli 1965) geregelt. Hiernach sind nur die folgenden „fremden Stoffe" zugelassen:

Acetyliertes Monoglycerid, das aus natürlichen Fetten hergestellt ist, als Zusatz zur Oberfläche von getrockneten Weinbeeren, ausgenommen Korinthen (6,0 g acetyliertes Monoglycerid in 1 kg getrockneter Weinbeeren, einschließlich deren natürlichen Wachsen).

Schwefeldioxid, schweflige Säure, Natriumsulfit, Natriumhydrogensulfit, Calciumhydrogensulfit, Natrium- und Kaliumdisulfit, auch in Vermischung untereinander, als Zusatz bei der Herstellung von getrockneten Äpfeln, Aprikosen, Birnen, Quitten, Ananas und Pfirsichen sowie getrockneten Weinbeeren, ausgenommen Korinthen. Für die Weinbeeren gilt 1 g der Stoffe (berechnet als SO_2/kg) und für das getrocknete Kern- und Steinobst sowie Ananas 2 g SO_2/kg als höchstzulässige Menge.

Die Verwendung von flüssigem Paraffin, das zur Oberflächenbehandlung von getrockneten Weinbeeren bis zum 30. Juni 1965 gestattet war, ist durch die 4. Änderungsverordnung nunmehr verboten und durch acetyliertes Monoglycerid ersetzt worden.

Die Behandlung mit SO_2 ist als „geschwefelt" und die mit acetyliertem Monoglycerid als „mit Glyceriden" zu kennzeichnen.

Eine künstliche Färbung ist bei Trockenobst grundsätzlich verboten. Auch sind andere Konservierungsmittel als Schwefeldioxid und die Salze der schwefligen Säure, wie Sorbinsäure, nicht erlaubt.

Im Rahmen der EWG ist beabsichtigt, folgende Höchstgehalte an SO_2 vorzusehen (Dtsch. Lebensmittel-Rdsch. *60*, 25 (1964)):

Aprikosen	Pfirsiche, Äpfel, Birnen	Andere Früchte
2 g SO_2/kg	1 g SO_2/kg	SO_2 nicht zulässig

Die Angabe „geschwefelt" soll nur bei Mengen von über 0,5 g SO_2/kg erforderlich sein.

Bei Trockenobst in Packungen oder Behältnissen sind die Bestimmungen der Verordnung über die äußere Kennzeichnung von Lebensmitteln (Lebensmittel-Kennzeichnungsverordnung) in der Fassung vom 9. IX. 1966 (BGBl. I S. 590) zu beachten.

Literatur siehe Seite 130.

D. Früchte in Dickzucker

Von

Dr. KARL HERRMANN, Stuttgart

Dickzuckerfrüchte sind mit konzentrierten Lösungen von Verbrauchszucker (Saccharose) behandelt, wobei die ursprüngliche Form der Früchte bzw. der charakteristischen Fruchtteile erhalten bleiben soll. Durch die Zuckerlösungen wird auf osmotischem Wege ein Ausgleich zwischen dem Zellsaft der Frucht und den verwendeten Lösungen erzielt.

Das Herstellungsverfahren besteht in einem langsamen Imprägnieren der Früchte mit Sirup, bis die Zuckerkonzentration in den Früchten hoch genug ist, um ein Verderben zu verhindern. Der Prozeß muß so gelenkt werden, daß die Früchte weder weich noch zäh werden und schrumpfen. Nach dem Imprägnieren werden die Früchte abgewaschen und getrocknet (bis 60° C). Am besten eignen sich feste Früchte, wie Ananas, Reineclauden, Kirschen, Feigen und Birnen, etwas weniger gut oft Aprikosen und Pfirsiche, während weiche Beerenfrüchte beträchtliche Schwierigkeiten bereiten können. Vgl. auch W. V. CRUESS (1958) sowie J. SCHORMÜLLER (1966) und P. NEHRING u. H. KRAUSE (1963).

1. Belegfrüchte

Zur Herstellung werden die Rohfrüchte, die fest und gerade reif — gegebenenfalls noch leicht unreif — sein sollen, gewaschen und — soweit eine Vorkonservierung mit Meerwasser, Salzlake oder SO_2 erfolgt war — ausgewässert, wobei aber wegen der damit verbundenen Auslaugung Vorsicht geboten ist. Frische Früchte werden häufig mit Calcium- und Sulfitlösungen vorbehandelt und dann kurz erhitzt oder auch nur erhitzt, während dosenkonserviertes Obst ohne weitere Vorbehandlung der Zuckerimprägnierung unterworfen wird.

Diese erfolgt nach den älteren Verfahren in geeigneten Eindickbehältern, wobei mit Lösungen begonnen wird, die einen Zuckergehalt von etwa 26° Brix aufweisen. Die Früchte werden in diesem Sirup meist 1—2 min gekocht oder auch nur auf unterschiedliche Temperaturen erwärmt. Nach 1—2tägigem Stehen wird die Lösung durch Zuckerzusatz um 3—5° Brix verstärkt, wieder erwärmt und so fortgefahren, bis eine Endzuckerkonzentration von mindestens 65° Brix in der Frucht erreicht ist, da nur so eine spätere Haltbarkeit dieser Produkte gewährleistet werden kann. Ein Auskristallisieren der Saccharose im Endprodukt wird durch einen genügend hohen Anteil an Invertzucker vermieden. Besondere Sorgfalt ist einer notwendigen Färbung zu widmen, die mit der Zuckerimprägnierung verbunden werden kann. Auf keinen Fall dürfen die Früchte abfärben.

Jetzt sind auch moderne Anlagen zur Herstellung von Dickzuckerfrüchten nach dem Vakuumverfahren bekannt, die eine Herstellung in wesentlich kürzerer Zeit gestatten. Hierbei werden die Früchte in den jeweiligen Zuckerlösungen bei etwa 50° C für mehrere Std unter Vakuum vorsichtig gekocht, wobei ein schneller Ausgleich zwischen dem Zellsaft der Frucht und der Zuckerlösung stattfindet (W. V. CRUESS 1958).

Auch aus Trockenobst, z. B. Rosinen, können Dickzuckerfrüchte hergestellt werden.

An Belegfrüchten sind Kirschen, Ananas, Birnen, Reineclauden, Pfirsiche, Aprikosen, Pflaumen, Feigen, grüne Mandeln, grüne Walnüsse, Maronen, Stachelbeeren, Erdbeeren und Himbeeren bekannt.

Belegfrüchte werden hauptsächlich in der Konditorei sowie in der Süßwarenindustrie verbraucht. Für Fruchtkonfekte werden sie häufig einer Feinnachbehandlung durch Glasieren, Kandieren bzw. Kristallisieren unterzogen, wodurch sie ein besonders ansprechendes Aussehen erhalten sollen.

2. Citronat, Orangeat und ähnliche Erzeugnisse

Erzeugergebiet sind im wesentlichen die Länder des Mittelmeerraumes, z. B. Italien, Korsika und Spanien.

Zur Herstellung des *Citronats*, das auch Sukkade genannt wird, werden die Früchte der Citrus medica var. bajoura Gassner halbiert und in Meerwasser oder in 10—20%ige Kochsalzlösungen eingelegt. Diese Produkte werden z. B. als Diamante-, Korsika-, Candia- und Puerto-Rico-Cedern gehandelt.

Nach einer oft mehrwöchigen Lagerung werden die Früchte entsalzt, blanchiert und vom Kerngehäuse befreit. Das Entsalzen darf wegen der möglichen Citronensäure-Auswaschung nicht zu weit getrieben werden. Das Blanchieren soll das spätere Eindringen der Zuckerlösung verbessern. Nicht ausreichend blanchierte Schalen können sich zusammenziehen, schrumpfen und unansehnlich werden. Zu starkes Kochen hingegen gibt weiche, zerfallene Ware. Zur Farberhaltung wird z. T. Natriumcarbonat oder Natriumhydrogencarbonat dem Blanchierwasser zugesetzt.

Die blanchierten Schalen werden wie die Belegfrüchte in Zuckerlösungen steigender Konzentration fachgerecht kandiert. Hierbei sind Gärungen ebenso zu vermeiden wie ein Schrumpfen der Produkte durch zu frühes Aufgießen zu starker Zuckerlösungen. Als letzter Sirup wird in der Regel eine 70%ige Saccharoselösung verwendet, der zur Verhinderung des späteren Auskristallisierens in Italien und Griechenland Citronensäure oder auch Stärkesirup zugesetzt ist. Nach leichtem Antrocknen an der Oberfläche wird mit einem Zuckerguß glasiert. Nicht glasierte Schalen neigen dazu, nach dem Abpacken zusammenzukleben und eine glitschige Oberfläche zu bilden.

Citronat ist von grüner, durchscheinender, bei Verwendung reifer Früchte auch gelblicher Farbe. Es soll weitgehend fleckenfrei, schnittfest, im Schnitt speckartig, nur beschränkt klebrig, mit Ausnahme der Glasur frei von weißen Zuckerkristallen und von süßem, aromatisch-würzigem Geschmack sein. Diese Anforderungen sind ebenso wie die folgenden analytischen Werte im Abschnitt IX der „Qualitätsnormen und Deklarationsvorschriften für verarbeitetes Obst und Gemüse" niedergelegt: Gesamtzucker (ber. als Saccharose) mindestens 65%; Kochsalzgehalt höchstens 1%; SO_2-Gehalt höchstens 3 mg/100 g. Ein Zusatz von Stärkesirup ist zulässig, wobei die Menge keiner Beschränkung unterliegt.

Ein fader oder saurer Nebengeschmack in Verbindung mit einer nachteilig veränderten Oberfläche deutet auf eine durch Gärung oder Schimmel verdorbene Ware. Kristallisation des Zuckers im Innern der Schalen macht diese hart und unbrauchbar. Sie kann ein Zeichen für alte Ware sein, die durch lange Lagerung an Wasser verloren hat.

Außerdem führen die „Qualitätsnormen" ein nicht glasiertes Citronat als „Citronat, abgelaufene Schalen" sowie „Citronat, gewürfelt" auf. Bei letzterem sind höchstens 20% mit dunkelfarbigen Flecken zulässig.

In gleicher Weise wird das *Orangeat* aus den voll essenzhaltigen Schalen der Pomeranze (Citrus aurantium L. subsp. amara) gewonnen. Es soll ebenfalls fleckenfrei und leuchtend bis tief farbig orange sein. Der Ton darf leicht ins Bräunliche gehen. Die sonstigen Anforderungen entsprechen voll dem Citronat.

Weiterhin führen die „Qualitätsnormen" auf: Kandierte Apfelsinenschalen; kandierte Zitronenschalen; Kandierte Canaroni (aus den Früchten von Citrus medica var. bajoura der Abart Canaroni [Pirettoni]); Kandierte Spadaforesi (Abart: Spadaforesi). Alle diese Produkte kommen auch als „abgelaufene Schalen" und „gewürfelt" in den Handel.

Mischungen aus kandierten Cedern aller Sorten sowie kandierten Zitronen- und Apfelsinenschalen sind unter der Bezeichnung „Backmischung" üblich und zulässig.

3. Beurteilung und Untersuchung

Zur *Beurteilung* von Citronat, Orangeat und ähnlichen Erzeugnissen ist einmal auf die „Qualitätsnormen" und ihre Erläuterungen hinzuweisen und zusätzlich zu den Angaben in den beiden vorangegangenen Abschnitten auszuführen, daß für „kandierte oder mit Zucker überzogene Früchte und Fruchtteile, ausgenommen Citronat, Orangeat sowie Nuß- und Mandelkerne als solche", eine künstliche Färbung unter Kenntlichmachung mit zugelassenen Farbstoffen erlaubt ist (Farbstoff-Verordnung vom 19. XII. 1959 in der Fassung vom 20. I. 1966). Eine Verwendung von Konservierungsstoffen außer SO_2 ist nicht gestattet. Wegen „Verdorbenheit" vgl. auch S. 170 dieses Bandes.

Die *Untersuchung* der Früchte in Dickzucker kann in der Regel wie die der Konfitüren vorgenommen werden. So weisen die Erläuterungen zu den „Qualitätsnormen" darauf hin, daß genaue Ergebnisse hinsichtlich des Zuckergehaltes nur die Extraktbestimmung bringen kann, wie sie für die Untersuchung von Marmeladen üblich ist. Refraktometrische Zuckerbestimmungen in ausgepreßtem Saft der Schalen oder in dünnsten Scheibenteilchen geben zu hohe Werte. Auch sei allgemein auf die unter „Trockenobst" gemachten Ausführungen hingewiesen. Bei gewürfeltem Citronat usw. einschließlich der sog. „Backmischungen" ist auf Täuschungsversuche mit Kürbis-, Melonen- und Gurkenstückchen zu achten.

Bibliographie

Cruess, W.V.: Commercial fruit and vegetable products. 4. Aufl. New York: McGraw-Hill 1958.

Görling, P.: Trocknung. In: Ullmanns Encyklopädie der technischen Chemie, 3. Aufl., Bd. I, S. 563—609. München-Berlin: Urban & Schwarzenberg 1951.

Horwitz, W.: Official methods of analysis of the Association of official agricultural Chemists, 9. Aufl., pp. 264, 624. Washington: Ass. off. agric. Chem. 1960.

Kneule, F.: Das Trocknen (Bd. 6 der Grundlagen der Chemischen Technik). Aarau-Frankfurt/M.: H.R. Sauerländer u. Co. 1959.

Kröll, K.: Trockner und Trocknungsverfahren. In: Trocknungstechnik, Bd. II. Hrsg. von O. Krischer u. K. Kröll. Berlin-Gottingen-Heidelberg: Springer 1959.

Loesecke, H.W. von: Drying and dehydration of foods, 2. Aufl. New York: Reinhold 1955.

Lüthi, H.: Neuere Verfahren zur Trocknung von Fruchtsäften. In: Die Fruchtsäfte in chemisch-technologischer und medizinischer Sicht, S. 83—92. Hrsg. von J. Koch. Frankfurt: S. Horn 1962.

Nehring, P., u. H. Krause: Konserventechnisches Taschenbuch der Obst- und Gemüseverwertungsindustrie, 14. Aufl. Braunschweig: G. Hempel 1963.

Schieferdecker, H.: Das Trocknen von Gemüse und Obst, 2. Aufl. Braunschweig: Dr. Serger & Hempel 1942.

Schormüller, J.: Die Erhaltung der Lebensmittel. Stuttgart: Ferdinand Enke 1966.

Tilgner, D.J.: Die Praxis des Trocknens. Braunschweig: Dr. Serger & Hempel 1933.

Zeitschriftenliteratur

DAS, D. P., N. L. JAIN and G. LAL: Preparation of banana figs. Bull. Central Food Technol. Res. Inst. Mysore (India) **4**, 281—283 (1955).

COPLEY, M. J., V. F. KAUFMAN and C. L. RASMUSSEN: Recent developments in fruit and vegetable powder technology. Food Technol. **10**, 589—595 (1956).

EMCH, F.: Die Anwendung von hochfrequentem Wechselstrom zum Trocknen von Fruchtsäften im Vakuum. Fruchtsaft-Industr. **6**, 7—16, 149—176, 212—233 (1961).

FREHSE, H., u. H. NIESSEN: Die Analyse von Pflanzenschutzmittelrückständen. Z. analyt. Chem. **192**, 94—136 (1963).

GORLING, P.: Der wissenschaftliche und technische Stand der Gefriertrocknung von Lebensmitteln. Z. Lebensmittel-Untersuch. u. -Forsch. **114**, 128—139 (1961).

HARPER, J. C., and A. L. TAPPEL: Freeze-drying of food products. Advanc. Food Res. **7**, 171—234 (1957).

JACKSON, S., S. L. RICKTER and C. O. CHICHESTER: Freeze-drying of fruit. Food Technol. **11**, 468—470 (1957).

KILPATRICK, P. W., E. LOWE and W. B. VAN ARSDEL: Tunnel dehydrators for fruits and vegetables. Advanc. Food Res. **6**, 313—372 (1955).

KRUMMEL, G.: Ein Beitrag zur Bestimmung von Paraffin auf Weinbeeren. Dtsch. Lebensmittel-Rdsch. **58**, 36—37 (1962).

MILLER, M. W., and C. O. CHICHESTER: The constituents of the crystalline deposits on dried fruits. Food Res. **25**, 424—428 (1960).

—, and C. D. FISHER: Production of high-moisture raisins. Food Technol. **15**, 276—279 (1961).

MORGAN, A. I., R. P. GRAHAM, L. F. GINNETTE and G. D. WILLIAMS: Recent developments in foam-mat drying. Food Technol. **15**, 37—39 (1961).

NEMITZ, G.: Die Gefriertrocknung von Lebensmitteln. Dtsch. Lebensmittel-Rdsch. **59**, 1—4 (1963).

NOTTER, G. K., D. H. TAYLOR and N. J. DOWNES: Orange juice powder. Factors affecting storage stability. Food Technol. **13**, 113—118 (1959).

NURY, F. S., and H. R. BOLIN: Colorimetric assay for potassium sorbate in dried fruits. J. Food Sci. **27**, 370—372 (1962).

—, and J. E. BREKKE: Color studies on processed dried fruits. J. Food Sci. **28**, 95—98 (1963).

—, M. W. MILLER and J. E. BREKKE: Preservative effect of some antimicrobial agents on high-moisture dried fruits. Food Technol. **14**, 113—115 (1960).

POWERS, M. J., D. H. TAYLOR, W. F. TALBURT and L. H. WALKER: Dehydrofrozen apricots — preparation. Food Technol. **10**, 489—492 (1956).

RADLER, F., and M. V. GRNCAREVIC: Rapid detection and determination of mineral oil on dried fruit by thin layer chromatography. J. agric. Food Chem. **12**, 266—267 (1964).

REITH, J. F., u. J. J. L. WILLEMS: Über die Bestimmung der schwefligen Säure in Lebensmitteln. Z. Lebensmittel-Untersuch. u. -Forsch. **108**, 270—280 (1958).

ROTSCH, A.: Über den Nachweis der Paraffinbehandlung von Rosinen in Backwaren. Brot u. Gebäck **17**, 129—131 (1963).

TAYLOR, T. C.: Packaging of freeze-drieds. Food Engin. **33**, Nr. 9, 41—44 (1961).

THRASHER, J. J.: Modification of the Monier-Williams method for sulfur dioxide. J. Ass. off. agric. Chem. **44**, 479—484 (1961); **45**, 905—907 (1962).

TRESSLER, D. K.: New developments in the dehydration of fruits and vegetables. Food Technol. **10**, 119—124 (1956).

TROESCH, H., u. G. WILK: Natürliche Fruchtpulver durch Zerstäubungstrocknung. Dtsch. Lebensmittel-Rdsch. **60**, 8—11 (1964).

TURKOT, V. A., R. K. ESKEW and N. C. ACETO: A continuous process for dehydrating fruit juices. Food Technol. **10**, 604—606 (1956).

WERNER, H., J. WURZIGER u. R. RISTOW: Über Nachweis, Bestimmung und Reinheitsprüfung von Paraffin auf Rosinen. Dtsch. Lebensmittel-Rdsch. **60**, 133—139 (1964).

ZONNEVELD, H., u. A. MEYER: Bestimmung der schwefligen Säure in Lebensmitteln, insbesondere in Trockengemüse. Z. Lebensmittel-Untersuch. u. -Forsch. **111**, 198—207 (1960).

Obsterzeugnisse

A. Konfitüren, Marmeladen, Gelees, Muse und verwandte Erzeugnisse sowie Halberzeugnisse

Von

Dr. KARL HERRMANN, Stuttgart

Mit 6 Abbildungen

Die Qualität von Konfitüren und Marmeladen wird im wesentlichen durch ihren Geschmack und ihr Aroma, ihre Konsistenz, durch die Erhaltung und Verteilung der Früchte bzw. Fruchtteile und durch ihre Farbe bestimmt. Diese Eigenschaften werden beeinflußt durch die Auswahl der verwendeten Früchte und Halberzeugnisse, den Zusatz an Zucker, Stärkesirup, Pektin und Säure, schließlich durch die Art der Durchführung des Kochprozesses und das Abkühlen und Abfüllen. Ähnliches gilt vom Pflaumenmus und den Obstgelees, bei denen Obstsäfte als Ausgangsprodukt dienen.

Die gewünschte Konsistenz der Konfitüren, Marmeladen und Gelees wird erreicht durch den Wasserentzug beim Einkochen, die Eindickung durch den Zuckerzusatz und durch die Gelierfähigkeit des enthaltenen (bzw. zugesetzten) Pektins. Die natürliche Gelierfähigkeit der Früchte ist unterschiedlich und vom Reifezustand und der Kochdauer unmittelbar abhängig.

I. Begriffsbestimmungen

1. Konfitüren und Marmeladen

Konfitüren und Marmeladen werden durch Einkochen von ganzen, grob zerkleinerten oder passierten Früchten, die frisch oder durch geeignete Maßnahmen — z. B. Tiefgefrieren, Zusatz von SO_2 u. ä. — haltbar gemacht worden sind, oder aus Halberzeugnissen (Pulpe bzw. Mark) solcher Früchte mit Zucker hergestellt. Das Obst darf ungeschält sein. Wenn notwendig, wird es zuvor entkernt oder entsteint. Getrocknetes Obst darf nicht verwendet werden. Die einzige Ausnahme bildet Aprikosen-Marmelade, die unter Kennzeichnung aus getrockneten Aprikosen hergestellt werden darf.

Seit einigen Jahren sind (bisher auf Grund von Ausnahmegenehmigungen) sog. „ungekochte", durch Pasteurisierung auf höchstens 85° C hergestellte Konfitüren und Marmeladen im Handel (vgl. auch S. 145).

Konfitüren werden nur aus einer Obstart hergestellt und lassen im Gegensatz zu den Marmeladen im fertigen Erzeugnis deutlich Obststücke erkennen, soweit die verwendeten Früchte nicht von Natur aus bereits sehr leicht zerkochen, wie z. B. Himbeeren. Bei den Marmeladen sind Einfrucht- und Mehrfruchtmarmeladen bekannt. Daneben gibt es noch gemischte Marmeladen, die aus einer beliebigen Zahl von Obstarten hergestellt werden dürfen, die aber im Handel ohne Bedeutung sind. Die Mindestmenge an Fruchtfleisch und die entsprechende Höchstmenge an Zucker ist in der Verordnung über Obsterzeugnisse vom 15. Juli 1933 rechtsverbindlich festgelegt. Als Zucker darf nur technisch reiner weißer Verbrauchszucker (Saccharose) verwendet werden. Das gleiche gilt für alle in diesem Beitrag besprochenen Obsterzeugnisse.

In Tab. 1 sind der Zerteilungsgrad, die Zahl der erlaubten Obstarten, das unterste Einwaageverhältnis von Frucht zu Zucker und der Mindestgehalt an Trockensubstanz für Konfitüren und Marmeladen angegeben. Zu Konfitüren und Einfruchtmarmeladen dürfen ohne Kennzeichnung außer Pektin bis 5 % Stärkesirup und 0,5 % Milchsäure oder Weinsäure zugesetzt werden. Mit Kennzeichnung ist es erlaubt, den Gehalt an Stärkesirup bis auf 12 % zu erhöhen sowie das Produkt

Tabelle 1. *Anforderungen an Konfitüren und Marmeladen*

Erzeugnis	Zerteilungsgrad	Zahl der Obstarten	Einwaage-Verhältnis Teile Frucht zu Teile Zucker	Trockensubstanz-Gehalt mindestens
Konfitüren	ganze Früchte oder Fruchtstücke (Pulpe)	nur eine Obstart	mindestens 45/höchstens 55 Ausnahme: Citrusfrüchte mindestens 30/höchstens 70	65 %
Einfruchtmarmeladen	passierte Früchte (Mark)	nur eine Obstart	mindestens 45/höchstens 55 Ausnahme: Citrusfruchte mindestens 30/höchstens 70	65 %
Mehrfruchtmarmeladen	passierte Früchte (Mark)	zwei bis vier verschiedene Obstarten	mindestens 25/höchstens 55, jedoch Äpfel und Birnen zusammen höchstens 50 % der Fruchteinwaage	58 %
Gemischte Marmeladen	passierte Früchte (Mark)	beliebig viele	mindestens 25/höchstens 55, jedoch Äpfel und Birnen zusammen höchstens 50 % der Fruchteinwaage	58 %

mit zugelassenen Farbstoffen zu färben. Bei den übrigen Marmeladen ist neben dem Pektin- und Säurezusatz eine Zugabe von bis 12 % Stärkesirup ohne Kennzeichnung und die künstliche Färbung bei Kennzeichnung zugelassen. Der Zusatz von Pektin erfolgt in Form von Obstpektin oder Obstgeliersäften. Bei Konfitüren und Einfruchtmarmeladen darf nicht mehr Obstpektin zugegeben werden, als einer Menge von 0,3 % Calciumpektat, bezogen auf das Fertigerzeugnis, entspricht. Für Mehrfrucht- und gemischte Marmeladen ist die Grenze auf 0,5 % erhöht.

2. Obstgelees

Obstgelees werden aus dem Saft oder dem wäßrigen Auszug von frischen Früchten oder der Pulpe (Pülpe) einer Obstart durch Einkochen mit technisch reinem weißem Verbrauchszucker als gallertartige streichfähige Zubereitungen gewonnen. Der Zuckergehalt soll im Fertigerzeugnis mindestens 50 % und höchstens 70 % und der Trockensubstanzgehalt mindestens 58 % betragen. Über den geforderten Obstanteil der Einwaage bestehen keine rechtsverbindlichen Normen.

Ein Zusatz von Pektin sowie von Wein- oder Milchsäure ist in gleicher Weise wie bei der Herstellung von Konfitüren und Marmeladen zulässig, d. h. jeweils bis höchstens 0,5 %, gerechnet als Calciumpektat, sowie Wein- oder Milchsäure.

Die Färbung der Produkte ist unter Kennzeichnung ebenfalls erlaubt. Dagegen ist die Verwendung von nicht im Obst enthaltenen „Geliermitteln", wie Agar-Agar, Alginat, Gelatine, verboten.

Als Obstgeleesorten werden insbesondere unterschieden: Apfel-, Quitten- und Johannisbeer-Gelee, wobei dem Apfelgelee bisweilen der Saft einer anderen Obstart zugesetzt wird. Apfelgelee darf auch unter Verwendung von getrockneten Äpfeln, Apfelschalen und Apfelnachpresse hergestellt werden, was jedoch besonders zu kennzeichnen ist. Mindestens 10 % des Obstanteiles müssen hierbei aus frischem Obst bestehen; ein Zusatz von höchstens 12 % Stärkesirup, bezogen auf das Fertigprodukt, ist bei diesen Apfelgelees ebenfalls erlaubt.

3. Obstkraut

Als *Obstkraut* werden Zubereitungen bezeichnet, die aus frischen Äpfeln oder Birnen durch Dämpfen oder Kochen, Abpressen und Eindampfen des gewonnenen Auszuges oder aus Apfel- bzw. Birnensaft durch Eindampfen mit oder ohne Verwendung von Zucker hergestellt werden. Ihr Trockensubstanzgehalt beträgt mindestens 65 %.

Als Obstkrautsorten werden unterschieden:

1. Apfelkraut, das aus frischen Äpfeln ohne jeden Zusatz herzustellen ist;
2. Apfelkraut, gesüßt. Es wird aus Äpfeln unter Verwendung von Zucker und/oder einer geringen Menge Birnen hergestellt;
3. Birnenkraut, das dem Apfelkraut entspricht und aus frischen Birnen ohne jeden Zusatz zu bereiten ist;
4. Apfel-Birnenkraut, das aus Äpfeln und Birnen oder durch Vermischen von Apfel- und Birnenkraut hergestellt wird.

Die Verwendung von obstfremden Gelierstoffen, Stärkesirup und Farbstoffen ist verboten. Apfelkraut, gesüßt, sowie Apfel-Birnenkraut darf auch unter Verwendung von getrockneten Äpfeln, Apfelschalen und Apfelnachpresse hergestellt werden, wenn es entsprechend gekennzeichnet wird, wobei mindestens 10 % des Obstanteiles der Einwaage aus frischem Obst bestehen müssen.

Von den Obstkrautsorten wird heute im wesentlichen nur noch das Apfelkraut im Rheinland gehandelt und zwar oft als „Rheinisches Apfelkraut, mit Zucker gesüßt". Ohne besondere Kennzeichnung dürfen dem Produkt 25 % Zucker (auf das Endprodukt bezogen) zugesetzt werden. Unter Kenntlichmachung sind bis 40 % Zucker erlaubt. Soweit zur Herstellung Birnen verwendet werden, darf der Birnenanteil 20 % nicht überschreiten.

Außer den vorgenannten Obstkrautsorten kennt die Verordnung über Obsterzeugnisse noch den Begriff des „Gemischten Krautes", worunter obstkrautähnliche Zubereitungen unter Verwendung von frischen oder getrockneten Äpfeln bzw. Birnen, Schalen oder Nachpresse dieser Obstarten verstanden werden. Weiter können Zuckerrübensaft oder Speisesirup aus Entzuckerungsabläufen, Zucker oder Stärkesirup verwendet werden. Gemischtes Kraut soll im Fertigerzeugnis mindestens 1 Teil Obstkraut auf 1 Teil Zuckerrübensaft (bzw. auf 1 Teil Speisesirup aus Entzuckerungsabläufen oder auf 1 Teil dieser beiden) enthalten.

4. Muse

Hier sind das Apfelmus und das Pflaumenmus zu nennen: sie unterscheiden sich in der Herstellung und damit auch in der Konsistenz erheblich.

Apfelmus stellt den gezuckerten, aufgekochten Brei von Äpfeln saurer Sorten dar und kommt als „Apfelmus, extra, tafelfertig" (gepflückte Äpfel, Trockenmasse mindestens 18 %, Zuckerzusatz mindestens 90 g je $^1/_1$ Dose) und „Apfelmus, tafelfertig" (auch aus Schütteläpfeln, Trockenmasse mindestens 15 %, Zuckerzusatz mindestens 70 g je $^1/_1$ Dose) in den Handel. Apfelmus stellt mehr eine Obstdauerware dar, während Pflaumenmus ein Brotaufstrich wie die Konfitüren, Marmeladen und Gelees ist. Es ist auch unter Bezeichnungen wie Zwetschgenmus, Zwetschenmus, Zwetschengesälz sowie Powidl bekannt. Darunter werden dickbreiige, streichfähige Zubereitungen verstanden, die durch Einkochen von Pflaumenmark aus frischen, aber auch aus getrockneten Pflaumen oder — wie heute häufig — aus einem Gemisch dieser beiden hergestellt werden.

Als Pflaumenmus-Sorten werden unterschieden:

1. Pflaumenmus, das aus dem Mark frischer Pflaumen hergestellt wird;
2. Pflaumenmus, gesüßt, wobei zusätzlich weißer Verbrauchszucker verwendet wird;
3. Pflaumenmus aus Trockenpflaumen. Es wird aus getrockneten Pflaumen, z. T. mit einem Zusatz von weißem Verbrauchszucker, Weinsäure oder Milchsäure hergestellt;
4. Pflaumenmus aus Trockenpflaumen mit Zusatz von frischen Pflaumen. Dieses Mus muß im Fertigerzeugnis mindestens 25 % Mus aus frischen Pflaumen enthalten und darf mit Zucker, Weinsäure oder Milchsäure versetzt sein.

Außer den vorgenannten Pflaumenmus-Sorten kennt die Obstverordnung noch den Begriff des „Gemischten Muses", worunter pflaumenmusähnliche Zubereitungen aus einem Gemisch von Pflaumenmark aus frischen oder getrockneten Pflaumen und Mark aus einem anderen frischen oder getrockneten Obst verstanden werden. Das Fertigerzeugnis muß mindestens 50 % Mus aus frischen oder getrockneten Pflaumen enthalten. Auch darf es unter Zusatz von reinem, weißem Verbrauchszucker, Speisesirup aus Entzuckerungsabläufen oder Rübenkraut (Zuckerrübensaft) hergestellt werden.

Für sämtliche Erzeugnisse ist ein Trockensubstanzgehalt von mindestens 53 % vorgeschrieben. Der Zuckerzusatz darf außer in reinem Pflaumenmus, das ohne Verwendung von Zucker herzustellen ist, bis zu 30 % des Fertigerzeugnisses betragen und ist mit den Worten „mit Zucker" oder „gesüßt" zu kennzeichnen. Zu Pflaumenmus, das ausschließlich oder z. T. aus Trockenpflaumen hergestellt wird, dürfen höchstens 0,5 % Wein- oder Milchsäure benutzt werden. Ein Zusatz von obstfremden Gelierstoffen, Stärkesirup oder Farbstoffen ist nicht erlaubt. Wird das Pflaumenmus zusätzlich gewürzt, so muß die Angabe „gewürzt" enthalten sein.

5. Jams, Jellies, Marmalades, Fruit Butter, Fruit Pastes sowie ähnliche Erzeugnisse des Auslandes

Den Konfitüren ist in der Verordnung über Obsterzeugnisse der Begriff „*Jams*" gleichgestellt, mit dem in den englisch sprechenden Ländern die Konfitüren bezeichnet werden. In USA werden die Jams durch Einkochen der ganzen Früchte mit Zucker zu einer mäßig dicken Konsistenz gewonnen. Das Verhältnis von Obstfleisch zu Zucker ist das gleiche wie in Deutschland. In England sind zur Bereitung der Jams Fruchtpulpen üblich.

Dem Begriff „Gelee" entspricht in den englisch sprechenden Ländern der des „*Jelly*". Ein gutes Jelly ist klar, glänzend, durchscheinend und von ansprechender Farbe. Wenn es dem Glas entnommen wird, soll es seine Form behalten und nicht fließen. Es soll weder sirupartig noch klebrig oder gummiartig sein und das Aroma der Ausgangsfrüchte besitzen. Diese Eigenschaften schätzen wir auch bei einem guten deutschen Erzeugnis.

Dagegen versteht man unter „Marmalade" streng genommen ein klares Obstgelee („Jelly"), in dem Teile des Fruchtfleisches oder Schalen suspendiert sind. Es sollte weder ein „Jam" noch eine „Fruit Butter" sein und wird im wesentlichen aus Citrusarten hergestellt. Zur englischen und schottischen „Marmalade" werden bittere Sorten spanischer Orangen verwendet, vor allem solche aus dem Gebiet von Sevilla. In Amerika dagegen werden süße Sorten, im wesentlichen Navel- und Valenciaorangen, bevorzugt und Grapefruit und Zitrone zugesetzt. Mit Grapefruit ähnelt das Produkt der englischen „Marmalade" (W.V. CRUESS 1958). Häufig werden aber heute auch Produkte, die unserer Marmelade entsprechen, als solche bezeichnet.

Weiterhin kennt man im Ausland eine sog. „Fruchtbutter". In USA werden hierzu Äpfel, in Europa Pflaumen bevorzugt. Fruchtbutter wird durch Kochen von feinpassierten Fruchtpulpen ein oder mehrerer Obstarten, Fruchtsäften und Gewürzen mit oder ohne Zucker als halbfeste Masse von homogener Beschaffenheit gewonnen (Mindestgehalt an Trockensubstanz in USA 43 %). Gewöhnlich werden sie stark gewürzt und ohne Zucker hergestellt.

Die sog. „Fruchtpaste" wird aus Fruchtbutter durch Trocknen an der Sonne oder mit künstlicher Wärme bis zu einer festen Beschaffenheit gewonnen.

Näheres über die hier genannten englisch-amerikanischen Produkte und ihre Herstellung kann bei W.V. CRUESS (1958) und über die in USA an diese Erzeugnisse gestellten lebensmittelrechtlichen Anforderungen bei M.B. JACOBS (1958) nachgelesen werden. Über die in Rußland üblichen Produkte, ihre Herstellung und die an sie zu stellenden Anforderungen berichteten N. SABUROW u. M. ANTONOW (1953).

6. Halberzeugnisse

Hierzu zählen Obstpulpe (Obstpülpe), Obstmark, Obstpektin und Obstgeliersaft. Obstpulpe und Obstmark sind chemisch konservierte, aus Frischfrüchten hergestellte Halberzeugnisse, die nicht zum unmittelbaren Genuß geeignet und bestimmt sind.

Obstpulpe enthält neben Fruchtbestandteilen in breiig-stückiger Form auch unzerteilte Früchte und große Fruchtstücke. *Obstmark* besteht demgegenüber aus mehr oder weniger fein zerteiltem frischem Obst. Als *Pflaumenmark* wird ein Halberzeugnis aus mehr oder weniger fein zerteilten frischen Pflaumen oder eingeweichten getrockneten Pflaumen, auch in eingedicktem Zustande, bezeichnet.

Zur Konservierung von Obstpulpe und Obstmark, die zur Herstellung von Konfitüren, Marmeladen, Obstgelees, Süßwaren oder Füllungen von Süßwaren bestimmt sind, dürfen nach der Fruchtbehandlungs-Verordnung vom 19. Dezember 1959 Schwefeldioxid, schweflige Säure, Natriumsulfit, Natrium- und Calciumhydrogensulfit, Natrium- und Kaliumdisulfit, auch in Vermischung untereinander, bis zur Höchstmenge von 2,5 g/kg, berechnet als Schwefeldioxid, unter Kenntlichmachung verwendet werden. Für Obstpulpe, Obstmark und Früchte zur Weiterverarbeitung in der Süßwaren- und Getränkeindustrie läßt die Konservierungsstoff-Verordnung vom 19. Dezember 1959 2 g Sorbinsäure/kg unter Kenntlichmachung zu.

Der Trockensubstanzgehalt für Pulpen und Mark ist in den Qualitätsnormen und Deklarationsvorschriften für verarbeitetes Obst und Gemüse (1965), die auch auf die vorstehenden Konservierungsmöglichkeiten hinweisen, festgelegt und zwar beträgt er für die einzelnen Pulpen zwischen 7 % (Erdbeeren) und 11 % (Süßkirschen) und für die einzelnen Produkte an Obstmark zwischen 7,5 und 11 % (refraktometrisch gemessen).

Ein weiteres in der Verordnung über Obsterzeugnisse aufgeführtes Produkt ist das *Obstpektin*, das aus Obstrückständen in flüssiger oder pulverförmiger Form hergestellt wird und meist einen geringen Zusatz von Weinsäure oder Milchsäure erhält. Flüssiges Obstpektin soll in 3 cm hoher Schicht durchscheinend sein und mindestens 2,5 % Pektinstoff (berechnet als Calciumpektat) enthalten. Der Pektingehalt in der Trockenmasse soll mindestens 25 % betragen. Pulverförmiges Obstpektin entspricht in 10 %iger wäßr. Lösung diesen Bedingungen. Obstpektin wird mit dem Namen der verwendeten Obstart bezeichnet.

Unter *Obstgeliersäften*, die heute in der Obstverwertungsindustrie ohne Bedeutung sind, werden Zubereitungen verstanden, die aus frischen Früchten *einer* pektinreichen Obstart durch Behandeln mit Wasser hergestellt werden. Obstgeliersäfte enthalten höchstens 2 % Pektinstoff (berechnet als Calciumpektat) und höchstens 15 % Trockenmasse. Sie werden ebenso wie die Obstpektine mit dem Namen der verwendeten Obstart bezeichnet.

II. Wirtschaftliche Bedeutung der verschiedenen Fertig- und Halberzeugnisse. Statistik

Konfitüren und Marmeladen — die anderen Produkte in geringerem Maße — spielen nach wie vor in der deutschen Ernährung eine Rolle und stellen den wichtigsten süßen Brotaufstrich dar, dem der Honig erst mit beträchtlichem Abstand folgt.

Die Eigenerzeugung in der Bundesrepublik Deutschland an Konfitüren und Marmeladen, Pflaumenmus, Obstgelee und Obstkraut betrug nach den Erhebungen des Bundesverbandes der Obst- und Gemüseverwertungsindustrie für 1950 (ohne Westberlin), 1960—1965 (mit Westberlin) in t:

1950	1960	1961	1962	1963	1964	1965
74152	87376	89937	98655	95548	94465	102491

Die Produktion der sechs EWG-Länder betrug nach der gleichen Quelle in t:

Jahr	Deutschland	Frankreich	Niederlande	Belgien/ Luxemburg	Italien	EWG insgesamt
1960	87376	60000	24972	12588	51000	235936
1961	89937	62000	25662	13820	50000	241419
1962	98655	60000	26445	14702	53000	252802
1963	95548	68000	26371	13213	47000	250132
1964	94465	63000	25900	13598	47000	243963

1962 wurden in der Bundesrepublik Deutschland (ohne Westberlin) 79530 t Konfitüren und Marmeladen in der Hauptsache in den Verbandsgebieten Bonn (29976 t = 37,7 %), Hannover (15409 t = 19,4 %) und Hamburg (13650 t = 17,2 %) hergestellt. 1962 entfielen bei 89568 t (außer Westberlin) auf Konfitüren und Einfruchtmarmeladen 59398 t (66,3 %), Zwei- bis Vierfruchtmarmeladen ohne Apfel 9216 t (10,3 %), Zwei- bis Vierfruchtmarmeladen mit Apfel 7800 t (8,7 %), gemischte Marmeladen 3116 t (3,5 %), Pflaumenmus 3064 t (3,4 %), Obstgelee 4911 t (5,5 %) und Obstkraut 2063 t (2,3 %). Gegenüber 1960 ist eine Zunahme der Konfitüren und Einfruchtmarmeladen um 5,8 % festzustellen, während der Verbrauch der Zwei- bis Vierfruchtmarmeladen sowie gemischten Marmeladen seit Jahren rückläufig ist. Als Abnehmer der gemischten Marmeladen kommen hauptsächlich Bäckereien in Betracht. Der Absatz an Pflaumenmus, Gelee und Obstkraut ist seit Jahren mit ca. 10 % konstant am Umsatz der Marmeladenindustrie beteiligt. Allerdings ist der Absatz fur diese Produkte mit Ausnahme von Gelee, das im ganzen Bundesgebiet verzehrt wird, recht unterschiedlich. Für manche Marmeladenerzeugnisse gibt es festumrissene Absatzgebiete, d. h. die Bewohner gewisser Gegenden bevorzugen einzelne Sorten, während in einer anderen Gegend diese fast unbekannt sind. Pflaumenmus findet seine Hauptabnehmer in Norddeutschland, während der Verbrauch von Obstkraut auf das Rheinland und einige Gebiete Westfalens beschränkt ist. Daher wird Obstkraut zu 100 % im Verbandsgebiet Bonn hergestellt. An diesen Verzehrgewohnheiten hat sich seit Jahrzehnten nicht viel geändert (F. ZENTIS 1961).

Für die Marmeladenindustrie ist der deutsche Obstmarkt ohne Bedeutung. Er liefert überwiegend Äpfel und Pflaumen sowie in begrenztem Umfang Erdbeeren. Ungefähr drei Viertel des Obstbedarfes stammen aus dem Ausland. Die Einfuhren an gefrorener bzw. an vorübergehend haltbar gemachter Pulpe, an Früchten in Fässern sowie an Pektin waren beträchtlich, was bei der landwirtschaftlichen Struktur des deutschen Raumes und den Anbaumöglichkeiten verständlich erscheint.

Nach den Angaben des Statistischen Bundesamtes betrug die Produktion (in t) an Obstpulpe und Pektin in den Jahren 1959—1965 in der Bundesrepublik Deutschland ohne Westberlin:

Jahr	1959	1960	1961	1962	1963	1964	1965
Obstpulpe . . .	2588	2675	1855	2093	2015	1999	2605
Pektin	14040	12410	8317	9558	9093	8511	10413

Bei Obstmark entfallen durchschnittlich auf Apfelmark 80—85% und auf Erdbeermark 4—8%.

Interessant sind auch Verbrauchszahlen. So betrug der Verbrauch je Kopf und Jahr, vom Bundesverband aus verschiedenen Statistiken zusammengestellt (in kg):

	1937	1958	1960	1962	1963	1964	1965
an Konfitüre, Marmelade, Obstgelee, Pflaumenmus, Obstkraut	2,38	1,57	1,50	1,73	1,66	1,62	1,74
zum Vergleich an Rübenkraut	0,48	0,20	0,15				

III. Herstellung

1. Halberzeugnisse

Für die Konfitüren- und Marmeladen-Herstellung können praktisch alle Obstarten zu Halberzeugnissen verarbeitet werden. Die Früchte sollen einen guten Reifezustand erreicht haben und damit ihr volles Aroma und eine ansprechende Farbe aufweisen. Aus Beeren und festeren Früchten wird Pulpe und aus den schon weicheren (überreifen) Mark gewonnen. Zur Pulpeherstellung werden mittelgroße bis kleine, festfleischige Erdbeeren, Sauerkirschen (Schattenmorellen und Weichselkirschen), dunkle bis schwarze Süßkirschen und Herbstpflaumen mit guter Steinablösung verwendet. Aprikosen, Himbeeren und Brombeeren werden in annähernd reifem Zustande eingesetzt.

Alle Früchte werden sorgfältig sortiert und gewaschen (abgebraust). Erdbeeren erfordern besondere Sorgfalt. Sie werden vom Kelch befreit und dabei gleichzeitig sortiert. Um anhaftenden Sand restlos zu entfernen, ist gründliches Waschen in einer Obstwaschmaschine oder in einem Siebbehälter durch Abbrausen erforderlich. Johannisbeeren werden entrappt, Brombeeren und Himbeeren entkelcht. Steinobst (Kirschen, Pfirsiche, Aprikosen, Pflaumen) wird maschinell entstielt und entsteint und — wenn notwendig — halbiert. Früchte mit festeren Schalen, wie Pfirsiche, Birnen, Äpfel, Ananas, werden in der Regel geschält, während dies bei Aprikosen, Pflaumen u. a. dünnschaligen Früchten nicht erforderlich ist. Citrusfrüchte werden häufig mit der ganzen oder einem Teil der Schale verarbeitet, wobei die Schale in feine Streifen geschnitten wird.

Die Früchte können gedämpft werden, wodurch der bei der Lagerung sonst eintretende Pektinabbau vermindert wird. Beerenfrüchte werden häufig ohne Wärmeanwendung zu Pulpe verarbeitet.

Zur Gewinnung von Obstmark wird das zuvor gewaschene und — soweit erforderlich — mit einem kleinen Zusatz von Wasser gekochte oder gedämpfte Obst durch eine Passiermaschine gegeben. Erdbeeren, Himbeeren, Johannisbeeren und Kirschen werden meist roh passiert, während Äpfel, Pflaumen und Stachelbeeren stets im Obstdämpfer vorgekocht werden. Stachelbeeren werden in noch grünem Zustand verarbeitet. Je unreifer die Früchte sind, um so größer ist die Gelierwirkung. Für Apfelmark werden in der Regel große, weißfleischige, möglichst säuerliche Musäpfel verwendet. Beim Passieren wird das Fruchtfleisch von Kernen, Stielen, Schalen usw. getrennt, soweit diese Fruchtteile, z. B. Samen des Steinobstes, nicht schon vorher entfernt werden.

Abb. 1. Passiermaschine (Fa. Herbort, Braunschweig)

Zur Haltbarmachung der Halberzeugnisse werden in der Regel Schwefeldioxid und seine Salze verwendet, die in wäßriger Lösung zugegeben werden, vgl. S. 161. Nach R. HEISS (1950) werden zur ausreichenden Konservierung folgende SO_2-Konzentrationen benötigt:

Aprikosen, Pfirsiche, Erdbeeren, Himbeeren	2000 mg/kg
Birnen	1000 mg/kg
Äpfel, Zitronen und Orangen	1500 mg/kg
Kirschen	3000 mg/kg.

M. A. JOSLYN u. J. B. S. BRAVERMAN (1954) nannten Werte von 1500—2000 mg/kg. Erhitzte Halberzeugnisse benötigen weniger SO_2 als solche, die ohne Wärmeanwendung hergestellt worden sind. — Neben SO_2 dienen u. a. Natriumhydrogensulfit und Kaliumdisulfit zur Haltbarmachung. Ameisensäure ist zur Konservierung von Halberzeugnissen, die zur Herstellung von Konfitüren und Marmeladen eingesetzt werden sollen, ungeeignet, da hierdurch die Gelierfähigkeit leiden soll. Auch Natriumbenzoat ist weniger geeignet.

Nach Untersuchungen von B. HOTTENROTH (1952) wirkt sich die Konservierung mit SO_2 ungleichmäßig auf die Gelierwirkung aus, was in der Praxis leicht zu Fehlfabrikaten führen kann, während die Gefrierkonservierung ein wesentlich einheitlicheres Bild ergibt. Im allgemeinen ist eine Verschlechterung der Gelierwirkung durch SO_2 nicht festzustellen.

Der weitaus größte Teil an Obstpulpe und -mark wird in 200-l-Fässern hergestellt und gehandelt. Die Lagerung erfolgt in den Marmeladenfabriken häufig auf einem überdachten Pulpelager, z. T. auch noch im Freien. Auch sind Lagertanks, z. B. für Apfelmark und Pflaumenpulpe, in Verwendung.

Weitere Angaben über die Herstellung der Halberzeugnisse können u. a. dem Buch von P. NEHRING u. H. KRAUSE (1963) entnommen werden. Ebenso muß wegen der Herstellung von Geliersäften und Halbfabrikaten für Obstkraut auf Spezial-Literatur verwiesen werden. Über die Herstellung von Hagebuttenmark wurde von A. BEYTHIEN (1938) berichtet.

2. Obstpektin

Obstpektine, die eine große Bedeutung für die Obstverwertung besitzen und auch in der Feinbäckerei, z. B. für Überzüge von Obsttorten und Fruchtfüllungen Verwendung finden, gelangen in Form von angereicherten Extrakten oder als gepulverte Trockenpektine in den Handel. Sie werden in Deutschland weitgehend aus Apfeltrestern gewonnen, während in anderen Ländern hierzu oft Orangen- und Zitronenabfälle dienen. Auch Zuckerrübenschnitzel sind als Ausgangsmaterial (besonders während des Krieges und unmittelbar danach) verwendet worden. Die Obstrückstände müssen möglichst frisch verarbeitet oder in geeigneter Weise, z. B. durch Trocknung, haltbar gemacht werden. Die Naß- oder die in der Regel verwendeten Trockentrester werden nach geeigneter Vorbehandlung — z. B. nach vorheriger Auslaugung mit Wasser von 35—40° C zur Entfernung leicht löslicher Begleitstoffe und Verunreinigungen — mit bis 90° C warmem Wasser oder Dampf in einfachen oder Gegenstrom-Verfahren mit oder ohne Druckanwendung extrahiert. Hierbei wird häufig mit Zusätzen anorganischer oder organischer Säuren, aber auch von Carbonaten und anderen Salzen gearbeitet. Art und Dauer der Extraktion werden von der Art und Beschaffenheit des Ausgangsmaterials bestimmt. Ein mehrmaliges Ausziehen hat sich bewährt.

Die nach den verschiedenen Verfahren gewonnenen Extrakte werden anschließend geklärt und gereinigt. Dann werden sie im Vakuum zu einem hochviskosen, sirupartigen Pektinextrakt eingedampft bzw. auf Walzen oder durch Zerstäubung getrocknet. Auch können die Pektinstoffe in geeigneter Weise aus den wäßr. Extrakten ausgefällt und dann zu Trockenpektin verarbeitet werden. Ebenso sind Verfahren unter Anwendung von Kationenaustauschern bekannt.

Neben hochverestertem Pektin können durch Entesterung auf saurem, alkalischem oder enzymatischem Wege niederveresterte (leicht veresterte) Pektine gewonnen werden. Für diese ist ihre Fähigkeit charakteristisch, in zuckerfreien oder zuckerarmen Medien Gele zu bilden. Sie werden in der Feinbäckerei vielfach verwendet.

Über die technische Gewinnung berichtete unter Angabe zahlreicher Patente H. MAASS (1951) ausführlich. Eingehende Untersuchungen über die Extraktion der Pektine aus Apfelmark haben in letzter Zeit M.A. JOSLYN u. H. DEUEL (1963) ausgeführt. Auf die Pektine und ihre Verwendung ging u. a. B. HOTTENROTH (1951) ein. Übersichtsreferate über Pektine veröffentlichten weiterhin u. a. G.L. BAKER (1948), M.A. JOSLYN u. H.J. PHAFF (1947) und H. DEUEL u. E. STUTZ (1958). Nicht zuletzt sei auf das Werk von Z.I. KERTESZ (1951) verwiesen.

3. Konfitüren und Marmeladen

In Deutschland werden Konfitüren und Marmeladen heute noch im wesentlichen aus chemisch konservierter Obstpulpe und Obstmark hergestellt. Ananas und zum beträchtlichen Teil auch Aprikosen und Pfirsiche werden, in Dosen konserviert, als Rohware eingesetzt. In Frankreich und wahrscheinlich auch in Italien hat die Herstellung von Konfitüren aus frischen Früchten einen beachtlichen Umfang, wobei ausgezeichnete Qualitäten erzeugt werden können. In USA werden weitgehend tiefgefrorene Früchte verwendet, die ein geschmacklich besseres Produkt als konservierte Pulpen ergeben. Bei den Beerenfrüchten ist hierbei auch die

Farberhaltung günstiger. Der Vitamin C-Gehalt ist bedeutend höher (B. HOTTENROTH 1952). Allerdings darf das tiefgefrorene Obst nicht überlagert sein.

Bei der Herstellung der Konfitüren und Marmeladen aus Halberzeugnissen muß der größte Teil des SO_2 wieder durch Kochen ausgetrieben werden. Die Möglichkeiten der Entfernung hängen nach K. HEINTZE (1960) von folgenden Faktoren ab: 1. entscheidend vom SO_2-Gehalt der Pulpe, 2. vom Farbstoffgehalt der Früchte, 3. vom Extraktgehalt der Pulpe, 4. von der Lagerzeit der Pulpe und 5. vom Zerteilungsgrad der Früchte.

Längere Lagerzeit und gröberer Zerteilungsgrad erhöhen die Schwierigkeiten der Entfernung, nicht zuletzt auch stärkere Färbung der Früchte, z. B. Brombeeren, da die Farbstoffe mit SO_2 eine Bindung eingehen. Je höher der Zuckergehalt bzw. die Zuckerzugabe sind, um so schwerer ist SO_2 auszutreiben.

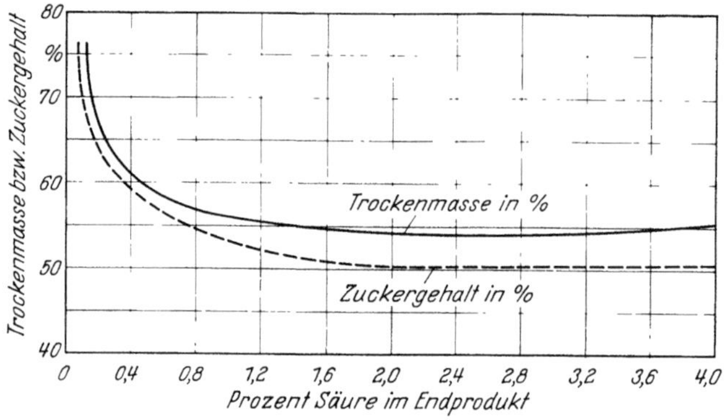

Abb. 2. Beziehung zwischen Säuregehalt und Gelierungspunkt (W. V. CRUESS 1958)

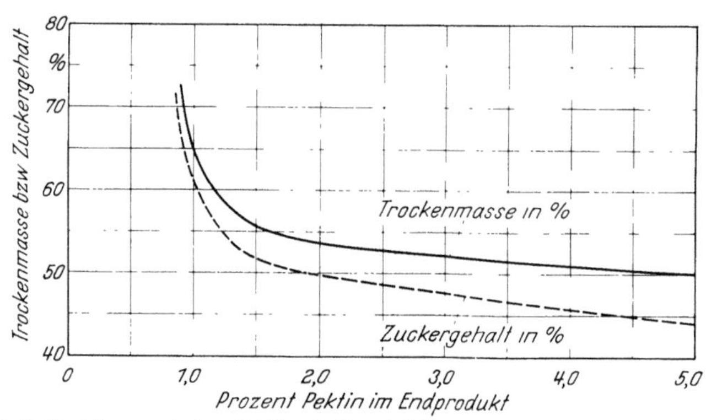

Abb. 3. Beziehung zwischen Pektingehalt und Gelierungspunkt (W. V. CRUESS 1958)

Eine vorzügliche Konfitüre wird aus Ananas gewonnen. Auch eignet sich diese Obstart für Zwei- und Mehrfrucht-Marmeladen, deren Geschmack sie heben kann. In Deutschland ist die Erdbeer-Konfitüre ein beliebtes Produkt. Sie kann in guter Qualität hergestellt werden, wenn von geeigneten Rohstoffen, besonders frischen Früchten, ausgegangen wird.

Bei der Konfitüren-Herstellung dürfen die Früchte oder Fruchtteile möglichst nicht zerkochen, sondern müssen ihre Form behalten, was bestimmte Anforderungen an die Qualität und Beschaffenheit der Rohware stellt. Daher wurde das Fruchtfleisch, z. B. von Erdbeeren, bisweilen durch Zugabe von Calciumchlorid-Lösungen fester gemacht („gehärtet").

Der Hauptbestandteil der Konfitüren und Marmeladen ist indessen der Zucker. Rund 60—65 % der fertigen Konfitüre und ca. 55 % der fertigen Mehrfruchtmarmelade entfallen auf den Zuckergehalt. Er trägt entscheidend zur Haltbarkeit und Konsistenz der Produkte bei.

Von großer Bedeutung für die Erzielung der gewünschten „Marmeladen"-Konsistenz ist die Gelierung, welche durch das vorhandene und/oder zugesetzte Pektin in Gegenwart des Zuckers bewirkt wird, wobei ein optimaler Säuregehalt wichtig ist. Daher sind Pektin- und Säurezusätze in gewissem Rahmen gestattet worden. Durch starkes Erhitzen nimmt die Gelierfähigkeit beträchtlich ab. Mit steigendem Zuckerzusatz tritt die Gelierung rascher und vollständiger ein, vor allem, wenn Pektin- und Säuregehalt im günstigen Verhältnis zur Zuckermenge stehen.

Konfitüren, Marmeladen und Gelees bilden ein Gel. Die Festigkeit u. a. Eigenschaften dieses Gels hängen einmal von den spezifischen Eigenschaften des verwendeten Pektins und zweitens von den Bedingungen ab, unter denen die Gelierung eintritt. So weiß man, daß z. B. Apfel-Pektin eine elastischere Textur ergibt als Citrus-Pektin.

Der Geliervorgang, d. h. die Bildung eines Säure-Zucker-Gels der Pektine, beruht auf der Ausbildung eines Gel-Netzwerkes der Pektinketten. Dieses Netzwerk kommt durch Bildung von Wasserstoffbrücken zwischen den Pektinmolekülen zustande. Dazu ist aber zunächst ein Abbau der Wasserhülle des kolloidgelösten Pektins durch Zurückdrängung der Dissoziation der Carboxylgruppen und durch Zugabe dehydratisierender Stoffe wie Zucker erforderlich. Die Vernetzungsstellen sind vermutlich Wasserstoffbrücken-Bindungen zwischen den undissoziierten Carboxylgruppen sowie zwischen diesen und den Hydroxylgruppen benachbarter Pektinmoleküle, vielleicht auch der Zuckermoleküle. Bei niederveresterten Pektinen kommt als Vernetzungsmöglichkeit zwischen den Pektinmolekülen noch die Bildung von Calciumbrücken zwischen den Carboxylgruppen hinzu. Die niederveresterten Pektine sind daher in der Lage, auch zuckerarme Gele zu bilden.

Die gelbildenden Eigenschaften eines Pektins hängen in erster Linie von der Molekülgröße ab. Der Methoxylgehalt spielt nicht die wichtige Rolle, die man ihm früher zugedacht hatte. Der Methoxylgehalt beeinflußt lediglich den Säurebedarf, die Erstarrungsgeschwindigkeit und die Gelfestigkeit. Die hochveresterten Pektine führen zu schnell erstarrenden Gelen, während die niedrig veresterten als langsam erstarrende Pektine gelten (vgl. B. Hottenroth 1951; Z. I. Kertesz 1951).

Die Konsistenz der Produkte hängt neben dem Zuckergehalt von der Wasserstoffionen-Konzentration ab. Ein Säurezusatz hemmt die Dissoziation der freien Carboxylgruppen, vermindert damit die Ladung der Teilchen (und ihre Hydratation) und erhöht die Tendenz der Moleküle zur Assoziation. Nur die undissoziierten Carboxylgruppen tragen zur Gelbildung bei, die in der Regel erst bei einem pH von unter 3,5 ermöglicht wird.

Bei einem optimalen Säuregehalt wird weniger Pektin zur Erzeugung eines einwandfreien Produktes benötigt. Durch einen zu niedrigen Säuregehalt (pH über 3,6) wird das Produkt zu weich und gummiartig. Bei einem zu hohen Säuregehalt (pH unter 2,2) wird das Produkt sirupartig und sondert Flüssigkeit ab (Synäresis). Mit steigender Zuckerkonzentration wird das Produkt fester. Im umgekehrten Falle wird es weicher. Die günstigste Zuckerkonzentration für die Gelierung liegt zwischen 60—65 %. Als unterste Grenze gelten ca. 50 %. Der günstigste pH-Wert liegt bei 2.9—3.1. Ein höherer Zuckergehalt läßt das pH-Optimum ansteigen, während es durch einen niedrigeren Pektingehalt herabgesetzt wird. Pektin und Säure lassen sich in gewissem Rahmen gegeneinander austauschen.

Die Menge an Pektin, welche den verschiedenen Konfitüren und Marmeladen zugesetzt werden muß, ist vom Pektingehalt der Früchte und der Art des in ihnen vorliegenden Pektins abhängig. Beides steht weitgehend mit dem Reifezustand

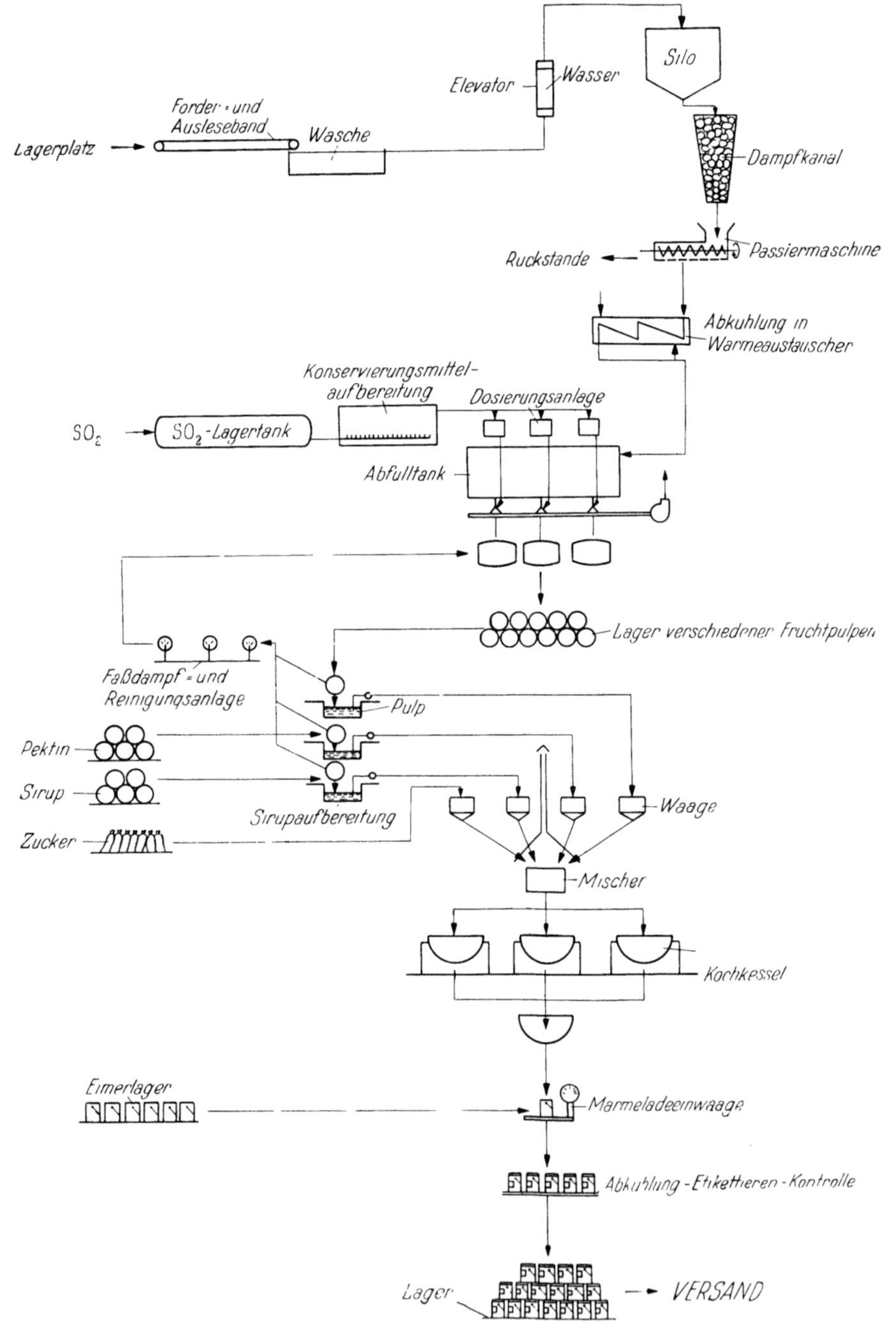

Abb. 4. Herstellung von Marmeladen (entnommen aus R. HEISS 1950)

der Früchte in Zusammenhang, da unreife Früchte bekanntlich mehr Pektin enthalten.

Auch der Säurezusatz richtet sich nach der bereits vorhandenen Säure; er ist wesentlich von den Geschmackseigenschaften abhängig, die man dem Produkt geben möchte. Durch den Zusatz von Stärkesirup (Glucosesirup) wird die Süße weiterhin vermindert, ein besserer „Glanz" erzielt, die Konsistenz bisweilen verbessert und die Gefahr des Zucker-Auskristallisierens beträchtlich herabgesetzt.

Der Kochprozeß ist der wichtigste Teil der Konfitüren- und Marmeladen-Fabrikation. Feste Früchte werden meist in einer kleinen Menge Wasser aufgekocht (6—8 min), ehe der Zucker zugefügt wird. Ebenso werden mit SO_2 konservierte Pulpe oder Mark mit Zusatz einer kleinen Menge Wasser gekocht, um den größten Teil des Konservierungsmittels zu entfernen. Hierbei stellt sich die frühere Farbe z. T. annähernd wieder ein. Zu einem Block zusammengefrorene Früchte werden zuvor soweit angetaut, daß sie sich in kleinere Teilstücke zerbröckeln lassen, die in wenig heißem Wasser endgültig aufgetaut werden. Beeren werden gleich mit Zucker gekocht.

Beim Kochprozeß sind grundsätzlich zwei Verfahren zu unterscheiden. Einmal können diese Produkte im Kessel gekocht werden. Zum anderen ist die Herstellung in Vakuum-Apparaten mit Rührvorrichtung möglich. Doch wird vom Vakuum nur in geringerem Umfange Gebrauch gemacht; der größte Teil der Konfitüren wird weiterhin im offenen Kessel produziert.

Den Herstellungsprozeß veranschaulicht die schematische Abb. 4.

a) Kochen im Kessel

Dieses Verfahren zeichnet sich durch einfache Handhabung aus. Von entscheidender Bedeutung für die Qualität des Fertigerzeugnisses ist eine kurze Kochzeit. Sie ist weitgehend von der Art und Form der Kochkessel — d. h. von dem Verhältnis von Heizfläche zu Kesselinhalt —, außerdem vom Dampfdruck und damit von der Temperatur der Heizfläche und schließlich von der Wärmeleitfähigkeit der zu kochenden Masse abhängig. Die Kochzeit muß heute bei Einsatz von mit SO_2 konservierter Pulpe leider oft verlängert werden, um den SO_2-Gehalt im Endprodukt auf weniger als 60 mg/kg (Fruchtbehandlungs-VO vom 19. Dezember 1959) zu senken. Hierunter leidet zwangsläufig die Qualität.

Das Kochen der Fruchtbestandteile mit dem Zucker, gegebenenfalls nach Zusatz der technisch notwendigen Menge Wasser, erfolgt heute meist bei einem Dampfdruck von ca. 4 atü. Es werden kleinere, doppelwandige, linsenförmige, weniger halbkugelige Kessel bevorzugt, die weit genug sind, um das Kochgut in nicht zu dicker Schicht aufzunehmen. Beim Kochen muß die Karamelisierung des Zuckers und die Ausbildung brenzliger Stoffe sorgfältig vermieden werden. Bei Ansätzen von höchstens 100 kg beträgt die notwendige Kochzeit — von der Austreibung des SO_2 evtl. abgesehen — 15—30 min, bis der erforderliche Trockensubstanzgehalt erreicht ist. In größeren Kesseln ist die Kochzeit erheblich länger und kann bis die doppelte Zeit erfordern. Wichtig ist auch ein konstanter Dampfdruck. Kurz vor Beendigung des Kochens wird der Dampf abgestellt, die zum Gelieren erforderliche Menge Pektin, Stärkesirup, evtl. Farbstoff und schließlich Säure hinzugesetzt und der ganze Inhalt nochmals kurz aufwallen gelassen.

Je nach Kochdauer und Säuregehalt wird beim Kochen der Zucker teilweise invertiert, wodurch sein späteres Auskristallisieren verhindert wird. Das Pektin wird z. T. hydrolysiert, auch treten mehr oder weniger starke Aromaverluste ein.

In modernen Anlagen werden heute Edelstahlkessel eingebaut. Oft trifft man aber noch Kupferkessel an, die einige Nachteile aufweisen. Haufig sind die Kessel kippbar angeordnet und mit einem Bodenventil ausgerüstet. In modernen größeren

Betrieben stehen die Kochkessel, zu Batterien zusammengefaßt, auf einer Bühne und können aus höher angeordneten Vorratsbehältern mit den benötigten Mengen an Obst, Zucker und Hilfsstoffen gespeist werden. Die Zuführung kann automatisch erfolgen, wobei nach Gewicht oder Volumen dosiert wird. Häufig wird die Pulpe zunächst in Pulpe-Vorratsbehältern, die z. T. gefliest sind, vorgemischt, wobei eine gleichmäßige Verteilung durch Rührwerke erzielt werden kann.

Abb. 5. Moderne Marmeladen-Kochanlage (Nährmittelwerk Huber, Hoffmann u. Co., Ingelfingen/Württ.) (Die drei Kochkessel sind mit Aufsätzen versehen)

Aus dem Kessel fließt das fertige, aber noch dickflüssige Erzeugnis, nachdem es den vorgeschriebenen Trockensubstanzgehalt aufweist, z. T. über Wannen oder Rinnen, die häufig durch einen Wassermantel gekühlt werden können, nach unten zu den Abfüllmaschinen. In den Wannen oder Rinnen kann das Produkt zusätzlich auf unerwünschte Bestandteile (Kerne, Kelche, Stiele usw.) durchgesehen werden. Andere Betriebe arbeiten mit geschlossenen Kühlvorrichtungen, die mit mechanischen Rührwerken ausgerüstet sind.

Das Abfüllen und Verschließen erfolgt heute automatisch mit geeigneten Maschinen, wobei sich für Gläser und Eimer der Vakuum-Verschluß durchgesetzt hat, der eine Oberflächenkonservierung der Produkte überflüssig macht.

Die Verteilung der ganzen Früchte bzw. Fruchtstücke in Konfitüren wird bei den modernen Marmeladenabfüllmaschinen mit Hilfe von Rührwerken durchgeführt, die sich in den Vorratsbehältern über den Abfüllstationen befinden. Es handelt sich bei den Rührwerken in der Regel um horizontale Walzen, an denen sich schaufelartige Verlängerungen befinden, die langsam umlaufen und auf diese Weise eine fortlaufende Durchmischung des Gutes bewirken.

In den Abfüllstationen wird die meist über 80° C warme Konfitüre in die Gläser eingefüllt, die auf einem Laufband hindurchgeführt werden. Anschließend werden die Deckel auf die heißen Gläser fest aufgesetzt. Zum Teil erfolgt das Erhitzen des

Kopfraumes durch eine Dampfinjektion oder eine Kopfsterilisation. Danach durchläuft das Glas sofort eine Kühlzone (Kühlschleuse). Hierbei entsteht im Kopfraum des Glases ein beträchtlicher Unterdruck. Eine rasche Abkühlung ist nicht zuletzt für die Qualität des Fertigproduktes entscheidend, da hohe Temperaturen zu einem Karamelisieren des Zuckers und zu stärkeren Farb- und Aromaveränderungen führen können. Daher werden für Eimerware vielfach wassergekühlte Kühlschiffe verwendet, um ein rasches Abkühlen zu erzielen und damit eine geeignete Konsistenz und Qualität zu erhalten.

Während der Abkühlung setzt die Gelierung ein, wodurch die in Gläsern bzw. Eimern abgefüllten Produkte schon so weit durchgeliert sind, daß ein Aufsteigen der Früchte in den Konfitüren weitgehend verhindert wird. Dies ist besonders wichtig bei Erdbeeren, Kirschen und Johannisbeeren.

b) Kochen in Vakuum-Apparaten

Die Herstellung im Vakuum hat eine Reihe von Vorteilen. Die Temperaturen und die Kochzeiten werden beträchtlich vermindert, und es können größere Ansätze auf einmal gekocht werden. Aroma, Geschmack und Farbe der Früchte bleiben besser erhalten. Bräunungsreaktionen treten kaum ein. Die im Vakuum hergestellten Produkte haben mehr den Geschmack der frischen Frucht und sehen wegen der Erhaltung der natürlichen Farbe oft ansprechender aus. Nachteilig sind die wesentlich schwierigere Handhabung der Vakuum-Geräte und auch der relativ komplizierte Reinigungsvorgang bei häufigem Wechsel der herzustellenden Produkte. Auch tritt praktisch keine Zuckerinversion ein.

Es ist vorteilhaft, wenn neben dem Vakuumkessel ein Vorkochkessel eingebaut ist. Zur Herstellung der Produkte (im wesentlichen Marmeladen und Gelees) werden die Fruchtbestandteile mit dem Zucker und der etwa notwendigen Säuremenge in diesem Kessel auf 60—70° C erhitzt. Falls erforderlich, wird auch noch etwas Wasser zugefügt. Diese Mischung wird dann in den Vakuumkessel eingesaugt und bei einem Vakuum von etwa 60 Torr bei 60—70° C bis zur gewünschten Trockenmasse eingedampft. Zu Ende des Kochvorgangs wird das Pektin eingesaugt, worauf man nochmals kurz aufkochen läßt. Nach Aufhebung des Vakuums wird der Kessel entleert.

c) Neuere Herstellungsverfahren

Seit einigen Jahren werden „ungekochte" Konfitüren und Marmeladen durch Pasteurisierung (Erhitzen auf höchstens 85° C) hergestellt. Hierzu werden z. T. die gleichen Rohstoffe wie für die durch Kochen erzeugten Produkte verwendet. Der Vorteil für den Verbraucher liegt in der geringeren Wärme-Einwirkung, wodurch die Inhaltsstoffe, vor allem die Geschmacks- und Farbstoffe, stärker geschont werden. Auch können hierzu geschwefelte Pulpen nicht verwendet werden, da das Austreiben des Schwefeldioxids ein beträchtliches Kochen erfordert, so daß die „ungekochten" Konfitüren und Marmeladen einen Fortschritt in der Qualität bedeuten können.

K. Wucherpfennig u. F. Steiner (1962) beschrieben ein Verfahren, das die Herstellung von Marmeladen unter Erhaltung der natürlichen Aromastoffe in einem Arbeitsgang vollkontinuierlich ermöglicht. Hierbei wird das heiß eingelagerte Fruchtmark mit Zucker und Pektin verrührt, durch einen als Vorwärmer dienenden Maischeerhitzer gedrückt, von da in einen Dünnschichtverdampfer geleitet und dort bis zum gewünschten Trockensubstanzgehalt eingedampft. Die beim Kochprozeß entstehenden Brüden werden in eine Aromagewinnungsanlage geleitet, und das gewonnene Aromakonzentrat wird der Marmelade nach Verlassen des Verdampfers kontinuierlich zugesetzt. Die sehr kurze Verweildauer der Marmelade im Verdampfer unterbindet Hitzeschädigungen wie Veränderungen am Pektin u. a. Obstinhaltsstoffen.

Bisher sind Aromarückgewinnungsanlagen vor allem aus der Fruchtsaft-Industrie und der Konzentratherstellung bekannt (H. Siegrist 1960a, b). Auch R.K. Eskew (1958) wies auf die Aromarückgewinnung bei der Marmeladenherstellung hin.

4. Gelee

Für die Qualität eines Obstgelees, zu dem der aus den Früchten gewonnene Saft verwendet wird, sind neben den für die bestimmte Fruchtart typischen Bestandteilen ebenfalls Pektin, Säure und Zucker von Bedeutung. Das Pektin ist notwendig, um dem Produkt die gewünschte Konsistenz zu geben. Soweit mit Säften solcher Früchte gearbeitet wird, die wenig Pektin enthalten, muß solches zugefügt werden. Ebenso steht es mit dem Säuregehalt. Zwischen der Wasserstoffionen-Konzentration und der Gelee-Bildung besteht ein direkter Zusammenhang, dagegen nicht mit dem Gehalt an Gesamt-Säure wegen der vorhandenen Puffersubstanzen. Als unterster pH-Wert, bei dem noch Gelierung eintritt, wurde 3,46 angegeben (W.V. Cruess 1958). Ein zu großer Säurezusatz bewirkt, daß das Gelee sirupartig wird und Flüssigkeit austreten kann. Eine Flüssigkeitsabscheidung, die einen Qualitätsmangel darstellt, kann auch durch zu wenig Zucker oder Pektin und durch zu schnelles Gelieren hervorgerufen werden. Gelees sollen durchscheinend, fest und schneidbar sein. Auch sollen sie so elastisch sein, daß sie nicht von der Gläserwand nach innen abfallen, und beim leichten Eindrücken der Oberfläche die ursprüngliche Form wieder annehmen. Schwierigkeiten bei der Herstellung werden häufig durch die wechselnde Gelierfähigkeit der einzelnen Obstsorten verursacht, so daß kleinere Zusätze von Pektin und Säure gestattet wurden.

Zur Geleeherstellung werden die Früchte im offenen Kessel unter Umrühren weichgekocht, um ein Maximum an Saft und Pektin aus ihnen zu gewinnen. Sehr saftige Früchte, z. B. Beeren, werden möglichst zerquetscht und ohne Wasserzusatz gekocht. Festere Früchte, wie Äpfel und Citrusfrüchte, müssen zerkleinert werden und erfordern einen — möglichst geringen — Wasserzusatz. Dieser soll so bemessen sein, daß aus 100 Teilen Obst nicht mehr als 100 Teile wäßriger Auszug gewonnen werden.

Die Länge der Kochzeit und damit auch der Wasserzusatz variieren mit der Art und der Textur der Frucht. Beeren benötigen nur 2—3 min, Äpfel im allgemeinen 20 min (halbe bis gleiche Menge Wasser), z. T. auch weniger, während z. B. Orangen 30—60 min vorgekocht werden müssen (2- bis 3fache Menge Wasser). Die Früchte sollen weichgekocht werden, aber nicht zerfallen und nicht musig werden. Wird das Kochen zulange ausgedehnt, werden häufig trübe Säfte erhalten, die nur schwer zu filtrieren sind. Durch das Kochen wird ein beträchtlicher Teil des unlöslichen Protopektins in lösliches Pektin übergeführt. Das Abpressen der vorgekochten Früchte erfolgt noch heiß auf Packpressen oder modernen kontinuierlichen Saftextraktoren. Ebenso kann von Fruchtsaft ausgegangen werden, da ja Pektin zugesetzt werden kann.

Soweit zur Herstellung Trockenäpfel oder Apfelschalen benutzt werden, werden diese in ähnlicher Weise unter Zusatz von Wasser angekocht und dann abgepreßt. Durch weiteres Auskochen der Preßrückstände mit Wasser erhält man den sog. Nachpreßsaft.

Um ein Qualitätsprodukt zu erzielen, müssen vor allem bei hellfarbigen Früchten gut blank filtrierte Säfte verwendet werden. Daher sind besonders bei der Herstellung von Apfelgelee die Trubstoffe in geeigneter Weise vom Saft abzutrennen. Früher wurde häufig eine Selbstklärung vorgenommen, d. h. man ließ die Säfte absetzen. Heute wird meist, z. T. nach Selbstklärung, filtriert (Filterpresse) oder zentrifugiert. Die Benutzung von Filterhilfsmitteln (Erden usw.) wird empfohlen. Die Anwendung von Filtrationsenzymen ist dagegen nicht zweckmäßig, da hierdurch das Pektin abgebaut wird.

Nach der Saftherstellung wird das Gelee gekocht. Zur Erzielung eines guten Endproduktes soll die Kochzeit möglichst kurz sein. Zu langes Kochen gefährdet die Gelierung und erhöht die Aromaverluste. Das Kochen selbst erfolgt im wesentlichen in ähnlicher Weise wie das von Konfitüren und Marmeladen in offenen Kesseln oder — wegen des Schäumens — im Vakuum. Das Verhältnis von Obstanteil zu Zucker richtet sich nach den jeweiligen Qualitätsansprüchen und wird im wesentlichen durch die Geliereigenschaften der verwendeten Säfte bestimmt.

Der Pektingehalt kann ausreichend genau mit einem einfachen Test geschätzt werden. Hierzu werden 10 ml des Saftes mit 10 ml 95 vol.-%igem Äthanol versetzt und gut durchgemischt. Ein an Pektin reicher Saft bildet hierbei eine geleeartige Masse. Bei mittlerem Pektingehalt entstehen zahlreiche größere Pektinklumpen und bei geringem Gehalt nur vereinzelte oder auch keine Flocken (W. V. CRUESS 1958). Nach dem Ausfall der Probe richtet sich der Zusatz an Zucker und Pektin.

Zur Erzielung einer glänzenden und klaren Fertigware wird beim Kochprozeß im offenen Kessel mehrfach mit einer Schaumkelle abgeschäumt. Der Zusatz von Pektin und Säure erfolgt meist erst nach einem genügenden Eindampfen des Obstsaft/Zucker-Gemisches. Für das Abfüllen der Obst-Gelees gelten die gleichen Gesichtspunkte wie bei den Konfitüren und Marmeladen.

Häufige Fabrikationsfehler sind zu hoher Zuckerzusatz, zu langes Kochen und Auskristallisieren von Zucker (das durch vorherige Teilinversion des Zuckers zu verhindern ist).

Über technologische Verbesserungen der Geleebereitung arbeiteten u. a. W. J. HOOVER u. Mitarb. (1955). Sie trennten einen Teil des Fruchtauszuges ab und gaben diesen erst zum Schluß der Kochung (ca. 80° C) zu, wodurch ein besseres Aroma erzielt wurde.

5. Apfelkraut

Apfelkraut wird im Rheinland, wo es eine Spezialität darstellt, allgemein aus konzentrierten Säften gewonnen. Zur Herstellung dieses Halbfabrikats werden Äpfel und Birnen mit Rücksicht auf das spätere Abpressen nur soweit gekocht, daß sich die einzelnen Früchte gut zerdrücken lassen. Das Einkochen wird unter Zusatz von Wasser getrennt vorgenommen. Die Säfte wurden bisweilen mit der benötigten Zuckermenge im offenen Kessel vorgekocht, um die früher gewünschte dunkle Farbe zu erzielen. Heute werden aber häufig hellere Produkte verlangt. Daher geschieht das Fertigkochen möglichst im Vakuum, nicht zuletzt auch, um die Produkte abgekühlt und schaumfrei abfüllen zu können. Wegen der Herstellung vgl. auch P. NEHRING u. H. KRAUSE (1963).

6. Apfel- und Pflaumenmus

Für „Apfelmus, extra, tafelfertig“ wird gepflücktes, reifes Obst guter, saurer Sorten von gleichmäßig weiß-hellgelblicher bis hellgrüner Farbe (da solches mit gefärbter Schale Farbabweichungen hervorrufen kann), und für „Apfelmus, tafelfertig“ gutes Industrieobst von möglichst heller Farbe verwendet. Zur Herstellung geringerer Mengen werden die Äpfel im Kessel mit wenig Wasser angekocht, bis sie zu einer breiigen Masse zerfallen. Größere Mengen werden dagegen in einer Obstdämpfanlage verarbeitet, in welcher die Früchte mit Hilfe einer rotierenden Scheibe durch einen Dämpfkanal transportiert werden und am Ausgang direkt in die Passiermaschine fallen. Das vorgekochte bzw. gedämpfte Obst wird in der Passiermaschine (1-mm-Sieb) heiß zerkleinert und das in einem Behältnis gesammelte heiße Mark unter Rühren mit der vorgeschriebenen Menge an Zucker versetzt. Unter weitgehender Ausschaltung des Luftsauerstoffes erfolgt die Abfüllung in Dosen bzw. die Gefrierkonservierung.

Zur Pflaumenmus-Herstellung werden die gewaschenen Früchte im Obstdämpfer gedämpft bzw. im Kessel mit wenig Wasser weichgekocht, bis sie sich leicht vom Stein lösen. Getrocknete Pflaumen werden mit viel Wasser eingeweicht und nach Ablaufen des Wassers ebenfalls gedämpft bzw. weichgekocht. Anschließend werden sie in einer Passiermaschine mit grobem Sieb passiert. Das Mark wird — gegebenenfalls unter Zusatz von Zucker und Säure — bis zur gewünschten Konsistenz eingekocht. Beim Kochen im Vakuum muß gegen Ende der Kochung bei Normaldruck unter reichlichem Luftzutritt erhitzt werden, um die gewünschte dunkle Farbe zu erzielen.

7. Kontrolle des Trockensubstanz-Gehaltes während der Fabrikation

Bei den Erzeugnissen ist in der Regel ein Mindest-Trockensubstanz-Gehalt vorgeschrieben. Die Bestimmung erfolgt heute allgemein mit dem Refraktometer. Für kontinuierliche Anlagen sind Refraktometer entwickelt worden, die an die Rohrleitungen angeschaltet werden können (L. E. MALEY 1963).

Früher wurde häufig mit Temperaturmessungen gearbeitet, die auch heute noch zusätzlich verwendet werden (Metall-Eintauch-Thermometer). Auch ist die Bestimmung der Trockenmasse aus der Auswaage möglich, wozu aber die Trockenmasse der Pulpe oder des Markes bekannt sein muß.

IV. Zusammensetzung

A. BEYTHIEN (1938) hat umfangreiches Material aus eigenen Untersuchungen und solchen anderer Autoren über die Zusammensetzung von Marmeladen, Gelees, Pflaumenmus, Obstkraut, Fruchtpasten und Obstmark in mehreren Tabellen niedergelegt. Von einem Abdruck wird hier abgesehen. Dafür sind in Tab. 2 u. 3 neuere Werte von Konfitüren mitgeteilt, die wir H. HADORN u. Mitarb. (1950) verdanken.

Der Gehalt der Konfitüren, Marmeladen, Gelees, Muse und des Obstkrautes an unlöslichen Stoffen, Säuren, Pektin und Salzen wird — von einem etwaigen Zusatz abgesehen — allein durch die verwendeten Früchte bestimmt. Daher sind — an einer möglichst großen Probenzahl vorgenommene — Analysen solcher Früchte für die entsprechenden Werte der aus ihnen hergestellten Erzeugnisse von Bedeutung. In der folgenden Tab. 4 sind daher Gehaltszahlen für unlösliche Stoffe, Samen und freie Gesamtsäure einiger Obstfrüchtearten, die zur Konfitüren-Herstellung dienen, mitgeteilt, während in Tab. 5 das umfangreiche, 1938 von SALE veröffentlichte Zahlenmaterial der *US. Food and Drug Administration* (vgl. M.B. JACOBS 1958) aufgenommen ist. F. HÄRTEL u. J. SÖLLING (1910) teilten Untersuchungen über das Fruchtmark von Apfelsinen, Aprikosen und Himbeeren mit.

Allgemein kann gesagt werden, daß die Zusammensetzung von Konfitüren und Marmeladen großen Schwankungen unterliegt. Sie wird durch Sorte, Klima, Wachstums- und Anbaubedingungen des Obstes (das heute aus den verschiedensten Gebieten verwendet wird) stark beeinflußt. Somit haben alle Angaben über die Zusammensetzung von Obstfrüchten und den daraus hergestellten Konfitüren, Marmeladen, Gelees und Musen und ebenso auch der Halberzeugnisse einen bedingten Aussagewert.

Tabelle 2. *Zusammensetzung verschiedener Handelskonfitüren* (nach H. HADORN u. Mitarb. 1950)

Konfitüren aus:		Wasser	Unlösliche Stoffe	Wasserlöslicher Extrakt	Zucker: Invert-	Zucker: Saccharose	Zucker: Gesamt-	Zuckerfreier Extrakt	Titrierbare Säure	Asche	Aschenalkalität ml n-Lauge/100 g Probe	% P_2O_5 in der Asche	Pektin (als Calciumpektat)
		%	%	%	%	%	%	%	%	%		%	%
Erdbeeren	Min.	30,6	0,96	64,0	24,1	16,1	55,4	5,7	0,44	0,215	2,10	11,7	0,32
(Proben: 5)	Max.	34,4	1,77	68,0	41,7	31,5	59,8	10,5	0,54	0,391	3,50	16,1	0,36
	Mittel	32,2	1,47	66,2	32,9	24,8	57,7	8,5	0,49	0,301	2,72	13,4	0,34
		29,3	*2,33*	*68,1*	—	—	*62,8*	*5,3*	*0,80*	*0,45*	*3,30*	—	—
Aprikosen	Min.	30,0	0,57	62,3	24,2	14,9	58,0	1,4	0,45	0,28	2,80	4,9	0,30
(Proben: 6)	Max.	36,8	1,03	69,8	50,3	36,9	65,2	9,2	0,90	0,47	4,90	10,6	0,61
	Mittel	33,1	0,75	66,2	33,1	28,2	51,3	5,0	0,71	0,36	3,72	7,2	0,50
		21,2	*1,20*	*77,6*	—	—	*69,9*	*7,7*	*0,88*	*0,46*	*4,60*	—	—
Kirschen	Min.	24,6	0,44	68,0	29,5	22,4	57,7	7,0	0,37	0,34	3,45	7,8	0,35
(Proben: 6)	Max.	31,3	0,81	74,8	42,4	33,8	65,7	11,3	0,72	0,50	5,95	12,2	0,46
	Mittel	28,6	0,63	70,8	32,3	29,3	61,6	9,3	0,55	0,38	4,15	9,6	0,42
		28,7	*2,92*	*69,9*	—	—	*59,6*	*7,8*	*1,17*	*0,69*	*6,12*	—	—
Brombeeren		31,4	2,96	65,6	32,2	24,0	56,2	9,4	0,51	0,333	3,30	8,4	0,34
(Proben: 2)		33,0	3,02	64,0	36,1	23,6	59,7	4,3	0,90	0,298	2,60	11,4	0,33
		20,6	*6,53*	*72,9*	—	—	*62,9*	*6,7*	*1,03*	*0,46*	*4,15*	—	—
Himbeeren		30,2	2,62	67,2	40,1	18,1	58,2	9,0	0,85	0,295	3,20	10,0	0,35
(Proben: 2)		29,8	3,02	67,2	31,2	31,3	62,5	4,7	0,90	0,308	2,50	14,6	0,42
		27,3	*5,12*	*67,6*	—	—	*63,9*	*3,7*	*1,15*	*0,41*	*4,13*	—	—
Heidelbeeren		32,4	1,43	66,2	45,6	12,1	57,7	8,5	0,77	0,21	2,30	9,3	0,34
(Proben: 2)		27,9	2,32	69,8	51,4	10,9	62,3	7,5	0,79	0,22	2,40	10,2	0,40
Pflaumen		30,7	0,68	68,8	34,8	26,8	61,6	7,0	0,53	0,235	2,85	6,8	0,45
(Proben: 2)		31,5	1,32	67,2	32,1	25,4	57,5	9,7	0,31	0,250	3,10	9,4	0,41
		26,2	*1,33*	*72,6*	—	—	*61,5*	*4,1*	*0,75*	*0,37*	*3,00*	—	—

Anmerkung: Unter die Zahlenwerte der einzelnen Produkte sind in Kursivziffern die Mittelwerte von Marmeladen gesetzt, die A. BEYTHIEN (1938) bei Berücksichtigung einer Reihe bis ca. 1910 durchgeführter Analysen erhielt.

Tabelle 3

Zusammensetzung der von H. Hadorn u. Mitarb. (1950) selbst bereiteten Konfitüren

Konfitüren aus:	Wasser	Unlösliche Stoffe	Wasserlöslicher Extrakt	Zucker			Zuckerfreier Extrakt	Titrierbare Säure	Asche	Aschenalkalität ml n-Lauge/100 g Probe	% P_2O_5 in der Asche	Pektin (als Calciumpektat)	pH
				Invert-	Saccharose	Gesamt-							
	%	%	%	%	%	%	%	%	%		%	%	
Brombeeren	28,0	3,80	68,2	43,6	17,9	61,5	6,7	1,10	0,282	3,10	12,2	0,32	2,8
Erdbeeren	26,5	2,14	71,4	29,1	40,9	70,0	1,4	0,48	0,247	2,20	14,4	0,39	3.6
Heidelbeeren	27,0	2,86	70,1	40,8	26,2	67,0	3,1	0,84	0,156	1,50	14,3	0,23	3,3
Himbeeren	26,5	4,70	68,8	31,4	32,8	64,2	4,6	1,22	0,397	3,30	16,2	0,37	3,2
Johannisbeeren	25,5	4,73	69,8	47,5	19,7	67,2	2,6	1,86	0,416	3,35	12,9	0,43	3,1
Aprikosen	24,6	0,98	74,4	24,8	45,6	70,4	4,0	0,97	0,410	4,80	6,5	0,44	3,6
Aprikosen (ausländische)	26,4	1,39	72,2	30,7	36,4	67,1	5,1	1,17	0,402	4,80	5,7	0,50	3,3
Kirschen (Kracher)	29,0	1,76	69,2	17,5	47,6	65,1	4.1	0,23	0,249	2,60	10,8	0,45	4,4
Kirschen (langstielige)	29,0	2,65	68,4	23,6	43,4	67,0	1,4	0,42	0,232	2,00	12,3	0,20	3,9
Kirschen (Herz)	27,5	1,40	71,1	25,4	43,5	68,9	2,2	0,32	0,187	1,70	15,7	0,31	3,7
Kirschen (Herz)	34,7	0,98	64,3	31,5	29,6	61,1	3,2	0,15	0,211	2,60	8,6	0,22	3,7
Kirschen (ausländische)	26,1	2,30	71,6	19,7	46,6	66,3	5,3	0,58	0,342	3,45	11,1	0,27	3,7
Zwetschgen (reif)	23,8	0,73	75,5	46,7	25,2	71,9	3,6	0,82	0,195	1,80	11,0	0,53	3,3
Zwetschgen (sehr reif)	26,0	2,17	71,8	43,8	24,6	68,4	3,4	0,83	0,199	2,00	11,0	0,44	3,3

Tabelle 4. *Gehalt einiger Obstfrüchte, die zur Konfitüren-Herstellung dienen, an unlöslichen Stoffen, Samen und titrierbarer Säure* (nach C.L. HINTON u. T. MACARA 1940)

	Stachelbeeren, unreif	Erdbeeren	Himbeeren	Rote Johannisbeeren	Schwarze Johannisbeeren	Pflaumen	Äpfel	Brombeeren	Aprikosen-Pulpe
Unlösliche Stoffe									
Probenzahl	5	19	31	3	17	17	4	11	10
Minimum %	2,24	1,57	*3,29*	5,41	*4,11*	0,85	2,09	*5,05*	0,89
Maximum %	3,49	2,63	9,04	6,42	7,87	*2,62*	3,20	10,74	1,73
Mittel %	2,66	2,11	5,19	6,02	5,57	1,38	2,53	8,75	1,27
Samen									
Probenzahl	—	9	30	6	8	—	—	10	—
Minimum %	—	0,76	2,38	3,10	2,33	—	—	3,79	—
Maximum %	—	1,40	7,23	5,84	4,35	—	—	8,88	—
Mittel %	—	1,11	4,00	4,50	3,40	—	—	6,73	—
Titrierbare Säure (ber. als Citronensäure)									
Probenzahl	21	26	36	10	22	17	15	12	10
Minimum %	*1,27*	0,48	*1,02*	*2,06*	*2,42*	1,16	0,61	*0,36*	1,33
Maximum %	2,49	1,30	2,50	2,73	3,98	2,62	1,61	*2,26*	2,64
Mittel %	2,00	0,95	1,71	2,46	3,25	1,65	1,12	1,06	1,87

Anmerkung: Die in Kursivziffern gesetzten Werte sind ungenau.

Tabelle 5. *Zusammensetzung von Obstarten, die zur Konfitüren- und Gelee-Herstellung dienen* (nach M. B. JACOBS 1958)

	Erdbeeren	Himbeeren		Brombeeren	Stachelbeeren	Johannisbeeren	Weintrauben	Äpfel	Quitten	Kirschen	Pflaumen	Aprikosen	Pfirsiche	Ananas
		rot	schwarz											
Wasserlöslicher Extrakt %	8,0	10,5	11,2	10,0	8,2	10,6	14,1	13,7	13,2	13,9	14,8	14,4	11,8	14,6
Probenzahl	164	57	15	54	8	35	31	38	21	37	40	40	33	40
Unlösliche Stoffe %	2,69	5,89	8,85	6,24	3,12	5,71	1,47	2,34	4,58	1,41	1,52	1,66	1,40	1,12
Probenzahl	196	57	15	54	8	25	19	25	11	45	40	40	33	40
Titrierbare Säure %	1,11	1,35	1,04	1,09	2,37	2,14	1,19	0,52	0,98	1,36	2,21	1,13	0,62	0,78
berechnet als (s. Anm.)	C	C	C	C	C	C	W	Ä	Ä	Ä	Ä	Ä	Ä	C
Probenzahl	197	58	17	52	8	34	31	38	21	46	40	40	33	39
Asche %	0,46	0,45	0,56	0,46	0,43	0,58	0,52	0,32	0,44	0,48	0,57	0,80	0,49	0,43
Probenzahl	195	60	17	55	8	35	32	38	21	52	40	42	34	40
Phosphat (P_2O_5) mg/100 g	44	47	53	43	29	48	30	24	37	44	38	56	44	14
% der Asche	9	11	10	9	7	8	6	7	8	9	7	7	9	3
Probenzahl	182	59	17	53	8	31	31	37	21	45	40	41	34	40
Kalium (K_2O) mg/100 g	209	193	—	235	—	290	260	166	220	248	—	454	246	197
% der Asche	50	44	—	49	—	—	—	45	—	51	—	54	51	45
Probenzahl	25	29	—	15	—	—	—	12	—	20	—	20	14	21
Pektin %	0,33	0,30	0,35	0,32	0,52	0,39	0,26	0,38	0,61	0,09	0,70	0,46	0,40	0,04
Probenzahl	193	58	17	55	8	34	32	38	21	47	40	37	32	40

Anmerkung: Ä = Äpfelsäure, C = Citronensäure, W = Weinsäure.

V. Untersuchung

Bei Marmeladen, Konfitüren u. dgl. ist u. a. auf folgende Verfälschungen zu achten: zu geringer Fruchtanteil, zu hoher Gehalt an Wasser, Wein- oder Milchsäure, Schwefeldioxid, Stärkesirup und Obstpektin, Zusatz von Aromastoffen, Mineralstoffen, nicht erlaubten oder nicht deklarierten Farbstoffen, Gelier- und Dickungsmitteln, Konservierungsmitteln und organischen Säuren. Weiterhin sind Verfälschungen mit billigeren Früchten, z. B. Äpfeln, und nicht zum Obst zählenden Pflanzenteilen, wie Rhabarber, Kürbis, Tomaten, Möhren, Holunderbeeren usw., zu berücksichtigen.

1. Vorbereitung der Probe

Produkte aus passierten Früchten, z. B. Marmeladen und Muse, können durch sorgfältiges Umrühren oder Verreiben im Mörser gemischt werden, während es bei Konfitüren und Marmeladen mit erkennbaren größeren Fruchtbestandteilen zweckmäßig ist, diese mit einem geeigneten elektrischen Mixgerät durchzumischen, um eine gute Durchschnittsprobe zu erzielen.

2. Unlösliche Stoffe sowie Grund- bzw. 10%ige Extraktlösung

a) Methode von A. Beythien und P. Simmich (1910)

Arbeitsvorschrift: 25 g der gut durchgemischten Probe werden in einem Becherglas mit ca. 200 ml Wasser unter wiederholtem Umrühren aufgekocht und in einen 250-ml-Meßkolben übergeführt. Nach dem Abkühlen auf 20° C wird mit Wasser bis zur Marke aufgefüllt und durch ein konstant gewogenes Filter gesaugt. Das Filtrat kann als „*Grundlösung*" zu weiteren Bestimmungen dienen. — Der Rückstand auf dem Filter wird mit heißem Wasser bis zum Verschwinden der sauren Reaktion (bei genauen Analysen auch Kontrolle mit Fehlingscher Lösung auf Zucker vornehmen) ausgewaschen, ohne das Filter während des Auswaschens trocken saugen zu lassen. Dann wird das Filter samt Rückstand in einer gewogenen Nickelschale bei 105° C bis zur Gewichtskonstanz getrocknet und gewogen.

Bisweilen verläuft die Filtration sehr zeitraubend, worauf schon A. Beythien (1938) hinwies. Die Filtrationsschwierigkeiten kann man umgehen, wenn man durch Watte filtriert (Methode b) oder eine vierfache Lage aus Verbandgaze als Filter benutzt (Methode c).

Die erhaltene „Grundlösung" ist nicht genau im Verhältnis 1 + 9 verdünnt, sondern geringfügig konzentrierter, da von dem Volumen der „Grundlösung" das Volumen der unlöslichen Stoffe (Gewicht/Dichte; ca. 1,35) abzuziehen wäre (A. Beythien 1938). Demgegenüber enthält das nach H. Hadorn u. Mitarb. (1950) erhaltene Filtrat genau 10 g des Erzeugnisses in 100 ml (Methode c).

b) Vereinfachte Methode

In der Praxis ist bisher häufig folgende Methode mit getrennten Ansätzen für die unlöslichen Stoffe und für die Grundlösung verwendet worden:

Arbeitsvorschrift: 25 g Substanz werden in einem 600-ml-Becherglas mit 400 ml Wasser 10 min lang unter wiederholtem Umrühren gekocht, worauf durch einen Wattebausch abfiltriert und mit heißem Wasser nachgewaschen wird (vgl. Methode a). Zuletzt wird der Trichter mit der Watte nachgereinigt, diese in eine Nickelschale überführt und Schale mit Inhalt bei 105° C bis zur konstanten Wägung getrocknet. Vor der Bestimmung ist die Nickelschale mit Wattebausch konstant zu wägen.

Die Grundlösung wird häufig 20%ig, d. h. 50 g Substanz/250 ml, hergestellt. Bei Verwendung dieser Grundlösung sind bei allen späteren Methoden, die von der Grundlösung ausgehen, jeweils halbe Mengen zu nehmen.

c) Methode von H. Hadorn u. Mitarb. (1950)

Arbeitsvorschrift: 25 g Substanz werden in einem Becherglas mit 100 ml Wasser im siedenden Wasserbad ca. 30 min erhitzt. Ohne abzusaugen, wird durch ein getrocknetes, im Wägegläschen gewogenes Filter, das aus vier Lagen Verbandgaze besteht, filtriert. Die gefaltete Gaze wurde so geschnitten, daß sie in eine Nutsche von ca. 5 cm ⌀ paßt. Mit heißem Wasser wird dann so lange ausgewaschen, bis das Waschwasser zuckerfrei ist (Prüfung mit Fehlingscher Lösung), wobei gegen Ende der Filtration die letzten Anteile an der Saugpumpe abgesaugt werden. Das Filtrat wird in einem 250-ml-Meßkolben aufgefangen und bei 20° C mit Wasser bis zur Marke aufgefüllt (10%ige Extraktlösung). Das Gazefilter mit dem Unlöslichen wird dann in einer gewogenen Schale bis zur Gewichtskonstanz getrocknet und gewogen. (Eine Erhöhung auf 50 g Ausgangsmaterial/500 ml ist zu empfehlen!)

3. Wasserlöslicher Extrakt

a) Refraktometrisch

Das Produkt wird unmittelbar auf das Prisma des Refraktometers aufgetragen; der Gehalt in Prozenten wird bei 20° C abgelesen.

Bei Routine-Untersuchungen und bei der Marmeladen- und Konfitüren-Herstellung wird als erste Bestimmung die des Extraktgehaltes mit dem Refraktometer vorgenommen. Hierdurch gewinnt man — unter Einrechnung des üblicherweise enthaltenen Gehaltes an unlöslichen Stoffen — einen Überblick über den Trockensubstanz- bzw. Wassergehalt (vgl. auch Bd. II/2 „Kohlenhydrate“).

b) Indirekt aus dem Gewichtsverhältnis der Lösung

Hierzu bestimmt man in einem enghalsigen 50-ml-Pyknometer das Gewichtsverhältnis 20/20° C der Grund- oder der 10%igen Extraktlösung und entnimmt einer geeigneten Tabelle, z. B. nach F. W. MÜLLER (A. THIEL u. Mitarb. 1947) oder in Bd. II/2 den Zucker-(Extrakt-)Gehalt. Multiplikation mit 10 ergibt den Extraktgehalt in Gewichtsprozenten.

Wenn man mit der Grundlösung arbeitet, erhält man nach A. BEYTHIEN (1938) genaue Werte durch folgende Berechnung, die ebenso für die auf refraktometrischem Wege bestimmten Extraktgehalte gilt (W. HORWITZ 1960):

$$\frac{E}{100}\left(1000 - \frac{U}{G}\right) = \%\ \text{Extrakt}$$

Hierbei ist E = abgelesener Extraktgehalt der Grundlösung; U = Gewicht der unlöslichen Stoffe; G = Dichte der unlöslichen Stoffe (ca. 1,35). Im allgemeinen kann der durch Verwendung der Grundlösung begangene Fehler vernachlässigt werden.

c) Direkte Methode nach Th. von Fellenberg (H. Hadorn u. Mitarb. 1950)

Arbeitsvorschrift: 10 ml Lösung werden mit 0,1n-KOH genau neutralisiert und auf dem Wasserbad zur Trockene eingedampft. Der Trockenrückstand wird genau 4 Std bei 105° C getrocknet, gewogen und nochmals 2 Std unter gleichen Bedingungen weitergetrocknet und dann wieder gewogen.

Die Trockensubstanz T in 10 ml ist T = a + 2 (a — b), wobei a das Gewicht nach 4 und b das Gewicht nach 6 Std ist. Für jedes ml der zur Neutralisation verwendeten 0,1n KOH subtrahiert man 0,0038 g, multipliziert die Differenz mit 100 und erhält so den Extraktgehalt in Gewichtsprozenten.

H. HADORN u. Mitarb. (1950) empfehlen die Methode als sehr genau. Die Übereinstimmung mit der indirekten Methode ist gut.

Korrekturen für die refraktometrische und die indirekte Bestimmung des wasserlöslichen Extraktes für englische Tafelgelees mit 20 und mehr Prozent an Invertzucker oder Glucose, 1 und 2% Säure oder einem Gehalt an Gelatine veröffentlichte E.M. CHATT (1952).

4. Wasser

Die Bestimmung kann indirekt aus Extrakt und unlöslichen Stoffen durch Berechnung erfolgen: Wasser (in %) = 100 — (Extrakt + unlösliche Stoffe).

Die AOAC-Methoden (W. HORWITZ 1960) lassen 5 g des Produkts in einer weiten Schale mit flachem Boden bei 70° C und einem Druck von unter 100 Torr so lange trocknen, bis zwei in einem Intervall von 2 Std durchgeführte Wägungen um nicht mehr als 3 mg variieren.

H. HADORN u. Mitarb. (1950) benutzten zusätzlich eine direkte Destillations-Methode mit Perchloräthylen nach PRITZKER und JUNGKUNZ in der Modifikation von BERG und SCHMECHEL. Die nachteilige Säurewirkung bei der Destillation wurde durch Zugabe von Calciumcarbonat ausgeschaltet. Die Methode gab mit der Berechnung aus Extrakt und unlöslichen Stoffen befriedigend übereinstimmende Werte.

5. Säuren

a) Titrationsacidität (freie oder titrierbare Säuren)

Arbeitsvorschrift: 100 ml der Grund- bzw. Extraktlösung werden unter Rühren mit 0,1n-NaOH mit einem geeigneten pH-Meter bis zum Endpunkt pH 8,1 titriert, vgl. auch K. WOIDICH u. Mitarb. (1956). Beim Fehlen eines geeigneten Meßgerätes wird der Endpunkt unter Zugabe von Phenolphthalein ermittelt. Die Berechnung erfolgt bei Beeren- und Citrusfrüchten als Citronensäure und bei Kern- und Steinobst als Äpfelsäure.

Berechnung: Verbrauchte ml 0,1n-NaOH · 0,064 = % Citronensäure
Verbrauchte ml 0,1n-NaOH · 0,067 = % Äpfelsäure

Wenn keine Lösung mehr zur Verfügung steht, können auch 10 g des gut durchgemischten Produktes in ca. 100 ml heißem Wasser aufgelöst und nach dem Erkalten titriert werden.

b) Freie nichtflüchtige Säuren und flüchtige Säuren

Soll der Gehalt an freien nichtflüchtigen Säuren bestimmt werden, so ist der Gehalt an titrierbaren Säuren um den nach der Weinvorschrift festgestellten Gehalt an flüchtigen Säuren (umgerechnet auf Citronen- bzw. Äpfelsäure) zu vermindern. (Methoden zur Bestimmung der flüchtigen Säuren vgl. Kapitel „Wein", Bd. VII dieses Handbuches.)

c) Einzelne organische Säuren

Zum *Nachweis* der einzelnen organischen Säuren wird heute die papierchromatographische Methodik herangezogen. Die wesentliche Störquelle ist hierbei der Zuckergehalt der Produkte. Die benötigte Vorreinigung kann durch Ionenaustauscher-Verfahren oder eine Bleifällung der Säuren vorgenommen werden (D. JORYSCH u. Mitarb. 1962; vgl. auch R.I. CHEFTEL 1954). Auch kann man bisweilen von einem zentrifugierten 20 %igen methanolischen Extrakt ausgehen, der durch sorgfältiges Anrühren der Probe im Mörser mit Methanol und allmähliche Zugabe der benötigten Methanolmenge hergestellt worden ist, wobei die Mischung — wenn erforderlich — noch kurze Zeit am Rückfluß erhitzt wird.

An papierchromatographischen Methoden, die gegebenenfalls auch eine Schätzung des Gehaltes zulassen, können empfohlen werden:

1. J. SCHORMÜLLER u. H. LANGNER (1960)
   Fließmittel: n-Butanol-Benzylalkohol-Ameisensäure (98 %ig)-Wasser (7:7:1:2)
   Sprühreagens: 30 mg Methylrot + 25 ml 0,2n-Natriumboratpuffer pH 8,5 + Wasser ad 100 ml.
2. D. JORYSCH u. Mitarb. (1962)
   Fließmittel: a) n-Butanol-Ameisensäure (90 %ig)-Wasser (10:2:5)
   b) Äther-Ameisensäure (90 %ig)-Wasser (60:14:9)
   Sprühreagens: 25 mg Bromphenolblau + 75 mg Bromkresolgrün + 10 mg 1,3-Di(o-tolyl)-guanidin + wasserfreies Methanol ad 100 ml.
3. J. PASKOVA u. V. MUNSK (1960)
   Fließmittel: n-Butanol-Ameisensäure (90 %ig)-Wasser (10:1:5)
   Sprühreagens: a) 25 mg Bromphenolblau + 75 mg Bromkresolgrün + Äthanol ad 100 ml
   b) 0,5 g $KMnO_4$ + 1 g $Na_2CO_3 \cdot 10\,H_2O$ + Wasser ad 100 ml.
   Vor Gebrauch a) und b) mischen. Haltbarkeit bis 10 min!
   R_f-Werte: Chinasäure 0,22, Weinsäure 0,32, Citronensäure 0,48, Äpfelsäure 0,55, Milchsäure 0,78.

In letzter Zeit ist auch die Dünnschichtchromatographie erfolgreich zur Trennung organischer Säuren eingesetzt worden (E. STAHL 1962).

Die *quantitative Bestimmung* der organischen Säuren ist im Beitrag von L. SCHMID: Organische Säuren, Bd. II/2 behandelt, vgl. auch Kapitel „Wein" (Bd. VII). Eine quantitative Milchsäure-Bestimmungsmethode ist in diesem Band auf S. 213 beschrieben.

Geeignete Methoden zur quantitativen Bestimmung der Wein-, Citronen-, Isocitronen-, Gesamt-Äpfel-, L-Äpfel-, inaktiven Äpfel- und Milchsäure sind weiterhin in den AOAC-Methoden (W. HORWITZ 1960) angegeben.

Wenn auch u. a. in Himbeeren, Erdbeeren und Johannisbeeren sowie in Ananas die Hauptkomponente Citronensäure ist, so ist doch auch Äpfelsäure in geringer Menge vorhanden (D. JORYSCH u. Mitarb. 1962), so daß der Zusatz von Apfelbestandteilen erst durch eine beträchtliche Erhöhung des Äpfelsäure-Gehaltes nachgewiesen werden kann.

6. Gesamtzucker und direkt reduzierende Zucker

Nach einem Vorschlag von H. HADORN u. Mitarb. (1950) werden 5 g der Produkte (bei Konfitüren ist die Verwendung von 50 ml der Grundlösung oder der 10%igen Extraktlösung günstiger) in ein Becherglas eingewogen, mit 1 g Calciumcarbonat gemischt und darauf mit 100 ml warmem Wasser gut aufgerührt. Nach 10 min spült man die Mischung in einen 500-ml-Meßkolben, fügt 0,5 g Bleiacetat zu, schüttelt tüchtig durch, füllt bei 20° C zur Marke auf und filtriert durch ein Faltenfilter. (Eine Klärung mit basischem Bleiacetat [Bleiessig] ist nicht zu empfehlen, da hierbei etwas Zucker ausgefällt wird [H. HADORN u. R. JUNGKUNZ 1950], dagegen eine solche nach CARREZ; vgl. S. 212 und Bd. II/2.)

In 50 ml des Filtrats (= 0,5 g) wird der *direkt reduzierende Zucker* (Invertzucker) nach bekannten Methoden bestimmt (vgl. Bd. II/2, S. 344).

Zur Bestimmung des *Gesamtzuckers* (ebenfalls als Invertzucker berechnet) werden 80 ml des Filtrats in einem 100-ml-Meßkolben mit 5 ml konz. Salzsäure ($\varrho = 1{,}19$) nach der Zollvorschrift genau 5 min bei eingesenktem Thermometer auf 68—70° C erhitzt und nach dem sofortigen Abkühlen auf 20° C mit Wasser zur Marke aufgefüllt. In 25 ml der invertierten Lösung (= 0,20 g) wird nach ungefährer Neutralisation der Zucker nach bekannten Methoden ermittelt (vgl. Bd. II/2).

Durch Multiplikation der Differenz des direkt reduzierenden vom Gesamtzucker mit 0,95 wird der Saccharose-Gehalt ermittelt. Wegen der Berechnung der Saccharose aus der direkten und Inversions-Polarisation nach der CLERGET-Formel vgl. u.a. A. BEYTHIEN (1938), K. RAUSCHER (1956) und Bd. II/2, S. 361.

Eine Routine-Methode zur Bestimmung von Saccharose, Invertzucker und Glucose in englischen Tafelgelees veröffentlichte E. M. CHATT (1952).

7. Stärkesirup

a) Qualitativer Nachweis

10 g des Produktes werden mit 10 g Wasser verdünnt und zur Abscheidung der organischen Calciumsalze mit 5 Tropfen einer 10%igen Ammoniumoxalat-Lösung aufgekocht, darauf mit etwas Aktivkohle behandelt und filtriert. 2 ml des klaren Filtrats werden mit 2 Tropfen konz. Salzsäure ($\varrho = 1{,}19$) und 20 ml Äthanol (95 vol.-%ig) versetzt. Hierbei entsteht in stärkesiruphaltigen Erzeugnissen eine Trübung.

Oft dürfte schon die einfachere Vorprobe genügen, bei der zu 50 ml Äthanol (absol.) 15 ml der Grundlösung zugefügt werden. Hierbei ergeben stärkesiruphaltige Erzeugnisse eine milchige Trübung durch ausgefälltes Dextrin, das sich nach einiger Zeit als klebriger Beschlag an den Wandungen des Glases festsetzt. Reine Produkte geben höchstens vereinzelte Flocken von Pektin.

Zum qualitativen Nachweis des Stärkesirups kann auch die Papierchromatographie herangezogen werden. Stärkesirup zeichnet sich durch einen beträchtlichen Gehalt an Maltose aus, der sich zum Nachweis eignet. Außerdem treten im Stärkesirup-Chromatogramm eine Reihe weiterer z. T. charakteristischer Flecke auf. Papierchromatographische Untersuchungsmethoden für Stärkesirup teilten u. a. mit: L. ACKER u. Mitarb. (1954) — Fließmittel: n-Butanol-Essigsäure-Wasser-Methanol (4:1:2,2:1,5) sowie H. BURMEISTER (1959) — Fließmittel: Propanol-Äthylacetat-Wasser (7:1:2); Durchlaufchromatogramm, Laufzeit 4—5 Tage; Entwicklung mit 1,23 g p-Anisidin + 1,66 g Phthalsäure/100 ml 96%igem Äthanol.

b) Quantitative Bestimmung nach A. Juckenack und R. Pasternack (1904)

Die seit Jahrzehnten anerkannte Bestimmung wird durch Ermittlung der spez. Drehung des invertierten Extraktes vorgenommen. Das ursprünglich für Fruchtsäfte ausgearbeitete Verfahren beruht auf der Erwägung, daß in reinen Fruchtsäften neben Saccharose die Spaltprodukte Glucose und Fructose annähernd in gleichen Mengen enthalten sind und daher nach der Inversion der Saccharose praktisch keine andere Zuckerart als Invertzucker vorliegt. Somit entspricht die spez. Drehung des invertierten Extraktes derjenigen des Invertzuckers ($[\alpha]_D^{20°} = -21{,}5°$) und wird durch Stärkesirupzusatz je nach Menge verändert. A. JUCKENACK und R. PASTERNACK haben für die Trockensubstanz des Stärkesirups eine mittlere spez. Drehung von $+134{,}1°$ ermittelt und diesen Wert der von ihnen ausgearbeiteten Tabelle für Stärkesirup-Invertzucker-Gemische zugrunde gelegt.

A. BEYTHIEN u. P. SIMMICH (1910) erprobten u. a. die Methode an Marmeladen und vereinfachten die Tabelle (vgl. A. BEYTHIEN 1938 und A. BEYTHIEN u. W. DIEMAIR 1963). Auch wurden die wissenschaftlichen Grundlagen, auf welchen die JUCKENACKsche Tabelle berechnet worden ist, später von A. BEYTHIEN (1911; vgl. auch 1938) entwickelt.

J. GROSSFELD (1943) leitete — zur Vereinfachung der Berechnung — für die Ermittlung des prozentualen Gehaltes an wasserfreiem Stärkesirup (A) in Lebensmitteln folgende allgemeine Formel ab:

$$A = \frac{100}{d} \cdot \frac{100}{T} \left(P + m \frac{E}{100}\right)$$

P = Polarisation in Kreisgraden der Lösung 10 g/100 ml nach Inversion im 200-mm-Rohr;
E = Extraktgehalt in Prozent;
T = Extraktgehalt des Stärkesirups in Prozent;
d = Drehungsdifferenz zwischen Stärkesirup und stärkesirupfreiem Lebensmittel, bezogen auf eine Lösung von je 10 g Extrakt in 100 ml, beobachtet im 200-mm-Rohr;
m = Drehung des stärkesirupfreien Lebensmittels, bezogen auf eine Lösung von 10 g invertierten Extraktes in 100 ml, beobachtet im 200-mm-Rohr.

Für eine einfachere Berechnung des Stärkesirupgehaltes A (wasserfrei) und B (mit 18% Wasser) wurden folgende Formeln entwickelt (vgl. J. GROSSFELD 1943):

$$A = 3{,}21\,P + 0{,}138\,E$$
$$B = 3{,}92\,P + 0{,}169\,E.$$

Auch wurde hierzu eine spezielle Tabelle (vgl. A. THIEL u. Mitarb. 1947) geschaffen.

Da der später meist im Handel angetroffene Stärkesirup eine höhere Rechtsdrehung aufwies als früher zugrunde gelegt wurde, empfahl J. GROSSFELD (1943), mit folgender angenäherten Formel zu rechnen, die zumindest zur Vororientierung über den Stärkesirupgehalt völlig genügt:

$$B = 3{,}5\,P + 0{,}15\,E.$$

Die Verwendung dieser Formeln statt der etwas umständlicheren Berechnung nach A. BEYTHIEN u. P. SIMMICH (1910), auf deren Abdruck verzichtet wird, kann empfohlen werden. In Apfelkraut u. ähnl. Erzeugnissen, nicht aber Rübenkraut, sowie in Pflaumenmus muß die Berechnung des enthaltenen Stärkesirups nach den weiter unten angegebenen Formeln erfolgen!

Zur Bestimmung von P werden 80 ml der Grundlösung bzw. der 10%igen Extraktlösung in einem 100-ml-Meßkolben mit einer Messerspitze Aktivkohle (ca. 0,2 g) versetzt und nach Zugabe von 5 ml Salzsäure ($\varrho = 1{,}19$) genau 5 min lang auf 68—70° C erwärmt, dann rasch unter der Wasserleitung abgekühlt und mit Wasser auf 100 ml aufgefüllt und filtriert. Von dieser invertierten Lösung wird die Polarisation im 200-mm-Rohr bei 20° C ermittelt und durch Multiplikation mit 1,25 auf 10 g/100 ml umgerechnet.

Bei Überschreitung der gesetzlichen Höchstgrenzen ist zu berücksichtigen, daß nach dem Runderlaß des Preußischen Innenministers vom 18. Juni 1934 eine Beanstandung erst dann ausgesprochen werden soll, wenn der analytisch ermittelte Gehalt an Stärkesirup die Höchstgrenze um mehr als 3% überschreitet (also 8 statt 5, 15 statt 12%).

Die Methode von A. JUCKENACK und R. PASTERNACK ist mit gewissen Schwankungen belastet, auf die schon A. BEYTHIEN (1938) ausdrücklich hinwies und die L. PETERSMANN (1953) in letzter Zeit bestätigte. Sie werden hervorgerufen durch schwankende Drehung der Stärkesirupe, wechselndes Verhältnis von Glucose zu Fructose in den Früchten (damit schwankende Drehung des invertierten stärkesirupfreien Extraktes), schwankenden Gehalt an löslichem Nichtzucker in den Früchten und die mit dem Einkochen verbundenen Veränderungen.

Die von L. PETERSMANN (1953) unternommenen Versuche mit stärkesirupfreier Erdbeer-Apfel-Marmelade, welcher Stärkesirupe verschiedener Verzuckerungsgrade (und damit unterschiedlicher spez. Drehung) in Mengen von 5 und 12% zugesetzt worden waren, zeigten, daß bei Zusatz von 5% nach der Methode von A. JUCKENACK u. R. PASTERNACK (1904) nur unwesentlich voneinander abweichende Werte erhalten wurden. Bei einem Stärkesirup-Zusatz von 12% wichen die ermittelten Werte um 1,1% nach oben und unten vom wahren Wert ab und lagen damit noch gut innerhalb der zulässigen Schwankungsbreite von 3%. Die Verzuckerungsgrade und spez. Drehungen der verwendeten Stärkesirupe betrugen 34,5%: + 153,6°; 45,0%: + 136,3°; 53,5%: + 121,8°.

c) Quantitative Bestimmung in Apfelkraut und Pflaumenmus

Bei *Apfelkraut* u. ähnl. Erzeugnissen sowie in Pflaumenmus fällt der Extraktgehalt des Obstes entscheidend ins Gewicht, soweit diese Produkte ohne Zuckerzusatz hergestellt worden sind.

Im Apfelkraut überwiegt die Fructose bedeutend; die spez. Drehung des invertierten Extraktes liegt daher zwischen —35 und —45°, im Durchschnitt bei —40°. Hier empfahl A. BEYTHIEN (1938), den Gehalt des Extraktes an wasserfreiem Stärkesirup (x) aus der spezifischen Drehung $\left([\alpha]_D^{20°}\right)$ des invertierten Extraktes (10 g Extrakt/10 ml im 100-mm-Rohr) wie folgt zu berechnen:

$$x \text{ (in \%)} = \frac{100}{174{,}1} \cdot \left([\alpha]_D^{20°} + 40\right)$$

Der Gehalt des Apfelkrautes an wasserfreiem Stärkesirup (y) ist demnach:

$$y \text{ (in \%)} = \frac{E}{100} \cdot \frac{100}{174{,}1} \cdot \left([\alpha]_D^{20°} + 40\right) = \frac{E}{174{,}1} \left([\alpha]_D^{20°} + 40\right)$$

Rechnet man von vornherein mit der spez. Drehung des invertierten Apfelkrautes (10 g Apfelkraut/10 ml im 100-mm-Rohr) statt derjenigen des Extraktes, so erhält man bei Anwendung der ersten Formel sofort den Gehalt des Apfelkrautes an wasserfreiem Stärkesirup in Prozenten.

Trotzdem ist nach J. PELTZER (1952) bei einem rechnerisch ermittelten Stärkesirup-Gehalt Vorsicht geboten und zum Stärkesirup-Nachweis in reinem und gesüßtem Apfelkraut die von J. PELTZER (1952) modifizierte Arbeitsweise zu empfehlen, um sich vor falschen Schlußfolgerungen zu bewahren:

Arbeitsvorschrift: 20 g des Krautes werden warm in 100 ml Wasser gelöst, in einen 200-ml-Meßkolben überführt und zunächst nach CARREZ mit je 10 ml Kaliumhexacyanoferrat-(II)-

(15 g/100 ml) und Zinksulfat-Lösung (30 g/100 ml) unter vorsichtig schwenkendem Schütteln geklärt, um Schaumbildung zu vermeiden. Nach Auffüllen bis zur Marke wird die geklärte Lösung durch ein Faltenfilter gegeben. Läuft das Filtrat nur schlecht durch, so wiederholt man die Fällung mit größeren Klärmittelmengen.

Von dem 10%igen Carrez-Filtrat werden 100 ml mit je 10 ml Tanninlösung (10 g/100 ml), basischem Bleiacetat (Bleiessig) und 20 ml gesättigter Dinatriumhydrogenphosphatlösung geklärt. Nach Auffüllen auf 200 ml wird filtriert und anschließend sofort die Polarisation der 5%igen Lösung bei 20° C bestimmt. Zur Bestimmung der Inversionspolarisation nimmt man 80 ml des gleichen Filtrates, invertiert in einem 100 ml-Meßkölbchen mit 5 ml Salzsäure ($\varrho = 1{,}19$), füllt auf 100 ml auf, polarisiert die 4%ige Lösung und multipliziert den abgelesenen Wert mit 2,5, um die Polarisation der 10%igen invertierten Lösung zu bekommen. Der Extraktgehalt des Krautes wird aus der 10%igen ungeklärten Lösung des Krautes pyknometrisch bestimmt. (Bei den in diesem Kapitel beschriebenen Arbeiten kann man auch jeweils von den halben Mengen ausgehen.)

Die spez. Drehung des invertierten Extraktes wird in bekannter Weise berechnet, indem man die halbe Inversionspolarisation der 10%igen Lösung mit 100 multipliziert und durch den Extraktgehalt der 10%igen Lösung des Apfelkrautes dividiert.

Bei *Pflaumenmus* beträgt die spez. Drehung der invertierten Trockensubstanz des Pflaumenmarkes nicht —21,5°, sondern nahezu 0°, so daß die JUCKENACKsche Tabelle ebenfalls nicht verwendet werden kann. Die Berechnung des Gehaltes an wasserfreiem Stärkesirup (x) sollte hier aus der spez. Drehung des invertierten Extraktes $\left([\alpha]_D^{20°}\right)$ in folgender Weise vorgenommen werden:

$$x \text{ (in \%)} = \frac{100}{134{,}1} \cdot [\alpha]_D^{20°}$$

Der Gehalt des Pflaumenmuses an wasserfreiem Stärkesirup (y) ist demnach:

$$y \text{ (in \%)} = \frac{E}{134{,}1} \cdot [\alpha]_D^{20°}$$

Rechnet man von vornherein mit der spez. Drehung des invertierten Pflaumenmuses, so erhält man bei Anwendung der ersten Formel sofort den Gehalt des Pflaumenmuses an wasserfreiem Stärkesirup.

Bei Pflaumen-Marmelade und -Konfitüre dagegen kann die JUCKENACKsche Tabelle und damit die vereinfachte Berechnung nach J. GROSSFELD (1943) benutzt werden (A. BEYTHIEN 1911, vgl. auch 1938).

d) Quantitative Bestimmung nach J. Grossfeld und G. Hollatz (1930)

Zur Unterstützung der nach dem Verfahren von A. JUCKENACK u. R. PASTERNACK (1904) gewonnenen Ergebnisse kann man noch das Verfahren der *Dextrinbestimmung* von J. GROSSFELD u. G. HOLLATZ (1930) heranziehen, das nach J. GROSSFELD (1943) „nur als richtungsweisender Versuch zur Feststellung der Größenordnung eines Stärkezusatzes gewertet werden" kann und „auch mehr als Ergänzung zu dem Verfahren von JUCKENACK gedacht" ist.

Arbeitsvorschrift: 50 ml einer Lösung von 20 g Substanz in Wasser zu 100 ml werden mit 5 ml basischem Bleiacetat (Bleiessig) versetzt. Zu 30 ml der abfiltrierten Flüssigkeit gibt man 5 ml Kaliumhexacyanoferrat-(II)-Lösung (150 g krist. Substanz/l) und filtriert nach 15 min durch ein Kieselgurfilter. Dann setzt man zu 25 ml des klaren Filtrats 2 Tropfen Essigsäure und 5 ml Zinkacetat-Lösung (230 g krist. Substanz/l) zu und filtriert abermals. Werden nun 5 ml des Filtrats mit 0,5 ml Salzsäure ($\varrho = 1{,}19$) und 50 ml 95%igem Äthanol versetzt, so entsteht bei Anwesenheit von Dextrin eine milchige Trübung. Man läßt sie 2 Tage absitzen, gießt die Flüssigkeit von dem zähen Bodensatz ab, spült mit Alkohol nach, trocknet 1 Std bei 110° C und wägt. Durch Division mit 0,4 kann der Dextringehalt auf Stärkesirup umgerechnet werden.

8. Sorbit

Nach G. REIF (1934) ist Sorbit im Kern- und Steinobst stets vorhanden, während er in Weinbeeren, Himbeeren, Johannisbeeren, Heidelbeeren, Preiselbeeren, Stachelbeeren und Erdbeeren sowie in Citrusfrüchten und Ananas fehlt. Beim

Trocknen von Weinbeeren (Trauben) bildet er sich vermutlich in geringer Menge. Daher soll sich der Sorbit-Nachweis dazu eignen, einen unzulässigen Gehalt an Apfelprodukten sowie anderen Kern- und Steinobstarten in Marmeladen und Konfitüren aus Beerenfrüchten zu erkennen. W. GÖPFERT (1954) wies aber darauf hin, daß die zulässigen Apfelgeliersäfte und häufig auch handelsübliche Pektinpräparate Sorbit enthalten, so daß der Sorbitnachweis zum Beweis einer Verfälschung durch den Nachweis von Zellelementen (des Apfels) erhärtet werden muß.

Zum qualitativen Nachweis und für die quantitative Bestimmung wird Sorbit zunächst mit Benzaldehyd oder dessen Derivaten kondensiert, wobei die störenden Zucker vorher durch Vergärung entfernt werden müssen. Das Kondensationsprodukt wird dann in Hexaacetylsorbit übergeführt. Zur Bestimmung wird im wesentlichen die Methode von G. REIF (1934), die mit Benzaldehyd arbeitet, oder die von F. M. LITTERSCHEID (1931), welche Sorbit in o-Chlortribenzalsorbit überführt, benutzt. Die letztere liegt auch dem Verfahren zum Nachweis von Kernobstwein in Wein zugrunde (vgl. Kapitel „Wein", Bd. VII). H. HADORN u. Mitarb. (1950) empfahlen für Konfitüren und Marmeladen die Modifikation von E. VOGT (1934). K. PHILIPPI (1954) modifizierte ebenfalls das LITTERSCHEIDsche Verfahren. Diese Abänderungen bewährten sich in den Untersuchungen von W. GÖPFERT (1954).

a) Modifizierte Methode nach F. M. Litterscheid (K. Philippi 1954)

Arbeitsvorschrift: 100 g Konfitüre oder Marmelade werden in 500 ml Wasser heiß gelöst und durch ein Saftfilter von Schleicher & Schüll filtriert. Nach Abkühlen wird das Filtrat mit einer ausreichenden Menge frischer Hefe beimpft und so lange vergoren, bis der Zucker fast völlig verschwunden ist. Die Flüssigkeit wird vom Hefebodensatz abgegossen oder durch Saftfilter getrennt und nunmehr mit einem 10%igen Extrakt von „Panzym Ingelheim" 2 Std bei 37° C behandelt (40—50 ml). Das Fermentpräparat muß vorher mindestens 2 Std mit der zugehörigen Wassermenge stehen bleiben. Nach Abschluß des Pektinabbaues wird die Flüssigkeit mit einer ausreichenden Menge Aktivkohle (etwa 5 g) aufgekocht und filtriert. Das fast farblose Filtrat wird zweckmäßig in zwei Teile geteilt und getrennt auf je 20—25 ml eingeengt. Die beiden Extrakte werden mit dem doppelten Volumen konz. Salzsäure ($\varrho = 1{,}19$) und mit o-Chlorbenzaldehyd versetzt. Die weitere Verarbeitung der etwaigen Abscheidung erfolgt nach der Methode von LITTERSCHEID (vgl. Kapitel „Wein", Bd. VII).

b) Papierchromatographisches Verfahren von K. Täufel u. Mitarb. (1958)

In letzter Zeit empfahlen K. TÄUFEL u. Mitarb. (1958) ein papierchromatographisches Verfahren, das ebenfalls eine Vergärung einschließt.

Reagentien: Fließmittel: n-Butanol-Äthanol-Wasser (4:1:5)
Natriumperjodat-Lösung, 1%ig, wäßr.
Kaliumpermanganat-Lösung, 1%ig, wäßr.
Benzidin-Reagens: 1 g Benzidin und 9 g Trichloressigsäure werden in 160 ml absol. Äthanol gelöst und 20 ml Essigsäure zugegeben
Anilinphthalat-Reagens: 1,66 g Phthalsäure und 0,93 g Anilin werden in 100 ml wassergesättigtem n-Butanol gelöst.

Arbeitsvorschrift: 15—20 g Substanz und 10 g frische Bäckerhefe werden im 100-ml-Meßkolben mit Wasser bis zur Marke aufgefüllt und unter Zusatz einiger Tropfen eines Antischaummittels kräftig durchgeschüttelt. Die Mischung gibt man in einen Langhalskolben, der einen mit 2 Glasröhren (Ein- und Ableitungsrohr) versehenen Stopfen trägt, wägt Kolben und Inhalt und belüftet (Wasserstrahlpumpe) im Thermostaten bei 30°C. Nach etwa 7 Std ist die Vergärung praktisch beendet. Der durch Verdunstung entstandene Gewichtsverlust wird durch Wasserzugabe ausgeglichen. Das Untersuchungsgemisch wird nunmehr klar filtriert oder zentrifugiert.

Zum qualitativen Nachweis des Sorbits trägt man im Startpunkt 20mal je 5 μl der so vorbereiteten Lösung auf, entwickelt mit n-Butanol-Äthanol-Wasser (4:1:5) zweimal auf Papier Schleicher & Schüll Nr. 2040b und behandelt das Papier anschließend nach M. L. WOLFROM und J. B. MILLER. Hierzu wird das luftgetrocknete Chromatogramm zuerst mit einer 1%igen wäßr. Natriumperjodat-Lösung besprüht. Nach 3—4 min währender Einwirkungszeit erfolgt Besprühung mit einer frisch bereiteten 1%igen wäßr. Kaliumpermanganat-Lösung. Nach etwa 5 min treten an den Stellen der Zucker und Hexite braune Flecke von Mangandioxid auf. Das überschüssige Permanganat entfernt man durch Waschen mit Wasser. Das luftgetrocknete Chromatogramm wird zur Anfärbung mit Benzidinreagens behandelt. Es entstehen blaue Flecke, die aus der Oxydation von Benzidin zu Benzidinblau durch Mangandioxid resultieren. Die untere Erfassungsgrenze fanden K. Täufel u. K. Müller (1957) zu 1 μg Sorbit.

Da hierdurch neben Sorbit auch andere Verbindungen mit mehreren Hydroxylgruppen (Zucker, Glycerin) angezeigt werden, besteht die Gefahr, daß nicht vollständig vergorene Glucose (etwa gleicher R_f-Wert wie Sorbit) in den Sorbitflecken mit eingeht. Es ist deshalb zu empfehlen, zur Kontrolle ein Parallelchromatogramm mit einem Sprühmittel zu behandeln, das Sorbit nicht anzeigt, dafür jedoch die nichtvergorenen Zuckerkomponenten, z. B. Anilinphthalat.

Im Falle der angenähert quantitativen Bestimmung verfährt man wie eben beschrieben, nur mit dem Unterschied, daß die zu untersuchende Substanz an einer Startlinie entlang in mehreren Startpunkten nebeneinander aufgetragen und Sorbit nach chromatographischer Trennung unter Zuhilfenahme von Teststreifen eluiert wird (K. Täufel u. K. Müller 1957). Im Eluat erfolgt die oxydimetrische Titration des Sorbits mit Perjodat nach F. Rappaport u. Mitarb. (1937). Die aufzutragende Menge richtet sich nach dem zu erwartenden Sorbitgehalt, der durch eine qualitative Vorprobe abgeschätzt werden kann.

Ein für die quantitative Bestimmung geeignetes polarimetrisches Verfahren findet sich bei R. Franck sowie A. Fincke in Band V/1 S. 441 bzw. 725.

9. Schwefeldioxid

Durch die Begrenzung des SO_2-Gehaltes auf 60 mg/kg Marmelade oder Konfitüre (außer bei Kenntlichmachung), 800 mg/kg flüssiges Obstpektin oder Obstgeliersaft, 2500 mg/kg Obstpulpe oder Obstmark durch die Fruchtbehandlungs-Verordnung vom 19. Dezember 1959 gewann die Erfassung des SO_2 in diesen Produkten wesentlich an Bedeutung. Zur Bestimmung eignet sich zur Zeit wohl das Verfahren von J.F. Reith u. J.J.L. Willems (1958) am besten. Dies wurde nicht zuletzt von P. Nehring (1961) bestätigt, der in ausgedehnten Untersuchungen an Konfitüren und Pulpen die Methode überprüfte und modifizierte und diese für die Laboratorien der Betriebe und der Lebensmittelüberwachung empfahl.

Das früher häufig benutzte Verfahren nach S. Rothenfusser (1929) ist z. B. bei anthocyanhaltigen Produkten zu ungenau, da stärker gefärbte Früchte SO_2 binden, das erst bei einem pH-Wert von ca. 0,3 wieder aus seiner Bindung freigesetzt wird. Diese Bedingungen liegen aber nur bei der Methode von Reith-Willems bei Verwendung von Salzsäure vor (K. Heintze 1961). Demgegenüber empfiehlt E. Kröller (1966) die mit Phosphorsäure bei pH $\sim$ 1,5 arbeitenden Verfahren, um den Gegebenheiten der Verdauung möglichst nahe zu kommen.

Die zahlreichen Bestimmungsmethoden, die bisher zur Erfassung des SO_2 mitgeteilt worden waren, wurden in den Übersichtsarbeiten von M.A. Joslyn u. J.B.S. Braverman (1954) und H. Zonneveld u. A. Meyer (1960) ausführlich diskutiert. Den Übersichtsarbeiten ist zu entnehmen, wie unterschiedlich die nach den verschiedenen Methoden erzielten Ergebnisse sein können. — In USA ist das Verfahren von Monier-Williams, das auch in Deutschland neben dem von Rothenfusser häufige Verwendung fand, offiziell (W. Horwitz 1960).

Zur Vorprüfung, ob der zulässige Gehalt an SO_2 überschritten ist, kann folgende Arbeitsweise vorgeschlagen werden:

25 g des mit 50 ml Wasser gut angerührten Erzeugnisses werden in einem 200-ml-Erlenmeyer-Kolben überführt. Nach Zusatz von 5 ml 25%iger Phosphorsäure wird in den Kolben ein Kaliumjodatstärke-Papierstreifen so eingehängt, daß die Enden zwischen Stopfen und Hals anliegen und die mit Wasser befeuchtete Mitte des Streifens ca. 4 cm vom Flüssigkeitsspiegel im Kolben entfernt ist, der Kolben sofort mit einem Stopfen verschlossen und vorsichtig umgeschwenkt. Der Kolben wird dann 10 min lang auf einem siedenden Wasserbad

(Durchmesser der Wasserbadöffnung 6—7 cm) unter gelegentlichem Umschwenken erwärmt. — Aus der Stärke der auftretenden Blaufärbung und der Zeit, nach welcher die Färbung beginnt, können bei einiger Übung Rückschlüsse auf den SO_2-Gehalt gezogen werden ($\pm$ 15 mg SO_2/kg bei Gehalten bis 60 mg SO_2/kg).

Auch kann man die qualitative Prüfung in einem Kolben vornehmen, der mit einem geschlitzten Korkstopfen, in dessen Spalt ein befeuchteter Kaliumjodatstärke-Papierstreifen eingeklemmt ist, verschlossen ist.

Quantitative Bestimmung nach P. NEHRING *(1961); vgl. aber auch* E. KRÖLLER *(1966):*

Reagentien: Wasserstoffperoxidlösung, 30%ig.
Salzsäure, 15%ig.
0,1n-Kaliumhydroxidlösung.
Bromphenolblau-Lösung: 100 mg/100 ml 20%igem Alkohol.

Arbeitsvorschrift: Um bei der folgenden Bestimmung ein zuverlässiges Ergebnis zu erzielen, ist ein gutes Durchmischen in einem elektrischen Mixgerät unerläßlich, da feste Fruchtstücke einen höheren SO_2-Gehalt aufweisen als das umgebende Gelee. Zunächst werden 150 ml Wasser in den Kolben gebracht. Die Apparatur (Abb. 6) wird mindestens 15 min lang mit CO_2 durchströmt (30 Blasen/min). In die Vorlage werden 10 ml einer 30%igen H_2O_2-Lösung eingefüllt, die zuvor im Blindversuch auf saure Bestandteile (Phosphorsäure!) zu prüfen ist.

100 g der zerkleinerten Probe (bei Pulpe 20 g) werden auf 0,1 g genau abgewogen und mit 150 ml Wasser nach Aufsetzen eines Trichters durch den Stutzen in die Apparatur gespült. Sodann wird der Tubus mit dem zugehörigen Stopfen verschlossen und die Apparatur nochmals 5 min lang mit CO_2 durchströmt. Nun setzt man durch den Tropftrichter 40 ml 15%ige Salzsäure zu, stellt die Wasserkühlung an und erhitzt den Inhalt des Kolbens 45 min lang zum Sieden, wobei darauf zu achten ist, daß der CO_2-Strom während der Erhitzungszeit gleichmäßig etwa 30 Blasen/min beträgt. Nach Beendigung der Siedezeit wird der Hahn am Trichter geöffnet und der CO_2-Strom abgestellt.

Der Inhalt der Vorlage sowie im Einleitungsrohr noch anhaftende Flüssigkeit werden mit wenig Wasser in einen 200-ml-Weithals-Erlenmeyer-Kolben gespült. Der Kolben wird 15 min auf dem Wasserbad erhitzt, nach Abkühlen mit 3 Tropfen Bromphenolblau-Lösung versetzt und sodann mit 0,1 n-KOH aus der Mikrobürette bis zum Farbumschlag von Gelb auf schwach Violettblau titriert.

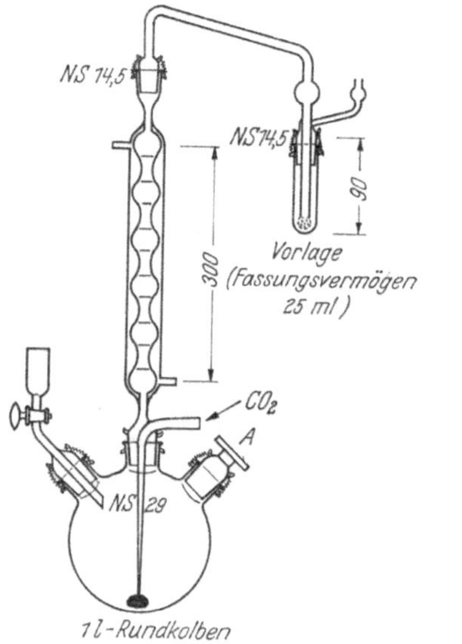

Abb. 6. SO_2-Bestimmungsapparat nach P. NEHRING (1961). Bei A kann wahlweise während der Bestimmung ein Schliffstopfen NS 29 und zum Einfüllen der Konfitürenprobe vorzugsweise ein Pulvertrichter mit NS-29-Kern aufgesetzt werden. Das CO_2-Einleitungsrohr ist am unteren Ende mit einer mit kleinen Löchern versehenen Kugel zur besseren Verteilung des CO_2-Stromes ausgerüstet

Bezüglich der komplexometrischen Bestimmung richte man sich nach dem von J. F. REITH u. J. J. L. WILLEMS (1958) angegebenen Verfahren.

Die Fehlergrenze ist bei Konfitüren, Marmeladen u. ähnl. Erzeugnissen relativ groß und kann $\pm$ 10 mg/kg betragen. Bei längerer Erhitzungsdauer treten Scheinwerte auf, die auch bei frischen Früchten nennenswerte SO_2-Gehalte vortäuschen können. Auch bei Konfitüren aus frischen Früchten muß mit einem scheinbaren SO_2-Gehalt von bis zu 10 mg/kg gerechnet werden (vgl. K. HEINTZE 1960), was wir aus eigenen Untersuchungen bestätigen können.

10. Hydroxymethylfurfurol

Zur Qualitätsbeurteilung von Marmeladen zogen K. WUCHERPFENNIG u. F. STEINER (1962) die Bestimmung des Gehaltes an Hydroxymethylfurfurol heran, wobei sie die Methode von J. KOCH u. R. KLEESAAT (1959) benutzten (vgl. S. 221

dieses Bandes). Im offenen Kochkessel hergestellte Marmelade wies einen Gehalt von 107,5 mg Hydroxymethylfurfurol/kg auf, während die im Vakuum oder Dünnschichtverdampfer hergestellte nur 20,0 mg/kg besaß.

11. Asche. Aschenalkalität

Die Bestimmung erfolgt mit 20 g der Produkte wie auf S. 214 dieses Bandes angegeben. Die Aschenalkalität wird in ml n-Lauge/100 g Substanz ausgedrückt.

12. Pektin (einschließlich Prüfung der Handelspektine)

Die Bestimmung des Pektingehaltes in Marmeladen, Konfitüren und Gelees erfolgt häufig als Calciumpektat nach C. Griebel u. F. Weiss (1929), wobei die Stehzeit der alkalisierten Pektinlösung von mehreren Stunden auf 10—15 min verkürzt werden kann (K. Täufel u. E. Just 1941). Dieses und andere Verfahren, z. B. durch Bestimmung des Galakturonsäure-Gehaltes, können dem Beitrag von H. Gudjons: „Pektinstoffe" in Bd. II/2 dieses Handbuches entnommen werden, in dem auch auf die *Prüfung der Handelspektine* eingegangen wird.

Für die Praxis wird die zum Marmeladenkochen erforderliche Pektinmenge durch Bestimmung der Gelierkraft, z. B. nach H. Gudjons (1950), ermittelt. Neben der Erfassung der Gelierkraft ist die Geliergeschwindigkeit von Bedeutung.

13. Weitere Gelier- bzw. Dickungsmittel

M. Glicksman (1962) wies in einem Übersichtsbericht darauf hin, daß für Konfitüren und Gelees, die für Konditoreiwaren bestimmt sind, als Dickungsmittel Alginat, Carrageen, Agar-Agar und Furcellaran geeignet sein sollen. Letzteres wird aus dem Seetang *Furcellaria fastigiata* gewonnen und auch Dänischer Agar genannt. So werden z. B. für Backgelees 0,1% Natriumalginat empfohlen und an Furcellaran ca. 0,5% benutzt. Auch kann aus letzterem eine „Konfitüre" auf kaltem Wege bereitet werden.

Nach Untersuchungen von B. Hottenroth (1957) eignen sich Alginate nicht zur Marmeladen-Herstellung. So schmeckten versuchsweise hergestellte Erzeugnisse aus tiefgefrorenen Erdbeeren und Sauerkirschen sowie mit SO_2 konservierter Pflaumenpulpe kompottartig. Zum Teil wurde der Geschmack als „stumpf" oder „mehlig" bezeichnet. Die Konsistenz war breiartig, die Farbe getrübt. Selbst durch Zusatz von Calciumcitrat konnte keine Verfestigung oder eine gelierende Wirkung erzielt werden.

Der Nachweis unzulässiger Mittel in Marmeladen, Konfitüren, Gelees u. ähnl. Erzeugnissen kann zur Zeit entsprechend den praktischen Möglichkeiten auf Alginate und Tylosen beschränkt und nach den folgenden Methoden versucht werden. Früher war neben pflanzlichen Stoffen bisweilen auch Gelatine anzutreffen.

a) Gelatine

Ein Zusatz von Gelatine ist an einem höheren Stickstoffgehalt der Produkte zu erkennen. Hierzu fällt man die konzentrierte Aufschwemmung der Substanz, die unter Zusatz der gleichen Menge Wasser hergestellt worden ist, mit dem 10-fachen Volumen Methanol, sammelt den Niederschlag auf einem gewogenen Filter, wäscht mit Methanol aus, trocknet und wägt. In dem getrockneten Niederschlag wird der Stickstoffgehalt nach Kjeldahl bestimmt. Bei Anwesenheit von Gelatine enthält der getrocknete Niederschlag bis zu 45% Stickstoffsubstanz, während bei reinen Produkten nur mit 13—28% zu rechnen ist (K. Rauscher 1956).

Zur Prüfung auf Gelatine neben Agar-Agar wurde lange Zeit die Methode von Desmoulières, die bei A. Beythien (1938) und in einschlägigen Laborbüchern, z. B. A. Beythien u. W. Diemair (1963), nachgelesen werden kann, empfohlen.

b) Alginate und Tylosen

Wenn die in Betracht kommenden Stoffe in reiner Form vorliegen, stößt die Untersuchung auf keine Schwierigkeiten, und man kann die von E. LETZIG (1955) referierten Fällungsreaktionen mit Erfolg anwenden (vgl. auch A. BEYTHIEN u. W. DIEMAIR 1963). In Lebensmitteln lassen dagegen diese Reaktionen häufig keine eindeutigen Schlüsse zu.

Für Marmeladen und Konfitüren empfahlen W. DIEMAIR u. H. H. WEICHEL (1958) in ihrem Beitrag zur Chemie und Analytik der Alginsäure die Methode von J. KOCH u. G. BRETTHAUER (1954) zur Anreicherung der gesuchten Gelier- bzw. Dickungsmittel:

Arbeitsvorschrift: 50 g Marmelade, Konfitüre oder Gelee werden portionsweise mit insgesamt 250 ml Methanol im Mörser vorsichtig durchgerührt. Der entstandene Niederschlag wird durch Zentrifugieren abgetrennt und noch dreimal mit je 50 ml Methanol im Zentrifugenglas durchgerührt. Anschließend wird der abzentrifugierte Niederschlag mit 100 ml Wasser 10 min zum Sieden erhitzt und über Glaswolle filtriert. Lösung und Rückstand werden getrennt untersucht.

Die Lösung wird über ein Filter Schleicher & Schüll „520 b$^1/_2$" filtriert und auf dem Wasserbade auf ca. 25% ihres Volumens eingeengt. Sie kann anschließend als Stammlösung zum Nachweis der Alginate und geeigneter Tylosepräparate, z. B. Tylose KN (Natrium-Carboxymethylcellulose) verwendet werden.

Bei Anwesenheit von Alginaten ergeben je 5 ml der Stammlösung

a) mit 1 ml 3%iger Calciumchloridlösung einen gelatinösen Niederschlag,

b) mit 1 ml 3 n-HCl einen flockigen bis gelatinösen Niederschlag (entesterte Pektine reagieren wie Alginate),

c) mit 10 Tropfen ZWIKKERS Reagens und tropfenweisem Zusatz von 2%iger Schwefelsäure, bis die blaue Farbe gerade verschwunden ist, einen Niederschlag. (Zur Herstellung von ZWIKKERS Reagens wird 1 ml Pyridin mit 4 ml 10%iger Kupfersulfatlösung und 5 ml Wasser gemischt.)

Nach W. DIEMAIR u. H.H. WEICHEL (1958) lassen sich mit Calciumchlorid und ebenfalls mit ZWIKKERS Reagens die Alginate bis zu einer Konzentration von 0,05% neben anderen wasserlöslichen Gelier- und Dickungsmitteln nachweisen.

Mit der (quantitativen) Bestimmung von Alginaten neben Pektinen befaßten sich W. PILNIK u. G. ROTHSCHILD (1951). Sie ermittelten durch Decarboxylierung den Uronsäuregehalt vor und nach Abbau des Pektins durch Pektinase.

Zum *Nachweis der Natrium-carboxymethylcellulose* werden 5 ml der Stammlösung mit 5 ml Wasser verdünnt, mit 1 ml gesättigter Bariumhydroxidlösung versetzt, kräftig geschüttelt und zentrifugiert. Wird die klare Lösung mit einem gleichgroßen Volumen gesättigter Bariumhydroxidlösung versetzt, so bilden sich bei Anwesenheit von Natrium-carboxymethylcellulose deutlich wahrnehmbare Flocken, wobei ein evtl. entstehender kristalliner Niederschlag ohne Bedeutung ist. Ebenfalls liefert die klare Lösung mit einigen Tropfen einer 0,5%igen Uranylnitratlösung deutlich sichtbare Flocken.

Der bei der Herstellung der Stammlösung entstandene Rückstand kann nach J. KOCH u. G. BRETTHAUER (1954) u. a. auf Tylose SL (Hydroxyäthylmethylcellulose) durch eine Fällungsreaktion mit 5%iger Tanninlösung geprüft werden.

Da sich die hier in Rede stehenden Verdickungsmittel aus Kohlenhydraten oder deren Derivaten aufbauen, bietet die Papierchromatographie der Zucker oder zuckerähnlichen Verbindungen eine Möglichkeit, diese Stoffe nach der hydrolytischen Spaltung mit Schwefel- oder Salzsäure zu identifizieren. Solche Nachweis-Methoden sind eindeutiger als die bisher beschriebenen Fällungsreaktionen, welche weniger spezifisch sind.

Bei der Hydrolyse geben z. B. Alginate Mannuronsäure (Pektin Galakturonsäure). Ohne Zweifel wird der Nachweis der zuckerähnlichen Stoffe durch einen beträchtlichen Gehalt an Saccharose, Glucose und Fructose erschwert, so daß ihre Entfernung durch Vergärung mit Hefe (vgl. Sorbit) vor der Hydrolyse anzustreben ist. Oder aber man fällt die Gelier- und Dickungsmittel mit basischem Bleiacetat (Bleiessig) (H. SULSER 1957).

Papierchromatographische Methoden zum Nachweis von Dickungs- und Geliermitteln wurden u. a. von E. BECKER u. M. EDER (1956), H. SULSER (1957) und O. PFRENGLE u. I. HINTZ (1961) mitgeteilt. Vgl. auch H. GUDJONS: „Pektinstoffe" in Bd. II/2 dieses Handbuches.

14. Künstliche Farbstoffe (Teerfarbstoffe)

a) Amylalkoholprobe

Die mit Ammoniak alkalisch gemachte Grundlösung wird mit Amylalkohol ausgeschüttelt. Hierbei deutet eine Färbung der organischen Phase auf die Gegenwart von Teerfarbstoffen hin. Die Anthocyane der Früchte geben höchstens eine schwache grünliche Färbung. Die Probe kann auch im Reagensglas ausgeführt werden.

Wesentlich zuverlässiger ist die folgende Probe:

b) Ausfärbemethode

50 ml der Grundlösung werden mit 0,5 g Kaliumhydrogensulfat versetzt und 15 min lang mit mehreren Fäden weißer, entfetteter Wolle in einem Becherglas erhitzt. Statt der Grundlösung können auch 10 g des Produktes in 25 ml Wasser verwendet werden. Nach dem Erhitzen werden die Fäden herausgenommen und unter der Wasserleitung gut ausgewaschen. Bei Anwesenheit von Teerfarbstoffen sind und bleiben die Fäden mehr oder weniger stark gefärbt. Durch die Anthocyane der Früchte werden die Fäden in der Regel nur geringer gefärbt. Auch verschwindet dann meist die rötliche Färbung, wenn die Fäden über eine Flasche mit konz. Ammoniak gehalten werden.

Der Farbstoff wird von der Wolle durch Erhitzen in 0,5—1%iger wäßr. Ammoniak-Lösung abgelöst und dann papierchromatographisch identifiziert.

Hierzu können u. a. folgende Fließmittel empfohlen werden (Papier der Firma Schleicher & Schüll Nr. 2043b):

4%ige Natriumcitrat-Lösung — 10%iges Ammoniak (1:1)
(H. THALER u. G. SOMMER 1953);
n-Butanol-Äthanol - konz. Ammoniak (ϱ = 0,91)-Wasser (4:4:1:3)
(K. WOIDICH u. Mitarb. 1960);
tert. Butylalkohol-Propionsäure-Wasser (50:12:38) mit 0,4% Kaliumchlorid
(J.C. RIEMERSMA u. F.J.M. HESLINGA 1960);
Essigester-Pyridin-Wasser (55:25:20).

Wegen des Nachweises der Farbstoffe vgl. auch K. WOIDICH: „Untersuchung von Reinfarbstoffen" in Bd. II/2 dieses Handbuches sowie A. FINCKE „Zuckerwaren" in Band V/1 S. 726.

15. Färbung mit Naturfarbstoffen. Nachweis der Anthocyane

Die blau und rot gefärbten Früchte enthalten Anthocyane, die auf papierchromatographischem Wege heute getrennt nachweisbar sind (K. HERRMANN 1960. 1962). Hierauf wird ausführlich im Kapitel „Fruchtsäfte, Süßmoste, Konzentrate, Fruchtmuttersäfte und Obstsirupe" auf S. 217 dieses Bandes eingegangen.

An dieser Stelle sei noch erwähnt, daß die Anthocyane eine unterschiedliche Empfindlichkeit gegenüber den Lagerungsbedingungen, dem Einfluß von SO_2 und dem Herstellungsprozeß der Konfitüren und Marmeladen zeigen. Besonders empfindlich sind die Anthocyane der Erdbeeren, so daß der qualitative Nachweis der Anthocyane gegebenenfalls als Qualitätskriterium verwendet werden kann. Sind die Anthocyane zerstört, dann ist zwangsläufig damit zu rechnen, daß auch andere empfindliche Obstinhaltsstoffe beeinträchtigt oder zerstört worden sind (K. HERRMANN 1962).

Zum qualitativen *Nachweis* werden 10 ml einer 20%igen wäßr. Losung mit wenig verd. Salzsäure angesäuert und zweimal mit je 10 ml n-Butanol ausgeschüttelt. Bei Anwesenheit von

Anthocyanen nimmt das Butanol eine Rotfärbung an. Auf Zugabe eines Ammoniak-Überschusses verschwindet beim Schütteln die rote Färbung oder schlägt in einen wesentlich schwächeren graugrünen Farbton um. Nach dem Ansäuern kehrt die rote Farbe wieder.

16. Prüfung auf zugesetzte Aromastoffe

Nach der Verordnung über Obsterzeugnisse dürfen zu Konfitüren, Marmeladen, Gelees und verwandten Erzeugnissen künstliche Aromastoffe überhaupt nicht und natürliche Aromastoffe nur soweit zugesetzt werden, als sie den Erzeugnissen beim Einkochen entweichen und mit Hilfe besonderer Kondensationsvorrichtungen wieder gewonnen werden. Apfelgelee aus Trockenäpfeln bzw. Apfelschalen oder Apfel-Nachpresse-Gelee dürfen unter Kenntlichmachung einen Zusatz von natürlichem Himbeeraroma erhalten.

Bis vor nicht allzulanger Zeit waren Aromaanalysen praktisch undurchführbar. Erst durch die Einführung der gaschromatographischen Analyse (vgl. F. Drawert „Gaschromatographie", Bd. II/1) wurden solche möglich. So konnte in letzter Zeit ein gewisser Einblick in die Zusammensetzung der flüchtigen Aromastoffe des Obstes gewonnen werden (vgl. K. Herrmann: „Ätherische Öle", Bd. I). Ohne Identifizierung der einzelnen Komponenten gestattet die Gaschromatographie, feinere Unterschiede bei zwei Lebensmitteln gleicher Art zu erfassen. Hiermit könnte es bei weiterem Ausbau und Modifizierung der Methoden möglich werden, zugesetzte Aromastoffe ebenso nachzuweisen wie beträchtliche Unterschiede in den Ausgangsprodukten, z. B. die Verwendung von frischem oder tiefgefrorenem Obst oder mit Konservierungsstoffen behandelten Halberzeugnissen. Arbeiten in dieser Richtung wurden u. a. von A. S. Kovacs u. H. O. Wolf (1962) veröffentlicht.

17. Konservierungsstoffe (außer Schwefeldioxid)

Da einmal zahlreiche Konservierungsstoffe bekannt sind und zum anderen die systematische Aufsuchung schon der wichtigeren — trotz Papierchromatographie — in der Regel zeitlich undurchführbar ist, gewinnen rasch ausführbare Methoden für den unspezifischen Nachweis dieser Stoffe an Bedeutung. Diese Verfahren beruhen auf der biologischen Ermittlung zugesetzter Inhibitoren, welche das Wachstum bestimmter Mikroorganismen zu hemmen vermögen. So teilte u. a. M.J. Bernaerts (1956) eine Methode mit, die den Nachweis kleiner Mengen an Konservierungsstoffen in Marmeladen und Konfitüren mittels der CO_2-Produktion durch Saccharomyces rouxii in einer einfachen Apparatur ermöglicht.

Ein allgemein verwendbares biologisches Verfahren, das auf Arbeiten von D.A.A. Mossel zurückgeht, wurde von H. Damm (1958) und H.J. Niemöller (1959) mitgeteilt:

Arbeitsvorschrift: Je 10 g Untersuchungsmaterial werden einmal mit 100 ml einer 0,5%igen Weinsäurelösung und zum anderen mit 100 ml einer 0,1%igen Natronlauge 10 min gemischt, filtriert und mit Lauge bzw. Säure auf pH 3,0 eingestellt. Jeder Ansatz (100 ml) wird nun mit 10 ml der nachstehend angegebenen sterilisierten Nährlösung versetzt:

Glucose 25,0 g, Asparagin 1,0 g, KH_2PO_4 0,5 g, $MgSO_4 \cdot 7\,H_2O$ 0,5 g, Hefeextrakt (Extractum Faecis spissum) 5,0 g, Wasser ad 100,0 g.

Nach Einstellung eines pH-Wertes von 5,4 werden alle Gäransätze zur Sterilisation 1 min auf 80° C erhitzt und nach dem Abkühlen mit 1 ml einer Hefesuspension beimpft, die wie folgt hergestellt ist: 1 g frische Bäckerhefe wird in 100 ml Wasser aufgeschwemmt und danach dreimal im Verhältnis 1:100 mit steriler, physiologischer Kochsalz-Lösung verdünnt.

Die fertigen Gäransätze werden in Einhorn-Gärröhrchen gefüllt und bei 25° C bebrütet. Nach etwa 60—70 Std werden die Gasvolumina verglichen. Zu beachten ist, daß der Gärtest auf SO_2 erst anspricht, wenn Konzentrationen etwa ab 150 mg/l SO_2 vorliegen.

Wegen des chemischen Nachweises der einzelnen Konservierungsmittel sei auf den Beitrag von W. Diemair u. W. Postel „Konservierungsstoffe" in Bd. II/2 verwiesen.

18. Die Bestimmung weiterer chemischer Inhaltsstoffe

a) Glycerin

Zur Verhinderung des Auskristallisierens der Saccharose sollen den Produkten bisweilen geringe Mengen Glycerin zugesetzt worden sein.

Zum Nachweis fällt man eine konzentrierte Aufschwemmung der Substanz, die unter Zusatz der gleichen Menge Wasser hergestellt worden ist, portionsweise mit dem zehnfachen Volumen Methanol. Anschließend wird die filtrierte alkoholische Flüssigkeit papierchromatographisch bei 40—44° C nach der für Wein und Säfte bestimmten Vorschrift von K. G. BERGNER u. H. MEYER (1960) auf Glycerin überprüft.

Fließmittel: Wassergesättigtes n-Butanol — n-Propanol (4:1).

Sprühreagens: Mischung aus 9 Volumenteilen 5%iger Silbernitratlösung und 1 Volumenteil 25%igem Ammoniak.

b) Saccharosezusatz zu Pflaumenmus und Apfelkraut

Ein Zuckerzusatz ist nur für Pflaumenmus und Apfelkraut schlechthin (also ohne nähere Angaben) verboten (vgl. Begriffsbestimmung).

Ein Zuckerzusatz kann in *Pflaumenmus* dann mit Sicherheit festgestellt werden, wenn die Saccharose noch nicht invertiert ist, weil sie in Pflaumenmus üblicherweise nicht vorkommt. In der Regel wird aber die Saccharose durch das stärkere Einkochen invertiert, so daß sie nur noch mit Hilfe der spez. Drehung des invertierten Extraktes (vgl. S. 159) nachgewiesen werden kann. Da diese bei reinem Pflaumenmus praktisch Null ist, läßt sich aus einer etwaigen Linksdrehung der Saccharosezusatz annähernd berechnen (A. BEYTHIEN 1938).

In *Apfelkraut* ist ein Saccharosezusatz auf Grund der spez. Drehung des invertierten Extraktes dagegen kaum zu beweisen, da ein Zuckerzusatz von 25% die spez. Drehung von ca. —40° nur auf ca. —36° und ein solcher von 40% auf ca. —33° erniedrigt, diese Werte aber in den einzelnen Produkten beträchtlichen Schwankungen unterliegen können (vgl. J. PELTZER 1952 und S. 158). Hinweise geben die Erniedrigung des Aschegehaltes und die Zunahme der Glucose, da bei reinem Apfelkraut ca. 20% Glucose und 47% Fructose zu erwarten sind.

c) Rohfaser und Pentosane

Wegen der Ermittlung der *Rohfaser* und der *Pentosane* sei auf die Beiträge von H. THALER „Bestimmung der Cellulose u. a. Bestandteile der Zellmembran" und „Nachweis und Bestimmung der Polysaccharide" in Bd. II/2 verwiesen.

d) Sonstige Inhaltsbestandteile

Die Bestimmung des *Stickstoffs* kann nach KJELDAHL erfolgen. Wegen der Ermittlung der *„Gerbstoffe"* vgl. u. a. K. HERRMANN (1963) und der *Oxalsäure* (zum Nachweis von *Rhabarber*) H. HADORN u. Mitarb. (1950).

19. Bestimmung des Fruchtanteils in Konfitüren und Marmeladen

Durch die Art der Verarbeitung ist der Fruchtanteil auch in Konfitüren so stark verändert, daß seine direkte Bestimmung etwa durch Auswaschen der Früchte unmöglich ist. Daher bleibt nur der Weg übrig, einzelne charakteristische Bestandteile der Frucht, die durch den Herstellungsprozeß möglichst nicht beeinflußt werden und die im Endprodukt weitgehend unverändert vorliegen, quantitativ zu bestimmen und hieraus Rückschlüsse auf die Obsteinwaage zu ziehen. Hier tritt nun die Schwierigkeit auf, daß alle bisher bekannten Inhaltsstoffe der Früchte, welche sich für die Bestimmung eignen könnten, starken biologischen Schwankungen unterliegen, die von Sorte, Anbaugebiet, Wachstumsbedingungen, Reifegrad, Größe usw. abhängen. Daher ließen sich bisher aus einzelnen analytischen Daten keine zuverlässigen Grenzwerte ableiten, mit denen Verfälschungen nachweisbar wären.

So versuchten A. BEYTHIEN u. P. SIMMICH (1910) aus dem Gehalt an charakteristischen Bestandteilen durch Vergleich der Zahlenwerte selbst hergestellter einwandfreier Marmeladen und Konfitüren (oder deren auf wasserfreier Substanz berechneter Zusammensetzung) mit den zu prüfenden Produkten Rückschlüsse auf den verwendeten Obstanteil zu ziehen. Hierzu benutzten sie zuckerfreien Extrakt, Asche und Alkalität, Phosphorsäure, Stickstoff, Pektinstoffe, Säure und unlösliche Stoffe. Die Ergebnisse waren nach Angabe von A. BEYTHIEN recht unsicher. Die Schwankungen der Bestandteile waren schon in den Modell-Konfitüren relativ groß, und auch der Versuch der Quotientenbildung, der in der Hoffnung unternommen wurde, daß die Streuung des Quotienten weniger groß sei als die der Einzelbestandteile, führte nicht zum gewünschten Erfolg (nähere Angaben vgl. A. BEYTHIEN 1938).

C.L. HINTON (1934) führte eine sog. ,,Bleizahl" zur Bestimmung des Fruchtanteils ein. Unter Bleizahl wird die Bleimenge verstanden, die aus einer Bleiacetatlösung durch eine Lösung der Konfitüre gefällt wird und die in direkter Beziehung zu der in der Konfitüre frei oder als Salz enthaltenen Säuremenge steht (vgl. auch C.L. HINTON u. T. MACARA 1940). D.D. MOIR (1944) empfahl zusätzlich die Ermittlung des Citronensäure-Gehaltes. A.R. DESCHREIDER u. A. FOUASSIN (1950) wiesen darauf hin, daß sich die unlöslichen Bestandteile und der zuckerfreie Extrakt nicht zur Bestimmung des Fruchtanteils eignen. Dem Gehalt an Säure, Stickstoff, Pektin und anorganischen Stoffen räumen sie eine gewisse Bedeutung ein, wenn umfassende Statistiken vorliegen würden und so auf den Wechselbeziehungen eine brauchbare Methode aufgebaut werden könnte. Zu einer allseitig anerkannten Methode führten indessen alle diese Arbeiten nicht.

In neuerer Zeit befaßten sich P. NEHRING u. H. KLINGER (1965) mit der Bestimmung des Fruchtgehaltes in Konfitüren. Sie arbeiteten auf der Grundlage einer großen Anzahl leicht durchführbarer Einzeluntersuchungen, z. B. der Asche sowie deren Bestandteilen und der unlöslichen Stoffe, ein Verfahren aus, bei dem die Zusammenstellung und Auswertung der Daten nach den Grundsätzen der mathematischen Statistik erfolgen. Sie zeigten, wie durch Vergleich von für die jeweilige Obstart charakteristischen, quantitativ gut bestimmbaren Bestandteilen in der Konfitüre mit den entsprechenden Merkmalsgehalten des jeweils verwendeten Obstfruchtfleisches auf die Fruchteinwaage geschlossen werden kann. Dabei werden sowohl Merkmalsgehalte in den Zusatzstoffen, wie Pektin und Stärkesirup, als auch die Mengen dieser Zusatzstoffe in der Rezeptur berücksichtigt (vgl. ebenfalls H. KLINGER u. P. NEHRING 1966). Auch sei auf die Mitteilung ,,Ermittlung der Fruchteinwaage bei Erdbeerkonfitüren aus SO_2-Pulpen" (Bundesgesundh.-Bl. 9, S. 142—144, 1966) hingewiesen, die genaue Angaben für Probenahme, Vorbereitung der Probe, Untersuchungsmethoden, Rechenvorschrift sowie die Verwendung der Ergebnisse und allgemeine Hinweise enthält.

Der Aussagewert der statistischen Fruchtgehalts-Bestimmung nimmt mit steigender Zahl der untersuchten Proben erheblich zu. Die Bestimmung ist dort *exakt* auszuführen, wo die verwendeten Rohstoffe (Pulpe, Mark, tiefgefrorene Früchte usw.) zur Verfügung stehen. Wenn sich dagegen die Ermittlung des Fruchtanteils auf *Durchschnittswerte* einiger analytischer Größen der betreffenden Fruchtart stützt, dann läßt sich nur der Bereich angeben, innerhalb dessen der tatsächliche Fruchtanteil liegt. Die Größe dieses Bereichs hängt von der Zahl der untersuchten Proben ab.

20. Prüfung auf Trockenobst

Der Nachweis von Trockenobst ist für Konfitüren und Marmeladen kaum auf chemischem Wege zu erbringen, zumal chemische Veränderungen während der Trocknung nicht zuletzt von der Art und den Bedingungen der Trocknung abhängen und hierbei auch das Ausgangsprodukt eine Rolle spielt.

G. KAPPELLER u. Mitarb. (1930) arbeiteten eine Methode zum Nachweis von Trockenpflaumen in Pflaumenmus aus (vgl. auch A. BEYTHIEN 1938), die u. a. auf dem Verhalten gegen basisches Bleiacetat (Bleiessig) sowie verd. Schwefelsäure beruht. Während sie in Mus aus frischen Pflaumen 8,5—16,0 g Säure (ber. als Äpfelsäure) in 100 g zuckerfreiem Extrakt fanden, soll Mus aus Trockenpflaumen selten mehr als 7 g aufweisen. Nicht zuletzt wurde die mikroskopische Prüfung zum Nachweis herangezogen, die uns aussichtsreicher als chemische Verfahren erscheint. Milbenbefall weist auf die Mitverwendung von Dörrobst hin.

21. Samengehalt in Erzeugnissen aus Beerenfrüchten

Arbeitsvorschrift: Zur Bestimmung werden 50 g der Probe mit ca. 500 ml heißem Wasser in einem Mixgerät aufgelöst und die Mischung auf ein geeignetes Sieb unter Nachwaschen mit heißem Wasser (aus Warmwasserleitung) gebracht. Anschließend werden die Samen auf eine mit Rundfilter bedeckte Nutsche überführt und nochmals mit etwas Wasser nachgewaschen. Das Filterpapier mit den Samen wird dann in eine gewogene Aluminiumschale (Durchmesser ca. 7 cm) gebracht und bei 105° C zur Gewichtskonstanz getrocknet (W. HORWITZ 1960).

22. Hinweise auf abweichende Beschaffenheit, insbesondere auf Verwendung von Trestern

Nach M.B. JACOBS (1958) kann man aus einem auffallenden Verhältnis bestimmter Kennzahlen zueinander Rückschlüsse auf eine abweichende Beschaffenheit der Produkte ziehen, wobei allerdings die — z. T. erheblichen — natürlichen Schwankungen berücksichtigt werden sollten.

	Werte	Hinweis auf
Pektin / Asche	hohe:	Zusatz von Pektin
	niedrige:	Zusatz von Mineralstoffen oder Verwendung überreifen Obstes
Unlösliche Stoffe / Asche	hohe:	Verwendung von Trestern
	niedrige:	Zusatz von Mineralstoffen oder Verwendung überreifen Obstes oder Verwendung von Fruchtsäften statt Früchten
Unlösliche Stoffe / K_2O	abnorm hohe:	Verwendung von Trestern
Asche / K_2O	abnorm hohe:	Verwendung anderer pflanzlicher Bestandteile als Obst
Unlösliche Stoffe / Pektin	hohe:	Verwendung von Trestern
	niedrige:	Zusatz von Pektin oder Verwendung von Fruchtsäften statt Obst
Unlösliche Stoffe / Gesamtsäure	hohe:	Verwendung von Trestern
	niedrige:	Zusatz von Säuren
Gesamtsäure / Asche	hohe:	Zusatz von Säuren
	niedrige:	Zusatz von Mineralstoffen

Wie die Aufstellung zeigt, können aus einem erhöhten Verhältnis der unlöslichen Stoffe zu Asche, K_2O, Pektin und Gesamtsäure Hinweise auf einen Trester-Zusatz, um den es sich in der Praxis nur handeln kann, erhalten werden. Da aber die Zahlenwerte bereits beträchtlichen natürlichen Schwankungen unterliegen und obendrein auch beeinflußt werden können, ist ein stichhaltiger Nachweis eines Tresterzusatzes wohl kaum zu führen.

23. Mikroskopische Prüfung

Durch eine eingehende mikroskopische Prüfung können in der Regel Zusätze von Gemüsebestandteilen oder die Verwendung nicht angegebener Obstarten in Konfitüren sowie Ein- und Zweifruchtmarmeladen festgestellt werden, soweit nicht Frucht- oder Gemüsesäfte benutzt wurden. Auch die Verwendung nicht erlaubter Gelier- und Dickungsmittel wird bisweilen auf mikroskopischem Wege nachzuweisen sein (vgl. A. TH. CZAJA 1962). Nähere Angaben zur mikroskopischen Prüfung enthält der Beitrag von A. TH. CZAJA: ,,Mikroskopische Untersuchung von Obst und Obsterzeugnissen“ in diesem Band.

Weiterhin kann die mikroskopische Prüfung gegebenenfalls zum Nachweis von Schimmelpilzen, Milben sowie anderen Insekten und deren Larven herangezogen werden.

24. Prüfung auf Verdorbenheit

Nach der Verordnung über Obsterzeugnisse vom 15. Juli 1933 gelten als verdorben Konfitüren, Marmeladen, Muse, Gelees und Obstkraut (sowie Obstsäfte und -sirupe), ,,die verschimmelt oder stark verunreinigt sind oder fremdartig oder ekelerregend riechen oder schmecken“, ferner solche, ,,die in starke alkoholische oder saure Gärung übergegangen“ oder ,,angebrannt“ sind. Auch aus verdorbenen Früchten oder anderen verdorbenen Rohstoffen hergestellte Produkte haben als verdorben zu gelten.

Die Prüfung sollte sich hiernach in erster Linie auf die gründliche Durchmusterung der Probe und die Feststellung des Geruchs und Geschmacks erstrecken. Deutlich sichtbare Schimmelpilzkolonien, z. B. auf der Oberfläche von Glas- und Eimerware, dürften den Tatbestand der Verdorbenheit erfüllen, während der alleinige mikroskopische Nachweis vereinzelter Schimmelpilzkolonien noch nicht als Anzeichen der Verdorbenheit angesehen werden sollte. Unter Verwendung von Trockenfrüchten hergestellte Marmeladen sind auf Milbenbefall zu untersuchen, vgl. folgenden Nachweis von Milben. (Über Schimmelpilze aus Fruchtgelees und Konfitüren (Aspergillus- und Penicillium-Species) berichtete N. MALTSCHEWSKY 1955.)

Durch die Worte ,,stark verunreinigt“ kommt zum Ausdruck, daß geringe Mengen fremder Beimengungen, z. B. einzelne Kelchblättchen von Erdbeeren oder Stielchen von Johannisbeeren, nicht darunter fallen. Hingegen ist an unappetitliche Stoffe, wie tote Insekten und deren Larven, ein schärferer Maßstab zu legen. Diese sammeln sich bei längerem Erwärmen von 25 g der Erzeugnisse mit ca. 200 ml Wasser an der Oberfläche an.

Zur Ermittlung einer etwaigen Gärung, sei es einer alkoholischen oder sauren (Essigsäure- oder Milchsäure-) Gärung, ist die Bestimmung des Alkohols oder der flüchtigen Säuren sowie die mikroskopische Untersuchung auf Hefezellen und Säurebakterien heranzuziehen. Eine ,,starke Gärung“, die allein beanstandet werden soll, liegt jedenfalls dann vor, wenn sie den Geruch oder Geschmack unangenehm beeinflußt und den Genußwert beeinträchtigt.

25. Nachweis und quantitative Bestimmung von Milben im Pflaumenmus

Je 10 g des gut durchgemischten Pflaumenmuses werden mit 100 ml angewärmten Wassers in einem Becherglas gut verrührt und 6 Std lang stehen gelassen. Milben und Milbenteile sammeln sich an der Oberfläche, werden auf einen Objektträger gebracht und unter dem Mikroskop ausgezählt.

Nach W. Pelz (1965) hat es sich bewährt, die Probe mit 10 Teilen Wasser längere Zeit zu erwärmen bzw. gelinde zu kochen und dann das Kochgut in eine größere Petrischale zu überführen. Nach dem Ausfall einer Übersichtsprobe werden größere oder kleinere Einwaagen verwendet. Ebenfalls bewährte es sich, die heiße Flüssigkeit mit einem geringen Zusatz von Gelbildnern (Gelatine o. ä.) zu versetzen, um die in der Petrischale ausgebreitete dünne Flüssigkeitsschicht nach dem Erkalten verläßlicher auszählen zu können.

Als duldbar wird angesehen, wenn in Pflaumenmus aus Trockenpflaumen — auch mit Zusatz von frischen Pflaumen — nach der Aufschwemmungsmethode im Durchschnitt mehrerer Proben nicht mehr als fünf Milben in 10 g festgestellt werden. Diese Zahl ist beträchtlich hoch.

VI. Hinweise für die lebensmittelrechtliche Beurteilung

Grundlage der lebensmittelrechtlichen Beurteilung ist die Verordnung über Obsterzeugnisse vom 15. Juli 1933, zu deren Verständnis noch die ausführlich gehaltene Begründung hinzugezogen werden kann. Die Anforderungen, welche durch diese Verordnung an die einzelnen Produkte gestellt werden, sind weitgehend in das Kapitel „Begriffsbestimmungen“ eingearbeitet; vgl. dort auch wegen der Verwendung von Trockenobst. Zur Beurteilung von Apfelmus, Obstpulpe und Obstmark sind die Qualitätsnormen und Deklarationsvorschriften für verarbeitetes Obst und Gemüse (Verlag Günther Hempel, Braunschweig), Kapitel II (Obstkonserven) und Kapitel VII (Obstpulpen und Obstmark) heranzuziehen. Wegen der Merkmale der Verdorbenheit, ferner wegen der zulässigen SO_2-Gehalte und der Toleranz bei Stärkesirup vgl. das Kapitel „Untersuchung“.

Konfitüren, Marmeladen, Gelees, Pflaumenmus und Obstkraut gelten in der Regel als verfälscht, wenn die unter „Begriffsbestimmung“ genannten erlaubten Zusätze oder der Wassergehalt erhöht sind, weiterhin wenn bei der Herstellung Obstrückstände, nicht fruchteigene Aromastoffe, unerlaubte oder nicht angegebene Farbstoffe, Mineralstoffe, unzulässige Gelier- und Dickungsmittel sowie Konservierungsmittel (außer schweflige Säure und deren Salze) verwendet worden sind. Als Obstfrüchte werden nur die Kern-, Stein- und Beerenobstarten angesehen. Damit ist die Verwendung von Gemüsearten (einschl. Tomaten) u. a. nicht zum Obst zählenden Früchten (mit Ausnahme der Hagebutten in Hagebutten-Marmelade) verboten. In neuerer Zeit hat sich auch der Begriff „Ingwermarmelade“ durchgesetzt. Die aus dem letzten Krieg stammenden Erleichterungen sind aufgehoben. Bezeichnungen, wie „rein“, „echt“ usw. sind nur bei Erzeugnissen zulässig, welche lediglich aus frischem oder mit physikalischen Methoden frisch erhaltenem Obstfruchtfleisch und Zucker ohne jeden Zusatz (einschl. Pektin und Säure) hergestellt sind.

Künstliche Färbung ist nach der Farbstoff-Verordnung vom 19. Dezember 1959 in der Fassung vom 20. Januar 1966 nur bei Konfitüren, Einfruchtmarmeladen und Gelees aus rotem Beerenobst und Kirschen, Mehrfrucht- und gemischten Marmeladen sowie sterilisiertem Kirsch-, Himbeer- und Erdbeermark mit zugelassenen Farbstoffen erlaubt.

Zur Anpassung der Obstverordnung an die seitherige Entwicklung wurden von den zuständigen deutschen Stellen Abänderungsvorschläge ausgearbeitet, die aber im Hinblick auf die Entwicklung in der EWG zurückgestellt wurden. Unterdessen hat die Kommission der EWG am 25. Juni 1965 dem Rat der EWG eine „Richtlinie über Konfitüren, Marmeladen, Gelees und Maronenkrem“ vorgeschlagen (vgl. Bundestagsdrucksache IV/3718 vom 5. Juli 1965). Sie enthält Begriffsbestimmungen für Konfitüre Extra, Konfitüre. Dreifrucht-Konfitüre

(Erdbeeren-Himbeeren-rote Johannisbeeren), Vierfrucht-Konfitüre (Erdbeeren-Kirschen-Himbeeren-rote Johannisbeeren), Marmelade Extra, Marmelade, Dreifrucht-Marmelade, Vierfrucht-Marmelade, Gemischte Marmelade, Gelee Extra, Gelee und Maronenkrem. Konfitüre und Marmelade Extra werden nur aus einer Fruchtart hergestellt, während unter Konfitüre und Marmelade Ein- und Zweifrucht-Erzeugnisse verstanden werden.

Der Extraktgehalt (refraktometrisch bei 20°C bestimmt) beträgt für Konfitüre, Marmelade und Gelee Extra 64%, für Konfitüre und Gelee 63% und für Marmelade 60%. Als Mindestgehalt an Frucht werden im Enderzeugnis gefordert: Konfitüre und Marmelade Extra 50% (schwarze Johannisbeeren 40%, Ananas oder Bananen 30%, Citrusfrüchte 27%); übrige Konfitüre 35% (Ananas oder Bananen 23%, Citrusfrüchte 17%), übrige Marmelade 30%, Gelee Extra 50% (Citrusfrüchte 40%), Gelee 35% (Citrusfrüchte 30%).

Der Zusatz von Stärkesirup (bis 15%), Pektin und Säure (einschl. Citronensäure) sowie L-Ascorbinsäure ist gestattet.

Als Konservierungsmittel werden Sorbinsäure (bis 0,5 g/kg) und ihre Natrium-, Kalium- und Calciumsalze vorgeschlagen. Schwefeldioxid bis 50 mg/kg ist in allen Produkten mit Ausnahme von Konfitüre, Marmelade und Gelee Extra und Konfitüre zulässig. Für letzteres Produkt wird eine 7jährige Übergangsfrist eingeräumt.

Unter Maronenkrem wird eine Mischung von Zucker und dem Mark der Maronen (Edelkastanien) mit einem Mindestgehalt an Extrakt von 60% und an Maronenmark im Enderzeugnis von 38% verstanden.

Bei Erzeugnissen in Packungen und Behältnissen sind die Bestimmungen der Verordnung über die äußere Kennzeichnung von Lebensmitteln in der Fassung vom 9. IX. 1966 (BGBl. I S. 590) zu beachten.

Bibliographie

BEYTHIEN, A.: Obst und Obsterzeugnisse. I. Muse, Marmeladen, Konfitüren, Jams. In: Handbuch der Lebensmittelchemie. Hrsg. von A. JUCKENACK, E. BAMES, B. BLEYER u. J. GROSSFELD. Bd. V, S. 589—631. Berlin: Springer 1938.

—, u. W. DIEMAIR: Laboratoriumsbuch für den Lebensmittelchemiker, 8. Aufl. Dresden-Leipzig: Theodor Steinkopff 1963.

CRUESS, W. V.: Commercial fruit and vegetable products. 4. Aufl. New York-Toronto-London: McGraw-Hill Book Co. 1958.

HEISS, R.: Lebensmitteltechnologie. München: J.F. Bergmann 1950.

HORWITZ, W., Hrsg.: Official methods of analysis of the Association of Official Agricultural Chemists. 9. Aufl., S. 262—280. Washington: Ass. off. agric. Chem. 1960.

HOTTENROTH, B.: Die Pektine und ihre Verwendung. München: Richard Oldenbourg 1951.

JACOBS, M.B.: The chemical analysis of foods and food products. 3. Aufl. Toronto-London-New York: D. van Nostrand Co. 1958.

KERTESZ, Z.I.: The pectic substances. S. 193—200. New York-London: Interscience Publ. 1951.

MAASS, H.: Die Pektine. Braunschweig: Dr. Serger u. Hempel 1951.

NEHRING, P., u. H. KRAUSE: Konserventechnisches Taschenbuch der Obst- und Gemuseverwertungsindustrie. 14. Aufl. Braunschweig: G. Hempel 1963.

RAUSCHER, K.: Untersuchung von Lebensmitteln, Bd. II, Pflanzliche Erzeugnisse, S. 119, 120. Leipzig: Fachbuchverlag 1956.

SABUROW, N., u. M. ANTONOW: Die Lagerung und Verarbeitung von Obst und Gemüse. Berlin: Dtsch. Bauernverlag 1953.

STAHL, E.: Dünnschicht-Chromatographie, S. 369—371. Berlin-Göttingen-Heidelberg: Springer 1962.

THIEL, A., R. STROHECKER u. H. PATZSCH: Taschenbuch für die Lebensmittelchemie. 2. Aufl. Berlin: de Gruyter & Co. 1947.

ZENTIS, F.: Die deutsche Marmeladenindustrie unter Einbeziehung der Auswirkungen des Vertrages über die Europäische Wirtschaftsgemeinschaft. Dissertation Freiburg/Schweiz 1961.

Zeitschriftenliteratur

ACKER, L., W. DIEMAIR u. D. PFEIL: Die quantitative papierchromatographische Bestimmung von Zuckern in Malzextrakten, Stärkesirupen und ähnlichen Erzeugnissen. Stärke **6**, 241—246 (1954).

BAKER, G.L.: High-polymer pectins and their deesterification. Advanc. Food Res. **1**, 395—427 (1948).

Becker, E., u. M. Eder: Über die papierchromatographische Identifizierung einiger in Lebensmitteln vorkommender Quellstoffe. Z. Lebensmittel-Untersuch. u. -Forsch. **104**, 187—192 (1956).

Bergner, K. G., u. H. Meyer: Zur papierchromatographischen Abtrennung und Bestimmung von Glycerin in Weinen und Säften. Dtsch. Lebensmittel-Rdsch. **56**, 49—52 (1960).

Bernaerts, M. J.: Über den unspezifischen Nachweis von Konservierungsmitteln in Marmelade mittels osmophiler Hefen. Z. Lebensmittel-Untersuch. u. -Forsch. **104**, 405—412 (1956).

Beythien, A.: Die Bestimmung des Stärkesirups in Pflaumenmarmeladen. Z. Untersuch. Nahrungs- u. Genußmittel **21**, 271—280 (1911).

—, u. P. Simmich: Beiträge zur Untersuchung und Beurteilung der Marmeladen. Z. Untersuch. Nahrungs- u. Genußmittel **20**, 241—272 (1910).

Burmeister, H.: Untersuchungen an Stärkesirupen. Stärke **11**, 31—38 (1959).

Chatt, E. M.: A routine method for the analysis of table jellies. Analyst **77**, 335—339 (1952).

Cheftel, R. I.: Application de la microchromatographie sur papier a l'étude des acides organiques dans les confitures. Ann. Falsif. Fraudes **47**, 281—284 (1954); ref. Z. Lebensmittel-Untersuch. u. -Forsch. **102**, 284 (1955).

Czaja, A. Th.: Untersuchungen über den mikroskopischen Nachweis einiger oft verwendeter Dickungsmittel in Trockenmischungen. Z. Lebensmittel-Untersuch. u. -Forsch. **117**, 499 bis 513 (1962).

Damm, H.: Über Konservierungsmittel (Wirkungsweise-Austestung-Nachweis). Mitt.-Bl. GDCh., Fachgr. Lebensmittelchem. **12**, 162—163 (1958).

Deschreider, A. R., u. A. Fouassin: Die Bestimmung des Fruchtgehaltes von Konfitüren und Marmeladen. Industr. Obst- u. Gemüseverwert. **35**, 297—301 (1950).

Deuel, H., and E. Stutz: Pectic substances and pectic enzymes. Advanc. Enzymol. **20**, 341 to 382 (1958).

Diemair, W., u. H. H. Weichel: Beitrag zur Chemie und Analytik der Alginsäure. Dtsch. Lebensmittel-Rdsch. **54**, 151—155 (1958).

Eskew, R. K.: Die Geschmackserhaltung von Lebensmitteln bei Konzentrierungs- und Trocknungsprozessen. Fette u. Seifen **60**, 1153—1160 (1958).

Glicksman, M.: Utilization of natural polysaccharide gums in the food industry. Advanc. Food Res. **11**, 109—200 (1962).

Göpfert, W.: Ist der Nachweis von Apfelzubereitungen in Marmeladen und Konfitüren mittels der Sorbitmethode eindeutig? Dtsch. Lebensmittel-Rdsch. **50**, 310—311 (1954).

Griebel, C., u. F. Weiss: Zur Pektinfrage. Z. Untersuch. Lebensmittel **58**, 189—201 (1929).

Grossfeld, J.: Die Berechnung des Stärkesyrups nach Juckenack. Z. Lebensmittel-Untersuch. u. -Forsch. **86**, 56—64 (1943).

—, u. G. Hollatz: Dextrinnachweis und Dextrinbestimmung in Lebensmitteln. Z. Untersuch. Lebensmittel **59**, 216—236 (1930).

Gudjons, H.: Ein Vorschlag zur Qualitätsbestimmung von Pektinen. Z. Lebensmittel-Untersuch. u. -Forsch. **90**, 426—431 (1950).

Hadorn, H., u. R. Jungkunz: Bleiessig, ein mangelhaftes Klärungsmittel bei gravimetrischen Zuckerbestimmungen. Mitt. Lebensmitteluntersuch. Hyg. **41**, 430—435 (1950).

— — u. K. W. Biefer: Über einheimische Konfitüren des Handels, ihre Analyse und Beurteilung. Mitt. Lebensmitteluntersuch. Hyg. **41**, 340—371 (1950).

Härtel, F., u. J. Sölling: Untersuchung 1909-er Früchte. Z. Untersuch. Nahrungs- u. Genußmittel **20**, 19—24 (1910).

Heintze, K.: Über den Restgehalt von Schwefeldioxyd in Marmeladen und Konfitüren. Industr. Obst- u. Gemüseverwert. **45**, 587—589 (1960).

— Unterschiedliche Ergebnisse bei der Bestimmung des SO_2-Gehaltes in Konfitüren. Dtsch. Lebensmittel-Rdsch. **57**, 60—61 (1961).

Herrmann, K.: Die Anthocyane der Früchte — eine Übersicht. Fruchtsaft-Industr. **5**, 296—309 (1960).

— Die Anthocyan-Probe als Qualitätskriterium für Konfitüren und Marmeladen, besonders für Erdbeer-Konfitüren. Dtsch. Lebensmittel-Rdsch. **58**, 228—230 (1962).

— Über „Gerbstoffe" in Lebensmitteln und deren Bestimmung. Dtsch. Lebensmittel-Rdsch. **59**, 309—317 (1963).

Hinton, C. L.: The examination of fruits and jams by lead precipitation. Analyst **59**, 248—273 (1934).

—, and T. Macara: The composition of some jam fruits and the determination of the fruit content of jams. Analyst **65**, 540—559 (1940).

Hoover, W. J., A. I. Nelson and M. P. Steinberg: Development of a new concept for processing fruit jelly. Food Technol. **9**, 377—380 (1955).

Hottenroth, B.: Einfluß der Lagerung von Obsthalbfabrikaten auf die Qualität der Marmeladen. 1. Mitt. Z. Lebensmittel-Untersuch. u. -Forsch. **94**, 11—22 (1952).
— Marmeladen mit Alginaten oder Pektin? Industr. Obst- u. Gemüseverwert. **42**, 281—283, 297—303 (1957).
Jorysch, D., P. Sarris and S. Marcus: Detection of organic acids in fruit juices by paper chromatography. Food Technol. **16**, No. **3**, 90—93 (1962).
Joslyn, M. A., and J. B. S. Braverman: The chemistry and technology of the pretreatment and preservation of fruit and vegetable products with sulfur dioxide and sulfites. Advanc. Food Res. **5**, 97—160 (1954).
—, and H. Deuel: The extraction of pectins from apple marc preparations. J. Food Sci. **28**, 65—83 (1963).
—, and H. J. Phaff: Recent advances in the chemistry of pectic substances. Wallerstein Lab. Commun. **10**, 39—56 (1947).
Juckenack, A., u. R. Pasternack: Untersuchung und Beurteilung von Fruchtsäften. Z. Untersuch. Nahrungs- u. Genußmittel **8**, 10—26 (1904).
Kappeller, G., G. Prange u. W. Reidemeister: Nachweis von Trockenpflaumen in Pflaumenmus. Z. Untersuch. Lebensmittel **59**, 191—197 (1930).
Klinger, H., u. P. Nehring: Zur Beurteilung von Obstkonfitüren. 2. Mitt. Bestimmung der Fruchteinwaage aus Analysendaten. Z. Lebensmittel-Untersuch. u. -Forsch. **129**, 76—83 (1966).
Koch, J., u. G. Bretthauer: Zur Bestimmung von Pektinen, Tylosen und Alginaten in Marmelade. Dtsch. Lebensmittel-Rdsch. **50**, 162—165 (1954).
—, u. R. Kleesaat: Zur Frage der Naturreinheit von Fruchtsäften. Dtsch. Lebensmittel-Rdsch. **55**, 246—251, 314 (1959).
Kovacs, A. S., u. H. O. Wolf: Zur gaschromatographischen Untersuchung von Früchten und Konfitüren. Industr. Obst- u. Gemüseverwert. **47**, 159—161 (1962).
Kröller, E.: Zur Restmengenbestimmung von schwefliger Säure in Pulpen und daraus hergestellten Erzeugnissen. Dtsch. Lebensmittel-Rdsch. **62**, 133—138 (1966).
Letzig, E.: Neuere Nachweismethoden für wasserlösliche Binde- und Verdickungsmittel. Dtsch. Lebensmittel-Rdsch. **51**, 41—47 (1955).
Litterscheid, F. M.: Über ein neues „Sorbit-Verfahren" zum Nachweis von Obstweinen in Traubenwein. Z. Untersuch. Lebensmittel **62**, 653—657 (1931).
Maley, L. E.: Continuous measurement of dissolved solids in food processes by critical-angle refractometry. Food Technol. **17**, 25—31 (1963).
Maltschewsky, N.: Über die aus Fruchtgelees und Konfitüren isolierten Schimmelpilze. Z. Lebensmittel-Untersuch. u. -Forsch. **102**, 236—243 (1955).
Moir, D. D.: The fruit contents of jams. Analyst **69**, 343—344 (1944).
Nehring, P.: Über die Bestimmung von schwefliger Säure in Konfitüren, Marmeladen und ähnlichen Erzeugnissen. Dtsch. Lebensmittel-Rdsch. **57**, 145—149 (1961).
—, u. H. Klinger: Zur Beurteilung von Obstkonfitüren. 1. Mitt. Über die Fruchteinwaage von Konfitüren. Z. Lebensmittel-Untersuch. u. -Forsch. **129**, 1—9 (1965).
Niemöller, H. J.: Zur Analytik der Konservierungsmittel. Mitt.-Bl. GDCh., Fachgr. Lebensmittelchem. **13**, 65—67 (1959).
Paskova, J., and V. Munsk: A combined detecting reagent for the identification of organic acids on paper chromatograms. J. Chromatograph. **4**, 241—243 (1960).
Peltzer, J.: Zum Stärkesirupnachweis in reinem und gesüßtem Apfelkraut. Dtsch. Lebensmittel-Rdsch. **48**, 243—247 (1952).
Pelz, W.: Private Mitteilung (1965).
Petersmann, L.: Über den Nachweis von Stärkesirup in Marmeladen. Stärke **5**, 193—195 (1953).
Pfrengle, O., u. I. Hintz: Der papierchromatographische Nachweis von Quellstoffen, insbesondere in Waschmitteln. Fette u. Seifen **63**, 630—632 (1961).
Philippi, K.: Nachweis von Apfelmark in Marmeladen und Konfitüren. Dtsch. Lebensmittel-Rdsch. **50**, 51—52 (1954).
Pilnik, W., u. G. Rothschild: Über die Bestimmung von Pektinstoffen und Alginaten in Mischung. Mitt. Lebensmitteluntersuch. Hyg. **42**, 409—412 (1951).
Rappaport, F., I. Reifer u. H. Weinmann: Über die Verwendung von Perjodat zur maßanalytischen Bestimmung von mehrwertigen Alkoholen neben reduzierenden Aldosen (Monosacchariden), mit Berücksichtigung der Bestimmung von Perjodat und Jodat nebeneinander. Mikrochim. Acta (Wien) **1**, 290—299 (1937).
Reif, G.: Über den Nachweis von Sorbit in Obsterzeugnissen. Z. Untersuch. Lebensmittel **68**, 179—186 (1934).
Reith, J. F., u. J. J. L. Willems: Über die Bestimmung der schwefligen Säure in Lebensmitteln. Z. Lebensmittel-Untersuch. u. -Forsch. **108**, 270—280 (1958).

RIEMERSMA, J.C., u. F.J.M. HESLINGA: Über die Papierchromatographie wasserlöslicher Farbstoffe. Mitt. Lebensmitteluntersuch. Hyg. **51**, 94—104 (1960).
ROTHENFUSSER, S.: Ein neues Verfahren zur Erkennung und Bestimmung der schwefligen Säure in einem Arbeitsgang. Z. Untersuch. Lebensmittel **58**, 98—109 (1929).
SCHORMÜLLER, J., u. H. LANGNER: Analysengang zur quantitativen Bestimmung organischer Säuren in Lebensmitteln. Z. Lebensmittel-Untersuch. u. -Forsch. **113**, 104—112 (1960).
SIEGRIST, H.: Aufbau, Arbeitsweise und Gesichtspunkte für die Auswahl von Eindampf- und Aromagewinnungs-Anlagen. Fruchtsaft-Industr. **6**, 215—225 (1960a).
— Beschreibung verschiedener Eindampf-Anlagen und Aromagewinnungs-Anlagen. Fruchtsaft-Industr. **6**, 225—245 (1960b).
SULSER, H.: Nachweis der Bestandteile von hydrophilen Gelier- und Verdickungsmitteln. Mitt. Lebensmitteluntersuch. Hyg. **48**, 19—29 (1957).
TÄUFEL, K., u. F. BERSCHNEIDER: Die Rolle der Dehydratationsmittel bei der Gelbildung der Pektinstoffe. Nahrung **3**, 228—237 (1959).
—, u. E. JUST: Zur Analytik der Pektine. II. Über die Durchführung des „Calciumpektatverfahrens". Z. Lebensmittel-Untersuch. u. -Forsch. **82**, 504—506 (1941).
—, u. K. MÜLLER: Zur oxydimetrischen Bestimmung von Sorbit im Wein unter Heranziehung der papierchromatographischen Arbeitsweise. Z. Lebensmitteluntersuch. u. -Forsch. **106**, 123—128 (1957).
—, H. RUTTLOFF u. B. ORLOB: Zur Beurteilung von Obsterzeugnissen aufgrund ihres Gehaltes an Sorbit. Nahrung **2**, 781—788 (1958).
THALER, H., u. G. SOMMER: Studien zur Farbstoffanalytik. IV. Mitt. Die papierchromatographische Trennung wasserlöslicher Teerfarbstoffe. Z. Lebensmittel-Untersuch. u. -Forsch. **97**, 345—365 (1953).
VOGT, E.: Das Sorbitverfahren zum Nachweis von Obstwein in Traubenwein. Z. Untersuch. Lebensmittel **67**, 407—425 (1934).
WOIDICH, K., T. LANGER u. L. SCHMID: Papierchromatographie wasserlöslicher Teerfarbstoffe. Dtsch. Lebensmittel-Rdsch. **56**, 73—79 (1960).
—, L. SCHMID u. H. GNAUER: Potentiometrische Titrationen in der Lebensmittelanalytik. Z. Lebensmittel-Untersuch. u. -Forsch. **104**, 97—104 (1956).
WUCHERPFENNIG, K., u. F. STEINER: Zur kontinuierlichen Herstellung von Marmelade unter gleichzeitiger Erhaltung der natürlichen Aromastoffe. Industr. Obst- u. Gemüseverwert. **47**, 199—204 (1962).
ZONNEVELD, H., u. A. MEYER: Bestimmung der schwefligen Säure in Lebensmitteln, insbesondere in Trockengemüse. Z. Lebensmittel-Untersuch. u. -Forsch. **111**, 198—207 (196[illegible]).

B. Fruchtsäfte, Süßmoste, Konzentrate, Fruchtmuttersäfte und Obstsirupe

Von

Dr. **Karl Herrmann**, Stuttgart

Mit 9 Abbildungen

Fruchtsäfte und Süßmoste (engl.: fruit juices, franz.: jus de fruits; ital.: succo di frutta sowie sidro dolce) sind in den letzten Jahren zu wichtigen Lebensmitteln geworden.

Mit ihnen befassen sich u. a. folgende Werke: A. Mehlitz (1951), J. Koch (1956a), H. Gachot (1955), D.K. Tressler u. M.A. Joslyn (1961) sowie J. Baumann (1959), das zahlreiche Abbildungen der benötigten Maschinen und Geräte enthält; vgl. auch P. Nehring u. H. Krause (1963). Spezielle Arbeiten behandeln u. a. die Herstellung von Apfelsaft (J. Koch 1956d), Traubensaft (J. Koch 1956b; K. Wucherpfennig u. G. Troost 1962; siehe auch H. Burmeister 1957) und Beerensüßmost, besonders der schwarzen Johannisbeere (J. Koch 1956c; J. Koch u. E. Zeyen 1957; J. Koch u. G. Bretthauer 1958, 1959; K. Wucherpfennig u. G. Bretthauer 1962b).

Fruchtsäfte und Süßmoste kennen wir erst seit relativ kurzer Zeit. Den ersten Fruchtsaft und zwar Concord-Traubensaft stellten ab 1869 Dr. T.B. Welsh und Sohn in Vineland (USA) her (D.K. Tressler u. M.A. Joslyn 1961). Müller-Thurgau veröffentlichte 1896 in Wädenswil/Schweiz die erste 40 Seiten umfassende Anweisung zur Erzeugung von Fruchtsaft. Zur gleichen Zeit begann eine Mosterei in Bern mit der Produktion von Apfel- und Traubensaft.

Die industrielle Fruchtsaft-Erzeugung indessen gewann nach 1930 in USA, Deutschland und der Schweiz an Bedeutung, während die meisten anderen europäischen Länder nach 1945 folgten.

I. Wirtschaftliche Bedeutung der Fruchtsäfte. Statistik

Nach 1948 stieg der Verbrauch in der Bundesrepublik Deutschland rasch an, so von 1950—1960 von 1,8 auf 5,6 l pro Kopf und Jahr, während der gesamte Getränkeverbrauch in diesem Zeitraum nur um rund 40% zunahm (J. Koch 1962). An der Spitze des europäischen Verbrauchs steht allerdings die Schweiz mit über 20 l pro Kopf und Jahr, was sich zum Teil aus dem Kernobstreichtum dieses Landes erklärt. Die Schweiz wird noch von den USA übertroffen.

Tabelle 1. *Gewerbliche Fruchtsafterzeugung in der Bundesrepublik Deutschland* (in Millionen Liter)

Jahr	Apfelsäfte	Beeren- u. Steinobst-Süßmoste	Traubensäfte	Fruchtsaftgetränke	Insgesamt
1956	120,0	25,0	0,3	10,0	155,3
1957	51,0	28,2	0,6	5,0	84,8
1958	160,0	37,5	2,5	12,5	212,5
1959	113,0	41,3	1,3	2,0	157,6
1960	174,0	44,0	10,0	28,0	256,0
1961	100,0	58,4	1,1	2,5	162,0
1962	188,0	69,0	0,9	12,8	270,7
1963	141,0	83,1	0,6	5,3	230,0
1964	130,0	78,5	2,6	3,0	214,1
1965	110,0	64,8	1,2		176,0

Für den deutschen Verbraucher nimmt der Apfelsaft den ersten Platz ein, gefolgt von Traubensaft, Johannisbeersüßmost und den Citrussäften. Von der Apfelsaft-Welterzeugung entfielen 1956 (408 Mill. l) 35 % auf die Bundesrepublik Deutschland, 33,5 % auf die USA, 16 % auf die Schweiz, 7,5 % auf Canada und je 3 % auf Österreich und Holland. 83 % der in Deutschland erzeugten Fruchtsäfte waren Apfelsäfte, während es in der Schweiz, Canada und Österreich sogar 90 und mehr Prozent waren (D.K. TRESSLER u. M.A. JOSLYN 1961). An Citrussäften wurden 1959 53 Mill. kg in die Bundesrepublik Deutschland eingeführt. Die Einfuhr an Traubensaft ist von ähnlicher Höhe.

Die gewerbliche Fruchtsafterzeugung in der Bundesrepublik Deutschland ist in Tab. 1 enthalten, welche dem Geschäftsbericht 1965 des Bundesverbandes der Obst- und Gemüseverwertungsindustrie entstammt. Die erheblichen Schwankungen in den einzelnen Jahren ergeben sich zwangsläufig aus dem sehr unterschiedlichen Obstaufkommen. Eine beträchtliche Steigerung ist aber unschwer zu erkennen.

Die Erzeugung im EWG-Raum (Konzentrate im Verhältnis 1+5 auf normale Säfte zurückgerechnet) betrug im Jahre 1960 in Mill. Liter:

	Deutschland	Frankreich	Niederlande	Benelux	Italien	EWG insgesamt
Kernobstsäfte	202,00	50,94	11,35	1,81	6,70	272,80
Traubensäfte	10,00	30,67	0,26	0,54	25,00	66,47
Säfte aus Beeren- und Steinobst u. Wildfrüchten	18,00	2,00	4,24	0,26	2,50	27,00
Citrussäfte	1,00	0,75	0,25	—	40,00	42,00

Gegenüber den Fruchtsäften ist die Herstellung von Fruchtnektaren, Obstkonzentraten und -sirupen in Deutschland unbedeutend. In den Ländern mit Citrusanbau spielt die Herstellung von Citruskonzentraten eine beträchtliche Rolle. Fruchtnektare werden u. a. in Italien und Österreich in ansehnlichen Mengen und einer Vielfalt der Produkte erzeugt und sind auch in Deutschland auf dem Markt.

An Obstsirupen werden überwiegend Himbeersirup, mit Abstand Kirschsirup hergestellt. Neuerdings werden im Handel häufiger Citrussirupe angetroffen. Erdbeer- und Johannisbeersirupe werden nur in geringem Umfange erzeugt, während andere Fruchtarten zur Sirup-Gewinnung kaum eine Rolle spielen.

Fruchtsäften wird heute häufig eine wichtige gesundheitliche Bedeutung zugemessen, vgl. z. B. E. HEUN (1960). Über die diätetische und therapeutische Bedeutung berichtete u. a. W. PFANNENSTIEL (1953) und über die Verträglichkeit W. STAMM (1959).

II. Begriffsbestimmungen und Bezeichnungen

1. Fruchtsäfte und konzentrierte Fruchtsäfte

Fruchtsäfte oder *Süßmoste* sind nach den von der Kommission zur Schaffung eines deutschen Lebensmittelbuches 1966 beschlossenen „*Leitsätzen*" (vgl. S. 227) die zum unmittelbaren Genuß bestimmten unvergorenen und alkoholfreien Getränke aus Kern-, Stein- und Beerenobst, Trauben, Süd- und Wildfrüchten. Sie werden aus reifen, gesunden und frischen Früchten auf mechanischem Wege gewonnen und können blank, trüb oder fruchtfleischhaltig in den Handel kommen. Durch Konzentrierung entstehen *konzentrierte Fruchtsäfte*.

Fruchtsäfte aus Stein- und Beerenobst sowie Wildfrüchten können Zucker und Trinkwasser zugesetzt werden, sofern der Wasserzusatz notwendig ist, um die

Säfte trinkbar zu machen und die auf S. 227 aufgeführten Säuregehalte nicht unterschritten werden. Unter Zucker ist hierbei technisch reine Saccharose, Invertzucker, Fructose, Glucose und Stärkesirup zu verstehen.

Auch können jetzt aus konzentrierten Erzeugnissen Fruchtsäfte durch Zusatz von chlorfreiem, entmineralisiertem Wasser bis auf die natürliche Saftstärke eingestellt werden. Ein so gewonnener Fruchtsaft ist mit einem nach einem anderen zulässigen Verfahren haltbar gemachten Fruchtsaft der gleichen Fruchtart analysenidentisch.

Die fruchtfleischhaltigen Fruchtsäfte stellen in der Regel Ganzfruchtsäfte dar, die nicht durch Auspressen von Früchten, sondern durch Homogenisieren von Fruchtmark gewonnen, durch Zusatz von Zucker und Wasser trinkfertig gemacht und bisweilen mit L-Ascorbinsäure stabilisiert werden.

Zur Haltbarmachung dienen physikalische Verfahren und zwar — auch in Kombination — Filtration, Wärmebehandlung, Kältebehandlung. Kohlensäuredruckbehandlung und Konzentrierung. Eine Aromaabtrennung zum Zwecke der Wiederzugabe in Kombination mit den vorstehenden Verfahren ist möglich, bei der Konzentrierung von Kernobstsäften erforderlich.

Bei der Gewinnung dürfen folgende Kellerbehandlungsmittel verwendet werden:

Gelatine, Filtrationsenzyme, Tannin, Bentonit, Calciumcarbonat und L-Ascorbinsäure (diese jedoch nur zur Verhinderung von oxydativen Veränderungen). — Traubensäfte mit mehr als 2 mg Eisen/l können mit Kalium-cyanoferrat(II) behandelt werden, wobei im geklärten Erzeugnis keine Cyanverbindungen gelöst verbleiben dürfen. Auch kann bei Traubensaft schweflige Säure (vgl. S. 227) verwendet werden.

Die Erzeugnisse aus einer Fruchtart erhalten unter Angabe der verwendeten Frucht folgende *Bezeichnungen:*

a) Fruchtsäfte: „...saft“ oder „Saft aus ...“ und/oder „...süßmost“ oder „Süßmost aus ...“.

b) Konzentrierte Fruchtsäfte: „...saftkonzentrat“ und/oder „Konzentrierter Saft aus ...“.

Das Konzentrationsverhältnis wird in allgemeinverständlicher Form angegeben.

Werden bei Erzeugnissen aus mehreren Fruchtarten die Fruchtarten genannt, so sind alle im Erzeugnis enthaltenen Früchte in der Reihenfolge ihrer mengenmäßigen Anteile anzugeben. Auch sind die Bezeichnungen „Mehrfruchtsaft“, „Mehrfruchtsüßmost“ sowie „Mehrfruchtsaftkonzentrat“ oder „Konzentrierter Mehrfruchtsaft“ verkehrsüblich. Ein Zusatz von bis zu 5% Birnensaft zu Apfelsaft ist zulässig und bedarf keiner besonderen Angabe. Eine bildliche Darstellung der verwendeten Früchte hat deren tatsächlichen Mengenverhältnissen zu entsprechen.

Fruchtfleischhaltige Fruchtsäfte werden unter Angabe der verwendeten Fruchtart bzw. Fruchtarten als „fruchtfleischhaltig“ bezeichnet. Sie können zusätzlich als „Nektar“ oder „Nektar aus ...“ oder „Fruchttrunk“ oder „Fruchttrunk aus ...“ bezeichnet werden.

Neben den bisher genannten Bezeichnungen sind die Angaben „unvergoren“, „alkoholfrei“, „blank“ oder „trüb“ verkehrsüblich.

Auf einen Gehalt an L-Ascorbinsäure darf nur dann hingewiesen werden, wenn es sich um einen aus der verwendeten Frucht stammenden Gehalt handelt und zwar:

a) „reich an Vitamin C“ nur bei einem Gehalt von mindestens 250 mg/l L-Ascorbinsäure,

b) „Vitamin-C-haltig" nur bei einem Gehalt von mindestens 150 mg/l L-Ascorbinsäure.

Nach den bisher verwendeten „Qualitätsnormen" (vgl. S. 227) wurden als „*Säfte*" solche Produkte bezeichnet, deren Ausgangssäfte infolge ihres natürlichen Zucker-Säure-Verhältnisses ohne eine Veränderung ihrer Zusammensetzung direkt trinkfertig sind, also keinen Zusatz von Zucker und Wasser benötigen, während als „*Süßmoste*" die Erzeugnisse aus Stein-, Beerenobst und Wildfrüchten bezeichnet wurden, bei denen die Trinkfertigkeit durch Zusatz von Wasser und Zucker erreicht wird.

Unter Apfel-, Birnen- und Traubendicksaft wurden konzentrierte Erzeugnisse mit einem Gewichtsverhältnis von mindestens 1,332 verstanden.

2. Fruchtmuttersäfte (Obstsäfte) und Sirupe

Von den Süßmosten sind die *Fruchtmuttersäfte* zu unterscheiden, welche nicht zum unmittelbaren Genuß bestimmt sind. Begriffsbestimmungen und Beurteilungsgrundsätze für diese als „Obstsäfte" bezeichneten Zubereitungen sowie für Obstsirupe sind in der Verordnung über Obsterzeugnisse vom 15. Juli 1933 enthalten.

Hiernach sind *Obstsäfte* Zubereitungen, die durch Pressen von frischem oder vergorenem Obst *einer* Obstart mit oder ohne nachfolgende Filtration hergestellt sind.

Als *Kirschsaftsorten* (Kirschmuttersaftsorten) werden unterschieden:

1. Kirschsaft, dunkler Sauerkirschsaft (Sauerkirschmuttersaft): der Saft aus dunklen Sauerkirschen, ausgenommen Schattenmorellen;
2. Heller Sauerkirschsaft (heller Sauerkirschmuttersaft): der Saft aus hellen Sauerkirschen sowie aus Schattenmorellen;
3. Gespriteter Kirschsaft: mehr oder weniger vergorener dunkler Sauerkirschsaft mit einem Gehalt bis zu 18 Vol.-% Alkohol, von denen bis zu 15 Vol.-% in Form von Sprit zugesetzt sind;
4. Süßkirschsaft (Süßkirschmuttersaft): der Saft aus Süßkirschen aller Art.

Obstsirupe (*Fruchtsirupe*) sind dickflüssige Zubereitungen, die durch Aufkochen des Obstsaftes aus *einer* Obstart mit technisch reinem weißem Verbrauchszucker (Saccharose) hergestellt sind. Sie können auch auf kaltem Weg durch unmittelbares Behandeln von frischem Obst oder Obstsäften mit Zucker hergestellt werden. Obstsirupe enthalten höchstens 68 % Zucker.

Obstsäfte und Obstsirupe werden mit dem Namen der verwendeten Obstart bezeichnet. Obstsäfte und Obstsirupe aus Citrusfrüchten enthalten meist einen geringen Zusatz von Schalenaroma.

Orangeade- und *Zitronadesirup* werden aus Orangen- und Zitronensaft (bzw. aus entsprechend ihrem Eindickungsgrad verdünnten Konzentraten) und Zucker hergestellt, wobei der Gehalt des den Namen gebenden Saftes überwiegen soll. Sie enthalten meist einen geringen Anteil an Schalenölen und mindestens 60 %, höchstens 68 % Zucker.

III. Herstellung

1. Kernobst-, Steinobst- und Traubensäfte sowie Beerensüßmoste

Frisch ausgepreßtes Obst liefert Säfte, die wesentlich geringer haltbar sind als die Früchte, aus denen sie gewonnen wurden. Bald treten in diesen Säften tiefgreifende Stoffumwandlungen ein, z. B. Alkoholbildung aus Zucker durch Hefen und Milchsäurebildung aus Äpfelsäure durch Bakterien. Daher muß die Fruchtsaftbereitung und -lagerung bemüht sein, — was heute technologisch keine

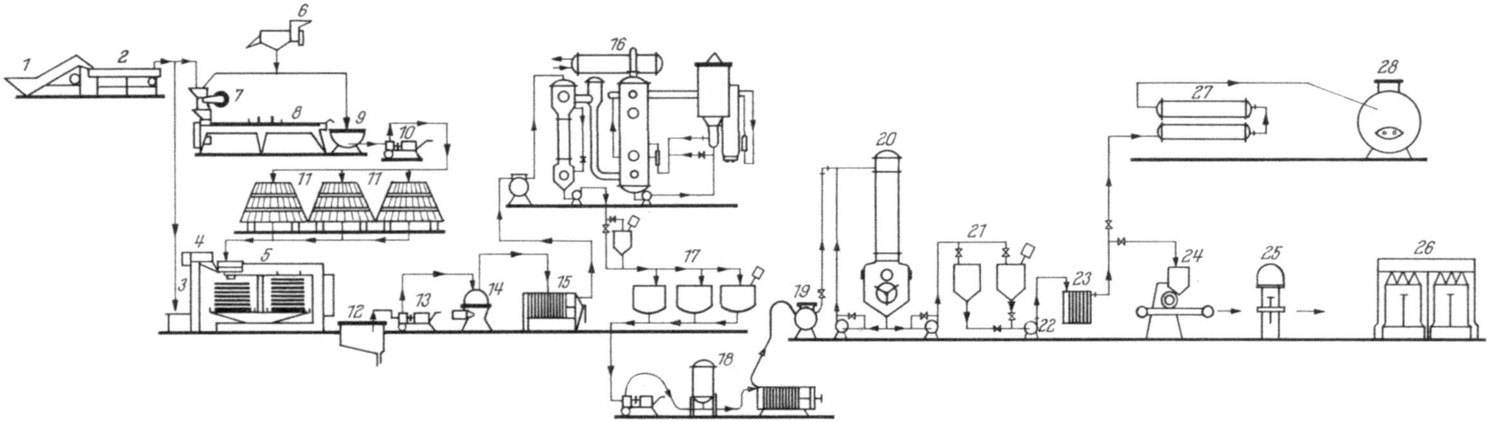

Abb. 1 Fließbild der Fruchtsaft- und Konzentrat-Erzeugung (nach D. ŠULĆ und M. FERIC (1960).

1 = Waschen
2 = Verlesen
3 = Kombi-Elevator der hydraulischen Presse
4 = Mühle für Kernobst
5 = hydraulische Packpresse
6 = Entrappmaschine für Trauben
7 = Beerenmühle
8 = Maischeerhitzer
9 = Behälter
10 = Dickstoffpumpe
11 = Fermentierungsbehälter
12 = Saftbehälter
13 = Saftpumpe
14 = Zentrifuge (Separator)
15 = Plattenapparat (Kurzzeit-Hocherhitzung)
16 = Aromarückgewinnungsanlage
17 = Fermentierungsanlage
18 = Kieselgurfilter (bestehend aus Saftpumpe, Kieselgurdosiergerät und eigentlichem Filter)
19 = Saftbehälter
20 = Verdampfer
21 = Auffangbehälter mit Mischvorrichtung
22 = Dickstoffpumpe
23 = Plattenapparat (Kurzzeit-Hocherhitzung)
24 = Abfüllanlage für Dosen
25 = Verschließmaschine
26 = Einrichtung zum Abkühlen der Dosen
27 = Wärmeaustauscher
28 = Lagertank

Je nach Obstart und technischer Einrichtung ist mit gewissen Abwandlungen des Fließbildes zu rechnen; Nr. 6—11 gelten nur für Steinobst und Beerenobst, Nr. 3 und 4 nur für Kernobst

Abb. 2 Rätzmühle CENTRAL 4 der Fa. Bucher, Griessen (Südbaden)

Schwierigkeiten mehr bereitet — die schädliche Wirkung der Mikroorganismen (Hefen, Schimmelpilze, Bakterien) auszuschalten, die sofort nach dem Keltern einsetzt und eine rasche und sorgfältige Arbeitsweise erfordert, da der Keimgehalt frisch gepreßter Keltersäfte erheblich sein kann.

Frische Preßsäfte, z. B. des Kern- und Steinobstes, verfärben sich durch enzymatische Oxydation rasch und verlieren dabei ihren fruchtigen Geschmack. Daher ist chemisch-technologisch darauf zu achten, daß weitgehend enzymatische Oxydationen (vgl. S. 207), weiterhin nichtenzymatische Bräunungsreaktionen (Maillard-Reaktion) sowie Reaktionen mit Metallionen, z. B. Eisen und Kupfer, vermieden werden, da hierdurch der Charakter des Fruchtsaftes verloren geht.

Nach W. Biedermann (1956) bildet sich in Apfelsäften erst durch eine schwache enzymatische Oxydation, wie sie bei moderner Arbeitsweise von selbst eintritt, das gewünschte fruchtige Aroma. Hierbei wird Apfelsaft in einer halben Stunde von selbst entlüftet. Wird er dagegen in raschem Tempo unter völligem Ausschluß von Sauerstoff hergestellt, so entsteht ein krautiger, nach der Pasteurisierung hervortretender unbefriedigender Geschmack. Eine zu starke Oxydation ergibt andererseits einen abgestandenen Geschmack. Es ist also bei der Fruchtsaftherstellung notwendig, die Oxydation in gewünschter Weise zu lenken, um ein Qualitätsprodukt zu erzielen.

Nicht zuletzt ist es für die Qualität eines Fruchtsaftes von großer Bedeutung, daß das Obst möglichst rasch nach der Ernte verarbeitet wird. Jede Lagerung bringt zwangsläufig nachteilige Veränderungen des Gutes mit sich.

a) Waschen, Mahlen, Pressen

Eine moderne Fruchtsaftherstellung beginnt mit der Auswahl der Früchte, da die Beschaffenheit der Rohware einen wesentlichen Einfluß auf die Qualität der Erzeugnisse ausübt. Von manchen Obstarten sind nur bestimmte Sorten gut geeignet. Das Obst muß gesund sein und im richtigen Zeitpunkt der Reife geerntet werden. Unreifes und überreifes Obst ist ungeeignet. Nur gut ausgereifte Früchte weisen ein harmonisches Zucker-Säure-Verhältnis sowie ein ausgebildetes Aroma auf.

Besonders beim Apfel wirkt sich die schwankende Obstqualität ungünstig aus. Hier sind vor allem solche Sorten geeignet, die roh eßbar sind und dabei saftig und angenehm säuerlich schmecken. In der Regel werden zur Apfelsaftproduktion mehrere Sorten miteinander vermischt. Bei Kirschen, Beerenfrüchten und roten Trauben ist auf Hochfarbigkeit, Farbbeständigkeit und Aromafülle zu achten.

Häufig wird das Obst vor der eigentlichen maschinellen Reinigung von Hand — meist auf Verlesebändern — sortiert, da angeschlagene Früchte wegen ihres hohen Gehaltes an Mikroorganismen eine Gefahr für die Fruchtsaftbereitung darstellen und besonders angeschimmelte Früchte und Äpfel mit Faulstellen den Geschmack der Säfte negativ beeinflussen. Zum Waschen stehen z. T. besondere Waschmaschinen zur Verfügung. Durch den Waschprozeß sollen Erde u. a. Verunreinigungen entfernt und soll der Keimgehalt, z. B. Hefen, vermindert werden. Äpfel können u. a. in Wasserbassins unter Bewegung gewaschen werden (Schwemmkanäle). Beerenobst und empfindlicheres Steinobst werden durch Tauchen oder vorsichtiges Abbrausen (mit Spritzmaschinen) gereinigt, um Saftverluste zu vermeiden, soweit nicht, wie z. B. bei Erdbeeren, Himbeeren und Brombeeren, überhaupt auf ein Waschen verzichtet wird. In letzterem Falle muß durch rasches Arbeiten einer Keimvermehrung vorgebeugt werden.

Anschließend wird Kernobst in Rätzmühlen, Schnappmühlen oder Obstfräsen zu einer gleichmäßigen, feinen, aber noch körnigen Maische verarbeitet. Zur Aufbereitung des Beerenobstes einschl. Trauben dienen Beerenmühlen, in denen die Früchte mehr durch Zerdrücken aufgeschlossen werden. Die Beerenmühlen verfügen über ineinandergreifende geriffelte Walzen (Kegel- oder Flügelform), die gegenläufig rotieren und im Abstand verstellbar sind, wobei der Abstand für das richtige Mahlen der verschiedenen Obstarten und Fruchtgrößen wichtig ist. Auch kann Steinobst mit Walzen- oder Lochscheibenmühlen zu Maische verarbeitet werden. Für ein erforderliches Abbeeren und Entstielen sowie Entkernen von Steinfrüchten stehen spezielle Maschinen zur Verfügung. Bei den Traubenabbeermaschinen sind Traubenmühle und Abbeervorrichtung kombiniert.

Je weniger Saft beim Auspressen der Früchte mit der Luft in Berührung kommt, desto günstiger ist es für die Maische. Wichtig ist weiterhin, daß das Obstgut beim Zerkleinern und Mahlen sowie die Obstmaische beim Befördern nicht mit ungeschützten Eisenteilen der verschiedenen Apparate in Berührung kommen, um Verfarbung und Geschmacksbeeinträchtigungen des Saftes zu vermeiden.

Die Maische wird dann auf den altbekannten Korbpressen, von denen die modernen horizontal arbeiten, oder auf modernen hydraulischen Packpressen, neuerdings auch auf pneumatischen Korbpressen (z. B. Willmes Pressen) nichtkontinuierlich abgepreßt, während zu den semikontinuierlich oder kontinuierlich arbeitenden Pressen Schnecken- und Walzen-Bandpressen zählen. Die hydraulischen Packpressen verfügen in der Regel über 2—3 drehbare

Abb. 3 Kurzhub-Schnellpackpresse mit Schneckenelevator und Obstmühle der Fa. Lauffer & Butscher, Muhlen b. Horb a. N.

Preßbiete und weisen eine Stundenleistung von 300—5000 kg auf. Die Maische wird in dünnen Schichten (5—6 cm) in genügend durchlässige Preßtücher gepackt und in mehreren Lagen mit dazwischen liegenden Preßrahmen aufeinander geschichtet. Bei den Horizontal-Korbpressen einschließlich der pneumatisch betriebenen Pressen wird das Preßgut in einem horizontal liegenden Preßkorb unterschiedlicher Ausbildung dem Preßdruck ausgesetzt, wobei die Druckübertragung mit Hilfe von Preßplatten oder -balgen erfolgt (Übersicht über moderne Pressen vgl. A. SCHALLER 1965).

Die Saftausbeute, die bei modernen Pressen 75—80 % beträgt, ist nicht zuletzt auch von der Art und der Beschaffenheit des Kelterobstes abhängig, wobei neben der Obstart auch der Reifegrad, die Größe der Früchte und nicht zuletzt die Sorte eine Rolle spielen.

Die anfallenden Trester der Äpfel (und der Citrusfrüchte) können auf Pektin verarbeitet werden, das zur Herstellung von Konfitüren, Marmeladen und Gelees benötigt wird (vgl. dort).

Traubensäfte werden häufig nach dem Verfahren der Vorentsaftung gewonnen. Die Maische wird in Vorentsaftungsbehälter eingefüllt, die mit einem Siebboden ausgestattet sind, durch den bis zu 50 % des Saftes selbsttätig ablaufen. Allerdings wird hierbei die enzymatische Oxydation gefördert, die nur durch Zusatz von SO_2 (100 mg/kg) zurückgehalten werden kann. SO_2 ist hier nach J. KOCH (1962) als technischer Hilfsstoff anzusehen. Auch bei anderen Fruchtsäften dürfte SO_2 hier und da in der Praxis Verwendung finden.

Nach dem Abpressen des schwarzen Johannisbeer-Muttersaftes wird meist eine Nachpresse aus den Trestern gewonnen. Hierzu werden diese aufgerührt und mit soviel Wasser versetzt, daß Muttersaft + Nachpresse mindestens dem Beerengewicht (oder bis 10% mehr) entsprechen. Muttersaft + Nachpresse werden gemeinsam eingelagert und dienen als Süßmost-Halbware zur Herstellung des Süßmostes (vgl. S. 229).

b) Maischeerhitzung und Maischefermentierung

Zur Gewinnung von farbigen Preßsäften, insbesondere der roten Trauben und der schwarzen Johannisbeeren, wird die Maische mittels Maischepumpen (z. B. Mohnopumpe) in einen kontinuierlich arbeitenden Röhrenerhitzer, der ein Röhrenbündel enthält, gefördert und dort auf max. 60° C erhitzt. Auch kann die Verarbeitung mit einer Erhitzung im Beerendämpfer (bis zu 80° C) beginnen. Danach wird die Maische häufig in mit Rührwerken ausgestatteten Fermentierungsbehältern mit Filtrationsenzymen (z. B. 3 g/l Maische) versetzt und nach Ablauf der Fermentierungszeit (1—2 Std) in die Presse gepumpt und abgepreßt (W. Heimann u. Mitarb. 1958; J. Koch 1956c; K. Wucherpfennig u. G. Troost 1962).

Bei rotem Traubensaft empfiehlt J. Koch (1956b) wegen der fehlenden Ascorbinsäure die Maische zuerst auf 87° C zur Inaktivierung der Oxydationsenzyme zu erhitzen und dann auf 55° C zurückzukühlen. Die „Fermentierung", womit der Praktiker die enzymatische Behandlung der Säfte bezeichnet, führt in der Wärme zu farb-, aroma- und im Falle der schwarzen Johannisbeeren zu Vitamin C-reichen, wirklich alkoholfreien Muttersäften, die frei von „biogenen" Säuren und mikrobiologischen Veränderungen sind (J. Koch 1956c, vgl. auch J. Koch 1956a). Auch bei Beerenmuttersäften wird häufig der Fermentierung eine Kurzzeit-Hocherhitzung auf 80° C (90 sec) vorgeschaltet.

Durch pektinspaltende Enzympräparate (sog. Filtrationsenzyme), die in der Hauptsache aus einem Gemisch von Pektinesterasen und Polygalakturonasen bestehen, werden das unlösliche Protopektin der pflanzlichen Zellwand sowie das kolloidal gelöste Pektin verhältnismäßig rasch abgebaut, womit die Viskosität der Säfte erheblich vermindert wird.

c) Saftklärung

Der von der Kelter fließende Saft ist durch die Anwesenheit zerrissener Fruchtfleischbestandteile stets mehr oder weniger stark getrübt. Auch enthält er mehr oder weniger kolloidal gelöstes Pektin, wodurch blanke Säfte nach dem Abfüllen auf der Flasche eine unerwünschte Nachtrübung geben können, was eine Qualitätsminderung darstellt. Daher muß zur Herstellung blanker Säfte eine Klärung durchgeführt werden. Diese Kellerbehandlung oder Schönung (zulässige Mittel vgl. S. 178) wird z. T. erst vor der Flaschenabfüllung vorgenommen. (In diesen Fällen wird meist vor der Einlagerung zentrifugiert.)

Die Klärung erfolgt über eine Vorklärung, der sich eine Fein- oder Glanzklärung anschließt. Zur Vorklärung wird meist das enzymatische Verfahren mit Filtrationsenzymen benutzt, welche die in Schwebe befindlichen, von den Pektinstoffen geschützten Trubstoffe „entstabilisieren", die sich von einem Viskositäts-Grenzwert an abzusetzen beginnen.

Es ist zweckmäßig, die erforderlichen Fermentmengen laufend in die Sammelbehälter der frischen Keltersäfte zu geben. Damit erübrigt sich eine besondere Einwirkungszeit, und der ganze Prozeß läßt sich kontinuierlich gestalten. Die Fermentierung kann mit einer Gelatineschönung (4—10 g Gelatine/hl) verbunden werden, da sie zu einer elektrischen Entladung der Trubbestandteile und damit zu einer schnellen Klärung führt.

Um die Gärungsgefahr zu vermindern und eine wirtschaftliche Filtration zu gewährleisten, müssen die Trubstoffe rasch entfernt werden. Die schonendste Art ist ihre Separierung mittels Zentrifugen. Von Vorteil ist hierbei Luftabschluß.

Häufig wird auch eine Gelatine-Tannin-Schönung angewendet und werden Eiweißstoffe durch eine Schönung mit Bentonit eliminiert. Weiterhin ist die Blauschönung (mit Kaliumcyanoferrat(II)-Lösung) zur Entfernung von Schwermetallspuren zu nennen.

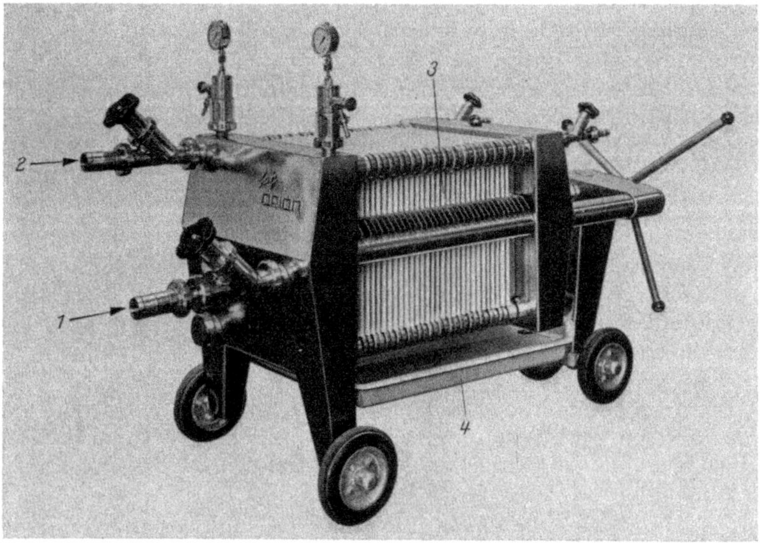

Abb. 4 Schichtenfilter ORION der Seitz-Werke Bad Kreuznach

1 = Filtereingang 2 = Filterausgang
3 = Filterpaket 4 = Kunststoff-Auffangschale

Die *Feinklärung* vorgeklärter Säfte erfolgt heute hauptsächlich durch eine Kieselgurfiltration in (unter Luftabschluß arbeitenden) Schichtenfiltern mit geräumigen Trubrahmen.

Auch werden heute bereits Filtrationseinrichtungen verwendet, die eine automatische Filtration erlauben und einen Filterverlust vermeiden. Die verschiedenen Filterelemente sind hierbei horizontal angeordnet.

d) Pasteurisierung

Bei der weiteren Verarbeitung des abgepreßten Saftes ist auf schnelle Inaktivierung der Fermente, vor allem der Polyphenoloxydasen, und Abtötung der Mikroorganismen zu achten. Hierzu hat sich im Anschluß an die Feinklärung bzw. Separierung, denen z. T. eine Entlüftung der Säfte (vgl. S. 189) folgen kann, die Durchlaufpasteurisierung in Form der Kurzzeit-Hocherhitzung (flash pasteurisation) in Plattenapparaten, wie sie von Molkereien her zur Milcherhitzung bekannt sind, sehr bewährt. Kleinere Betriebe benutzen die seit Jahrzehnten bekannte Baumannsche Glocke. Unter Beachtung besonderer Bedingungen können die Säfte in sterile Tanks eingelagert werden (J. Koch 1956a). Auf einen Pektinabbau durch Filtrationsenzyme vor der Einlagerung wird bei Kernobst- und weißen Traubensäften zugunsten einer schnellen Arbeitsweise verzichtet, während die Maischen des Beeren- und Steinobstes und der roten Trauben in der Regel eine Fermentierung vor der Einlagerung erfahren, zumal sie pektinreicher sind.

In den Plattenapparaten werden die Säfte rasch auf 87° C erhitzt und dann unverzüglich auf weniger als 15° C rückgekühlt, wobei dafür gesorgt wird, daß eine bestimmte Zeit, z. B. 10—20 sec die Temperatur über 82° C liegt. Zur Kontrolle der Apparate wird häufig eine Regel- und Schreibeinrichtung eingesetzt.

Abb. 5a Plattenapparat SIGMA 20 (Kurzzeit-Hocherhitzung) der Fa. W. Schmidt, Bretten (Baden)

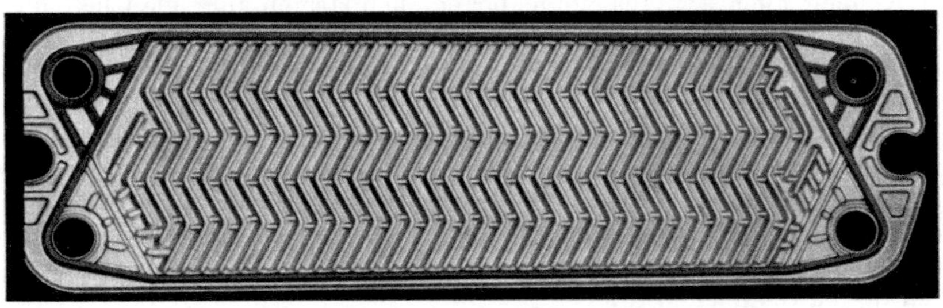

Abb. 5b Einzelne Platte zum Plattenapparat SIGMA 20 der Fa. W. Schmidt, Bretten (Baden)

Die verwendeten Apparate bestehen aus dem Erhitzungsteil, in welchem der vorerhitzte Most mit durch Dampf aufgeheiztem Heißwasser auf die Endtemperatur gebracht wird, der Wärmeaustauscherabteilung, in welcher der erhitzte Most einen Teil seiner Wärme an den noch zu erhitzenden Most abgibt, und dem

Kühlteil, in dem mit Wasser, seltener mit Sole, gekühlt wird. Die drei Abteilungen enthalten Wärmeaustauschplatten (V2A-Stahl), die beiderseits mit Kanälen für den durchlaufenden Saft sowie für das heiße und kalte Wasser bzw. den noch zu erhitzenden Most versehen sind, und glatte Trennbleche. Platten und Bleche werden abwechselnd in ein fahrbares Holmengestell eingehängt.

Für die Einlagerung von Traubensaft ist es vorteilhaft, wenn der auf 87° C erhitzte Saft noch 2 min auf dieser Temperatur gehalten wird, damit das wärmelabile Eiweiß während der nachfolgenden Lagerung soweit abgeschieden wird, daß z. B. eine Bentonitschönung vor der Flaschenabfüllung entbehrlich wird (J. KOCH 1956a). Diese Heißhalte-Abteilung, die vor allem für Säfte mit höherem Pulpegehalt und für Fruchtnektare erforderlich ist, wird bei manchen Systemen aus dem eigentlichen Apparat herausgenommen.

e) Einlagerung

Die Einlagerung der kurzzeit-hocherhitzten Fruchtsäfte und Muttersäfte erfolgt in der Regel in Stahltanks (Fassungsvermögen 10000—20000 l), deren Innenoberfläche in geeigneter Weise, z. B. durch Auskleidung aus Emaille oder Kunstharz vor der Korrosion durch Fruchtsäuren geschützt ist, oder in Aluminiumtanks, oft mit Kunstharzeinbrand, oder neuerdings in Tanks aus glasfaserverstärkten Polyesterharzen. Ideal sind Edelstahltanks (V2A, V4A) oder eine V2A-Innenplattierung gewöhnlicher Stahltanks. Seltener erfolgt eine unmittelbare Abfüllung auf Flaschen, Glasballons oder sonstige Vorrats- und Versandgefäße.

Zum Teil werden die Säfte — ohne Anwendung einer Kurzzeit-Hocherhitzung und damit ohne rasche Rückkühlung — auf 72—75° C erhitzt und warm in Ballons oder kleinere Tanks eingelagert, wo sie dann langsam abkühlen. Wenn die Methode auch große Sicherheit in der Anwendung bringt, so führt sie andererseits zur Qualitätsverschlechterung der Säfte, besonders dann, wenn die Einlagerung in größeren Lagerbehältern erfolgt. Vor allem Farbe und Geschmack von Kernobst- und Traubensäften leiden hierbei beträchtlich. Es kommt zu Verfärbungen (vgl. S. 206) und Kochgeschmack. Auch dürften empfindliche Inhaltsstoffe Schäden davon tragen.

Besonders für Traubensäfte, die wie Kernobstsäfte ein feineres und ausbildungsfähigeres Aroma besitzen, wurden *Kalteinlagerungsverfahren* empfohlen, mit denen eine Qualitätssteigerung durch die Bukettbildung möglich ist. Hier ist einmal die „Entkeimungsfiltration" zu nennen, die jedoch jetzt seltener verwendet wird. Im Prinzip besteht diese in der mechanischen Entfernung von lebenden und toten Keimen aller Art aus vorgeklärten, keimarmen und glanzhell filtrierten Keltersäften durch Filtration über engporige sterile Schichten (z. B. Seitz-EK-Schichtenfilter). Eine vorherige Klärung mit Filtrationsenzymen ist hierbei Voraussetzung. Die Einlagerung erfolgt über sterilisierte Leitungen in sterile Tanks.

Weite Verbreitung für Kernobst- und Traubensäfte hat in Europa das zu den Kalteinlagerungsverfahren zählende Kohlensäuredruckverfahren von BÖHI gefunden, dem heute häufig eine Kurzzeit-Hocherhitzung vorgeschaltet wird. Die Säfte werden hierbei mit bis 1,5 % Kohlensäure übersättigt, wodurch die Stoffwechselvorgänge der Mikroorganismen so stark gehemmt werden, daß eine bedingte Haltbarkeit der Säfte erzielt wird.

Zur Einlagerung sind Stahldrucktanks wegen des benötigten Druckes von etwa 7 atü (bei 15° C) erforderlich. Der zumindest durch eine Zentrifugation oder eine Kieselgur-Filtration keimarm gemachte Saft wird in die Tanks, aus denen die Luft entweder durch Wasser mit anschließender Wasserverdrängung durch CO_2 oder durch CO_2-Trockeneis verdrängt worden ist (Vorspannung), unter Sättigung mit CO_2 und Beachtung der erforderlichen Vorsichtsmaßregeln eingelagert und bei möglichst tiefer Temperatur (unter 8° C) gehalten. Hierdurch wird auch die schädliche Milchsäuregärung ausgeschaltet. Bei einer Temperatur von 5° C ist eine

CO_2-Konzentration von 0,6—0,8% bei bakterienarmen Säften ausreichend, wodurch nur ein Druck von 2—3 atü entsteht. Bei Einlagerung von kurzzeit-hocherhitzten Säften können Temperaturen bis zu 15° C ohne Nachteile angewendet werden.

Durch Fehler bei der Durchführung des Böhi-Verfahrens sind wiederholt Qualitätsminderungen vorgekommen. So kann z. B. ein „Tankgeschmack" auftreten, dessen Ursache auf die Bildung von biogenen Säuren zurückzuführen ist. Für den Wohlgeschmack der nach dem Böhi-Verfahren eingelagerten Säfte ist weiterhin die benutzte Kohlensäure von großer Bedeutung, die völlig frei von fremden Geschmacksstoffen und möglichst luftfrei sein muß. Wird keine Kurzzeit-Hocherhitzung vorgeschaltet, so kann sich die Aktivität der Mikroorganismen sowie der Oxydationsfermente, die hierbei nicht abgetötet bzw. inaktiviert worden sind, unangenehm bemerkbar machen.

Ein modernes Verfahren ist die *Kühllagerung* bei etwa —2° C, die durch intakt gebliebene Fermenttätigkeit einen guten Ausbau und die Ausbildung eines harmonischen, ausgeglichenen Aromas gestattet. Sie erfordert ein keimarmes, blankes Erzeugnis und wird z. Z. vor allem für Traubensäfte verwendet.

Nach allen angegebenen Verfahren in Großbehältern eingelagerte Fruchtsäfte und Muttersäfte müssen einer ständigen Betriebskontrolle unterzogen werden, die sich auf Sinnenprüfung, Alkoholbestimmungen, mikroskopische Untersuchungen, gegebenenfalls auch auf Bestimmung von flüchtiger Säure erstreckt.

Schließlich wäre die *Gefrierlagerung* von Fruchtsäften noch zu nennen. Das Verfahren wird für trübe Erzeugnisse empfohlen, deren Aroma- und Vitamingehalt z. T. auf dem feinst zerkleinerten Fruchtfleischanteil beruhen (Citrussäfte, Aprikosen- und Erdbeersüßmoste, auch Tomatensäfte). Die frischen Preßsäfte werden in speziellen Vakuumbehältern entlüftet, dann kurzzeit-hocherhitzt, um die pektinabbauenden Fermente zu inaktivieren und so zur Stabilisierung der Trübung beizutragen, und sofort in Wachspapierbechern, Weißblechdosen und dergleichen rasch bei etwa —30° C eingefroren. Die Lagerung erfolgt bei etwa —20° C. Das Verfahren findet in der Regel in Ländern Verwendung, in denen die angegebenen Früchte mit den guten Eigenschaften der Vollreife geerntet werden können.

f) Abfüllung

Bei der Flaschenabfüllung wird eine Kalt- und eine Heißabfüllung unterschieden. Die Vakuum- und Gegendruck-Heißfüllung erfolgen mit Flaschenabfüllmaschinen bei etwa 75° C. Hierbei wird das Erzeugnis einer geringeren schädigenden Wärmemenge ausgesetzt, wenn es sofort nach der Flaschenfüllung abgekühlt wird, als bei der sonst erforderlichen Flaschenpasteurisierung im Überfluter oder in der Wanne. Eine schonende Abfüllung ist für die Qualität von Süßmosten, z. B. der schwarzen Johannisbeere, wichtig, worauf u. a. K. Wucherpfennig u. G. Bretthauer (1963, 1964a) hinwiesen. Jede unnötige Luftberührung ist zu vermeiden und der Luftraum im Flaschenhals sollte möglichst klein gehalten werden.

Vor der Abfüllung auf Flaschen müssen Traubensäfte gegen Weinsteinausfall stabilisiert werden. Am einfachsten ist es, den Saft während 4—7 Tagen kühl zu lagern (Kältemaschinen vgl. K. Wucherpfennig u. G. Troost 1962).

g) Trinkfertigmachen der Süßmoste

Im Gegensatz zu Kernobst- und Traubensäften werden Stein- und Beerenobstmuttersäfte wegen ihres hohen natürlichen Säuregehaltes erst trinkfertig gemacht. In der Praxis begnügt man sich meist damit, den Säuregehalt auf einen in den „Leitsätzen" festgesetzten Mindestwert einzustellen. Danach erfolgt das Trinkfertigmachen entweder mit Zucker oder mit Zuckerwasser. Über die Höhe des (erlaubten) Wasserzusatzes kann man sich eine Vorstellung machen, wenn man den mittleren Gehalt der Muttersäfte an Fruchtsäuren kennt. Nach J. KOCH (1957a) beträgt er für Sauerkirschmuttersäfte mindestens 15 und für schwarze Johannisbeermuttersäfte etwa 30 g/l. Ein Johannisbeersüßmost enthält daher etwa 30% und ein Kirschsüßmost etwa 50% Muttersaft, was auch im mittleren Gehalt an zuckerfreiem Extrakt der Erzeugnisse zum Ausdruck kommt.

h) Herstellung trüber Apfelsäfte

Trübe Apfelsäfte von einwandfreier Qualität lassen sich nach J. KOCH (1956a, 1956d) nur dann gewinnen, wenn die frischen Keltersäfte in Plattenerhitzern mit Rückflußkühlung (vgl. S. 185) zur Fermentinaktivierung erhitzt werden. Im übrigen ist jeder nicht geschönte, ungeklärte Fruchtsaft trüb. Verhältnismäßig trüben Apfelsaft kann man erzeugen, indem man den Keltersaft über ein Silbersieb (Maschenweite 1,5 mm) führt, sofort kurzzeit-hocherhitzt und anschließend mit einem geeigneten Hochleistungs-Dispergiergerät trubstabilisiert (J. KOCH 1956a, 1956d). Dieser Saft wird am besten gleich heiß auf Flaschen gefüllt.

2. Citrussäfte

Die Produktion umfaßt im wesentlichen Orangen-, Grapefruit- und Zitronensaft, in geringerem Maße Tangerinensaft (in USA ca. 3% der Orangensafterzeugung), und erfolgt im Prinzip bei den einzelnen Fruchtarten in ähnlicher Weise. Für alle Citrussäfte werden die gleichen Entsaftungsanlagen verwendet.

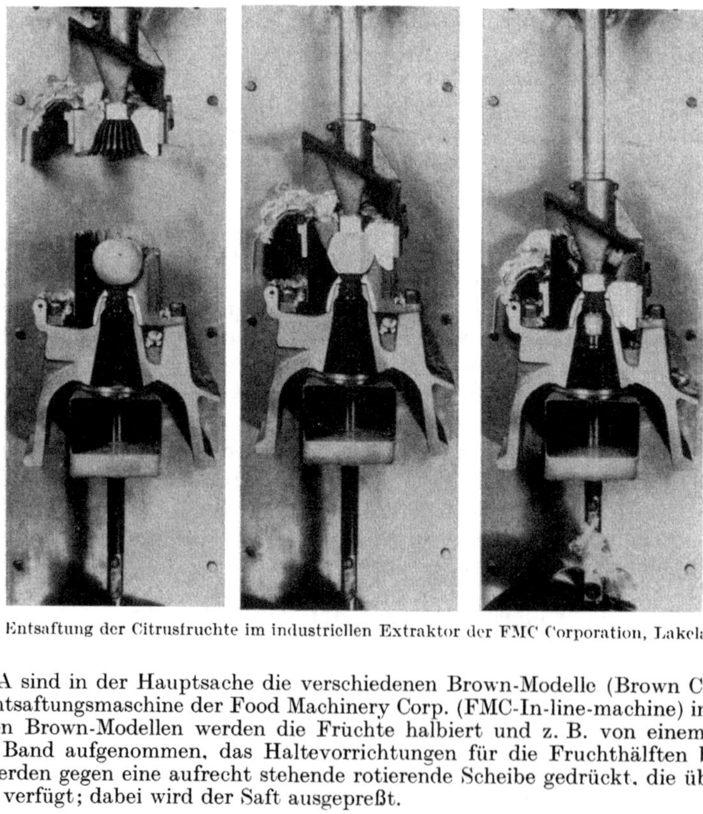

Abb. 6 Die Entsaftung der Citrusfrüchte im industriellen Extraktor der FMC Corporation, Lakeland (Florida)

In USA sind in der Hauptsache die verschiedenen Brown-Modelle (Brown Citrus Corp.) und die Entsaftungsmaschine der Food Machinery Corp. (FMC-In-line-machine) in Gebrauch.

Bei den Brown-Modellen werden die Früchte halbiert und z. B. von einem horizontal laufenden Band aufgenommen, das Haltevorrichtungen für die Fruchthälften besitzt. Die Früchte werden gegen eine aufrecht stehende rotierende Scheibe gedrückt, die über mehrere Preßköpfe verfügt; dabei wird der Saft ausgepreßt.

Bei der FMC-Entsaftungsanlage werden die Früchte zwischen Stahlfingerpreßköpfen, von denen der untere die Frucht festhält und die Stahlfinger des unteren und oberen Kopfes schließlich ineinander greifen, geschält und unter Druck vollständig entsaftet. Es ist der einzige Maschinentyp, bei dem Saft und Öl getrennt in einem Arbeitsgang gewonnen werden können. Die Entsaftungsanlagen sind auf unterschiedliche Fruchtgrößen eingerichtet, denen durch verschieden große Spalten die in der Größe geeigneten Früchte zugeführt werden. Eine 5-Kopf-FMC-Entsaftungsanlage verarbeitet 200—375 Früchte/Minute.

Die bei der Entsaftung anfallenden Fruchtbälge werden mittels eines Förderbandes zu anderen Anlagen gebracht, wo sie auf Nebenprodukte wie Schalenöl, Pektin, Viehfutter verarbeitet werden.

Wichtig ist der Gehalt an Schalenöl im Saft, der von der verwendeten Extraktionsanlage stark beeinflußt wird. Durch moderne Entsaftungsanlagen gelangt nur relativ wenig an Schalenöl in den Saft. Höhere Gehalte beeinträchtigen die Qualität.

Bei Grapefruitsäften muß die Entsaftung so vorgenommen werden, daß nicht zu viel an bitterem Naringin, das vor allem in den Schalen angereichert ist, in den Saft gelangt (vgl. S. 203).

Bei den Zitronenprodukten kommt es hinsichtlich des Gehaltes an Schalenöl auf das Erzeugnis und die Lagerung an. Zitronensaft, welcher bei Zimmertemperatur gelagert werden soll, darf nur einen relativ niedrigen Gehalt aufweisen. Bei kühler Lagerung kann der Gehalt höher sein.

Der Herstellungsprozeß gliedert sich in der californischen Citrusindustrie etwa wie folgt: Wäsche, Inspektion, Sortierung, Entsaftung, Passieren, Pulpewäsche, Entölen und Entlüften, Pasteurisieren (J. B. S. Braverman 1949; G. Voigt 1963).

Nach Anlieferung und Inspektion werden z. B. Orangen in oft hölzernen Vorratsbehältern, die mit Zwischenböden ausgestattet sind, in 90—120 cm hoher Schicht für kurze Zeit (meist bis 24 Std) gelagert. Von jeder Lieferung werden alsbald in einer Probe Titrationsacidität, Extraktgehalt (°Brix) und Saftausbeute bestimmt. Nach dem Ergebnis dieser Untersuchungen werden die einzelnen Partien zusammengestellt, um einen gleichmäßigen und ansprechenden Saft herzustellen.

Mit Grapefruits dürfte ähnlich verfahren werden. Eine gleiche Lagerung ist bei Tangerinen wegen der Empfindlichkeit nicht möglich. Zitronen erfordern eine längere Lagerung, damit sie eine gute Saftausbeute ergeben und der Saft einen vollen typischen Geschmack aufweist.

Die Verarbeitung der Früchte beginnt mit dem wichtigen Waschen, das je nach Fruchtart und Einrichtung etwas unterschiedlich gehandhabt wird. So können Orangen zunächst in ein 1—2%iges Laugenbad oder in Wasser, das Detergentien enthält, kurz eingetaucht und dann von rotierenden Bürstenwalzen abgeschrubbt werden, über denen Spritzdüsen angebracht sind, durch welche die Früchte u. a. mit gechlortem Wasser (5—30 mg Cl_2/l) berieselt werden. Schließlich werden sie mit sauberem Wasser abgespült und gelangen auf einem Transportband über eine Inspektion, bei der ungeeignete Früchte von Hand ausgelesen werden, zu den Entsaftungsanlagen.

Zitronen werden häufig zuerst mit gechlortem Wasser besprüht, ungeeignete Früchte von Hand ausgelesen, anschließend mit warmem Detergentien enthaltenen Wasser gebürstet, besprüht und schließlich abgespült. Nach einer zweiten Inspektion werden die Früchte automatisch nach Größe sortiert und vor dem Abpressen nochmals mit gechlortem Wasser so besprüht, daß sie im Extraktor trocken sind.

Von der Entsaftungsanlage gelangt der Rohsaft zur Entsaftung der Masse der Pulpe zur Passiermaschine. Bei Benutzung eines 0,51 mm-Siebes beträgt die Fruchtfleischmenge im Saft etwa 4% und bei der Verwendung eines 0,76 mm-Siebes 8—10%. Auch kann der Pulpeanteil durch Zentrifugieren eingestellt werden. Ein gewisser Pulpeanteil, der in Grapefruitsaft oft zwischen 6 und 8% liegt, ist aus Geschmacks- und Aromagründen erforderlich. Ist er zu gering, so lassen die Safte ihr typisches Aroma und ihren ansprechenden Geschmack mehr oder weniger vermissen. Ist er dagegen zu hoch, dann können bei der Lagerung Geschmacksabweichungen vorkommen, und es kann eine sog. „Klärung“ der Säfte eintreten. Grapefruitsäfte nehmen z. T. einen bitteren Geschmack an.

Danach können in V2A-Stahltanks geeignete Safte miteinander verschnitten und mit Zucker gesüßt werden, soweit dies erforderlich und zulässig ist.

Wichtige Operationen sind weiterhin das Entölen und Entluften. Beide Vorgänge sind oft gekoppelt. Das Entölen erfolgt in kleinen Vakuum-Verdampfern bei ca. 50° C. Den Orangensäften werden hierdurch gegen 3—6% an Saft und etwa 75% an ätherischem Öl entzogen. Durch den Entzug der enthaltenen Luft (etwa 2—4 Vol.-% in Grapefruitsäften) wird die

Lagerbeständigkeit der Citrussäfte wesentlich verbessert und einem Verlust an Vitamin C vorgebeugt.

Zuletzt werden die Säfte in üblichen Anlagen (Plattenapparaten) pasteurisiert. Hierbei sind nicht nur die Mikroorganismen abzutöten, sondern ist vor allem die Pektinesterase (vgl. S. 209), die gegen Hitze weniger empfindlich ist als die Mikroorganismen, zu inaktivieren. Bei einer Haltezeit von 15 sec erfordern Orangensäfte vom pH 3,8 94° C, und vom pH 3,3 90° C, Grapefruitsäfte vom pH 3,2 89° C und Zitronensäfte vom pH 2,4 74° C (J.W. STEVENS u. Mitarb. 1950).

Das Abfüllen in Dosen erfolgt im noch heißen Zustande z. B. für Orangensäfte bei etwa 85° C. Anschließend wird rasch abgekühlt.

Orangensäfte kommen in den Erzeugerländern auch als gekühlte Säfte (chilled juices) — ähnlich der Trinkmilch — in gewachsten Pappbeuteln in den Handel. Nach der Pasteurisierung bei 82° C und höher werden sie rasch auf —1° C heruntergekühlt, entlüftet und abgefüllt. Die Haltbarkeit beträgt bei Kühllagerung gegen 2 Wochen.

3. Ananassaft

Ananassaft wird aus den bei der Herstellung von Ananas in Scheiben übrig bleibenden Teilen, z. B. dem Mittelzylinder und den ausgeputzten Seiten- und Endstücken sowie dem dabei ablaufenden Saft und aus zu kleinen Früchten hergestellt, die sich wegen der Größe zu Dosenkonserven nicht eignen. Zuerst durchlaufen die einzelnen Ausgangsstoffe eine Inspektion, worauf die festen Teile im nächsten Arbeitsgang fein zerkleinert werden und anschließend der Saft nach verschiedenen Verfahren abgepreßt wird. Zum Teil erfolgt die Extraktion in der Wärme; auch werden bisweilen die Mittelzylinder getrennt verarbeitet. Dann wird der Saft auf 60—63° C in Wärmeaustauschern erhitzt und noch heiß in Zentrifugen geklärt, um die unerwünschte Bildung von Bodensätzen zu vermeiden. Bei diesen Arbeitsgängen und/oder danach wird aus Qualitätsgründen ein Vermischen geeigneter Säfte vorgenommen. Darauf werden entweder die Säfte bei 60° C abgefullt und die gefüllten Dosen bei ca. 90° pasteurisiert oder der Saft wird bei 90° C pasteurisiert und dann abgefüllt. Anschließend erfolgt Kühlung der Dosen (D.K. TRESSLER u. M.A. JOSLYN 1961).

Weiterhin spielt die Herstellung des *Passionsfruchtsaftes* z. B. in Hawaii (jährl. Produktion 10000 t) aus der dunkelpurpurfarbigen pflaumenähnlichen Frucht der *Passiflora edulis* SIMS (auch Grenadille genannt) eine gewisse Rolle (D.K. TRESSLER u. M.A. JOSLYN 1961; J.S. PRUTHI 1963).

4. Fruchtnektare

Fruchtnektare werden vor allem in den Mittelmeerländern (Italien, Jugoslawien) hergestellt. Auch in Österreich erfreuen sie sich steigender Beliebtheit und sind ebenfalls in Deutschland bekannt. Sie werden u. a. aus Pfirsichen, Aprikosen, Birnen, Sauerkirschen und Erdbeeren gewonnen. Trauben finden offensichtlich wenig Verwendung.

Pastöse Produkte (oft ohne Zuckerzusatz) werden als Fruchtcreme oder Fruchtpasten (vgl. aber S. 135 dieses Bandes) bezeichnet. Sie dienen als Halbfabrikate z. B. zu Getränken, Baby Foods, Speiseeis usw. (A. BERTUZZI 1961).

Der *Herstellungsprozeß* der Fruchtnektare (A. BERTUZZI 1961; H. DONATH 1961) soll wegen der Qualitätserhaltung möglichst rasch ablaufen. A. BERTUZZI (1961) gibt hierfür 10—20 min an. Er gliedert sich in der Regel in folgende Verarbeitungsstufen: Sortieren und Waschen — Erhitzen und Zerkleinern — notigenfalls Zusatz von Zucker, Wasser, Säure und Ascorbinsäure — Entlüften und Homogenisieren — Pasteurisieren und Abfüllen. Während des Arbeitsganges ist peinlichst auf den Ausschluß von Luft wegen der dadurch erfolgenden Qualitätsverschlechterung der Produkte zu achten. Die Anforderungen an die Rohware sind die gleichen wie bei dem zur Fruchtsaft-Bereitung bestimmten Obst. Die Früchte werden verlesen, von Fremdkörpern, wie Steinen, Blättern, Zweigen befreit sowie nötigenfalls entkernt, entsteint, entrappt usw.

Nach dem gründlichen Waschen (Abspritzen, Eintauchen usw.), das z. T. auch vor der Sortierung erfolgt, werden die vorzerkleinerten Früchte durch einen Maischeerhitzer (u. a. zur Inaktivierung der Oxydationsfermente) gepumpt und in einer Passiermaschine (Siebe mit 3 mm-, 1 mm- und 0,5 mm-Lochung) feinzerkleinert.

Danach erfolgt die Zugabe von Wasser und Zucker sowie gegebenenfalls von Säure und Ascorbinsäure. Der Zuckerzusatz soll — ähnlich wie bei den Süßmosten — geschmacksverbessernd wirken und die dickflüssige Konsistenz vermindern. Zu geringe Säure wird durch Citronensäurezusatz korrigiert. Bei den Fruchtnektaren rechnet man nach A. BERTUZZI (1961) mit 30—60% Zuckerzusatz (bezogen auf den Gesamtextrakt). Hierdurch wird die Viscosität erheblich herabgesetzt und somit die Gefahr des Absetzens von Fruchtteilen beträchtlich erhöht.

Nach evtl. Zwischenschaltung einer Zentrifuge wird das Produkt feinst verteilt in einen Unterdruckkessel gesprüht, damit ihm die gelöste und emulgierte Luft schnell und vollständig entzogen wird (Vakuum-Entlüfter). Die Entlüftung kann gleichzeitig als erste der Homogenisierungsoperationen angesehen werden, da hier auch die Zellen aufplatzen. Anschließend erfolgt die Homogenisierung durch Kolloidvermahlung, Ultraschallbehandlung oder Druckhomogenisation. Durch die Homogenisierung soll ein späteres Absetzen der Fruchtteilchen im Nektar vermieden und die Verdaulichkeit erhöht werden. (Bisweilen soll die Stabilisierung auch mit unzulässigen Mitteln — Dickungsmitteln —, wie Pektin, Agar-Agar, Polyoxyäthylenen erfolgen!).

Als letzte Operation schließt sich eine Kurzzeit-Pasteurisierung in Plattenerhitzern an. Die Spitzentemperatur kann über 100° C bei einer Haltezeit von 30—60 sec liegen. Spitzentemperatur und Haltezeit werden in Abhängigkeit vom pH-Wert des Produktes gewählt. Es ist zweckmäßig, heiß abgefüllte Nektare rasch abzukühlen, um Wärmeschäden zu vermeiden. Fruchtnektare sind kühl und dunkel zu lagern. Auch können sie eingefroren werden.

Nach J. B. S. BRAVERMAN u. A. LEVI (1960) werden die gewaschenen und sortierten Orangen zunächst unter Druck erhitzt (z. B. 3 atü bei einer Haltezeit von 2—3 min zur Erweichung der Früchte und Inaktivierung der pektinabbauenden Fermente) und dann ausgeblasen, wobei das Rohmaterial infolge der schlagartigen Entspannung vollständig zerkleinert wird. Die warme Maische wird über ein 1 mm-Sieb passiert und zur Erzielung einer feinen pastenartigen Konsistenz z. B. in einer Kolloidmühle feinst vermahlen und schließlich bei 95—98° C (15—30 sec) pasteurisiert. Weitere Angaben über die Produkte, die auch aus Grapefruits und Zitronen hergestellt werden, können der Arbeit von V. L. S. CHARLEY (1963) entnommen werden.

„Comminuted oranges", die hohe Lagerfestigkeit besitzen, wurden bisher aus ganzen Früchten, aber auch aus Schalen allein oder Schalen und Saft sowie anderen Fabrikationsabfällen hergestellt. Die dickflüssige Paste muß zur Erreichung eines trinkfertigen Zustandes mindestens auf das Fünffache (1+4) verdünnt werden, wobei nur etwa die Hälfte der Paste (= 10 % des Getränkes) auf Frucht-

Tabelle 2. *Vergleich der chemischen Zusammensetzung von selbsthergestellten Ganzfruchtzubereitungen und Fruchtsäften aus Orangen* (J. KOCH u. E. HAASE-SAJAK 1965)

		Spanische Orangen			Israelische Valencia-Orangen		
		100 % Ganzfrucht	30 % Ganzfrucht + 70 % Frucht ohne Flavedo	100 % Saft	100 % Ganzfrucht	30 % Ganzfrucht + 70 % Frucht ohne Flavedo	100 % Saft
Extrakt	g/kg	168,5	137,4	122,1	166,6	145,0	124,1
Titrationsacidität (ber. als Citronensäure)	g/kg	12,3	12,0	10,4	8,2	9,8	10,6
Zuckerfreier Extrakt	g/kg	84,7	51,3	33,3	84,9	61,0	30,7
Glucose	g/kg	27,9	23,8	22,0	30,2	28,4	26,6
Fructose	g/kg	19,0	26,2	19,1	16,7	17,8	21,4
Saccharose	g/kg	32,6	31,5	43,3	31,5	34,0	41,2
Wasserlosliches Pektin	mg/kg	1270	880	200	720	730	230
Formolwert für 100 g		36,8	31,0	22,1	28,8	32,6	19,7
Gesamtcarotinoide	mg/kg	44,3	25,6	12,9	31,9	21,0	9,4
Asche	g/kg	6,4	5,58	4,06	5,23	4,09	3,39
Rohfaser	g/kg	16,2	12,3	—	17,1	15,8	—
Hesperidin	g/kg	3,09	1,60	0,99	3,32	2,64	0,80

saft entfällt. Verbindliche Herstellungsvorschriften (Qualitätsnormen) dürften hier notwendig sein, um den Verbraucher gegebenenfalls vor Übervorteilung durch ungeeignete Citrus-„Ganzfruchterzeugnisse" zu bewahren. Auch sind bisher keine zuverlässigen Methoden bekannt, welche den Saft- und den Schalenanteil erfassen lassen.

Um eine flüssigere Konsistenz zu erzielen, dürften z. T. ganze Früchte und Saft zur Herstellung verwendet werden. So sollen z. B. israelische „Ganzfruchtsäfte" aus 2 Teilen ganzer Orangen und 3 Teilen natürlichen Orangensaftes bereitet sein.

Nach J. KOCH u. E. HAASE-SAJAK (1965) eignen sich als Kriterien zum Erkennen von Ganzfrucht-Zubereitungen in erster Linie der Rohfaser-, Pektin- und Hesperidingehalt. Die Höhe des zuckerfreien Extraktes, die Zusammensetzung der Carotinoide, das Glucose-Fructose-Saccharose-Verhältnis und das Ergebnis des Pektinabbaues können noch zusätzlich zur Beurteilung herangezogen werden (Vergleichswerte vgl. Tab. 2).

R. HUET u. A. LEDERGERBER (1964) gaben für „Orangenpasten" aus ganzen Früchten ohne Wasserzusatz sowie für Orangensäfte aus 5 Sorten marokkanischer Orangen folgende Werte an (Orangensaft in Klammern): Extrakt (refraktometrisch) = 156—186 (125—142) g/l; Gesamtzucker = 88—102 (98—112) g/l; Titrationsacidität (ber. als Citronensäure) = 5,6—9,2 (9,0—17,2) g/l; Formolwert für 100 ml = 22—30 (19—24); Asche = 3,44—4,93 (2,36—4,01) g/l.

Weitere Kennzahlen vgl. E. BENK (1962).

5. Konzentrierte Fruchtsäfte (Konzentrate)

Fruchtsäfte, besonders Citrussäfte, werden in zunehmender Menge (z. B. über 50 % der Florida-Orangenernte) zu Konzentraten verarbeitet, nachdem es gelungen ist, die beim Eindampfen auftretenden Mängel zu überwinden, welche zu Vorurteilen gegenüber den Konzentraten geführt haben. In Europa werden vor allem in guten Erntejahren Überschüsse zu Konzentraten verarbeitet.

Zur Konzentrat-Herstellung stehen zwei prinzipiell verschiedene Verfahren zur Verfügung. Meist werden die Säfte in modernen Verdampfern konzentriert. Zum anderen kann die Einengung durch Ausfrieren mit anschließender mechanischer Trennung der Konzentrate vom Eis (Krause-Linde-Verfahren) vorgenommen werden, spielt aber heute praktisch keine Rolle.

Ziel der Verfahren, bei denen die Säfte je nach der Technik bis zu 7fach konzentriert werden können, ist in jedem Falle, ein Produkt von einwandfreiem ansprechendem Aussehen, Aroma und Geschmack zu erzielen, das sich nach Rückverdünnung mit Wasser möglichst nicht vom Ausgangssaft unterscheidet. Konzentrate sollen keinen Kochgeschmack aufweisen und weitgehend das volle Aroma der Obstsäfte besitzen.

Zur Konzentrat-Herstellung wird von Frucht- und Muttersäften (vgl. die vorstehenden Seiten) ausgegangen. Da moderne Verdampfer bei niedrigen Temperaturen arbeiten und damit eine schonende Gewinnung der Konzentrate ohne wesentliche Farb- und Geschmacksveränderungen gestatten, ist eine Kurzzeit-Pasteurisierung in der Regel erforderlich.

Zur Konzentratherstellung durch *Eindampfen* dienen moderne Anlagen, die in ihrer Konstruktion mehr oder weniger voneinander abweichen und häufig eine Kombination von Verdampfertypen darstellen, bei denen u. a. Langrohr-, Dünnschicht-, Umlauf-, Platten- sowie Zentrifugalverdampfer unterschieden werden. Sie weisen große Verdampferflächen auf und gestatten damit durch Herabsetzung der Eindampftemperaturen und/oder Verkürzung der Verweilzeiten der Säfte in der Anlage ein schonendes Einengen der Produkte.

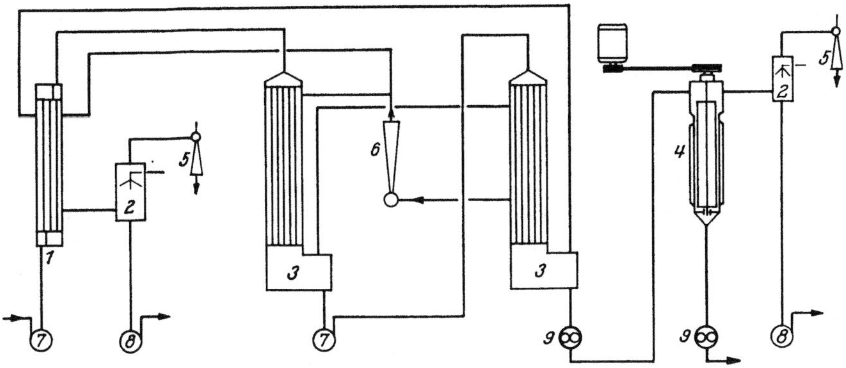

Abb. 7 Schematische Darstellung einer kombinierten Verdampferanlage (Fallstromverdampfer als Vorverdampfer und Dünnschichtverdampfer als Finisher) der Fa. LUWA AG, Zürich

1 = Doppelvorwärmer
2 = Mischkondensator
3 = Fallstromverdampfer
4 = Dünnschichtverdampfer
5 = Dampfstrahlaggregat
6 = Brüdenverdichter
7 = Zentrifugalpumpen für Produkt
8 = Kühlwassersaugpumpen
9 = Produktpumpen für volumetrische Förderung

Jeder Verdampfer besteht aus einem Verdampfkörper und einem Brüdenabscheider. Für das Eindampfen im Vakuum kommen der Brüdenkondensator und die Vakuumpumpen hinzu. Wohl ohne Ausnahme werden außenbeheizte Wärmeaustauscher verwendet.

Rohrverdampfer werden in solche mit kurzen Rohren (Länge: Durchmesser zwischen 1:20 bis 1:40) und solche mit langen Rohren (1:70 bis 1:120) eingeteilt. Die Rohre sind zu einem Bündel zusammengefaßt und von einem Heizmantel umgeben. In Langrohrverdampfern läuft die Flüssigkeit nur einmal durch das senkrechtstehende Heizröhrenbündel und zwar in dünner Schicht (Film) an der Innenfläche der Rohre, in den Kletterstromverdampfern von unten nach oben und in den Fallstromverdampfern von oben nach unten. Rohrverdampfer können auch waagerecht angeordnet werden. Zum Eindampfen von Citrussäften werden meist Fallstromverdampfer verwendet, die bei 16—27° C arbeiten (US-Dept. of Agriculture 1956).

Dünnschichtverdampfer (z. B. LUWA), die neben Fallstromverdampfern häufig eingesetzt werden, bestehen im wesentlichen aus einem vertikalen Verdampferrohr (das von einem — eventuell in mehrere Abschnitte unterteilten — Heizmantel umgeben ist), einem oben aufgebauten wirkungsvollen Zentrifugal-Abscheider und einem Rotor mit vertikaler Achse, welcher im Verdampferteil die Ausbildung der turbulenten Dünnschicht besorgt und im Abscheiderteil das Ausschleudern mitgerissener Saftteilchen übernimmt. Der Saft wird in einem dünnen Film versprüht, fällt durch den Verdampferteil und unterliegt hierbei einer sehr intensiven Verdampfung. Dünnschichtverdampfer arbeiten mit extrem niedrigen Flüssigkeitsinhalten und Verweilzeiten um 30 sec, andererseits mit einem möglichst großen Temperaturgefälle vom Heizmedium zum Eindampfgut. Häufig wird ein Fallstromverdampfer zur Vorkonzentrierung vorgeschaltet.

Bisweilen werden Umlaufverdampfer eingesetzt, in denen der Flüssigkeitsinhalt ebenfalls so klein wie möglich gehalten und auf diese Weise eine kurze Anheizzeit erzielt wird. Für einen bekannten Vakuum-Schnellumlauf-Verdampfer werden eine Eindampftemperatur von 40° C und eine Eindampfzeit von etwa 50 min angegeben. Plattenverdampfer arbeiten nach dem Prinzip des steigenden und fallenden Films.

Auch bei schonendstem Konzentrieren geht das arteigene Fruchtaroma meist weitgehend verloren. Daher wird heute den Verdampfern eine leistungsfähige, vom Eindampfprozeß unabhängige *Aromarückgewinnungsanlage* vorgeschaltet. Es hat sich als zweckmäßig erwiesen, die Aromagewinnung unmittelbar nach dem Pressen des Obstes vor einer Kellerbehandlung durchzuführen. Zur Aromagewinnung wird der Saft in einem Wärmeaustauscher schnell auf eine Temperatur gebracht, die höher als die Siedetemperatur bei Atmosphärendruck ist. Die Strömung im Wärmeaustauscher muß überall turbulent sein, damit der Wärmeübergang optimal und die Durchlaufzeit so kurz wie möglich ist. Die aus dem Verdampfer austretenden Brüden werden in eine Gegenstromkolonne geleitet, in welcher die Aromastoffe angereichert werden. Durch die Gegenstromdestillation (Rektifikation) wird eine Trennung der Brüden in Aromakonzentrat und Wasser durch mehrmaliges teilweises Verdampfen und Kondensieren erreicht. Aromakonzentrate werden getrennt aufbewahrt und erst unmittelbar vor dem Verbrauch bzw. vor der Abfüllung wieder zugesetzt.

Hinweise über den Aufbau und die Arbeitsweise verschiedener Eindampf- und Aromarückgewinnungsanlagen können H. Siegrist (1960), W. Pilnik u. F. Emch (1960) sowie K. Wucherpfennig (1964) entnommen werden.

Zur Herstellung der konzentrierten Säfte von Apfel, Birne und Traube eignen sich vor allem zuckerreiche Säfte mit wenig Säure. So können als Richtwerte für Apfelsaft wenigstens 10 % Gesamtzucker und ein pH-Wert von 3,3—3,4 gelten. Eine Kellerbehandlung ist wie bei Fruchtsäften zulässig.

Stein- und Beerenobstmuttersäfte werden in der Regel bis etwa 45 % Trockensubstanz eingeengt und dann mit Zucker bis zu einem Gesamtgehalt von 62—68 % versetzt. Für Kernobst-, Trauben- und Orangenkonzentrate sind Zuckerzusätze in den meisten Ländern nicht gestattet.

Orangenkonzentrate (J.B.S. Braverman 1949; US-Dept. of Agriculture 1956) werden in USA für den heimischen Markt auf ca. 25 % (Vierfach-Konzentrate) eingeengt sowie in USA und den Mittelmeerländern als Sechsfach-Konzentrate (steril in Dosen bzw. mit SO_2 konserviert in Fässern) gewonnen. Zur Aromaverbesserung der durch Verdampfung gewonnenen Konzentrate wird ein bestimmter Anteil frischen nicht erhitzten Saftes dem stärker eingeengten Konzentrat zugemischt. So kann z. B. der Orangensaft für das Vierfach-Konzentrat auf ungefähr 55° Brix (= 55 g/100 g Extrakt) eingeengt und dann mit Orangensaft auf 42° Brix eingestellt werden. Auch wird häufig kalt gepreßtes Schalenöl zugefügt. Grapefruitsäfte werden nicht so stark wie Orangensäfte eingeengt, da hochkonzentrierte Grapefruitsäfte bei der Lagerung stark zur Bräunung neigen.

Die Citruskonzentrate (meist Orangenkonzentrate) werden entweder heiß bei ca. 77° C in Dosen abgefüllt oder — wie meist in USA — tiefgefroren.

Je nach Konzentrationsgrad erfolgt die Lagerung der Konzentrate steril oder unsteril. Das letztere kommt z. B. für die den „Qualitätsnormen" entsprechenden „Dicksäfte" in Frage, welche in offenem Zustande ohne weitere Zusätze haltbar sein müssen. Mit Ausnahme der Tiefgefrier-Konzentrate (Lagerung bei —20° C) sollten alle Konzentrate bei tiefer Temperatur (0—4° C) gelagert werden, um Bräunungserscheinungen und Geschmacksverschlechterungen vorzubeugen.

Konzentrate enthalten bei normaler Verarbeitung nur geringe Mengen an Eisen (20—40 mg/kg) und Kupfer (1—3 mg/kg).

6. Sirupe

Obstsirupe werden aus blank filtrierten Muttersäften (Ausnahme: Citrusmuttersäfte) und Zucker häufig in offenen doppelwandigen dampfbeheizten Kesseln unter Rühren hergestellt. Daneben dienen zum Sirupkochen Vakuumanlagen, wie sie zur Herstellung von Marmeladen (vgl. dort) Verwendung finden. Drittens sind Kaltlöseverfahren bekannt (P. Nehring u. H. Krause 1963). Da Obstsirupe höchstens 68 % Zucker enthalten dürfen, hat sich zu ihrer Herstellung eine Mischung von 35 Teilen Obstmuttersaft und 65 Teilen Zucker durchgesetzt.

Bei dem bewährten einfachen Kochverfahren, nach dem vor allem der am meisten erzeugte Himbeersirup noch weitgehend hergestellt wird, wird der Obstmuttersaft in dem Kessel erhitzt, Zucker unter Rühren zugesetzt und das Erhitzen solange fortgesetzt, bis der Zucker restlos gelöst ist. Aus Qualitätsgründen, z. B. wegen des Aromaverlustes, werden sehr kurze Kochzeiten bevorzugt. Auch Aromaaufsätze auf den Kesseln sind in Verwendung. Nach dem Kochen wird gut abgeschäumt und der fertig gekochte Sirup möglichst rasch abgekühlt. Bei säurearmen Früchten ist ein Zusatz von Milch-, Wein- oder Citronensäure zweckmäßig (vgl. S. 228).

Bei dem Vakuumkochverfahren wird der Zucker mit dem Obstsaft in dem Vorheizkessel zu einem Brei verrührt und dann in die Vakuumanlage gezogen, wo das Kochen bei etwa 50° C erfolgt. Durch Verminderung des Vakuums wird die Temperatur allmählich auf 65—70° C gesteigert. Das Abkühlen des Sirups erfolgt nach Möglichkeit in der Vakuumanlage, indem der Dampfmantel mit Kaltwasser gespeist wird.

Bei den Kaltlöseverfahren läßt man den Fruchtmuttersaft in sog. Zuckerlöseapparaten über grobkörnigen Kristallzucker laufen, das sind zylindrische Gefäße aus Steinzeug oder Glas, die unten mit einem Ablaufhahn versehen sind und die in der Mitte einen doppelten Siebboden aufweisen, zwischen dem eine Filterschicht eingesetzt ist. Hierbei wird ein Teil des Zuckers gelöst und der dabei entstandene Sirup läuft anschließend durch die Filterschicht und tropft bei richtiger Einstellung in der gewünschten Zuckerkonzentration ab.

Zur Herstellung von Citrusfruchtsirupen, die wegen ihres hitzeempfindlichen Aromas im Heißlöseverfahren nicht hergestellt werden können, kann der Zucker in einem zylindrischen Gefäß durch starkes maschinelles Rühren in dem Muttersaft gelöst werden. Das Rühren muß so stark sein, daß der noch ungelöste Zucker nicht zu Boden sinken kann.

IV. Zusammensetzung

Hauptbestandteile eines Fruchtsaftes sind nach dem Wasser die Zucker und die Säuren. Ein ausgewogenes harmonisches Verhältnis dieser beiden Stoffgruppen zueinander ist von großer Bedeutung für den Geschmack. Im allgemeinen pflegt man von einer Harmonie zu sprechen, wenn ein Fruchtsaft nicht mehr Gramm Säure im Liter enthält als Gramm Zucker in 100 ml. Daher können die Säfte der

Tabelle 3. *Zusammensetzung von Apfelsaft* (Mittelwerte, in ( ) Schwankungsbreite)

	1955	1956	1960/1961
Literaturstelle	J. Koch 1957a	J. Koch 1957a, siehe auch J. Koch 1957b	W. Bötticher 1961/1962
Zahl der Proben		17	43
Gewichtsverhältnis	1,0466	1,0450 (1,0422—1,0605)	1,041—1,054
Extrakt g/l	121,5	130,0 (109,5—156,8)	97—130
Zuckerfreier Extrakt g/l	23,3	20,0 (14,0—34,2)	—
Zucker g/l	103	110,0 (93,2—132,2)	72—102
Asche g/l	2,67	2,3 (1,46—3,56)	2,2—3,1
Aschenalkalität ml n-NaOH/l	32	26 (19—40)	31—38
Titrationsacidität g/l	7,8	6,5 (3,7—11,7)	4,1—10,4
berechnet als	Äpfelsäure	Äpfelsäure	Weinsäure
Flüchtige Säure g/l	0,18	0,1 (0,05—0,37)	0,15—0,25
Milchsäure g/l	0,23	0,2 (0,03—0,50)	—
Alkohol g/l	0,7	0,5 (0—3,7)	0,5—4,5

einen Obstart direkt als Saft und die der anderen erst nach Zuckerzusatz getrunken werden. Bei Orangen, Grapefruits und Mandarinen wird in den Anbauländern das Verhältnis von Extraktgehalt zu Titrationsacidität als Maß der Reife benutzt und ist hierfür besser als die Ausfärbung der Früchte geeignet.

Fruchtsäfte haben praktisch die gleiche Zusammensetzung an wasserlöslichen Inhaltsstoffen wie die Früchte, aus denen sie gewonnen wurden. Das gleiche gilt für die Fruchtmuttersäfte, die zur Herstellung der Süßmoste und leicht gesüßten Säfte dienen.

Tabelle 4. *Zusammensetzung von Traubensaft*

	Mittelwerte			
	1931/1932	1955	1960	1961
Literaturstelle	C. V. D. HEIDE u. K. HENNIG (1933)	J. KOCH (1957a)	W. BÖTTICHER (1961/62)	
Zahl der Proben	71		25	33
Gewichtsverhältnis	1,0643 (1,464)*	1,063	1,053—1,074	1,060—1,084
Extrakt g/l	170 (129)*	175,0	126—175	145—195
Zucker g/l	136 (72)*	137,0	102—155	120—180
Zuckerfreier Extrakt g/l	35 (22)*	21,6	—	—
Asche g/l	3,48 (2,22)*	2,97	2,2—3,1	2,1—3,2
Aschenalkalität ml n-NaOH/l	28 (11)*	26	24—29	23—30
Titrationsacidität (ber. als Weinsäure) g/l	10,6 (5,1)*	7,7	6,1—10,7	3,6—11,7
Flüchtige Säure g/l	0,31	0,19	0,15—0,28	0,08—0,25
Milchsäure g/l	0,15	—	—	—
Alkohol g/l	0,27	0,1	1,5—5,5	1,5—6,5
pH-Wert	—	—	2,5—3,1	2,5—3,1
Hydroxymethylfurfurol mg/l	—	—	0—100	0,8—37,5

* in Klammern jeweils tiefster Wert

Tabelle 5. *Zusammensetzung von schwarzem Johannisbeersüßmost*

	1956/58	Erfahrungswerte	1960	1961
Literaturstelle	J. KOCH u. G. BRETTHAUER (1959)	J. KOCH (1957a)	W. BÖTTICHER (1961/62)	
Zahl der Proben	5 Sorten		16	22
Gewichtsverhältnis	1,0588—1,0640	1,0573 (1,048—1,0641)	1,046—1,069	1,050—1,070
Extrakt g/l	156,3—170,4	150,4 (125,1—169,6)	112—164	120—165
Gesamtzucker g/l	136,0—157,4	128,8 (103,2—143,1)	85—142	95—145
Zuckerfreier Extrakt g/l	14,0— 22,0	22,2 (13,3— 44,5)	—	—
Asche g/l	2,00— 2,61	2,04 (1,76— 4,82)	2,05—2,5	2,25—3,2
Aschenalkalität ml n-NaOH/l	22—34	24 (18—43)	28—32	26—35
Titrationsacidität (ber. als Weinsäure) g/l	10,0— 10,8	10,4 (9,7—12,7)	9,8—12,9	9,15—12,75
Flüchtige Säure g/l	0—0,5	0,16 (0,08—0,35)	0,08—0,16	0,12—0,25
Milchsäure g/l	0—0,21	0,04 (0,02—0,17)	—	—
Alkohol g/l	0—1,1	1,2 (0—4,8)	1,2—3,8	1,0—3,5
pH-Wert	—	—	2,5—2,8	2,5—3,2
Gesamt-SO_2 mg/l	—	10,4 (0—12,7)	—	—
Ascorbinsäure mg/l	230—418	250 (150—542)	174—620	100—560

Die chemische Zusammensetzung des Obstes, über die u. a. K. HERRMANN (1966) berichtet, ist dem Beitrag von H. DREWS: Frisches Obst in diesem Bande vorbehalten. Umfangreiche, in England ausgeführte Obstanalysen veröffentlichten R. W. MONEY u. W. A. CHRISTIAN (1950) sowie R. W. MONEY u. Mitarb. (1958), vgl. auch K. HERRMANN (1966), während neuere deutsche Analysen in dem Werk von S. W. SOUCI u. Mitarb. (1962) aufgeführt sind. Auch sei hier auf die Tab. 5 (S. 152 dieses Bandes) hingewiesen.

Von Wichtigkeit sind nicht zuletzt zuverlässige analytische Werte der wichtigeren Fruchtsäfte, Süßmoste und Fruchtmuttersäfte, um dem Untersucher Zahlenmaterial an die Hand zu geben. Die Werte sind — außer für Ananassaft — in den Tab. 3—10 enthalten.

In 371 Proben von Ananassaft aus Hawai (1949/50) wurde ein durchschnittlicher Gehalt an freier Säure (ber. als Citronensäure) von 9,4 g/l und ein Extraktgehalt von 144 g/l festgestellt (D. K. TRESSLER u. M. A. JOSLYN 1961). Für den Aschengehalt gaben die gleichen Autoren 4,0 (3,0—5,0) g/l an. Der zuckerfreie Extrakt betrug bei 54 Ananassäften 19 (8,7—30) g/l (R. W. MONEY u. Mitarb. 1958).

Tabelle 6. *Zusammensetzung von rotem Johannisbeer- und Kirschsüßmost*

	Johannisbeersüßmost, rot		Kirschsüßmost
	1960	1961	Erfahrungswerte
Literaturstelle	W. BÖTTICHER (1961/62)		J. KOCH (1957a)
Zahl der Proben	12	13	
Gewichtsverhältnis	1,053—1,070	1,048—1,066	1,056 (1,048—1,063)
Extrakt . . . g/l	126—165	115—157	146,3 (126,4—166,4)
Gesamtzucker . . . g/l	100—145	90—135	122,3 (104,3—138,4)
Zuckerfreier Extrakt . . . g/l	—	—	25,0 (17,8—32,6)
Asche . . . g/l	2,05—2,8	2,15—2,9	2,56 (1,99—3,02)
Aschenalkalität ml n-NaOH/l	29—32	30—35	26 (19—30)
Titrationsacidität . . . g/l (ber. als Weinsäure)	7,8—13,8	7,2—12,0	8,9 (8,0—10,1)
Flüchtige Säure . . . g/l	0,05—0,20	0,08—0,20	0,10 (0,08—0,12)
Milchsäure . . . g/l	—	—	0,25 (0,19—0,28)
Alkohol . . . g/l	1,5—6,4	1,2—3,5	0,8 (0—1,6)
pH-Wert	2,5—3,1	2,5—3,1	—
Gesamt-SO_2 . . . mg/l	—	—	7,5 (5,0—10,1)

Tabelle 7. *Zusammensetzung von Himbeer-Muttersaft*

	deutscher 1950/1963	jugoslawischer 1956/1958
Literaturstelle	W. BÖTTICHER (1963)	W. BÖTTICHER (1960)
Zahl der Proben	zahlreiche	20
Gewichtsverhältnis	1,037 (1,023—1,052)	1,032 (1,022—1,042)
Extrakt . . . g/l	95 (57—135)	72,5 (45—100)
Zucker . . . g/l	52 (3—83)	36,1 (2,7—69,6)
Zuckerfreier Extrakt . . . g/l	44 (28—64)	43,9 (22,8—64,8)
Asche . . . g/l	4,8 (3,5—6,1)	4,2 (3,5—5,4)
Aschenalkalität ml n-NaOH/l	59 (37—84)	51 (39—65)
Titrationsacidität . . . g/l (ber. als Weinsäure)	20,1 (14,0—26,5)	20,6 (13,5—27,8)
Ascorbinsäure . . . mg/l	270 (120—490)	
Formolwert für 10 ml	0,45—2,75	

1. Kohlenhydrate, Alkohole

Die *Zucker* der Früchte bestehen fast ausschließlich aus Glucose und Fructose. die bis auf das Kernobst meist in ähnlichen Anteilen vorliegen, sowie sehr unterschiedlichen Mengen an Saccharose. Andere Zucker treten praktisch nicht oder nur in Spuren auf. In Äpfeln und Birnen überwiegt die Fructose beträchtlich. während der Gehalt an Glucose und besonders Saccharose geringer ist. Pfirsiche und Aprikosen enthalten bisweilen reduzierende Zucker und Saccharose in vergleichbaren Anteilen. In den anderen Steinobstarten und im Beerenobst überwiegen Glucose und Fructose z. T. beträchtlich, so daß in deren Fruchtmuttersäften Saccharose in natürlicher Form meist nur in Mengen von unter 1 % vor-

Tabelle 8. *Zusammensetzung von schwarzem und rotem Johannisbeer-Muttersaft*

	Schwarzer Johannisbeer-Muttersaft			Roter Johannisbeer-Muttersaft
	deutscher 1955	österreichischer 1960	deutscher	deutscher
Literaturstelle	J. KOCH (1956c)	W. FINK-ULLEPITSCH (1961)	A. MEHLITZ u. H. DREWS (1960b)	A. MEHLITZ u. H. DREWS (1960b)
Zahl der Proben	9 Sorten	30	16	13
Gewichtsverhältnis	1,0599—1,0662	1,0643 (1,0521—1,0800)	—	—
Extrakt . . . g/l	155,6—172,2	165,9 (133,9—206,8)	139 (117—164)	97,5 (81—130)
Zucker . . . g/l	65,4—91,4	102,8 (71,6—146,4)	—	—
Zuckerfreier Extrakt . . . g/l	70,1—93,2	63,1 (40,9—78,1)	—	—
Asche . . . g/l	7,20—8,24	7,93 (6,56—9,68)	6,67 (5,60—7,94)	4,52—5,97
Aschenalkalität ml n-NaOH/l	68—85	—	76 (59—89)	54—64
Titrationsacidität . . . g/l berechnet als	36,5—48,2 Weinsäure	42,1 (31,8—48,8) Weinsäure	36,6 (30,6—45,2) Citronensäure	27,8 (23,6—36,1) Citronensäure
Ascorbinsäure . . . mg/l	1055—1330	1933 (1500—2552)	1930 (1343—3440)	—

Tabelle 9. *Zusammensetzung von Orangensaft*

	Grenzwerte aus 15 Arbeiten	Grenzwerte	Säfte aus Italien	Säfte aus Spanien	Säfte aus Marokko	Säfte aus Israel	Säfte aus Südafrika	Säfte des Mittelmeerraumes
Literaturstelle	E. BENK (1962)	J. KOCH u. E. SAJAK (1964)						R. SAWYER (1963)
Zahl der Proben			8	27	7	10	29	
Gewichtsverhältnis								1,042 (1,040—1,043)
Extrakt . . . g/l	92,9—164,4	87—148	122	118	130	118	113	111 (106—118)
Gesamtzucker . . . g/l	—	60—110	86	85	95	86	81	75,8 (68,9—83,3)
red. Zucker . . . g/l	37,6—97,4	27—58	42	43	45	47	41	34,9 (28,3—44,1)
Saccharose . . . g/l	3,3—60,5	24—54	43	40	47	39	37	38,8 (37,2—40,7)
Zuckerfreier Extrakt . . . g/l	15,2—41,0	—	—	—	—	—	—	—

Asche . . . . g/l	2,9—6,3	2,2—4,9	3,6	3,3	3,4	3,4	3,9	3,8 (3,4—4,3)
Aschenalkalität ml n-NaOH/l	45—72	22—53	36	36	37	32	43	43 (39—47)
Titrationsacidität . . . . . g/l (ber. als Citronensäure)	5,8—22,4	5—18	12	10	10	9	10	13,5 (9,4—16,2)
Ascorbinsäure . . . . mg/l	250—800	370—956	615	517	506	404	529	530 (500—540)
Formolwert f. 10 ml	1,2—2,9	1,4—3,7	2,0	2,5	2,3	2,4	2,0	1,7 (1,2—2,1)
pH-Wert	2,9—3,8	3,1—4,3	3,4	3,6	3,6	3,7	3,7	3,07 (2,77—3,60)

Weitere Grenzwerte (E. BENK 1962): Pektinstoffe (Calciumpectat): 0,6—2,1 g/l; Eiweißstoffe: 2,8—8,0 g/l; Phosphate (P_2O_5): 0,25—0,45 g/l; Carotinoide: 8—26 mg/l; β-Carotin: 0,05—1,8 mg/l; ätherisches Öl: 26—439 mg/l; Hesperidin: 280—710 mg/l; Chloraminwert für 1 ml: 9,4—13,5. Nach Untersuchungen von G. KRUMMEL (1963) betrugen für spanische und marokkanische Orangen die Chloraminwerte für 1 ml 9,5—20,4 und die Asche 2,1—5,2 g/l.

Tabelle 10. *Zusammensetzung von Zitronensaft und Grapefruitsaft*

	US-Zitronensaft	ital. Zitronensaft	Grapefruitsaft (Grenzwerte aus mehreren Arbeiten)	Grapefruitsaft	Grapefruitsaft "Marsh" (samenlos)	Grapefruitsaft mit Samen	Tangerinensaft
Literaturstelle	D.K. TRESSLER u. M.A. JOSLYN (1961)	I. CALVARANO (1962)	J.F. KEFFORD (1959)	D.K. TRESSLER u. M.A. JOSLYN (1961)	J.A. ROBERTS u. L.W. GADDUM (1937)		E. BENK (1960b)
Zahl der Proben	ca. 300						
Gewichtsverhältnis (15/15° C)	—	1,0300—1,0456	—	—	—	—	—
Extrakt . . . . g/l	93 (71—119)	67,5—105,0	76—126	100 (75—139)	67,3	93,3	115 (79—181)
Gesamtzucker . . . . . g/l	21,6 (7,7—40,8)	11,1—24,4	50—83	68 (33,8—96,6)	47,8	62,0	84 (60—121)
red. Zucker . . . . . . g/l	16,7 (7,8—26,3)	7,4—18,3	—	—	34,4	39,6	27 (27—31)
Asche . . . . g/l	2,5 (1,5—3,5)	2,2—4,1	2,5—5,6	2,5—4,0	2,18	4,14	3,4 (2,2—6,0)
Aschenalkalität ml n-NaOH/l	—	30,5—50	—	—	—	—	—
Titrationsacidität . . . g/l (ber. als Citronensäure)	59,7 (42,0—83,3)	50,3—80,5	5—27	16 (7,0—26,4)	8,9	13,5	8,7 (3,3—20,1)
Ascorbinsäure . . . . mg/l	450 (310—610)	370—630	250—500	—	—	—	290 (100-500)
Formolwert f. 10 ml . . .	—	1,20—2,46	—	—	—	—	—
Protein . . . . g/l	4,2 (2,6—7,7)	—	—	4,0—6,0	2,7	3,3	—

Anmerkung: Im ital. Zitronensaft betrug der Gehalt an Phosphor (P_2O_5) 0,21—0,44 g/l und der Chloraminwert für 1 ml 9,70—15,30; In 83 Grapefruitsäften wurde ein zuckerfreier Extrakt von 26 (10,3—53) festgestellt (R.W. MONEY u. W.A. CHRISTIAN 1950).

kommt. Das Verhältnis von Glucose zu Fructose beträgt bei Orangen etwa 1:1. Der Gehalt an Saccharose entspricht hier dem Gehalt an Monosacchariden, während er in Grapefruits geringer ist und in Zitronen nur Spuren beträgt.

Weiterhin enthält jede Frucht *Polysaccharide*, besonders Pektine. Beim enzymatischen Pektin-Abbau (vgl. S. 183) wird *Methanol* frei. Sein Gehalt beträgt nach J. KOCH (1962) in frisch gepreßten trüben Apfelsäften 18—35 mg/l, in fermentativ geklärten Apfelsäften um 40 mg/l, in Traubensäften um 100 mg/l und in sortenreinen schwarzen Johannisbeersüßmosten 100—200 mg/l.

A. MEHLITZ u. H. DREWS (1960a) erhielten folgende Methanolwerte:

Produkt	Zahl der Untersuchungen	Mittelwerte mg/l	Grenzwerte mg/l
Schwarzer Johannisbeersüßmost	9	124	70—231
Roter Johannisbeersüßmost	4	76	51—127
Sauerkirschsüßmost	2	130	110—149
Apfelsaft, trübe	5	44	35— 62
Apfelsaft, klar	5	53	36— 88
Traubensäfte	3	—	29— 67
Citrussäfte	3	—	24— 47

Neben Zuckern und Polysacchariden kommen in Obstarten Zuckeralkohole vor. Am bekanntesten ist der *Sorbit*, ein Hexit, der nach G. REIF (1934) im Kern- und Steinobst stets vorhanden ist, während er in Weinbeeren, Himbeeren, Johannisbeeren, Heidelbeeren, Preiselbeeren, Stachelbeeren, Erdbeeren sowie Citrusfrüchten und Ananas fehlt. Der mittlere Gehalt in Schweizer Apfelsäften wurde von M. STAUB u. R. WIDMER (1950) mit 390 mg/100 ml und in Birnensäften mit 870 mg/100 ml angegeben, während Sorbit in 17 authentischen vergorenen Traubensäften (weiß oder rot) auch in Spuren nicht vorhanden war. Der Gehalt im Steinobst ist von gleicher Größenordnung wie im Kernobst (G. REIF 1934). Im übrigen dürften — durch den Reifegrad des Obstes bedingt — die Werte in Fruchtsäften größeren Schwankungen unterliegen.

2. Säuren

a) Organische Säuren

Obstfrüchte enthalten meist in beträchtlicher Konzentration freie und z. T. auch durch Kationen gebundene Säuren. Der Gehalt an letzteren ist z. B. in Zitronen mit 3% gering und in Mostbirnen mit 20—30% relativ hoch. In den Früchten herrschen Äpfelsäure (Äpfel, Birnen, Kirschen, Pflaumen, Aprikosen) oder Citronensäure (die meisten Beerenobstarten, Citrusfrüchte, Ananas) vor. Nur in den Weintrauben besteht die Hälfte und mehr der Titrationsacidität aus Weinsäure, der Rest hauptsächlich aus Äpfelsäure, weniger aus Citronensäure. Häufig liegt Chinasäure in beträchtlicher Konzentration vor, z. B. im Kernobst und in Pflaumen, während die zu den Pflanzenphenolen zählenden Chlorogensäuren stärker im Kern- und Steinobst auftreten. In Pfirsichen entfallen etwa 90% der Gesamtsäure auf Citronen-, Äpfel- und Chinasäure in unterschiedlichen Anteilen.

In Äpfeln ist der Gehalt an Citronensäure gering (1—2% der Titrationsacidität) (H. RENTSCHLER u. H. TANNER 1954; A.C. HULME 1958; K. WUCHERPFENNIG u. G. BRETTHAUER 1962a). Auch Kirschen und Pflaumen weisen nur geringe Mengen an Citronensäure auf. Birnen enthalten z. T. höhere Konzentrationen, besonders Mostbirnen bis 50% (H. RENTSCHLER u. H. TANNER 1954; K. WUCHERPFENNIG u. G. BRETTHAUER 1962a). Die Titrationsacidität der Orangen kann bis zu 15% aus Äpfelsäure bestehen, während diese im Säureanteil der Zitronen nur zu ca. 5% auftritt. Grapefruits und Mandarinen liegen dazwischen (J. WOLF 1958a). Weinsäure ist nach unserer heutigen Kenntnis praktisch auf die Weintrauben beschränkt.

Weiterhin kommt Milchsäure in Fruchtsäften vor. Ihr natives Vorkommen in den Obstfrüchten ist umstritten. Durch Veränderungen nach der Maischeherstellung tritt sie ebenso wie die flüchtigen Säuren verstärkt auf.

b) Phosphorsäure

Fruchtsäfte können neben Phosphaten auch Phosphorsäure in freier Form und zwar in Mengen bis zu 0,3 g/kg enthalten. Diese ist in Fruchtsäften organoleptisch sicher nicht ohne Wert.

W. DIEMAIR u. K. PFEIFER (1962) fanden folgende Werte:

Probe	Gesamtphosphat		anorganisches Phosphat		Phosphorsäure
	mg/l	mmol/l	mg/l	mmol/l	mmol/l
Apfelsaft	416	4,38	176	1,85	1,75
Johannisbeersaft	398	4,19	135	1,42	1,30
Orangensaft	753	7,92	269	2,83	2,68
Grapefruitsaft	884	9,31	282	2,97	2,76

H. LANGENDORF u. K. LANG (1961) haben ebenfalls eine größere Zahl von Säften untersucht, dabei aber beträchtlich tiefere Werte erhalten. Eine quantitative Bestimmung der undissozierten Säure ist nur indirekt durch eine pH-Messung und durch eine anschließende Berechnung über das Massenwirkungsgesetz möglich (W. DIEMAIR u. K PFEIFER 1962).

c) Flüchtige Säuren

An flüchtigen Säuren fanden A. MEHLITZ u. B. MATZIK (1956) Ameisensäure und Essigsäure in Apfel-, Birnen-, Sauerkirsch-, Erdbeer-, Heidelbeer-, rotem, weißem und schwarzem Johannisbeer-, Stachelbeer-, Brombeer-, Trauben-, Zitronen-, Orangen-, Grapefruit- und Ananassaft. — Ananassaft enthielt noch Propion-, Butter- und Valeriansäure, einige Apfelsäfte auch Buttersäure. Wegen der flüchtigen Säuren in Citrusfrüchten vgl. auch J.F. KEFFORD (1959).

Das natürliche Vorkommen der Ameisensäure ist wichtig, da sie als Konservierungsstoff (vgl. S. 228) eingesetzt wird. Zuverlässige quantitative Angaben über ihren Gehalt im Obst, ermittelt an einer größeren Zahl von Früchten, sind indessen kaum bekannt. J. WOLF (1958a) fand nach Trennung über Ionenaustauschersäulen in der Ameisensäurefraktion der Citrusfrüchte folgende Werte: 28 mg/kg in Orangen und Grapefruits, 41 mg/kg in Mandarinen und 101 mg/kg in Zitronen sowie in Süßkirschen 73 mg/kg (J. WOLF 1958b). Andere Autoren gaben 66 mg/kg im Johannisbeersaft und 28 mg/kg im Orangensaft (J. GROSSFELD u. R. PAYFER 1939) sowie 49—97 mg/kg in Sauerkirschmuttersäften an (E. WALTER 1961).

3. Mineralstoffe (einschließlich Eisen, Kupfer, Blei und Zink)

Den Mineralstoffen wird häufig eine beträchtliche ernährungsphysiologische Bedeutung in den Fruchtsäften zugeschrieben. Rund die Hälfte des Kationengehaltes entfällt auf Kalium. Im Kern- und Steinobst bzw. in den Beerenfrüchten wird der Magnesiumgehalt mit ca. 5—13 bzw. 10—20 mg/100 g Frucht, der Calciumgehalt mit ca. 5—20 bzw. 15—40 mg/100 g und der Phosphorgehalt mit 15—30 bzw. 20—40 mg/100 g angegeben. Wegen Orangensäften vgl. E. BENK (1965).

Für die Qualitätsbeurteilung ist der Gehalt an Eisen, Kupfer, Zink und Blei in Fruchtsäften wichtig. Eisen- und Kupferspuren können bei der Herstellung der Produkte in die Säfte gelangen, während durch Pflanzenschutzmittel zusätzlich Zink- und Bleispuren hineingebracht werden können.

Der Eisengehalt der Früchte beträgt nach Untersuchungen von G. BRETTHAUER (1956), welche die Farbreaktion mit o-Phenanthrolin benutzte, in der Regel unter 1 mg/100 g:

Äpfel: 0,31—0,37; Birnen: 0,27—0,33; Weintrauben: 0,39—0,47; schwarze Johannisbeeren: 0,88—0,93; rote Johannisbeeren: 0,63—0,70; Stachelbeeren: 0,42—0,57; Erdbeeren: 0,72—1,40; Sauerkirschen: 0,22—0,46; Süßkirschen: 0,24—0,31 mg/100 g Fe.

J.A. ROBERTS u. L.W. GADDUM (1937) fanden in Orangensäften 0,1—0,5, in Grapefruitsäften 0,08—0,09 und in Tangerinensäften 0,28 mg/100 g Fe.

Äpfel enthalten 0,03—0,15 mg Cu, 0,001—0,016 mg Pb und 0,02—0,81 mg Zn in 100 g (A.C. HULME 1958), Birnen 0,06 mg/100 g Cu (A.C. HULME 1958). Im allgemeinen dürften der Zink- und Kupfergehalt im Obst in der Größenordnung von 0,10—0,20 mg/100 g und der Bleigehalt um 0,01 mg/100 g liegen. Der Fluorgehalt wurde mit 0,01—0,02 mg/100 g angegeben.

Tabelle 11. *Metallgehalt von Fruchtsäften in mg/kg* (nach H. LÜTHI 1962)

	Kupfer		Eisen		Blei		Zink
	Streuung	Mittel	Streuung	Mittel	Streuung	Mittel	Streuung
Apfelsaft	0,33—4,48	1,4	1,7—13,0	3,9	0—0,3	0,06	1—1,9
Traubensaft	1,2—10,6	3,6	1,8 —92	14	0,1—1,22	0,5	—
Orangensaft	0,45—1,01	0,8	0,78—24	2,0	—	—	0—0,09
Grapefruitsaft . . .	0,2	—	4 —15	—	—	—	—
Zitronensaft	—	—	1,4—6,9	3,0	—	—	—
Ananassaft	0,4	—	3—7	—	—	—	—
Apfelkonz. 71° Brix .	2,3—35,5	6,5	1,6—58,5	7,8	—	—	—
Traubenkonz. 67° Brix	7,6—101	19,2	4,6—91	28,7	—	—	—

H. LÜTHI (1962) referierte für Fruchtsäfte die in Tab. 11 angegebenen Metallgehalte. Durch Eisengehalte von mehr als 5 mg/l soll der Geschmack der Apfelsäfte nachteilig beeinflußt werden (Metallgeschmack), während dies bei weißen und roten Traubensäften bei mehr als 10 mg/l Fe eintritt (G. BRETTHAUER 1956).

So beschloß die wiss.-techn. Kommission der Internat. Fruchtsaft-Union, folgende zulässige Höchstwerte für sämtliche Fruchtsäfte zu empfehlen (H. LÜTHI 1962):

Kupfer	5 mg/kg	Zink	5 mg/kg
Eisen	10 mg/kg	durch Kaliumcyanoferrat(II) fällbare Metalle (berechnet als Eisen)	12 mg/kg
Blei	0,5 mg/kg		

Der Metallgehalt in Konzentraten soll nach Rückverdünnung auf „Normalsaft" (Kernobstsaft 11,0° Brix (= 11,0 g/100 g Extrakt); Traubensaft 16,0° Brix; Citrussäfte 11,5° Brix) die obigen Werte nicht übersteigen.

Citrussäfte gelangen z. T. in Weißblechdosen zum Verkauf. K.G. BERGNER u. H. MIETHKE (1964) fanden bei Verwendung blanker Weißblechdosen in Orangensaft 6,5—12,3 und in Grapefruitsaft 3,6—10,6 mg *Zinn*/100 g. Wegen der Zunahme bei der Lagerung vgl. die für Obst in Dosen von D. DICKINSON u. P. GOOSE (1955) mitgeteilten Werte, die bei zweijähriger Lagerung meist 10 mg/100 g Sn nicht überschritten.

4. Pflanzenphenole, Oxydationsenzyme

Ebenfalls aus Qualitätsgründen sind Vorkommen und Konzentration an Pflanzenphenolen (vgl. K. HERRMANN, Bd. I dieses Handbuches) von großem Wert. Citrusfrüchte enthalten Flavanonglykoside (1—6 g pro Frucht in Orangen und Grapefruits). In Orangen sind 75—80 %, in Grapefruits sogar ca. 90 % der Flavanonglykoside im Albedo und den festen Teilen des Fruchtfleisches lokalisiert. Orangen, Mandarinen und Zitronen enthalten als Hauptflavanoid Hesperidin. Sein Gehalt beträgt in Valencia-Orangen-, Zitronen- und Tangerinensäften ca. 0,054—0,118 g/100 ml (J.F. KEFFORD 1959). Auf Grund seiner Schwerlöslichkeit in Wasser scheidet es sich mit der Zeit in Säften, Konzentraten und Konserven ab. Grapefruitsäfte enthalten statt Hesperidin das chemisch sehr ähnliche Naringin, das im Gegensatz zum Hesperidin intensiv bitter schmeckt. Grapefruitsäfte mit einem Gehalt bis 0,05 g/100 ml Naringin weisen einen angenehmen Geschmack auf (US-Dept. of Agriculture 1956). Ein Gehalt von über 0,07 mg/100 ml Naringin macht den Saft unangenehm bitter. Der zuckerfreie Grundkörper des Naringins, das Naringenin, schmeckt dagegen nicht bitter, so daß durch enzymatische Hydrolyse der bittere Geschmack von Grapefruitsäften vermindert werden kann. Naringin ist nicht mit den bitteren Limonoiden, z. B. Limonin, zu verwechseln.

Kern- und Steinobstfrüchte, in geringerer Konzentration Beerenfrüchte — dagegen nicht Citrusfrüchte (Ausnahme: Chlorogensäure in Orangen) und Ananas — enthalten Hydroxyzimtsäuren (besonders Chlorogensäuren), Catechine (besonders (+)-Catechin und (—)-Epicatechin) und Leukoanthocyanidine (Anthocyanidinbildner). Diese in der Regel mehrwertigen Pflanzenphenole werden nach Zerstörung der pflanzlichen Zelle in Gegenwart von Luftsauerstoff rasch durch Phenoloxydasen über o-Chinone und weitere unbeständige Zwischenstufen zu braunen kondensierten Produkten oxydiert. Dieser Vorgang ist als enzymatische Bräunung wohl bekannt.

Phenoloxydase (o-Polyphenoloxydase, Phenolase, Tyrosinase) kommt in allen heimischen Obstarten mit Ausnahme der Erdbeeren vor, fehlt aber in Citrusfrüchten und Ananas. In Kern- und Steinobstfrüchten sowie in Weintrauben zeichnet sie sich durch beträchtliche Aktivität aus. Im Preßsaft ist das Enzym fast ausschließlich an die Trubstoffe gebunden, so daß schon sehr feine Trübungen den Enzymgehalt der Säfte beträchtlich erhöhen. (Das gleiche gilt für die Pektinesterase, deren weitgehende Inaktivierung für die Beständigkeit der Trübungen von Citrussäften wichtig ist; s. S. 209).

Auch die blauen und roten Anthocyane, die neben den gelbroten Carotinoiden zur Obstfärbung beitragen, sowie die in geringer Konzentration vorliegenden Flavonolglykoside, vor allem aus ihnen freigesetzte Anthocyanidine und Flavonole werden in Gegenwart von Überträgersubstanzen oxydativ angegriffen und in braune Produkte umgewandelt.

Solange Ascorbinsäure vorhanden ist, reduziert diese die entstandenen o-Chinone, und erst wenn sie aufgebraucht ist, können die o-Chinone zur Bildung der braunen Produkte führen.

In Früchten werden nach W. HEIMANN u. S. ANDLER (1962) auch 1,4-Dihydroxy-benzole — in Gegenwart von Ascorbinsäure und 1,2-Dihydroxy-benzolen (als Überträgersubstanz) — zu p-Chinonen oxydiert, wobei Ascorbinsäure das mitentstehende Hydroxy-p-chinon nur teilweise reduziert, so daß diese Verbindung in weiteren Folgereaktionen (also trotz der Anwesenheit von Vitamin C!) in braune Produkte umgewandelt werden kann. Diese Reaktion erklärt die Beständigkeit der Ascorbinsäure in manchen nicht enzyminaktivierten Fruchtsäften, z. B. im schwarzen Johannisbeer-Süßmost.

Manche Obstarten, z. B. Äpfel, enthalten Ascorbinsäureoxydase, welche Ascorbinsäure direkt oxydiert.

Mit der enzymatischen Bräunung sind in der Regel nachteilige Veränderungen von Geschmack und Aroma verbunden. Das gleiche gilt für die *nichtenzymatische* Bräunung, die bei den Lagerveränderungen (vgl. S. 206) besprochen wird.

Weiterhin reagieren die mehrwertigen Phenole leicht mit Spuren von Eisensalzen, wobei oberhalb von pH 4,0 graue bis blauschwarze Verfärbungen entstehen. In Fruchtsäften und Süßmosten, die in der Regel saurer sind, ist die Gefahr indessen geringer.

Durch Metallkomplexbildung, z. B. mit Eisen, Zinn, Aluminium und Kupfer, können Anthocyane und Anthocyanidine sich z. T. erheblich verfärben.

5. Stickstoffhaltige Verbindungen

Catechine, Leukoanthocyanidine (Anthocyanidinbildner) und Chlorogensäuren haben weiterhin eine beträchtliche Affinität zu den Eiweißstoffen, wodurch bei der Lagerung Trübungen und Bodensätze entstehen können (vgl. S. 209).

Tabelle 12. *Der Gehalt an Aminosäuren in Citrussäften* (R. L. CLEMENTS u. H. V. LELAND 1962)

		Navel-Orange	Valencia-Orange	Eureka-Zitrone	Lisbon-Zitrone	Marsh-Grapefruit
Extraktgehalt	g/l	101	124	77	81	104
Gesamt-Stickstoff	g/l	0,86	1,09	0,36	0,39	0,79
Alanin	mg/l	120	130	90	100	90
γ-Aminobuttersäure	mg/l	240	320	70	70	190
Arginin	mg/l	540	570	30	30	470
Asparagin	mg/l	670	500	160	170	420
Asparaginsäure	mg/l	270	330	360	320	810
Glutaminsäure	mg/l	120	180	190	180	220
Glykokoll	mg/l	20	20	10	10	20
Lysin	mg/l	30	40	10	10	30
Phenylalanin (+ Tyrosin)	mg/l	30	50	20	30	30
Prolin	mg/l	1070	2390	410	470	590
Serin	mg/l	180	220	170	190	150
Valin	mg/l	20	20	10	10	20

In Citrusfrüchten liegt der Gesamtstickstoffgehalt bei 50—200 mg/100 g und der Aminosäuregehalt bei 10—60 mg/100 g (J. F. KEFFORD 1959; vgl. auch Tab. 12) so daß die organischen Stickstoff-Verbindungen 5—10 % der löslichen Extraktivstoffe ausmachen. Der Aminosäurestickstoff von Weintrauben wird mit ca. 40 mg/100 g angegeben (W. DIEMAIR u. Mitarb. 1961/62). In reifen Äpfeln und Birnen beträgt der Gesamtstickstoffgehalt unter 80 mg/100 g, häufig zwischen 10 und 50 mg/100 g (A. C. HULME 1958). Auch hier entfällt ein beträchtlicher Teil auf Aminosäuren. Die freien Aminosäuren bestehen in Apfelsäften hauptsächlich aus Asparagin und Asparaginsäure (L. F. BURROUGHS 1957). Weiterhin weisen Kernobst und Trauben, nicht aber schwarze Johannisbeeren „lösliche" Proteine auf, mit deren Vorkommen in Fruchtsäften zu rechnen ist (J. KOCH u. Mitarb. 1959; W. DIEMAIR u. Mitarb. 1961/62).

6. Sonstige Inhaltsstoffe

Für die Fruchtsaft- und Süßmostherstellung sind weiterhin von Wichtigkeit:

Vitamine (besonders Ascorbinsäure): Über das Vorkommen dieser ernährungsphysiologisch wichtigen Stoffe, wird in verschiedenen Tabellen berichtet.

Carotinoide tragen zur Fruchtfärbung vieler Früchte, wie Citrusfrüchte — besonders der Orangen —, Pfirsiche und Aprikosen bei. β-Carotin in Citrusfrüchten vgl. S. 220 dieses Bandes.

Ätherische Öle (*flüchtige Aromastoffe*) sind am Geschmack der Säfte erheblich beteiligt, wobei die Menge eine beträchtliche Rolle spielt, besonders in Citrusfrüchten (vgl. S. 231). Nicht zuletzt sind ihre Veränderungen wichtig für die Lagerfähigkeit der Säfte (vgl. S. 206).

Bukettstoffe: Sie kommen teils primär im Saft vor, teils werden sie erst während der Lagerung gebildet und sind dann als sekundäre Bukettstoffe zu bezeichnen. Besonders auffällig ist die sekundäre Bukettbildung bei den Traubensäften.

V. Lagerveränderungen

Beim Lagern können Fruchtsäfte, Süßmoste, Fruchtnektare, Muttersäfte und Konzentrate Lagerschäden erleiden. Diese bestehen meist in einer nachteiligen Veränderung des Aussehens, des Geschmacks und Aromas, der Farbe sowie in einer Verminderung des Vitamingehaltes und können besonders durch Herabsetzung der Lagertemperatur auf solche nahe 0° C entscheidend vermindert werden. Hierbei ist es wichtig, daß nicht nur der Herstellerbetrieb, sondern vor allem der Handel bis zum Einzelhändler für möglichst tiefe Lagertemperaturen Sorge trägt. Auch haben bisher Verbesserungen bei der Sorten- und Rohmaterialauswahl, der Verpackung (Flaschen und Gläser), den Abpackbedingungen (Vakuum, Verminderung des Sauerstoffgehaltes), raschere Pasteurisierung und schnellerer Verbrauch zur Qualitätssteigerung beigetragen.

Als besonders lagerbeständig ist der Ananassaft bekannt, der selbst bei den Temperaturen, die in den Warenhäusern von Hawai herrschen, 2—3 Jahre ohne wesentliche Qualitätseinbuße gelagert werden kann. Auch Tomatensaft gilt als sehr haltbar. Orangen- und Apfelsäfte sind schon beträchtlich empfindlicher.

1. Veränderungen des Aromas und Geschmacks

Von besonderer Wichtigkeit sind die Veränderungen des Aromas und Geschmacks, deren Ursachen zum beträchtlichen Teil noch unbekannt sind. In der Praxis weisen heute unsere heimischen Fruchtsäfte und Süßmoste spätestens nach 9monatiger Lagerung Aromaverluste auf, wobei es gleichgültig ist, ob die Lagerung in Flaschen, Dosen oder Tanks erfolgte (J. Koch 1962). Noch am stabilsten ist das Johannisbeeraroma. Apfel- und Traubenaroma sind schon wesentlich empfindlicher.

Empfindlich sind auch Aroma und Geschmack der Citrussäfte. Schon eine Lagerung von wenigen Monaten bei 21—27° C kann das Aroma von Citrussäften in Dosen schädigen und deren Geschmack verschlechtern.

Am beständigsten ist hier noch der Grapefruitsaft, was z. T. auf dem bitteren Geschmack beruht. Er ist allgemein 1 Jahr ohne Qualitätseinbuße bei Zimmertemperatur lagerfähig. Dann folgt der Orangensaft und am empfindlichsten soll der Tangerinensaft sein. Auch Zitronensaft in Dosen ist relativ empfindlich und weist häufig Geschmacksveränderungen auf, wenn er bei uns gekauft wird. In der Regel kann man bei Orangensaft und Zitronensaft mit einer Lagerfähigkeit von einem Jahr bei 15° C rechnen. Temperaturen von über 22° C führen zur raschen Qualitätsminderung. In Gläsern abgefüllte Citrussäfte dürfen nicht dem Sonnenlicht ausgesetzt werden, sondern sind möglichst im Dunkeln zu lagern.

Das charakteristische Aroma und der typische Geschmack der Citrussäfte hängen weitgehend von den suspendierten feinen Fruchtteilchen ab. Diese bedingen aber auch die nachteiligen Veränderungen, bei denen — neben unbekannten Faktoren — das Schalenöl und die Lipide eine Rolle spielen. Veränderungen von Komponenten des ätherischen Öls treten in Fruchtsäften rascher ein als im Öl selbst. So wird das Limonen, der Hauptbestandteil des ätherischen Citrusöls, z. T. abgebaut, wobei α-Terpineol sowie z. B. 1,8-Terpin, 1,4-Cineol und α-Terpinen entstehen (J.S. Blair u. Mitarb. 1952), wodurch sich terpentinartiger Geruch und Geschmack ausbilden können. Neben den autoxydativen Veränderungen der Terpene unter dem Einfluß von Luft und Licht, die man als Verharzungserscheinungen zusammenfassen kann, tritt beim Lagern von Zitronenöl eine weitere Geschmacksverschlechterung dadurch auf, daß das zu ca. 10% darin enthaltene γ-Terpinen in den aromatischen Kohlenwasserstoff p-Cymol übergeht (R.M. Ikeda u. Mitarb. 1961). Auch das beim Lagern entstehende Linaloolmonoxid und Furfurol beeinflussen den Geschmack negativ. Bei Estern ist eine Aufspaltung in ihre Komponenten Säure und Alkohol denkbar. Wegen näherer Angaben zu den ätherischen Ölen sei auf Bd. I dieses Handbuches verwiesen.

2. Nichtenzymatische Bräunung

Neben den Veränderungen von Aroma und Geschmack spielen Farbänderungen und Verfärbungen eine Rolle. Hier ist einmal die sog. nichtenzymatische Bräunung (oder Maillard-Reaktion) zu nennen (E.R. Stadtman 1948; J.P. Danehy u. W.W. Pigman 1951), die bereits bei der Verarbeitung durch intensive Temperatureinwirkung, im wesentlichen aber durch hohe Lagertemperatur, lange Lagerzeit und schließlich hohe Konzentration der an der Reaktion beteiligten

Tabelle 13. *Hydroxymethylfurfurol-Gehalt in mg/l Traubensaft* (M. Flanzy u. Y. Collon 1962)

Dauer der Erhitzung (min)	5	10	15	20	25	30
bei 70° C	0	0	0	0	0	0
bei 75° C	0	0	0	0	0	0
bei 80° C	0	0	1	2	2	3
bei 85° C	1	1	2	3	5	7
bei 90° C	3	5	9	15	21	26
bei 95° C	4	8	13	17	24	33

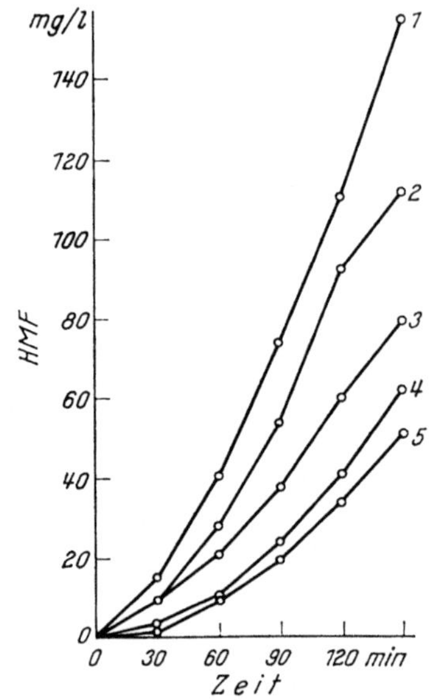

→ Abb. 8 Hydroxymethylfurfurol-Bildung in verschiedenen Fruchtsäften (nach Erhitzen auf 95°C) (J. Koch und R. Kleesaat 1961)

1 = roter Traubensaft
2 = weißer Traubensaft
3 = schwarzer Johannisbeer-Süßmost
4 = Apfelsaft
5 = Orangensaft

Substanzen (Konzentrate) gefördert wird und durch Lagerung der Produkte bei tieferen Temperaturen, besonders bei 0—4° C, weitgehend zu unterbinden ist. Es kommt hierbei zu einer mehr oder weniger starken braunen Verfärbung der Produkte, die bis zur Unverkäuflichkeit führen kann. An der Reaktion sind reduzierende Zucker, Ascorbinsäure, Aminosäuren u. a. organische Säuren, Amine und wohl auch andere Inhaltsstoffe beteiligt, wobei der Bildungsmechanismus der braunen polymeren Produkte noch weitgehend ungeklärt ist. In Zitronensäften ist die Bräunung dem Gehalt an Ascorbinsäure proportional (K. M. CLEGG 1964). Die Bräunungsreaktion ist mit der Bildung von CO_2 verbunden. Sie verläuft besonders intensiv, wenn Luftsauerstoff zugegen ist, tritt aber auch in Fruchtsäften ohne Mitwirkung des Sauerstoffs — allerdings wesentlich verzögert — ein. Mit ihr sind unerwünschte Veränderungen des Geschmacks und Aromas und ein Verlust an Ascorbinsäure verbunden.

So beginnen z. B. Grapefruitsäfte nach 7—9monatiger Lagerung unter normalen Bedingungen langsam zu dunkeln und mit der Zeit wird eine braune Verfärbung deutlich bemerkbar, während die Verfärbung von Orangensäften anfänglich durch die Carotinoide maskiert wird. Werden z. B. Orangensäfte und -konzentrate bei +4,5° C 1 Jahr gelagert, so ist kein Unterschied festzustellen. Einjährige Lagerung bei 27° C erhöht die Farbdichte von 0,17 auf 0,25 bzw. 0,42 bzw. 0,94 bzw. 2,70 bei einem Extraktgehalt von 13 bzw. 30 bzw. 49 bzw. 71%, wobei die Messung jeweils nach Verdünnung auf 13° Brix (= 13 g/100 g Extrakt) und Filtration vorgenommen wurde. Bei einer einjährigen Lagerung bei 15,5° C wurden Farbdichten von 0,18 bzw. 0,17 bzw. 0,20 bzw. 0,24 gemessen (D. K. TRESSLER u. M. A. JOSLYN 1961).

Mit den Wärme- bzw. Lagerschäden ist die Bildung von Hydroxymethylfurfurol verbunden, das leicht analytisch zu bestimmen ist (vgl. S. 221) und auch bei der Beurteilung der Fruchtsäfte (vgl. S. 230) herangezogen werden kann. In den Früchten kommt es noch nicht vor (Abb. 8 und Tab. 13).

3. Enzymatische Bräunung und Farbänderungen der Pigmente

Neben der nichtenzymatischen kann die enzymatische Bräunung (vgl. S. 203) zu braunen Verfärbungen Anlaß geben. Citrussäfte kommen hierfür nicht in Frage, da sie das Ferment nicht enthalten, während Apfelsäfte, weiße Traubensäfte und Steinobstsüßmoste gefährdet sind, wenn die Fermente nicht inaktiviert wurden oder der Sauerstoff nicht ausgeschlossen ist. In Traubensäften wird die Bräunung meist durch den SO_2-Gehalt verhindert. Bei den heutigen technologischen Möglichkeiten dürfte die enzymatische Bräunung keine größere Rolle als Herstellungs- und Lagerschaden spielen.

Die Farberhaltung der Fruchtsäfte (vgl. auch K. HERRMANN 1960) wird, soweit die Färbung auf Anthocyanen beruht, hauptsächlich durch die Lagertemperatur und den Sauerstoffgehalt beeinflußt (E. A. NEBESKY u. Mitarb. 1949). pH-Änderungen und der Gehalt an Zuckern sind praktisch ohne Einfluß (vgl. auch K. WUCHERPFENNIG u. G. BRETTHAUER 1963, 1964a, 1964b). Ungünstig soll die Verwendung nichtlackierter Dosen sein. Wegen Verfärbung mit Metallionen vgl. S. 204).

Die durch Carotinoide hervorgerufene Färbung wird in der Regel kaum beeinflußt. Nur dort, wo die Carotinoid-Epoxide mengenmäßig stark hervortreten, z. B. in Orangen- und Tangerinensäften sowie Pfirsichnektaren, kann die Färbung abnehmen, ohne daß sich der Carotingehalt signifikant ändert.

4. Vitaminverluste

Weitere Lagerveränderungen betreffen einen Verlust an Ascorbinsäure (der durch Kupferspuren sehr gefördert wird). Thiamin ist unter den sauren Bedingungen der Fruchtsäfte ziemlich stabil. Auch der Gehalt an Carotin, Nicotinsäure und Riboflavin wird während der Lagerung kaum verändert.

Der Vitamin C-Verlust ist von Bedeutung für Citrussäfte, schwarzen Johannisbeersüßmost sowie Erdbeer- und Sanddornbeeren-Süßmost, während Apfel- und Traubensaft von vornherein kaum Ascorbinsäure aufweisen.

Bei schwarzem Johannisbeersüßmost soll nach K. WUCHERPFENNIG u. G. BRETTHAUER (1963) der Ascorbinsäureabbau (und ebenso der Farbstoffverlust) in den ersten drei Monaten der Lagerung am größten sein (Verbrauch des Luftsauerstoffs) und sich dann im Verlaufe der weiteren Lagerung verlangsamen. Insgesamt wurden bei der Verarbeitung mit anschließender 11—15monatiger Lagerung in 0,7 l-Flaschen 10—30 % und in 0,2 l-Karaffen 31—55 % Ascorbinsäure abgebaut. Der Ascorbinsäureverlust ist bei den im Licht und bei höherer Temperatur gelagerten Proben im Vergleich zu den im Keller gelagerten im Mittel um 5 % größer.

Eine kürzere Lagerung bei 24—27° C ist ohne wesentlichen Einfluß auf die Vitamin C-Erhaltung in Orangensäften, während längere Lagerung sich negativ auswirkt (vgl. Tab. 14). Günstig ist auch hier Lagerung bei 0—4° C.

Tabelle 14. *Die Erhaltung der Ascorbinsäure und des Thiamins in Orangen-, Grapefruit- und Ananassaft (sowie Tomatensaft) während der Lagerung* (B. B. SHEFT u. Mitarb. 1949)

Vitamin	Lagerzeit Monate	Lagertemperatur °C	Orangensaft %	Grapefruitsaft %	Ananassaft %	Tomatensaft %
Ascorbinsäure . .	18	10	96	93	108	103
		18	84	84	106	96
		27	62	62	90	82
	24	10	95	94	108	102
		18	80	82	100	92
		27	50	57	79	74
Thiamin	18	10	99	105	98	98
		18	96	103	100	92
		27	92	89	95	79
	24	10	101	99	103	103
		18	94	94	100	94
		27	83	84	93	77

Auch die Verpackung kann den Ascorbinsäuregehalt beeinflussen. So wurden während einer sechsmonatigen Vergleichslagerung in Zinndosen und in Gläsern folgende Vitamin C-Gehalte in Prozenten wieder gefunden, wobei der Anteil der Dehydroascorbinsäure nur 1—2 % betrug (D. K. TRESSLER u. M. A. JOSLYN 1961):

Lagertemperatur	Orangensaft		Grapefruitsaft	
	Dosen	Gläser	Dosen	Gläser
4,5° C	93,4	90,6	95,5	87,9
27° C	80,9	74,8	81,8	73,5

Nicht zuletzt wirkt sich Konzentrierung der Produkte, z. B. des Orangensaftes, deutlich aus, wie folgendes Beispiel (D. K. TRESSLER u. M. A. JOSLYN 1961) veranschaulicht:

Lagertemperatur °C	Lagerdauer Monate	Extrakt in Prozenten 13	30	49	71
		Wiedergefundene Ascorbinsäure in Prozent.			
4,5	12	97	97	97	93
15,5	12	85	92	88	83
27	3	91	88	81	62
27	12	70	51	16	6
38	1	88	89	82	59
38	6	67	39	10	8

5. Bildung von Trübungen und Bodensätzen

Negative Qualitätsmerkmale sind nicht zuletzt Trübungen in blanken Säften sowie Niederschläge oder Bodensätze (A. Mehlitz 1951). Diese bestehen z. B. im Apfelsaft nach Untersuchungen von M. E. Kieser u. Mitarb. (1957) aus phenolischen und Eiweiß-Bestandteilen neben anorganischen Stoffen, von denen Kupfer und Zinn die Niederschlagsbildung begünstigen (vgl. auch E. Letzig u. H. Nürnberger 1963). Eine wichtige Rolle dürften hierbei die Leukoanthocyanidine wegen ihrer großen Affinität zum Eiweiß spielen (vgl. Bd. I K. Herrmann: Pflanzenphenole in Lebensmitteln).

Ähnliche oft schleierartige Eiweißtrübungen treten u. a. in Traubensäften auf, wo sie bei höherer Temperatur als der Lagertemperatur und bei Lufteinwirkung verschwinden können, um nach dem Aufhören dieser Einflüsse wiederaufzutreten. Weiterhin kommen in Traubensäften Weinsteinausscheidungen vor, vor allem nach starker Abkühlung (Flaschenversand in der Kälte) und bei unmittelbar vor der Flaschenfüllung durchgeführten Blauschönungen, wodurch zusätzlich Kalium in den Saft gelangt und zu Weinsteinabscheidungen Anlaß gibt.

In nicht enzymatisch behandelten Fruchtsäften und Süßmosten können sich unter dem Einfluß safteigener Pektinesterasen Pektinabscheidungen bilden (vgl. auch S. 210).

6. Inversion der Saccharose

Während der Lagerung tritt außer bei tiefen Temperaturen eine zunehmende Aufspaltung der Saccharose ein, wie folgende Angaben über Orangensaft und -konzentrat (D. K. Tressler u. M. A. Joslyn 1961) zeigen:

Lager-temperatur °C	Lager-dauer Monate	Extrakt in Prozenten 13	30	49	71
		Saccharoseabnahme in % des ursprünglich. Gehaltes			
4,5	12	1	2	1	0
15,5	12	12	17	14	5
27	12	47	65	66	41
38	6	74	88	87	66

7. Lagerveränderungen in Konzentraten, „Klärung“ von Citruskonzentraten

Konzentrate weisen gegenüber den Ausgangssäften eine erhöhte Lagerempfindlichkeit auf. Die Beeinträchtigung von Aroma und Geschmack, die Ausbildung einer nichtenzymatischen Bräunung und der Verlust an Vitamin C sind bei gleicher Lagertemperatur und -zeit in Konzentraten ungleich größer als in ihren Ausgangssäften. Höhere Temperaturen sind besonders schädlich. In Apfeldicksäften spielen z. B. Sauerstoff- und Kupfergehalt die wesentlichste Rolle bei Farbveränderungen (A. Kern 1962).

Zum Teil zeigen die aus Citruskonzentraten durch Rückverdünnung hergestellten Säfte mangelnde Trubstabilität. Schon in 5—10 min kann der obere Teil der Flüssigkeit klar werden. Auch in nichtkonzentrierten Säften mit hohem Pulpeanteil können sich die feinen Pulpeteilchen absetzen (selbst trübe Apfelsäfte können zur Klärung neigen). Mangelnde Trubstabilität ist normalerweise rasch durch Beobachten des rückverdünnten Saftes, z. T. erst während einiger Stunden oder gar Tage, zu erkennen. Durch Anwesenheit kleiner Mengen an Pektinesterase, die an die Pulpeteilchen gebunden vorkommt, wird aber auch anfänglich stabil erscheinender Trub zerstört, was in kürzerer Zeit viel schwerer festzustellen ist (vgl. hierzu W. Pilnik u. G. Rothschild 1960).

Eine „Klärung“ (Sedimentation von Pulpeteilchen) tritt ein, wenn die Menge an wasserlöslichem Pektin gering und/oder die Aktivität der Pektinesterase beträchtlich ist. Durch das gelöste Pektin wird die fein verteilte Pulpe in Schwebe gehalten. Wird das Pektin dagegen durch Pektinesterase abgebaut, dann kommt es zwangsläufig zu einem Absetzen der Pulpe und zu einer Klärung der überstehenden Flüssigkeit, die einen anderen Geschmack aufweist als einwandfreie Orangen- und Grapefruitsäfte bzw. deren frische Früchte.

In Gegenwart von Calcium-Ionen bringt das Enzym eine Pektinlösung zum Gelieren. Die Gelbildung tritt besonders bei den Vierfachkonzentraten ein. Stärker eingeengte Orangenkonzentrate neigen weniger zur Gelierung. Bei Einsatz der Citruskonzentrate zu Fruchtsaftgetränken ist darauf zu achten, daß das verwendete Wasser möglichst frei von Calcium-Ionen ist.

Klärung und Gelierung, wozu die Grapefruitkonzentrate stärker neigen sollen, können durch eine ausreichende Hitzestabilisierung der Säfte vor der Konzentrierung sowie durch eine Erhöhung der Konzentration des Endproduktes vermindert werden.

In tiefgefrorenen Citruskonzentraten treten vor allem dann Lagerveränderungen auf, wenn die Temperatur vorübergehend auf über —18° C ansteigt. Hierbei kommt es in Orangen- und Grapefruitkonzentraten zu Aromaabweichungen und zur Erscheinung der Klärung und Gelierung. Andererseits ist bei —20° C die Trübung jahrelang stabil.

Orangenkonzentrate in Dosen können während der Lagerung bei Zimmertemperatur chemische Bombagen oder solche durch Hefenwachstum erleiden.

VI. Untersuchung

Zur Untersuchung der Fruchtsäfte, worunter im folgenden auch die Süßmoste, Fruchtnektare sowie ähnliche Produkte und Fruchtmuttersäfte zu verstehen sind, und der Konzentrate können die „Allgemeine Verwaltungsvorschrift für die Untersuchung von Wein und ähnlichen alkoholischen Erzeugnissen sowie von Fruchtsäften vom 26. April 1960“ (vgl. bei Wein, Bd. VII dieses Handbuches) sowie die Analysenmethoden der Internationalen Fruchtsaftunion (Zürich: Juris-Verlag) herangezogen werden. Auf letztere sei besonders verwiesen, zumal sie bei den nachfolgenden Methoden weitgehend berücksichtigt wurden, vor allem bei Nr. 1, 3, 4, 5, 7, 8, 9, 14, 16, 17, 18.

Im einzelnen sind zur Prüfung zu empfehlen: Gewichtsverhältnis 20/20°, pH-Wert, Alkohol, Extrakt, Titrationsacidität, flüchtige Säuren, Asche und Aschenalkalität, Gärfähigkeit (Gärprobe), weiterhin Zucker, zuckerfreier Extrakt, Formolwert (Chloraminwert), Schwefeldioxid, Ascorbinsäure. Bisweilen ist der Nachweis von chemischen Konservierungsmitteln, Schwermetallen, Farbstoffen — bei rotem Traubensaft auch von Hybridenfarbstoff und bei Orangensäften und -konzentraten von zugesetztem Carotin — erforderlich.

Auf Verfälschungen (vgl. Beurteilung S. 229, Nachweis von Naturfarbstoffen S. 217, Verfälschungen von Fruchtsäften und Süßmosten S. 218) ist zu achten. Zum Nachweis eines Invertzucker-Zusatzes oder der Verwendung von Fruchtsaftkonzentraten sind die Untersuchung auf Reversionsprodukte, Hydroxymethylfurfurol (vgl. S. 221) und Bestimmung des Zuckergehaltes nach verlängerter Zollinversion empfohlen worden (F.H. MÜHLBERGER 1960).

Eine Unterscheidung zwischen Fruchtsäften bzw. Süßmosten und aus einwandfreien Konzentraten durch Rückverdünnung gewonnenen ist nach der bis jetzt vorliegenden Literatur und Kenntnis z. Z. weder chemisch noch degustativ einwandfrei möglich.

Für Sirupe kommen die gleichen Methoden in Frage, z. B. Extrakt, Asche und Aschenalkalität, Formolwert.

1. Gewichtsverhältnis (20/20° C)

Die Bestimmung erfolgt mit enghalsigen 50 ml-Pyknometern (nach Reischauer mit einem 6 cm langen, im mittleren Drittel mit einer Marke oder Skala versehenen Hals von nicht mehr als 4 mm lichter Weite). Für Konzentrate werden weithalsige Pyknometer empfohlen. Wenn das Getränk merkliche Mengen an Kohlensäure enthält, ist diese zunächst durch wiederholtes kräftiges Schütteln in einem geräumigen Erlenmeyerkolben und darauffolgendes Filtrieren durch ein mit einem Uhrglas bedecktes Faltenfilter möglichst vollständig zu entfernen. Häufig wird die Konzentration in °Öchsle (Messung mit Mohrscher Waage, z. B. bei den DLG-Prüfungen, oder geeichter Öchsle-Waage) oder in ° Brix angegeben:

°Öchsle = (Gewichtsverhältnis — 1,0000) × 1000; z. B. Gewichtsverhältnis 1,040 = 40°Öchsle;

°Brix = Extrakt in g/100 g der Probe.

2. Alkohol

Der Alkoholgehalt der Fruchtsäfte dürfte auf der Verwendung überreifer Früchte und/oder einer beginnenden alkoholischen Gärung, sei es bereits in den Früchten selbst oder in den Rohsäften vor der weiteren Verarbeitung, beruhen. Nur ein sehr geringer Teil stammt aus den in jeder Frucht enthaltenen flüchtigen Stoffen.

Mit den in der Weinanalyse üblichen Methoden sind wegen der geringen Alkoholmengen in der Regel keine präzisen Ergebnisse zu erwarten, wenn sie auch ausreichen, stärkere Überschreitung der Grenze von 5 g Alkohol/l (vgl. S. 227) festzustellen.

Die von der Bestimmung des Gewichtsverhältnisses her im Pyknometer enthaltene Flüssigkeit wird in einen Destillierkolben von etwa 250 ml übergeführt, das Pyknometer dreimal mit je 10 ml Wasser nachgespült und die Flüssigkeit über einen Destillationsaufsatz und einen Schlangenkühler (vgl. Band VII dieses Handbuches), dessen Kühlrohr in eine Kapillare ausläuft, langsam in das gleiche Pyknometer destilliert. Hierzu ist das mit Wasser/Eis gekühlte Pyknometer mit ca. 5 ml Wasser zu füllen, in welches die Kapillare des Kühlers eintaucht, ohne den Boden zu berühren. Zuletzt wird das Gewichtsverhältnis wie oben ermittelt und der Alkoholgehalt einer Tabelle entnommen.

Die Vorschriften der Fruchtsaft-Union lassen zur Destillation einen 100 ml-Meßkolben benutzen. Bei leicht schäumenden Flüssigkeiten kann Zusatz weniger Tropfen reinen Olivenöls oder eines anderen Schaumzerstörers (z. B. Silikonemulsion) empfohlen werden. Bei höherem Gehalt an flüchtigen Säuren (vor allem bei konservierten Muttersäften) ist der Saft vorher mit n-NaOH etwa gegen Bromthymolblaulösung tropfenweise zu neutralisieren.

Spezifischere Methoden, z. B. die enzymatische Alkoholbestimmung können einer vergleichenden Untersuchung von A. Mehlitz u. H. Drews (1958) entnommen werden, vgl. auch Bd. II/2 dieses Handbuchs.

3. Extrakt (lösliche Trockensubstanz)

a) Fruchtsäfte

Indirekt (über Gewichtsverhältnis): Der Destillationsrückstand von der Alkoholbestimmung wird im 50 ml-Pyknometer bis zur Marke aufgefüllt, und von ihm das Gewichtsverhältnis Se nach 1) bestimmt. Auch kann dies nach der Formel Se = Sw — Sa + 1,0000 (Sw = Gewichtsverhältnis der alkoholhaltigen Probe; Sa = Gewichtsverhältnis des alkoholischen Destillats) berechnet werden. Der dem Gewichtsverhältnis entsprechende Wert für die (berechnete) Trockensubstanz ist einer geeigneten Tabelle, z. B. nach F. W. Müller (A. Thiel u. Mitarb. 1947) zu entnehmen (vgl. auch Bd. II/2).

Indirekt (über Refraktion): Die Probe wird unmittelbar auf das Prisma eines Refraktometers aufgetragen und der Gehalt bei 20° C in Prozenten abgelesen.

Direkt: Eine ca. 0,5 g Trockenmasse entsprechende Menge der Flüssigkeit, die durch Filtration oder Zentrifugieren geklärt worden ist, wird in einem mit Deckel verschließbaren Wägegläschen von 50—60 mm Durchmesser auf die enthaltenen Tonscherben so aufgetropft, daß diese die Flüssigkeit völlig aufsaugen. Anschließend wird 2—3 Std im Vakuumtrockenschrank bei ca. 65 °C getrocknet. Wägung erfolgt mit Deckel. — Durch Trocknen bei 105 °C können unter Umstanden bei stark zuckerhaltigen Produkten zu hohe Ergebnisse erhalten werden.

b) Konzentrate

Für Konzentrate ist zur Extraktermittlung die Bestimmung der Refraktion des unverdünnten Konzentrates zu empfehlen. Nach den US-Standards sind den durch Refraktometer-Bestimmung ermittelten Brix-Werten (Extrakt in g/100 g Probe) bei einem Citronensäuregehalt von 2% 0,39, von 3% 0,58, von 4% 0,78, von 5% 0,97 und von 10% 1,91 hinzuzuzählen (J.W. STEVENS u. W.E. BAIER 1939). Andere Arbeiten (z. B. W.C. SCOTT u. M.K. VELDHUIS 1961) lassen darauf schließen, daß die durch Refraktion bestimmten Brix-Werte, z. B. durch Miterfassung der Aminosäuren, geringfügig zu hoch sind (Refraktometerwerte [Pyknometerwerte] von Orangenkonzentrat mit 0,979 [0,969] und von Grapefruitkonzentrat mit 0,996 [0,987] multiplizieren). Für Kernobstkonzentrate wurden folgende Korrekturwerte für Säure angegeben: für 1,5—2,5 Gew.-% Säure: + 0,70; 2,5—3,5 Gew.-%: + 1,00 und 3,5—5,0 Gew.-%: + 1,30.

4. Zucker

Zur *qualitativen* papierchromatographischen Prüfung werden 10—20 µl Fruchtsaft auf Papier Schleicher & Schüll Nr. 2043 b aufgetragen und im Fließmittel Butanol-Essigsäure-Wasser (4:1:1) absteigend entwickelt. Dann wird das gut getrocknete Chromatogramm mit einer Mischung aus 2 Teilen Lösung I und 1 Teil Lösung II beidseitig kräftig besprüht und zur Reaktion für 8 min im Trockenschrank bei 140° C belassen (Lösung I: 0,3 g Aminohippursäure + 3 g Phthalsäure in 100 ml Äthanol; Lösung II: 5 g Harnstoff + 20 ml 2n-HCl mit Äthanol auf 100 ml aufgefüllt) (H. TANNER 1963 b).

Die R_G-Werte (R_f-Werte, bezogen auf Glucose) und die spezifischen Farbnuancen betragen:

Glucose:	1,00, schmutzigbraun	Saccharose:	0,58, blaugrau
Fructose:	1,37, olivgrün	Lactose:	0,31, graublau

Zur *quantitativen* Bestimmung schreiben die Analysenmethoden der Internat. Fruchtsaft-Union die Methode nach LUFF-SCHOORL vor.

10 ml der Flüssigkeit werden zuvor in einem 100 ml-Meßkolben mit je 5 ml einer 15%igen Kaliumcyanoferrat(II)- und einer 30%igen Zinksulfatlösung zur Klärung (Carrez) versetzt, zur Marke aufgefüllt und gemischt. Anschließend wird filtriert. Die Bestimmung der Zucker kann vor der Inversion als Invertzucker und danach (5 min Erhitzen von 50 ml Filtrat mit 5 ml konz. HCl bei 67—70° C in einem 100 ml-Meßkolben) als Gesamtzucker erfolgen. Saccharose = (Gesamtzucker — Zucker vor Inversion) × 0,95.

5—10 ml der schwach sauren Lösung mit höchstens 50 mg Invertzucker werden in einem 300 ml-Erlenmeyerkolben zu 25 ml Luff'scher Lösung (50 g Citronensäure in 50 ml + 388 g krist. Natriumcarbonat in 350 ml lauwarmem Wasser werden vorsichtig vereinigt, 25 g krist. Kupfersulfat in 100 ml hinzugegeben und zu 1 l aufgefüllt) gegeben und mit Wasser auf 50 ml ergänzt. Nach Zusatz eines Bimssteinstückchens wird der Kolben mit einem Rückflußkühler verbunden und auf einer 2—3 mm dicken Asbestplatte mit einem Ausschnitt von 6—7 cm Durchmesser innerhalb 2 min zum Sieden erhitzt und genau 8 min im Sieden gehalten. Anschließend wird sofort abgekühlt. Nach 2 min. werden 3 ml Kaliumjodidlösung (166 g/l KJ) und dann mit Vorsicht (Schäumen!) schnell 20 ml 25%ige HCl und 10 ml 20%ige Kaliumrhodanidlösung zugegeben. Bis zum Aufhören des Brausens wird umgeschwenkt und das ausgeschiedene Jod unter Verwendung von Stärkelösung als Indikator mit 0,1 n-Natriumthiosulfatlösung titriert. Nach Abzug vom Blindversuch wird der entsprechende Zuckergehalt einer Tabelle, vgl. Bd. II/2 dieses Handbuches, entnommen. Bei Anwesenheit von Ameisensäure oder SO_2 sollten diese vor der Zuckerbestimmung durch Wasserdampfdestillation entfernt werden.

Zu erwähnen ist noch die Zuckerbestimmung nach M. POTTERAT u. H. ESCHMANN (1954), die sich in einer Reihe von Laboratorien bewährt hat und bei der das durch die verschiedenen Zuckerarten in alkalischer Lösung gebildete Kupfer-

(I)oxid nach Überführung in Kupfer(II)salz unter Verwendung von Komplexon III (Di-Natriumsalz der Äthylendiaminotetraessigsäure) titriert wird (vgl. H. Rentschler u. Mitarb. 1957 sowie Bd. II/2).

Wegen enzymatischer Methoden für Glucose und Fructose sei auf H. U. Bergmeyer (1962) verwiesen.

5. Titrationsacidität (Titrierbare oder freie Säuren)

10 ml der Probe werden zur Entfernung von CO_2 im 100 ml-Becherglas zum beginnenden Sieden erhitzt, mit 20 ml Wasser verdünnt und unter Rühren mit 0,1 n-NaOH potentiometrisch bis zum Endpunkt pH 8,1 (Analysenmethoden der Internat. Fruchtsaft-Union) titriert. Beim Fehlen eines geeigneten Meßgerätes wird der Endpunkt unter Zusatz von Phenolphthalein ermittelt.

Die Berechnung erfolgt bei Säften aus Beeren- und Citrusfrüchten als Citronensäure, bei Säften aus Kern- und Steinobst als Äpfelsäure und bei Traubensäften als Weinsäure. Die einzelnen organischen Säuren in Prozenten erhält man aus den verbrauchten ml 0,1 n-NaOH durch Multiplikation mit folgenden Faktoren: Citronensäure 0,064, Äpfelsäure 0,067, Weinsäure 0,075.

6. Flüchtige Säuren

Diese können mittels Halbmikro-Verfahren (Einwaage: 5 ml) und Makroverfahren (Einwaage: 50 ml) bestimmt werden. Angabe der Methodik unter Wein im Bd. VII dieses Handbuches, vgl. auch Allg. Verwaltungsvorschrift und Analysenmethoden der Internat. Fruchtsaft-Union.

7. Einzelne organische Säuren

Zum *qualitativen* Nachweis der einzelnen organischen Säuren sind papierchromatographische Methoden zu empfehlen, wobei eine etwaige Vorreinigung tunlichst durch Ionenaustauscher-Verfahren vorgenommen wird (Angabe von Fließmitteln und Reagentien: vgl. S. 155 dieses Bandes; Ionenaustauscher-Verfahren: H. Rentschler u. H. Tanner 1954; D. Jorysch u. Mitarb. 1962; A. J. Goudie u. W. Rieman III 1962).

Häufig führt zum Nachweis der wichtigeren Fruchtsäuren bereits die einfache Methode von H. Tanner (1964) bzw. K. Wucherpfennig u. G. Bretthauer (1962a) zum Ziel:

10 ml des zu untersuchenden Saftes werden ohne Zwischenfiltration dreimal mit je 1 g Dowex 50 (H+) bzw. Kationenaustauscher I Merck (H+) während 1 min geschüttelt; vom Filtrat trägt man je nach störendem Zuckergehalt 0,02—0,04 ml auf Papier Schleicher & Schüll Nr. 2034b auf; vgl. auch Analysenmethoden der Internat. Fruchtsaft-Union.

Die *quantitative* Bestimmung der organischen Säuren ist im Beitrag von L. Schmid, (Bd. II/2) ausführlich behandelt; vgl. auch unter Wein, Bd. VII dieses Handbuches.

Geeignete Methoden zur quantitativen Bestimmung der Wein-, Citronen-, Isocitronen-, Gesamt-Äpfel-, L-Äpfel-, inaktiven Äpfel- und Milchsäure sind weiterhin in den AOAC-Methoden (W. Horwitz 1960) angegeben. Die Analysenmethoden der Internat. Fruchtsaft-Union haben Bestimmungen für Milch-, Wein-, L-Äpfel- und Citronensäure aufgenommen (Enzymatische Methoden bei H. U. Bergmeyer 1962).

Die *Milchsäure* wird bei den DLG-Qualitätsprüfungen nach der Methode von J. Koch u. G. Bretthauer (1951) bestimmt, die auch in den Analysenmethoden der Internat. Fruchtsaft-Union enthalten ist:

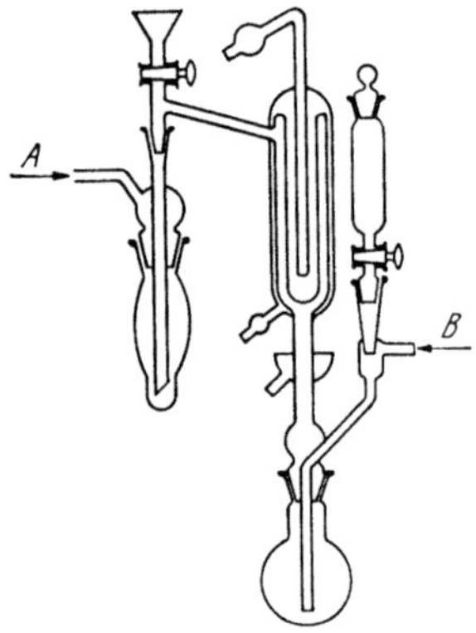

Abb. 9
Apparat zur Milchsäurebestimmung
A = zur Wasserstrahlpumpe
B = Eintritt der Luft

Reagentien:
20%ige Kupfersulfatlösung
frisch bereitete 20%ige Calciumhydroxidaufschwemmung
25%ige Phosphorsäure
Phosphorsäure-Mangansulfat-Lösung: 100 g Mangansulfat unter Erwärmen in 500 ml Wasser lösen, mit 25 ml 85%iger Phosphorsäure versetzen und nach dem Erkalten auf 1 l auffüllen
1%ige Natriumhydrogensulfitlösung
Phosphatpuffer nach Soerensen pH = 7,00
0,005 n-$KMnO_4$-Lösung
0,1 n-Jodlösung
0,01 n-Jodlösung
0,01 n-Natriumthiosulfat-Lösung
10%ige Salzsäure
Natriumhydrogencarbonat

Arbeitsvorschrift: Zur Entfernung des Zuckers werden 20 ml Fruchtsaft in einem 200 ml-Meßkolben mit 75 m 20%iger Kupfersulfatlösung und 75 ml einer frisch bereiteten Calciumhydroxidaufschwemmung kräftig gemischt. Nach 90 min Stehenlassen wird bis zur Marke mit Wasser aufgefüllt und zentrifugiert. Die überstehende milchsäurehaltige Lösung muß wasserklar sein.

50 ml der entzuckerten Flüssigkeit werden im Destillationskolben mit 25%iger Phosphorsäure neutralisiert und mit 10 ml der Phosphorsäure-Mangansulfat-Lösung versetzt. Darauf wird der Kolben mit dem Kühler verbunden. Die mit 5 ml Wasser beschickte Vorlage wird an die Wasserstrahlpumpe angeschlossen und ein mäßiger Luftstrom durch die Apparatur gesaugt.

Darauf wird die Destillation in Gang gebracht und nach 5 min langem Sieden das Wasser in der Vorlage durch 5 ml 1%iger Natriumhydrogensulfitlösung und 10 ml Phosphatpuffer nach Soerensen ersetzt. Unter ständigem Sieden der Flüssigkeit im Destillationskolben läßt man aus dem Tropftrichter 0,005 n-$KMnO_4$-Lösung so zutropfen, daß erst nach Entfärbung des Tropfens der nächste zufließt. Das Ende der Oxydation, die etwa 20 min lang dauern soll, wird durch eine deutliche Braunfärbung der Reaktionsflüssigkeit angezeigt. Die Destillation wird noch 5 min lang ohne Permanganatzusatz weitergeführt.

Das unter Eiskühlung aufgefangene Destillat wird mit 10%iger Salzsäure auf pH 2—3 eingestellt und mit 0,1 n-Jodlösung (Stärke als Indikator) bis zur Blaufärbung langsam titriert. Das überschüssige Jod wird mit 0,01 n-$Na_2S_2O_3$-Lösung zurücktitriert und darauf bis zur eben wahrnehmbaren Blaufärbung mit 0,01 n-Jodlösung versetzt. Nach Zusatz von 1,0 g Natriumhydrogencarbonat tritt Entfärbung ein, so daß das freigewordene Hydrogensulfit mit 0,01 n-Jodlösung (Mikrobürette) bis zur mindestens 30 sec lang anhaltenden Blaufärbung titriert werden kann. (1 ml 0,01 n-Jodlösung entspricht 0,45 mg Milchsäure).

Die Genauigkeit der Methode leidet, wenn bei der Aldehydtitration mehr als 10 ml 0,01 n-Jodlösung verbraucht werden. Die besten Werte werden erhalten, wenn der Jodverbrauch um 5 ml liegt.

Zur Bestimmung wird die Apparatur nach H. Lieb u. M. K. Zacherl verwendet, die aus einem 250 ml-Schliffkolben mit langem Hals besteht. In ihm ist ein Tropftrichter eingeschmolzen, der seitlich einen Ansatz für den Lufteintritt trägt. Der Rückflußkühler hat bei einer Länge von 15 cm einen doppelten Kühlmantel. Das Vorlagegefäß besitzt ein Volumen von 80 ml, wobei auf den verjüngten Teil 5 ml entfallen. In ihm endet eine Glasfritte, durch die der Aldehyd-Luftstrom austritt, der während der Destillation durch eine Saugpumpe gefördert wird.

8. Asche und Aschenalkalität

Asche: 25 ml Fruchtsaft bzw. Sirup oder 5—10 g Konzentrat werden in einer Platinschale auf dem Wasserbad zur Trockene eingedampft. Der Rückstand wird nach Zusatz von einigen Tropfen reinen Olivenöls zur Vermeidung des Aufschäumens langsam über freier Flamme erhitzt, bis die Hauptmenge der organischen Substanz verbrannt ist, und anschließend im Muffelofen ca. 6—8 Std bei 525° C erhitzt, bis die Asche weiß geworden ist. Bewährt hat sich Eindampfen und Vorerhitzen mittels eines Oberflächenverdampfers (Quarzbrenner). Durch Zusatz von einigen Tropfen 3%iger H_2O_2-Lösung kann man sich meist das Ausziehen der Asche mit Wasser ersparen.

Zur Bestimmung der *Aschenalkalität* wird die Asche mit wenig Wasser angefeuchtet, mit einer gemessenen überschüssigen Menge (10—25 ml) 0,1 n-Schwefelsäure und einigen Tropfen 30%iger H_2O_2-Lösung versetzt und die Mischung 15 min lang zur Vertreibung des CO_2 bei aufgelegtem Uhrglas auf dem Wasserbad erhitzt. Nach Überspülen in einen Erlenmeyerkolben wird nach dem Erkalten mit 0,1 n-NaOH gegen Tashiro-Indicator (100 ml 0,1%ige

Tabelle 15. *Mittelwerte für Asche und Aschenalkalität verschiedener Fruchtsäfte (Muttersäfte)* (vgl. auch Tab. 3—10)

		Asche g/l	Aschenalkalität ml n-NaOH/l
Birnensaft		2,6	28
Kirschsaft		5,8	60
Himbeersaft		4,4	68
Johannisbeersaft, rot		5,6	—
Johannisbeersaft, schwarz		6,8	—
Brombeersaft		4	—
Pflaumensaft		3	—
Aprikosensaft		5	—
(H. RENTSCHLER 1963)			
Orangensaft	(38 Proben)	4,3 (2,9—6,3)	52 (35—77)
Grapefruitsaft	(29 Proben)	4,7 (3,4—5,6)	51 (37—65)
Zitronensaft	(39 Proben)	3,7 (2,9—5,6)	42 (19—60)
(R. H. MORGAN 1954)			
Orangensaft	(14 Proben)	2,9—4,0	33—46
Grapefruitsaft	(9 Proben)	2,2—4,0	24—39
Zitronensaft	(12 Proben)	2,8—3,7	38—48
(D. WAGNER u. J. J. MONSELISE 1963)			

wäßrige Methylorangelösung + 4 ml 1%ige wäßrige Methylenblaulösung) oder Methylorangelösung oder Phenolphthaleinlösung titriert. Die Aschenalkalität wird in ml n-Lauge/l ausgedrückt. Die Anzahl der von 1 g Asche gebundenen ml n-Lauge wird als Alkalitätszahl bezeichnet.

Traubensäfte scheiden bei der Lagerung Weinstein aus, so daß die Säfte Veränderungen in ihrem ursprünglichen Mineralstoffgehalt, d. h. an Asche und dem Wert der Aschenalkalität aufweisen.

9. Formolwert

25 ml Fruchtsaft (bei Zitronensaft 10 ml + 10 ml Wasser) oder die entsprechende Menge auf dieses Volumen verdünntes Konzentrat werden in einem Becherglas mit 0,25 n-NaOH am pH-Meter auf pH 8,5 titriert und anschließend mit 10—15 ml 35—40%iger Formaldehydlösung versetzt, die ebenfalls mit 0,25 n-NaOH auf pH 8,1 eingestellt ist. Nach ca. 1 min wird die Lösung mit 0,25 n-NaOH wiederum auf pH 8,5 titriert. Bei Anwesenheit von SO_2 versetzt man die Probe vor der Neutralisation mit einigen Tropfen 30%iger H_2O_2-Lösung. Die nach Zugabe der Formaldehydlösung verbrauchte Anzahl ml 0,1 n-NaOH für 10 oder 100 ml Fruchtsaft (g Konzentrat) stellt den Formolwert dar, wobei die Bezugsgröße (10 oder 100 ml) tunlichst anzugeben ist (vgl. auch E. BENK, dieser Bd. S. 246).

E. DITZ (1960) empfiehlt, 50 ml Fruchtsaft mit 2 n-Lauge ungefähr zu neutralisieren und hierauf mit 0,1 n-Lauge auf pH 8,5 einzustellen. Die weitere Bestimmung erfolgt wie vorstehend mit dem Unterschied, daß statt 0,25 n-NaOH 0,1 n-Lauge sowie ca. 50 ml auf pH 8,5 eingestellte Formaldehydlösung verwendet werden.

Beim Reifen der Früchte ändert sich der Formolwert des Saftes meist im Sinne einer Abnahme. Verschiedene Faktoren, wie Behandlung mit Ionenaustauschern oder ein Zusatz von Ascorbinsäure, können ihn etwas erniedrigen. Konzentrierung des Saftes, Größe des Fruchtfleischanteils, Verarbeitung zu Sirup oder Getränken, sind praktisch ohne Einfluß auf den Formolwert. Bei Kunstprodukten (z. B. Verfälschung von Zitronensaft mit Citronensäure) ist er um ein Mehrfaches erniedrigt, wenn er nicht durch Zugabe von Aminosäuren künstlich erhöht worden ist (vgl. S. 218). Werte vgl. Tab. 16. Nach Angaben von B. R. COUSSIN u. Z. SAMISH (1966) sollen die Formolwerte von israelischen Orangensäften starken Schwankungen bei der Lagerung unterliegen, z. B. zwischen 11 und 28 bei einem Ausgangswert von 21. Dagegen blieben die Chloraminwerte konstant.

Tabelle 16. *Formolwerte von Fruchtsäften (Muttersäften) für 100 ml*

Literatur	Schweizerisches Lebensmittelbuch	E. BENK (1956)	O. WYLER (1955)
Äpfel	1—3,5	—	1—7
Birnen	3—11	—	4
Süßkirschen	27—39	—	8—31
Sauerkirschen	—	—	8—14
Pflaumen	12—19	—	8—18
Pfirsiche	—	—	16
Aprikosen	—	9—14	11
Erdbeeren	8—13	—	7
Himbeeren	10—18	5—20	38
Brombeeren	—	—	13
Johannisbeeren, rot und weiß	17—19	—	18
Johannisbeeren, schwarz	—	—	20
Heidelbeeren	—	—	3
Trauben, weiß	11—13	—	11—19
Orangen	22—36	13—31	22
Grapefruits	11—24	16—38	24
Mandarinen	—	13—25	—
Zitronen	10—18	12—21	14
Ananas	—	7—19	—

Anmerkung: D. WAGNER u. J.J. MONSELISE (1963) fanden in 21 israel. Orangensäften Formolwerte von 16—24, in 19 Grapefruitsäften Werte von 13—23,5 und in 15 Zitronensäften Werte von 17,5—23,5.

10. Chloraminwert

Arbeitsvorschrift: 1 ml filtrierter Fruchtsaft bzw. 1 g Fruchtsirup oder entsprechende Verdünnungen von Konzentraten werden in einem mit Glasstopfen verschließbaren Kölbchen nach Zusatz von genau 50 ml 0,01 n-Chloraminlösung (1,4082 g p-Toluolsulfonchloramid-Natrium/l) 15 min verschlossen im Dunkeln stehen gelassen. Nach Zugabe von 1 g Kaliumjodid und 5 ml 10%iger Schwefelsäure wird das ausgeschiedene Jod mit 0,01 n-Natriumthiosulfat-Lösung zurücktitriert (Stärkelösung als Indikator). Die Differenz zwischen der vorgelegten Menge Chloraminlösung und der verbrauchten Menge Natriumthiosulfatlösung stellt den Chloraminwert dar, der für 1 ml Fruchtsaft bzw. 1 g Fruchtsirup oder Konzentrat angegeben wird (E. BENK u. H. STEIN 1959).

Nach den Untersuchungen dieser Autoren liegt der Chloraminwert für zahlreiche Obstsäfte zwischen 8 und 18 (Apfelsaft 4,2—10,9; weißer Traubensaft 6,4—12,4). D. WAGNER u. J.J. MONSELISE (1963) gaben in 19 israelischen Orangensäften Chloraminwerte von 11,25—18,70 (15 Zitronensäfte: 14,45—21,55 und 19 Grapefruitsäfte: 14,35—21,65) an. Für Citrus-Kunstprodukte wurden Chloraminwerte von 0,7—1,5 genannt.

Der Chloraminwert wird durch reduzierende Stoffe wie Ascorbinsäure (1 mg ergibt einen Chloraminwert von 11,2—11,6), Kaliumpyrosulfit, wasserfrei (1 mg = 16,9), Sorbinsäure (1 mg = 14,1) beeinflußt.

11. Künstliche Farbstoffe

Vgl. Bd. II/2 u. A. FINCKE in Band V/1 S. 726

12. Nachweis von Naturfarbstoffen

Der Zusatz anthocyanhaltiger Farbauszüge (alle blau und viele rot gefärbten Früchte enthalten Anthocyane) ist nur dann einwandfrei zu beweisen, wenn die namengebende Frucht des Produktes andere Anthocyane und Anthocyanidine enthält als die zur Färbung verwendeten. So ist ein Zusatz zur Erdbeer-Konfitüre dadurch festzustellen, daß Gartenerdbeeren hauptsächlich Pelargonidin-3-monoglucosid aufweisen, das anderen Obstfrüchten fehlt und auch sonst im Pflanzenreich nicht häufig auftritt.

Dagegen enthalten fast alle Obstarten Chrysanthemin (Cyanidin-3-monoglucosid) u. a. Cyanidinglykoside, die in Obsterzeugnissen z. T. als freies Cyanidin vorliegen. In diesen Fällen ist ein Nachweis von Zusätzen sehr schwer oder unmöglich. Dies gilt u. a. für Holunderbeersäfte und -extrakte, da diese Beeren als Hauptfarbstoff Chrysanthemin enthalten. Heidelbeer- und Malven-Farbstoffe können über das in diesen Früchten vorkommende Malvidin und Delphinidin sowie deren Glykoside nachgewiesen werden (Vorkommen der Anthocyane in Früchten vgl. K. Herrmann 1960, 1962). Auch der Farbstoff der roten Rübe, das Betanin, fällt im Chromatogramm auf.

Der Nachweis kann auf papierchromatographischem (Übersichtsarbeit: J.B. Harborne (1958), vgl. auch K. Herrmann (1960)) oder dünnschichtchromatographischem Wege erfolgen.

Als Fließmittel zur papierchromatographischen Trennung kommen in Frage:

1. obere Phase eines Gemisches von n-Butanol-2 n-Salzsäure (1:1),
2. n-Butanol — Essigsäure — Wasser (4:1:2,2), das auch zur Dünnschichtchromatographie verwendet werden kann,
3. Essigsäure — Wasser — konz. Salzsäure (30:10:3) = Forestal-Gemisch, besonders für Anthocyanidine geeignet.

Gemisch 1 muß 24 Std vor Gebrauch hergestellt werden. Bei Gemisch 1 und 2 spielt die nach Herstellung des Gemisches verstrichene Zeit eine Rolle, da hierdurch die Rf-Werte beeinflußt werden.

Die dünnschichtchromatographische Trennung, die in letzter Zeit verstärkt empfohlen wurde, wird in ca. 1 Std auf Celluloseplatten mit dem Fließmittel Wasser — konz. Salzsäure — konz. Ameisensäure (8:4:1) (N. Nybom 1963) oder in ca. 3 Std auf Kieselgel G- bzw. Celluloseplatten mit Essigsäureäthylester — Phenol — Essigsäure — Wasser (3:3:2:2) bzw. Essigsäureäthylester — Phenol — Essigsäure — Ameisensäure — Wasser (3:4:1:1:1) (F. Drawert 1963) vorgenommen.

Die einzelnen Flecken der Anthocyane sind durch ihre Eigenfarbe ausgezeichnet, z. T. geben sie unter der UV-Lampe charakteristische Fluorescenzen. Einen guten Hinweis für die Identität mit Anthocyanen gibt der Farbumschlag nach Blau auf Bedampfen mit Ammoniak und nach Rot auf Bedampfen mit Salzsäure.

Die Reinigung kann u. a. durch Adsorption der Farbstoffe an saure Kationenaustauscher, z. B. Kationenaustauscher I Merck (A. Mehlitz u. H. Drews 1960b) oder Dowex 50 W—X 4 (N. Nybom 1963), oder durch Bleifällung (wie beim Nachweis der Hybridenfarbstoffe in Traubensäften, vgl. Bd. VII dieses Handbuchs oder H. Rentschler u. Mitarb. 1961, W. Diemair u. Mitarb. 1963, F. Drawert 1963) erfolgen.

In Anlehnung an N. Nybom (1963) werden etwa 10—20 ml des Saftes mit der gleichen Menge Propanol gefällt und dem Filtrat ca. 10% Ionenaustauscher (Dowex 50 W — X 4) zugesetzt. Aus Konfitüren, Marmeladen und dergl. sowie aus Sirupen stellt man durch Zugabe von ca. 2 Teilen Wasser (notfalls unter Erhitzen) und durch weitere Zugabe von ca. 2 Teilen Propanol eine 20%ige Lösung des Produktes her, welcher dann der Ionenaustauscher zugefügt wird. Nach 15 min Schütteln wird von der überstehenden Flüssigkeit, die zur Prüfung auf Fruchtsäuren (s. S. 213) dienen kann, abgegossen und der rot gefärbte Ionenaustauscher mit Wasser in einen Meßzylinder gefüllt. Nach dessen Sedimentation wird das Wasser vorsichtig abgegossen und neues hinzugefügt und dabei der Austauscher aufgewirbelt. Auf diese Weise wird 6—8mal mit Wasser gewaschen. Zuletzt wird eine kleine Menge Methanol zugesetzt.

Für das Eluieren der Anthocyane werden kleine mit ausgezogener Spitze versehene Glasröhrchen benutzt. In jedes Röhrchen wird erst eine kleine Glaskugel oder ein kleiner Wattebausch gegeben. Der Ionenaustauscher wird mit einer weitlumigen Pipette aufgesaugt.

Dann läßt man ihn sedimentieren und füllt ihn in das Röhrchen ein. Das überflüssige Methanol wird abgeblasen und nun 2% konz. Salzsäure enthaltendes Methanol tropfenweise zugegeben, bis die Austauschermasse völlig naß ist. Nach 1 min wird mit einer Geschwindigkeit von 1 Tropfen/min eluiert. Es ist wichtig, daß das Eluieren sehr langsam erfolgt. Die gewonnene Farbstofflösung wird dann chromatographiert.

13. Verfälschungen von Fruchtsäften und Süßmosten

Verfälschungen mit Säften anderer Früchte können bisweilen durch chromatographische Analyse der Anthocyane oder der Fruchtsäuren nachgewiesen werden.

Ein beträchtlicher Zusatz von rotem Johannisbeersaft zu *schwarzem Johannisbeersüßmost* kann nach A. MEHLITZ u. H. DREWS (1960b) dadurch erkannt werden, daß rote Johannisbeeren ein Anthocyan enthalten, welches in der schwarzen Species nicht vorkommt, während drei andere gemeinsam auftreten. Andererseits enthalten schwarze Johannisbeeren Delphinidin-Derivate, die in der roten Species fehlen. N. NYBOM (1963, vgl. unten) konnte dünnschichtchromatographisch einen Zusatz von 20% rotem Johannisbeersaft zu schwarzem durch den Nachweis einer Anthocyan-Komponente (Rf = 0,83) feststellen (vgl. S. 217). Trotzdem ist mit der Methode eine Verfälschung nicht mit Sicherheit zu erkennen (J. KOCH u. G. BRETTHAUER 1958), da Anthocyane sehr leicht verändert werden. Nach H. WOIDICH u. T. LANGER (1959) geben in Äthanol aufgenommene Ätherextrakte der Säfte der roten und schwarzen Johannisbeere auf dem Papierchromatogramm (n-Butanol — Essigsäure — Wasser (63:27:10)) je 3 im UV-Licht fluorescierende Flecke (Flavonoide ?), von denen 2 gemeinsam vorkommen (Rf-Werte 0,58 und 0,70). Im dritten Fleck (schwarze: Rf = 0,33, dunkelgelb; rote: Rf = 0,81; hellgelb) unterscheiden sich die Säfte deutlich, so daß Verschnitt mit 5% rotem Johannisbeersaft nachweisbar sein soll. Die Methode kann dadurch verfeinert werden, daß die Säfte bei pH 10 aufgekocht und dann mit Äther extrahiert werden.

Ein 30%iger Zusatz von Apfel- oder Traubensaft zu schwarzem Johannisbeersüßmost läßt sich über ein Säurechromatogramm klar nachweisen. Durch Apfelsaft wird der Äpfelsäurefleck deutlich verstärkt, während durch Zusatz von Traubensaft ein Weinsäurefleck erscheint, den der Saft der schwarzen Johannisbeere sonst nicht aufweist (D. JORYSCH u. Mitarb. 1962; D. JORYSCH 1963). Auch die Verfälschung von *Heidelbeersaft* durch roten Traubensaft kann durch das Auftreten des Weinsäureflecks nachgewiesen werden. Ein Vorkommen von mehr als 5% Citronensäure bzw. von Weinsäure in *Apfelsäften*, das bisweilen festzustellen ist, kann auf Zusatz von Birnen- oder Traubensaft bzw. deren Konzentrate zurückzuführen sein (K. WUCHERPFENNIG u. G. BRETTHAUER 1962a).

Der Nachweis einer Verfälschung des *Himbeersaftes* und -sirups mit Kirschsaft (M. KUKAL u. L. SCHMID 1956) kann über den Sorbitnachweis geführt werden (vgl. S. 159). Bisher empfohlene Reagensglasreaktionen sind hierzu ungeeignet. Auch die Verfälschung von Traubensaft mit Apfelsaft kann durch einen Sorbitgehalt nachgewiesen werden (H. STAUB u. R. WIDMER 1950).

Ein Zusatz von Zucker zu *Traubensäften* kann auf papierchromatographischem Wege erkannt werden, z. B. nach H. TANNER (1963b). Auch soll sich die Methode dazu eignen, einen Verschnitt von Traubensaft mit Kernobstsäften aufzuzeigen.

Eine Verfälschung des *Zitronensaftes* durch Citronensäure ist z. T. an der Erniedrigung des Formol- und Chloraminwertes zu erkennen, soweit keine Eiweißhydrolysate zugesetzt worden sind. Zum Nachweis raffinierter Verfälschungen vgl. C.E. VANDERCOOK u. Mitarb. (1963), welche das Verhältnis von Gesamtaminosäuren-, L-Äpfelsäure- und Polyphenol-Gehalt zur Titrationsacidität heranziehen sowie zusätzlich die Zusammensetzung der Aminosäuren und Polyphenole papierchromatographisch prüfen.

Die in den Untersuchungen festgestellte Beziehung von Gesamtaminosäuren-Gehalt (A) — bestimmt wie Formolwert und berechnet auf Aminosäuren — zur Titrationsacidität (Z) — berechnet als wasserfreie Citronensäure — betrug in mval/100 ml

$$A = 0{,}028\,Z - 0{,}497 \text{ (Abweichung gering)},$$

die von L-Äpfelsäure (X) — bestimmt aus der optischen Drehung eines Uranyl-Malat-Komplexes — zur Titrationsacidität (Z)

$$X = 0{,}292 + 0{,}035\,Z \text{ (Abweichung beträchtlich)}.$$

Die Durchschnittswerte in mval/100 ml (in Klammer die Standardabweichung) für California-Arizona-Zitronensäfte betrugen:

$$A = 2{,}01\ (0{,}47);\ X = 3{,}41\ (0{,}98);\ Z = 89{,}38\ (13{,}19).$$

H. Rentschler (1964) wies daraufhin, daß in letzter Zeit in größerem Ausmaß und zudem außerordentlich raffinierte Fälschungen von Orangensäften und Orangensaft-Konzentraten aufgetreten sind, denen mit klassischen Analysenmethoden kaum beizukommen ist. Häufig sind diese durch Zusatz von billigeren Aminosäuren hinsichtlich der Formolzahl „analysenfest" gemacht worden, so daß der papier- oder dünnschichtchromatographischen (K. Wucherpfennig u. I. Franke 1965) Prüfung der enthaltenen Aminosäuren Bedeutung zukommt (natürliches Vorkommen vgl. Tab. 12). Eine weitere Möglichkeit des Nachweises von Verfälschungen besteht in der papierchromatographischen Charakterisierung der in verdächtigen Orangensäften enthaltenen Polyphenole und im Vergleich mit den in naturreinen Orangensäften enthaltenen, vgl. auch C.E. Vandercook u. Mitarb. (1963).

Hinweise auf einen Nachweis von Verfälschungen der Orangensäfte und -konzentrate gibt weiterhin R. Sawyer (1963). Für die Auslese verdächtiger Proben eignet sich besonders die Bestimmung des Gehaltes an Nicotinsäure (im Mittel 2,9 mg/l) und des Verhältnisses Gesamtzucker zu Extrakt, das im Mittel 0,71 beträgt. Orangensäfte mit einem Nicotinsäuregehalt von 1,5 mg/l und tiefer und einem Gesamtzucker/Extrakt-Verhältnis von 0,76 und mehr sind verdächtig und sollten gründlich überprüft werden.

14. Ascorbinsäure

Die Bestimmung kann nach der Tillmans-Methode (2,6-Dichlorphenolindophenol), die jedoch für Fruchtsäfte und Süßmoste modifiziert werden muß, z. B. Analysenmethode der Internat. Fruchtsaft-Union, DLG-Methode oder nach H. Zonneveld (1962), oder photometrisch mit 2-Nitroanilin nach H. Moor (1956) erfolgen. Erprobte Methoden wurden auch von R. Strohecker u. H.M. Henning (1963) mitgeteilt.

Arbeitsvorschrift: 20 ml Fruchtsaft werden in einem 200 ml-Meßkolben mit 2%iger Oxalsäurelösung bis zur Marke aufgefüllt, gut durchgeschüttelt und je 10 ml des 1 + 9 mit Oxalsäurelösung verdünnten Fruchtsaftes in einem Vorversuch in etwa 10 Reagensgläser pipettiert. Dann gibt man in das erste Glas z. B. 1,0 ml (oder weniger) 0,001 n-Blaulösung aus einer Mikrobürette, mischt, fügt nach genau 15 sec 2,0 ml Äther hinzu, schüttelt um und läßt das Reagensglas einige min stehen. In gleicher Weise verfährt man mit den übrigen Reagensgläsern unter weiterer Zugabe von Blaulösung (jeweils + 0,5 ml), bis der Äther eine schwache Rosafärbung zeigt (vorläufiger Endpunkt). Darauf wird in einem weiteren Versuch, angefangen bei der zur Rosafärbung noch nicht ausreichenden Menge 0,001 n-Blaulösung, durch Steigerung um je 0,1 ml 0,001 n-Blaulösung der genaue Endpunkt der Titration (zarte Rosafärbung) ermittelt (1 ml 0,001 n-Dichlorphenolindophenollösung = 0,088 mg Ascorbinsäure).

Wenn der Fruchtsaft Stoffe enthält, die den Äther von vornherein färben (z. B. Orangensaft, Sanddorn-Süßmost) wird der mit Oxalsäurelösung zu 200 ml aufgefüllte Fruchtsaft zuvor zur Entfernung der Farbstoffe mit 30 ml Äther ausgeschüttelt.

Falls der Fruchtsaft freies SO_2 enthält, muß dieses vorher entfernt werden. Dies geschieht dadurch, daß 10 ml des mit Oxalsäurelösung zu 200 ml aufgefüllten Fruchtsaftes vor Zugabe der Blaulösung mit 2,5 ml Aceton versetzt werden. Nach 3 min wird 1,0 ml 0,001 n-Blaulösung zugefügt und gut durchgeschüttelt. Nach genau 40 sec werden 2,0 ml Äther zugesetzt und weiter so verfahren wie bei der Bestimmung in Abwesenheit von SO_2.

Bestimmung des Blindwertes: 5 ml Fruchtsaft werden mit 40 ml Wasser verdünnt und dann mit 5 ml 10%iger Kupfersulfatlösung versetzt. Die Mischung wird 15 min vorsichtig gekocht, unter fließendem Wasser auf 20° C abgekühlt und dann in einen 50 ml-Meßkolben übergeführt, der mit Wasser bis zur Marke aufgefüllt und dann umgeschüttelt wird. Dann werden je 10 ml dieser Mischung in 4 Reagensgläser pipettiert, in bekannter Weise mit 0,001 n-Blaulösung versetzt (0,05—0,10 — 0,15—0,20 ml) und mit Äther ausgeschüttelt.

Aus der Differenz des Farbstoffverbrauches mit und ohne Kupferzusatz wird der Gehalt an Ascorbinsäure berechnet.

Beim vorliegenden Verfahren wird nur Ascorbinsäure erfaßt, nicht aber Dehydroascorbinsäure. Falls diese letztere mitbestimmt werden soll, kann nach den von R. STROHECKER u. H.M. HENNING (1963) mitgeteilten Verfahren oder nach P. SPANYÁR u. Mitarb. (1963a; 1963b) vorgegangen werden.

15. Carotin und Carotinoide

Wiederholt wurden Orangensäfte und vor allem -konzentrate und -grundstoffe angetroffen, die mit β-Carotin nachgefärbt waren. Dies ist nur durch eine quantitative Bestimmung des Gesamtcarotinoidgehaltes und eine zusätzliche einwandfreie Erfassung der Carotinoid-Kohlenwasserstoffe zu beweisen.

Da zu den Orangenkonzentraten und -grundstoffen in der Praxis auch Mandarinen mitverarbeitet werden und diese bisweilen einen höheren β-Carotin-Anteil am Gesamtcarotinoidgehalt aufweisen sollen, muß eine Toleranz eingeräumt werden (J. KOCH u. D. HESS 1962). Auf der anderen Seite ist ein geringer Zusatz von β-Carotin ohne praktischen Wert, so daß bei Verfälschungen von Orangenprodukten mit β-Carotin in der Regel beträchtliche β-Carotinanteile auftreten. Wissenschaftlich exakte Grenzwerte lassen sich z. Z. noch nicht mitteilen (J. KOCH u. D. HESS 1962), doch dürfte ein β-Carotinanteil am Gesamtcarotinoidgehalt von über 25% anormal sein und auf Verfälschungen schließen lassen. In der Literatur wurden bisher β-Carotingehalte von maximal 7% (W.K. HIGBY 1962), 11,5% (E. BENK 1961), 6% (H. ROTHER 1962), in Orangen und maximal 8% in Tangerinen (H. ROTHER 1962), bezogen auf den Gesamtcarotinoidgehalt, angegeben.

Spezielle quantitative Methoden für Orangensäfte wurden in letzter Zeit von E. BENK (1961), H. ROTHER (1962), W.K. HIGBY (1962) sowie J.C. BAUERNFEIND u. Mitarb. (1962) veröffentlicht, wobei wir der Methode von H. ROTHER den Vorzug geben möchten. Treten bei der säulenchromatographischen Trennung, z. B. nach H. ROTHER, irgendwelche Zweifel auf, so ist zusätzlich die dünnschichtchromatographische Analyse nach E. BENK u. Mitarb. (1963) zu empfehlen (Kieselgel G; Fließmittel: Petroläther — Benzol — Aceton — Essigsäure (80:20:2:1)). Vgl. auch E. BENK (dieser Bd. S. 248).

Als *qualitativen Nachweis* empfehlen J.C. BAUERNFEIND u. Mitarb. (1962): In einem mit Glasstopfen verschließbaren Zentrifugenglas von 50 ml werden 5 ml Orangensaft, 1 g Calciumcarbonat, 10 ml Aceton und 20 ml Petroläther (Sdp 30—60° C) durch 3 min langes Schütteln gemischt und dann bis zur guten Phasentrennung zentrifugiert. Eine gelborange Färbung der wäßrigen Phase deutet auf künstliche Farbstoffe (z. B. Tartrazin, Sunset Yellow), während eine schwach gelbe Farbe natürlich ist. Eine gelb-orange oder orange Färbung der Petroläther-Phase weist auf einen Zusatz von Carotin hin, während eine schwach gelbe Färbung nur die natürlich vorhandenen Carotinoide zeigt. Zum einwandfreien Nachweis einer Färbung wird die Petroläther-Phase in einen Scheidetrichter überführt und 3—4mal mit Wasser ausgeschüttelt. Der Petroläther-Extrakt wird mit Natriumsulfat getrocknet und dann papierchromatographisch (Fließmittel: Lösung von 2% Aceton in Petroläther, Carotin Rf = 0,95—1,00, gelb; β-Apo-8'-carotinal Rf = 0,70—0,85, orangerot; Bixin-Ester Rf = 0,25—0,38, gelborange; Bixin Rf = 0,0—0,10, gelborange; natürlich vorkommende Xanthophylle Rf = 0,25—0,40, hellgelb) oder besser dünnschichtchromatographisch (vgl. E. BENK u. Mitarb. 1963) geprüft.

Quantitative Bestimmung nach H. Rother (1962):

Eingesetzte Menge: 4 g Dicksaft bzw. 6—10 g Konzentrat, die auf ca. 25 ml mit Wasser verdünnt werden, bzw. 25 ml Saft bzw. 200 ml Getränk. Dieser Ansatz wird wie bei E. Benk (dieser Bd. S. 247) angegeben, weiter bearbeitet.

16. Hydroxymethylfurfurol

Arbeitsvorschrift: 2 ml Saft oder 2 ml eines rückverdünnten Konzentrates (10 g auf 50 ml) werden mit 5 ml p-Toluidin-Reagens (10 g Toluidin werden in 50 ml Isopropanol gelöst, mit 10 ml konz. Essigsäure versetzt und im 100 ml-Meßkolben mit Isopropanol bis zur Marke aufgefüllt. Lösung täglich frisch herstellen!) sowie 1 ml 0,5%iger wäßriger Barbitursäurelösung vermischt und bei 546 mμ 3 min nach Zugabe der Barbitursäure gegen dest. Wasser gemessen. In einem zweiten Ansatz wird eine Blindprobe, die 1 ml Wasser an Stelle der Barbitursäurelösung enthält, ebenfalls gegen dest. Wasser gemessen. An Hand einer mit Hydroxymethylfurfurol (HMF)-Lösung bekannter Konzentration aufgestellten Eichgeraden kann der HMF-Gehalt aus der Differenz der Extinktionswerte ermittelt werden (H. Drews 1964).

Die Methode arbeitet mit einem Fehler von 10%. Bei einer Schichtdicke von 1 cm entspricht eine Extinktion von 0,100 ungefähr 3,5 mg HMF pro 1 Saft.

Nach den Analysenmethoden der Internat. Fruchtsaft-Union werden die Fruchtsäfte vor der Bestimmung wie folgt behandelt:

25 ml Fruchtsaft oder die entsprechende Menge Konzentrat werden mit Natriumhydrogencarbonat schwach alkalisch gemacht (pH 7—8; mittels Indikatorpapier prüfen). Dabei tritt starke Schaumbildung auf, die durch Zusatz einiger Tropfen Isopropanol vermieden werden kann. Nach Zusatz von 4 ml 0,5%iger Stärkelösung wird tropfenweise so viel 0,1 n-Jodlösung zugegeben, bis die blaue Farbe für 15—20 sec bestehen bleibt. Die erhaltene Lösung wird in einem 50 ml-Meßkölbchen mit je 1 ml Carrez-Lösung I und II (vgl. S. 212) versetzt, mit Wasser auf 50 ml aufgefüllt und blank filtriert. Bei farbstoffreichen Flüssigkeiten oder bei Mengen über 50 mg/l HMF ist entsprechend zu verdünnen. Stark rot gefärbte Fruchtsäfte oder stark braune Apfelsaftkonzentrate sind zur vollständigen Entfärbung anstelle einer Carrez-Schönung mit Aktivkohle zu behandeln.

Bei der anschließenden Bestimmung wird bei 550 mμ gegen die Blindprobe gemessen.

Zum *qualitativen Nachweis* werden 10—20 μl Saft oder rückverdünntes Konzentrat auf Papier Schleicher & Schüll Nr. 2043b aufgetragen und in n-Butanol-Äthanol-Wasser (40 : 11 : 19) entwickelt. Hierauf wird das Papier leicht angetrocknet und noch in feuchtem Zustande während 5 min in eine Atmosphäre von konz. HCl gebracht. Anschließend wird das Chromatogramm mit einer Lösung von 1,23 g p-Anisidin und 1,66 g Phthalsäure in 100 ml Äthanol besprüht und erneut während 5 min der HCl-Atmosphäre ausgesetzt. Ein gelber Fleck mit einem Rf-Wert von ca. 0,82 weist auf HMF hin. Bei Verwendung einer 0,1%igen Lösung von Naphthoresorcin in konz. HCl fällt die Behandlung in der HCl-Atmosphäre weg; es wird eine deutlich orangerote Färbung erzielt (Empfindlichkeit ca. 0,2 μg HMF).

17. Vorprüfung auf die Anwesenheit von konservierenden Stoffen (Gärtest)

Konservierungsstoffe hemmen u. a. die Gärung von Obstdauerwaren und Obsterzeugnissen. Daher erlaubt der Gärtest die Beantwortung der Frage, ob ein Fruchtsaft frei von Konservierungsstoffen ist oder ob mit der Anwesenheit solcher Stoffe zu rechnen ist. Bei positivem Gärtest ist die Anwesenheit von Konservierungsstoffen *nicht* wahrscheinlich, während ein negativer Ausfall die Anwesenheit von Konservierungsstoffen wahrscheinlich macht.

J. Koch u. G. Schiffner (1959) schlugen folgenden Gärtest vor, der in die Analysenmethoden der Internat. Fruchtsaft-Union aufgenommen worden ist und auch für die DLG-Qualitätsprüfungen verwendet wird:

Arbeitsvorschrift: 2 ml Hefeansatz II werden nach Entfernung von CO_2 durch Filtrieren über Watte in ein Einhorn-Röhrchen pipettiert. Man fügt 10 ml Fruchtsaft hinzu, schüttelt kräftig um und bringt die Mischung durch Kippen in den geschlossenen langen Schenkel des Gärröhrchens. Nach dem Verschließen des offenen Endes mit Watte wird das Röhrchen 20 Std bei 25° C bebrütet und das Volumen des in dieser Zeit gebildeten CO_2 an der Skala des Einhornröhrchens abgelesen. Bei nichtkonservierten Fruchtsäften soll das nach 20 Std Bebrütung gebildete CO_2-Volumen mindestens 5 ml betragen. Kleinere Zahlenwerte lassen auf konservierungsstoff-bedingte Gärhemmungen schließen. (Im einfachsten Falle kann man statt des Hefeansatzes eine frisch bereitete 10%ige Suspension aus Preßhefe und Wasser verwenden).

Der Gärtest ist stets in 3 Parallelversuchen anzusetzen. Der pH-Wert des zu prüfenden Fruchtsaftes soll zwischen 3,0 und 4,0 liegen und ist erforderlichenfalls auf diesen pH-Bereich einzustellen.

Herstellung des Hefeansatzes: 25 g Glucose, 1 g Asparagin, 0,5 g KH_2PO_4 und 0,5 g $MgSO_4 \cdot 7\,H_2O$ werden in wenig ausgekochtem dest. Wasser bei 20° C gelöst, mit 1 g frischer, mit Wasser fein angeriebener Preßhefe gemischt und in einem 100 ml-Meßkolben mit ausgekochtem Wasser bis zur Marke aufgefüllt. Anschließend wird die Lösung in eine sterile Flasche oder einen Erlenmeyer-Kolben übergeführt, mit einer Spatelspitze Kieselgur versetzt, das Gefäß mit einem Gärspund verschlossen und 24 Std bei 25° C bebrütet (Hefeansatz I).

Nach Ablauf dieser Zeit werden 10 ml des gut umgeschüttelten, über Watte filtrierten Hefeansatzes I erneut mit einer Lösung der obigen Chemikalien versetzt und auf 100 ml mit Wasser aufgefüllt und — wie oben beschrieben 48 Std bei 25° C bebrütet (Hefeansatz II).

Man kann auch so verfahren, daß die flüssige Probe mit 7% einer 10%igen Bäckerhefeaufschlämmung und 5% eines Leberhomogenisats (im Turmix unter Zugabe einer gleichen Menge Wasser hergestellt) versetzt und bei 26° C bebrütet wird. Bei Konzentraten werden die Verdünnungen auf 10% Saccharosegehalt eingestellt. Das Leberhomogenisat ist im wesentlichen bei Citrusprodukten (Citrus-Fruchtsaftgetränken) erforderlich, da hier Komponenten des enthaltenen ätherischen Öles eine Gärhemmung bewirken können, die durch das Leberhomogenisat herabgesetzt wird (R. JAHN 1963).

Wegen des chemischen Nachweises der einzelnen Konservierungsstoffe vgl. den Beitrag von W. DIEMAIR u. W. POSTEL: Konservierungsstoffe in Bd. II/2 dieses Handbuches. Auch sei auf H. ROTHER (1961) verwiesen.

18. Ameisensäure

10 ml Fruchtsaft werden in die Apparatur zur Halbmikrobestimmung der flüchtigen Säuren einpipettiert, mit 1 ml 2 n-Schwefelsäure angesäuert und im Wasserdampfstrom solange destilliert, bis ca. 10 ml abdestilliert sind. 2 ml Destillat und 80 mg Magnesiumspäne werden in ein in Eiswasser ruhendes Reagensglas gegeben. Unter ständigem Umschütteln werden 0,5 ml eisgekühlte konz. Salzsäure in Anteilen von ca. 0,05 ml im Abstand von je einer Minute zugefügt. Anschließend gibt man langsam 5 ml eisgekühltes Chromotropsäure-Reagens (100 mg Chromotropsäure in 2 ml Wasser lösen und 48 ml 82%ige Schwefelsäure dazugeben. Aufbewahrung im Kühlschrank) zu und stellt das Reagensglas für 30 min in ein siedendes Wasserbad. Eine intensive Violett-Färbung weist auf Ameisensäurezusatz hin, während Fruchtsäfte ohne Ameisensäure mit dem Reagens nur eine sehr schwache Rosafärbung ergeben.

19. Schweflige Säure

Zur Bestimmung der schwefligen Säure wird heute meist das alkalimetrische Verfahren von MONIER-WILLIAMS angewendet, das in die AOAC-Methoden (W. HORWITZ 1960) aufgenommen ist; vgl. auch J.F. REITH u. J.J.L. WILLEMS (1958). Die Methode wurde von H. TANNER (1963a) für Fruchtsäfte modifiziert und entspricht im Prinzip der von P. NEHRING für Konfitüren und Marmeladen empfohlenen Methode, die auf S. 162 dieses Bandes — ebenso wie eine qualitative Schnellmethode — ausführlich beschrieben ist. TANNER benutzt eine Einwaage von 50 ml und Stickstoff zum Übertreiben des SO_2. Das Anbrennen an der Kochkolbenwand wird durch einen etwa 50%igen Zusatz von Methanol verhindert, wodurch auch das Mitreißen flüchtiger Säuren vermieden wird. Die Destillationsvorlage wird mit 10 ml 0,2%iger H_2O_2-Lösung und 60 ml Wasser beschickt, die gegen Mischindikator (15 mg Methylrot + 25 mg Methylenblau in 100 ml Äthanol) mit 0,01 n-Lauge oder -Säure auf grünen Farbumschlag titriert worden sind (Beschreibung der Methode bei „Essig“, Bd. VI des Handbuches. — Bei Fruchtsäften entfällt die dort angegebene zusätzliche Wasserdampfdestillation, die nur bei Essig erforderlich ist).

Für Fruchtsäfte und ähnliche Erzeugnisse wurde weiterhin das jodometrische Verfahren von W. DIEMAIR u. Mitarb. (1960/61) vorgeschlagen. Es stellt eine modifizierte Methode nach W. WEINMANN u. L. WALTHER (1944) dar, die für die DLG-Qualitätsprüfungen verwendet wird. Diese Bestimmung setzt ein kräftiges Erwärmen des Kochkolbens voraus, so daß bei zuckerhaltigen Getränken Kochkrusten entstehen, welche beim Zersetzen SO_2-vortäuschende Stoffe abgeben können (H. TANNER 1963a).

20. Farbe

Von einem einwandfreien Fruchtsaft wird häufig eine bestimmte Farbe als Zeichen der Qualität erwartet, während Verfärbungen oder Farbabweichungen Qualitätsmängel darstellen, die u. a. auf zu starke Wärmeeinwirkungen, Oxydationen, Alterungserscheinungen, Metall-Kontaminationen oder dergleichen schließen lassen.

Die Farbe kann gegen Farbstandards verglichen werden. So schreiben die US-Standards für Orangensäfte und -konzentrate die Verwendung des „USDA-Orange juice color standard" vor; auch in Europa ist versucht worden, Farbskalen für Fruchtsäfte festzulegen (H. LÜTHI 1960).

Gegenüber diesen subjektiven Methoden haben objektive Verfahren ohne Zweifel Vorzüge. So wird in USA häufig das Hunter Color Difference Meter zu Farbmessungen und Farbvergleichen herangezogen. Nicht zuletzt können sich spezielle Farbscheiben des Hellige-Komparators zur Farbmessung, z. B. von Apfelsäften, eignen (A. KERN 1962).

Einwandfrei hergestellte Muttersäfte, Halbware und Süßmoste aus schwarzen Johannisbeeren fluorescieren unter der UV-Lampe tief blauviolett. Ein Braunstich darf nicht auftreten.

21. Pulpegehalt, z. B. in Citrussäften

Um einen Überblick über den Pulpeanteil zu erhalten, werden 100 ml des Saftes, z. B. bei 4000 U/min, 10 min lang in 2 Gläsern zentrifugiert, die überstehende Flüssigkeit wird in einen graduierten Meßzylinder übergeführt. Wichtig ist der Durchmesser der Zentrifuge (g-Wert). Die Differenz zwischen 100 und dem zurückgemessenen Flüssigkeitsvolumen ergibt das Volumen des Depot (P. DUPAIGNE 1960). — Eine exaktere Bestimmung vgl. A. SCHALLER u. E. MIHALOVICS (1959).

Die US-Standards schreiben konische graduierte 50 ml-Zentrifugengläser vor. Die Umdrehungen/min sollen sich nach dem Abstand der Böden der Zentrifugengläser bei laufender Zentrifuge richten und 1609 (bei 10 Zoll Abstand; Zoll = 2,54 cm), 1534 (11 Zoll), 1468 (12 Zoll), 1410 (13 Zoll), 1359 (14 Zoll), 1313 (15 Zoll), 1271 (16 Zoll), 1234 (17 Zoll), 1199 (18 Zoll), 1167 (19 Zoll) und 1137 (20 Zoll) betragen.

Forderung der US-Standards:

Ananassaft:	A-Ware 5—26; C-Ware 5—30 Vol.-% nach 3 min Zentrifugieren; Graduierung der Gläser ca. 10,6 cm lang,
Zitronensaft:	A-Ware höchstens 13; C-Ware höchstens 16 Vol.-% nach 10 min Zentrifugieren,
Grapefruitsaft:	A-Ware höchstens 10; C-Ware höchstens 15 Vol.-% nach 10 min Zentrifugieren,
Orangensaft:	keine Angaben.

22. Ätherisches Öl

Der Gehalt an ätherischem Öl der Citrusprodukte, der in den US-Standards (vgl. Tab. 19) festgelegt ist, beeinflußt Geschmack, Aroma und Haltbarkeit (vgl. S. 205). Ein zu geringer Gehalt gibt ein zu flaches, uncharakteristisches Aroma; ein zu hoher Gehalt wirkt sich bei der Lagerung der Produkte auf Aroma und Geschmack nachteilig aus.

Zur Bestimmung ist die Clevenger-Methode zu empfehlen (A. BEYTHIEN u. W. DIEMAIR 1963; vgl. auch bei Gewürze, Bd. VI dieses Handbuches).

23. Pektinesterase

Arbeitsvorschrift: 10 ml Saft werden in einem 250 ml Becherglas mit 100 ml Pektinlösung (1%ige Lösung von Pektin mit hohem Methoxylgehalt und 0,15 m an Natriumchlorid) versetzt. Nach Einstellen der Temperatur auf 30° C wird unter starkem Rühren durch Zugabe von 1 n-NaOH auf pH ca. 6,5 und weitere Zugabe von 0,02 n-NaOH auf genau pH 7,00 eingestellt (pH-Meter). Der pH-Wert darf sich im Verlaufe von 1 min nicht mehr ändern. Bei pH 7,00 wird die Stoppuhr in Gang gebracht und mit der Zugabe von 0,02 n-NaOH begonnen. Die Zugabe wird so reguliert, daß der pH-Wert zwischen 6,9 und 7,1 gehalten werden kann. Die Laugezugabe wird je nach Fermentaktivität bei 5 oder 10 ml beendet (L. R. MacDONNELL u. Mitarb. 1945; A. H. ROUSE u. C. D. ATKINS 1952; J. KOCH u. E. SAJAK 1964).

Die Aktivität, ausgedrückt als mval verseifter Ester pro min und ml Saft, wird nach der Formel berechnet:

$$\text{PEE} = \frac{\text{ml verbrauchter Lauge} \times \text{Normalität}}{\text{Versuchsdauer (min)} \times \text{Einwaage (ml)}}$$

(PEE = Pektinesterase-Einheiten)

Die Werte betragen in frischem Orangensaft ca. $10–25 \cdot 10^{-3}$.

Zur Prüfung auf genügende Zerstörung der Pektinesterase und damit auf Trubstabilität in Säften und Konzentraten empfehlen W. PILNIK u. G. ROTHSCHILD (1960) einen pH-Abfalltest und einen Titrationstest:

Orangensaft bzw. auf 12 °Brix verdünntes Konzentrat wird mit 2 n-NaOH potentiometrisch auf pH 7,0 ± 0,2 und eine 2%ige Pektinlösung andererseits mit 0,1 n-NaOH auf pH 6,0 ± 0,2 gebracht. Je 30 ml beider Lösungen werden gemischt und mit 0,1 n-NaOH auf pH 7,00 neutralisiert. Zur Konservierung werden einige Tropfen Toluol zugegeben. Die Mischung wird in sterile Fläschchen abgefüllt und bei Zimmertemperatur die vorgesehene Zeit stehen gelassen. Dann wird der pH-Wert erneut gemessen (pH-Abfalltest) und die Menge 0,1 n-NaOH bestimmt, die zur erneuten Neutralisation auf pH 7,00 nötig ist (Titrationstest).

Tabelle 17. *Titrationstest für 2 verschiedene Orangensäfte mit 0,5, 1,0 und 2,0% Pektinesterase-Restaktivität* (W. PILNIK u. G. ROTHSCHILD 1960)

Restaktivität in %	Verbrauch in ml 0,1 n-NaOH nach					
	1 Tag		3 Tagen		6 Tagen	
	Saft 1	Saft 2	Saft 1	Saft 2	Saft 1	Saft 2
0,5	0,15	0,00	0,65	0,20	1,25	0,35
1,0	0,30	0,35	1,00	0,65	2,05	1,10
2,0	0,90	0,85	1,65	1,60	3,05	2,50

Ein Orangenkonzentrat von 40° Brix zeigt bei einer Pektinesterase-Restaktivität von 2% innerhalb von 120 Tagen keinerlei Klärung (vgl. auch S. 209). Beim Orangensaft ist auch eine Restaktivität von 5% noch ohne Einfluß.

24. Mikrobiologische Prüfung und Prüfung auf saubere Verarbeitung

Pasteurisierte Fruchtsäfte und Süßmoste sind selten steril. Das Wachstum der noch vorhandenen Mikroorganismen wird in der Regel durch die Acidität und das Fehlen von Sauerstoff unterbunden. Neben der alkoholischen Gärung durch Hefen kann eine Säuerung durch Milchsäure- und Buttersäure-Bakterien, z. B. bei der Einlagerung nach BÖHI, auftreten.

Hinsichtlich der Mikroorganismen, welche in Kern-, Stein- und Beerenobstsäften vorkommen, sei auf die ausführliche Übersichtsarbeit von H. LÜTHI (1959) verwiesen. Mit der Mikrobiologie der Fruchtsäfte befaßte sich weiterhin u. a. H. SCHANDERL (1956), vgl. auch hierzu H. MEHLITZ (1951) und D. K. TRESSLER u. M. A. JOSLYN (1961).

Die mikrobiologische Prüfung, besonders der Konzentrate, erfolgt meist im Plattentest unter Verwendung von Petrischalen, worauf hier nicht einzugehen ist. H. LÜTHI u. U. VETSCH (1960) teilten eine vereinfachte Methode zur Keimzählung und Differenzierung mit. Sie verwendeten Plastikbeutel aus Polyäthylen oder

Polyamid, welche steriles Nährmedium enthalten und in die mit einer Rekordspritze die zu prüfende Flüssigkeit eingespritzt wird.

Als chemischer Test (Nachweis einer unsauberen Verarbeitung im Herstellerbetrieb) ist in USA für Citrussäfte und Apfelsäfte der sog. *Voges-Proskauer-Test* vorgeschlagen worden, welcher auf der Bestimmung des durch die Mikroorganismen (Hefen, Bakterien, Schimmelpilze) gebildeten Diacetyls bzw. Acetylmethylcarbinols beruht und der nach E.C. HILL u. F.W. WENZEL (1957) ausgeführt werden kann:

Reagentien: Lösung von 5 g α-Naphthol in 100 ml 95%igem Äthanol (bzw. Isopropanol), Lösung von 40 g KOH in Wasser zu 100 ml, danach Zugabe von 0,3 g Kreatin.

Die Reagentien sollten täglich frisch bereitet werden!

Arbeitsvorschrift: Von 300 ml Fruchtsaft (bzw. entsprechend verdünnten Konzentrats) werden 25 ml in einen graduierten Meßzylinder abdestilliert, wobei das Destillat an der Wandung des Zylinders herablaufen soll, um eine Dispergierung des ätherischen Öls und damit eine Trübung des Destillats zu vermeiden. 10 ml des klaren Destillats werden mit 5 ml α-Napththol-Lösung und 2 ml alkalischer Kreatinlösung versetzt, 15 sec kräftig geschüttelt, 10 min stehen gelassen und dann wieder 15 sec kräftig geschüttelt. In gleicher Weise werden 10 ml Wasser (als Blindprobe) behandelt. Dann wird bei 545 mμ (bei Verwendung von Isopropanol 535 mμ) gemessen und der Gehalt an Diacetyl auf Grund einer Eichkurve berechnet. Acetylmethylcarbinol wird in Gegenwart von starkem Alkali und Luftsauerstoff zu Diacetyl oxydiert. — Die Farbintensität des Reaktionsproduktes fällt nach Erreichung eines Maximums wieder ab.

In 435 Proben tiefgefrorenen Orangenkonzentrats betrug der Diacetylgehalt 0,1—3,3 mg/l Destillat (= 0,01—0,28 mg/l des auf 12 °Brix verdünnten Konzentrats), wobei in 88% der Proben der Gehalt bis 1 mg/l betrug. Einwandfreie Apfelsäfte weisen nach M.L. FIELDS (1962, 1964) höchstens 1,6 mg Acetylmethylcarbinol/l auf.

25. Sonstige Inhaltsbestandteile

Citrus-Flavanone: W.B. DAVIS (1947); L. HÖRHAMMER u. H. WAGNER (1962)
Gerbstoffe: K. HERRMANN (1963; vgl. auch Bd. I dieses Handbuches einschl. Pflanzenphenole)
Glycerin: vgl. S. 167 dieses Bandes
Methanol: G. RANKOFF u. Mitarb. (1958); vgl. auch H. MEHLITZ u. H. DREWS (1960a)
Pektine: J. KOCH u. D. HESS (1964) und Analysenmethoden der Internat. Fruchtsaft-Union
Schwermetalle (Cu, Pb, Fe, Zn): Analysenmethoden der Internat. Fruchtsaft-Union.

26. Sinnenprüfung und Fruchtsaftbewertung nach Punkten (DLG-Prüfverfahren)

Die Sinnenprüfung erstreckt sich auf Farbe (vgl. S. 223), Klarheit, Geruch und Geschmack. Vor allem sollen die Säfte keine Geschmacksabweichungen, z. B. karamelartigen, brandigen Geschmack und keinen „Tankgeschmack“ aufweisen, wie er bei unsachgemäßer Einlagerung nach dem Kohlensäuredruckverfahren (BÖHI) u. a. auftreten kann. Nachtrübungen auf der Flasche sind ebenfalls qualitätsmindernd. Wegen Aromaveränderungen beim Lagern sei auf S. 205 und wegen mikrobiologischer Veränderungen auf S. 224 verwiesen.

Nach dem DLG-Prüfverfahren (vgl. S. 226) bewertete Fruchtsäfte und Süßmoste werden mit 18—20 Punkten als „sehr gut“, mit 15—17 als „gut“, mit 12—16 als „mittel“, mit 8—11 als „gering“ und mit 1—7 als „mangelhaft“ bewertet. Produkte mit der Punktzahl 0 im chemischen Befund entsprechen nicht den Anforderungen (S. 227) und sind daher nicht verkehrsfähig.

„Deutscher Markensüßmost“, der unter ständiger Kontrolle der zuständigen Landwirtschaftskammern in bestimmter Qualität in den Verkehr gebracht wird, muß mit mindestens 15 Punkten bewertet sein, wovon auf Farbe und Klarheit je 2, auf Geruch mindestens 3, auf Geschmack mindestens 6 und auf den chemischen Befund 2 Punkte entfallen müssen.

Prüfung des Fruchtsaftes nach dem DLG-Punkteverfahren

I. Sinnenprüfung

	Punkte
1. *Farbe* (0—2)	
a) normal	2
b) unnatürlich hochfarben oder farbarm	1
c) mißfarben	0
2. *Klarheit* (0—2)	
a) klar oder trüb deklariert	2
b) nachgetrübt	1
c) trüb durch mikrobiologische Veränderungen (Hefen, Bakterien, Schimmel) oder sonstige Verunreinigungen	0
3. *Geruch* (0—4)	
a) besonders fruchtig (feines, volles Bouquet)	4
b) fruchtig (typisches Fruchtaroma)	3
c) reintönig (aromaschwach, arm an typ. Fruchtaroma, auch leichte oxydative Veränderungen der Bouquetstoffe)	2
d) fremd (fremde Aromastoffe überdecken das typ. Fruchtaroma, deutlich oxydative Veränderungen der Bouquetstoffe)	1
e) zuwider	0
4. *Geschmack* (0—10)	
a) auserlesen (Spitzenqualität)	10
b) hocharomatisch (frei von fremden Geschmacksstoffen, ausgeglichen im Säure-Zucker-Verhältnis und besonders fruchtig)	9
c) vollaromatisch (frei von fremden Geschmacksstoffen und ausgeglichen im Säure-Zucker-Verhältnis und fruchtig)	8
d) aromatisch (frei von fremden Geschmacksstoffen und ausgeglichen im Säure-Zucker-Verhältnis)	7
e) reintönig (frei von fremden Geschmacksstoffen, braucht aber im Säure-Zucker-Verhältnis nicht ausgeglichen zu sein)	6
f) nicht reintönig (fremde Geschmacksstoffe wahrnehmbar (z. B. Zusatz von Säften oder Stoffen, die bei der Verarbeitung des Obstes und der Säfte gebildet werden und die Reintönigkeit wesentlich beeinträchtigen)	5
g) unharmonisch (unausgeglichen im Säure-Zucker-Verhältnis oder gerbstoffreich oder dünn, arm an zuckerfreiem Extrakt oder metallisch)	4
h) unharmonisch und nicht reintönig (unausgeglichen im Säure-Zucker-Verhältnis oder gerbstoffreich oder metallisch oder dünn bei gleichzeitigem Vorkommen von fremden Geschmacksstoffen)	3
i) fremd	2
j) zuwider	0

II. Chemische Prüfung

Punkte	2	1	0
Gärfähigkeit und Haltbarkeit	positiv	positiv	negativ
Alkohol g/l	bis 5,0	bis 5,0	über 5,0
Flüchtige Säuren g/l	bis 0,3	bis 0,4	über 0,4
Milchsäure g/l	bis 0,4	bis 0,6	über 0,6
Gesamtschwefl. Säure für Traubensaft mg/l	vgl. „Leitsätze“, Seite 227		
für alle anderen Fruchtsäfte mg/l	vgl. „Leitsätze“, Seite 227		

Zur Prüfung auf Haltbarkeit wird der Fruchtsaft 7 Tage stehend bei 20°C aufbewahrt. Nach Ablauf dieser Zeit darf die Flasche weder in Gärung geraten sein noch eine Schimmelinfektion aufweisen.

VII. Hinweise für die lebensmittelrechtliche Beurteilung

1. Deutsche Anforderungen an Fruchtsäfte oder Süßmoste

Die an Fruchtsäfte oder Süßmoste und an konzentrierte Fruchtsäfte zu stellenden Anforderungen sind in den „*Leitsätzen für Fruchtsäfte (Süßmoste)*" enthalten, die von der Kommission zur Schaffung eines deutschen Lebensmittelbuches beschlossen und im Bundesanzeiger Nr. 195 vom 15. Oktober 1966 veröffentlicht worden sind. Bisher wurden die „Qualitätsnormen und Deklarationsvorschriften für verarbeitetes Obst und Gemüse" (Braunschweig: G. Hempel 1965), Abschnitt X, der Beurteilung zugrunde gelegt. Auch unterliegen die Produkte der Lebensmittelkennzeichnungs-Verordnung vom 8. Mai 1935.

Die Abschnitte Begriffsbestimmung, Herstellung und Bezeichnung dieser Leitsätze sind auf den S. 177—179 eingearbeitet, während auf die Beschaffenheitsmerkmale und die besonderen Beurteilungsmerkmale für bestimmte Erzeugnisse im folgenden eingegangen wird:

Fruchtsäfte müssen gärfähig sein.

Äthylalkohol, flüchtige Säuren, Milchsäure und gesamte schweflige Säure dürfen im trinkfertigen Saft nur folgende Höchstwerte aufweisen:

a) Alkohol 5,0 g/l; b) flüchtige Säuren (berechnet als Essigsäure) 0,4 g/l; c) Milchsäure 0,6 g/l; d) gesamte schweflige Säure: im Traubensaft 40 mg/l, in anderen Fruchtsäften 10 mg/l.

Konzentrierte Fruchtsäfte entsprechen nach Verdünnung gemäß Herstellerangabe den Qualitätsanforderungen an Fruchtsäfte.

Das Gewichtsverhältnis (20/20° C) muß bei Apfel-, Birnen- und Orangensaft 1,045 = 45° Ö und bei Traubensaft 1,055 = 55° Ö mindestens betragen. Zu Apfel- und Birnensaft dürfen konzentrierte Erzeugnisse zugesetzt werden, um diese Gewichtsverhältnisse zu erreichen.

An Gesamtsäure (berechnet als Weinsäure), die ausschließlich aus der Frucht stammen muß, sind als Mindestwerte vorgeschrieben:

bei schwarzem Johannisbeersaft	10 g/l
bei rotem und weißem Johannisbeer- sowie Stachelbeer- und Sanddornsaft	9 g/l
bei Orangen-, Schlehen-, Zwetschgen-, Pflaumen-, Hagebutten-, Grapefruit-, Ebereschen- und Sauerkirschsaft	8 g/l
bei Heidelbeer-, Holunder-, Quitten- und Himbeersaft	7 g/l
bei Trauben-, Aprikosen- und Pfirsichsaft	6 g/l
bei Apfel-, Erdbeer-, Birnen- und Brombeersaft	5 g/l

Schwarzer Johannisbeersaft und Orangensaft müssen einen natürlichen Gehalt an L-Ascorbinsäure von 200 mg/l aufweisen. Citrussäfte dürfen höchstens 0,3 ml/l an Citrusöl (Schalenöl) enthalten.

Erzeugnisse, die a) mißfarben sind oder b) ein fremdes Aroma besitzen oder c) unharmonisch sind sowie einen deutlich wahrnehmbaren fremden Geschmack besitzen oder d) denen jeder Fruchtgeschmack fehlt, sind als Fruchtsäfte nicht verkehrsfähig.

Nach den „Qualitätsnormen" mußten die Produkte „aus gesunder, frischer, sauberer oder geputzter, nicht angegorener Rohware, von der die üblicherweise nicht verwendeten Teile entfernt sind, hergestellt sein. Wertbestimmende Bestandteile dürfen nicht entzogen sein." „Die Verarbeitung hat unter bestmöglicher Schonung der Werte der Rohware zu erfolgen." Die Erläuterungen zu den „Qualitätsnormen" fügten hinzu: Als nicht gesund sind insbesondere Früchte anzusehen, die durch Bakterien, Schimmel oder tierische Schädlinge soweit befallen sind, daß sie den Saft nachteilig beeinträchtigen und ihre Verarbeitung als unhygienisch angesehen werden muß. Der Begriff „frische Rohware" schließt die Verwendung von vorkonservierten Früchten wie sterilisierten, gekochten oder chemisch konservierten aus.

Nichtverkehrsübliche Hilfsstoffe dürfen bei der Herstellung nicht zugesetzt werden. Auch unter Kenntlichmachung unzulässig sind u. a. die Verwendung bzw. der Zusatz von Trockenobst, Nachpresse, Mineralstoffen, Farbstoffen, Konservierungsstoffen, Aromastoffen (natürliche und künstliche Essenzen), Dickungsmitteln (wie Agar-Agar, Gelatine, Obstpektin), Süßstoffen, chemischen Bleichmitteln sowie das Zuckern von Apfel-, Birnen- und Traubensaft.

2. Deutsche Anforderungen an Obstmuttersäfte und Obstsirupe

Die Obstmuttersäfte und Obstsirupe sind Gegenstand der Verordnung über Obsterzeugnisse vom 15. Juli 1933, zu deren Verständnis die amtliche Begründung herangezogen werden kann. Obstsäfte und Obstsirupe gelten als verfälscht, wenn bei der Herstellung Obstrückstände, Konzentrate oder Säfte anderer Obstarten verwendet oder zusätzlich Wasser, Aromastoffe (unbeschadet der Verwendung von Schalenaroma bei Citrusprodukten) oder Mineralstoffe zugesetzt worden sind. Nur Himbeersirup darf höchstens 1 Teil Kirschsaft auf 9 Teile Himbeersaft enthalten, sofern das Erzeugnis als „Himbeersirup mit Zusatz von Kirschsaft" kenntlich gemacht ist. Weiter dürfen Obstsäften weder Farbstoffe oder Säuren zugesetzt, noch diese unter Verwendung von Auszügen aus getrocknetem Obst oder von Nachpresse hergestellt werden. Obstsirupe dürfen bis 0,3 % zugesetzte Weinsäure oder Milchsäure enthalten, bei Kenntlichmachung bis 1 %. Kirschsäfte müssen den Begriffsbestimmungen (vgl. S. 179) entsprechen. Wegen Verdorbenheit vgl. sinngemäß S. 170.

Für Obstmuttersäfte wichtig sind weiterhin die Konservierungsstoff-Verordnung vom 19. Dezember 1959, die in Obstmuttersäften, auch konzentriert bis zum Gewichtsverhältnis von 1,33, jedoch nicht in Obstdicksäften unter Kenntlichmachung („mit Konservierungsstoff ....") einen Zusatz von 2,0 g Sorbinsäure oder 1,0 g Benzoesäure/l zuläßt, sowie die Fruchtbehandlungs-Verordnung vom 19. Dezember 1959, die zu Citrusmuttersäften, auch zu Citrus-Konzentraten bis zum Gewichtsverhältnis von 1,33, jedoch nicht zu Citrusdicksäften die Verwendung von Schwefeldioxid, schwefliger Säure, Natriumsulfit, Natriumhydrogensulfit, Calciumhydrogensulfit, Natrium- und Kaliumpyrosulfit, auch in Vermischung untereinander bis 0,3 g SO_2/kg gestattet.

Vom Bundesverband der Obst- und Gemüseverwertungsindustrie e.V. wurden Richtlinien für die Herstellung, Kennzeichnung und Beurteilung von Orangeade- und Zitronadesirupen aufgestellt (Qualitätsnormen und Deklarationsvorschriften für verarbeitetes Obst und Gemüse, Fassung 1965 — Braunschweig: G. HEMPEL, Anhang 2, S. 93).

3. Zur Beurteilung von Kern-, Stein- und Beerenobst-Säften wichtige chemische Werte

Zur Beurteilung der wichtigeren deutschen Fruchtsäfte und Süßmoste können die in den Tab. 3—8 angegebenen Kennzahlen herangezogen werden, wie es überhaupt notwendig erscheint, daß weitere Mindest- und Höchstwerte für bestimmte Wertmale festgelegt werden (vgl. als Beispiel u. a. Tab. 18 und 19 sowie D.K. TRESSLER u. M.A. JOSLYN 1961).

Die „Leitsätze" fordern bei Apfel-, Birnen- und Orangensaft mindestens ein Gewichtsverhältnis 20/20° C von 1,045 = 45° Ö und bei Traubensaft mindestens ein solches von 1,055 = 55° Ö. J. KOCH (1956a) benutzte als Mindestwerte für das Öchslegewicht bei Traubensaft 58° Ö und bei Beeren-, Kirsch- und Mischsüßmost

Tabelle 18. *Französische Standards für Traubensaft* (nach D. K. TRESSLER u. M. A. JOSLYN 1961)

		A-Ware	B-Ware
Gewichtsverhältnis (20/20° C) (Mindestwert)			
bei Muskat		1,075	1,060
bei anderen Sorten		1,065	1,060
Titrationsacidität (ber. als Weinsäure)			
bei Muskat	g/l	4,5 —7,5	3,75—9
bei anderen Sorten	g/l	6,75—12	5,25—13,5
In Wasser unlösliche Mineralstoffe bei trüben Säften höchstens	mg/l	10,0	20,0
Kupfer (Höchstwert)	mg/l	5,0	10,0
Blei (Höchstwert)	mg/l	1,6	1,6
Arsen (Höchstwert)	mg/l	0,4	0,4
Alkohol (Höchstwert)	g/l	4,0	4,0
Gesamt-SO_2 (Höchstwert)	mg/l	50,0	100,0
Sulfat, berechnet als K_2SO_4 (Höchstwert)	g/l	1,0	1,5

50° Ö. In Beeren-, Kirsch- und Mischsüßmosten werden von den Praktikern 55° Ö allgemein für ansprechend gehalten. Ein Traubensaft schmeckt bei 65—75° Ö am besten.

Ein unerlaubter Wasserzusatz kann bei Apfelsaft nur dann erkannt werden, wenn der zuckerfreie Extrakt unter 14 g/l liegt (J. KOCH 1957a). Für Traubensäfte fehlen wohl noch die entsprechenden Erfahrungswerte. Man sollte aber für alle Fruchtsäfte, die einen Anspruch auf Qualität erheben, einen Gehalt an zuckerfreiem Extrakt von mindestens 18 g/l fordern (J. KOCH 1956d). Neben dem zuckerfreien Extrakt können zum Nachweis von Verfälschungen u. a. herangezogen werden: Asche, Alkalität der Asche, Kalium-Natrium-Verhältnis der Asche sowie der Formolwert (Chloraminwert). Der Aschegehalt normal beschaffener Beeren- und Steinobstsüßmoste beträgt nach J. KOCH (1957a) in der Regel etwa $^1/_{10}$ des zuckerfreien Extraktes. Das Verhältnis Asche: Aschenalkalität erreicht den Wert von 1:10. Aber auch hier bestätigen Ausnahmen die Regel. Nach B. WEGER (1959) sind Traubensäfte, welche einen pH-Wert unter 2,8, eine Asche unter 1,8 g/l und eine Aschenalkalität unter 18 ml/l n-NaOH aufweisen, der Fälschung dringend verdächtig.

Für einen Qualitätssüßmost aus schwarzen Johannisbeeren müssen mindestens 18 g/l zuckerfreier Extrakt gefordert werden (J. KOCH u. G. BRETTHAUER 1958, 1959). Das Verhältnis von Säure:zuckerfreiem Extrakt liegt nicht unter 1:1,5 und das Verhältnis von Asche:Aschenalkalität nicht über 1:15 und nicht unter 1:8,5.

Für Halbware (Muttersaft + Nachpresse) fordern die gleichen Autoren: Zuckerfreier Extrakt 50 g/l; Asche 5,0 g/l; Titrationsacidität 25,0 g/l (als Weinsäure) und Ascorbinsäure 800 mg/l — und für Muttersaft: zuckerfreier Extrakt 60 g/l und ein Verhältnis von Asche: Aschenalkalität von 1:9 bis 1:11.

Einwandfrei hergestellte Muttersäfte, Halbware und Süßmoste aus schwarzen Johannisbeeren fluoreszieren unter der UV-Lampe tief blauviolett.

Der Gehalt an Vitamin C ist nur in Citrussäften sowie den Süßmosten aus schwarzen Johannisbeeren und Erdbeeren bemerkenswert. Die anderen Fruchtsäfte und Süßmoste enthalten nur Spuren oder sind frei von Vitamin C, was besonders für gelagerte Apfel- und Traubensäfte gilt.

Für eine Qualitätsbeurteilung ist weiterhin das Säure-Zucker-Verhältnis, welches für den harmonischen Geschmack eines Süßmostes entscheidend ist, von Interesse. Der Zuckergehalt wird hierbei nach J. Koch (1956a) nicht auf chemischem Wege, sondern aus dem Öchslegewicht unter Zuhilfenahme folgender Formel errechnet:

Traubensaft: $$\text{Zucker in } \% = \frac{\text{Öchslegewicht}}{4} + 1$$

Apfelsaft: $$\text{Zucker in } \% = \frac{\text{Öchslegewicht}}{5} - 3$$

Beeren- und Kirschsaft: $$\text{Zucker in } \% = \frac{\text{Öchslegewicht}}{4} - 3$$

Das Säure-Zucker-Verhältnis kann nach J. Koch (1956a) wie folgt beurteilt werden:

1:10 bis 1:12	sehr gut
1:12,1 bis 1:14,5	gut
1:14,6 bis 1:17	befriedigend
über 1:17,1	unbefriedigend

Apfelsaft und Johannisbeer-Süßmost können heute praktisch ohne SO_2 (ca. 10 mg/l) hergestellt werden (vgl. S. 179), was für Traubensäfte noch nicht möglich ist. Eine Entschwefelung der Traubensäfte kann, falls keine tiefgreifenden geschmacklichen Veränderungen auftreten (Hochfarbigkeit und Kochgeschmack), nicht nachgewiesen werden. Sie führt auch nicht zu einer Erhöhung des Hydroxymethylfurfurol-Gehaltes (vgl. unten).

Der Gehalt der Fruchtsäfte an biogenen Säuren (flüchtige Säuren, Milchsäure) kann direkt als Maßstab für die Arbeitsweise der Betriebe herangezogen werden. Je länger die Säfte zur Fermentierung oder Schönung stehen und je höher die Temperatur liegt, umso mehr werden sich diese Säuren bilden (vgl. S. 183).

Hydroxymethylfurfurol (HMF) entsteht durch Wärmeeinwirkung auf Fruchtsäfte, z. B. bei der Heißeinlagerung ohne Rückkühlung oder der Herstellung von Konzentraten und/oder im Verlaufe der Lagerung (J. Koch u. R. Kleesaat 1961). Zur Beurteilung vgl. J. Koch (1966). Sofern der HMF-Gehalt der Apfelsäfte 10 mg/l und der Traubensäfte 20 mg/l übersteigt, besteht nach J. Koch u. R. Kleesaat (1959) der Verdacht, daß die Erzeugnisse durch Rückverdünnung von Obstkonzentraten hergestellt wurden. Andererseits können durch besonders schonende Herstellung Konzentrate auch ohne Hydroxymethylfurfurol gewonnen werden (A. Mehlitz u. H. Drews 1959). Bei der Heißeinlagerung ohne Rückkühlung muß in Traubensäften mit bis zu 20 mg/l HMF und in Apfelsäften bis zu 15 mg/l gerechnet werden. Nach der Stellungsnahme des Arbeitskreises lebensmittelchemischer Sachverständiger der Länder und des Bundesgesundheitsamtes (Bundesgesundh.-Bl. 5, 208, 1962) bleibt der Gehalt bei schonender Gewinnung des Traubensaftes unter 10 mg/l. Bei Hinweis auf eine besonders schonende Behandlung darf ein Gehalt von 5 mg/l HMF nicht überschritten werden. Ein Gehalt von 20 mg/l HMF und mehr wird als Hinweis dafür angesehen, daß erhebliche Zersetzungen aufgetreten sind. Ob ein solches Erzeugnis als „verdorben" im Sinne des Lebensmittelgesetzes bezeichnet werden kann, muß durch weitere Untersuchungen erhärtet werden. Nach E. Trifiro u. S. Landi (1962) sollte der HMF-Gehalt in Fruchtnektaren 7,5 mg/l nicht überschreiten. Untersuchte Handelsprodukte lagen weitgehend unter diesen Werten.

Es sei noch darauf hingewiesen, daß ausländische Trauben im Inland zur Herstellung von Traubensäften verwendet werden dürfen, wenn dieser als solcher

Tabelle 19. *Die Anforderungen der US-Standards an Citrussäfte und -konzentrate*

	Orangensäfte		Grapefruitsäfte	
	A-Ware	C-Ware	A-Ware	C-Ware
Äther. Öl in Vol.-% (Höchstwerte)	0,030	0,050	0,015	0,020
ungesüßte Säfte				
Extrakt in ° Brix (Mindestwerte)	10,5	10,0	9,0	9,0
Titrationsacidität g/l (ber. als wasserfreie Citronensäure)	6,5—14,5	5,5—16,0	8,5—20,0	mind. 7,5
Brix-Säure-Verhältnis	10:1 bis 18:1 (unter 11,5 ° Brix) 9:1 bis 18:1 (11,5 ° Brix und höher)	mind. 9:1	8:1 bis 14:1 (ab 9,5 ° Brix mind. 7,5:1; ab 10,5 ° Brix mind. 7:1)	mind. 7:1
gesüßte Säfte				
Extrakt ° Brix (Mindestwerte)	10,5	10,5	11,5	11,5
Titrationsacidität g/l (ber. als wasserfreie Citronensäure)	6,5—14,5	6,0—16,5	8,5—20,0	mind. 8,5
Brix-Säure-Verhältnis	12:1 bis 18:1 (unter 15 ° Brix) 9:1 bis 18:1 (15 ° Brix und höher)	desgl. desgl.	9:1 bis 14:1 (ab 15 ° Brix auch tiefer als 9:1)	mind. 9:1 (ab 15 ° Brix auch tiefer als 9:1)
gültig ab:	17. Nov. 1964	17. Nov. 1964	20. Dez. 1963	20. Dez. 1963
Konzentrate, tiefgefrorene	A-Ware	B-Ware	A-Ware	B-Ware
Äther. Öl (Höchstwerte)	0,030 ml/100 ml auf Saftstärke verdünntes Konzentrat	0,035 ml/100 ml auf Saftstärke verdünntes Konzentrat	0,010—0,050 ml/100 g	0,050 ml/100 g
Brix-Säure-Verhältnis	11,5:1 bis 18:1	10:1 bis 19:1	9:1 bis 14:1 (gesüßtes 10:1 bis 13:1)	7:1 bis 16:1 (gesüßtes 8:1 bis 13:1)
gültig ab:	19. Okt. 1964	19. Okt. 1964	28. Dez. 1956	28. Dez. 1956
Konzentrate in Dosen	A-Ware	C Ware		
Äther. Öl	bis 0,0024 ml/100 g Konzentrat f. jedes ° Brix	bis 0,003 ml/100 g Konzentrat f. jedes ° Brix		
Brix-Säure-Verhältnis	11,5:1 bis 18:1	9,5:1 bis 20:1		
gültig ab:	17. Nov. 1964	17. Nov. 1964		

getrunken werden soll und nicht als Zwischenprodukt zur Weingewinnung dient. Bezeichnungen wie „Meraner Traubenkur" oder als „Meraner Kurtraubensaft" sind zulässig, wenn die Trauben aus dem Meraner Anbaugebiet stammen (H. Holthöfer u. H. Nüse 1963). Auch sei hier auf die in Tab. 18 enthaltenen französischen Anforderungen an Traubensaft hingewiesen.

4. Beurteilung von Citrussäften und -konzentraten sowie Ananassäften

Zur Qualitätsbeurteilung von Citrussäften und -konzentraten fehlen in Deutschland Normen weitgehend. Als Beispiel sei auf die US-Standards (vgl. Tab. 19) verwiesen, die vom US-Department of Agriculture, Agricultural Marketing Service, Washington D.C., herausgegeben werden und im wesentlichen die 3 Klassen: Grade A (Fancy), Grade B (Choice), Grade C (Standard) sowie Substandard unterscheiden lassen.

Bei der Beurteilung werden in den US-Standards nach einem 100-Punkte-System 1. Farbe, 2. Abweichungen, z. B. zu hoher Gehalt an ätherischem Öl, Anwesenheit nicht feinzerkleinerter Fruchtteile sowie von Kernen und Kernteilen (über 3 mm Durchmesser), zu hoher Pulpeanteil, und 3. Aroma und Geschmack berücksichtigt. Bei letzteren werden nicht zuletzt Extraktgehalt, Titrationsacidität und Verhältnis beider zueinander (vgl. Tab. 19) herangezogen. Citrussäfte dürfen als A-Ware keine und als C-Ware nur eine leichte Koagulation aufweisen.

Die US-Standards für Zitronensaft (gültig ab 8. Dez. 1962) schreiben für A-Ware einen Gehalt von 50—70 und für C-Ware 45—75 g/l wasserfreie Citronensäure vor.

Der Israeli Citrus Beverages Standard fordert einen Extraktgehalt von mindestens 10 °Brix, einen Ascorbinsäuregehalt von mindestens 200 mg/l und eine Titrationsacidität (berechnet auf wasserfreie Citronensäure) von 6—13 g/l für Orangensäfte, 9—22 g/l für Grapefruitsäfte und 8—20 g/l für gemischte Säfte aus Orangen und Grapefruits. Für in Flaschen abgefüllte Säfte ist eine Konservierung mit bis 150 mg SO_2/l erlaubt, nicht aber für Dosenware (D.K. Tressler u. M.A. Joslyn 1961).

Zur Beurteilung der Orangenkonzentrate können nach E. Benk (1960a) herangezogen werden: Werte für Asche, Phosphat und Eiweiß sowie die Chloramin- und Formolwerte. Bei einem sechsfach konzentrierten Orangensaft ist mit folgenden Mindestwerten zu rechnen:

Extrakt	g/kg	652	Asche	g/kg	18,6
zuckerfreier Extrakt	g/kg	91,2	Phosphat	g/kg	1,5
Titrationsacidität (ber. als Citronensäure)	g/kg	34,8	Formolwert für 10 g		7,2
			Chloraminwert für 1 g		56,4
Eiweißstoffe	g/kg	16,8			

Fälschungen werden z. T. durch Zusatz von Zucker und Säure vorgenommen.

Bei Ananassaft verlangen die US-Standards (gültig ab 16. März 1957) für A-Ware einen Extraktgehalt von mindestens 12 °Brix und eine Titrationsacidität (berechnet als wasserfreie Citronensäure) von höchstens 11,0 g/l sowie für C-Ware mindestens 10,5 °Brix und eine Titrationsacidität von höchstens 13,5 g/l. Das Brix-Säure-Verhältnis muß für beide Qualitätsstufen mindestens 12:1 betragen.

Bibliographie

Baumann, J.: Handbuch des Süßmosters. 5. Aufl. Stuttgart: E. Ulmer 1959.

Bergmeyer, H.U.: Methoden der enzymatischen Analyse. Weinheim/Bergstr.: Verlag Chemie 1962.

Beythien, A., u. W. Diemair: Laboratoriumsbuch für den Lebensmittelchemiker. 8. Aufl. Dresden-Leipzig: Theodor Steinkopff 1963.

Braverman, J.B.S.: Citrus products. Chemical composition and chemical technology. New-York-London: Interscience Publ. 1949.

Dickinson, D., and P. Goose: Laboratory inspection of canned and bottled foods. London-Glasgow: Blackie & Son 1955.

Gachot, H.: Manuel des jus des fruits. 2. Aufl. Straßbourg: P. Heiz 1955.

Herrmann, K.: Obst, Obstdauerwaren und Obsterzeugnisse (Bd. 9 der Grundlagen und Fortschritte der Lebensmitteluntersuchung). Berlin-Hamburg: W. Parey 1966.

Heun, E.: Die Rohsäfte — Kur, Grundlagen, Methodik, Heilerfolge. 2. Aufl. Stuttgart: Hippokrates-Verlag 1960.

Holthöfer, H., u. H. Nüse: Sammlung lebensmittelrechtlicher Entscheidungen. Bd. 3, S. 207. Berlin: C. Heymanns Verlag 1963.

Horwitz, W., Hrsg.: Official methods of analysis of the Association of official agricultural chemists. 9. Aufl., Washington: Assoc. off. agric. Chemists 1960.

KOCH, J.: Neuzeitliche Erkenntnisse auf dem Gebiet der Süßmostherstellung. 2. Aufl., Frankfurt/M.: Sigurd Horn 1956a.
MEHLITZ, A.: Süßmost. Fachbuch der gewerbsmäßigen Süßmosterzeugung. 7. Aufl. Braunschweig: Dr. Serger & Hempel 1951.
NEHRING, P., u. H. KRAUSE: Konserventechnisches Taschenbuch der Obst- und Gemüseverwertungsindustrie. 14. Aufl. Braunschweig: G. Hempel 1963.
Schweizerisches Lebensmittelbuch, 1. Band. Bern 1964.
SOUCI, S.W., W. FACHMANN u. H. KRAUT: Die Zusammensetzung der Lebensmittel. Nährwert-Tabellen. Stuttgart: Wiss. Verlagsgesellschaft 1962.
STROHECKER, R., u. H.M. HENNING: Vitamin-Bestimmungen. Erprobte Methoden. Weinheim: Verlag Chemie 1963.
THIEL, A., R. STROHECKER u. H. PATZSCH: Taschenbuch für die Lebensmittelchemie. 2. Aufl. Berlin: W. de Gruyter & Co. 1947.
TRESSLER, D.K., and M.A. JOSLYN: Fruit and vegetable juice. Processing technology. Westport (USA): AVI Publ. 1961.
US-Dept. of Agriculture: Agric. Handbook Nr. 98: Chemistry and technology of citrus, citrus products, and by-products. 1956.

Zeitschriftenliteratur

BAUERNFEIND, J.C., M. OSADCA and R.H. BUNNELL: β-Carotene, color and nutrient for juices and beverages. Food Technol. **16**, Nr. 8, 101—107 (1962).
BENK, E.: Ausführung, Anwendung und Bedeutung der Formolwertbestimmung. Fruchtsaft-Industr. **1**, 226—231 (1956).
— Verfälschte Orangendicksäfte. Dtsch. Lebensmittel-Rdsch. **56**, 99—103 (1960a).
— Ein Beitrag zur Kenntnis des Tangerinensaftes. Fruchtsaft-Industr. **5**, 109—111 (1960b).
— Über den Nachweis des Zusatzes von β-Carotin in Orangensäften und deren Zubereitungen. Dtsch. Lebensmittel-Rdsch. **57**, 324—329 (1961).
— Zur Kenntnis und Beurteilung von Orangen-Ganzfruchtsäften. Dtsch. Lebensmittel-Rdsch. **58**, 128—131 (1962).
— Über den Mineralstoffgehalt natürlicher Orangensäfte mit besonderer Berücksichtigung des Natriumgehalts. Mitt. Lebensmittel-Untersuch. Hyg. **56**, 273—281 (1966).
—, u. H. STEIN: Über die Ermittlung des Saftgehaltes in Fruchtsaftzubereitungen mit Hilfe des Chloraminwertes. Fruchtsaft-Industr. **4**, 154—159 (1959).
—, I. WOLFF u. H. TREIBER: Nachweis fremder Carotinoide in Orangensäften mittels Dünnschichtchromatographie. Dtsch. Lebensmittel-Rdsch. **59**, 39—42 (1963).
BERGNER, K.G., u. H. MIETHKE: Zur Blei- und Zinnaufnahme wäßriger Füllgüter in Weißblech-Konservendosen. Z. Lebensmittel-Untersuch. u. -Forsch. **125**, 406—413 (1964).
BERTUZZI, A.: Homogene Fruchtcreme — Technologie und Verwendung. Fruchtsaft-Industr. **6**, 269—278 (1961).
BIEDERMANN, W.: Oxydationen in Obst und Obstsäften. Mitt. Lebensmitteluntersuch. Hyg. **47**, 86—112 (1956).
BLAIR, J.S., E.M. GODAR, J.E. MASTERS and D.W. RIESTER: Exploratory experiments to identify chemical reactions causing flavor deterioration during storage of canned orange juice I. Incompatibility of peel-oil constituents with the acid juice. Food Res. **17**, 235—260 (1952).
BÖTTICHER, W.: Zusammensetzung und Kennzahlen von importierten Himbeermuttersäften. Industr. Obst- u. Gemüseverwert. **45**, 71—73 (1960).
— Qualitätsüberwachung für Süßmoste (in Zusammenarbeit mit dem Verband Bayer. Süßmost-, Obst- und Beerenwein-Keltereien e. V.) im Jahre 1960 (1961). Flüssiges Obst **28**, Nr. 2, 18—20 (1961); **29**, Nr. 4, 4—8 (1962).
— Qualitätsüberwachung der Pilz- und Waldbeerenernte 1963 im Bayerischen Wald — Kennzahlen der Himbeermuttersäfte. Industr. Obst- u. Gemüseverwert. **48**, 715—720 (1963).
BRAVERMAN, J.B.S., and A. LEVI: Comminuted orange. A novel process for its manufacture. Food Technol. **14**, 106—109 (1960).
BRETTHAUER, G.: Über den Eisengehalt der Süßmoste. Fruchtsaft-Industr. **1**, 184—190 (1956).
BURMEISTER, H.: Über die Technologie der Fruchtsäfte und die Problematik ihrer Qualitätsnormen und Deklarationsvorschriften. Dtsch. Lebensmittel-Rdsch. **53**, 109—116 (1957).
BURROUGHS, L.F.: The amino-acids of apple juices and ciders. J. Sci. Food Agric. **8**, 122—131 (1957).
CALVARANO, I.: Kennzahlen für italienischen Zitronensaft (ital.). Essenze Deriv. Agrumari **32**, 110—125 (1962).
CHARLEY, V.L.S.: Some technical aspects of British comminuted drink production. Food Technol. **17**, 987—994 (1963).

CLEGG, K.M.: Non-enzymic browning of lemon juice. J. Sci. Food Agric. **15**, 878—885 (1964).
CLEMENTS, R.L., and H.V. LELAND: An ion-exchange study of the free amino acids in the juices of six varieties of citrus. J. Food Sci. **27**, 20—25 (1962).
COUSSIN, B.R., and Z. SAMISH: Effect of storage on the formol and chloramine-T values of processed single-strength and comminuted orange juices. Food Technol. **20**, 347—348 (1966).
DANEHY, J.P., and W.W. PIGMAN: Reactions between sugars and nitrogenous compounds and their relationship to certain food problems. Advanc. Food Res. **3**, 241—290 (1951).
DAVIS, W.B.: Determination of flavanones in citrus fruits. Analytic. Chem. **19**, 476—478 (1947).
DIEMAIR, W., J. KOCH u. D. HESS: Zur Bestimmung der gesamten und freien schwefligen Säure im Wein. Z. analyt. Chem. **178**, 321—330 (1960/61).
— — u. E. SAJAK: Über das Auftreten der „löslichen" Proteine im Saft der Früchte. II. Der Proteingehalt der Traubensäfte. Z. Lebensmittel-Untersuch. u. -Forsch. **116**, 318—327 (1961/62).
—, u. K. PFEIFER: Zur Kenntnis der freien Phosphorsäure in Fruchtsäften. Z. Lebensmittel-Untersuch. u. Forsch. **117**, 209—215 (1962).
—, W. POSTEL u. H. SENGEWALD: Untersuchungen über Anthocyane, insbesondere über das Malvin. I. Beitrag zur Analytik des roten Farbstoffs in Hybridenwein. Z. Lebensmittel-Untersuch. u. -Forsch. **120**, 173—189 (1963).
DITZ, E.: L'indice de formol des jus de fruits. Industr. aliment. agric. **77**, 685—691 (1960).
DONATH, H.: Fruchtnektare: Begriff, Eigenschaften, Technologie und Verwendung. Fruchtsaft-Industr. **6**, 327—330 (1961).
DRAWERT, F.: Über Inhaltsstoffe von Mosten und Weinen. III. Anwendung der Dünnschicht- und Säulen-Chromatographie zur Trennung der Anthocyane. Vitis **4**, 42—48 (1963).
DREWS, H.: persönliche Mitteilung (1964).
DUPAIGNE, P.: Détermination du pourcentage de pulpe dans les jus de fruits et de légumes. Fruits **15**, 325—327 (1960).
FIELDS, M.L.: Voges-Proskauer test as a chemical index to the microbial quality of apple juice. Food Technol. **16**, Nr. 8, 98—100 (1962).
— Acetylmethylcarbinol and diacetyl as chemical indexes of microbial quality of apple juice. Food Technol. **18**, 1224—1228 (1964).
FINK-ULLEPITSCH, W.: Zur Qualitätsbeurteilung schwarzer Johannisbeer-Muttersäfte. Fruchtsaft-Industr. **6**, 205—207 (1961).
FLANZY, M., et Y. COLLON: Sur l'origine de l'hydroxyméthylfurfural de certains jus de raisins. Ann. Technol. agric **11**, 271—273 (1962).
GOUDIE, A.J., and W. RIEMAN III: Chromatographic separation and determination of fruit acids. Analyt. chim. Acta (Amsterdam) **26**, 419—423 (1962).
GROSSFELD, J., u. R. PAYFER: Über die Bestimmung der Ameisensäure in Lebensmitteln. Z. Untersuch. Lebensmittel **78**, 1—30 (1939).
HARBORNE, J.B.: The chromatographic identification of anthocyanin pigments. J. Chromatograph. **1**, 473—488 (1958).
HEIDE, C. v. D., u. K. HENNIG: Zusammensetzung von Trauben- und Äpfel-Süßmosten und ihr Gehalt an Arsen, Kupfer und Zink. Z. Untersuch. Lebensmittel **66**, 321—338 (1933).
HEIMANN, W., u. ST. ANDLER: Über die hydroxylierende Wirkung der Phenoloxydase. I. Untersuchung des Systems Sauerstoff-Phenolase-Brenzkatechin-Hydrochinon. Z. Lebensmittel-Untersuch. u. -Forsch. **118**, 1—12 (1962).
—, K. WUCHERPFENNIG u. H.J. REINTJES: Neuere Untersuchungen und Ergebnisse auf dem Gebiet der Fermentierung und Erhitzung von Obstmaischen. Nahrung **2**, 117—134 (1958).
HERRMANN, K.: Die Anthocyane der Früchte — eine Übersicht. Fruchtsaft-Industr. **5**, 296—309 (1960).
— Die Anthocyan-Probe als Qualitätskriterium für Konfitüren und Marmeladen, besonders für Erdbeer-Konfitüren. Dtsch. Lebensmittel-Rdsch. **58**, 228—230 (1962).
— Über „Gerbstoffe" in Lebensmitteln und deren Bestimmung. Dtsch. Lebensmittel-Rdsch. **59**, 309—317 (1963).
HIGBY, W.K.: Eine vereinfachte Methode für die Bestimmung der Gesamtcarotinoide und der Carotine in nativem und mit Carotin angereichertem Orangensaft. Fruchtsaft-Industr. **7**, 186—195 (1962).
HILL, E.C., and F.W. WENZEL: The diacetyl test as an aid for quality control of citrus products. Food Technol. **11**, 240—243 (1957).
HÖRHAMMER, L., u. H. WAGNER: Citrusbioflavonoide. Dtsch. Apoth.-Ztg. **102**, 759—765 (1962).
HUET, R., u. A. LEDERGERBER: Orangenpasten. I. Allgemeine Eigenschaften, II. Herstellung aus verschiedenen Orangensorten. Fruchtsaft-Industr. **9**, 163—166, 167—170 (1964).
HULME, A.C.: Some aspects of the biochemistry of apple and pear fruits. Advanc. Food Res. **8**, 297—413 (1958).

IKEDA, R.M., W.L. STANLEY, S.H. VANNIER and L.A. ROLLE: Deterioration of lemon oil. Formation of p-cymen from gamma-terpinene. Food Technol. **15**, 379—380 (1961).
JAHN, R.: Konservierungsmittel. In: Mitteilungen aus der Laboratoriumspraxis. Mitt. Lebensmitteluntersuch. Hyg. **54**, 398—399 (1963).
JORYSCH, D.: Characterization of fruit juices by acid profiles. J. Ass. off. agric. Chem. **46**, 365—371 (1963).
—, P. SARRIS and S. MARCUS: Detection of organic acids in fruit juices by paper chromatography. Food Technol. **16**, Nr. 3, 90—93 (1962).
KEFFORD, J.F.: The chemical constituents of citrus fruits. Advanc. Food Res. **9**, 285—372 (1959).
KERN, A.: Farbveränderungen in Apfelsaftkonzentrat. Schweiz. Z. Obst- u. Weinbau **71**, 190—194 (1962).
KIESER, M. E., A. POLLARD and C. F. TIMBERLAKE: Metallic components of fruit juices. I. Copper as a factor affecting sedimentation in bottled apple juices. J. Sci. Food Agric. **8**, 151—158 (1957).
KOCH, J.: Neuere Ergebnisse auf dem Gebiet der Traubensaftherstellung. Fruchtsaft-Industr. **1**, 7—15 (1956b).
— Untersuchungen zur Herstellungsvereinfachung und Qualitätsverbesserung bei Beerensüßmosten. Fruchtsaft-Industr. **1**, 66—74 (1956c).
— Ein Beitrag zur Technologie naturtrüber Apfelsäfte. Fruchtsaft-Industr. **1**, 121—126 (1956d).
— Über die Beurteilung der Süßmoste bei der amtlichen Lebensmittelkontrolle. Dtsch. Lebensmittel-Rdsch. **53**, 178—184 (1957a).
— Über die chemische Zusammensetzung des Apfelsaftes aus deutschem Mostobst im Jahre 1956. Flüssiges Obst **24**, Nr. 2 (1957b).
— Zur Problematik der Verarbeitung von Früchten zu Säften. Dtsch. Lebensmittel-Rdsch. **58**, 215—220 (1962).
— Die Beurteilung von Fruchtsäften im Hinblick auf ihren Hydroxymethylfurfurol-Gehalt. Dtsch. Lebensmittel-Rdsch. **62**, 105—108 (1966).
—, u. G. BRETTHAUER: Über eine zuverlässige Methode zur Bestimmung der Milchsäure in Süßmost und Wein. Z. analyt. Chem. **132**, 346—356 (1951).
— — Untersuchungen zur Herstellungsvereinfachung und Qualitätsverbesserung der Beerensüßmoste. III. Die Beurteilung der schwarzen Johannisbeer-Süßmoste auf Grund chemischer Untersuchungen. Fruchtsaft-Industr. **3**, 97—112 (1958).
— — Untersuchungen zur Herstellungsvereinfachung und Qualitätsverbesserung der Beerensüßmoste. IV. Vergleich der Heiß-Schnell-Fermentierung mit der Kaltfermentierung. Fruchtsaft-Industr. **4**, 85—94 (1959).
—, H. FRETER u. E. SAJAK: Über das Auftreten der „löslichen" Proteine im Saft der Früchte. Z. Lebensmittel-Untersuch. u. -Forsch. **109**, 395—399 (1959).
—, u. E. HAASE-SAJAK: Zur Frage der chemischen Zusammensetzung von Orangenerzeugnissen. II. Orangenganzfruchterzeugnisse und Orangengrundstoffe. Dtsch. Lebensmittel-Rdsch. **61**, 199—209 (1965).
—, u. D. HESS: Über den β-Carotinanteil in Orangenerzeugnissen. Fruchtsaft-Industr. **7**, 89—92 (1962).
— — Ein Beitrag zur Pektinbestimmung in Fruchtsäften. Z. Lebensmittel-Untersuch. u. -Forsch. **126**, 25—38 (1964).
—, u. R. KLEESAAT: Zur Frage der Naturreinheit von Fruchtsäften. Dtsch. Lebensmittel-Rdsch. **55**, 246—251 (1959).
— — Über die Bildung und Bestimmung von 5-Hydroxymethylfurfurol in Fruchtsäften. Fruchtsaft-Industr. **6**, 107—127 (1961).
—, u. E. SAJAK: Zur Frage der chemischen Zusammensetzung von Orangenerzeugnissen. I. Frischgepreßte Orangensäfte. Fruchtsaft-Industr. **9**, 26—35 (1964).
—, u. G. SCHIFFNER: Unspezifischer Nachweis von chemischen Konservierungsmitteln in Fruchtsäften (Süßmosten), alkoholfreien Erfrischungsgetränken und Obstkonzentraten. Fruchtsaft-Industr. **4**, 3—8 (1959).
—, u. E. ZEYEN: Untersuchungen zur Herstellungsvereinfachung und Qualitätsverbesserung der Beerensüßmoste. II. Beurteilung der schwarzen Johannisbeersüßmoste durch chemische Kennzahlen. Fruchtsaft-Industr. **2**, 121—127 (1957).
KRUMMEL, G.: Ein Beitrag zur Zusammensetzung von Apfelsinensäften aus spanischen und Marokko-Apfelsinen. Dtsch. Lebensmittel-Rdsch. **59**, 50—52 (1963).
KUKAL, M., u. L. SCHMID: Bestimmung von Kirsch- oder Weichselsaft in Himbeerrohsäften. Fruchtsaft-Industr. **1**, 190—195 (1956).
LANGENDORF, H., u. K. LANG: Vorkommen freier Phosphorsäure in Lebensmitteln. Z. Lebensmittel-Untersuch. u. -Forsch. **115**, 400—402 (1961).
LETZIG, E., u. H. NÜRNBERGER: Untersuchungen über die chemische Zusammensetzung von Trubausfällungen aus keltertrübem Apfelsaft. Nahrung **7**, 518—528 (1963).

LÜTHI, H.: Micro-organisms in non-citrus juices. Advanc. Food Res. **9**, 221—284 (1959).
— Über die Beurteilung einiger Qualitätsfaktoren alkoholfreier Fruchtsäfte. Schweiz. Z. Obst- u. Weinbau **69**, 390—415 (1960).
— Toleranzen für Schwermetalle in Fruchtsäften. Schweiz. Z. Obst- u. Weinbau **71**, 412—415, 445—448 (1962) und Flüssiges Obst **29**, Nr. 10, 11—14 (1962).
—, u. U. VETSCH: Eine einfache Methode zur Keimzahlbestimmung und biologischen Betriebskontrolle. Mitt. Lebensmitteluntersuch. Hyg. **51**, 394—399 (1960).
MACDONNELL, L.R., E.F. JANSEN and H. LINEWEAVER: The properties of orange pectinesterase. Arch. Biochem. **6**, 389—401 (1945).
MEHLITZ, A., u. H. DREWS: Die Alkoholbestimmung in Süßmosten und Fruchtsaftaromen. Industr. Obst- u. Gemüseverwert. **43**, 478—482 (1958).
— — Untersuchungen über Vorkommen und Entstehung von Oxymethylfurfurol in Traubensäften, Apfelsäften und daraus hergestellten Konzentraten. Industr. Obst- u. Gemüseverwert. **44**, 141—145 (1959) und Flüssiges Obst **26**, Nr. 5, 14—18 (1959).
— — Entstehung und Bedeutung von Methylalkohol in Fruchtsäften. Flüssiges Obst **27**, Nr. 4, 6—9 (1960a).
— — Über Untersuchungen an roten und schwarzen Johannisbeersäften. **4**. Mitt. Industr. Obst- u. Gemüseverwert. **45**, 174—179 (1960b).
—, u. B. MATZIK: Zur Kenntnis der in Obstsäften vorkommenden flüchtigen Säuren. Fruchtsaft-Industr. **1**, 130—146 (1956).
MONEY, R.W., and W.A. CHRISTIAN: Analytical data of some common fruits. J. Sci. Food Agric. **1**, 8—12 (1950).
— Analytical data on some common fruits. J. Sci. Food Agric. **9**, 18—20 (1958).
MOOR, H.: Bestimmung der Ascorbinsäure in Lebensmitteln und biologischem Material. Mitt. Lebensmitteluntersuch. Hyg. **47**, 20—27 (1956).
MORGAN, R.H.: The analysis of commercial citrus juices. Food **23**, 286—287 (1954).
Mühlberger, F.H.: Zum Nachweis eines Invertzuckerzusatzes in Traubenmosten und Weinen. Z. Lebensmittel-Untersuch. u. -Forsch. **113**, 265—277 (1960); vgl. auch Mitt.-Bl. GDCh., Fachgr. Lebensmittelchem. **15**, 133, 260 (1961).
Nebesky, E.A., W.B. Esselen jr., J.E.W. MCCONNELL and C.R. Fellers: Stability of color in fruit juices. Food. Res. **14**, 261—274 (1949).
NYBOM, N.: Dünnschicht-chromatographische Anthocyanin-Analyse von Fruchtsäften. Fruchtsaft-Industr. 8, 205—214 (1963).
PFANNENSTIEL, W.: Die diätetische und therapeutische Bedeutung von Traubensäften und Süßmosten. Dtsch. Lebensmittel-Rdsch. **49**, 271—277 (1953).
PILNIK, W., u. F. EMCH: Eindampf-Anlagen und Aromagewinnungs-Anlagen, Betrieb und Wärmewirtschaft. Fruchtsaft-Industr. **5**, 245—267 (1960).
—, u. G. ROTHSCHILD: Trubstabilität und Pektinesterase-Restaktivität in pasteurisiertem Orangenkonzentrat. Fruchtsaft-Industr. **5**, 131—138 (1960).
POTTERAT, M., u. H. ESCHMANN: Application des complexons au dosage des sucres. Mitt. Lebensmitteluntersuch. Hyg. **45**, 312—328 (1954).
PRUTHI, J.S.: Physiology, chemistry, and technology of passion fruit. Advanc. Food Res. **12**, 203—282 (1963).
RANKOFF, G., A. POPOFF u. A. JOVTSCHEFF: Bestimmung kleiner Mengen Methylalkohol in Äthylalkohol und Branntweinen. II. Über einige Verfahren zur Bestimmung von Methylalkohol in Branntweinen. Nahrung **2**, 268—280 (1958).
REIF, G.: Über den Nachweis von Sorbit in Obsterzeugnissen. Z. Untersuch. Lebensmittel **68**, 179—186 (1934).
REITH, J.F., u. J.J.L. WILLEMS: Über die Bestimmung der Schwefligen Säure in Lebensmitteln. Z. Lebensmittel-Untersuch. u. -Forsch. **108**, 270—280 (1958).
RENTSCHLER, H.: Die Rolle von Frucht- und Gemüsesäften und den daraus bereiteten Getränken für die Versorgung der Bevölkerung mit Vitaminen und Mineralstoffen. Qualitas Plantarium Mater. vegetabiles [Den Haag] **10**, 208—220 (1963).
— Die Überprüfung der Naturreinheit von Orangensäften und ihren Konzentraten. Mitt. Lebensmitteluntersuch. Hyg. **55**, 501—503 (1964).
—, u. H. TANNER: Über die Zusammensetzung der Fruchtsäuren von schweizerischen Obstsäften. I. und II. Mitt. Lebensmitteluntersuch. Hyg. **45**, 142—158, 305—311 (1954).
— — u. M. BRUNNER: Zur Identifizierung der für rote Hybridentraubensäfte und -Weine charakteristischen Anthocyanfarbstoffe. Mitt. Lebensmitteluntersuch. Hyg. **52**, 312—320 (1961).
— — u. P. DEJUNG: Die Zuckerbestimmung mittels Komplexon nach Potterat-Eschmann in süßen und vergorenen Getränken. Mitt. Lebensmitteluntersuch. Hyg. **48**, 238—247 (1957).
ROBERTS, J.A., and L.W. GADDUM: Composition of citrus fruit juices. Industr. Engin. Chem. **29**, 574—575 (1937).

ROTHER, H.: Beitrag zur Bestimmung von Konservierungsmitteln in Fruchtsäften und Konzentraten. Industr. Obst- u. Gemüseverwert. **46**, 638—642 (1961).
— Über die Bestimmung von Carotin und Carotinoiden als färbende Zusätze in Orangensäften und -Konzentraten. Riechstoffe u. Aromen **12**, 33—41, 87—95 (1962).
ROUSE, A.H., and C.D. ATKINS: Heat inactivation of pectinesterase in citrus juices. Food Technol. **6**, 291—294 (1952); vgl. auch Techn. Bull. Nr. 570 (1955) Univ. of Florida, Agric. Exp. Sta., Citrus Exp. Sta. Gainsville.
SAWYER, R.: Chemical composition of some natural and processed orange juices. J. Sci. Food Agric. **14**, 302—310 (1963).
SCHALLER, A.: Maschinen für die Entsaftung von Früchten durch Pressen. Fruchtsaft-Industr. **10**, 263—291 (1965).
—, u. E. MIHALOVICS: Über die Bestimmung des suspendierten Fruchtfleischanteiles durch Zentrifugation. Fruchtsaft-Industr. **4**, 197—205 (1959).
SCHANDERL, H.: Die Mikrobiologie der Fruchtsäfte. Fruchtsaft-Industr. **1**, 178—184 (1956).
SCOTT, W.C., and M.K. VELDHUIS: The determination of soluble solids in citrus juices. III. Empirical factors for converting refractometer and density values to soluble solids. Food Technol. **15**, 388—391 (1961).
SHEFT, B.B., R.M. GRISWOLD, E. TARLOWSKY and E.G. HALLIDAY: Effect of time and temperature of storage on vitamin content of commercially canned fruits and fruit juices (stored 18 and 24 months). Industr. Engin. Chem. **41**, 144—155 (1949).
SIEGRIST, H.: Aufbau, Arbeitsweise und Gesichtspunkte für die Auswahl von Eindampf- und Aromagewinnungs-Anlagen. Beschreibung verschiedener Eindampf-Anlagen und Aromagewinnungs-Anlagen. Fruchtsaft-Industr. **5**, 215—225, 225—245 (1960).
SPANYÁR, P., E. KEVEI u. M. BLAZOVICH: Ein neues Verfahren zur Bestimmung der Dehydroascorbinsäure. Z. analyt. Chem. **195**, 268—274 (1963a).
— — — Bestimmung des tatsächlichen Gehaltes an Ascorbinsäure und Dehydroascorbinsäure in Lebensmitteln. Z. Lebensmittel-Untersuch. u. -Forsch. **123**, 93—102 (1963b).
STADTMAN, E.R.: Nonenzymatic browning in fruit products. Advanc. Food Res. **1**, 325—372 (1948).
STAMM, W.: Untersuchungen über die Verträglichkeit von Süßmost. Mitt. Lebensmitteluntersuch. Hyg. **50**, 386—416 (1959).
STAUB, M., u. R. WIDMER: Die Prüfung authentischer Traubensäfte auf Sorbit. Mitt. Lebensmitteluntersuch. Hyg. **41**, 448—453 (1950).
STEVENS, J.W., and W.E. BAIER: Refractometric determination of soluble solids in citrus juices. Industr. Engin. Chem., analyt. Edit. **11**, 447—449 (1939).
—, D.E. Pritchett and W.E. Baier: Control of enzymatic flocculation of cloud in citrus juices. Food Technol. **4**, 469—473 (1950).
ŠULĆ, D., u. M. FERIC: Beitrag zur Kenntnis der Technologie von Obstsaftkonzentraten. Fruchtsaft-Industr. **5**, 289—296, 335—340 (1960).
TANNER, H.: Die Bestimmung der gesamten schwefligen Säure in Getränken, Konzentraten und in Essigen. Mitt. Lebensmitteluntersuch. Hyg. **54**, 158—174 (1963a).
— Die papierchromatographische Charakterisierung von Zucker in süßen und vergorenen Getränken. Schweiz. Z. Obst- u. Weinbau **72**, 285—288 (1963b).
— Der papierchromatographische Nachweis von organischen Säuren in Frucht- und Gemüsesäften. Schweiz. Z. Obst- u. Weinbau **73**, 150—154 (1964).
TRIFIRO, E., u. S. LANDI: Untersuchungen über die Bildung des Hydroxymethylfurfurols in Fruchtkonserven [ital.]. Industr. ital. Conserve **37**, 260—269 (1962).
VANDERCOOK, C.E., L.A. ROLLE and R.M. IKEDA: Lemon juice composition. I., II. und III. J. Ass. off. agric. Chem. **46**, 353—365 (1963).
VOIGT, G.: Verarbeitungsmethoden und Qualitätsbeurteilung in der californischen Citrusindustrie. Fruchtsaft-Industr. **8**, 224—229, 295—298 (1963).
WAGNER, D., u. J.J. MONSELISE: The determination of some components of citrus and tomato produced in Israel. Israel J. Technol. **1**, 33—37 (1963).
WALTER, E.: Der natürliche Gehalt von Ameisensäure in Obstsäften. Alkohol-Industr. **74**, 391—392 (1961).
WEGER, B.: Die Grenzwerte von Traubensäften. Fruchtsaft-Industr. **4**, 9—11 (1959).
WEINMANN, W., u. L. WALTHER: Zur Bestimmung der gesamten schwefligen Säure in Süßmosten. Z. Lebensmittel-Untersuch. u. -Forsch. **87**, 49—52 (1944).
WOIDICH, H., u. T. LANGER: Über den Nachweis der Verfälschung von schwarzem Johannisbeersaft. Fruchtsaft-Industr. **4**, 234—238 (1959).
WOLF, J.: Über die organischen Säuren von Citrusfrüchten. Fruchtsaft-Industr. **3**, 93—97 (1958a).
— Beitrag zur Kenntnis der organischen Säuren der Süßkirsche und ihrer Veränderungen im Verlauf der Fruchtentwicklung. Planta **51**, 547—565 (1958b).

WUCHERPFENNIG, K.: Über die Entwicklung auf dem Gebiet des Baues von Fruchtsafteindampfanlagen und über die Herstellung von Konzentraten aus fruchtfleischhaltigen Fruchtsäften oder Nektaren. Flüssiges Obst **31**, 50, 108, 186 (1964).
—, u. G. BRETTHAUER: Die Zusammensetzung der Fruchtsäuren in Apfel- und Birnensaft. Dtsch. Lebensmittel-Rdsch. **58**, 190—192 (1962a).
— — Vergleichende verfahrenstechnische Untersuchungen beim Keltern von schwarzen Johannisbeeren. Flüssiges Obst **29**, Nr. 4, 12—19, Nr. 5, 18—28 (1962b).
— — Der Ascorbinsäureverlust bei der Abfüllung und Lagerung von schwarzen Johannisbeer-Süßmosten. Dtsch. Lebensmittel-Rdsch. **59**, 217—224 (1963).
— — Der Einfluß des Abfüllsystems sowie des Abfüllverfahrens auf Ascorbinsäuregehalt und Farbe von Süßmosten aus schwarzen Johannisbeeren. Fruchtsaft-Industr. **9**, 135—146 (1964a).
— — Farbveränderungen von Obstsäften und Obstmark während der Lagerung. Flüssiges Obst **31**, 382—388 (1964b).
—, u. I. FRANKE: Beitrag zum Nachweis von verfälschten Produkten aus Orangensäften. Dtsch. Lebensmittel-Rdsch. **61**, 229—231 (1965).
—, u. G. TROOST: Über die Herstellung von Traubensaft unter besonderer Berücksichtigung der durch die verschiedenen Keltermethoden verursachten Veränderungen. Flüssiges Obst **29**, Nr. 9, 15—26, Nr. 10, 17—20 (1962).
WYLER, O.: Formolzahlbestimmung auf potentiometrischem Wege. Mitt. Lebensmitteluntersuch. Hyg. **46**, 515—524 (1955).
ZONNEVELD, H.: Bestimmung von Vitamin C in Früchten, Fruchtsäften, Gemüse und Konserven nach der Methode nach Tillmans unter Ausschaltung reduzierender Stoffe. Z. Lebensmittel-Untersuch. u. -Forsch. **119**, 319—333 (1962).

C. Fruchtsaftgetränke und sonstige alkoholfreie Erfrischungsgetränke

Von

Reg.-Chemiedirektor E. Benk, Sigmaringen

I. Begriffsbestimmungen

Nach den Richtlinien für die Herstellung, Kennzeichnung und Beurteilung süßer alkoholfreier Erfrischungsgetränke vom November 1957, werden alkoholfreie Erfrischungsgetränke in Fruchtsaftgetränke, Limonaden und Brausen unterteilt.

1. *Fruchtsaftgetränke* sind Getränke, die aus Fruchtsäften, Fruchtsaftgemischen oder Dicksäften, mit oder ohne Zusatz von technisch reinem Zucker (Saccharose), aus solchem gewonnenen hellen, auch invertzuckerhaltigen Lösungen sowie Glucose (98—99 % Reinheitsgrad) und Wasser, kohlensäurehaltigem Wasser oder anderem Tafelwasser, gegebenenfalls mit Zusätzen von natürlichen Citrusessenzen oder geraspelten Schalenzubereitungen der Citrusfrüchte hergestellt werden. Bei Kernobstgetränken ist auch ein zur Geschmacksverbesserung notwendiger Zusatz von Wein- oder Citronensäure zulässig, sofern das Getränk ein spezifisches Gewicht von mindestens 1,038 aufweist, sowie der Zusatz von natürlichen Essenzen.

2. *Limonaden* sind die aus Essenzen natürlicher Herkunft unter Verwendung von technisch reinem Zucker (Saccharose), aus solchem gewonnenen hellen, auch invertzuckerhaltigen Lösungen oder Glucose (98—99 % Reinheitsgrad) sowie Genußsäuren, mit kohlensäurehaltigem Wasser oder anderem Tafelwasser hergestellten, praktisch alkoholfreien Getränke.

Erzeugnisse dieser Art, jedoch ohne Kohlensäure, die zum Genuß in kaltem Zustand bestimmt sind, werden als Kaltgetränke, soweit sie zum Genuß in warmem Zustand dienen sollen, als Heißgetränke bezeichnet.

3. *Brausen* sind nachgemachte Fruchtsaftgetränke und Limonaden, bei denen Zucker ganz oder teilweise durch künstliche Süßstoffe, oder die natürlichen Essenzen durch künstliche oder künstlich verstärkte Essenzen ersetzt sind. Der Zusatz von Farbstoffen ist zulässig.

Künstliche Heiß- und Kaltgetränke sind im gleichen Sinne nachgemachte Heiß- und Kaltgetränke.

II. Zusammensetzung

1. Fruchtsaftgetränke

Unter den Fruchtsaftgetränken kommt denjenigen auf der Grundlage von Citrussäften die größte Bedeutung zu. Da ihr Fruchtsaftgehalt verhältnismäßig gering ist (mindestens 6 %), und ein Zusatz von Genußsäuren als Verfälschung gilt, werden sie meistens aus solchen Grundstoffen hergestellt, die neben Orangensäften erhebliche Mengen des stärker saueren Zitronensaftes enthalten. In geringen Mengen wird diesen Grundstoffen bisweilen Pomeranzen-, Mandarinen-,

Tangerinen- und Limettensaft zur geschmacklichen Abrundung oder Abwandlung zugesetzt. Vereinzelt werden auch Fruchtsaftgetränke aus Grapefruitsaft in den Verkehr gebracht. Zur Herstellung der Citrus-Fruchtsaftgetränke dienen ausschließlich trübe Citrussäfte, d. h. solche mit geringen Mengen feinst zerteiltem Fruchtfleisch. Diese Getränke sollen einen kräftig gelben Farbton und eine feine, beständige Trübung aufweisen, möglichst ohne Bodensatz und ohne „aufrahmende" Anteile sein, die den sog. „Ölring" im Flaschenhals bilden. Diese Beschaffenheit ist ausschließlich durch entsprechende Bearbeitungsmaßnahmen des Saftes wie Pasteurisieren unmittelbar nach der Pressung, teilweises Zentrifugieren zur Entfernung des groben Trubes, Homogenisieren und Entlüften zu erreichen. Die Mitverwendung des äußeren aromatischen Teiles der Citrusschalen (Flavedo) ist zulässig, nicht dagegen diejenige des inneren, nicht aromatischen Teiles (Albedo). Fruchtsaftgetränke der genannten Art werden ausnahmslos unter Zusatz von Kohlensäure hergestellt.

Der Gehalt der üblichen Citrus-Fruchtsaftgetränke an Vitamin C ist unbedeutend und liegt nach eigenen Untersuchungen unter 1 mg/100 ml. Vereinzelt werden auch vitaminisierte Fruchtsaftgetränke mit Zusatz von Ascorbinsäure in den Verkehr gebracht, deren Vitamin C-Gehalt je Flasche (250 ml) ungefähr dem Tagesbedarf (50—75 mg) entspricht.

In jüngster Zeit haben ohne Zusatz von Kohlensäure hergestellte „Orangensaft-Getränke" eine gewisse Bedeutung erlangt. Diese müssen, um geschmacklich zu befriedigen, erheblich höhere Gehalte an Orangensaft (20—50 %) aufweisen, da ihnen weder andere Säfte noch Essenzen zugesetzt werden.

Fruchtsaftgetränke auf der Grundlage von Kernobst- und Beerensäften (Saftgehalt mindestens 30 bzw. 10 %) spielen im Inland eine untergeordnete Rolle. Sie werden nur vereinzelt im Verkehr angetroffen.

2. Limonaden

Das wesentliche Merkmal eines als „Limonade" bezeichneten Erfrischungsgetränkes ist der Zuckergehalt (mindestens 7 %) und der Gehalt an natürlichen Geschmacksstoffen (Essenzen, Fruchtsäften). Von der Möglichkeit, über den Mindest-Zuckergehalt hinaus noch Stärkesirup zu verwenden, wird kaum Gebrauch gemacht. Vereinzelt wird die Verwendung von Traubenzucker (Glucose) bei Limonaden besonders herausgestellt. In diesem Falle ist zu fordern, daß Glucose tatsächlich zugesetzt wird und nicht nur wie bei jeder Limonade lediglich durch Inversion der Saccharose entstanden ist. Limonaden werden stets unter Zusatz von Kohlensäure hergestellt. Die Imprägnierung entspricht einem Druck von 2—3 atü bei 20° C. Neben der mit klar wasserlöslichen Zitronendestillaten hergestellten „Limonade mit Zitronengeschmack" sind besonders die trüben, mit Citrussäften hergestellten Limonaden, sog. „fruchttrübe" Limonaden zu erwähnen. Sie entsprechen weitgehend den Fruchtsaftgetränken auf der Grundlage von Citrussäften, enthalten aber weniger Fruchtsaft (mindestens 3 %). Sie können außerdem Genußsäuren (Citronen-, Milch- und Weinsäure) enthalten. Der Gehalt der Limonaden an diesen Säuren liegt bei ungefähr 0,1—0,25 g/100 ml.

Weiterhin sind Limonaden mit Himbeer-, Frucht-, Kräuter-, Waldmeister- und Ingwergeschmack zu nennen. Letztere werden nach angelsächsischem Brauch zusätzlich auch als „Ginger Ale" (Ingwer-„Bier") bezeichnet. Limonaden mit einem geringen Zusatz von Chinin (höchstens 80 mg/l) als Geschmacksstoff sind auch unter der zusätzlichen Bezeichnung „Tonic Water" bekannt. Ein besonderes Bedürfnis zur Verwendung des Arzneimittels Chinin bei der Herstellung bitter schmeckender Limonaden besteht nicht. Zu diesem Zwecke stehen die bitter schmeckenden Geschmacksstoffe Wermutkraut, Enzianwurzel, Pomeranzenschalen, Artischockenblätter und Chinarinde zur Verfügung. Ohne besondere Bedeutung sind Limonaden mit Zusätzen von enteiweißter oder vergorener Molke.

Limonaden werden auch unter Verwendung von Mineralwasser oder unter Zusatz von Sole bereitet. Ein entsprechender Hinweis setzt die ausschließliche Verwendung des gekennzeichneten Mineralwassers bzw. den Zusatz von Sole in einer solchen Menge voraus, daß die Limonade mindestens 1000 mg Natriumchlorid in 1 kg enthält. Bisweilen werden Limonaden auch wasserlösliche Vitamine (C, B_1, B_2, P) zugefügt.

3. Brausen

Die mit künstlichen Essenzen und/oder künstlichen Süßstoffen (Saccharin, Dulcin) sowie Farbstoffen herstellbaren Brausen kommen hauptsächlich mit Zitronen-, Himbeer- und Waldmeister-Aroma oder mit Zusatz von trüben Citrussäften in den Verkehr. Der Süßkraft von 7 % Zucker entsprechend, enthalten sie 13 mg/100 g Saccharin oder 15 mg/100 g Saccharin-Natrium. Durch Verwendung von Süßstoffgemischen, z. B. 8 mg/100 g Saccharin-Dulcin (1+1) wird eine Steigerung der Süßkraft erreicht, außerdem wird der Geschmack zuckerähnlicher. Eine besondere Art der Brause ist die Faßbrause oder Schankbrause. Sie wird schwächer mit Kohlensäure imprägniert als die auf Flaschen gefüllte und enthält des leichten Schäumens wegen meist einen Zusatz von Süßholzextrakt. Faßbrause hat ausschließlich für die Gemeinschaftsverpflegung Bedeutung.

Den Brausen zuzurechnen sind auch künstliche Süßstoffe (Saccharin und/oder Natrium- bzw. Calciumcyclamat) enthaltende Erfrischungsgetränke zu diätetischen Zwecken. Derartige Getränke können außerdem die Zuckeraustauschstoffe Fructose, Mannit, Sorbit und Xylit enthalten. Ganz oder teilweise mit Süßstoffen hergestellte Erfrischungsgetränke werden auch unter der Bezeichnung „kalorienfrei" bzw. „kalorienarm" in den Verkehr gebracht.

4. Coffeinhaltige Erfrischungsgetränke

Die in großem Umfang verbrauchten coffeinhaltigen Erfrischungsgetränke zählen zu den Limonaden. Unter ihnen haben die Cola-Getränke die größte Bedeutung. Neben Extrakten aus der Colanuß enthalten sie Auszüge aus zahlreichen aromatischen Stoffen wie Ingwer, Orangenblüten, Johannisbrot, Tonkabohnen und Limetteschalen. Der Coffeingehalt entstammt mitunter nur z. T. coffeinhaltigen Pflanzenteilen, daneben wird vielfach Coffein als solches zugesetzt. Gelegentlich werden auch Limonaden mit Kaffee-, Tee-, Mate- und Guarana-Auszügen hergestellt. Der Coffeingehalt derartiger Erfrischungsgetränke soll in 100 ml 6,5 mg nicht unterschreiten und nicht über 25 mg betragen. In Anlehnung an amerikanische Vorbilder wird bei Cola-Getränken als Säuerungsmittel teilweise Phosphorsäure verwendet, deren Zusatz auf 70 mg in 100 ml begrenzt ist. Der Zuckergehalt der Cola-Getränke liegt mit durchschnittlich 10—11 % erheblich über demjenigen der übrigen Limonaden. Die Farbgebung erfolgt mit Zuckercouleur. Für Markengetränke dieser Art wird in bestimmter Weise aufbereitetes Trinkwasser verwendet, um unabhängig vom Herstellungsort stets gleichartiges Wasser zur Verfügung zu haben.

III. Herstellung

Der Produktionsablauf beginnt mit der Flaschenreinigung, die heutzutage bei größeren Betrieben meist in vollautomatischen Flaschenreinigungsanlagen bei einer Temperatur der Reinigungslauge von 65—75° C und einem pH-Wert von mindestens 11,5 erfolgt. Das zum Nachspülen der gereinigten Flaschen verwendete Wasser muß die Anforderungen an Trinkwasser erfüllen. Die so gereinigten Flaschen wandern auf einem Fließband zu dem sog. Saftvorfüller, welcher die erforderliche Menge Getränkesirup bzw. Getränkeansatz einfüllt. Getränkesirupe sowie Getränkeansätze werden durch Mischen der Grundstoffe mit Zuckersirup bzw. Süßstofflösung bereitet. Je nach ihrem Verwendungszweck bestehen diese Grundstoffe aus Fruchtsäften, meist in konzentrierter Form, Pflanzenauszügen, Destillaten, Essenzen, ätherischen Ölen, Genußsäuren, Konservierungsstoffen und, sofern sie zur Herstellung von Brausen dienen, auch Farbstoffen. Die Sirupe werden in Rührkesseln entweder auf kaltem Wege mit anschließender Filtration durch Entkeimungsfilter (Plattenapparate) oder durch Erhitzen mit anschließender sofortiger Rückkühlung hergestellt. Auch im letzteren Falle wird zweckmäßigerweise eine Filtration angeschlossen Die mit dem Getränkesirup oder dem Getränke-Ansatz beschickten Flaschen wandern weiter zu der Füllapparatur (Rund- oder Reihenfüller), wo sie mit kohlensäurehaltigem Wasser von 2—3 atü Druck bis an den Flaschenhals gefüllt und anschließend sofort verschlossen werden. Auf eine geschmacklich und hygienisch völlig einwandfreie Beschaffenheit des zur Füllung verwendeten Wassers ist besonderer Wert zu legen. Gechlortes Leitungswasser ist zuvor über Kohlefilter zu reinigen. In bakteriologischer Hinsicht nicht sicher einwandfreies Wasser muß durch geeignete, sorgfältig gewartete Entkeimungsfilter oder durch Silberung keimfrei gemacht werden. Bei Verwendung von Kronenkorken erfolgt die Arbeit des Verschließens maschinell, bei Bügel- oder Hebelverschlüssen von Hand. Der Flascheninhalt wird nun durch Umstülpen der Flaschen gemischt. Auch dieser Arbeitsgang erfolgt meist maschinell durch den sog. Flaschenwender.

Süße alkoholfreie Erfrischungsgetränke sind infolge ihres Zucker-, Fruchtsaft- und hohen Wassergehaltes gute Nährböden für Bakterien, Hefen und Schimmelpilze. Durch peinliche Sauberhaltung der Betriebsräume, tägliche Reinigung und Desinfektion der verwendeten Behältnisse, Geräte, Maschinen und Leitungen sowie ein hygienisch einwandfreies Verhalten der mit der Herstellung betrauten Arbeitskräfte ist dafür Sorge zu tragen, daß der Keimgehalt derartiger Getränke möglichst gering bleibt. Neuerdings wird zur Erhöhung der Haltbarkeit, besonders bei Fruchtsaftgetränken, vereinzelt das Pasteurisieren des fertigen Getränkes in der geschlossenen Flasche bei 65° C im Tunnelpasteurisator mit anschließender Rückkühlung durchgeführt. Bei der sog. Heißabfüllung erfolgt das Pasteurisieren des Getränkes durch Hochkurzzeit-Erhitzung in einem Plattenpasteurisator und sofort anschließende Abfüllung in Flaschen. Eine Art „Kaltsterilisation" fruchtsafthaltiger Erfrischungsgetränke kann durch den Zusatz des Pyrokohlensäurediäthylesters (Baycovin „Bayer") in Mengen von 50—200 mg/l erreicht werden. Da Pyrokohlensäurediäthylester in wässeriger Lösung innerhalb von 16 Std praktisch vollkommen in die nichtfremden Stoffe Alkohol und Kohlendioxid zerfällt, ist diese Verwendung nicht als Zusetzen eines nach der Konservierungsstoff-Verordnung nicht zugelassenen Fremdstoffes, sondern als Anwendung eines technischen Hilfsstoffes zu beurteilen. Zweck der Verwendung des Pyrokohlensäurediäthylesters ist nicht ein Ersatz der erforderlichen Betriebshygiene, sondern die Gewährleistung einer zusätzlichen Sicherheit für die Haltbarkeit der Getränke. Voraussetzung für den Erfolg dieses Verfahrens ist ein möglichst niedriger Keimgehalt der zu behandelnden fruchtsafthaltigen Erfrischungsgetränke und die Herbeiführung einer echten Lösung des Pyrokohlensäurediäthylesters in diesen. Letztere Voraussetzung wird, da der Ester in Wasser schwer löslich ist, durch kontinuierliches Einstäuben in das zur Verwendung gelangende Trinkwasser mittels Hochdruck-Membran-Dosierpumpen erreicht. Bedingung für das Inverkehrbringen mit

Pyrokohlensäurediäthylester behandelter Erfrischungsgetränke ist, daß die Auslieferung frühestens 16 Std nach der Herstellung erfolgt.

Die Abfüllung alkoholfreier Erfrischungsgetränke in Dosen wurde in Deutschland noch kaum aufgenommen. Im Hinblick auf die Güte der Getränke bringt sie keine Vorteile. Ohne nachteilige Beeinflussung lassen sich kohlensäurefreie Fruchtsaftgetränke in sog. Tetrapackungen aus paraffiniertem, mit Leichtmetall- und Polyäthylenfolie kaschiertem Papier abfüllen.

Süße alkoholfreie Erfrischungsgetränke sind kühl und vor Lichteinwirkung, insbesondere vor unmittelbarer Sonneneinstrahlung geschützt zu lagern.

IV. Untersuchung

1. Allgemeines

Die chemische Untersuchung gliedert sich in die Bestimmung der wertbestimmenden und kennzeichnenden Bestandteile, den Nachweis verfälschender Zusätze und die Ermittlung der hygienischen Beschaffenheit.

a) Wertbestimmende und kennzeichnende Bestandteile

Als solche sind Verbrauchszucker (Saccharose), Invertzucker, Traubenzucker (D-Glucose), Fruchtsäfte, Vitamine, Coffein, Chinin, Aromastoffe, Mineralwässer, Sole, Fructose u. a. Zuckeraustauschstoffe sowie Süßstoffe zu nennen. Zum Nachweis des vorgeschriebenen Zuckergehaltes genügt bei Limonaden in der Regel die refraktometrische oder pyknometrische Extraktbestimmung, da die übrigen Zusätze praktisch vernachlässigt werden können. Eine Bestimmung der D-Glucose wird bei solchen Getränken erforderlich, bei denen auf die Verwendung von Traubenzucker besonders hingewiesen wird. Von erheblicher Bedeutung ist die Ermittlung des Fruchtsaftgehaltes. Da die vorgeschriebenen Mindestmengen ziemlich gering sind, und die sonstigen Zusätze (Wasser, Mineralwasser, Genußsäuren, Stärkesirup) störende Bestandteile mitbringen bzw. darstellen, scheiden eine Reihe von Kennzahlen der klassischen Fruchtsaftanalyse bei der Ermittlung des Fruchtsaftgehaltes in Erfrischungsgetränken aus. Für diesen Zweck nicht geeignet sind zuckerfreier Extrakt, Gesamtasche, Alkalität und Gesamtsäure. Brauchbar sind dagegen der Formolwert, der Chloraminwert nach dem Entfernen flüchtiger Anteile, die Gehalte an Stickstoffverbindungen (Mikroverfahren), Phosphaten (P_2O_5) und, im Falle der Abwesenheit von Mineralwasser, auch an Kalium. Bei der Bestimmung des Formolwertes als Kennzahl für den Gehalt an Aminosäuren ist zu berücksichtigen, daß dieser durch Zusatz von Ammoniumsalzen oder leicht zugänglichen Aminosäuren, wie Glutaminsäure und Glykokoll zum Zwecke der Vortäuschung eines höheren Fruchtsaftgehaltes auf die erforderliche Höhe eingestellt werden kann. Der Zusatz von Ammoniumsalzen ist durch die Bestimmung des Gehaltes an Ammoniakstickstoff leicht nachzuweisen. Fremde Aminosäuren lassen sich auf papierchromatographischem Wege erkennen. Eine Bestimmung der wasserlöslichen Vitamine B_1, B_2, C und P (Rutin) kommt in vitaminisierten Erfrischungsgetränken oder in Orangensaftgetränken mit hohem Saftgehalt in Betracht. Der Nachweis der Verwendung von Mineralwasser äußert sich in einer Erhöhung des Aschegehaltes. Ob ausschließlich das gekennzeichnete Mineralwasser verwendet wurde, läßt sich durch die mengenmäßige Bestimmung besonders kennzeichnender Bestandteile ermitteln. Die Bestimmung der Fructose und anderer Zuckeraustauschstoffe kann in Diabetiker-Erfrischungsgetränken erforderlich werden.

b) Verfälschende Zusätze

Neben Fremdstoffen kommen insbesondere solche Zusätze in Betracht, die einen nicht vorhandenen oder einen höheren als den tatsächlichen Fruchtsaftgehalt vortäuschen können. Zu berücksichtigen sind hier Farbstoffe aller Art, künstliche Trübstoffe, Emulgatoren, Dickungsmittel, Schaummittel, fremde und künstliche Aromastoffe und bei Fruchtsaftgetränken auch Genußsäuren und Stärkesirup. Die Prüfung auf nichtfremde färbende Stoffe hat sich insbesondere auf β-Carotin, Auszüge aus der Curcumawurzel, Lactoflavin, Zuckercouleur und Rote Rüben (Beete)-Saft zu erstrecken. Der Nachweis von β-Carotin kann bei Fruchtsaftgetränken aus Citrussäften nur durch eine mengenmäßige Bestimmung erbracht werden, da Citrussäfte von Natur aus β-Carotin enthalten. Ein teilweiser Ersatz von Citrussäften durch trüben Rhabarbersaft läßt sich durch den Nachweis von Oxalsäure bzw. das mikroskopische Bild des Sediments erbringen. Bei der Untersuchung auf künstliche Trübstoffe ist vor allem auf bromierte Öle und Harze zu prüfen. Als Emulgatoren kommen neben gleichzeitig als Dickungsmittel wirkenden Polysacchariden, wie arabisches Gummi, Tragant und ähnlichen, insbesondere Monofettsäureglyceride und Saccharosefettsäureester in Betracht. Durch die Verwendung alkoholischer Essenzen dürfen nicht mehr als 0,5 g Alkohol je 100 ml in die Getränke gelangen.

c) Hygienische Beschaffenheit

Der Hauptbestandteil süßer alkoholfreier Erfrischungsgetränke ist hygienisch einwandfreies Wasser (keine Colibakterien in 100 ml, Keimzahl nicht über 100 in 1 ml) oder ebensolches Tafelwasser. Da ihre Herstellung überwiegend auf kaltem Wege erfolgt, müssen auch die übrigen Zutaten und die zur Abfüllung verwendeten Flaschen hygienisch einwandfrei, d. h. praktisch frei von Keimen aller Art (Bakterien, Hefen, Schimmelpilze) sein. Anderenfalls kann es zu Hefe- oder Milchsäuregärungen sowie Schleimbildungen und damit zum Verderb der Getränke kommen. Derartige Verderbserscheinungen sind mit einer Abnahme des Zuckergehalts und einer Alkohol- bzw. Milchsäurebildung verbunden, bedingen einen gärig-hefigen bzw. unangenehm-sauren Geschmack und bei fruchttrüben Getränken ein Verblassen der Farbe bzw. Ausflocken der Trübung. Auch ohne sinnlich erkennbare Veränderungen können alkoholfreie Erfrischungsgetränke nach hygienischen Gesichtspunkten nicht mehr einwandfrei sein. Sie werden daher einer bakteriologischen Untersuchung unterzogen, die sich in der Regel auf die Bestimmung der Gesamt-Keimzahl und die Prüfung auf Bacterium coli erstreckt.

2. Ausführung

Bezüglich der Einzelheiten wird, soweit keine besonderen Angaben erfolgen, auf die Bände II/1 und II/2 dieses Handbuches verwiesen.

a) Gewichtsverhältnis 20°/20°

Die Bestimmung erfolgt pyknometrisch in dem durch Ausschütteln von der Kohlensäure befreiten und filtrierten Getränk.

b) Extrakt

Derselbe wird entweder aus dem Gewichtsverhältnis 20°/20° oder der Refraktion $n_D^{20°}$ mit Hilfe der entsprechenden Tabellen berechnet (vgl. Bd. II/2).

c) Alkohol

Nach den Analysenmethoden der *Internationalen Fruchtsaftunion* (1962) werden 50 ml des von Kohlensäure befreiten Getränkes mit n-Natronlauge neutralisiert und anschließend der Destillation unterworfen. Der Alkoholgehalt ergibt sich aus dem pyknometrisch bestimmten Gewichtsverhältnis des Destillats unter Verwendung der Tabelle zur Bestimmung des Alkoholgehaltes von Alkohol-Wassergemischen aus dem Gewichtsverhältnis 20°/20° C.

Zur Erfassung sehr geringer Alkoholmengen bedient man sich zweckmäßigerweise der enzymatischen Bestimmung (H. U. BERGMEYER 1962). Äthanol wird durch Diphosphopyridinnucleotid (DPN^+) mittels Alkohol-Dehydrogenase zu Acetaldehyd oxydiert. Die während der Reaktion gebildete Menge an reduziertem Diphosphopyridinnucleotid (DPNH) ist äquivalent der Äthanol-Menge. DPNH kann auf Grund seiner Absorption bei 334 nm bzw. 366 nm bestimmt werden.

d) Wasserunlösliche Stoffe

Arbeitsvorschrift. Mindestens 100 ml Getränk werden 15 min scharf zentrifugiert (5000 U/min). Die überstehende Flüssigkeit wird vorsichtig vom Bodensatz abgegossen und dieser mit dest. Wasser aufgewirbelt. Das Gemisch wird erneut zentrifugiert und der Rückstand noch zweimal in gleicher Weise behandelt. Den verbleibenden Bodensatz spritzt man mit dest. Wasser in eine gewogene Schale, verdampft das Wasser auf dem Wasserbad und trocknet die Schale im Trockenschrank bei 105° C bis zum gleichbleibenden Gewicht. Die Gewichtszunahme ergibt den Gehalt an wasserunlöslichen Stoffen.

e) Kohlenhydrate

α) Reduzierende Zucker: Je nach Extraktgehalt werden 10—20 ml Getränk neutralisiert, mit Bleiessig und Dinatriumhydrogenphosphatlösung bzw. mit Kaliumhexacyanoferrat (II)- und Zinkacetatlösung nach CARREZ geklärt und mit dest. Wasser zu 200 ml aufgefüllt. In 25 ml dieser Lösung werden die reduzierenden Zucker, als Invertzucker berechnet, mit Fehlingscher oder Luffscher Lösung bestimmt. Auch die komplexometrische Zuckerbestimmung nach M. POTTERAT u. H. ESCHMANN (1954) in der Ausführung von H. RENTSCHLER u. Mitarb. (1957) ist geeignet.

β) Saccharose: In 50 ml der wie angegeben geklärten Lösung wird nach Inversion mit Salzsäure der gesamte Invertzuckergehalt bestimmt. Die Differenz zwischen dem Gesamtgehalt an reduzierenden Zuckern und dem Gehalt an unmittelbar reduzierenden Zuckern ergibt durch Multiplikation mit 0,95 den Gehalt an Saccharose.

γ) Gesamtzucker ist die Summe von reduzierenden Zuckern und Saccharose.

δ) Glucose wird in 10 ml geklärter Getränkelösung mittels alkalischer Jodlösung bestimmt (vgl. Bd. II/2).

ε) Stärkesirup (Glucosesirup): Eine gesicherte Aussage über dessen Anwesenheit ermöglicht die Rundfilter-Chromatographie. In Abwandlung der Arbeitsweise von F. H. MÜHLBERGER (1960) hat sich die Verwendung des Laufmittels Propanol-Äthylacetat-Wasser (65:10:25), des Sprühmittels 4 %ige alkoholische Diphenylaminlösung — 4 %ige alkoholische Anilinlösung — 85 %ige Phosphorsäure (5:5:1) und 5 min Trocknen bei 105° C bewährt. Zur mengenmäßigen Bestimmung eignet sich das gewichtsanalytische Verfahren von J. GROSSFELD u. G. HOLLATZ (1930). Weitere Angaben sind aus Band II/2, Kapitel Kohlenhydrate zu ersehen.

f) Gesamtsäure (titrierbare Acidität)

50 ml des von Kohlensäure befreiten und filtrierten Getränks werden unter Rühren elektrometrisch mit 0,1 n-Natronlauge auf pH 8,1 oder mit Phenolphthalein als Indicator bis zur deutlichen Rotfärbung titriert (Internationale Fruchtsaftunion 1962). Bei Getränken aus Kernobstsäften wird die Gesamtsäure als Apfelsäure, bei solchen aus Citrus- und Beerenfrüchten als Citronensäure, bei traubensafthaltigen als Weinsäure berechnet. 1 ml 0,1 n-Lauge entspricht 6,7 mg Apfelsäure, 6,4 mg Citronensäure, 9,0 mg Milchsäure und 7,5 mg Weinsäure.

g) Kohlensäure

Neben gravimetrischen und titrimetrischen Verfahren kann für praktische Zwecke die manometrische Messung nach der Arbeitsweise von H. STADLER u. F. ZELLER (1950) angewandt werden. Manometrische Kohlensäurebestimmungen werden auch von M. LINDEMANN (1957) und in einer mit CUSTOS (1957) gezeichneten Abhandlung beschrieben.

h) Formolwert

In Anlehnung an die Arbeitsweise von J. TILLMANS u. J. KIESGEN (1927) bei Zitronensaft wird der Formolwert wie folgt bestimmt:

Arbeitsvorschrift: 250 ml Getränk bzw. 5 g zu 250 ml verdünnter Getränkegrundstoff werden mit einigen Tropfen Essigsäure und etwa 0,25 g Tierkohle 15 min auf der Schüttelmaschine geschüttelt. Nach kurzem Stehenlassen wird das Gemisch durch ein Faltenfilter (⌀ 24 cm) blank filtriert, indem man die zunächst trüb durch das Filter laufenden Anteile wieder auf dasselbe zurückgießt. 100 ml des klaren und farblosen Filtrats versetzt man in einer Porzellanschale mit vier Tropfen 30%iger Wasserstoffperoxidlösung. Nach kurzem Stehenlassen gibt man 0,2 ml 1%ige Phenolphthaleinlösung hinzu, neutralisiert annähernd mit 0,25 n-Natronlauge und anschließend bis zum Farbumschlag nach rosa mit 0,1 n-Natronlauge. Nach Zusatz von 10 ml Formaldehydlösung (40%ig), die zuvor mit der gleichen Menge dest. Wasser verdünnt und gegen Phenolphthalein neutralisiert wurde, titriert man das Gemisch mit 0,1 n-Natronlauge bis zum Wiederauftreten der Rosafärbung. Die nach Zugabe des Formaldehyds verbrauchte Anzahl ml 0,1 n-Lauge stellt den Formolwert dar. Derselbe wird bei Getränken für 100 ml, bei Grundstoffen für 10 g angegeben.

Als langjähriger Erfahrungswert ergibt sich bei Fruchtsaftgetränken aus Citrusfrüchten (mindestens 6% Saftgehalt) ein Formolwert von mindestens 0,7 ml (E. BENK, 1956).

Zur schärferen Erfassung des Umschlagspunktes empfiehlt H. SCHRÖDER (1954) die elektrometrische Titration auf pH 9.

i) Chloraminwert

Man bestimmt ihn nach der von J. TILLMANS u. G. HOLLATZ (1929) für Citrussäfte angegebenen Arbeitsweise. Mit dieser Kennzahl werden alle unter den Bedingungen des Verfahrens oxydierbaren Fruchtsaftbestandteile erfaßt. Bei Säften wird der Chloraminwert für 1 ml, bei Getränken für 10 ml angegeben. Wegen der Einzelheiten vgl. K. HERRMANN: Fruchtsäfte usw., dieser Band. Die Herstellung alkoholfreier Erfrischungsgetränke bzw. ihrer Grundstoffe geschieht meist unter Zusatz von Essenzen. Diese erhöhen den Chloraminwert. Um den Chloraminwert als Maßstab für den Fruchtsaftgehalt heranziehen zu können, ist es daher erforderlich, die Essenz durch Abdampfen einer gemessenen Menge des Getränkes oder der Grundstoffverdünnung auf dem Wasserbad unter Wiederauffüllen zum ursprünglichen Volumen, zu entfernen. Bei 50 Proben von Citrus-Fruchtsaftgetränken wurden Chloraminwerte, auf 10 ml bezogen, von 9,1—30,6 ermittelt (E. BENK 1958, 1959).

Mittels des sog. Verhältniswertes, welcher das Verhältnis des Säurewerts eines Getränks, ausgedrückt in ml n-Säure für 10 ml, zu seinem Chloraminwert darstellt, ist es möglich, bei nicht zu geringen Gehalten einen Zusatz von Zitronensaft oder Genußsäuren zu orangensafthaltigen Getränken zu erkennen. Bei Zitronensaft liegt der Verhältniswert bei ungefähr 1:10, bei Orangensaft im Mittel bei 1:40.

k) Stickstoff

α) Gesamt-Stickstoff: Dieser wird durch eine Mikrobestimmung in 10 ml Getränk nach KJELDAHL im Parnas-Wagner-Gerät ermittelt. Handelsübliche Fruchtsaftgetränke aus Citrussäften hatten Gehalte an Stickstoffverbindungen ($N \times 6{,}25$) von 27—60 mg/100 ml.

β) Ammoniak-Stickstoff: Die Bestimmung erfolgt in der Parnas-Wagner-Apparatur unter Verwendung von Magnesiumoxid als Alkalisierungsmittel.

l) Phosphorsäure

50 ml Fruchtsaftgetränk oder fruchtsafthaltige Limonade werden nach Zusatz von Magnesiumacetat zur Sirupdicke eingedampft und verascht. In der Asche bestimmt man die Phosphorsäure nach dem Molybdänverfahren gewichtsanalytisch oder kolorimetrisch (E. BECKER u. L. KRULL 1958). Für aus dem Handel entnommene Fruchtsaftgetränke ergaben sich Gehalte an gebundener Phosphorsäure, als P_2O_5 berechnet, von 2,9—5,7 mg/100 ml.

Für phosphorsäurehaltige Cola-Getränke haben V. HAMANN u. A. HERRMANN (1963) ein auf nasser Veraschung beruhendes Verfahren angegeben. Mit Phosphorsäure gesäuerte Erfrischungsgetränke zeigen pH-Werte von 2,4—2,7, mit Citronensäure gesäuerte von 2,9—3,2.

m) Kalium

Aus der Asche von 50 ml Getränk wird Kalium gewichtsanalytisch als Kaliumtetraphenylborat (P. RAFF u. W. BROTZ 1951) oder flammenphotometrisch nach Lösen in 0,1 n-Salzsäure bei einer Konzentration von ungefähr 25 mg/l bestimmt.

Die in handelsüblichen Fruchtsaftgetränken aus Citrussäften ermittelten Kaliumgehalte (K) schwankten zwischen 7,3 und 16,2 mg/100 ml (E. BENK 1963).

n) Ätherische Öle

Falls eine mengenmäßige Bestimmung bei ohne Zusatz von Essenzen herzustellenden Orangensaftgetränken erforderlich wird, destilliert man 500 ml Getränk kontinuierlich in der Neo-Clevenger-Apparatur nach O. MORITZ (1938), wobei sich das übergetriebene Öl in einer Feinbürette sammelt, die noch 0,01 ml genau ablesen läßt.

o) Vitamin C

wird nach dem Dichlorphenolindophenol-Verfahren in der Ausführung von G. BRETTHAUER (1958) bestimmt. Bezüglich weiterer Verfahren vgl. K. HERRMANN sowie Bd. II/2.

p) Farbstoffe und färbende Stoffe

α) β-Carotin, fremde Carotinoide und Gummigutti:

Arbeitsvorschrift: 100—200 ml Citrusfruchtsäfte enthaltende Fruchtsaftgetränke oder Limonaden werden nach H. ROTHER (1961, 1962) auf einer Schüttelmaschine nach Zusatz einer Spatelspitze Ascorbinsäure und Ammoniakflüssigkeit bis zur eben alkalischen Reaktion erschöpfend (~20 min) mit einem Gemisch von Petroläther-Äther-Alkohol (20:10:3) ausgeschüttelt. Die vereinigten Ausschüttelungen wäscht man vorsichtig mit Wasser. Nach Schichtentrennung wird der Carotinoidauszug im Rotations-Vakuumverdampfer vollständig von den Lösungsmitteln befreit. Den Rückstand löst man sofort in Petroläther zu 50 ml oder mehr und mißt mit Filter S 45 bzw. bei 450 nm die Extinktion dieser Lösung im Photometer bzw. Spektralphotometer. Der entsprechende Gehalt an Gesamt-Carotinoiden, als β-Carotin berechnet, wird einer mit reinem β-Carotin erstellten Eichkurve entnommen.

Die gesamte Carotinoid-Lösung wird sodann verlustlos auf eine Chromatographie-Säule aus teilweise entaktiviertem Aluminiumoxid (standardisiert nach BROCKMANN und 8% dest. Wasser) gebracht. β-Carotin wandert mit dem Petroläther durch die Säule, die übrigen Carotinoide werden festgehalten. Das β-Carotin-Eluat wird wie angegeben photometrisch gemessen und auf % Gesamt-Carotinoide umgerechnet. Der prozentuale Anteil des β-Carotins, auf Gesamt-Carotinoide bezogen, beträgt bei ungefärbten Getränken nur wenige Prozente. Bei einem über 15% liegenden Anteil kann man auf Färbung mit β-Carotin schließen, wobei allerdings offen bleibt, ob das Getränk oder der Grundstoff mit β-Carotin gefärbt wurde (E. BENK, 1961, 1962).

Nach dem Herauslösen des β-Carotins werden die auf der Säule verbliebenen Carotinoide mit den Lösungsmitteln Petroläther-Benzol (4:1), Petroläther-Benzol (2:1), Petroläther-Benzol (1:1), Benzol, Aceton und Aceton-Ammoniak (4:1) aufgetrennt. Nacheinander wandern Lycopin (rotgelb), natürliche Carotinoidester (sattgelb, hellgelb), β-Apo-8'-carotinsäure (C 30) — äthyl- und -methylester (bräunlich-orangegelb), β-Apo-8'-carotinal (C 30) und der natürliche Orangen-Carotinoidaldehyd β-Citraurin (3-Hydroxy-β-apo-8'-carotinal), beide mit rötlicher Farbe. Es folgen gegebenenfalls eine bräunlichrote Zone eines aldehydartigen Paprika-Carotinoids und weitere gelbgefärbte orangeneigene Carotinoide. Auf Zusatz von Aceton wandern Canthaxanthin, Capsanthin, Capsorubin und Xanthophyll. Nunmehr am Säulenkopf verbleibende braunrote Färbungen deuten auf Bixin, bzw. die nicht carotinoidartigen Färbemittel Curcumin und Gummigutti hin. Diese lassen sich erst mit Aceton-Ammoniak (4:1) aus der Säule herauslösen. Die einzelnen Carotinoide werden wie oben angegeben photometrisch (als β-Carotin) bestimmt. Zur Aufstellung der Eichkurve benutzt man Lösungen von β-Carotin in Petroläther zwischen 0 und 0,2 mg/100 ml.

Zur Prüfung auf das Safran-Carotinoid Crocin (Crocetin-digentiobioseester), das beim unmittelbaren Ausschütteln der Getränke mit Lösungsmitteln in der wässerigen Schicht verbleibt, wird dieses mit 5%iger alkoholischer Kalilauge durch Stehenlassen über Nacht verseift. Man verdünnt die verseifte Lösung mit Wasser, säuert sie mit verdünnter Salzsäure an und entzieht ihr das freigelegte Crocetin durch Ausschütteln mit Äther.

Die weitere Kennzeichnung der einzelnen Carotinoid-Fraktionen erfolgt mittels Dünnschicht-Chromatographie auf Kieselgel G-Platten mit dem Fließmittel Petroläther-Benzol-Aceton-Eisessig (80:20:2:1), wobei die käuflichen Carotinoide zum Vergleich mit aufgetragen werden (E. Benk u. Mitarb. 1963, 1964). Als Anhaltspunkte mögen folgende mittlere Rf-Werte dienen:

β-Carotin	0,97	β-Apo-8'-carotinal (C_{30})	0,34
Lycopin	0,96	Orangen-Carotinoidaldehyd	0,28
Carotinoidester aus Orangen			
1. Fraktion	0,89	Paprika-Carotinoidaldehyd	0,23
2. Fraktion	0,73	Crocetin	0,16
3. Fraktion	0,57	Canthaxanthin	0,09
β-Apo-8'-carotinsäure-(C_{30})-		Bixin	0,08
äthylester	0,54	Gummigutti	0,08
β-Apo-8'-carotinsäure-(C_{30})-		Xanthophyll	0,01
methylester	0,47	Capsanthin	0
		Curcumin	0

Durch Verwendung des Laufmittels Petroläther kann erforderlichenfalls eine schärfere Auftrennung zwischen β-Carotin und Lycopin erreicht werden. Ersteres zeigt dabei einen Rf-Wert von 0,54, letzteres von 0,26. Mittels des Laufmittels Petroläther-Benzol-Aceton-Eisessig (80:20:5:5) gelingt eine deutliche Trennung des Capsanthins mit Rf-Wert 0,11 von Xanthophyll mit Rf-Wert 0,22. Mit dem gleichen Laufmittel werden auch die Unterschiede in den Rf-Werten des Orangen-Carotinoidaldehyds (0,53) und der entsprechenden Paprika-Fraktion (0,73) verbessert.

Die Farbflecke von Gummigutti und Curcumin lassen sich auf der Dünnschichtplatte zusätzlich durch Ausführung der bekannten Farbreaktionen in Form von Tüpfelreaktionen kennzeichnen.

β) Hesperidin, Naringin können in Orangensaftgetränken erforderlichenfalls nach einem von W. B. Davis (1947) angegebenen Verfahren bestimmt werden.

Arbeitsvorschrift: 1 ml des durch scharfes Zentrifugieren und Filtrieren geklärten Orangensaftgetränkes wird in einem Reagensglas mit 14 ml 90 vol.-%igem Diäthylenglykol und 1 ml 16%iger wässeriger Natronlauge gemischt. Die Mischung wird erforderlichenfalls blank filtriert. Nach 20 min ist eine Farbtiefe erreicht, die einige Stunden unverändert bestehen bleibt. Die Extinktion der erhaltenen Gelbfärbung wird in einer 2 cm-Küvette im Elektrophotometer mit Filter S 42 gegen ein gleich behandeltes Gemisch aus 1 ml Getränk, 14 ml Diäthylenglykol und 1 ml Wasser gemessen. Die abgelesene Extinktion ergibt aus der Eichkurve den Hesperidin-Gehalt in 0,5 ml Orangensaftgetränk.

Zur Aufstellung der Eichkurve werden 50 mg Hesperidin „Merck" in 8%iger wässeriger Natronlauge zu 100 ml gelöst. Von dieser Lösung werden steigende Mengen von 0,1—2 ml in Reagenzgläsern mit 14 ml 90 vol.-%igem Diäthylenglykol versetzt und anschließend in der gleichen Reihenfolge mit abfallenden entsprechenden Mengen von 1,9—0,0 ml 8%iger wässeriger Natronlauge gemischt. Der Blindansatz enthält 2 ml 8%ige Natronlauge und 14 ml 90 vol.-%iges Diäthylenglykol. Aus den im Elektrophotometer mit Filter S 42 in der

2 cm-Küvette bestimmten Extinktionswerten und den Hesperidingehalten (in mg/0,5 ml) ergibt sich eine Eichkurve, die von den Extinktionen 0—1,0 gerade verläuft.

In entsprechender Weise kann eine Eichkurve für Naringin aufgestellt werden.

Zur Trennung der einzelnen Flavonoide dienen dünnschichtchromatographische (L. HÖRHAMMER u. H. WAGNER 1962) und papierchromatographische Verfahren (R. PARIS 1963).

γ) Riboflavin Nachweis und Bestimmung werden nach dem in Band II/2 angegebenen Verfahren geführt. Außerdem sei auf R. STROHECKER u. H. M. HENNING (1963) verwiesen. Einen papierchromatographischen Nachweis beschreiben F. MUNTONI u. M. G. DI CARLO-MALAGODI (1962).

δ) Zuckercouleur: Mittels der Toluidin-Barbitursäure-Reaktion nach O. WINKLER (1955) konnten eindeutige Unterschiede im Gehalt an 5-Hydroxymethylfurfurol bei ungefärbten und mit Zuckercouleur gefärbten Grundstoffen und daraus hergestellten Fruchtsaftgetränken und Limonaden auf der Grundlage von Citrussäften festgestellt werden (E. BENK 1961, 1962). Die Werte ungefärbter Grundstoffe lagen bei 5—35 mg/kg, mit Zuckercouleur gefärbter bei 410—470 mg/kg Hydroxymethylfurfurol. Für ungefärbte Getränke ergaben sich Werte von 0,2 bis 0,5 mg/l, für gefärbte von 4—10 mg/l.

ε) Teerfarbstoffe, Curcuma, Rote Rüben-Farbstoff: Der Nachweis erfolgt in üblicher Weise mit der Wollfadenprobe. Wegen Einzelheiten der Ausführung wird auf Band II/2 verwiesen. Zur näheren Kennzeichnung wird der Farbstoff von der Wolle abgelöst und papierchromatographisch nach H. THALER u. G. SOMMER (1953) geprüft. Bei Anwesenheit von Curcumafarbstoff zieht dieser ebenfalls auf Wolle auf und kann durch die Reaktion mit Borsäure sicher erkannt werden (E. BENK 1956). Wird das Auffärben in essigsaurer Lösung vorgenommen, so zieht auch der Farbstoff der roten Rübe (Beete) auf Wolle auf und zwar mit braunroter Farbe. Nach Abziehen des Farbstoffes mit 2 %igem Ammoniak und erneutem Auffärben auf Wolle in essigsaurer Lösung färbt sich diese gelb (E. BENK 1962).

q) Künstliche Trübstoffe

α) **Bromierte Öle** (E. BENK u. F. MOLL 1957, 1960): 250 ml Getränk werden mit je 2 ml Kaliumcyanoferrat-(II) und Zinkacetat-Lösung nach CARREZ versetzt. Die entstehende Fällung wird durch ein angefeuchtetes Faltenfilter (⌀ 24 cm) filtriert, mit Wasser ausgewaschen und nach dem Trocknen samt Filter erschöpfend mit Äther im Soxhlet-Gerät ausgezogen. Den Ätherextrakt überführt man mit wenig Äther unter Nachspülen mit etwas heißem Alkohol in einen Quarztiegel. Nach Zusatz von 0,5 ml n-Natronlauge bringt man den Tiegel zur Verseifung des Ätherextraktes in einen Trockenschrank und beläßt ihn dort, bis die Flüssigkeit restlos verdunstet ist. Der Rückstand wird bei höchstens schwacher Rotglut verascht, in 0,5 ml n-Schwefelsäure und wenig dest. Wasser gelöst. Man filtriert die Lösung durch ein kleines Filter und bringt das Filtrat unter Nachwaschen des Filters mit Wasser auf 5 ml. In der Aschelösung oder einem Teil derselben wird das freigesetzte Brom-Ion entweder mit Fluorescein-Natrium nach A. HANSEN (1954) oder mit Phenolrot nach S. ROCQUES (1952) als Eosin bzw. Bromphenolblau nachgewiesen. Die entstandenen Färbungen können colorimetrisch gegen den Reagentien-Blindwert ausgemessen werden. Mit bromierten Ölen hergestellte Limonaden zeigen Bromgehalte von ungefähr 6—10 mg/100 ml.

β) Kolophonium: Sofern dieses oder andere Harze zugegen sind, ist der sonst weiche Ätherextrakt trüber Erfrischungsgetränke mehr oder weniger hart und spröde. Zur Erkennung von Kolophonium können u. a. die Storch-Morawski-Probe, die Ammoniakprobe sowie die Kupferacetat-Probe dienen (E. BENK, 1957). Da bei Verwendung harzhaltiger Trübungsemulsionen nur geringe Mengen von Harzen in die Getränke gelangen, werden zu ihrem Nachweis zweckmäßigerweise chromatographische Verfahren herangezogen. Einen dünnschichtchromatographischen Nachweis unter Verwendung von Kieselgel G-Platten, dem Laufmittel Benzol-Methanol (95:5) und den Sprühmitteln Antimon (III)-chlorid-Chloroform bzw. Phosphormolybdänsäure-Alkohol (10:100) beschreibt H. JORK (1962).

r) Verdickungsmittel

Möglichkeiten zum Nachweis durch Fällungsreaktionen hat u. a. E. LETZIG (1955) aufgezeigt. Weiterhin ist auf Band II/2, Kapitel Kohlenhydrate zu verweisen. Da die meisten der für Lebensmittel in Betracht kommenden Verdickungsmittel aus Kohlenhydraten und Uronsäuren aufgebaut sind, wird ihr Nachweis auf die Erkennung dieser Spaltstücke gestützt. Nach Arbeiten von H. SULSER (1957) sowie R. GRAU u. A. SCHWEIGER (1963) kann folgendermaßen gearbeitet werden:

Arbeitsvorschrift: 100 g Grundstoff oder 1 l Getränk werden unter Rühren tropfenweise solange mit basischem Bleiacetat (Bleiessig) versetzt, bis keine Fällung mehr entsteht. Anschließend wird die Fällung zentrifugiert und mit bleiessighaltigem Wasser ausgewaschen. Zentrifugieren und Auswaschen werden noch dreimal wiederholt. Anschließend führt man den Niederschlag mit 20 ml 10%iger Schwefelsäure in ein 100 ml Schliffkölbchen über und erhitzt ihn 3 Std am Rückflußkühler im siedenden Wasserbad. Sodann entfernt man die Schwefelsäure durch Zusatz von festem Bariumcarbonat und setzt erforderlichenfalls etwas Wasser zu. Nach dem Zentrifugieren wird die überstehende neutrale Lösung abgegossen und bis auf etwa 1 ml eingeengt. Zur dünnschichtchromatographischen Ermittlung der entstandenen Spaltstücke trägt man diese Lösung zusammen mit Lösungen von Vergleichszuckern und Uronsäuren bzw. Uronsäuren enthaltenden Vergleichs-Hydrolysaten aus Alginsäure und arabischem Gummi 3 cm vom unteren Rand entfernt auf eine Cellulosepulver-Platte auf. Man entwickelt zweimal bei einer Laufstrecke von 10 cm und Kammerübersättigung mit dem Laufmittel Essigsäureäthylester-Pyridin-Wasser (2:1:2). Besprüht wird mit Anisidinphthalat (1,23 g p-Anisidin und 1,66 g Phthalsäure in 100 ml 95%igem Äthanol). Die Auswertung erfolgt nach 10 min Trocknen bei 105° C. Hexosen färben sich grün, Methylpentosen gelbgrün, Pentosen rotviolett und Uronsäuren braun. Für die einzelnen Verdickungsmittel sind folgende Zucker und Uronsäuren kennzeichnend:

Tabelle 1. *Die Bausteine der wichtigsten Verdickungsmittel*

Verdickungsmittel	Hauptbestandteile	
	Zucker	Uronsäuren
Agar-Agar	D-Galaktose wenig L-Galaktose	—
Alginsäure	—	D-Mannuronsäure
Arabisches Gummi	D-Galaktose L-Arabinose L-Rhamnose	D-Glucuronsäure
Carrageen	D-Galaktose L-Galaktose wenig D-Glucose wenig D-Xylose wenig Ketosen	—
Guargummi	D-Galaktose D-Mannose (1:2)	—
Karobengummi	D-Galaktose D-Mannose (1:4)	—
Pektin	D-Galaktose L-Arabinose z.T. wenig D-Glucose z.T. wenig L-Rhamnose	D-Galakturonsäure
Tragant	D-Galaktose L-Arabinose D-Xylose L-Fucose	D-Galakturonsäure

s) Emulgatoren

α) Monoglyceride: In Anlehnung an das von H. E. SCHMIDT (1963) für den Nachweis von Monoglyceriden in Eiskrem empfohlene Verfahren kann wie folgt gearbeitet werden:

Arbeitsvorschrift: 20—50 g Getränkegrundstoff werden dreimal mit 50 ml Chloroform ausgeschüttelt. Die vereinigten Ausschüttelungen wäscht man zweimal vorsichtig mit Wasser und trocknet sie anschließend mit wasserfreiem Natriumsulfat. Die blanke Chloroform-Lösung wird sodann auf dem Wasserbad bis auf einige ml eingeengt, in ein 10 ml-Meßkölbchen übergeführt und mit Chloroform zur Marke aufgefüllt. 5 ml dieser Lösung werden in einem 25 ml-Meßkölbchen mit 5 ml Eisessig und 0,05 ml 10%iger wässeriger Perjodsäure-Lösung versetzt. Man schüttelt kräftig um und läßt das Gemisch zur Oxydation der Monoglyceride 15 min bei Zimmertemperatur stehen. Darauf gibt man 1 ml 0,1 n-Natriumhydrogensulfit-Lösung hinzu und schüttelt so lange, bis die blaugrüne Lösung durch ausgeschiedenes Jod vorübergehend eine rötlichbraune Färbung erkennen läßt, die bei weiterem Schütteln wieder verschwindet. Sodann wird mit Wasser zu 25 ml aufgefüllt, kräftig umgeschüttelt und bis zur Schichtentrennung stehengelassen. 2,5 ml der überstehenden wässerigen Lösung, die den durch Oxydation der Monoglyceride entstandenen Formaldehyd enthält, werden nun in einem 25 ml-Meßkölbchen mit 2,5 ml frisch bereiteter Chromotropsäure-Lösung (1 g chromotropsaures Natrium in 100 ml konz. Schwefelsäure) versetzt. Man mischt durch Umschütteln und füllt bis fast zur Marke mit konz. Schwefelsäure auf. Nach erneutem Durchmischen läßt man 5 min stehen, kühlt auf Zimmertemperatur ab und füllt mit konz. Schwefelsäure zur Marke auf. Bei Anwesenheit von Monoglyceriden entsteht eine kräftige blauviolette Färbung, während bei monoglyceridfreien Getränkegrundstoffen nur eine hellbraune bzw. eine hellbraune, leicht violettstichige Färbung erscheint. Die entstandene blauviolette Färbung läßt sich erforderlichenfalls spektralphotometrisch bei 580 nm bzw. im Photometer mit Filter S 57 gegen den Reagentien-Blindwert quantitativ auswerten. Zur Erstellung der Eichkurve dienen käufliche Monoglyceride mit einem Gehalt von 40—50%.

H. ROTHER (1964) verseift zusätzlich einen Teil des Chloroformauszugs und bestimmt in der Seifenlösung nach Abscheidung der Fettsäuren das Glycerin papierchromatographisch mit dem Laufmittel Butanol-Eisessig-Wasser (5:1:2) und den Sprühmitteln 0,1 %ige wässerige Natriumperjodat-Lösung und Benzidin-Reagens (2,8 g Benzidin, 80 ml Äthanol, 70 ml Wasser, 30 ml Aceton und 1,5 ml n-Salzsäure), die hintereinander anzuwenden sind: Glycerin u. a. Polyalkohole erscheinen als weiße Flecken auf blauem Grund. Zur Chromatographie der Fettsäuren wird ein mit einer 10%igen Lösung von Olivenöl in Methylenchlorid imprägniertes Papier verwendet. Als Laufmittel dient 80%iges Äthanol, als Sprühmittel Nilblaureagens (0,1 g Nilblauchlorid, 30 ml absol. Äthanol, Triäthanolamin zur deutlichen Rotfärbung, 20 ml Äthanol): Fettsäuren erscheinen als blaue Flecken auf rosafarbenem Grund.

β) Saccharosefettsäureester: Zu ihrer Erkennung kann nach E. KRÖLLER (1963) wie folgt gearbeitet werden:

Arbeitsvorschrift: 250—500 ml Erfrischungsgetränk werden in einer Porzellanschale so lange mit Calciumcarbonat verrührt, bis sich keine Kohlensäure mehr entwickelt (pH ≈ 6,6—6,8). Man gibt noch eine Spatelspitze Calciumcarbonat zusätzlich hinzu und dampft das Gemisch unter öfterem Umrühren bis zur Sirupdicke auf dem Wasserbad ein. Anschließend wird der Sirup dreimal mit je 50 ml Chloroform gründlich durchgerührt. Die vereinigten Auszüge werden filtriert und auf dem Wasserbad auf etwa 0,5—1 ml eingeengt. Beim Vorliegen des Grundstoffes werden 20—50 g desselben dreimal mit je 50—100 ml Chloroform ausgeschüttelt. Die vereinigten Auszüge engt man auf wenige ml ein. Das Konzentrat wird unter Verwendung von Polyamidpapier mit dem Laufmittel n-Propanol-n-Butanol-Wasser (1:1:1) aufsteigend 6 Std entwickelt. Man markiert die Frontlinie, trocknet das Chromatogramm bei 105° C und schneidet es der Länge nach durch. Die eine Hälfte wird mit Harnstoff-Reagens (1 g Harnstoff, 4,5 ml 85%ige Phosphorsäure, 48 ml wassergesättigtes n-Butanol) besprüht und 8 min bei 105° C erwärmt. Saccharose-mono- und -diester der Laurin- bis Stearinsäure ergeben graublaue Flecken mit Rf-Werten von 0,61—0,67. Die zweite Hälfte des Chromatogramms wird mit Anisidinhydrochloridlösung (2,33 g p-Anisidin, 2,4 ml 25%ige Salzsäure, H_2O zu 100 ml) besprüht und 10 min auf 105° C erwärmt: Saccharosefettsäureester ergeben gelbe Flecken.

H. Rother (1964) arbeitet dünnschichtchromatographisch mit Kieselgel G-Platten, dem Laufmittel Toluol-Äthylacetat — 80 %iges Äthanol (5:2:2) bei einer Laufstrecke von 15 cm. Als Sprühmittel dient zunächst 5 %ige Salzsäure mit anschließender Trocknung bei 110° C, sodann eine Lösung von 1,75 g Dimethyl-p-phenylendiaminhydrochlorid und 1,5 g Zinn(II)-chlorid in 600 ml Äthanol mit nachfolgendem Trocknen bei 120° C: Saccharose-monofettsäureester ergeben einen rötlich-braunen Fleck bei Rf 0,12; Saccharose-difettsäureester drei beieinander liegende Flecken zwischen den Rf-Werten 0,24 und 0,34.

γ) Äthanolamide und Polyoxyäthylen-Verbindungen: Auch für diese an sich nicht zur Verwendung in Getränken bestimmten, aber technisch geeigneten Emulgatoren gibt H. Rother (1964) Nachweismöglichkeiten an.

t) Alkaloide

α) Coffein: Nach einer bewährten Vorschrift von V. Hamann (1954) wird wie folgt gearbeitet:

Arbeitsvorschrift: In einem 50 ml-Meßkölbchen werden 40 ml der zuvor durch kräftiges Schütteln kohlensäurefrei gemachten Limonade mit je 4 ml 20 %iger Kupfersulfatlösung und 4 ml n-NaOH versetzt. Man füllt bis zur Marke mit Wasser auf, schüttelt gut um und filtriert den Kolbeninhalt durch ein Faltenfilter (⌀ 12 cm) in ein Erlenmeyerkölbchen. Von dem weitgehend aufgehellten, neutralen Filtrat werden 30 ml in einen 100 ml fassenden, enghalsigen Schliffschüttelzylinder pipettiert, der bereits 5 ml Chloroform enthält. Hierauf wird 1 ml und erforderlichenfalls tropfenweise noch weiter soviel 5 %ige Kaliumpermanganatlösung zugefügt, daß an Stelle der zunächst auftretenden Braunfärbung eine anhaltende Rotstichigkeit auftritt. Ein weiterer Zusatz von 3 ml einer frisch bereiteten 10 %igen Eisen(II)-sulfatlösung und von 0,3—0,5 ml Schwefelsäure (Dichte 1,35) bewirkt nach 15 min eine erneute Klärung und Aufhellung des Reaktionsgemisches, das schließlich hellbläulich bis gelbgrünlich ist. Nach kräftigem Schütteln mit jeweils 4×15 und 1×10 ml Chloroform ergibt sich stets sofort eine scharfe Trennung der Schichten. Die einzelnen Auszüge werden durch einen abschließend mit 5 ml Chloroform nachzuspülenden kleinen Wattebausch in einen 100 ml-Kjeldahlkolben filtriert. Nach dem Abdestillieren des Chloroforms auf dem Wasserbad liegt das anorganische Verunreinigungen nur noch in Spuren enthaltende Coffein in Form seidenglänzender Nadeln vor. Sie werden im gleichen Kolben mit 4 ml konz. Schwefelsäure unter Zugabe einer Spur metallischen Selens und von zwei Glasperlen nach Kjeldahl aufgeschlossen. Man spült anschließend die Innenwandung des Kolbens mit 1 ml konz. Schwefelsäure ab und hält den Kolbeninhalt noch einige Zeit im Sieden. Der Aufschluß wird nach dem Verdünnen mit 20 ml Wasser quantitativ in eine Parnas-Wagner-Apparatur übergeführt, mit 20 ml 33 %iger Natronlauge versetzt und destilliert. Das freigesetzte Ammoniak fängt man in einer mit 20 ml 2 %iger Borsäurelösung und drei Tropfen Tashiro-Indikator beschickten Vorlage auf und bestimmt es durch Titration mit 0,01 n-HCl. Berechnung: mg Coffein in 100 ml Limonade =

$$\frac{\textit{verbrauchte ml 0,01 n-HCl} \cdot 48{,}53}{24}$$

Ein Bestimmungsverfahren durch Titration des Chloroformauszuges mit Überchlorsäure und elektrometrischer Endpunktsanzeige beschreibt H. Schröder (1957).

β) Chinin: Nach F. Strache (1959) läßt sich eine mengenmäßige Bestimmung durch Messung der Fluorescenz des Chininsulfats durchführen.

Arbeitsvorschrift: Da Chlor-Ionen über 14 mg/l Cl stören, wird zunächst eine Chloridbestimmung durchgeführt. Man löst sodann 115,1 mg Chininsulfat, getrocknet, entsprechend 100 mg Chininbase, getrocknet, in wenig verdünnter Schwefelsäure und füllt mit Wasser auf 1000 ml auf (Stammlösung). Von dieser Stammlösung werden 10 ml mit 5 %iger Schwefelsäure auf 100 ml verdünnt (Bezugslösung). 10 ml Limonade werden mit der gleichen 5 %igen Schwefelsäure ebenfalls auf 100 ml verdünnt. Im Eppendorf-Colorimeter wird nun die Bezugslösung unter Einsatz der Fluorescenz-Ausrüstung auf die Durchlässigkeit 100 eingestellt und sofort die Durchlässigkeit der Analysenlösung gemessen. Der Chiningehalt wird der nachstehende Tabelle entnommen:

Tabelle 2. *Fluorescenz von Chininlösungen in 4,5%iger Schwefelsäure bei verschieden hohem Chloridgehalt*

Durchlässigkeit D =	10	20	30	40	50	60	70	80	90	100
mg Chinin im Liter 4,5%iger Schwefelsäure										
ohne Cl^-	0,8	1,7	2,6	3,5	4,4	5,4	6,5	7,7	8,8	10,0
+ 35,5 mg/l Cl^-	0,9	1,8	2,8	3,8	4,9	6,0	7,2	8,4	9,7	(D 92 = 10,0)
+ 71 mg/l Cl^-	1,0	2,0	3,0	4,1	5,3	6,6	8,0	9,3		(D 85 = 10,0)
+142 mg/l Cl^-	1,1	2,2	3,4	4,7	6,2	7,7	9,2			(D 75 = 10,0)
+284 mg/l Cl^-	1,4	3,0	4,6	6,6	8,7					(D 56 = 10,0)

Auch Chinin läßt sich durch Titration des Chloroformauszugs der Getränke mit Überchlorsäure mengenmäßig bestimmen (H. SCHRÖDER, 1957).

u) Süßstoffe und Zuckeraustauschstoffe

α) Künstliche Süßstoffe (Saccharin, Dulcin, Cyclamat) lassen sich in den mit Phosphorsäure angesäuerten Getränken durch erschöpfendes Ausschütteln oder Perforieren mit Äthylacetat bestimmen. Mischungen von Dulcin und Saccharin können dadurch getrennt werden, daß man das Getränk zuerst alkalisch macht und Dulcin mit Äther ausschüttelt, anschließend ansäuert und nun Saccharin ebenfalls mit Äther oder mit Äther-Petroläther (1:1) auszieht. Näheres ist aus Band VI, Kapitel Süßstoffe, zu entnehmen.

Zum Nachweis und zur Trennung der drei Süßstoffe nebeneinander eignet sich ein dünnschichtchromatographisches Verfahren nach T. SALO u. Mitarb. (1964). Verwendet werden mit einem Gemisch von 10%ig acetylierter Cellulose und Polyamid (3:2) hergestellte Platten. Als Laufmittel dient eine Mischung von Shell Sol A, n-Propanol, Eisessig und Ameisensäure (45:6:7:2 [Vol. Teile]). Zur Sichtbarmachung der Flecken wird eine 0,2%ige Lösung von Dichlorfluorescein in Äthanol verwendet. Nach dieser Behandlung erscheinen im Tageslicht Saccharin und Cyclamat weiß auf braunem Grund, im UV-Licht alle Flecken blau. Die Rf-Werte für Cyclamat liegen bei 0,28, für Saccharin bei 0,47, für Dulcin bei 0,66.

Zum qualitativen Nachweis auf Cyclamat kann die Eigenschaft der Sulfaminsäuren, mit salpetriger Säure Schwefelsäure abzuspalten, herangezogen werden. Nach vorheriger Ausfällung der SO_4-Ionen mit Bariumchlorid kann diese Reaktion sowohl zum Nachweis als auch zur quantitativen Bestimmung von Cyclamat (Natriumcyclohexylsulfamat) dienen (E. KIELHÖFER u. H. AUMANN 1955; F. FEIGL u. Mitarb. 1961).

β) Zuckeraustauschstoffe (Mannit, Sorbit, Xylit): Bei Anwesenheit von Zucker ist dieser zuvor durch Vergären zu entfernen. Die vergorene Flüssigkeit wird zur Sirupdicke bzw. auf 10 ml eingeengt und anschließend in schwefelsaurer Lösung mit Benzaldehyd oder in salzsaurer Lösung mit o-Chlorbenzaldehyd zur Reaktion gebracht, entsprechend der in Band VII, Kapitel Wein, angegebenen Vorschriften. Die drei Zuckeralkohole unterscheiden sich sowohl in den Schmelzpunkten ihrer Benzalverbindungen als auch in denjenigen der entsprechenden Hexaacetate. Zur mengenmäßigen Erfassung kann neben der Berechnung aus den Benzalverbindungen (J. VOLLAIRE-SALVA u. H. CHAVERON 1963) die polarimetrische Bestimmung in schwefelsaurer Lösung nach Zusatz von Ammoniummolybdat dienen (A. ROTSCH u. G. FREISE 1964). In beiden Fällen ist jedoch Voraussetzung, daß jeweils nur einer der genannten Polyalkohole anwesend ist. Zur Trennung der genannten Zuckeralkohole eignet sich das papierchromatographische Verfahren von D. WALDI u. F. MUNTER (1962). Man arbeitet auf mit 3%iger Kaliumchloridlösung imprägniertem Papier (Schl. u. Sch. 2043 b) absteigend unter Verwendung des Fließmittels Äthylacetat-Pyridin-Wasser (6:3:1) bei einer

Durchlaufzeit von 50 Std und besprüht zunächst mit 0,1 %iger wässeriger Natriumperjodatlösung und nach dem Antrocknen mit Benzidin-Reagens (2,8 g Benzidin, 80 ml Äthanol, 70 ml Wasser, 30 ml Aceton und 1,5 ml n-Salzsäure). Es entstehen gelbbraune Flecken auf graublauem Untergrund. Die Laufstrecken liegen für Sorbit bei 21, für Mannit bei 23 und für Xylit bei 30 cm.

v) Schaummittel

Ihre Verwendung kann bei den mit Kohlensäure abgefüllten Getränken praktisch ausgeschlossen werden, da sie zu einem Überschäumen führen würde. Soweit sie fremde Stoffe darstellen, ist ihr Zusatz zu Erfrischungsgetränken nicht statthaft. Mit der Anwesenheit nichtfremder Schaummittel, z. B. Glycyrrhizin (schäumender Geschmacksstoff der Süßholzwurzel) ist allenfalls bei Faßbrausen zu rechnen. Wegen Vorschriften zum Nachweis vgl. Beythien-Diemair (1963) und E. Benk (1961).

w) Schwermetalle (Pb, Zn, Cd, Cu, Fe)

Diese können aus den verwendeten Geräten, Leitungen und Maschinen stammen. Da heute, soweit technisch möglich, rostfreie Stähle und Kunststoffleitungen verwendet werden, sind die genannten Metalle nur noch selten in Erfrischungsgetränken anzutreffen. Zum Nachweis vgl. Band II/2.

x) Konservierungsstoffe und schweflige Säure

Zu deren Nachweis und Bestimmung ist auf Band II/2, Kapitel Konservierungsstoffe, zu verweisen (vgl. auch S. 877 ff).

y) Pyrokohlensäurediäthylester

Seine Bestimmung in Getränken kann notwendig werden zur Klärung der Frage, ob unter Anwendung dieses Stoffes abgefüllte Getränke erst nach dessen restlosem Zerfall, d. h. nach wenigstens 16 Std in den Verkehr gebracht wurden. In Anlehnung an ein von den Farbenfabriken Bayer angegebenes Verfahren kann nach einer privaten Mitteilung der Coca-Cola GmbH Essen wie folgt gearbeitet werden:

Arbeitsvorschrift: 250 ml Getränk werden dreimal mit je 50 ml eines Pentan-Äther-Gemisches (105 ml Pentan und 45 ml Diäthyläther) in einem Scheidetrichter ausgeschüttelt. Das Pentan-Äther-Gemisch wird von der wässerigen Lösung, erforderlichenfalls durch Zentrifugieren, abgetrennt und in ein 400 ml Becherglas, das 8 ml einer 0,025 n-Diisobutylaminlösung in Chlorbenzol (5,168 g Diisobutylamin werden mit Monochlorbenzol auf 1 l aufgefüllt) enthält, gegeben. Alsdann werden 200 ml Aceton zugefügt. Die 0,025 n-Diisobutylaminlösung wird aus einer 10 ml Mikrobürette mit 0,02 ml-Einteilung zugegeben. Die überschüssige Base wird mit 0,025 n-Salzsäure (Mikrobürette) und Bromphenolblau als Indicator zurücktitriert.

Die Titration muß unter heftigem Rühren mit einem Magnetrührer durchgeführt werden. Es ist von Vorteil, die Erkennung des Umschlagpunktes von Bromphenolblau zunächst mit einem pH-Meter einzuüben. Der Pyrokohlensäurediäthylesteranteil wird nach folgender Gleichung ermittelt:

$$\text{Prozentgehalt} = \frac{1620 \times V}{E \times 4}$$

E = Einwaage in Gramm
V = Verbrauch an 0,025 n-Diisobutylaminlösung

Vorher ist der Faktor der Diisobutylaminlösung zu bestimmen. Dabei soll unmittelbar nach der Zugabe von Aceton mit 0,025 n-HCl titriert werden. Die Genauigkeit der Bestimmung beträgt in trüben Getränken $\pm$ 2%, in klaren Getränken $\pm$0,1%.

Eine gaschromatographische Bestimmung des Pyrokohlensäurediäthylesters beschreiben E. Kielhöfer u. G. Würdig (1963). G. Török u. Mitarb. (1963) berichten über eine spektralphotometrische Arbeitsweise.

z) Silber (aus gesilbertem Trinkwasser)

H. MIETHKE u. O. BRÖSAMLE (1962) schütteln nach nasser Veraschung von 20—50 ml Getränk die erhaltene verdünnte schwefelsaure Lösung mit einer verdünnten Dithizon-Tetrachlorkohlenstoff-Lösung nach G. IWANTSCHEFF (1958) erschöpfend aus. Zur Auswertung der entstehenden Mischfarbe aus goldgelbem Silber-Dithizon-Komplex und überschüssigem Dithizon mißt man im Spektralphotometer bei 462 mμ die Absorption der Mischfarbe und bei 620 mμ die des überschüssigen Dithizons gegen Tetrachlorkohlenstoff. Aus der Extinktion des reinen Dithizons bei 620 mμ wird seine Extinktion bei 462 mμ berechnet. Der Silbergehalt der Getränkeprobe ergibt sich aus der Extinktionsdifferenz (Gesamtextinktion bei 462 mμ, abzüglich errechnete Extinktion für das überschüssige Dithizon bei 462 mμ). Bei Verwendung eines Photometers werden die Filter J 62 und S 47 verwendet.

V. Hinweise für die lebensmittelrechtliche Beurteilung

Neben den allgemeinen Bestimmungen des Lebensmittelgesetzes in der Fassung vom 21. XII. 1958 (BGBl. I, S. 950) sind bei der lebensmittelrechtlichen Beurteilung von Erfrischungsgetränken folgende Rechtsverordnungen und Richtlinien zu beachten:

Verordnung über Essenzen und Grundstoffe vom 19. XII. 1959 (BGBl. I S. 747) in der Fassung vom 15. III. 1961 (BGBl. I S. 227).

Verordnung über die Zulassung färbender fremder Stoffe vom 19. XII. 1959 (BGBl. I S. 756) in der Fassung vom 22. XII. 1960 (BGBl. I S. 1073).

Verordnung über die Zulassung fremder Stoffe zum Schutz gegen mikrobiellen Verderb von Lebensmitteln vom 19. XII. 1959 (BGBl. I S. 735) in der Fassung vom 11. III. 1964 (BGBl. I S. 138).

Verordnung über den Zusatz fremder Stoffe bei der Behandlung von Früchten und Fruchterzeugnissen vom 19. XII. 1959 (BGBl. I S. 751) in der Fassung vom 23. VII. 1963 (BGBl. I S. 537).

Verordnung über den Verkehr mit Süßstoff vom 27. II. 1939 (BGBl. I S. 336) in der Fassung vom 20. VI. 1963 (BGBl. I S. 415).

Verordnung über den Zusatz fremder Stoffe bei der Aufbereitung von Trinkwasser vom 19. XII. 1959 (BGBl. I S. 762) in der Fassung vom 27. VI. 1960 (BGBl. I S. 479).

Verordnung über diätetische Lebensmittel vom 20. VI. 1963 (BGBl. I S. 415) in der Fassung vom 23. XII. 1963 (BGBl. I S. 1043).

Verordnung über coffeinhaltige Erfrischungsgetränke vom 24. VI. 1938 (RGBl. I S. 691).

Verordnung über vitaminisierte Lebensmittel vom 1. IX. 1942 (RGBl. I S. 538).

Richtlinien für die Herstellung, Kennzeichnung und Beurteilung süßer alkoholfreier Erfrischungsgetränke (abgedruckt Dtsch. Lebensmittel-Rdsch. **53**, 237, 1957).

Rundschreiben des BMdI vom 13. II. 1954 (Gesch.-Z. 4553-4-3101/54) betreffend Zulassung von Chinin in Erfrischungsgetränken.

Nach diesen Beurteilungsgrundlagen ist neben den bereits in den Abschnitten „Begriffsbestimmung“ und „Zusammensetzung“ gemachten Angaben besonders hervorzuheben, daß alkoholfreie Erfrischungsgetränke als Lösungsmittel für Essenzen nur Trinkbranntwein enthalten dürfen. Färbende fremde Stoffe (Farbstoffe) sind nur bei Brausen und nur unter Kenntlichmachung „mit Farbstoff“ zugelassen. Ein Zusatz von Konservierungsstoffen ist allgemein verboten. In zulässiger Weise mit erlaubten Konservierungsstoffen (Ameisensäure, Benzoesäure, Sorbinsäure) versetzte Grundstoffe und Ansätze dürfen jedoch verwendet werden. Sofern von diesen Halberzeugnissen nicht mehr als 20 g/kg Erfrischungsgetränk verwendet werden, bedarf es keiner Kenntlichmachung bei demselben. Wird diese Menge jedoch überschritten, so muß Kenntlichmachung beispielsweise „mit Konservierungsstoff Benzoesäure“ erfolgen. Entsprechendes gilt für die Verwendung geschwefelter Citrussäfte. Als Süßstoffe sind für Brausen nur Saccharin und seine Natriumverbindung sowie Dulcin unter Kenntlichmachung zugelassen, für diätetische Erfrischungsgetränke nur Saccharin und Saccharin-Natrium sowie Natrium- und Calciumcyclamat. Erfrischungsgetränke dürfen nicht gesilbert werden, können aber mit in zulässiger Weise gesilbertem Trinkwasser (max. 0,1 mg/l Ag) hergestellt werden. Bei vitaminisierten Erfrischungsgetränken müssen die zugesetzten Vitamine nach Art und Menge sowie das Herstellungsdatum (Monat und Jahr) kenntlich gemacht werden. Bei Diabetiker-Erfrischungsgetränken dürfen keine belastenden Kohlenhydrate zugesetzt werden. Die verwendeten Zuckeraustauschstoffe sind mengenmäßig, die zugelassenen Süßstoffe artmäßig kenntlich zu machen. Außerdem ist der physiologische Brennwert, die Zahl der Broteinheiten und der Gehalt an Kohlenhydraten und Eiweißstoffen anzugeben, desgleichen das Herstellungsdatum (Monat und Jahr).

Bibliographie

Analysenmethoden der Internationalen Fruchtsaftunion. Zürich: Juris-Verlag 1962.

Bergmeyer, H. U.: Methoden der enzymatischen Analyse. Weinheim/Bergstr.: Verlag Chemie 1962.

Beythien-Diemair: Laboratoriumsbuch für den Lebensmittelchemiker. Dresden und Leipzig: Theodor Steinkopff 1963.

Hamann, V., u. A. Herrmann: Unveröffentlicht. Zit. nach Beythien-Diemair: Laboratoriumsbuch für den Lebensmittelchemiker, S. 426. Dresden u. Leipzig: Theodor Steinkopff 1963.

Iwantscheff, G.: Das Dithizon und seine Anwendung in der Mikro- und Spurenanalyse. Weinheim/Bergstr.: Verlag Chemie 1958.

Strohecker, R., u. H.M. Henning: Vitamin-Bestimmungen. Weinheim/Bergstr.: Verlag Chemie 1963.

Zeitschriftenliteratur

Becker, E., u. L. Krull: Kolorimetrische Halbmikro-Methode zur Phosphorbestimmung in Speiseölen. Fette u. Seifen **60**, 447—449 (1958).

Benk, E.: Ausführung, Anwendung und Bedeutung der Formolwertbestimmung. Fruchtsaft-Industr. **1**, 226—231 (1956a).

— Mit Kurkumafarbstoff verfälschte Zitrusfruchtsaftgetränke-Grundstoffe. Naturbrunnen **6**, 86—87 (1956b).

— Mit künstlichen Trübstoffen verfälschte Limonaden. Naturbrunnen **7**, 132—134 (1957a).

— Bromfreie Trübungsmittel für süße alkoholfreie Erfrischungsgetränke. Riechstoffe u. Aromen **7**, 334—335 (1957b).

—, u. F. Moll: Bromierte Öle in Limonaden. Riechstoffe u. Aromen **7**, 170—172 (1957c); desgl. Mineralwasser-Ztg. **10**, 369—371 (1957).

— Der Chloraminwert als analytisches Hilfsmittel zum Nachweis des Saftgehaltes in Fruchtsaftgetränken und Limonaden. Naturbrunnen **8**, 185—190 (1958).

— Beurteilung des Fruchtsaftgehaltes in alkoholfreien Erfrischungsgetränken auf Grund des Chloraminwertes. Mineralwasser-Ztg. **12**, 733—734 (1959).

— Bemerkungen zum Nachweis bromierter Öle in Limonaden. Riechstoffe u. Aromen **10**, 166—168 (1960).

— Nachweis und Beurteilung des Zusatzes von Zuckerkulör bei Fruchtsaftgetränken und fruchttrüben Limonaden. Naturbrunnen **11**, 338—341 (1961a).

— Zum Nachweis von Schaummitteln in Getränken und Grundstoffen. Mineralwasser-Ztg. **14**, 242—248 (1961b).

— Über den Nachweis des Zusatzes von β-Carotin in Orangensäften und deren Zubereitungen. Dtsch. Lebensmittel-Rdsch. **57**, 324—329 (1961c).

— Färbung von Fruchtsaftgetränken und Limonaden mit Zuckerkulör. Mineralwasser-Ztg. **15**, 465—466 (1962a).

— Zur Färbung von Erfrischungsgetränken mit färbenden Lebensmitteln, insbesondere Gemüse- und Obstsäften. Mineralwasser-Ztg. **15**, 383—386 (1962b).

— Über den Nachweis des Zusatzes von β-Carotin in Orangensäften und daraus hergestellten Grundstoffen und Getränken. Naturbrunnen **12**, 27—32 (1962c).

—, I. Wolff u. H. Treiber: Nachweis fremder Carotinoide in Orangensäften mittels Dünnschichtchromatographie. Dtsch. Lebensmittel-Rdsch. **59**, 39—42 (1963).

— Zur Ermittlung des Fruchtsaftgehaltes in Fruchtsaftgetränken. Naturbrunnen **13**, 364—366 (1963).

— Über den Nachweis des Zusatzes von β-Carotin und fremden Carotinoiden in Citrussäften, Grundstoffen und Getränken. Riechstoffe u. Aromen **14**, 143—147 (1964).

BRETTHAUER, G.: Über die Bestimmung der l-Ascorbinsäure in Orangensaft. Fruchtsaft-Industr. **3**, 155—160 (1958).
CUSTOS: Prüfung der Imprägnierung von abgefüllten Getränken, nebst Beschreibung der dazu erforderlichen Geräte und Handhabungen. Mineralwasser-Ztg. **10**, 178—181 (1957).
DAVIS, W. B.: Determination of flavanones in citrus fruits. Industr Engin. Chem. **19**, 476—478 (1947).
FEIGL, F., D. GOLDSTEIN and D. HAGUENAUER-CASTRO: Contributions to organic spot test analysis, VII. Detection of salts of cyclohexane sulfamic acid. Z. analyt. Chem. **178**, 424 (1960/61).
GRAU, R., u. A. SCHWEIGER: Über den Nachweis von Quellstoffen in Fleischwaren und mögliche Störungen durch andere Polysaccharide. Z. Lebensmittel-Untersuch. u. -Forsch. **119**, 210—216 (1963).
GROSSFELD, J., u. G. HOLLATZ: Dextrinnachweis und Dextrinbestimmung in Lebensmitteln. Z. Untersuch. Lebensmittel **59**, 216—236 (1930).
HAMANN, V.: Coffeinhaltige Erfrischungsgetränke. II. Mitt. Die Bestimmung des Coffeins und der Phosphorsäure. Z. Lebensmittel-Untersuch. u. -Forsch. **98**, 213—218 (1954).
HANSEN, A.: Chemische Bestimmung von Monobromessigsäure in Most, Obstsaft, Bier oder Wein. Z. analyt. Chem. **143**, 17—21 (1954).
HÖRHAMMER, L., u. H. WAGNER: Citrusbioflavonoide. Dtsch. Apoth.-Ztg. **102**, 759—765 (1962).
JORK, H.: Dünnschicht-Chromatographie zur Kennzeichnung natürlich vorkommender Harze und Balsame. Dtsch. Apoth.-Ztg. **102**, 1263—1267 (1962).
KIELHÖFER, E., u. H. AUMANN: Zwei neuere Süßstoffe und ihr Nachweis im Wein. Der Deutsche Weinbau. Wein-Wissensch. **9**, 1—5 (1955).
—, u. G. WÜRDIG: Nachweis und Bestimmung von Diäthylcarbonat und Pyrokohlensäurediäthylester in Wein und Schaumwein. Dtsch. Lebensmittel-Rdsch. **59**, 197—200 (1963).
KRÖLLER, E.: Untersuchungen zum Nachweis von Emulgatoren in Lebensmitteln. 3. Mitt.: Saccharosefettsäureester. Fette u. Seifen **65**, 482—488 (1963).
LETZIG, E.: Neuere Nachweismethoden für wasserlösliche Binde- und Verdickungsmittel. Dtsch. Lebensmittel-Rdsch. **51**, 41—47 (1955).
LINDEMANN, M.: Über die Kohlensäure und deren Bestimmungsmöglichkeiten in Mineralwässern und Fruchtsaftgetränken. Mineralwasser-Ztg. **10**, 142—144 (1957).
MIETHKE, H., u. O. BRÖSAMLE: Bestimmung von Silber in alkoholfreien Getränken. Dtsch. Lebensmittel-Rdsch. **58**, 71—73 (1962).
MORITZ, O.: Arch. Pharmaz. **1938**, 368, zit. nach BEYTHIEN-DIEMAIR (1963).
MÜHLBERGER, F. H.: Zum Nachweis eines Invertzuckerzusatzes in Traubenmosten und Weinen. Z. Lebensmittel-Untersuch. u. -Forsch. **113**, 265—277 (1960).
MUNTONI, F., u. M.G. DI CARLO-MALAGODI: R.C. Ist. Sup. Sanità **25**, 563—566 (1962); zit. nach Z. Lebensmittel-Untersuch. u. -Forsch. **123**, 238 (1963).
PARIS, R.: Papier- und dünnschichtchromatographische Entwicklung von Flavonoiden. J. Pharmac. Belgique N.S. **18**, 401 (1963); zit. nach Z. analyt. Chem. **207**, 463 (1965).
POTTERAT, M., u. H. ESCHMANN: Die Verwendung von Komplexonen zur Zuckerbestimmung. Mitt. Lebensmitteluntersuch. Hyg. **45**, 312—329 (1954).
RAFF, P., u. W. BROTZ: Über die Bestimmung des Kaliums als Tetraphenylbor-Kalium. Z. analyt. Chem. **133**, 241—248 (1951).
RENTSCHLER, H., H. TANNER u. P. DEJUNG: Die Zuckerbestimmung mittels Komplexon nach Potterat-Eschmann in süßen und vergorenen Getränken. Mitt. Lebensmitteluntersuch. Hyg. **48**, 238—247 (1957).
ROCQUES, S.: Neue Ausführung der Mikrobestimmung von Bromiden. Ann. Falsif. Fraudes **45**, 347—354 (1952); ref. Z. Lebensmittel-Untersuch. u. -Forsch. **97**, 217 (1953).
ROTHER, H.: Über die Bestimmung von Carotin und Carotinoiden in Orangesäften. Mineralwasser-Ztg. **14**, 771—782 (1961).
— Weitere Untersuchungen über das Verhältnis von Carotin zu den Carotinoiden in Orangensäften und neue Möglichkeiten zur Färbung von Säften und Getränken. Mineralwasser-Ztg. **15**, 65—73 (1962).
— Nachweis von Emulgatoren in Grundstoffen für alkoholfreie Getränke. 1. Mitt.: Fettsäureglyceride. Naturbrunnen **14**, 30—34 (1964a).
— Nachweis von Emulgatoren in Grundstoffen für alkoholfreie Getränke. 2. Mitt.: Polyoxyäthylen- und Polyoxypropylenverbindungen. Naturbrunnen **14**, 76—82 (1964b).
— Nachweis von Emulgatoren in Grundstoffen für alkoholfreie Getranke. 3. Mitt.: Äthanolamide. Naturbrunnen **14**, 144—146 (1964c).
— Nachweis von Emulgatoren in Grundstoffen für alkoholfreie Getränke. 4. Mitt.: Saccharosefettsäureester. Naturbrunnen **14**, 350—352 (1964d).
— Beiträge zum Nachweis von Emulgatoren in Grundstoffen für alkoholfreie Getränke. Riechstoffe u. Aromen **14**, 329—335 u. 359—367 (1964e).

ROTSCH, A., u. G. FREISE: Über die quantitative Bestimmung von Sorbit in Backwaren. Dtsch. Lebensmittel-Rdsch. **60**, 343—344 (1964).
SALO, T., E. AIRO u. K. SALMINEN: Dünnschichtchromatographische Trennung und Identifizierung von Saccharin, Cyclamat und Dulcin. Z. Lebensmittel-Untersuch. u. -Forsch. **125**, 20—22 (1964).
SCHMIDT, H. E.: Colorimetrische Methode zur Bestimmung von 1-Monoglyceriden in Eiskrem. Fette u. Seifen **65**, 488—492 (1963).
SCHRODER, H.: Die Formoltitration als Mittel zum Nachweis des Fruchtsaftgehaltes in Zitrusfruchtsaftgetränken. Mineralwasser-Ztg. **7**, 625—628 (1954).
— Über den quantitativen Nachweis von Coffein und Chinin in Limonaden. Mineralwasser-Ztg. **10**, 630—632 (1957).
STADLER, H., u. F. ZELLER: Schnellmethode zur Kohlensaurebestimmung im Bier. Brauwelt B **1950**, 569—570, 773—775.
STRACHE, F.: Fluorometrische Chininbestimmung in Tonic Water. Dtsch. Lebensmittel-Rdsch. **55**, 153—154 (1959).
SULSER, H.: Nachweis der Bestandteile von hydrophilen Gelier- und Verdickungsmitteln. Mitt. Lebensmitteluntersuch. Hyg. **48**, 19—29 (1957).
THALER, H., u. G. SOMMER: Studien zur Farbstoffanalytik. IV. Mitt.: Die papierchromatographische Trennung wasserlöslicher Teerfarbstoffe. Z. Lebensmittel-Untersuch. u. -Forsch. **97**, 345—365 (1953).
TILLMANS, J., u. J. KIESGEN: Die Formoltitration als Mittel zur Unterscheidung von künstlichen und natürlichen Lebensmitteln. Z. Untersuch. Lebensmittel **53**, 131—137 (1927).
—, u. G. HOLLATZ: Das Verhalten von Nährstoffen und Lebensmitteln bei hohen Oxydationspotentialen. Z. Untersuch. Lebensmittel **57**, 489—515 (1929).
TOROK, G., G. NAGY u. K. BÁLINT: Spektrophotometrische Bestimmung von Pyrokohlensäurediäthylester (ungarisch.) Eľelmiszervizsgaľati Közlemeńyek. **7**, 291—296 (1961), zit. nach Z. Lebensmittel-Untersuch. u. -Forsch. **119**, 194—195 (1963).
VOLLAIRE-SALVA, J., u. H. CHAVERON: Eine für Schokoladen- und Konditorwaren geeignete Bestimmungsmethode für Sorbit. Ann. Falsif. Expert. chim. **56**, 262—265 (1963); zit. nach Z. analyt. Chem. **204**, 294 (1964).
WALDI, D., u. F. MUNTER: Zur papierchromatographischen Trennung der Zuckeralkohole Dulcit, Mannit und Sorbit in Gegenwart von Glucose. Naturwiss. **49**, 393—394 (1962).
WINKLER, O.: Beitrag zum Nachweis und zur Bestimmung von Oxymethylfurfurol in Honig und Kunsthonig. Z. Lebensmittel-Untersuch. u. -Forsch. **102**, 161—167 (1955).

Mikroskopische Untersuchung von Obst und Obsterzeugnissen

Von

Prof. Dr. **Alphons Th. Czaja**, Aachen

Mit 111 Abbildungen

I. Methodik der Untersuchung von Obstzubereitungen

Zubereitungen aus Obst (Pülpe, Muse, Konfitüren, Marmeladen, Gelees, kandierte Früchte) werden je nach der Konsistenz verschieden behandelt. Bei reinen Gelees ist es meist nicht möglich, zellige Elemente aufzufinden, so daß hier die mikroskopische Untersuchung über die Bestandteile nichts auszusagen vermag. Bei Konfitüren mit unzerkleinerten oder nur wenig zerteilten Früchten sind diese leicht zu erkennen. Das gilt auch für kandierte Früchte, aus denen leicht Dünnschnitte herzustellen sind. Marmeladen, welche aus mehreren Früchten hergestellt sind, können sich im Zerteilungsgrad der einzelnen Früchte sehr unterscheiden. Je größer der Zerteilungsgrad der einzelnen Früchte ist, um so schwieriger ist deren Identifizierung. Die Herstellung mittels Passiermaschinen führt zu starker Zerkleinerung der Anteile.

Von Marmeladen und ähnlichen Zubereitungen fertigt man zunächst unmittelbar Präparate an, indem man die dickbreiige Masse zwischen Objektträger und Deckglas breitdrückt. Durch die konzentrierte Zuckerlosung wird sehr gute Aufhellung bewirkt. Um eine bessere Übersicht über alle vorhandenen Zellelemente zu bekommen, ist eine Anreicherung der Gewebeteilchen erforderlich. Dazu werden etwa 20 g Marmelade oder dgl. in rund 100 g warmem Wasser verteilt bzw. gelöst, worauf man die Mischung auf ein nicht zu dichtes Gewebe (Müllergaze oder dgl.) bringt und die zurückbleibenden zelligen Bestandteile solange mit warmem Wasser auswäscht, bis dieses klar abläuft. Bei gefärbten Zubereitungen lassen sich im allgemeinen aus der Färbung keine Schlüsse ziehen, weil bei gemischten Marmeladen meist alle Teilchen gleich gefärbt erscheinen. Die Filterrückstände werden nun sowohl im gewöhnlichen Durchlicht wie auch zwischen gekreuzten Polarisatoren unbehandelt und aufgehellt untersucht. Mittels der Jodreaktion oder zwischen gekreuzten Polarisatoren wird evtl. vorhandene Stärke erkannt, mittels der bekannten Reagentien verholzte Elemente, Cellulose u. a. oder auch zwischen gekreuzten Polarisatoren; unter dem Stereomikroskop lassen sich auch etwas gröbere Elemente isolieren und getrennt untersuchen. Als solche kommen in Betracht z. B. Samen der Heidel- und Preiselbeere oder anderer kleinsamiger Früchte, die Nußchen der Erdbeere, Griffel von Himbeeren, Brombeeren- und Erdbeeren, abgetrennte Kelchzipfel von Beeren und anderen Früchten, größere Anteile von Leitbündeln, Sklerenchym- und Kollenchymfasern. Dickwandige Zellen, verholzte Elemente, z. B. Steinzellen oder Nester von solchen, Fasern, Faserplatten z. B. vom Endokarp, Gefäße u. a. sind besonders leicht zwischen gekreuzten Polarisatoren zu erfassen. Bestimmte Verfälschungen (Rüben, Kurbis, Rhabarber) lassen sich an den Ausmaßen und der Wandbeschaffenheit der Gefäße erkennen. Sehr weite Spiralgefäße (60 μ und mehr) besitzen nur Kürbis (Gurke) und Rhabarber. Beim Kürbis sind die Wandverdickungen verholzt, beim Rhabarber nicht. Netzgefäße sind hauptsächlich in Wurzeln anzutreffen.

Quantitative Angaben über die Anteile der Komponenten in Zubereitungen mit annähernder Genauigkeit zu machen, ist im allgemeinen nicht moglich. Nach der Häufigkeit des Auftretens von Gewebselementen läßt sich in günstigen Fällen mit allem Vorbehalt eine ungefähre Schätzung aufstellen, die sich aber auch nur auf die Raumanteile beziehen kann.

II. Mikroskopie der einzelnen Obstarten und Wildfrüchte

Im folgenden sollen neben den für die Herstellung von Obsterzeugnissen im großen Verwendung findenden Fruchtarten auch die bei uns zu Genußzwecken dienenden wilden und eingeführten Früchte Erwähnung finden, soweit diese in Zubereitungen gelegentlich angetroffen werden können.

1. Der Apfel

(Pirus malus L. Rosaceae-Pomoideae)

besitzt ein zähes Endokarp. Jedes der fünf Fruchtfächer enthält zwei braune, flach eiförmige Samen. Die Oberhaut der Frucht (Abb. 1) besteht aus derbwandigen polygonalen Zellen (15—50 μ), welche nicht selten durch dünnere Wände in Tochterzellen geteilt (gefenstert) sind. Die dickeren Wände sind häufig ungleichmäßig knotig verdickt oder geperlt. Am Kelchrest finden sich in geringer Menge lange, einzellige, weitlumige, dünnwandige und gewundenen Haare, welche bandförmig erscheinen (Abb. 2). Das Fruchtfleisch ist in den äußeren Lagen kleinzellig. Im vollreifen Zustand zerfällt es beim Zerdrücken in rundliche bis sackförmige Zellen (Länge bis 75 μ und mehr). Die Apfelmarkzellen enthalten bis kurz vor der Baumreife erhebliche Mengen kleinkörniger Stärke (5—14 μ), die häufig traubenformig angeordnet ist. Die Körner sind z. T. aus mehreren zusammengesetzt. Einzelne Apfelsorten enthalten auch nach der Reife noch Stärke. Ganz vereinzelt finden sich im Fruchtfleisch polyedrische, bis 75 μ große oder gestreckte bis 180 μ lange, auch zu mehreren liegende Steinzellen; solche von 30—45 μ ⌀ häufiger in der Nähe des Stielansatzes. In der Kelchgegend können in geringer Menge isodiametrische (30—45 μ) Steinzellen gehäuft vorkommen (W. Oetger 1930). Die Gefäße (8—15 μ) sind schwach verholzt. An den Leitbündeln finden sich auch stets einzelne Fasern, meist unverholzt. Das Endokarp — die das Kernhaus bildende pergamentartige Membran — besteht aus mehreren Lagen dickwandiger Fasern in verschiedener Richtung gekreuzt (Abb. 3). An der Außenseite sind Kristallkammerzellen mit Einzelkristallen aufgelagert. Die Oberhautzellen der Samenschale sind in der Längsrichtung der Samen gestreckt. An Querschnitten erkennt man, daß diese an der Außenseite infolge von Verschleimung verdickt sind. Darunter folgen sechs oder mehr Lagen stark verdickter, ebenfalls längs gerichteter Fasern. Nach innen folgen dünnwandige Zellen.

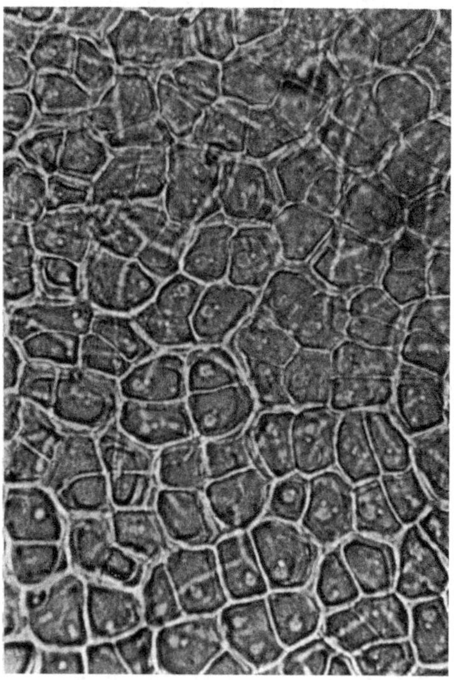

Apfelmark besteht meist vorwiegend aus rundlichen Zellen, zwischen denen auch kleinere rundliche und mehr gestreckte vorkommen können. Der Inhalt besteht aus Cytoplasma und häufig kleinen Stärkekörnern, deren Identifizierung zwischen gekreuzten Polarisatoren meist nicht schwierig ist. Bei Verwendung unreifer Äpfel kann der Stärkegehalt auch größer sein.

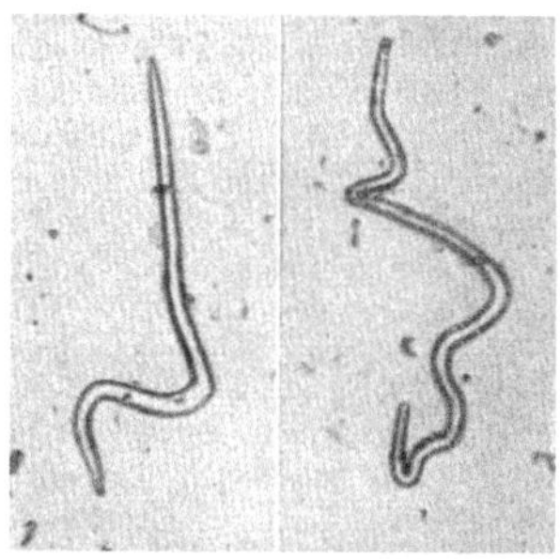

Abb. 2. Apfel, Haare vom Kelchrest (Vergr. 50:1)

Abb. 1. Apfel, Exokarp (Vergr. 100:1)

Der sichere Nachweis von Apfelmark beruht auf der relativen Dickwandigkeit der Mesokarpzellen allen anderen Früchten mit ähnlich großen oder größeren gegenüber. Zwischen gekreuzten Polarisatoren zeigen diese stark aufgehellte Umrisse und z. T. auch Aufhellung in der Fläche. Bei zusätzlicher Verwendung von Gips Rot I. O. treten deutlich Additions- und Subtraktionsfarben auf, so daß in allen Mischungen mit anderen Früchten die Apfelmarkzellen unverkennbar sind (A. Th. Czaja 1957). Alle anderen Merkmale der Apfelfrucht (Exokarp, Endokarp, Kelchhaare, Samenreste) treten dagegen in den Hintergrund (Abb. 4).

Abb. 3. Apfel, Endokarp (Vergr. 100:1)

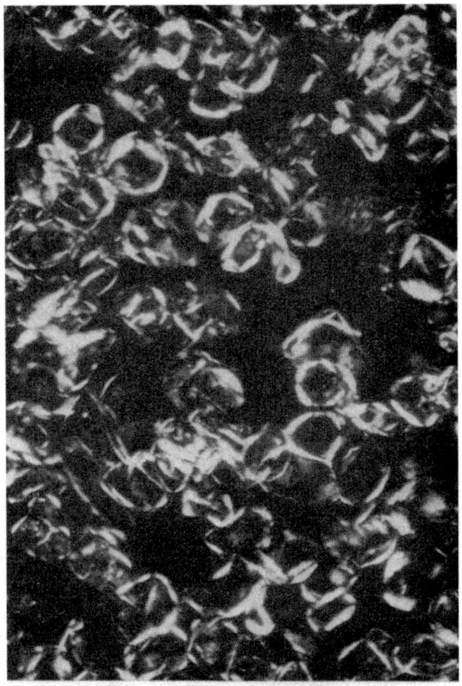

Abb. 4. Apfelmark, zwischen gekreuzten Polarisatoren (Vergr. 40:1)

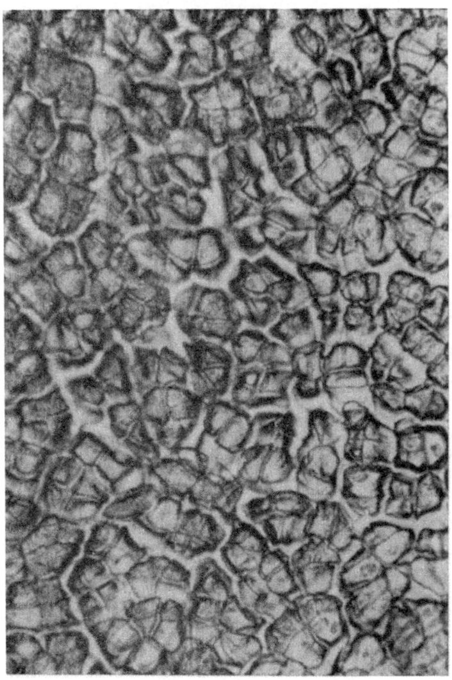

Abb. 5. Birne, Exokarp (Vergr. 160:1)

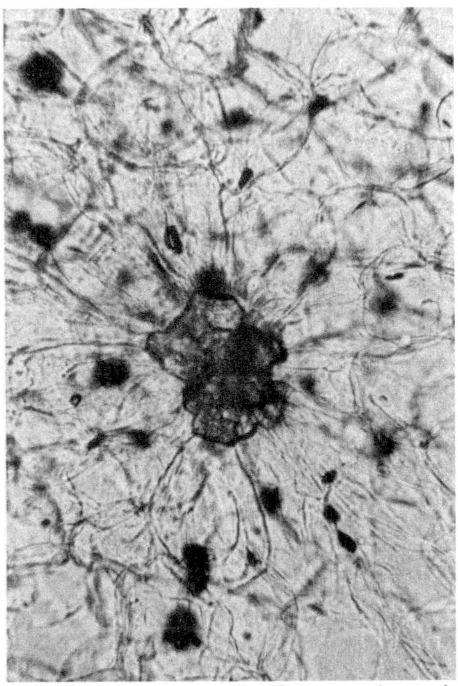

Abb. 6. Birne, Steinzellnest (Vergr. 100:1)

2. Birne

Die Kulturformen leiten sich von Pirus communis L.-Rosaceae und anderen wilden Arten ab. Der Bau ist im allgemeinen der gleiche wie beim Apfel. Das Exokarp hat eine dicke Außenwand mit Cuticula. Diese ist häufig in den Spaltöffnungen zerrissen und jeweils durch kleine konzentrische Wundperiderme ersetzt, welche als sehr kleine braune Flecke erscheinen. Die bei der Birne besonders deutlich ausgeprägten „Fensterzellen“ (Abb. 5) sind oft kleiner als beim Apfel. In der Kelchzone kommen bis 250 μ lange, dickwandige Haare vor. Das Fruchtfleisch enthält bei der Reife nur noch geringe Mengen Stärke. Seine grießige Beschaffenheit rührt von den zahlreichen verschieden großen Steinzellnestern her, um die das dünnwandige Parenchym strahlig angeordnet ist (Abb. 6). Diese sind bis über millimetergroß, um das Kerngehäuse gehäuft. Die Steinzellen (selten über 25 μ ⌀) sind farblos, ihre Wände geschichtet, verholzt, enthalten verzweigte Tüpfelkanäle; in Lauge werden sie gelb. Die Gefäße sind wie beim Apfel vorwiegend Spiralgefäße, aber auch Netz- und Tüpfelgefäße (⌀ nach W. Oetger, 1930, bis 20 μ). Die in der Nähe der Gefäße befindlichen Fasern und Steinzellen gleichen denen des Apfels. Das Kernhaus besteht aus breiteren und weniger dickwandigen Fasern. Die Oberhautzellen der Samenschale sind fast isodiametrisch-polygonal und daher leicht von denen des Apfels zu unterscheiden. Auf Querschnitten erscheinen sie prismatisch, gegen 50 μ hoch. Für Birnenmark sind die zahlreichen Steinzell-Nester charakteristisch (auch bei der Quitte). Bemerkenswert ist der Gerbstoffgehalt der Mesokarpzellen, bei Edelsorten nur gering, bei Kochbirnen aber erheblich, so daß manche Zellen kompakte Einschlußkörper enthalten. Solche Inklusen werden mit Eisenchlorid grünbraun, finden sich nicht selten in Marmeladen. Getrocknete Birnen werden als Backobst verwendet und auch zur Herstellung von Kaffee-Ersatz.

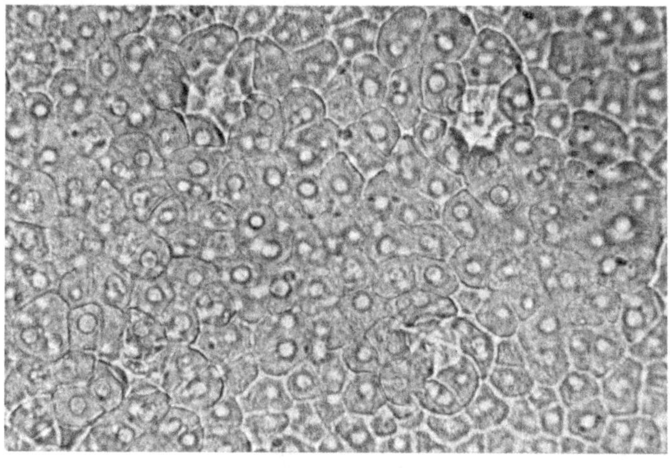

Abb. 7. Quitte, Exokarp mit Haarnarben (Vergr. 160:1)

3. Quitte

(Cydonia vulgaris Pers. — Rosaceae)

bekannt als Apfel- und Birnquitte. Zum Unterschied von Pirus enthält jedes der fünf Fruchtfächer 6—15 Samen in zwei Reihen. Die Epidermis hat weniger deutlich gefensterte Zellen als diejenige der Birne, trägt Haarnarben (Abb. 7), z. T. auch noch die einzelligen, stark gekrümmten Haare. Im Parenchym kommt spärlich kleinkörnige Stärke vor. Die Steinzellgruppen des Fruchtfleisches sind oft sehr umfangreich und lösen sich leicht aus dem Parenchym. Die einzelnen Steinzellen sind kleiner, die Gefäße ähneln denen der Birne. Die Oberhautzellen der Samenschale sind prismatisch, aber bedeutend höher (oft über 100 μ). Ihre Membran ist stark verschleimt, so daß bei Wasserzutritt der Schleim sofort herausquillt.

Die Quitte findet hauptsächlich zur Herstellung von Gelee Verwendung, weniger zu Marmeladen („Quittenbrot“). In Quittenmark enthaltenden Marmeladen findet man neben den großen Steinzell-Nestern Epidermis-Stücke mit Haarnarben und einzelne gekrümmte Haare. Bei Verwendung geschälter Früchte fehlen auch diese Merkmale fast völlig.

4. Die japanische Quitte

(Chaenomeles japonica [THUNB.] LINDL.)

bei uns häufig als Zierstrauch angepflanzt, findet nur gelegentlich als Marmeladenfrucht Verwendung. Das Exokarp ist kahl, die Zellen sind dickwandig, meist gefenstert. Das Mesokarp enthält nur unmittelbar unter der Schale und in der Nähe des Kernhauses Steinzellen. Die Epidermiszellen der Testa lassen bei Wasserzusatz keinen Schleim austreten.

5. Speierling

(Pirus [Sorbus] domestica [L.] SMITH [Rosaceae])

Die bis 20 g schweren apfel- oder birnförmigen, oft rötlich punktierten Früchte werden Speierlinge, auch Sorben, in Österreich Arschützen genannt, im teigigen Zustand als Obst gegessen (namentlich in Italien). Wegen der geringen Verbreitung des Baumes kommen sie als Marmeladenfrucht bei uns kaum in Betracht. Baumreif (nichtteigig) finden sie bei der Apfelweinbereitung Verwendung als würzender Zusatz und zur besseren Klärung pektinreicher Preßsäfte.

Der gerbstoffreiche Inhalt der Mesokarpzellen erstarrt beim Teigigwerden der Früchte zu festen Einschlußkörpern (Inklusen). Diese sind gelblich, später braun und farben sich mit Eisenchlorid olivgrün bis grünbraun, mit Vanillinsalzsäure leuchtend rot.

6. Elsebeeren

(Pirus [Sorbus] torminalis EHRH.)

sind lederbraune punktierte Früchte, die wie der Speierling wegen ihres hohen Gerbstoffgehaltes erst im teigigen Zustand genießbar werden. Die Schale der bis 1,5 cm langen Frucht trägt braune, verkorkte Zellen, außerdem Korkwarzen, im Mesokarp finden sich zahlreiche kleinere Steinzell-Nester. Nach dem Teigigwerden enthalten die Mesokarpzellen, wie bei der vorigen Art, Einschlußkörper.

7. Vogelbeeren

sind die Früchte von Sorbus (Pirus) aucuparia GÄRTN., der häufigsten Ebereschenart. Mit Ausnahme der großfrüchtigen süßen Kulturform (z. B. var. moravica) schmecken sie bitter und müssen daher, falls sie mit verarbeitet werden sollen, durch eintägiges Liegen in Essigwasser entbittert werden. Getrocknete Vogelbeeren sind häufig in Teezubereitungen enthalten. Entsprechend appretiert wurden sie auch als Verfälschung von getrockneten Heidelbeeren beobachtet (C. GRIEBEL 1951).

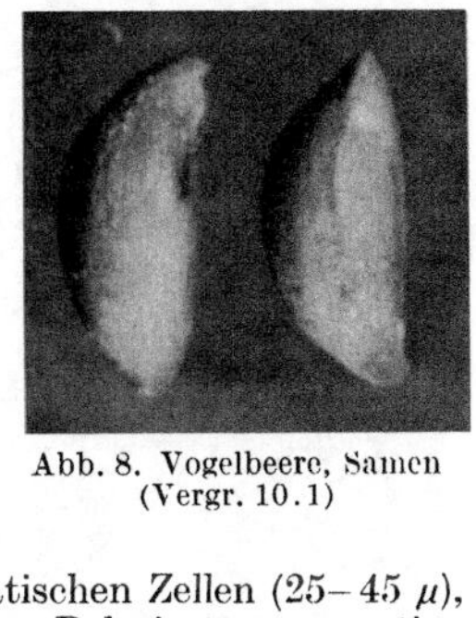

Abb. 8. Vogelbeere, Samen (Vergr. 10.1)

Die kugeligen, meist dreifächerigen Beeren sind bis 8 mm groß, die hellbraunen Samen (Abb. 8) 3,5—5 mm lang und 1,5—2 mm breit. Die Oberhautzellen der Fruchtschale sind wenig, aber unregelmäßig verdickt, 20—30 μ groß (Abb. 9). Das Mesokarp besteht aus rundlichen Zellen mit gelbroten Chromoplasten (Carotin), ohne erhebliche Gerbstoffmengen und daher ohne Einschlußkörper. Schwach verdickte, porose Zellen liegen vereinzelt im Mesokarp (Abb. 10). Das Gewebe des Kernhauses ist von zahlreichen Sklereiden mit gebogenen Wänden durchsetzt und enthält reichlich Kristalle. An seiner Innenseite finden sich vereinzelt einzellige, gewundene Haare mit stark verdickten Wänden. Die Oberhaut der Samenschale (Abb. 11) besteht aus regelmäßigen, polygonalen, im Querschnitt kurz-prismatischen Zellen (25—45 μ), erfüllt von geschichtetem Schleim. Dieser zeigt zwischen gekreuzten Polarisatoren negative Kreuze. In jeder Zelle ist die verkorkte Innenlamelle der fast bis zum Schwinden des Lumens verdickten Schleimmembran als ein bis zwei etwa wurmformige Gebilde abgesetzt (Abb. 12).

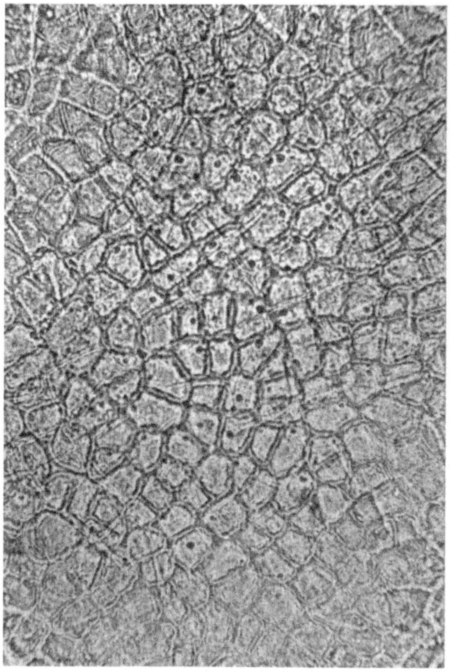

Abb. 9. Vogelbeere, Exokarp (Vergr. 250:1)

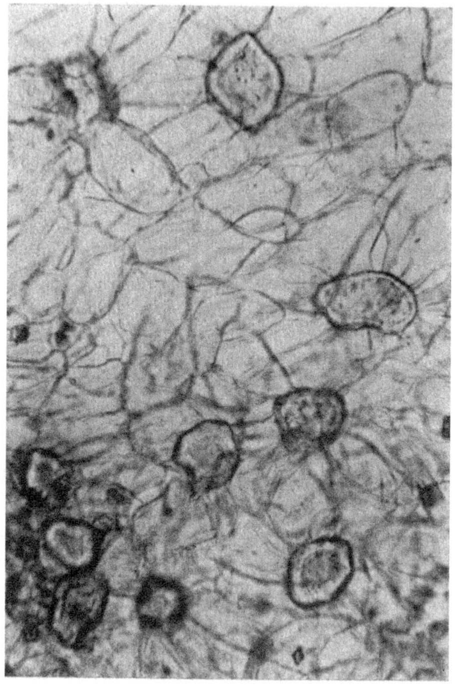

Abb. 10. Vogelbeere, Mesokarp, Steinzellen (Vergr. 100.1)

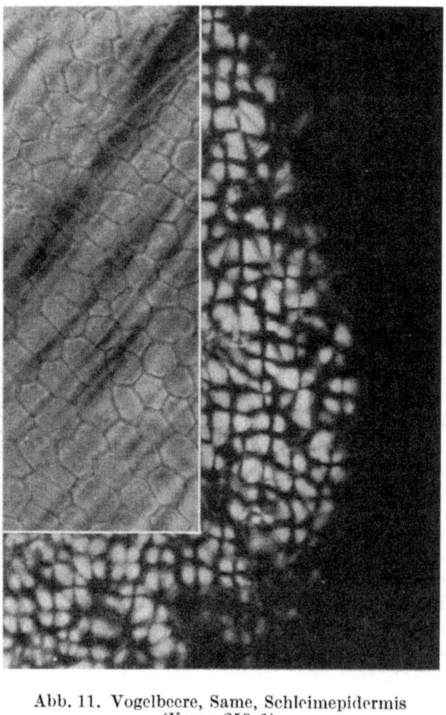

Abb. 11. Vogelbeere, Same, Schleimepidermis (Vergr. 250:1)

Abb. 12. Vogelbeere, Same, Schleimepidermis, Zellen mit Einschlüssen (Vergr. 500:1)

8. Mispeln

(Mespilus germanica L. Rosaceae)

in Deutschland wild wachsend, werden nur in geringem Umfang kultiviert. Die walnußgroßen, lederfarbigen Früchte zeigen einen breiten, vertieften Scheitel umgeben vom fünfzipfligen Kelch. Sie besitzen fünf große einsamige Steinkerne. Die Früchte sind wegen des Gerbstoffreichtums erst im überreifen (teigigen) Zustand genießbar, werden zuweilen auch zur Herstellung von Marmeladen verwendet. Die Fruchtschale trägt auf der Außenseite braune, verkorkte Zellen, darunter liegen mehrere Reihen von hufeisenförmig verdickten Zellen. Auch Korkwarzen (Lenticellen) sind vorhanden. Das bei der Baumreife grünlichweiße, feste und trockene Fruchtfleisch zerfällt beim Teigigwerden unter Braunfärbung. Hierbei entstehen gerbstoffreiche Einschlußkörper (Inklusen), jedoch nicht so kompakt wie bei den Pirusarten, sondern dünn und faltig verbogen (Abb. 13), verhalten sich gegen Reagenzien wie die Pirusinklusen.

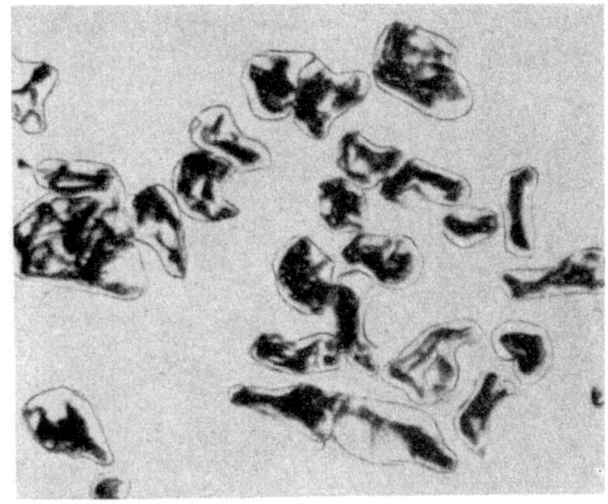

Abb. 13. Mesokarpzellen der teigigen Mispel mit Inklusen (Vergr. 80:1) (nach C. Griebel 1938)

9. Kirsche

Die Steinfrüchte der Süßkirsche (Prunus avium L.) und Sauerkirsche (Prunus cerasus L.) zeigen mikroskopisch keine Unterschiede.

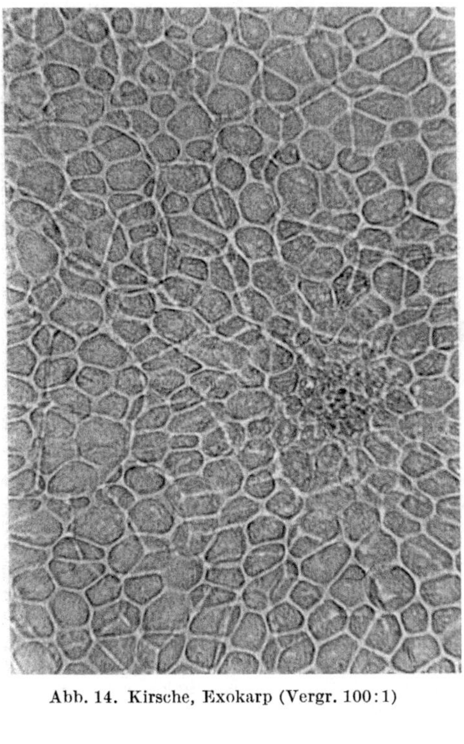

Abb. 14. Kirsche, Exokarp (Vergr. 100:1)

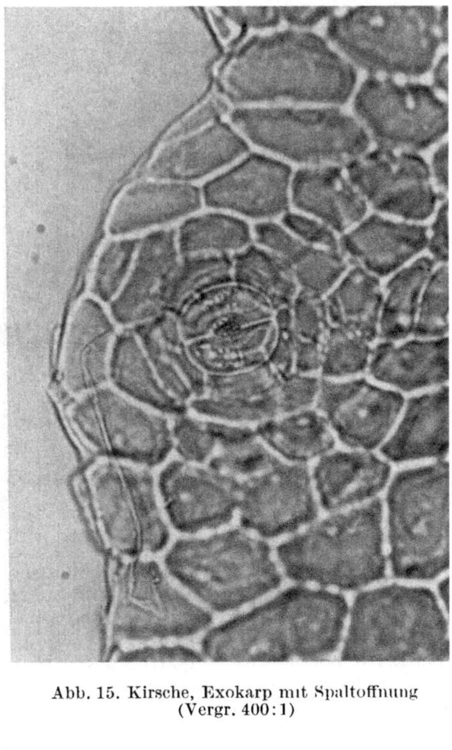

Abb. 15. Kirsche, Exokarp mit Spaltoffnung (Vergr. 400:1)

Die Oberhautzellen (Abb. 14) sind durch ungleichmäßig dicke helle Wände ausgezeichnet. Ihre Größe beträgt bis 100, selten unter 35 μ. Am kleinsten sind sie in der Nähe der Stomata mit großen Schließzellen (Abb. 15). Zum Unterschied von der Pflaume ist eine Teilung in Tochterzellen meist nicht vorhanden. Die Mesokarpzellen sind dünnwandig; in der Stielgegend finden sich hin und wieder 30—45 μ große weitlumige, schwach sklerotisierte Zellen. Die Leitbündel enthalten wenig verholzte bis 15 μ weite Spiralgefäße, Tüpfelgefäße sind selten, gelegentlich feine Fasern. In der Nähe der Leitbündel finden sich Kristallzellreihen. Die Steinschale der Kerne (Endokarp) enthält außen ziemlich weitlumige Steinzellen, innen faserartige Elemente. Die Epidermis der Samenschale zeigt wie bei Mandel und Pflaume zahlreiche sklerotisierte Zellen. Im Mesokarp befinden sich in Kern-Nähe einzeln und in kleinen Gruppen dünnwandige Steinzellen mit zahlreichen kleinen runden Tüpfeln (Abb. 16) (A. Th. Czaja 1956).

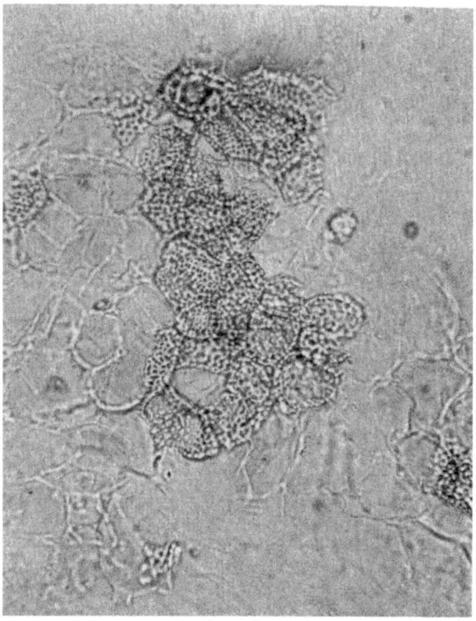

Abb. 16. Kirsche, Steinzellen in Kernnähe (Vergr. 250:1)

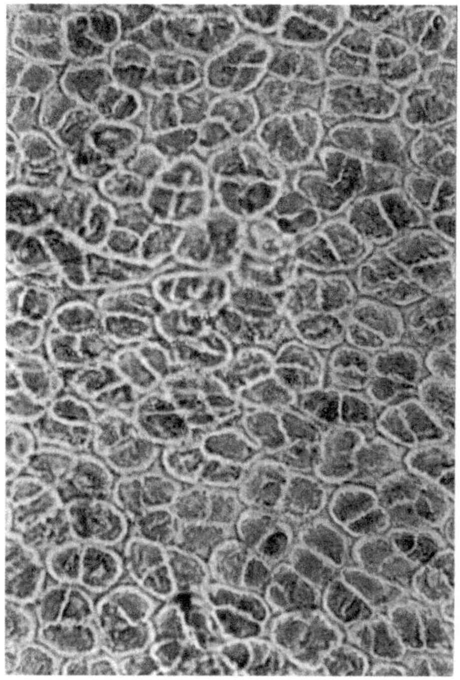

Abb. 17. Pflaume, Exokarp (Vergr. 250:1)

10. Pflaumen

(Zwetschgen)

in zahlreichen Spielarten kultiviert, stammen größtenteils von Prunus domestica L. ab. Man bezeichnet die länglichrunden Früchte mit flachen Steinen als Zwetschgen, solche mit rundlichen Früchten und gewölbten Steinen als Pflaumen. Beide Formen sind durch Kreuzungen verbunden, so daß sich eine scharfe Grenze nicht ziehen läßt. Mikroskopische Unterschiede bestehen nicht.

Die Oberhaut ist kahl. Ihre Zellen lassen Teilung der Mutterzellen durch dünnere Wände (Fensterung) erkennen (Abb. 17). Sie allein enthalten Farbstoff. Die Mesokarpzellen sind dünnwandig, vereinzelt kommen Steinzellen vor. In den Leitbündeln überwiegen verholzte Netz- und Tüpfelgefäße (bis 30 μ ⌀), wenig Spiralgefäße. In der Stielgegend befinden sich an den Leitbündeln einzelne glatte Fasern, in Begleitung der Leitbündel häufig Oxalatdrusen in Reihen (15—25 μ). Das Endokarp bildet eine dicke, den Samen einschließende Steinschale. Die Samen finden zuweilen als Mandelersatz Verwendung.

11. Pflaumenmus

Im *Pflaumenmus* des Handels, durchweg aus Zwetschgen gewonnen, beobachtet man stets Epidermisanteile und die verzweigten, derben Leitbündel, häufig mit Reihen von Oxalatdrusen. Kleine Bruchstücke der Steinkerne (Klumpen von Steinzellen), sehr vereinzelte kleine Steinzellnester und zarte Sklerenchymfasern aus dem Mesokarp kommen vor. G. KAPPELLER u. Mitarb. (1930) geben ein Verfahren an, das die Mitverwendung von Trockenpflaumen zu erkennen erlaubt. Das Vorhandensein von Milben spricht sicher für Zusatz von Trockenpflaumen (Abwesenheit solcher aber nicht dagegen!). Im Mus aus Trockenpflaumen sind die Inhalte der Mesokarpzellen und diese selbst meist auch stark geschrumpft, die Inhalte häufig körnelig und dunkelbraun. Im Mus aus Frischpflaumen sind die Zellinhalte zwar auch geschrumpft und vielfach körnelig, aber trotzdem noch locker und meist auch rötlich violett.

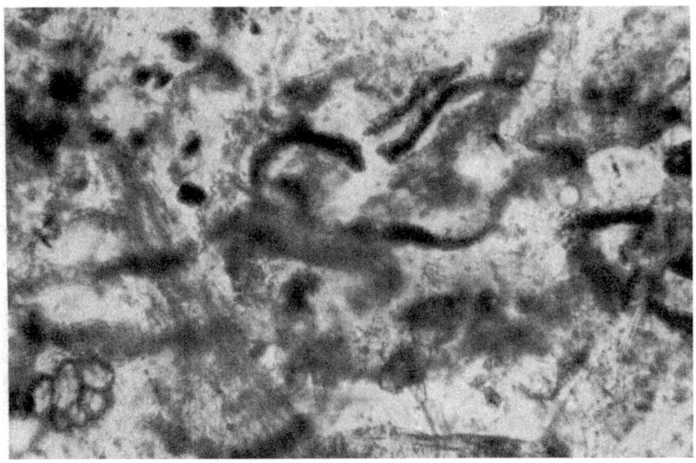

Abb. 18. Pflaumenmus aus Trockenpflaumen (Vergr. 100:1

Die von den genannten Verf. als für Trockenpflaumen typisch angegebene Strukturen des Zellinhaltes der Mesokarpzellen (Skelett- und Kokonformen) konnten in keinem Falle wieder beobachtet werden. Diese können daher nicht als charakteristisch für Trockenpflaumen anerkannt werden. Die Mesokarpzellen der Zwetschgen sind durchweg dünnwandig. Diese treten im polarisierten Licht zwischen gekreuzten Polarisatoren kaum hervor (Abb. 18). Stärker und stark aufhellende Zellen dürfen daher im Pflaumenmus nicht vorhanden sein. Sehr leicht ist daher mit dieser Methode z. B. ein Zusatz von Apfelmark zu erkennen. Die Prüfung auf Milben führt zum Nachweis von Trockenpflaumen natürlich nur soweit, als die Rohware davon befallen war. Ihr Nachweis erfolgt am besten durch längeres Erwärmen einer Mischung von etwa 25 g Mus mit 150—250 ml Wasser auf dem Wasserbad, wobei sich die Milben auf der Oberfläche ansammeln.

Mirabellen und Reineclauden, die durch Kultur entstandene Varietäten der Haferschlehe (Prunus insititia L.) darstellen, sind mikroskopisch von den übrigen Pflaumen nicht verschieden.

12. Schlehe

Die bis 12 mm großen kugeligen, schwarzblauen Steinfrüchte des Schlehenstrauches oder Schwarzdorns (Prunus spinosa L.-Rosaceae) werden wegen des herben Geschmackes erst bei der Überreife oder nach Frost genießbar. Anatomisch ist die Schlehe nur wenig von den Pflaumen verschieden. Die Mesokarpzellen enthalten jedoch viel Gerbstoff, der bei der Überreife zunächst als zähflüssiges Gel und dann als Inkluse abgeschieden wird. Die Früchte dienen hauptsächlich zur Herstellung von Schlehensaft und Schlehenwein. Getrocknet werden sie in manchen Gegenden dem Backobst beigemengt.

Das Exokarp (Abb. 19) ist kleinzellig, die Zellen sind vielfach in Tochterzellen unterteilt. Der blaue Farbstoff ist nur in den Exokarpzellen enthalten. Spaltöffnungen sind häufig.

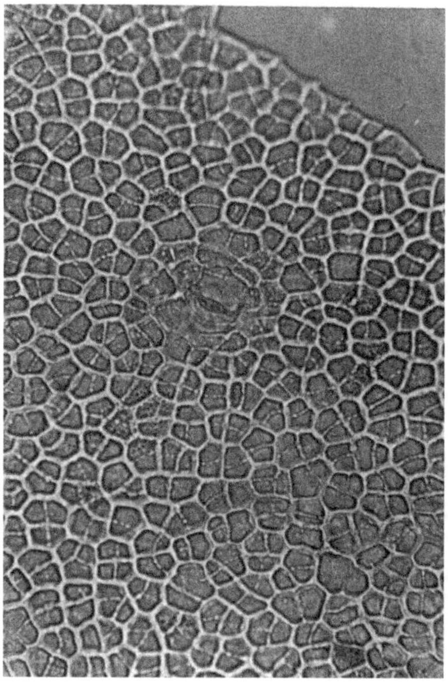

Abb. 19. Schlehe, Exokarp (Vergr. 160:1)

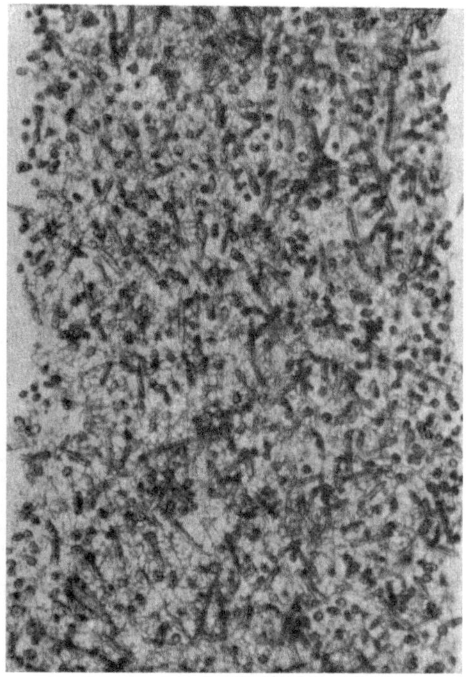

Abb. 20. Pfirsich (weißfleischig), Exokarp (Vergr. 40:1)

13. Pfirsich

(Rosaceae)

Der aus China stammende Pfirsichbaum (Prunus persica [L.] Sib. et. Zucc.) besitzt samtartig behaarte Früchte mit großem tiefgefurchtem, sehr hartem Stein.

Die Oberhaut (Abb. 20) besteht aus ziemlich kleinen, fast geradwandigen Zellen mit leicht gestreifter Cuticula. Die Spaltöffnungen sind größer als die umgebenden Zellen (Abb. 21). Einzellige, gerade oder leicht spitze Haare von sehr verschiedener, oft 1 mm überschreitender Länge, in der Mitte 10—25 μ breit, gebogen und zwischen die Oberhautzellen mit verengter Basis eingefügt. Die Wandverdickung ist oft breiter als das Lumen, welches am optischen Querschnitt der Haare bräunlich erscheint. Die Mesokarpzellen sind in den äußeren Schichten kollenchymatisch, sonst dünnwandig. Nur in der Stielgegend kommen sklerotische Zellen vor, aber dünnwandiger als beim Kernobst. Die Leitbündel enthalten fast nur Netz- und Tüpfelgefäße (bis 20 μ). In Begleitung der Gefäßbündel finden sich Oxalatdrusenreihen. Kleine dünnwandige Fasern kommen sehr selten vor. Die als „Nektarine" bezeichnete Abart des Pfirsichs hat kahle Früchte, sonst ohne mikroskopische Unterschiede. Die aus geschälten Pfirsichen hergestellten Zubereitungen enthalten einzellige Haare oft nur spärlich oder gar nicht. Die Samen des Pfirsichs werden zuweilen an Stelle von Mandeln verwendet (Persipan). Gelbfleischige Pfirsiche tragen längere Behaarung (Abb. 22).

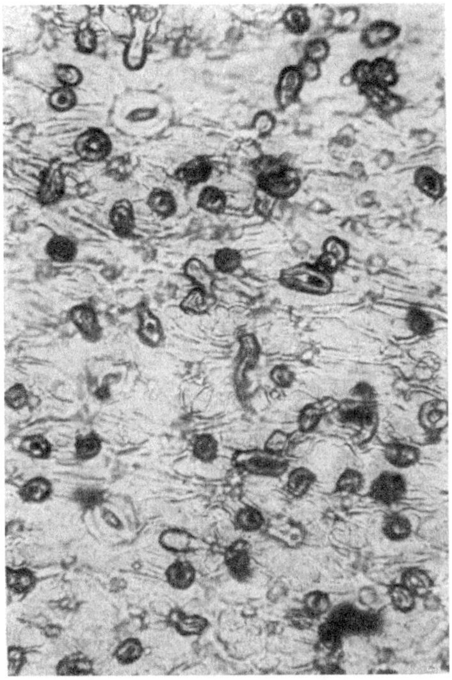

Abb. 21. Pfirsich (weißfleischig), Exokarp mit Spaltöffnungen (Vergr. 160:1)

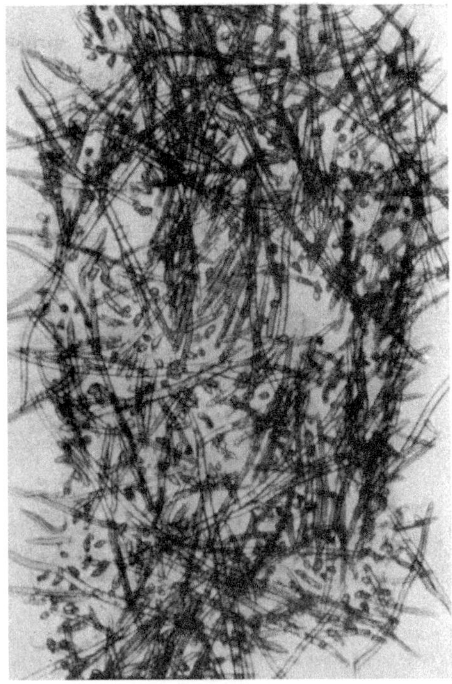

Abb. 22. Pfirsich (gelbfleischig), Exokarp (Vergr. 40 1)

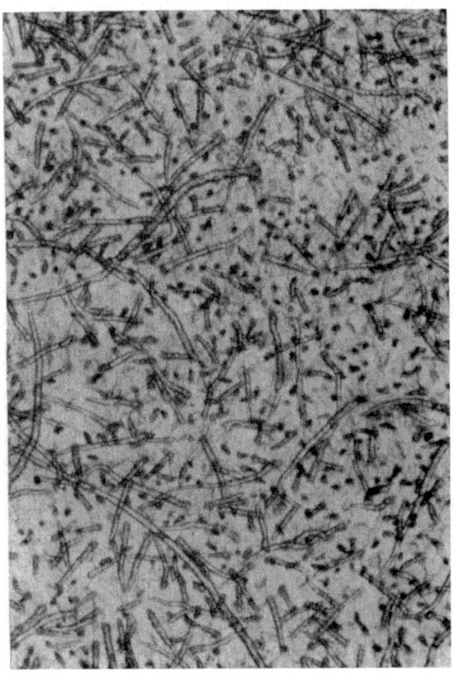

Abb. 23. Aprikose, Exokarp (Vergr. 40:1)

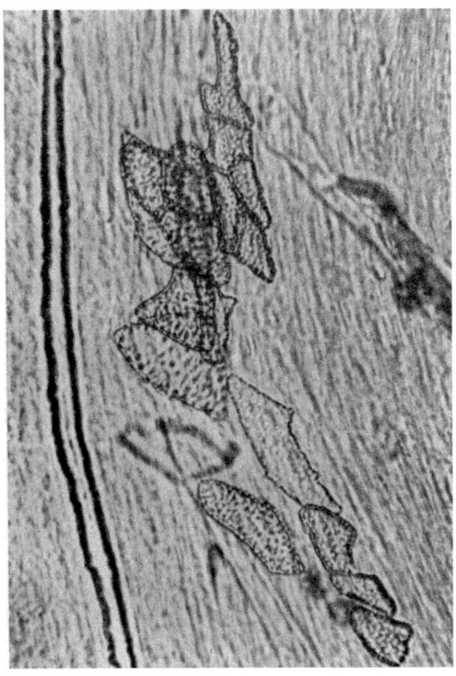

Abb. 24. Aprikose, Leitbündelbelag (Vergr. 127.1)

14. Die Aprikose

(Prunus armeniaca [L.] Rosaceae)

unterscheidet sich vom Pfirsich hauptsächlich durch den flachen, scharf gekielten Stein.

Oberhaut und Fruchtfleisch sind mikroskopisch vom Pfirsich nicht wesentlich verschieden (Abb. 23). Die kräftigen Leitbündel enthalten überwiegend Netz- und Tüpfelgefäße, auch Tracheiden. Die Gefäße sind oft ziemlich lang und verholzt. Die Aprikosen werden vor der Verarbeitung zu Pulp oft geschält. Oberhautteilchen finden sich dann nur spärlich. Die flachen, herzförmigen Samen der Aprikose dienen als Mandelersatz. Um den Steinkern verlaufen im Mesokarp Leitbündel bogenformig, konvex gegen das Exokarp. Diese Leitbündel bestehen aus engen Gefäßen. Häufig finden sich Tracheiden an den Abzweigungen. Diese werden gelegentlich als „Spiroiden“ bezeichnet. Die Leitbündel führen häufig eine Bedeckung

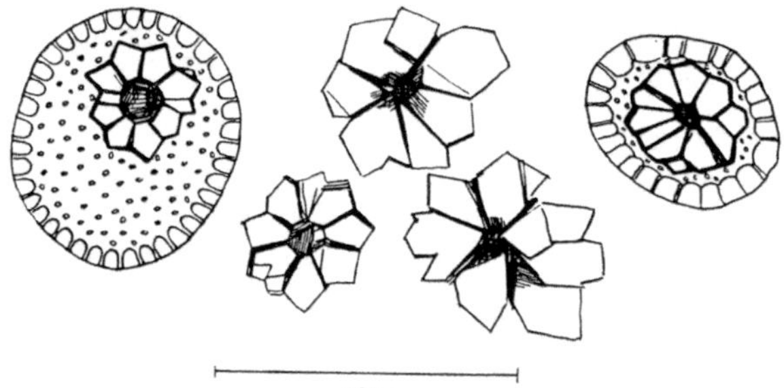

Abb. 25. Aprikose, Oxalatdrusen und Steinzellen

aus flachen, plattenformigen Steinzellen, welche oft bizarre Übergänge zu Fasern zeigen und zwischen gekreuzten Polarisatoren deutlich hervortreten. Diese Leitbundelbegleiter stellen einen charakteristischen Unterschied gegen den Pfirsich dar (Abb. 24) (A. Th. Czaja 1956). Die Oxalatdrusen, besonders in der Umgebung der Leitbündel bestehen meist aus groben rechteckigen bis quadratischen Kristallen. Solche sind gelegentlich auch in einzelnen Steinzellen eingeschlossen (Abb. 25) (A. Th. Czaja 1956).

15. Erdbeeren

Die meisten Kulturformen stammen von Fragaria chilensis Ehrh. und deren Kreuzungen mit der nordamerikanischen Fr. virginiana Mill. Als Obst finden außerdem die heimischen Wildformen Fr. vesca L., Fr. collina Ehrh. und Fr. elatior Ehrh. Verwendung. Histologisch bestehen keine Unterschiede. Die fleischig-saftige Frucht ist aus dem Blütenboden hervorgegangen, während die in die Oberfläche eingesenkten „Kerne“ (Nüßchen) die Früchte darstellen. Zwischen der innersten markartigen und der sehr saftigen Rindenschicht verlaufen die Leitbündel, von denen Äste zu den einzelnen Früchtchen abzweigen.

Die Oberhaut der Frucht (Abb. 26) zeigt große polygonale bis isodiametrische Zellen und Spaltöffnungen und spärliche bis über 1 mm lange einzellige, dickwandige Haare, deren Lumen im unteren Teil erweitert ist. Das Fruchtfleisch besteht aus dünnwandigen Zellen; nur in der Stielgegend kommen um die Leitbündel etwa rechteckige, wenig sklerotisierte Zellen vor. Diese enthalten vereinzelte Tüpfelgefäße, die übrigen Bundel schwach verholzte, bis 12 μ weite Spiralgefäße. Die Nüßchen sind etwa 1 mm lang, oval, zugespitzt und tragen noch den etwa 2 mm langen am Grunde verschmälerten Griffel (Abb. 27). Seine Oberhaut ist auffallend großzellig (Zellen etwa 40 μ breit, 100—150 μ lang). Die Leitbündel (Spiralgefäße) sind von Kristallzellreihen mit Oxalatdrusen begleitet. Die Fruchtwand der Nüßchen wird hauptsächlich von einer Faserplatte gebildet, deren stark verdickte Zellen außen in der Längsrichtung der Frucht, innen aber rechtwinkelig dazu verlaufen. Außen trägt die Faserplatte eine Kristallschicht. Die Samenschale zeigt (Abb. 28) zartwandige Oberhautzellen mit spiraligen Verdickungen, unter denen gestreckte braune Zellen liegen. Nährgewebe und Keimling sind ohne besondere Merkmale. Nachweis der Erdbeere in Zubereitungen durch Epidermisstücke mit spärlich vorhandenen langen, dickwandigen Haaren, Griffel und Früchtchen. Besonders charakteristisch sind die Faserschichten und die kristallführende Zellschicht. Bei Untersuchung zwischen gekreuzten Polarisatoren treten Bruchstücke dieser Zellschichten leuchtend hervor.

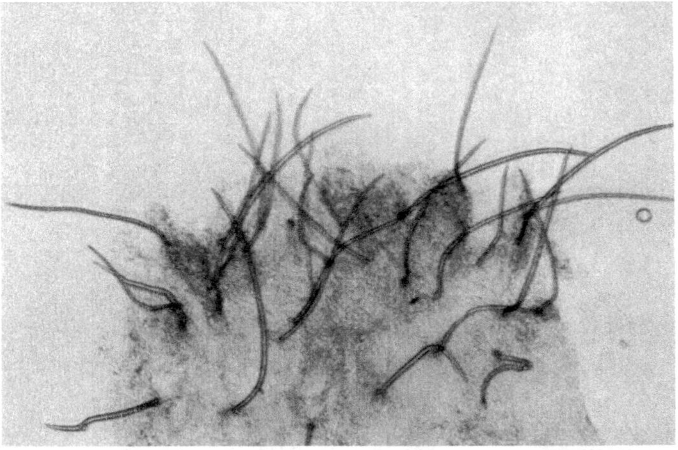

Abb. 26. Erdbeere, Epidermis des Fruchtbodens mit Haaren (Vergr. 250:1)

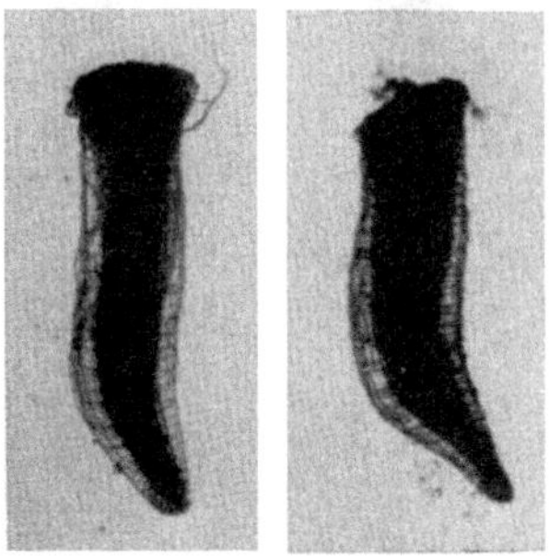

Abb. 27. Erdbeere, 2 Griffel (Vergr. 33:1)

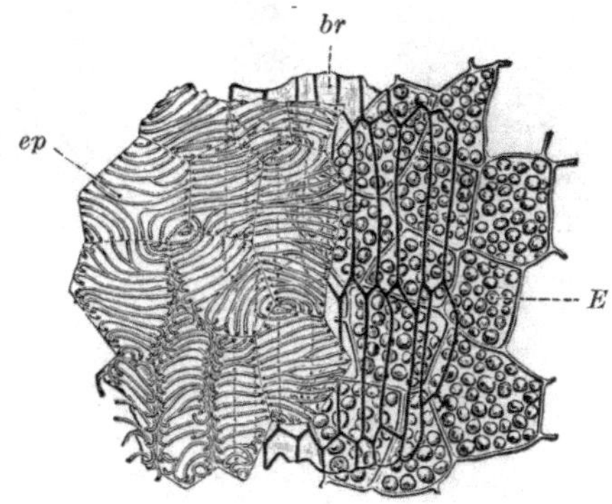

Abb. 28. Erdbeere, Samenschale. Flachenansicht. *ep* Oberhaut, *br* braune Schicht, *E* Nährgewebe (nach A. L. WINTON)

16. Die Himbeere

(Rubus idaeus L.-Rosaceae)

wild vorkommend, wird auch in verschiedenen Varietäten, darunter gelbweißfrüchtigen Formen, kultiviert, welche sich mikroskopisch nicht unterscheiden.

Die Sammelfrucht läßt sich bei der Reife vom Fruchtboden abheben. Die Steinfrüchtchen sind behaart und tragen an der Spitze den etwa 4 mm langen Griffel. Der innere Teil des Fruchtfleisches (Endokarp) ist als Steinschale ausgebildet, die den Samen einschließt. Die Spaltöffnungen tragende Oberhaut (Abb. 29) zeigt polygonale Zellen, zwischen denen sich an der Außenseite der Früchtchen zahlreiche bis 0,7 mm lange, einzellige, dünnwandige, schlaffe und gekrümmte Haare vorfinden. Nur einzelne Haare sind steif und dickwandig. Das Fruchtfleisch besteht größtenteils aus radial gestellten, dünnwandigen Zellen. Es enthält namentlich in der Nähe der Griffelbasis Oxalatdrusen, sklerenchymatische Elemente fehlen. Der Griffel (Abb. 30) ist am Grunde verbreitert, behaart und auf der Oberfläche gestreift. Die Oberhaut ist kleinzellig. Entlang den Leitbündeln liegen kleine Zellen mit Oxalatdrusen. Die infolge der verschiedenen Dicke hockerige Steinschale (Abb. 31) wird aus zwei sich rechtwinklig kreuzenden Faserschichten gebildet. Für den Nachweis der Himbeere sind wichtig: die Steinkerne, die aber bei passierter Ware oft fehlen, die Griffel mit verbreiterter behaarter Basis (Unterschied vom Erdbeergriffel), Epidermisstücke mit dünnwandigen gewundenen Haaren.

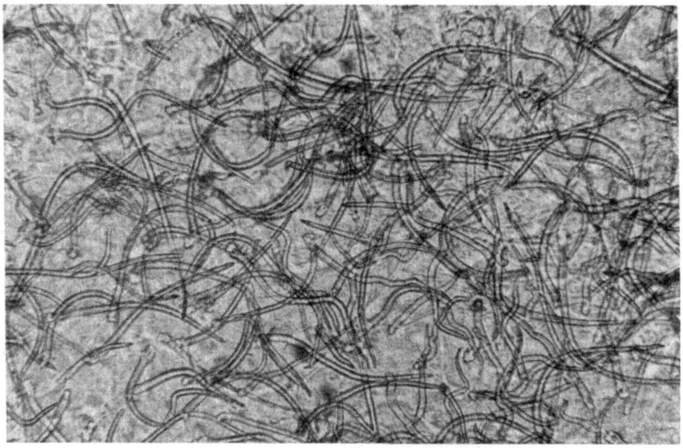

Abb. 29. Himbeere, Exokarp (Vergr. 40:1)

Abb. 30. Himbeere, Griffel (Vergr. 200:1) (nach A. L. Winton)

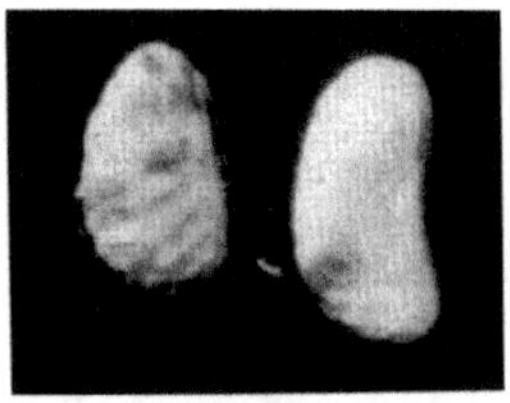

Abb. 31. Himbeere, 2 Steinkerne (Vergr. 10:1)

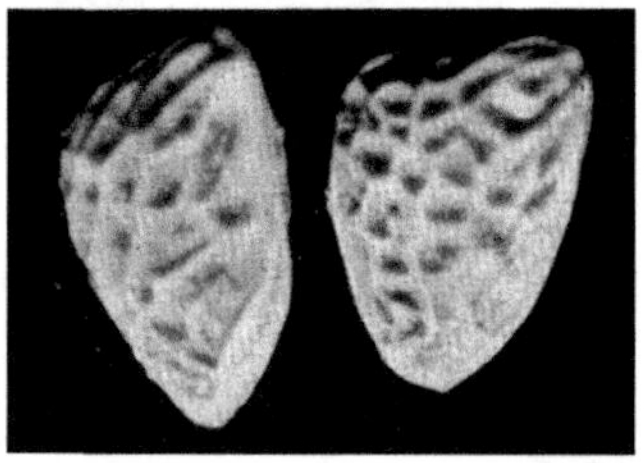

Abb. 32. Brombeere, 2 Steinkerne (Vergr. 10:1)

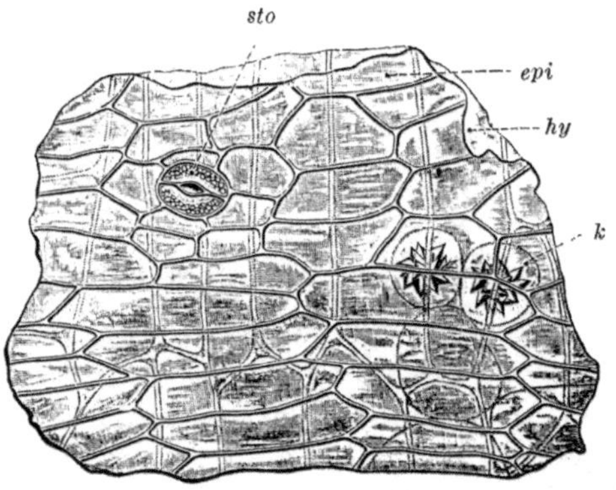

Abb. 34. Brombeere, Exokarp nach A.L. Winton))

17. Die Brombeere

(Rubus caesius L.-Rosaceae)

und zahlreiche nahe verwandte Arten wächst in Europa wild, wird aber auch kultiviert.

Von den Himbeeren unterscheidet sie sich durch folgende Merkmale: Die Früchte sind kahl (Ausnahme: die amerikanische Rubus villosus Alt.). Die Früchtchen sind dem Blütenboden angewachsen und trennen sich daher beim Pflücken nicht von diesem. Die Steinkerne

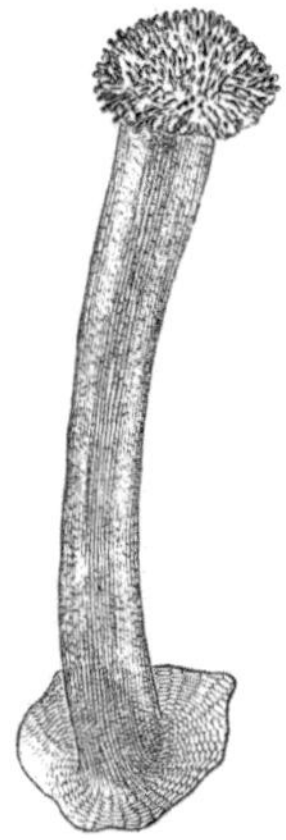

Abb. 33. Brombeere, Griffel (Vergr. 20:1) (nach A. L. Winton)

(Abb. 32) sind größer und breiter, die Griffel (Abb. 33) nur 2 mm lang, an der Basis nicht verbreitert und nicht behaart. Die Oberhautzellen der Frucht (Abb. 34) sind gestreckt und kreuzen sich mit den darunter liegenden Parenchymschichten. Für den Nachweis von Brombeeren sind die Steinkerne, die Griffel und die Form der Epidermiszellen kennzeichnend. In nur aus Brombeeren bereiteten Erzeugnissen fehlen Haare, aber Leitbündel aus dem Fruchtboden kommen vor.

18. Hagebutten

(Rosa canina L. und andere Arten)

die Scheinfrüchte der wilden Rosen, werden nach Beseitigung der „Kerne" (Früchtchen) zur Herstellung von Mus (Hägen- oder Hiftenmus) verwendet. Die Scheinfrüchte oder auch die nach Entfernung des fleischigen Teiles gewonnenen Früchtchen dienen außerdem zur Herstellung von Kaffee-Ersatz, die letzteren auch zur Bereitung von Tee (das Getränk hat vanilleartigen Geruch). Die Hagebutten werden aus dem fleischig gewordenen, länglich-eirunden, außen glänzend roten, innen krugförmig vertieften und von steifen Haaren ausgekleideten Blütenboden gebildet, der die harten einsamigen Schließfrüchte (Nüßchen) einschließt.

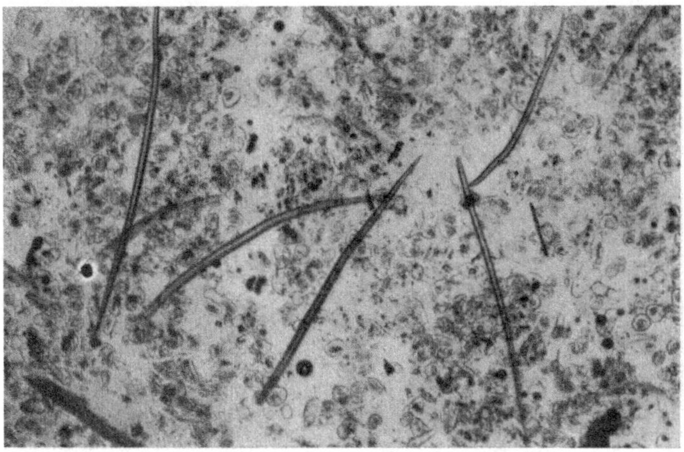

Abb. 35. Hagebuttenmark (Vergr. 25:1)

Die Oberhautzellen der Scheinfrucht sind ungleichmäßig dickwandig, häufig gefenstert. Das gelbrote Fruchtfleisch besteht aus rundlichen Zellen mit Chromoplasten. Die innere, aus derbwandigen Zellen bestehende Oberhaut des Fruchtbodens trägt neben zahlreichen Haarnarben auch Spaltöffnungen und einzellige, dickwandige (Abb. 35), am Grunde verschmälerte, daher oft beiderseits scharf zugespitzte starre Haare (bis 2 mm lang, 30—45 μ breit). Die Leitbündel sind kräftig entwickelt und meist von unverholzten Fasern scheidenartig umhüllt. Die gelblichen Nüßchen sind 3—4 mm lang, etwa 2 mm breit, seitlich abgeplattet. Die Steinschale ist 0,3—0,4 mm dick.

19. Kornelkirschen

Herlitzen oder Dürrlitzen (Cornus mas L.-Cornaceae)

in Wien „Dirndln" genannt, werden überreif roh gegessen, eingemacht oder zu Marmeladen verarbeitet. Die länglich runden bis 20 mm langen roten Früchte enthalten einen walzenförmigen, von runden Hohlräumen durchsetzten zweifächerigen Steinkern (Verwendung zu Kaffee-Ersatz).

Das Exokarp (Abb. 36) besteht aus starkwandigen, polygonalen Zellen (25—50 μ), zwischen denen sich vereinzelte Spaltöffnungen und Haarnarben befinden. Ihre Mittellamelle erscheint perlschnurartig verdickt durch Cuticularzapfen in den Radialwänden. Das derbwandige Mesokarp mit radial gestreckten Zellen enthält zahlreiche größere und kleinere Gruppen

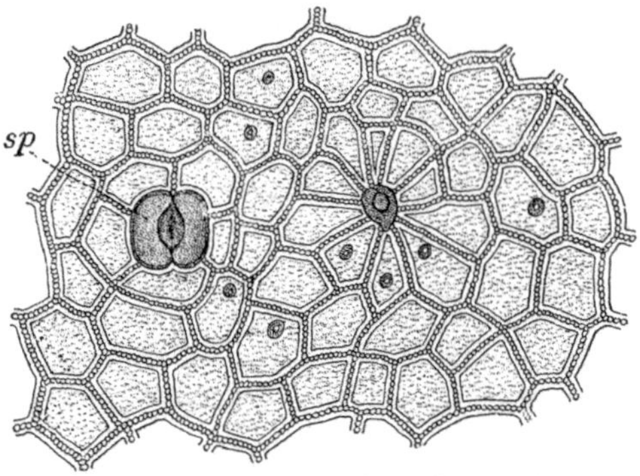

Abb. 36. Kornelkirsche, Exokarp (Vergr. 200:1). *sp* Spaltöffnung (nach C. GRIEBEL)

von Gerbstoffzellen und zugleich den die reife Frucht färbenden roten Zellsaft. Bei der Überreife geht der Inhalt der Gerbstoffzellen in ein zähflüssiges Gel und dann in einen Einschlußkörper (Inkluse) über, der mit Eisenchlorid blauschwarz, mit Kalilauge tiefblau wird. Das Mesokarp enthält viele Oxalatdrusen, namentlich entlang den Leitbündeln (Netzgefäße). Für die Erkennung der Kornelkirsche sind wichtig: Epidermisstücke mit Cuticularzapfen in den Radialwänden, außerdem Mesokarpstücke, welche auf Zusatz von Lauge blau bis blauschwarz werden, während kleinere Zellverbände meist nicht mehr deutlich reagieren.

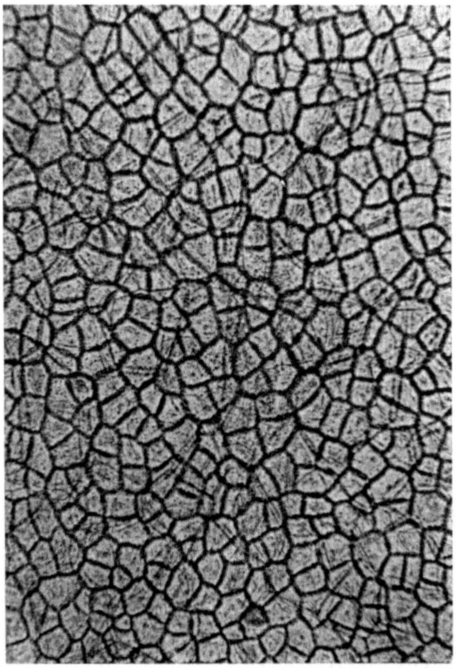

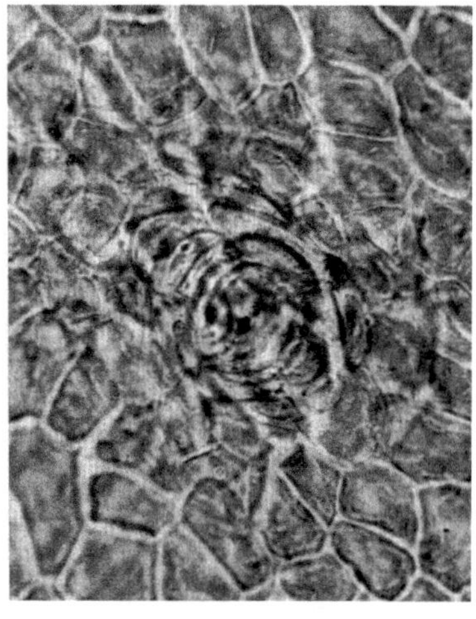

Abb. 38. Johannisbeere, Exokarp mit Spaltöffnung (Vergr. 320:1)

Abb. 37. Johannisbeere, Exokarp (Vergr. 100:1)

20. Johannisbeere

Gartenformen von Ribes rubrum L. (Saxifragaceae)

mit roten oder gelben Früchten. Die kugeligen Beeren sind von schwarzen Blütenresten gekrönt, die Griffel bis 2,5 mm lang, an der Spitze gabelförmig geteilt und behaart. Durch die Oberhaut der Frucht erkennt man zehn meridianartig verlaufende Leitbündel. Die auf einer oder mehreren Seiten abgeflachten Samen (bis zu acht) sind von einer gallertartigen Hülle umgeben, gebildet durch die Schleimepidermis der Samenschale. Rötlichbraune 4 bis 5 mm lange und 3—4 mm breite, harte Samen. Die Oberhautzellen des Perikarps (Abb. 37) polygonal, ungleichmäßig verdickt, getüpfelt, nicht selten geteilt. Spaltöffnungen ziemlich selten (Abb. 38). Das Mesokarp ist ein lückenreiches Parenchym, dessen Großzellen bis 500 μ (meist 200—250 μ) messen. Zwischen den Großzellen liegen in geringer Menge kleinere Zellen (Hypodermzellen), ziemlich dickwandig, sehr kleine Oxalatdrusen reichlich im Mesokarp. Die Leitbündel enthalten überwiegend Ring- und Spiralgefäße (meist 12—15, selten 20 μ), wenig Netz- und Treppengefäße, umgeben von einzelnen oder mehreren Fasern. In der Kelch- und Stielgegend sind sogar Faserscheiden ausgebildet, häufig mit Steinzellverbänden. Die Steinzellen, auch solche im Fruchtfleisch, sind vorwiegend rechteckig bis stabförmig.

Abb. 39. Johannisbeere, Endokarp, links gewohnl. Licht, rechts zwischen gekreuzten Polarisatoren (Vergr. 128:1)

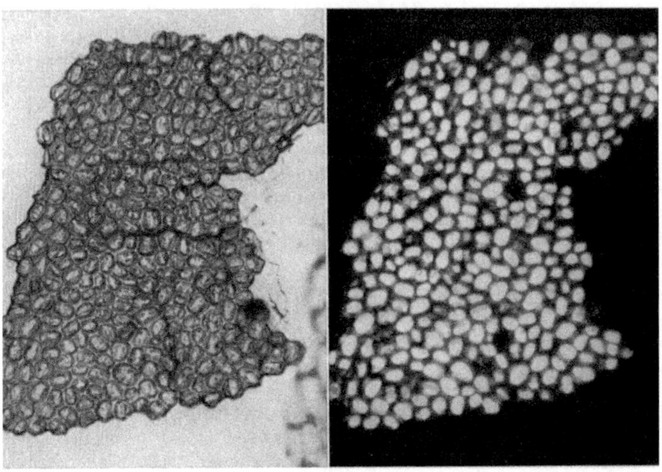

Abb. 40. Johannisbeere, Same, Kristallschicht, links gewöhnl. Licht, rechts zwischen gekreuzten Polarisatoren (Vergr. 128.1)

Das *Endokarp* (Abb. 39) besteht aus faserartig sklerotisierten und verholzten Zellen, gruppenweise gleichgerichtet, wodurch ein parkettartiges Aussehen entsteht. Länge bis 500 μ, meist zwischen 120—200 μ. Die Schleimepidermis der Samenschale besteht aus dünnwandigen, oft über 500 μ hohen bis 100 μ breiten Zellen. Darunter eine Parenchymschicht und eine einfache Kristallschicht (innere Epidermis) aus dickwandigen Zellen (Durchmesser meist 15—18 μ), mit je einem großen Oxalatkristall. In der Flächenansicht (Abb. 40) erscheinen diese Zellen polygonal, sehr stark verdickt, dunkelbraun. Die aus gestreckten braunen Zellen bestehende innere Oberhaut der Samenschale ist mit dem Endosperm verwachsen, das im wesentlichen aus einer breiten Aleuronschicht besteht, deren Zellen an den Ecken verdickt sind.

21. Schwarze Johannis- oder Wanzenbeere

(R. nigrum L.)

Ihre Griffel sind bis 3 mm lang, nur zwischen den Narben gespalten und unbehaart. Schwarzbraune, 2,5—3 mm große Samen. Die Wandverdickungen der Fruchtoberhaut, die bei Ribes rubrum mitunter fehlen, sind bei der schwarzen Johannisbeere sehr gleichmäßig perlschnurförmig (Abb. 41). Außerdem finden sich schildförmige bis 0,2 mm große Öldrüsen auf der Epidermis (b), denen die Frucht ihren eigenartigen Geruch verdankt. In der Kelchgegend kommen einzellige, dünnwandige gekrümmte Haare vor (bis 600 μ), die aber meist abgebrochen sind. Das sklerotisierte Endokarp ist durch einzelne nicht sklerotisierte Zellgruppen unterbrochen. Die Gefäßbündel weisen Faserscheiden auf.

In Zubereitungen läßt sich die Johannisbeere leicht durch das parkettierte Endokarp, außerdem durch die Kristallschicht der Samenschale nachweisen, sofern die Samen nicht durch Passieren entfernt sind. Die Sichtbarmachung der Kristallschicht gelingt leicht durch Erwärmen der Samen mit Lauge und Abschaben der Oberfläche. Bei den schwarzen Johannisbeeren kommen noch die Öldrüsen und Kelchhaare hinzu, ferner derbere Steinzellen in der Nähe des Kelchrestes (A. Th. Czaja 1956) (Abb. 42).

22. Stachelbeere

In Europa wird vorwiegend Ribes grossularia L., in Amerika R. oxyacanthoides L. kultiviert.

Die Früchte zeigen mikroskopisch keine Unterschiede, wenn man davon absieht, daß die meisten Gartenformen von R. grossularia mit Borsten besetzte Früchte tragen, während die Früchte von Ribes oxyacanthoides unbehaart sind. Die Blütenreste sind länger (bis 6 mm), und die Schale ist dicker als bei jener. Die Samen sind etwa 3 mm groß, braun, länglichrund. Die Blütenteile, besonders der Kelchschlund und die Griffelbasis, tragen einzellige, dünnwandige Härchen, die bis 1 mm und darüber lang sind. Der Griffel wird etwa 5 mm lang und ist tief gespalten. Die Stacheln oder Borsten (Abb. 43) unserer heimischen Stachelbeere sind über 1 mm lange, vielzellige, stumpf oder kopfig endende Auswüchse, an deren Bildung auch subepidermale Gewebe beteiligt sind (sog. Emergenzen). Die Epidermis weist ebenso wie das Hypoderm stellenweise einzelne skerotisierte und getüpfelte, aber kaum verholzte Zellen auf. Die Großzellen des Mesokarps messen bis 850 μ (meist 350—450 μ) (Abb. 44). Die Schleim-Epidermis der Samenschale ist bei R. grossularia am stärksten entwickelt, steht aber nur noch lose mit den Samen in Verbindung. Sie bildet eine durchsichtige, gelatinöse Hülle aus radial gestreckten, in der Aufsicht regelmäßig polygonalen (meist sechseckigen) Zellen von wabenähnlicher Anordnung. Die Radialwände sind häufig gewellt oder zackig (bei R. rubrum und nigrum sind die Testaepidermiszellen bedeutend fester mit den Samen verbunden, bei R. nigrum sind sie braun und fast undurchsichtig). Bruchstücke der Samen von R. sind mikroskopisch nicht zu unterscheiden.

23. Preiselbeere

oder Kronsbeere (Vaccinium vitis idaea L.-Ericaceae)

kommt bei uns, namentlich in Gebirgsgegenden, reichlich vor. Sie wird auch aus anderen Ländern eingeführt, dient zur Herstellung von Kompott und Gelee. seltener zu Mehrfruchtmarmeladen.

Die Früchte, 4—9 mm groß, tragen am Scheitel vier nach innen geschlagene Kelchzipfel und enthalten in jedem der vier Fruchtfächer mehrere gelbe bis braune, kurzgeschnäbelte Samen (Abb. 45), die 1,2—1,7 mm lang und 0,6—1 mm breit sind. Die Kelchzipfel tragen bis 100 μ lange, oft als Drüsenzotten ausgebildete Emergenzen und außerdem kürzere, meist 20—30, selten 60 μ lange, einzellige, warzige Haare. Die Fruchtoberhaut (Abb. 46) ist kleinzellig (im Mittel 30 μ), darunter großzelliges Parenchym, innen großzelliges Endokarp. Die Leitbündel, z. T. mit Sklerenchymfasern, im Mesokarp selten vereinzelte Sklereiden. Die Endokarpzellen (Abb. 47) dünnwandig gestreckt, wellig-buchtig, die Wände unregelmäßig

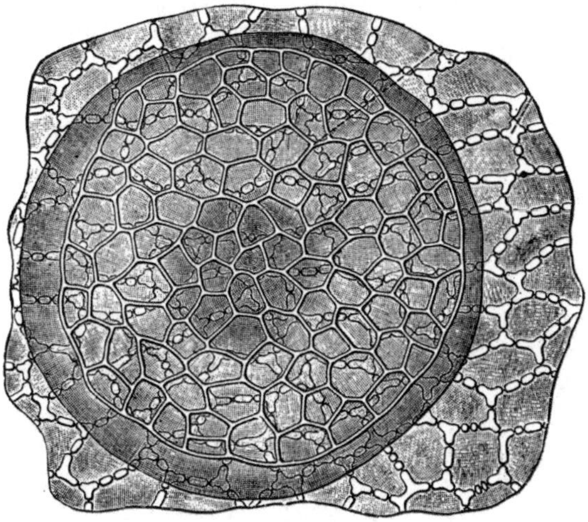

Abb. 41. Johannisbeere, schwarz, Oberhaut mit Drüsenschuppe (nach A. L. WINTON)

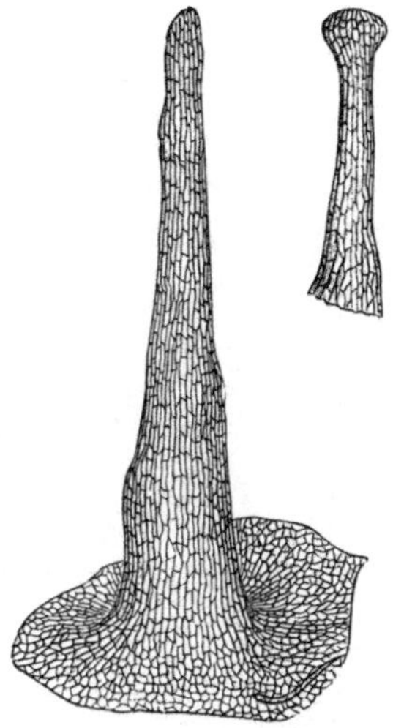

Abb. 43. Stachelbeere „Stacheln" (Emergenzen) (nach A. L. WINTON)

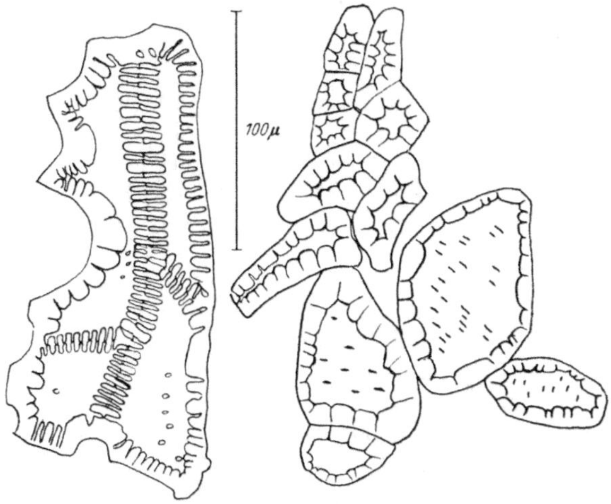

Abb. 42. Johannisbeere, schwarz, Sklerenchym vom Kelch (links) und Stielansatz (rechts)

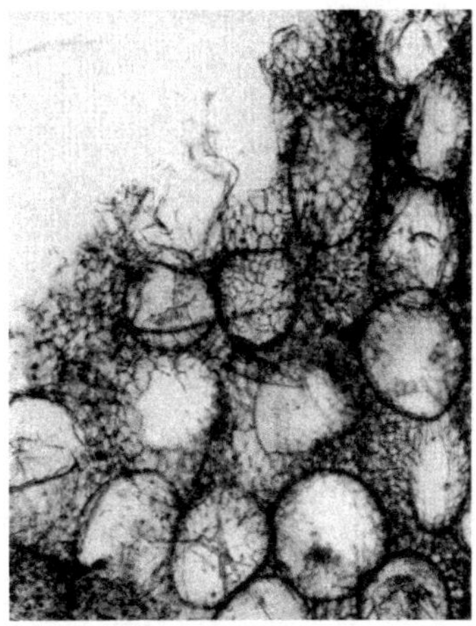

Abb. 44. Stachelbeere, Mesokarp, Groß- und Kleinzellen (Vergr. 25:1)

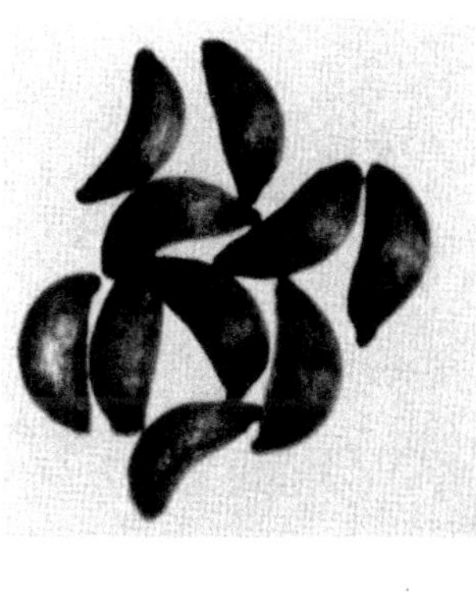

Abb. 45. Preiselbeere, Samen (Vergr. 10:1)

getupfelt, Spaltoffnungen spärlich vorhanden. Die Oberhautzellen der Testa (Abb. 48) in der Längsrichtung des Samens gestreckt, meist 150—250 μ lang, 30—75 μ breit, bilden leistenartig vorspringendes Netzwerk. Im Querschnitt sind diese an der Innenseite hufeisenförmig verdickt, Seiten- und Innenwände mit zahlreichen runden, oval oder spaltenförmigen Tüpfeln. Die Sklerotisierung der Innen- und Seitenwände ist gleich stark (Unterschied von Moosbeere); Höhe der Epidermiszellen 30—50 μ. Meist tragen alle Wände, oder auch nur die Außenwand, dicke, gezonte, durch Jod-Zinkchlorid-Lösung gebläute Schleimschichten; sie erfüllen oft die ganzen Zellen. Die innere Epidermis besteht aus braunwandigem, kollabiertem Parenchym, welches mit dem kleinzelligen, fett- und eiweißreichen Endosperm verwachsen ist, darin der walzenförmige Keimling. Über die Unterscheidung von Preiselbeere und Moosbeere in Zubereitungen siehe unter Moosbeere.

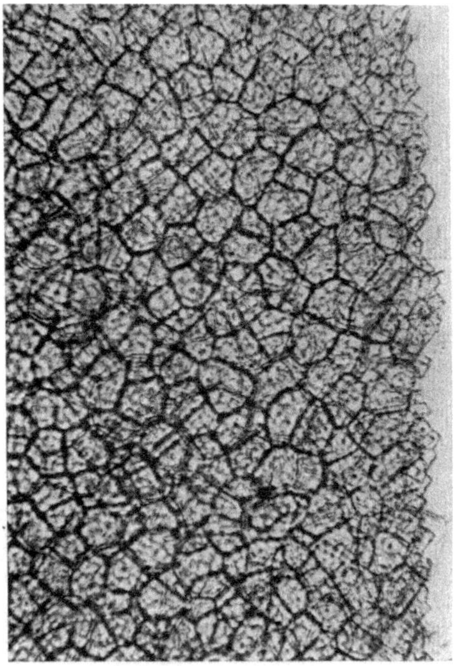

Abb. 46. Preiselbeere, Exokarp (kleine Zellen) mit Hypoderm (Vergr. 100:1)

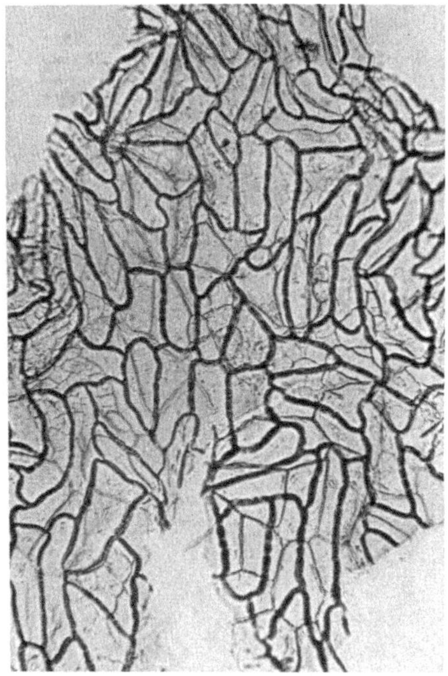

Abb. 47. Preiselbeere, Endokarp (Vergr. 100:1)

Abb. 48. Preiselbeere, Samenschale Epidermis (Vergr. 100:1)

24. Moosbeere

(Vaccinium oxycocceus L.)

kommt in sumpfigen, torfigen Gegenden vor, wird vielfach anstatt der Preiselbeere genossen und dient auch zur Verfälschung des Preiselbeerkompotts.

Die Früchte sind meist dunkelrot, eiförmig bis birnförmig, selten über 12 mm groß; sie tragen am Scheitel, vom Kelch umschlossen, häufig noch den dünnen, bis 6 mm langen Griffel, an der Bais seltener den bis 5 cm langen Fruchtstiel. Die Samen sind größer und gedrungener als die der Preiselbeere, gelb bis dunkelrotbraun, Oberfläche netzig-grubig, Länge 1,5—2,8 mm, Breite 1—1,7 mm. Die Kelchzipfel tragen bis 250 μ lange, dünnwandige, einzellige, meist gerade warzige Haare, besonders an der Spitze dicht gestellt. Das Perikarp wie bei der Preiselbeere, die Zellmaße durchweg größer. Sklereiden fehlen. Die Testaepidermiszellen sind größer als bei der Preiselbeere, meist 200—300 μ, selten bis 500 μ lang, 90—150 μ breit. Die Tüpfel sind größtenteils spaltenförmig. An Querschnitten treten die stark verdickten Radialwände der bis 120 μ hohen Zellen säulenartig hervor, da die Innenwand nur wenig sklerotisiert ist (Unterschied von Preiselbeere). Die Radialwände tragen dicke geschichtete Schleimauflagerungen, meist auch die dünnen Außenwände. Die innere Epidermis ist braun aus zwei, teilweise drei Lagen weitlumiger, poröser und einigen Lagen zusammengefallener Zellen.

Abb. 49. Vacc. macrocarpum, Samen (Vergr. 10:1)

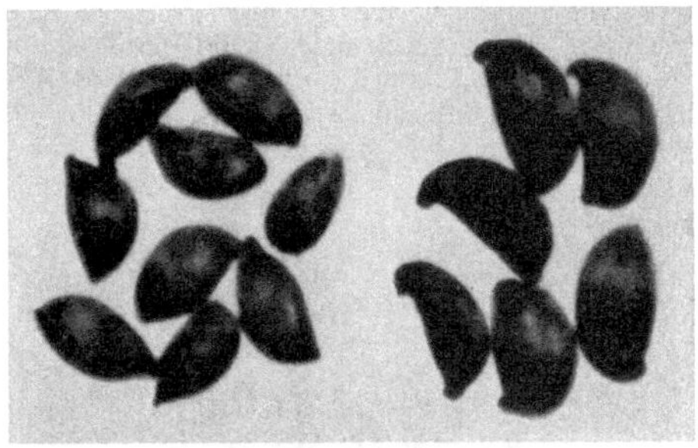

Abb. 50. Bärentraube, Steinkerne verschiedener Größe (Vergr. 10:1)

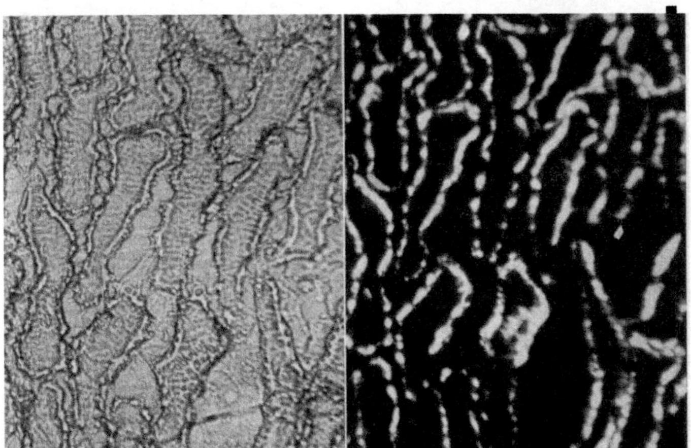

Abb. 51. Bärentraube, Oberhaut der Steinkerne, links gewöhnl. Licht, rechts zwischen gekreuzten Polarisatoren (Vergr. 100:1)

25. Die amerikanische oder großfrüchtige Moosbeere

Cranberry oder Kranbeere (Vaccinium macrocarpum Ait.)

in Nordamerika heimisch, wird in verschiedenen Staaten der Union auch im größeren Maßstabe kultiviert, in Europa nur an wenigen Stellen verwildert. In kleineren Mengen kommt sie bei uns gelegentlich frisch auf den Markt; eingemachte Cranberries sind bei Preiselbeermangel auch schon als „Schwedische Preiselbeeren" verkauft worden.

Die bis 15 mm großen Früchte sind unserer einheimischen Moosbeere im Bau sehr ähnlich. Die Kelchzipfel tragen meist einzellige, bisweilen verzweigte dickwandige, häufig gekrümmte bis 220 μ lange, warzige Haare (W. Oetger 1930). Die Samen (Abb. 49) sind noch gedrungener als bei Vaccinium oxycoccus, unterscheiden sich von diesen durch die dickere Testa, im Inneren nur wenig zusammengedrückte Zellen, weil das Nährgewebe weniger entwickelt ist.

Hier müssen auch noch die Früchte der Bärentraube, des Schneeballs und des Geisblattes Erwähnung finden, welche gelegentlich als Verfälschungen von eingemachten Preiselbeeren beobachtet wurden.

26. Bärentraube

(Arctostaphylos uva ursi Spreng.-Ericaceae)

Die Frucht ist eine 7—9 mm große Steinbeere, die im mehligen Fruchtfleisch fünf abgeflachte dreikantige, bis 4.5 mm lange Steinkerne enthält (Abb. 50). Kennzeichnend sind die Oberhautzellen der Testa (Abb. 51). Sie sind gewöhnlich in der Längsrichtung der Kerne gestreckt und an den Seitenwänden, z. T. auch an der Innenwand durch eigenartige Verdickung ausgezeichnet. Die Epidermiszellen des Arillus sind ziemlich klein, im Umriß polygonal, an der Innenwand und den Seitenwänden sklerotisiert und reich getupfelt. In Zubereitungen sind die Früchte an den Steinkernen, sowie Leitbündelstücken mit Parenchym (Abb. 52) und viele isolierte Mesokarpzellen gut zu erkennen (Abb. 53).

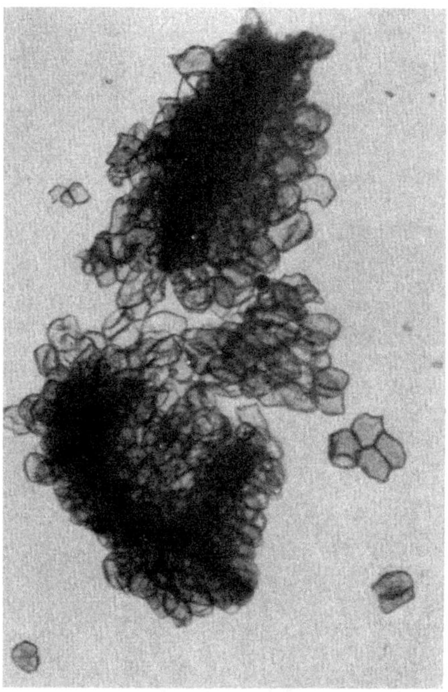

Abb. 52. Bärentraube, Mesokarp, Leitbündelstücke mit Mesokarpzellen (Vergr. 40:1)

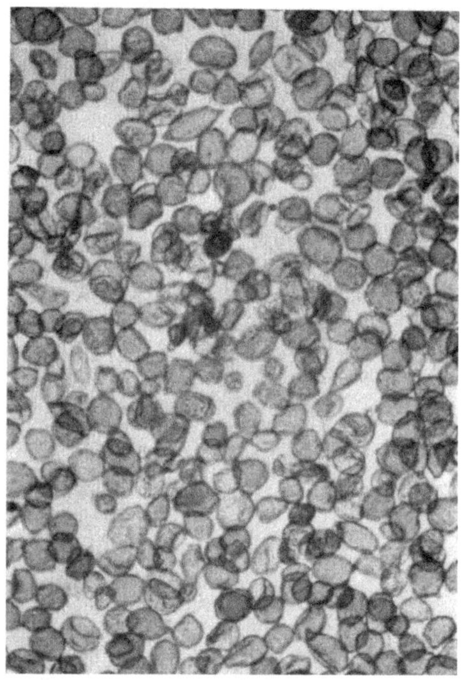

Abb. 53. Bärentraube, Mesokarpzellen (Vergr. 40:1)

Frische Früchte, die schon durch den an der Basis der Frucht befindlichen Kelch auffallen — die Preiselbeere trägt die Kelchreste am Scheitel —, sind gelegentlich als „Tiroler Preiselbeeren“ feilgeboten worden.

27. Schneeball

(Viburnum opulus L.-Caprifoliaceae)

besitzt leuchtend rote, beerenähnliche Steinfrüchte (7—8 mm ⌀) mit ovalem, flachem Steinkern. Das Exokarp ist kleinzellig, darunter großlumiges Parenchym (Abb. 54). Die Früchte enthalten einen noch unbekannten „Bitterstoff“, Viburnin und ein Saponin. Nach Genuß tritt Gastroenteritis auf mit Vergiftungserscheinungen (O. Gessner 1953).

28. Heckenkirsche, Geißblatt

(Lonicera periclymenum L.-Caprifoliaceae)

Die roten Beeren (8—10 mm ⌀) mit linsenförmigem Kern (7 mm ⌀) sind gehäuft am Ende der Fruchtstände. Das Exokarp besteht aus Schleimzellen (Abb. 55). Sie enthalten ebenfalls einen unbekannten Bitterstoff (Xylostein), welcher Erbrechen, Durchfall und Krämpfe verursacht. Auch andere Ionicera-Arten, L. xylosteum L., L. nigra L., und andere enthalten den gleichen Bitterstoff. Vor diesen Früchten und vor denjenigen des Schneeballs muß gewarnt werden.

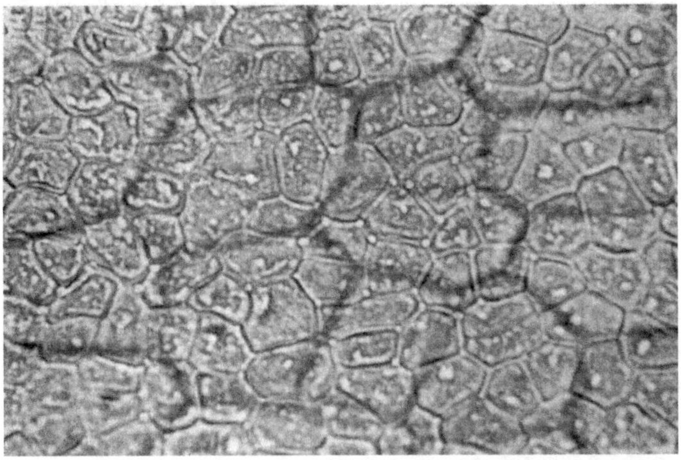

Abb. 54. Schneeball, Steinfrucht, Exokarp (Vergr. 78:1)

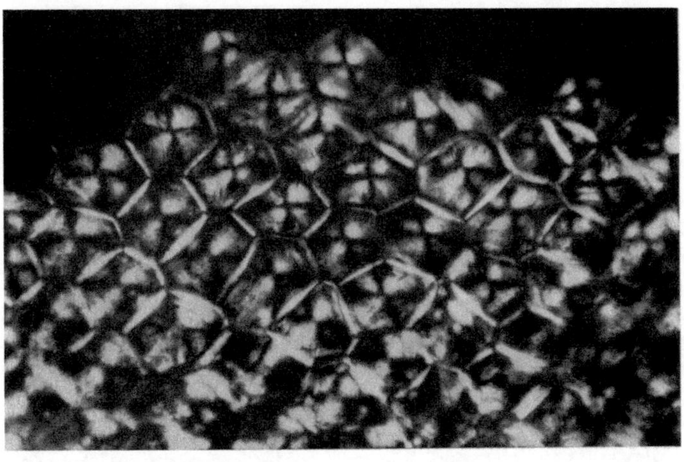

Abb. 55. Geisblatt, Steinfrucht, Schleimepidermis, zwischen gekreuzten Polarisatoren (Vergr. 100 1)

29. Heidel- oder Blaubeere

(Vaccinium myrtillus L.-Ericaceae)

bei uns weit verbreitet, wird roh und zubereitet gegessen, getrocknet als Heilmittel (Gerbstoffgehalt). Die etwa 8 mm großen, blauschwarzen, kahlen Beeren tragen am abgeflachten Scheitel einen schmalen, aus den Zipfeln verwachsenen Kelchsaum (Unterschied von anderen Vacciniumarten). Der Hauptunterschied der Heidelbeere von Preisel- und Moosbeere besteht im Vorkommen vereinzelter oder Gruppen schwach verdickter Steinzellen

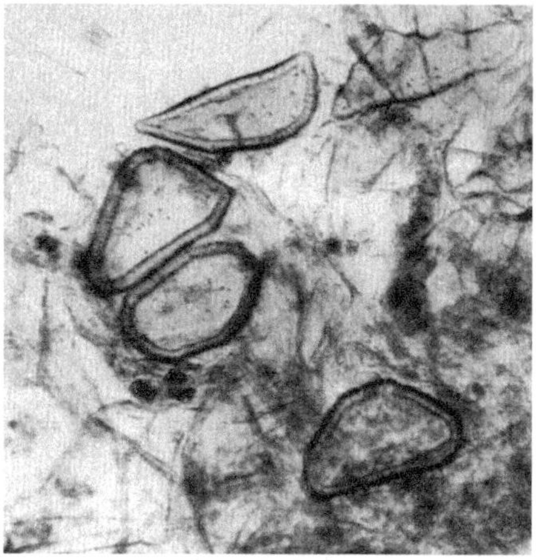

Abb. 56. Heidelbeere, Steinzellen im Mesokarp (Vergr. 128 1)

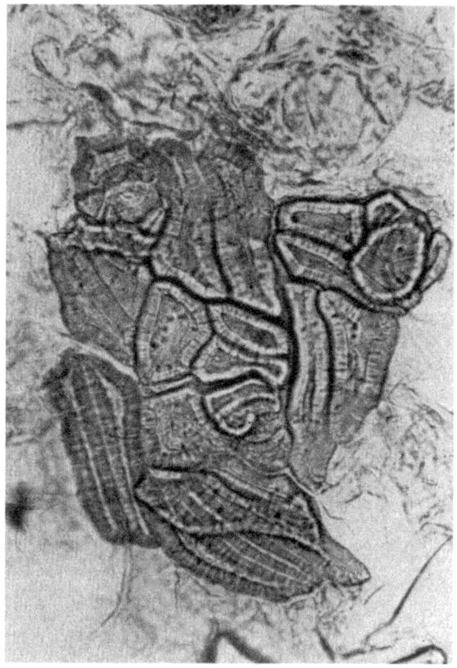

Abb. 57. Heidelbeere, Endokarp (Vergr. 250:1)

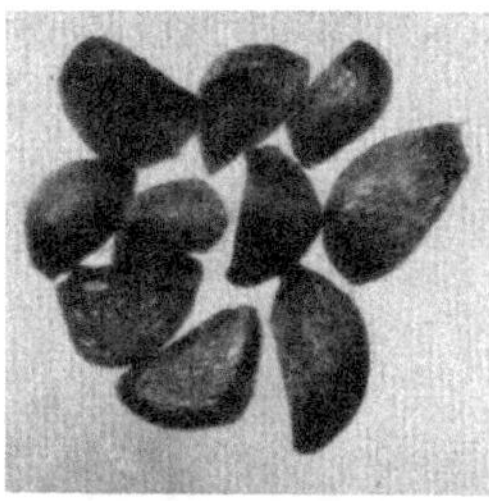

Abb. 58. Heidelbeere, Samen (Vergr. 10 1)

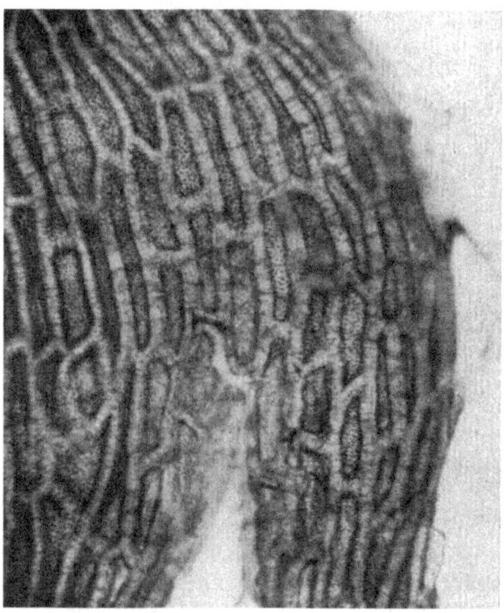

Abb. 59. Heidelbeere, Samenschale Epidermis (Vergr. 100.1)

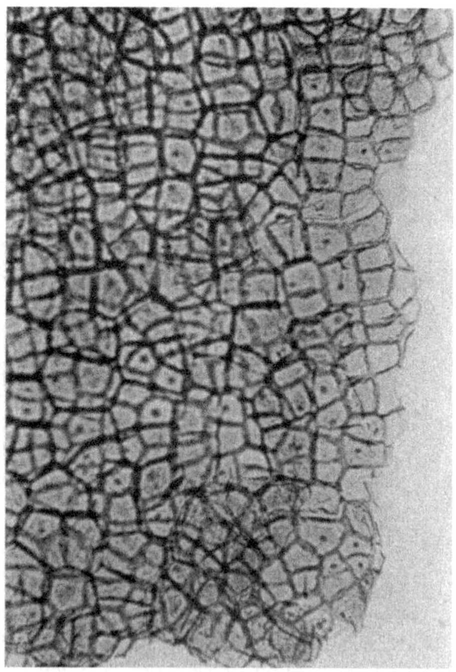

Abb. 60. Heidelbeere, Exokarp mit Parenchym (Vergr. 100.1)

(bis 90 μ), im Mesokarp (Abb. 56) und in der Ausbildung des Endokarps, dessen in Form, Größe und Verdickungsgrad sehr variierende Zellen gruppenweise sklerotisiert und verholzt sind (Abb. 57) (bis 140 μ lang, bis 45 μ breit). Zwischen den Sklereiden Spaltöffnungen von 30—45 μ ⌀, Schließzellen verholzt. Die hellbraunen, auf der Oberfläche fein genetzten Samen (Abb. 58) sind nur etwa 1 mm breit, 1—1,2, seltener 1,5 mm lang. Die Epidermiszellen der Testa (Abb. 59) werden bis 240 μ lang, bis 80 μ breit und bis 60 μ hoch. Die Schleimschichten sind sehr dünn. Die Exokarpzellen sind sehr klein, darunter etwas großlumigeres, dünnwandiges Parenchym (Abb. 60).

30. Kulturheidelbeere

Vaccinium australe Small, V. corymbosum L., V. lamarckii Camp. (= V. pennsylvanicum Lam.) (Ericaceae)

und andere Arten sind in Nordamerika heimisch und in großem Maßstab in Kultur, bei uns bislang nur in geringem Umfang (G. Liebster 1961). Es handelt sich um verschieden hohe Sträucher, welche Moor- und Heideböden bevorzugen.

Die Beeren werden an sieben- bis zwolf- und mehrblütigen Trauben aus den Blattachseln im oberen Teil der Sträucher gebildet. Die Beeren der Wildarten haben 7—10 mm ⌀, erreichen in Kultur 14—15 mm, einzelne Sorten bis 25 mm. Nur das Exokarp besitzt blauen Farbstoff in den Zellen, das Fruchtfleisch ist ungefarbt. Die Beeren färben im Gegensatz zu den Waldheidelbeeren nicht. Die Samen (15—74 je Frucht) sind meist so klein, daß diese beim Genuß nicht stören. Der Gehalt an Vitamin C ist hoch. Die Früchte der Kultur-Heidelbeere stimmen mit denjenigen der Waldheidelbeere, abgesehen von Größe in Gestalt und Farbe, fast völlig überein. Auch der mikroskopische Bau ist sehr ähnlich (C. Griebel 1951).

31. Vaccinium uliginosum L.

Sumpfheidelbeere, Rausch- oder Trunkelbeere

Die den Heidelbeeren ähnlichen, oft bereiften, schwarzblauen Früchte werden in manchen Gegenden viel gegessen. Trotzdem sollen diese gelegentlich gesundheitsschädlich sein. Nach O. Gessner (1953) soll der Befall durch den Pilzparasiten Sclerotinia megalospora Woron. die Ursache der Schadwirkung sein.

Das Exokarp besteht aus polygonalen Zellen (Abb. 61), das Endokarp aus sklerotisierten, stark getüpfelten Zellen von 40—60 μ, z. T. bis 350 μ Länge und 20—60 μ Breite, dazwischen einzelne Spaltoffnungen. Diese sind durchweg länger als bei der Heidelbeere (Abb. 62). Die Samen (Abb. 63) erreichen bis 2 mm Länge. Die Epidermiszellen der Testa (Abb. 64) sind größer, aber niedriger als bei der Heidelbeere (Länge bis 450 μ, Breite 45—120 μ, Höhe 25 bis 51 μ).

V. myrtillus (im allgemeinen nicht höher als 30 μ), etwas wellig, besonders an den Enden verbogen, nicht selten gabelig. Die Schleimschichten sind bedeutend stärker entwickelt, am mächtigsten an der Außenwand.

32. Krähenbeere

(Empetrum nigrum L.-Empetraceae)

Die schwarzen beerenartigen Steinfrüchte der in den norddeutschen Heiden, Mittelgebirgen und Alpen wachsenden Zwergsträucher sollen nach Genuß Schwindelzustände hervorrufen (Andromedatoxin ?). In manchen Ländern werden die Beeren viel verzehrt.

Charakteristisch zur Erkennung ist das kleinzellige Exokarp mit durchscheinenden großzelligem Hypoderm (Abb. 65). Die Früchte enthalten sechs bis neun Steinkerne von charakteristischer Gestalt (Abb. 66).

33. Holunderbeere

Verwendung finden meist nur die schwarzen Holunderbeeren (Sambucus nigra L.-Caprifoliaceae), und zwar zur Bereitung von Saft, Mus und Suppen.

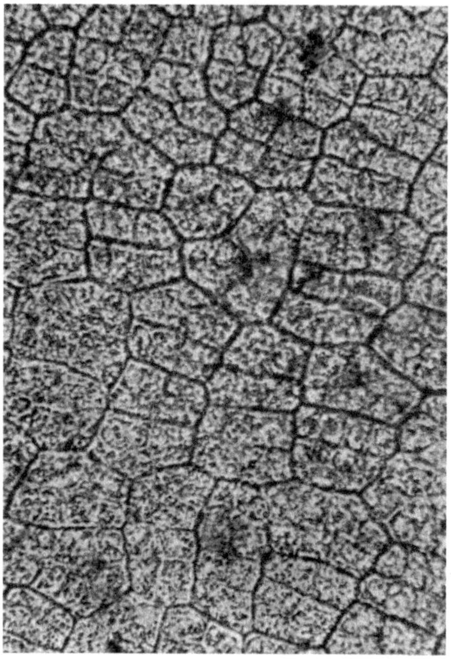

Abb. 61. Rauschbeere, Exokarp (Vergr. 160:1)

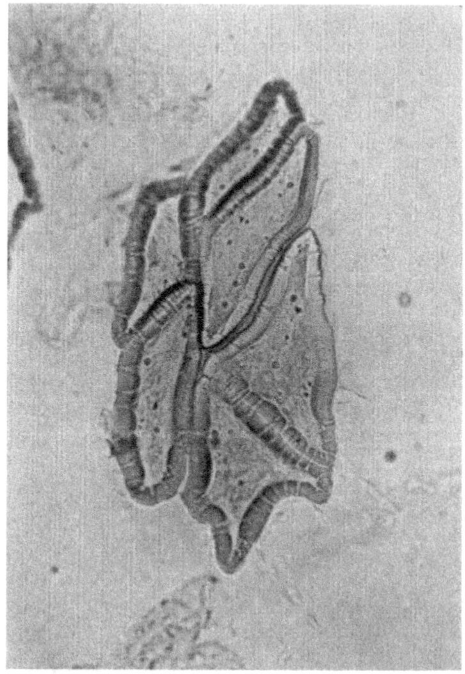

Abb. 62. Rauschbeere, Endokarp (Vergr. 250:1)

Abb. 63. Rauschbeere, Samen (Vergr. 10:1)

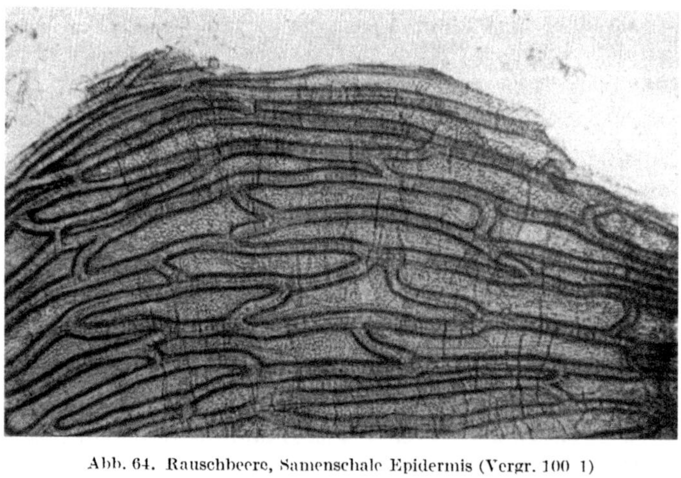

Abb. 64. Rauschbeere, Samenschale Epidermis (Vergr. 100:1)

Sie sind 5—6 mm groß, glänzend schwarz, gewöhnlich dreisteinig. Es handelt sich also um eine Steinbeere. Kennzeichnend ist die Fruchtoberhaut und das in eine Steinschale umgewandelte Endokarp. Die Fruchtoberhaut besteht aus ziemlich großen, etwas gestreckten, tafelförmigen Zellen, mit fast parallelen Cuticularfalten (Abb. 67). Die radialen Wände sind reich getüpfelt, Spaltöffnungen nur vereinzelt. Die braunen Steine sind 3—4 mm lang und 1,5—2 mm breit, abgeflacht, nicht ausgesprochen dreikantig, meist an einer Seite zugespitzt, die Oberfläche ist runzelig höckerig (Abb. 68). An Querschnitten sieht man unter einer Reihe zartwandiger kleiner Zellen eine palisadenartige Sklereidenschicht, untereinander so verzahnt, daß ihre Grenzen nicht klar sichtbar sind. Entsprechend verzweigt ist auch das spaltenförmige Lumen. Erst nach der Maceration läßt sich die Form dieser Zellen genau erkennen.

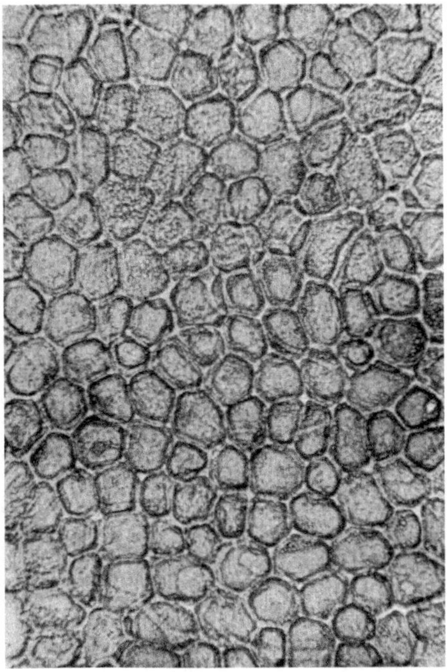

Abb. 65. Krähenbeere, Exokarp (Vergr. 100:1)

Abb. 67. Holunderbeere (schwarz), Exokarp mit Cuticularfalten (Vergr. 250:1)

Abb. 66. Krähenbeere, Steinkerne (Vergr. 10:1)

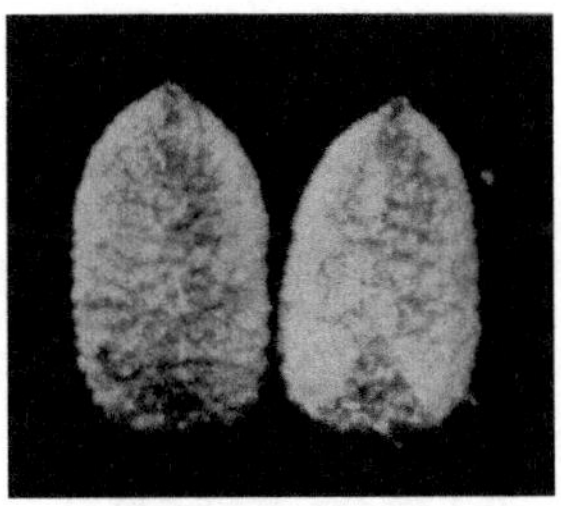

Abb. 68. Holunderbeere, Steinkerne (Vergr. 10:1)

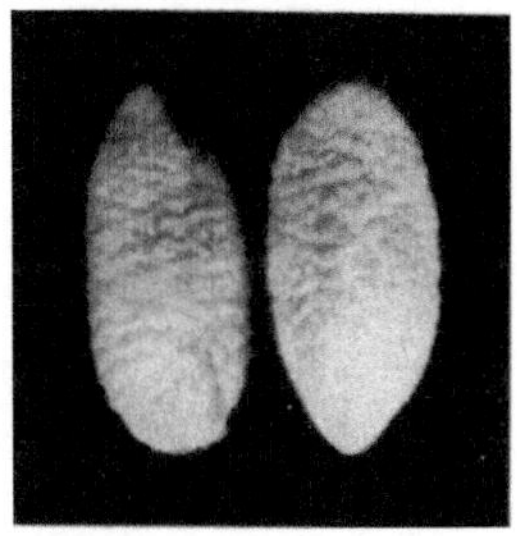

Abb. 69. Bergholunder, Steinkerne (Vergr. 10:1)

34. Bergholunder

roter Holunder (Sambucus racemosa L.)

Die roten Beeren des in Mittel- und Hochgebirgen vorkommenden Strauches ergeben nach sorgfältigem Abtrennen der Steinkerne wohlschmeckende Zubereitungen (Mus, Gelee oder Marmelade). Die Steinkerne (Abb. 69) enthalten einen stark schleimhautreizenden, noch unbekannten Giftstoff. Die polygonalen Exokarpzellen zeigen engliegende Cuticularfalten (Abb. 70).

Die schwarzen Beeren des krautigen *Zwergholunders*, Attich (Sambucus ebulus L., Staude) sind infolge des Gehaltes von giftigen Inhaltsstoffen ungenießbar.

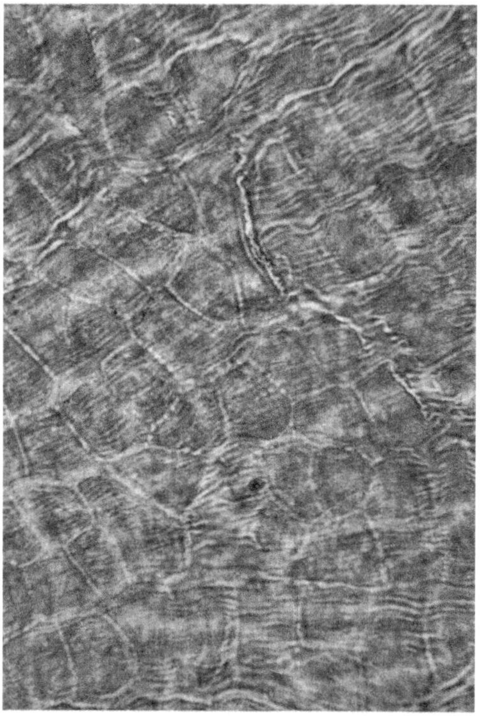

Abb. 70. Bergholunder, Exokarp Cuticularfalten (Vergr. 250:1)

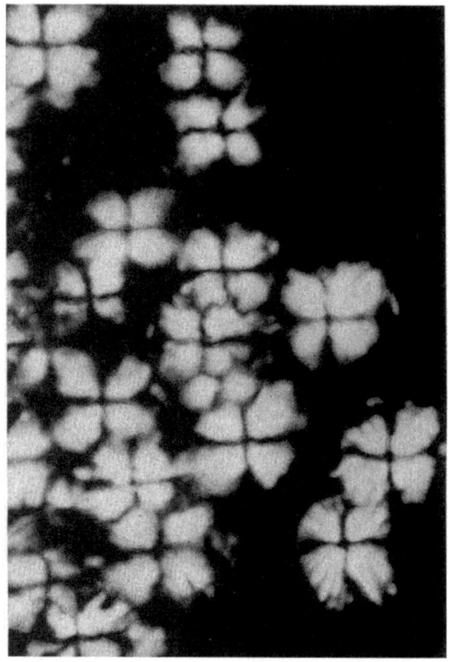

Abb. 71. Sanddornbeere, Exokarp, Sternhaare zwischen gekreuzten Polarisatoren (Vergr. 32:1)

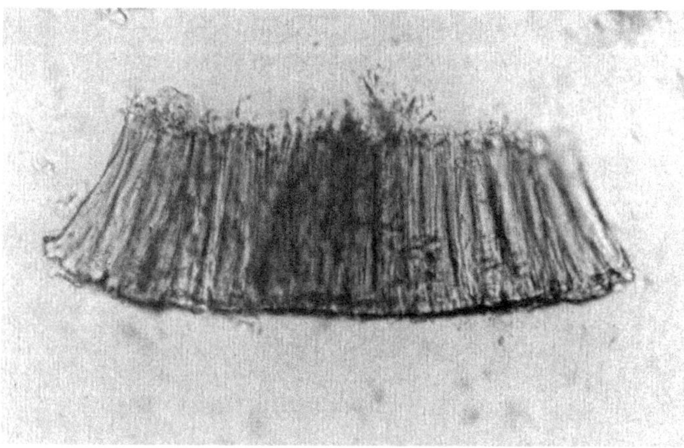

Abb. 72. Sanddornbeere, Palisadenzellen der Steinschale (Vergr. 128:1)

35. Sanddorn

(Hippophae rhamnoides L.-Elaeagnaceae)

Die orangeroten Früchte sind einsamige, steinfruchtartige Scheinfrüchte des bei uns an den Meeresküsten und im Alpenvorland verbreiteten Strauches, beliebt wegen des hohen Gehaltes an Vitamin C als Marmeladen und in anderen Zubereitungen.

Die pergamentartige Oberhaut aus polygonalen Zellen trägt sehr charakteristische Schirmhaare (Abb. 71), welche auch in den Zubereitungen zu finden sind. Die Steinschale enthält charakteristische Palisadenzellen (Abb. 72).

36. Weintraube

Die Früchte des Weinstocks (Vitis vinifera L.-Vitaceae) dienen hauptsächlich der Weinbereitung. Außerdem werden sie auch frisch und im getrockneten Zustand (Rosinen, Korinthen, Sultaninen, Zibeben) sowie in Form von Zubereitungen gegessen. Die saftige Beere enthält in jedem der beiden Fruchtfächer zwei, oft nur einen, bei manchen Kulturformen keinen Samen.

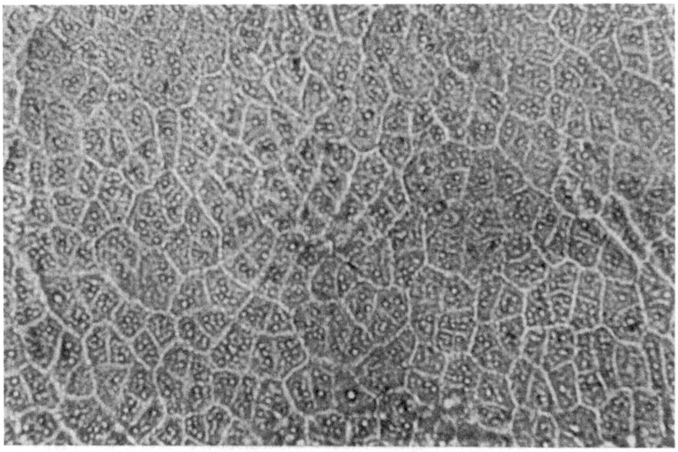

Abb. 73. Weinbeere, Exokarp (Vergr. 160:1)

Das Exokarp besteht aus derbwandigen, polygonalen Zellen (Abb. 73). Das großzellige Mesokarp enthält Kristallnadeln (Raphiden) und Leitbündel, die von Kristallzellreihen begleitet sind. Der Bau der Samen wird in Bd. VII eingehend beschrieben. Zubereitungen aus Weinbeeren enthalten — mit Ausnahme von Gelee — stets Epikarpteilchen und Raphiden, zuweilen auch die charakteristischen Kerne, getrocknete Weinbeeren oft Zuckerkristalle. Die Kristallzellreihen enthalten kleine Oxalatdrusen. Die Raphiden besitzen eine Länge von 30—50 μ.

37. Orange

Für die Herstellung von Fruchtdauerwaren kommt in erster Linie die bittere Orange oder Pomeranze (Citrus aurantium L. subsp. amara L.-Rutaceae) in Betracht, die oft neben der süßen Orange oder Apfelsine (Citrus aurantium L. subsp. sinensis GALL.) Verwendung findet. Frisch genossen werden außer der Apfelsine die Früchte anderer Citrusarten, wie Mandarine (Citrus nobilis Loureiro) und die Pampelmuse oder Grapefruit (Citrus decumana L.). Aus der dicken Schale der Zitronat- oder Cedratzitrone (Citrus medica subsp. genuina ENGLER) — der Praktiker spricht von Cedernfrüchten — wird durch Einkochen mit Zucker das Zitronat bereitet, aus Pomeranzenschalen Orangeat. Clementinen sind durch Zufallskreuzungen erhaltene kernlose Mandarinen (Pater Clemens).

Die Unterscheidung der Früchte der Citrusarten ist mit Hilfe des Mikroskops kaum möglich, da sie im Bau weitgehende Übereinstimmung zeigen. Die Orangenfrucht ist eine sechs- bis zwölffächerige Beere. Die Anzahl der Samen schwankt, es gibt auch kernlose Varietäten. Die außen orangefarbige, warzig-runzelige, innen weiße, schwammige Schale enthält zahlreiche mit ätherischem Öl gefüllte Sekretbehälter (Abb. 74), die schon mit bloßem Auge sichtbar sind. Die in der Fläche scharf polygonalen, ziemlich kleinen (Abb. 75) zartwandigen

Oberhautzellen (20—25 μ) enthalten gelbe Farbstoffkörper. Spaltöffnungen sind ziemlich häufig. In das unter der Epidermis liegende kollenchymatisch ausgebildete Fruchtwandparenchym (Abb. 76) sind die Ölbehälter eingesenkt. Das Gewebe enthält neben mono-

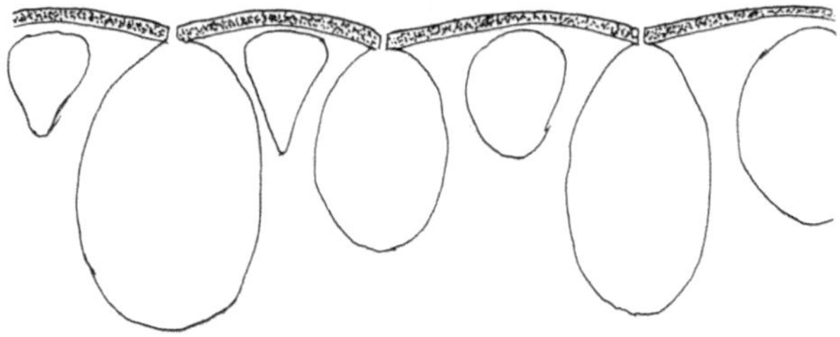

Abb. 74. Orange, Schale, Querschnitt-Sekretbehälter (Lupenbild 13.1)

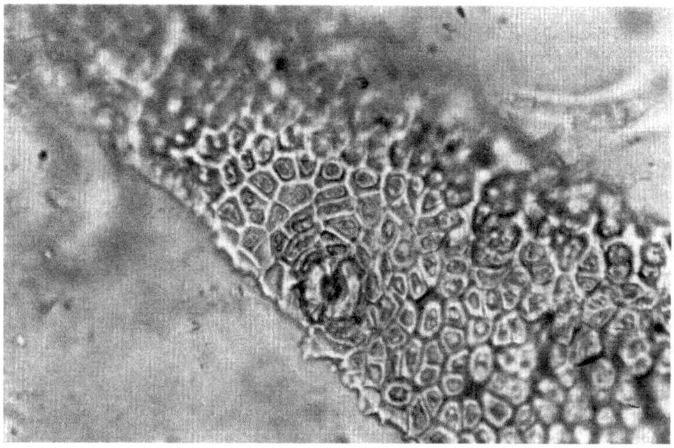

Abb. 75. Orange, Exokarp (Vergr. 400.1)

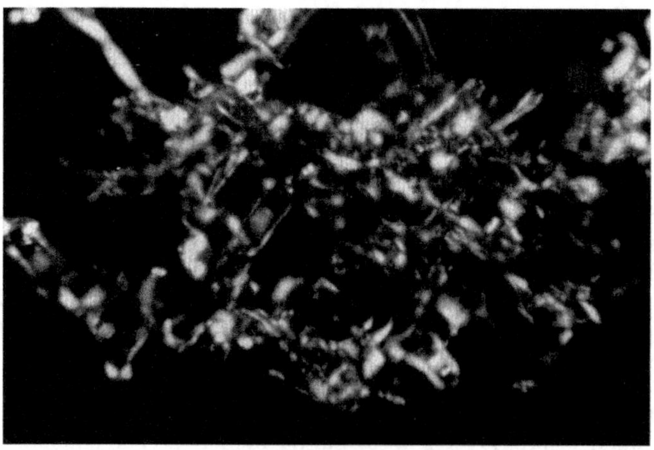

Abb. 76. Orange, Albedo (Vergr. 100:1)

klinen Oxalatkristallen reichlich Hesperidin (mit Alkalien Gelbfarbung). Das Albedo (Abb. 76) besteht aus Sternparenchym um die einzelnen keilförmigen Fruchtfächer. Die zähe, durchscheinende Haut ist das Endokarp. Es besteht aus mehreren Schichten langgestreckter Zellen, die zuweilen sklerotisiert und von schiefen Poren durchsetzt sind. Dem Endokarp sitzen an vielen Stellen in Reihen oder Gruppen angeordnete Kristallkammerzellen mit monoklinen Oxalatkristallen auf. Namentlich bei saftarmen Früchten findet man auf dem Endokarp auch kristallinische Hesperidinausscheidungen (Abb. 77), mit unbewaffnetem Auge als kleine weiße Stippchen zu erkennen. Das saftige, vom häutigen Endokarp umschlossene Gewebe, der keilförmige Fruchtfächer, besteht aus vielzelligen, keulenförmigen Gebilden, die in Wirklichkeit Auswüchse der Fruchtwand darstellen, und neben kleinen gelben Farbstoffkörpern auch Oxalatkristalle enthalten. Die Leitbündel enthalten mehr oder weniger verholzte Spiral- und Tüpfelgefäße (bis 15 μ); sklerotisierte Elemente fehlen.

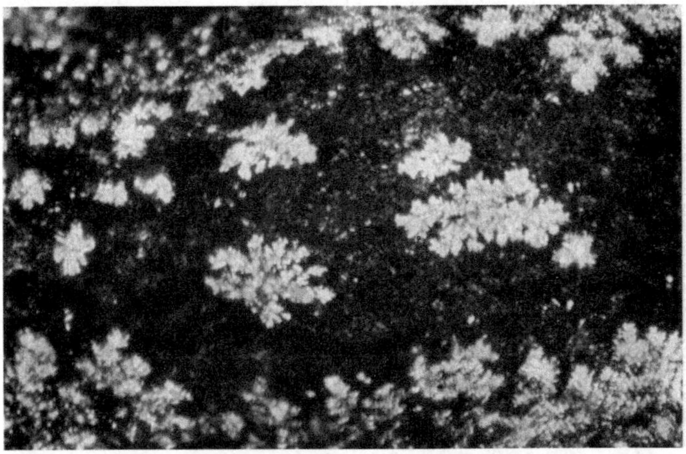

Abb. 77. Orange, Hesperidinkristalle (Vergr. 40:1)

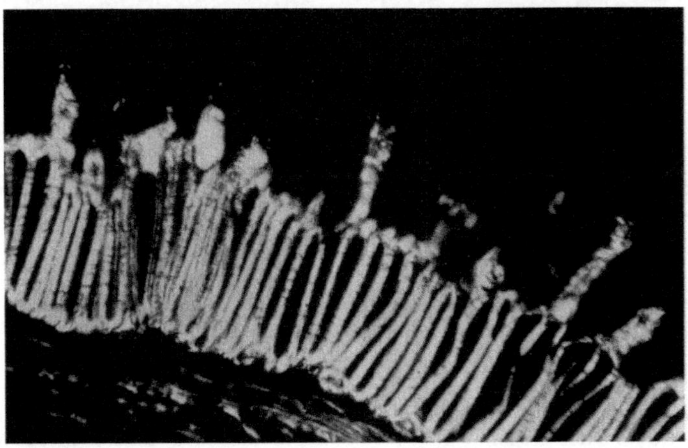

Abb. 78. Orange, Epidermis der Samenschale, Querschnitt, zwischen gekreuzten Polarisatoren (Vergr. 128:1)

In marmeladeähnlichen Zubereitungen aus Orangen findet man gewöhnlich Schnitzel oder kleine Teilchen der Fruchtwand, die zuweilen Epidermis und Sekretbehälter erkennen lassen. Oft sind auch nur die verzweigten Zellen des Albedos, häufig außerdem größere oder kleinere Teilchen des häutigen Endokarps auffindbar mit den Oxalatzellen. Das wie bei der Orange ausgebildete Endokarp der Zitrone (Citrus Limonum Risso) findet man in manchen Zitronensirupen, die aus ungeklärten Zitronenpreßsäften bereitet wurden. Zitronat und Orangeat lassen an Schnitten die Elemente der äußeren Fruchtwand, insbesondere die charakteristischen Oxalatkristalle erkennen. Endokarpteilchen fehlen. Orangeat wird neuerdings auch aus Apfelsinenschalen bereitet.

Die faserartig verdickten und verschleimenden Epidermiszellen der Samenschale von Citrusarten treten bei der Saftherstellung gelegentlich störend auf (Abb. 78).

38. Banane

ist die Frucht des in den Tropen in zahlreichen Formen kultivierten Pisang. Die wichtigsten fruchtliefernden Arten sind Musa acuminata Colla und M. balbisiana Colla (Musaceae) (J. Champion 1963). Die unreifen eingeführten Fruchtstände werden künstlich nachgereift, was äußerlich an Gelbfärbung zu erkennen ist. Hierbei entstehen die charakteristischen Aromastoffe (darunter Amylacetat) und die ursprünglich in großer Menge vorhandene Stärke wird in Zucker übergeführt. Ausgereifte Bananen kommen auch in geschältem und getrocknetem Zustand (Bananenfeigen) in den Handel.

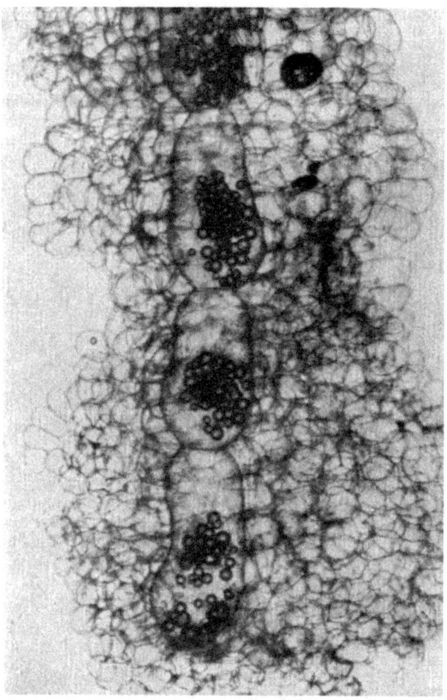

Abb. 79. Banane, Gerbstoffschlauch (Vergr. 40:1)

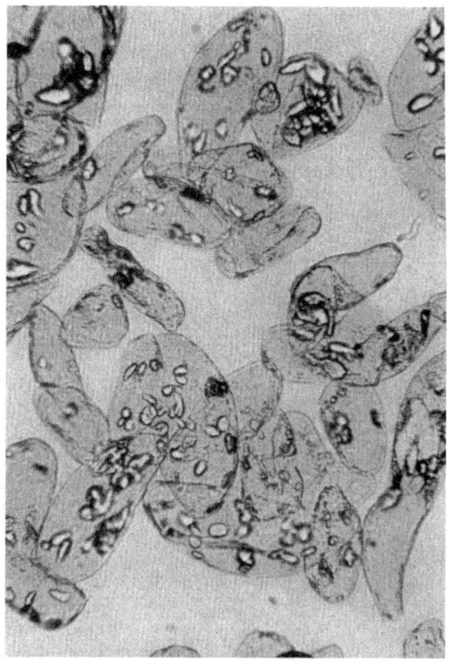

Abb. 80. Banane, Fruchtfleisch mit Stärkezellen (Vergr. 100:1)

Die aus dem Epikarp und dem äußeren Mesokarp bestehende Schale wird der Länge nach von zahlreichen Leitbündeln durchzogen, begleitet von vielgliedrigen Milchsaftschläuchen. Das faserige Gewebe der „Schale" geht allmählich in das Mark (inneres Mesokarp) über. Die an der Grenze beider sowie im äußeren Teil des Markes verlaufenden engen Spiralgefäße sind von mächtigen Gerbstoffschläuchen (Abb. 79) aus 100—500 μ langen Gliedern begleitet. Bei der reifenden Frucht enthalten sämtliche Glieder ein zähes Gel, das sich bei der Überreife unter geringer Kontraktion in gelbliche bis rotbraune Einschlußkörper (Inklusen) verwandelt. Der Inhalt der Gerbstoffzellen färbt sich mit Eisenchlorid zunächst bläulich, dann grünbraun, mit Vanillin-Salzsäure himbeerrot. Das aus dünnwandigem Parenchym bestehende Mark ist vor der vollständigen Reife von charakteristischen Stärkekörnern (Abb. 80) erfüllt. Vereinzelt finden sich Raphidenzellen.

In Erzeugnissen, die unter Verwendung von Bananenmark hergestellt sind, beobachtet man stets die kennzeichnenden tonnenförmigen Glieder der Gerbstoffschläuche, deren brauner Inhalt gewöhnlich nur wenig geschrumpft ist. Diese Gerbstoffeinschlüsse passieren übrigens fast unverändert den Verdauungskanal und sind bei Faecesuntersuchungen auch schon irrtümlich für Eiweißkörper gehalten worden.

39. Feige

Der als Feige bezeichnete Fruchtstand des im Mittelmeergebiet heimischen Feigenbaumes (Ficus carica-Moraceae) kommt bei uns nur in geringen Mengen frisch, in größeren Mengen dagegen getrocknet auf den Markt. Von getrockneten Feigen stammende Teilchen findet man zuweilen in Gebäcken, häufig aber in pastenartigen Zubereitungen, die als Lebensmittel oder Heilmittel in den Verkehr kommen.

Feigen enthaltende Zubereitungen sind durch die kleinen gelben Früchtchen, die sog. „Kerne" gut gekennzeichnet. Außerdem findet man stets die großen Milchsaftschläuche, die körnige Massen von Kautschuk enthalten, seltener Epidermisteilchen mit den einzelligen Haaren und bis 25 μ weite Spiral- und Netzgefäße, Oxalatdrusen meist nur vereinzelt.

40. Ananas

Die Fruchtstände der aus dem tropischen Amerika stammenden und in verschiedenen Gegenden der warmen Zone kultivierten Ananas (Ananas sativus LINDL.-Bromeliaceae) werden bei uns frisch und als Konserven eingeführt. Die Ananas stellt den ährenförmigen Fruchtstand dar, dessen Achse, Beerenfrüchte und Deckblätter fleischig geworden und miteinander verwachsen sind.

Abb. 81. Ananas, Endokarp (Vergr. 25:1)

Die Achse des Fruchtstandes endet in einen Schopf grüner Blätter. Die Außenseite des reifen Fruchtstandes ist rötlich- bis bräunlichgelb und zeigt von je einem Deckblatt geschützte große eckige Felder mit warzen- oder höckerartigen Vorwölbungen, die den einzelnen Beeren entsprechen, aus deren Kelchblättern sie hervorgegangen sind. Das gelbliche, sehr saftige Fruchtfleisch ist zucker- und säurereich; Samen sind in der Handelsware meist nicht entwickelt. Bei den eingeführten Ananaskonserven ist die nicht genießbare, zähe Hülle und die faserige Achse des Fruchtstandes bis auf kleine Reste entfernt. Das Exokarp der Beeren, das z. T. aus den Kelchblättern gebildet wird, zeigt kleine, stark verdickte Epidermiszellen, die häufig einen Kieselkörper enthalten. Das Exokarp geht dann durch mehrere Schichten von Steinzellen allmählich in das Fruchtfleisch über, welches sich aus dünnwandigen, auffällig getüpfelten Zellen zusammensetzt, häufig mit Raphidenbündeln, meist 60—100 μ lang. Die Leitbündel enthalten größtenteils weitlumige 30 μ breite und bis über 1 mm lange Fasern und bis 25 (50) μ weite Spiralgefäße. Die unverholzten fest zusammenhängenden Fasern zeigen längliche, schräge Tüpfel. Das Fruchtfleisch wird nach innen durch eine mehrreihige Schicht gestreckter unregelmäßig getüpfelter und eine Reihe schmaler (20 μ), langgestreckter dünnwandiger Zellen (Endokarp) abgeschlossen (Abb. 81). In Zubereitungen mit Ananaskonserven findet man stets Mesokarpzellen mit großen Raphiden und weitlumigen Fasern und Spiralgefäßen, gelegentlich auch Teilchen der Oberhaut und Steinzellen. Die sehr zahlreichen Raphiden besitzen eine Länge von 55–75 μ (Abb. 82).

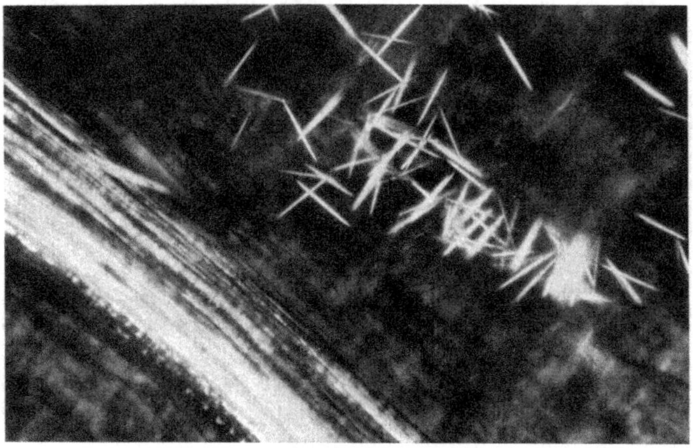

Abb. 82. Ananas, Raphiden mit Leitbündel (Vergr 160:1)

41. Maulbeeren

(Morus nigra L., M. alba L.-Moraceae)

sind etwa 2 cm große, gelbliche bis schwarzrote Scheinfruchte, die aus einem ahrigen Blütenstand hervorgegangen sind. Die Innenseite der fleischigen Perigone trägt kurze, kegelformige, über der Basis umgebogene Haare, deren erweiterter in die Epidermis eingesenkter Fuß häufig einen Cystolithen enthält. Das saftige Gewebe in Begleitung der Leitbündel zeigt Oxalatdrusen und Einzelkristalle. Die Epidermis der dünnen Samenschale besteht aus welligbuchtigen, getüpfelten Zellen. In Zubereitungen ist der große gekrümmte, auf der Oberflache behaarte Griffel das auffallendste Element.

42. Melonen

werden mitunter zu den Obstfrüchten gerechnet, da sie vorwiegend frisch gegessen werden. Angeboten werden bei uns die Zuckermelone (Cucumis melo L.) und die Wassermelone oder Arbuse (Citrullus vulgaris SCHRAD.-Cucurbitaceae).

Die Oberhautzellen der Zuckermelone sind außen derart verdickt, daß ihr Lumen auf Querschnitten dreieckig oder flaschenformig, je nach der tieferen oder höheren Einstellung sehr weit bis punktformig erscheint. Unter der Epidermis beobachtet man an vielen Stellen zartzelligen Kork. Im Fruchtfleisch finden sich dicht unter der Oberhaut wenig verdickte, porose Zellen, die eine auf große Strecken unterbrochene, nicht scharf abgegrenzte Schicht bilden. Im übrigen sind die Mesokarpzellen dünnwandig. Die Leitbündel enthalten überwiegend bis 45 μ weite Spiralgefaße; Netzgefäße sind selten. Bei der Wassermelone mit rotem saftig süßem Fruchtfleisch und glänzend schwarzen Samen sind die Oberhautzellen breiter als hoch, an Außen- und Seitenwand nur mäßig verdickt. Die auch hier dicht unter der Epidermis vorkommenden verdickten Zellen bilden eine kaum unterbrochene Schicht. Sonst zeigt das Fruchtfleisch keine Unterschiede gegenüber C. melo. Beim Schalen der Früchte wird mit der Oberhaut meist auch die dicht darunter liegende Schicht verdickter Zellen entfernt, so daß man in Zubereitungen beide nicht auffindet.

43. Die Dattel

ist die beerenartige Frucht von Phoenix dactylifera L., der Dattelpalme, welche gelegentlich zu Fruchtpasten verarbeitet wird. Die knapp pflaumengroße Saftdattel wird in getrocknetem Zustand gern als Obst verwendet.

Das Exokarp besteht aus polygonalen Zellen mit leicht verdickten Zellwänden. In jeder Zelle befindet sich ein doppelbrechender Kristall (Abb. 83). Dadurch wird das Exokarp zwischen gekreuzten Polarisatoren hinreichend charakterisiert. Die Kristalle zeigen mit Gips

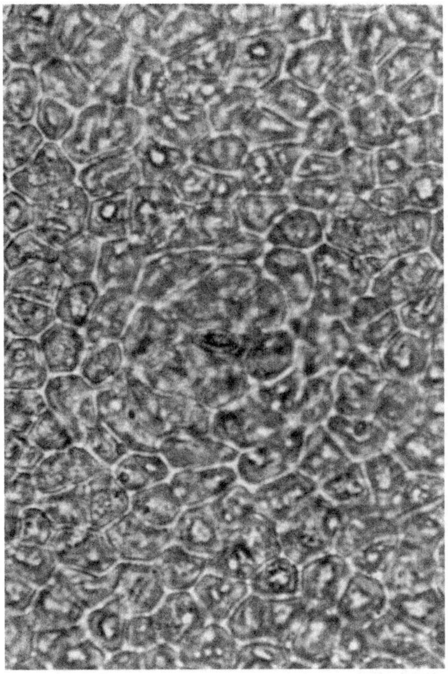

Abb. 83. Dattel, Exokarp (Vergr. 400:1)

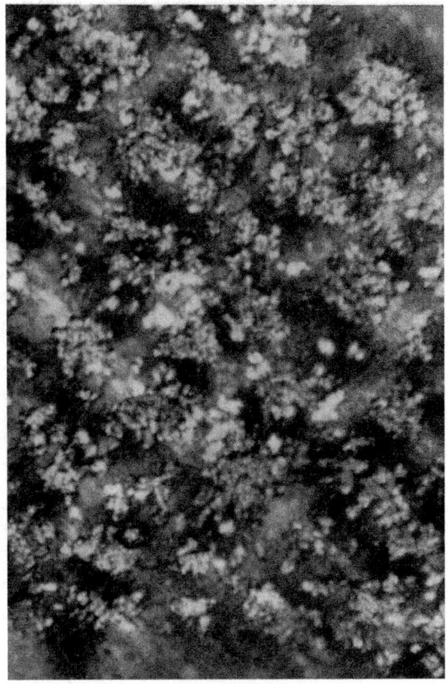

Abb. 84. Dattel, Steinzellgruppen hypodermal (Vergr. 100:1)

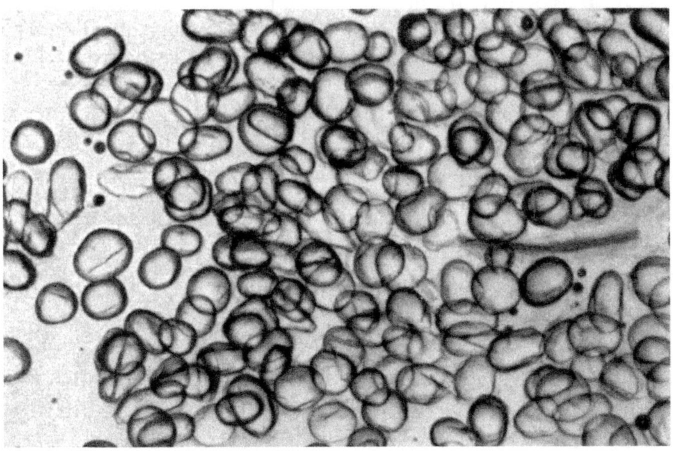

Abb. 85. Dattel, Mesokarpzellen mit Inklusen (Vergr. 40:1)

Rot I. O. in Diagonallage +45°, das Blau II. O., bei −45° das Gelb I. O. Spaltöffnungen sind nicht selten. Um diese sieht man einen Kranz größerer Epidermiszellen. Das Hypoderm enthält zahlreiche Steinzellnester aus gestreckten, schwach verholzten Zellen, welche teils senkrecht zum Exokarp, teils parallel zu diesem orientiert sind (Abb. 84). Im zuckerhaltigen Parenchym des Mesokarp befinden sich Gruppen von zahlreichen großen Zellen mit auffällig lichtbrechendem Inhalt, welcher braun gefärbt ist (Abb. 85). Im zartwandigen Parenchym verlaufen Leitbündel mit englumigen Ring- und Spiralgefäßen, z. T. begleitet von Fasern. Das derbe Endokarp, welches den harten Samen umschließt, besteht aus langgestreckten, faserartigen Zellen, welche in den Diagonallagen zwischen gekreuzten Polarisatoren aufhellen (Abb. 86). Zwischen diesen sind einzelne Zellen sklerotisiert. Die Erkennung von Dattelpaste besonders zwischen gekreuzten Polarisatoren ist durch die verschiedenen Zellarten sehr erleichtert.

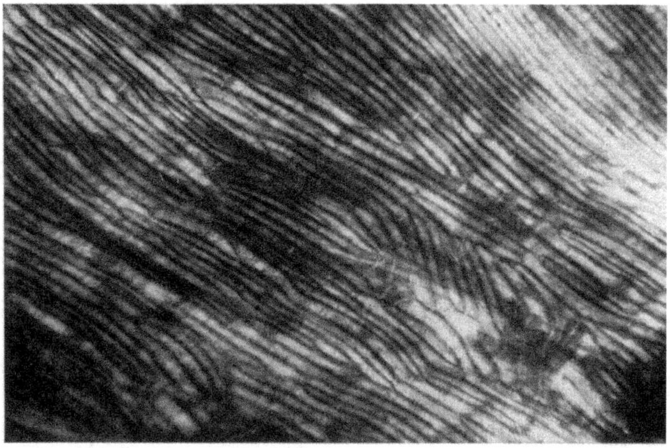

Abb. 86. Dattel, Endokarp, zwischen gekreuzten Polarisatoren (Vergr. 160:1)

44. Avocatobirne

(Abacate, Alligatorbirne)

ist die wertvolle Frucht von Persea gratissima Gaertn. (Lauraceae). Die Heimat des bis 8 m hohen Baumes ist Mittelamerika. Dieser wird in allen Tropenländern als Obstbaum kultiviert, auch in den Subtropen und sogar in der gemäßigten Zone (Spanien „Mantequilla silvestre“).

Die langgestielte, birnenförmige Steinfrucht ist etwas größer als die Birne. Die grüne, braunrote bis schwarze Schale umschließt das gelbgrüne, bei der Reife sehr weiche Fruchtfleisch und enthält den walnußgroßen Steinkern. Die Früchte werden unreif abgeerntet, da sie sonst abfallen und zerplatzen. Diese werden mit Salz oder Zucker oder auch Likor ausgelöffelt oder mit Salz, Essig und Gewürz zu Salat bereitet (C. Griebel 1955).

45. Mangopflaume

(Mango)

ist die Frucht von Anacardia mangifera indica L. (Anacardiaceae). Der bis 25 m hohe Baum ist im tropischen Asien beheimatet. Er ist heute in allen Tropenländern in vielen Kulturformen verbreitet.

Die großen pflaumenähnlichen Steinfruchte (bis 15 cm lang, 7 cm ∅) reifen zweimal im Jahr (Gewicht 0,5—2 kg). Die dicke grüne Schale ist stark terpentinhaltig und ungenießbar. Es gibt jedoch auch terpentinfreie Varietäten. Das gelbe Fruchtfleisch wird mit Zitronensaft oder Likör ausgelöffelt. Der große Steinkern (bis 10 cm) ist von den zahlreichen Leitbündeln struppig. Unreife Früchte werden zerschnitten zu dem würzigen Kompott „Chutney“ eingemacht oder zu Marmeladen verarbeitet (F. Tobler u. H. Ulbricht 1945).

46. Guajavefrucht

(Guave)

ist die Beerenfrucht von Psidium guayava L. (Myrtaceae, strauchiger, kleiner Baum, 3—6 m). Die Heimat reicht von Uruguay bis Westindien und Mexico. Heute wird die Guave auch in Asien und Afrika kultiviert.

Die Frucht ist etwa eigroß, gelbgrün. Das Fruchtfleisch wird nach innen weicher, weiß bis gelbgrün und enthält viele helle, eckige Samen. Der Geruch ist nicht bei allen Sorten angenehm. Die süßsäuerlichen Früchte werden roh gegessen, die sauern auch zu Kompott oder mit Zucker zu einer Paste eingekocht (Guajabade in Brasilien). Die Kerne sollen vor dem Genuß entfernt, jedenfalls nicht mitgegessen werden (C. Griebel 1953; F. Tobler u. H. Ulbricht 1945).

47. Chinesische Pflaume

Litchi (Litchee, chinesisch Li-chi)

ist die Frucht von Nephelium litchi Camb. (Sapindaceae) (= Litchi sinensis F. Gmel.), einem Baum, Heimat Cochinchina, Siam, heute in vielen tropischen Ländern kultiviert. Die zinnoberroten, leicht warzigen Früchte von knapp Pflaumengroße mit schwach gelblichem Fruchtfleisch und einem Steinkern werden geschält roh oder in Sirup eingemacht gegessen. Die seit über 2000 Jahren beliebten Früchte sind 20—30 mm groß. Sie werden in großem Umfang von Hongkong aus exportiert.

48. Kumquat

sind die Früchte von Fortunella-Arten (Rutaceae)

1. Meiwa Kumquat = F. crassifolia Swingle; 2. Marumi Kumquat = F. japonica (Thunb.) Swingle; 3. Nagami Kumquat = F. margarita (Lour.) Swingle = Citrus japonica Thunb. Es handelt sich um kleine Bäume in China und Japan, deren runde, etwa kirschengroße, meist orangenfarbene Früchte teils roh gegessen, teils als Marmeladen oder als Konfitüren eingemacht werden. Seit einigen Jahren sind diese auf europäischen Märkten anzutreffen.

49. Westindische Kirschen

(Barbados cherry) „Acerola“ („Cerola“) (Malpighiaceae)

sind die roten, kirschenähnlichen Früchte von Malpighia glabra L. und M. punicifolia L. Es handelt sich um Sträucher bis kleine Bäume in Westindien und Texas und im übrigen tropischen Amerika; Kulturen findet man in Florida. Wegen des hohen Vitamin C-Gehaltes (in 100 g Saft 1000—4000 mg Vitamin C) werden die Früchte auch bei uns zur Saftherstellung verwendet.

Über *die Krankheiten und Schädlinge des Obstes* und der Obstpflanzen berichten B. Rademacher (1964) und W. Kotte (1958), über Schimmelbildung auf Obstwaren und deren Zubereitungen N. Maltschewsky (1955 a, b).

III. Nicht zum Obst gehörige Streckungs- und Dickungsmittel

1. Pflanzliche Streckungsmittel in Obstzubereitungen

a) Kürbis (Cucurbita pepo L., C. maxima Duch., C. moschata Duch. — Cucurbitaceae) wird in zahlreichen Formen kultiviert und zu Genußzwecken mit Zucker und Essig konserviert. Außerdem dient das Fruchtfleisch zuweilen zur Verfälschung von Marmeladen und ähnlichen Obstzubereitungen.

Die Oberhaut der Fruchtwand besteht aus gelblichen Palisadenzellen, die bis 50 μ hoch und bis 25 μ breit sind. Das Fruchtwandparenchym enthält nur dünnwandige Zellen. Die Leitbündel führen bis 60 μ weite, fast immer verholzte Spiralgefäße mit ein bis vier Spiralbändern. Zum Nachweis von Kürbis in Marmeladen dienen die weiten Spiralgefäße, die zum Unterschied vom Rhabarber stets verholzt sind. Epidermisstücke fehlen meist, weil die Früchte geschält werden.

b) Rhabarber. Die jungen Blattstiele von Rheum rhaponticum L. und Rh. undulatum L. (= Rh. rhabarbarum L.) — Polygonaceae — finden ausgedehnte Verwendung zur Herstellung von Kompott und werden gelegentlich auch zu Marmeladen mitverarbeitet.

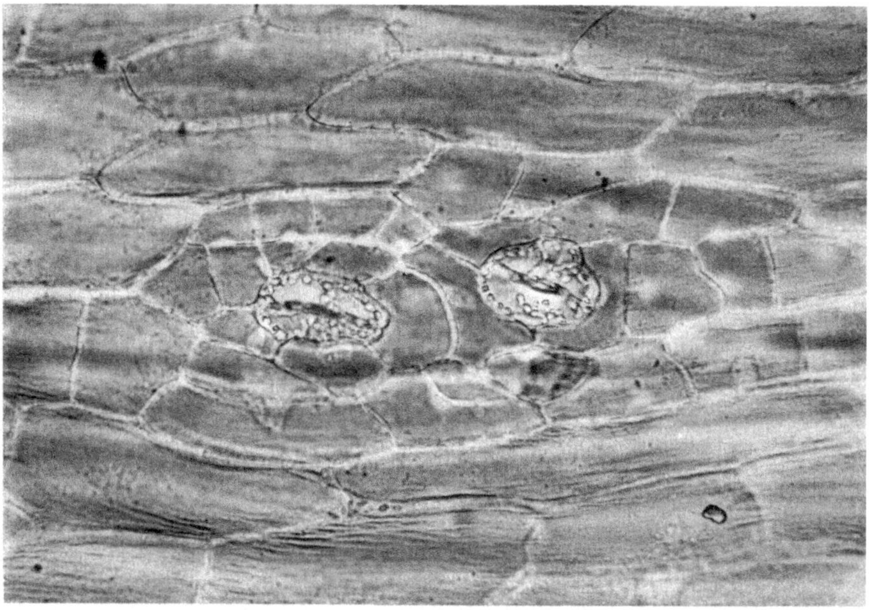

Abb. 87. Rhabarber, Blattstiel, Spaltöffnung mit Nebenzellen, Cuticularstreifung (Vergr. 330 : 1)

Abb. 88. Rhabarber, Collenchymfasern des Blattstiels mit Querlamellierung zwischen gekreuzten Polarisatoren (Vergr. 100 : 1)

Die Epidermis besteht aus gestreckten, fast rechteckigen, leicht papillös vorgewölbten Zellen mit gestreifter Cuticula (Abb. 87) und enthält meist von sechs oft roten Zellen umgebene Spaltöffnungen, darunter Kollenchym. Das Grundgewebe zeigt gestreckte derbe Zellen mit quergestellten Tüpfeln und großen Oxalatdrusen (bis 75 μ). Die Leitbündel enthalten weite, nicht verholzte Spiralgefäße (bis 80 μ), (Unterschied von Kürbis), selten Netzgefäße. Zum Nachweis von Rhabarber dienen die derben Kollenchymfasern. Diese, in der Mikroskopie pflanzlicher Objekte seltener vorkommenden Fasern, zeigen zwischen gekreuzten Polarisatoren nahe den Orthogonallagen deutliche Querstreifung der Verdickungsleisten, welche abwechselnd aus Cellulose- und Pektinlamellen bestehen (Abb. 88) (A. TH. CZAJA 1961 b).

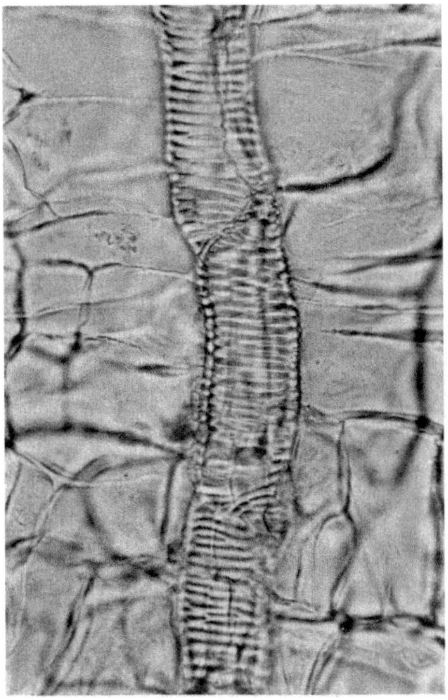

Abb. 89. Möhre, kurzgliedriges Netzgefäß (Vergr. 250:1)

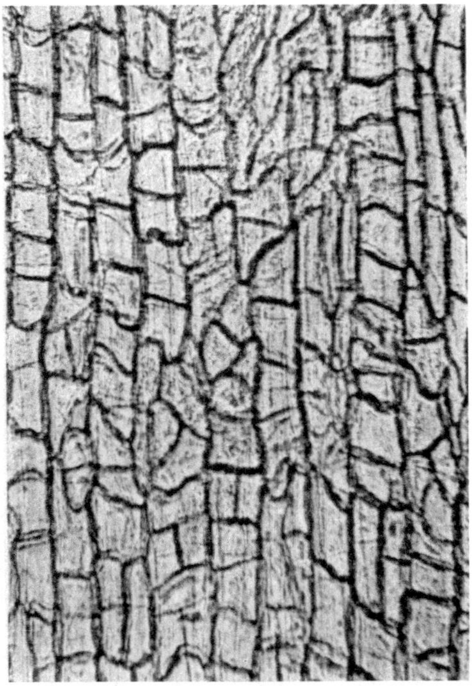

Abb. 90. Möhre, Kork (Vergr. 100:1)

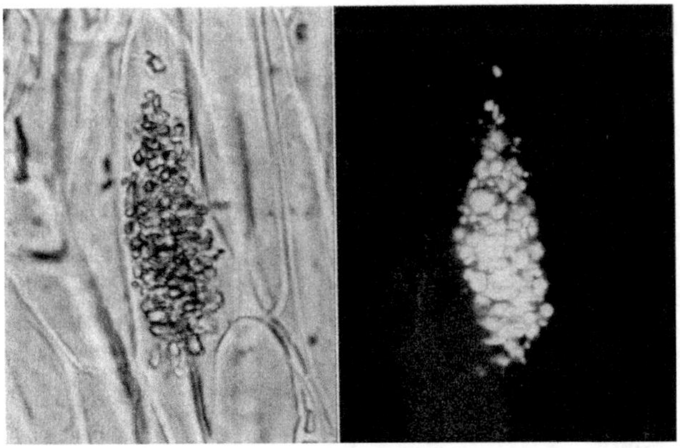

Abb. 91. Runkelrübe. Kristallsandzellen, links gewöhnl. Licht, rechts zwischen gekreuzten Polarisatoren (Vergr. 400:1)

c) Rüben. Alle Rübenarten sind durch weite Netzgefäße ausgezeichnet, welche in Obstzubereitungen nicht übersehen werden können.

d) Möhren (Daucus carota L.). Die fleischig gewordenen Wurzeln enthalten überwiegend verholzte Netzgefäße (bis 50 μ ⌀, Abb. 89) mit sehr eng stehenden Verdickungsleisten. Spiralgefäße sind selten. Der Kork zeigt in Aufsicht in Längsreihen stehende Zellen (Abb. 90).

e) Runkelrübe, Zuckerrübe, rote Rübe, Formen von Beta vulgaris zeigen durchweg verholzte Netzgefäße (meist 40—80 μ ⌀), deren Verdickungsleisten ein weitmaschiges Netz bilden. Die dicken Leitbündel sind von schwach verdickten kaum verholzten Fasern mit schiefen Spaltentüpfeln begleitet. Alle Betarüben enthalten Kristallsandzellen (Abb. 91).

f) Kohl- oder Steckrübe (Brassica napus L. var. napobrassica L.) hat 45–60 μ weite verholzte, langgliedrige Gefäße mit runden oder spaltenförmigen Tüpfeln. In der Nähe der stärkeren Leitbündel finden sich weitlumige spindelförmige oder knorrige Fasern. Junge Rübenwurzeln aller Arten enthalten kleinkörnige Stärke.

Zu d), e) und f) vgl. auch „Mikroskopische Untersuchung von Gemüse".

2. Dickungsmittel

Zur Verdickung von Zubereitungen sehr verschiedener Art werden Verdickungsmittel pflanzlichen Ursprungs angewendet. Diese sind je nach Herkunft von sehr verschiedener chemischer Zusammensetzung, ferner sind Herkünfte und Gewinnungsmethoden ebenfalls sehr unterschiedlich. Die Verdickungsmittel sind in kaltem oder heißem Wasser lösliche, schleim- oder gummiartige Substanzen. Der Mikroskopie sind diese Stoffe sicher im trocknen, zerkleinerten Zustand zugänglich, einige von diesen auch in gelöstem Zustand. Im trockenen, zerkleinerten Zustand finden sich solche Verdickungsmittel sehr häufig in Gemengen mit anderen Stoffen, welche teils in Wasser gelöst, teils in diesem nur aufgeschwemmt werden müssen, z. B. in Suppen- und Soßenpulvern, Pudding-, Eiskrem-, Tortenguß-, Speise-Eis-Pulvern, Verdickungsmitteln für Gelees und Marmeladen und dergleichen. Sie finden auch häufig Verwendung zu pharmazeutischen und kosmetischen Präparaten. Da auch Gelatine im gleichen Zusammenhang trocken-pulverförmig angewendet wird, soll diese hier auch mitbehandelt werden, obwohl sie tierischen Ursprungs ist.

Bei diesen Dickungsmitteln handelt es sich teils um strukturlose Schleimsubstanzen, welche aus den Pflanzenorganen gewonnen worden sind, teils um schleimhaltige zerkleinerte Gewebepartikel, welche noch zellige Strukturen erkennen lassen oder auch um trockene native Stärke. Unter den bei uns häufig verwendeten Dickungsmitteln sind zu unterscheiden(A. Th. Czaja 1961a, 1962):

strukturiert	**strukturlos**
Algenschleime	
Carrageen (Gelatan) Alginate (Protanale u. a.)	Agar-Agar, Dänischer Agar
Schleime aus höheren Pflanzen	
Guarmehl, Johannisbrotkernmehl (locust bean gum)	Apfel-, Rüben-, Citrus- } Pektine
native Stärke Methylcellulose (Tylose)	Gummi arabicum, Karaya-Gummi Stärke-Quellmehle
halbstrukturiert	
Traganth	(Gelatine)

a) Agar-Agar

Agar-Agar (japanisch), gewonnen aus Gelidium-, Gracilaria-, Eucheuma- und Gloeopeltis-Arten (Rhodophyceae), ist unlöslich in kaltem, löslich in kochendem Wasser.

Die trockenen Partikeln des Pulvers lassen im polarisierten Licht zwischen gekreuzten Polarisatoren doppelbrechende Stellen erkennen (Abb. 92). Diese löschen beim Drehen um 360° viermal aus und hellen viermal auf. Bei Zugabe von Jod-Zinkchlorid-Lösung werden die Partikeln vom Reagens stürmisch ergriffen und erfahren starke Erhöhung der Doppelbrechung (Abb. 92). Die Partikeln zersplittern rasch in kleinere, welche sich sehr bald auflösen und völlig verschwinden. Die Partikeln nehmen Jod-Kaliumjodid-Lösung mit leuchtend rotbrauner Farbe auf, sowohl in gewöhnlichem Durchlicht wie zwischen gekreuzten Polarisatoren. Die Jodfärbung stört die Doppelbrechung nicht, sondern charakterisiert den Agar-Agar allen anderen untersuchten Schleimsubstanzen gegenüber eindeutig.

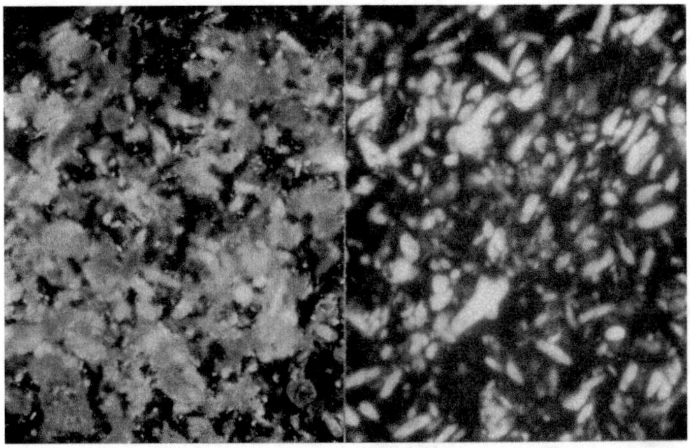

Abb. 92. Agar-Agar, links trocken, rechts mit Jod-Zinkchlorid-Lösung zwischen gekreuzten Polarisatoren (Vergr. 25:1)

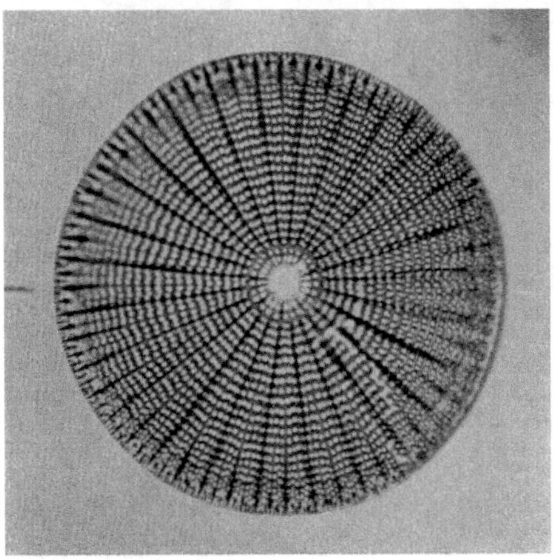

Abb. 93. Arachnoidiscus aus Agar (Vergr. 250:1)

Agar-Agar-Muster: koreanischer, spanischer, marokkanischer, südafrikanischer und portugiesischer Herkunft zeigten nach eigenen Untersuchungen das gleiche Verhalten wie der Japan-Agar.

Als besonders auffallend kommen noch für den Nachweis des Agar-Agar auch die Kieselschalen der zentrischen Diatomee Arachnoidiscus spec. vor (Abb. 93), die, wenn solche aufgefunden werden, als Kriterium für Agar gelten können. Man kocht eine Probe der auf Agar zu prüfenden Gallerte mit 5%iger Schwefelsäure auf, fügt dann einige Kristalle von Kaliumpermanganat zu und läßt absitzen. Das Sediment wird auf Kieselschalen mikroskopiert. Bei sehr gut gereinigten Agar-Sorten versagt dieser Nachweis. Reines Agarpulver 1:100 mit Wasser erwärmt ergibt mit Jod-Kaliumjodid-Lösung weinrote bis schwachviolette Färbung. Blaue Färbung läßt auf Stärkezusatz schließen.

b) Dänischer Agar-Agar

Dänischer Agar-Agar, gewonnen aus der Rhodophycee Furcuellaria fastigiata (Hudson), ist löslich in Wasser von 60—70°.

Das Pulver zeigt im mikroskopischen Bild besonders in Wasser auffällig kantig-eckige Partikeln. Diese lassen zwischen gekreuzten Polarisatoren starke Doppelbrechung erkennen. Beim Drehen des Präparates um 360° loschen diese völlig aus (Abb. 94) und hellen viermal auf (Diagonallagen). Der Unterschied gegen Japan-Agar tritt mit Jod-Kaliumjodid-Losung sehr deutlich hervor, indem überhaupt keine Anfarbung der Partikeln eintritt. Im Gemisch mit diesem sind beide Produkte deutlich trennbar. Gegen Jod-Zinkchlorid-Losung ist der dänische Agar sehr widerstandsfähig. Die Partikeln zeigen nach einiger Zeit zwar feine Querrisse, bleiben sonst aber unverändert. Zwischen gekreuzten Polarisatoren mit dem Gipsplättchen Rot I. O. lassen die Partikeln unter +45° (diagonal) das leuchtende Blau II. O., unter —45° (diagonal) das entsprechende Gelb I. O. etwas ausgesprochener als der Japan-Agar erkennen.

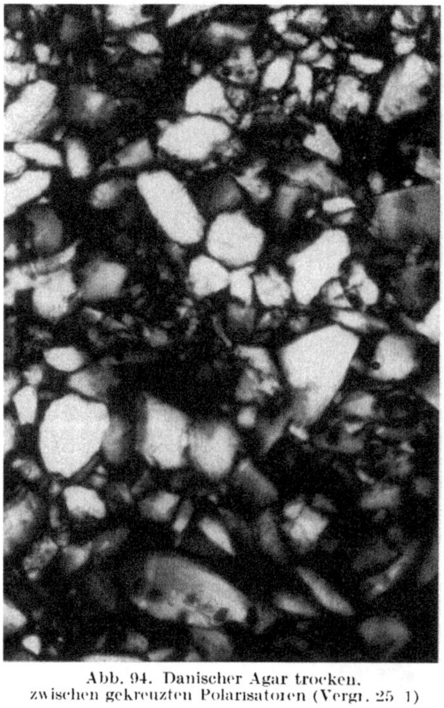

Abb. 94. Danischer Agar trocken, zwischen gekreuzten Polarisatoren (Vergr. 25 1)

Abb. 95. Danischer Agar in Methylgrunlosung (Vergr. 40 1)

Sehr charakteristische Reaktion ergibt sich mit Methylgrun-Losung. Die Partikeln quellen rasch auf, umgeben sich mit einer intensiv rotvioletten Farbschicht. Infolge weiterer Quellung reißt diese wieder längs oder quer auf und so fort. Auf diese Weise erhalten die Partikeln farbig gestreiftes Aussehen, heller oder dunkler, je nachdem, wieviel Farbstoff diese erhalten haben. Oft reißen die Partikeln auch entlang den Streifen ein, oder es krummen sich die äußeren ab (Abb. 95).

c) Alginate

Die in den letzten Jahren in steigendem Maße verwendeten Alginate werden aus den großen Meeres-Tangen Macrocystis pyrifera, Laminaria cloustoni, L. digitata und Ascophyllum nodosum (Phaeophyceae), meist durch Extraktion mittels Na_2CO_3-Lösung, als Natriumalginate gewonnen. Die Alginsäure stellt neben der Pektinsäure einen wichtigen, dieser nahe verwandten Membranstoff der Zellwände der Braunalgen dar. Die Alginate mit einwertigen Kationen sind in kaltem Wasser löslich, die mit mehrwertigen Kationen dagegen wasserunlöslich.

Der mikroskopische Nachweis der Alginate in Trockenmischungen oder auch isoliert erfolgt vorteilhaft zwischen gekreuzten Polarisatoren. In trockenem Zustand zeigen die Partikeln häufig faserige oder körnige Beschaffenheit (Abb. 96). Die Partikeln enthalten jeweils mehr oder weniger zahlreiche in Diagonallagen aufhellende Anteile, während diese im übrigen

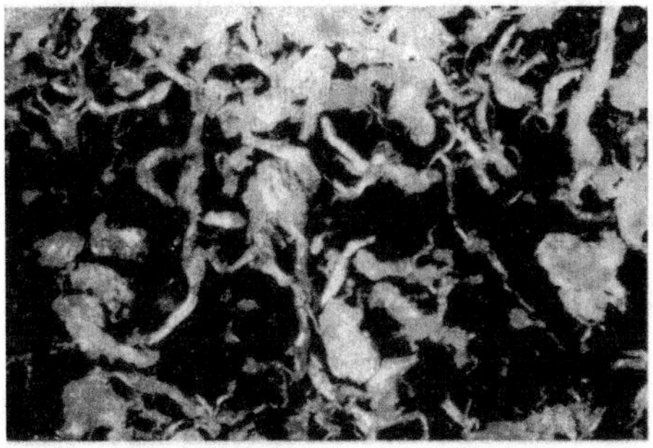

Abb. 96. Na-Alginat trocken, zwischen gekreuzten Polarisatoren (Vergr. 25:1)

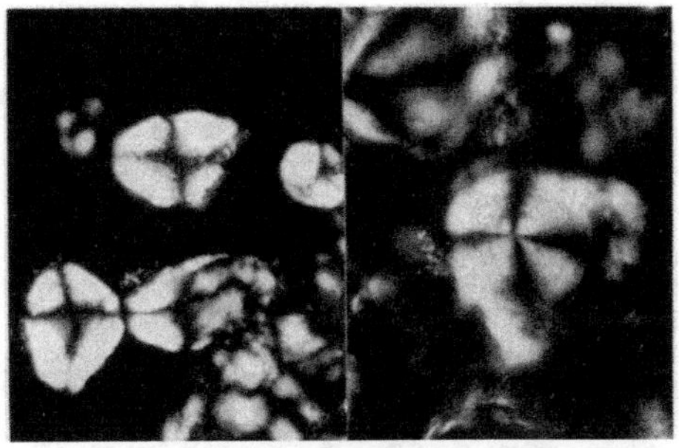

Abb. 97. Na-Alginat, ionotrope Sphäriten-Scheibchen als Pb-Alginat, zwischen gekreuzten Polarisatoren, links Vergr. 60:1, rechts Vergr. 150:1

Abb. 98. Na-Alginat, Fibrillenbündel, gefällt mit Pb II-acetat aus wäßriger Lösung, zwischen gekreuzten Polarisatoren (Vergr. 25:1)

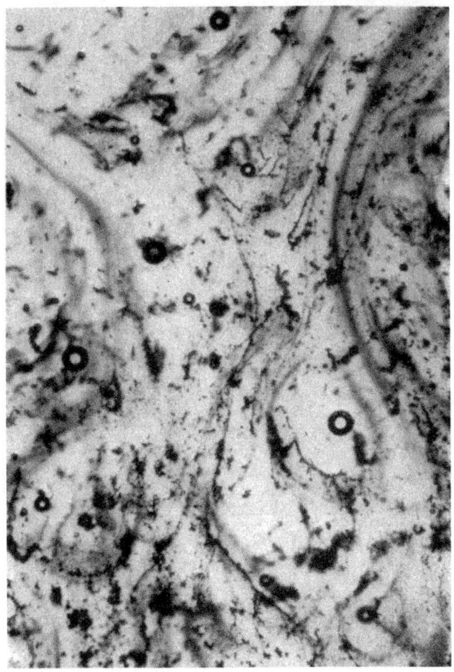

Abb. 99. Na-Alginat, Fällung mit Anilinblaulösung (Vergr. 25:1)

milchig-weißlich erscheinen. Zugabe von verd. Salzsäure zu den trockenen Partikeln ergibt starke Aufhellung. Zugabe von Lösungen mit zwei- und dreiwertigen Kationen ruft starke Aufhellung infolge von Ionenaustausch gegen die einwertigen hervor, z. B. von $CaCl_2$, Blei (II)-acetat, Uranylacetat in verd. Essigsäure gelöst, oder auch $AlCl_3$ u. a. (Abb. 97). Dabei treten in verschiedenem Umfange Sphäritenscheibchen auf oder auch derartige kugelige Gebilde, oder auch durch Verschmelzen benachbarter Teilchen bandartige oder unregelmäßige Bildungen (A. Th. Czaja 1961a). Die sphäritischen Bildungen zeigen regelmäßige bis unregelmäßige Polarisationskreuze, letztere besonders beim Drehen der Präparate auf dem Objekttisch um 360°.

Alginatpräparate (Na-Alginat) reagieren meist deutlich alkalisch (pH 9—10) zufolge ihrer Gewinnung. Enthalten die Präparate noch Zusätze zur Erleichterung der Auflösung oder aus anderen Gründen, so können bei den angegebenen Nachweismöglichkeiten auch Nebenerscheinungen auftreten (A. Th. Czaja 1961a). Aus wäßrigen Auflösungen lassen sich die Alginate mit den oben genannten Salzlösungen, besonders mit Aluminiumsalz-Lösungen ausfällen. Dabei entsteht ein weißlicher Niederschlag, welcher zwischen gekreuzten Polarisatoren doppelbrechende Fibrillenbündel erkennen läßt (Abb. 98). Mit Anilinblau-Lösung tritt keine Färbung, sondern Ausfällung des Farbstoffes ein. Ströme von Flüssigkeit mit winzigen Farbstoffpartikeln ziehen zwischen den Schleimmassen hin (Abb. 99) (A. Th. Czaja 1962).

d) Carrageen

Carrageen, norwegisches Erzeugnis (Gelatan), Pulver, gewonnen aus Chondrus crispus (L.) Stackh. und Gigartina stellata, ist löslich in siedendem Wasser. In trocknem Zustand besitzen die Partikeln zwischen gekreuzten Polarisatoren große Ähnlichkeit mit demjenigen der Alginate (Abb. 100).

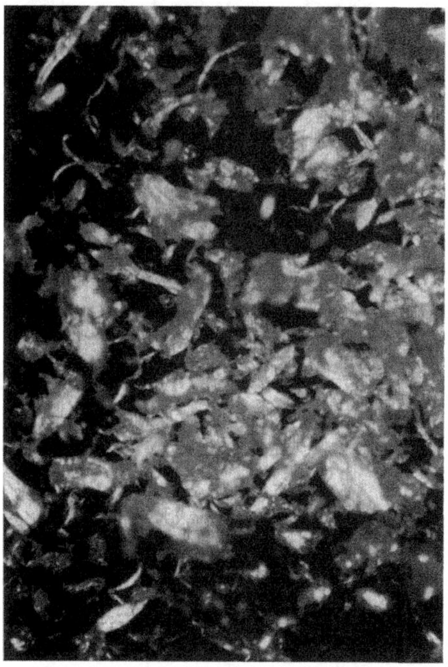

Abb. 100. Carrageen, trocken, zwischen gekreuzten Polarisatoren (Vergr. 25:1)

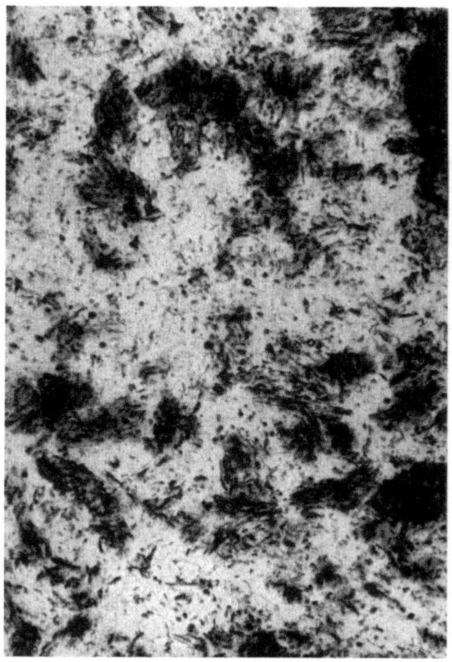

Abb. 101. Carrageen, mit Jod-Zinkchlorid-Losung, Zellinhalte blauschwarz (Vergr. 25:1)

Diese erscheinen milchig trüb mit doppelbrechenden Stellen. Mit Jod-Zinkchlorid-Losung zwischen gekreuzten Polarisatoren erfahren die Partikeln starke Erhöhung der Doppelbrechung, diese quellen auf. Viele Stücke färben sich bräunlich, andere bleiben hell. Im gewohnlichen Licht werden Mengen von ovalen bis schlauchförmigen Zellen sichtbar, etwa parallel angeordnet (Abb. 101). Die Zellinhalte färben sich blauviolett bis schwarz. Mit Jod-Kaliumjodid-Lösung quellen die Partikeln auf, die Thalluszellen werden sichtbar, deren Inhalt gelbbraun gefärbt ist. Der Unterschied gegen Agar-Agar und gegen das Guarmehl ist deutlich. Eine sehr charakteristische Reaktion des Carrageen-Pulvers erfolgt bei Berührung mit der Anilinblau-Lösung. Um die Partikeln entstehen sofort rote Schleimmembranen, welche zusehends wachsen, wie Traubesche-Zellen, mit immerzu neu entstehenden Auswüchsen, so daß in kurzer Zeit ein ganzes Gewirr von Blasen, Membranen und Strängen vorhanden ist (Abb. 102). In der

Mitte der innen hellen Blasen liegen die Massen von Zellresten des Algen-Thallus. Zwischen gekreuzten Polarisatoren erscheinen die Membranen doppelbrechend in leuchtendem Rot. Keine der anderen Schleimsubstanzen zeigt eine derartig starke Reaktion auf die Anilinblau-Lösung.

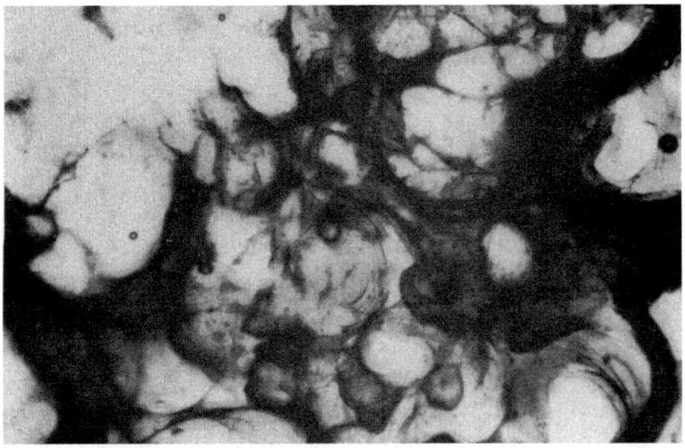

Abb. 102. Carrageen, mit Anilinblaulosung (Vergr. 25:1)

e) Guarmehl

Guarmehl stellt das Mehl des Schleim-Endosperms von Cyamopsis tetragonolobus (L.) Taub, der aus Indien stammenden Leguminose (Papilionaceae-Galegeae) dar. Es bildet schon in kaltem Wasser kolloide Lösungen.

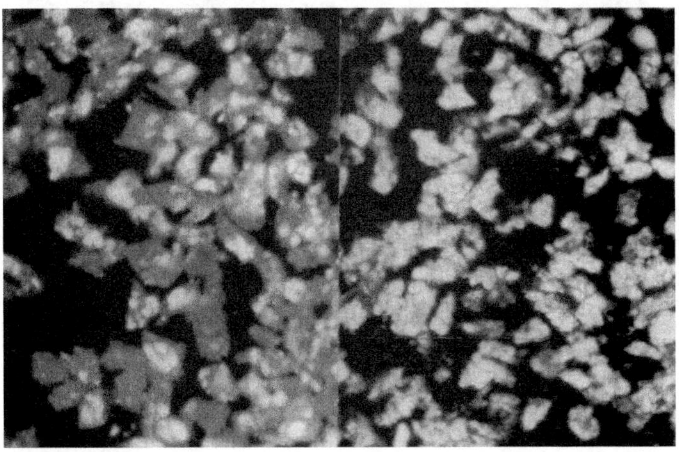

Abb. 103. Guarmehl, links trocken, rechts mit Jod-Zinkchlorid-Losung (Vergr. 25:1)

Die trockenen Partikeln lassen im polarisierten Licht zwischen gekreuzten Polarisatoren doppelbrechende Flächen erkennen. Auf Zugabe von Jod-Zinkchlorid-Lösung tritt starke Erhöhung der Doppelbrechung ein (Abb. 103). Eine Anzahl von Partikeln nimmt braune Färbung an. Im Durchlicht erkennt man, daß die farblosen Partikeln schwach violett gefärbt sind, da der Schleim bis 4% Cellulose enthält. Die Partikeln haben sich durch Quellung vergrößert, die Zellinhalte erscheinen gelbbraun.

Auf Zugabe von Jod-Kaliumjodid-Losung quellen die Zellwande, färben sich aber nicht. Die Inhalte der Zellen speichern dagegen Jod und sind nach einiger Zeit deutlich gelbbraun gefärbt. Die Zellumrisse sind gut erkennbar, darin die gelbbraunen Klumpen. Die gequollenen Partikeln lassen deutlich das Zellgefüge erkennen.

Alizarin-sulfosaures Natrium ruft nur geringe Reaktion hervor. Anilinblau dagegen bewirkt charakteristisches Verhalten. Die trockenen Partikeln quellen zunächst mit rotvioletter Farbe auf. Mit weiterer Farbstoffaufnahme werden diese aber blau. Dabei tritt das Zellnetz deutlich hervor, wobei die Mittellamellen oft rot gefärbt sind. Die Zellinhalte nehmen reichlich Farbstoff auf und sind dann blau gefarbt. Hierdurch wird sehr deutliche Differenzierung gegen Carrageen (Gelatan) erreicht, mit welchem Guarmehl gelegentlich auch gemischt verarbeitet wird (A. TH. CZAJA 1962).

f) Johannisbrotkernmehl

(Locust bean meal)

Das Mehl wird gewonnen aus geschälten und von den Embryonen befreiten Samen der Leguminose (Caesalpiniaceae) Ceratonia siliqua L. Es ist bei Raumtemperatur nur unvollständig löslich und löst sich erst vollständig bei höherer Temperatur.

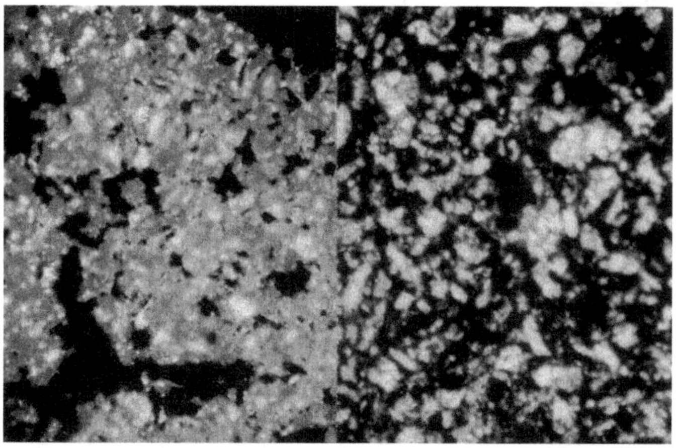

Abb. 104. Johannisbrotkernmehl, zwischen gekreuzten Polarisatoren, links trocken, rechts Jod-Zinkchlorid-Losung (Vergr. 25 . 1)

Wie bei Guarmehl erhoht sich die Doppelbrechung sehr stark nach Zugabe von Jod-Zinkchlorid-Losung bei Untersuchung zwischen gekreuzten Polarisatoren (Abb. 104). Die Zellwände der Partikeln farben sich nach einiger Zeit deutlich violett (frisches Reagens). Die Zellinhalte und freie Inhaltsreste speichern Jod mit gelb- bis gelbbrauner Farbe. Auf Zugabe von Jod-Kaliumjodid-Lösung quellen die Zellwande, ohne sich anzufarben. Der wesentliche Unterschied von Johannisbrotkernmehl und Guarmehl bei diesen Reaktionen wird besonders bei der Quellung der Schleimzellwande durch Jod-Kaliumjodid-Lösung erzielt. Hier unterscheidet sich das Guarmehl durch seine dichtgedrängten Gruppen von mehr kugeligen bis birnformigen, oft noch Luftblasen enthaltenden Zellen mit gelbbraunem Inhalt deutlich von den mehr gestreckten schlauchförmigen Zellen des Johannisbrotkernmehls, welche mit ebensolchem Inhalt einzeln oder in Abständen nebeneinander liegen. Die Anfärbung mit alizarinsulfosaurem Natrium ist wenig auffallig (A. TH. CZAJA 1962).

g) Tragant

Tragant wird aus Einschnitten in die Stammrinde des buschartigen Astragalus gummifer Labill (Papilionaceae-Galegeae) und einigen anderen Arten abgeschieden. Er quillt bei Zimmertemperatur mit Wasser zu einer trüben Masse auf.

Die Partikeln färben sich mit Jod-Zinkchlorid-Losung violett wie Cellulose, während die stets begleitenden Starkekorner schwarz werden. Die Cellulose-Reaktion stimmt überein mit der Tatsache, daß Tragant 4% Cellulose enthält und mit der weiteren, daß Lösungen nach elektronen-mikroskopischen Untersuchungen von Tragant Cellulose-Fibrillen in einer amorphen Masse von Glykuronan enthalten.

Zwischen gekreuzten Polarisatoren hellen die Tragantpartikel bei Zugabe von Jod-Zinkchlorid-Lösung zunächst stark auf, verlieren aber an Helligkeit wieder mit dem Eintritt der Violettfärbung. Mit Jod-Kaliumjodid-Lösung zeigen die Partikeln Jodspeicherung in geringem Umfange, die Stärke dagegen Schwarzfärbung. Die trockenen Partikeln erhalten mit Lösung von alizarinsulfosaurem Natrium an der Oberfläche einen im gewohnlichen Licht leuchtend roten Niederschlag. Zwischen gekreuzten Polarisatoren bleiben diese aber völlig dunkel. Anilinblau-Lösung färbt die Partikel anfangs rotviolett an. Bei Farbstoffsättigung geht die Färbung in intensives Blau über (A. Th. Czaja 1962).

h) Methylcellulose

(Tylose)

Das Ausgangsprodukt zur Herstellung der Tylosen stellen die Nadelholztracheiden dar, welche im Holzaufschluß isoliert und deren Zellwände entlignisiert werden. Die noch geformte Cellulose wird veräthert, methyliert oder carboxymethyliert, immer unter Beibehaltung der

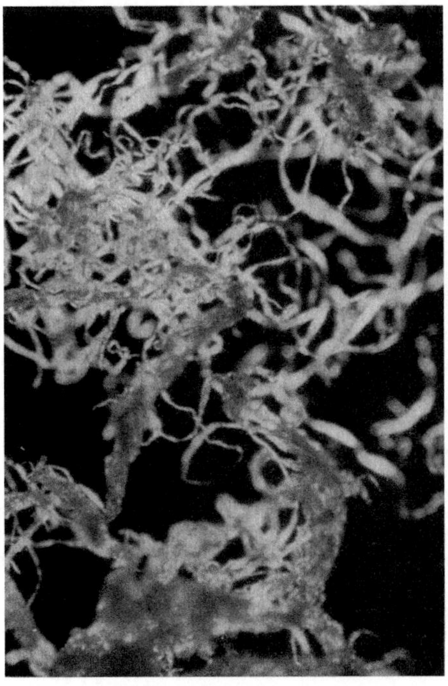

Abb. 105. Methylcellulose (Tylose), trocken zwischen gekreuzten Polarisatoren (Vergr. 25:1)

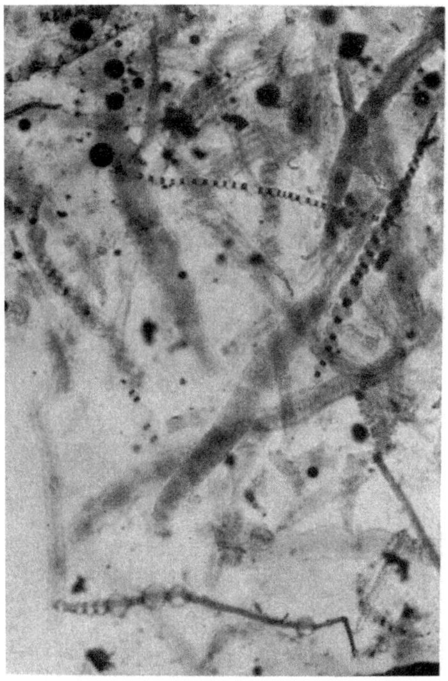

Abb. 106. Methylcellulose (Tylose), mit Jod-Kaliumjodid-Losung (Vergr. 25:1)

Zellgestalt der Tracheiden, also in Faserform, beidendig zugespitzt (Abb. 105). Etwa die Hälfte der Hydroxylgruppen wird veräthert. Dadurch werden diese Celluloseäther wasserlöslich. Sowie diese Fasern mit Wasser oder einem entsprechenden Lösungsmittel in Berührung kommen, findet Verquellung bis Lösung statt. Der Verquellungsprozeß vollzieht sich entsprechend der submikroskopischen Struktur der Tracheiden: Primär- und Sekundärlamellen besitzen spiralige Struktur. Die Makrofibrillen werden bei der Quellung aus dem Verband gelöst, es findet Entspiralisierung statt. Die Fasern drehen sich dabei um ihre Längsachsen. Da die Verquellung der Sekundärlamellen in Wasser rascher verläuft als diejenige der Primärlamelle, so werden die Fibrillen dieser auseinander gedrängt, die Spiralen zu Ringen zusammengeschoben und abgerissen. Dazwischen quillt nun die Substanz der Sekundärlamellen hervor und bildet zunächst tonnenförmige Blasen, die dann in Lösung gehen unter Zurücklassung der Ringe aus der Primärlamelle (tonnenförmige Quellung) wie bei der Rohbaumwolle in Kupfer-tetramminhydroxid (Abb. 106). Damit ist zugleich die Möglichkeit des mikroskopischen Nachweises von Tylose in Trockenmischungen gegeben, der im gewöhnlichen Durchlicht geführt werden kann, viel eindrucksvoller aber zwischen gekreuzten Polarisatoren und außerdem unter Verwendung des Gipskompensators Rot I. O. Dabei können die submikroskopischen Vorgänge verfolgt werden, welche von hoher Anisotropie bis zum völligen Verschwinden der Doppelbrechung beim Lösungsvorgang führen.

Der spezielle Nachweis der Tylose wird so geführt, daß zur trockenen, verzupften, faserigen Masse im mikroskopischen Präparat unter dem Deckglas Wasser oder Reagenz seitlich zugeführt wird.

Tylose und Jod-Kaliumjodid: Der Nachweis der Tylose verläuft im mikroskopischen Präparat eindrucksvoller, wenn statt Wasser Jod-Kaliumjodid-Lösung zugegeben wird. Die Fasern nehmen das Jod teils mit gelbbrauner, teils mit blauer Farbe auf. Falls die Fasern zunächst stärker zusammengesintert sind, lösen sie sich beim Quellen aus der gegenseitigen Umklammerung.

Tylose und Jod-Kaliumjodid, gelöst in konz. NaCl-Lösung: Durch Zusatz eines quellungshemmenden Zusatzes findet die Quellung langsamer statt und bleibt auf frühem Stadium stecken.

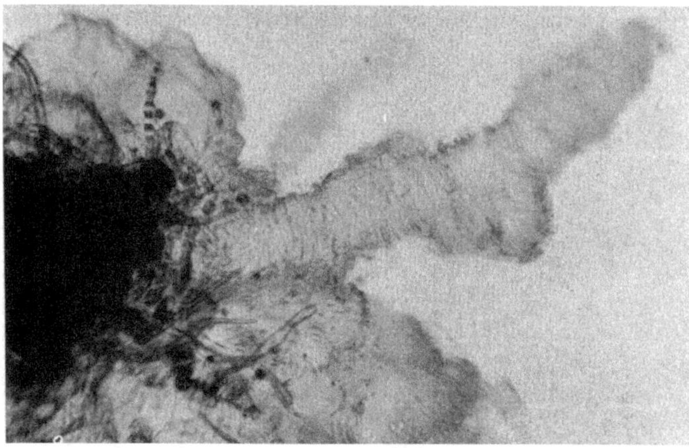

Abb. 107. Methylcellulose (Tylose), mit Congorotlösung (Vergr. 40:1)

Tylose und Kongorot-Lösung: Zusatz von verd. Kongorot-Lösung zum trockenen Präparat erfaßt das Lösungsprodukt. Die kolloid in Lösung gehende Cellulose färbt sich momentan mit Kongorot und bildet an der Oberfläche verdichtete, intensiv rote Membranen, so daß lange rote blasige Gebilde entstehen (Abb. 107).

Thylose und Thionin- oder Toluidinblau (bas. Farbstoffe): Mit wäßrigen Lösungen dieser basischen Farbstoffe treten dicke blaue Farbhöfe um die verklumpten Fasern auf. Diese werden besonders nach Absaugen der überschüssigen Farblösung deutlich.

i) Pektin

Pektinstoffe sind in der pflanzlichen Zellwand meist in unlöslicher Form (Protopektin) oder im Zellsaft reifender Früchte vorhanden. Pektin wird in erster Linie aus Apfeltrestern gewonnen, ferner aus den Schalen von Citrusfrüchten, auch aus Rübenschnitzeln und anderen Materialien und wird flüssig oder als Trockenpektin in Pulverform verwendet.

Als sehr charakteristische Reaktion der meist glashellen Partikeln der Trockenpektine im mikroskopischen Präparat tritt bei Zugabe von Jod-Kaliumjodid-Lösung tiefbraune, braune bis gelbbraune oder auch blaue Färbung häufig auch nebeneinander auf. Die gleiche Reaktion tritt auch mit Jod-Zinkchlorid-Lösung (Behrens) nach kürzerer oder längerer Zeit auf. Obwohl das native Pektin (z. B. in der Mittellamelle) in der Pflanze isotrop ist, zeigen die industriell gewonnenen Trockenpektine zum mindesten im befeuchteten Zustand Doppelbrechung (Abb. 108). Die Partikeln hellen zwischen gekreuzten Polarisatoren viermal auf und löschen viermal aus; häufig erfolgt Aufhellen und Auslöschen unregelmäßig. Infolge der starken Jodaufnahme werden die Partikeln häufig dunkel. Verschiedene Pektinpräparate können unterschiedliches Verhalten zeigen, ebenso stimmt häufig dasjenige verschiedener Partikeln im gleichen Präparat nicht überein. „Wegen der Variabilität der Molekelgröße (Polydispersität) und der Art, Menge und Verteilung von Seitengruppen an den Fadenmolekeln ist kaum anzunehmen, daß auch nur zwei Molekeln untereinander identisch sind" (J. SOLMS u. H. DEUEL 1962). Bei *hochveresterten* Pektinen befindet sich im Inneren der einzelnen trockenen

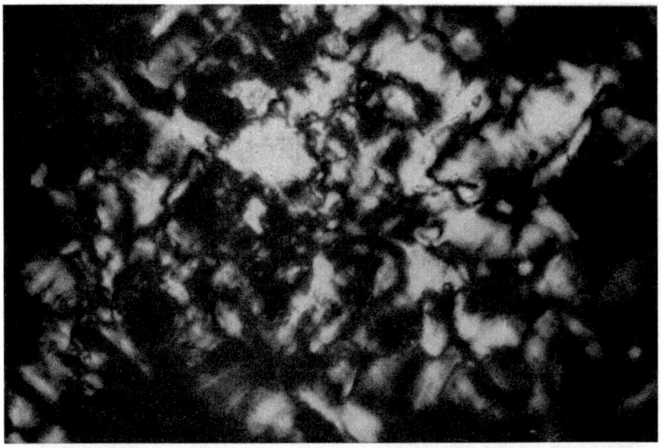

Abb. 108. Apfelpektin, hochverestert mit Wasser, zwischen gekreuzten Polarisatoren (Vergr. 25:1)

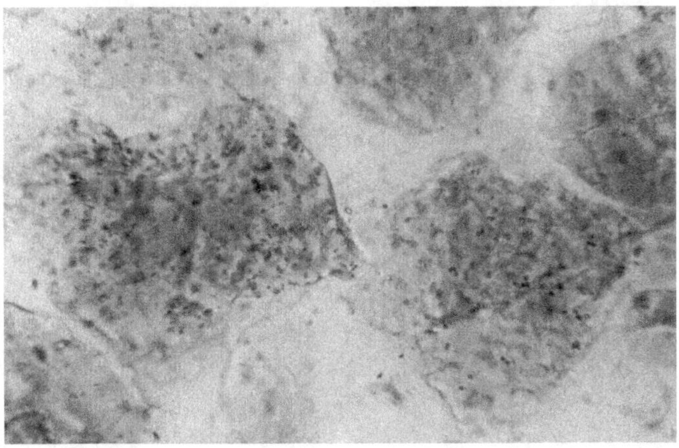

Abb. 109. Apfelpektin, käuflich, mit Methylenblau (Vergr. 160:1)

Partikeln meist ein stark doppelbrechendes Zentrum, während der äußere Teil nur matt weißlich erscheint. Bei Hinzutreten von Wasser oder Losungen beginnt dieser äußere ringförmige Teil sehr stark zu quellen. Dabei hellt dieser Teil erheblich auf, wird sphäritisch und zeigt ein positives Polarisationskreuz, während das Zentrum noch unterschiedlich lange unverändert bleibt. Dieser Quellungsprozeß geht unter verschieden langsamen Auslöschen in Lösung über. Auf den trockenen Pektinpartikeln tritt bei Feuchtwerden in den Packungen leicht Entwicklung von Sproßpilzen auf (Abb. 109), die zur Erkennung des Pektins charakteristisch ist.

k) Gummi arabicum

ist ein typisches Pflanzengummi, gewonnen aus Stamm- und Zweigwunden von wilden und kultivierten (sechsjährigen) Bäumen von Acacia senegal WILLD.

(Mimosaceae) und einigen anderen afrikanischen Arten (A. syal Del. und A. arabica WILLD.), Kordofan-Gummi. Das in Form kugeliger Stücke abgenommene Gummi besteht zur Hauptsache aus Arabinsäure, einem verzweigten Polysaccharid aus D-Galaktose, L-Arabinose, L-Rhamnose und D-Glucuronsäure. Im Gummi existiert diese Säure als Salz (Arabin) und zwar hauptsächlich gebunden an Calcium, in geringeren Mengen an Kalium und Magnesium. Außerdem enthält das Gummi noch ein in Wasser quellbares, unlösliches polymeres Kohlenhydrat und außerdem noch Oxydasen und Peroxydasen, Pektinase und einige andere Fermente. Das Gummi ist bis zu 50% in kaltem und heißem Wasser löslich, dagegen unlöslich in den meisten organischen Lösungsmitteln.

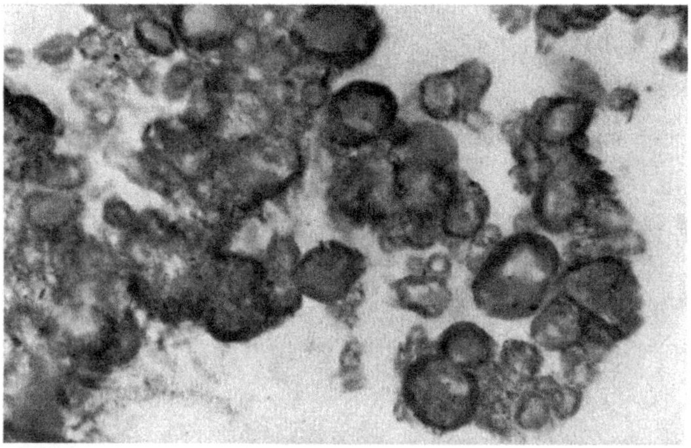

Abb. 110. Gummi arabicum trocken mit Na-alizarinsulfonat-Lösung (Vergr. 100:1)

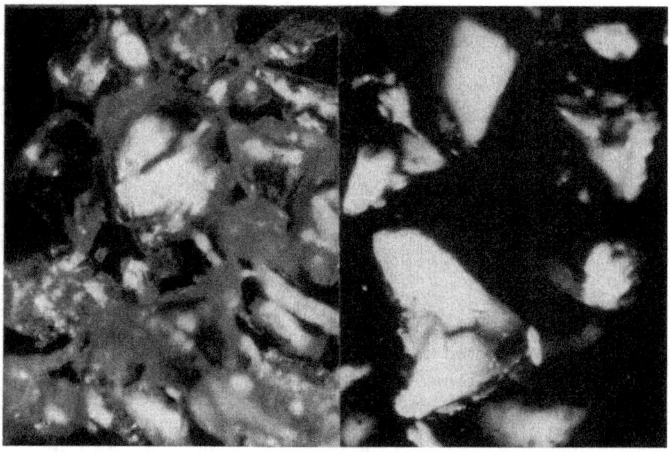

Abb. 111. Gelatine, zwischen gekreuzten Polarisatoren, links trocken, rechts Jod-Zinkchlorid-Lösung (Vergr. 25:1)

Nicht zu altes Gummi arabicum und solches, dessen Fermente nicht inaktiviert sind (Erhitzen 1 Std lang auf 80° C) läßt sich im trockenen, gepulverten und gelösten Zustand aufgrund des Gehaltes an oxydierenden Fermenten nachweisen. In einen Tropfen 5%ige Essigsäure wird eine kleine Menge Gummipulver eingetragen und damit durchfeuchtet. Ein bis zwei Tropfen 3%ige H_2O_2-Lösung läßt man auf das Gummi fallen und nach kurzer Zeit einen Tropfen 2%ige Lösung von Benzidin in 90%igem Äthanol. Nach kurzer Zeit beginnt Blaufärbung, welche bei Verwendung von gepulvertem Gummi mehrere Stunden erhalten bleibt.

Außer diesem gibt auch Karayagummi (indischer Traganth) die Blaufärbung. Infolge des Gehaltes an Calcium und Magnesium gibt Gummi arabicum mit Natrium-alizarinsulfonat in wäßriger Lösung eine voluminöse, rote Fällung (Abb. 110).

l) Gelatine

Die glashellen Partikeln der gepulverten Gelatine sehr verschiedener Größe mit fast muschelförmigen Bruchflächen, welche in manchen abgepackten Gemengen angetroffen wird, zeigen zwischen gekreuzten Polarisatoren stark doppelbrechende Stellen. Beim Drehen des Objekttisches leuchten diese im trockenen Zustand viermal auf und löschen viermal aus. Bei Zugabe von Jod-Zinkchlorid-Lösung zum trockenen Pulver hellen die Partikeln unter den gleichen Bedingungen sehr stark auf (Abb. 111). Zur Unterscheidung von anderen Dickungsmitteln (Pflanzenschleimen) dient der Umstand, daß Gelatine Eiweißreaktionen gibt. Bei Zugabe von Kupfersulfat-Lösung und von verd. Natronlauge (ersatzweise Fehlingsche Lösung I und II) zu den trockenen Partikeln bilden sich tiefviolette Farbhöfe, welche mit der Zeit zusammenfließen zu der entsprechenden Färbung der ganzen Masse (Biuret-Reaktion). Bei Zugabe des Reagens nach Millon auf Eiweiß färben sich die Partikeln zinnoberrot. Auch diese Reaktion charakterisiert die Gelatine eindeutig und wird von keinem der anderen Dickungsmittel gezeigt. Die gleichzeitig untersuchten Schleimstoffe Carrageen und Guarmehl lassen mit diesen Reagentien eine leichte Färbung der Zellinhalte erkennen, welche von den Cytoplasmaresten in diesen Zellen herrührt, die Schleimsubstanz aber nicht berührt.

Bibliographie

CHAMPION, J.: Le bananier. Techniques agricoles et productions tropicales. Vol. I. Paris: Maisonneuve & Larose 1963.

GESSNER, O.: Die Gift- und Arzneipflanzen von Mitteleuropa. 2. Aufl. Heidelberg: C. Winter 1953.

GRIEBEL, C.: Die mikroskopische Untersuchung der Obstfrüchte und Obstzubereitungen; Obstkrankheiten. In: Handbuch der Lebensmittelchemie. Hrsg. v. A. JUCKENACK, E. BAMES, B. BLEYER u. J. GROSSFELD. Bd. V., S. 699—733. Berlin: Springer 1938.

KOTTE, W.: Krankheiten und Schädlinge im Obstbau und ihre Bekämpfung. 3. Aufl. Hamburg: P. Parey 1958.

LIEBSTER, G.: Die Kulturheidelbeere, Verbreitung, Anzucht und Anbau für Erwerb und Selbstversorgung. Hamburg: P. Parey 1961.

MOELLER, J., u. C. GRIEBEL: Mikroskopie der Nahrungs- und Genußmittel aus dem Pflanzenreiche. 3. Aufl. Berlin: Springer 1928.

RADEMACHER, B.: Krankheiten und Beschädigungen unserer Kultur- und Nutzpflanzen. 4. Aufl., Bd. 7: Kernobst 1964; Bd. 8: Steinobst und Nußarten, 1967; Bd. 9: Beerenobst, 1965. Stuttgart: E. Ulmer.

SOLMS, J., u. H. DEUEL: Pektin und verwandte Polysaccharide. In: ULLMANNS Encyklopädie der techn. Chemie. 3. Aufl. **13**, 167—192. München-Berlin: Urban u. Schwarzenberg 1962.

TOBLER, F., u. H. ULBRICHT: Koloniale Nutzpflanzen. 2. Aufl. Leipzig: S. Hirzel 1945.

WHISTLER, R. L.: Industrial Gums. Polysaccharides and their derivatives. New York and London: Academic Press 1959.

Zeitschriftenliteratur

CZAJA, A. TH.: Der Nachweis von Kirsche, Pflaume, Aprikose, Pfirsich, schwarzer und roter Johannisbeere in Konfitüren und Marmeladen. Z. Lebensmittel-Untersuch. u. -Forsch. **104**, 269—275 (1956).

— Polarisationsoptischer Nachweis von Apfelmark in den Zubereitungen verschiedener Früchte. Z. Lebensmittel-Untersuch. u. -Forsch. **106**, 262—271 (1957).

— Nachweis von Johannisbrotkernmehl in Trockenmischungen. Z. Lebensmittel-Untersuch. u. -Forsch. **112**, 190—194 (1960).

— Nachweis von Alginaten in Trockenmischungen und Zubereitungen mittels des Polarisationsmikroskopes. Z. Lebensmittel-Untersuch. u. -Forsch. **115**, 235—244 (1961 a).

— Neue Untersuchungen über die Struktur der partiellen Wandverdickungen von faserformigen Kollenchymzellen. Planta (Berlin) **56**, 109—124 (1961 b).

— Untersuchungen uber den mikroskopischen Nachweis einiger oft verwendeter Dickungsmittel in Trockenmischungen. Z. Lebensmittel-Untersuch. u. -Forsch. **117**, 499—513 (1962).

— Untersuchungen uber die Textur der Zellwande des Parenchyms saftiger Fruchte (Mesokarp). (Besitzen Parenchymzellen Folientextur ?) Protoplasma (Wien) **57**, 203—219 (1963).

Griebel, C.: Zum mikroskopischen Nachweis von Kurbispülpe in Obsterzeugnissen. Z. Lebensmittel-Untersuch. u. -Forsch. **89**, 278—283 (1949).
— Zur Mikroskopie der Heidelbeerfruchte. Z. Lebensmittel-Untersuch. u. -Forsch. **92**, 331 bis 337 (1951).
— Zur Mikroskopie der Guavenfrucht. Z. Lebensmittel-Untersuch. u. -Forsch. **97**, 123—124 (1953).
— Zur Mikroskopie der Avocatobirne. Z. Lebensmittel-Untersuch. u. -Forsch. **102**, 432—435 (1955).
Kappeller, G., G. Prange u. W. Reidemeister: Nachweis von Trockenpflaumen in Pflaumenmus. Z. Untersuch. Lebensmittel **59**, 191—197 (1930).
Maltschewsky, N.: Über den Verderb von Obstwaren durch Schimmelpilze. Z. Lebensmittel-Untersuch. u. -Forsch. **102**, 172—185 (1955a).
— Über die aus Fruchtgelees und Konfitüren isolierten Schimmelpilze. Z. Lebensmittel-Untersuch. u. -Forsch. **102**, 236—243 (1955b).
Moscoso, C. G.: West Indian cherry-richest known source of natural vitamin C. Econ. Botany **10**, 280—294 (1956).
Oetger, W.: Beiträge zur mikroskopischen Diagnostik von Marmeladen. Z. Untersuch. Lebensmittel **59**, 132—184 (1930).
Riedel, F.: Die nordmährische, süße Eberesche (Sorbus aucuparia). Hippokrates (Stuttg.) **13**, 142 (1942).

Frischgemüse

Von

Dr. P. NEHRING, Braunschweig

I. Begriffsbestimmung, Einteilung

Unter Gemüse (von mittelhochdeutsch „muos" — Breispeise) versteht man solche Teile von Pflanzen, die im rohen, gekochten, zubereiteten oder haltbargemachten Zustand vorwiegend als Beikost zu den Hauptmahlzeiten verzehrt werden. Bei Gemüsen handelt es sich im Gegensatz zu Obst immer um Pflanzenteile, bei denen der Gehalt an Zucker und Fruchtsäure nicht für den Geschmacks- und Genußwert maßgebend ist und die im Gegensatz zu den Gewürzen nicht wegen ihres Gehaltes an ätherischen Ölen in Mischung mit anderen Lebensmitteln verwendet werden. Der Begriff Gemüse ist von der Zubereitungsart abhängig. Pflanzenteile, die sowohl als Gemüse als auch als Gewürz verwendet werden können, sind immer dann als Gemüse anzusprechen, wenn sie dazu bestimmt sind, als gesonderte Bestandteile im verzehrsfertigen Gericht hervorzutreten. Die Gemüsearten umfassen im Gegensatz zu den Obstgewächsen, die weitgehend Holzpflanzen sind, meist ein-, seltener zweijährige Pflanzen.

Man kann je nach der Art der Pflanzenteile die Gemüse einteilen in: Wurzelgemüse (z. B. Mohrrübe, Sellerie, Rettich), Blattgemüse (z. B. Kohlarten, Spinat, Kopfsalat), Sprossengemüse (z. B. Spargel, Kohlrabi), Blütengemüse (z. B. Blumenkohl), Samen- und Fruchtgemüse (z. B. Erbsen, Bohnen, Tomaten) und Zwiebelgemüse.

II. Anbau und Erzeugung

1. Statistik

Über die Gemüseerzeugung im EWG-Raum unterrichtet Tab. 1.

Tabelle 1. *Gemüseerzeugung im EWG-Raum in 1000 t* (nach Agrarstatistik der EWG 2/1963)

		Deutschland	Frankreich	Niederlande	Belgien	Luxemburg	Italien	EWG Gesamt
Gesamterzeugung an Gemüse								
Vorkrieg . . .		2255	7000	962	638	12.0	3717	14584
1950		2698	7000	1288	589	17.3	5066	16658
1960		2432	7650	1492	809	14.8	8757	21155
Markterzeugung an Gemüse								
Vorkrieg . . .		1365	2150	822	?	3.0	?	?
1950		1361	3893	1138	329	4.3	4350	11075
1960		1291	4762	1332	479	3.7	7932	15800
Weißkohl	1960	320	124	76	10	0.8		530
Möhren	1960	139	421	105	25	0.7	119	810
Pflück-	1960	65	149	62	62	0.6	216	553
erbsen	1962	83	283	73	88	0.5	219	747
Pflück-	1960	65	145	57	20		203	490
bohnen	1962	69	216	55	34		213	588
Spargel	1960	17	60	6	8		29	120

2. Standort und Düngung

Die Markterzeugung von Gemüse erfolgt meist im Freiland-Feldanbau und nur zum geringen Teil unter Glas. Feldmäßiger Gemüseanbau setzt im allgemeinen gute Böden und ausgeglichene Klimabedingungen voraus. Je nach Wasser- und Wärmebedürftigkeit sowie nach der Windempfindlichkeit der einzelnen Gemüsearten und den zur Verfügung stehenden Bodenklassen haben sich in der BR Deutschland Haupterzeugungsgebiete entwickelt: für Weißkohl: Schleswig-Holstein. Baden-Württemberg und Bayern; Erbsen: Schleswig-Holstein und Niedersachsen; Puffbohnen: Nordrhein-Westfalen; Mohrrüben: Nordrhein-Westfalen, Niedersachsen und Bayern; Spargel: Niedersachsen, Hessen und Baden-Württemberg.

Die zu erzielenden Erträge hängen außer von den Klima- und Bodenbedingungen, Bodenbearbeitung und der richtigen Sortenauswahl insbesondere von einer zweckmäßigen Fruchtfolge und von der Düngung ab.

a) Einfluß von Klima und Düngung auf Vitamin- und Mineralstoffgehalt von Gemüse

Belichtung während des Wachstums erhöht den Ascorbinsäuregehalt, ebenso den Thiamin- und Riboflavingehalt, aber erniedrigt den Carotingehalt. Niedrigere Wachstumstemperaturen haben höheren Ascorbinsäuregehalt zur Folge. Standort und Jahreszeit allein haben einen bisher nicht eindeutig nachgewiesenen, aber offenbar geringen Einfluß auf den Vitamingehalt von Gemüse.

Die Auswirkungen der Düngung auf den Vitamingehalt von Gemüse sind im Vergleich zu Klima- und Sorteneinflüssen nur geringfügig. Über die Abhängigkeit des Mineralstoffgehaltes von der Düngung liegen bisher Ergebnisse, die verallgemeinert werden können, nicht vor. Lediglich die Auswirkungen spezieller Düngungsmaßnahmen auf den Gehalt an Spurenelementen, wie Jod, Bor, Kupfer, sind nachgewiesen (G. F. Somers u. K. C. Beeson 1948; R. S. Harris u. H. von Loesecke 1960).

b) Andere Einflüsse der Düngung

Neben den gartenbaulich und qualitativ günstigen Ergebnissen einer zweckmäßigen, harmonischen Düngung (W. Schuphan 1953) müssen auch die möglichen negativen Auswirkungen falscher Düngungsmaßnahmen beachtet werden. Rieselfelddüngung hat im allgemeinen abträglichen Einfluß auf den Geschmack von Gemüse. Besonders bei Kohlarten tritt ein bitterer und strenger Fremdgeschmack auf. Mehrfach ist auf die Infektionsgefahren durch eine Kopfdüngung von Gemüse mit Fäkalien hingewiesen und wegen der nachgewiesenen Übertragung von Spul- und Peitschenwürmern, Erregern von Darmkrankheiten und epidemischer Hepatitis die Forderung erhoben worden, den Gemüseanbau auf Rieselfeldern und die Einfuhr derart angebauter Gemüse zu untersagen (H. Harmsen 1953; E. F. Heeger 1949).

Übermäßige Stickstoffdüngung kann hohen Nitratgehalt bei manchen Gemüsearten (Spinat, Karotten) zur Folge haben. Nitrit wird dabei höchstens in Spuren gefunden. Bei längeren Transporten in der warmen Jahreszeit kann es allerdings auch zur Bildung von größeren Mengen an Nitrit kommen. Die Darmflora des dyspeptischen Säuglings vermag ebenfalls Nitrat zu Nitrit zu reduzieren. Für gesunde Säuglinge sowie für ältere Kinder und Erwachsene ist der Nitratgehalt unbedenklich (W. Schuphan u. H. Schlottmann 1965, vgl. auch C. Simon u. Mitarb. 1965).

3. Saatgut und Pflanzung

Für den Erwerbsgemüseanbau wird nur Saatgut verwendet, das den gesetzlichen Mindestanforderungen an die Beschaffenheit (Bundesgesetzblatt I, Nr. 43 vom 24. XII. 1954) in bezug auf Reinheit, Keimfähigkeit und Besatz entspricht. Untersuchungen von Saatgut führen die Samenprüfstellen aus.

Um die Gefahr der Übertragung von Pflanzenkrankheiten zu vermindern, ist es notwendig, auch das Gemüsesaatgut zu beizen. Man verwendet als Fungicide, die die Keimfähigkeit nicht beeinträchtigen, teilweise noch Quecksilberalkylverbindungen, wie Äthylquecksilberchlorid (Fusariol), Methoxyäthyl-Hg-acylverbindungen (Ceresan), Phenyl-Hg-brenzcatechin (Germisan), in zunehmendem Maße aber Chinone wie Tetrachlor-1,4-benzochinon (Spergon) und 2,3-Dichlor-1,4-naphthochinon (Phygon). Während die flüchtigen organischen Quecksilberverbindungen für Mensch und Tier hoch giftig sind, haben die Chinone den Vorteil, während langer Zeit eine stabile fungicide Wirkung auszuüben und weitgehend ungiftig zu sein (C. H. Brieskorn 1951). In neuerer Zeit setzen sich auch Gemüsesamenbeizmittel auf der Basis von N-Trichlormethylthio-tetrahydrophthalimid (Captan) und Tetramethyl-thiuram-disulfid (TMTD) immer mehr durch, da sie besonders pflanzenverträglich und weitgehend ungiftig sind.

Die Anwendung der Beizmittel erfolgt durch Pudern (Trockenbeizung) oder Behandlung mit Beizlösungen (Naßbeizung). Zur Sicherung des Saatgutes gegen Schadinsekten ist es üblich, Saatgutpuder mit kontaktinsektiziden Wirkstoffen, wie Lindan, Hexa, Aldrin und Dieldrin, zu verwenden.

4. Pflanzenschutz

a) Bodenbehandlung

Von Fall zu Fall, vor allem in Gewächshäusern, kann eine Bodenentseuchung zur Bekämpfung tierischer oder pflanzlicher Schädlinge notwendig sein. Man dämpft zu diesem Zweck die Erde, bis Temperaturen über 80° erreicht sind, oder behandelt mit chemischen Mitteln, wie Chlorpikrin, Formalin, Schwefelkohlenstoff, Pentachlornitrobenzol (Brassicol), Dichlorpropan/Dichlorpropylen (Shell-DD-soilfumigants, Dowfume), Methylisothiocyanat (Di-Trapex), Natrium-N-methyl-dithiocarbamat (Vapam), weniger mit chlorierten Kohlenwasserstoffen.

Die Aussaat von Gemüse erfolgt je nach Art für den Feldgemüseanbau entweder durch direktes Drillen der Saat auf dem Feld oder durch Aussaat im Aufzuchtbeet, von dem nach Erreichen eines geeigneten Wachstumsstadiums auf das endgültige Feld umgepflanzt wird, oder durch Aussaat in Warmbeeten, aus denen die Setzlinge in Pikierkästen oder Frühbeete pikiert werden; nach Erreichen hinreichender Größe wird ebenfalls in das Freiland ausgepflanzt.

b) Pflanzenschutz während des Wachstums

Während des Wachstums ist es vielfach notwendig, Pflanzenschutz- und Schädlingsbekämpfungsmittel einzusetzen. In einem jährlich von der Biologischen Bundesanstalt für Land- und Forstwirtschaft, Braunschweig, herausgegebenen Merkblatt sind alle jeweils geprüften und anerkannten Mittel verzeichnet. Auskünfte über die Mittelanwendung und Karenzzeiten erteilen die Pflanzenschutzämter.

Zur Anwendung kommen im Gemüseanbau unter anderem als Fungicide: kupferhaltige (wie Kupferoxychlorid), schwefelhaltige (wie Vomasol S, Schacht-Kolloisan), Thiocarbamate (wie Phytox, TMTD, Ziram, Ferbam), Chlornitrobenzole (wie Brassisan, Brassicol), Rhodandinitrobenzol (wie Bulbosit); als

Insecticide: DDT, Hexa-Präparate, Chlordan-Präparate, organische Phosphorsäureester.

Eine Verunkrautung würde den Ertrag bis zu 25 % senken. Deshalb ist es im Gemüsebau notwendig, durch geeignete Fruchtfolgen das Unkrautwachstum zu vermindern.

Als unkrautgefährdet gelten z. B.: Erbsen, Kopfsalat, Gurken, Möhren, Schwarzwurzeln, Spinat, Zwiebeln; als unkrauthemmend: Bohnen, alle Kohlarten, Kürbis, Porree, Puffbohnen, Rettich, Sellerie, Spargel, Tomaten.

Unkrautgefährdete Arten baut man nach unkrautfeindlichen. Vor der Aussaat wird häufig mit Kalkstickstoff in Mengen von 2 dz/ha gedüngt, um dadurch aufkeimende Unkrautsamen unwirksam zu machen.

Im Gemüseanbau übliche Herbizide sind z. B. Pentachlorphenol (Preventol), 2,4-Dinitro-6-isobutylphenol (BNP 30), Kaliumcyanat (Bulpur), Triazine (Simazin, Atrazin), Mineralöle (Essovarsol, Shell-Mineralöl) und verschiedene Harnstoffderivate (Linuron, Diuron). Wuchsstoffhaltige Unkrautbekämpfungsmittel werden im Gemüseanbau im allgemeinen nicht eingesetzt.

Dagegen ist es möglich, durch Spritzung der Blüten mit wuchsstoffhaltigen Mitteln die Erträge zu steigern bzw. eine Ernteverfrühung zu erreichen. Wuchsstoffpräparate (wie Gewesan, Tomafix, Shell Tomato set) haben im Gewächshausanbau von Tomaten Anwendung gefunden. Sie sind jedoch für den Menschen ernährungsphysiologisch nicht unbedenklich (W. Weinmann 1958).

5. Ernte, Aufbewahrung, Vermarktung

a) Erntezeitpunkt

Die Ernte von Gemüse sollte jeweils zu einem Zeitpunkt erfolgen, in dem das Erntegut die für den Verzehr, die Lagerung oder Haltbarmachung günstigsten Eigenschaften aufweist. Der optimale Erntetermin ist nicht identisch mit dem Zeitpunkt des höchsten mengenmäßigen Ertrages, vielmehr erfolgt bei den meisten Gemüsearten auch nach dem optimalen Erntedatum noch ein z. T. erheblicher Ertragszuwachs, bei Abnahme qualitativer Eigenschaften. Die Methoden, welche man zur Bestimmung und Voraussage des optimalen Erntezeitpunktes anwendet, werden bei den einzelnen Gemüsearten behandelt.

Einfluß des Reifegrades auf den Vitamingehalt

Der Ascorbinsäuregehalt nimmt mit steigendem Reifegrad bei folgenden Gemüsen zu: Spargel, Paprika, Erbsen, Tomaten; er nimmt ab bei: Kohlrabi, und, bei Überschreiten des optimalen Erntetermines, bei Erbsen.

Der Carotingehalt in Mohrrüben durchläuft 100—140 Tage nach der Aussaat ein Maximum, in grünen Bohnen nimmt er schon bald nach der ersten Ausbildung der Frucht ab. Der Riboflavingehalt in Limabohnen und grünen Bohnen nimmt mit wachsendem Reifegrad ab, ist aber bei Erbsen relativ unabhängig vom Reifegrad. Der Thiamingehalt von Erbsen nimmt bis zum optimalen Erntezeitpunkt zu und bleibt dann konstant (R.S. Harris u. H. von Loesecke 1960).

b) Erntemethoden

Neben Pflücken, Stechen, Schneiden oder Roden von Hand mit einfachstem Arbeitsgerät, wie es bei Spargel, Tomaten, Kohl, Kopfsalat meist üblich ist, setzen sich besonders im Feldgemüseanbau größeren Maßstabes, wie er für die industrielle Weiterverarbeitung durchgeführt wird, halbautomatische Erntemaschinen (z. B. für Spinat, Karotten, Tomaten, Gurken) mehr und mehr durch.

Der Einsatz von üblichen landwirtschaftlichen Hilfsgeräten, wie Pflug, Kartoffelroder für die Schwarzwurzel- und Sellerieernte ist möglich. Bohnen und Erbsen werden mit vollautomatischen Pflück- bzw. Dreschmaschinen geerntet. Gemüse, das für den Frischgemüsemarkt bestimmt ist, kann nicht vollautomatisch mit Erntemaschinen geerntet werden, weil es Beschädigungen erleiden würde, die die Haltbarkeit im Frischzustand herabsetzen. Das Erntewetter soll nach Möglichkeit trocken sein, weil Regenfeuchtigkeit, die sich z. B. bei Kohl und Salat zwischen den Blättern ansammelt, während der nachfolgenden Lagerung Fäulnis begünstigt.

c) Einwinterung und Lagerung von Gemüse

α) Einwinterung

Viele Gemüsearten können in geeigneten Lagerräumen (Kellern) oder Mieten, Einschlägen oder Gräben überwintern. Man pflanzt zu diesem Zweck die Gemüse in Sand aus bzw. bedeckt sie mit Sand. In Kellerräumen wird eine Temperatur von $+3^\circ$ bis $+5^\circ$, in Mieten unter $+8^\circ$ aufrechterhalten. Man schützt durch geeignete Isolierung mit Stroh- und Erdabdeckung gegen Kälte, hält andererseits aber niedrige Temperaturen aufrecht, um Stoffwechselvorgänge zu verlangsamen. Mietentemperaturen über 10° deuten bereits auf Verderbniserscheinungen hin. Wegen der Unsicherheit einer Mieteneinlagerung und der in jedem Falle eintretenden Qualitätsverluste wird diese Überwinterungsart für den Frischgemüsemarkt mehr und mehr verlassen (J. Herrmann 1963).

β) Kaltlagerung

Die Möglichkeit, in maschinell gekühlten Räumen den Frischezustand von Gemüse für längere Zeit aufrechtzuerhalten, wird vom Gemüsegroßhandel, der verarbeitenden Industrie und für den Transport weitgehend ausgenützt.

Tab. 2 gibt eine Übersicht über die Bedingungen der Kühllagerung der wichtigsten Gemüsearten (L. Nicolaisen-Scupin 1959; L. Nicolaisen-Scupin 1960; M.W. Tuchschneid u. E. Emblik 1959; J. Herrmann 1963; H. Kessler 1960; R. Heiss 1945).

γ) Chemische Lagerschutzmittel, Reifungsbeeinflussung, Bleichen von Frischgemüse

Günstige Auswirkungen auf die Haltbarkeit hat eine Spritzung der Zwiebeln und Wurzelgemüse mit Maleinsäurehydrazid 3—4 Wochen vor der Ernte (D.K. Salunkhe u. Mitarb. 1953). Helles Gemüse erhält man, indem man durch Lichtabschluß die Chlorophyllbildung unterdrückt. Dieser Vorgang, das Etiolement, wird erreicht z. B. durch Anhäufeln von Bleichsellerie und Spargel, Binden der Endivie und Treiben unter Lichtabschluß. Künstliche Effekte erzielt man bei Behandlung der Gemüse im geschlossenen Kessel mit Äthylen oder Acetylen. Bleichsellerie bleicht unter solchen Bedingungen in 6—12 Tagen ohne Geschmacksveränderung aus. Grüne Gemüseteile reifen in Äthylen-Atmosphäre nach.

d) Zubereitung von Gemüse für den Markt

α) Sortieren, Putzen, Waschen

Um Frischgemüse marktfähig zu machen, muß es im allgemeinen sortiert, gegebenenfalls gewaschen und geputzt werden. Das Sortieren nach Größe und Qualität erfolgt nach den Vorschriften der VO über gesetzliche Handelsklassen für frisches Obst und Gemüse vom 3. Juli 1955 (Bundesanz. Nr. 127 vom 6. Juli 1955) oder nach der VO Nr. 23 des Ministerrates der EWG über die schrittweise Errichtung einer Gemeinsamen Marktorganisation für Obst und Gemüse vom 4. 4. 1962 (Amtsbl. der Europäischen Gemeinschaft S. 905, 1962). Die wichtigsten Sortierungsvorschriften werden bei den einzelnen Gemüsearten behandelt.

Tabelle 2. *Übersicht über die Bedingungen für die Kühllagerung der wichtigsten Gemüsearten*

Art	Lagerungsbedingung: Temperatur in °C	Lagerungsbedingung: Relative Feuchtigkeit in %	Lagerungsart	Stapelmenge in kg/m³	Lagerungsdauer	Gewichtsverlust während der ganzen Lagerungszeit in %	Besonderheiten
Dauerkohl	+0,5 bis —0,5	80—85	in Steigen zu 30—40 kg Inhalt	300—320	bis 7 Mon.	Weiß 5—6 Rot 4—6 Wirsing 6—8	mit einem Umblattkranz einlagern
Zwiebeln	—2,0 bis —3,0	75—80	in Säcken auf Stellagen oder in Steigen	350	8—9 Mon. und darüb.	rd. 3	vor Auslagerung entfrosten Trocken halten!
Tomaten, reif	+1,0 bis +2,0	90	in Steigen	300—350	4—6 Woch.	2—3	m. Stiel! gut gefärbt!
Blumenkohl	0,0 bis —1,0	90	in Spezialsteigen	300—400 Kopf	4—8 Woch.		mit vollem Umblatt
Spargel	+0,5 bis +1,0	90	offen in Spezialsteigen, in Pergamentpapier oder Cellophan	200—250	3—5 Tage 2—4 Woch.	2—4	sehr frostempfindlich, neigt zum Welken
Sellerie	+1,0 bis —0,5	90	in Steigen	340	bis 9 Mon.	5—8	vor Einlagerung nicht verputzen
Blattspinat	0,0 bis —1,0	90—95	in Steigen mit Ölpapier angelegt		2—3 Woch.	5—8	nicht ohne Verpackung lagern
Wurzelspinat	—1,0 bis —2,0				8—10 Woch.		
Kartoffeln	+3,5 bis +4,0	85—90	in Steigen, Säcken oder lose auf Lattenrosten	550—600	6—8 Mon.	2—4	losschalige Frühkart. in Torfmull
Erbsen	0,0 bis —1,0	90	in Beuteln oder Körben bis 25 kg	200—250	4—6 Woch.	5—10 3—5	in Hulsen ausgepalt.
Bohnen	+3,0 bis +4,0	85	in Steigen oder Beuteln bis 10 kg	200	1—2 Woch.	2—4	
Mohren, Rote Rüben	+0,5 bis —0,5	90—95	in Steigen	340	bis 8 Mon.	8—10	
Gurken	+1,0 bis +2,0	85—90	in Steigen		2—3 Woch.		mögl. einschicht.
Salat	+0,5 bis +1,0	90	in Steigen mit Pergament oder Cellophan		2—4 Woch.		frostempfindlich
Rosenkohl	—2,0 bis —3,0	90—95	in Beuteln oder Steigen	200—250	2—3 Mon.	6—10	abdecken weg. Welkegefahr

Teilweise ist auch Putzen und Waschen üblich. Mohrrüben werden heute meist gewaschen und vom Kraut befreit gehandelt, auch Spargel wird vielfach gewaschen; ungewaschen bleiben Schwarzwurzeln, Sellerie. Schadhafte Deckblätter, z. B. bei Kopfsalat, werden im Handel meist entfernt, welk gewordene Blatt- und Stengelgemüse aussortiert.

Zur Auffrischung welk gewordener Gemüse werden mitunter Mittel angeboten, die zu lebensmittelrechtlichen Bedenken (P. NEHRING 1954) ebenso Veranlassung geben wie ein Einlegen von Gemüse in Wasser kurz vor dem Frischmarktverkauf.

β) Verpackung

Frischgemüse wird meist in Einheitssteigen aus Holz oder Pappe oder Wellpappfaltschachteln gehandelt (IBVT 1961). Bei der Beurteilung der Waren in Packstücken ist besonders auf Druckstellen zu achten. Diese finden sich vielfach nur in den unteren Lagen. Bei der Beurteilung von Frischgemüse in Packstücken muß darauf geachtet werden, daß nicht „gespiegelt" wird, d. h. qualitativ ausgesucht gute Exemplare in die obere Schicht, mangelhafte in tiefere Schichten gepackt werden. In zunehmendem Umfange wird Frischgemüse in Polyäthylenbeuteln oder Zellglasbeuteln gehandelt. Dabei ist bei unzweckmäßiger Lagerung die Gefahr einer durch Kondenswasserbildung begünstigten Fäulnis und Schimmelbildung gegeben.

Bei kaltem Wetter muß der Versand und die Lagerung von Frischgemüse mit Ausnahme von Grünkohl unter Vorsorge gegen Frosteinflüsse, bei heißem Wetter unter Schutz gegen direkte Sonneneinstrahlung erfolgen.

III. Gemüsearten und ihre Zusammensetzung

1. Allgemeines

Die Pflanzenteile, die als Gemüse verwendet werden, haben im allgemeinen Trockenmassen von nur 5—20%. Gemüse ist fast in allen Fällen kalorisch geringwertig. Seine Bedeutung als wichtiger Nahrungsbestandteil beruht hauptsächlich auf seinem Geschmackswert, seinem Vitamin- und Mineralstoffgehalt und auf seiner Eigenschaft als Ballaststoffträger. Es trägt als leicht verdauliche Beikost wesentlich zur Bekömmlichkeit der Gesamtnahrung bei.

Der Erwerbsgemüsebau, aus dem die bei weitem überwiegende Menge des in den Verkehr kommenden Gemüses stammt, ist zur Befriedigung der Marktbedürfnisse und zur Überbrückung klimatischer und bodenkultureller Unterschiede bei jeder einzelnen Gemüseart auf die Verwendung zahlreicher, in ihren Eigenschaften häufig stark differierender Sorten angewiesen. Diese Voraussetzungen, zusammen mit den von Reifegrad, Klima, Düngung abhängigen Einflüssen, bedingen in der chemischen Zusammensetzung der Gemüse eine relativ große Schwankungsbreite (vgl. Tab. 3). Diese bezieht sich sowohl auf die Hauptbestandteile Wasser, Eiweiß, Rohfaser, Mineralstoffe und Fett, als auch auf die einzelnen Aminosäuren, Spurenelemente, organischen Säuren, Vitamine, Enzyme und sonstigen Inhaltsstoffe. Für spezielle lebensmittelchemische Fragestellungen ist man deshalb meist auf besondere Untersuchungen angewiesen, bei denen die in Betracht kommenden biologischen Einflüsse berücksichtigt sind.

Allgemeine Angaben über die Zusammensetzung der Gemüsearten, wie sie für Nährwertermittlungen und ähnliche Aufgaben benötigt werden, finden sich in Tab. 3 sowie — ausführlicher — in verschiedenen Tabellenwerken (S.W. SOUCI u. Mitarb. 1962; H. SCHALL 1962; B.K. WATT u. A.L. MERILL 1963; M.L. ORR u. B.K. WATT 1957). Angaben über die Verluste bei der Zubereitung der frischen Gemüse sind enthalten in den Tabellenwerken von S.W. SOUCI u. Mitarb. (1962) sowie von I.P. SWEENEY u. Mitarb. (1962). Über die Verteilung der essentiellen Aminosäuren im — mengenmäßig nicht sehr hervortretenden — Eiweiß geben die Tabellen bei S.W. SOUCI u. Mitarb. (1962) Auskunft. Über die Lipide in Gemüse — der Menge nach von untergeordneter Bedeutung — sind in den letzten Jahren unsere Kenntnisse erheblich erweitert worden, besonders im Zusammenhang mit Untersuchungen im photosynthetisch aktiven Gewebe. Die im Spinat aufgefun-

Tabelle 3. *Zusammensetzung der wichtigsten Gemüsearten* (nach S. W. SOUCI u. Mitarb. 1962)
(Angaben in g/100 g eßbarem Anteil, Vitamin B_1 und C in mg/100 g; jeweils Mittelwerte, in ( ) Schwankungsbreite)

	Wasser	Eiweiß	Fett	Kohlenhydrate	Rohfaser	Mineralstoffe	Vitamin C	Vitamin B_1
Karotten	89,7 (88,1—91,9)	1,0 (0,7—1,2)	0,2 (0,1—0,3)	7,3 (5,8—8,2)	1,0 (0,6—1,3)	0,83 (0,66—1,00)	6 (5—6)	0,067 (0,05—0,08)
Kohlrübe	89,3 (88,9—90,0)	1,2 (1,0—1,4)	0,16 (0,1—0,2)	7,2 (6,5—7,4)	1,4 (1,3—1,4)	0,77 (0,74—0,80)	33 (30—36)	0,050 (0,03—0,07)
Weiße Rübe	90,5 (89,5—91,3)	1,0 (0,8—1,1)	0,2 (0,20—0,24)	6,7 (6,1—10,2)	0,86 (0,6—1,1)	0,73 (0,70—0,76)	20 (10—28)	0,040 (0,03—0,05)
Meerrettich	76,6 —	2,8 (2,0—3,7)	0,3 (0,30—0,31)	15,3 —	2,8 (2,78—2,8)	2,2 —	114 (90—260)	0,14 (0,025—0,21)
Pastinaken	80,2 (78,6—82,5)	1,3 (0,90—1,7)	0,43 (0,30—0,53)	14,9 (11,3—18,2)	2,0 (1,7—2,2)	1,18 (1,14—1,20)	18 (6—32)	0,08 (0,05—0,10)
Radieschen	94,4 (93,3—95,5)	1,1 (0,84—1,2)	0,14 (0,10—0,20)	3,5 (1,9—4,0)	— —	0,90 (0,79—1,0)	29 (22—50)	0,033 (0,018—0,050)
Rote Rübe	88,8 (82,9—91,7)	1,5 (1,1—2,0)	0,1 (0,10—0,20	7,6 (6,8—8,7)	1,0 (0,90—1,1)	1,0 (0,77—1,10)	10 (8—13)	0,022 (0,020—0,025)
Schwarzwurzel	78,6 (77,5—80,4)	1,4 (1,0—2,5)	0,4 (0,23—0,50)	16,3 —	2,3 (2,27—2,30)	0,99 —	4 (3—5)	0,11 (0,070—0,15)
Sellerieknolle	88,6 (87,3—90,5)	1,6 (1,2—2,0)	0,3 (0,20—0,46)	7,4 (4,8—9,0)	1,2 (1,0—1,4)	0,94 (0,91—0,97)	8 (7—11)	0,036 (0,025—0,050)
Chicorée	94,4 (93,1—96,2)	1,3 (0,80—1,7)	0,18 (0,10—0,30)	2,3 —	0,85 (0,80—0,90)	1,0 —	10 (5—15)	0,051 (0,04—0,085)
Fenchelkraut	86,0 (81,9—90,0)	2,4 (1,9—2,8)	0,30 (0,20—0,40)	9,1 (5,1—11,2)	0,50 —	1,70 —	93 (60—120)	0,23 (0,10—0,35)
Blattpetersilie	81,9 (78,7—85,1)	4,4 (3,7—5,2)	0,36 (0—0,72)	9,8 —	1,5 —	1,7 —	166 (150—182)	0,14 (0,12—0,15)
Schnittlauch	83,3 (82,0—86,0)	3,6 (2,5—4,0)	0,74 (0,60—0,90)	8,4 —	2,3 (2,0—2,4)	1,7 (1,7—1,8)	47 (40—60)	0,14 (0,12—0,15)
Weißkohl	92,1 (91,0—93,0)	1,4 (1,2—1,5)	0,20 (0,10—0,20)	4,2 (3,5—4,3)	1,5 (1,0—1,7)	0,59 (0,37—0,80)	46 (30—60)	0,048 (0,032—0,06)

Tabelle 3 (Fortsetzung)

	Wasser	Eiweiß	Fett	Kohlenhydrate	Rohfaser	Mineralstoffe	Vitamin C	Vitamin B_1
Rotkohl	91,8 (91,5—92,4)	1,5 (1,4—1,7)	0,18 (0,10—0,20)	4,8 (3,9—5,0)	1,1 (1,0—1,3)	0,67 (0,50—0,80)	50 (40—72)	0,068 (0,04—0,10)
Wirsing	90,0 (88,0—91,8)	3,0 (2,6—3,4)	0,38 (0,27—0,60)	4,4 (3,5—5,0)	1,2 (1,1—1,3)	1,1 (1,0—1,2)	45 (40—50)	0,05 (0,04—0,05)
Blumenkohl	91,6 (90,9—93,0)	2,5 (2,0—2,7)	0,28 (0,20—0,31)	3,9 (3,0—4,6)	0,91 —	0,82 (0,80—0,83)	70 (65—73)	0,11 (0,05—0,15)
Brokkoli	89,7 (88,7—90,4)	3,3 —	0,20 —	4,4 (4,2—5,0)	1,3 —	1,1 —	114 (110—118)	0,095 (0,09—0,10)
Chinakohl	95,4 —	1,2 (1,17—1,20)	0,30 —	2,0 —	0,50 —	0,65 (0,59—0,70)	36 (31—40)	0,03 —
Grünkohl	86,3 (80,5—86,6)	4,3 (3,9—4,9)	0,90 (0,60—1,3)	5,1 (4,0—6,0)	1,7 (1,2—1,9)	1,7 —	105 (60—392)	0,10 (0,02—0,21)
Rosenkohl	85,0 (83,7—86,3)	4,5 (3,9—5,0)	0,56 (0,42—0,69)	7,1 (6,0—7,6)	1,5 (1,3—1,6)	1,4 (1,3—1,5)	104 (66—196)	0,11 (0,08—0,15)
Kohlrabi	91,3 (90,0—92,7)	1,9 (1,6—2,3)	0,10 —	4,5 (3,9—5,6)	1,3 (1,0—1,3)	0,95 (0,89—1,00)	53 (28—61)	0,053 (0,022—0,070)
Mangold	92,2 (91,0—94,0)	2,1 (1,4—2,6)	0,28 (0,10—0,42)	2,9 (2,8—4,0)	0,82 (0,75—0,90)	1,7 (0,20—2,2)	39 —	0,098 (0,06—0,17)
Endivie	94,3 (93,3—95)	1,8 (1,6—2)	0,20 —	2,1 (1,0—3,2)	0,80 —	0,90 —	9 (5—13)	0,052 (0,03—0,10)
Feldsalat	93,8 (93,1—94,8)	1,8 (1,2—2,1)	0,36 (0,20—0,50)	2,6 (2,3—3,0)	0,60 —	0,80 —	18 (15—20)	0,065 (0,04—0,08)
Kopfsalat	94,9 (94,0—95,9)	1,6 (1,2—2,3)	0,25 (0,20—0,31)	1,7 (0,1—2,3)	0,70 (0,54—0,92)	0,93 (0,43—1,40)	10 (8—12)	0,057 (0,04—0,08)
Brunnenkresse	93,5 (92,3—95,0)	1,6 (0,70—2,0)	0,30 (0,10—0,50)	2,9 (2,8—3,7)	0,60 (0,50—0,80)	1,1 —	51 (25—77)	0,085 (0,066—0,11)
Gartenkresse	87,2 —	4,2 —	1,4 —	4,1 —	1,2 —	1,9 —	59 (35—87)	0,15 (0,11—0,18)

Tabelle 3 (Fortsetzung)

	Wasser	Eiweiß	Fett	Kohlenhydrate	Rohfaser	Mineralstoffe	Vitamin C	Vitamin B_1
Spinat	92,7 (88,9—93,3)	2,5 (2,0—3,0)	0,41 (0,20—0,41)	2,4 (0,50—2,7)	0,64 (0,50—0,80)	1,51 (1,40—1,90)	47 (20—70)	0,086 (0,05—0,14)
Spargel	93,6 (93,0—94,0)	1,9 (1,5—2,2)	0,14 (0,10—0,20)	2,9 (2,0—3,2)	0,80 (0,63—1,2)	0,62 (0,54—0,80)	21 (5—33)	0,11 (0,025—0,20)
Artischocke	82,5 (79,6—83,7)	2,4 (1,8—3,0)	0,12 (0,08—0,20)	12,2 (10,0—16,0)	1,5 (0,74—2,3)	1,29 (1,07—1,51)	8 (5—11)	0,14 (0,08—0,18)
Aubergine	92,6 (92,0—93,4)	1,2 (0,70—2,3)	0,18 (0,10—0,20)	4,6 (2,2—5,4)	0,85 (0,80—0,90)	0,50 —	5 (3—8)	0,04 (0,03—0,06)
Grüne Bohnen	90,4 (88,9—91,5)	2,2 (2,0—3,0)	0,26 (0,20—0,40)	5,0 (2,9—6,4)	1,4 (0,87—2,0)	0,74 (0,68—0,80)	20 (10—30)	0,073 (0,06—0,14)
Grüne Erbsen	76,0 (74,3—77,7)	6,7 (6,0—7,2)	0,50 (0,40—0,50)	13,9 (12,0—15,5)	1,9 (1,5—2,2)	1,0 (0,90—1,10)	26 (15—31)	0,28 (0,15—0,50)
Gurke	96,8 (96,1—97,3)	0,60 (0,50—0,80)	0,20 (0,05—0,30)	1,3 (1,0—2,2)	0,50 (0,30—0,60)	0,60 (0,40—0,89)	— —	0,018 (0,005—0,030)
Kürbis	91,3 (90,3—93,0)	1,1 (1,0—1,2)	0,13 (0,10—0,20)	5,5 —	1,2 (1,2—1,3)	0,77 (0,73—0,80)	9 (8—10)	0,047 (0,04—0,05)
Zuckermais	74,7 (73,9—75,6)	3,3 (2,9—3,7)	1,2 —	19,2 (18,6—19,7)	0,80 —	0,80 (0,70—0,93)	12 —	0,15 —
Paprikafrüchte	91,0 (87,0—93,0)	1,2 (0,70—1,9)	0,33 (0,20—0,60)	4,7 (3,3—8,0)	2,2 —	0,57 (0,50—0,70)	139 (91—200)	0,06 (0,04—0,09)
Tomate	94,2 (93,4—95,2)	0,95 (0,69—1,0)	0,21 (0,20—0,30)	3,3 (1,9—4,0)	0,75 (0,60—0,84)	0,61 (0,60—0,61)	24 (20—29)	0,057 (0,016—0,080)
Zwiebel	87,6 (86,0—89,0)	1,3 (1,0—1,4)	0,25 (0,10—0,40)	9,6 (9,4—10,0)	0,76 (0,71—0,80)	0,59 (0,57—0,60)	9 (6—10)	0,033 (0,03—0,04)
Knoblauch	64,0 (63,0—64,6)	6,1 (5,3—6,8)	0,12 (0,06—0,20)	27,5 (22,6—27,9)	0,90 (0,77—1,1)	1,42 (1,40—1,44)	14 (9—18)	0,20 (0,18—0,21)
Porree	89,0 (86,3—90,8)	2,2 (2,0—2,5)	0,34 (0,25—0,44)	6,3 (4,6—9,2)	1,3 (1,1—1,5)	0,86 (0,82—0,90)	30 (17—78)	0,10 (0,07—0,12)

denen Glykolipide (vgl. Spinat S. 336) und Glycerophosphatide dürften in ähnlicher Zusammensetzung auch bei anderen Arten von Grüngemüse vertreten sein.

Der Gehalt an Vitamin C ist der Tab. 3 zu entnehmen. Das Vitamin A findet sich im Gemüse — wie in der Pflanzenwelt allgemein — nur in Form der Provitamine, insbesondere des β-Carotins. Das Carotin ist immer vergesellschaftet mit dem Chlorophyll und dem Xanthophyll, ist also vornehmlich im Grüngemüse anzutreffen. Vitamin B_1 ist in allen Gemüsearten, wenn auch nur in geringen Konzentrationen, vertreten, die selten 0,3 mg/100 g überschreiten. In den Samen der Hülsenfrüchte ist es in etwas größerer Menge enthalten (0,3—0,9 mg/100g). Vitamin B_2 kommt bevorzugt in Blättern, Blüten und Sprossen vor, während unterirdische Pflanzenteile (Kartoffeln, Möhren, Rüben) arm an diesem Vitamin sind. Auch ungekeimte Samen — mit Ausnahme der Leguminosen — sind keine gute B_2-Quelle. Die Nicotinsäure in freier und gebundener Form, in schnell wachsenden Pflanzen auch als Diphosphopyridinnucleotid, wird im allgemeinen nur in geringer Menge angetroffen. Vitamin B_6 findet sich besonders in grünen Pflanzenteilen, aber auch in Wurzeln. Die Pantothensäure ist ubiquitär (Erbsen ca. 2,8 mg/100 g). Biotin enthalten die meisten Blattgemüse reichlich. Die Folsäure, in höheren Pflanzen vorwiegend in Form der Conjugate (besonders als Pteroylheptaglutaminsäure) vorkommend, liegt reichlich in Spinat, Salaten und anderen grünen Gemüsen vor. Der Gehalt geht parallel mit dem Chlorophyllgehalt. Wurzel- und Knollengemüse sowie Tomaten enthalten dagegen wenig Folsäure.

Für die Verarbeitung sind einige Enzyme wichtig: Die hitzeinstabile Peroxydase findet sich in allen Gemüsearten, sie dient als Leitenzym bei der Kontrolle ausreichenden Blanchierens. Die Polyphenoloxydase scheint dagegen auf bestimmte Arten beschränkt zu sein. K. Herrmann (1957b) hat sie nur in Spinat, Roten Rüben, Möhren, Sellerie, Feldsalat und Schwarzwurzeln angetroffen. Die Ascorbinsäureoxydase ist bisher nur in Gurken und Kürbis nachgewiesen worden. Pektinabbauende Enzyme sind in unterschiedlicher Aktivität vertreten. Sie sind von Einfluß auf die Textur, auf die Festigkeit des Gewebes und spielen bei der Verarbeitung mancher Gemüsearten, z. B. von Tomaten zu Tomatensaft, eine bedeutende Rolle.

2. Wurzelgemüse

a) Karotten (Mohrrüben, Möhren)

Die fleischigen Wurzeln von *Daucus carota* L. (Umbelliferae) werden als Gartenmöhren (Karotten, Mohrrüben, Möhren, Gelbrüben) (engl.: carrot, franz.: carotte) zu Speisezwecken verwendet, aber auch zu Futterzwecken (Pferdemöhre, Futtermöhre) angebaut. Man unterscheidet zu Speisezwecken Treib- und Frühmöhren (Karotten) mit kurzer bis halblanger, runder („Pariser Markt"), kreiselförmiger („Duwicker") oder walzenförmiger Wurzel („Amsterdamer Treib"); Sommer- und Herbstmöhren mit halblanger walzenförmiger Wurzel („Nantaise", „Marktgärtner") und lange, walzenförmige („Lange, rote, stumpfe ohne Herz") bis lange, spitze („Sudenburger", „Bauers Kieler rote") Spät- und Dauersorten, die sich auch zur Einlagerung eignen.

Frühmöhren, deren Anteil am Gesamtanbau etwa 25 % beträgt, werden meist bundweise (10, 15, 20er) mit Grün, die späteren Sorten ohne Kraut nach Gewicht gehandelt. Für den Frischmarktverbrauch wird meist gewaschen.

Der besonders bei den frühen Sorten vorhandene gute Geschmack von Möhren ist auf einen relativ hohen Zuckergehalt von 6—8 %, wovon etwa die Hälfte direkt reduzierende Zucker sind, zurückzuführen. Bei späten Sorten ist der Geschmack strenger; je größer der Zentralzylinder einer Möhre ausgebildet ist, um so geringer ist der Gesamtzuckergehalt. Während des Wachstums nimmt der Zuckergehalt zunächst zu, bleibt dann einige Zeit konstant, um mit zunehmender Größe und Verholzung des Zentralzylinders langsam abzunehmen.

Während der Lagerung von Möhren erfolgt zunächst infolge hydrolytischen Abbaus von Polysacchariden eine Zunahme des Süßgeschmackes, die bei längerer Lagerzeit durch Veratmung zurückgeht.

Vielfach ist bei Möhren, besonders bei der Kaltlagerung, das Auftreten eines Bittergeschmackes festgestellt worden. Einer der Bitterstoffe wurde als 3-Methyl-6-methoxy-8-hydroxy-3,4-dihydroisocumarin identifiziert (E. SONDHEIMER 1957). Aus bitteren Karotten wurde außerdem ein wasserdampfflüchtiger Bitterstoff isoliert. Es handelt sich um ein nicht näher identifiziertes Sesquiterpen der Summenformel $C_{14}H_{18}O_2$ (R.S. SHALLENBERGER u. Mitarb. 1960). Das Bitterwerden von Karotten ist in Deutschland nicht beobachtet und beschrieben worden.

Der Gesamtcarotingehalt schwankt etwa zwischen 10 und 40 mg/100 g im Frischgewicht. Er ist bei Sommermöhren und späten Sorten meist höher als bei Frühmöhren. Bei „Bauers Kieler rote" wurden im eßbaren Anteil 23—27 mg/100 g ermittelt.

Bei den gleichen Sorten treten je nach Wachstumsbedingungen und von Jahr zu Jahr erhebliche Unterschiede im Carotingehalt auf. Gegabelte und in Längsrichtung gespaltene Mohrrüben haben den gleichen Gesamtcarotingehalt wie normal gewachsene (V.H. BOOTH u. S.O.S. DARK 1949). Die Mohrrübe enthält nach E. GÜNTHER (1952) 3,7—17,2 mg/100 g β-Carotin (Mittelwert 6—8 mg/100 g) und 1,6—11,2 mg/100 g Vitamin C (Mittelwert 3—6 mg/100 g).

In *Daucus carota* sind α-Carotin, β-Carotin, γ-Carotin, Xanthophyll, sowie zwei Kohlenwasserstoffe mit den Absorptionsmaxima (in CS_2) 482, 453 mμ und 499, 469 mμ (P. KARRER u. E. JUCKER 1948), in einigen Sorten auch Lycopin nachgewiesen worden. Cis-Isomere von α-Carotin und β-Carotin scheinen in frischen Karotten nur in geringen Mengen vorzuliegen. δ-Carotin scheint ziemlich allgemein vorzukommen. Es wurde außerdem ein Carotinoid isoliert, das in seinen Eigenschaften dem Flavoxanthin ähnlich ist (T.W. GOODWIN 1952).

Die Chromatophoren der Karotten, in denen die Carotinoide enthalten sind, haben einen Eiweißgehalt von 60% und einen Lipidgehalt von 36%. Es sind Körner (0,5 μ) und Fäden unterschiedlicher Länge bis 15 μ (W. STRAUSS 1942).

Die Resorption des Carotins aus Mohrrüben durch den Menschen ist relativ schlecht. Aus zerkauten rohen und gekochten Mohrrüben wurden nur 2—5% verwertet, aus fein zerriebenen in Einzelfällen 4—36% (A.J. VIRTANEN u. M. KREULA 1941).

In Karotten sind Untersuchungen über Vorkommen und Aktivität von Katalase, Peroxydase, Ascorbinsäure-Oxydase und Phosphatase angestellt worden. Im einzelnen ist die Abhängigkeit der Saccharase-, Amylase- und α-Glucosidaseaktivität vor der Düngung untersucht worden (E. HOFMANN u. W. WOLF 1955).

Die in der Karotte enthaltenen Schleimstoffe sind ein Gemisch von Oligo- und Polysacchariden, in denen Galakturonsäure, Galaktose, Glucose, Arabinose, Xylose, Rhamnose und eine noch nicht näher identifizierte Aldobiuronsäure nachgewiesen wurden (W. DIEMAIR u. Mitarb. 1965).

b) Kerbelrübe

Die Kerbelrübe (Rüben-Kälberkopf) *Chaerophyllum tulbosum* L. (Umbelliferae) sowie die etwas größere, gelbschalige, weniger wohlschmeckende sibirische Kerbelrübe *Chaerophyllum prescottii* wird in einigen Gegenden als Beikost in geschmortem Zustand zu Kohl und Spinat gegessen. In den Handel kommen Kerbelrüben nur selten. Die ertragreichere sibirische Kerbelrübe kann wie Schwarzwurzel und Pastinake verwendet werden. Man schlägt die geernteten Rüben, die von Kopf und Laub befreit werden, im Keller in Sand ein. Erst nach mehrwöchiger Lagerzeit stellt sich der gewünschte Wohlgeschmack ein. Kerbelrüben schmecken am besten in den Monaten Dezember bis März. Kerbelrüben haben einen relativ hohen Trockensubstanzgehalt von etwa 30 %, einen Stärkegehalt von etwa 20 %.

c) Kohlrübe

Die Kohlrübe (Steckrübe, Wruke, Bodenrübe, Schmalzrübe, Unter-Kohlrabi, Dotsche, Dorsche, Schwedische Turnips) engl.: Garden swede; amerik.: rutabaga; franz.: chou-navet) ist die rübenförmige Wurzel von *Brassica napus* L. *var. napobrassica* (L.) Peterm. (Cruciferae). *Brassica napus* kann als der samentreu gewordene Bastard zwischen *Brassica rapa* und *Brassica oleracea* gelten. Eine Unterscheidung von der Speiserübe *Brassica rapa* ist deshalb nicht ganz leicht. Hauptunterscheidungsmerkmal sind die Blätter.

Kohlrübe (*Brassica napus*). Blattfarbe: blau-grün bei Kohl, oberes Stengelblatt umschließt den Stengel bis zur Hälfte.

Brassica rapa. Blattfarbe: grasgrün, oberstes Stengelblatt umschließt den Stengel vollkommen.

Man unterscheidet gelbfleischige und weißfleischige Sorten. Im allgemeinen werden nur die gelbfleischigen zu Speisezwecken verwendet, während die weißfleischigen meist ausschließlich Futterzwecken dienen.

Die Kohlrübe wird etwa 1 bis mehrere kg schwer. Sie hat im eßbaren Anteil einen Trockensubstanzgehalt von 10—12 %, einen Gehalt an löslichen Kohlenhydraten von etwa 7 %; der Eiweißgehalt liegt bei 1,0—1,5 %. Der Vitamin C-Gehalt beträgt bis 30 mg/100 g. Die Kohlrübe ist in Notzeiten wegen ihres relativ günstigen Nährstoffgehaltes stets ein viel verwendetes Gemüse gewesen.

In der gelbfleischigen Sorte „Wilhelmsburger" sind folgende Carotinoide nachgewiesen worden: η-Carotin, β-Carotin, ζ-Carotin, γ-Carotin, Neurosporin, Lycopin sowie sieben Poly-cis-Lycopine und drei Tri-cis-Lycopine, außerdem ein nicht identifiziertes Pigment, das kein Kohlenwasserstoff ist (A. E. Joyce 1959).

d) Weiße Rüben

Die weiße Rübe (Speiserübe, Wasserrübe, Krautrübe, Stoppel- oder Halmrübe) (engl.: turnip; franz.: navet) ist die rübenförmige Wurzel von *Brassica rapa* L. *var. rapifera* Metzger (Cruciferae). Man unterscheidet plattrunde und runde, weiße bis gelbe, auch rotköpfige Mairüben und Herbstsorten runder bis langer Form. Die Rüben werden relativ groß und haben einen milden, charakteristischen, an Rettich erinnernden Geschmack. Eine Zwergform dieser Rübe ist das Teltower Rübchen, das pfahlförmig etwa 8 cm lang wächst und 3—4 cm dick wird. Es wird vereinzelt angebaut und als Spezialität verwertet.

In den Rüben ist als flüchtiges Öl 2-Phenyläthylsenföl nachgewiesen. Dieses Öl hat insecticide und entsprechend wie beim Rettich bactericide Eigenschaften (E. P. Lichtenstein u. Mitarb. 1962).

Geschmacksabweichungen im Rübenbrei können manchmal dadurch erklärt werden, daß sich aus Glutaminsäure Pyrrolidoncarbonsäure bildet. Solche Erscheinungen sind auch bei Kartoffeln und Karotten beobachtet worden (R. S. Shallenberger u. J. C. Moyer 1958).

e) Meerrettich

Meerrettich (Meerrettig, Kren oder Krenwurzel) (engl.: horse-radish; franz.: raifort sauvage) sind die Wurzeln von *Cochlearia armoracia* L. (Cruciferae), die wegen ihres scharfen Geschmackes als Gewürzgemüse verzehrt werden. Die zweijährigen spindel- bis walzenförmigen Wurzelstöcke haben einen Durchmesser von 2—6 cm und ein Gewicht von 200—500 g. Die Hauptanbaugebiete sind Franken, Unterelbe und Spreewald. Die Ernte erfolgt von Oktober bis April.

Die am unteren Ende der Stangen sich bildenden etwa fingerstarken Anzuchttriebe werden „Fechser" („Stangen", „Wurzeln", „Walzen", „Setzer") genannt, die dünneren Seitenwurzeln der Fechser werden in Bayern und Oberfranken als Fechserbizzi bezeichnet (H. HÄFNER u. A. PAWLETTA 1956).

Der scharfe Geschmack des Meerrettichs ist auf das Vorkommen von Allylsenföl (C_3H_5NCS) zurückzuführen, das aus dem schwefelhaltigen Glykosid Sinigrin durch Einwirkung des auf bestimmte Zellen beschränkten Enzyms Myrosinase gebildet wird.

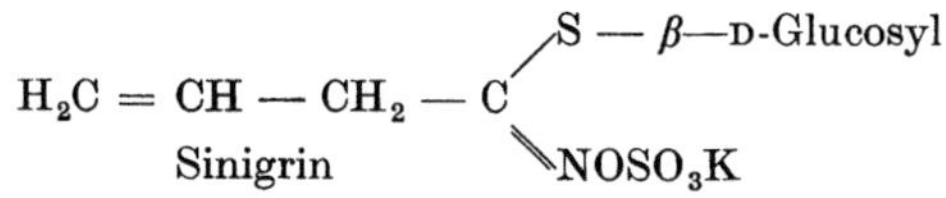

Sinigrin

Aus zerkleinerten Meerrettichwurzeln lassen sich durch Wasserdampfdestillation 0,09—0,2 % ätherisches Öl gewinnen. Das Öl ist gelb und flüchtig und hat einen scharfen, stechenden, zu Tränen reizenden Geruch. Neben etwa 60 % Allylsenföl ließen sich geringe Mengen Diallylsenföl sowie Phenyläthyl- (etwa 20—25 % der Gesamtmenge), Phenylpropyl- und Butylsenföl nachweisen (A. HEIDUSCHKA u. A. ZWERGAL 1931; M. KIENHOLZ u. B. KEMKES 1960).

In geschälten Stangen von bayerischem, Hamburger und Spreewälder Meerrettich wurden 173—238 mg/100 g Senföl (640—940 mg/100 g Senföl i. Tr.) gefunden. Die Verteilung des Senföles ist in den Stangen, Fechsern und Fechserbizzi annähernd gleichmäßig; signifikante Unterschiede wurden nicht gefunden, ebenso bestehen praktisch keine Unterschiede zwischen Köpfen und Stangen (H. HÄFNER u. A. PAWLETTA 1956). Allylsenföl hat gegen Gram-negative, Phenylpropylsenföl gegen Gram-positive Bakterien bactericide Wirkung (M. KIENHOLZ u. B. KEMKES 1960).

H. SCHILDKNECHT u. G. RAUCH (1962) isolierten aus Meerrettich Kohlenoxysulfid, das auf enzymatischem Wege beim Zerkleinern entsteht:

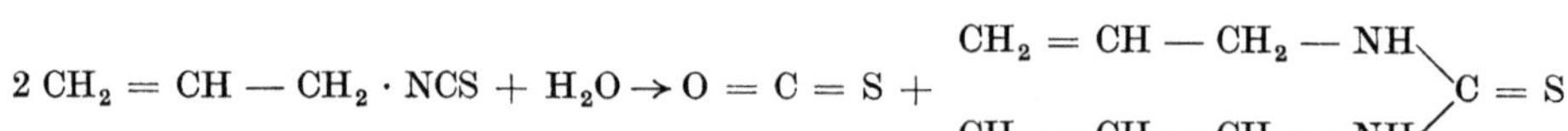

Diallylthioharnstoff

Schwefelkohlenstoff, auf dessen Vorkommen im ähnlichen Senföl bereits A.W. HOFMANN (1880) hingewiesen hatte, entsteht aus Kohlenoxysulfid in Gegenwart von Wasser erst bei erhöhter Temperatur. Der Bildungsmechanismus ist von H. SCHILDKNECHT u. G. RAUCH (1962) aufgeklärt worden:

$$O = C = S + H_2O \rightarrow CO_2 + H_2S$$

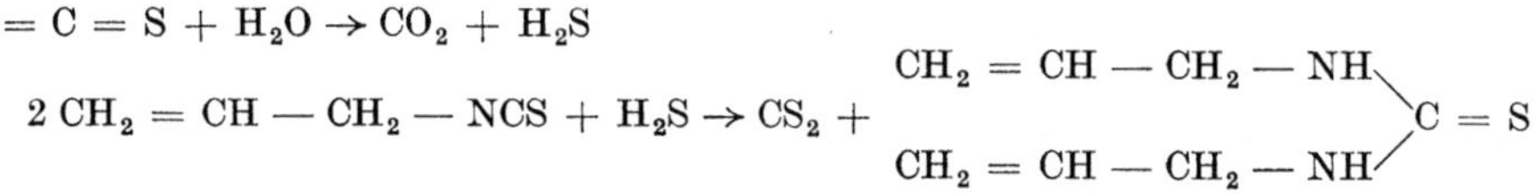

Meerrettichwurzeln haben einen Kohlenhydratgehalt von etwa 15%. In freiem Zustand liegen Fructose und Glucose vor. Nachgewiesen wurden außerdem Saccharose und zwei unbekannte Oligosaccharide, die nur Fructose enthielten. Als Bestandteile eines in 50%igem Methanol löslichen Polysaccharids wurden Galaktose, Arabinose und Glucose festgestellt. In einem in kaltem Wasser löslichen Polysaccharid wurde Glucose, Galakturonsäure, Arabinose und Galaktose gefunden. In einer in heißem Wasser löslichen Fraktion war nur Galaktose und Arabinose enthalten. Außerdem konnten Stärke und kleinere Mengen Pektin (Hydrate und Protopektin) festgestellt werden. Als Bestandteile von Hemicellulosen wurden Xylose, Glucose, Arabinose nachgewiesen (T. MIZUNO u. K. HAYASHI 1956).

f) Pastinaken

Die Pastinaken, Pasternake, Balsternak, Pasterna, Hammelmöhre, Moorwurzel, Gripelmore (engl.: parsnip; franz.: panais grand chervis cultivé) ist die möhrenähnliche, außen gelbliche bis bräunliche, innen weißfleischige Pfahlwurzel von *Pastinaca sativa* L. (Umbelliferae). Die Pastinake ist eine der ältesten Sammelpflanzen der eurasischen Urbevölkerung und war auch in Deutschland heimisch, bis sie durch den Kartoffelanbau fast völlig verdrängt wurde. Derzeit erfolgt Pastinakenanbau nur in Niedersachsen. In England und Frankreich werden Pastinaken noch vielfach verzehrt. Die Erntezeit ist Oktober. Die Pastinaken erreichen ein Knollengewicht von 500—1500 g. Der Geruch ist angenehm aromatisch, der Geschmack süßlich, etwas gewürzhaft. Pastinaken haben wegen ihres Eiweißgehaltes in der Größenordnung von 1—1,5 g/100 g und eines Kohlenhydratgehaltes von etwa 15 g/100 g einen relativ hohen Nährwert (V. Harth 1943). Der Pektingehalt in Pastinakenfleisch wird mit über 11% (i. Tr.) angegeben.

g) Rettich und Radieschen

Rettich und Radieschen (engl.: radish; franz.: radis) sind die fleischigen Verdickungen des unteren Stengelteiles, bei den längeren Formen einschließlich des oberen Teiles der Hauptwurzel der Cruciferae *Raphanus sativus* L. *var. niger* (Miller) Pers. (Großer Rettich) und *Raphanus sativus* L. *var. radicula* Pers. (Radieschen).

Rettich ist spindelförmig, rund bis pfahlförmig; man unterscheidet Sommerrettich (z. B. die weißen bis rosa Treib- und Frühsorten wie „Ostergruß", „Münchener Weiß") und die Sommer- und Herbstsorten (wie „Stuttgarter Riesen", „Münchener Bier") und Winterrettich (z. B. schwarze und violette Sorten, wie „Runder Schwarzer").

Radieschen (Radies, Monatsrettich) sind rund bis lang, rot bis weiß. Bekannt sind die runden Treib- und Frühsorten, z. B. „Saxa Treib" (rot) und „Runde halbrot-halbweiß"; und die Sommersorten, z. B. „Riesenbutter" (rund, rot), „Eiszapfen" (lang, weiß).

Radieschen werden meist mit vollem Laub in 10/20/25/30er Bunden gehandelt, Rettich mit oder ohne Laub. Waschen ist üblich. Rettich soll insbesondere jung und zart sein, Radieschen dürfen insbesondere weder geplatzt noch hohl oder pelzig (schwammig) sein.

Der scharfe Geschmack des Rettich rührt im wesentlichen von Allylsenföl her. Daneben wurde noch folgender Bestandteil

$$S\begin{cases} CH{=}CH{-}CH_2{-}CH_2{-}N{=}C{=}S \\ CH_2{-}CH_2{-}CH_2{-}CH_3 \end{cases}$$

nachgewiesen (A. Heiduschka u. A. Zwergal 1931). Aus den Samen von *Raphanus sativus var. radicula* wurden Methylmercaptan und kompliziertere Senföle wie das Sulforaphen und deren Glykoside isoliert (H. Schmid u. P. Karrer 1948).

$$\text{Sulforaphen}\ CH_3{-}\underset{\substack{\downarrow \\ O}}{S}{-}CH{=}CH{-}CH_2{-}CH_2{-}NCS$$

Das Sulforaphen, auch als Raphanin bezeichnet, hat antibiotische Wirksamkeit (W. O. Walder 1957).

Als Anthocyan in Radieschen wurde Cyanidindiglykosid nachgewiesen (D. H. Cho u. C. O. Chichester 1960). Aus anderen Sorten wurde ein gelb-rotes Pigment isoliert, das als acyliertes Pelargonidin-3-diglucosido-5-mono-glucosid von J. B. Harborne u. H. S. A. Sherratt (1957) identifiziert wurde.

h) Rote Rübe

Die rote Rübe (Salatrübe, rote Bete, rote Beete, Rane, Randig) (engl.: garden beet, beet root; franz.: betterave rouge) sind die bei runden, auf dem Boden sitzenden Formen aus dem Hypokotyl, bei den langen in den Boden wachsenden Formen aus Hypokotyl und Hauptwurzel entwickelten fleischigen Verdickungen von *Beta vulgaris* L. *var. esculenta* (Salisb.) Gürke (Chenopodiaceae). Wichtigste Sorte ist die „rote Kugel" (Detroit), eine plattrunde Form.

Rote Bete werden meist von Oktober bis März in zwei Handelsklassen gehandelt. Handelsklasse A sind nur runde Sorten, Mindestquerdurchmesser 4 cm (vgl. VO über Handelsklassen). Qualitativ hochwertige rote Bete müssen möglichst gleichmäßiges blutrotes Fleisch ohne hervortretende helle Ringe besitzen. Beim Entfernen der Blätter darf die Rübe nicht beschädigt werden, weil sie sonst „ausblutet".

Die rote Rübe hat im gekochten Zustand einen angenehmen süßen Geschmack, der auf einen Zuckergehalt von etwa 8 % zurückzuführen ist.

Der Farbstoff der roten Rübe, das Betanin, ist in seiner Konstitution von M.E. WILCOX u. Mitarb. (1965) aufgeklärt worden. Es handelt sich um ein Glucosid. Das Aglucon wird als Betanidin bezeichnet.

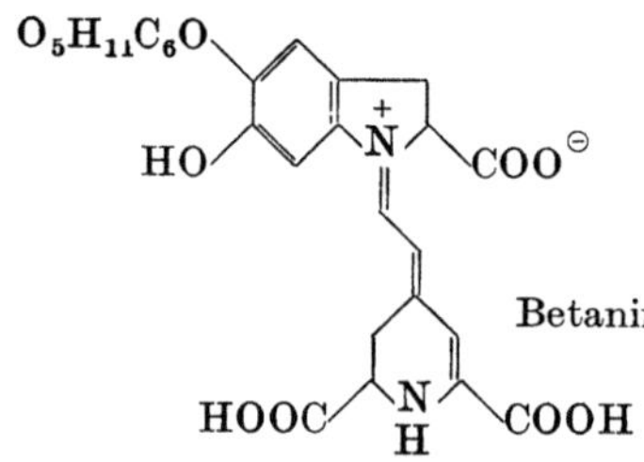

Betanin

Außerdem wurde ein stickstofffreies Gelbpigment isoliert, das in saurer Lösung in Rot übergeht. Dieser Befund spricht für das Vorkommen auch roter stickstofffreier Pigmente, die womöglich Furananaloge der Pyrrolfarbstoffe sind (R.G. PETERSON u. M.A. JOSLYN 1960). Die Dunkelverfärbung von roten Beeten ist fermentativ (Polyphenoloxydase) bedingt (L. BOSCAN u. Mitarb. 1962).

i) Schwarzwurzeln

Schwarzwurzeln (Skorzener Wurzeln) engl.: scorzonera; franz.: salsifis, scorsonère) sind die Hauptwurzeln von *Scorzonera hispanica* L. (Compositae). Schwarzwurzeln stellen hohe Ansprüche an die Bodenbeschaffenheit; besonders günstig ist der gute Sandboden entlang der Nordsee- und Atlantikküste. Hauptanbaugebiete sind Holland, Belgien und Frankreich. Der deutsche Anbau ist relativ gering. Schwarzwurzeln werden fast nur noch einjährig angebaut mit Aussaat im Frühjahr und Ernte im Herbst.

Die Schwarzwurzel enthält reichlich Milchsaft, der bei Beschädigung austritt und sich rasch rötlich bis bräunlich verfärbt. Die Trockensubstanz der Schwarzwurzel enthält im stickstofffreien Extraktanteil (75 %) neben reichlichen Mengen Zucker (11 %) das Kohlenhydrat Inulin (W. DIEMAIR u. F. HÜTER 1958) und in der Stickstoffsubstanz (6 %) Asparagin und Trigonellin. In Schwarzwurzeln sind Chlorogensäure, Isochlorogensäure, Kaffeesäure, Aesculetin und Scopoletin nachgewiesen (K. HERRMANN 1957a).

k) Sellerie

Sellerie (Knollensellerie) (engl.: celeriac, turniprouted celery; franz.: céleri-rave) sind fleischige Wurzeln von *Apium graveolens* L. *var. rapaceum* (Miller) DC.

(Umbelliferae). Die von der gleichen Pflanze als Gemüse verwendeten oberirdischen Teile werden als Bleichsellerie und Schnittsellerie in der Gruppe der Blattgemüse beschrieben (vgl. S. 328). Bei dem zum Verkauf angebotenen Knollensellerie handelt es sich vielfach um Lokalsorten. Qualitativ guter Knollensellerie soll möglichst weiß und rostfrei in der Farbe, nicht geschossen, nicht holzig, nicht hohl und möglichst frei von Seitenwurzeln sein. Sellerie wird meist gewaschen, zumindest von Sand befreit gehandelt. Sellerie neigt zum Schwarzkochen, einer Grauverfärbung während des Kochvorganges und beim Konservieren. Diese Verfärbungserscheinungen sind sortentypisch und von den Anbaubedingungen abhängig. Sichere Voraussagen über das Verhalten von Knollensellerie lassen sich meist erst nach Kochproben machen. Die einzige bekannte weißkochende Sorte ist „Dippes Invictus". Das Schwarzkochen und auch die Rostbildung sind nicht auf Eiseneinflüsse zurückzuführen, sondern enzymatisch bedingt. pH-Senkung im Verarbeitungsmilieu mindert die Verfärbungserscheinungen (E. HOLFELDER 1954). Andererseits sind in Sellerieknollen Chlorogen- und Kaffeesäure nachgewiesen, die mit Eisenspuren zu Dunkelverfärbungen Veranlassung geben können. Nachgewiesen sind ebenfalls Isochlorogensäure und Scopoletin (K. HERRMANN 1957a).

Die Rostbildung, eine häufig zu beobachtende Rotbraunfärbung beim Anschneiden von Sellerie, ist nicht sortentypisch, sondern wahrscheinlich auf enzymatisch beschleunigte Oxydationserscheinungen an den Harzen und ätherischen Ölen des Selleries zurückzuführen (F. GIESECKE u. W. SCHUPHAN 1938). Die Rostbildung bei Sellerieknollen ist durch Bormangel erklärt worden.

Das Sellerieraroma wird im wesentlichen bestimmt durch 3-Isobutyliden-3a,4-dihydrophthalid und -phthalid, 3-Isovaliden-3a,4-dihydrophthalid und -phthalid, cis-3-Hexen-1-yl-pyruvat und Diacetyl.

Daneben wurden zahlreiche Aldehyde, Ester, Alkohole, Säuren, Kohlenwasserstoffe und Phenole gefunden (H.J. GOLD u. C.W. WILSON 1963). Eine zusammenfassende Darstellung über die Inhaltsbestandteile von Sellerie findet man bei D.G. CROSBY u. L.J. ANDERSON (1963).

3. Blattgemüse

a) Chicorée

Chicorée (Salatzichorie, Zichoriensalat, Bleichzichorie) (engl.: chicory; franz.: chicorée sauvage, chicorée witlof) sind die jungen Blatttriebe von *Cichorium intybus* L. *var. foliosum* Bisch. (Compositae). Der Anbau der in Westdeutschland gehandelten Chicorée erfolgt meist in Belgien, Holland, Frankreich, Italien und im Rheinland. Die Aussaat von Chicorée wird in den Monaten Mai bis Juli vorgenommen. Im Spätherbst (Oktober, November) werden die Wurzeln ausgezogen und ohne Beschädigung des Herzens von den Blättern befreit. Die Wurzeln schlägt man dann auf Treibbeeten in Sand und Torfmull ein, so daß die unter dem Einfluß der Wärme sich bildenden Chicoréetriebe die Erdauflage durchbrechen müssen. Zur Ernte werden die Blattschöpfe mit einem kleinen Teil des Wurzelkopfes abgeschnitten und von Sand und schadhaften Blättern befreit. Die Wurzeln finden als Viehfutter Verwendung.

Qualitativ guter Chicorée ist geschlossen, weiß-gelb in der Farbe und wird in gleichmäßiger Größe sortiert. Chicorée hat einen schwach bitteren, etwas herben Geschmack und wird sowohl als Salat im rohen Zustand als auch gekocht als Gemüse verwendet.

Im Milchsaft von Chicorée ist ein Inhaltsstoff nachgewiesen, der als der wichtigste Bitterstoff dieses Gemüses angesehen und als Cichoriin bezeichnet wird. Man hat ihm die Struktur eines 2-Monoglucosids des 2,3-Dihydroxy-cumarins zugeschrieben (K.W. MERZ 1932).

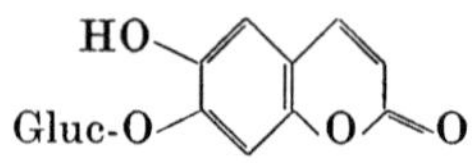

Ähnliche Inhaltsstoffe sind auch bei anderen Compositen gefunden worden (vgl. Kopfsalat).

b) Fenchel

Gemüsefenchel (Knollenfenchel, Bologneser Fenchel) (engl.: sweet fennel; franz.: fenouil sucré) ist eine italienische Gemüsespezialität (Finocchio), die jedoch auch in den nördlicheren Ländern zunehmend bekannter wird. Gemüsefenchel (*Foeniculum vulgare* Mill., Umbelliferae) hat knollenartiges Aussehen; es handelt sich um die fleischig verdickten Blattscheiden der Grundblätter, die sich zwiebelartig gedrängt zusammenschließen.

Man unterscheidet großen, süßen Neapolitaner Fenchel (Finocchio grosso) mit kurzem Stengel, dichtstehenden Blättern und breiten fleischigen Blattstielen, welche roh (in Italien meist nach der Hauptmahlzeit) gegessen werden, und die kleinen, zarten Florentiner Sorten (Finocchio nostrale), deren Blattstiele etwa 10 cm lang und 5—6 cm breit sind und die meist gekocht werden. Gemüsefenchel kommt etwa von Oktober bis April auf den Markt, er hat einen angenehmen süß-aromatischen Geschmack, bei dem die von Gewürzfenchel bekannte Geschmackskomponente nur schwach hervortritt.

c) Gewürzgemüse

α) Petersilie

Gartenpetersilie (Petersilie, Peterlein, Silk) (engl.: parsley; franz.: persil), *Petroselinum crispum* (Mill.) Nym. (Umbelliferae) ist als Wurzelpetersilie und als Schnittpetersilie, hauptsächlich als Gewürz bekannt.

Wurzelpetersilie: Die fleischig verdickte, möhrenähnliche Wurzel findet meist als Suppengewürz Verwendung, wird aber z. B. in England wegen ihres süßlichen, aromatischen Geschmacks auch als Gemüse verwendet. Auch bei uns werden in geringem Umfang kurze dicke, halblange und lange glatte Sorten gezogen und ohne Laub, jedoch mit Herzblättern nach Gewicht oder in Bunden gehandelt.

Schnittpetersilie (*Blattpetersilie*): Die Blätter und Stengel der Petersilie sind ein sehr häufig das ganze Jahr über verwendetes Gewürz. Sie sind besonders reich an Vitamin C (150—182 mg/100 g). Üblich sind bei uns die „krausen“ (gespaltenen) Arten, während die „schlichten“ Sorten mit glatten Blättern, die z. B. in Frankreich viel verwendet werden, nur geringe Bedeutung haben.

β) Schnittsellerie (oder Krautsellerie)

Man verwendet die Blätter des Selleries (*Apium graveolens* L.) als Suppengrün. Meist handelt es sich um das Laub des Knollenselleries. Der Anbau von besonderen Schnittselleriesorten ist sehr beschränkt.

γ) Schnittlauch

Schnittlauch (Schnittling, Graslauch, Binsenlauch, Brislauch, Schnittzwiebel, Spaltlauch) (engl.: chives; franz.: civette) sind die röhrenförmigen Blätter von *Allium schoenoprasum* L. (Liliaceae). Als ein Gewürzgemüse, das sich besonders gut zur Treiberei eignet, steht er fast den ganzen Winter über zur Verfügung und wird als Zutat zu Salaten oder als würzender Brotbelag vielfach eingesetzt (vgl. auch S. 346).

d) Kohlarten

Die Kulturformen des Gemüsekohls lassen sich wahrscheinlich sämtlich auf Wildformen von *Brassica oleracea* L. (Cruciferae) zurückführen, aus denen sich in verschiedenen Herkunftsgebieten Mittel- und Ostasiens sowie Ost- und Westeuropas, wahrscheinlich vor allem im Mittelmeerraum, die heute bekannte Formenvielfalt entwickelt hat. Die Verwendung von Kohlarten als Lebensmittel ist offenbar sehr alt, sie waren schon im Altertum gesicherter Kulturbesitz.

Man kann die Kohlarten einteilen in

1. Kopfkohl: Weißkohl, Rotkohl, Wirsing
2. Blütenkohl: Blumenkohl, Brokkoli
3. Blätterkohl: Chinakohl, Grünkohl, Schnittkohl
4. Rosenkohl
5. Kohlrabi

Diese sollen hier, auch wenn sie morphologisch z. T. nicht zu den Blattgemüsen zu zählen sind, wegen ihrer Verwandtschaft untereinander zusammen behandelt werden.

α) Kopfkohl

Weißkohl (Weißkraut, Kraut, Kappus, Kabis) (engl.: head cabbage; franz.: chou blanc) sind die Blätterköpfe von *Brassica oleracea* L. *var. capitata* L. *f. alba* DC. Man teilt die Weißkohlsorten im allgemeinen nach der Reifeentwicklung in Früh-, mittelfrühen, Herbst- und Dauerweißkohl ein. Weißkohl wächst in runden, plattrunden und spitzen Formen. Je frühreifer die Sorte ist, um so heller ist sie; späte Sorten sind zunehmend dunkler bis graugrün. Die Haltbarkeit der Köpfe steigt mit zunehmendem Reifezustand; Frühweißkohl ist nur während einer kurzen Zeitspanne verwertbar, Dauerweißkohl ist dagegen längere Zeit lagerfähig und wird meist in Mieten, Kohlscheunen oder in Kaltlagerräumen eingelagert. Bei Temperaturen von 0—0,5° erreicht man Lagerfähigkeit von Dezember bis April. Dabei auftretende Gewichtsverluste liegen bei 5—6%. Bekannte deutsche Erzeugergebiete sind Schleswig-Holstein, Niederrhein/Neuß, Stuttgart/Echterdingen (Filderkraut), Würzburg/Untergleichfeld und München/Ismaning.

Als frühe Sorten für den Frischmarkt kommen hauptsächlich klein- und mittelköpfige Rund- und Spitzkohlarten und die Dauerweißkohlsorten in Frage. Als Einschneidekohl für die Sauerkrautindustrie werden hauptsächlich die großköpfigen Herbst- und Winterkohlsorten, wie „Braunschweiger“, „Filderkraut“, „Platte Dänen“, „Dauerweiß“ sowie einige frühere Sorten, wie „Augustkohl“, verwendet.

Für den Frischmarktverbrauch muß der Kohl fest, gesund und einheitlich in Form und Farbe und frei von Frosteinflüssen sein.

Rotkohl (Rotkraut, Blaukraut) (engl.: red cabbage; franz.: chou rouge) sind die infolge ihres Anthocyangehaltes rot bis blau gefärbten Blätterköpfe von *Brassica oleracea* L. *var. capitata* L. *f. rubra* DC. Rotkohl wird wie Weißkohl nach Reifegruppen eingeteilt in Frührotkohl (z. B. „Frührot“), mittelfrühen Rotkohl und Herbst- und Dauerrotkohl (z. B. „Dauerrot“). Die Anforderungen an Rotkohl sind etwa die gleichen, wie an Weißkohl (vgl. VO über Handelsklassen).

Rotkohl weist mindestens drei mit Sinapinsäure veresterte Rubrobrassine (wahrscheinlich Cyanidin-5-glucosido-3-sophorosid) auf. Diese als Rubrobrassicine I, II und III bezeichneten Anthocyane enthalten auf ein Mol Rubrobrassicin ein, zwei bzw. drei Mole Sinapinsäure, die nicht mit den Hydroxylgruppen des Aglucons, sondern sehr wahrscheinlich mit denen der Zuckerkomponente verknüpft sind (H.H. Stroh u. H. Seidel 1965).

Wirsing (Wirsingkohl, Wirsching, Welschkohl, Savoykohl) (engl.: savoy cabbage; franz.: chou de Milan, chou frisé) sind die zum Kopf geschlossenen, am Rande gewellten, fast immer ganzrandigen Blätter von *Brassica oleracea var. sabauda* L. Die Blattspreiten sind je nach Sorte verschieden bucklig oder blasig. Man unterscheidet entsprechend der Reifezeit die Wirsingsorten ähnlich wie bei Weiß- und Rotkohl. Besondere Sorten sind jedoch der Advent-Wirsing, der schon im Mai—Juni geerntet wird, und der Feld-Wirsing, der wegen einer gewissen Frosthärte bis in den Winter auf dem Feld verbleiben kann. Wirsing hat einen herb-aromatischen Kohlgeschmack, beim Kochen bildet sich ein intensiver Geruch.

β) Blütenkohl

Blumenkohl (Karfiol) (engl.: cauliflower; franz.: chou-fleur) sind die fleischig verdickten Blütenstände von *Brassica oleracea* L. *var. botrytis* L. Der Blumenkohl gilt wegen seines Geschmackes als ein besonders beliebtes Feingemüse. Die „Blume“, die aus einzelnen als kleine Buckel hervortretenden Blütenstandästen („Rosen“) besteht, ist halbkugelförmig und je nach Sorte verschieden dicht. Qualitativ guter Blumenkohl muß möglichst gleichmäßige Wölbung und eine dichte feinkörnige Oberfläche aufweisen; er soll möglichst weiß sein. Etwa 45 % des Blumenkohls stammen aus deutschem Anbau. Haupteinfuhrländer sind Holland und Italien, Belgien und Frankreich. Wegen der unterschiedlichen Erntezeiten in den einzelnen Ländern steht Blumenkohl das ganze Jahr über zur Verfügung. Im deutschen Anbau sind die Sorten-Gruppen: „Erfurter“, „Alpha“ und „Lecerf“ vorherrschend.

Gehandelt wird Blumenkohl mit ganzen oder gestutzten Hüllblättern, selten als freie Kopfware, von der das Laub abgeschnitten ist.

Brokkoli (Brokkuli) (engl.: broccoli; franz.: chou brocoli), *Brassica oleracea* L. *var. botrytis subvar. cymosa*, ist eine Zwischenform zwischen dem Blumenkohl und dem bei uns praktisch unbedeutenden Spargelkohl. Broccoli unterscheidet sich vom Blumenkohl durch die geringere Geschlossenheit der einzelnen „Rosen“. Die Blütenstände befinden sich auf längeren, von zarten Blättern eingehüllten Stielen.Brokkoli ist chlorophyllreicher als Blumenkohl und wirkt gelbgrün bis grasgrün. Die Vegetationszeit beträgt im Gegensatz zum Blumenkohl (7 Monate) bei Brokkoli 14—15 Monate. Wegen seiner geringen Winterhärte wird er deshalb in Deutschland praktisch nicht angebaut. Von gewisser Bedeutung ist der Anbau in Norditalien. In den USA ist Brokkoli ein für Frischmarkt und industrielle Verwertung bekanntes Gemüse.

γ) Blätterkohl

Chinakohl (Pekingkohl, Kochsalat) (engl.: chinese cabbage; franz.: chou de Chine), *Brassica pekinesis*, wird in Deutschland bisher nur wenig angebaut und gehandelt. Die aus langen, kurzgestielten, krausen Blättern bestehenden Blattköpfe sind von angenehm mildem Geschmack und werden sowohl roh als Salat als auch gedünstet (Kochsalat) verwendet. Chinakohl wird erst Ende Juli ausgesät und im Spätherbst geerntet.

Grünkohl (Braunkohl, Blätterkohl, Winterkohl, Krauskohl) (engl.: kale; franz.: chou vert) sind die krausen Blätter von *Brassica oleracea* L. *var. acephala* DC *subvar. laciniata* L. Grünkohl wird im Rheinland, Niedersachsen, Schleswig-Holstein und Westfalen angebaut und am Frischmarkt gehandelt sowie industriell verwertet.

Meist werden nur grünblättrige Sorten gehandelt, Sorten mit blauen und blauroten Blättern haben nur lokale Bedeutung. Der Verzehr von Grünkohl erfolgt fast ausschließlich während der Frostperiode. Bekannte Sorten sind: „Halbhoher grüner mooskrauser“ mit fein gekräuselten Blättern und „Lerchenzungen“ mit stark gekräuselten Blättern. Qualitativ hochwertiger Grünkohl soll möglichst frei von gelben Blättern und größeren Stiel- und Strunkteilen sein.

Schnittkohl sind die Blätter von *Brassica napus* L. *f. pabularia* DC., der Kohlrübe (vgl. dort). Schnittkohl wird in Holland auf kleinen Flächen angebaut, im Juni/Juli geerntet, indem die Blätter von den Wurzeln abgeschnitten werden. Schnittkohl wird ähnlich wie z. B. Wirsing oder Spinat zubereitet.

δ) Rosenkohl

Rosenkohl (Brüsseler Kohl, Sprossenkohl) (engl.: brussel sprouts; franz.: chou de Bruxelles), *Brassica oleracea* L. *var. bullata subvar. gemmifera* DC hat einen 30—60 cm hohen Stengel, der dicht mit runden, ballenförmigen oder ovalen, etwa walnußgroßen Blattachselknospen (Röschen) besetzt ist. Die unteren Blattachselknospen dienen als Gemüse. Rosenkohl wird im Rheinland, Niedersachsen, Schleswig-Holstein und Baden angebaut und vorwiegend aus Holland eingeführt.

Einige bekannte Sorten sind z. B. „Wilhelmsburger", „Fest und Viel", „Rot-Nerv". Die Röschen sollen fest geschlossen und grün sein. Gelber, lockerer Rosenkohl ist qualitativ geringwertig und im Geschmack schärfer.

ε) Kohlrabi

Kohlrabi (Oberkohlrabi, Oberkohlrübe) (engl.: kohl-rabi; franz.: chou rave) sind die zu fleischigen, plattrunden bis kugeligen Knollen verdickten Stengel von *Brassica oleracea* L. *var. gongylodes* L. Der Anbau erfolgt im Rheinland, Bayern und Niedersachsen, die Einfuhr meist aus Holland. Kohlrabi ist je nach Sorte in der Oberhaut fast weiß bis weiß-grün oder blau-violett.

Bekannte Sorten sind: „Wießmoor weißer Treib", „Rogglis blauer Treib", „Blauer Speck". Von Kohlrabi werden meist nur die Knollen, in manchen Gegenden jedoch auch die Herzblätter verzehrt. Kohlrabi soll weißfleischig, zart, nicht holzig, nicht geschossen und möglichst frei von Rissen sein.

ζ) Besondere Inhaltsstoffe der Kohlarten

Unter den flüchtigen schwefelhaltigen Verbindungen, die in Kohlarten vorkommen und dem gekochten Kohl seinen eigentümlichen Geruch verleihen, sind die Senföle von besonderer Bedeutung und wegen ihrer antibakteriellen und fungiciden Wirkung bei diesen und anderen Gemüsearten besonders eingehend untersucht.

In Kohlblättern und Samen liegen offenbar neben den schon seit längerer Zeit bekannten Thioglykosiden Sinigrin, Gluconapin und Glucoibervirin noch 5 weitere Thioglykoside vor, die durch Myrosinase nach der allgemeinen Formel

$$R{-}C\begin{cases} S{-}C_6H_{11}O_5 \\ N{-}OSO_3^- \end{cases} \rightarrow RNCS + C_6H_{12}O_6 + HSO_4^-$$

in die entsprechenden Senföle aufgespalten werden.

In frischem Kohl sind bisher folgende Senföle nachgewiesen worden: Methyl-, n-Butyl, 3-Butenyl-, Allyl- und 3-Methylthiopropyl-isothiocyanat. Noch nicht ganz gesichert, jedoch wahrscheinlich sind außerdem Methylthiomethyl- und 4-Methylthiobutylsenföl enthalten, außerdem Phenylsenföl in kleinen Mengen im Rotkohl (K. A. Jensen u. Mitarb. 1953; S. D. Bailey u. Mitarb. 1961). Folgende Sulfide wurden nachgewiesen: Schwefelwasserstoff, Kohlenoxysulfid, Dimethyl-, Diäthyl- und Dibutylsulfid. Diese sind entweder aus den Senfölen durch Hydrolyse: $RNCS + H_2O \rightarrow RNH_2 + COS$; $COS + H_2O \rightarrow H_2S + CO_2$ entstanden oder lassen sich wie das Dimethylsulfid durch Abbau des in anderen Pflanzen gefundenen Dimethyl-β-propiothetins $(CH_3)_2\,S^+{-}CH_2{-}CH_2{-}COOH \rightarrow (CH_3)_2\,S + CH_2{=}CH{-}COOH + H^+$ oder der analogen Sulfoniumsalze des Methionins erklären (R. A. Mc Rorie u. Mitarb. 1954). Außerdem kommen Disulfide wie Schwefelkohlenstoff, Dimethyl-, Methyläthyl-, Diäthyl-, Äthylpropyl-, Dipropyl-, Propylbutyl-, Propylallyl- und Diallyldisulfid vor, deren Bildung durch Hydrolyse von S-Methyl-L-cysteinsulfoxid

$$4\ CH_3{-}\overset{\overset{\displaystyle O}{\uparrow}}{S}{-}CH_3{-}CHNH_2{-}COOH + 2\ H_2O \rightarrow$$

$$CH_3{-}\underset{\underset{\displaystyle O}{\downarrow}}{\overset{\overset{\displaystyle O}{\uparrow}}{S}}{-}S{-}CH_3 + (CH_3)_2\,S_2 + 4\ CH_3{-}COCOOH + 4\ NH_3$$

und für die anderen Alkylanaloga entsprechend zu erklären ist (G.P. DATEO u. Mitarb. 1957). Auch das Vorkommen organischer Tri- und Polysulfide im Saft von Kohlarten ist nachgewiesen, denen z. B. die Struktur von Trithionen zugeschrieben wird (L. JIROUSEK u. J. JIRSAK 1956).

Seit längerer Zeit ist bekannt, daß es pflanzliche Kropfnoxen gibt, die sich bei extremen Ernährungslagen in Notzeiten bemerkbar machen können. Verbreitet sind die kropfauslösenden („strumigenen") Substanzen in allen zur Gattung Brassica gehörenden Kohl- und Rübenarten, ferner in Bohnen, Erbsen, Linsen, Sojabohnen und Erdnüssen. Durch Kochen wird die strumigene Wirkung nicht aufgehoben.

Aus Brassica-Samen wurden in einer Menge von 1,5 g/kg L-5-Vinyl-2-thiooxazolidon (Goitrin)

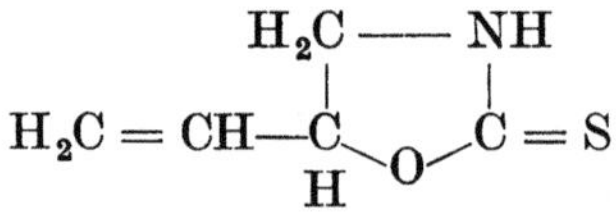

und 5,5-Dimethyl-2-thiooxazolidon isoliert, die sich im Tierversuch als kropferzeugend erwiesen (E.B. ASTWOOD u. Mitarb. 1949). Dieses Goitrin kommt auch in frischen Kohlblättern vor, jedoch nur in einer Konzentration von 1:8000000, einer Menge, die für die Ernährung keine Rolle spielt (M.R. ALTAMURA u. Mitarb. 1959).

Von physiologischer Bedeutung sind auch die natürlichen Auxine, die in den Kohlarten enthalten sind und mit denen man die abnormen Wuchsformen der Brassica-Arten in Verbindung gebracht hat, so die Ausbildung des Blütenstandes bei Blumenkohl, die Stengelverdickung bei Kohlrabi und die krause Gestaltung der Blattlamina bei Wirsing und Grünkohl und der dichte Blattstand bei Kopfkohl. Als Zellstreckungswuchsstoffe sind β-Indolylacetonitril und β-Indolylaldehyd und β-Indolylcarbonsäure (E.R.H. JONES u. W.C. TAYLOR 1957) nachgewiesen worden. Das Vorkommen von β-Indolessigsäure ist nicht gesichert. Der Gehalt an Indolderivaten ist in Jungpflanzen am höchsten (Blumenkohl $>$ 100 mg/100 g, Wirsingkohl $>$ 60 mg/100 g), er liegt in den üblicherweise verzehrten Blatteilen am höchsten bei Wirsing mit 40 mg/100 g und am tiefsten bei Blumenkohlrosen mit 8 mg/100 g (M. LINSER u. Mitarb. 1958).

Die in Kohlarten schon lange vermutete, im Arbeitskreis von PROCHAZKA als Ascorbigen bezeichnete „gebundene Ascorbinsäure", ist nach R. GMELIN u. Mitarb. (1960) als ein Artefakt anzusprechen. Aus dem Thioglucosid Glucobrassicin entsteht unter der Einwirkung des Enzyms Myrosinase neben Thiocyanat, Glucose und Sulfat Indol, das sich dann auf nichtenzymatischem Wege mit Ascorbinsäure zum Ascorbigen umsetzt. Für die Struktur des Ascorbigens wurde von M. KIESVAARA u. A.I. VIRTANEN (1962) eine Formel vorgeschlagen, bei der aber die Verknüpfungsstelle an der Ascorbinsäure noch offen blieb. G. KISS und H. NEUKOM (1966) haben zeigen können, daß bei der Bildung des Ascorbigens eine C-Alkylierung (in diesem Falle eine Skatylierung) am C-2 des Ascorbat-Ions eintritt, wobei 2 diasteromere Formen möglich sind. Im Saft geriebener Weißkohlblätter konnte nur Ascorbigen A nachgewiesen werden.

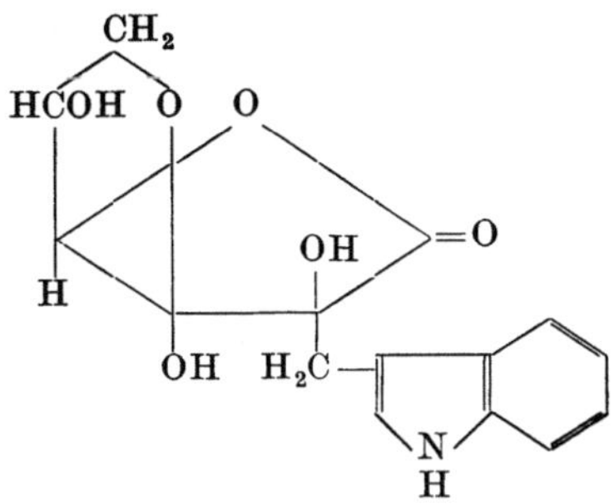

Ascorbigen A (nach G. KISS u. H. NEUKOM 1966)

Über die nicht als Eiweiß gebundenen stickstoffhaltigen Fraktionen aus Kohlarten sind umfangreiche Untersuchungen angestellt worden. Glutamin erwies sich als Hauptbestandteil neben S-Methyl-L-cysteinsulfoxid und Arginin (E. G. KELLEY u. Mitarb. 1960).

Alkaloide sind als Inhaltsstoffe im Plasma der Brassicaarten nicht nachgewiesen. Ein Dipalmitylketon wurde isoliert (W. DIEMAIR u. A. F. MÜHRDEL 1959). Eine ausführliche Untersuchung über die Plasmainhaltsstoffe der Kohlarten (Fettsäuren und Unverseifbares) veröffentlichte A. F. MÜHRDEL (1965).

e) Mangold

Mangold (Beißkohl) engl.: swiss chard; franz.: bette), *Beta vulgaris* L. *var. cilla* (L.) Aell. (Chenopodiaceae) wird nur in begrenztem Umfang angebaut und als Gemüse gehandelt. Mangoldblätter werden wie Spinat, Mangoldrippen ähnlich wie Spargel zubereitet. Man unterscheidet entsprechend Schnittmangold (typische Sorte „Grüner Schnitt") und Rippenmangold (typische Sorte „Krauser Silber") sowie Zwischentypen (wie „Lukullus").

Melde (Atriplex arvense) wird nur vereinzelt im Rheinland angebaut und ähnlich zubereitet wie Spinat. Bevorzugte Gartenmeldensorte ist „Grüne Rheinische Kopfmelde". Bei übermäßigem Meldeverzehr treten gesundheitliche Schädigungen (Meldekrankheit, Chinesische Bettlerkrankheit) auf, die sich in Ödembildung äußern.

f) Salatgemüse

Unter Salatgemüsen kann man diejenigen Arten zusammenfassen, die vorwiegend roh mit würzenden Zusätzen verzehrt werden.

α) Endivie (Winterendivie, Andivi, Bind-Endivie, Eskariol) (engl.: endive; franz.: chicorée frisée) sind die gekrausten Blätter von *Cichorium endivia* L. (Compositae). Man unterscheidet die glanzblättrige Winterendivie oder Escariol, die glatt- und breitblättrig ist, und die krausblättrige Winterendivie, die schlitzblättrig ist. Die Bevorzugung der einen oder anderen Art ist landschaftlich unterschiedlich. Viel verwendet wird die Sorte „Grüner Escariol". Gewünscht werden allgemein helle Herzblätter. Man erreicht das Ausbleichen durch Zusammenbinden der Pflanzen.

Endivien enthalten einen bitterschmeckenden Milchsaft. Sie werden meist als Salat, in anderen Ländern jedoch auch gekocht verzehrt.

Als Sommerendivie (Römischer Salat, Bindesalat) werden längliche oder keilförmige Blätter von *Lactuca sativa* L. *var. romana* bezeichnet, die zum Bleichen der Herzblätter meist gebunden werden.

β) Feldsalat (Ackersalat, Ackerlattich, Vogerlsalat, Lämmersalat, Rebkresse, Rapunzel, Rapünzchen, Rabinschen, Mauseöhrchen, Nesselsalat) (engl.: cornsalad; franz.: mache), *Valerianella olitoria* Poll. hat rosettenartig gestellte, längliche, löffelförmige, stumpfe oder spitze, hellviolette oder grüne Blätter. Dieses Gemüse wird in den Winter- und Frühjahrsmonaten als Frischsalat verwendet, da es eine gute Winterfestigkeit hat. Weit verbreitet ist die Sorte „Dunkelgrüner vollherziger" mit zartem bis mittelderbem Blatt.

γ) Kopfsalat (Salat, Häuptelsalat, Schmalzsalat, Lattich) (engl.: lettuce; franz.: laitue pommée) sind die zu einem dichten Kopf zusammengeschlossenen blasig-runzeligen, ganzrandigen Blätter von *Lactuca sativa* L. *var. capitata* L. (Compositae). Kopfsalat ist entweder rein grünfarbig oder fleckig rötlich bis bräunlich. Bevorzugt werden die grünen Sorten.

Man unterscheidet je nach Reifezeit Treib- und Frühsalat (wie „Victoria"), Sommersalat (wie „Wunder von Stuttgart" und „Laibacher Eis") und Wintersalat (wie „Maiwunder"). Die Versorgung mit Kopfsalat, der mit 900000 t Jahreserzeugung im EWG-Raum eines der wichtigsten Frischgemüse darstellt, ist ganzjährig möglich. Neben deutschem Anbau wird aus Holland, Frankreich, Italien und Spanien eingeführt.

δ) Schnitt- und Pflücksalat. Schnitt- und Pflücksalat (*Lactuca sativa* L. *var. secalina* Alef. und *var. acephala* Alef.) haben für den erwerbsmäßigen Gemüseanbau nur wenig Bedeutung und finden sich meist nur in Haus- und Kleingärten. Die Blätter schließen nur locker zusammen, sie sind glatt, blasig oder kraus, gelb bis braun und befinden sich an Stengeln bis zu 30 cm Höhe.

ε) Besondere Inhaltsstoffe in Lactuca-Arten. Die im Milchsaft von *Lactuca virosa*, dem Giftlattich, vorkommenden Inhaltsstoffe sind Gegenstand zahlreicher Untersuchungen gewesen. Der eingedickte Milchsaft ist jahrhundertelang als Hypnotikum verwendet und als „Lactucarium Germanilium", „Lattichopium" bekannt geworden.

Die als *α*- und *β*-Lactucerol (bzw. *α*- und *β*-Lactucol) bezeichneten Alkohole, die bei der Verseifung von entsprechenden rechtsdrehenden Acetaten gefunden wurden, erwiesen sich als komplizierte Gemische triterpenoider Alkohole, in denen unter anderem, neben Stigmasterin und Sitosterin, Taraxasterin (I), Pseudotaraxasterin (II), Taraxerol (III), *β*-Amyrin (IV) und ein „Taraxol" unbekannter Konstitution nachgewiesen worden sind.

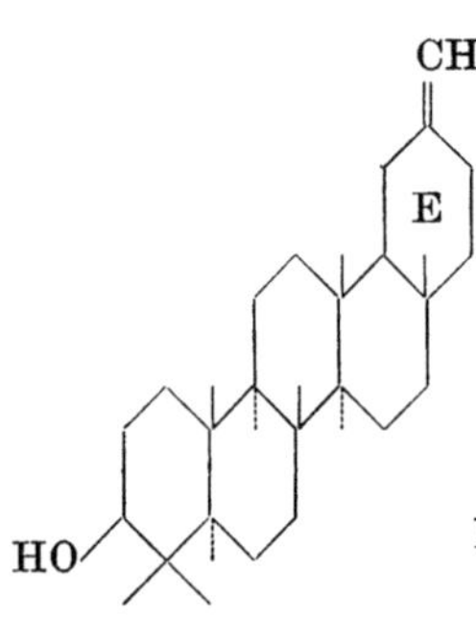

I

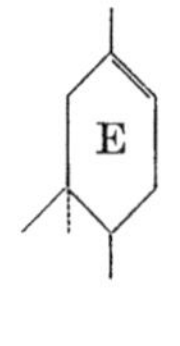

II

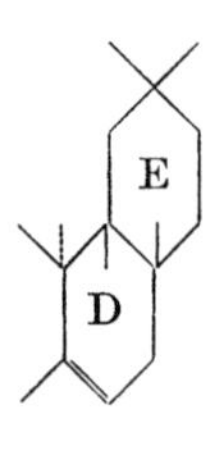

III

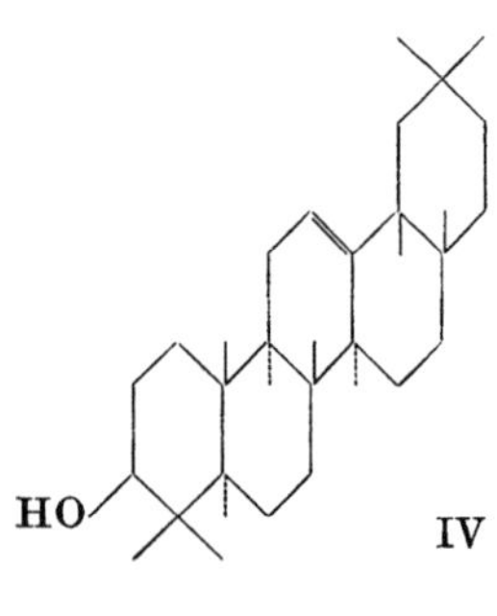

IV

Als Bitterstoffe, die in Lactuca-Arten vorkommen, wurden das Lactucin (V) und dessen Abkömmlinge, wie das Lactucopicrin (VI) aufgeklärt.

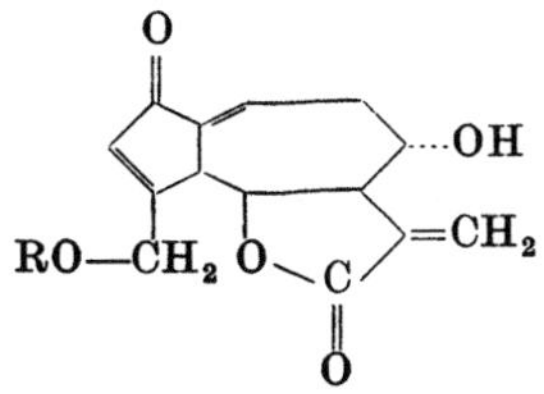

V R = H

VI R = $HO-C_6H_4-CH_2-CO-$

Eine zusammenfassende Darstellung der bisher bekannten organischen Bestandteile von Kopfsalat findet sich bei D. G. Crosby (1963). Wegen ihrer botanischen Ähnlichkeit sind einige der bei Lactuca-Arten nachgewiesenen speziellen Inhaltsstoffe auch bei anderen Compositen-Gemüsen, z. B. bei Chicorée, zu erwarten.

ζ) **Kresse.** Von den botanisch voneinander unabhängigen Kressearten, die als Gemüse verwendet werden, hat in Deutschland die *Gartenkresse, Lepidium sativum* L. (Cruciferae) engl.: garden-cress; franz.: cresson alénois) die größte Bedeutung. Diese wird bei uns vor allem als Topf-, Treib- und Kleingartenpflanze angebaut und steht im beginnenden Frühjahr zur Verfügung.

Die *Brunnenkresse, Nasturtium officinale* R. Br. (Cruciferae) (franz.: cresson de fontaine) wird in Wasserbeeten gezogen und hauptsächlich in Frankreich in der Picardie und südlich Paris in besonders angelegten Großkulturen angebaut. Brunnenkresse wird sowohl roh als auch gekocht, z. B. als Zutat zu Suppen, oder wie Spinat verzehrt.

Die *Kapuzinerkresse, Tropaeolum majus* L. (Tropaeolaceae) (franz.: cresson de pérou) wird in Deutschland als Gemüse nur wenig verwendet und ist hauptsächlich als gelb- bis braunrot blühende Zierpflanze bekannt.

Allen Kressearten ist der besondere, senfölartige Geschmackscharakter gemeinsam, der bei der Brunnenkresse am feinsten und edelsten ausgebildet ist. In Gartenkresse und Kapuzinerkresse findet sich das Glucosid Glucotropäolin, aus dem sich durch enzymatische Einwirkung von Myrosin Benzylsenföl

$$C_6H_5CH_2 \cdot CNS$$

abspaltet. Entsprechend findet sich in der Brunnenkresse das Glucosid Gluconasturtiin

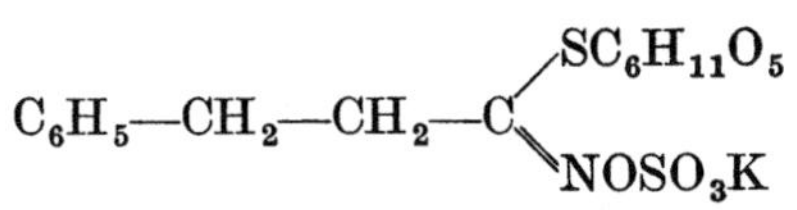

aus dem unter enzymatischer Einwirkung Phenyläthylsenföl

$$C_6H_5CH_2—CH_2—NCS$$

freigesetzt wird.

Auf den Gehalt an Senfölen ist ebenso wie bei anderen Gemüsearten, z. B. Kohl und Rettich, die bactericide Wirkung von Kresse zurückzuführen.

η) **Wildgemüse:** Nur in Notzeiten und unter besonderen, z. B. regional bedingten Umständen, werden einige wildwachsende Kräuter als Salate oder Gemüse benutzt. Hierzu gehören:

1. die Blätter von Löwenzahn, *Taraxacum officinale*
2. Nesselblätter und -Stengel, *Urtica dioica*
3. Blätter von Wegebreit, *Plantago major*
4. Gemüseportulak, *Portulaca oleracea*
5. Weißer Gänsefuß, *Chenopodium album*,

außerdem Sauerampfer, Wegwarte, Gänseblümchen, Giersch, Distelarten, Hopfensprossen, Hirtentäschel, Schaumkraut, Scharbockskraut, Sumpfdotterblume und Vogelmiere.

Allen diesen Wildgemüsen kommt eine marktmäßige Bedeutung nicht zu.

g) Spinat

Als Spinat werden die Blätter von *Spinacia oleracea* L. (Chenopodiaceae) (engl.: spinach; franz.: épinard) verwendet. Je nach Aussaatzeit unterscheidet man Winter-, Frühjahrs- und Herbstspinat. Die gebräuchlichsten Sorten, wie „Matador" und „Broistedts Spicka", sind hinreichend winterfest, um überwintern zu können. Sie eignen sich jedoch auch für die Frühjahrsaussaat. Je nach Erntemethode unterscheidet man zwischen Blatt- und Wurzelspinat. Blattspinat ist über der Erde geschnitten und besteht nur aus Blattstielen und -spreiten. Wurzelspinat ist dagegen die ganze Pflanze, die unmittelbar unter dem Wurzelhals gestochen ist. Der Küchenabfall bei Wurzelspinat ist höher. Für die industrielle Verwertung wird praktisch nur noch Blattspinat verwendet. Die Ernte erfolgt mit besonderen Spinaterntemaschinen. Qualitativ guter Spinat soll insbesondere frei von gelben Blättern, Unkraut und Erde sowie geschossenen Pflanzen sein.

Von besonderen Inhaltsstoffen im Spinat sind zunächst die organischen Säuren zu nennen, von denen die Oxalsäure in einer Menge von 0,3—0,6% neben Citronensäure und kleinen Mengen von Äpfelsäure vorkommt, und die den herben Geschmack des Spinates hervorrufen.

Spinat enthält außerdem Bernsteinsäure. Der Versuch, Bernsteinsäure als ein quantitatives Kriterium für den Frischezustand von Spinat zu verwenden, ist nicht erfolgreich gewesen (H.D. SILVERBERG 1958).

Der Oxalsäuregehalt des Spinats hat im allgemeinen keine abträgliche ernährungsphysiologische Wirkung, wenn hinreichend calciumreiche Beikost gegeben wird (H. ACKERMANN 1958). Bei normaler Ernährung mit ausreichender Calciumzufuhr kann es nicht zu Kalkmangelzuständen durch den Genuß von Spinat kommen (W. SCHUPHAN u. I. WEINMANN 1958).

Die Lipide des Spinats sind in den letzten Jahren besonders gründlich untersucht worden. Es kommen im Spinat (wie auch in anderen grünen Pflanzen) vor: Monogalaktosyl- und Digalaktosyldiglycerid, Phosphatidylglycerin (mit trans-3-Hexadecensäure), Phosphatidylcholin, -äthanolamin und -inosit sowie das Sulfatid 6-Sulfochinovosyl-diglycerid (C.F. ALLEN u. Mitarb. 1964).

In den Lipoidextrakten von Spinatblättern wurden in der Reihenfolge ihrer Häufigkeit Linolensäure, Palmitinsäure, Linolsäure, n-Heptadecansäure, Ölsäure, n-Pentadecansäure, Tetradecensäure und andere gefunden. Ungewöhnlich ist das Vorkommen der C_{17}-Fettsäure, n-Heptadecansäure, die deshalb Interesse beansprucht (L.R. MATTICK u. F.A. LEE 1961). Die im wäßrigen Extrakt aus Spinatblättern gefundenen Aminosäuren und Oligopeptide sind ebenfalls im einzelnen aufgeklärt worden (TH. KAUFFMANN u. CH. KOSEL 1959).

Spinat ist reich an den Vitaminen A und C und deshalb als Gemüse für die menschliche Ernährung besonders interessant. Bei der Lagerung von Frischspinat tritt jedoch relativ schnell ein oxydativer Ascorbinsäureabbau ein (M. OLLIVER 1936). In den Carotinoidfraktionen aus Spinat sind neben Xanthophyll vor allem β-Carotin und geringe Mengen α-Carotin nachgewiesen.

Spinatblätter enthalten geringe Mengen eines Saponins sowie Flavonglykoside. Außerdem wurden Histamin, N-Dimethylhistamin, N-Acetylhistamin und Acetylcholin (W. APPEL u. E. WERLE 1959) aufgefunden.

Wegen der Fähigkeit zur Nitratspeicherung vgl. S. 312.

h) Staudensellerie

(Bleichsellerie, Stangensellerie, Stengel- oder Stielsellerie) (engl.: celery stalks; franz.: cœurs de céleri) sind die fleischigen Blattstiele und Blattspreiten von *Apium graveolens* L. var. *dulce* (Miller) Pers., die vorwiegend roh als Salat, jedoch auch gekocht, verzehrt werden.

Der deutsche Anbau dieses Gemüses ist nur von geringer Bedeutung. Die Einfuhr erfolgt vielfach aus Italien. Angebaut werden meist englische oder amerikanische Sorten, bei denen die Blattstiele entweder weiß-gelblich oder rot und violett gestreift sind. Bleichsellerie wird durch Anhäufeln vor Lichteinstrahlung geschützt; dadurch wird die Chlorophyllbildung verhindert. Deutsche Sortierungsvorschriften für Bleichsellerei gibt es nicht.

4. Sprossengemüse

Alle durch Zucht fleischig oder dick gewordenen Stengel oder oberirdischen Stengelknollen, die für den menschlichen Genuß Verwendung finden, kann man unter dem Begriff der Sprossengemüse zusammenfassen.

a) Spargel

Spargel sind die aufrecht treibenden jungen Stengelsprosse von *Asparagus officinalis* L. (Liliaceae) (engl.: asparagus; franz.: asperge). Er wird als Feingemüse vielfach verwendet.

Der Spargelanbau in der Bundesrepublik Deutschland erfolgt vorwiegend in Niedersachsen, der oberrheinischen Tiefebene und Nordrhein-Westfalen, die Einfuhr von Frischspargel hauptsächlich aus Holland, Belgien und für den Beginn der Spargelernte aus Frankreich. Die Spargelernte liegt in der Zeit zwischen Mitte April und Mitte Juni. Der Anbau von Spargel wird in Reihen vorgenommen, die kurz vor der Ernte zu meist kastenförmigen Beeten angehäufelt werden, um den Lichteinfluß auszuschalten und die Chlorophyllbildung zu unterdrücken. Wenn die Spargelsprossen die überstehende Erde anzuheben beginnen, werden die Stangen mit besonderen Stecheisen gestochen. Durchbricht der Spargelkopf die Erddecke, so färbt er sich zunächst rasch blau, bei weiterem Wachstum zunehmend grün. Man unterscheidet je nach der Ausbildung des Kopfes zwischen weißem, blauem bis violettem und grünem Spargel. In Deutschland wird weißköpfiger Spargel mit festem, geschlossenem, nicht „aufgeblühtem", nicht krausem Kopf bevorzugt. In Frankreich werden Spargelsorten bevorzugt, die rosa bis violette Köpfe, bei zunehmendem Wachstum grüne Spitzen haben. Diese haben im Gegensatz zu dem sehr milde schmeckenden weißen Spargel einen etwas mehr herb-bitteren Geschmack. Die Stangen sollen möglichst gerade und gut gewachsen, nicht hohl und nicht gespalten sein. Die in Deutschland verwendeten Spargelsorten sind vor allem „Ruhm von Braunschweig" und „Früher Burgunder"; sie sind sortenmäßig meist nicht ganz einheitlich. Spargel wird für den Frischmarkt meist gewaschen gehandelt, ebenso holländischer Industriespargel. Deutscher Spargel für die Konservenindustrie wird dagegen meist ungewaschen angeliefert. Gewaschener Spargel neigt zu Verderbniserscheinungen, die sich vor allem durch Weichwerden in der Partie unmittelbar unterhalb des Kopfes und durch Auftreten eines fauligen Geruches bemerkbar machen. Spargel ist sehr frostempfindlich. Kühlhauslagerung darf deshalb + 0,5° nicht unterschreiten.

Spargel ist ein relativ eiweißreiches Gemüse, das im eßbaren Anteil bis zu etwa 2% Reinprotein enthält. Auf das Vorkommen reichlicher Mengen von Asparagin sind z. T. die Geruchsveränderungen bei der Zersetzung von Spargel zurückzuführen. Spargel hat diuretische Wirkungen. Er enthält Fumarsäure, Bernsteinsäure, Äpfel- und Citronensäure, α-Ketoglutarsäure, Glykolsäure und Pyrrolidoncarbonsäure (C. Dame 1959). Eine 2,2'-Dithioisobuttersäure wurde nachgewiesen. Spargel enthält vor allem in der Schale phenolische Verbindungen und Lignin. Der Gehalt an Eisen- und Schwefelverbindungen in den Schalen ist erhöht. Die bei Schlagbeschädigungen von Spargel unter der Einwirkung von Oxydasen auftretenden Braunverfärbungen sind auf das Vorkommen dieser Verbindungen zurückzuführen. In grünem Spargel sind reichliche Mengen Rutin nachgewiesen, das mit Eisen Komplexverbindungen bildet. Auf das Vorkommen dieser

Faktoren wird die bei grünem Dosenspargel zeitweilig vorkommende Dunkelverfärbung zurückgeführt (H.H. Hernandez u. D.C. Vosti 1963).

Kohlrabi (*Brassica oleracea* L. *var. gongylodes* L.). Dieses Gemüse ist wegen seiner Verwandtschaft mit den anderen Kohlarten mit diesen zusammen beschrieben (vgl. S. 331).

b) Rhabarber

Der Speiserhabarber (*Rheum undulatum* L.) (engl.: rhubarb; franz.: rhubarbe) gehört zur Familie der Polygonaceen und hat seine Heimat in China. Seine Blattstiele werden zur Kompott-, Marmeladen- und Mostherstellung verwendet.

In 100 g eßbarem Anteil enthält der Speiserhabarber durchschnittlich 94% Wasser und 4% Kohlenhydrate. Der Vitamin C-Gehalt liegt im Durchschnitt bei 13 mg/100 g. Über die weitere Zusammensetzung vgl. S.W. Souci u. Mitarb. (1962).

Die verschiedenen Rhabarbersorten enthalten eine Reihe von Säuren wie Essig-, Oxal-, Äpfel-, Bernstein-, Milch- und Citronensäure. Mengenmäßig überwiegt bei allen Sorten die Äpfelsäure (8—13 mg/g Frischsubstanz). Die Oxalsäurewerte liegen zwischen 0,6 und 2,0 mg/g Frischsubstanz, wobei die Oxalsäure zu fast 50% in Form der schwerlöslichen Calcium- bzw. Magnesiumsalze vorliegt (H.A.W. Blundstone u. D. Dickinson 1964).

Unter den zahlreichen Rhabarbersorten können die Blattstiele zwischen hellgrün und rot in vielen Nuancen gefärbt sein. Über die Chemie der Blattstielfarbstoffe ist wenig bekannt.

Der Verzehr der Blattspreiten von Rhabarber kann zu Verdauungsstörungen führen. Untersuchungen zeigten, daß der Gehalt an Gesamtanthrachinonen (0,5 bis 1,0%) in jungen Rhabarberblättern — übrigens der höchste bekannte Gehalt an diesen Stoffen in Nutzpflanzen — für die toxische Wirkung verantwortlich ist. Ein großer Teil dieser Glykoside liegt in der reduzierten gewebsreizenden Form als Anthranolglykoside vor. Die oxydierten Chinonformen sind unschädlich (E. Streicher 1964).

5. Blütengemüse

Artischocke

Artischocken (engl.: artichoke; franz.: artichaut) sind die faustgroßen, aus dem fleischigen Blütenboden und den dicken, schuppigen, dachziegelförmig übereinanderstehenden Hüllblättern bestehenden, noch nicht entfalteten Blütenkörbchen von *Cynara scolymus* L. (Compositae), die als Feingemüse zum Rohverzehr und im geschmorten Zustand, vor allem in Frankreich, Italien und Spanien verwendet und von dort exportiert werden.

Der deutsche Anbau dieses Gemüses ist wegen seiner geringen Winterfestigkeit ohne Bedeutung. Die verschiedenen Artischockensorten weisen unterschiedliche Farben auf; häufig sind solche Sorten, die bei dunkelgrüner Grundfarbe violette Stellen auf den äußeren Hüllblättern aufweisen. Daneben gibt es solche mit reingrünen Hüllblättern und solche mit hellgrünen Flecken auf den grünen Hüllblättern. Man unterscheidet außerdem runde und zylinderförmige Varietäten.

Zum Verzehr kommen die unteren, fleischig-zarten Hüllkelchblätter sowie insbesondere der saftige Artischockenboden, der z. B. auch zu Konserven verarbeitet wird. Artischockenböden sind reich an Saccharose (ca. 12%) und enthalten Inulin. Artischocken wirken galletreibend, diuretisch und tonussenkend.

Blumenkohl (*Brassica oleracea* L. *var. botrytis* L.) und Brokkoli (*Brassica oleracea* L. *var. botrytis subvar. cymosa*) sind wegen ihrer Verwandtschaft zu den übrigen Kohlarten bereits mit diesen zusammen beschrieben worden (vgl. S. 330).

6. Samen- und Fruchtgemüse

In die Gruppe der Samen- und Fruchtgemüse sind diejenigen Gemüsearten einzustufen, von denen die unreifen Früchte oder Samen als Gemüse verzehrt werden. Hierzu gehören z. B. die unreifen Hülsenfrüchte, wie Erbsen, Flageolets, Puffbohnen, ferner solche Gemüsearten, bei denen die fleischig verdickte Frucht den Hauptbestandteil bildet, wie z. B. Gurken, Kürbis, Tomaten, Paprika, grüne Bohnen und ähnliche Arten.

a) Auberginen

Auberginen (Eierfrüchte) (engl.: egg plant; franz.: aubergine) sind die birnenförmigen Früchte von *Solanum melongena* L. (Solanaceae), die als Feingemüse in begrenztem Umfang aus Frankreich, Italien, dem Balkan, den Kanarischen Inseln und Marokko eingeführt und in sehr geringen Mengen auch in Deutschland angebaut werden.

Die blau-roten, violetten bis schwarzen, länglich-ovalen bis birnenförmigen, etwa 10—20 cm langen und 5—7 cm dicken Früchte haben gewisse Ähnlichkeit mit der Tomate. Man unterscheidet lange violette Sorten, aber auch weiße und gestreifte Varietäten. Die Früchte sollen fest und fleischig, gut farbig und mit einem etwa 2 cm langen Stengel versehen sein. Sie werden vorwiegend gedünstet oder gebacken, z. T. auch als Salat verzehrt. Aus den Balkanländern werden Auberginen vielfach in Pflanzenöl konserviert oder im Gemisch mit anderen Gemüsearten (Guvetch) als Konserven eingeführt.

b) Gartenbohnen

Die ganz jungen, unreifen Hülsen verschiedener Bohnenarten, insbesondere von *Phaseolus vulgaris* L. (Leguminosae) sind eines der wichtigsten Gemüse für den Frischmarkt und für die industrielle Verarbeitung.

Man kann die Bohnensorten einteilen je nach ihrem Wuchstyp in Buschbohnen (Kruppbohnen) (engl.: french beans; franz.: haricots nains) und Stangenbohnen (engl.: climbing french beans oder pole bean; franz.: haricots à rames). Je nach der Farbe der Hülsen unterscheidet man grüne Bohnen (engl.: green beans; franz.: haricots verts) und Wachsbohnen (engl.: wax beans; franz.: haricots beures). Nach Art der Fadenausbildung unterscheidet man Sorten mit Fäden (engl.: string beans; franz.: haricots à parchemin) und Sorten ohne Fäden (engl.: stringless beans; franz.: haricots sans fils oder haricots mange tout).

Am meisten werden grünhülsige Buschbohnen ohne Fäden angebaut. Man bevorzugt Sorten mit ovalen Hülsen, wie „Doppelte holländische Prinzeß" oder mit rundovalen bis runden Hülsen, wie „Saxa" und „Favorit". Derartige Bohnen werden hauptsächlich als Brechbohnen verarbeitet und verzehrt. Grünhülsige Bohnen mit Fäden spielen dagegen im Anbau fast keine Rolle mehr. In diese Gruppe fallen Spezialsorten, wie die sehr langen und breiten „Schwertbohnen" sowie die „Speckbohnen", die als Schnittbohnen teilweise verwendet sind und noch heute in Holland für diesen Zweck eingesetzt werden, und die sehr feinen, langen, schmalen Hülsen, wie sie bevorzugt für Haricots verts (Prinzeßbohnen) eingesetzt werden. Von den gelbhülsigen Buschbohnen haben heute nur noch Sorten ohne Fäden praktische Bedeutung, wie z. B. „Saxa Gold". Daneben sind als Buschbohnensorten noch die Flageolettypen zu nennen, das sind die meist fadenfreien, flachovalen grünhülsigen Buschbohnen, bei denen die Kernausbildung an den Hülsen besonders deutlich und perlschnurartig in Erscheinung tritt und die als „Perlbohnen" bezeichnet werden, sowie solche Bohnensorten, deren weiße, braune oder grüne Kerne ohne das Hülsenfleisch verzehrt werden. Dieser Bohnentyp ist im deutschen Anbau von untergeordneter Bedeutung. Vorwiegend weiße oder grüne frische Bohnenkerne sind jedoch in Frankreich ein beliebtes Gemüse für den Frischmarkt und die industrielle Weiterverarbeitung (haricots nains à consommer en grains).

Der deutsche Anbau von Trocken-Speisebohnen ist ebenfalls mengenmäßig gering. Diese werden meist aus Übersee eingeführt (vgl. Hülsenfrüchte).

Die Stangenbohnen (*Phaseolus vulgaris* L. var. *communis* Aschers.) werden sowohl für den Frischmarkt als auch für die industrielle Verwertung eingesetzt, sind aber neben den Buschbohnen mengenmäßig von untergeordneter Bedeutung. Stangenbohnen haben lange, meist flache bis ovale Hülsen; neben grünhülsigen Stangenbohnensorten werden auch gelbhülsige verwendet. Stangenbohnen werden als ganze Bohnen, als Brechbohnen oder als Schnittbohnen verarbeitet und verzehrt.

Eine besondere Art von Stangenbohnen sind die Prunk- oder Feuerbohnen (Prunkerbohnen) (*Phaseolus coccineus* L.), die jedoch wegen ihrer Fädigkeit in Deutschland als Gemüse kaum noch Verwendung finden.

Die Anforderungen, die an Busch- oder Stangenbohnen als Frischgemüse oder für die industrielle Verarbeitung gestellt werden, richten sich nach Sorte und Verwertungszweck. Allgemein müssen die Bohnen fleischig, frisch, glattbrechend, möglichst fadenfrei und frei von Fehlern, wie Brennflecken, Windschlag u. dgl. sein und eine möglichst geringe Kernausbildung aufweisen. Buschbohnen für die industrielle Weiterverarbeitung werden meist mit Bohnenpflückmaschinen geerntet. Die dabei auftretenden Schlagbeschädigungen machen maschinengepflückte Bohnen für den Frischmarkt ungeeignet.

In Bohnen, insbesondere in Bohnenkernen, sind Phytotoxine nachgewiesen, die toxische und hämagglutinierende Eigenschaften haben. Derartige Toxine, als Phasine bezeichnet, werden beim Kochen jedoch zerstört. Die chemische Zusammensetzung der Bohnensamen ist eingehend untersucht worden (vgl. Hülsenfrüchte). Im Saft von grünen Bohnen ist Allantoinsäure nachgewiesen, ferner ein γ-Glutamyl-S-methylcystein (H. RINDERKNECHT 1957).

Die an grünen Bohnen auftretenden nichtfermentativen Braunverfärbungen konnten auf eine Oxydation von Leukoanthocyanidinen zurückgeführt werden. Es bildeten sich beim Kochen zwei rote Anthocyanidine, das Delphinidin und Cyanidin (A.S. ROSEMAN u. Mitarb. 1957).

c) Puffbohnen

Puffbohnen, Dicke Bohnen (Pferdebohnen, Saubohnen, Schweinbohnen, Teckelbohnen, Welsche Bohnen) (engl.: broad bean; franz.: fève) sind die unreifen Samen von *Vicia faba* L. var. *major* (Leguminosae), die vielfach als Frischgemüse und zur industriellen Verwertung angewendet werden. Zur gleichen Art gehört auch die Ackerbohne, die ausschließlich zur tierischen Ernährung eingesetzt wird.

Dicke Bohnen haben unterschiedliche Hülsenlänge von 10—25 cm; sie werden ausschließlich als Buschbohnen angebaut. Man unterscheidet solche mit vorwiegend weißer bis grüner Kornfärbung (wie die Sorte „Dreifach Weiße") und solche mit mehr hellbräunlich bis bräunlicher Kornfärbung (wie die Sorte „Con Amore").

Puffbohnen haben, auch wenn es sich um weißkernige Sorten handelt, teilweise die Eigenschaft, während des Kochvorganges eine hellbraune bis rotbraune oder graue Farbe anzunehmen. Man führt diese Farbänderung auf das Vorkommen von Leukoanthocyanidinen zurück, die sich während des Erhitzens in Anthocyanidine und kondensierte Oxydationsprodukte umwandeln (D. DICKINSON u. Mitarb. 1957).

d) Erbsen

Als Frischgemüse werden die unreifen Samen von *Pisum sativum* L. (Leguminosae) verwendet. Sie sind für die industrielle Verwertung, insbesondere die Konservierung, neben den Bohnen in Europa die wichtigste Gemüseart. Man unterscheidet Palerbsen (Schalerbsen, Kneifelerbsen, Runderbsen) (engl.: smooth peas; franz.: pois lisses) und Markerbsen (Runzelerbsen) (engl.: wrinkled peas, sweet peas; franz.: pois ridés). In Deutschland werden fast ausschließlich Markerbsen angebaut, in Frankreich fast ausschließlich Palerbsen. Der Anbau in den USA besteht zu etwa 25 % aus Palerbsen.

Palerbsen zeichnen sich durch ein rundes, glattschaliges Samenkorn aus. Die Kohlenhydrate sind hauptsächlich als Stärke abgelagert. Die Stärke besteht aus runden bis ovalen, glattrandigen Einzelkörnern, die bei der Polarisationsmikroskopie ein starkes Polarisationskreuz aufweisen.

Palerbsensorten sind weniger frostempfindlich als Markerbsen und können deshalb früher ausgesät werden. Sie sind im allgemeinen früher erntereif als Markerbsen. Charakteristische, international bekannte Palerbsensorten sind „Alaska" (USA und Kanada), „Roi de Fins verts" (Frankreich), „Gloire de Quimper" (Belgien), „Finette" (Holland).

Markerbsen weisen im allgemeinen ein mehr oder weniger geschrumpftes, runzeliges Samenkorn auf. Die Kohlenhydrate werden stärker in Form von Zucker abgelagert. Die Stärke besteht aus zusammengesetzten, meist vier- oder fünfteiligen Körnern, die im polarisierten Licht nicht aufleuchten.

Charakteristische, international bekannte Markerbsensorten sind „Wonder of Kelvedon", „Profusion". Bekannte deutsche Sorten sind „Salzmünder Frühe", „Salzmünder Edelperle", „Sprinter", „Juwel".

Die Einstufung von Kreuzungen zwischen Palerbsen und Markerbsen in die eine oder andere Gruppe erfolgt ausschließlich nach der Ausbildung der Stärke (J. SEIDEMANN 1965). Es sind bisher keine Sorten bekannt, die sich nicht eindeutig der einen oder anderen Art zuordnen lassen.

Palerbsen und Markerbsen unterscheiden sich chemisch durch das unterschiedliche Amylose-Amylopektinverhältnis, welches bei Markerbsen 1,3—1,9, bei Palerbsen 0,4—0,6 beträgt. Das Verhältnis Amylose-Amylopektin nimmt bei Markerbsen mit zunehmendem Reifegrad zu (A. SCHNEIDER 1951; R. M. MCCREADY u. Mitarb. 1950). Eine relativ einfache Unterscheidungsmöglichkeit zwischen Pal- und Markerbsen, die auch im konservierten Zustand anzuwenden ist, wenn infolge Verquellung der Stärke eine mikroskopische Untersuchung der einzelnen Körner nicht mehr möglich ist, kann aufgrund der Jodfärbung des Amyloseanteiles durchgeführt werden; die mit 0,1 n-Jodlösung angefärbte Stärke liefert nur bei Markerbsen einen stabilen blauvioletten Farbkomplex, der für mehrere Stunden beständig ist.

Für den Frischmarkt kommen Erbsen nur als Pflückerbsen in den Handel. Die Schoten sollen grün und ohne Krausreife sein, die Körner jung und zart.

Pflückerbsen haben als Rohware für die industrielle Weiterverarbeitung an Bedeutung erheblich verloren. Für die Haltbarmachung durch Konservieren und Tiefgefrieren werden vorwiegend Druscherbsen eingesetzt. Das Dreschen erfolgt meist auf stationären und erst in jüngerer Zeit auch auf mobilen Dreschstationen oder durch Mähdrescher.

Da beim Dreschen der Erbsen unvermeidbar Beschädigungen der Epidermis der Körner auftreten, muß eine schnelle Weiterverarbeitung erfolgen. In beschädigten Körnern nimmt insbesondere die Konzentration an γ-Aminobuttersäure wesentlich schneller zu als in nicht beschädigten (C. ERIKSON u. E. VON SYDOW 1964).

Die Qualität von Erbsen ist sehr wesentlich vom Reifegrad abhängig. Deshalb wird für die industrielle Verarbeitung der Rohwarenpreis meist nach Reifegrad gestaffelt. Der günstigste Erntezeitpunkt kann durch Messung relativ sicher vorausbestimmt werden. Zu diesem Zweck sind zahlreiche Methoden zur objektiven Bestimmung des Reifegrades entwickelt worden, von denen größte Bedeutung die mechanischen Geräte haben, mit denen die Zartheit der Erbsenkörner gemessen werden kann, insbesondere Tenderometer, Maturometer, Texturometer und IBVT-Härtemesser. Als ein chemisches Kriterium für den Reifegrad, das mit den mechanischen Meßmethoden linear korrelierte Werte liefert, wird meist der Gehalt an alkoholunlöslichen Stoffen bestimmt.

Zusammenfassende Darstellungen über die Physiologie des Reifeverlaufes und die Abhängigkeit der einzelnen Bestandteile, wie Stärke-, Zucker-, Eiweiß- und Trockensubstanzgehalt vom Reifegrad sowie über die Methoden zur Voraussage des optimalen Erntetermines finden sich bei L. J. LYNCH u. Mitarb. (1959); L. OTTOSON (1958); L. J. LYNCH u. R. S. MITCHELL (1953); H. G. WAGNER (1960).

Aus Erbsen ist eine fungicide Substanz, das Pisatin, isoliert worden, der folgende Struktur zugeschrieben wird (D. R. PERRIN u. W. BOTTOMLEY 1961):

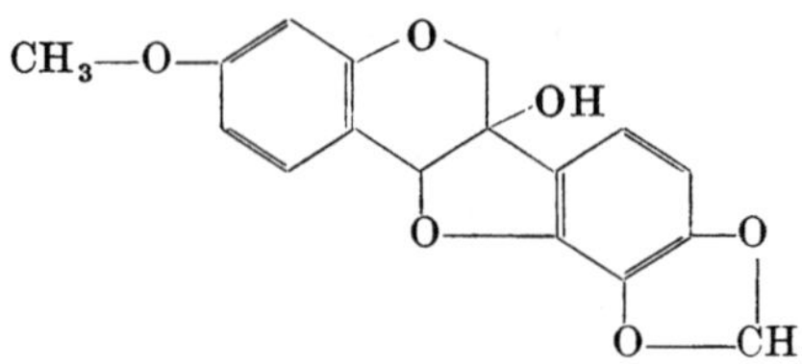

Über die essentiellen Aminosäuren berichteten W. SCHUPHAN u. W. POSTEL (1960).

In der Lipoidfraktion wurde ein Mono-phospho-inositid nachgewiesen, das mit dem aus Weizenkeimlingen identisch ist (A. C. WAGENKNECHT u. Mitarb. 1959).

Als Fettsäuren des Lipoidanteils sind in der Reihenfolge ihrer Menge zu nennen: Palmitinsäure, Linolsäure, Ölsäure, Linolensäure, Myristinsäure, Caprinsäure, Caprylsäure, Laurinsäure, Stearinsäure (F.A. LEE u. L.R. MATTICK 1961).

Als Ursache für das Weichwerden der Erbsen beim Kochen wird Phytin angesehen, durch das das Calcium gebunden wird, das sonst mit dem Pektin der Mittellamelle reagiert und zu Verhärtungen der Zellwände führt.

Als geruchsbildende Substanzen, die den charakteristischen Kochgeruch von Erbsen hervorrufen, wurden neben Diacetyl, n-Valeriansäurealdehyd, n-Butylaldehyd und Propionaldehyd, Acetaldehyd und Aceton nachgewiesen (J.W. RALLS 1960).

e) Gurken

Gurken (Augurken, Gommer, Gümmerling, Gukumer, Kukummer, Kummern, Umurke) (engl.: cucumber; franz.: concombre) sind die unreifen Früchte der kultivierten Sorten von *Cucumis sativus* L. (Cucurbitaceae).

Gurken werden je nach der Art ihres Anbaus in Haus- und Garten- sowie Freilandgurken eingeteilt. Je nach ihren Verwertungsmöglichkeiten unterscheidet man Einlegegurken, die sich besonders für die Herstellung von sterilisierten Gurken und Salzgurken eignen, ferner Salatgurken und Schälgurken (zur Herstellung von Senfgurken). Die zahlreichen Sorten zeichnen sich hauptsächlich durch die Größe und Dicke ihres Fruchtfleisches sowie die Farbe aus, in der sie abreifen. Es gibt grün und gelb abreifende Sorten. Typische Sorten sind bei den Hausgurken „Beste von allen" als Salatgurke, bei den Freilandgurken die „Traubengurken" (engl.: gherkins; franz.: cornichons), die sehr kleinfrüchtig sind und hauptsächlich als Gewürzgurken verwendet werden; „Rochlitzer" und „Delikateß", die als Einlegegurken verwendet werden, „Chinesische Schlangen" (Salatgurke), „Riesenschälgurke" zur Herstellung von Senfgurken.

Gurken neigen dazu, bei stark wechselnder Wärme während des Wachstums sowie bei mangelnder Feuchtigkeit Bitterstoffe zu bilden, die meist vom Blütenende beginnend sich durch das gesamte Gurkenfleisch verteilen. Diese Bitterstoffe, deren Struktur im einzelnen noch nicht aufgeklärt ist, werden als Cucurbitacine bezeichnet und sind meist Glykoside. *Cucumis sativus* enthält allerdings überwiegend Cucurbitacin C, ein Aglykon, denn diese Pflanze besitzt ein Enzym (Elaterase), das solche Glykoside aufspaltet (P.R. ENSLIN u. Mitarb. 1957).

Der eigentliche Gurkengeschmack wird im wesentlichen durch Aldehyde bestimmt, die in einer Menge von 0,0002—0,002 % in den frischen Gurken vorliegen und aus etwa 10 % Äthanal, 10 % Propanal, 15 % n-Hexanal, 15 % Hexa-2-enal, 20 % Nona-2-enal und 30 % Nona-2,6-dienal bestehen. Bei letztem handelt es sich um das Nona-2-trans-6-cis-dienal (D.A. FORSS u. Mitarb. 1962). Gurken neigen dazu, beim Einlegen, besonders beim Einlegen in Salzlake, weich zu werden. Das Weichwerden ist auf die pektolytische Wirkung aerober und fakultativ anaerober Bakterien sowie einiger Schimmelarten zurückzuführen. Diese werden meist schon mit der Rohware eingeschleppt. Weichwerden wird zuweilen auch bei sterilisierten Frischgurken beobachtet. In diesem Falle ist die pektinolytische Wirkung bereits während des Transportes und der Lagerung der Rohware eingetreten (J. R. HAMILTON u. R. A. JOHNSTON 1961).

f) Kürbis

Kürbisse oder Speisekürbisse sind die unreifen Früchte von *Cucurbita maxima*, *Cucurbita pepo*, *Cucurbita moschata* oder *Cucurbita ficifolia* (engl.: pumpkin; franz.: courge). Kürbis steht in seinen Verwendungszwecken zwischen Gemüse und Obst. Kürbis wird meist süß-sauer zubereitet. Die Früchte sind entweder weiß- oder gelbfleischig und von unterschiedlicher Form und Größe. Weit verbreitet sind bei uns die Sorten „Riesen-Kürbis", der zu *Cucurbita maxima* gehört, sowie „Mark-Kürbis", der zu *Cucurbita pepo* gehört. Aus den zahlreichen weißen, eiförmigen, plattgedrückten Samen, die in dem Kürbisfleisch enthalten sind, kann ein Öl gewonnen werden, welches als Speiseöl Verwendung findet und neben Laurinsäure, Myristinsäure, Palmitinsäure, Palmitoleinsäure, Stearinsäure, Ölsäure, Linolsäure, Linolensäure, Arachinsäure, Eicosensäure, Behensäure enthält (H. WOIDICH u. Mitarb. 1962). Der Gesamtfettgehalt im Samen liegt in der Größenordnung von 30—40 %.

Der Zuckergehalt im Kürbisfleisch und Kürbissaft beträgt etwa 4—8 %, je nach Sorte und Reifegrad. Der Aschegehalt liegt in der Größenordnung von 0,4 %. Der Rohfasergehalt beträgt etwa 1 %.

g) Melonen

Obwohl die Zuckermelonen (*Cucumis melo* L.) (engl.: musk melon; franz.: melon) und die Wassermelonen oder Arbusen (*Cucumis citrullus vulgaris*) als aus den Tropen stammende Früchte fast nur als Obst verzehrt und verwertet werden, sollen sie wegen der engen Verwandtschaft zum Kürbis hier besprochen werden.

Bei den Zuckermelonen unterscheidet man zwischen glatten Melonen (auch Ananasmelonen) mit glatter Schale, nur geringer Rippenbildung und länglicher Form, Netzmelonen mit netzadriger Schale, die z. B. aus Holland eingeführt werden, in geringem Umfang auch unter Glas in Deutschland angebaut werden, und den rauhschaligen Kantalupen mit geriefter, stärker gerippter oder mit Warzen bedeckter Schale, die z. B. aus Italien eingeführt werden. Daneben sind wichtige Melonen-Exportländer: Spanien, Portugal und Balkanländer.

Zuckermelonen werden in Deutschland meist in Größen von etwa 1 kg Gewicht gehandelt; handelsübliche Reife liegt dann vor, wenn sich um den Stiel ein Riß zeigt. Die handelsüblichen Sorten sind grün- bis weißfleischig, rotfleischig oder gelbfleischig.

Wassermelonen sind wesentlich größer und wegen ihres wenig aromatischen Geschmackes hier weniger beliebt. Sie werden nur selten exportiert und vorwiegend in den Südländern am Inlandsmarkt verbraucht.

Zuckermelonen haben einen Zuckergehalt im Saft von 6—7 % und je nach Sorte 15—30 mg/100 g Ascorbinsäure; die gelbfleischigen Sorten besitzen einen relativ hohen Vitamin A-Gehalt von 3400 I.E./100 g. Wassermelonen weisen im Saft einen Zuckergehalt von etwa 6 % und einen Ascorbinsäuregehalt von 7 mg/100 g auf.

Ein ätherlöslicher Wuchsstoff, der aus der Wassermelone isoliert wurde, ist wahrscheinlich identisch mit der Indolylessigsäure (L. FERENCZY 1957). Melonensamen enthalten etwa 30 % eines halbtrocknenden Öles, das überwiegend aus Linolsäure (56 %) und Ölsäure (32 %) besteht. Die Samen enthalten außerdem 0,2 % Stärke und 16 Aminosäuren, davon 5 essentielle (D. IVANCENKO u. Mitarb. 1959).

h) Gemüsemais

Als Zuckermais (Gemüsemais, Kukuruz) (engl.: sweet corn; franz.: mais sucré) werden die Kolben und noch nicht voll ausgereiften Körner von *Zea mays* L. verwendet. Diese Gemüseart ist z. B. in den USA sehr beliebt, in Deutschland jedoch nur wenig bekannt und wird nur in ganz beschränktem Umfang angebaut. Zuckermais unterscheidet sich von gewöhnlichem Mais dadurch, daß das ausgereifte Korn, ähnlich wie die Markerbse, runzelig einschrumpft, während es bei den gewöhnlichen, zu Futter- oder Mahlzwecken verwendeten Sorten, ähnlich wie bei Palerbsen, glatt bleibt. Die Kohlenhydrate werden im Zuckermaiskorn ebenfalls entsprechend den Markerbsen vorwiegend als Zucker und Dextrine eingelagert. Eine besonders bekannte Sorte ist „Golden corn", die sowohl für den Frischmarkt als auch für die Konservierung und zum Tiefkühlen eingesetzt wird.

Die Gelbpigmente des Zuckermaises sind im wesentlichen Carotinoide; nachgewiesen wurden Carotin, Kryptoxanthin und Zeaxanthin.

i) Gemüsepaprika

Als Gemüsepaprika werden die großfrüchtigen grünen bis roten Früchte von *Capsicum annuum* L. (Solanaceae) (engl.: gardenpepper; franz.: piment doux) verwendet.

Der Anbau von Gemüsepaprika in Deutschland ist gering, meist erfolgt Einfuhr aus Italien und den Balkanländern. Bevorzugt werden milde, fleischige Sorten mit 6—8 cm Durchmesser. Gemüsepaprika wird als Gemüse oder als Salat verwendet. Eine Kreuzung zwischen Paprika und Tomate ist der Tomatenpaprika, dessen rote, gerippte, süßliche Früchte sich zum Rohverzehr, aber auch zur industriellen Verwertung z. B. für Paprikamark oder Sauerkonserven eignen.

Paprika ist eine Frucht mit hohem Ascorbinsäuregehalt, der je nach Sorte und Reifegrad bei roten Paprikaschoten und Tomatenpaprika bis 250—350 mg/100 g betragen kann. Durchschnittlich sind bei grünen Schoten etwa 100—150 mg/100 g Vitamin C vorhanden.

Die rote Farbe der reifenden Paprikafrucht ist auf ein Ansteigen der Gesamtcarotinoide auf das 35fache zurückzuführen. Der Reifungsvorgang ist besonders durch das Auftreten von Keto-Carotinoiden (Capsanthin, Capsorubin) charakterisiert. Unreife Früchte weisen Lutein, aber kein Zeaxanthin auf; bei reifen Früchten ist es umgekehrt. Daneben sind zahlreiche andere, z. T. noch nicht eindeutig charakterisierte Carotinoide aufgefunden (vgl. L. CHOLNOKY u. Mitarb. 1955).

Der scharfe Geschmack, der bei Gemüsepaprika besonders bei solchen Schoten auftritt, die während ihres Wachstums nicht genügend feucht gehalten wurden und deshalb nicht fleischig sind, ist auf die erhöhte Bildung von Capsaicin

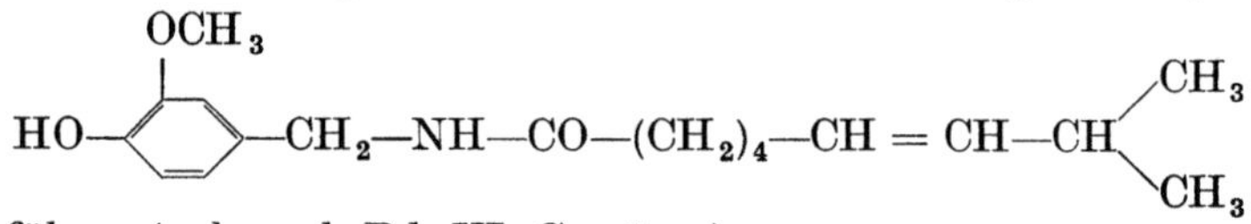

zurückzuführen (vgl. auch Bd. VI, Gewürze).

k) Tomaten

Tomaten (Paradiesapfel, Paradeis, Liebesapfel) sind Früchte von *Lycopersicum esculentum* Mill. (Solanaceae) (engl.: tomato; franz.: tomate). Man unterscheidet runde, glatte und gerippte sowie birnen- bis flaschenförmige Sorten. Zum Frischmarktkonsum kommen praktisch nur die runden Formen und glatte Sorten, während die gerippten und die birnenförmigen Formen hauptsächlich der Verwertungsindustrie zugeführt werden. Haupteinfuhrländer sind Holland, Italien, Spanien und die Balkanländer. Der innerdeutsche Anbau deckt etwa 15 % des Gesamtkonsums. Tomaten werden nach Größensortierung und Fehlerfreiheit gehandelt. Typische Fehler sind Grünkragen und vernarbte Risse.

Die Tomate liefert etwa 85—90 % Saft und enthält etwa 5 % Haut und bis zu 10 % Kerne. Neuere Sorten sind auf geringen Kernanteil gezüchtet. Der Trockensubstanzgehalt des Saftes liegt je nach Reifegrad und Sorte in einer Größenordnung von 5—8 %. Von den vorhandenen etwa 1,5—4 % Kohlenhydraten sind 3—3,5 % reduzierende Zucker, 0,05 % Saccharose, bis 0,05 % Stärke; der Rohfasergehalt schwankt zwischen etwa 0,6 und 0,8 %. Tomaten enthalten 0,7—1 % Eiweiß, etwa 0,6 % Mineralbestandteile und einen Gesamtsäuregehalt von 0,35—0,46 %; der pH-Wert des Saftes liegt bei 4,0—4,2. Die Schwankungen sind abhängig von Sorte und Reifegrad. Neben Citronensäure, Äpfelsäure und Malonsäure sind Dihydroxyweinsäure, Brenztraubensäure und α-Ketoglutarsäure nachgewiesen worden, ferner 16 verschiedene α-Aminosäuren, von denen Glutaminsäure und Glutamin in höchster Konzentration vorkommen. Die Konzentrationsverhältnisse der Säuren zueinander können als Maßstab zur Bewertung der Qualität herangezogen werden (M.M. HAMDY u. W.A. GOULD 1962). Oxalsäure kommt in Mengen von 5—8 mg/100 g vor. Der Vitamin C-Gehalt von Tomaten ist weitgehend vom Reifezustand, wenig von Gewicht und Größe der Früchte abhängig. Reife Früchte haben Ascorbinsäuregehalte von 16—54 mg/100 g, unreife von 16—22 mg/100 g.

Die für Tomaten typischen flüchtigen Aromastoffe setzen sich zu 43 % aus Carbonylverbindungen, insbesondere Acetaldehyd, Isovaleraldehyd, wahrscheinlich auch Citral und Vanillin, 2‰ Ester und 1‰ flüchtigen Säuren zusammen, daneben sind Alkohole und terpenähnliche Komponenten nachgewiesen (M.S. SPENCER u. W.L. STANLEY 1954).

Die rote Farbe der Tomaten beruht auf Carotinoiden. Hauptpigment ist das Lycopin (bis 95 %). Die übrigen Carotinoide schwanken je nach Sorte. In der Regel kommen noch β-Carotin und γ-Carotin vor. Die normalen roten Sorten enthalten als typische Polyene Phytoen und Phytofluen neben β-Carotin, während ε-Carotin und δ-Carotin nur in bestimmten Sorten vorkommen (T.E. KARGL u. Mitarb. 1960). A.L. CURL (1961) fand in reifen Tomaten zu etwa 6 % des Carotinoidgemisches Xanthophylle, vor allem Lutein, Violaxanthin und Neoxanthin.

An Tomatenfrüchten, die im Bereich der Fruchtwand fleckig sind, insbesondere in den äußeren Schichten grüne Stellen aufweisen, hat man feststellen können, daß im Vergleich zu roten Stellen geringere Säure-, Trockenmasse-, Zucker- und Rohproteingehalte vorliegen und daß auch im Vergleich zu entsprechend gefärbten unreifen Früchten Unterschiede vorhanden sind. Die Fleckigkeit ist deshalb nicht nur auf verzögerte Reifung, sondern auf Wachstumanomalien zurückzuführen (G.W. WINSOR u. Mitarb. 1962). Wahrscheinlich ist die Fleckenbildung durch Phenoloxydasen bedingt, als deren Substrate in der Tomate p-Cumarsäure, Kaffeesäure, Ferulasäure und Chlorogensäure anzusehen sind. Der Gehalt an diesen Säuren im gesunden und im fleckigen Gewebe ist während der gesamten Reifezeit unterschiedlich (J.R.L. WALKER 1962). Man hat außerdem in den grünen, fleckigen Bezirken eine verminderte Pektinesteraseaktivität festgestellt, auf die, trotz des an sich geringen Pektingehaltes der Tomate von 1,3—3,5 %, die härtere Konsistenz der Flecken gegenüber dem normalgereiften Gewebe zurückgeführt wird (G.E. HOBSON 1963).

Als besondere Inhaltsstoffe sind in Tomaten nachgewiesen: Solanin, das jedoch nur in unreifen Früchten ernährungsphysiologisch beachtliche Konzentrationen erreicht und während der Reifung verschwindet; ferner das 5-Hydroxytryptamin. das auch in Bananen gefunden wurde und dem man eine Hemmung der durch Histamingaben erzeugten Salzsäureproduktion des Magens zuschreibt. In Tomatenblättern findet sich ein Glykoalkaloid Tomatin, dessen Aglykon Tomatidin ein sekundäres Steroidamin darstellt und dessen Zuckeranteil aus Glucose, Xylose und Galaktose besteht. Über die Wirkungsweise von Tomatin sind Einzelheiten nicht bekannt (R.J.H. WILSON u. Mitarb. 1961).

7. Zwiebelgemüse

Von den verschiedenen Arten der zur Gattung *Allium* (Liliaceae) gehörenden Zwiebelgemüse werden zu Speise- oder Würzzwecken. zum Direktverbrauch sowie

zur industriellen Verwertung jeweils unterschiedliche Pflanzenteile verwendet: Die Knollen von: *Allium cepa* (Küchenzwiebel), *Allium fistulosum* (Winterzwiebel), *Allium ascalonicum* (Schalotte), *Allium ampeloprasum f. holmense* (Perlzwiebel), *Allium sativum* (Knoblauch);
die röhrenförmigen Blätter von: *Allium schoenoprasum* (Schnittlauch);
Blattgrund und Blätter von: *Allium ampeloprasum f. porrum* (Porree).

Eine zusammenfassende Darstellung über Zwiebelarten findet sich bei H.A. Jones u. L.K. Mann (1963).

a) Küchenzwiebel

Als Küchenzwiebel (*Allium cepa* L.) (Gemüsezwiebel, Sommerzwiebel, Zwiebel, Ziebolle, Bolle, Zwiebellauch) (engl.: onion; franz.: oignon) werden für den Haushaltsgebrauch meist kleine und mittlere Sortierungen mit scharfem würzigen Geschmack verwendet, während die großfallenden Sortierungen vorwiegend als Fleischer- und Industrieware gelten. Die kleineren Sortierungen werden auch industriell verarbeitet, z. B. als in Essig eingelegte Silberzwiebeln. Bevorzugt werden runde, nicht platte, oben spitze Sorten.

Die Zwiebeln müssen trocken und fest und möglichst blank glanzend in der Schale sein. Im allgemeinen werden die gelbfleischigen Sorten gegenüber den rötlich-blauen bevorzugt. Hauptexportländer für Zwiebeln sind Holland, Ägypten, Italien, Spanien, die Balkanländer, USA und Chile. Aus dem Inlandsanbau, der besonders in der Pfalz erfolgt, stammten 1963/64 nur 8% des Gesamtverbrauchs. Zwiebeln werden nach Größensortierung und Handelsklassen gehandelt; maßgebend für die Qualitätsbewertung sind Einheitlichkeit in Größe und Form, der für den Verwendungszweck notwendige Reifezustand (Frühzwiebel, Lagerzwiebel), sowie wegen der Lagerempfindlichkeit Frostfreiheit. Zwiebeln dürfen nicht durch Frosteinflüsse glasig geworden sein.

Küchenzwiebeln haben einen durchschnittlichen Wassergehalt von 88%. Etwa 65% der Trockenmasse sind lösliche Zucker, die zu etwa 60% aus D-Fructose bestehen, außerdem sind etwa 4—5% Asche, 11% Stickstoffsubstanz (6,5% Eiweiß), 4—5% Pektine, 1,5—2% Rohfaser enthalten. Der Ascorbinsäuregehalt frischer Zwiebeln liegt je nach Sorte und Reifegrad in der Größenordnung von 15—40 mg/100 g.

b) Winterzwiebel

Die Winterzwiebel (*Allium fistulosum* L.) (Heckenzwiebel, Hackezwiebel, Röhrenlauch, Ewige Zwiebel, Hohllauch, Lange Bollen, Fleischlauch, Schnittzwiebel, Jakobszwiebel) (engl.: welsh onion; franz.: ciboule) ist winterhart und wird im Frühjahr als Ersatz für die Küchenzwiebel verwendet. Auch für die industrielle Verwertung z. B. als in Essig eingelegte Silberzwiebeln, können Winterzwiebeln eingesetzt werden. Bis auf die Frosthärte bestehen keine wesentlichen morphologischen oder chemischen Unterschiede zu Allium cepa.

c) Schalotte

Die Schalotte (*Allium ascalonicum* L.) (Charlotte, Eschlauch, Aschlauch, Eßlauch, Askalonzwiebel) (engl.: shallot; franz.: echalote) ist frühreifer und kleiner als die Küchenzwiebel und wegen ihres pikanten Geschmacks vor allem zum Einlegen von Gurken und als feine Gewürzzwiebel beliebt. Neben den gewöhnlichen kleinen, länglichen Schalotten mit rötlich-brauner Schale sind auch größere rundlich-gelbe Schalotten, z. B. dänischer, holländischer oder russischer Provenienz, bekannt.

d) Perlzwiebel

Die kleinen weißen Perlzwiebeln (*Allium ampeloprasum* L. *f. holmense* A. u. G.) werden fast ausschließlich zu Einlegezwecken verwendet. Es handelt sich um eine fast sterile, schwächliche Abart des Porrees, die meist keine ausgeprägte Hauptzwiebel, sondern nur kleine bis kleinste Nebenzwiebeln bildet. Der Innenteil der Perlzwiebel ist fleischig fest, die äußeren grauen bis bräunlichen Hüllblätter sind meist nur dünn ausgebildet und häufig fetzenförmig zerrissen.

e) Knoblauch

Knoblauch (*Allium sativum* L.) (Knobloch, Knufloch, Knafloch, Knofel) (engl.: garlic; franz.: ail blanc) sind aus mehreren Tochterzwiebeln (Zehen) zusammengesetzte Zwiebeln, die wegen ihres scharfen Geschmacks als Küchengewürz und Zutat zu Fleischwaren verwendet werden.

Man unterscheidet weiße und rote Sorten. Gehandelt werden meist die weißen Sorten in Form von Büscheln oder geflochtenen Strängen. Haupteinfuhrland ist Italien; daneben wird aus Jugoslawien und Ägypten importiert. Ein deutsches Anbaugebiet findet sich bei Nürnberg.

Die besonderen Gewürzeigenschaften des Knoblauchs ergeben sich aus einem Gehalt von etwa 0,1—0,4 % ätherischem Öl in den Knollen. Das ätherische Öl ist im wesentlichen in der Epidermis lokalisiert und enthält als wichtigsten Wirkstoff Allicin.

Eng verwandt mit dem Knoblauch ist die Rockenbolle (Schlangenlauch, ägyptische Luftzwiebel) (*Allium sativum var. ophioscorodon* Don.), die als Luftzwiebel keine Wurzel hat, meist aus mehreren rundlichen, eiförmigen Nebenzwiebeln zusammengesetzt ist, jedoch auch als einfache kurze, dicke, rundliche Zwiebel vorkommt und wegen ihres feineren, milden Geschmacks auch als Perlzwiebel gehandelt und benutzt wird.

f) Schnittlauch

Vom Schnittlauch (*Allium schoenoprasum* L.) (Schnittling, Graslauch, Binsenlauch, Brislauch, Schnittzwiebel, Spaltlauch) (engl.: chives; franz.: civette) werden nur die röhrenförmigen Blätter verwendet. Schnittlauch wird schon während der Winterzeit in Kästen und Töpfen getrieben und ist ein Vitamin C-reiches Frühgemüse, das bis zu 70 mg/100 g Vitamin C enthält. Eine bekannte Sorte ist der „Erfurter Riesen-Schnittlauch".

g) Porree

Der Porree (*Allium ampeloprasum* L. *f. porrum* Rgl.) (Lauch, Breitlauch, Suppenlauch, Welschzwiebel, Porro, Pfaron, Por, Poru, Preißlauch, Spanischer Lauch) (engl.: leek; franz.: porreau) bildet mit einer Büschelwurzel besetzte Zwiebeln mit gelblich-weißen, längsgestreiften Blattscheiden, die in grüne gerillte Blätter übergehen. Die ganze Pflanze mit Ausnahme der Büschelwurzel findet als Suppengewürz, die Zwiebel und die verdickten Blattscheiden als Gemüse Verwendung.

Porree wird als Sommerlauch („Früher Sommerlauch"), Winterlauch („Carenan", „Brabanter") und Herbstlauch („Elefant") angebaut und gehandelt. Das wichtigste deutsche Anbaugebiet liegt im Rheinland, wichtigste Exportländer sind Holland, Italien, Frankreich.

Porree hat in der Frischware einen Wassergehalt von 85—92 %, Eiweiß 2—2,5 %, Fett bis 0,5 %, Kohlenhydrate 4,5—9,5 %, Rohfaser 1,0—1,5 %, Asche 0,8—1,5 %. Porree hat einen recht beachtlichen Gehalt von 20—80 mg/100 g Vitamin C.

h) Besondere Inhaltsstoffe der Allium-Arten

Den Allium-Arten gemeinsam sind schwefelhaltige, antibiotisch wirksame Inhaltsstoffe, auf die wahrscheinlich die seit alters her bekannte und benutzte heilende, infektionsverhütende Wirkung des Knoblauchs zurückzuführen ist. Für die Allium-Zwiebeln ist charakteristisch, daß sie im unverletzten Zustand praktisch geruchlos sind und erst nach dem Anschneiden den scharfen, zum Teil zu Tränen reizenden Geruch entwickeln. Diese Vorgänge sind insbesondere bei Knoblauch näher aufgeklärt: Aus dem S-Allyl-L-cysteinsulfoxid (Alliin) (A. Stoll u. E. Seebeck 1948) bildet sich unter der Wirkung eines spezifischen Enzyms Alliinase das stechend riechende Allicin (C.J. Cavellito u. J.H. Bailey 1944).

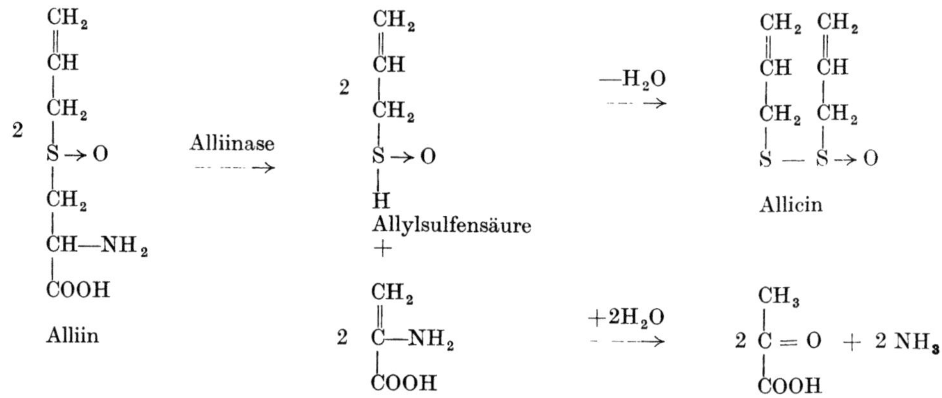

Die substratspezifische Alliinase, deren Coenzym Pyridoxalphosphat ist (E.V. Goryachenkova 1952; F.P. Kupiecki u. A.J. Virtanen 1960) hat optimale Reaktionsbedingungen bei 37° und pH 5—8. Unter diesen Bedingungen werden in 2 min 80% des Alliins umgesetzt. Der Tränen verursachende Stoff ist die Allylsulfensäure (T. Moisio u. Mitarb. 1962). Unter den flüchtigen Stoffen von *Allium cepa* sind außerdem nachgewiesen Äthyl- und Isopropylalkohol, n-Propylalkohol, Methyldisulfid, Methyl-n-propyldisulfid, n-Propyltrisulfid, H_2S, n-Propylmercaptan, Acetaldehyd, Propionaldehyd, n-Butylaldehyd, 2-Methyl-2-pentenal, Aceton, Methyläthylketon (J.F. Carson u. F.F. Wong 1961).

Als Bestandteile des ätherischen Öls von *Allium sativum* wurden Dimethylsulfid, Dimethyldisulfid, Diallylsulfid, Diallyldisulfid, Dimethyltrisulfid und Diallyltrisulfid von O.E. Schultz u. H.L. Mohrmann (1965) aufgefunden. Mercaptane waren nativ nicht merklich nachzuweisen. Vergleichende Untersuchung der Autoren mit Ölen aus *Allium cepa* erbrachten weitgehende Übereinstimmung in qualitativer Hinsicht bei deutlich unterschiedlichen quantitativen Verhältnissen.

Wegen der gleichzeitigen Bildung von Brenztraubensäure bei der enzymatischen Umsetzung des Alliins zum Allicin ist es möglich, die Schärfe von Zwiebeln durch den Brenztraubensäuregehalt zu bestimmen. Mäßig scharfe Zwiebeln enthalten 2—4 μmol/g, mittelscharfe 8—10 μmol/g, sehr scharfe 15—20 μmol/g Brenztraubensäure (S. Schwimmer u. W.J. Weston 1961). Zwischen Geschmackswert und Brenztraubensäuregehalt besteht gute Korrelation.

Die antibiotische Wirkung der Zwiebel ist im wesentlichen durch das Allicin und die später isolierten Sulfoxide S-Methylcysteinsulfoxid und S-n-Propylcysteinsulfoxid (Dihydroalliin) bedingt, die enzymatisch in die entsprechenden Thiosulfinate übergeführt werden. Wird die enzymatische Umwandlung z. B. durch Hitzeinaktivierung des Enzymsystems verhindert, so ist auch die antibiotische Wirkung gering (A.J. Virtanen u. E.J. Matikkala 1959a).

Aus Zwiebeln und Knoblauch wurde außerdem ein Cycloalliin in größeren Mengen isoliert, das die gleiche Summenformel wie das Alliin, jedoch die Struktur des 3-Methyl-1,4-thiazan-5-carbonsäure-1-oxid hat (A.J. Virtanen u. E.J. Matikkala 1959b; vgl. auch A.J. Virtanen 1962).

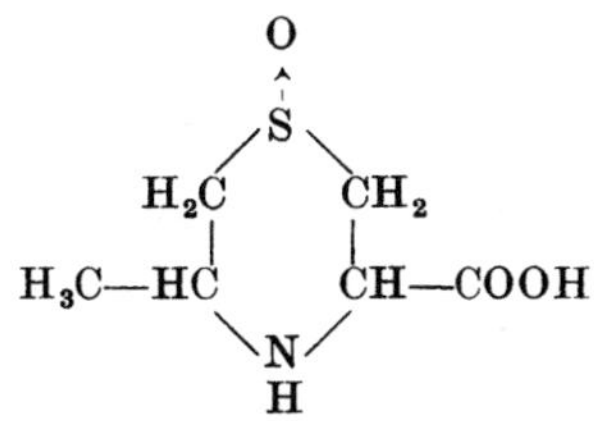

Es wurden außerdem drei γ-Glutamylpeptide isoliert, von denen eines die bisher unbekannte Aminosäure γ-L-Glutamyl-S-(β-carboxy-n-propyl)-L-cystein enthält (A. J. VIRTANEN u. E. J. MATTIKALA 1960). Ferner wird ein α-L-Glutamyl-S-(β-carboxy-n-propyl)-L-cysteinylglycin vermutet (J. KUON u. R. A. BERNHARD 1963).

IV. Chemische Untersuchung von Frischgemüse

1. Inhaltsstoffe

a) Allgemeine Methoden zur Aufbereitung

α) Aufbewahrung der Proben

Die bei der Aufbewahrung von Frischgemüse auftretenden Veränderungen durch Austrocknung, Welken, enzymatische oder mikrobiell bedingte Verderbnis machen es notwendig, das Untersuchungsgut entweder sofort für den jeweiligen Untersuchungszweck aufzuarbeiten oder eine Aufbewahrungsform zu wählen, bei der die Veränderungen möglichst gering sind. Als solche kommen in Betracht:

a) Gefrierlagerung bei —20° bis —30° in luftdicht verschlossenen, wasserdampfdichten Behältern;

b) Trocknung im Vakuum bei 70° oder im Trockenschrank bei 105°, wenn möglich oder notwendig Gefriertrocknung;

c) Stabilisierung durch chemische Zusätze. Die günstigste Form der Stabilisierung hängt von der jeweiligen Untersuchungsaufgabe ab.

Bei der AOAC-Methode 6.002 wird die zerkleinerte Probe mit einer solchen Menge heißen, redestillierten Äthylalkohols übergossen, daß unter Berücksichtigung des Wassergehaltes der Probe eine Alkoholkonzentration von etwa 80 % erreicht wird. Es wird so viel frisch gefälltes $CaCO_3$ zugesetzt, daß etwa vorhandene Säure neutralisiert wird. Die Mischung erhitzt man unter Umrühren etwa 30 min auf dem Wasserbad bis nahe an den Siedepunkt, kühlt ab und bewahrt bis zur Untersuchung auf. Dieses Verfahren eignet sich besonders als Vorbereitung der Proben zur Bestimmung von Kohlenhydraten.

Zur Verhinderung enzymatischer Veränderungen kann z. B. der pH-Wert durch Zusatz einer 5 %igen Essigsäure gesenkt werden, auch der Zusatz von Ammoniumsulfat in höheren Konzentrationen beim Zerkleinern kann zweckmäßig sein.

Wo weitere unerwünschte Hitzeveränderungen nicht zu befürchten sind, kann die Enzyminaktivierung durch kurzzeitiges Erhitzen auf etwa 90—100° erreicht werden.

β) Bezugsgrößen

Für die meisten quantitativen Untersuchungen an Frischgemüsen kommt es wesentlich auf die Bezugsgröße an. Bei vielen lebensmittelchemischen Fragestellungen kann davon ausgegangen werden, daß das Frischgewicht der von den nicht eßbaren Bestandteilen befreiten Gemüse eine günstige Bezugsgröße ist, z. B. bei allen Bestimmungen ernährungsphysiologisch bedeutsamer Inhaltsstoffe. Da das Frischgewicht jedoch meist weitgehend von dem stark schwankenden und oft nur zufälligen Wassergehalt abhängt, ist es häufig zweckmäßig, auch das Trockengewicht als zusätzliche Bezugsgröße mit anzuwenden.

Bei allen Untersuchungen, die auf allgemeine Aussagen über den Gehalt bestimmter Pflanzen oder Pflanzenteile an Inhaltsstoffen abzielen, ist es meist unumgänglich, statistisches Material zu sammeln.

Für Bestimmungen des Schmutzgehaltes oder sonstiger Verunreinigungen wird meist das Frischgewicht in der jeweiligen Erzeugungs-, Handels- oder Verarbeitungsstufe zugrunde gelegt. In allen Fällen muß wegen der Heterogenität des Frischgemüses von einer ausreichenden Probemenge ausgegangen werden, die nach Möglichkeit eine Größenordnung von 500 g bis 1 kg nicht unterschreiten und jeweils eine ausreichende Zahl von Exemplaren der betreffenden Gemüse umfassen sollte. Die Mindestmenge ist von den Gegebenheiten und der Fragestellung abhängig (vgl. z.B. L. Lykken 1963).

γ) Vorbereitung der Proben

Bei der Befreiung der Gemüse von den nicht eßbaren Anteilen sind im allgemeinen die Methoden der küchenmäßigen Zubereitung anzuwenden. Beim Waschen ist jedoch darauf zu achten, daß wasserlösliche Bestandteile nicht ausgelaugt werden; das gilt insbesondere, wenn wasserlösliche Vitamine, Kohlenhydrate und Aschebestandteile bestimmt werden sollen.

Die Zerkleinerung erfolgt am besten zunächst durch einfaches Zerschneiden, die Feinzerkleinerung im Fleischwolf, in Mix-Geräten oder auf Küchenreiben. Im Einzelfall ist zu prüfen, ob durch solche Methoden Metallspuren in das Probegut gelangen, die die Untersuchung stören oder katalytische Veränderungen hervorrufen, oder ob Rohfaseranteile verlorengehen. In solchen Fällen kann es zweckmäßig sein, durch Weichkochen oder Hinzufügen von Enzympräparaten die Zerkleinerung zu erleichtern.

In manchen Fällen, besonders bei der Bestimmung von mineralischen Bestandteilen, kann es zweckmäßig sein, die Gemüseprobe als ganzes oder in größeren Teilen zunächst zu trocknen und das getrocknete Gut im Mörser zu zerreiben. Aus der so vorbereiteten und homogenisierten Probe kann eine kleinere Menge zur weiteren Untersuchung gelangen.

b) Allgemeine Methoden zur Bestimmung der Inhaltsstoffe

Die allgemeinen Bestimmungsmethoden der für lebensmittelchemische Fragestellungen wichtigen pflanzlichen Inhaltsstoffe sind in Bd. II/2 beschrieben. Diese Methoden sind meist ohne besondere Abwandlung auch für die Untersuchung frischer Gemüse anwendbar. Allgemeine Verfahren finden sich außerdem bei H.F. Linskens u. Mitarb. (1956—1964).

c) Spezielle Methoden

α) Chlorophyll

Zur Bestimmung des Gesamtchlorophyllgehaltes grüner Pflanzenteile werden meist spektralphotometrische Methoden angewendet. Die Extraktion erfolgt aus dem zerkleinerten Probenmaterial mit 85%igem Aceton. Zu empfehlen sind die AOAC-Methoden 6.095 bis 6.097, für die getrennte Bestimmung von Chlorophyll a und b die AOAC-Methoden 6.098 bis 6.101; vgl. auch J. Bruinsma (1965).

Da Chlorophyll der einzige Inhaltsstoff im Pflanzenmaterial ist, der wesentliche Mengen Magnesium enthält, ist eine indirekte Bestimmung über den Magnesiumgehalt möglich. Schnell und hinreichend genau (mit einer Genauigkeit von ± 4 %) ist die colorimetrische Bestimmung mit Titangelb (KOSKI u. SMITH 1948; in: Moderne Methoden der Pflanzenanalyse, Bd. 4, S. 161).

β) Carotinoide

Allgemein anwendbar ist die AOAC-Methode 39.015—39.017. Nähere Einzelheiten über die Methoden zur Auftrennung und Bestimmung der einzelnen Carotinoide finden sich bei E. BENK.

Zur Extraktion der Carotinoide aus dem pflanzlichen Material werden im allgemeinen folgende Methoden angewendet:

a) *AOAC-Methode:* Aus den zu untersuchenden Pflanzenteilen wird durch Grobzerkleinerung eine repräsentative Probe hergestellt. Diese wird entweder sofort bearbeitet oder nach 5—10 min Blanchieren in kochendem Wasser bei —15° bis —20° aufbewahrt. 2—5 g der Probe werden im Mixgerät unter Zugabe von 40 ml Aceton, 60 ml Hexan und 0,1 g $MgCO_3$ feinst zerkleinert. Man nutscht den Extrakt vom Rückstand ab oder läßt absitzen und dekantiert in einen Scheidetrichter. Der Rückstand wird mit zwei 25-ml-Portionen Aceton und 25 ml Hexan gewaschen, bis er farblos ist. Die vereinigten Extrakte werden mit fünf 100-ml-Portionen Wasser acetonfrei gewaschen, die obere Schicht wird in einem 100-ml-Meßkolben übergeführt, der 9 ml Aceton enthält, und mit Hexan aufgefüllt.

Anstelle von Aceton können der Probe im Mixgerät auch 80 ml Äthanol und 60 ml Hexan zugesetzt werden; die übrige Arbeitsweise ist die gleiche wie mit Aceton. Anstelle von Hexan kann Petroläther (50—70°) verwendet werden.

b) Wenn die Zerkleinerung des Probematerials Schwierigkeiten bereitet, kann man den Wasserentzug anstatt mit Aceton oder Alkohol durch Verwendung von wasserfreiem Na_2SO_4 erreichen. In diesem Falle wird das grob zerkleinerte Untersuchungsgut mit gereinigtem Seesand und einer hinreichenden Menge wasserfreien Natriumsulfats im Mörser zerrieben. Wenn dabei eine klumpige Masse entsteht, die bei der Extraktion Schwierigkeiten bereitet, hat die Menge Na_2SO_4 nicht ausgereicht. Das zerkleinerte Material wird auf eine G4-Glasfritte gebracht, mit Äther übergossen und 1—2 min verrührt. Die Extraktion wird so lange wiederholt, bis das gesamte Pigment ausgezogen ist.

Man kann die Extraktion auch durch Kochen mit Äther am Rückfluß oder durch Soxhletextraktion erreichen. Die Extraktion bei Zimmertemperatur ist wegen der Isomerisierungs- und Oxydationsgefahr jedoch allgemein den Methoden unter Anwendung von Wärme vorzuziehen, besonders hitzeempfindlich ist z. B. Lycopin.

Die Einengung der Äther- bzw. Hexan(Petroläther)-Extrakte muß möglichst schonend im Vakuum oder unter Stickstoff erfolgen. Extrakte, die nicht sofort weiterverarbeitet werden können, sollten lösungsmittelfrei oder in Petroläther als Lösungsmittel (nicht in Alkohol, Äther, Aceton) unter Stickstoff bei 0° aufbewahrt werden.

γ) Senföl, Alliin

Senföl: Die in verschiedenen Gemüsearten vorkommenden Ester der Isothiocyansäure können nach folgender Methode quantitativ bestimmt werden:

5 g des zu untersuchenden feinzerkleinerten Materials werden mit 100 ml Wasser übergossen und nach 2stündigem Stehen unter häufigem Umschwenken abdestilliert; das Destillat wird in einem 100-ml-Meßkolben aufgefangen, der mit 10 ml konz. Ammoniak und 20 ml 0,1 n-Silbernitratlösung beschickt ist. Man läßt, nachdem die ersten 40—50 ml abdestilliert sind, die Mischung auf einem Wasserbad 1 Std stehen, wobei als Kühlzapfen ein Glastrichter in den Kolbenhals eingehängt wird. Dann wird mit Wasser aufgefüllt, filtriert und in 50 ml des klaren Filtrates die Menge an verbrauchtem Silbernitrat durch Titration mit 0,1 n-Ammoniumrhodanidlösung ermittelt. Dabei werden als Indikator etwa 5 ml (10%ige) Eisen(III)-ammoniumsulfatlösung zugesetzt; es wird mit 6 ml Salpetersäure angesäuert.

1 ml 0,1 n-$AgNO_3$-Lösung entspricht 0,004956 g Allylsenföl.

Alliin: Die Ermittlung der Schärfe von Allium-Arten erfolgt indirekt durch die Bestimmung der bei der enzymatischen Spaltung des Alliin zum Allicin gebildeten Brenztraubensäure bzw. des Ammoniaks in der von S. SCHWIMMER u. W. J. WESTON (1961) angegebenen Weise.

δ) Oxalsäure

Zur Bestimmung von Oxalsäure in Spinat kann die Methode von A. S. KOVACS und P. DENKER (1962) angewendet werden:

a) Wasserlösliche Oxalsäure

50 g der Probe werden in einem 250 ml-Becherglas nach Zusatz von 100 ml dest. Wasser erhitzt und 5 min im Sieden gehalten, in einen 250 ml-Meßkolben überführt, abgekühlt und zur Marke aufgefüllt. Nach Filtration durch ein Faltenfilter werden 25 ml = 5 g in ein 75 ml fassendes Zentrifugenglas pipettiert, 2,5 ml 20%ige Trichloressigsäure zugesetzt, im siedenden Wasserbad bis zur Eiweißausflockung erwärmt und mindestens 5 min bei etwa 3000 U/min zentrifugiert. Die klare Flüssigkeit wird in ein Becherglas gespült, der Rückstand mit dest. Wasser aufgewirbelt, erneut kurz geschleudert und die überstehende Flüssigkeit mit der Hauptmenge vereinigt. Nach Zusatz von je einem Spatellöffel Borax und Ammoniumchlorid wird zum Kochen gebracht. In der Siedehitze fügt man unter Umrühren 10 ml 20%ige Calciumacetatlösung zu, hält unter Umrühren für 2 min bei dieser Temperatur und überführt quantitativ in ein Zentrifugenglas. Wie oben angegeben, wird zweimal nacheinander ausgeschleudert, jedoch das Waschwasser verworfen. Den Rückstand überführt man mit wenig dest. Wasser in einen Erlenmeyer-Kolben, fügt etwa 5 ml konz. Schwefelsäure hinzu, erhitzt bis auf etwa 80° C und titriert mit 0,1 n-Kaliumpermanganatlösung bis zur beständigen Rosafärbung (1 min).

b) Säurelösliche (Gesamt-)Oxalsäure

Wie unter a) angegeben; es wird jedoch nicht mit dest. Wasser, sondern mit n-Salzsäure (84 ml 37%ige HCl oder 131 ml 25%ige mit Wasser auf 1000 ml aufgefüllt) aufgekocht.

$$\text{Oxalsäure (in \%)} = \frac{\text{verbr. ml 0,1 n-}KMnO_4 \cdot \text{Faktor} \cdot 4{,}5 \cdot 100}{1000 \cdot \text{angew. Menge (5 g)}}$$

ε) Nitrate und Nitrite

Zur Bestimmung des Nitrat- und Nitritgehaltes in Blattgemüse, insbesondere Spinat, werden bevorzugt photometrische Methoden angewendet. Die Nitratbestimmung erfolgt meist über Nitrierungsprodukte von Phenolen. Es hat sich als günstig erwiesen, Xylenole zu verwenden, weil bei diesen durch die Methylgruppen einerseits die Substitutionsbereitschaft verstärkt wird, andererseits die Substitutionsstellen soweit besetzt sind, daß nur einheitliche Reaktionsprodukte entstehen können. Die Nitritbestimmung erfolgt durch Diazotierung von Sulfanilsäure und Kupplung mit geeigneten Aminen. Empfohlen wird die von K. F. BECKER (1965) angegebene Methodik:

Reagentien:

„Carrez I": 15%ige wäßr. Kaliumhexacyanoferrat(II)-lösung;
„Carrez II": 23%ige wäßr. Zinkacetatlösung (Zinkacetat · $2H_2O$);
10%ige NaOH;
Phenolphthalein-Lösung;
Amidosulfonsäure;
80%ige Schwefelsäure;
10%ige 1.3.4-Xylenol-Lösung in Eisessig. (Synonyme: 2,4-Xylenol, asymm. m.-Xylenol. Reagens 1: 2,75 g $KHSO_4$ und 346 mg Sulfanilsäure in 100 ml Wasser; Reagens 2: 0,04%ige wäßr. Lösung von α-Naphthyläthylendiamin · 2HCl [dunkel aufbewahren]).

Vorbereitung der Untersuchungslösung:

Spinatblätter werden mit dem Mixstab zerkleinert, 10 g in ein Becherglas eingewogen und mit etwa 20 ml Wasser mit dem Ultra-Turrax homogenisiert. Dann werden je 1 ml Carrez I und Carrez II zugegeben, das Ganze wird gut durchgerührt. Da der homogenisierte frische Spinat wegen des Gehalts an Saponinen stark schäumt, wird nach kurzem Stehen mit Wasser auf 50 g aufgewogen und filtriert. Zur Entfernung des überschüssigen Zinkacetats werden von dem Filtrat 25 ml abpipettiert; nach Zugabe von 3 Tropfen Phenolphthaleinlösung wird mit 5%iger NaOH neutralisiert. Nach Filtration vom ausgefallenen Zinkhydroxid wird auf 50 ml aufgefüllt. Diese 50 ml Lösung entsprechen 5 g Spinat.

Nitratbestimmung:

2 ml Filtrat werden im 250 ml-Rundkolben unter Eiskühlung mit 15 ml Schwefelsäure versetzt und zur Entfernung von evtl. vorhandenem Nitrit einige Kristalle Amidosulfonsäure zugegeben. Nach Zugabe von 1 ml Xylenollösung wird das Gemisch 20 min bei 30° C gehalten und anschließend mit 80 ml Wasser verdünnt. Das gebildete Nitroxylenol destilliert man nun

in einen mit 5 ml 10%iger NaOH beschickten 50 ml-Meßkolben; der Vorstoß muß dabei in die Lauge eintauchen. Es werden etwa 35 ml überdestilliert. Die gelb gefärbte Lösung wird nach dem Auffüllen im Elko mit Filter S 45 photometriert.

Nitritbestimmung:

Zu 10 ml der zu untersuchenden Lösung im 50 ml-Meßkolben gibt man 2,5 ml Reagens 1, läßt 10 min stehen und gibt dann 2,5 ml Reagens 2 hinzu. Nach weiteren 20 min wird aufgefüllt und im Elko mit Filter S 55E photometriert.

ζ) Alkoholunlösliches

Die Summe der alkoholunlöslichen Bestandteile, die ungefähr der zuckerfreien Trockenmasse entspricht, wird vielfach als ein Kriterium für den Reifegrad von Erbsen, Limabohnen, Dicken Bohnen und anderen Gemüsen, bei denen mit zunehmendem Reifegrad eine Umwandlung von Zucker in Stärke erfolgt, verwendet.

Die Methode wird hauptsächlich bei konserviertem und tiefgefrorenem Gemüse eingesetzt, ist jedoch auch bei Frischgemüse z. B. im Vergleich zu mechanischen Bestimmungsmethoden für die Beurteilung des Reifegrades brauchbar. Empfohlen wird die AOAC-Methode 30.015:

20 g der zu einem gleichmäßigen Brei zerkleinerten Erbsen werden in ein 600 ml-Becherglas eingewogen, mit 300 ml 80%igem Äthanol übergossen, unter häufigem Umrühren erwärmt und etwa 30 min am Siedepunkt gehalten. Der unlösliche Rückstand wird über ein gewogenes Filter im Büchner-Trichter abgenutscht, so lange nachgewaschen, bis das Filtrat klar und farblos ist, und 2 Std bei 100° C bis zur Gewichtskonstanz getrocknet.

2. Natürliche Verunreinigungen

a) Harn- und Jauchereste

Eine qualitative Vorprobe ergibt sich aus dem Fluorescenzverhalten der verdächtigen Stellen bei UV-Belichtung. Angetrocknete Harnreste fluorescieren meist bläulich-weiß, Farbe und Stärke der Fluorescenz sind von der Harnart, dem Untersuchungsgut und der jeweils benutzten UV-Lampe abhängig. Da zahlreiche Verunreinigungen Fluorescenz ergeben können, ist bei Verdacht eines Harn- oder Jaucherückstandes in jedem Falle ein Harnstoffnachweis vorzunehmen.

Dieser kann nach den AOAC-Methoden 36.107—36.112 ausgeführt werden. Als Schnellmethode zur Untersuchung von verdächtigen Gemüseteilen wird insbesondere die Anwendung von Bromthymolblau-Urease-Testpapier empfohlen. Ein Spezialtestpapier ist von W.S. Cox (1962) vorgeschlagen worden.

b) Tierische Schädlinge und Pflanzenkrankheiten

Das Vorkommen tierischer Schädlinge und von qualitätsbeeinträchtigenden Pflanzenkrankheiten in vermarktetem Frischgemüse ist relativ selten und meist unschwer zu erkennen. Auf einige Schadbilder, die für die lebensmittelrechtliche Beurteilung von Bedeutung sein können, sei im folgenden hingewiesen. Einzelheiten über das Vorkommen und die Auswirkungen von Schädlingen und Pflanzenkrankheiten finden sich in Spezialwerken über Phytopathologie und Handbüchern des Gemüsebaues.

Wurzelgemüse

Karotten: Möhrenfliege: in den äußeren Zonen und im unteren Teil der Rübe mit Kot gefüllte Fraßgänge, die von außen als dunkle eingesunkene Linien erkennbar sind.

Rettich: Rettichfliege: madige wurmige Rettiche. Kohlgallenfüßler: kugelförmige Gallen und Auswüchse in deren Innerem Maden enthalten sind. Erdflöhe: Durchlöcherung der Blätter.

Meerrettich: Meerrettichschwärze: ringförmige, braune und schwarze Flecken im Fleisch der Stange, bei starkem Befall Kernfäule.

Schwarzwurzel: Wurzelälchen: an der Hauptwurzel und den Faserwurzeln kleine Knöllchen.

Sellerie: Sellerieschorf: unter der Haut der Knollen bilden sich größere und kleinere Flecken, aus denen rotbraune bis dunkelbraune Krusten entstehen.

Blattgemüse

Kohl: Kohlfliege: Maden im Stengel, vor allem bei Blumenkohl. Kohleule: eine braune bis grünliche Raupe, die im Inneren der Kohlköpfe wächst und Kotrückstände hinterläßt. Sklerotienkrankheit: auf eingewintertem Kohl entstehen watteartige Pilzrasen mit kohlsamenförmigen schwarzen Körnern; die befallenen Stellen werden weich und verfaulen.

Kopfsalat: Drahtwürmer, Schnecken, Blattläuse.

Spinat: Rübenfliege: Madenfraß im Blattgewebe; Blattläuse. Falscher Meltau: auf der Blattoberseite verwaschene Flecken, Blattunterseite Pilzrasen. Viruskrankheit: Gelbfärbung und Kräuselung der Blätter.

Sprossengemüse

Spargel: Spargelfliege: Maden in Spargelsprossen. Spargelrost.

Samen- und Fruchtgemüse

Bohnen: Brennfleckenkrankheit: eingesunkene, schwarzumrandete Stellen auf den Hülsen. Fettfleckenkrankheit: fettige, wäßrige, eckig umgrenzte Stellen auf den Hülsen.

Erbsen: Erbsenkäfer: Larven im unreifen Erbsensamen, runde Öffnungen, unter denen eine Höhlung liegt. Erbsenwickler: Körner in den Hülsen zerfressen, versponnene Kotrückstände vorhanden.

Gurken: Krätze: eingesunkene, schorfige, zerrissene Flecken. Viruskrankheiten: warzenartig erhöhte dunkelgrüne Stellen.

Tomate: Strichelkrankheit: Runde eingesunkene, ring- oder hufeisenförmige Flecken mit abgestorbenem Gewebe (Virus).

Zwiebelgemüse

Zwiebeln: Zwiebelminierfliege, Maden in den Blättern.

Porree: Thrips, 1 mm lange gelbliche Insekten in den Röhrenblättern.

c) Sand- und Erdverschmutzung

Zur Ermittlung des Sandgehaltes im pflanzlichen Material können je nach Aufgabenstellung verschiedene Methoden angewendet werden.

α) Schmutz am Wurzelgemüse

Man geht zweckmäßig in gleicher Weise vor, wie bei der Untersuchung von Zuckerrüben üblich.

β) Anhaftender Sand an Blattgemüse, weichen Gemüseteilen und Früchten

Etwa 500 g des zu untersuchenden Blattgemüses werden zur Ermittlung des Frischgewichtes genau gewogen, mit etwa 1 l Wasser übergossen und 5—10 min bei 100° blanchiert. Das weichgekochte Gemüse wird homogenisiert. Nach einer der folgenden Methoden wird dann weiter verfahren.

Flotationsmethode (nach ISO/TC34, etwas abgeänderte Arbeitsvorschrift): 50—100 g der homogenisierten Probe werden genau abgewogen und in ein 1 l-Becherglas überführt. Das Becherglas wird zu $^3/_4$ mit Wasser gefüllt, der Inhalt sorgfältig gemischt und das Becherglas in einer leicht geneigten Lage zur Sedimentation des Inhalts abgestellt. Nach 15 min gießt man die überstehende Lösung mit einem Teil der organischen Substanz ab. Diese Prozedur wird so oft wiederholt, bis nur noch Sand — der frei von organischen Komponenten ist — zurückbleibt. Die Probe wird dann durch ein aschefreies Filter filtriert. Filter und Rückstand werden in einen tarierten Tiegel überführt, getrocknet und 30 min in einem Muffelofen bei 500—600° C verascht. Nach dem Abkühlen im Exsiccator wird die Asche auf 0,0002 g genau ausgewogen. Der Prozentgehalt an mineralischen Verunreinigungen wird nach folgender Formel erhalten:

$$x = \frac{(b - a) \cdot 100}{c}$$

a = Tiegelgewicht in g; b = Tiegelgewicht + Asche in g; c = Einwaage in g
(Die Flotationsmethode kann auch kontinuierlich ausgeführt werden, vgl. ISO/TC34/Secretariat-98/128E).

Veraschungsmethode: Je nach dem Wassergehalt werden 4—25 g der homogenisierten Probe auf 0,01 g genau in einem tarierten Platin- oder Quarztiegel eingewogen. Die Probe wird auf einem siedenden Wasserbad und anschließend im Trockenschrank getrocknet. Dann erfolgt bei 500—600° C die Veraschung. Nach dem Abkühlen fügt man 10 ml 10%iger HCl hinzu und erhitzt 15 min auf dem siedenden Wasserbad. Der hierbei verbleibende Rückstand wird abfiltriert und der Tiegel so lange mit heißem dest. Wasser gewaschen, bis das Waschwasser chloridfrei ist. Filter und Rückstand werden dann wieder in den Tiegel überführt und 30 min bei 500—600° C verascht. Nach dem Abkühlen im Exsiccator wird der Rückstand auf 0,0002 g genau ausgewogen.

Der Prozentgehalt x an mineralischen Verunreinigungen wird nach der oben angegebenen Formel berechnet.

γ) Sand in der Asche

Allgemein anwendbar ist die AOAC-Methode 6.005. Danach wird eine 10—50 g-Probe in der Platinschale verascht, mit 5—10 ml HCl übergossen, 2 min gekocht, zur Trockne abgedampft und 3 Std auf dem Wasserbad erhitzt, um das SiO_2 in einen unlöslichen Zustand zu überführen. Der Rückstand wird mit 5 ml HCl aufgenommen, 2 min gekocht, mit etwa 50 ml Wasser versetzt und einige min auf dem Wasserbad erhitzt, über ein aschefreies Filter abfiltriert und (Cl^--frei) gewaschen.

In vielen Fällen reicht es aus, wenn der HCl-unlösliche Anteil der Asche durch Veraschen des Filters bestimmt wird. Das Ergebnis ist dann ein ungefähres Höchstmaß für den möglicherweise vorhandenen Sandgehalt.

Bei größeren Anforderungen an die Genauigkeit verfahre man nach AOAC-Methode 6.005 wie folgt:

Der Rückstand wird vom Filter in eine Platinschale zurückgespült und etwa 5 min mit 20 ml einer gesättigten Na_2CO_3-Lösung gekocht. Man setzt einige Tropfen einer 10%igen Natronlauge zu, läßt absitzen und dekantiert in einen geglühten und gewogenen Gooch-Tiegel. Der Rückstand wird erneut mit 20 ml der gesättigten Na_2CO_3-Lösung gekocht, dekantiert und das gleiche Verfahren wiederholt. Dann wird der Rückstand in den Gooch-Tiegel übergespült, zunächst mit heißem Wasser, dann mit wenig HCl (1 + 4), schließlich wiederum mit heißem Wasser bis zur Cl^--Freiheit gewaschen. Der Rückstand wird getrocknet, bei 500—550° geglüht und gewogen. Durch mikroskopische Betrachtung versichert man sich, ob der Rückstand tatsächlich aus Sand besteht.

δ) Anhaftende Feuchtigkeit bei Blattgemüse

Bei Frischgemüse, insbesondere Blattgemüse, kann es notwendig sein, den Anteil am Frischgewicht zu bestimmen, der durch äußerlich anhaftendes Wasser, sei es durch Regeneinfluß während der Ernte, sei es durch sonstigen Wasserzusatz, entstanden ist.

Die Schwierigkeiten derartiger Bestimmungen liegen einerseits in der Probenahme. Es müssen von der zu untersuchenden Partie mehrere Stichproben, möglichst aus verschiedenen Teilen der Packstücke bzw. der Transporteinrichtung entnommen und zweckmäßig in einem Polyäthylenbeutel gesammelt werden. Jede Probe sollte etwa 1—2 kg betragen. Andererseits darf bei der Untersuchung das Zellwasser nicht miterfaßt werden.

Bei Blattgemüse geht man zweckmäßig so vor, daß die Blätter einer Probe von etwa 1 kg einzeln zwischen Filterpapier abgelöscht und anschließend erneut gewogen werden. Handelt es sich um stark gekräuselte Blätter, so ist es zweckmäßig, die Gemüseteile mit einem nichtwasserlöslichen Lösungsmittel, z. B. Chloroform oder Tetrachlorkohlenstoff, zu übergießen und so lange umzurühren, bis das Wasser nach oben gestiegen ist. Die Blätter werden mit einer Siebplatte nach unten gedrückt, die wäßr. Phase wird dekantiert und volumetrisch gemessen.

3. Chemische Verunreinigungen

a) Rückstände von Pflanzenschutzmitteln

Die Anforderungen des § 4b Nr. 4 LMG sowie des § 14 Abs. 1 Nr. 1 der VO über diätetische Lebensmittel vom 20. VI. 1963 machen es notwendig, Frischgemüse sowie daraus hergestellte weiterverarbeitete Erzeugnisse routinemäßig auf Pflanzenschutzmittelrückstände zu untersuchen. Wegen der großen Vielzahl der in Betracht kommenden Pestizide sowie wegen der Fülle der Anwendungsmöglichkeiten, Wirkungsweisen und der Verschiedenartigkeit der zu untersuchenden Pflanzengruppen sind die analytischen Probleme der Rückstandsuntersuchung außerordentlich schwierig und vielfältig. Es muß deshalb hier darauf verzichtet werden, die bisher entwickelten und noch in dauernder Weiterentwicklung befindlichen Untersuchungsverfahren im einzelnen zu schildern. Es sei verwiesen auf die ausführliche Übersicht in Bd. II/2 dieses Handbuches, sowie auf F. A. Gunther (1962), G. Zweig (1963) und H. Maier-Bode (1965).

b) Radioaktive Kontamination

Die Kontamination von Frischgemüse mit radioaktivem Fall-out wirft spezielle analytische Probleme im allgemeinen nicht auf. Die Veraschung des pflanzlichen Materials gelingt ohne besondere Schwierigkeiten. Die in Bd. II/2 beschriebenen Verfahren können allgemein angewendet werden.

c) Detergentien-Rückstände

Das Waschen von Frischgemüse unter Zusatz von Detergentien wird bisher in Deutschland nur wenig durchgeführt. Der Nachweis von Detergentien-Rückständen auf Gemüse ist bisher nur mit erheblichem Aufwand möglich (vgl. Bd. II/2).

V. Hinweise für die lebensmittelrechtliche Beurteilung

Bei der Beurteilung von Frischgemüse ist zunächst in allen Fällen die Sichtkontrolle von vorrangigem Wert. Als Beurteilungsgrundlage in bezug auf Fehlerfreiheit, Sortierung und Handelsklasseneinstufung können die Vorschriften der VO über gesetzliche Handelsklassen für frisches Obst und Gemüse vom 3. Juli 1955 (Bundesanzeiger Nr. 127 vom 6. Juli 1955) sowie, falls es sich um Waren handelt, die im EWG-Raum im grenzüberschreitenden Verkehr gehandelt sind, die nach der VO Nr. 23 des Ministerrates der EWG über die schrittweise Errichtung einer Gemeinsamen Marktorganisation für Obst und Gemüse vom 4. April 1962 (Amtsblatt der Europäischen Gemeinschaft, S. 905, 1962) erlassenen Vorschriften angewendet werden. In Ergänzung dazu wurden erlassen die Verordnungen Nr. 58 vom 15. Juni 1962 (Amtsblatt EWG 1962, S. 1606), Nr. 64 vom 6. Juli 1962 (Amtsblatt EWG 1962, S. 1741), Nr. 183 vom 17. Nov. 1964 (Amtsblatt EWG 1964, S. 3217) und Nr. 10 vom 26. Jan. 1965 (Amtsblatt EWG 1965, S. 264).

In den Verordnungen sind im zwischenstaatlichen Verkehr verbindliche Qualitätsnormen für frisches Gemüse und Obst festgesetzt, u. a. für folgende Gemüsearten: Blumenkohl, Salate, Speisezwiebeln, Tomaten, Spinat, Chicorée, Pflückerbsen, Bohnen, Speisemöhren, Artischocken, Spargel, Gurken, Knoblauch. Als Beurteilungsmaßstab können ferner die Sortierungsrichtlinien der Bundesarbeitsgemeinschaft Gartenbau vom 7. Febr. 1950 dienen.

Vielfach wird Frischgemüse nicht nach Handelsklassen gehandelt und ausgezeichnet, sondern nach den Sortierungs- und Gütevorschriften der jeweiligen Erzeugerländer sortiert und für den Markt zugerichtet. Einige solcher Sortierungsvorschriften finden sich bei E. Dassler u. Mitarb. (1957).

Offizielle Richtlinien über die Anforderungen, die an chemisch bestimmbare Bestandteile von Gemüse zu stellen sind, liegen nicht vor.

Ferner ist zu beachten die Verordnung über Pflanzenschutz-, Schädlingsbekämpfungs- und Vorratsschutzmittel in oder auf Lebensmitteln pflanzlicher Herkunft (Höchstmengen-VO — Pflanzenschutz) vom 30. Nov. 1966 (BGBl. I, S. 667), die am 1. Jan. 1968 in Kraft tritt.

Bibliographie

Dassler, E., R. Lardschneider u. P. Fischer: Warenkunde für den Fruchthandel, 2. Aufl. Berlin u. Hamburg: Paul Parey 1957.

GOODWIN, T. W.: The comparative biochemistry of the carotenoids. London: Chapmann & Hall 1952.
GUNTHER, F. A.: Residue Reviews. Berlin-Göttingen-Heidelberg: Springer 1962.
HARRIS, R. S., and H. v. LOESECKE: Nutritional evaluation of food processing. New York-London: I. Wiley and Sons 1960.
HEISS, R.: Anleitung zum Frischhalten der Lebensmittel. Berlin: Springer 1945.
HERRMANN, J.: Lehrbuch der Vorratspflege. Berlin: VEB Deutscher Landwirtschaftsverlag 1963.
JONES, H. A., and L. K. MANN: Onions and their allies. Botany, cultivation and utilization. New York: J. Wiley & Sons 1963.
KARRER, P., u. E. JUCKER: Carotinoide. Basel: Birkhauser 1948.
KESSLER, H.: Obst und Gemüse. In: Handbuch der Kältetechnik, Bd. X, S. 520—531. Hrsg. von R. PLANK. Berlin-Göttingen-Heidelberg: Springer 1960.
LINSKENS, H. F., B. D. SAHWAL u. M. V. TRAECY: Moderne Methoden der Pflanzenanalyse, Bd. 1—7. Berlin-Göttingen-Heidelberg: Springer 1956—1964.
LUNDE, G.: Vitamine in frischen und konservierten Nahrungsmitteln. Berlin: Springer 1940.
MAIER-BODE, H.: Pflanzenschutzmittelrückstände. Stuttgart: Eugen Ulmer 1965.
NICOLAISEN-SCUPIN, L.: Leitfaden für die Lagerung von Gemüse und Obst. Braunschweig: G. Hempel 1959.
— Die Bedeutung der Kälte für den Gemüsemarkt. Bibl. d. Kältepraxis, Bd. 3. Hamburg: A. A. Lindow 1960.
OTTOSON, L.: Growth and maturity of peas for canning and freezing. Växtodling No. 9. Uppsala: Almquist & Wiksells 1958.
SCHALL, H.: Nahrungsmitteltabelle. Leipzig: Johann Ambrosius Barth 1962.
SOUCI, S. W., W. FACHMANN u. H. KRAUT: Die Zusammensetzung der Lebensmittel, Bd. II. Stuttgart: Wissenschaftl. Verlagsges. 1962.
SWEENEY, J. P., V. J. CHAPMAN, M. E. MARTIN, P. L. KING and E. H. DAWSON: Vegetables: Consumer-quality, yield, and preparation time of various market forms. Home Economic Res. Rep. No. 17. US-Dep. of Agriculture, Washington, D.C. 1962.
TUCHSCHNEID, M. W., u. E. EMBLIK: Die Kältebehandlung schnellverderblicher Lebensmittel, 3. Aufl. Hannover: Brücke-Verlag 1959.
WATT, B. K., and A. L. MERILL: Composition of food, raw, processed, prepared. US-Dept. of Agriculture, Agriculture Handbook No. 8, revised 1963.
ZWEIG, G.: Analytical methodes for pesticides, plant growth regulators and food additives, Bd. I—IV. New York-London: Academic Press 1963/64.

Zeitschriftenliteratur

ACKERMANN, H.: Der Oxalsäuregehalt im Gemüse und dessen Einwirkung auf den Stoffwechsel. Arch. Gartenbau **6**, 404—444 (1958).
ALLEN, C. F., P. GOOD, H. F. DAVIS and ST. D. FOWLER: Plant and chloroplast lipids. I. Separation and composition of major spinach lipids. Biochem. biophys. Res. Commun. **15**, 424—430 (1964).
ALTAMURA, M. R., L. LONG and T. HASSELSTROM: Goitrin from fresh cabbage. J. biol. Chem. **234**, 1847—1849 (1959).
APPEL, W., u. E. WERLE: Nachweis von Histamin N-Dimethylhistamin, N-Acetylhistamin und Acetylcholin in Spinacia oleracea. Arzneimittel-Forsch. **9**, 22—27 (1959).
ASTWOOD, E. B., M. A. GREER and M. G. ETTLINGER: L-5-Vinyl-2-thioxazolidone, an antithyroid compound from yellow turnips and from brassica seeds. J. biol. Chem. **181**, 121—130 (1949).
BAILEY, S. D., M. L. BAZINET, J. L. DRISCOLL and A. J. MCCARTHY: The volatile sulfur components of cabbage. J. Food Sci. **26**, 163—170 (1961).
BECKER, K. F.: Nitrat- und Nitritgehalt in Spinat. Bundesgesundheitsbl. **8**, 246—248 (1965).
BLUNDSTONE, H. A. W., and D. DICKINSON: The chemistry of edible rhubarb. J. Sci. Food Agric. **15**, 94—101 (1964).
BOOTH, K. H., and S. O. S. DARK: The influence of environment and maturity on total carotinoids in carrots. J. agric. Sci. **39**, 226—236 (1949).
BOSCAN, L., W. D. POWRIE and O. FENNEMA: Darkening of red beets, Beta vulgaris. J. Food Sci. **27**, 574—582 (1962).
BRIESKORN, C. H.: Über die Einflußnahme einiger neuzeitlicher Schädlings- und Unkrautbekämpfungsmittel auf unsere Lebensmittel. Z. Lebensmittel-Untersuch. u. -Forsch. **93**, 292—298 (1951).
BRUINSMA, J.: Effects of pesticidal treatments on the chlorophyll content of plant parts. Residue Rev. **10**, 20—26 (1965).
CARSON, J. F., and F. F. WONG: The volatile flavor components of onions. J. Agric. Food Chem. **9**, 140—143 (1961).

Cavallito, C.J., and J.H. Bailey: Allicin, the antibacterial principle of Allium sativum. II. Determination of the chemical structure. J. Amer. chem. Soc. **66**, 1952—1954 (1944).
Cho, D.H., and C.O. Chichester: Biosynthesis of anthocyanins in radishes. Food Res. **25**, 507—512 (1960).
Cholnoky, L., K. Györgyfy, E. Nagy u. M. Pánczel: Untersuchungen über Carotinoidfarbstoffe. I. Die Farbstoffe des roten tomatenförmigen Paprikas. Acta Chim. Acad. Sci. Hung. **6**, 143—171 (1955).
Cox, W.S.: An improved test paper for the detection of mammalian urine residues. J. Ass. off. agric. Chem. **45**, 655—656 (1962).
Crosby, D.G.: The organic constituents of food. I. Lettuce. J. Food Sci. **28**, 347—355 (1963).
—, u. L.J. Anderson: The organic constituents of food. II. Celery. J. Food Sci. **28**, 640—648 (1963).
Curl, A.L.: The xanthophylls of tomatoes. J. Food Sci. **26**, 106—111 (1961).
Dame jr., C., C.O. Chichester and G.L. Marsh: Studies of processed all-green asparagus. III. Qualitative and quantitative studies of non-volatile organic acids by chromatographic techniques. Food Res. **24**, 20—27 (1959).
Dateo, G.P., R.C. Clapp, D.A.M. Mac Kay, E.J. Hewitt and T. Hasselström: Identification of the volatile sulfur components of cooked cabbage and the nature of the precursors in the fresh vegetable. Food Res. **22**, 440—447 (1957).
Dickinson, D., M. Knight and D.J. Rees: Varieties of broad beans suitable for canning. Chem. and Industr. **1957**, 1503.
Diemair, W., u. F. Hüter: Glucokinine, antidiabetische Stoffe aus dem Pflanzenreich. Z. Lebensmittel-Untersuch. u. -Forsch. **107**, 105—117 (1958).
—, H. Janecke, W. Kehr u. K. Pfeifer: Ein Beitrag zur Kenntnis von Schleimstoffen. Dtsch. Lebensmittel-Rdsch. **61**, 72—74 (1965).
—, u. A. Mührdel: Über Plasmainhaltsbestandteile von Brassica oleracea. II. Nahrung **3**, 1045—1050 (1959).
Enslin, P.R., S. Rehm and D.E.A. Rivett: Bitter principles of the cucurbitaceae. VI. The isolation and characterization of six new crystalline bitter principles. J. Sci. Food Agric. **8**, 673—678 (1957).
Eriksson, C., and E. von Sydow: Postharvest metabolism of green peas (pisum sativum) with special reference to glutamic acid and related compounds. J. Food Sci. **29**, 58—64 (1964).
Ferenczy, L.: Examination of ether-extractable growth substances in grape and water-melon with paper chromatography. Phyton (Buenos Aires) **9**, 47—52 (1957).
Forss, D.A., E.A. Dunstone, E.H. Dunstone, E.H. Ramshaw and W. Stark: The flavor of cucumbers. J. Food Sci. **27**, 90—93 (1962).
Fowler, H.D.: The characterization of phytin in peas. J. Sci. Food Agric. **7**, 381—386 (1956).
Giesecke, F., u. W. Schuphan: Über die Ursachen der „Rost- oder Eisenfleckigkeit" des Knollenselleries und ihre Bedeutung bei der Konservierung. Z. Lebensmittel-Untersuch. u. -Forsch. **75**, 157—167 (1938).
Gmelin, R., M. Saarivira and A.I. Virtanen: Glucobrassin a precursor of thiocyanate and ascorbigen in the species of brassica oleracea. Suomen Kemistilehti B **33**, 172 (1960).
Gold, H.J., and C.W. Wilson: The volatile flavor substances of celery. J. Food Sci. **28**, 484—488 (1963).
Goryachenkova, E.V.: Enzyme in garlic which forms allycine (allyinase) a protein with phosphopyridoxal. Dokl. Akad. Nauk SSSR **87**, 457—460 (1952); zit. nach Chem. Abstr. **47**, 4928 e (1953).
Günther, E.: Der β-Karotingehalt der Mohrrübe, Daucus carota L. Pharmazie **7**, 99—101 (1952).
Häffner, H., u. A. Pawletta: Meerrettich, Probleme seiner Verarbeitung. Dtsch. Lebensmittel-Rdsch. **52**, 245—251 (1956).
Hamdy, M.M., and W.A. Gould: Varietal differences in tomatoes. A study of a-ketoacids, a-amino compounds, and citric acid in eight tomato varieties before and after processing. J. agric. Food Chem. **10**, 499—503 (1962).
Hamilton, J.R., and R.A. Johnston: Studies on cucumber softening under commercial saltstock conditions in Ontario. I. Incidence and pattern of activity of pectolytic enzymes. II. Pectolytic microorganisms isolated. Appl. Microbiol. **9**, 121—134 (1961).
Harborne, J.B., and H.S.A. Sherrat: Variations in the glycosidic pattern of anthocyanins. Experientia (Basel) **13**, 486—487 (1957).
Harmsen, H.: Fäkale Gemüsekopfdüngung als gesundheitliche Gefahr der Verwurmung, der Ausbreitung gefährlicher Darmkrankheitserreger und der Verbreitung der Erreger der Kinderlähmung und epidemischen Hepatitis. Münch. med. Wschr. **1953**, 1301—1305.
Harth, V.: Die Pastinake, eine vergessene Gemüsepflanze. Angew. Kochwiss. **3**, Folge 8 (Sonderbeilage zu Gemeinschaftsverpfl. **8**, 60—61 (1943); zit. nach Z. Lebensmittel-Untersuch. u. -Forsch. **86**, 531 (1943).

HEEGER, E. F.: Die Düngung der Heil- und Gewürzpflanzen und der Gemüse mit menschlichen Fäkalien, eine Quelle der Wurminfektion. Pharmazie **4**, 192—193 (1949).
HEIDUSCHKA, A., u. A. ZWERGAL: Flavoring substances in horse radish and black radish. J. prakt. Chem. **132**, 201—208 (1931); zit. nach Chem. Abstr. **26**, 1040 (1932).
HERNANDEZ, H.H., and D.C. VOSTI: Dark discoloration of canned all-green asparagus. I. Chemistry and related factors. Food Technol. **17** (1), 95—99 (1963).
HERRMANN, K.: Über Oxydationsfermente und phenolische Substrate in Gemüse und Obst. I. Mitt. Oxyzimtsäuren in Gemüse. Z. Lebensmittel-Untersuch. u. -Forsch. **106**, 341—348 (1957a).
— Über Oxydationsfermente und phenolische Substrate in Gemüse und Obst. II. Mitt. Über den Gehalt des Gemüses an Peroxydase und o-Polyphenoloxydase. Z. Lebensmittel-Untersuch. u. -Forsch. **106**, 451—454 (1957b).
— Über Leukoanthocyanine und Leukoanthocyanin-Gerbstoffe und ihre Bedeutung in Lebensmitteln. Z. Lebensmittel-Untersuch. u. -Forsch. **112**, 105—118 (1959).
HOBSON, G. E.: Pectinesterase in normal and abnormal tomato fruit. Biochem. J. **86**, 358—365 (1963).
HOFMANN, A.W.: Über die Erkennung und Bestimmung kleiner Mengen von Schwefelkohlenstoff. Ber. dtsch. chem. Ges. **13**, 1736 (1880).
HOFMANN, E., u. W. WOLF: Einfluß der Wachstumsdauer und Steigen der Nährstoffgaben auf die Enzymaktivität bei Möhren. Landwirtsch. Forsch. **7**, 135—138 (1955).
HOLFELDER, E.: Ein Beitrag zur Frage des Schwarzkochens von Sellerie. Dtsch. Lebensmittel-Rdsch. **50**, 307—310 (1954).
JBVT: Symposium on standardization of packaging for fresh fruits and vegetables. Wageningen 1961.
IVANCENKO, D., P. ZAJAC u. L. DODOK: Zusammensetzung der Samen von Wassermelonen. Chem. Zvesti **13**, 803—806 (1959) [slowakisch].
JENSEN, K.A., J. CONTI and A. KJAER: Isothiocyanates. II. Volatile isothiocyanates in seeds and roots of various Brassicae. Acta Chem. scand. **7**, 1267—1270 (1953).
JIROUSEK, L., and J. JIRSAK: Antifungal properties of organic polysulphides from cabbage. Naturwiss. **43**, 375—376 (1956).
JONES, E.R.H., and W.C. TAYLOR: Some indole constituents of cabbage. Nature (Lond.) **179**, 1138 (1957).
JOYCE, A.E.: Carotenoids of brassica napus. J. Sci. Food Agric. **10**, 342—348 (1959).
KARGL, T.E., F.W. QUACKENBUSCH and M.L. TOMES: The carotene-polyene system in a strain of tomatoes high in δ-carotene and its comparison with eight other tomato strains. Proc. amer. Soc. hort. Sci. **75**, 574—578 (1960).
KAUFFMANN, TH., u. CH. KOSEL: Über die freien Oligopeptide im Granateiweiß von Spinacea oleracea. Biochem. Z. **331**, 377—388 (1959).
KELLEY, E.G., R.M. ZACHARIUS, S. KRULICK and R.B. GREENSPUN: Nitrogen compounds of cabbage. Food Res. **25**, 399—418 (1960).
KIESVAARA, M., and A.I. VIRTANEN: Synthetic ascorbigen as a vitamin C source for guinea pigs and man. Acta chem. scand. **16**, 510 (1962).
KIENHOLZ, M., u. B. KEMKES: Die antibakterielle Wirkung ätherischer Öle aus Meerrettich-Wurzeln. Arzneimittel-Forsch. **10**, 917—918 (1960).
KISS, G., u. H. NEUKOM: Über die Struktur des Ascorbigens. Helv. chim. Acta **49**, 989—902 (1966).
KOVACS, A.S., u. P. DENKER: Zur Bestimmung der Oxalsäure in Spinat. Industr. Obst- u. Gemüseverwert. **47**, 250—251 (1962).
KUON, J., and R.A. BERNHARD: An examination of the free amino acids of the common onion (allium cepa). J. Food Sci. **28**, 298—304 (1963).
KUPIECKI, F.P., and A.J. VIRTANEN: Cleavage of alkylcysteine sulfoxides by enzyme in onion. Acta chem. scand. **14**, 1913—1918 (1960).
LEE, F.A., and L.R. MATTICK: Fatty acids of the lipids of vegetables. I. Peas (pisum sativum). J. Food Sci. **26**, 273—275 (1961).
LICHTENSTEIN, E.P., F.M. STRONG and D.G. MORGAN: Naturally occuring insecticides. Identification of 2-phenylethylisothiocyanate as an insecticide occurring naturally in the edible part of turnips. J. agric. Food Chem. **10**, 30—33 (1962).
LINSER, M., E. YOUSSEF u. O. KIERMAYER: Hohe Gehalte an Indolderivaten bei Brassica-Gemüsen. Z. Lebensmittel-Untersuch. u. -Forsch. **108**, 358—362 (1958).
LYKKEN, L.: Important considerations in collecting and preparing crop samples for residual analysis. Residue Rev. **3**, 19—34 (1963).
LYNCH, L.J., and R.S. MITCHELL: Optimal harvest time of pea canning crops. Australia CSIRO, Bull. No. 273 (1953).
— — and D.J. CASIMIR: The chemistry and technology of the preservation of green peas. Advanc. Food Res. **9**, 61—151 (1959).

Mattick, L.R., and F.A. Lee: The fatty acids of vegetables. II. Spinach. J. Food Sci. **26**, 356—358 (1961).
McCready, R.M., J. Guggolz, V. Silviera and H.S. Owens: Determination of starch and amylose in vegetables. Application to peas. Analytic. Chem. **22**, 1156—1158 (1950).
McRorie, R.A., G.L. Sutherland, M.S. Lewis, A.D. Barton, M.R. Glazener and W. Shive: Isolation and identification of a naturally occuring analog of methionine. J. amer. chem. Soc. **76**, 115—118 (1954).
Merz, K.W.: Cichoriin und die Konstitution von Äsculin und Scopolin. Arch. Pharmaz. (Weinheim) **270**, 476—495 (1932).
Mizuno, T., and K. Hayashi: Studies on the carbohydrates of horse radish (cochlearis armeracia L.) Part. I. The carbohydrates in the root. Bull. Agric. Chem. Soc. Japan **20**, 116—121 (1956).
Moisio, T., C.-G. Spaere and A.J. Virtanen: Mass spectral studies on the chemical nature of the lacrymatory factor formed enzymically from S-(1-propenyl-)cysteine sulfoxide isolated from onion (allium cepa). Suomen Kemistilehti **35**, 29 (1962).
Mührdel, A.F.: Über Plasmainhaltsbestandteile von Brassica oleracea. 3. Mitt. Nahrung **9** 187—201 (1965).
Nehring, P.: Über den Wert des „Biosmon"-Verfahrens für die Gemüse- und Obstkonservenfabrikation. Industr. Obst- u. Gemüseverwert. **39**, 319—320 (1954).
Olliver, M.: The ascorbic acid content of fruit and vegetables with special reference to the effect of cooking and canning. J. Soc. chem. Industr. (Lond.) (Transaction and Communications) **55**, 153 T—163 T (1936).
Orr, M.L., and B.K. Watt: Amino acid content of food. Home economics Research Report No. 4. US-Dep. Agriculture, Washington D.C. 1957.
Perrin, D.R., and W. Bottomley: Pisatin: An antifungal substance from pisum sativum L. Nature (Lond.) **191**, 76—77 (1961).
Peterson, R.G., and M.A. Joslyn: The red pigment of the root of beet (beta vulgaris) as a pyrrole compound. Food Res. **25**, 429—441 (1960).
Ralls, J.W.: Flash exchange gas chromatography for the analysis of potential flavor components of peas. J. agric. Food Chem. **8**, 141—143 (1960).
Rinderknecht, H.: γ-Glutamyl-S-methylcysteine und γ-Glutamyl-S-methylcysteine sulfoxide in legumes. Chem. and Industr. **1957**, 1384—1385.
Roseman, A.S., G.E. Livingston and W.B. Esselen: Non-enzymatic discoloration of green bean purée. II. Studies on the thermal discoloration of aceton extracted tissue. Food Res. **22**, 542—552 (1957).
Salunkhe, D.K., S.H. Wittwer, E.J. Wheeler and S.T. Dexter: The influence of a preharvest foliar spray of maleic hydrazide on the specific gravity of potatoes and the quality of potato chips. Food Res. **18**, 191—196 (1953).
Schildknecht, H., u. G. Rauch: Über das Meerrettichgas. Z. Naturforsch. **17b**, 800—803 (1962).
Schmid, H., u. P. Karrer: Über Inhaltsstoffe des Rettichs. I. Über Sulforaphen, ein Senföl aus Rettichsamen (Raphanus sativus L. var. alba). Helv. chim. Acta **31**, 1017—1028 (1948).
Schneider, A.: Untersuchungen über die Eignung von Erbsensorten für Zwecke der Naßkonservierung. Der Züchter **21**, 275—281 (1951).
Schultz, O.E., u. H.L. Mohrmann: Beitrag zur Analyse der Inhaltsstoffe von Knoblauch (*Allium sativum* L.). 2. Mitt. Gaschromatographie des Knoblauchöls. Pharmazie **20**, 441—447 (1965).
Schuphan, W.: Qualitätsverbesserung der Nahrungspflanzen durch harmonische Volldüngung. Mitt. dtsch. Landwirtschafts-Ges. Heft 8, 1953.
—, u. W. Postel: Samenreife und essentielle Aminosäuren bei Pisum sativum L. Naturwiss. **47**, 323—324 (1960).
—, u. H. Schlottmann: N-Überdüngung als Ursache hoher Nitrat- und Nitritgehalte des Spinats (*Spinacia oleracea* L.) in ihrer Beziehung zur Säuglings-Methämoglobinämie. Z. Lebensmittel-Untersuch. u. -Forsch. **128**, 71—75 (1965).
—, u. I. Weinmann: Der Oxalsäuregehalt des Spinates (Spinacia oleracea) als Maßstab für seinen Wert als Nahrungsmittel. Qualit. plant. materiae veg. (Den Haag) **5**, 1—22 (1958).
Schwimmer, S., and W.J. Weston: Enzymatic development of pyruvic acid in onion as a measure of pungency. J. agric. Food Chem. **9**, 301—304 (1961).
Seidemann, J.: Beitrag zum unterschiedlichen mikroskopischen Verhalten von Mark- und Schalerbsenstärke. Z. Lebensmittel-Untersuch. u. -Forsch. **127**, 93—97 (1965).
Shallenberger, R.S., J.D. Atkin and J.C. Moyer: The isolation and partial characterization of a volatile essential oil fraction from bitter canned carrots. Food Res. **25**, 419—423 (1960).
—, and J.C. Moyer: Relationship between pyrrolidoncarboxylic acid and an off-flavor in beet purree. J. agric. Food Chem. **6**, 604—606 (1958).

SILVERBERG, H.D.: Report on succinic acid as an index of decomposition in spinach. J. Ass. off. agric. Chem. **41**, 245—246 (1958).
SIMON, C., H. KAY u. G. MROWETZ: Über den Nitratgehalt von Spinat, insbesondere Säuglings-Spinatkonserven, im Hinblick auf die Gefahr einer Methämoglobinämie. Dtsch. Lebensmittel-Rdsch. **61**, 75—77 (1965).
SOMERS, G.F., and K.C. BEESON: The influence of climate and fertilizer practices on the vitamin and mineral content of vegetables. Advanc. Food Res. **1**, 291—324 (1948).
SONDHEIMER, E.: Bitter flavor in carrots. III. The isolation of a compound with spectral characteristics similar to hydrocarbon extracts of bitter carrots. Food Res. **22**, 296—299 (1957).
— The isolation and identification of 3-methyl-6-methoxy-8-hydroxy-3,4-dihydroisocumarin from carrots. J. amer. chem. Soc. **79**, 5063 (1957).
SPENCER, M.S., and W.L. STANLEY: Flavor origin. Flavor and odor components in the tomato. J. agric. Food Chem. **2**, 1113—1118 (1954).
STOLL, A., u. E. SEEBECK: Über Alliin, die genuine Muttersubstanz des Knoblauchöls. Helv. chim. Acta **31**, 189—210 (1948).
— — Über den enzymatischen Abbau des Alliins und die Eigenschaften der Alliinase. Helv. chim. Acta **32**, 197—205 (1949).
STRAUSS, W.: Über Chromatophoren. Reinigung und Analyse der Farbstoffträger aus Mohrrüben und Spinatblättern. Helv. chim. Acta **25**, 179—188 (1942).
STREICHER, E.: Akutes Nierenversagen und Ikterus nach einer Vergiftung mit Rhabarberblättern. Dtsch. med. Wschr. **89**, 2379—2381 (1964).
STROH, H.H.: Über die Anthocyane des Rotkohls. I. Konstitution des Rubrobrassinchlorids. Z. Naturforsch. **146**, 699—703 (1959).
—, u. H. SEIDEL: Über die Anthocyane des Rotkohls. III. Mitt.: Zur Konstitution der Sinapinsäureester des Rubrobrassins. Z. Naturforsch. **20** b, 39 (1965).
VIRTANEN, A.J.: Organische Schwefelverbindungen in Gemüse- und Futterpflanzen. Angew. Chem. **74**, 374—382 (1962).
—, u. M. KREULA: Die Resorbierung des Carotins aus Mohrrüben beim Menschen. Z. physiol. Chem. **270**, 141—152 (1941).
—, and E.J. MATIKKALA: The isolation of S-methylcysteine sulphoxide and S-n-propylcysteine-sulphoxide from onion (Allium cepa) and the antibiotic activitiy of crushed onion. Acta chem. scand. **13**, 1898—1900 (1959a).
— — The structure and synthesis of cycloalliin isolated from Allium cepa. Acta chem. scand. **13**, 623—626 (1959b).
— — Neue Glutamylpeptide in der Zwiebel. Z. physiol. Chem. **322**, 8—20 (1960).
WAGENKNECHT, A.C., L.M. LEWIN and H.E. CARTER: The phosphatidyl inositol of peas. J. biol. Chem. **234**, 2265—2268 (1959).
WAGNER, H.G.: The physiology of the maturation of peas. Low Temperature Research Station, Cambridge. Annual Rep. **1960**, 26—28.
WALDER, W.O.: Antibiotics and food. Food (Lond.) **21**, 142—145 (1957).
WALKER, J.R.L.: Phenolic acids in "cloud" and normal tomato fruit wall tissue. J. Sci. Food Agric. **13**, 363—367 (1962).
WEINMANN, W.: Untersuchungen über den Einfluß einer Wuchsstoffbehandlung von Tomatenpflanzen auf den ernährungsphysiologischen Wert der Früchte. Wirkung auf das Wachstum von Albinoratten. Naturwiss. **45**, 470—471 (1958).
WILCOX, M.E., H. WYLER, T.T. MABRY u. A.S. DREIDING: Die Struktur des Betanins. 7. Mitt. Über die Konstitution des Raudenfarbstoffes Betanin. Helv. chim. Acta **48**, 252—258 (1965).
WILSON, R.J.H., G.W. POLEY and F. DE EDS: Some pharmacologic and toxicologic properties oft omatine and its derivates. Toxicol. appl. Pharmacol. **3**, 39—48 (1961).
WINSOR, G.W., J.N. DAVIES and D.M. MASSEY: Composition of tomato fruit. V. Comparison of the differently coloured areas of the walls of "blotchy" tomatoes. J. Sci. Food Agric. **13**, 145—148 (1962).
WOIDICH, H., E. GALINOVSKY u. H. GNAUER: Über Untersuchungen an Kürbiskernöl. Dtsch. Lebensmittel-Rdsch. **58**, 220—224 (1962).

Gemüsedauerwaren
A. Tiefgefrorenes Gemüse

Von

Dipl.-Ing. J. Gutschmidt, Karlsruhe

Mit 9 Abbildungen

Mit der Gefrierkonservierung von Gemüse wurde im Vergleich zu anderen leicht verderblichen Lebensmitteln erst spät begonnen, einmal weil gefrorenes Gemüse seiner Frostempfindlichkeit wegen nicht zum Gefrieren geeignet erschien und zum anderen, weil es nicht wie Obst für die Weiterverarbeitung oder wie Fleisch für den Verkauf in aufgetautem Zustand in Betracht kam und auch nicht für das Gefrieren in größeren Einheiten in Gefrierräumen geeignet war.

Nach Anfangsschwierigkeiten, die dadurch entstanden, daß die Bedeutung des Blanchierens für die Qualitätserhaltung erst später erkannt wurde, begann in den USA die Birdseye Organisation 1929 mit der industriellen Herstellung tiefgefrorenen Gemüses (D.K. Tressler u. C.F. Evers 1957). Erst nachdem Isolierfahrzeuge und Tiefkühlmöbel für den Verkauf von Kleinpackungen mit tiefgefrorenen Lebensmitteln in größerer Menge vorhanden waren, stieg von 1937 an die Produktion von tiefgefrorenem Gemüse steil an (vgl. Tab. 1). In dieser Zeit

Tabelle 1. *Produktion an tiefgefrorenem Gemüse in den USA (1965) und der Bundesrepublik Deutschland (1. 5. 1964 bis 30. 4. 1965)* (in t)

Gemüseart	USA[3]	BRD[4]
Blumenkohl	20961,3	1000,3
Bohnen, grüne	79013,0	1487,5
dicke	—	492,5
Lima	66011,0	—
Brokkoli	55479,8	—
Erbsen	201075,9	2407,2
Karotten	29686,4	2455,8
Mischgemüse[1]	35721,9	668,3
Rosenkohl	16936,5	721,6
Spargel	14000,8	—
Spinat	55458,5	28078,8
Zuckermais	118626,4	—
andere Gemüsearten[2]	572332,5	5140,4
Gemüse insgesamt	1360387,2	42452,4

[1] Suppengemüse (BRD 580,3 t); Erbsen und Karotten (USA 9827,7 t)
[2] Gurken in Scheiben, Grünkohl (BRD 1882,9 t); Kartoffeln (USA 552724,7 t); Kohlrabi, Porree, Sellerie, u. a.
[3] Nach Quick Frozen Foods 29, Nr. 5 (Dez.) 212 (1966).
[4] Nach dem Geschäftsbericht des Bundesverbandes der Obst- und Gemüseverwertungsindustrie, Bonn, Mai 1966.

wurde auch in Deutschland mit dem Gefrieren von Gemüse in größerem Umfange begonnen. Diese 1942 unterbrochene Entwicklung begann sich erst wieder nach 1950 mit dem Aufbau einer neuen Gefrierwirtschaft fortzusetzen. Die Produktion von tiefgefrorenem Gemüse, insbesondere von Spinat, nahm nach 1960 in der Bundesrepublik Deutschland stark zu (vgl. Tab. 1). Auch in anderen europäischen Ländern mit einem hohen Lebensstandard wurden nach 1950 tiefgefrorene Lebensmittel in steigendem Umfang hergestellt. Zur Zeit entwickelt sich für tiefgefrorene Lebensmittel ein europäischer Markt.

Die Güte, mit der tiefgefrorenes Gemüse den Verbraucher erreicht, wird wesentlich durch die Gefriereignung der Gemüseart und von der Qualität der zur Verarbeitung kommenden Rohware bestimmt. Sie hängt außerdem von der Art der Zurichtung, Vorbehandlung und Verpackung sowie von den Gefrier-, Transport- und Lagerbedingungen ab.

1. Die Eignung zum Gefrieren

Der Verlust des Lebens im Pflanzengewebe und der damit verbundene Verlust des Turgors durch den Gefrierprozeß setzen der Erhaltung der ursprünglichen Qualität von pflanzlichen Lebensmitteln eine Grenze. Produkte ohne formerhaltendes Stützgewebe, wie z. B. Blattgewächse, fallen nach dem Gefrieren und Auftauen in sich zusammen; andere Gemüsearten behalten zwar ihre Form recht gut, aber ihre Konsistenz kann sich stark verändern; sie können schlaff, weich oder zäh werden. Diese Strukturveränderungen können die Qualität des Endproduktes unterschiedlich beeinflussen. Blattgemüse, das vor dem Verzehr gekocht wird und daher ohnehin durch den Kochvorgang seinen Turgor verliert und zusammenfällt, hat nach der Zubereitung eine ähnliche Konsistenz, wenn es aus gefrorener oder aus frischer Ausgangsware hergestellt worden ist. Bei Blattsalat dagegen, der roh gegessen wird und bei dem die straffe Struktur der Blätter die Qualität wesentlich mitbestimmt, unterscheiden sich der aus gefrorener oder aus frischer Rohware zubereitete Salat stark voneinander. Spinat gibt daher ein gutes Gefrierprodukt, während Kopfsalat zum Gefrieren ungeeignet ist. Gemüse, das roh gegessen wird, wie Gurken und Tomaten, ist wegen der Konsistenzveränderung im allgemeinen zum Gefrieren weniger oder nicht geeignet.

Gut gefrieren läßt sich Gemüse, das im gekochten Zustand gegessen wird und bis auf einige Ausnahmen schon vor dem Gefrieren blanchiert wird (vgl. Abschn. 3). Aber auch hier können zusätzliche Veränderungen in den organoleptischen Eigenschaften durch den Gefriervorgang auftreten, die je nach der verwendeten Gemüseart und -sorte verschieden groß sind. Stärkehaltige Gemüse, wie Erbsen, Limabohnen und Mais, verändern sich weniger als solche ohne Stärkeanteile, wie grüne Bohnen und Spargel.

Seit Beginn der Entwicklung der Gefrierkonservierung von Gemüse ist man bemüht, bei allen Arten geeignete Sorten auszulesen und von diesen ausgehend neue Sorten zu züchten, die nicht nur den allgemeinen Zuchtzielen (hohe Erträge, gleichmäßige Reife, Resistenz gegen Krankheiten und Klima, Eignung für die mechanische Ernte und Verarbeitung, gute Vermehrungsfähigkeit) genügen, sondern ein dem frischen gleichwertiges Gefrierprodukt ergeben (W. D. Enzie 1952, E. Holfelder u. K. Eid 1965/66). Dabei ist z. T. nicht nur den Veränderungen beim Gefriervorgang, sondern während der gesamten Verarbeitung Rechnung getragen worden. So können speziell für das Gefrieren gezüchtete Sorten nach der sachgemäßen Verarbeitung als Gefrierprodukt von besserer Beschaffenheit sein als das Frischprodukt. Sehr oft ist jedoch die Züchtung einer geeigneten Gefriersorte gleichbedeutend mit der Züchtung einer für den Frischverzehr besonders hochwertigen Sorte, da durch die Gefrierkonservierung die typischen Eigenschaften, insbesondere die Farbe, der Geruch und der Geschmack sowie die den Nährwert bestimmenden Stoffe weitgehend erhalten werden können (Hinweise auf einige zum Anbau in der Bundesrepublik Deutschland geeignete Sorten vgl. Abschn. 10).

2. Rohware

Bei geeigneten, sachgemäß verarbeiteten Gemüsesorten bleiben die charakteristischen Gütemerkmale, die die frische Ware beim Verbrauch aufweist, weitgehend erhalten. Voraussetzung für die Erzielung eines guten Endproduktes ist die Verwendung einer hochwertigen gesunden Rohware.

Zur Herstellung von Gefrierkonserven wird Gemüse wie für den alsbaldigen Frischverzehr im optimalen Reifegrad geerntet. Um nicht nur den Erntezeitpunkt der Gemüse bestimmen zu können, sondern auch Einfluß auf die Anbaubedingungen und die Kulturmaßnahmen zu haben, werden von den Gefrierbetrieben, insbesondere bei der Verarbeitung von Erbsen, Anbauverträge mit dem Erzeuger abgeschlossen (P. Nehring u. H. Krause 1962). Nur dadurch ist es möglich, geeignete, verschieden früh reifende Sorten dem Verarbeitungsplan entsprechend zeitlich und räumlich günstig anbauen und die Düngung sowie die Schädlingsbekämpfung sachgemäß durchführen zu lassen.

Um den optimalen Erntezeitpunkt rechtzeitig zu erkennen und den Betrieb darauf einstellen zu können, wird der Reifeverlauf der Gemüse, wenn möglich mit Hilfe objektiver Bestimmungsmethoden, laufend verfolgt. Für die Bestimmung des Reifegrades und damit der Güte grüner Erbsenkörner hat sich die Verwendung von Zartheitsprüfern (Tenderometer, Maturometer, Texturemeter) durchgesetzt (Th. Grünewald u. W. Klotz 1962). Mit ihrer Hilfe kann auch der Reifeverlauf und damit der Erntezeitpunkt von Erbsen einige Tage im voraus bestimmt werden. Das Tenderometer hat sich auch für die Prüfung anderer Gemüsearten als geeignet erwiesen (R.R. Jenkins u. F.A. Lee 1940). Eine Planung des Anbaus im Hinblick auf die gleichmäßige Auslastung des Betriebes ist mit oft ausreichender Genauigkeit mit Hilfe der Wärmesummenregel möglich (J.Y. Wang 1960; Ch. Zorn 1967). Bei schnell reifenden Produkten wird ermittelt, wann mit einer genauen Kontrolle zur Festlegung des Erntetermins begonnen werden muß. Eine Kenntnis der Klimaabhängigkeit des Entwicklungs- und Reifeverlaufs ist bei den angebauten Sorten stets erforderlich, gleich welche Methode zur vorherigen Festlegung des Erntetages angewendet wird.

Der Transport der Rohware vom Erzeuger zum Gefrierbetrieb erfolgt schonend in dafür geeigneten Fahrzeugen oder Behältern bei möglichst niedriger Temperatur. Es ist vorteilhaft, empfindliche Produkte vor oder während des Transportes zu kühlen. So ist z. B. eine Kühlung von Erbsenkörnern auf dem Transport von außerhalb des Betriebes liegenden Dreschstationen zu empfehlen, selbst wenn die Entfernungen kurz sind und die Erbsen unmittelbar nach der Anlieferung im Betrieb verarbeitet werden. Die Leistung der Dreschstationen und des Gefrierbetriebes müssen entsprechend aufeinander abgestimmt sein.

Auch viele andere Gemüsearten verändern sich schnell nach der Ernte, so daß auch hier eine Kühlung Vorteile bringt, wenn die Rohware über lange Strecken transportiert werden muß oder nicht am Tag der Anlieferung verarbeitet werden kann. Spargel, grüne Bohnen, entschotete Limabohnen, Zuckermais, Pilze und Spinat sollten vor oder während langer Transporte gekühlt und — wenn sie nicht gleich verarbeitet werden — unter den für sie günstigsten Bedingungen in gekühlten Räumen gelagert werden (vgl. S. 316).

Die Rohware wird normalerweise bei ihrem Eingang in den Betrieb oder auch bei der Aufnahme in die Produktion geprüft, ob sie den Anforderungen genügt (einzelne Qualitätsmerkmale der Gemüsearten vgl. Abschn. 10).

3. Zurichtung und Vorbehandlung

a) Zurichtung

Gemüse wird vor dem Gefrieren küchenfertig zugerichtet. Für das Waschen, Putzen, Schälen, Entschoten, Verlesen, Sortieren, Zerteilen oder Passieren werden die in der Konservenindustrie für die Herstellung von Dosenkonserven üblichen Verfahren und Maschinen verwendet (vgl. S. 410).

b) Blanchieren

Durch die Gefrierlagerung bei —18 bis —30°C werden die chemischen Umsetzungen in den Lebensmitteln nicht vollständig unterbunden. Die dadurch hervorgerufenen Veränderungen im Genuß- und Nährwert begrenzen die Lagerungsdauer (vgl. Abschn. 6). In manchen Gemüsearten wie Erbsen, Bohnen und Spinat können enzymatische Reaktionen auch bei —18° C schon nach 2—4 Wochen nachteilige Veränderungen im Geruch und Geschmack, aber auch in der Farbe und Konsistenz bewirken (D.K. TRESSLER 1938; F.A. LEE 1958). Neben Katalase und Peroxydase sind es insbesondere Lipase und Lipoxydase, die selbst bei sehr tiefen Temperaturen noch aktiv sind (M.A. JOSLYN 1949; F. KIERMEIER 1952). Auch in gefrorenem Gemüse sind die Geschmacksveränderungen häufig auf eine Oxydation der Fette zurückzuführen. F.A. LEE u. Mitarb. (1955) fanden einen Anstieg der Säurezahl und der Peroxydzahl des aus rohem Gemüse extrahierten Rohfettes. Bei —17,8° C begann die Säurezahl schon nach einer Woche, die Peroxydzahl nach einer Lagerdauer von 3 Wochen bei Erbsen, nach 4 Wochen bei Bohnen und nach 3 Monaten bei Zuckermais anzusteigen. Daß es sich um eine enzymatische Oxydation und nicht um eine Autoxydation handelte, schlossen A.M. SIDDIQI u. A.L. TAPPEL (1956) aus der sehr viel kleineren Aktivierungsenergie für Lipoxydase. Hexanal als ein charakteristischer Bestandteil oxydierter Fette wurde neben Acetaldehyd und Äthanol als intermediären Stoffwechselprodukten von B. BENGTSON u. I. BOSUND (1964) in unblanchierten, bei —26° C gelagerten Erbsen nach 1—2 Monaten gefunden (vgl. auch F.B. WHITFIELD u. J. SHRIPTON 1966). Auch die Veränderung der Farbe, wie der Abbau des Chlorophylls, und der schnelle Verlust an Vitaminen, insbesondere des Vitamin C, in rohem Gemüse während der Gefrierlagerung ist enzymatisch bedingt. K. PAECH (1945) fand während einer dreimonatigen Lagerung bei —21° C in unblanchiertem Spinat einen Rückgang von 80 % und in blanchiertem einen Rückgang von 10 % des Gehalts an Vitamin C. Nach W.C. DIETRICH u. Mitarb. (1955) ist ebenfalls in rohen oder unterblanchierten Erbsen der Vitaminverlust während der Gefrierlagerung wesentlich größer als nach einer Inaktivierung der Enzyme (vgl. Abb. 1).

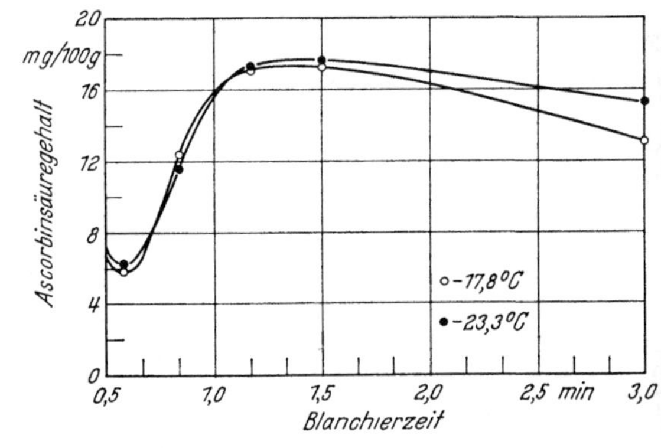

Abb. 1. Ascorbinsäuregehalt verschieden lang blanchierter tiefgefrorener Erbsen nach einer Lagerdauer von 6 Monaten bei —17,8 und —23,3° C (nach W.C. DIETRICH u. Mitarb. 1955)

Um einen schnellen Qualitätsabfall während der Gefrierlagerung zu vermeiden, ist daher ein Erhitzen der meisten Gemüsearten vor dem Gefrieren unerläßlich, um die schädigende Wirkung der Enzymsysteme zu unterbinden. Nach H.S. COBEY u. G.R. MANNING (1953) sind keine enzymatischen Einflüsse auf das Lagerverhalten von Gemüse mehr zu erwarten, wenn die Katalase inaktiviert ist, obgleich andere Enzyme wie die Peroxydase dann noch z. T. wirksam sein oder wieder werden können (F. HERRLINGER u. F. KIERMEIER 1948; E.R. HARZLER u. N.B. GUERRANT 1952). Nach F.A. LEE (1958) hat sich die zur Inaktivierung der Katalase erforderliche Zeit mit einem Zuschlag von 50 % in der Praxis als günstig erwiesen. Der Zuschlag ist erforderlich, weil bei einigen Produkten wie Rosenkohl und Zuckermais auch die Peroxydase vollkommen zerstört werden muß, um Lagerveränderungen zu unterbinden (F.E. LINDQUIST u. Mitarb. 1951). W.V. CRUESS (1948) fordert, daß alle Gemüse bis zum negativen Ausfall des Peroxydasetestes zu blanchieren sind. Nach den Leitsätzen des Deutschen Lebensmittelbuches (1966) muß tiefgefrorenes Gemüse frei von aktiver Katalase und Peroxydase sein (Bestimmung der Katalase- und Peroxydaseaktivität vgl. S. 270—275 Bd. II/2). Eine Reaktivierung der Peroxydase während der Lagerung hat keinen Einfluß auf die Qualitätserhaltung (B.R.W. PINSENT 1962).

Die Dauer des Blanchierprozesses hängt einerseits vom Wärmeleitvermögen des Gemüses, das durch Art, Sorte und Reife gegeben ist, sowie von der Gestalt und der Größe des Blanchiergutes und andererseits von der Temperatur des Blanchiermediums und vom Wärmeübergang auf das Gemüse, d. h. von der Art des Mediums und seiner Bewegung am Gut ab.

In der Praxis werden Wasser und Dampf als Blanchiermedien verwendet. Andere Erhitzungsarten sind vorgeschlagen worden (F.A. LEE 1948), sind jedoch ohne Bedeutung geblieben. Obgleich beim Blanchieren in Wasser der Temperaturbereich von 80—95°C sich für die meisten Gemüse als etwas günstiger erwiesen hat (H. BÖTTCHER 1962), wird doch meist des einfacheren Betriebs und der besseren Kontrolle wegen in kochendem Wasser blanchiert. Für die Erhaltung mancher wasserlöslicher Stoffe, z. B. der Ascorbinsäure, scheint auch ein kürzeres Blanchieren bei höheren Temperaturen günstiger zu sein (N.B. GUERRANT u. R.A. DUTSCHER 1948). Je nach dem Blanchiergut und seiner Verarbeitungsart wird in kochendem Wasser 1—5 min blanchiert (vgl. Abschn. 10). Bei niedrigerer Blanchiertemperatur verlängert sich die Blanchierzeit.

Wenn Dampf zum Blanchieren verwendet wird, arbeitet man stets mit Sattdampf von Atmosphärendruck. Wegen der etwas schlechteren Wärmeübertragung und der oft nicht so gleichmäßigen Erwärmung sind zum Inaktivieren der Enzyme um 30—50% längere Zeiten erforderlich als beim Blanchieren in Wasser.

Beim Blanchieren in Dampf werden weniger Stoffe ausgelaugt als beim Blanchieren in Wasser, so daß seine Anwendung bei einigen Gemüsearten Vorteile bringt, besonders wenn die Oberfläche im Verhältnis zum Volumen groß ist oder längere Blanchierzeiten erforderlich sind (R. HEISS 1949; D. MELNICK u. Mitarb. 1944). Bei anderen, wie z. B. bei den Kohlarten, ist die Entfernung unerwünschter Geruchs- und Geschmacksstoffe vorteilhaft, so daß hier das Blanchieren in Wasser dem in Dampf vorzuziehen ist. Ein Teil der flüchtigen wasserlöslichen Stoffe, die einen nachteiligen Einfluß auf das Lagerverhalten haben (G. MACKINNEY u. C.A. WEST 1940), werden auch beim Dampfblanchieren und anschließendem Kühlen entfernt. Ein Vorteil des Blanchierens von Gemüse vor dem Gefrieren ist, daß dabei die Ware gründlich gereinigt und durch die Erhitzung — insbesondere beim Dampfblanchieren — der Anfangskeimgehalt herabgesetzt wird. Beim Blanchieren im Wasserbad läßt sich auch bei sauberster Arbeitsweise eine Infektion der Rohware mit Sporenbildern nicht immer vermeiden. Weitere Vorteile des Blanchierens sind, daß die im Pflanzengewebe enthaltene Luft entweicht, so daß sie keinen nachteiligen Einfluß während der Gefrierlagerung ausüben kann, und daß der Blanchier- und anschließende Kühlvorgang einen positiven Einfluß nicht nur auf die Farberhaltung sondern auch auf die Farbe selbst hat. Grüne Farbtöne z. B. von Bohnen und Erbsen werden dunkler und satter, obgleich ein Teil des Chlorophylls in Abhängigkeit von der Blanchiertemperatur und -zeit zu Phäophytin umgewandelt wird. Die Blanchierbedingungen wählt man so, daß einerseits die Katalase und Peroxydase zerstört werden, andererseits aber die Umwandlung des Chlorophylls während des Blanchierens und der Gefrierlagerung gering bleibt (B.C. WALKER 1964b).

c) Kühlen nach dem Blanchieren

Unmittelbar nach dem Blanchieren wird das Gemüse mit einem Sprühregen kalten Wassers vom anhaftenden Blanchierwasser befreit und schnell auf die

Raumtemperatur oder tiefer abgekühlt, da die warme Ware sich schnell verändert und Veränderungen der Farbe, des Aromas und auch des Vitamingehaltes auftreten können. Während des Kühlvorgangs läuft das Gut in einer dünnen Schicht durch eine Stabtrommel, über einen Schwingtisch oder auf einem Transportband. Damit wenig Stoffe auslaugen und um Wasser zu sparen, wird nach einem Abspritzen das Gemüse auch mit einem Strom feuchter Luft sehr wirksam weiter gekühlt.

Es entlastet die Gefrierapparate und ist kältetechnisch vorteilhaft, wenn die Temperatur der Ware vor dem Gefrieren bis in die Nähe des Gefrierbeginns gesenkt wird. In Gefrierbetrieben wird das Blanchiergut daher oft mit Wasser gekühlt, dessen Temperatur vorher auf 2—4 °C gesenkt worden ist. Auch gekühlte Luft wird zum Vorkühlen verwendet.

4. Aufgüsse und Zusätze

Gemüse wird ohne Aufguß gefroren. Zwar kann die Qualität einiger Gemüsearten etwas besser erhalten werden, wenn sie mit einer 2 %igen Salzlösung bedeckt gefroren werden (M.A. Joslyn u. W.V. Cruess 1929); aber auch ohne Aufguß ist die Haltbarkeit von Gemüse bei der Gefrierlagerung, verglichen mit der anderer Gefrierprodukte, durchaus zufriedenstellend und bringt erhebliche Vorteile nicht nur bei der Herstellung, sondern auch beim Vertrieb und bei der Verwendung.

Küchenfertig zubereitetes Gemüse wird üblicherweise ohne jeglichen Zusatz eingefroren. Bei schüttfähigem Gemüse sind sie schon deshalb nicht möglich, weil dieses meist vor dem Verpacken gefroren wird. In den USA wird einigen Produkten wie Bohnen, Blumenkohl und Spinat, Mononatriumglutamat in einer Menge von 0,15 % zur Geschmacksintensivierung zugesetzt, wenn diese vor dem Gefrieren verpackt werden (K.B. Norton u. Mitarb. 1952). Es wird unmittelbar vor dem Verschließen der Packungen als konzentrierte Lösung aufgesprüht. Nach F.O. Duyne u. Mitarb. (1957) ist die Geschmacksverbesserung aber gering.

5. Gefrieren

Gemüse beginnt bei einer Temperatur von —0,4 bis —1,3 °C zu gefrieren (vgl. Tab. 2). Das Wasser gefriert wie bei Obst in einem weiten Temperaturbereich; erst bei —30 °C ist praktisch das gesamte gefrierbare Wasser gefroren (vgl. Abb. 1 in J. Gutschmidt „Tiefgefrorenes Obst“, dieser Band, S. 82). Gemüse enthält wie Obst 0,2—0,3 kg Wasser/kg Trockensubstanz, das auch bei tiefer Temperatur nicht gefriert.

a) Die Gefrierzeit

Bei der Herstellung tiefgefrorener Gemüse wird die Temperatur des zugerichteten und vorbehandelten Produktes vor oder nach dem Verpacken in Kleinpackungen in Gefriereinrichtungen auf durchschnittlich —18 °C oder tiefer gesenkt. Die dazu erforderliche Zeit, die effektive Gefrierzeit, setzt sich zusammen aus der Vorkühlzeit zum Senken der Temperatur vom Ausgangswert auf den Gefrierbeginn, aus der eigentlichen, der nominellen Gefrierzeit zum Senken der Temperatur vom Gefrierbeginn auf einen Wert, bei dem das gefrierbare Wasser weitgehend ausgefroren ist, und aus der Nachkühlzeit zum Erzielen einer Durchschnittstemperatur, die der im Gefrierlagerraum herrschenden entspricht. Für das Ende der nominellen Gefrierzeit ist eine Kerntemperatur von —4, —5, —10, —15 und —18 °C vorgeschlagen worden. Vom Institut International du Froid (1964) wurde aus praktischen Gründen als nominelle Gefrierzeit die Zeit gewählt, die erforderlich ist, um die Temperatur eines Produktes oder einer Packung von 0 °C auf —15° C im thermischen Mittelpunkt zu senken. Bei den üblichen Gefrierverfahren hat das Produkt eine durchschnittliche Temperatur von —18° C und tiefer, wenn im thermischen Mittelpunkt, das ist der wärmste Punkt im Produkt während

Tabelle 2. *Durchschnittliche Gefriertemperatur, lösliche Trockensubstanz und pH-Wert der eßbaren Anteile einiger in verschiedenen Staaten der USA angebauten Gemüsearten* (nach T. M. Whiteman 1957)

Gemüse	Temperatur des Gefrierbeginns °C	Zellsaft	
		lösliche Substanz in %	pH-Wert
Blumenkohl	—1,1	—	—
Bohnen, grün	—1,1	6,7	6,2
wax	—0,9	4,8	6,0
Brokkoli	—1,2	—	—
Erbsen, grün	—1,3	13,0	6,6
Gurken	—0,7	3,9	5,8
Kohlrabi	—1,1	—	—
Lauch	—1,0	9,4	7,1
Limabohnen	—0,7	14,8	6,2
Paprika, mild	—0,8	5,0	6,5
Petersilie	—1,3	5,3	6,0
Pilze (Champignons)	—1,1	—	—
Rhabarber	—1,1	4,7	3,4
Rosenkohl	—1,0	9,2	5,7
Spargel	—0,8	4,6	6,3
Spinat	—0,4	4,5	6,3
Tomaten	—0,7	4,7	4,2
Zuckermais	—0,7	17,8	—
Zuckermelonen	—1,1	10,3	6,5
Zwiebel	—1,1	8,6	6,2

des Gefrierens, —15° C erreicht wird. In vielen Standards wird eine Kerntemperatur von —15° C oder tiefer bei der Entnahme aus dem Gefrierapparat gefordert (H. Somm 1962); eine Nachkühlzeit entfällt hier demnach in der Regel.

Da sich die Ausgangs- und Endtemperatur der Gefrierware je nach Verarbeitungsart und Lagertemperatur ändert, wird für eine vergleichende Beurteilung z. B. von Gefrierleistungen die nominelle Gefrierzeit genommen. Sie ist abhängig von der Zusammensetzung, Menge, Form und Verpackung des Produktes und von der Temperatur des Gefriermediums sowie dem Wärmeübergang zwischen diesem und dem Produkt. Bei einfach geformten Produkten oder Packungen kann sie angenähert nach folgender Gleichung berechnet werden:

$$z = \frac{\Delta\,\mathrm{i}}{\Delta\,\mathrm{t}} \cdot \gamma \cdot \mathrm{h} \left(\mathrm{A}\frac{1}{\alpha} + \mathrm{B}\frac{\mathrm{h}}{\lambda_{\mathrm{L}}}\right) \text{ in Std.}$$

Darin sind:

Δ i in kcal/kg = Differenz der Enthalpie des Produktes am Beginn und der Enthalpie am Ende des Gefriervorganges, Enthalpie für Obst und Gemüse (vgl. L. Riedel 1950).

Δ t in °C = mittlere Temperaturdifferenz zwischen der Gefriertemperatur des Produktes (Gefrierbeginn) und der Temperatur des Gefriermittels (Luft, Platte oder Flüssigkeit).

γ in kg/m³ = spez. Gewicht bzw. spez. Schüttgewicht des Produktes.

h in m = kleinste durch den thermischen Mittelpunkt gemessene Höhe des Produktes oder der Packung.

α in kcal/m² h °C = Wärmeübergangszahl zwischen Produkt (einschließlich Verpackung) und Gefriermittel (vgl. Abschn. 5c Gefriereinrichtungen).

λ_L in kcal/m h °C = Wärmeleitzahl des Produktes im gefrorenen Zustand. Sie liegt im Produkt je nach Wassergehalt und ausgefrorener Wassermenge zwischen 1,2 und 1,5 kcal/m h °C und ist in Packungen mit Schüttgut sehr viel kleiner. In Packungen mit Brechbohnen wurde eine Wärmeleitzahl von 0,24 kcal/m h °C gemessen (R. PLANK 1944).

A und B sind Konstanten, die von der Form des Produktes oder der Packung und von der Art des Wärmeentzugs abhängen.

Beim Gefrieren rechtkantiger Packungen im Mehrplattengefrierapparat (vgl. S. 373) mit dem hier auftretenden an die zwei Flachseiten gerichteten Wärmestrom ist A = 2 und B = 8.

Einzelheiten über die Berechnung der nominellen und effektiven Gefrierzeit vgl. bei R. PLANK (1941).

b) Die Gefriergeschwindigkeit

Die nominelle Gefrierzeit ist für eine bestimmte Packung von gegebener Größe und Form gleichzeitig ein Maß für die Geschwindigkeit, mit der diese gefroren wird. Sie wird auch als ein solches meist für kleine Proben, aber auch für größere Teile und Packungen als Ganzes verwendet (O. FENNEMA u. W.D. POWRIE 1964).

Die nominelle Gefrierzeit einer Packung hängt, wie die Gleichung zeigt, u. a. von den Abmessungen der Packung ab. Bei gutem Wärmeübergang an den Oberflächen steigt sie bei den üblichen flachen Packungen etwa proportional zum Quadrat der Höhe an. Die einzelnen Schichten der Packung gefrieren entsprechend ihrem Abstand von der gekühlten Oberfläche, dem Wärmeübergang an dieser und der Wärmeleitfähigkeit des gefrorenen Gutes verschieden schnell. Als ein von den Abmessungen des Gefriergutes mehr unabhängiges Maß, wird die mittlere lineare Gefriergeschwindigkeit gewählt (R. PLANK 1941). Sie wird gedeutet als die Durchschnittsgeschwindigkeit, mit der die Eisfront beim Gefrieren von der gekühlten Randzone nach der Mitte fortschreitet, und ist definiert als

$$v_m = \frac{l}{z} \text{ cm/Std}$$

Darin sind:

l in cm = kürzeste Entfernung von der gekühlten Oberfläche zum thermischen Mittelpunkt des Produktes. Bei einer Packung mit der Höhe h ist l = h/2.

z in Std = nominelle Gefrierzeit.

Der Einfluß der Gefriergeschwindigkeit auf die Güte von gefrorenem Obst und Gemüse ist häufig untersucht worden. Besondere Aufmerksamkeit wurde dabei den physikalischen Veränderungen geschenkt. Mikroskopische Beobachtungen des Gefrierens von Gewebeschnitten zeigten, daß die Kristallbildung beim Gefrieren stark von der Gefriergeschwindigkeit beeinflußt wird. Bei schnellem Gefrieren bildet sich ein gleichmäßiges Kristallgefüge in den Zellzwischenräumen und in den Zellen, bei sehr langsamem Gefrieren wird das Wasser hauptsächlich in den Zellzwischenräumen gefroren. Durch die Diffusion von Wasser aus den Zellen in die Zwischenräume und die Ausdehnung des Wassers beim Gefrieren erweitern sich diese, während die Zellen schrumpfen und deformiert werden. Über die Ausdehnung beim Gefrieren und die Zerstörung der Zellfunktion durch den Gefriervorgang vgl. auch S. 83.

Die Beobachtung der Eisbildung führte dazu, das schnelle Gefrieren ganz allgemein als vorteilhaft für die Qualitätserhaltung von Obst und Gemüse anzusehen (J.G. WOODROOF 1938). Aber sensorische Vergleichsprüfungen ließen erkennen, daß die stärkeren physikalischen Veränderungen im Zellgewebe beim langsamen Gefrieren nicht immer zu einer schlechteren Qualität des aufgetauten oder zubereiteten Gefriergutes führen (J.A. LEE u. Mitarb. 1946, 1949 und 1951).

Bei einigen Obst- und Gemüsearten wird die Konsistenz jedoch nicht nur durch den unvermeidlichen Verlust des Turgors, sondern zusätzlich durch die Art des Gefrierens beeinflußt. Produkte, die mit durch ihre Struktur und Konsistenz ansprechen sollen, wie Spargel und Gurken, waren langsam, in ruhender Luft oder isolierten Gefäßen gefroren, denen mit einer Geschwindigkeit von über 1 cm/Std schnell gefrorenen unterlegen (F. A. Lee u. W. A. Gortner 1949; R. Heiss 1955).

Auch beim schnellen Gefrieren verändert sich die Konsistenz einiger Gemüse- und vieler Obstarten nachteilig. Hier kann der Übergang zu sehr hohen Gefriergeschwindigkeiten Vorteile bringen. R. C. Webster u. Mitarb. (1962/1963) fanden eine bessere Formerhaltung und ein besseres Safthaltevermögen bei Erdbeeren, die durch Tauchen in flüssigem Stickstoff (Verdampfungstemperatur —196° C) statt in Kaltluft eingefroren worden waren. Nach E. R. Wolford u. M. S. Brown (1965) bleibt die knackige Konsistenz gekochter frischer Bohnen durch ein Tauchgefrieren in flüssigem Stickstoff weitgehend erhalten. Auch einige andere Gemüsearten, deren Konsistenz beim üblichen Gefrieren Schaden leidet, wie z. B. Spargel und Tomaten, geben so gefroren bessere Gefrierprodukte. Nicht nur Konsistenz- sondern auch Geschmacksveränderungen können bei empfindlichen Produkten wie Spargel und Erdbeeren durch ein sehr langsames Gefrieren hervorgerufen werden (J. Gutschmidt u. R. Zacharias 1960). Um dieses zu vermeiden, genügt es praktisch immer, zum schnellen Gefrieren überzugehen, so daß hier das Gefrieren in verflüssigten Gasen nur bei vereinzelten Produkten wie z. B. geeigneten Tomaten, eine weitere Verbesserung bringen wird (Anonym 1964).

Bei der Beurteilung des Einflusses der Gefriergeschwindigkeit auf die Güte von Obst und Gemüse muß die Qualitätserhaltung in der gesamten Tiefkühlkette von der Herstellung bis zum Verbrauch beachtet werden. Die gefrorenen Produkte werden stets gelagert und transportiert. Hierbei kann die durch sehr schnelles Gefrieren gewonnene Verbesserung wieder verloren gehen (vgl. S. 375).

Für verschiedene Länder und internationale Organisationen sind Empfehlungen oder Richtlinien für das Gefrieren von Lebensmitteln ausgearbeitet worden. Neben allgemeinen Empfehlungen werden als Grenzwerte Mindestgefrierzeiten und -geschwindigkeiten angegeben. Von der Danish Academy of Technical Sciences wurde die Einhaltung einer Gefriergeschwindigkeit von mindestens 0,5 cm/Std empfohlen. Auch nach den Empfehlungen des Institut International du Froid (1964) ist diese Geschwindigkeit im Hinblick auf die Qualitätserhaltung für die meisten Lebensmittel ausreichend. Nach den Leitsätzen des Deutschen Lebensmittelbuches (1965) werden tiefgefrorene Lebensmittel in Gefriereinrichtungen mit einer mittleren Geschwindigkeit von mindestens 1 cm/Std gefroren und auch die Gemüse und Obst verarbeitende Industrie der Europäischen Wirtschaftsgemeinschaft (EWG) fordert im Entwurf eines Standards die gleiche Gefriergeschwindigkeit (Common Market Recommendations 1965). Zusätzlich wird im Standardentwurf der EWG die Gefrierzeit der Packungen auf höchstens 4 Std und damit bei der zulässigen Mindestgefriergeschwindigkeit von 1 cm/Std die Entfernung von der Oberfläche zum Kern auf 4 cm oder die größte Höhe einer Packung auf 8 cm begrenzt. Nach den Richtlinien der National Association of Frozen Food Products in Großbritannien sollen für die Herstellung schnellgefrorener Lebensmittel Gefriereinrichtungen verwendet werden, in denen die Temperatur so schnell wie möglich, jedoch in weniger als 2 Std, von 0 auf —5° C im Kern gesenkt werden können. Durch diese Angabe werden die Gefrierbedingungen und die Größe und Form der Packung in Abhängigkeit voneinander begrenzt; große, hohe Packungen müssen schneller gefroren werden als kleine flache. Da die Gefriergeschwindigkeit einen sehr unterschiedlichen Einfluß auf die Güte der Gefrierprodukte hat, werden in den Empfehlungen für das Gefrieren oft keine Grenzwerte angegeben, sondern es wird nur die Herstellung in einer dafür geeigneten, dem Stand der Technik entsprechenden Einrichtung gefordert (Association of the Food and Drug Officials of the United States 1960; Institut International du Froid 1964).

c) Die Gefriereinrichtungen

Für Obst und Gemüse hat das Gefrieren in bewegter Kaltluft und im Kontakt mit kalten Platten die größte Bedeutung gewonnen (M. W. Tuchschneid u.

E. Emblik 1959; R. Plank 1960). Daneben wird Obst und Gemüse noch versuchsweise und z. T. auch industriell in kalten Lösungen und in flüssigen Gasen gefroren.

α) Gefrieren im Luftstrom

Am häufigsten wird Obst und Gemüse in bewegter Kaltluft gefroren. Das Luftgefrierverfahren ist sehr anpassungsfähig und wird angewandt, wenn unverpacktes Obst oder Gemüse oder verschieden große Packungen neben- oder nacheinander gefroren werden sollen. Aber es sind auch Luftgefrierapparate speziell zum Gefrieren einheitlicher Kleinpackungen gebaut worden.

Je nachdem, wie die Luftgefrierapparate beschickt und die Produkte in ihnen transportiert werden, unterscheidet man Schrank-, Tunnel-, Paternoster- und Karussellgefrierapparate. In Schrank- und Tunnelgefrierapparaturen wird meist

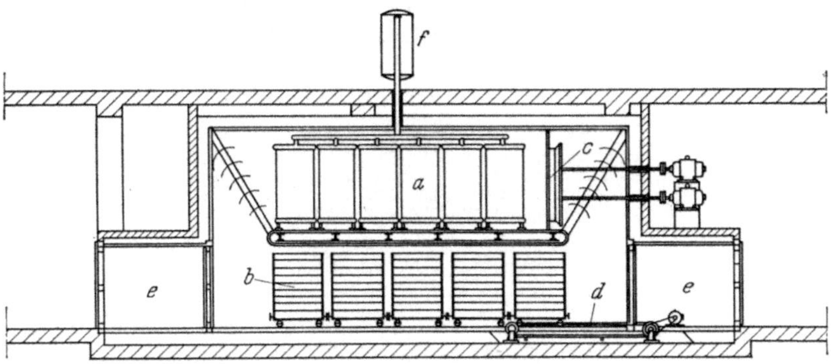

Abb. 2. Hordenwagen-Gefriertunnel der Bergedorfer Eisenwerke AG. Astra Werke, Hamburg-Bergedorf. a Rippenrohrluftkühler, b Hordenwagen, c Lüfter, d Einschubvorrichtung, e Schleusen, f Flüssigkeitsabscheider

auf Hordenwagen gefroren (vgl. Abb. 2). Oft sind Tunnelgefrierapparate auch mit Transportbändern oder Ketten ausgestattet, von denen das verpackte oder unverpackte Gut üblicherweise auf Horden liegend transportiert wird.

Um einheitliche Gefrierbedingungen für alle, den Gefrierapparat durchlaufenden Horden und Packungen zu bekommen, wird die Kaltluft oft in wechselnder Richtung durch den Gefrierteil und den Luftkühler des Apparates gefördert. Die Luftgeschwindigkeit im Gefrierteil liegt üblicherweise zwischen 3 und 10 m/sec. Sie ist jedoch stark von der Art der Beschickung abhängig und kann auf höhere Werte ansteigen. Je nach der Luftgeschwindigkeit am Gut wird eine Wärmeübergangszahl von 20—30 kcal/m^2 h °C erreicht. In Luftgefrierapparaten wird in der Regel mit einer Lufttemperatur von —30 bis —45°C gefroren. Beim Gefrieren von Kleinpackungen kann mit einer Gefriergeschwindigkeit von 1—2 cm/Std gerechnet werden.

Neuerdings wird schüttfähiges Obst und Gemüse häufig als Schüttgut nach dem Wirbelschicht- oder Fließbettverfahren in einem feststehenden Trog mit perforiertem Boden gefroren (L. Trauberman 1962; P.-O. Persson u. Mitarb. 1965). Ein aufwärts gerichteter Luftstrom hebt das Gut im Trog an, so daß im Schwebezustand jedes Teil für sich gefriert (vgl. Abb. 3) und ein Transport allein durch die Aufgabe neuen Gutes ohne mechanische Vorrichtung möglich ist. Während unverpacktes Gut in ruhender Schicht auf Horden liegend unter den üblichen Gefrierbedingungen je nach Schichtdicke mit einer mittleren Gefriergeschwindigkeit von 1—3 cm/Std in 0,5—2 Std gefroren wird, sind die Gefrierzeiten beim Gefrieren im Fließbett sehr viel geringer. Erbsenkörner werden in 3—7 min (V.S. Meadows 1964) und Erdbeeren in 10—12 min (V. Cortellini 1966) gefroren. Das entspricht einer Gefriergeschwindigkeit von 5—10 cm/Std.

Beim Gefrieren von unverpacktem Obst und Gemüse im Luftstrom läßt sich ein Wassertransport von der gekühlten Gutsoberfläche zur Verdampferoberfläche, die zu einem Gewichtsverlust des Gutes und zu einer Bereifung des Verdampfers führt, nicht vermeiden. Die Abtrocknung der Gutsoberfläche bleibt gering, wenn die Gefrierzeit kurz ist und die Temperaturdifferenz zwischen der Verdampfungs- und Lufttemperatur klein gehalten werden kann. Eine Vorkühlung wirkt sich günstig aus (V. CORTELLINI 1966). Beim Gefrieren unverpackter Ware müssen die Luftkühler je nach Bauart und Leistung nach unterschiedlich langer Betriebszeit

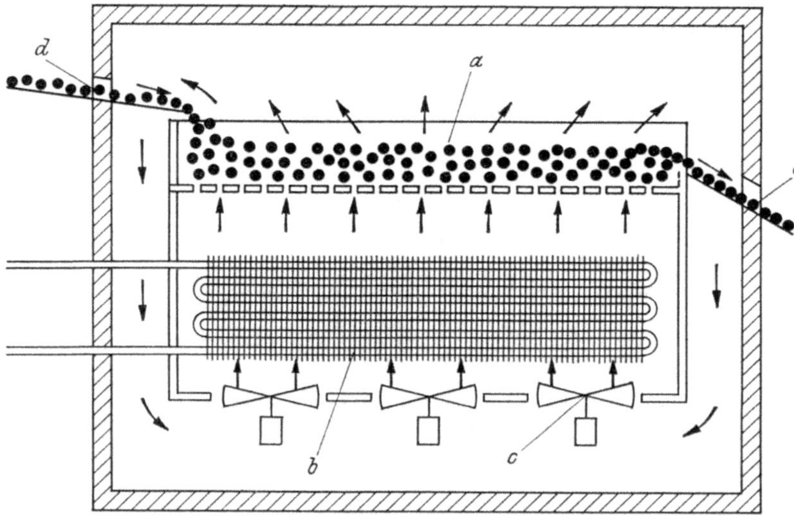

Abb. 3. Schematische Darstellung der Arbeitsweise einer Fließbett-Gefrieranlage der Firma Frigoscandia (Anonym 1963). a Fließbett mit schwebendem Gefriergut, b Luftkühler, c Lüfter, d Eintritt des vorgekühlten Gutes, e Austritt des tiefgefrorenen Gutes

abgetaut werden, um einen guten Wärmeaustausch zu gewährleisten. Viele Apparate sind so ausgelegt, daß die Luftkühler täglich einmal abgetaut werden müssen. Bei anderen ist der Luftkühler an der Aufgabeseite des Apparates schon nach einer Betriebszeit von wenigen Stunden abzutauen, wenn er wirtschaftlich arbeiten soll. Um eine Unterbrechung des Gefrierbetriebs zu vermeiden, werden die Luftkühler auch kontinuierlich während des Betriebs mit Hilfe von Propylenglykol gereinigt (Anonym 1963) oder die Verdampferfläche wird so groß gewählt, daß ein Teil während des Betriebs stillgelegt und abgetaut werden kann.

Luftgefrierapparate werden in allen Größen bis zu einer Leistung von 5000 kg/Std gebaut. Ihr Raumbedarf ist, verglichen mit dem von Mehrplattengefrierapparaten, relativ groß. Der Platzbedarf richtet sich nach der Bauart.

β) Gefrieren im Kontakt mit kalten Platten

In einheitlichen planparallelen Kleinpackungen verpacktes Obst und Gemüse wird oft in Plattengefrierapparaten gefroren. Die gebräuchlichste Bauart ist ein in Abb. 4 dargestellter Mehrplattengefrierapparat mit waagrechten Platten nach C. BIRDSEYE u. E. HALL (1933), der in ähnlicher Form auch heute noch je nach der gewünschten Gefrierleistung mit 7—21 Platten von namhaften Firmen gebaut wird.

Mit Hilfe einer hydraulischen Hebevorrichtung lassen sich die Platten gegeneinander und gegen die untere Platte verschieben, die im Gegensatz zu Abb. 4 in neueren Apparaten feststeht, so daß sie sich mit einem leichten Druck (0,06—0,1 kg/cm²) an die Flachseiten der zwischen ihnen geschobenen Packungen legen lassen. Dadurch ergibt sich nicht nur eine gute Anlage, sondern oft werden auch isolierende Lufteinschlüsse in der Verpackung verdrängt, so daß ein sehr guter Wärmeübergang erreicht wird (α = 400—500 kcal/m² h °C). Die meist aus Stahlblech mit eingelegten Vierkantrohren bestehenden Platten werden in der Regel durch verdampfendes Kältemittel, das ihnen über Schläuche zugeleitet wird, direkt gekühlt. Plattengefrierapparate arbeiten meist mit einer Verdampfungstemperatur von —30 bis —40° C.

Je nach der Plattentemperatur, der Höhe der Packungen und der Art des Füllgutes und der Verpackung wird beim Gefrieren im Plattengefrierapparat eine mittlere Gefriergeschwindigkeit von 1—4 cm/Std erreicht. Infolge des hohen Wärmeübergangswertes läßt sich kompaktes Gut mit einer guten Wärmeleit-

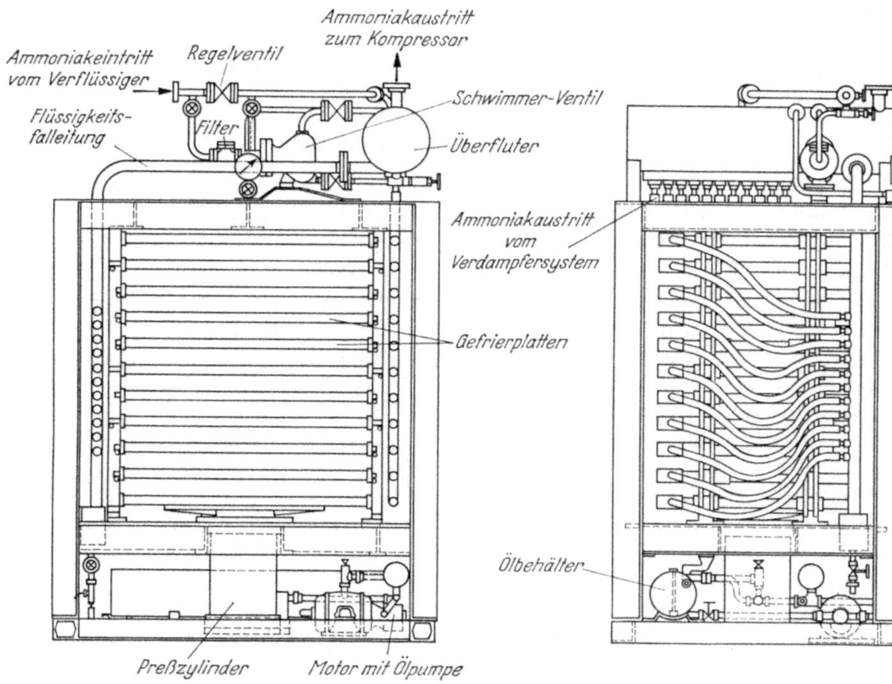

Abb. 4. Mehrplatten-Gefrierapparat (nach C. BIRDSEYE u. E. HALL 1933)

fähigkeit schneller gefrieren als Schüttgut mit Luftzwischenräumen. Auch Hohlräume zwischen Verpackung und Gut oder innerhalb der Verpackung wirken sich nachteiliger aus als beim Gefrieren im Luftstrom. Bei Verwendung einer einschichtigen Verpackung von 50 mm Höhe beträgt die nominelle Gefrierzeit von Erdbeeren in Zuckerlösung etwa 1 Std und von lose verpackten Brechbohnen etwa 2 Std, wenn mit einer Plattentemperatur von —35° C gefroren wird. Beim Übergang von einer Cellophanverpackung ohne nennenswerten Lufteinschluß zu einem Karton mit Innenbeutel erhöht sich die Gefrierzeit einer 50 mm hohen Packung mit homogenem Gefriergut auf nahezu das Doppelte (E. HOFMANN 1957).

Mehrplattengefrierapparate üblicher Größe mit 21 Platten (20 Stationen) haben ein Fassungsvermögen von 700—2000 kg je nach der Art des Gefriergutes und der Packungshöhe. Infolge des dominierenden Einflusses des Wärmeleitwiderstandes des Füllgutes auf die Gefrierzeit wird die optimale Leistung der Apparate beim Gefrieren niedrigerer Packungen und entsprechend geringer Belastungen erreicht. Über 8 cm hohe Packungen werden in Plattengefrierapparaten kaum gefroren.

Mehrplattengefrierapparate haben einen geringeren Raum- und Platzbedarf als Luftgefrierapparate und sind zur Aufstellung in bereits eingerichteten Betrieben geeignet. Wenn auch die Kälteverluste beim Beschicken von Plattengefrierapparaten größer sind, so entfällt doch der Kältebedarf, der bei Luftgefrierapparaten als Äquivalent der Lüfterarbeit aufgebracht werden muß.

Absatzweise arbeitende Apparate lassen sich weniger gut dem Warenfluß in der Produktion anpassen als kontinuierlich arbeitende Luftgefrierapparate. Neben den absatzweise von Hand zu beschickenden Plattengefrierapparaten sind jedoch in den USA auch kontinuierlich arbeitende Plattengefrierapparate verschiedener Konstruktion in Betrieb (D.K. Tressler u. C.F. Evers 1957).

Ein besonderer Vorteil des Gefrierens zwischen Platten ist, daß die Kleinpackungen ebene Flachseiten behalten und sich ohne Schwierigkeiten in Großpackungen zusammenfassen und gut stapeln lassen.

γ) Gefrieren in Lösungen

Ein sehr viel besserer Wärmeübergang wird erreicht, wenn unverpacktes schüttfähiges Obst und Gemüse statt im Kaltluftstrom in einer Flüssigkeit gefroren wird. Daher sind Gefrierflüssigkeiten aus Glycerin, Äthylalkohol und Wasser zum Gefrieren von Obst und Gemüse und aus Glycerin und Zucker mit Salzzusätzen zum Gefrieren von Obst im Tauch- und im Sprühverfahren versuchsweise verwendet worden. Das Gefrieren in direktem Kontakt mit Flüssigkeiten ist jedoch ohne Bedeutung für die Praxis geblieben, da die Lösungen nicht nur physiologisch einwandfrei sein müssen, sondern auch den Genußwert des jeweiligen Produktes nicht nachteilig beeinflussen dürfen. Außerdem müssen sie einen hinreichend tiefen Erstarrungspunkt haben. Selbst wenn diese Bedingungen erfüllt sind, bleibt die Eignung fraglich, weil sich die Konzentration der Lösung während des Gefrierbetriebes nur sehr schwer konstant halten läßt und außerdem jede Flüssigkeit verschmutzt, wenn sie beim Gefrieren direkt mit den Lebensmitteln in Berührung kommt. Sie muß daher nicht nur laufend gereinigt, sondern auch öfter erneuert werden.

Verpackte Obstprodukte werden jedoch in den USA in Lösungen gefroren und zwar von Betrieben, die hauptsächlich tiefgefrorene Obstsäfte und tiefgefrorenes Obst in Zuckerlösung herstellen und als Verpackung Dosen verwenden. In Durchlaufgefrierapparaten, die wie Durchlaufautoklaven aufgebaut sind, werden die Dosen rollend in einem umlaufenden Alkohol-Sole-Gemisch bei —30° C mit hoher Geschwindigkeit gefroren.

δ) Gefrieren in flüssigen Gasen

Durch das Gefrieren in unmittelbarer Berührung mit einer verdampfenden Flüssigkeit läßt sich ein sehr guter Wärmeübergang erzielen und die Verdampfungswärme der Flüssigkeit bestmöglichst ausnutzen. Neben anderen Kältemitteln ist Distickstoffoxid (Stickoxydul) (Verdampfungstemperatur —88,5° C) 1943 zum Gefrieren von Obst und Gemüse vorgeschlagen worden (G. Mackinney 1946).

Flüssiger Stickstoff (Verdampfungstemperatur —196° C) wird in den letzten Jahren zum Gefrieren von Obst und Gemüse in Versuchsanlagen verwendet (L. Trauberman 1966). Dabei wird sowohl im Tauch- als auch im Sprühverfahren gefroren. Beim Sprühverfahren mit einer Vorkühlung der Ware durch den Stickstoffdampf kann zusätzlich zu der Verdampfungswärme von 48 kcal/kg nochmals die gleiche Wärmemenge durch die Erwärmung der Dämpfe von —196 auf 0° C genutzt werden. Während man beim Sprühgefrieren mit Vorkühlung eine Gefriergeschwindigkeit von 5—15 cm/Std erreicht, erhöht sie sich beim Tauchen auf 3—10 cm/min.

Als Vorteil des Gefrierens in flüssigem Stickstoff wird außer einer Verbesserung der Qualität der Gefrierware (vgl. S. 370), der geringe Raum und Platzbedarf für die Anlage und die einfache Betriebsweise beim Verbrauch des flüssigen Stickstoffs sowie die Schüttfähigkeit des gefrorenen Gutes angeführt. Beim Tauchgefrieren muß die Gefrierzeit sehr genau eingehalten werden, damit das Gut einerseits die Lagertemperatur erreicht, andererseits aber nicht durch die Ausdehnung zerspringt.

Gefrieren in flüssigem Stickstoff ist teurer als das Gefrieren in Kaltluft, gleichgültig, ob der Stickstoff im Kreislauf verflüssigt und wieder verwendet, oder ob er zu einem billigen Preis gekauft und verbraucht wird. Das Verfahren dürfte sich deshalb nur für Produkte einführen lassen, bei denen eine deutliche Verbesserung der Qualität den höheren Aufwand rechtfertigt, oder die Gefrierkosten in der Gesamtkalkulation sehr klein bleiben.

6. Gefrierlagerung und Gefriertransport

a) Lager- und Transporttemperatur

Tiefgefrorene Lebensmittel werden von der Herstellung bis zur Abgabe an den Letztverbraucher so gelagert und transportiert, daß ihre Temperatur ständig bei —18° oder tiefer liegt. Im Einzelhandel und beim Transport ist ein Anstieg der Randschichttemperatur um 3° über die erforderliche Temperatur nicht immer vermeidbar; die geforderte Beschaffenheit ist jedoch nur gewährleistet, wenn die Temperatur hierbei —15° nicht überschreitet (Deutsches Lebensmittelbuch 1965; Economic Commission for Europe 1962).

Bei einer Temperatur von —18°C und tiefer wird die Lagerungsdauer von tiefgefrorenem Gemüse durch chemische Umsetzungen und die dadurch hervorgerufenen Veränderungen im Genuß- und Nährwert begrenzt. In sachgemäß blanchiertem Gemüse treten während der Lagerung spontan chemische Reaktionen auf, welche die sensorischen Eigenschaften nachteilig beeinflussen und den Nährwert vermindern können. Die Umwandlung des Chlorophylls in Phäophytin führt zur Bildung einer stumpfen braungrünen Verfärbung bei grünen, Bräunungsreaktionen zum Grau- oder Braunwerden bei helleren Gemüsearten (W.C. Dietrich u. Mitarb. 1959; G.C. Walker 1964a). Auf eine Veränderung des geringen Fettanteils und einen Abbau der Phosphatide und Phosphatidsäuren deutet das Auftreten von Geschmacksrichtungen, die als abgestanden, heuig und bitter bezeichnet werden, hin (J. Schormüller 1966). Eine trockene oder zähe Konsistenz kann auf den Entzug von Wasser aus den Kohlenhydratgelen und das verminderte Wasserhaltevermögen zurückzuführen sein. Die geringen, jedoch unvermeidlichen Temperaturschwankungen und eine durch die ungleiche Kristallgröße nach dem Gefrieren geförderte Rekristallisation können die Ursache sein. Erhebliche Veränderungen im pH-Wert gefrorener Gemüse während der Lagerung wurden gemessen (L. van den Bergh 1961) und deuten auf Konzentrationverschiebungen hin.

Zur Beurteilung der Nährwerterhaltung während der Gefrierlagerung ist bei Gemüse hauptsächlich das Verhalten des Vitamin C untersucht worden. Der Vitamin C-Verlust ist bei den einzelnen Gemüsearten unterschiedlich hoch. Bei einer Temperatur von —18° konnten grüne Bohnen, Zuckermais, Blumenkohl und Limabohnen über 6 Monate, Spinat 8 Monate, Erbsen und Spargel über 9 und Rosenkohl über 10 Monate gelagert werden, ehe der Vitamin C-Gehalt auf 75% des Ausgangswertes zurückgegangen war (W.A. Gortner u. Mitarb. 1948).

Von den weiteren untersuchten Vitaminen erwies sich auch das β-Carotin als empfindlich. Verluste von 20—40% wurden in Bohnen und Spargel nach einjähriger Lagerung bei —20° gefunden (F. P. Zscheile u. Mitarb. 1943). Die Gruppe der B-Vitamine erwies sich dagegen als sehr stabil (D.K. Tressler u. C.F. Evers 1957, S. 977).

In der Praxis werden tiefgefrorene Lebensmittel nicht unter einheitlichen Bedingungen von der Herstellung bis zur Abgabe an den Letztverbraucher gelagert. Bei normalem Betrieb gelangt die Gefrierware nach dem Verlassen des Gefrierapparates und dem Verpacken der kleinen Packungen in Wellpappkästen in Gefrierlagerräume beim Hersteller, wo schüttfähiges Gut auch bis zur Verpackung in Behältern gelagert wird. Von da aus wird es dann in Isolierfahrzeugen zur langfristigen Lagerung ins Kühlhaus und anschließend in die Verteilergefrierräume beim Großhändler und weiter in Vorrats- und Verkaufsmöbel beim Einzelhändler gebracht. Diese Gefrierkette oder Tiefkühlkette muß lückenlos geschlossen sein. Nicht nur in den einzelnen Lager- und Transportgliedern, sondern genauso beim Übergang von einem zum anderen Glied, darf die vorgeschriebene Temperatur um nicht mehr als 3° überschritten werden.

Während man bei der kurzfristigen Lagerung der Gefrierware beim Einzelhändler und während der kurzen Transportzeit darauf achtet, daß die höchstzulässige Temperatur von —18° nicht überschritten wird, wählt man für die Lagerung beim Hersteller und im Kühlhaus eine zwischen —24 und —30° liegende Temperatur. Auch die Verteilerkühlräume beim Großhandel werden im Hinblick auf die Mannigfaltigkeit des im gleichen Raum gelagerten Sortiments und der unterschiedlichen Haltbarkeit der einzelnen Produkte neuerdings so gebaut, daß in ihnen eine Temperatur von —24° und tiefer gehalten werden kann.

b) Einfluß von Temperaturschwankungen

Tiefgefrorenes Gemüse wird stets in weitgehend wasserdampfdichten Verpackungen oder Behältern gelagert und transportiert (vgl. S. 382), so daß der Gewichtsverlust vernachlässigbar gering bleibt. Infolge von Temperaturschwankungen im Lagerraum kann jedoch während der Lagerung die Randschicht von Schüttgut, wie Erbsen und Bohnen, durch eine Abwanderung des Wassers in Hohlräumen vom Gut an die Packstoffinnenflächen austrocknen (R. HEISS 1951), so daß die Farbe blasser wird und sich Eiskristalle in den Hohlräumen bilden. Die

Tabelle 3. *Lagerungsdauer einiger sachgemäß verarbeiteter und verpackter Gemüsearten bei —18° C, nach der noch mit einer guten Qualität zu rechnen ist*

Gemüseart	mögliche Lagerungsdauer bei —18° C in Monaten	Gemüseart	mögliche Lagerungsdauer bei —18° C in Monaten
Bohnen		Kohl	
grüne Bohnen, gebr.	8 bis 10	Blumenkohl	10 bis 12
Dicke Bohnen (Puffb.)	bis 12	Grünkohl	bis 12
Limabohnen	bis 12	Rosenkohl	8 bis 12
Brokkoli (Sprossenkohl)	bis 12	Kohlrabi	8 bis 10
Erbsen	10 bis 12	Pilze	6 bis 12
Erbsen und Karotten	10 bis 12	Spargel	8 bis 10
Gurken in Scheiben	bis 6	Spinat	10 bis 12
Karotten	9 bis 12	Zuckermais, Kolben	8 bis 10
		Körner	bis 12

Lagerungszeiten für tiefgefrorenes Gemüse wurden angegeben von: Institut Int. du Froid (1964) S. 60 u. 110, A.D. SHEPHERD (1960), P. NEHRING u. H. KRAUSE (1962) S. 348, R. HEISS (1955), D.K. TRESSLER u. C.F. EVERS (1957) S. 894.

Austrocknungsgeschwindigkeit ist um so größer, je höher die Lagertemperatur ist und je stärker und häufiger die Temperaturschwankungen auftreten. Außer der Farbverschlechterung in gefrorenem Zustand sind keine nachteiligen Veränderungen durch das Austrocknen beobachtet worden (S.E. VOLZ u. Mitarb. 1949). Die chemischen Umsetzungen in Gemüse und Obst während der Gefrierlagerung werden durch Temperaturschwankungen selbst nicht beeinflußt. Die Veränderungen

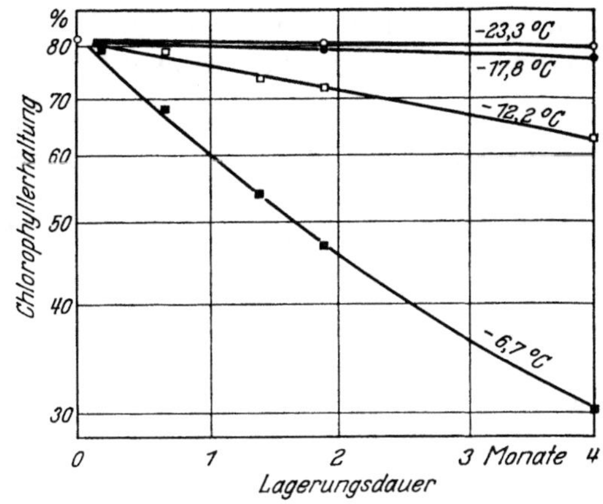

Abb. 5. Veränderung des Chlorophyllgehalts grüner Bohnen während der Lagerung bei —6,7, —12,2, —17,8 und —23,3° C (nach W. C. DIETRICH u. Mitarb. 1959)

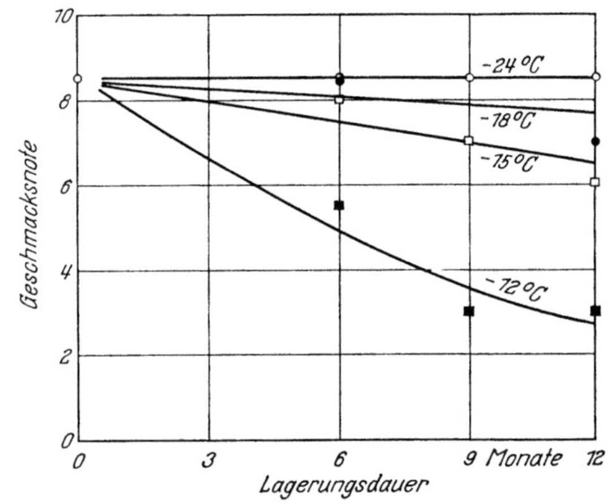

Abb. 6. Veränderung des Geschmacks grüner Erbsen während der Lagerung bei —12, —15, —18 und —24° C (nach J. GUTSCHMIDT u. R. ZACHARIAS 1960). Die Geschmacksnoten bedeuten: 10 vorzüglich, 8 gut, 6 befriedigend 4 kleine Mängel, 2 schlecht, 0 verdorben

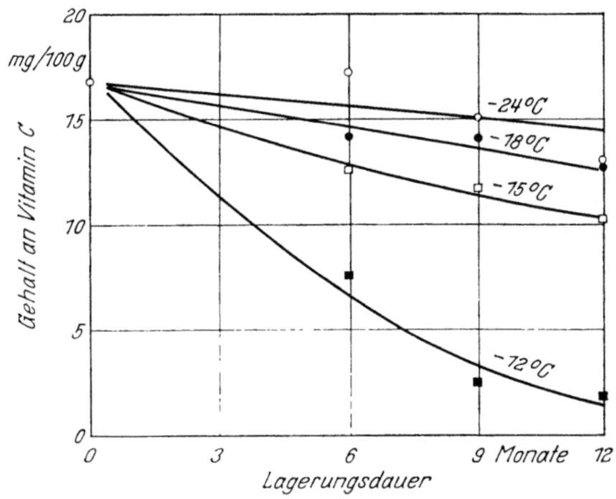

Abb. 7. Veränderung des Gehalts an Gesamt-Vitamin C in grünen Bohnen während einer einjährigen Lagerung bei —12, —15, —18 und —24° C (nach J. GUTSCHMIDT u. R. ZACHARIAS 1960)

waren bei einer Lagerung mit schwankender Temperatur nicht höher als bei einer mittleren konstanten Temperatur (D. G. GUADAGNI u. C. C. NIMMO 1958).

c) Lagerungsdauer

Die mögliche Lagerungsdauer tiefgefrorener Lebensmittel wird durch den während der Lagerung zulässigen Qualitätsrückgang, d. h. durch die Anforderung bestimmt, die an das Ausgangs- und Endprodukt gestellt werden. Wenn eine sehr gute Rohware sachgemäß verarbeitet und verpackt wird und das tiefgefrorene Gemüse nach der Auslagerung noch eine gute Qualität haben soll, sind bei —18° die in Tab. 3 aufgeführten Lagerungszeiten möglich.

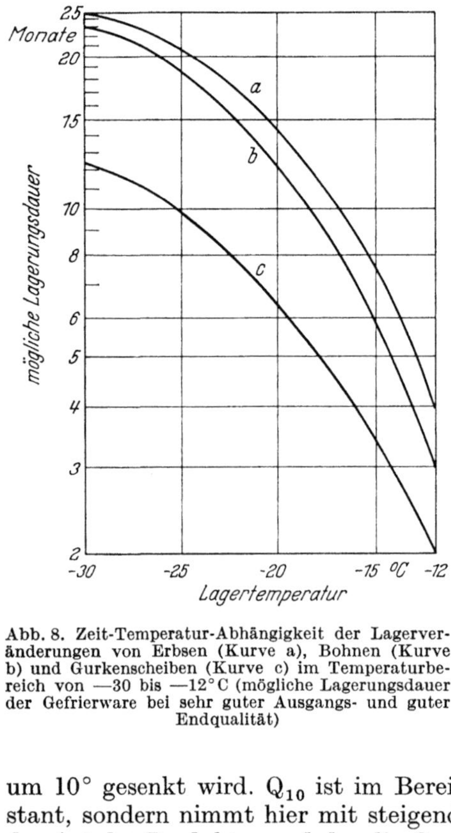

Abb. 8. Zeit-Temperatur-Abhängigkeit der Lagerveränderungen von Erbsen (Kurve a), Bohnen (Kurve b) und Gurkenscheiben (Kurve c) im Temperaturbereich von —30 bis —12° C (mögliche Lagerungsdauer der Gefrierware bei sehr guter Ausgangs- und guter Endqualität)

Die Veränderungen im Genuß- und im Nährwert während der Gefrierlagerung sind stark temperaturabhängig und gehen bei einer Lagertemperatur über —15°C schnell zurück (vgl. Abb. 5, 6 und 7). Bei gleichen Anforderungen an die Endqualität können tiefgefrorene Lebensmittel um so länger gelagert werden, oder bei gleich langer Lagerungsdauer sind sie von einer um so besseren Endqualität, je tiefer die Lagertemperatur gewählt wird. Die Veränderung der Reaktionsgeschwindigkeit mit der Temperatur genügt im Bereich von —30° bis —18° der van't Hoffschen Regel und nimmt, wie bei der Normallagerung, um das 2- bis 3fache zu, wenn die Temperatur um 10° ansteigt. Der Quotient der Reaktionsgeschwindigkeit Q_{10} gibt — wenn die gleichen Umsetzungen zugelassen werden — an, wieviel Mal länger ein Produkt gelagert werden kann, wenn die Temperatur um 10° gesenkt wird. Q_{10} ist im Bereich der Gefrierlagertemperatur nicht konstant, sondern nimmt hier mit steigender Temperatur zu (vgl. Abb. 8). Je nach der Art des Produktes und der die Qualität bestimmenden Eigenschaft kann bei einer Temperatur über —15° Q_{10} auf 4—8 und höher ansteigen. Bei der Lagerung von grünen Bohnen wurden z. B. die ersten Geschmacksveränderungen bei —17,8°C nach 296 Tagen, bei —12,2°C nach 94 und bei —6,7°C nach 30 Tagen festgestellt. Noch größere Q_{10}-Werte wurden für Spinat und Blumenkohl gefunden (A. D. Shepherd 1960).

Umfangreiche Arbeiten des Western Regional Research-Laboratory in Albany/Calif. haben gezeigt, daß nicht nur für jedes Gefrierprodukt eine einfache Beziehung zwischen der Lagertemperatur und der Zeit besteht, in der eine bestimmte Veränderung der Qualität auftritt, sondern daß die in den einzelnen Gliedern der Tiefkühlkette auftretenden Veränderungen kumulativ sind und daher, unabhängig von der Reihenfolge ihres Auftretens addiert, die Gesamtveränderung ergeben (W. B. van Arsdel u. G. Guadagni 1959). Bei der Berechnung der insgesamt möglichen Verweildauer in der Tiefkühlkette wird vom täglichen Qualitätsverlust des jeweiligen Produktes ausgegangen, die sich aus der Zeit-Temperatur-Abhängigkeit der Veränderung (vgl. Abb. 8) ergibt (G. F. Lorentzen 1962).

d) Gefrierlagerräume

Gefrierlagerräume sind des großen Unterschieds zwischen Außen- und Innentemperatur entsprechend gegen das Eindringen von Wärme isoliert. Die Stärke der Kälteisolierung richtet sich nach dem Wärmeleitwiderstand des Isolierstoffes, sowie den Kosten für die Isolierung und für die Kälteerzeugung (M. Bäckstrom u. E. Emblik 1965). Eine Wärmedurchgangszahl von 0,2 kcal/m² h °C wird meist nicht überschritten. Ein sehr geringer Wärmedurchgang wirkt sich auch vorteilhaft auf die relative Luftfeuchte im Raum aus, die möglichst hoch sein soll. Früher wurden, um die Austrocknung der Ware zu vermeiden, die Gefrierlagerräume nahezu ausschließlich durch Wand- und Deckenverdampfer gekühlt. Die von außen einfallende Wärme wird in diesen Räumen durch die Kühlsysteme abgefangen, so daß — da man die Ware mit Gefrierraumtemperatur einlagert — die Luftbewegung im Raum gering bleibt (stille Kühlung). Um die relative Luftfeuchtigkeit im Raum hoch zu halten, wird die Kühlfläche so groß gewählt, daß die Temperaturdifferenz zwischen Verdampfungs- und Gefrierraumtemperatur nicht mehr als 4—6° C beträgt. Die relative Luftfeuchtigkeit in Gefrierräumen liegt bei normalem Betrieb dann zwischen 85 und 90 %. Durch eine Mantelkühlung (Jacket-System) kann die Luftbewegung im Raum weiter verringert und die Feuchtigkeit noch mehr erhöht werden. Da jedoch die Austrocknungsgefahr bei ordnungsgemäß verpacktem Gefriergut klein ist, werden neuerdings Gefrierlagerräume meist mit bewegter Kühlung gebaut. Die Luft wird dann so geführt, daß keine starke Luftbewegung im Stapelraum auftritt.

Die meist in Wellpappkisten von 10 kg Inhalt angelieferte Ware wird möglichst dicht auf 5—10 cm hohen Bodenrosten bzw. Paletten gestapelt. Zwischen Wänden und Stapel wird ein Abstand von 20—30 cm eingehalten. Das Stapelgewicht von Gemüse beträgt 400—500 kg/m³, von Obst in Zuckerlösung und breiigen Gütern 600—700 kg/m³. Die Stapelhöhe wird in der Regel durch die Tragfähigkeit der Großpackungen begrenzt. Nur wenn die Kleinpackungen den Umkarton satt ausfüllen, kann ohne Paletten über 2,5 m hoch gestapelt werden. Neuerdings werden Gabelstapler und Paletten zum Transport und Stapeln in Kühlhäusern verwendet. Dadurch ist es möglich, Gefrierkonserven 4—5 m hoch zu stapeln und dementsprechend die Räume höher zu bauen. Hier können Bodenbelastungen von 2000—3000 kg/m² auftreten (W. Maake u. H.J. Eckert 1962). Kühlhäuser haben in der Regel eine kubische Bauform, um die stark isolierten Außenflächen im Verhältnis zum umbauten Raum klein zu halten; bei der neuen Stapelweise ist es jedoch auch möglich, wirtschaftlich arbeitende Kühlhäuser in Flachbauweise auszuführen.

Für den Verkauf von tiefgefrorenen Lebensmitteln sind zur Selbstbedienung geeignete offene Tiefkühlmöbel in verschiedener Bauform entwickelt worden (H.L. von Cube 1962). Die in diesen Möbeln zum Verkauf angebotene Gefrierware wird meist durch einen über die Öffnung streichenden Kaltluftstrom gegen das Eindringen von Warmluft geschützt. Tiefkühlmöbel sollen der Norm genügen (DIN 8954).

e) Transporteinrichtungen

Für den Transport gefrorener Lebensmittel vom Gefrierbetrieb zum Kühlhaus, vom Kühlhaus zum Großhändler und für ihre Verteilung auf die Verkaufstruhen der Kleinhändler sind isolierte Transportmittel erforderlich. Gekühlte Schiffsladeräume, Eisenbahnkühlwagen, Kühllastwagen oder Kühlbehälter verschiedenster Größe werden für die Beförderung verwendet (H. Bock 1962).

Für den Transport von tiefgefrorenem Gemüse und Obst werden verstärkt isolierte Transportmittel verwendet, bei denen die Wärmedurchgangszahl der Wände 0,35 kcal/m² h °C nicht überschreitet (Economic Commision for Europe 1962). Für eine Aufrechterhaltung der Transporttemperatur von —18° werden die Fahrzeuge meist durch eine Kältemaschine mit Luftkühler oder mit Trockeneis direkt oder indirekt gekühlt. Neuerdings wird auch flüssiger Stickstoff für die Transportkühlung verwendet (P.F. Wood u. Mitarb. 1964).

7. Auftauen und Zubereiten

Eine unsachgemäße Behandlung tiefgefrorener Gemüse beim Letztverbraucher kann die durch sorgsame Verarbeitung und durch den Vertrieb über eine gute

Tiefkühlkette erhaltene Qualität stark vermindern. Aufgabe des Herstellers ist es daher, den Verbraucher mit Hilfe einer Gebrauchsanweisung über die günstigste Behandlung und Zubereitungsart zu unterrichten.

Die Qualität kleinstückiger Gemüse wie Erbsen, Bohnen, Rosenkohl u. ähnl. bleibt am besten erhalten, wenn diese in gefrorenem Zustand aus der Packung in kochendes Wasser geschüttet und in diesem aufgetaut und gargekocht werden. Wenn Gemüse vor dem Zubereiten aufgetaut wird, verändert sich insbesondere die Form und die Konsistenz der Produkte stärker. Beim Auftauen im Kühlschrank kann auch eine Geschmacksverschlechterung auftreten. Breiartiges, als Block gefrorenes Gemüse, wie Spinat und Grünkohl, läßt man üblicherweise bei Raumtemperatur 2—3 Std antauen und zerteilt es dann, damit die Randschichten nicht zu lange erhitzt werden. Aber auch ein Auftauen bei schwacher Hitze im Kochtopf ist möglich (D. Greven 1967). Als Garmethode für tiefgefrorenes Gemüse ist das Kochen in wenig Wasser dem Dämpfen vorzuziehen (R. Zacharias 1964).

Infolge des Blanchierens und des Gefrierens verkürzt sich die Garzeit von tiefgefrorenem Gemüse um $^1/_3$ bis zur Hälfte der Garzeit des frischen Produkts.

Beim Garen von tiefgefrorenen Erbsen und Bohnen wurde ein um etwa 10% geringerer Rückgang im Vitamin C-Gehalt gefunden als beim Garen frischer Parallelproben. Beim Auftauen vor dem Gefrieren erhöht sich der Verlust um 4—7% (R. Zacharias 1964). Eine bessere Erhaltung des Vitamin C zeigte sich, wenn Gemüse in 400-g-Packungen bei 21 °C in 5 Std, anstatt im Kühlschrank bei 1—2 °C in 24 Std, aufgetaut wurde (G.J. Hucker u. A. Clarke 1961). In ungeöffneten Packungen bei 21 °C 24 Std gelagertes tiefgefrorenes Gemüse war verdorben (N.H. Sanderson 1941). Aufgetautes Gemüse soll nicht wieder gefroren werden, es sei denn, daß es unter kontrollierten Bedingungen weiterverarbeitet wird.

8. Verhalten der Mikroorganismen

Beim Gefrieren und Auftauen von Lebensmitteln wird ein Teil, bei der Gefrierlagerung ein weiterer Teil der auf diesen vorhandenen Mikroorganismen abgetötet (G. Borgström 1955; B. Stille 1950). Wieviel Mikroorganismen die Gefrierkonservierung überleben, hängt von der Art und Menge des Befalls der Zusammensetzung und Beschaffenheit der Lebensmittel sowie von den Gefrier-, Lager- und Auftaubedingungen ab. Die Resistenz der einzelnen Mikroorganismenarten und -stämme beim Gefrier- und Auftauprozeß und bei der Gefrierlagerung ist sehr unterschiedlich. Auf Erbsen, Bohnen und Mais war die gefrierresistente Flora ziemlich konstant (C.J. Hucker u. Mitarb. 1952). Sporen werden nicht vernichtet und Kokken überleben sehr gut. Keine sporenbildenden Stämme sterben im allgemeinen schnell, aber die Überlebensquote einzelner Arten ist sehr verschieden und abhängig vom Produkt. Zucker, Salz, Glycerin und kolloidale Substanzen verzögern das Absterben.

Die Keimzahl geht um so schneller und weiter zurück, je höher die Gefrierlagertemperatur ist und je größer und häufiger die Temperaturschwankungen in diesem Bereich sind. Bei der üblichen Gefrierlagertemperatur von —18 °C und tiefer, nimmt die Keimzahl bei den meisten Produkten nur wenig ab. Auf gefrorenen Brechbohnen z. B. wurden nach einer Lagerdauer von 8 Monaten bei —18 °C 80% überlebende Bakterien gefunden. Dagegen überlebten nur 30%, wenn die Temperatur zwischen —18 und —7 °C in täglichen Intervallen schwankte (R.P. Elliott u. H.D. Michener 1960). Bei Gemüse kann mit einer durchschnittlichen Überlebensrate von Mikroorganismen nach der üblichen Gefrierkonservierung von 20—60%; bei Obst von 1—20%, gerechnet werden. Sie sinkt kaum unter 1 % ab, so daß die erreichte Keimzahlreduktion relativ gering ist und die Haltbarkeit der Lebensmittel durch sie kaum verbessert wird. Aufgetaute Produkte verderben genauso schnell wie nicht gefrorene Parallelproben (A. WHITE u. H.R. WHITE 1962).

Eine ganze Reihe von Mikroorganismen vermag auf gefrorenen Lebensmitteln zu wachsen, da das gefrierbare Wasser in diesen erst bei einer Temperatur von unter —20°C vollständig gefroren ist. Bei einer Temperatur von —5 bis —7°C, wenn 70—90 % des gefrierbaren Wassers gefroren sind, stellen Bakterien und bei —10 bis —12°C (90—95 % gefrorenes Wasser) Hefen und Pilze ihr Wachstum ein (A.D. MICHENER u. R.P. ELLIOTT 1964; H. FRANK 1966). Im Temperaturbereich über —7°C vermögen Pilze und Hefen nach Durchlaufen einer langen Latenz-Phase relativ schnell zu wachsen, so daß bei längerer Lagerung von gefrorenem Obst und Gemüse in diesem Temperaturbereich ein echter mikrobieller Verderb möglich ist. Die Temperatur-Zeit-Abhängigkeit der Entwicklung von Hefen auf gefrorenen Bohnen und Erbsen zeigt Abb. 9. Bevor es zum mikrobiellen Verderb kommt, wird die Qualität oft durch chemische Umsetzungen erheblich verschlechtert.

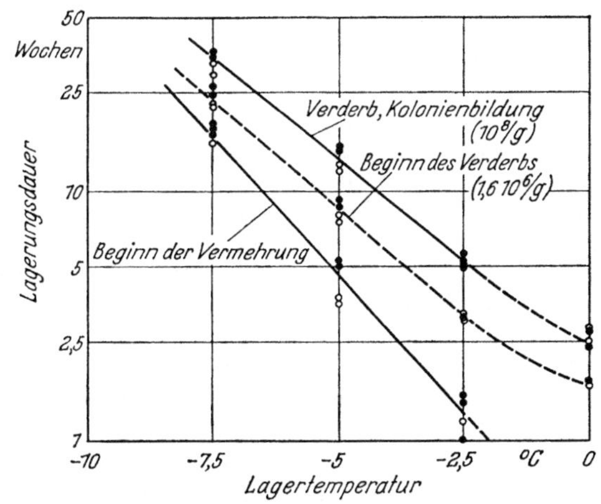

Abb. 9. Zeit-Temperatur-Abhängigkeit der Entwicklung von Mikroorganismen und des mikrobiellen Verderbs bei Erbsen und Bohnen im Temperaturbereich von 0 bis —7,5°C nach W. SCHMIDT-LORENZ (1963). Erbsen ○ Bohnen ●

Lebensmittelvergiftende Bakterien können sich unter einer Temperatur von +3°C, also auf gefrorenen Lebensmitteln, nicht entwickeln. Das Wachstum und die Bildung von Toxinen bleibt daher auf die Zeit vor dem Gefrieren und nach dem Auftauen beschränkt. Da diese Bakterien, wie z. B. Clostridium botulinum, und ihre Stoffwechselprodukte durch die Gefrierkonservierung nicht zerstört werden (H. PERRY u. Mitarb. 1948), darf Gemüse auch vor dem Gefrieren keinesfalls sorgloser behandelt werden als für den Frischverzehr bestimmtes.

Eine Beschränkung der totalen Keimzahl tiefgefrorener Lebensmittel gibt zwar keine Gewähr für die Abwesenheit von lebensmittelvergiftenden Bakterien; eine niedrige Keimzahl ist jedoch die Folge einer sachgemäßen Verarbeitung in einem hygienisch einwandfreien Betrieb. Mit Hilfe einer Keimzahlbestimmung kann daher die Sorgfalt und Sauberkeit der Verarbeitung überprüft werden.

Viele der wichtigsten Gemüsearten, wie Erbsen und Bohnen, sind nach dem Schäl- und Zerkleinerungsverfahren meist stark mit Mikroorganismen kontaminiert. Die Keimzahl auf Gemüse kann durch sorgfältiges Waschen, besonders aber durch das Blanchieren, stark reduziert werden. Je nach Art des Gutes und seiner Behandlung steigt sie dann bis zum Gefrieren wieder leicht an.

Bei Keimzahlbestimmungen in 13 amerikanischen Gefrierbetrieben wurden auf gedroschenen Erbsenkörnern folgende Keimzahlen/g gefunden: Nach der Anlieferung im Betrieb 11346000; nach dem Waschen 109000; nach dem Blanchieren 10000; am Ende der Kühl- und Transportrinne 239000; am Ende der Verlesebänder 410000; vor dem Gefrierapparat 736000; nach dem Gefrieren 560000 Bakterien (D.K. TRESSLER u. C.F. EVERS 1957). Während der Verarbeitung von grünen Bohnen wurde ein ähnlicher Verlauf der Keimzahl gefunden (D.F.

Splittstoesser 1961). Schwieriger als bei Erbsen und Bohnen ist es bei Produkten mit ungleichmäßiger Oberfläche die Bakterienzahlen während der Verarbeitung klein zu halten. Es wurde daher vorgeschlagen, eine maximale Bakterienzahl auf gefrorenem Gemüse in folgender Größe zuzulassen: Erbsen, Limabohnen, grüne Bohnen 100000; Spinat 150000; Blumenkohl 200000; Brokkoli und Zuckermais 500000 Bakterien/g (J. T. R. Nickerson 1966/67). Bei einer bakteriologischen Überprüfung sollte nicht nur die Keimzahl bestimmt, sondern die Proben auch auf die Anwesenheit coliformer Keime, Enterokokken und coagulase-positiver Staphylokokken untersucht werden. Die für tiefgefrorene Fertiggerichte in den USA festgelegten Grenzwerte (100 coliforme Keime/g, 1000 Enterokokken/g, und keine coagulase-positiven Staphylokokken) haben sich bewährt (D. Grossklaus 1962).

9. Verpackung

a) Anforderungen

Tiefgefrorene Lebensmittel werden nur verpackt in den Verkehr gebracht. Die Verpackung ist nicht nur erforderlich, um dem Verbraucher die gängige Menge an Gefriergut unberührt in hygienischer Form anbieten zu können, sondern sie hat die Aufgabe, das Gut „für die handelsübliche Dauer oder Lagerung vor atmosphärischen Einflüssen, vor dem Eindringen von Mikroorganismen, vor dem qualitätsmindernden Austrocknen sowie vor Verlust und Übertragung von Geruchs- und Geschmacksstoffen ausreichend zu schützen“ (Deutsches Lebensmittelbuch 1965). Die verwendeten Packstoffe und Verpackungen müssen daher hohen Ansprüchen genügen (J. Gutschmidt 1960). Im einzelnen müssen sie weitgehend undurchlässig für Wasserdampf, Luft und Geruchsstoffe sein. Der Packstoff darf keine gesundheitsschädlichen Stoffe und keine Geruchs- und Geschmacksstoffe an das Füllgut abgeben (K. Bergner 1962; Mitteilungen aus dem Bundesgesundheitsamt 1960—1967). Sie muß außerdem genügend beständig gegenüber Einwirkungen der Lebensmittel sein und darf weder von innen, noch infolge einer Kondensatbildung von außen durchfeuchtet werden. Eine Wasserdichtigkeit ist erforderlich, wenn beim Auftauen Flüssigkeit austreten kann.

Um den Schutz zu gewährleisten, muß die Verpackung eine hinreichende Festigkeit und Elastizität — auch bei tiefer Temperatur — besitzen, damit sie der Beanspruchung beim Füllen, Gefrieren (Ausdehnung), Lagern, Transportieren und Auftauen gewachsen ist (R. Heiss u. G. Schricker 1955). Die Festigkeits- und Dichtigkeitseigenschaften der Verschlüsse müssen denen des Packstoffes entsprechen.

Die Packung soll platzsparend sein, sich für das Gefrieren eignen (kleine Höhe, gute Wärmeleitfähigkeit) und leicht handhaben lassen. Die Verpackung muß maschinengängig sein und sich einfach und leicht aufstellen, füllen, verschließen und wenn nötig bedrucken lassen. Sie soll außerdem in Abmessung, Form und Aussehen den Wünschen des Verbrauchers Rechnung tragen und ihn ansprechen.

b) Verpackungsarten

Als Einzelhandelspackungen für tiefgefrorenes Gemüse werden fast ausschließlich Karton- und Beutelpackungen einzeln oder in Kombinationen miteinander verwendet.

α) Beutel

Beutel aus Polyäthylen aber auch aus Polypropylen und Verbundfolie (Zellglas — Polyäthylen, Hostaphan — Polyäthylen u. a.) werden häufig zum Verpacken schüttfähiger trockener Füllgüter, wie Erbsen und Bohnen, aber auch vereinzelt für breiförmiges Gut, wie Spinat, verwendet.

Solche Verpackungen, insbesondere aus Einfachfolien, sind billig und werben als Sichtpackungen für ein farblich ansprechendes Produkt (Anonym 1961). Eine Austrocknung und Eisbildung an Hohlräumen kann jedoch das Aussehen beeinträchtigen (vgl. S. 376). Nachteilig ist, daß Beutelpackungen nicht formbeständig sind, Großpackungen nicht hinreichend ausfüllen und sich auch im Verkaufsmöbel weniger gut stapeln und einfügen lassen. Das Gefrieren von Beutelpackungen mit Gemüse in Plattengefrierapparaten ist nur bei unempfindlichen Gütern und bei ausreichender Festigkeit der Folie und des Verschlusses auch unter —30°C möglich. Beutelpackungen werden von der Folie oder vom Folienschlauch ausgehend im Betrieb auf den Füllmaschinen hergestellt.

Zum Verpacken von Gemüse für die Gefrierkonservierung im Haushalt werden fast immer Polyäthylenbeutel verwendet. Beutel verschiedener Ausführung dienen auch als Einsätze für Kartonpackungen.

β) Kartonpackungen

Kartonpackungen in Form rechtwinkliger Faltschachteln haben die größte Verbreitung zum Verpacken von Gemüse gefunden (D.K. Tressler u. C.F. Evers 1957). Ihre Anwendung bringt arbeitstechnisch, sowie in der Lagerhaltung und im Vertrieb Vorteile, so daß ihre Verwendung in großen Stückzahlen wirtschaftlich ist.

Bei einer Kartonpackung nimmt der Karton die mechanische Beanspruchung auf und sorgt für die Formbeständigkeit der Packung. Die erforderliche Dichtigkeit wird durch eine Kunststoffbeschichtung des Kartons, aber auch durch ein eingeklebtes Futter oder einen Einsatzbeutel aus beschichtetem Papier oder einer Kunststoffolie erzielt. Gute Packungsverschlüsse werden durch Verschweißen oder Versiegeln des Futters bzw. des Beutels gewonnen, ehe der Karton durch einen Kleb- oder Steckverschluß gesichert wird (G. Cannes 1963). Beschichtete Faltschachteln werden meist so gefaltet, daß auch sie durch eine Heißsiegelung hinreichend dicht verschlossen werden können.

Für das Aufstellen, Füllen und Verschließen der Verpackung bei der Verarbeitung von stückigem und breiförmigem Gefriergemüse sind Packanlagen hoher Leistung entwickelt worden (P. Nehring u. H. Krause 1962). Schüttfähiges Gemüse wird sowohl vor als auch nach dem Gefrieren mit ihrer Hilfe verpackt.

c) Packungsgewichte und -abmessungen

Die Mitgliedstaaten der Europäischen Wirtschaftsgemeinschaft empfehlen, Kleinpackungen mit tiefgefrorenem Obst und Gemüse nur mit folgenden Netto-Gewichten anzubieten: 225, 300, 450, 600, 750, 900 g allgemein, 150 g nur für Gemüse, 180 g nur für Früchte. In der Bundesrepublik Deutschland dürfte allgemein die auf eine 150 g aufbauende Gewichtsreihe ohne Ausnahme eingeführt werden (H.G. Haupt 1966).

Das angegebene Nettogewicht ist das Gewicht der Einwaage zur Zeit der Abpackung. Es wird im Durchschnitt von 20 Packungen nicht, bei Einzelpackungen bis zu 1 kg Nettogewicht höchstens um 5% unterschritten (Deutsches Lebensmittelbuch 1966). In den USA wird Gemüse hauptsächlich in Packungen mit einem Netto-Inhalt von 10 oz (284 g) gefroren.

Die Lagerhaltungs- und Transportkosten von Gefrierwaren sind im Vergleich zu anderen Konserven hoch. Bei Verwendung von Kleinpackungen mit einheitlichen Abmessungen und davon ausgehend einheitlichen Versandpackungen kann der Transport- und Lagerraum entsprechend geplant und ausgenutzt werden.

Tabelle 4. *Durchschnittliche spez. Schüttgewichte einiger Gemüsearten im blanchierten und im gefrorenen Zustand* nach O. Köhler (1964) (Füllquerschnitt 100 × 50 mm)

Gemüseart	Zurichtung Sortierung	spez. Schüttgewicht in kg/dm³	
		blanchiert	gefroren
Spinat	passiert	(1,00)	
Erbsen	unsortiert	0,650	0,564
Brechbohnen	Brechlänge 40 mm	0,510	0,446
	30 mm	0,552	0,478
	20 mm	0,564	0,519
Dicke Bohnen	19 mm mittl. Breite	0,648	0,588
Karotten	Würfel, Kante 9 mm	0,540	0,476
Rosenkohl	22 mm mittl. ⌀	0,486	0,420

Da nicht nur die Schüttgewichte der einzelnen Gemüsearten sehr unterschiedlich sind, sondern auch im ungefrorenen und gefrorenen Zustand größere Unterschiede aufweisen können (vgl. Tab. 4), ist es schwierig, bei festliegenden Netto-Gewichten zu einheitlichen Abmessungen zu kommen (O. Köhler 1964). In den USA werden z. T. einheitliche Packungen für Gemüse verwendet (D.K. Tressler u. C.F. Evers 1957). Einheitliche Maße werden auch von den Internationalen Organisationen für Standardisierung vorgeschlagen (ISO 1954).

Für Großverbraucher und für Haushalte mit Gefriertruhen wird schüttfähiges Gemüse in den USA in Kartonpackungen mit einem Fassungsvermögen von 0,9—2,3 kg verpackt. Die Höhe der Packungen überschreitet nicht 7 cm, damit sie auch noch wirtschaftlich in Plattengefrierapparaten gefroren werden können. Meist wird schüttfähiges Gemüse im gefrorenen Zustand für den Großverbrauch in Kantinen und Krankenhäusern in noch größeren Mengen (bis 10 kg) in Wellpappkästen mit Einsatzbeuteln üblicherweise aus Polyäthylen verpackt.

10. Verarbeitung einzelner Gemüsearten

Hinweise auf die Eignung und die Verarbeitung einzelner Gemüsearten findet man bei K. Paech (1945); V.W. Cruess (1948); R. Heiss (1955); D.K. Tressler u. C.F. Evers (1957); J.L. Rogers (1958); P. Nehring u. H. Krause (1962); Common Market Recommendations (1965/66); Deutsches Lebensmittelbuch (1966).

a) Artischocken

Eingefroren werden Artischockenherzen, das sind Artischocken mit Stengel, aber befreit von den äußeren faserigen und inneren gehärteten Deckblättern und von strohigem Innern, sowie Artischockenböden ohne Stengel und Deckblätter ganz oder geschnitten.

Unmittelbar nach dem Putzen werden die hellgelben Herzen oder Böden in klares Wasser gelegt, dem auch etwas Citronensäure zugesetzt wird. Anschließend werden sie kalt gewaschen und dann in kochendem Wasser je nach Größe 5—7 min blanchiert. Dem Blanchierwasser wird normalerweise Citronensäure (1 g/l), aber auch manchmal eine geringe Menge Glutaminsäure zugesetzt. Restmengen dieser Stoffe können im Enderzeugnis enthalten sein. Nach dem Blanchieren werden die Artischocken schnell in möglichst kaltem Wasser gekühlt und nach dem Abtropfen sofort verpackt.

b) Blumenkohl

Eingefroren werden geschlossene, feste, weiße, nicht zur Verfärbung neigende Sorten mit zarten Stielen; die Sorte *Erfurter Zwerg* wird als geeignet genannt.

Die Köpfe werden geputzt und meist in gleich große Röschen von 3—5 cm ⌀ aufgeteilt. Es werden auch ganze Köpfe und in vier oder mehr gleiche Teile geschnittene Stücke gefroren. Nachdem kleine Stücke abgesiebt worden sind, wird der Blumenkohl sorgfältig gewaschen und die Röschen anschließend 2—3 min in kochendem Wasser oder 3—4 min in strömendem Dampf, größere Teile der Strunkdicke entsprechend länger, blanchiert. Dem Blanchierwasser wird auch Citronensäure (1—2 g/l) zugegeben. Nach dem Kühlen und Abtropfen wird der Blumenkohl in Kartonpackungen verpackt. Für den Zusatz zu Mischgemüse werden Blumenkohlröschen auch unverpackt gefroren.

c) Bohnen

Bohnen geben als Schoten (grüne Bohnen) und als Kerne (dicke Bohnen und Limabohnen) gefroren gute Gefrierprodukte und werden in großer Menge verarbeitet.

α) Grüne Bohnen

Geeignet sind fleischige, fadenlose, nicht zu Bastbildung neigende Sorten mit runder bis ovaler Form, dunkelgrüner Farbe und weißen Kernen, wie die Sorten Sperlings Nova, *Bush Blue Lake* oder *Walo*, aber auch Wachsbohnen eignen sich gut zum Gefrieren. Grüne Bohnen werden hauptsächlich als Brechbohnen, aber auch als Schnittbohnen, Prinzeßbohnen oder Delikateßbohnen gefroren.

Die meist maschinell geernteten Bohnen werden im Gefrierbetrieb nach der Größe sortiert, gewaschen, abgespitzt und verlesen. Anschließend kommen sie zum Blanchieren oder durchlaufen vorher die Brechmaschine. Wenn die Bohnen erst nach dem Gefrieren verpackt werden, soll die Brechlänge 3 cm nicht überschreiten. Blanchiert wird $1^1/_2$—3 min in kochendem Wasser oder 2—4 min in strömendem Dampf, je nach Sortierung. Nach dem Abkühlen und Abtropfen werden die Prinzeß- und Delikateß-Bohnen sowie die mehr längs geschnittenen Bohnen in Kartonpackungen verpackt. Brechbohnen werden oft unverpackt im Luftstrom gefroren.

β) Dicke Bohnen (Puffbohnen)

Geeignet sind grüne und weißgrüne Sorten wie *Staygreen* und *Dreifach-Weiße*, die unausgereift mit fleischiger Konsistenz und zarter Schale verarbeitet werden.

Um eine Beschädigung und Fleckenbildung zu vermeiden, werden Puffbohnen auf Spezialmaschinen entkernt. Anschließend werden sie gewaschen, gegebenenfalls nach Größe sortiert und je nach Größe 3—5 min in kochendem Wasser oder 4—6 min in Dampf blanchiert. Nach dem Blanchieren und Abkühlen werden die Bohnen sorgfältig verlesen. Qualitätssortiereinrichtungen sind zum Abscheiden überreifer Kerne verwendet worden. Dicke Bohnen werden verpackt und unverpackt eingefroren.

γ) Limabohnen (Phaseolus lunatus)

sind in den USA ein beliebtes Gefrierprodukt. Es werden gleichmäßig reifende Sorten mit grünen Samenschalen wie *Henderson Bush* oder *Fordhook 242* angebaut und unausgereift mit einer zarten Konsistenz geerntet.

Limabohnen werden gedroschen, wobei sie oft zwei Maschinen, von denen die erste langsamer läuft als die zweite, hintereinander durchlaufen. In der Dreschstation werden sie vorgereinigt und für weite Transporte gekühlt und vorgewaschen. Im Gefrierbetrieb werden die Bohnen nochmals sorgfältig gewaschen und gelangen dann gleich, oder nachdem sie in einer Qualitätssortierung mit nachgeschalteter Abspülvorrichtung sortiert worden sind, in die Blanchiermaschine. Sie werden 2—3 min in kochendem Wasser oder 3—5 min in strömendem Dampf blanchiert. Nach dem Abkühlen durchlaufen die Bohnen stets Qualitätssortiereinrichtungen und werden hier meist in zwei Gütegruppen aufgeteilt. Die Bohnen werden dann abgespült, sorgfältig verlesen und meist unverpackt gefroren.

Grüne Sojabohnen werden in den USA auf die gleiche Weise verarbeitet und gefroren wie Limabohnen. Sie dienen dort hauptsächlich zur Herstellung von Succotash, eines Mischgemüses aus Sojabohnen und Mais.

d) Brokkoli

Brokkoli (Sprossenkohl) ist als Gefrierprodukt in den USA seit langem sehr beliebt und wird neuerdings wegen seiner guten Gefriereignung von der Gefrierindustrie aller Länder eingefroren. Anbau und Verarbeitung erfordern infolge der Anfälligkeit für Insektenbefall große Sorgfalt und viel Kontrollarbeit. Geeignete Sorten mit runden, festen, blau-grünen Köpfen sind, ausgehend von der Sorte *Waltham 29*, in den USA gezüchtet worden.

Nach einem Vorsortieren der Köpfe bei der Ernte wird Brokkoli im Betrieb sortiert, geputzt, in Rosen von 4—5 cm ⌀ aufgeteilt, die Stiele werden gekürzt. Die Rosen werden dann sehr gut gewaschen und anschließend meist 3—5 min in Dampf blanchiert. Nach dem Kühlen werden sie nochmals verlesen und dann von Hand verpackt. Brokkoli wird meist verpackt gefroren.

e) Erbsen

Grüne Erbsen geben ein sehr gutes, den frischen nicht nachstehendes Gefrierprodukt. Das gilt vor allem für Markerbsen (Sorten mit runzligen Samenkörnern), die in den angelsächsischen Ländern und in der Bundesrepublik Deutschland nahezu ausschließlich gefroren werden; aber auch Palerbsen (Sorten mit glatten Samenkörnern) lassen sich gut gefrieren. Besonders geeignet sind Markerbsen-Sorten mit dunkelgrünen, mittelgroßen, süßen Körnern, die auch beim Erreichen der vollen Größe noch zarte Schalen und Keimblätter behalten wie die Sorten *Kelvex, Lanzet, Shasta* oder *Dark Skin Perfection*. Die Erbsen werden im optimalen Reifestadium, nicht unterentwickelt, aber noch zart geerntet. Zur Reifegradüberprüfung dienen Texturemeter und Tenderometer.

Erbsen werden nach dem Dreschen sehr schnell verarbeitet. In der im Anbaugebiet liegenden Dreschstation werden die Erbsenkörner vorgereinigt und oft für den Transport gekühlt. Im Verarbeitungsbetrieb werden sie dann gewaschen, sortiert und je nach Größe entweder 1—2 min in kochendem Wasser oder 2—4 min in strömendem Dampf blanchiert. Nach dem Kühlen werden Erbsen einheitlicher Reife verlesen. Nur in wenigen Gefrierbetrieben werden die Erbsen wie bei der Verarbeitung zu Dosenkonserven in fünf Größen sortiert. Meistens unterteilt man sie des einheitlichen Aussehens wegen in zwei Größen; oft gefriert man sie jedoch auch unsortiert. Bei großen Reifegradunterschieden durchlaufen die Erbsen nach dem Blanchieren Qualitätssortiereinrichtungen, in denen die reiferen Erbsen infolge ihres höheren spezifischen Gewichtes als Sinker abgeschieden werden. Nach dem Verlassen der Sortiereinrichtung werden die Erbsen sorgfältig abgespült und dann meist unverpackt im Kaltluftstrom gefroren.

f) Gemüsemischungen

Sie werden üblicherweise aus den lose gefrorenen Einzelteilen in Mischvorrichtungen hergestellt.

Erbsen und Karotten bestehen aus 45—55 Gewichtsprozent Erbsen, denen kleine ganze, oder geschnittene Karotten beigemischt sind.

Gemischtes Gemüse (Mazedoine) oder Gemüsebeilage besteht aus 4 oder mehr verschiedenen Gemüsen, wobei das Grüngemüse wie Erbsen oder Bohnen nicht unter 45% der Mischung beträgt. Meist sind Karotten und Blumenkohl weitere Bestandteile.

Suppengemüse besteht aus wesentlich mehr als 4 Gemüsearten. Bestandteile können sein: Blumenkohl, Bohnen, Erbsen, Karotten, Kohlrabi, Lauch, Petersilie, Rosenkohl, Schwarzwurzel, Sellerie und Spargel.

Suppengrün besteht außer aus Karotten, Petersiliewurzeln, Sellerie u. a. sowie aus typischen Suppenkräutern wie Lauch, Petersilieblatt u. a.

Gemischter Salat besteht aus Gemüse wie grüne Bohnen, Wachsbohnen, Erbsen und Karotten, dem geschnittener Paprika, Gurkenstücke oder Spargelenden beigemischt sein können.

g) Grünkohl

Geeignet sind Sorten mit stark gekrausten, dunkelgrünen Blättern, die ihre Farbe bei der Verarbeitung gut behalten.

Feldfrische straffe Rohware wird geputzt, entrippt und sorgfältig gewaschen. Blanchiert wird 1—2 min in kochendem Wasser oder 3—5 min in strömendem Dampf, je nach Stärke der Restrippen. Nach dem Blanchieren werden die Blätter meist durch Spritzdüsen und einen befeuchteten Luftstrom, aber auch im Wasserstrom, gekühlt. Der Grünkohl wird in Stücke zerkleinert oder grob passiert und dann verpackt gefroren.

h) Gurken

Gurken werden zur Herstellung von Salat unblanchiert eingefroren. Durch den Gefriervorgang wird die Konsistenz und das Wasserhaltevermögen verändert; der aus gefrorenen Gurken oder Gurkenscheiben hergestellte Salat ist nicht so knackig wie der aus frischen Gurken hergestellte. Gefroren werden feste, fleischige, grüne Salatgurken, aber auch Freilandgurken mit hohem Fleisch- und geringem Samenanteil.

Die Gurken werden sorgfältig gewaschen und anschließend geschält oder ungeschält in Scheiben von 2—4 mm Dicke geschnitten, aber für Großverbraucher auch ganz gefroren. Ganze Gurken werden unverpackt gefroren und nach dem Gefrieren einzeln in Folie oder in Großpackungen mit Einsatzbeuteln verpackt. Sie werden auch vor dem Verpacken glasiert, d. h. durch Eintauchen in Eiswasser mit einer Eisschicht von wenigstens 1 mm Dicke überzogen (Common Market Recommendations 1965/66). Gurkenscheiben werden üblicherweise verpackt gefroren. Auf die Aromadichtigkeit des Packstoffes ist Wert zu legen.

i) Karotten (Möhren)

Gefroren werden kräftig gefärbte, süß schmeckende, nicht zum Holzigwerden neigende Sorten mit wenig Herzanteil, wie *Bauers-Kieler-Rote, Red Cored Chantenay, Nantes* und auch *Pariser Karotten* mit roten oder gelben Herzen.

Die Karotten werden im Betrieb vom Wurzelhals befreit, sorgfältig gewaschen, gekocht, geschält und dann hauptsächlich in Scheiben oder Würfel geschnitten, aber auch ganz gefroren. Die Kochzeit wird lange genug gewählt, um die Enzyme zu inaktivieren. Wenn Hochdruck-Dampfschäler verwendet werden, ist, um die Enzyme zu inaktivieren, ein zusätzliches Blanchieren der geschnittenen Karotten von $1^1/_2$—3 min je nach Stückgröße erforderlich. Nach dem Kühlen und Abtropfen werden Karotten meist lose im Luftstrom gefroren und bis zur Verwendung in Behältern gelagert.

j) Kohlrabi

Sorten mit gleichmäßig zartem, nicht zum Holzigwerden neigendem Fleisch wie *Rogglis-Weißer-Freiland* lassen sich im optimalen Entwicklungsstadium gut gefrieren.

Die Kohlrabi werden geschält und in Scheiben oder Streifen, aber auch in Würfel geschnitten. Blanchiert wird 2—3 min in kochendem Wasser, bei Streifen auch 3 min in strömendem Dampf. Nach dem Abkühlen und Abtropfen werden Scheiben meist gleich in Kartonpackungen verpackt; Streifen werden oft auch lose gefroren.

k) Melonen

Vgl. Kapitel „Tiefgefrorenes Obst".

l) Paprika

Sorten mit einheitlich leuchtender tiefroter oder grüner Farbe, mitteldicken bis dicken, zarten Fruchtwänden und charakteristischem milden Geschmack, eignen sich am besten zum Gefrieren und geben auch als Beigabe zu Salaten noch eine befriedigende Konsistenz.

Die Schoten werden gewaschen und dann halbiert, in Streifen geteilt oder nur am Stielansatz geöffnet und nach dem Entfernen des Innern und einem nochmaligen Waschen 1—2 min in kochendem Wasser blanchiert und anschließend gekühlt. Für die Verwendung als Salat wird Paprika auch unblanchiert eingefroren. Paprika wird in der Regel vor dem Gefrieren in Kartonpackungen verpackt, für den Zusatz zu gemischtem Salat aber auch unverpackt gefroren.

m) Pilze

Pilze sind je nach Art verschieden gut zum Gefrieren geeignet. Während Röhrlinge wie z. B. Steinpilze, sich im allgemeinen gut gefrieren lassen, geben Lamellenpilze wie Champignons und Pfifferlinge auch bei vorschriftsmäßiger Behandlung nur befriedigende Gefrierprodukte. Die Konsistenz dieser Arten wird durch die Gefrierkonservierung meist etwas zäh und wäßrig.

Pilze werden sortiert, geputzt und gegebenenfalls geschnitten, bevor sie, je nach der Größe, 2—3 min in kochendem Wasser, dem insbesondere bei Verarbeitung von Pfifferlingen 1—2 g/l Citronensäure zugesetzt wird, blanchiert werden. Auch dem ersten Kühlwasser setzt man üblicherweise etwas Citronensäure zu. Vereinzelt werden Pilze auch 2—4 min in Dampf blanchiert. Nach dem schnellen Abkühlen werden Pilze und Pilzscheiben meist in Kartonpackungen verpackt eingefroren. Schnelles Gefrieren bringt Vorteile.

n) Rhabarber

Geeignet sind Sorten mit zartem, nicht faserigem rotem oder grünem Fleisch.

Rhabarber wird nach dem Putzen, Waschen und Zerteilen unbehandelt oder im blanchierten Zustand, aber auch zu Rhabarberkompott unter Zusatz von Zucker verkocht, eingefroren. Das Süßen des Kompottes erfolgt nach Wunsch. Rhabarberstücke werden ohne Aufguß meist lose gefroren und für die Weiterverwendung in große Packungen verpackt. Rhabarberkompott wird nach dem Vorkühlen in geeignete Kartonpackungen abgefüllt und dann gefroren.

o) Rosenkohl

Geeignet sind Sorten mit kompakten, festen, mittelgroßen Rosen und tiefgrüner Farbe, wie Abunda.

Rosenkohl wird geputzt, gewaschen und oft in mehrere Größen sortiert. Blanchiert wird je nach Größe 3—5 min in kochendem Wasser oder auch 5—7 min in strömendem Dampf. Nach dem Abkühlen wird der Rosenkohl verpackt oder unverpackt gefroren.

p) Rotkohl

wird, obgleich er längere Zeit frisch zur Verfügung steht, gefroren, um ihn küchenfertig zu jeder Zeit bereitstellen zu können. Zum Gefrieren werden feste, geschlossene Köpfe mit dunkelvioletter Farbe verwendet.

Nach dem Putzen werden die Köpfe in Segmente geteilt und dann in gleichmäßige Stücke geschnitten. Der Kohl wird anschließend gründlich gewaschen und $1^1/_2$—3 min in kochendem Wasser oder 3—4 min in strömendem Dampf blanchiert. Eine Blaufärbung kann verhindert werden, wenn man dem Blanchierwasser 5 g/l Essig zusetzt. Nach dem Kühlen wird der Kohl verpackt, aber für Großverbraucher auch unverpackt auf Horden in Blöcken oder Platten gefroren.

q) Schwarzwurzeln

Einjährige glatte unverzweigte Wurzeln mit zartem, nicht verholztem Fleisch lassen sich gut gefrieren.

Sie werden gewaschen, geschält und meist zerteilt. Die Wurzelstücke werden nach dem Schälen in Wasser mit einem Zusatz von etwa 1 g/l Citronensäure bis zum Blanchieren aufbewahrt. Die Blanchierzeit in kochendem Wasser beträgt je nach Dicke der Stangen oder Stücke 2—4 min, in strömendem Dampf 3—6 min. Dem Blanchierwasser werden ebenfalls bis zu 0,5 g/l Citronensäure zugesetzt. Nach dem schnellen Abkühlen werden Schwarzwurzeln in Kartonpackungen verpackt und gefroren. Schwarzwurzelstücke gefriert man auch lose im Luftstrom für die spätere Herstellung von Mischgemüse.

r) Sellerie

Knollensellerie. Gefroren werden Sorten mit weißem Fleisch ohne Rost- und Stockflecken und ohne Neigung zur Verholzung.

Sellerie kann roh verarbeitet und dann nach dem Laugenschälen und Zerteilen blanchiert werden; üblicherweise wird er jedoch nach dem Säubern vorgekocht, bis die Außenschicht weich ist, geschält, nachgeputzt und in Scheiben oder Streifen geschnitten, verpackt und eingefroren. Sellerie wird auch z. T. lose gefroren. Eine Aufbewahrung unter Wasser mit einem Zusatz von 1 g/l Citronensäure während der Verarbeitung ist vorteilhaft.

Bleichsellerie. Feste, zarte, nicht zu weit entwickelte Stauden mit gelbweißer Farbe geben ein gutes Gefrierprodukt.

Nach Entfernen der Außenblätter werden Knollen und Blattenden gut gewaschen, die Stauden auf Länge geschnitten und anschließend unter Zusatz von 1 g/l Citronensäure in kochendem Wasser bis zur Inaktivierung der Peroxydase blanchiert. Nach dem Kühlen werden die Stauden wie Spargel in Kartonpackungen verpackt und gefroren.

s) Spargel

Verarbeitet werden gutentwickelte, zarte Stangen mit geschlossenen Köpfen.

Der Spargel wird geschält, sortiert, auf Länge geschnitten, gewaschen und dann 3—5 min in kochendem Wasser blanchiert. Stangenspargel wird dabei meist in Kesseln blanchiert und oft so in die Blanchierkörbe gesetzt, daß es möglich ist, durch nur teilweises Eintauchen die Köpfe 1 min kürzer zu blanchieren als die Stangenenden. Nach dem Abkühlen wird Spargel in Kartonpackungen verpackt gefroren. Brechspargel wird z. T. auch unverpackt gefroren, um ihn bei der Herstellung von Mischgemüse verwenden zu können.

In den USA werden grüne Spargelspitzen mit Erfolg gefroren.

t) Spinat

läßt sich sehr gut gefrieren. Da dies die einzige Konservierungsart ist, durch die die Eigenschaften von Spinat weitgehend erhalten werden können, wird tiefgefrorener Spinat in der Bundesrepublik Deutschland in weitaus größeren Mengen als die anderen Gemüseprodukte hergestellt. Zum Gefrieren verwendet man großwüchsige, aufrechte, für die maschinelle Ernte gut geeignete Sorten mit zarten tiefgrünen Blättern wie *Hybrid 424* oder *Marathon.*

Spinat wird als Blattspinat grob zerkleinert, als gehackter und geschnittener, sowie fein zerkleinert als passierter Spinat gefroren. Der Spinat wird verlesen und sehr gründlich gewaschen (höchstens 0,1% salzsäureunlösliche Bestandteile in der Asche des Fertigproduktes). Blattspinat oder geschnittener Spinat wird 1—$1^1/_2$ min in kochendem Wasser oder 2 min in strömendem Dampf blanchiert. Für die Herstellung von passiertem Spinat wird er gekocht, bis sich die Stiele leicht zerdrücken lassen (4—5 min). Nach dem Kühlen und Entwässern (Trockensubstanzgehalt des fertigen Spinats nicht unter 6%) wird der Spinat passiert oder grob zerkleinert. Wenn der Spinat auf einem Kühlband durch einen Sprühregen vor- und durch befeuchtete Luft nachgekühlt wird, ist ein Abpressen nach dem Kühlen meist nicht nötig. Spinat wird vor dem Gefrieren in Kartonpackungen, aber von einzelnen Herstellern auch in Beuteln verpackt.

u) Tomaten

Ganze Tomaten lassen sich nicht befriedigend gefrieren, auch nicht, wenn Sorten mit kleineren, festen, vollfleischigen Früchten und einheitlicher dunkelroter Farbe verwendet werden. Die Tomaten verlieren nach dem Gefrieren und Auftauen ihre feste Struktur, fallen ein, und ein Teil ihres Saftes läuft aus. Viele Sorten entwickeln besonders bei langsamem Gefrieren einen metallischen Geschmack. Tomaten werden kaum, Tomatenscheiben jedoch vereinzelt gefroren.

Die dazu ausgewählten festen Tomaten werden geschält, da die Haut sich beim Auftauen ablöst und unangenehm fest wirkt, und in dicke Scheiben geschnitten. Sie werden danach in Kartonpackungen verpackt und schnell gefroren. Eine hohe Gefriergeschwindigkeit wirkt sich günstig auf den Geschmack und die Konsistenzerhaltung aus.

Tomatenmark verändert sich durch die Gefrierkonservierung praktisch nicht. Es wird auf die übliche Weise hergestellt (vgl. S. 367ff), unmittelbar nach dem Eindicken gut vorgekühlt und dann in Kartonpackungen abgefüllt gefroren.

v) Weißkohl und Wirsingkohl

lassen sich gut gefrieren. Sie werden aber nur in kleinen Mengen und dann hauptsächlich für Großbetriebe, die auf die Anlieferung küchenfertiger Produkte angewiesen sind, durch die Gefrierkonservierung haltbar gemacht.

Die Köpfe werden geputzt, in Stücke oder Blätter zerteilt, diese gewaschen und in kochendem Wasser oder strömendem Dampf blanchiert, gekühlt und in Kartonpackungen verpackt, aber auch unverpackt in Blöcken oder Platten, gefroren.

w) Zuckermais

läßt sich sehr gut gefrieren und ist in den USA seit 30 Jahren ein beliebtes Gefrierprodukt. Sorten mit glänzenden, sattgelben Körnern, die gleichmäßig den optimalen Reifegrad erreichen, sind für die frühe, mittlere und späte Ernte in verschiedenen Anbaugebieten gezüchtet worden (*Tendergold*, *Golden Cross*, *Victoria Golden*).

Der Mais wird geerntet, wenn die Kolben gefüllt sind und die Körner das Stadium der Milchreife erreicht haben. Sie werden dann innerhalb weniger Stunden verarbeitet. Von den Maiskolben werden die Hüllblätter und Seidenhaare entfernt, die Kolben gewaschen, auf Länge geschnitten und dann üblicherweise in strömendem Dampf, je nach Dicke, 4—11 min blanchiert. Nach dem Kühlen und Abtropfen werden sie in Beuteln oder Kartonpackungen verpackt eingefroren. Wenn nur die Körner zu gefrieren sind, werden die Kolben meist nach Entfernung der Hülle entkörnt und die Körner gereinigt, gewaschen, blanchiert, gekühlt und sorgfältig verlesen. Die Blanchierzeit beträgt 2—4 min in strömendem Dampf. Zucker- und Aromaverlust sind größer als beim Blanchieren der Kolben. Die Maiskörner werden wie die Kolben verpackt, aber auch lose eingefroren.

Weitere Gemüsearten, die gefroren werden, sind: Lauch, Petersilie, Pastinake, Kürbis, rote Rübe, Eierfrucht (Aubergine) und Zwiebel. An Würzkräuter werden krause Petersilie, Fenchel, Dill gefroren.

11. Hinweise für die lebensmittelrechtliche Beurteilung

Gemüse, das unter der Bezeichnung „tiefgefroren" oder gleichsinnigen Bezeichnungen in den Verkehr gebracht wird, muß so gefroren, transportiert, gelagert und verpackt worden sein, daß es den Leitsätzen für tiefgefrorene Lebensmittel (Deutsches Lebensmittelbuch 1965) genügt.

Tiefgefrorenes Gemüse ist, entsprechend den Allgemeinen Beurteilungsmerkmalen der Leitsätze für tiefgefrorenes Obst und Gemüse (Deutsches Lebensmittelbuch

1966), praktisch frei von Sand, erdigen Bestandteilen und sonstigen Verunreinigungen, z. B. Unkräuter, Stroh, Insekten, Teilen von Insekten und ist mit einigen Ausnahmen (Gurken, Tomaten) so blanchiert, daß die fertigen Erzeugnisse nach dem Katalase- und Peroxydasetest frei von aktiver Katalase oder Peroxydase sind. Wenn das Gemüse zum Kochen bestimmt ist, hat es nach sachgerechtem Kochen eine praktisch einheitliche Farbe und entspricht in Farbe, Struktur, Geschmack und Geruch Erzeugnissen gleicher Art, die aus frischen Rohstoffen gekocht worden sind. Gurken und Tomatenerzeugnissen haben nach einem Auftauen auf 5—10° C eine praktisch einheitliche Farbe und entsprechen in Farbe, Struktur, Geschmack und Geruch frischen Erzeugnissen gleicher Art.

Für die einzelnen Gemüsearten gelten daneben besondere Beurteilungsmerkmale, die bisher für Spinat und Erbsen vorliegen (Deutsches Lebensmittelbuch 1966). Im Normen-Entwurf der Industrie für tiefgefrorenes Gemüse und Obst der EWG vom August 1965 (Common Market Recommendations 1965/66) sind diese außerdem auch für Rosenkohl, Karotten, Erbsen, Blumenkohl, Dicke Bohnen, Artischocken, Gurken und Tomaten angegeben.

Zusätze sind nach den allgemeinen lebensmittelrechtlichen Bestimmungen zu beurteilen. Tiefgefrorenes Gemüse ist nicht künstlich gefärbt und enthält keine Konservierungsstoffe oder Antibiotica (Common Market Recommendations 1965/66).

Bibliographie

BÄCKSTRÖM, M., u. E. EMBLIK: Kältetechnik. 3. Aufl. Karlsruhe: G. Braun 1965.

BOCK, H.: Gekühlte Lastkraftwagen. In: Handbuch der Kältetechnik, Bd. XI, S. 445—455. Hrsg. von R. PLANK. Berlin-Göttingen-Heidelberg: Springer 1962.

CORTELLINI, V.: Pea freezing with the Freez-Pak System. Annexe au Bulletin de l'Institut International du Froid, Paris S. 427—432, 1966—1.

CRUESS, W.V.: Commercial fruits and vegetable products. 3. Aufl. New York-Toronto-London: McGraw-Hill 1948.

CUBE, H.L. von: Bau und Betrieb von Kühlmöbeln und kleinen gewerblichen Kühlräumen. In: Handbuch der Kältetechnik, Bd. XI, S. 1—114. Hrsg. von R. PLANK. Berlin-Göttingen-Heidelberg: Springer 1962.

GORTNER, W.A., F.S. ERDMAN and N.K. MASTERMAN: Principles of food freezing. New York: John Wiley & Sons, Inc. 1948.

GUTSCHMIDT, J.: Das Verpacken von Gefrierkonserven und Kühlgütern. In: Handbuch der Kältetechnik, Bd. X, S. 605—667. Hrsg. von R. PLANK. Berlin-Göttingen-Heidelberg: Springer 1960.

—, u. R. ZACHARIAS: Gefrierkonservierung-Untersuchungen an Gemeinschaftsgefrieranlagen. Landwirtschaft — Angewandte Wissenschaft Nr. 99. Hiltrup bei Münster: Landwirtschaftsverlag 1960.

HEISS, R.: Fortschritte in der Technologie des Konservierens von Gemüse und Obst. Braunschweig: Dr. Serger & Hempel 1955.

—, u. G. SCHRICKER: Packstofftabellen. München: Carl Hanser 1955.

Institut International du Froid: Recommendations for the processing and handling of frozen foods. Annexe au Bulletin de l'Institut International du Froid, Paris 1964.

MAAKE, W., u. H.J. ECKERT: Kühl- und Gefrierhäuser. In: Handbuch der Kältetechnik, Bd. XI, S. 415—455. Hrsg. von R. PLANK. Berlin-Göttingen-Heidelberg: Springer 1962.

National Association of Frozen Food Producers: Code of practice and recommendations for handling of quick frozen foods. 4 Lyon Place, London.

NEHRING, P., u. H. KRAUSE: Konserventechnisches Taschenbuch. 14. Aufl. Braunschweig: G. Hempel 1962.

NICKERSON, J.T.R.: Microbiology of fresh-refrigerated and frozen foods. In: ASHRAE Guide and Data Book, Applications 1966/67. Amer. Soc. Heating Refrig. Aircond. Engrs. 345 East 47th Street, New York 1966.

PAECH, K.: Gefrierkonservierung von Gemüse, Obst und Fruchtsäften. 2. Aufl. Berlin: Paul Parey 1945.

PLANK, R.: Die Frischhaltung von Lebensmitteln durch Kälte. In: Handbuch der Kältetechnik, Bd. X, S. 1—85. Hrsg. von R. PLANK. Berlin-Göttingen-Heidelberg: Springer 1960.

ROGERS, J.L.: Quick-frozen foods. London: Food Trade Press Ltd. 1958.

SCHORMÜLLER, J.: Die Erhaltung der Lebensmittel. Stuttgart: Ferdinand Enke 1966.
SHEPHERD, A.D.: Relative stability of various frozen foods. In: Conference on frozen food quality. Held at Albany, Calif., November 1960.
SOMM, H.: Main trends of present and prospective codes and regulations regarding frozen food in Europe. Annexe au Bulletin de l'Institut International du Froid, Paris, S. 385—396, 1962—1.
TRESSLER, D.K., and C.F. EVERS: The freezing preservation of foods. 3. Aufl., Westport, Conn.: Avi Publ. Co. 1957.
TUCHSCHNEID, M.W., u. E. EMBLIK: Die Kältebehandlung schnellverderblicher Lebensmittel. 3. Aufl. Hannover: Brücke-Verlag Kurt Schmersow 1959.
ZACHARIAS, R.: Das Auftauen und Zubereiten von Gefrierprodukten. In: Probleme der Ernährung durch Gefrierkost. Wiss. Veröffentl. der DGE, Bd. 12. Darmstadt: Steinkopff 1964.

Zeitschriftenliteratur

Anonym: Flexible film packaging. Food Engin. **33**, Nr. 11, 69—76 (1961).
— Schnellgefrieranlage Flofreeze, Fabrikat Frigoscandia. Kälte **16**, 279—280 (1963).
— Exciting break-through, freezing sliced tomatoes. Food Engin. **36**, Nr. 1, 56—57 (1964).
Association of Food and Drug Officials of the United States (AFDOUS): Proposed frozen food code. Ass. Food and Drug Officials **24**, 23 (1960). Vgl. auch Quick Frozen Foods Int. **7**, Nr. 2, 62—67; Nr. 3, 6, 145—150 (1965/66).
BENGTSSON, B., and I. BOSUND: Gas chromatographic evaluation of the formation of volatile substances in stored peas. Food Technol. **18**, 773—776 (1964).
BERGNER, K.: Lebensmittelchemische Fragen bei der Anwendung von Kunststoffen. Dtsch. Lebensmittel-Rdsch. **58**, 101—107, 140—146 (1962).
BÖTTCHER, H.: Die Ausschaltung des Fermenteinflusses bei der Gefrierkonservierung von Gemüse. 3. Mitt. Nahrung **6**, 446—459 (1962).
BORGSTRÖM, G.: Microbiological problems of frozen food products. Advanc. Food Res. **6**, 163—230 (1955).
Common Market Recommendations: Suggested standards for processing, marketing, frozen foods. Quick Frozen Foods Int. **7**, Nr. 2, 68—72, and Nr. 3, 45—46 and 56—64 (1965/66).
Danish Academy of Technical Sciences: Consumer-packaged frozen foods. Acta Polytechnica Scandinavica Ch 20 (AP 319/1962), Stockholm 1962.
Deutsches Lebensmittelbuch: Leitsätze für tiefgefrorene Lebensmittel. Bekanntmachung vom 8. 4. 1965. Beilage zum Bundesanzeiger Nr. 101, 18, 1965.
— Leitsätze für tiefgefrorenes Obst und Gemüse. Bekanntmachung vom 26. 7. 1966. Beilage zum Bundesanzeiger Nr. 163, 9—11, 1966.
DIETRICH, W.C., F.E. LINDQUIST, G.S. BOHART, H.J. MORRIS and M.-D. NUTTING: Effect of degree of enzyme inactivation and storage temperature on quality retention in frozen peas. Food Res. **20**, 480—491 (1955).
— M.-D. NUTTING, R.L. OLSON, F.E. LINDQUIST, M.M. BOGGS, G.S. BOHART, J.H. NEUMANN and H.J. MORRIS: Time-temperature tolerance of frozen foods. XVI. Quality retention of frozen green snap beans in retail packages. Food Technol. **13**, 136—145 (1959).
DIN **8954**: Prüfbedingungen für offene gekühlte Verkaufsmöbel. DIN-Mitteil. **40**, 577—584 (1961).
DUYNE, F.O. VAN, Y.R. CHARLES, M.C. TITUS and E.H. WHEELER: Effect of addition of monosodium glutamate on palatability of frozen vegetables. Food Technol. **11**, 250—252 (1957).
Economic Commission for Europe (ECE): Agreement on special equipment for the transport of perishable foodstuffs and on the use of such equipment for the international transport of those foodstuffs. Geneva 15. 1. 1962.
ELLIOT, R.P., and H.D. MICHENER: Review of the microbiology of frozen foods. In: Conference on frozen food quality, held at Albany, Calif., Nov. 1960, Agric. Res. Serv. U.S. Dept. of Agriculture.
— — Microbiological standards and handling codes for chilled and frozen foods. Appl. Microbiol. **9**, 452—468 (1961).
ENZIE, W.D.: Evaluation guides in developing new vegetable varieties. Quick Frozen Foods **15**, Nr. 2, 59, 61, 129—130 (1952).
FENNEMA, O., and W.D. POWRIE: Fundamentals of low-temperature food preservation. Advanc. Food Res. **13**, 219—347 (1964).
FRANK, H.: Psychrotrophe Pilze und ihre Wirkung auf Lebensmittel unter besonderer Berücksichtigung der Gattung Penicillium. Milchwiss. **21**, 280—282 (1966).
GREVEN, D.: Zubereitung von tiefgefrorenem Gemüse. Ernährungs-Umsch. **14**, Nr. 1, Beilage Ernährungslehre und -praxis 3—4 (1967).

Grossklaus, D.: Hygiene und Bakteriologie tischfertiger Gefrierspeisen in der Gemeinschaftsverpflegung. Ernährungs-Umsch. **13**, 414—416 (1966).
Grünewald, Th., u. W. Klotz: Über den Einfluß der Vorbehandlung von Erbsenkörnern auf den Anzeigewert verschiedener Erbsenprüfgeräte. Industr. Obst- u. Gemüseverwert. **42**, 215—224 (1962).
Guadagni, D.G., and C.C. Nimmo: Time-temperature tolerance of frozen foods. XIII. Effect of regularly fluctuating temperatures in retail packages of frozen strawberries and raspberries. Food Technol. **12**, 306—310 (1958).
Guerrant, N.B., and R.A. Dutcher: Further observations concerning the relationship of temperature of blanching to ascorbic retention in green beans. Arch. Biochem. **18**, 353—359 (1948).
Gutschmidt, J. u. N. Wolodkewitsch: Über den Einfluß der Austrocknung auf die Qualität von gefrorenem Obst und Gemüse. Kältetechn. **2**, 49—55 (1950).
Hartzler, E.R., and N.B. Guerrant: Effect of blanching and of frozen storage of vegetables on ascorbic acid retention and on the concomitant activity of certain enzymes. Food Res. **17**, 15—23 (1952).
Haupt, H.G.: Tiefgefrorenes Gemüse und Obst. Industr. Obst- u. Gemüseverwert. **51**, 765—768 (1966).
Heiss, R.: Kritischer Vergleich der Gemüse-Blanchierverfahren. Dtsch. Lebensmittel-Rdsch. **45**, 57—63 (1949).
— Über die Vermeidung von Austrocknungsverlusten bei der Gefrierlagerung von Gemüse und Obst. Kältetechn. **3**, 248—252 (1951).
Herrlinger, F., u. F. Kiermeier: Inaktivierung und Regeneration der Peroxydase in wärmebehandelten Pflanzengeweben. Biochem. Z. **318**, 413—424 (1948).
Hofmann, E.: Plattengefrierschränke. Kälte **10**, 50—52 (1957).
Holfelder, E., u. K. Eid: Erfahrungen mit verschiedenen Obst- u. Gemüsesorten bei der Herstellung von Tiefgefrier-Erzeugnissen. Staatl. Lehr- u. Forschungsanstalt für Gartenbau Weihenstephan, Jahresbericht 1965/66, S. 69—96.
Iso-TC-35: Bericht 21. Sekretariat 14 beim Norges Standardiserings-forbund, Oslo, April 1954.
Jenkins, R.R., and F.A. Lee: Tenderometer readings as an index of quality of fresh asparagus. Food Res. **5**, 161—166 (1940).
— D.K. Tressler, J.C. Mayer and J.A. McIntosh: Storage of frozen vegetables. Vitamin C experiments. Refrig. Engin. **39**, 381—382 (1940).
Joslyn, M.A.: Enzyme activity in frozen vegetable tissue. Advanc. Enzymol. **9**, 613—652 (1949).
—, and W.V. Cruess: Freezing storage of fruits and vegetables for retail distribution in paraffin paper containers. Fruit Products J. **8**, Nr. 7, 9—12 and Nr. 8, 9—12 (1929).
—, and H.C. Diehl: Physiological aspects of low temperature preservation of plant products. Ann. Rev. Plant Physiol. **3**, 149—170 (1952).
Kiermeier, F.: Über die Enzymaktivität in gefrorenen Pflanzengeweben. Naturwiss. **39**, 323—325 (1952).
Köhler, O.: Untersuchungen zur Vereinheitlichung der Verpackungen für tiefgefrorenes Obst und Gemüse. Industr. Obst- u. Gemüseverwert. **49**, 79—84 (1964).
Lee, F.A.: The blanching process. Advanc. Food Res. **8**, 63—109 (1958).
—, and W.A. Gortner: Effect of freezing rate on vegetables. Refrig. Engin. **57**, 148—151, 184—187 (1949).
— — and J. Whitecombe: Effect of freezing rate on vegetables. Industr. Engin. Chem. **38**, 341—346 (1946).
— — The effect on freezing rate on fruits. Food Technol. **3**, 164—169 (1949).
—, and G.A. Johannesson: An objective method for measuring the effect of freezing rate on asparagus. Food Technol. **5**, 263—265 (1951).
—, A.C. Wagenknecht and J.C. Hening: A chemical study of the progressive development of off-flavor in frozen raw vegetables. Food Res. **20**, 289—297 (1955).
Lindquist, F.E., W.C. Dietrich, M.P. Masure and M.M. Boggs: Effect of enzyme inactivation on quality retention in frozen brussels sprouts. Food Technol. **5**, 198—199 (1951).
Lorentzen, G.F.: The freezer chain-problems and possibilities. J. Refrig. **6**, 76—85 (1963).
MacKinney, G.: Immersion freezing in liquid nitrous oxide. Food Industr. **18**, 667—669, 816 (1946).
—, and G.A. Weast: Color changes in green vegetables. Industr. Engin. Chem. **32**, 392—395 (1940).
Meadows, V.S.: Fluidized bed techniques in refrigeration. J. Refrig. **7**, 2—7 (1964).
Melnick, D., M. Hochberg and B.L. Oser: Comparative study of steam and hot water blanching. Food Res. **9**, 148—153 (1944).

MICHENER, H.D., and R.P. ELIOTT: Minimum growth temperatures for food-poisening, fecal-indicator, and psychrophilic microorganisms, Advanc. Food. Res. **13**, 349—396 (1964).
Mitteilungen aus dem Bundesgesundheitsamt: Gesundheitliche Beurteilung von Kunststoffen im Rahmen des Lebensmittelgesetzes. 1.—34. Mitt. Bundesgesundheitsblatt 3.—10. Jg. (1960 bis 1967).

NORTON, K.B., D.K. TRESSLER and L.D. FARKAS: The use of monosodium glutamate in frozen foods. Food Technol. **6**, 405—411 (1952).

PERRY, H., C.T. TOWNSEND, A.A. ANDERSEN and J.A. BERRY: Studies on Clostridium botulinum in frozen pack vegetables. Food Technol. **2**, 180—190 (1948).
PERSSON, P.-O., P. BORGHULT u. T. NILSSON: Technik und Wirtschaftlichkeit des Tiefgefrierens von Lebensmitteln. Kälte **17**, 190—196 (1965).
PINSENT, B.R.W.: Peroxidase regeneration and its effect on quality in frozen peas and thawed peas. J. Food Sci. **27**, 120—126 (1962).
PLANK, R.: Beiträge zur Berechnung und Bewertung der Gefriergeschwindigkeit von Lebensmitteln. Beih. Z. ges. Kälteind., Reihe 3, H. 10. Berlin: VDI-Verlag 1941. Vgl. auch R. PLANK (1960).
— Messung und Berechnung der Gefrierzeit verpackter Lebensmittel. Z. ges. Kälteindustr. **51**, 51—59 (1944).

RIEDEL, L.: Der Kältebedarf beim Gefrieren von Obst und Gemüse. Kältetechn. **2**, 195—202 (1950).

SANDERSON, jr., N.H.: The bacteriology and sanitation of quick frozen foods. Refrig. Engin. **42**, 228—232 (1941).
SCHALLER, A.: Über den Einfluß des Blanchierens auf den Vitamin-C-Gehalt von Tiefkühlspinat. Industr. Obst- u. Gemüseverwert. **42**, 59—64 (1957).
SCHMIDT-LORENZ, W.: Mikrobieller Verderb gefrorener Lebensmittel während der Gefrierlagerung. Kältetechn. **15**, 379—383 (1963).
SIDDIQI, A.M., and A.L. TAPPEL: Catalysis of linoleate oxidation by pea lipoxidase. Arch. Biochem. Biophys. **60**, 91—99 (1956).
SPLITTSTOESSER, O.F., W.P. WETTERGREEN and G.S. PEDERSON: Control of microorganisms during preparation of vegetables for freezing. I. Green beans. Food Technol. **15**, 329—334 (1961).
STILLE, B.: Untersuchungen über den Kältetod von Mikroorganismen. Arch. Mikrobiol. **14**, 554—587 (1950).

TRAUBERMAN, L.: Simple fluidizing freezer cuts costs, guards quality. Food Engin. **34**, Nr. 8, 46—49 (1962).
— Cryogenics, for which products? Food Engin. **38**, Nr. 12, 86—89 (1966).
TRESSLER, D.K.: Bacteria, enzymes, and vitamins-indices of quality in frozen vegetables. Refrig. Engin. **36**, 319—391 (1938).

VAN ARSDEL, W.B., and D.G. GUADAGNI: Time-temperature tolerance of frozen foods. XV. Method of using temperature histories to estimate changes in frozen food quality. Food Technol. **8**, 14—19 (1959).
VAN DEN BERGH, L.: Changes in pH of some frozen foods during storage. Food Technol. **15**, 434—437 (1961).
VOLZ, F.E., W.A. GORTNER and C.V. DELWICHE: The effect of desiccation on frozen vegetables. Food Technol. **3**, 307—313 (1949).

WALKER, G.C.: Color deterioration in frozen french beans. J. Food Sci. **29**, 383—388 (1964a).
— Color deterioration in frozen french beans. II. The effect of blanching. J. Food Sci. **29**, 389—392 (1964b).
WANG, J.Y.: A critique of the heat unit approach to plant response studies. Ecology **41**, 785—790 (1960). Ref. Ber. wiss. Biol. 167, 170 (1962).
WEBSTER, R.C., E.J. BENSON and W.H. LUCAS: Liquid nitrogen immersion freezing. Quick Frozen Foods **25**, Nr. 5 (Dec.), 35—37 (1962/63).
WHITE, A., and H.R. WHITE: Some aspects of the microbiology of frozen peas. J. appl. Bacterol. **25**, 62—71 (1962).
WHITFIELD, F.B., and J. SHRIPTON: Volatile carbonyls in stored unblanched frozen peas. J. Food Sci. **31**, 328—331 (1966).
WOLFORD, E.R., and M.S. BROWN: Liquid-nitrogen freezing of green beans. Food Technol. **19**, 1133—1135 (1965).
WOOD, P.F., C.S. DUNBAR, C.A. CARDY, E.V.M. WARDELL, C.F. STEVENSON and K.L. GIBBONS: The transportation of foods. Food Manufact. **33**, 35—57 (1964).
WOODROOF, J.G.: Microscopic studies of frozen fruits and vegetables. Geo. Expt. Sta. Bull. 201 (1938).
— Comparing methods of freezing fruits and vegetables. Refrig. Engin. **37**, 9—12 (1939).

ZORN, CH.: Zur Frage der Anwendung von Wärmesummen zur Erntezeitbestimmung der Erbsen. Industr. Obst- u. Gemüseverwert. **52**, 124—128 (1967).
ZSCHEILE, F.P., B.W. BEADLE and H.R. CRAYBILL: Carotene content of fresh and frozen vegetable. Food Res. **8**, 299—313 (1943).

Patente

BIRDSEYE, C., and B. HALL: Multiplate froster. U.S.P. 1905131 (1933).

B. Gemüse in Dosen und Gläsern

Von

Dr. P. NEHRING, Braunschweig

Mit 2 Abbildungen

1. Allgemeines

Von den Gemüsedauerwaren haben die durch Hitzesterilisation haltbar gemachten Gemüsekonserven in Dosen und Gläsern nach Mengen und Wert die bei weitem größte Bedeutung. Über die Produktion an Gemüsekonserven in der Bundesrepublik Deutschland und im EWG-Raum gibt Tab. 1 Auskunft.

Tabelle 1. *Produktion an Gemüsekonserven in der Bundesrepublik Deutschland und im EWG-Raum* (Quellen: Statistisches Bundesamt, EWG-Statistik)

	Deutschland	EWG
1960	229770 t	716954 t
1961	251101 t	771095 t
1962	286528 t	881444 t
1963	344110 t	1037221 t
1964	275075 t	981256 t

Die Aufgliederung der Produktion in der Bundesrepublik Deutschland nach den wichtigsten Erzeugnisgruppen gibt Tab. 2 wieder.

Tabelle 2. *Produktion an Gemüsekonserven in der Bundesrepublik Deutschland, aufgegliedert nach den wichtigsten Erzeugnisgruppen* (Quelle: Bundesverband der Obst- und Gemüseverwertungsindustrie) (berechnet in 1000 1/1 Dosen)

	1960	1961	1962	1963	1964
Spargel	4490	4658	3615	3524	4029
Erbsen	33366	44420	48005	48430	27703
Bohnen	59938	66243	61566	80657	77702
Gemüsemischungen	13357	16831	22427	25428	16695
große Bohnen	3322	6262	7335	7631	4008
ganze Karotten	3065	3142	4236	6660	6010
Karotten, geschnitten	8914	8660	14150	15876	8763

2. Grundlagen der Haltbarmachung durch Hitzesterilisation

Eine Haltbarmachung von Lebensmitteln ist durch Hitzeanwendung möglich, wenn es gelingt, die mikrobiellen Verderbniserreger abzutöten oder in ihrer Vermehrungsfähigkeit zu hemmen, die autolytisch wirksamen Enzyme zu denaturieren und durch hermetischen Verschluß der Behälter, in denen die Wärmebehandlung durchgeführt wird, eine Reinfektion des sterilisierten Gutes durch Mikroorganismen zu verhindern. Dieses Verfahren ist 1809 von dem französischen Koch N. APPERT entwickelt worden und hat insbesondere nach der Einführung der Weißblechdose durch P. DURAND (1810) rasch weltweite Verbreitung und Bedeutung gewonnen.

a) Verderbniserreger

Von den möglichen Verderbniserregern kohlenhydrathaltiger Lebensmittel, den Hefen, Schimmelarten und Bakterien, kommt bei Gemüse im Hinblick auf die Haltbarmachung nur den Bakterien Bedeutung zu. Für das Wachstum von Hefen ist der Gehalt an vergärbaren Kohlenhydraten in Gemüse- und Gemüseerzeugnissen im allgemeinen zu gering, außerdem werden Hefen schon bei Temperaturen unter 80°C mit Sicherheit abgetötet. Die Lebenstätigkeit von Schimmelpilzen ist an eine ausreichende Sauerstoffzufuhr gebunden. Diese ist in Dosen und Gläsern, in welchen Gemüsekonserven hergestellt werden, nicht gegeben. Unter den Bakterien sind die für die Hitzesterilisation wichtigsten die Gattung Bacillus, die sich durch die Bildung hitzeresistenter Sporen auszeichnet. Diese Arten von Mikroorganismen kommen als Erd- und Wasserbakterien auf Gemüse allgemein vor.

Die Hitzeresistenz der Bacillen-Sporen und deren Vermehrungsmöglichkeiten sind jedoch entscheidend vom pH-Wert des Nährsubstrates abhängig. Bei pH $< 4{,}5$ sind die Entwicklungsmöglichkeiten der Sporenbildner begrenzt. Die Sporen weisen im sauren Medium eine wesentlich verminderte Hitzeresistenz auf und vermögen unter diesen Milieubedingungen meist nicht in die vegetativen Stadien überzugehen.

Man unterscheidet deshalb in Bezug auf die anzuwendenden Sterilisationsbedingungen (E.J. CAMERON u. J.R. ESTY 1940)

nicht saure Lebensmittel	pH $> 5{,}0$	z. B. Gemüse wie Spargel, Erbsen, Bohnen usw.
schwach saure Lebensmittel	pH $< 5{,}0 > 4{,}5$	z. B. Gemüse wie Karotten, einige Tomatenerzeugnisse
saure Lebensmittel	pH $< 4{,}5 > 3{,}7$	z. B. Sauerkraut, Tomatenerzeugnisse
stark saure Lebensmittel	pH $< 3{,}7$	z. B. Obstkonserven, Essiggemüse

α) Nicht saure und schwach saure Lebensmittel

Für diese Gruppe von Lebensmitteln, zu denen die wichtigsten Gemüsearten, aber auch Fleisch, Milch, Fisch, Crustaceen usw. gehören, kommen als Verderbniserreger, die für die anzuwendenden Sterilisationsbedingungen von Bedeutung sind, hauptsächlich die anaeroben, aber auch aerobe Sporenbildner in Betracht.

Aerobe Sporenbildner können in kohlenhydrathaltigen Gemüsearten Säuerung ohne Gasbildung hervorrufen (Flat-sour-Verderbnis). Die aeroben Sporenbildner kommen als Erd- und Wasserbakterien praktisch auf jeder Gemüserohware, die zur Sterilisation gelangt, vor. Die optimalen Wachstumstemperaturen dieser Gruppe liegen im allgemeinen im Bereich von 28—40°C (mesophile); einzelne Stämme sind fakultativ thermophil, sie entwickeln sich sowohl bei 37° als auch bei 55°, andere sind obligat thermophil und entwickeln sich nur bei 55°. Soweit es sich um strikt aerobe Arten handelt, sind sie als Verderbniserreger für Konserven von geringer Bedeutung, weil der Sauerstoffgehalt im Dosen- oder Gläserinneren nicht ausreicht, um Vermehrungsmöglichkeiten zu schaffen. Einzelne Arten dieser Gruppe sind jedoch fakultativ anaerob und werden auch durch Vakuum nicht an der Vermehrung gehindert. Vor allem die thermophilen Arten bilden Sporen mit hoher Hitzeresistenz, die 5—84 min bei 115° (in Einzelfällen auch länger) zu überleben vermögen.

Der wichtigste Erreger von Flat-sour-Verderbnis bei Konserven ist *Bac. circulans* (R. JORDAN 1890). Dieser ist mit *Bac. coagulans* (*thermoacidurans*) identisch. Ein thermophiler Stamm des gleichen Bacillus ist *Bac. stearothermophilus*. Dieser Bacillus tritt in Form begeißelter Mittel- und Langstäbchen mit endständigen

Sporen auf. Der Nachweis gelingt z. B. durch Säuerung von Glucose-Nährbrühe unter Bebrütung bei 37° bzw. für thermophile Stämme bei 55°C. Diese Gruppe der Verderbniserreger ruft wegen ihrer Neigung zur Thermophilie bei normalen Lagerungsbedingungen in europäischem Klima (etwa 20°C) Verderbniserscheinungen im allgemeinen erst nach mehreren Wochen oder Monaten hervor. Bei Versand in tropisches Klima ist dagegen auch mit früheren Ausfällen durch Flat-sour-Verderbnis zu rechnen. Der pH-Endwert flat-sour-verdorbener Lebensmittel liegt im allgemeinen bei pH 4,7—5,0. Verderbnisgefährdet sind alle nicht sauren Arten von Gemüsekonserven, besonders Spargel und Erbsen.

Verderbnis kohlenhydrathaltiger Lebensmittel durch aerobe Sporenbildner unter Gasbildung, also unter Auftreibung der Dosen zu Bombagen bei gleichzeitiger Säuerung rufen z. B. *Bac. macerans* und *Bac. polymyxa* hervor. Ihr Vorkommen wird in allen Arten von Gemüsekonserven beobachtet. Bei Roten Beeten kann durch *Bac. macerans* eine bakteriell bedingte Schwarzverfärbung auftreten; *Bac. macerans* ist identisch mit *Bac. betanigrificans* (N. R. SMITH u. Mitarb. 1952).

Auch anaerobe Sporenbildner kommen meist als Erdbakterien vor und finden sich deshalb bei allen Gemüsearten, aber auch z. B. in der Milch und anderen Lebensmitteln. Sie werden im deutschen Schrifttum häufig der Gattung *Bacillus* zugerechnet, während sie im englischen Schrifttum allgemein unter dem besonderen Gattungsnamen *Clostridium* zusammengefaßt werden. Die praktische Bedeutung der thermophilen Arten der anaeroben Sporenbildner unter europäischen Klimabedingungen ist gering, weil ihr Wachstum unter normalen Lagerungsbedingungen stark gehemmt ist. Lediglich in wärmeren Klimaten (über 35°C) werden durch thermophile Anaerobier relativ oft Ausfälle hervorgerufen. Der häufigste Verderbniserreger dieser Gruppe ist *Cl. thermosaccharolyticum*, eine in Deutschland selten beobachtete Art.

Dunkelverfärbung des Füllgutes wird durch Schwefelwasserstoffbildung ohne Bombage von dem thermophilen *Cl. nigrificans* hervorgerufen.

Die mesophilen Arten der anaeroben Sporenbildner mit einer optimalen Wachstumstemperatur von 37° spielen im gemäßigten Klima eine bedeutsame Rolle als Verderbniserreger. Diese Arten entwickeln sich z. T. auch bei 20°C und tiefer. In diese Gruppe gehört *Cl. botulinum*, das wegen der Bildung eines hoch giftigen Toxins (Botulinus-Toxin) als Lebensmittelvergifter von besonderer Bedeutung ist. *Cl. botulinum* bildet sehr hitzeresistente Sporen. Es ist der in bezug auf Hitzeresistenz am besten untersuchte Mikroorganismus. Die Sicherheit von Sterilisationsbedingungen, die zur Haltbarmachung von Lebensmitteln durch Hitzesterilisation angewendet werden, wird deshalb meist auf die Überlebenswahrscheinlichkeit der Sporen von *Cl. botulinum* bezogen. Die Sporen von *Cl. botulinum* keimen nur in Lebensmitteln mit pH $>$ 4,5 aus. Der Verderb äußert sich durch Gasbildung und käsigen Fremdgeruch, der jedoch sehr schwach sein kann. Eine Säuerung tritt nicht ein. Wegen der relativ geringfügigen Veränderungen, die *Cl. botulinum* an Lebensmitteln hervorruft, und der lebensgefährlichen Giftigkeit seines Toxins ist von der organoleptischen Prüfung von Konserven, die äußerlich Bombageerscheinungen aufweisen, ohne vorherige genaue bakteriologische Untersuchung dringend abzuraten.

Zu den anaeroben mesophilen Sporenbildnern gehören ferner *Cl. perfringens (Welchii)*, *Cl. pasteurianum* (*butyricum*). Diese finden sich manchmal in bombierten Gemüsekonserven, sie haben hauptsächlich saccharolytische Eigenschaften und rufen Verderb unter Gas- und Säurebildung (*Cl. pasteurianum:* Buttersäure) hervor. Relativ häufig werden in untersterilisierten Konserven von schwach sauren und nicht sauren Lebensmitteln Fäulniserreger (putrifizierende Bakterien) gefunden, die ebenfalls zu den mesophilen Anaerobiern gehören. Diese haben hauptsächlich proteolytische Eigenschaften und zersetzen die Lebensmittel unter Bildung von viel Gas und faulig riechenden Substanzen, wie Indol, Skatol u. ähnl. Diese Stoffwechselprodukte sind wegen ihres starken Geruches leicht zu erkennen. In diese Gruppe gehören *Cl. sporogenes* und das wahrscheinlich synonyme *Cl. putrificiens*. Einzelne Stämme bilden sehr hitzeresistente Sporen, deren Hitzebeständigkeit wesentlich größer ist als die der Sporen von *Cl. botulinum*. Solche Stämme, die z. B. eine Hitzeresistenz von 18 min bei 115 ° aufweisen, werden vielfach zum Beimpfen der Füllgüter bei Sterilisationsversuchen angewendet.

β) Saure Lebensmittel

Wegen der im sauren Medium, pH $< 4{,}5$, erheblich verminderten Hitzeresistenz der Verderbserreger und ihrer Unfähigkeit, in diesem Milieu auszukeimen, wird Verderb durch Untersterilisation nur von relativ wenigen Arten hervorgerufen. Anaerobier kommen im allgemeinen nicht in Betracht. Ein saccharolytisch wirksamer anaerober Sporenbildner vom Typ *Cl. pasteurianum* wurde in Tomatenprodukten beobachtet (C. T. Townsend 1939) und war noch bei pH 3,55 vermehrungsfähig. Häufiger werden Aerobier gefunden, die auch bei tiefem pH-Wert noch lebensfähig sind. So keimen die Sporen von *Bac. circulans* (*coagulans, thermoacidurans* vgl. oben) noch bei pH 4,2 aus. *Bac. macerans* und *Bac. polymyxa* konnten noch bei pH 3,8—4,0 nachgewiesen werden. Solche im sauren Milieu noch aufkommenden Sporenbildner finden sich hauptsächlich in Tomatenprodukten, in den weniger sauren Obstarten (z. B. Birnen) sowie vereinzelt auch in Essiggemüse.

In sauren Füllgütern kommen neben den Sporenbildnern auch nicht sporenbildende Bakterien vor. Dabei handelt es sich meist um grampositive Milchsäurebildner (z. B. *Leuconostoc*) und Beta-Bakterien, die unter sauerstoffarmen Bedingungen zur Vermehrung gelangen und als Bakterienflora bei der natürlichen Säuerung von Gemüse, z. B. bei der Sauerkrautherstellung, eine Rolle spielen.

b) Autolytisch wirksame Enzyme

Autolytisch wirksame Enzyme werden unter den Bedingungen, die bei der Abtötung der mikrobiellen Verderbniserreger in Gemüseprodukten vorliegen, im allgemeinen mit Sicherheit unwirksam gemacht. Lediglich in einigen sauren Füllgütern, wie Gurken- und Tomatenerzeugnissen, die bei Temperaturen unter 100° pasteurisiert werden, ist in Einzelfällen auch nach der Erhitzung Enzymaktivität beobachtet worden. Auch die modernen Methoden der Hoch-Kurz-Sterilisation können gegebenenfalls wegen der geringeren Steigung der Temperatur-Zeit-Kurve der Enzyminaktivierung im Vergleich zur Temperatur-Todeszeitkurve der abzutötenden Verderbniserreger (vgl. S. 400) zu Restenzymaktivität in mikrobiell haltbaren, nicht-sauren Gemüsekonserven Veranlassung geben (D. F. Farkas u. Mitarb. 1956; R. B. Guyer u. J. W. Holmquist 1954). Diese Ausnahmefälle sind jedoch von geringer praktischer Bedeutung und stellen für die Haltbarmachung durch Hitzesterilisation kein allgemeines Problem dar.

Der bekannteste Fall von Restenzymaktivität ist das Vorkommen von Pektinasen in Gurkenkonserven, die das Weichwerden des Zellgewebes verursachen (W. B. Esselen u. E. E. Anderson 1954), auch Farb- und Geschmacksveränderungen in Gurken werden auf enzymatische Vorgänge nach der Sterilisation zurückgeführt (W. B. Esselen u. Mitarb. 1951). Häufiger beobachtete enzymatische Veränderungen nach der Sterilisation sind die Abnahme der Trubstabilität in Tomatensäften (R. J. McColloch u. Z. J. Kertesz 1948) und die Konsistenzveränderungen an anderen Tomatenerzeugnissen, die mit einem enzymatischen Abbau von Pektinstoffen in Zusammenhang gebracht werden. Man nimmt an, daß es sich um ein Zusammenwirken einer Pektinmethylesterase (Pektase) und eine Pektinsäuredepolymerase (Polygalacturonidase) handelt.

c) Einwirkung von Hitze auf Mikroorganismen

Der Mechanismus der Hitzeeinwirkung auf Mikroorganismen ist im einzelnen bisher nicht geklärt. Wenn man die Abtötung als eine Beendigung der Vermehrungsfähigkeit definiert, kann man feststellen, daß dieser Punkt bei allen Schimmel- und Hefearten sowie bei den vegetativen Stadien der Bakterien bei Temperaturen unter 100° erreicht wird und daß nur die Bacillensporen die Einwirkung höherer Temperaturen zu überdauern vermögen.

In jedem Falle bedarf es der Temperatureinwirkung für eine bestimmte Zeitdauer, um den Abtötungseffekt hervorzurufen. Über den eigentlichen Abtötungsvorgang gibt es zwei Theorien: Entweder handelt es sich um eine Inaktivierung von Enzymsystemen, die für den Stoffwechsel der Mikroorganismen maßgebend sind. Dann muß man unterstellen, daß hitzestabile Enzyme in den Sporen enthalten sind (dafür sprechen z. B. die Befunde von N. L. Lawrence u. H. O. Halvorson 1954) oder daß es sich im wesentlichen um eine Coagulation des Zellproteins, im besonderen eines Gens, das die Zellteilung hervorruft, handelt (O. Rahn 1945). Für die zweite Theorie sprechen insbesondere die Einflüsse, die verschiedene Inhaltsstoffe in den Erhitzungsmedien auf die Hitzeresistenz von Bacillensporen haben. So setzen z. B. Säuren und Alkali sowie Neutralsalze die Hitzeresistenz herab, während Fett die Hitzeresistenz erhöht. Die Faktoren, die zu einer Verminderung der Hitzeresistenz führen, beschleunigen gleichzeitig die Eiweißcoagulation, während Lipide die Hydrolyse von Peptidbindungen hemmen. Die im Vergleich zu den vegetativen Stadien erheblich höhere Hitzeresistenz von Bakteriensporen führt man auf einen höheren Gehalt an Dipicolinsäure in den Sporen zurück (H. W. Walker u. Mitarb. 1961). Wahrscheinlich hängt die Hitzeabtötung von verschiedenen Faktoren ab und verläuft nicht nach einem einheitlichen Mechanismus.

α) Absterbeordnung der Mikroorganismen

Für die Bestimmung und Bewertung von Sterilisationsbedingungen ist die vielfach getroffene Feststellung von Bedeutung, daß die Abtötung der Mikroorganismen im Sinne der Kinetik einer Reaktion 1. Ordnung verläuft, daß also in der Zeiteinheit jeweils der gleiche Prozentsatz der noch überlebenden Mikroorganismen abgetötet wird. Es gibt zwar auch Hinweise dafür, daß die Abtötung nicht in logarithmischer Ordnung verläuft (J.M. Reed u. Mitarb. 1951), man geht jedoch allgemein bei der Beschreibung der Hitzesterilisation davon aus, daß der Abtötung der Mikroorganismen eine logarithmische Gesetzmäßigkeit zugrunde liegt und stellt im halblogarithmischen Koordinatensystem die Abtötungsraten als Gerade dar (vgl. Abb. 1).

Die logarithmische Absterbeordnung kann entweder darauf zurückgeführt werden, daß jeweils nur ein Molekül innerhalb der Zelle eines Mikroorganismus verändert werden muß, um die Vermehrungsfähigkeit aufzuheben, es kann aber auch die Quantennatur der Hitzeeinwirkung in solcher Gesetzmäßigkeit zum Ausdruck kommen, oder sie ist ein Zeichen für die statistische Verteilung unterschiedlicher Resistenzeigenschaften innerhalb der Population der jeweils hitzebehandelten Mikroorganismen. In jedem Falle ist sie eine Folge der statistischen Verteilung der Treffer- bzw. Überlebenswahrscheinlichkeit.

Für die Praxis ist wesentlich, daß bei Anwendung einer bestimmten Sterilisationstemperatur die Zahl der überlebenden Mikroorganismen niemals, auch nicht bei langen Einwirkungszeiten auf Null herabgesetzt werden kann, sondern, daß immer ein endlicher Bruchteil verbleibt, der ein Ausdruck für die Überlebenswahrscheinlichkeit eines Mikroorganismus in einer endlichen Zahl von Behältern ist. Die Angabe einer Temperatur-Zeitbedingung für die Abtötung von Bakterien bezieht sich deshalb niemals auf die absolute Beseitigung aller Überlebenschancen, sondern nur auf die Herabsetzung der ursprünglich vorhandenen Zahl um einen bestimmten Faktor. Dieser Faktor wird allgemein in einer Größenordnung 10^{11} bis 10^{12} zugrunde gelegt. Es bedeutet also z. B. die Angabe der Hitzeresistenz der Sporen von *Cl. botulinum* 2,4 min bei 121° in n-Phosphatpuffer (pH 7,0), daß unter diesen Temperatur-Zeitbedingungen im angegebenen Medium eine Ausgangszahl von 10^7 Sporen je Behältnis auf eine Überlebenswahrscheinlichkeit von 10^{-5}, also 1 Spore in 10^5 Behältnissen, herabgesetzt wird.

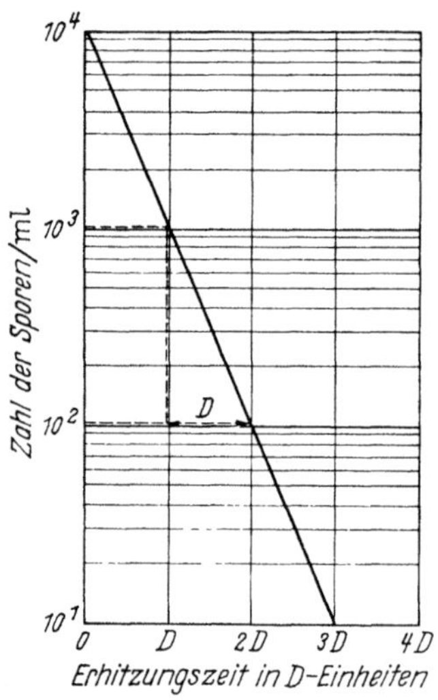

Abb. 1. Abnahme der Sporenkonzentration bei konstanter Temperatur in Abhängigkeit von der Erhitzungsdauer in D-Einheiten (Minuten zur Verringerung um eine Zehnerpotenz) (nach H. CHEFTEL 1963)

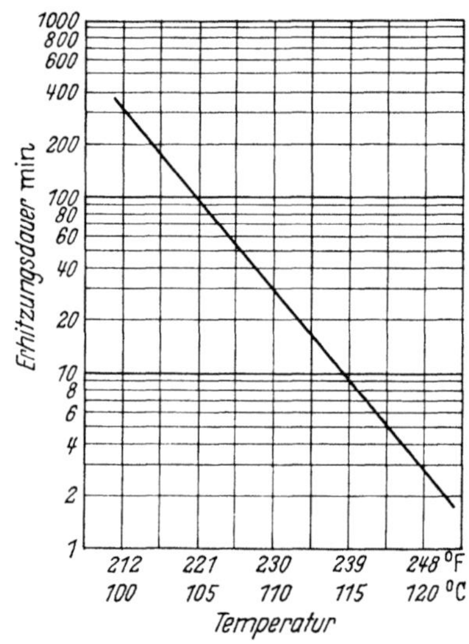

Abb. 2. Hitzeabtötung der Sporen von *Cl. botulinum* in Phosphat-Puffer (pH 7) (nach H. CHEFTEL 1963)

Die Temperatur-Todeszeitbedingung, um durch Hitzebehandlung zu einer vorgegebenen Überlebenswahrscheinlichkeit zu kommen, ist also von der Zahl der ursprünglich vorhandenen Individuen abhängig. Maßgebend wird sie außerdem beeinflußt durch die Hitzeresistenz des betreffenden Mikroorganismus, die von Art zu Art unterschiedlich und außerdem von verschiedenen Milieubedingungen wesentlich abhängig ist.

Der wichtigste und am häufigsten untersuchte Einfluß ist der bereits erwähnte pH-Wert des Erhitzungsmediums. Allgemein steigt die Hitzeresistenz mit zunehmendem pH bis etwa zum Neutralpunkt. Über die Auswirkung von pH-Änderungen im Bereich von pH 5—7 liegen unterschiedliche Ergebnisse vor (J. R. ESTY u. K. F. MEYER 1922), z. T. ist eine Korrelation festgestellt, andere Befunde sprechen gegen eine Abhängigkeit in diesem Bereich. Als gesichert kann gelten, daß die Sporen von *Cl. botulinum* im Bereich pH 6,3—6,8 maximale Resistenz aufweisen und daß bei pH $< 4,9$ ein scharfer Abfall der Resistenzeigenschaften erfolgt.

Kochsalz in Konzentrationen $> 3\,\%$ setzt die Hitzeresistenz deutlich herab, der Einfluß kleinerer Konzentrationen ist gering und nicht eindeutig. Zucker, Eiweiß und Fett bieten offenbar einen Schutz gegen den Hitzeeinfluß und erhöhen die Hitzeresistenz; Stoffe mit bakterieider Wirkung setzen die Hitzeresistenz herab, z. B. das Allylsenföl aus Zwiebeln und Knoblauch, ätherische Öle aus Gewürzen und alle chemischen Konservierungsstoffe und Antibiotica.

Aussagen über die Hitzeresistenz von Bacillensporen sind außer von der Zusammensetzung des Erhitzungsmediums, der Anzahl der abzutötenden Sporen und dem möglichen Vorkommen von Sporenklumpen in den Suspensionen der Testorganismen, auch von dem Alter der Sporen, den Bedingungen, unter denen die Sporenbildung erfolgt, und von der Art des Nährbodens, mit dem die überlebenden Individuen nachgewiesen werden, abhängig.

Für theoretische Überlegungen zur Bestimmung von Sterilisationszeiten können im allgemeinen als Standard die von J.R. ESTY u. K.F. MEYER (1922) ermittelten Temperatur-Todeszeitbedingungen für die Sporen von *Cl. botulinum* in Phosphatpuffer pH 7,0 zugrunde gelegt werden.

Diese sind	100 °C	330 min	115 °C	10 min
	105 °C	100 min	120 °C	4 min
	110 °C	32 min		

Andere Arten können höhere Resistenzwerte aufweisen, z. B. ein thermophiler Stamm der Flat-sour-Erreger (C.C. WILLIAMS u. Mitarb. 1937)

110 °C	300 min	120 °C	35 min.
115 °C	110 min		

Es ist üblich, die Temperatur-Todeszeitbedingungen im halblogarithmischen Koordinatensystem darzustellen und die Zeit in Minuten logarithmisch aufzutragen. Es ergeben sich dann Geraden, deren Steigung durch den z-Wert oder den $Q_{10}°$-Wert beschrieben werden; z ist definiert als die °C oder °F, um die die Sterilisationstemperatur zu erhöhen (erniedrigen) ist, wenn die Sterilisationszeit in Minuten um eine Zehnerpotenz erniedrigt (erhöht) werden muß. $Q_{10}°$ ist definiert als der Faktor, um den die Zeit in Minuten bei einer Erniedrigung der Sterilisationstemperatur um 10 °C erhöht werden muß. Für die Sporen von *Cl. botulinum* unter den von J.R. ESTY u. K.F. MEYER (1922) angewendeten Bedingungen ist $z = 10$ [°C] (bzw. 18 [°F]) und $Q_{10} = 10$ [min] (vgl. Abb. 2).

β) Wärmedurchgang

Für die Bestimmung von Sterilisationsbedingungen ist im allgemeinen der Temperaturverlauf in dem Teil des Dosen- oder Gläserinhaltes von Bedeutung, der am langsamsten erhitzt wird. Dieser Punkt liegt wegen der schlechteren Wärmeleitung des Leerraumes im Kopfraum der Behälter bei Standkochung ohne Bewegung während der Sterilisation meist etwas über dem stereometrischen Zentrum der Behälter. Die Geschwindigkeit des Temperaturanstieges an diesem Punkt hängt von folgenden Parametern ab: Konsistenz des Füllgutes und dadurch bedingter Mechanismus des Wärmedurchganges (durch Konvektion oder Wärmeleitung), Größe und Abmessungen des Konservenbehälters, Unterschied von Füll- und Autoklaventemperatur, Wärmeleitvermögen des Behältermaterials, spezifische Wärme des Füllgutes, Bewegung der Behälter während der Sterilisation. Wegen der Vielzahl der Einflüsse ist eine theoretische Vorausberechnung meist nicht möglich. Es ist zweckmäßig, den Temperaturverlauf durch Messung mit geeigneten Geräten, z. B. Thermoelementen, die in die Dosen oder Gläser eingeführt werden, zu ermitteln (S.A. GOLDBLITH u. Mitarb. 1961; C.O. BALL u. F.C.W. OLSON 1957).

γ) Sterilisationsbedingungen

Die Kenntnis des Temperaturverlaufes im Kern der gefüllten Dosen oder Gläser und der Hitzeresistenz der abzutötenden Mikroorganismen ermöglicht unter zusätzlichen geeigneten Annahmen über Art und Anzahl der auf der Rohware tatsächlich vorliegenden Verderbniserreger und über deren thermisches Verhalten in dem betreffenden Lebensmittel eine theoretische Vorausberechnung und vergleichsweise Bewertung der anzuwendenden Sterilisationsbedingungen. Es sind zahlreiche Verfahren vorgeschlagen und angewendet worden (W. D. BIGELOW u. Mitarb. 1920; C. O. BALL 1923; O. T. SCHULTZ u. F. C. W. OLSON 1940; L. RIEDEL 1947; C. R. STUMBO 1949; T. G. GILLESPY 1951; E. W. HICKS 1951; M. PATASHNIK 1953; F. JAKOBSEN 1954).

Diese Verfahren beruhen sämtlich auf einer Bestimmung des Temperatur-Zeit-Integrals der Erhitzungs- und Abkühlungskurve im Doseninneren. Der rechnerisch oder graphisch ermittelte Wert wird zu den bekannten Daten über die Hitzeresistenz der Mikroorganismen in Beziehung gesetzt. Üblich ist die Angabe von F-Werten für einen Sterilisationsprozeß, wobei F so definiert ist, daß es die Zahl der Minuten bei 121° angibt, die der Sterilisationszeit bei der angewendeten Temperatur in ihrem Abtötungseffekt äquivalent ist. Es wird dabei im allgemeinen Bezug genommen auf die Daten über die Hitzeresistenz der Sporen von *Cl. botulinum*, also Q_{10}°C = 10 bzw. z = 10.

Es entspricht dann 1 min 121°: F = 1
1 min 111°: F = 0,1
1 min 131°: F = 10.

Das einfachste, allerdings relativ ungenaue Verfahren zur Bestimmung des F-Wertes eines Sterilisationsprozesses in seiner Gesamtheit ist die Zuordnung des jeweiligen F-Wertes zu den im Zeitabstand von 1 min ermittelten Kerntemperaturmeßwerten und Summation dieser Werte. Der Summationswert wird vielfach als Letalwert des Sterilisationsprozesses bezeichnet. Zur Abtötung der Sporen von *Cl. botulinum* sind Sterilisationsbedingungen mit F = 2,4 notwendig. Für die Herstellung von Gemüsekonserven ist es üblich, mit einer Sicherheitsspanne zu arbeiten und F $\leqq$ 4, bei Füllgütern von Gemüse mit Fleisch F $\leqq$ 7 anzuwenden. Diese Sicherheitsspanne ist notwendig und ausreichend, da unter praktischen Verhältnissen im allgemeinen nicht mit einer Herabsetzung der Sporenzahlen um den Faktor 10^{12} (vgl. S. 400) gerechnet werden muß, andererseits aber, wie oben gezeigt wurde, Sporen vorkommen, die eine höhere Hitzeresistenz aufweisen als *Cl. botulinum*. Nähere Einzelheiten und detaillierte theoretische Überlegungen finden sich zusammengefaßt dargestellt bei C. O. BALL u. F. C. W. OLSON (1957), C. R. STUMBO (1949), A. C. HERSOM u. E. D. HULLAND (1963); H. CHEFTEL (1963), (1967); T. G. GILLESPY (1962); C. R. STUMBO (1965). Zur Herstellung von Gemüsekonserven praktisch angewendete Sterilisationsbedingungen finden sich bei P. NEHRING u. H. KRAUSE (1963).

d) Einwirkung der Hitzesterilisation auf Inhaltsstoffe

Die zur Abtötung der Verderbniserreger angewendete Hitzebehandlung hat unvermeidbare Auswirkungen auf die organoleptischen und ernährungsphysiologischen Eigenschaften der Füllgüter. Bei der Festlegung von Sterilisationsbedingungen sind deshalb die Forderungen nach ausreichender Sterilisationssicherheit und optimaler Erhaltung der qualitativen Eigenschaften des betreffenden Lebensmittels aufeinander abzustimmen.

Bei Gemüsekonserven sind die wichtigsten Veränderungen, die durch den Wärmeeinfluß während der Sterilisation auftreten, die folgenden:

α) Organoleptische Eigenschaften

Die Veränderungen, die während der Hitzesterilisation in bezug auf Konsistenz, Farbe und Geschmack auftreten, sind vergleichbar denen des normalen

Kochvorganges bei der küchenmäßigen Zubereitung. Es tritt eine Erweichung und Lockerung des Zellgewebes durch hydrolytische Spaltung der Pektinlamellen ein (T. E. WEIER u. C. R. STOCKUNG 1949), sofern die Erhitzung in Wasser mit geringer Härte erfolgt, ist der Erweichungseffekt z. T. auf eine Herauslösung von Calcium- und Magnesiumionen aus dem Zellgewebe zu erklären. Alkali, Phosphate und Natriumhydrogencarbonat in der Aufgußflüssigkeit verstärken den Erweichungseffekt, Calcium- und Magnesiumionen vermindern ihn. In grünen Gemüsen tritt eine Verfärbung des Chlorophylls ein, die auf einer Abspaltung des Magnesiums als Zentralatom und der Bildung des gelb-bräunlich gefärbten Phäophytins beruht (K. HEINTZE 1957). Der Chlorophyll-Abbau ist pH-abhängig, er nimmt mit abnehmendem pH-Wert zu. Die durch den Hitzeeinfluß auftretenden geschmacklichen Veränderungen sind bisher nur wenig untersucht, sie lassen sich durch hydrolytische Spaltungen von Inhaltsstoffen, Kondensationsreaktionen vom Maillard-Typ und dem Verlust flüchtiger Aromastoffe erklären.

β) Ernährungsphysiologische Eigenschaften

Durch die Aufgußflüssigkeit, in der man die Sterilisation durchführt, werden wasserlösliche Inhaltsstoffe aus dem pflanzlichen Zellgewebe herausgelöst und verteilen sich auf den Gesamtdosen- oder Gläserinhalt. Man kann entsprechend dem Gewichtsverhältnis Füllgut zu Aufgußflüssigkeit im allgemeinen damit rechnen, daß $^2/_3$ der wasserlöslichen Bestandteile im festen Füllgut verbleiben.

Die Einflüsse der Sterilisation auf den Nährwert des Eiweißes sind bei Gemüsekonserven gering. In der Aminosäurezusammensetzung sind signifikante Unterschiede zwischen Konserven und haushaltsmäßigen Zubereitungen nicht festgestellt worden (R. G. CHITRE u. Mitarb. 1950). Reaktionen vom Maillard-Typ sind bei Gemüse von untergeordneter Bedeutung (H. D. CREMER 1958). Die Verdaulichkeit des Eiweißes in sterilisierten Erbsen ist erhöht, außerdem wird ein tryptischer Inhibitor durch die Sterilisation unwirksam gemacht (K. HEINTZE 1950).

Über den Nährwert, insbesondere den Vitamingehalt von Gemüsekonserven, liegt eine umfangreiche Literatur vor. Hingewiesen sei z. B. auf die zusammenfassenden Darstellungen von G. LUNDE (1940), R. S. HARRIS u. H. VON LOESECKE (1960), E. J. CAMERON u. J. R. ESTY (1950), P. NEHRING (1954), Institut Belge pour l'Alimentation et la Nutrition (1955), R. CULTRERA (1960), H. CHEFTEL (1951). In diesen Büchern ist auch die Frage des Einflusses der verschiedenen Verfahrensstufen der Herstellung von Gemüsekonserven auf die einzelnen Vitamine ausführlich behandelt. Im einzelnen hat L. CLIFCORN (1948) auf die verschiedenen Faktoren, die den Vitamingehalt vor allem bei Gemüse- und Obstkonserven beeinflussen, hingewiesen; den Einfluß der Hitzebehandlung auf den Nährwert von Eiweiß haben E. E. RICE u. J. F. BEUK (1953) zusammenfassend dargestellt. Über Ascorbinsäureverluste, die bei der Zubereitung und Verarbeitung von Lebensmitteln entstehen, hat R. ZACHARIAS (1965) ausführlich berichtet. Wegen der Vielzahl der Faktoren, die sich auf den Vitamingehalt der verschiedenen Gemüse in den einzelnen Verarbeitungsstufen auswirken, muß hier auf eine ins einzelne gehende Darstellung verzichtet und auf die oben angegebene Literatur verwiesen werden. Wegen der sehr großen Schwankungen der Ausgangswerte in der Rohware, die abhängig sind von Sorten, Wachstumsbedingungen, Reifegrad, Erntebedingungen, Transport usw., sind naturgemäß allgemeine Angaben über den absoluten Gehalt der einzelnen Vitamine in Konserven nur mit äußerstem Vorbehalt zu machen. Auch die durch technologische Gegebenheiten bedingten Verluste durch Blanchieren, Oxydation beim Zerkleinern, bei der Abfüllung oder infolge des Restsauerstoffgehaltes in den Behältern oder bei Anwesenheit von Oxydationskatalysatoren usw. sind besonders bei oxydationsempfindlichen Vitaminen, wie

Ascorbinsäure, naturgemäß sehr unterschiedlich, so daß auf verallgemeinernde Angaben hier ebenfalls verzichtet und auf die oben zitierte ausführliche Bibliographie verwiesen werden muß.

Von den Vitaminen wird im wesentlichen nur das Vitamin B_1 durch den Hitzeeinfluß abgebaut. Die Kinetik dieses Abbaus ist sehr sorgfältig untersucht worden (K. T. H. FARRER 1955). Man kann bei den üblichen Sterilisationsbedingungen mit Verlusten von etwa 40% rechnen. Wegen der geringeren Steigung der Abbaugeraden ($Q_{10}° = 2$—3), im Vergleich zur Temperatur-Todeszeitkurve für die Sporen von *Cl. botulinum* lassen sich durch Hochtemperatur-Kurzzeitsterilisationen die Vitamin B_1-Verluste verringern. Allgemein liegen die durch die Sterilisation hervorgerufenen Vitamin B_1-Verluste im Hinblick auf den ohnehin relativ geringen Vitamin B_1-Gehalt der wichtigsten Gemüsearten in einer Größenordnung, die für die Bedarfsdeckung keine entscheidende Bedeutung hat (E. PEPPLER u. Mitarb. 1964).

Beim Blanchieren von Gemüse sind je nach Gemüseart und dem angewandten Verfahren Verluste an Vitamin C von 15—50%, im wesentlichen durch Auslaugung, möglich. Sie sind beim Dampfblanchieren geringer. Verluste beim Sterilisieren hängen vom Restsauerstoffgehalt, also von dem vorhandenen Vakuum in den Dosen oder Gläsern ab. Außerdem wirkt sich der pH-Wert der Erzeugnisse aus. Vitamin C ist in saurer Lösung bei Luftabschluß stabil, die Verluste beim Sterilisieren daher gering.

e) Haltbarkeitsdauer und Veränderungen während der Lagerung

Die Haltbarkeit ausreichend sterilisierter Gemüsekonserven und Vollkonserven im allgemeinen ist im Hinblick auf mikrobielle Verderbnisursachen praktisch unbegrenzt. Beeinträchtigung der Genußtauglichkeit tritt erst nach mehrjähriger Lagerung ein, wenn durch Korrosion des Behältermaterials oder durch abiotische Veränderungen im Füllgut die organoleptischen Eigenschaften wesentlich beeinträchtigt sind. Langzeitlagertests an handelsüblichen Erbsen-, Bohnen- und anderen Gemüsekonserven haben gezeigt, daß nach 4jähriger Lagerung bei 20° die Qualitätsmerkmale noch im Bereich der vollen Genußtauglichkeit lagen (S. R. CECIL u. J. G. WOODROOF 1963). Die Veränderungen der organoleptischen Eigenschaften ebenso wie während der Lagerung auftretende Nährstoffverluste sind wesentlich von der Lagerungstemperatur abhängig (P. NEHRING 1954). Carotin ist weitgehend stabil, Vitamin B_1 und B_2 nehmen ab, nach 24 Monaten bei 27° sind 30—50% der Ausgangswerte verloren; Ascorbinsäure nimmt im gleichen Zeitraum um durchschnittlich 20—30% ab.

Die in Gläserkonserven durch Lichteinfluß auftretenden Veränderungen sind weitgehend von der anwesenden Sauerstoffmenge abhängig (F. GSTIRNER u. S. N. J. SAAD 1959). Carotinverluste in richtig evakuierten Gläsern sind gering. Chlorophyllverfärbungen, z. B. in Spinat, können stärker sein, sind jedoch ebenfalls vom Restsauerstoffgehalt in den Gläsern abhängig. Für die Lagerfähigkeit von Gläserkonserven muß berücksichtigt werden, daß ein Lichteinfluß praktisch nur im Verkaufsraum stattfindet, während bei der übrigen Lagerungszeit eine lichtundurchlässige Umverpackung vorhanden ist.

3. Fehlfabrikate

Hitzesterilisierte Lebensmittel unterliegen keinem mikrobiellen Verderb, wenn die Abtötung der als Verderbniserreger in Betracht kommenden Mikroorganismen ausreichend erfolgt und durch hermetischen Verschluß der Behältnisse eine Reinfektion verhindert wird. Ursachen für einen durch Mikroorganismen bedingten Verderb können deshalb bei Konserven nur Untersterilisation und Undichtigkeit sein. Je nach der Art der im Einzelfall vorhandenen Verderbniserreger äußert sich der Verderb in verschiedener Weise. Bilden die Verderbniserreger Gas, so kommt es zum Ausbeulen der Deckel und Böden der Dosen bzw. zum Abspringen der Gläserverschlüsse. Diese Erscheinungen werden als *Bombagen* bezeichnet. Je nach dem Grad der Gasbildung unterscheidet man zwischen *Flatterbombagen*, bei denen entweder Deckel oder Boden sich nicht mehr eindrücken lassen, *Federungserscheinungen*, bei denen sowohl Deckel als auch Boden schwach nach außen gewölbt sind und unter Spannung stehen, und *voll ausgebildeten Bombagen*, bei denen Deckel und Boden herausgewölbt sind. Die Bombagen führen im Endstadium zu Faltenbildungen (Nasen) im Deckelmaterial und schließlich zum Platzen der Behältnisse. Gleichzeitig mit der Gasbildung erfolgt häufig ein Absinken des pH-Wertes, Zersetzung des Füllgutes oder Bildung von abwegig riechenden Geruchsstoffen. Auch durch äußere Merkmale an den Dosen nicht erkennbare Verderberscheinungen können durch mikrobielle Vorgänge eintreten, die ohne Gasbildung verlaufen, z. B. Säuerung des Füllgutes (Flat-sour-Verderb). Neben den durch mikrobielle Ursachen bedingten, äußerlich erkennbaren Veränderungen bei Dosenkonserven gibt es ähnliche Erscheinungen, z. B. infolge der Wasserstoffbildung beim Korrosionsangriff saurer Füllgüter auf das Dosenmaterial (chemische Bombagen) oder durch Freisetzen von Gaseinschlüssen aus dem Füllgut während der Sterilisation oder durch mechanisch bedingten Innendruck bei Überfüllung der Dosen, falsche Druckführung während der Sterilisation oder Einbeulungen der Rumpfwandung (Scheinbombagen).

a) Verderb durch Untersterilisation

Der Verderb kann sich sowohl durch Bombagebildung und Veränderungen am Füllgut als auch durch Säuerungs- und Zersetzungserscheinungen ohne Gasbildung, also ohne an den Dosen äußerlich erkennbare Merkmale, auswirken. Der bakteriologische Befund untersterilisierter nichtsaurer und schwach saurer Lebensmittel ist meist gekennzeichnet durch das Vorliegen nur *einer* Art von Mikroorganismen. Bei Gemüsekonserven handelt es sich dabei ausschließlich um anaerobe oder fakultativ anaerobe Sporenbildner. Verderb ohne Gasbildung wird meist hervorgerufen durch Sporenbildner vom Typ *Bac. circulans*. Als Verderbniserreger in bombierten untersterilisierten Gemüsekonserven kommen Arten aus dem Formenkreis von *Bac. macerans* und *Bac. polymyxa* sowie *Cl. butyricum* und *Cl. sporogenes* in Betracht.

Der bakteriologische Befund nicht ausreichend pasteurisierter saurer Lebensmittel mit pH $< 4{,}5$ unterscheidet sich von den nicht sauren grundsätzlich, da die meisten Sporenbildner unter diesen Milieubedingungen nicht zur Vermehrung gelangen. Nur einige acidophile Biotypen finden sich. Bei Obstkonserven sind die Bombageerreger hauptsächlich Hefen. Ohne Bombage verläuft der Verderb durch *Byssochlamys fulva*, einer Schimmelart mit besonders hitzeresistenten Eigenschaften.

b) Verderb durch Undichtigkeit

Dringen die Verderbserreger nach der Sterilisation durch undichte Stellen an den Dosenfalzen, den Längsnähten oder durch undichte Gläserverschlüsse in das Behältnisinnere ein, so kommt es in der Regel zum Verderb unter gleichzeitiger Gasbildung. Die Infektion erfolgt praktisch ausschließlich auf dem Wege einer Tröpfcheninfektion, meist durch im Kühlwasser vorhandene Mikroorganismen. Bei Entstehen eines Innendrucks in den Dosen oder Gläsern werden die undichten Stellen durch Füllgut oder Flüssigkeit ventilartig verschlossen. Der bakteriologische Befund auf diese Weise verdorbener Konserven zeigt meist eine Mischinfektion von nicht hitzebeständigen Bakterienarten. Bei Gemüsekonserven handelt es sich um Kokken oder nicht sporenbildende Stäbchenformen, bei Obstkonserven meist um Hefen.

c) Scheinbombagen

Die durch Überfüllung, Gaseinschlüsse im Füllgut, Fehler in der Druckführung bei der Sterilisation entstehenden Auswölbungen von Deckel und Boden sind dadurch gekennzeichnet, daß sie schon unmittelbar nach der Sterilisation auftreten, sich bei einer Bebrütung der Dosen nicht verstärken und daß im Doseninneren keine Masseninfektion vorhanden ist. Scheinbares Fehlen von Zersetzungserscheinungen im Füllgut reicht zur Beurteilung von Scheinbombagen grundsätzlich nicht aus. Erst eine gründliche bakteriologische Untersuchung kann darüber Aufschluß geben, ob ein Lebensmittel in einer Dose mit äußerlichen Bombagemerkmalen noch genußtauglich ist.

d) Chemische Bombagen

Durch die Wasserstoffbildung, die beim Korrosionsangriff saurer Füllgüter auf das metallische Dosenmaterial entsteht, wird nach meist längerer Lagerungszeit ein Doseninnendruck gebildet, der zum Auswölben von Deckeln und Böden führt. Wasserstoffbombagen sind gekennzeichnet durch das ausschließliche Vorliegen von Wasserstoff als Bombagegas, das Fehlen lebender Mikroorganismen im Füllgut, die im Gegensatz zu mikrobiell bedingten Bombagen bei der Bebrütung nur sehr langsam erfolgende Weiterentwicklung und durch Korrosionserscheinungen auf der Doseninnenwandung. Wasserstoffbombagen treten im wesentlichen ausschließlich bei sauren Füllgütern auf; bei schwach sauren Gemüsearten, wie Karotten und Bohnen, werden sie, falls innenseitig nicht lackiertes Dosenmaterial verwendet wird, nur selten beobachtet.

4. Prüfung der Haltbarkeit

Die Mehrzahl der bei nichtsauren und schwach sauren Gemüsekonserven vorkommenden Verderbniserreger lassen sich durch Bebrütung bei 37° zur Vermehrung bringen. Als Mindestbebrütungszeit sind 7 Tage, bei Großbehältern, wie 5/1 und 10/1 Dosen, und bei Füllgütern mit schlechtem Wärmedurchgang 10—14 Tage erforderlich. Diese Bedingungen sind für die meisten praktischen Anwendungsbereiche ausreichend. Für genauere Untersuchungen werden Zeiten von mindestens 30 Tagen angewendet. Um obligat mesophile Sporen und pathogene Keime zur Vermehrung zu bringen, ist es zweckmäßig, bei 30—32° zu bebrüten (D.A.A. MOSSEL u. H.M.J. VAN DIEPEN 1957). Zur Prüfung auf Anwesenheit thermophiler Sporen, die insbesondere bei der Ermittlung der Tropenfestigkeit von Bedeutung ist, werden allgemein Bruttemperaturen von 55° angewendet. Wegen der Neigung der Thermophilen zur Autosterilisation sollte eine Bebrütung bei 55° jedoch nicht länger als 4—5 Tage durchgeführt werden, wenn die Verderbniserreger identifiziert werden sollen; sonst erfolgt die Bebrütung für praktische Prüfungen meist während 10 Tagen, für genauere Untersuchungen mindestens 20 Tage. Saure Füllgüter (pH $< 4,5$) werden wegen der inhibierenden Wirkung der Milieubedingungen nur bei 25° während 10 Tagen bebrütet.

Zeigen sich während der Bebrütung Bombagen, so wird das Konservenbehältnis unter sterilen Bedingungen geöffnet, und durch Abimpfen auf zweckentsprechende Nährböden wird die Art der vorliegenden Verderbniserreger identifiziert. Zusätzliche Prüfungen durch Direktmikroskopie kann wertvolle Hinweise liefern. Einzelheiten dieser Arbeitsweise sind z. B. bei A.C. HERSOM u. E.D. HULLAND (1963) sowie bei H. CHEFTEL (1957) beschrieben.

In jedem Fall ist es notwendig, nach abgeschlossener Bebrütung das Füllgut auf pH-Änderungen oder sonstige Zersetzungserscheinungen zu prüfen und gegebenenfalls im Kulturverfahren die vorhandenen Mikroorganismen nachzuweisen. Eine weitere Untersuchung erübrigt sich, wenn die pH-Änderung $< 0,2$ ist, durch Direktmikroskopie keine lebenden Mikroorganismen nachgewiesen werden und keine sonstigen Hinweise auf bakterielle Veränderungen vorliegen.

Das Bebrütungsergebnis ist jeweils nur hinweisend für die den Brutbedingungen ausgesetzten Dosen oder Gläser. Rückschlüsse auf die Haltbarkeit größerer Partien können jeweils nur unter Berücksichtigung aller gegebenen Umstände gezogen werden. Zur praktischen Haltbarkeitsprüfung ist man aus technischen Gründen meist auf eine relativ kleine Stichprobenzahl angewiesen. Diese reicht, ebenso wie die kürzeren in der Praxis angewendeten Bebrütungszeiten aus, wenn es sich um die Überwachung einer laufenden, unter gleichmäßigen Bedingungen sterilisierten Produktion eines bekannten und in seiner Rohwarenbasis einheitlichen Produktes handelt. Bei Haltbarkeitsprüfungen an unbekannten Füllgütern oder solchen mit unsicheren Sterilisationsbedingungen, sowie bei wissenschaftlichen Untersuchungen müssen statistische Prüfpläne, wie sie z. B. von D.A.A. Mossel u. E.F. Drion (1958) vorgeschlagen worden sind, angewendet werden.

5. Behältermaterial

Als Behältnisse für Gemüsekonserven kommen bisher nur Dosen und Gläser, für Sauerkonserven auch pasteurisationsfähige Weichpackungen zum Einsatz. Das Verpackungsmaterial muß sterilisationsfest, hermetisch verschließbar, gas-, wasserdampf- und aromaundurchlässig sein und darf an das Füllgut keine fremden Stoffe abgeben (§ 4b Nr. 5 LMG). Es muß außerdem die mechanischen Anforderungen, die in bezug auf Füll-, Sterilisations-, Transport- und Lagertechnik gestellt werden, erfüllen.

a) Dosen

Konservendosen aus verzinntem Stahlblech (Weißblech) haben von den Verpackungsmaterialien für hitzesterilisierte Gemüsedauerwaren den bei weitem größten Anteil. Der besondere Vorteil des Weißbleches liegt in seinen guten mechanischen Eigenschaften und den dadurch bedingten rationellen Fertigungs- und Füllmöglichkeiten der Dosen.

α) Weißblech

Für Gemüsekonserven werden Dosen aus elektrolytisch verzinntem oder feuerverzinntem Stahlblech (Feinstblech im Blechdickenbereich 0,20—0,32 mm) verwendet. Die elektrolytische Verzinnung wird aus sauren oder alkalischen Bädern auf kaltgewalztem Bandblech abgeschieden und aufgeschmolzen.

Die Zinnauflagegewichte werden auf 5,6 g/m^2 bis 22,4 g/m^2, berechnet als durchschnittliches Gesamtauflagegewicht auf beiden Seiten, eingestellt. Unterschiedliche Auflagegewichte auf beiden Seiten (z. B. 16,8 und 5,6 g/m^2) sind möglich (Differenzverzinnung). Einzelheiten und Toleranzbereiche sind in EURO-Norm 77—63 (Oktober 1963) festgelegt. Für Gemüsekonserven kommt im allgemeinen elektrolytisch verzinntes Weißblech mit 11,2 oder 16,8 g/m^2 Zinnauflage zum Einsatz.

Feuerverzinntes Weißblech wird durch Tauchverzinnung von Tafelmaterial hergestellt; üblich sind Zinnauflagen mit 24 g/m^2 und 30 g/m^2 durchschnittliches Gesamtauflagegewicht auf beiden Seiten.

Die Blechdicke richtet sich nach dem jeweiligen Anwendungszweck (vgl. z. B. DIN 2011).

Das Korrosionsverhalten von Weißblech wird wesentlich durch die hohe Wasserstoffüberspannung des Zinns bestimmt. Bei normalem Korrosionsverhalten von nicht lackiertem Weißblech ist das Zinn anodisch polarisiert, Wasserstoff wird nur an den technisch unvermeidbaren Porenstellen des Zinnüberzuges am Eisen abgeschieden (Lokalelemente). Zinn geht im stöchiometrischen Verhältnis zur Wasserstoffbildung langsam in Lösung. Diese Bedingungen liegen im Normalfall unter den anaeroben Verhältnissen im Doseninneren vor. Sauerstoff und Wasserstoffakzeptoren wirken depolarisierend und kehren das Element um, so daß Eisen in Lösung geht und an den Porenstellen Lochfraß eintritt. Einige Füllgüter haben spezifisch zinnlösende Wirkung, sie lösen Zinn als Komplexsalze, z. B. Oxalsäure in Spinat. Eiweißhaltige Füllgüter, z. B. Erbsen, Fleisch und solche mit schwefelhaltigen Inhaltsstoffen, wie Zwiebeln, Kohl u. a., rufen durch bei der Hitzedenaturierung des Proteins entstehende reaktive Sulfhydrylgruppen und Schwefelwasserstoff auf der Weißblechoberfläche grau-violette bis schwarze sulfidische Verfärbungen hervor, deren Ausbildung den Korngrenzen der Zinnkristallstruktur folgt (Marmorierung). Solche sulfidischen Anlaufverfärbungen wirken sich auf die Genußtauglichkeit und Haltbarkeit der Füllgüter nicht aus. An Stellen, an denen Eisen mit dem Füllgut in Berührung kommt, z. B. an den freien Schnittkanten der Längsnaht der Dosenrümpfe, bilden sich zuweilen flockige Ausscheidungen von Eisensulfid. Einzelheiten über Weißblech und seine Eigenschaften finden sich bei W. E. HOARE u. Mitarb. (1965).

β) Lackierung

Das Korrosionsverhalten von Konservendosen wird in den meisten Fällen durch Innenschutzlackierung wesentlich verbessert. Als Konservendosenschutzlacke werden Einbrennlacke auf Epoxyharz-, Phenolharz- oder Ölharzbasis verwendet.

Die Lacke werden im Walzenlackierverfahren vor der Dosenfertigung auf das Tafel- oder Bandmaterial aufgetragen. Die üblichen Auflagegewichte liegen bei 5 g/m² (Trockenlack). An die Lacke werden als Anforderungen porenarme Filmbildung und vollständige Vernetzung bei Trockentemperaturen in der Größenordnung von 190—210° gestellt. Die Trocknung erfolgt in Durchlauföfen. Die Lackierungen müssen sterilisationsbeständig und haftfest sein und dürfen keine Geschmacks- und Geruchsstoffe abgeben, die die Füllgüter beeinträchtigen, sie müssen die Verformungsbeanspruchungen bei der Dosenfertigung aushalten. Die Lackierungen sind meist nicht gasdicht, so daß sich auch unter dem Film Marmorierungen bilden können. Zur Erhöhung der Marmorierungsbeständigkeit wird deshalb den Lacken z. T. Zinkoxid als Thioakzeptor zugesetzt (C-Enamel).

Nicht bei allen Füllgütern ist eine vollständige Lackierung der Doseninnenwandung zweckmäßig, weil durch Behinderung des Abscheidens von Thioverbindungen Geschmacks- und Farbveränderungen in den Lebensmitteln auftreten können, oder durch vollständiges Abdecken der Zinnoberfläche die Gefahr der Lochfraßkorrosion erhöht wird. Die Verwendung von nicht lackierten Rümpfen und lackierten Deckeln und Böden bei Füllgütern, wie Tomatensaft, Sellerie, Spargel, Schwarzwurzeln, ist deshalb international handelsüblich.

γ) Andere Werkstoffe

Aluminium wird als Dosenmaterial für Gemüsekonserven bisher nur selten verwendet. Die Gründe liegen hauptsächlich im Preis dieses Werkstoffes und in den erschwerten Fertigungsmöglichkeiten von Dosen der für Gemüse üblichen Formate.

Schwarzblechdosen sind nach dem 2. Weltkrieg für Gemüsekonserven nicht mehr zum Einsatz gekommen. Diese Dosen wurden aus nicht verzinntem, walzenlackiertem Stahlblech hergestellt, die Längsnähte wurden geschweißt und mit einer Nahtschutzlackierung versehen, die Dosenrümpfe mit aufgefalztem Boden wurden zusätzlich mit einer Spritzlackierung versehen. Das weniger ansprechende Aussehen und die hohen Fertigungskosten dieser technisch sehr guten Packung sind die Hauptgründe gegen ihre derzeitige Verwendung.

δ) Dosenarten, Dosenformen

Konservendosen aus Weißblech werden aus überlappt oder gefalzt gelöteten Dosenrümpfen und Falzböden und -deckeln hergestellt. Die zur Herstellung der Längsnähte verwendeten bleireichen Lote (Pb/Sn z. B. 60/40 oder 98/2) sind unbeschadet des technisch unvermeidbaren Durchtritts auf der Innenseite als Außenlote zu beurteilen (K. G. BERGNER u. H. MIETHKE 1964). Die Deckel und Böden, welche auf die im Stauchverfahren gebördelten Rümpfe aufgefalzt werden, sind zum Ausgleich der Volumenänderungen bei der Sterilisation mit Dehnungssicken (Deckelprofil) und zur Abdichtung mit einer eingespritzten, bei unrunden Dosen eingestempelten, Flüssiggummierung oder mit einer Fadengummierung versehen. Die Herstellung der Boden- und Deckelfalze ist für den hermetischen Abschluß der Dosen von hervorragender Bedeutung, sie erfolgt in Verschließmaschinen durch Vorrollen und Andrücken mit zwei meist paarweise angeordneten Verschließrollen (nähere Einzelheiten bei P. NEHRING u. H. KRAUSE 1963).

Für Gemüsekonserven werden in Deutschland praktisch ausschließlich runde Dosen verwendet. Die üblichen Dosengrößen und ihre genauen Abmessungen sind in DIN 2011 (Dosen für Obst- und Gemüsekonserven), DIN 2013 (Dosen für sterilisierte Sauerkonserven), DIN 2023 (Falzdeckel und Falzböden, rund, mit Profil) festgelegt. Unrunde Dosen, insbesondere Vierkantdosen, finden im internationalen Handel z. B. für Spargel Verwendung.

ε) Metallaufnahme durch Füllgüter

Die Aufnahme von Zinn durch Gemüse- und Obstkonserven in lackierten Dosen ist gering und liegt auch nach mehrjähriger Lagerung in der Regel unter 50 mg/kg. Lediglich bei einigen spezifisch zinnlösenden und stark aggressiven Füllgütern, wie Rhabarber, weiße Beete, Stachelbeeren, können höhere Werte vorkommen; es sind dann allerdings gleichzeitig schwerwiegende Korrosionsangriffe und Lackablösungen zu beobachten. Bei unlackierten Dosen oder solchen mit nichtlackierten Rümpfen ist die Zinnlösung von den besonderen Eigenschaften des Füllgutes und den Lagerungsbedingungen abhängig. Die als zulässig angesehene Höchstgrenze von 250 mg/kg wird während zweijähriger Lagerung im allgemeinen nicht erreicht. In handelsüblichen Gemüse- und Obstkonserven in nichtlackierten Dosen gefundene Zinngehalte finden sich bei D. DICKINSON u. T.W. RAVEN (1962); bei spezifisch zinnlösenden Füllgütern wie Spinat und Tomatenmark kann die Zinnkorrosion in nichtlackierten Dosen bis zur völligen Entzinnung fortschreiten. Es werden dann Werte in der Größenordnung von 800—1500 mg/kg gefunden.

Bei längerer Lagerungsdauer nimmt neben der Zinnlösung auch die Eisenlösung zu. Man findet nach einjähriger Lagerung in nichtlackierten Dosen im allgemeinen Werte bis etwa 20 mg/kg, nach zweijähriger Lagerung solche in der Größenordnung von 50 mg/kg (vgl. z. B. D. DICKINSON u. P. GOOSE 1955). Die Aufnahme von Blei-Ionen ist auch bei durchgetretenem Lot gering und liegt unter 0,5 mg/kg (K.G. BERGNER u. H. MIETHKE 1964).

b) Gläser und Gläserverschlüsse

Konservengläser sind das praktisch ausschließliche Verpackungsmaterial für sterilisierte Gurken in Kleinpackungen, Gemüse in Essig und Babykost. Glaspackungen haben den besonderen Vorteil, daß Wechselwirkungen mit dem Füllgut nicht eintreten und daß die Packungen bei den wichtigsten z. Z. verwendeten Verschlußtypen wiederverschließbar sind.

α) Gläsergrößen und -formen

Zum Einsatz kommen im wesentlichen runde und ovale Verpackungsgläser mit für die jeweils vorgesehene Deckelart ausgeführter Mündung.

Neben den in DIN 6044 und DIN 6049 genormten Gläsern werden auch nicht genormte Formen, wie z. B. die Eurogläser mit 370 ml bzw. 410 ml und 720 ml Füllvolumen vielfach verwendet.

β) Gläserverschlüsse

Man unterscheidet nichtatmende und atmende Verschlußtypen. Die gebräuchlichsten Typen der nichtatmenden Verschlüsse sind der Twist-off- und Pry-off-Verschluß. Twist-off-Deckel werden in Form eines Bajonett-Verschlusses aufgesetzt und durch Vierteldrehung festgehalten, die Abdichtung erfolgt durch eine eingespritzte Kunststoffdichtung meist auf PVC-Basis. Die Dichtungsmasse liegt auf der Gläsermündung im wesentlichen stirnseitig auf. Der Pry-off-Verschluß ist ein Stülpdeckelverschluß mit seitlich liegender Gummidichtung. Beide Deckeltypen werden aus lackiertem Weißblech gefertigt. Das Vakuum wird durch Heißabfüllung und durch Dampfstrahlinjektion in den Kopfraum beim Aufsetzen der Deckel erzeugt.

Die gebräuchlichsten Typen der atmenden Verschlüsse sind Omnia-, Imra-Vac- und Pano-Verschlüsse. Diese werden fast ausschließlich aus lackiertem Aluminiumblech hergestellt. Die

Abdichtung erfolgt durch eine eingespritzte Dichtungsmasse auf Kunststoff- oder Naturkautschukbasis. Die Dichtung liegt stirnseitig und seitlich auf der Glasmündung. Diese Verschlüsse werden zunächst nur mechanisch durch seitliche Andrücknocken oder bajonettförmige Anrollung gehalten. Das Vakuum wird erzeugt, indem während der Sterilisation infolge der Wärmeausdehnung Luft aus dem Kopfraum entweicht. (Nähere Einzelheiten bei P. NEHRING u. H. KRAUSE 1963).

c) Weichpackungen

Weichpackungen sind für nichtsaure und schwachsaure Gemüsedauerwaren, die bei Temperaturen über 100° sterilisiert werden müssen, bisher praktisch nicht im Einsatz. Solche Packungen können insbesondere aus Aluminium-Niederdruck-polyäthylen-Verbundfolie in Form von Flachbeuteln oder gezogenen Dosen hergestellt werden. Für Sauerkonserven, wie Sauerkraut, Gurken, Rotkohl sowie für Tomatenmark werden Beutel aus Klarsichtfolien, z. B. aus Zellglas/Polyäthylen für Heißabfüllung oder Polyterephthalsäureester/Polyäthylen, die in Wasser oder Dampf pasteurisiert werden können, verwendet.

Der Verschluß solcher Packungen erfolgt durch Verschweißen, die Schweißnähte sind für Mikroorganismen undurchlässig. Bei den reinen Kunststoffpackungen ist jedoch immer eine gewisse Gasdurchlässigkeit gegeben; sie sind deshalb für eine Langzeitlagerung von Lebensmitteln meist nicht geeignet.

6. Allgemeine Arbeitsvorgänge bei der Verarbeitung von Gemüse

Zur Herstellung von Gemüsedauerwaren muß das Rohgemüse in einer Weise vorbereitet werden, die im wesentlichen den im Haushalt üblichen Arbeitsgängen bei der Zubereitung entspricht. Die einzelnen Vorbereitungsstufen sind je nach Gemüseart verschieden, entsprechend muß ihre maschinelle Durchführung während der industriellen Verarbeitung der Art und dem Zustand der Rohware und dem herzustellenden Erzeugnis angepaßt werden.

a) Waschen

Das Waschen dient nicht nur der Entfernung von anhaftendem Schmutz und Erdpartikeln, der Entfernung von mineralischen, pflanzlichen oder tierischen Fremdbestandteilen, sondern auch der Herabsetzung des Keimgehaltes auf der Oberfläche der Gemüse. Die Waschvorgänge werden je nach Gemüseart in Bottichen (Spargel), in Flotationswäschern (Erbsen) oder in kontinuierlichen Waschanlagen mit mechanischer Umwälzung und Förderung (Spinat), solchen, die mit Bürsten ausgerüstet sind (Gurken) oder Trommelwaschmaschinen (Karotten) durchgeführt. Der Wascheffekt ist jeweils vom Verschmutzungsgrad und der Rohwarenmenge im Verhältnis zur Durchlaufgeschwindigkeit abhängig.

Zusätze zum Waschwasser sind in einigen Ländern üblich; so sind in den USA zugelassen (Food Additives Amendment § 121.1091) Polyacrylamid (bis 10 mg/l im Waschwasser) Natriumdodecylbenzolsulfonat und Natrium-2-acetylhexylsulfonat (bis 0,2% im Waschwasser) sowie Kaliumbromid und Natriumhypochlorit. Einer Wäsche mit diesen Zusatzmitteln muß eine Nachwäsche mit Wasser von Trinkwasserqualität folgen.

b) Putzen

Zu den Putzvorgängen sind alle Formen der Entfernung nicht zum Verzehr geeigneter Anteile zu rechnen. Hierzu gehören das Abschälen oder sonstiges Entfernen von ungenießbaren Oberflächenschichten. Dieses wird entweder von Hand ausgeführt (Schälen von Spargel), mechanisch (Putzen von Sellerie und Roten Beeten in Karborundum-Schälmaschinen), durch Angaren der Oberflächenschicht und plötzliches Entspannen des Dampfdruckes (Dampfschälen von Karotten) oder durch Laugenschälung (Behandlung von z. B. Karotten, Schwarzwurzeln, Schälgurken mit 5—10%iger heißer Natronlauge oder Sodalösung). Die beim Dampf- oder Laugenschälen weichgewordenen Oberflächenschichten werden in kontinuierlichen oder diskontinuierlichen Trommelwasch- und -Putzmaschinen und reichlicher Wasserzugabe entfernt, Laugenschälanlagen werden meist Bäder mit verdünnten Citronensäurelösungen nachgeschaltet. Die Entfernung nicht eßbarer Anteile erfolgt meist maschinell (Bohnenabspitzmaschinen, Karottenköpfmaschinen, Grünkohlrupfmaschinen, Strunkbohrmaschinen). Nachkontrolle am Verleseband ist meist erforderlich.

c) Zerkleinern und Sortieren

Gemüsedauerwaren werden industriell meist aus zerkleinerter oder sortierter Rohware hergestellt. Das Zerkleinern erfolgt fast immer maschinell, mit Schneidemaschinen, die auf die spezielle Gemüseart eingerichtet sind (z. B. Spargelbrechmaschine, Bohnenschneidemaschine, Krautschneidemaschine, Würfel- und Scheibenschneidemaschinen für Karotten, Rote Beete, Sellerie). Die Sortierung erfolgt meist nach der Größe und meist maschinell (Sortierung von Brechspargel, Erbsen, Bohnen, runden Karotten, Gurken) oder von Hand nach Größe und besonderen Qualitätsmerkmalen (z. B. Stangenspargel). Bei Erbsen kann eine Sortierung auch nach Reifegrad aufgrund von Dichteunterschieden erfolgen (Salzgräder) (Einzelheiten dieser Verarbeitungsvorgänge vgl. P. Nehring u. H. Krause 1963).

d) Blanchieren

Die meisten Gemüsearten müssen zur Weiterverarbeitung zu Dauerwaren einer Vorerhitzung unterworfen werden. Dieser Arbeitsvorgang, das „Blanchieren", wird in der Regel mit Heißwasser oder Dampf durchgeführt. Es dient als Vorbereitung für die Dosen- oder Gläserkonservierung im wesentlichen dazu, im Zellgewebe eingeschlossene Luft, Sauerstoff oder Kohlendioxid zu entfernen, das Gemüse schrumpfen zu lassen und für den Füllvorgang hinreichend weich zu machen, bei der Vorbereitung zum Tiefkühlen und Trocknen der unerläßlichen Inaktivierung der Enzyme. Das Blanchieren hat in jedem Fall gleichzeitig einen zusätzlichen Reinigungseffekt und dient der Herabsetzung der Oberflächenverkeimung. Bei einzelnen Gemüsearten, z. B. Kohlarten, werden durch den Blanchiervorgang unerwünschte Geschmacks- und Geruchsstoffe entfernt. Bei Sauerkraut dient das Blanchieren in Lake ausschließlich der Vorbereitung zur Heißabfüllung.

Das Blanchieren wird meist in kontinuierlich arbeitenden Wasser- oder Dampfblancheuren durchgeführt, in denen die Blanchierzeit mit der Durchlaufgeschwindigkeit eingestellt wird. Blanchierzeiten und -temperaturen richten sich nach der jeweiligen Gemüseart und dem erwünschten Blanchiereffekt. Sie liegen meist im Bereich von 3—8 min und bei 70—95°C.

Einzelheiten über Blanchierverfahren, Auswirkungen der Wasserhärte des Blanchierwassers, Auslaugung wasserlöslicher Inhaltsstoffe während des Blanchierens und mögliche Zusätze zum Blanchierwasser finden sich bei F.A. Lee (1958), R.S. Harris u. H. von Loesecke (1960).

e) Füllen

α) Technik des Füllens

Das Abfüllen von Gemüse in Dosen oder Gläser wird je nach Gemüseart von Hand (z. B. Spargel, Gurken, Schwarzwurzeln, Sellerie), halbautomatisch (z. B. Bohnen, Grünkohl, Gemüsemischungen, Sauerkraut) oder vollautomatisch (z. B. Erbsen, Spinat, Babykost) durchgeführt. Für die halbautomatische Füllung werden Rundfülltische verwendet, auf denen das Füllgut von Hand in Füllöcher eingeschoben werden muß; die vollautomatische Abfüllung erfolgt mit Kolbenfüllern. Die Abmessung geschieht in jedem Falle volumetrisch mit stichprobenweiser Gewichtskontrolle. Einzelheiten bei P. Nehring u. H. Krause (1963).

Zu Gemüse, das in stückiger Form abgefüllt wird, erfolgt zur Verbesserung des Wärmedurchganges bei der Sterilisation ein Wasseraufguß, dem gegebenenfalls Kochsalz in einer Menge von 1—1,5% zugesetzt wird. Bei hellen Gemüsearten, wie Sellerie und Schwarzwurzeln, ist ein Zusatz von 0,03—0,05% Citronensäure zur Aufgußflüssigkeit üblich. Die Menge Aufgußflüssigkeit, die zugesetzt wird, beträgt in der Regel etwa ein Drittel des Dosen- oder Gläservolumens. Wegen der Wärmeausdehnung des Füllgutes während der Sterilisation ist es notwendig, Dosen und Gläser nicht randvoll zu füllen, sondern einen Kopfraum von etwa 5—8% des Füllvolumens einzuhalten. Sonst kommt es insbesondere bei Dosen- oder Gläserformaten mit ungünstigen Abmessungen (große Höhe, kleiner Durchmesser) zu mechanischen Überbelastungen, die sich durch Platzen der Längsnähte, Nasenbildung an Deckel und Boden oder Abspringen der Gläserverschlüsse äußern.

β) Füllgewichte

Die Füllmöglichkeiten von Dosen und Gläsern sind vom Schüttgewicht der Füllgüter und von der Sperrigkeit der jeweiligen Gemüse- oder Obstart abhängig. In Dosen oder Gläsern kleinerer Formate können deshalb besonders bei großstückigen Füllgütern häufig nur geringere Mengen untergebracht werden als der Volumenrelation entspricht. Die Füllung muß in jedem Falle so durchgeführt werden, daß das Behältnis soweit wie technisch möglich gefüllt ist, ohne daß durch Quetschen eine Qualitätsverschlechterung eintritt.

Die handelsüblichen Mindesteinfüllgewichte für Gemüsekonserven, bezogen auf die DIN 2011 1/1-Dose oder Glas mit 850 ml Gesamtfüllvolumen, sind in folgender Tabelle zusammengestellt:

Stangenspargel	600—630 g
Brechspargel und Spargelköpfe (je nach Sortierung)	580—620 g
Bohnen (je nach Verarbeitung und Sortierung)	500—560 g
Große Bohnen	550—580 g
Erbsen (je nach Sortierung)	550—600 g
Leipziger Allerlei und Frischgemüsemischungen	580—600 g
Karotten	570—600 g
Kohlrabi	570—600 g
Rosenkohl	550—580 g
Grünkohl	580—630 g
Sellerie	570—600 g

γ) Schwankungen der Füllgewichte

Die begrenzten technischen Möglichkeiten einer genaueren volumetrischen Abmessung kleiner Mengen grobstückiger Schüttgüter haben zwangsläufig eine relativ große Schwankungsbreite der Füllgewichte bei Gemüsekonserven zur Folge. Bei gleichmäßiger Maschineneinstellung sind die Abweichungen vom angestrebten Sollwert um so größer, je sperriger und unregelmäßiger das jeweilige Gemüse (oder Obst) in Form und Größe ist.

Die relativ größten Schwankungen werden in der Praxis bei der maschinellen Abfüllung ganzer und gebrochener Bohnen beobachtet, sie betragen bei diesen Erzeugnissen bis zu einer Größenordnung von $\pm$ 8% des angestrebten Füllgewichtes, bedingt durch die Länge und Form der Stücke und die qualitativen Veränderungen beim gewaltsamen Einpressen. Bei schüttfähigen Füllgütern, wie Erbsen, Großen Bohnen und gewürfelten Karotten, liegen die Schwankungen in einer Größenordnung bis $\pm$ 3% vom Sollwert, bei grobstückigen Gemüseteilen, wie runden Karotten und Rosenkohl, je nach Größe bis $\pm$ 5%, ebenso bei balligen, voluminösen Füllgütern, wie Grünkohl. Bei Füllgütern, die in der Regel von Hand abgefüllt werden, wie Stangenspargel, Brechspargel, Schwarzwurzeln, Sellerie in Scheiben, Kohlrabi in Scheiben, ist mit Schwankungen von $\pm$ 2% zu rechnen.

f) Sterilisationstechnik

Dosen und Gläser mit sauren Lebensmitteln (pH $<$ 4,5), bei denen Sterilisationstemperaturen unter 100° ausreichen, um Haltbarkeit zu erzielen, werden in offenen Wasserbädern chargenweise oder kontinuierlich (Gurkensterilisator, Obststerilisator) oder im Durchlauftunnel mit Heißwasserberieselung pasteurisiert. Nichtsaure und schwachsaure Füllgüter (pH $<$ 4,5) müssen, um mit praktisch durchführbarer Geschwindigkeit und hinreichender Sicherheit sterilisiert zu werden, auf Temperaturen über 115° im Autoklaven erhitzt werden. Dabei entsteht in den Behältern ein Innendruck (bis zu etwa 2,5 atü), der von den Behältnisabmessungen, der Fülltemperatur, der Größe des Kopfraumes, der Menge der aus dem Füllgut freiwerdenden Gase usw. abhängig ist. Der Innendruck wird bei Dosen durch das Ausfedern von Deckeln und Böden infolge der Sickenprofilierung gemindert.

Man unterscheidet als Autoklaventypen:

Normalautoklaven, bei denen der Innendruck dem der Sterilisationstemperatur zugehörigen Wasserdampfdruck entspricht. Als Heizmedium wird entweder Wasser (z. B. Bundesrepublik Deutschland) oder Dampf (z. B. USA) angewendet. Die Sterilisation erfolgt in drei Phasen; während der Steigzeit wird die Wassertemperatur im Autoklaven auf die gewünschte Sterilisationstemperatur gebracht, während der Haltezeit wird die Temperatur auf dieser Höhe gehalten, während der Fallzeit wird der Autoklavendruck langsam bis zum Atmosphärendruck vermindert, dann kann der Autoklav entleert und die in „Käfigen" befindlichen Dosen in Kühlbassins eingesetzt werden. Während der Fallzeit bleibt der Innendruck in den Dosen wegen der langsameren Abkühlung des Füllgutes zunächst erhalten, während der von außen wirkende Dampfdruck im Autoklaven sinkt. Dadurch tritt eine Wirkdruckspitze ein, die das Behältermaterial von innen nach außen belastet und zu mechanischen Verformungen, Abspringen der Gläserverschlüsse usw. führen kann.

Beim *Normalautoklaven mit Druckkühlung* wird diese Wirkdruckspitze abgefangen, indem mit Hilfe eines federbelasteten Überströmventils der Wasserdruck den auf die Dosen von außen wirkenden Überdruck übernimmt.

Beim *Überdruckautoklaven* wird mit Hilfe von Preßluft oder Heißdampf während der gesamten Steig-, Halte- und Kühlzeit ein Überdruck erzeugt, der über dem jeweiligen Wasserdampfdruck liegt. Dadurch kann dauernd eine Druckdifferenz zwischen Dosen- oder Gläserinnendruck und dem von außen wirksamen Autoklavendruck aufrechterhalten werden, die eine mechanische Belastung des Behältermaterials verhindert. Mit solchen Autoklaven können mechanisch empfindlichere Großpackungen, Gläser und Weichpackungen sterilisiert werden. Moderne Autoklaven mit diskontinuierlicher Arbeitsweise werden sämtlich nach diesem Prinzip gebaut. Zur Verbesserung des Wärmedurchganges kann eine Rotationsmöglichkeit vorgesehen werden; wirksam ist eine Rotation nur, wenn die Drehbewegung quer zur Dosenlängsachse (über Kopf) erfolgt, so daß die Luftblase des Kopfraumes das Füllgut durchwandert.

Kontinuierliche Autoklaven werden meist als hydrostatische Autoklaventürme gebaut, in denen eine Wassersäule entsprechender Höhe als Druckabschluß für den Dampfraum dient. Die Dosen werden mit Hilfe von Kettenbändern im Gegenstrom zum Wasserzulauf in die Wassersäule eingeführt, so daß ein Vorwärmungseffekt im Einlauf und Abkühlungseffekt im Auslauf erreicht wird.

Die modernen, aber technisch sehr aufwendigen Verfahren der eigentlichen Kurzzeit-Hocherhitzung, bei denen das Lebensmittel in dünner Schicht vorsterilisiert und unter aseptischen Bedingungen abgefüllt wird (z. B. Martin-, Smith-Ball-, Flash 18-Verfahren) finden praktisch bisher nur wenig Verwendung. Nähere Einzelheiten bei P. Nehring u. H. Krause (1963).

7. Herstellung der einzelnen Gemüsekonserven

Die Verarbeitung der einzelnen Gemüsearten erfolgt den Eigenschaften der verschiedenen Erzeugnisse entsprechend mit speziellen Arbeitsverfahren. Hier soll nur das jeweils Wesentliche beschrieben werden. Technologische Einzelheiten finden sich bei W.V. Cruess (1948), *Campbell's Book* (1950), *Canning Trade* (1958), A. Lock (1960), P. Nehring u. H. Krause (1963).

Über die chemische Zusammensetzung von Gemüsekonserven sind allgemeine Angaben nicht zu machen, da diese weitgehend von der jeweils verwendeten Rohwarensorte und -qualität, sowie von den technologischen Gegebenheiten bei der Herstellung, insbesondere z. B. von den Blanchier- und Sterilisationsbedingungen, dem Verhältnis von festem Füllgut zu Aufgußflüssigkeit und der besonderen Art der Zubereitung abhängig ist. Ganz allgemeine Angaben finden sich in dem Tabellenwerk von S.W. Souci u. Mitarb. (1962), sowie bei B.K. Watt u. A.L.

Merrill (1963). Für den speziellen Fall ist es meist notwendig, vergleichbare Zahlenangaben der Spezialliteratur zu entnehmen; verwiesen sei auf die in der Bibliographie genannten Werke, ferner auf die Tabellarien über die Zusammensetzung der Frischgemüse im Kapitel Frischgemüse.

a) Wurzelgemüse

Der Verarbeitung aller Wurzelgemüse ist gemeinsam, daß durch einen Putzvorgang die verschmutzte und teilweise verkleisterte Oberflächenschicht sowie Stiel- und Blattansätze und Wurzelspitzen entfernt werden müssen. Hierzu werden die auf S. 410 beschriebenen Putzverfahren angewendet. Wurzelgemüse werden ganz (runde Karotten), in Scheiben (Sellerie und Rote Beete), in Stücken (Schwarzwurzeln und Sellerie) oder in Würfeln (Nantaiser Karotten) verarbeitet.

α) Karotten

Bei Karottenkonserven unterscheidet man ganze, runde Pariser Karotten und meist in Würfel, Scheiben, Streifen geschnittene, auch halbierte oder geviertelte lange oder ganze, kleine Nantaiser Karotten. Für Karottenbrei werden Nantaiser Karotten mit hohem Carotingehalt verarbeitet (vgl. S. 321). Verfärbungserscheinungen, wie Blaßwerden, oder grüne chlorophyllhaltige Partien sind meist auf Rohwareneigenschaften zurückzuführen.

Auf eine Verfälschungsmöglichkeit von ganzen, runden Pariser Karotten hat E. Nehring (1955) hingewiesen. Es handelt sich um Mohrrübenstücke, die mechanisch, z. B. in der Karborundum-Schälmaschine abgerundet sind. Diese Verfälschung kann im Längsschnitt an der Ausbildung des Zentralzylinders leicht erkannt werden. Im französischen Sprachgebiet ist diese Verarbeitungsart als „Carottes rondelles“ (tournies) bekannt.

β) Sellerie

Knollensellerie wird meist in Scheiben mit Glatt- oder Buntschnitt verarbeitet; kleinere oder zerfallene Stücke werden für „Sellerie in Stücken“ verwendet. Der Aufgußflüssigkeit wird meist 0,03—0,05% Citronensäure zugesetzt; Selleriesalat wird durch Zusatz von Essig und Gewürzen oder Gewürzauszügen mit einem Gesamtsäuregehalt von etwa 0,5—1% hergestellt.

Die häufigsten Fehler bei Selleriekonserven sind die enzymatisch bedingten „Rost“erscheinungen sowie das Schwarz- oder Graukochen (vgl. S. 327), ferner die Verwendung von hohlen oder holzigen Knollen.

Die Rostfleckigkeit kann, soweit sie auf enzymatische Vorgänge zurückzuführen ist, durch ausreichendes Vorkochen vor der Zerkleinerung vermieden werden (E. Holfelder u. K. Eid 1966). Die durch Bormangel hervorgerufenen Rostflecken lassen sich nur durch sorgfältige Rohwarenauswahl vermeiden.

Bei Selleriesalat werden zuweilen Gelierungserscheinungen beobachtet, die auf pektolytische Vorgänge beim Erhitzen im sauren Medium zurückzuführen sind.

γ) Schwarzwurzeln

Schwarzwurzeln werden meist im Laugenschäler vorbereitet und von Hand nachgeputzt. Die üblichen Verarbeitungsformen sind liegende oder stehende Stücke. Durch Austreten des Milchsaftes kommt es leicht zu Verkleisterung und zum Zusammenballen der Stücke. Diese Erscheinung wird verstärkt, wenn beim Schälen größere Teile der milchsaftführenden Schichten der Rinde und des Zentralzylinders angeschnitten werden. Schwarzwurzeln neigen zu enzymatisch bedingten, rötlichen Verfärbungen (vgl. S. 326), die in dickeren, im Wachstum fortgeschrittenen Stangen stärker auftreten und wahrscheinlich auf Leukoanthocyanidine zurückzuführen sind. Diese Erscheinungen lassen sich verhindern oder mildern, wenn während der Verarbeitung für Luftabschluß gesorgt wird und die geputzten und geschnittenen Stücke in 0,05% Citronensäurelösungen eingelegt werden. Zur Aufgußflüssigkeit ist ebenfalls ein Zusatz von etwa 0,05% Citronensäure üblich. In einigen Ländern ist es üblich, Schwarzwurzeln mit schwefliger Säure zu bleichen.

δ) Rote Rüben (Rote Beete)

Die Verarbeitung von Roten Rüben erfolgt meist in Scheiben unter Zusatz von Essig und Gewürzen oder Gewürzauszügen; daneben ist jedoch auch eine Konserve mit Wasser als Aufgußflüssigkeit bekannt. Der häufigste Fehler ist die Verwendung einer Rohware, die im Querschnitt holzige helle Ringe aufweist. Bei Roten Beeten in Gläsern findet man zuweilen ein weißes, kristallines Sediment. Es handelt sich dabei um sandartige Calciumoxalatkristalle, die aus den angeschnittenen Zellschichten ausgewaschen sind.

b) Blattgemüse

Der Verarbeitung von Blattgemüse sind die gründlichen Waschvorgänge gemeinsam, um die in Erdnähe gewachsenen, häufig zerklüfteten Oberflächen zu reinigen. Blattgemüse werden meist im zerkleinerten, breiig passierten oder grob gehacktem Zustand konserviert, je nach örtlichen Verbraucherwünschen ist jedoch auch die Konservierung ganzer Blätter oder größerer Blatteile üblich.

α) Spinat

Spinatkonserven werden nur noch aus Blattspinat (Blätter einschließlich Blattstielen) hergestellt. Die früher gebräuchliche Verarbeitung von Wurzelspinat, bei dem der Wurzelansatz mit abgeschnitten wurde, ist nicht mehr üblich. Die Verarbeitung erfolgt nach dem Blanchieren meist durch Passieren in Passiermaschinen oder durch Zerkleinern im Spinatwolf. Typische Fehler sind Abweichungen im Trockensubstanzgehalt und zu hoher Sandgehalt, ferner Verfärbungserscheinungen und Anwesenheit von pflanzlichen Fremdbestandteilen, wie Unkrautsamen, geschossenem Spinat u. ähnl. Die von F. GSTIRNER u. S.N.J. SAAD (1959) experimentell erzielten Verfärbungen bei Gläserkonserven durch Lichteinfluß werden in der Praxis nur selten beobachtet, die Verfärbungen treten meist schon während der Sterilisation ein und sind auf einen Abbau des Chlorophylls zum Phaeophytin zurückzuführen. Über den Oxalsäuregehalt und seine ernährungsphysiologischen Auswirkungen, vgl. S. 336. Wegen seines Oxalsäuregehaltes wirkt Spinat auf Weißblechdosen spezifisch zinnlösend. Die Verwendung von lackierten Dosen ist deshalb handelsüblich.

Bei Verwendung von Spinat und Spinatdauerwaren zur Ernährung von Kleinstkindern ist der Gehalt an Nitrat zu beachten (vgl. S. 312). Der Nitratgehalt in Spinatkonserven schwankt ebenso wie in der Rohware in relativ weiten Grenzen von $<$ 100 bis $>$ 2500 ppm in Abhängigkeit von der Stickstoffdüngung (K.F. BECKER 1965; W. SCHUPHAN u. H. SCHLOTTMANN 1965).

β) Kohlarten

Wegen ihres Gehaltes an flüchtigen schwefelhaltigen Inhaltsstoffen (vgl. S. 331) sind die Kohlarten für die Konservierung durch Hitzesterilisation allgemein nicht gut geeignet. Durch die Hitzebehandlung treten meist Geschmacksveränderungen ein, die dem konservierten Gut einen strengen, wenig ansprechenden Charakter verleihen. Die mengenmäßig bedeutsamen Konserven aus Kohlarten sind deshalb entweder durch Milchsäure-Gärung (Sauerkraut) oder durch Essigzusatz (Rotkohl) im pH-Wert so weit heruntergesetzt, daß eine Pasteurisation unter 100° möglich ist (vgl. S. 412). Daneben werden einige Kohlarten konserviert, bei denen der strenge Geschmack entweder ausdrücklich gewünscht wird, wie z. B. Grünkohl, oder bei denen der Kohlcharakter wenig in Erscheinung tritt (z. B. Brokkoli). Konserven von Rosenkohl, Wirsingkohl und Blumenkohl werden nur in unbedeutenden Mengen hergestellt.

αα) Grünkohl

Die Verarbeitung erfolgt meist nach der ersten Frostperiode. Die Grünkohlblätter werden von Hand oder neuerdings vielfach maschinell von Strünken und groben Blattrippen befreit und je nach den regionalen Verzehrsgewohnheiten grob zerkleinert oder als ganze Blätter blanchiert und in Dosen abgefüllt. Typische Fehler sind das Vorhandensein eines übermäßigen Anteiles an groben Blattrippen und die Verarbeitung von gelben Blättern. Wegen des relativ hohen Anteils an schwefelhaltigen Inhaltsstoffen tritt bei der Sterilisation in Weißblechdosen meist ein starker Marmorierungseffekt (vgl. S. 408) ein.

ββ) Rotkohl

Wegen der Hitzeempfindlichkeit der im Rotkohl enthaltenen Anthocyane (vgl. S. 329) hat eine Sterilisation über 100°C immer wesentliche Farbveränderungen zur Folge. Rotkohl wird deshalb in Gläsern (oder Dosen) praktisch ausschließlich unter Zugabe von Essig und Absenken des pH unter 4,5 konserviert.

Die Rotkohlköpfe werden von den äußeren, schadhaften Blättern befreit, der Strunk wird ausgebohrt und die Köpfe in Streifen von etwa 5 mm Breite geschnitten. Das Blanchieren erfolgt in einer Blanchierflüssigkeit, der meist Essig bis zu einem Gesamtsäuregehalt von etwa 0,7 % zugesetzt ist. Die zum Blanchieren von Sauerkraut üblichen Anlagen sowie Kochschnecken können für diesen Zweck eingesetzt werden. Nach Abfüllung des blanchierten Gutes in die Gläser oder Dosen wird eine Aufgußflüssigkeit aufgegeben, die je nach Geschmacksrichtung neben etwa 0,7 % Essigsäure Gewürze, wie z. B. Nelken, Fruchtsäfte, Zucker und Salz, enthält. Auch die Verarbeitung des Rotkohles als tischfertige Zubereitung unter Mitverwendung von Schmalz und Apfelmus ist üblich. Typische Fehler bei Rotkohlkonserven sind weiche Konsistenz und Dunkelviolettverfärbung; diese Fehler werden durch zu langes Blanchieren und zu geringe Säurezugabe hervorgerufen. Verfärbungen in Gläserkonserven, die vom Kopfraum ausgehen, deuten auf zu geringes Vakuum hin.

γγ) Andere Kohlarten

Der in den USA beliebte *Brokkoli* wird als Konserve in Deutschland nicht verarbeitet. Es werden möglichst gleichmäßige, nicht zerbrochene Blütenstände ausgesucht und unter Zugabe von 0,5 % Citronensäure blanchiert. Bei der Sterilisation treten leicht Verfärbungserscheinungen ein. Deshalb wird diese Kohlart meist durch Tiefgefrieren haltbar gemacht. Verfärbungen treten auch bei der Sterilisation von *Blumenkohl* fast regelmäßig auf. Durch den Hitzeeinfluß kommt es zu Reaktionen vom Maillard-Typ oder durch den Einfluß von Schwermetallspuren, insbesondere Eisen, zu Rosaverfärbungen (H. Donath 1962). Durch Zusatz von Citronensäure und Ascorbinsäure zur Aufgußflüssigkeit kann dieser Effekt vermindert werden. Eine befriedigende industrielle Herstellung von Blumenkohlkonserven ist jedoch bisher nicht gelungen. Bei der Verarbeitung von *Rosenkohl* als Konserve ist die Hauptschwierigkeit die bei der Sterilisation auftretende Bildung eines strengen Kohlgeschmacks und -geruchs. Rosenkohlkonserven haben deshalb praktisch keine Bedeutung. Das gleiche gilt für Wirsingkohl.

δδ) Kohlrabi

Wegen der Verwandtschaft des Kohlrabi mit den Kohlarten treten bei der Konservierung dieser Gemüseart die gleichen Schwierigkeiten auf. Die geschälten Knollen werden in Scheiben geschnitten, unter Zugabe von etwa 0,05 % Citronensäure blanchiert und mit einem Aufguß, der 0,03—0,05 % Citronensäure enthält, abgefüllt. Typische Fehler sind holzige Stellen, weiche Konsistenz und Braunverfärbungen. Die Hitzesterilisation führt sehr leicht zu Geschmacks- und Farbveränderungen, deshalb kann Kohlrabi nur unter sehr schonenden Bedingungen sterilisiert werden.

c) Sprossengemüse

α) Spargel

Die im vorsortierten Zustand angelieferte gewaschene oder ungewaschene Rohware wird vor der Verarbeitung mehrere Stunden gewässert, um das Zellgewebe zu straffen. Für die Herstellung deutscher Spargelkonserven ist es üblich, den Spargel von Hand zu schälen. Versuche, das Schälen maschinell durchzuführen, sind bisher wegen der Ungleichmäßigkeit der Stangen und der Empfindlichkeit der Spargelköpfe ohne Erfolg geblieben. In anderen Ländern wird Spargel vielfach auch ungeschält verarbeitet. Die harte Rindenschicht des Spargels kann auch nach kurzem Ankochen mit dem Messer abgeschabt werden. Dieses Verfahren ist z. B. in Spanien üblich. Beim Schälen von Hand werden die Stangen möglichst rund geschält und das holzige Unterende entfernt. Der so vorbereitete Spargel wird entsprechend den Anforderungen, die an die Fertigware gestellt werden, nach der Dicke der Stangen, der Wuchsform und dem Zustand der Köpfe von Hand vorsortiert. Für Stangenspargelkonserven können nur gerade Stangen mit geschlossenen, weißen Köpfen verwendet werden. Stangen mit Wachstumsstörungen oder solche mit etwas geöffneten Köpfen werden zu Brechspargel verarbeitet. Das Schneiden erfolgt in besonderen Maschinen, aus denen die Spargelköpfe, die Mittelabschnitte und die Unterenden getrennt anfallen. Die Nachsortierung der Mittelabschnitte entsprechend ihrem Durchmesser wird meist maschinell durchgeführt. Entsprechend dem Wachstumszustand schreitet die Chlorophyllbildung im Spargelkopf fort. Die Farbe der Köpfe entwickelt sich von Weiß über Blau-violett bis Grün. Spargelkonserven, bei denen der Kopfanteil nicht weiß ist, werden nach deutschem Handelsbrauch entsprechend deklariert. Schwache Blaufärbung der Köpfe verschwindet bei der Sterilisation bzw. während der Lagerung; solche Köpfe können deshalb in der Rohware für Stangenspargel und normalen Brechspargel enthalten sein.

Das Blanchieren des geschälten, vorsortierten, gegebenenfalls zu Stücken für „Brechspargel" oder „Spargelabschnitte" geschnittenen Spargels wird in Blanchierkesseln mit Siebeinsätzen durchgeführt. Nach dem Blanchieren wird gründlich abgekühlt, um die Verderbnisgefahr während des Nachsortierens und Abfüllens von Hand zu mindern. Stangenspargel wird in die Dosen eingezählt; der für Brechspargel vorgeschriebene Kopfanteil wird meist eingewogen und nur stichprobenweise gezählt. Als Aufgußflüssigkeit verwendet man Wasser oder 0,5—1,5 %ige Kochsalzlösungen. Die Sterilisation muß unter schonenden Bedingungen durchgeführt werden, um Konsistenz- und Farbveränderungen zu vermeiden. Typische Fehler bei Spargelkonserven sind: Fehlerhaftes Schälen, fehlerhafte Köpfe, hohle und holzige Unterabschnitte, weiche Konsistenz und Gelbverfärbungen. Die Konsistenzeigenschaften können verbessert werden, wenn in hartem Wasser sehr schonend blanchiert und zum Aufguß hartes Wasser verwendet wird. Gelbverfärbungen treten meist im Bereich der Spargelköpfe nach der Sterilisation auf. Sie sind weitgehend rohwarenabhängig und lassen sich durch Änderung der Sterilisationsbedingungen meist nicht wesentlich beeinflussen.

Handelsüblich für Spargel sind Weißblechdosen mit lackierten Deckeln und unlackierten Rümpfen oder Gläser. Wegen der besonderen Druckverhältnisse, die während der Sterilisation in Stangenspargeldosen auftreten, muß ein genügend großer Kopfraum von mindestens 8% des Dosenvolumens eingehalten werden.

β) Rhabarber

Obwohl seinen Eigenschaften und seiner Verwendung nach nicht zu den Gemüsen gehörend, sollen Rhabarberkonserven an dieser Stelle behandelt werden.

Rhabarber hat für die industrielle Verarbeitung in Deutschland keine besondere Bedeutung, dagegen erfreut er sich z. B. in England zunehmender Beliebtheit. Die Schwierigkeiten der Dosenkonservierung von Rhabarber liegen vor allem in dem spezifischen Zinnlösevermögen, das auf den hohen Oxalsäuregehalt zurückzuführen ist. In lackierten Dosen werden, ausgehend von geringsten mechanischen Beschädigungen des Lackfilmes, schwerwiegende Korrosionen bis zur Totalentzinnung und zur großflächigen Unterwanderung der Lackierung beobachtet. Auf solche Erscheinungen haben auch H.A.W. Blundstone u. D. Dickinson (1964) hingewiesen. Bei Gläserkonserven treten die gleichen Schwierigkeiten naturgemäß nicht auf.

Rhabarber wird von Hand von den Blattspreiten befreit, gründlich gewaschen und von Hand oder maschinell in Stücke von etwa 3—5 cm Länge geschnitten, kurz blanchiert, um das im Zellgewebe eingeschlossene Gas zu entfernen, von Hand abgefüllt, mit heißem Aufgußsirup versehen und nach Verschließen der Behältnisse wie Obstkonserven pasteurisiert. Einige Hersteller führen vor dem Blanchieren ein längeres Wässern durch, um den Säuregehalt zu reduzieren.

d) Samen- und Fruchtgemüse

Die in diese Gruppe gehörenden Gemüsearten stellen die wirtschaftlich bedeutendste Gruppe der Konservengemüse dar. Sie zeichnen sich dadurch aus, daß ihre Verarbeitung von der Ernte bis zur Abfüllung in Dosen oder Gläser weitgehend mechanisiert werden konnte, weil es sich um Arten handelt, die durch züchterische Maßnahmen auf möglichst gleichmäßige, den besonderen Bedingungen der industriellen Verarbeitung entsprechende Eigenschaften entwickelt werden konnten.

α) Erbsen

Zur Verarbeitung zu Konserven kommen in Deutschland zu mehr als 90 % Markerbsen (vgl. S. 340), in den USA liegt der Markerbsenanteil bei etwa 75 %, in Frankreich und Belgien überwiegen dagegen die Palerbsensorten für die Konservierung. Markerbsen liefern ein süßes, zartes Korn, das auch bei gröberen Sortierungen nicht mehlig ist; Palerbsen haben einen größeren Anteil an feinen Sortierungen, sie neigen in fortgeschrittenem Reifezustand zu mehliger bis harter

Konsistenz. Da die Palerbsensorten früher geerntet werden können als Markerbsen, wird ein gewisser Palerbsenanteil auch in Ländern mit überwiegendem Markerbsenanbau gehalten, um die Verarbeitungsdispositionen zu erleichtern.

Typische Markerbsensorten, die zur Konservierung verwendet werden, sind: Wonder of Kelvedon, Profusion, Edelperle, Juwel, Sprinter; typische Palerbsensorten sind: Alaska, Gloire de Quimper, Finette, Kleine Rheinländerin.

Während der Reifeperiode nimmt der Wassergehalt der Körner ab, der Zuckergehalt durchläuft etwa 20—25 Tage, der Ascorbinsäuregehalt etwa 30 Tage nach der Blüte ein Maximum, der Stärkegehalt nimmt zu. Als objektives Kriterium für den Reifegrad wird in der Praxis die Zartheit der Körner in Form des Quetschdruckes, der notwendig ist, die Rohware unter bestimmten Bedingungen zu zerkleinern, verwendet. Die zu diesem Zweck eingesetzten Meßgeräte sind das Tenderometer, Maturometer, Texturemeter, Penetrometer, IBVT-Härtemesser u. a. (L.J. LYNCH u. Mitarb. 1959). Mit Laboratoriumsmethoden läßt sich der Reifegrad am besten charakterisieren durch das Alkoholunlösliche (AU), in das hauptsächlich die Stärke, Rohfaser, Hemicellulosen und Proteine eingehen. Sehr zarte Erbsen haben Anteile an AU von 11—16 %. Die obere Grenze handelsüblicher Normalqualität liegt bei Palerbsen bei 23,5 %, bei Markerbsen bei 21 %. Daneben sind Wassergehalt und Stärkegehalt als chemische Kriterien vorgeschlagen. Als Schnellmethode zur Bestimmung des Reifegrades kann auch bei konservierten Erbsen die bei tiefgefrorenen Erbsen vielfach angewendete Dichtebestimmung benutzt werden. Allerdings ist wegen der schnellen Salzaufnahme der sterilisierten Erbsen in diesem Falle die Dichtebestimmung durch Gewichtsverlust in Wasser der Anwendung verschieden konzentrierter Salzlösungen vorzuziehen. Die Regressionsgleichung für die Abhängigkeit der Dichte von AU wird mit:

$d = 1 + (31{,}5\ \mathrm{AU} + 217) \cdot 10^{-4}$ angegeben (L.J. LYNCH u. R.S. MITCHELL 1950).

Bei konservierten Erbsen sind mit chemischen Methoden bisher zuverlässigere Anhaltspunkte über den Reifegrad zu gewinnen als mit mechanischen Meßgeräten.

Die Messung des Reifegrades an der Rohware wird neben der Ermittlung der Sortierungsausbeute zur Bewertung bei der Abnahme durchgeführt, sie kann außerdem zur Vorausbestimmung des optimalen Erntetermines dienen.

Als optimaler Erntetermin ist der Zeitpunkt definiert, bei dem die höchste Ausbeute an optimaler Qualität erzielt wird. Nach diesem Zeitpunkt nimmt der Kornanteil mit hoher Qualität rasch ab.

Die Ernte der Erbsen erfolgt vollmechanisch. Das gemähte Kraut wird in stationären oder mobilen Dreschstationen ausgedroschen. Während des Dreschvorganges treten unvermeidbare Beschädigungen der Epidermis auf, die durch Abnahme der Tenderometerwerte verfolgt werden können und in linearer Abhängigkeit zur Umdrehungsgeschwindigkeit der Schläger stehen (R.S. MITCHELL u. L.J. LYNCH 1956). Von Einfluß sind jedoch auch die besonderen Konstruktionsmerkmale der jeweils vorhandenen Dreschmaschine.

Der Transport von Druscherbsen erfolgt meist in Kästen bei längeren Transportwegen unter Eis oder in Eiswassertanks. Qualitative Veränderungen zwischen Ernte und Verarbeitung sind weniger auf mikrobielle als auf biochemische Ursachen zurückzuführen, insbesondere erfolgt ein Abbau von Zucker und Ascorbinsäure und eine Verhärtung der Epidermis infolge Ca-Anreicherung (W. HAAS 1956), die sich in einem Ansteigen des Tenderometerwertes bemerkbar macht. Zur Reinigung von Druscherbsen werden meist Windfegen, Flotationswäscher und Stabtrommeln verwendet, um anhaftenden Zellsaft, Schmutzbestandteile, Hülsenteile und Unkräuter zu entfernen.

Die Sortierung der gewaschenen Rohware wird meist in Trommelsortiermaschinen entsprechender Rundlochung durchgeführt, die Sortierungsausbeute ist im wesentlichen von der Sorte und vom Reifegrad abhängig.

Die sortierten Erbsen werden im Wasserblancheur, seltener im Dampfblancheur je nach Größensortierung und Reifegrad blanchiert. Beim Dampfblanchieren besteht Neigung zum Auftreten eines heuartigen Fremdgeschmacks, der nur durch sorgfältige Vorwäsche zu verhindern ist. Über die beim Blanchieren von Erbsen auftretenden Verluste an wasserlöslichen Vitaminen und Mineralstoffen finden sich ausführliche Angaben bei F. A. LEE (1958) und L. E. CLIFCORN (1948).

Nach dem Blanchieren ist eine Klassierung der Erbsen je nach Reifegrad auf Grund der Dichte-Unterschiede zwischen überreifen und nicht ausgereiften Körnern möglich. Zu diesem Zweck werden mit Hilfe sog. Salz-Gräder in Salzlösungen entsprechender Konzentration ($d \approx 1{,}05$—$1{,}10$ [g/ml]) die „Schwimmer" (zart, unreif) von den „Sinkern" (hart, reif) getrennt.

Die Abfüllung erfolgt meist vollautomatisch mit Spezialfüllmaschinen. Als Aufguß werden Wasser, etwa 1%ige Lösungen von Salz und/oder Zucker, gegebenenfalls Gewürzauszüge (petit pois à l'étuvée) verwendet. Die Sterilisation wird in üblicher Weise wie bei den anderen Gemüsearten durchgeführt.

Erbsen neigen während der Sterilisation zum Quellen. Die Quellungserscheinungen sind bei Palerbsen in der Regel stärker als bei Markerbsen. Sie sind abhängig vom Reifegrad und von der Größensortierung. Nachträgliche Messungen der Sortierungsdurchmesser bereiten deshalb besonders bei sterilisierten Erbsen mit fortgeschrittenem Reifegrad Schwierigkeiten.

In Erbsenkonserven sind häufig Trübungen der Aufgußflüssigkeit zu beobachten, die auf eine Ausfällung von beim Hungerstoffwechsel gebildeten Spaltprodukten höherer Kohlenhydrate, in Lösung gegangenes Eiweiß und den Einfluß zweiwertiger Kationen zurückgeführt werden können (K. HEINTZE 1958). Die Trübung, im extremen Falle Gelierung, des Aufgusses ist aber auch sorten- und reifegradabhängig und wird besonders durch den Quotienten Aufgußmenge/Erbsenfüllgewicht beeinflußt. Je kleiner dieser Quotient, um so stärker ist die Neigung zum Gelieren (J. J. POWERS u. Mitarb. 1961).

Die bei der Sterilisation von Erbsen eintretende praktisch vollständige Umwandlung von Chlorophyll in Phaeophytin, auf die die Farbverblassung zurückzuführen ist, kann nur verringert werden, wenn das normalerweise vorliegende pH 6,2 durch Zusatz von Alkali auf pH 8 erhöht wird. Auf dieser Grundlage beruht das Blair-Verfahren, bei dem die Erbsen zunächst in 2% Sodalösung eingelegt, dann in Calciumhydroxid-Lösung blanchiert und schließlich mit einem Aufguß versehen werden, der Magnesiumhydroxid enthält (J. R. BLAIR u. T. B. AYRES 1943, vgl. auch K. HEINTZE 1958).

Die infolge der Sterilisation auftretenden Geschmacksveränderungen werden z. T. auf die Bildung von Pyrrolidoncarbonsäure aus Glutamin zurückgeführt (F. A. LEE u. R. S. SHALLENBERGER 1959).

β) Bohnen

Zur Verarbeitung zu Konserven kommen Buschbohnen und Stangenbohnen, grüne Bohnen und Wachsbohnen. Die grünen Buschbohnensorten haben mengenmäßig die bei weitem größte Bedeutung. Je nach Verarbeitungsart werden runde oder mehr ovale bis flache Wuchsformen bevorzugt.

Die im Durchmesser kleinen Bohnen (haricots verts, Prinzeßbohnen) werden fast immer als ganze Bohnen konserviert. Es handelt sich entweder um nicht fadenfreie, runde Sorten, die auch im annähernd ausgewachsenen Zustand noch klein bleiben (französischer Typ) oder um junge, sehr zarte Bohnen fadenfreier Sorten. Das Pflücken solcher Bohnen erfolgt meist von Hand, die Sortierung wird nach maschineller Vorsortierung ebenfalls meist von Hand durchgeführt.

Die zu Brechbohnen verarbeiteten Buschbohnensorten stammen meist aus fadenfreier Züchtung. Man unterscheidet solche mit weißen und braunen Kernen. Das Ernten der für Brechbohnen bestimmten Buschbohnen erfolgt meist mit vollautomatischen Bohnenpflückmaschinen. Maschinelle Vorsortierung ist möglich und wird vielfach durchgeführt.

Das Abspitzen der Enden erfolgt auf geeigneten Anlagen, die für maschinengepflückte Bohnen zugleich mit Entrankvorrichtungen versehen sind. Das Brechen der Bohnen in Stücke von über 3 cm Länge erfolgt in mit entsprechender Messeranordnung versehenen Maschinen. Dabei fallen entsprechend der Länge der Bohnen und der Schnittlänge der Stücke kurze Endabschnitte bis zu etwa 25% der Gesamtstückzahl an.

Das Schneiden von Bohnen zur Herstellung von Schnittbohnen erfolgt im Längs- oder Schrägschnitt. Für diese Verarbeitungsart werden z. T. spezielle flache bis ovale Sorten verwendet.

Die abgespitzten ganzen, gebrochenen, geschnittenen Bohnen werden im Wasserblancheur kurz blanchiert, bis sie die zur Füllung geeignete Konsistenz aufweisen. Zusammenfassende Angaben über die Verluste an wasserlöslichen Inhaltsstoffen während des Blanchierens finden sich bei F. A. Lee (1958).

Die Abfüllung von Bohnen in Dosen oder Gläser erfolgt mit halbautomatischen Rundfülltischen oder mit Spezialfüllmaschinen. Haricots verts werden meist von Hand gefüllt und mit Wasser oder Salzlösung aufgegossen. Die Sterilisation erfolgt unter den für Gemüse üblichen Bedingungen.

Bei Bohnenkonserven auftretende Braunverfärbungen der Aufgußflüssigkeit sind meist auf eine Farbstoffabgabe der Kerne zurückzuführen, können aber auch die Folge von Bräunungsreaktionen bei zu hohen Sterilisationstemperaturen sein. Texturveränderungen sind auf Pektinabbau während des Blanchierens oder der Sterilisation zurückzuführen (W. A. Sistrunk u. R. F. Cain 1960).

Fädigkeit bei Bohnen kann durch Auszählen der fädigen Stücke bestimmt werden. Da auch Bohnen aus fadenfreien Züchtungen zarte Fäden enthalten, die nur bei Entartung der Sorten fester werden, ist es üblich, nur solche zu zählen, die eine deutlich erkennbare Zerreißfestigkeit haben. In den US-Standards of Identity sind solche als „fest" beurteilt, die ein Gewicht von 225 g mehr als 5 sec zu tragen vermögen. Bastigkeit von Bohnen, die bei Verholzung des Pergamenthäutchens in den Hülsen auftritt, kann durch eine Bestimmung des Rohfasergehaltes bestimmt werden. Der Reifegrad grüner Bohnen läßt sich aus dem Verhältnis des Kernanteiles zum Fleischanteil der Bohnenhülsen bestimmen, dabei sind nur die zur Zählung geeigneten Stücke auszuwählen (vgl. Food-Standards and Definitions 1963).

γ) Große Bohnen (Puffbohnen)

Zur Konservierung werden weißkernige und braunkernige Sorten verwendet. Die Großen Bohnen werden in Erbsendreschmaschinen ausgedroschen oder aus den Hülsen in geeigneten Löchtemaschinen gelöchtet. Zur Bestimmung des Reifheitsgrades sind versuchsweise mechanische Hilfsmittel nach Art des Tenderometers angewendet worden, auch der Gehalt an Alkoholunlöslichem gibt Anhaltspunkte, da der Stärkegehalt mit steigendem Reifegrad zunimmt. Die Quellung der Stärke während des Sterilisationsvorganges kann ein Platzen der Epidermis hervorrufen und dadurch den Zustand fortgeschrittener Reife erkennbar machen. Die gedroschenen oder gelöchteten Großen Bohnen werden in Trommelsortiermaschinen sortiert, blanchiert, in geeigneten Füllmaschinen abgefüllt und nach Auffüllen mit Wasser oder Salzlösung in üblicher Weise sterilisiert. Eine Zugabe von Bohnenkraut oder Gewürzauszügen ist in einigen Gegenden handelsüblich.

Die an den Bohnenkernen vielfach noch ansitzende Placenta (Ansatzpolster) entfernt man während des Verarbeitungsvorganges durch intensives Waschen in der Stabtrommel. Dabei reiben sich die Kerne kräftig aneinander.

Die während der Erhitzung auftretende Braunfärbung Großer Bohnen führt man auf das Vorhandensein von Leukoanthocyanidinen zurück (vgl. S. 340). In einer weißkernigen Rohware sind deshalb vor der Sterilisation etwa entartete, nach Braun umschlagende Kerne nicht zu erkennen. Ein geringer Anteil brauner Kerne ist deshalb auch in Konserven weißkerniger Großer Bohnen technisch unvermeidbar.

Eine ähnliche Rolle wie die Großen Bohnen in der deutschen Gemüsekonservenproduktion spielen in den USA die *Limabohnen* (*Phaseolus lunatus*). Die Ernte und Verarbeitung erfolgt praktisch nach dem gleichen Verfahren wie bei Großen Bohnen. Es ist in den USA vielfach üblich, nach Reifegrad im Salzgräder zu klassieren, auch werden z. T. elektronische Sortieranlagen zur Ausscheidung von Bohnen mit Farbabweichungen eingesetzt.

Limabohnen enthalten glucosidisch gebundene Blausäure, für deren Bestimmung die Methode von W. O. Winkler (1958) empfohlen wird.

δ) Mais

Maiskonserven sind ein typisch amerikanisches Erzeugnis, das in Europa praktisch nicht hergestellt wird. Man unterscheidet drei Zubereitungsformen:

Maiskorn (whole kernel corn), dabei werden die vom Kolben mit maschinellen Messervorrichtungen abgeschobenen Körner wie Erbsen abgefüllt und mit einem Aufguß von Salz- und Zuckerlösung sterilisiert.

Maisbrei (cream style corn), dabei werden die abgeschobenen Körner zerkleinert und mit Salz- und Zuckerlösung, gegebenenfalls unter Zusatz von Maisstärke, zu einem breiartigen Erzeugnis verarbeitet.

Maiskolben, dabei werden die ganzen Kolben mit einem Aufguß von Salz- und Zuckerlösung sterilisiert.

Die Qualität von Maiskonserven wird im wesentlichen bestimmt durch den Reifegrad der Rohware. Die Umwandlung von Zucker in Stärke verläuft bei Mais besonders schnell. Es ist üblich, den Reifegrad durch Refraktometermessung des ausgequetschten Saftes oder durch Messung mit Quetschvorrichtungen, wie „Succulometer" zu bestimmen. Die Ernte und die Befreiung der Kolben von den Hüllblättern wird mit geeigneten Maschinen durchgeführt (corn picking, husking, silking). Die vom Kolben abgeschobenen (cutting) Körner werden gewaschen und meist ohne vorheriges Blanchieren abgefüllt und sterilisiert. Bei Maiskonserven ist vielfach die Zugabe einer nur geringen Aufgußmenge bei gleichzeitig hohem Vakuum in den Dosen üblich.

Typische Fehler bei der Maisverarbeitung sind: Verfärbungserscheinungen, Kolbenanteile im Füllgut, zerquetschte Körner und lose Schalen, nicht zarte Körner, bei cream style corn insbesondere auch Konsistenzfehler, also zu dick oder zu flüssig.

e) Tomaten und Tomatenerzeugnisse

Konservierte Erzeugnisse aus Tomaten werden in Deutschland aus klimatischen Gründen aus einheimischer Rohware nicht hergestellt. Dagegen werden erhebliche Mengen an Tomatenmark, Tomatensaft und geschälten Tomaten, vor allem aus Italien, Frankreich, den Balkanstaaten, Spanien und Portugal und z. T. auch aus den USA eingeführt. Importiertes Tomatenmark wird im Inland industriell in Kleinpackungen abgepackt und zu Erzeugnissen, wie Ketchup, Chilisauce u. a. weiterverarbeitet.

Ganze Tomaten werden geschält und ungeschält konserviert. Das Schälen erfolgt nach kurzem Ankochen der Früchte bis zum Platzen der Epidermis in Spezialschälmaschinen. Während der Sterilisation geschälter Tomaten treten Konsistenzveränderungen auf, die auf partiellen Pektinabbau zurückzuführen sind. Eine Härtung des Zellgewebes kann durch Zusatz von Calciumchlorid erreicht werden. Handelsüblich sind Zusätze bis zu 0,026% (U. Casoli u. A. Porretta 1963; *US-Standards of Identity*).

Für geschälte Tomaten kommen im wesentlichen kleinfrüchtige, runde und birnenförmige (Typ San Marzano) Sorten zur Verarbeitung. Die Früchte müssen gleichmäßig ausgereift und frei von Grünkragen und Falten sein. Folgende Zubereitungsarten für konservierte ganze Tomaten haben die größte Bedeutung:

1. Tomaten ungeschält, ganz, in Wasser (mit Salz und Calciumchloridzusatz), in nicht konzentriertem Tomatenmark, in konzentriertem Tomatenmark.
2. Tomaten ungeschält, befreit von Stielansatz und Kerngehäuse, zum Füllen, in Aufgußmedien wie zu 1.
3. Tomaten geschält, ganz, ohne Aufguß oder in Tomatenmark, nicht konzentriert oder konzentriert.
4. Tomaten geschält, zerkleinert, ohne Aufguß.

Für die Qualitätsbeurteilung geschälter Tomaten sind Abtropfgewicht und Anteil an nicht zerfallenen Früchten von besonderer Bedeutung, daneben werden hauptsächlich Farbe und Freiheit von pflanzlichen Fehlern bewertet.

Tomaten werden aus Konsistenzgründen im allgemeinen nur bei 100°C sterilisiert.

Tomatensaft, Tomatenmark und Tomatenketchup werden gesondert behandelt (vgl. K. Herrmann: „Tomatensäfte usw." in diesem Band).

8. Untersuchung

a) Probenahme

Gemüse als meist grobstückige Lebensmittel lassen sich vielfach nur unter Schwierigkeiten abfüllen. Sie weisen außerdem je nach Sorte, Reifegrad, Anbaubedingungen usw. relativ starke Unterschiede hinsichtlich ihrer Eigenschaften und Zusammensetzung auf. Es ist deshalb bei der Untersuchung von Konserven mit natürlichen und technisch unvermeidbaren Schwankungen zu rechnen, auf die zur Beurteilung größerer Partien durch hinreichenden Umfang der Stichproben Rücksicht genommen werden muß.

Folgende Prüfpläne werden empfohlen:

N	n	c
≤2400	3	0
2401 —12000	6	1
12001—24000	13	2
24001—48000	21	3
48001—72000	29	4
72001—108000	38	5

Als Stichprobenpläne, die für die verschiedenen Behältergrößen angewendet werden können, sei hingewiesen auf die Regulations governing Inspection and Certification of processed Fruits and Vegetables and related Products (US-Dept. of Agriculture, Agricultural Marketing Service, Washington, D.C. v. 1. Juli 1958, ergänzt 1. Nov. 1962).

Wobei N die Losgröße, n der Stichprobenumfang und c die Zahl der noch zulässigen fehlerhaften Einzelproben bedeuten.

Es sei ferner hingewiesen auf die z. Z. in Diskussion befindlichen Probenahmepläne der FAO/WHO.

b) Ermittlung der Füllgewichte

α) Abtropfgewicht

Der Dosen- bzw. Gläserinhalt wird auf ein flaches Sieb mit 2,5 mm Maschenweite und für Behältergrößen bis 850 ml (1/1 Dose) mit 20 cm Durchmesser ausgeschüttet und durch vorsichtiges Schütteln gleichmäßig verteilt. Das Sieb wird leicht geneigt, um das Abtropfen zu erleichtern. Nach 2 min Abtropfzeit wird das Sieb mit dem abgetropften Inhalt gewogen. Das Leergewicht des Siebes wird nach Ausschütten des Gemüses festgestellt (französische Normen). Die geringe Wassermenge, welche zwischen den Siebmaschen hängen bleibt, beeinflußt jedoch im allgemeinen das Ergebnis der Bestimmung des Abtropfgewichtes nur unwesentlich. Es genügt, wenn die Bestimmung auf $\pm$ 1 g genau erfolgt.

Für Tomaten ist es in den USA üblich, gröbere Siebe mit 1,12 cm Maschenweite (mesh 2) zu verwenden, dadurch wird das Abtropfen des Tomatensaftes bzw. dickflüssiger Pulpteile erleichtert.

Zur Bestimmung des Abtropfgewichtes bei Blattgemüse wie z. B. Grünkohl, soll das Gut nicht gequetscht werden; größere Blattklumpen sind jedoch von Hand zu zerteilen. Durch mehrfaches Hin- und Herneigen des Siebes wird an den Blättern anhaftendes Wasser zum Abtropfen gebracht.

Bei passiertem Spinat kann das Abtropfgewicht bestimmt werden, indem man 100 g des gut durchgemischten Füllgutes auf einer Glasfilternutsche 25 GO (95 mm Durchmesser) absaugt.

β) Nettoinhaltsgewicht

Zur Bestimmung wird das gefüllte, vom Etikett befreite Behältnis gewogen und nach dem Entleeren getrocknet und zurückgewogen. Bei Nettogewichtskontrollen mehrerer Dosen oder Gläser des gleichen Formates genügt es nicht, nur ein Leerbehältnis zu wiegen, da das Gewicht wegen technisch unvermeidbarer Wanddickenschwankungen unterschiedlich sein kann. Jede Nettogewichtsbestimmung muß deshalb mit dem betreffenden Behältnis durchgeführt werden.

Lediglich bei Kontrollen sehr großer Partien ist es häufig ausreichend, als Taragewicht das Durchschnittsgewicht von 10 Leerbehältern zu Grunde zu legen.

γ) Bestimmung des Kopfraumes

Der Kopfraum in einer Dose oder einem Glas ist der Leerraum, der nicht mit Flüssigkeit oder festem Füllgut ausgefüllt ist. Er wird mit einer Tiefenlehre von Falzoberkante der geöffneten Dose bzw. Mündungsoberkante des geöffneten Glases bis zum Flüssigkeitsspiegel in Millimetern gemessen. Die Angabe erfolgt in Millimetern oder in Prozent des Dosen- oder Gläservolumens.

δ) Dosenvolumen

Die Bestimmung des Dosenvolumens nach ISO/T.C. 52 erfolgt an den leerverschlossenen Dosen. In den Deckel werden an der höchsten Stelle der Sicke zwei Löcher von 3—4 mm Durchmesser in einem Abstand von etwa 5 mm gebohrt. Dabei wird darauf geachtet, daß das Blech nicht nach innen einbeult. Die Leerdose wird auf 1 g genau gewogen (P_2), sodann mit Wasser von 20° aus einer Spritzflasche mit ausgezogenem Ausflußstück gefüllt bis die Luft vollständig verdrängt ist. Die gefüllte Dose wird äußerlich mit Fließpapier vorsichtig getrocknet und gewogen (P_1). Das ISO-Volumen ergibt sich, unter Berücksichtigung der Temperaturkorrektur zu

$$V_{ISO} = (P_1 - P_2) + \frac{0{,}28\,(P_1 - P_2)}{100}$$

ε) Gläservolumen

Bei Konservengläsern wird zwischen Inhalt „gestrichen voll" und Füllinhalt (Nenninhalt) unterschieden. Der Inhalt „gestrichen voll" wird durch Füllen der Gläser mit Wasser von 20° bis zur Mündung und Wägung (vgl. Bestimmung des Dosenvolumens) bestimmt. Der Füllinhalt ergibt sich durch Füllung bis zu dem für den jeweiligen Verschlußtyp notwendigen Kopfraum. Dieser beträgt z. Z. bei nicht atmenden Vakuumverschlüssen 8% des Inhaltes „gestrichen voll". Nähere Einzelheiten sind z. B. aus DIN 6044 und DIN 6049 ersichtlich.

c) Vorbereitung der Proben

Die Probenvorbereitung ist von der Art der durchzuführenden Untersuchungen abhängig. Im allgemeinen ist es notwendig, den Doseninhalt zu homogenisieren. Dabei wird je nach Problemstellung entweder das feste Füllgut durch Abtropfen der Aufgußflüssigkeit vorher vom flüssigen Anteil getrennt oder der gesamte Doseninhalt gemischt. Da technisch unvermeidbare Unterschiede bei der Füllung auftreten, ist es meist ratsam, sich aus dem Inhalt mehrerer Dosen oder Gläser eine Sammelprobe herzustellen. Feststellungen, die zu allgemeinen Aussagen, z. B. über das Verhalten von Inhaltsstoffen während Sterilisation und Lagerung, verwertet werden sollen, sind meist nur an einer größeren Zahl von Konserven, deren Vorgeschichte (Rohwarenart, Sterilisationsbedingungen, Spezifikationen des Verpackungsmaterials usw.) genau bekannt ist, zu treffen. Statistische Auswertung einer größeren Zahl von Analysen ist in diesen Fällen meist unerläßlich. Zur Vorbereitung der Proben wird die AOAC-Methode (1965) 30.002 empfohlen.

d) Allgemeine chemische Methoden

α) Alkoholunlösliche Bestandteile (AU)

Die Bestimmung wird nach der AOAC-Methode 30.015 ausgeführt (vgl. auch S. 353).

β) Rohfaser

Für die Rohfaserbestimmung bei Gemüsekonserven können grundsätzlich alle bekannten Verfahren angewendet werden (vgl. z. B. E. Mergenthaler 1961). Besonders zu empfehlen wegen der bequemen Durchführung bei Reihenuntersuchungen ist die Methode von Scharrer u. Kürschner (vgl. Bd. II/2), hingewiesen sei auch auf die dem Weenderverfahren ähnliche AOAC-Methode 22.038—22.042. Die Ergebnisse der Rohfaserbestimmung sind wesentlich von der angewendeten Methode abhängig, deshalb muß das Verfahren zusammen mit den Ergebnissen angegeben werden.

Bei Gemüsekonserven werden meist 25 g der gut gemischten und im Mixgerät sorgfältig zerkleinerten Probe (bei konzentrierten Tomatenprodukten nur 10 g) mit 50 ml Wasser angerührt und abzentrifugiert. Die überstehende klare Flüssigkeit wird dekantiert, oder wenn sie noch Schwebestoffe enthält, durch eine dünne Asbestschicht filtriert. Auf diese Weise wird der Zucker und überschüssiges Wasser, das die Aufschlußflüssigkeit verändern würde, entfernt. Der Fettgehalt ist in den meisten Gemüsearten so gering, daß er bei der Rohfaserbestimmung nicht stört, dagegen kann z. B. bei Baby-Kost-Konserven, denen Butterfett zugesetzt ist, die Entfernung des Fettes notwendig sein.

γ) Sand

Die Bestimmung des Sandgehaltes erfolgt nach den gleichen Methoden wie bei Frischgemüse (vgl. S. 355). Nach den Qualitätsnormen und Deklarationsvorschriften für verarbeitetes Obst und Gemüse ist die Bestimmung des HCl-unlöslichen Anteils der Asche vorgeschrieben. Für Tomatenprodukte wird meist die Flotationsmethode angewendet.

δ) Trockensubstanz

Eine Bestimmung des Wasser- bzw. Trockensubstanzgehaltes ist meist nur bei passierten und pürierten Gemüsekonserven notwendig.

Für Spinat ist in den Qualitätsnormen und Deklarationsvorschriften für verarbeitetes Obst und Gemüse eine Trocknung über Sand bei 105° während 4 Std vorgeschrieben. Refraktometrische Messung des Trockensubstanzgehaltes führt bei Spinat nicht zu verwertbaren Ergebnissen.

Für andere Erzeugnisse, besonders solche, die zum Karamellisieren neigen, ist die Trocknung bei 70° im Vakuumtrockenschrank vorzuziehen. Empfohlen wird die AOAC-Methode 30.003.

Bei Tomatenerzeugnissen wird allgemein der refraktometrischen Bestimmung des Trockensubstanzgehaltes der Vorzug gegeben.

ε) Schwermetalle

aa) Zinn

Die gravimetrische Zinnbestimmung (vgl. AOAC-Methoden 24.075) ebenso wie die jodometrische Methode (vgl. AOAC-Methoden 24.076) sind relativ umständlich und können deshalb nur bedingt empfohlen werden. Sie versagen insbesondere bei geringeren Zinngehalten, wie sie bei dem immer stärkeren Einsatz von lackiertem Dosenmaterial zu erwarten sind.

Für Reihenuntersuchungen sind besonders polarographische Methoden zu empfehlen. Manchmal genügt es, unmittelbar in der mit HCl angesäuerten Aufgußflüssigkeit zu polarographieren. Die Verteilung des Zinns zwischen flüssigem und festem Doseninhalt ist jedoch erfahrungsgemäß nicht gleichmäßig. Die Konzentration in dem festen Anteil ist im allgemeinen höher.

Polarographische Methode: Für genauere Untersuchungen erhitzt man je nach Zinngehalt 2—10 g der homogenisierten Probe mit 10 ml konz. HNO_3 bis zur beginnenden Verkohlung, läßt abkühlen, gibt 2 ml konz. H_2SO_4 hinzu und erhitzt unter gelegentlichem Zufügen kleiner Mengen HNO_3 bis man eine klare farblose bis schwach gelbe Lösung erhält. Sodann wird 1 ml konz. $HClO_4$ zugefügt und bis zur Entwicklung weißer Dämpfe erhitzt. Nach Abkühlen fügt man 2 ml einer 85%igen Ameisensäure hinzu und erhitzt nochmals bis zur Entwicklung weißer Dämpfe. Die Lösung wird in einen 25 ml-Meßkolben übergeführt, mit 0,5 ml einer 1%igen Gelatinelösung versetzt und mit einer Mischung von n-Salzsäure und n-Ammoniumchloridlösung (1:1) aufgefüllt. Es wird bei —0,3 bis —0,8 V polarographiert. Die in den Konserven vorhandenen geringen Bleimengen beeinträchtigen die Bestimmung nicht (A. PORETTA u. G. BELUCE 1959). Eine Methode mit Hilfe der oszillographischen Polarographie ist von J. MALKUS (1957) vorgeschlagen worden.

Eine relativ einfache und leicht auszuführende photometrische Methode haben D. DICKINSON u. R. HOLT (1954) vorgeschlagen (vgl. D. DICKINSON u. P. GOOSE 1955). Die Methode beruht darauf, daß in Gegenwart von Cyanid verascht, das metallische Zinn in Salzsäure gelöst und nach Entfernung des Kupfers mit Dithiol bestimmt wird. Dithiol bildet mit Zinn(II)salzen in stark saurer Lösung eine rötliche Färbung, die durch ein Detergens stabilisiert wird.

Reagentien:

Schmelzmischung: 3 Gewichtsteile wasserfreie Soda und 1 Gewichtsteil Kaliumcyanid.

Diäthylammonium—diäthyldithiocarbamat: Zur Herstellung der Stammlösung werden 3,0 ml Diäthylamin in 7,0 ml Chloroform gelöst, außerdem 10,0 ml Schwefelkohlenstoff in 9,0 ml Chloroform. Beide Lösungen werden gemischt und in dunkler Flasche im Kühlschrank aufbewahrt. Zum Gebrauch wird 1 Vol.-Teil der Lösung mit 20 Vol.-Teilen Chloroform verdünnt.

5 n-HCl

Teepol-Lösung: Von dem Detergens (Shell) wird eine 10%ige wäßrige Lösung hergestellt.

Dithiol-Reagens: 0,1 g Dithiol wird in 2,5 ml 5 n-Natronlauge gelöst, 0,5 ml Thioglykolsäure hinzugefügt und mit Wasser auf 50 ml aufgefüllt. Das Reagens soll frisch zubereitet werden und nicht älter als 3 Tage sein.

Arbeitsvorschrift: Eine Probe, die 0,1—1,0 mg Zinn enthält, wird in einem kleinen Porzellantiegel eingewogen, auf der Heizplatte vorsichtig getrocknet und verkohlt und anschließend bei 600 °C im Muffelofen (über Nacht) verascht. Die kohlefreie Asche wird mit dem Spatel auf den Boden des Tiegels gestoßen und mit 1 g der Schmelzmischung bedeckt. Der Tiegel wird mit einer kupferfreien Tiegelzange in die volle Flamme eines Bunsenbrenners gehalten und nach dem Schmelzen der Masse vorsichtig umgeschwenkt. Die Reaktion ist nach etwa 1 min beendet, längeres Erhitzen ist zu vermeiden. Nach Abkühlung wird der Tiegel in ein kleines Becherglas mit 10 ml dest. Wasser übergespült; nach Bedecken mit einem Uhrglas läßt man aus einer Pipette durch die Tülle des Becherglases 10 ml 5 n-Salzsäure in den Tiegel einlaufen. Anschließend wird 30 min lang gekocht, abgekühlt, abfiltriert und mit dest. Wasser gründlich nachgewaschen. Die gesamte Lösungsmenge, die etwa 35 ml betragen soll, wird in einen kleinen Scheidetrichter übergeführt und mit 5 ml der verdünnten Diäthylammonium-diäthyldithiocarbamat-Lösung versetzt. Man schüttelt kräftig aus; die Chloroformphase ist bei Anwesenheit von Kupfer braun gefärbt. In diesem Fall wird das Ausschütteln mit mehreren 1 ml-Portionen des Reagens wiederholt, bis die Chloroformphase praktisch farblos ist. Anschließend wird die wäßrige Phase mit einigen ml Chloroform ausgeschüttelt, in einen 50 ml-Meßkolben übergeführt und aufgefüllt.

5 ml der so vorbereiteten Lösung werden in einem Reagensglas mit 0,5 ml 5 n-Salzsäure, 8 Tropfen der Teepol-Lösung und 0,3 ml des Dithiol-Reagens versetzt und auf 10 ml aufgefüllt. Anschließend wird 2 min im siedenden Wasserbad erhitzt, und nach Abkühlen in einer 1 cm-Küvette bei 604 nm die Absorption der roten Lösung gemessen.

Die Eichkurve wird durch entsprechende Verdünnung von Lösungen von Reinstzinn in Salzsäure aufgestellt. Die Lösung muß frisch hergestellt werden, um Oxydationen zu Zinn (IV) zu vermeiden. Lösungen von Zinn(II)chlorid p. a. sind zur Aufstellung der Eichkurven nicht geeignet.

ββ) Blei

Die Bleimengen, die in Konserven gefunden werden, liegen wie G. K. Bergner u. H. Miethke (1964) gezeigt haben, unter 1 mg/kg. Es kommen deshalb für die Bleibestimmungen nur Mikromethoden in Betracht. Das von diesen Autoren angewendete Verfahren kann allgemein für die Untersuchung von Gemüse -und Obstkonserven empfohlen werden.

Reagentien

1. 14 n-Ammoniak bzw. 0,1 n-Ammoniak.
2. Salpetersäure (ρ 1,40) pro anal., mit Dithizon geprüft; 2a) 0,15 normal; 2b) 0,025 normal.
3. Schwefelsäure (ρ 1,84), pro anal.
4. 12 n-Salzsäure.
5. Brom-Bromwasserstoffsäure-Gemisch (500 ml 7 n-HBr + 70 ml Br_2).
6. Kaliumcyanid, 10%ige wäßrige Lösung.
7. Hydroxylaminhydrochlorid, 10%ige wäßrige Lösung.
8. Natrium-Kalium-Tartrat, 10%ige wäßrige Lösung.
9. Puffer pH 11,5:100 ml KCN (R 6) + 75 ml NH_4OH (R 1) zu 1 l auffüllen.
10. Puffer pH 3,4:9,1 ml HNO_3 (R 2) + 7 n-NH_4OH auf pH 3,4 einstellen; 25 ml 0,2 m-Kaliumhydrogenphthalat + 5,0 ml 0,2 n-HCl zugeben und auf 1 l auffüllen.
11. Indicatoren: Thymolblau, Methylorange.
12. Reagenslösung: Dithizon in Chloroform.
13. Bidestilliertes Wasser.
14. Bleinitrat.

Arbeitsvorschrift: Veraschung der Probe: 40 g des Materials (ca. 4 g Trockenmasse)werden in einen 500 ml-Duran-Glas-Kjeldahl-Kolben eingewogen, mit 5 ml konz. Schwefelsäure (R 3) und 5 ml Salpetersäure (R 2) versetzt und vorsichtig mit schwach leuchtender Bunsenflamme erhitzt. Wenn die Reaktion heftig wird, nimmt man die Flamme für einige Zeit weg. Dann raucht man ab, wobei jedoch immer, wenn sich der Rückstand bräunt, Salpetersäure in Anteilen von ca. 5 ml zugegeben wird. Man setzt die Veraschung fort, bis das organische Material zerstört ist und deutlich weiße Nebel entweichen. Die Lösung muß nun farblos bis strohgelb sein. Bei der Veraschung von Spinat bleibt außerdem ein weißer fester Rückstand in der sonst klaren Lösung zurück, der im wesentlichen aus $CaSO_4$ besteht.

Um die Nitrosylschwefelsäure zu entfernen, fügt man nach dem Abkühlen 25 ml bidestilliertes Wasser zu und erhitzt bis zum beginnenden Rauchen. Dies wird noch einmal wiederholt.

Zur Entfernung von Zinn wird einmal mit 5 ml HBr/Br_2 (R 5) abgeraucht.

Der bei der Veraschung von Spinat verbleibende rein weiße Niederschlag läßt sich anschließend durch Erwärmen mit 10 ml HCl (R 4) in Lösung bringen.

Die Lösung wird mit 2 ml Hydroxylaminhydrochlorid versetzt, kurz aufgekocht und durch ein mit verdünnter Salpetersäure gewaschenes Filter in einen Scheidetrichter filtriert.

Vorextraktion: Man neutralisiert mit Ammoniak, versetzt mit 2 ml Hydroxylaminhydrochloridlösung (R 7), 2 ml Kaliumcyanidlösung (R 6) und stellt mit Ammoniak auf pH 9,5 (Thymolblau) ein. Das Blei wird zusammen mit Wismut solange mit je 5—10 ml der Reagenslösung (R 12) ausgeschüttelt, bis die letzte Zugabe nach $^1/_2$ min langem Schütteln rein grün bleibt.

Abtrennung von Wismut: Die gesammelten organischen Extrakte werden im Schütteltrichter mit ca. 25 ml bidestilliertem Wasser gewaschen (1 min lang geschüttelt), wieder abgetrennt und mit 25 ml Pufferlösung pH 3,4 (R 10) geschüttelt. Dabei geht das Blei in die wäßrige Phase, Wismut bleibt im organischen Extrakt, der verworfen wird. (Überschuß von Dithizon notwendig!). Von der Pufferlösung, die das Blei enthält, werden nach Auffüllen auf ein definiertes Volumen entsprechende Anteile für die spektrophotometrische Bestimmung entnommen. Bei Verwendung von 4 cm-Cuvetten liegt der günstigste Bereich zwischen 4—8 μg Blei.

Bestimmung von Blei: Der entnommene Anteil wird gegen Thymolblau auf pH 9,5 eingestellt, mit ca. 5 ml 0,15 n-HNO_3 (R 2a) und 2 ml Pufferlösung (R 9) versetzt und mit Reagenslösung (R 12) in Anteilen von jeweils 5—10 ml ausgeschüttelt, bis die letzte Zugabe nach $^1/_2$ min langem Schütteln rein grün bleibt. Die organischen Extrakte werden mit Chloroform zu 20 ml aufgefüllt. Dann wird die Lösung in zwei ungefähr gleiche Teile geteilt, der eine Teil mit 10 ml 0,025 n-HNO_3 (R 2b) zur Auftrennung des Bleidithizonates geschüttelt. Beide Lösungen werden für sich durch einen mit Dithizonlösung gereinigten Wattebausch filtriert und in 4 cm-Cuvetten gegen Chloroform bei 605 nm (Absorptionsmaximum des Dithizons) gemessen. Die Extinktionsdifferenz ist ein Maß für den Bleigehalt.

Eichkurve: 3,197 g Bleinitrat (2,000 g Pb), durch zweimaliges Umkristallisieren gereinigt, werden mit 0,15 n-HNO_3 (R 2a) auf eine Konzentration von 2 μg Pb/ml verdünnt. Mittels einer Feinbürette werden 2, 3, 5 ml abgemessen, mit 10 ml 0,15 n-HNO_3 (R 2a) und 2 ml Pufferlösung (R 9) versetzt und unter den oben mitgeteilten Vorsichtsmaßnahmen weiterbehandelt.

Die Extinktionsdifferenzen bei 605 nm, gegen die Konzentration aufgetragen, ergeben die Eichgrade.

Hingewiesen sei ferner auf die IUPAC-Methode (vgl. Z. Lebensmittel-Untersuchung u. -Forsch. *127*, 225—229 (1965).

γγ) Eisen

Für die Bestimmung des Eisengehaltes in konservierten Gemüsen hat sich im allgemeinen die o-Phenanthrolin-Methode am besten bewährt (vgl. AOAC-Methode 6.007—6.009). Einfacher in der Durchführung und für viele Zwecke hinreichend genau ist die Bestimmung als Rhodanid (H. L. ROBERTS u. Mitarb. 1940).

Dabei werden 20—50 g der homogenisierten Probe mit 10 ml H_2SO_4 und genügend HNO_3 aufgeschlossen und zur Entfernung der Nitrosylschwefelsäure mit 10—20 ml Wasser eingedampft. Die Gesamtlösung oder ein aliquoter Teil, der 5—10 g der Probe entspricht, wird in einen 250 ml-Scheidetrichter übergeführt und auf 95 ml mit Wasser verdünnt. Dann wird ein Tropfen 0,1 n-$KMnO_4$-Lösung bis zur schwachen Rosafärbung der Lösung zugegeben, umgeschüttelt, 15 ml Isoamylalkohol und 10 ml 0,1 n-Kaliumrhodanid-Lösung zugegeben. Nach Umschütteln läßt man die Isoamylalkoholphase absetzen und photometriert sie bei 500 nm. Zum Aufstellen der Eichkurve werden 0,5 g Reinsteisen in 20 ml 25%iger H_2SO_4 und 6 ml konz. HNO_3 gelöst. Die Salpetersäure wird verkocht, der Rückstand entsprechend verdünnt. Rotfärbung ist von der Säurekonzentration abhängig. Eichkurven und Untersuchungsprobe müssen deshalb unter gleichen Voraussetzungen bestimmt werden.

Hingewiesen sei auf die Möglichkeit, Eisen — sowie andere Metalle — in pflanzlichem Material mit Hilfe der Emissionsspektrographie zu bestimmen. Dieses Verfahren ist besonders für Reihenuntersuchungen geeignet. Eine Untersuchungsanweisung, die sich auch auf Gemüsekonserven anwenden läßt, findet sich in den AOAC-Methoden 41.001—41.016.

δδ) Kupfer

Für die quantitative Bestimmung kleiner Kupfermengen kann die AOAC-Methode 6.038 empfohlen werden, die auf der Farbreaktion mit Natriumdiäthyldithiocarbamat beruht.

Da Gemüse und Obst, auch in konservierter Form, im allgemeinen kein Nickel, Kobalt oder Wismut enthalten, die geeignet wären, die Kupferbestimmung mit Diäthyldithiocarbamat zu stören, kann meist auf die relativ umständliche Entfernung dieser Metalle verzichtet und direkt ausgeschüttelt werden.

Werden geringere Ansprüche an die Empfindlichkeit gestellt, z. B. beim Nachweis einer Kupfergrünung von Gemüse, genügt die colorimetrische Bestimmung mit Hilfe des Kupfertetramin-Komplex:

Man verascht bei 600° 100 g der homogenisierten Probe, nimmt mit 5 ml HNO_3 (1:1) auf, führt in einen 50 ml-Meßkolben über, fügt 6 n-Ammoniak bis zur schwach alkalischen Reaktion hinzu, filtriert die blau gefärbte Lösung, füllt auf und colorimetriert. Für die Standardlösung werden 0,5 g reines Kupfer in 10 ml HNO_3 (1:1) gelöst und entsprechend verdünnt. Die Konzentration an Ammoniumsalzen und Ammoniak muß in Meß- und Standardlösungen möglichst genau einheitlich sein.

Genaue Werte werden auch bei der elektrolytischen Kupferbestimmung erhalten. Das Verfahren ist jedoch für die meisten praktischen Zwecke der Untersuchung von Gemüsekonserven zu umständlich (vgl. dazu A. Beythien u. W. Diemair 1963).

e) Spezielle Methoden

Nachweis der Verwendung von Trockenerbsen

Die Unterscheidung gequollener Trockenerbsen von Frischerbsen ist im allgemeinen nur ein Problem bei den größeren Sortierungen von Palerbsen. Kleine Sortierungen $<$ 9,3 mm Durchmesser können aus Trockenerbsen nicht ohne erheblichen technischen Aufwand gefertigt werden, auch unterscheiden sie sich in der Regel in ihren organoleptischen Eigenschaften charakteristisch von Frischerbsen. Auch frische Markerbsen lassen sich durch ihre Geschmacks- und Konsistenzeigenschaften deutlich von Trockenerbsen unterscheiden. Das Hervortreten eines Keimlings ist kein sicheres Zeichen für die Verwendung von gequollenen Trockenerbsen, sondern kann auch bei im Reifegrad fortgeschrittenen Frischerbsen vorhanden sein. A. Houlebrooke (1963) hat festgestellt, daß der Gehalt an Alkoholunlöslichem bei gequollenen Trockenerbsen durchschnittlich bei 25,1 %, bei konservierten Frischerbsen dagegen bei 14,8 % liegt, und auf entsprechende Unterschiede bei den Trockenmassen hingewiesen.

Frühere Arbeiten von C.F. Muttellet (1926), J. Froidevaux (1926) und O. Lüning u. E. Beyer (1929), die im wesentlichen das stärkere Quellungsvermögen der Trockenerbsen als Unterscheidungskriterium benutzt haben, führten nicht zu befriedigenden Ergebnissen, weil überreife Frischerbsen ähnliche Eigenschaften aufweisen wie gequollene Trockenerbsen.

K. Brohm u. Mitarb. (1956) haben gefunden, daß ein Gehalt an mit Dichlorphenol-indophenol bestimmbaren reduzierenden Substanzen über 5 mg/100 g auf die Verwendung von Frischerbsen deutet, während Werte unter 3 mg/100 g die Anwesenheit von gequollenen Erbsen anzeigen. L. Gerson u. C.M. Swemle (1960) haben diese Ergebnisse im Prinzip bestätigt, indem sie bei Frischerbsen über 4 mg/100 g an reduzierten Substanzen, bei gequollenen Trockenerbsen unter 1,5 mg/100 g gefunden haben. Diese Methoden bleiben jedoch insofern unbefriedigend, als bei Gemüsemischungen mit relativ hohem Karottenanteil Befunde erzielt werden können, die eindeutige Rückschlüsse nicht zulassen. Außerdem ist beobachtet worden, daß mitunter Ascorbinsäurezusätze zu Erbsenkonserven erfolgen, die insbesondere bei Importware nur schwer nachweisbar sind. Bei Gemüsemischungen von Erbsen und Karotten muß außerdem berücksichtigt werden, daß diese vielfach aus Erbsen hergestellt werden, die einer Zwischenhaltbarmachung unterworfen wurden. Es handelt sich entweder um Erbsen, die in großen Vorratsdosen sterilisiert wurden und dann als Mischung in kleinere Behälter umgepackt werden, oder um Gefriererbsen. Solche Zwischenbehandlungen haben naturgemäß einen Verlust an reduzierenden Substanzen zur Folge.

Es ist deshalb versucht worden, weitere Kriterien zum Nachweis von Trockenerbsen zu finden. L. GERSONS u. C. M. SWEMLE (1960) haben durch papierchromatographische Untersuchungen festgestellt, daß Threonin in gequollenen Trockenerbsen nicht anwesend ist, weil es offenbar während des Trocknungs- oder Quellungsvorganges herausgelöst wird. R. BISTON u. Mitarb. (1959) haben an belgischen Erbsen festgestellt, daß Threonin auch bei Trockenerbsen nachweisbar ist und insofern eine sichere Unterscheidung nicht gelingt. Sie haben dagegen gefunden, daß Homoserin in gequollenen Trockenerbsen nicht oder nur in kleinsten Spuren vorhanden ist und schlagen vor, den an Amberlite IR—120 (H^+) fixierten, mit 80%igem Äthanol gewonnenen Extrakt mit Ammoniaklösung zu eluieren, im Vakuum einzudampfen, mit Wasser aufzunehmen und einer zweidimensionalen Papierchromatographie zu unterwerfen, wobei als Fließmittel Butanol-Ameisensäure-Wasser (75:15:10) sowie Phenol, gesättigt mit Citratpuffer (pH 4,2), verwendet werden. Es wird in üblicher Weise mit Ninhydrin entwickelt. Bei gleicher Probenmenge ist der quantitative Unterschied zwischen Frisch- und Trockenerbsen in bezug auf Homoserin deutlich.

M. DECLEIRE u. T. SZÖKE (1959) haben vorgeschlagen, die Unterschiede im Carotingehalt zwischen Trockenerbsen und Frischerbsen zum Nachweis auszunutzen. Bei gequollenen Trockenerbsen fanden sie im Durchschnitt 2,5 μg/Carotin/10 g, bei Frischerbsen dagegen 27,5 μg/10 g.

Nach Auffassung dieser Autoren ist bei Carotingehalten unter 10 μg/10 g Abtropfgewicht auf Trockenerbsen, bei Carotingehalten über 10 μg/10 g Abtropfgewicht auf Frischerbsen zu schließen. Zur Carotinbestimmung wurde die Methode von V. H. BOOTH (1945) empfohlen.

R. ANDREOTTI u. U. CASOLI (1959) geben mehrere weitere Unterscheidungsmöglichkeiten an. 10 g Erbsen, in 100 ml Wasser mit dem Ultraturax homogenisiert, sedimentieren wesentlich schneller, wenn es sich um Trockenerbsen handelt, als bei Frischerbsen. Der Quotient Rohprotein/freier Aminostickstoff ist bei Frischerbsen kleiner als bei Trockenerbsen, auch auf einige mikroskopische Unterschiede wird hingewiesen, z. B. auf die bei gequollenen Trockenerbsen etwas dickeren Zellwände. Diese Kriterien sind jedoch nicht charakteristisch genug, bzw. die Reproduzierbarkeit der Untersuchungsergebnisse bei in der Bundesrepublik Deutschland üblichen Trockenerbsen ist nicht ohne weiteres gegeben, so daß die praktische Anwendung dieser Verfahren Schwierigkeiten macht.

Eine hinreichend sichere Unterscheidung konservierter Trockenerbsen von frischen oder auf andere Weise für eine Zwischenlagerung haltbar gemachten Erbsen ist nach dem bisherigen Stand der Analytik nur möglich, wenn die organoleptischen Befunde und mehrere voneinander unabhängige analytische Kriterien für die Verwendung von Trockenerbsen sprechen. Man kann erfahrungsgemäß davon ausgehen, daß eine Verfälschung von Frischerbsen durch Trockenerbsen praktisch nur in seltenen Fällen vorkommt. Nachprüfungen im Herstellerbetrieb sollten deshalb zur Sicherung etwaiger analytischer Befunde angestellt werden.

9. Hinweise für die lebensmittelrechtliche Beurteilung

Als Beurteilungsmaßstab zur Ermittlung des Handelsbrauches und der Verbrauchererwartung werden für Gemüse in Dosen und Gläsern die Qualitätsnormen und Deklarationsvorschriften für verarbeitetes Obst und Gemüse (Verlag G. Hempel, Braunschweig, 1965) zu Grunde gelegt. Diese Normen sind aus den

Normativbestimmungen für Erzeugnisse der Obst- und Gemüseverwertungsindustrie (vgl. Anordnung der VELF vom 30. IX. 1948) hervorgegangen. Erläuterungen zu den Qualitätsnormen finden sich in Heft 3 der Schriftenreihe des Bundesverbandes der Obst- und Gemüseverwertungsindustrie (Verlag G. Hempel, Braunschweig, 1959). Bei Erzeugnissen, die nicht in den Qualitätsnormen erfaßt sind, können hilfsweise ausländische Normen als Beurteilungsmaßstab herangezogen werden.

Hingewiesen sei auf die US-Standards of Identity und US-Standards for Grades, jährlich zusammengestellt in The Almanac of the Canning, Freezing, Preserving Industries (E.E. Judge, 9 Court St. Westminster Md.). Französische Normen finden sich zusammengestellt bei J.C. Fourgoux und H. Cheftel, Statut Juridique des Produits alimentaires Conservés, Edit. Altil, Paris, 1963, und bei R.A. Dehove, La Règlementation des Produits Alimentaires et non Alimentaires et la Répression des Fraudes, Commerce Edit. Paris, 1961).

In Vorbereitung befinden sich die Leitsätze des deutschen Lebensmittelbuches, FAO/WHO Standards für einige Gemüsekonserven, sowie EWG-Direktiven, die Gemüsekonserven betreffen.

Bibliographie

AOAC-Methoden: Official methods of analysis of the association of official agricultural chemists. 10. Aufl. Hrsg. von W. Horwitz. Washington, D.C.: J. Ass. off. agric. Chem. 1965.

Ball, C.O., and F.C.W. Olson: Sterilization in food technology. New York: McGraw-Hill Book Co. 1957.

Beythien, A. u. W. Diemair: Laboratoriumsbuch für den Lebensmittelchemiker. 8. Aufl. Dresden u. Leipzig: Theodor Steinkopff 1963.

Cameron, E.J., and J.R. Esty: Canned foods in human nutrition. Washington, D.C.: Nat. Canners Ass. 1950.

Campbell, C.H.: Campbell's Book. Chicago: Vance Publ. Co. 1950.

Canning Trade: A complete course in canning. Baltimore: The Canning Trade 1958.

Cheftel, H.: La valeure alimentaire des conserves appertisées. Paris: Gauthier-Villars 1951.

— Aspects techniques de l'expertise des conserves. Paris: Gauthier-Villars 1957.

— Principes et methodes pour l'établissement de barèmes de sterilisation des conserves alimentaires. Bull. No. 14. Paris: Gauthier-Villars 1963.

—, u. G. Thomas: Grundlagen und Methoden für die Aufstellung von Sterilisationsmaßstäben bei Lebensmittelkonserven. Braunschweig: G. Hempel 1967.

Cruess, W.V.: Commercial fruit and vegetable products. New York: McGraw-Hill Book Co. 1948.

Cultrera, R.: La conservazione degli alimenti e la nutrizione. Portici: Ed. della Torre 1960.

Dickinson, D., and P. Goose: Laboratory inspection of canned and bottled food. London: Blackie & Son 1955.

Food standards and definitions in the United States. A guidebook. Hrsg. von F.L. Gunderson, H.W. Gunderson, u. E.R. Ferguson. New York u. London: Academic Press 1963.

Fourgoux, J.C., et H. Cheftel: La fabrication et la vente des produits alimentaires conserves. Paris: Ed. Revue de la Conserve 1956.

— — Statut juridique des produits alimentaires conservés. Paris: Edit. Altil 1963.

Gillespy, T.G.: The principles of heat sterilization. In: Recent advances in food science. Hrsg. von J. Hawthorn u. J. M. Leitch, Bd. II, S. 93—105. London: Butterworths 1962.

Goldblith, S.A., M.A. Joslyn, and T.R. Nickerson: Introduction to thermal processing of foods. Westport, Conn.: Avi Publ. Co. 1961.

Harris, R.S., and H. van Loesecke: Nutritional evaluation of food processing. New York-London: J. Wiley and Sons, Inc. 1960.

Hersom, A.C., and E.D. Hulland: Canned Foods. 5. Aufl. London: J.A. Churchill Ltd. 1963.

Hoare, W.E., E.B. Hedges and B.T.K. Barry: The technology of tinplate. London: E. Arnold Ltd. 1965.

Institut Belge pour l'alimentation et la nutrition: Les conserves de légumes dans l'alimentation. Symposionsbericht Brüssel 1955.

Lock, A.: Practical canning. London: Food Trade Press Ltd. 1960.

Lunde, G.: Vitamine in frischen und konservierten Nahrungsmitteln. Berlin: Springer 1940.

Lynch, L.J., and R.S. Mitchell: Physical measurement of quality in canning peas. C.S.J.R. O., Australia Bull. No. 354 (1950).

NEHRING, P.: Gemüse- und Obstkonserven in der menschlichen Ernahrung. Braunschweig: Bundesverband der Obst- und Gemüseverwertungsindustrie 1954.
—, u. H. KRAUSE: Konserventechnisches Taschenbuch der Obst- und Gemüseverwertungsindustrie. Braunschweig: G. Hempel 1963.
RAHN, O.: Injury and death of bacteria by chemical agents. Biodynamica Monograph No. 3. Normandy, Mo: Biodynamica 1945.
RIEDEL, L.: Zur Theorie der Hitzesterilisierung von Dosenkonserven. Mitteilung des Kältetechnischen Institutes und der Reichsforschungsanstalt für Lebensmittel-Frischhaltung, T. H. Karlsruhe Nr. 1 (1947).
SCHORMÜLLER, J.: Die Erhaltung der Lebensmittel. Stuttgart: Ferdinand Enke 1966.
SMITH, N.R., R.E. GORDON, and F.E. CLARK: Aerobic sporeforming bacteria. Agric. Monogr. No. 16 USDA, Washington 1952.
SOUCI, S.W., W. FACHMANN u. H. KRAUT: Die Zusammensetzung der Lebensmittel. Stuttgart: Wissenschaftl. Verlagsges. 1962.
STUMBO, C.R.: Thermobacteriology in food processing. New York-London: Academic Press 1965.
TRESSLER, D.K., and M.A. JOSLYN: Fruit and vegetable juice processing technology. Westport, Conn.: Avi Publ. Co. 1961.
WATT, B.K., and A.L. MERRILL: Composition of foods. Agriculture Handbook No. 8. Washington, D.C., US-Dept. of Agriculture 1963.
ZACHARIAS, R.: Ascorbinsäureverluste bei der Zubereitung und Verarbeitung von Lebensmitteln. In: Ascorbinsäure. Hrsg. von K. LANG. Darmstadt: Dietrich Steinkopff 1965.

Zeitschriftenliteratur

ANDREOTTI, R., u. U. CASOLI: Über das Erkennen von Erbsenkonserven, die aus aufgequollenen Trockenerbsen hergestellt wurden. Industr. ital. Conserve **34**, 293—302 (1959) [italienisch].
BALL, C.O.: Determining, by methods of calculation, the time necessary to process canned foods. Bull. Nation. Res. Council **7**, (37) 9—76 (1923—1924).
BECKER, K.F.: Nitrat- und Nitritgehalt in Spinat. Bundesgesundh.-Bl. 246—248 (1965).
BERGNER, K.G., u. H. MIETHKE: Zur Blei- und Zinnaufnahme wäßriger Füllgüter in Weißblech-Konservendosen. Z. Lebensmittel-Untersuch. u.-Forsch. **125**, 406—413 (1964).
BIGELOW, W.D., G.S. BOHART, A.C. RICHARDSON and C.O. BALL: Heat penetration in processing canned foods. Nation. Canners Ass. Bull. No. 162 (1920).
BISTON, R., J. CASIMIR u. M. RENARD: Persönliche Mitteilung (1959).
BLAIR, J.S., and T.B. AYRES: Protection of natural green pigment in the canning of peas. Industr. Engin. Chem. **35**, 85—95 (1943).
BLUNDSTONE, H.A.W., and D. DICKINSON: The chemistry of edible rhubarb. J. Sci. Food Agric. **15**, 94—101 (1964).
BOOTH, V.H.: Extraction and estimation of carotene from foodstuffs. J. Soc. chem. Industr. **64**, 162—169 (1945).
BROHM, K., D. EHLERS u. H. KREISSL: Zum Nachweis von Trockenerbsen in Gemüsekonserven. Z. Lebensmittel-Untersuch. u. -Forsch. **103**, 442—449 (1956).
CAMERON, E.J., and J.R. ESTY: Comments on the microbiology of spoilage in canned foods. Food Res. **5**, 549—557 (1940).
CASOLI, U., u. A. PORRETTA: Wechselwirkungen zwischen Calciumchlorid und Natriumchlorid und ihr Einfluß auf die physikalischen und organoleptischen Kennzeichen von geschälten Tomaten. Industr. ital. Conserve **38**, 117—120 (1963) [italienisch].
CECIL, S.R., and J.G. WOODROOF: The stability of canned foods in long-term storage. Food Technol. **17**, 639—646 (1963).
CHITRE, R.G., J.N. WILLIAMS and C.A. ELVEHJEM: Nutritive value of canned foods. XLII. A study of the protein value of young and mature peas (Pisum sativum). J. Nutr. **42**, 207—219 (1950).
CLIFCORN, L.E.: Factors influencing the vitamin content of canned foods. Advanc. Food Res. **1**, 39—104 (1948).
CREMER, H.D.: Die Wirkung von Erhitzen auf den Nährwert von Eiweiß; zit. nach Z. Lebensmittel-Untersuch. u. -Forsch. **107**, 391—392 (1958).
DECLEIRE, M., u. T. SZÖKE: Persönliche Mitteilung (1959).
DICKINSON, D., and R. HOLT: The determination of tin in canned foods. Analyst **79**, 104—106 (1954).
—, and T.W. RAVEN: Tin content of canned fruits and vegetables. Food Manufact. **37**, 480—484 (1962).
DONATH, H. Über Verfärbungserscheinungen bei Blumenkohl-Sterilkonserven. Nahrung **6**, 470—477 (1962).

ESSELEN, W.B., E.E. ANDERSON, L.F. RUDER and I. J. PFLUG: Pasteurized fresh whole pickles. I. Pasteurization studies. Food Technol. **5**, 279—284 (1951).
— — Thermal inactivation of pectolytic enzymes in genuine dill pickles. Food Technol. **8**, 63—64 (1954).
ESTY, J.R., and K.F. MEYER: The heat resistance of the spores of B. botulinus and allied anaerobes. J. infect. Dis. **31**, 650—663 (1922).
FARKAS, D.F., S.A. GOLDBLITH and B.E. PROCTOR: Stopping storage off-flavors by curbing peroxidase. Food Engin. **28**, 52—53 (1956).
FARRER, K.T.H.: The thermal destruction of vitamin B_1 in foods. Advanc. Food Res. **6**, 257—311 (1955).
FROIDEVAUX, J.: Sur les caractères spécifiques de pois de conserves régénérés. Ann. Falsif. Fraudes **19**, 536—544 (1926).
GERSONS, L., et C.M. SWEMLE: Methodes de distinction des pois frais et des pois régénérés en conserve. Ann. Falsif. Expert. Chim. **53**, 144—159 (1960).
GILLESPY, T.G.: Estimation of sterilizing values of processes as applied to canned foods. I. Packs Heating by conduction. J. Sci. Food Agric. **2**, 107—125 (1951).
GSTIRNER, F., u. S.N.J. SAAD: Über die Haltbarkeit von Spinat in Konservengläsern. Z. Lebensmittel-Untersuch. u. -Forsch. **109**, 483—487 (1959).
— — Über die Haltbarkeit von Karotten in Konservengläsern. Z. Lebensmittel-Untersuch. u. -Forsch. **110**, 9—14 (1959).
GUYER, R.B., and J.W. HOLMQUIST: Enzyme regeneration in high temperature-short time sterilized canned foods. Food Technol. **8**, 547—550 (1954).
HAAS, W.: Qualitätsverschlechterung von grünen Erbsen zwischen Ernte und Verarbeitung und ihre Ursachen. Industr. Obst- u. Gemüseverwert. **41**, 179—185 (1956).
HEINTZE, K.: Über die Hitzebehandlung von Leguminosen und ihre Wirkung auf Geschmack, proteolytische Inhibitoren und biologische Wertigkeit. Z. Lebensmittel-Untersuch. u. -Forsch. **91**, 100—116 (1950).
— Veränderungen des Chlorophylls während des Sterilisierens in Weißblechdosen. Z. Lebensmittel-Untersuch. u. -Forsch. **105**, 379—387 (1957).
— Veränderungen an grünen Erbsen bei der Konservierung. Industr. Obst- u. Gemüseverwert. **43**, 87—89; 107—108 (1958).
HICKS, E.W.: On the evaluation of canning processes. Food Technol. **5**, 134—142 (1951).
HOLFELDER, E., u. K. EID: Zum Problem der „Rostfleckigkeit" von konserviertem Knollensellerie. Industr. Obst- u. Gemüseverwert. **51**, 437—440 (1966).
HOULBROOKE, A.: The differentiation of canned processed and canned garden peas. J. Ass. Publ. Analysts. **1**, 16—18 (1963).
JACOBSEN, F.: Notes on process evaluation. Food Res. **19**, 66—79 (1954).
LAWRENCE, N.L., and H.O. HALVORSON: Studies on the spores of aerobic bacteria. IV. A heat resistant catalase from spores of bacillus terminalis. J. Bact. **68**, 334—337 (1954).
LEE, F.A.: The blanching process. Advanc. Food Res. **8**, 63—109 (1958).
—, and R.S. SHALLENBERGER: The flavor of canned peas in relation to their pyrrolidonecarboxylic acid content and to certain other factors. Food Res. **24**, 68—71 (1959).
LÜNING, O., u. E. BEYER: Über den Nachweis nachgemachter konservierter Erbsen. Z. Untersuch. Lebensmitt. **57**, 76—85 (1929).
LYNCH, L.J., R.S. MITCHELL and D.J. CASIMIR: The chemistry and technology of the preservation of green peas. Advanc. Food Res. **9**, 61—151 (1959).
MALKUS, Z.: Eine neue Methode zur Zinnbestimmung in Lebensmitteln mit Hilfe der oscillographischen Polarographie. Z. Lebensmittel-Untersuch. u. -Forsch. **106**, 257—262 (1957).
MCCOLLOCH, R.J., and Z.J. KERTESZ: An unusually heat resistant pectolytic factor from tomatoes. Arch. Biochem. **17**, 197 (1948).
MERGENTHALER, E.: Zur Analytik der Rohfaser. II. Vergleichende Untersuchungen verschiedener Verfahren zur Rohfaserbestimmung. Z. Lebensmittel-Untersuch. u. -Forsch. **114**, 18—26 (1961).
MITCHELL, R.S., and L.J. LYNCH: Measuring quality in green peas. Food Preserv. Quart. **16**, 42—46 (1956).
MOSSEL, D.A.A., and H.M.J. VAN DIEPEN: The suitability of the range 30—32°C as the single incubation temperature in the bacteriological examination of foods. Ann. Inst. Pasteur (Lille) **8**, 132—136 (1957).
—, u. E.F. DRION: Die Entnahme von Proben aus eingedosten Lebensmitteln für die bakteriologische Analyse. Food (Lond.) **27**, 333—337 (1958); zit. nach Chem. Zbl. **130**, 979 (1959).
MUTTELET, C.F.: Procédé pour distinguer les conserves de pois secs régénérés des conserves de pois verts. C. R. Acad. Sci. (Paris) **182**, 238—240 (1926).
NEHRING, E.: Verfälschte bzw. nachgemachte Karottenkonserven. Dtsch. Lebensmittel-Rdsch. **51**, 162—163 (1955).

PATASHNIK, M.: A simplified procedure for thermal process evaluation. Food Technol. **7**, 1—6 (1953).

PEPPLER, E., E. MUSKAT u. H. D. CREMER: Vergleich des Vitamingehaltes eßfertiger Gemüsezubereitungen aus Tiefkühlkost und aus Dosenkonserven. Z. Lebensmittel-Untersuch. u. -Forsch. **125**, 443—448 (1964).

PORRETTA, A., u. G. BELLUCCI: Zinnbestimmung in Lebensmitteln. Industr. ital. Conserve **34**, 107—108 (1959) [italienisch].

POWERS, J. J., D. E. PRATT and J. B. JOINER: Gelation of canned peas and pinto beans as influenced by processing conditions, starch, and pectic content. Food Technol. **15**, 41—47 (1961).

REED, J. M., C. W. BOHRER and E. J. CAMERON: Spore destruction rate studies on organisms of significance in the processing of canned foods. Food Res. **16**, 383—408 (1951).

RICE, E. E., and J. F. BEUK: The effects of heat upon the nutritive value of protein. Advanc. Food Res. **4**, 233—279 (1953).

ROBERTS, H. L., C. L. BEARDSLEY and L. V. TAYLOR: Determination of iron in liquid food products. Industr. Engin. Chem., Anal. Ed. **12**, 365—367 (1940).

SCHULTZ, O. T., and F. C. W. OLSON: Thermal processing of canned foods in tin containers. Food Res. **5**, 399—407 (1940).

SCHUPHAN, W., u. H. SCHLOTTMANN: N-Überdüngung als Ursache hoher Nitrat- und Nitritgehalte des Spinat (*Spinacia oleracea* L.) in ihrer Beziehung zur Säuglings-Methämoglobinämie. Z. Lebensmittel-Untersuch. u. -Forsch. **128**, 71—75 (1965).

SISTRUNK, W. A., and R. F. CAIN: Chemical and physical changes in green beans during preparation and processing. Food Technol. **14**, 357—362 (1960).

STUMBO, C. R.: Thermobacteriology as applied to food processing. Advanc. Food Res. **2**, 47—115 (1949).

TOWNSEND, C. T.: Spore-forming anaerobes causing spoilage in acid canned foods. Food Res. **4**, 231—237 (1939).

WALKER, H. W., J. R. MATCHES and J. C. AYRES: Chemical composition and heat resistance of some aerobic bacterial spores. J. Bact. **82**, 960—966 (1961).

WEIER, T. E., and C. R. STOCKING: Histological changes induced in fruits and vegetables by processing. Advanc. Food Res. **2**, 297—342 (1949).

WILLIAMS, C. C., C. M. MERRILL u. E. J. CAMERON: Apparat zur Bestimmung der Sporenzerstörungsgeschwindigkeit. Food. Res. **2**, 369—374 (1937); zit. nach Chem. Zbl. **109**, 1254 (1938).

WINKLER, W. O.: Report on methods for glucosidal HCN in lima beans. J. Ass. off. agric. Chem. **41**, 282—287 (1958).

C. Eingesäuertes Gemüse

Von

Dr. F. Martens, Eßlingen/Neckar

1. Allgemeines, Wirtschaftliches

Die Haltbarmachung von Gemüse durch mikrobiell gebildete Säure ist eine der ältesten Konservierungsmethoden. Dabei werden die Kohlenhydrate zu Säuren, hauptsächlich Milchsäure, vergoren. Durch Einsalzen werden die mikrobiologischen Vorgänge etwas gesteuert, unerwünschte Mikroorganismen in der Entwicklung unterdrückt, die Haltbarkeit wird verbessert.

Die Herstellung von fermentativ gesäuertem Gemüse war bis etwa 1870 fast ausschließlich eine Angelegenheit des Haushalts. Vor der Jahrhundertwende begann in Deutschland die Industrialisierung auch auf diesem Gebiet, zunächst in Form von Kleinbetrieben. Die Produkte — vor allem Sauerkraut und saure Gurken — unterschieden sich in geschmacklicher Hinsicht in stärkerem Maße als heute, insbesondere was die Würzung durch Kümmel, Wacholder und ähnliche Zutaten, wie auch die Mitverwendung von Obstschnitzen usw. betrifft; sie wurden ausschließlich in rohem Zustand verkauft. Für die Zeit vor dem 1. Weltkrieg wird die industriell hergestellte Sauerkrautmenge mit 1,8 Mio Zentnern (90000 t) beziffert (G. Winkler 1965) 1928 führte Reiss die süßsaure, in Essig pasteurisierte, sog. Delikateß-Frischgurke ein. Sie ist praktisch unbegrenzt haltbar und stellte einen wesentlichen Fortschritt gegenüber der milchsauer vergorenen „saueren Gurke" oder Salzgurke dar, deren Absatz zurückging. Die günstige Entwicklung der Essiggurke hing außerdem eng mit der Produktion preiswerter, säurefest lackierter Weißblechdosen zusammen.

Pasteurisiertes Sauerkraut erschien erstmals 1932 auf dem Markt. Die eigentliche Entwicklung dieses Erzeugnisses brachte erst die Zeit nach der Währungsreform. 1963 wurden 45% des insgesamt produzierten Sauerkrautes als pasteurisierte Dosenware hergestellt; der Einschnitt an Weißkohl betrug 1952 2,09 Mio dz, 1963 2,84 Mio.

Interessant ist die in diese Jahre fallende Verschiebung zur Kleinpackung, die bei Gurken speziell zugunsten des Glases erfolgte (Tab. 1 u. 2).

Tabelle 1. *Entwicklung der Produktion an sterilisierten Gurkenkonserven in Kleinpackungen* (nach G. Winkler 1965)

Jahr	Gurken 1/1-Dosen in Mio	Gurken 1/1-Gläser in Mio
1952	0,85	2,45
1957	1,38	14,00
1961	1,03	29,07
1963	0,85	58,63

Tabelle 2. *Entwicklung der Produktion an pasteurisierten Sauerkrautkonserven in Kleinpackungen* (nach G. Winkler 1965)

Jahr	Sauerkraut, pasteurisiert	
	1/1-Dosen	10-l-Dosen
1952	963235	978760
1957	5056670	1904722
1961	19885231	2542390
1963	35540836	3367200

Als neues Material für die Kleinpackung kam in letzter Zeit die Kunststoffolie auf den Markt. Sie ist wegen ihrer Gasdurchlässigkeit zur Zeit nur als kurzzeitige Zwischenpackung geeignet.

Die Einfuhr von Gurken und Gemüse in Essig ist seit 1958 beträchtlich gestiegen, bei Gurken in Essig von 889 t (1958) auf 15016 t (1963), bei Gemüse in Essig von 211 t (1958) auf 4316 t (1963). Weitere Einzelheiten über die wirtschaftliche Entwicklung auf dem Gebiete der Sauerkonserven vgl. G. Winkler (1965).

Die derzeitige Entwicklung der Sauerkonservenindustrie ist gekennzeichnet durch den Mangel an Arbeitskräften und die dadurch bedingte Rationalisierung und Mechanisierung des Arbeitsprozesses, zum anderen durch die fortschreitende Entwicklung der Produktion der sehr arbeitsaufwendigen Kleinpackungen. Hinein spielt ferner die Eröffnung des europäischen Marktes, wodurch sich in internationalen Verhandlungen auch Änderungen bei den Normen für die Sauerkonserven ergeben können.

2. Sauerkraut

a) Herstellung

Für die Herstellung von Sauerkraut sind besonders hierfür geeignete Weißkohlsorten gezüchtet worden wie z. B. Marner Frühseptember, September-Weißkohl GZG Marne (hauptsächlich in Holstein), Matus HKZ. Zu erwähnen sind weiterhin die Spitzkrauttypen des Fildergebietes bei Stuttgart sowie der Ismaninger Weißkohl für die Moorböden in Ismaning und Erding in Bayern.

Zur Herstellung von Sauerkraut wird ausgereifter, fester Weißkohl von den äußeren, losen grünen Blättern befreit, die Strünke werden ausgebohrt, und danach wird der Kohl in Stärke von 1—2 mm geschnitzelt. Diese Vorbehandlung erfolgt heute maschinell. Das geschnittene Kraut wird schichtweise unter gleichzeitiger Zugabe von Kochsalz in die Gärbehälter (entweder Holzbottiche oder große gemauerte Gärbehälter mit säurebeständigem Überzug) befördert. Die Salzzugabe bewegt sich zwischen 1,5 und 2,5%. Höhere Dosen können neben einer Verzögerung des Gärungsablaufes das Auftreten von Buttersäurebildnern begünstigen. Während des Einschnittes werden die Kohlschnitzel im Gärbehälter ständig festgestampft, um die Luft zu entfernen und den Austritt des Zellsaftes zu fördern. Nachdem die Behältnisse gefüllt sind, wurde früher die obere Schicht mit einem Tuch abgedeckt, auf das ein mit säurefesten Steinen beschwerter Holzrost gelegt wurde, um den nötigen Preßdruck zu erzeugen. Heute bewirken dies besser und hygienischer mit Wasser gefüllte Plastikblasen. Auf diese Weise wird ein möglichst guter Luftabschluß erreicht. Vor allem durch Plasmolyse, weniger durch mechanische Beschädigung tritt soviel Zellsaft aus, daß die Oberfläche bedeckt wird. Die Gärung setzt nach spätestens 3 Tagen ein. Die Temperatur soll sich dabei zwischen 16 und 20° bewegen. Das reichlich sich entwickelnde Gas führt zu herausquellender Schaumbildung an der Oberfläche. Die weitere Gärung kann bei niedrigerer Temperatur (10—14°) ablaufen. Tiefere Temperaturen sollten wegen der Gefahr von Gärstockungen vermieden werden. Die Gärung ist je nach Temperatur und Art des Krautes nach 3—6 Wochen abgeschlossen.

Mildsaures Kraut, wie es vor allem in Süddeutschland bevorzugt wird, wird durch Unterbrechung der Gärung vor dem vollständigen Zuckerabbau erzeugt. In diesem Zustand läßt es sich nur durch Pasteurisieren für längere Zeit haltbar machen.

Wird fertiges Rohsauerkraut zum Versand in Fässer oder 10/1-Dosen umgepackt, soll die Lake — entsprechend den Bestimmungen der Qualitätsnormen — nicht mehr als 10% betragen.

b) Vorgänge bei der Herstellung

Die Vergärung der im Weißkohl enthaltenen Kohlenhydrate zu überwiegend Milchsäure geschieht nicht homofermentativ — die Anwendung von Lactobacillen in Reinkultur führt zu einem geschmacklich unzulänglichen Produkt — vielmehr liegen hier auch heterofermentative Prozesse vor, über deren bakteriologische und fermentative Vorgänge es bisher keine einheitliche und durchgängig bewiesene Anschauung gibt; dies betrifft sowohl den Ablauf der verschiedenen Gärphasen als auch die dabei beteiligten Bakterien. Die wirkende Population an Kleinlebewesen scheint von Fall zu Fall stark unterschiedlich zu sein und insbesondere bei Versuchsgärungen im kleinen Maßstab erheblich von der normalen Bakterienflora bei Großansätzen abzuweichen.

Die Krautsäuerung läßt sich in 4 Gärphasen einteilen, die in der Praxis meist ineinander verlaufen. Die *1. Phase* ist gekennzeichnet durch Bakterien mit hohem Zucker- und Wuchsstoffbedarf. Hier dominiert das *Streptobacterium acetylcholini*, das besonders von W. Keil (1935) erforscht wurde. Nach eigenen Feststellungen (F. Martens) sind hier auch schon Hefen [„kleine Sauerkohlhefe", *S. brassicae fermentatae;* W. Henneberg (1926)] tätig und nicht nur, wie oft geäußert (C.S. Pederson 1930) vorwiegend am Ende der Versäuerung. Das Autolysat dieser Hefen liefert wahrscheinlich den in einer späteren Phase benötigten Wuchsfaktor für das *Streptobacterium casei*, das in der *2. Gärphase* neben *Bacterium plantarum* zu dominieren scheint. Die Frage nach der Herkunft der großen Kohlensäuremengen in der ersten bis zweiten Phase der Versäuerung blieb bisher ohne eine einheitliche Antwort. Für die Erzeugung dieses wichtigen „Schutzgases", welches den Sauerstoff vertreibt und somit die Masse vor Verderb und das Vitamin C vor Oxydation schützt, kommen als Quellen in Frage: 1. die durch den Wundreiz und den noch anwesenden Sauerstoff aktivierte Blattatmung; 2. die Tätigkeit der Hefen; 3. die Tätigkeit hetero-fermentativer Milchsäurebakterien.

Während in der 2. Phase die Säureresistenz der Säurebildner von *Bacterium plantarum* zum *Streptobacterium casei* zunimmt, ist die *3. Phase* der Versäuerung durch besonders säureresistente, jedoch langsam säuernde Bakterien bestimmt, den sog. Betakokken (entsprechend den Pediokokken von Henneberg oder den *Leuconostoc* von Pederson, bzw. dem *Betabacterium pentoaceticum* von Orla-Jensen.) Sie sind hetero-fermentativ und werden als die wichtigsten Aromabildner angesehen (C.S. Pederson 1930).

Gleichzeitig ist diese Phase gekennzeichnet durch eine starke biogene Reduktionswirkung, durch die gelegentlich Nitrat zu Nitrit reduziert wird. Im reifen Sauerkraut sind beide Substanzen nicht mehr enthalten. Das reduzierende Milieu schützt nicht nur das Vitamin C sondern auch Cystein, Methionin und Tryptophan (F. Eichholz 1960). Die im Sauerkraut stets in gewissen Mengen vorhandene Essigsäure wird z. T. aus Alkohol durch Essigsäurebakterien, z. T. durch homofermentative Vergärung von Pentosen durch *Streptobacterium acetylcholini* gebildet.

Die *4. und letzte Phase* zeigt wieder das Auftreten von anaerob wachsenden Hefen (*Anomalus torula*, Kahmhefen und andere neben *Oidium lactis*, 8 Arten), die z. T. typische Schädlinge des länger lagernden rohen Krautes abgeben können, aber ebenfalls an der Aromabildung beteiligt sind.

Bei der Gärung entstehen überwiegend Milchsäure, Essigsäure, Äthanol und CO_2; in wesentlich geringeren Mengen treten Propionsäure, Buttersäure, Propanol und dessen Ester sowie Ameisensäure auf; diese Stoffe lassen sich in der Hauptsache auf die Tätigkeit von Hefen zurückführen (Lit. vgl. bei J. Schormüller 1966). Über den Einfluß der einzelnen Mikroorganismenarten auf den Verlauf der Sauerkrautgärung vgl. auch A. Mehlitz u. D.S. Malla (1967).

Aus dem Eiweißabbau stammen einige Aminosäuren wie Histidin, Tyrosin, Leucin, ferner die Amine Putrescin, Histamin und Tyramin; letztere werden z. T. durch *Bacterium coli* und andere Mikroorganismen bei längerer Lagerung gebildet. In frischem, bzw. frisch pasteurisiertem Sauerkraut konnte R. Marquardt (persönl. Mitt.) Histamin im physiologischen Versuch nicht nachweisen. Es tritt erst bei beginnender Qualitätsminderung, wahrscheinlich bei der Entwicklung von Kahmhefen, auf. A. Mehlitz u. H. Drews (1960) fanden bei papierchromatographischen Untersuchungen Histamin zuweilen und zwar in Spuren. In verdorbenen Sauerkrautansätzen war es dagegen vermehrt anzutreffen.

E. Letzig (1948) sowie K. Täufel u. H. Burmeister (1950) wiesen in Sauerkrautlake ein Polyglucosan (Dextran) nach, das im Weißkohl noch nicht vorliegt, sondern von *Leuconostoc* gebildet werden dürfte. Fructose kann im Verlauf der Gärung zu Mannit reduziert werden. Methanol dürfte aus der enzymatischen Spaltung von Pektin stammen (A. MEHLITZ u. D. GELBRICH 1965a).

Acetylcholin — ein weiteres Gärungsprodukt — wurde von verschiedenen Seiten in geringen Konzentrationen gefunden (Lit. vgl. J. SCHORMÜLLER 1966).

Gewisse Abweichungen im Charakter des Sauerkrautes können sich u. a. bei der Verarbeitung von sog. Frühkohl mit sehr zarten Blättern und einem erheblichen Anteil an mehr oder weniger grünen Blättern (eine Spezialität in Bayern) ergeben. Das „normale" Sauerkraut wird vorwiegend aus dem sog. Herbstkohl hergestellt, wobei gewisse Nuancen entstehen, je nachdem der plattrunde Kohl Schleswig-Holsteins, der Ems-Niederung oder der sehr große Filderkohl aus der Umgebung Stuttgarts verwendet wird. Bei Letzterem führt das große Gewicht der Köpfe (bis über 15 kg) zu einer gewissen Verholzung im Strunk. Bei dessen konischer Form lassen sich solche Verholzungen nicht immer quantitativ entfernen, so daß gelegentlich im Sauerkraut Strunkreste in Form und Farbe heller Holzsplitter angetroffen werden können.

Bei Verwendung von angefrorenen Kohlköpfen wird nicht immer der volle, aromatische Geschmackscharakter entwickelt, da durch die niedrigen Temperaturen die Entwicklung der Gärorganismen einseitig beeinflußt werden kann.

Von eigentlichen Fehlgärungen und Fehlerzeugnissen spricht man jedoch nur, wenn z. B. eine Buttersäuregärung eingetreten ist oder wenn durch andere Umstände sich ein unfrischer, dumpfer oder widerlicher Geruch (Silagegeruch, dumpfer Bottichgeruch) breit macht. Über die Genußuntauglichkeit solcher Erzeugnisse kann nur im Einzelfall entschieden werden.

c) Haltbarkeit, Veränderungen während der Lagerung

Das fertige Kraut gelangt auch heute noch zu einem erheblichen Teil als offene Ware in Fässern oder Großgebinden in den Handel. Um das Wachstum aerober Mikroorganismen zu verhindern, muß es stets von Lake bedeckt, vor Sauerstoffzutritt geschützt sein; dann ist bei gleichzeitiger Kühlhaltung eine längere Lagerung möglich.

Kleine Mengen Sauerkraut lassen sich für längere Zeit nur durch Pasteurisieren haltbar machen. Dosen erwiesen sich hier als zweckmäßiger als Gläser (W. B. ROBINSON 1952). Vor der Abfüllung wird das Kraut in seiner Lake bis auf etwa 80°C erhitzt und umgehend eingedost. Über die Zusammensetzung von sterilisiertem Sauerkraut vgl. Tab. 3.

Folienpackungen sind bis heute lediglich zur Kurzzeitlagerung geeignet. Da sie mehr oder weniger luftdurchlässig sind, kann rasch alkoholische Gärung auftreten, sowie Verlust an Vitamin C durch Sauerstoffzutritt neben geruchlichen und geschmacklichen Veränderungen und Verfärbungen (A. MEHLITZ u. D. GELBRICH 1962—1965).

Für die *Rotfärbung* von Sauerkraut scheinen zwei voneinander unabhängige Ursachen zu bestehen. Verschiedentlich wurden rote Hefen (Rhodotorula) als Ursache der Verfärbung gefunden. Rhodanid (100 mg/100 g) wurde von J. PELTZER (1953) nachgewiesen und für die Rotfärbung in Gegenwart von Eisen verantwortlich gemacht. Rhodanid bildet sich aus dem Glucobrassicin des Weißkohls durch enzymatische Einwirkung neben Hydroxymethylindol, Glucose und Sulfat (vgl. K. NEHRING „Frisches Gemüse" in diesem Band).

Braunfärbungen können auf Maillardreaktionen und/oder Polyphenoloxydase-Wirkung bei Sauerstoffzutritt zurückzuführen sein. Die letztere Veränderung kann erst nach vollständiger Oxydation der Ascorbinsäure eintreten.

Die Ursachen für das *Weichwerden* des Sauerkrauts hat W. DURACH (1952) weitgehend aufgeklärt. Die Mitwirkung von Bakterienenzymen konnte bei diesem Vorgang ausgeschlossen werden; allein die dem Kohl eigenen Pektinasen sind für diese Veränderungen verantwortlich zu machen. Durch zu hohe Düngung, besonders mit Stickstoff bei gleichzeitigem Kalimangel, werden diese Fermente so stark vermehrt, daß das festigende Pektin in den Blattzellen mehr oder weniger stark abgebaut wird. Das in Geschmack und Aroma normale Kraut ist roh durchaus genießbar, zerfällt jedoch häufig beim Kochen, da das Temperaturoptimum der Pektinase bei 55° C, das pH-Optimum bei 4,2 liegt.

d) Zusammensetzung

Sauerkraut weist im Durchschnitt die in Tab. 3 wiedergegebene Zusammensetzung auf.

Der Kaloriengehalt ist demnach gering. Bei nicht vollständig vergorenem Kraut liegt die Menge an Kohlenhydraten höher als hier angegeben. Die Asche enthält überwiegend NaCl, daneben K^+, Ca^{2+}, Mg^{2+}, P_2O_5 und SO_4^{2-}, in Spuren finden sich Fe^{2+}, Cu^{2+} und F^- (H. Schall 1935; S. W. Souci u. Mitarb. 1962).

Tabelle 3. *Zusammensetzung von Sauerkraut in %* (nach E. Feder 1929)

Wasser	88—90,8
Stickstoffsubstanz	1,3— 1,7
Rohfett	0,3— 0,4
Milchsäure	1,2— 1,8
Lösliches Kohlenhydrat	0,8— 1,3
Mannit	0,8— 1,2
Rohfaser	0,8— 1,0
Asche	1,4— 4,0
Davon Kochsalz	0,8— 3,3

A. Mehlitz u. D. Gelbrich haben zahlreiche Untersuchungen an Sauerkraut des Handels (roh, sterilisiert, Beutelpackungen) und vielfach aus eigenen, kleinen Gäransätzen veröffentlicht (1965 bei frischem Kraut zu 74% aus eigenen Gäransätzen) (A. Mehlitz u. D. Gelbrich bis 1965, D. Gelbrich bis 1966). Es wurden z. T. auch Vergleiche mit den analytischen Daten des zu Sauerkraut verarbeiteten Weißkohls angestellt (A. Mehlitz u. D. Gelbrich 1964a).

Da diese umfangreichen analytischen Daten nicht aus einem einheitlichen Material stammen, sind in der Tab. 4 unter A die Werte für frisches Sauerkraut aller Untersuchungen aus dem Arbeitskreis von A. Mehlitz in den Jahren 1962—1966 zusammengefaßt, um den Einfluß von extremen Fällen gering zu halten und zu möglichst guten Mittelwerten zu kommen. Unter B werden die entsprechenden Werte von 1962—1965 für Sterilkraut in Dosen aufgeführt. Die Zahlen sind die Mittelwerte aus diesen Analysendaten, in Klammern finden sich die Extremwerte für den jeweiligen Zeitraum. Da die sehr komplexen Zusammenhänge, die die einzelnen Analysendaten beeinflussen (z. B. Methanol-, Äthanolgehalt), vielfach noch ungenügend geklärt sind, muß bei der Verwertung und Beurteilung von Einzelwerten entsprechend vorsichtig verfahren werden.

Zu der Tabelle sei noch bemerkt, daß bei der Vitamin C-Bestimmung nach Tillmans der durch Reduktone bedingte Blindwert etwa bei 30—40 mg/kg liegt. Bei Werten, die 400 mg übersteigen, ist mit Vitaminzusatz zu rechnen, besonders dann, wenn das Kraut gelblich-bräunlich (Polyphenoloxydase) verfärbt ist. Beim Äthanol liegt der natürliche Wert beim frischen Sauerkraut nach A. Mehlitz u. D. Gelbrich (1965b) zwischen 4,4 und 5,6 g/l. Höhere Werte können also durch Weinzusatz bedingt sein. Bei Methanol dürften Werte über 1000 mg/l stets auf fortgeschrittenen Abbauerscheinungen oder Verderbnis beruhen. Milchsäurewerte unterhalb von 6 g/l weisen auf nicht genügend vergorenes, nur kurz angegorenes Kraut hin, das auch degustativ als solches leicht zu erkennen ist. Dasselbe gilt für hohe Zuckerwerte etwa über 20 g/l.

Solche vorstehend erörterten, extremen Fälle sind in den Zahlen der Tabelle mitenthalten, jedoch wegen der großen Anzahl der verrechneten Einzelwerte dürften die gewonnenen Mittelwerte dennoch einen guten Anhalt zur Beurteilung geben. Bei der Beurteilung muß im übrigen berücksichtigt werden, daß Sauerkraut des Handels, das u. U. mehrmals umgepackt worden ist, nicht mehr den Ascorbinsäuregehalt von gärfrischem Kraut aufweisen kann.

O. Wyler (1956) schlüsselte den Gesamtascorbinsäuregehalt einiger Sauerkrautproben in Dehydroascorbinsäure und freie Ascorbinsäure auf; nach seinen Ergebnissen soll überwiegend die Dehydroform vorliegen. Nach vielen eigenen

Tabelle 4. *Zusammensetzung von Sauerkraut* (Die Angaben beziehen sich auf Preßsaft). Vgl. Text

	A Frisches Sauerkraut	B Sterilisiertes Sauerkraut in Dosen
Kochsalz g/l	15,1 (5,0—30,3)	12,6 (5,0—20,3)
Kochsalzfreier Refraktometerwert × 10	63,4 (34—86)	59 (32—84)
Gesamtsäure als Milchsäure g/l	16,1 (9,6—24,4)	10,9 (4,5—19,2)
Essigsäure g/l	3,5 (2,2—5,4)	2,73 (1,2—3,9)
Milchsäure g/l	10,5 (4,8—19,2)	6,7 (2,6—12,5)
Zucker vor Inversion g/l	9,5 (0—32,1)	13,8 (0,5—36,0)
pH	3,58 (3,19—4,1)	3,77 (3,3—4,25
Kochsalzfreie Asche g/l	4,04 (1,6—6,9)	3,57 (1,0—5,7)
Vitamin C mg/l	323,6 (6—591)	258 (0—353)
Methanol mg/l	227,6 (44—1244)	124 (15—580)
Äthanol g/l	4,78 (0—14,3)	4,2 (0,2—17,5)

Analysen (Martens) macht sie jedoch im frischen Kraut nicht mehr als 20 mg/l aus, bei einem durch Reduktone bedingten Blindwert von ca. 40 mg/l.

Der Gehalt des Sauerkrauts an sonstigen Vitaminen und Provitaminen ist gering (Tab. 5); diese Verbindungen spielen aber z. T. eine Rolle als Wuchsfaktoren für die Mikroorganismen der Sauerkrautgärung.

Tabelle 5. *Vitamin-Gehalte von Sauerkraut* in mg/100 g

Carotin	0 —0,03	—
Thiamin	0,03—0,05	0,065
Riboflavin	0,05—0,2	0,033
Nicotinsäureamid	0,2 —0,3	0,34
Pantothensäure	0,1 —1,4	0,23
Pyridoxin	0,1 —0,3	0,21
Folsäure	0,02—0,2	—
Vitamin K	0,08—3,0	—
Cholin	—	18
Inosit	—	18

Biotin soll nach A. I. Virtanen (1961) ebenfalls vorhanden sein. Die aufgeführten Werte stammen von Ragnar Berg [nach P. Nehring (1954) sowie W. Heupke u. G. Rost (1950)] und aus Untersuchungen im Institut für Gärungsgewerbe, Berlin, auf Veranlassung von F. Martens, die Zahlen der zweiten Spalte aus Untersuchungen von A. Mehlitz u. H. Drews (1960).

Das bei der Gärung nebenher entstehende Dextran wird von K. TÄUFEL (1950) mit 0,02—0,09% angegeben; es ist in diesen Mengen für die „Mundigkeit" des Krautes wichtig.

Über die Aromastoffe des Sauerkrauts ist noch wenig bekannt. Die Schwefelverbindungen des Weißkohls dürften dabei eine Rolle spielen. Geschmacklich ist ein Sauerkraut gut, wenn es etwas Essigsäure aus der Gärung enthält (A. MEHLITZ u. D. GELBRICH 1965a). Da Essigsäure flüchtig ist, geht sie im Laufe der Lagerung sowie durch Torula z. T. verloren. Degustativ müssen Säure und Salz im Gleichgewicht liegen, wenn kein einseitiger Geschmack auftreten soll: d. h., ein höherer Säuregehalt erfordert auch einen erhöhten Salzgehalt.

Die diätetische Wirkung von Sauerkraut wird auf dessen Gehalt an Milchsäure sowie an Acetylcholin (ca. 10 mg/100 g) und seine Struktur zurückgeführt; eindeutige Versuchsergebnisse hierüber liegen jedoch nicht vor (F. EICHHOLTZ 1960).

e) Untersuchung

Die üblichen Untersuchungen beziehen sich auf pH, Extrakt, Kochsalz, Milchsäure und Vitamin C.

Alle Bestimmungen mit Ausnahme von Rohfaser können in der abgetropften oder leicht abgepreßten Lake vorgenommen werden, da, wie verschiedentlich nachgewiesen und von A. MEHLITZ u. H. DREWS (1960) erneut bestätigt wurde, dieser Preßsaft durchaus verbindliche Werte liefert. Eine Ausnahme bildet angegorenes Kraut in den ersten Tagen nach dem Einschnitt (wenig Säure bei hohem Salzgehalt und zäher roher Struktur), bei dem noch kein Ausgleich durch Osmose und Diffusion eingetreten ist.

pH-Wert

Der pH-Wert wurde in den Qualitätsnormen auf 4,1 und niedriger, gemessen mit der Glaselektrode, festgesetzt. Bei Routineuntersuchungen genügt auch fein abgestuftes Indikatorpapier.

Extrakt

A. MEHLITZ u. D. GELBRICH benutzen den kochsalzfreien Refraktometerwert × 10 zur Kennzeichnung von unverwässertem Kraut; er errechnet sich aus der mit 10 multiplizierten Gesamtrefraktion, gemessen im Zuckerrefraktometer, minus Kochsalzgehalt in g/l Preßsaft.

Eine krasse Differenz im kochsalzfreien, refraktometrischen Extrakt zwischen abgepackter und dem Bottich gerade frisch entnommener Ware ist ein Beweis für Wässerung. Gelegentlich kann ein Wasserzusatz vorgetäuscht werden durch zu geringen Kochsalzzusatz und den damit verbundenen ungenügenden osmotischen Wasserentzug.

Kochsalz

Kochsalz wird im allgemeinen nach üblichen Methoden (Titration nach MOHR oder nach VOTOČEK) ermittelt. Bei Diät-Gärungsprodukten kann die Einzelbestimmung von Kationen nötig sein.

Die Norm liegt bei 1,0—1,5% Kochsalz; 0,8% sind als schwach, 1,8—2,4% als hoch anzusehen.

Im Weißkohl beträgt der Chloridgehalt 0,3—0,5%, berechnet als NaCl.

Gesamtsäure

Die Gesamtsäure wird elektrometrisch mit der Glaselektrode durch Titration auf pH 8,4 bestimmt. Dabei werden, ebenso wie bei der Titration gegen Phenolphthalein, die zur Beurteilung meist ausreicht, außer Milchsäure auch die vorhandene Essigsäure (ca. 0,2%), Phosphorsäure (ca. 0,1%) und Citronensäure miterfaßt, auch CO_2, wenn keine besonderen Maßnahmen ergriffen werden. Gute

Resultate zur Bestimmung der nichtflüchtigen Säure, die praktisch identisch ist mit Milchsäure, liefert eine Schnellmethode von F. MARTENS, wenn die folgenden Bedingungen eingehalten werden:

25 ml Preßsaft (Lake) werden auf dem Wasserbad in einer Porzellanschale eingedampft (⌀ 8 cm), bis die gewölbte Mitte des Schalenbodens eben sichtbar wird; die hierfür benötigte Zeit (ca. 30 min) wird vermerkt. Das Konzentrat wird mit 25 ml dest. Wasser durchmischt und erneut über die vorher benötigte Zeit hinaus eingedampft, bis in der Mitte der Schale ein markstückgroßer trockener Hof entsteht. Der Rückstand wird in 25 ml dest. Wasser gelöst und titriert. Die Differenz im Säuregehalt gegenüber einer direkt titrierten Probe entspricht dem Gehalt an Essigsäure.

Vitamin C

Vitamin C wird mit Dichlorphenol-indophenol nach TILLMANS bestimmt; Dehydraoscorbinsäure wird nach Reduktion mit Schwefelwasserstoff ermittelt.

Als Norm können 10 mg Vitamin C/100 ml Preßsaft angesehen werden; gute Erzeugnisse weisen 20, gelegentlich bis zu 35 mg/100 ml auf. Hohe Werte setzen neben stark vitaminhaltigem Ausgangsmaterial auch eine erhebliche Konzentrierung der Inhaltsstoffe voraus und sind meist mit Salzgehalten über 1,3% verbunden. Vitamin C-Werte, die weit höher liegen, sind auf einen Zusatz zurückzuführen und gelegentlich bei in Kunststoffolien verpacktem Kraut zu finden; dabei befindet sich nicht selten der Vitamin C-Gehalt im Widerspruch zu der geschmacklichen Qualität. Der Zusatz bezweckt, enzymatisch bedingte Verfärbungen und Bräunungen zu verzögern.

Weitere Untersuchungsmethoden sind bei A. MEHLITZ u. D. GELBRICH (1962 bis 1966) angeführt.

f) Hinweise für die lebensmittelrechtliche Beurteilung

Beurteilungsgrundlage bilden die Qualitätsnormen und Deklarationsvorschriften für verarbeitetes Obst und Gemüse, zusammen mit dem Lebensmittelgesetz. In den Qualitätsnormen sind die äußeren Eigenschaften für Sauerkraut (Geruch, Geschmack, Konsistenz) festgelegt; weiter wird ein pH-Wert von 4,1 oder niedriger gefordert und die natürliche Lake im Handelsprodukt auf 10% begrenzt bei einer Abtropfzeit von 5 min. Zulässig ist bei der Herstellung der Zusatz von natürlichen Gewürzen, Kräutern und Zucker.

Essig- und Milchsäure, Konservierungsstoffe, chemische Bleichmittel, künstliche Süßstoffe und andere Fremdstoffe dürfen nicht zugesetzt werden.

Für Weinkraut oder Weinsauerkraut ist der Zusatz von mindestens 1 l Wein auf 50 kg Sauerkraut vorgeschrieben.

Als nicht verkehrsfähig anzusehen ist insbesondere ein Kraut, das nur wenige Tage angegoren wurde und weder die richtige geschmackliche Abrundung noch einen genügend tiefen pH-Wert aufweist; Kraut, das fast ungegoren mit einer künstlichen Lake aus Milchsäure und Salz versehen wurde, ferner geschnittener Kohl, der blanchiert, mit Salzlösung in Dosen eingefüllt und mit nicht gasbildenden Milchsäurebakterien beimpft wurde und dann in einer Dose eine aromalose, fade Säuerung durchgemacht hat, ebenso wie Produkte anderer Fälschungspraktiken. Auch äußerst schwache Salzung kann zu nicht verkehrsfähigen Produkten führen. Zur Beurteilung ist es wichtig zu wissen, daß dem Sauerkraut durch die der Gärung vorangehende Salzung ein erheblicher Teil des enthaltenen Wassers entzogen wird, was einen entsprechenden Konzentrationsanstieg der im Kohl enthaltenen Nähr- und Spurenstoffe bewirkt.

Als ausgesprochene *Fälschungen* müssen Produkte angesehen werden, deren Haltbarkeit dadurch erzielt wurde, daß Sauerkraut auf dafür geeigneten Vorrichtungen mehrfach ausgewaschen wurde, so daß ihm alle Nähr- und Spurenstoffe entzogen wurden, die das Wachstum verderbniserregender Kleinorganismen ermöglicht hätten. Solchem entwerteten und ausgewaschenen Sauerkrautrückstand wird dann durch Zusatz einer Lake aus Kochsalz und Genußmilchsäure wieder ein gewisser salzigsaurer Geschmack verliehen. Produkte dieser Art sind kenntlich an abnorm niedrigen Refraktometer- und Formolwerten.

3. Saure Gurken

Saure Gurken (Salzgurken, Salzdillgurken) werden im Prinzip ähnlich wie Sauerkraut durch milchsaure Gärung erzeugt. Wegen des geringen Gehaltes der Gurken an vergärbaren Zuckern verlaufen allerdings die Vorgänge langsamer.

An das verwendete Rohmaterial werden besondere Anforderungen gestellt hinsichtlich Farbe, Konsistenz, Form und Größe (vgl. Qualitätsnormen und Deklarationsvorschriften). Unreife wie überreife, hellgelbe und zu dicke Gurken sind nicht verwendbar. Sie sollen u. U. bei der Gärung in ihrer Umgebung Weichwerden hervorrufen.

Die Rohware wird maximal 2—3 Std in fließendem kalten Wasser gewässert, maschinell zwischen rotierenden Bürsten gereinigt und anschließend nach Durchmessern sortiert in Maschinen mit kontinuierlich breiter werdendem Durchlaß; normalerweise entsprechen die Durchmesser auch einer bestimmten Länge, die das eigentliche Sortierungsmerkmal darstellt. Um den Austritt von Zellsaft und die Durchsetzung der Ware mit der anhaftenden Mikroflora (Milchsäurebakterien) zu Beginn der Gärung zu erleichtern, wird die Rohware „gestichelt". Außerdem wird hierdurch später eine unerwünschte Gasstauung im Inneren der Gurken vermieden. Da bei Gurken — ebenso wie bei anderen unzerkleinert zur fermentativen Gärung angesetzten Gemüsen — keine genügend schnelle und zum Luftausschluß ausreichende Saftbildung eintritt, wird das Gärgut mit einer relativ starken Salzlösung übergossen, der gelegentlich kleine Mengen Stärkezucker oder Saccharose zugesetzt werden. Die Kochsalzkonzentration beträgt normalerweise 4—6% und übersteigt selten 12%; sie richtet sich nach der Art der Rohware und der Jahreszeit und ist auch regional etwas verschieden. Außerdem werden Gewürze wie Dill, Lorbeerblätter, Weinblätter und Bohnenkraut zugesetzt, bei Salzdillgurken hauptsächlich Dill.

Die Gärung wird sowohl in offenen Zysternen wie auch nach alter Art in großen Fässern durchgeführt. Die Gurken müssen dabei vollständig mit Salzlake bedeckt sein. Im ersten Fall müssen die Gurken durch beschwerte oder befestigte Lattenroste am Aufschwimmen gehindert werden. In Gärfässern treibt das sich bildende Gas einen Teil der Flüssigkeit aus dem Spund. Dieser wird deshalb mit einem großen, stets mit Salzlösung gefüllten Gärtrichter versehen, so daß Lufteintritt vermieden wird. Diese Gärtrichter müssen kurz nach Beginn der Gärung täglich nachgefüllt werden, um den anaeroben Verlauf sicherzustellen. Nach Beendigung der gasbildenden Phase werden die Fässer spundvoll gefüllt, sorgfältig dicht verschlossen und nach Möglichkeit kühl gelagert. Laufende Kontrolle auf Leckagen ist unerläßlich, da sonst Luft eindringt. Wegen der anfänglichen Zuckerarmut der „Lake" beginnt die Versäuerung wesentlich langsamer als beim Sauerkraut, verläuft aber im Prinzip gleich; günstig ist der Temperaturbereich zwischen 18 und 20°C. Die Gärung ist nach 2—4 Wochen beendet.

Guten Einblick in die Gärabläufe geben zwei bakteriologische Arbeiten von S. Rosen u. F. W. Fabian (1953a, b). Danach erfolgt zu Beginn der Gärung eine starke Vermehrung von Aerobactern; hauptsächlich von *A. cloacae*; bereits nach einem Tag werden sie von dem sich stark entwickelndem *Lactobacillus plantarum* verdrängt, der sich bis zum 8. Tag vermehrt und dann nur langsam zurückgeht. Etwa parallel hierzu verläuft auch das Wachstum von verschiedenen Hefen (*Hansenula*, *Rhodotorula*, *Debaryomyces*, *Torulaspora rosei*, *Torulopsis holmii*). Biotin, Nicotinsäureamid und Pantothensäure, die im Gurkensaft vorkommen, fördern die Säurebildung. Der Pantothensäuregehalt der Lake wird im Laufe der Gärung verdoppelt.

Das hauptsächliche Gärungsprodukt ist Milchsäure. Daneben liefert der mikrobielle Stoffwechsel flüchtige Säure, vor allem Essigsäure, ferner Alkohol, geringe Mengen Ester, Methyläthylcarbinol und andere Aromaträger (Literatur vgl. J. Schormüller 1966).

Fehlgärungen bei Gurken wird in der einschlägigen USA-Literatur großer Raum gewidmet, angefangen von der unwahrscheinlichen Vermutung, daß Hefen für das Aufblähen der Gurken verantwortlich seien, bis zu interessanten Nachweisen von pektinspaltenden Fermenten (T.A. BELL u. Mitarb. 1950a, b) und Polygalakturonidase aus bakteriellen Infektionen durch eingeschleppte Blüten und Blätter (T.A. BELL 1950; J.L. ETCHELLS u. T.A. BELL 1950; Anonym 1954; T.A. BELL u. Mitarb. 1958). Angaben über umgekehrt proportionale Zusammenhänge zwischen Höhe des Salzzusatzes, Versäuerungsgeschwindigkeit und Weichwerden der Gurken (I.D. JONES 1940; I.D. JONES u. Mitarb. 1940) decken sich z. T. nicht mit deutschen Erfahrungen, was sich wahrscheinlich durch die kühlere Temperatur während der Gurkencampagne in Deutschland erklären läßt.

B.K. NORTJE u. Mitarb. (1953) ermittelten bei *Bact. subtilis* aus weichen Gurken den pektinolytischen pH-Bereich zwischen pH 6—11 mit dem Optimum bei pH 8,6 und 45°C. Sie fanden bei *Bact. pumilis* derselben Herkunft ein Maximum der Pektinolyse bei pH 5,7. Die Wirkung dieser Fermente ist also der praktischen Erfahrung entsprechend auf den Anfang der Gärung oder auf eine verzögerte Versäuerung beschränkt bzw. auf zu lange, ungünstige Lagerung und damit verbundenen pH-Anstieg. Diese Verhältnisse erfuhren eine wesentliche Klärung durch W. BOCK u. Mitarb. (1966). Sie konnten in unreifen Gurken einen Pektinasehemmstoff nachweisen, der in Schalennähe gegen stark erhöhte Pektinesterase kaum zur Wirkung kommt. Dieser Hemmstoff läßt sich durch 2%ige Kochsalzlösung extrahieren und geht beim Lagern von Gurken in wenigen Wochen verloren. Dadurch kann ein Weichwerden der Gurken auch ohne Mitwirkung von Pektinase aus Kleinlebewesen zustande kommen.

Während nach deutschen Feststellungen (Anonym 1957) Salzgehalte über 7% die Aktivität von pektinspaltenden Fermenten hemmen sollen, kamen I.D. JONES (1940), M.K. VELDHUIS u. J.L. ETCHELLS (1939); I.D. JONES u. J.L. ETCHELLS (1943) zu anderen Ergebnissen. Der Anteil aufgetriebener Gurken betrug nach I.D. JONES u. Mitarb. (1940) bei normal vergorenen Gurken 20%, dagegen 45% bei einem Salzgehalt von 26%, bei Milchsäurezugaben am Anfang der Gärung 67%, bei Zuckerzugabe nach einer Woche 70% und bei Zuckerzugabe zu Beginn der Gärung sogar 78%. Denselben ungünstigen Effekt der Zuckerzugabe stellten M.K. VELDHUIS u. Mitarb. (1941) bei mehrjähriger Beobachtung der amerikanischen Produktionsverhältnisse fest.

In Deutschland haben viele — z. T. eigene — Versuche ergeben, daß ein geringer Startzusatz an Zucker (ca. 1%) sich günstig auswirkt. Ein niedriger Salzgehalt während der ersten 5 Tage ergibt nach I.D. JONES u. J. L. ETCHELLS (1943) anfänglich schnelle und hohe Säurebildung bei Unterdrückung der gasbildenden Bakterien und baldigen Schutz der Gurken durch niedrigen pH-Wert. Dieser kann dann durch Nachsalzen verstärkt werden. Dies entspricht auch den deutschen Erfahrungen.

Die *Haltbarkeit* ist eindeutig von der schnellen Milchsäure-Bildung, d. h. pH-Wert-Senkung abhängig. Der Salzgehalt hat darauf unmittelbar kaum Einfluß, er fördert vielmehr den Saftaustritt und damit das schnelle Einsetzen der Versäuerung. Inwieweit dadurch eine erwünschte Selektion der ursprünglichen Bakterienflora bewirkt wird, ist noch ungeklärt. Hohe Salzgehalte hindern das schnelle Einsetzen der Säurebildung, führen oft zu erhöhter Gasbildung und fördern bei mangelnder Säurebildung nicht die Haltbarkeit. Mit dem späteren Auswaschen von übermäßig hohen Salzgehalten sind Wert- und Aromaverlust verbunden.

Konservierungsmittel, sowie der Zusatz von Essig und Milchsäure (sinngemäß auch von anderen Genußsäuren) sind nach den Qualitätsnormen und Deklarationsvorschriften für Saure Gurken I. Qualität ausdrücklich unzulässig. Nach der

Konservierungsstoff-VO vom 19. XII. 1959 (BGBl. I, S. 735) i. d. Fassung vom 14. III. 1967 (BGBl. I, S. 337) können Sauerkonserven aller Art (z. B. Gurkenkonserven und Gemüse in Essig sowie milchsauer vergorene Gurken), ausgenommen Sauerkraut, mit Sorbinsäure und Benzoesäure konserviert werden. Der Zusatz von Sorbinsäure bei Gurken wurde unter anderem von R. N. Costilow u. Mitarb. (1957) untersucht; sie stellten eine fungicide Wirkung fes tneben einer fungistatischen bei einigen Hefen in starker, gleichlaufender Abhängigkeit vom Salzgehalt. *Torulopsis holmii* blieb unbeeinflußt. Auch die Milchsäurebildung wurde mit steigendem Salzgehalt beeinträchtigt, jedoch nicht unterhalb von 0,03% Sorbinsäure.

In jüngster Zeit hat E. Lück (1966) die Vorteile der Kaliumsorbat-Verwendung diskutiert. Die angeführten Versuche zeigen in Übereinstimmung mit den amerikanischen Arbeiten auch eine Verzögerung der Milchsäurebildung bei guter Spätausschaltung von Kahmhefen. Auf das wohl vorwiegend zu Gärbeginn sich anbahnende Weichwerden der Gurken dürfte Sorbinsäure kaum Einfluß ausüben. Aber für Salat- und Industriegurken scheint ihre Anwendung durchaus vorteilhaft zu sein.

Haltbarkeit über lange Zeiträume läßt sich nur durch Pasteurisieren ermöglichen. Als Aufguß wird dabei meist die filtrierte Gärlake verwendet. Da diese pasteurisierten milchsauren Gurken ebenso wie die erntefrisch pasteurisierten Gewürzgurken in Dosen und Gläsern in den Verkehr kommen, ergeben sich gelegentlich Verwechslungen, obwohl sich beide Produkte in Konsistenz, Farbe und Geschmack unterscheiden.

Die *Konsistenz* der vergorenen Gurke ist grundsätzlich nicht von der „knackigen" Art wie bei gut pasteurisierten Gewürzgurken, sie ist elastischer, jedoch fest im Biß. Leicht hohle, relativ reife Gurken dürfen nicht mit „weichen" verwechselt werden.

Der *Geschmack* soll reintönig und typisch sein, u. U. nach Würzkräutern, jedoch frei von Buttersäure oder anderen Zeichen der Fehlgärung. Die *Farbe* der vergorenen Gurke ist außen vorwiegend olivgrün, im Querschnitt glasig-hell grün. Der Salzgehalt liegt im allgemeinen zwischen 1,4—3,5%, der Säuregehalt (als Milchsäure) zwischen 0,7—1,8%. Die schwächer sauren Produkte werden heute bevorzugt. Der pH-Wert sollte mit Rücksicht auf die Haltbarkeit 4,0 nicht übersteigen.

Über die *Zusammensetzung* unterrichtet Tab. 6.

Tabelle 6. *Zusammensetzung von frischen und milchsauren Gurken* (nach J. Schormüller 1966)

		Gurken, frisch	Gurken, milchsauer
Wasser	g/100 g	95,0	90,7
Asche	g/100 g	0,52	6,48
Proteine	g/100 g	1,43	1,04
Einfache Kohlenhydrate	g/100 g	1,16	—
Rohfett	g/100 g	0,06	0,15
Ca	mg/100 g	30	30
P	mg/100 g	40	30
Fe	mg/100 g	12	11,6
Cu	mg/100 g	1,8	8,4
Vitamine:*			
Vitamin A	µg/100 g	49,8	180
Vitamin B_1	µg/100 g	21	3
Vitamin B_2	µg/100 g	88	22
Vitamin C	mg/100 g	15	2

* Umgerechnet aus Internationalen Einheiten

4. Andere Sauergemüse

In fast gleicher Weise wie Gurken werden weitere Gemüsearten (Blumenkohl, Sellerie, Karotten, Bohnen, Spargel) nach Zusatz von meist geringen Mengen von Salzlake der milchsauren Gärung unterworfen. Nach genügender Säuerung wird die Gärung gelegentlich durch hohe Salzgaben gestoppt. Diese Ware hat einen typischen Geschmack und wird nach teilweiser Entsalzung für Mixed Pickles oder zur Garnierung von Fischpräserven verwendet, da durch den Zuckerabbau eine gewisse Haltbarkeit gewährleistet ist.

Zu den milchsauer vergorenen Gemüsen gehören auch „*Rheinische Brühbohnen*", eine Spezialität des Niederrheingebietes. Sie werden als Schnittbohnen in Fässer oder andere Gärbehälter auch ohne Lake eingestampft unter Zusatz von 2,5—3 % Salz.

Salzschnitt- und Salzbrechbohnen werden in ähnlicher Weise hergestellt, der Salzzusatz liegt jedoch höher. Er beträgt für die rohe Ware 10—12 %, für Bohnen, die zuvor blanchiert wurden, was heute meist üblich ist, etwa die Hälfte. Je nach Höhe der Salzkonzentration tritt eine mehr oder weniger starke Milchsäuregärung ein, die zusammen mit dem Kochsalz die Haltbarkeit bewirkt. Salzbohnen sind ein Halberzeugnis, sie müssen vor dem Verzehr gewässert werden.

Oliven werden z. T. durch Einsalzen haltbar gemacht und z. T. durch milchsaure Gärung. Dunkle Oliven werden aus reifen (roten) Früchten hergestellt, die bei einer Salzkonzentration von 2,5—5 %, evtl. bis zu 10 %, einer Milchsäuregärung unterworfen werden. Die dunkelbraune Farbe bildet sich erst bei mehrmaligem Eintauchen des Gärungsproduktes in 0,5—2 %ige Natronlauge; dabei muß gleichzeitig belüftet werden. Es treten oxydative Veränderungen ein, und der Bitterstoff der Olive, das Glykosid Oleuropein, wird gespalten. Die Lauge wird durch Waschen entfernt, die Oliven werden in Kochsalzlösung eingelegt, sortiert und evtl. sterilisiert.

Zur Erzeugung grüner Oliven geht man von unreifen Früchten aus, behandelt sie ebenfalls mit Lauge, allerdings milder, wäscht sie und unterwirft sie anschließend bei 27—33° C der Gärung. Der Salzgehalt beträgt dabei 5—7 %. Für die Ausbildung des olivgrünen Farbtons ist wie bei Gurken vollständiger Luftabschluß erforderlich. Der Säuregehalt in grünen Oliven liegt mit durchschnittlich 0,7—1,0 % höher als in den dunklen (0,4—0,6 %). Weitere Einzelheiten vgl. bei J. Schormüller (1966).

5. Gurken und Gemüse in Essig

a) Gurken

Delikateß-Gewürzgurken pasteurisiert oder Gewürzgurken pasteurisiert werden aus frischer Ware durch Pasteurisieren in Essig hergestellt. Als Rohware kommen nur gesunde, frische, saubere, von den Stielen befreite Gurken zur Verwendung. Verarbeitet werden vorwiegend die Sorten Rheinische Vorgebirgstraube, Delikateß, Baldur sowie die holländische Hybride „Hokus". Letztere trägt sehr stark, da sie fast nur weibliche Blüten aufweist.

Die Vorbereitung der Rohware (Weichen, Waschen, Sortieren und Sticheln) ist die gleiche wie für milchsauer vergorene Gurken. Wichtig für die Qualität des Endproduktes ist auch hier ein kühler, schonender Transport und schnelle Verarbeitung, da sonst der natürliche Kohlenhydratgehalt und der typische Eigengeschmack beeinträchtigt werden.

Die Aufgußflüssigkeit besteht aus Essig, natürlichen Gewürzen und Kräutern oder deren Auszügen, Speisesalz und Zucker. Wichtig ist, daß die verwendeten Kräuter frisch sind oder frisch in Essig eingelegt wurden; andernfalls tritt leicht ein heuartiger Beigeschmack auf, besonders durch Dill. Der Zusatz von Milch-, Wein- und Citronensäure ist erlaubt, ebenso die Verwendung der Konservierungsstoffe Benzoesäure und Sorbinsäure. Diese werden im allgemeinen nur für 5- und 10-l-Behältnisse angewendet, um Kahmbildung während des Verkaufs aus der offenen Dose zu unterdrücken. Für 5- und 10-l-Behälter ist auch bis auf weiteres die Verwendung von mit Süßstoff gesüßtem Essig ohne Kenntlichmachung zulässig (vgl. Heft 57 der Schriftenreihe des Bundes für Lebensmittelrecht und Lebensmittelkunde, ferner Abschnitt Meerrettich). Bei Zuckergehalten von mindestens 1% in der Fertigware ist auch die Bezeichnung süßsauer üblich.

Die Verpackung erfolgt bei den kleineren Einheiten heute vorwiegend in Gläsern. Daneben werden säurefest lackierte Weißblechdosen verwendet. Zur Haltbarmachung werden die Gurken schonend pasteurisiert (die früher hierfür üblichen Bezeichnungen „steril" oder „sterilisiert" sind durch „pasteurisiert" zu ersetzen), so daß sie knackige Konsistenz behalten bei relativ heller Farbe im Querschnitt. Der endgültige Geschmack stellt sich erst 4—6 Tage nach der Herstellung ein.

Delikateß-Gewürzgurken und Gewürzgurken unterscheiden sich in der Sortierung voneinander, die letzteren sind kleiner. Cornichon ist ebenfalls eine Größenbezeichnung; sie darf nur dann verwendet werden, wenn 1 kg Gurken mehr als 60 Stück umfaßt. Einige Gurkenerzeugnisse ähnlicher Art — Essiggurken (Pfeffergurken), Senfgurken und Zuckergurken — können statt aus frischen auch aus vorbehandelten Gurken gewonnen werden. Als Vorbehandlung kommen in Betracht: Voreinlagerung in hochkonzentrierte Salzlake. Einlegen in Salzlake mit folgender natürlicher Milchsäuregärung.

Pasteurisieren war nach diesen Vorbehandlungen früher nicht üblich und ist heute nur für Dauerware erforderlich.

Bei *Essiggurken* (Pfeffergurken) sind verschiedene Vorbehandlungsverfahren handelsüblich: mit Kräuteressig, durch Salzen, durch natürliche Milchsäuregärung oder mit heißem Aufguß aus Essig und Kochsalz.

Senfgurken werden aus reifen, geschälten, restlos entkernten Schälgurken hergestellt. Sie werden in Stücke geschnitten und in Salzwasser blanchiert oder vorübergehend stark eingesalzen und anschließend gewässert. Der Aufguß — meist süßsauer — enthält an Gewürzen vor allem obligat Senfkörner.

Zuckergurken werden im Prinzip in gleicher Weise hergestellt, der Aufguß enthält aber außer Essig soviel Zucker, daß seine Konzentration im Fertigerzeugnis mindestens 20% beträgt.

Daneben gibt es auch andere, zerkleinerte süß-sauere Gurken, z. B. Gurkenstücke, -würfel, -streifen. Die Verwendung von Schlangengurken ist kenntlich zu machen.

Die *Untersuchung* der fertigen Produkte beschränkt sich im allgemeinen auf Salz, Säure und die Sortierung oder Zerkleinerung, Einwaage. Schnelle Untersuchungen auf Pesticide, vor allem in der Rohware, werden angestrebt. Für den störenden Bitterstoff in der Gurke liegt kein chemischer Nachweis vor, seine Konstitution ist nicht bekannt.

Die *Beurteilung* dieser Erzeugnisse erfolgt nach den Qualitätsnormen und Deklarationsvorschriften für verarbeitetes Obst und Gemüse in Verbindung mit lebensmittelrechtlichen Vorschriften. Der Zusatz der Konservierungsstoffe Benzoesäure und Sorbinsäure ist nach Maßgabe der Konservierungsstoff-VO vom 19. XII. 1959 (BGBl. I, S. 735) i. d. Fassung vom 14. III. 1967 (BGBl. I, S. 337) kenntlich zu machen, die Mitverwendung von Genußsäuren nach den Bestimmungen der Qualitätsnormen. Die untere Grenze des Säuregehaltes wird hierin mit 0,5%, berechnet als Essigsäure, festgelegt.

Gurkenerzeugnisse, die den Qualitätsnormen nicht entsprechen, können ebenfalls hergestellt werden. Sie sind so eindeutig zu kennzeichnen, daß eine Irreführung des Verbrauchers ausgeschlossen ist.

Bei der Beurteilung nach den Qualitätsnormen muß berücksichtigt werden, daß auch wohlgeformte Gurken gewachsene Naturprodukte sind, an deren Geometrie keine übertriebenen Anforderungen gestellt werden dürfen. Oft werden gerade Gurken ins Glas gezwängt, erweichen beim Pasteurisieren und kommen gebogen wieder heraus. Vielfach werden die Gurken auch rein maschinell in die Packungen gefüllt („gerüttelt"), wobei vereinzelt abfallende Exemplare durchschlüpfen können. Unzulässig sind, auch vereinzelt, Krüppel- oder Knudelgurken.

Als *Fehlfabrikate* sind Packungen mit mehreren beschädigten oder nicht vom Stengel befreiten oder vergilbten oder unsauberen Gurken anzusehen. Unsauberkeit ist in Grenzfällen schwierig und nur aus der Erfahrung der Verarbeitungspraxis heraus zu beurteilen. Dies gilt besonders für eingedrückte oder in Riefen haftende Sandpartikel, die von keiner Bürstenvorrichtung entfernt werden können. Ähnliches gilt für die hervorstehenden Warzen bei italienischen Gurken, die während des Transportes und der Verarbeitung abgestoßen werden und sich anschließend braun verfärben und unsaubere Flecken vortäuschen. Bittere Gurken — durch starke Temperaturschwankungen während der letzten Wachstumstage hervorgerufen — sind während der Fabrikation nur in seltenen Fällen zu erkennen und auszuschalten. Nicht zu stark bittere Gurken verlieren diesen Geschmack nach einigen Wochen Lagern in der fertigen Packung. Abweichender Geschmack durch Pesticide, der oft erst nach längerer Lagerung hervortritt und der Rohware nicht anzumerken ist, gibt z. Z. noch gelegentlich Anlaß zu Klagen. Im allgemeinen nur als kleine Schönheitsfehler anzusehen sind durch Überpacken gedrückte, evtl. auch dadurch krumm gewordene Gurken, sowie leicht trüber Aufguß infolge Verwendung von Naturgewürzen in feiner Zerkleinerung und ähnliches. Stark milchig-trüber Aufguß kann auf mangelnder Sterilität beruhen (Bakterienentwicklung), kenntlich an leichtem Überdruck und übermäßiger Säurebildung bei im Querschnitt stark glasigen Gurken (Salzgurkencharakter).

b) Andere Gemüseerzeugnisse

In analoger Weise wie die zuvor behandelten Gurken werden noch eine Anzahl anderer Gemüseerzeugnisse hergestellt, für die bisher nur z. T. Anforderungen in den Qualitätsnormen bestehen. Für sie werden künftig auf EWG-Basis Qualitätsnormen festgelegt, die unter anderem die Anteile an wertvollen Gemüsen (Spargel, Blumenkohl, Mais usw.) und weniger teuren Zutaten (Mohrrüben, Gurkenstücke usw.) regeln. Dadurch soll der Verbraucher vor Irreführung und der Handel vor Wettbewerbsverzerrung geschützt werden.

Nachfolgend werden die wichtigsten dieser Artikel angeführt mit den für den europäischen Markt vorgesehenen Anforderungen. Generell gilt — wie bisher —, daß nur gesunde, saubere Rohware verarbeitet wird und daß nur unbegrenzt haltbare Produkte das Prädikat „Delikateß“ führen dürfen.

Mixed-Pickles müssen nach den neuen Richtlinien für die Beurteilung und Kennzeichnung von Gemüse in Essig folgenden Anforderungen genügen: Mixed-Pickles pasteurisiert ist eine tafelfertige Gemüsemischung aus mindestens 6 Bestandteilen, in einem Aufguß aus Essig, Gewürzen und Salz. 80% der Gemüse-Einwaage bestehen aus: unzerteilten Cornichons (Sortierung 60 Stück pro kg und kleiner), Silberzwiebeln (bis max. 25 mm ⌀), und/oder Perlzwiebeln, unzerteilten Maiskölbchen, max. 8 cm lang und Paprika. Die ersten vier sind zwingende Bestandteile, wobei 25% der Gesamteinwaage aus den Cornichons bestehen müssen. Maiskölbchen und Paprika können im Rahmen der 80% wahlweise verwendet werden; Paprika jedoch höchstens bis 15% der Gesamteinwaage, jedes der anderen Bestandteile — ausgenommen Cornichons — nicht über 25% der Gesamteinwaage.

Für die verbleibenden 20% werden wahlweise verwendet: Gurkenscheiben oder -stücke, Bohnen, Karotten, Spargel, Pilze, junge, grüne Erbsen, Oliven, zerteilte Maiskölbchen. Von den letztgenannten Bestandteilen keiner mehr als 10% der Gesamteinwaage, auf die einzelnen Anteile ist eine Toleranz bis zu 5% der Gesamtgemüse-Einwaage verkehrsüblich.

Mixed Pickles begrenzt haltbar (z. B. in Plastikbeuteln) wie unter a) jedoch ohne Bezeichnung „Delikateß“.

Mixed Pickles aus frischer, nicht vorbehandelter Rohware (ausgenommen Pilze und Oliven). Erlaubt sind die Bezeichnungen: Delikateß, feinst, Auslese, erntefrisch gepackt.

Bei Mischungen von Essiggemüsen, die nicht diesen Anforderungen an Mixed Pickles entsprechen, ist z. Z. die sorten- und anteilmäßige Zusammensetzung anzugeben. Eine Rahmennorm für diese Erzeugnisse ist zu erwarten.

Paprika in Essig (Tomatenpaprika, Pepperoni): Bei Verwendung von vorbehandelter Ware muß die Art der Vorbehandlung angegeben werden, z. B. milchsauer vergoren, aus hochgesalzener oder aus tiefgefrorener Ware. Bei Paprika können je nach Sorte und Reife des Füllgutes besonders große Differenzen (bis zu 25%) zwischen Ein- und Auswaage auftreten.

Sellerie in Essig (Selleriesalat) wird roh blanchiert oder gekocht, in Scheiben geschnitten oder geraspelt pasteurisiert.

Zwiebeln in Essig: Man unterscheidet Perlzwiebeln (*Allium ampeloprasum*) in Sortierungen bis zu 5 (extra klein), 7 (klein) und 15 mm ⌀, daneben Silberzwiebeln (*Allium cepa, A. fistulosum*) in den Sortierungen bis zu 16 (extra klein), 20 (klein) und 28 mm ⌀, feine Essigzwiebeln; diese entsprechen in den Sorten den Silberzwiebeln, dürfen aber einen Durchmesser von maximal 35 mm aufweisen.

Nach der Fruchtbehandlungs-VO vom 19. XII. 1959 (BGBl. I, S. 751) i. d. Fassung vom 3. V. 1967 (BGBl. I., S. 527) dürfen Zwiebeln in Essig mit höchstens 0,3 g/kg SO_2 bei Kenntlichmachung behandelt werden.

Rote Beete (*Rote Rübe*, Delikateß) *pasteurisiert*, gesäubert, geschält, gekocht oder gedämpft in Scheiben oder Würfeln, auch ganze Beete bis 40 mm ⌀. Zusatz von Essig, Salz und Gewürzen. Färbung unzulässig.

Rote Beete begrenzt haltbar in nicht luftdichten z. B. Plastikbehältnissen, sonst wie oben, jedoch ohne Bezeichnung „Delikateß“.

Bei **Bohnen in Essig** unterscheidet man Bohnensalat, ganze Bohnen und geschnittene oder gebrochene Bohnen; dazu werden nur junge fadenfreie Busch-, Stangen- oder Wachsbohnen verarbeitet. Undurchsichtige Packungen müssen Angaben über den Zerkleinerungsgrad aufweisen.

Maiskölbchen in Essig werden ausschließlich aus frischer, nicht vorbehandelter Rohware hergestellt. Die Sortierung bis zu 7 cm Länge kann die Bezeichnung „extra klein“ führen.

Für **Spargel-Salat in Essig** gibt es z. Z. keine Normen. Um eine Irreführung auszuschließen, muß der Spitzenanteil im natürlichen Verhältnis zum Stangenanteil liegen.

Kapern — die Blütenknospen von *Capparis spinosa* — in Essig werden aus hochgesalzener Importware (meist aus Spanien) hergestellt. Für die kleinste Sortierung ist die Bezeichnung Nonpareille, für die mittlere Surfines und für die größere Capuzine üblich.

6. Meerrettich

Zur Herstellung von sog. Meerrettichdauerwaren wird die Rohware (Stangen, Fechser = fingerdicke Anzuchttriebe und Fechserbizzi = bleistiftstarke Seitenwurzeln) gewaschen, geschabt oder geschält, danach nochmals gewaschen und anschließend maschinell gerieben.

Dieses geriebene Produkt kommt entweder als „Gemüsemeerrettich (geriebener Meerrettich)“ in den Handel — dann wurde ihm lediglich Salz zugesetzt — oder als „Tafel- oder Delikateß-Meerrettich“; dies ist eine Zubereitung aus rohem, geriebenem Meerrettich, mit würzenden Zusätzen wie Speiseessig, Salz, Zucker, Rahm, Mayonnaise von mindestens 50% Ölgehalt, Citronensäure und natürlichen Gewürzen.

W. Häffner u. A. Pawletta (1956) untersuchten Meerrettich (Stangen, Fechser, Fechserbizzi) verschiedener Herkunft, wobei sie die Zerkleinerung selbst vornahmen. Die Werte sind in Tab. 7 zusammengestellt.

Tabelle 7. *Zusammensetzung von geriebenem Meerrettich* (nach W. Häffner u. A. Pawletta 1956)

Wasser	61,5 —77,3 g/100 g
Trockenmasse	22,7 —38,5 g/100 g
Stickstoff	0,41— 0,83 g/100 g
Stickstoffsubstanz (N · 6,25)	2,56— 5,17 g/100 g
Senföl	173—238 mg/100 g
Extrakt (wasserlöslich)	8,0 —14,2 g/100 g
Asche	1,47— 2,08 g/100 g
Sand	0 — 0,06 g/100 g
Rohfaser	3,31— 5,92 g/100 g
Säuregrad	4,2 — 6,7 ml n-Lauge/100 g

Die Analysendaten ergaben keinen Qualitatsunterschied von Fechserbizzi gegenüber den stärkeren Stangen.

Der Genußwert von Meerrettich beruht auf seinem Gehalt an ätherischem Öl. Nach M. Kienholz u. B. Kemkes (1960) setzt es sich zu etwa 60 % aus Allylsenföl zusammen und geringeren Mengen Diallylsenföl, Phenyläthyl-, Phenylpropyl- und

Butylsenföl; es besitzt antibakterielle Wirkung. Bezüglich der Bildung von Kohlenoxysulfid aus Senföl vgl. Kapitel Frischgemüse. Da Senföle z. T. flüchtig sind, geht ihr Gehalt im Laufe der Verarbeitung zurück.

Bei geriebenem Meerrettich treten verschiedene Verarbeitungsprobleme auf. Schon während des Reibens, spätestens innerhalb weniger Stunden, verfärbt sich das ursprünglich weiße Produkt grau, später bräunlich bis schwärzlich. Zur Farberhaltung (Polyphenoloxydasehemmung) — nicht zur Konservierung — muß schweflige Säure zugesetzt werden; ihre Verwendung ist z. Z. durch die Fruchtbehandlungs-VO vom 19. XII. 1959 (BGBl I, S. 751) i. d. Fassung vom 3. V. 1967 (BGBl. I, S. 527) geregelt, sie erlaubt unter Kenntlichmachung bis zu 1,5 g SO_2 pro kg zerkleinertem Meerrettich.

Wegen des hohen Wassergehaltes ist außerdem die Verwendung von Konservierungsstoffen erforderlich. Der früher diskutierte Zusatz von natürlichen oder synthetischen Senföllösungen stellt eine Verfälschung dar, da der natürliche Senfölgehalt des Meerrettichs ein Qualitätsmerkmal ist (H. HÄFFNER u. A. PAWLETTA 1956; H. DILLER 1956). Die Konservierungsstoff-VO vom 19. XII. 1959 (BGBl. I, S. 735) i. d. Fassung vom 14. III. 1967 (BGBl. I., S. 337) gestattet unter Kenntlichmachung die Verwendung von Sorbinsäure, Benzoesäure und p-Hydroxybenzoesäureester für geriebenen Merrettich.

Tafel-Meerrettich muß zur geschmacklichen Abrundung eine gewisse Süße aufweisen. Der dafür in erster Linie in Betracht kommende Zuckerzusatz erwies sich als ungünstig; insbesondere in den Sommermonaten tritt dabei trotz Konservierung Gärung ein, außerdem soll Zucker eine unansehnliche Gelbfärbung der Ware hervorrufen. Deshalb sind die Hersteller auf Saccharin ausgewichen. Die Süßstoff-VO vom 27. II. 1939 (RGBl. I, S. 336) i. d. Fassung vom 9. II. 1953 (BGBl. I., S. 43) läßt keinen unmittelbaren Saccharinzusatz zu Meerrettich zu, wohl aber die indirekte Süßung mit saccharinhaltigem Essig, wobei der auf diese Weise in das Lebensmittel gelangte Süßstoffgehalt nicht kenntlich gemacht zu werden braucht.

Die hieraus resultierende lebensmittelrechtliche Situation erörterten H. HÄFFNER u. A. PAWLETTA (1956) u. H. DREWS (1963).

Bibliographie

BERG, R.: Zit. nach H. SCHALL 1935.

DURACH, W.: Untersuchungen über das Weichwerden des Sauerkrauts. Dissertation TH München 1952.

EICHHOLTZ, F.: Silage und ähnliche Gärerzeugnisse. 2. Aufl. Braunschweig: Friedrich Vieweg u. Sohn 1960.

FEDER, E.: Zit. nach C. v. NOORDEN u. H. SALOMON. Handbuch der Ernährungslehre. Berlin: Springer 1929.

GELBRICH, D.: Über biologische und chemische Vorgänge bei der Sauerkrautgärung. Dissertation Tech. Univ. Berlin 1965.

HENNEBERG, W.: Handbuch der Gärungsbakteriologie. 2. Aufl. Berlin: P. Parey 1926.

— Das Sauerkraut. Berlin: Institut für Gärungsgewerbe 1916.

HEUPKE, W., u. G. ROST: Was enthalten unsere Nahrungsmittel? Frankfurt: Umschau-Verlag 1950.

NEHRING, P.: Gemüse- und Obstkonserven in der menschlichen Ernährung. Braunschweig: E. Appelhand u. Co. 1954.

—, u. H. KRAUSE: Konserventechnisches Handbuch der Obst- und Gemüseverwertungsindustrie. 14. Aufl. Braunschweig: G. Hempel 1963.

Qualitätsnormen und Deklarationsvorschriften für verarbeitetes Obst und Gemüse. Braunschweig: G. Hempel 1965.

SCHALL, H.: Nahrungsmitteltabelle. 11. Aufl. Leipzig 1935.

SCHORMÜLLER, J.: Die Erhaltung der Lebensmittel. Stuttgart: Ferdinand Enke 1966.

Schriftenreihe des Bundes für Lebensmittelrecht und Lebensmittelkunde. Richtlinien für aus frischer — nicht vorbehandelter Rohware hergestellte Gurkenkonserven. Heft 57. Hamburg, Berlin, Düsseldorf: B. Behr 1965.

SOUCI, S.W., W. FACHMANN u. H. KRAUT: Die Zusammensetzung der Lebensmittel (Nährwerttabellen). Stuttgart: Wissenschaftliche Verlagsgesellschaft 1962.

Vitamin Vademecum Roche (Firmenschrift) Grenzach-Baden: Deutsche Hoffmann - La Roche AG 1952.

Zeitschriftenliteratur

Anonym: Verluste durch Gurkenblüten bei Einlegereien. Industr. Obst- u. Gemüseverwert. **39**, 333 (1954).

Anonym: Conserva **5**, 358—359 (1957). Zit. nach Fisch- und Feinkostindustr. **30**, 56 (1958).

BELL, T.A.: Polygalacturonase, activity in the cucumber and tomato. Incorporated in an address before the National Pickle Packers Ass., J. Chicago, Illinois, June 16, 1950.

—, J.L. ETCHELLS and R.N. COSTILOW: Softening enzyme activity of cucumber flowers from northern production areas. Food Res. **23**, 198—204 (1958).

— — and I.D. JONES: Softening of commercial cucumber salt-stock in relation to polygalacturonase activity. Food Technol. **4**, 157—163 (1950a).

— — — Pektinesterase activity in the cucumber. Incorporated in an address before the National Pickle Packers Ass., J. Chicago, Illinois, June 16, 1950b.

BOCK, W., M. KRAUSE u. K. TÄUFEL: Nachweis eines Pektinasehemmstoffes in Gurken. Nahrung **10**, 226—227 (1966).

COSTILOW, R.N., F.M. COUGHLIN, E. K. ROBBINS and WEN-TAH-HSU: Sorbic acid as a selective agent in cucumber fermentations. II. Effect of sorbic acid on the yeast and lactic acid fermentations in brined cucumbers. Appl. Microbiol. **5**, 373—379 (1957).

DILLER, H.: Zur Beurteilung von Meerrettichkonserven. Dtsch. Lebensmittel-Rdsch. **52**, 251—253 (1956).

DREWS, H.: Zur Beurteilung des Saccharingehaltes von Meerrettichzubereitungen. Dtsch. Lebensmittel-Rdsch. **59**, 15—17 (1963).

ETCHELLS, J.L., and T.A. BELL: Pectin hydrolyses by yeasts from commercial cucumber brines and related sources. Incorporated in an address before the National Pickle Packers Ass., J. Chicago, Illinois, June 16, 1950.

GELBRICH, D.: Analysen von Handelssauerkraut. 5. Mitt. Industr. Obst- u. Gemüseverwert. **51**, 625—631 (1966).

HÄFFNER, H., u. A. PAWLETTA: Meerrettich, Probleme seiner Verarbeitung. Dtsch. Lebensmittel-Rdsch. **52**, 245—251 (1956).

JONES, I.D.: Salting of cucumbers: Influence of brine salinity on acid formation. Industr. Engin. Chem. **32**, 858—861 (1940).

—, M.K. VELDHUIS, J.L. ETCHELLS and O. VEERHOFF: Chemical and bacteriological changes in dill-pickle brines during fermentation. Food. Res. **5**, 533—547 (1940).

—, and J.L. ETCHELLS: Physical and chemical changes in cucumber fermentation. Food. Ind. **15**, 62—64 (1943).

KEIL, W., u. B. KRITTER: Zur Chemie und Pharmakologie vergorener Nahrungsmittel. Biochem. Z. **276**, 61—65 (1935).

KIENHOLZ, M., u. B. KEMKES: Die antibakterielle Wirkung ätherischer Öle aus Meerrettichwurzeln (Cochlearia armoracia). Arzneimittel-Forsch. **10**, 917—918 (1960).

LETZIG, E.: Über ein wasserlösliches, hochmolekulares Kohlehydrat im Sauerkrautlake. Z. Lebensmittel-Untersuch. u. -Forsch. **88**, 367—372 (1948).

LÜCK, E.: Sorbinsäure und Kaliumsorbat als Hilfsmittel bei der Herstellung milchsauer vergorener Gurken. Industr. Obst- u. Gemüseverwert. **51**, 410—414 (1966).

MEHLITZ, A., u. H. DREWS: Untersuchungen zur Biochemie der Sauerkrautgärung. Industr. Obst- u. Gemüseverwert. **45**, 413—418 u. 496—503 (1960).

Mehlitz, A., u. D. Gelbrich: Analysen von Handelssauerkraut. 1. Mitt. Industr. Obst- u. Gemüseverwert. **47**, 645—652 (1962).

— — Analysen von Handelssauerkraut. 2. Mitt. Industr. Obst- -u. Gemüseverwert. **48**, 459—471 (1963).

— — Analysen von Weißkohl verschiedener Provenienzen und daraus hergestelltes Sauerkraut. Industr. Obst- u. Gemüseverwert. **49**, 286—292 (1964a).

— — Analysen von Handelssauerkraut. 3. Mitt. Industr. Obst- u. Gemüseverwert. **49**, 441—456 (1964b).

— — Wissenschaftliche und technische Grundlagen der Herstellung von Sauerkraut unter besonderer Berücksichtigung der heutigen Verkaufsprobleme. Industr. Obst- u. Gemüseverwert. **50**, 328—335 (1965a).

— — Analysen von Handelssauerkraut. 4. Mitt. Industr. Obst- u. Gemüseverwert. **50**, 598—602 u. 621—630 (1965b).

—, u. D.S. Malla: Untersuchungen über die Tätigkeit der Mikroorganismen während der Sauerkrautgärung. Industr. Obst- u. Gemüseverwert. **52**, 169—175 (1967).

Nortje, B.K., and R.H. Vaughn: The pectolytic activity of species of the genus bacillus: Qualitative studies with bacillus subtilis and bacillus pumilis in relation to the softening of olives and pickles. Food Res. **18**, 57—69 (1953).

Pederson, C.S.: Floral changes in the fermentation of Sauerkraut. State Agr. Expt. Sta. Tech. Bull. 168 (1930).

— Sauerkraut. Advanc. Food Res. **10**, 233—291 (1960).

Peltzer, J.: Rhodan als Inhaltsstoff von Weißkohl und Sauerkraut. Dtsch. Lebensmittel-Rdsch. **49**, 14—15 (1953).

Robinson, W.B.: The quality of sauerkraut preserved in tin and glass. Food. Technol. **6**, 46—49 (1952).

Rosen, S., and F.W. Fabian: Role of biotin in cucumber fermentation. Food Technol. **7**, 242—244 (1953).

— — The importance of biotin, niacin, and pantothenic acid in cucumber fermentation. Food Technol. **7**, 244—247 (1953).

Täufel, K., u. H. Burmeister: Polymere Kohlenhydrate in Sauerkrautlake. Z. Lebensmittel-Untersuch. u. -Forsch. **91**, 22—24 (1950).

Veldhuis, M.K., and J. L. Etchells: Gaseous products of cucumber pickle-fermentation. Food Res. **4**, 621—630 (1939).

— —, I.D. Jones and O. Veerhoff: Influence of sugar addition to brines in pickle-fermentation. Food. Indust. **13**, 48—50 and 54—56 (1941).

Virtanen, A.I.: Über die Chemie der Brassica-Faktoren, ihre Wirkung auf die Funktion der Schilddrüse und ihr Übergehen in die Milch. Experientia (Basel) **17**, 241—251 (1961).

Winkler, G.: Aus der Entwicklung der deutschen Sauerkonservenindustrie von Anbeginn bis zur Gegenwart. Industr. Obst- u. Gemüseverwert. **50**, 305—320 (1965).

Wyler, O.: Untersuchungen an Sauerkraut und Sauerkrautsaft. Mitt. Lebensmitt. Hyg. **47**, 424—431 (1956).

D. Trockengemüse

Von

Dr. KARL HERRMANN, Stuttgart

1. Allgemeines

Getrocknetes Gemüse — aus dem 1. Weltkrieg in unangenehmer Erinnerung — wurde im 2. Weltkrieg in wesentlich verbesserter Qualität vor allem in USA wegen seines stark verminderten Gewichtes zur Versorgung der Truppe und der Zivilbevölkerung in Europa hergestellt. Auch auf deutscher Seite war die Produktion beträchtlich. Nach dem Kriege wurde sie — zumindest in USA — wieder weitgehend eingestellt.

In Deutschland ist der Verbrauch an Trockengemüse in den letzten Jahren stetig angestiegen, da dank fortschrittlicher Verfahren in Verbindung mit modernen Anlagen Produkte von guter Qualität hergestellt werden können. Nicht zuletzt ist Trockengemüse Bestandteil vieler Trockensuppen, z. B. Blumenkohlsuppe, Lauchcremesuppe, Spargelcremesuppe.

Die Einfuhren an Trockengemüse (außer Tomaten) betrugen nach den Geschäftsberichten des Bundesverbandes der Obst- und Gemüseverwertungsindustrie 1958: 1452; 1959: 2253; 1960: 2564; 1961: 2293; 1962: 4938; 1963: 5121; 1964: 3980; 1965: 4331 t, wovon fast die Hälfte auf Zwiebeln entfielen. Ausgeführt wurden 1958/1962 je 200—320 t.

2. Herstellung

Allgemein wird auf die Gemüsetrocknung in den Werken von W.V. CRUESS (1958); H.W. VON LOESECKE (1955) und J. SCHORMÜLLER (1966) sowie kurz von P. NEHRING u. H. KRAUSE (1963) eingegangen. Spezielle Arbeiten befaßten sich u. a. mit der Karottentrocknung (E.G.B. GOODING u. Mitarb. 1960), Erbsentrocknung (L.J. LYNCH u. Mitarb. 1959).

Zur Trocknung wird ausschließlich die künstliche Trocknung benutzt, die im Prinzip ebenso wie die verwendeten Trocknungsanlagen auf S. 116 dieses Bandes beschrieben sind. Die Trocknung muß möglichst bald nach der Ernte vorgenommen werden.

Die *Vorbereitung der Rohware* bis zum trocknungsfähigen Zustand erfolgt nach den gleichen Methoden und mit den gleichen Maschinen, die für die Herstellung von Dosenkonserven verwendet werden (vgl. S. 410), weshalb sich hier ein näheres Eingehen erübrigt. Das Gemüse wird gewaschen, sortiert, verlesen, geputzt und gegebenenfalls geschnitten oder gewürfelt. Die meisten Gemüsearten werden sorgfältig gewaschen, während dies für Weiß- und Rotkohl, bei dem die äußeren Blätter verworfen werden, oft entbehrlich ist. Angewelkte Teile, beschädigte, verfärbte und sonst unansehnliche Stellen sind zu entfernen. Karotten, Sellerie und Zwiebeln werden geschält.

Anschließend erfolgt das *Blanchieren* (vgl. F.A. LEE 1958), und zwar wird das Gemüse — mit Ausnahme der Zwiebeln — 2—5 min in heißem Wasser oder mit Dampf blanchiert. Das Dampfblanchieren hat den Vorteil, daß hierbei die wasserlöslichen Inhaltsstoffe in wesentlich geringerem Maße als beim Blanchieren in Wasser ausgelaugt werden. Das Blanchieren ist zur Inaktivierung der Enzyme, besonders der Oxydationsenzyme, notwendig und ist ein wichtiger Vorgang bei der Herstellung von Trockengemüse. Ohne Inaktivierung der Enzyme nimmt Trockengemüse u. a. mehr oder weniger rasch einen strohigen, leeren Geschmack und einen heuartigen Geruch an. Als Indikator für ausreichendes Blanchieren wird heute meist die Inaktivierung der Peroxydase benutzt. Auch sei auf die Untersuchungen von R. ENGL (1965, 1966) über den Einfluß des Blanchierens auf die Qualität und die Lagerstabilität von Trockengemüsen (Kohlrabi) hingewiesen.

Zum Teil können Gemüsearten, wie z. B. grüne Bohnen, leichter getrocknet und auf tiefere Restwassergehalte eingestellt werden, wenn sie nach dem Blanchieren tiefgefroren werden (D.K. TRESSLER 1956).

Durch eine *SO_2-Behandlung* sollen häufig Farbe, Aroma und Geschmack sowie der Gehalt an Vitamin C und β-Carotin besser erhalten werden. Entweder wird Natriumsulfit dem Blanchierwasser zugesetzt oder das Gemüse mit Sulfitlösungen besprüht bzw. mit SO_2 während des Dampfblanchierens behandelt. Für Trockenkohl werden 0,75—1,5 g SO_2/kg und für Trockenkarotten nicht mehr als 0,5 g SO_2/kg angegeben (M. A. JOSLYN u. J. B. S. BRAVERMAN 1954). ebenso ca. 0,5 g SO_2/kg für Erbsen (L. J. LYNCH u. Mitarb. 1959).

Die *Trocknungstemperatur* ist je nach Anlage und Gemüseart etwas unterschiedlich. Hierbei dürften für Spinat und Karotten ca. 70° C, für Erbsen, Bohnen, Sellerie und die Kohlarten ca. 60° C und für Zwiebeln ca. 50—55° C meist nicht überschritten werden. Die systematischen Untersuchungen von R. HEISS (1955) haben ergeben, daß bei den meisten Gemüsearten 50—55° C zulässig sind, wobei diese Temperaturen bei manchen mit SO_2 behandelten Gemüsearten um 5—10° C erhöht werden können.

Der *Restwassergehalt*, der früher u. a. aus Unkenntnis der genaueren Ursachen des Verderbens mit maximal 14 % angenommen wurde und für den bis heute keine verbindlichen Normen bestehen, sollte für eine längere Lagerung nach Möglichkeit die in Tab. 1 angegebenen Werte nicht überschreiten, um eine ausreichende Haltbarkeit zu gewährleisten. Häufig werden Restwassergehalte zwischen 5 und 8 % angetroffen. In Großbritannien werden je nach der Trockengemüseart Restwassergehalte zwischen 5 und 8 %, in den USA zwischen 2 und 6 % gefordert.

Da die Trocknungsgeschwindigkeit im Bereich niedriger Wassergehalte wegen des ansteigenden Widerstandes für die Wasserdampfdiffusion aus dem Gut und wegen der wachsenden Hygroskopizität des Gutes immer kleiner wird und eine Steigerung der Trocknungstemperatur aus Qualitätsgründen ausscheidet, erfordert die Einstellung eines niedrigen Restwassergehaltes eine entsprechende Verfahrenstechnik (z. B. Nachtrocknung im Silotrockner oder in der Verpackung).

3. Veränderungen während der Herstellung und Lagerung

Die *Trocknungsveränderungen* bestehen bei den heute häufig angewendeten Verfahren hauptsächlich in einem z. T. beträchtlichen Abbau der Vitamine, besonders des Vitamins C, in geringerem Ausmaße des β-Carotins, während von den B-Vitaminen nur B_1 (teilweise) zerstört wird.

Die flüchtigen *Aroma- und Geschmacksstoffe* gehen weitgehend verloren und nichtflüchtige Geruchs- und Geschmacksstoffe können ebenfalls mehr oder weniger stark abgebaut werden. Auch können sich Fette oxydativ verändern und trotz ihrer geringen Menge zu Geruchs- und Geschmacksminderungen beitragen.

Nach Untersuchungen von E. J. HEWITT u. Mitarb. (1956) werden die typischen Aromastoffe aus Grundbausteinen und den aus diesen hervorgegangenen Aromavorläufern, die an sich keine geschmacks- oder aromagebenden Eigenschaften aufweisen, durch Einwirkung von „aromatisierenden" Enzymen gebildet. Durch einen schonenden Trocknungsprozeß werden die Enzyme zwar zerstört, nicht aber die Aromavorstufen und ihre Grundbausteine geschädigt. So ist es z. B. bei Brunnenkresse, Petersilie, Sellerie, Lauch, Zwiebeln, Kohl, Karotten u. a. gelungen, durch Zusatz von Enzympräparaten aus frischem Material, welche auf die erwähnten Vorstufen ansprechen, aus diesen Aromavorstufen die charakteristischen Geruchs- und Geschmacksstoffe in dem betreffenden Trockengemüse wieder zu entwickeln (vgl. H. MOHLER 1958; S. SCHWIMMER 1963).

Zur *kürzeren Lagerung* werden für die Kohlarten und die Gewürzkräuter häufig Säcke oder Packungen aus Kunststoff verwendet. Für längere Lagerung sind feuchtigkeitsdichte, kunststoffbeschichtete Kombinationsfolien oder Aluminiumfolien geeignet. Zum Teil wird in Blechdosen abgepackt.

Als *Lagerveränderungen* sind Verluste der natürlichen Farbe, nichtenzymatische Bräunung, Alt- und/oder Bittergeschmack, abweichender Geruch, Verlust an Quellfähigkeit und Zunahme der Zähigkeit sowie ein weiterer Vitamin-C-Verlust bekannt. Die Haltbarkeit des Trockengemüses kann wesentlich verbessert werden durch Trocknung auf hinreichend niedrige Wassergehalte (vor allem zur

Verminderung der Braunfärbung), Verpackung bei geringem Sauerstoffpartialdruck (Stickstoffverpackung; zur Hemmung der oxydativen Veränderungen) sowie Lagerung bei mäßiger Temperatur (20° C und tiefer). Die Haltbarkeit steigt bei Trockengemüse mit abnehmendem Restwassergehalt stetig an. Bei gleichem Restwassergehalt wird sie durch Abpacken in Stickstoff deutlich verbessert. Bei Trockenkarotten tritt der Einfluß des Wassergehaltes gegenüber dem des Luftsauerstoffs bei normalen Lagertemperaturen zurück. Auch Bohnen sind ziemlich empfindlich gegen Sauerstoff (P. GÖRLING 1962b, 1963).

Nach D.K. TRESSLER (1956) hat es sich bewährt, den Restwassergehalt auf 4 % und tiefer einzustellen sowie bei Abpackung in Dosen ein Trockenmittel zu verwenden und hierdurch den Restwassergehalt soweit zu senken, daß eine nichtenzymatische Bräunung vermieden wird (vgl. P. GÖRLING 1963).

Der abweichende veilchenartige Geruch, der sich bei der Lagerung von Trockenkarotten in Gegenwart von Sauerstoff neben einer Zerstörung der Farbe und einem beträchtlichen Geschmacksabfall einstellt, wird nach Untersuchungen von J.E. AYERS u. Mitarb. (1964) durch eine Reihe von Komponenten mit Iononähnlicher Struktur, z. B. α- und β-Ionon, β-Ionon-5,6-epoxid hervorgerufen, die durch Oxydation der Carotinoide entstehen.

In letzter Zeit ist häufig über Versuchsarbeiten zur Gemüse-*Gefriertrocknung* (vgl. S. 120 dieses Bandes) berichtet worden (P. GÖRLING 1962a; G. KALLISTRATOS u. R. VON SENGBUSCH 1965). Gefriergetrocknete Gemüsearten zeichnen sich durch sehr gute Formerhaltung aus und unterscheiden sich damit grundlegend von dem auf andere Weise getrockneten Gemüse. Die Wiederaufnahme des abgegebenen Wassers ist in der Regel erheblich verbessert und erfolgt rasch (G. NEMITZ 1962). Bisher sind u. a. Erbsen in ausgezeichneter Qualität durch Gefriertrocknung für den Markt erzeugt worden. Auch die Bestandteile von Trockensuppen, z. B. Blumenkohl, werden in einigen Produkten schon durch Gefriertrocknung hergestellt und damit die Qualität und Haltbarkeit der Trockensuppen verbessert (J.J. WUHRMANN u. Mitarb. 1959).

4. Untersuchung

Vor einer chemischen Untersuchung sollte Trockengemüse in unveränderter und küchenmäßig zubereiteter Form, wobei auf eine geeignete Zubereitung (Einweichen, Quellenlassen) Wert zu legen ist, einer gründlichen und eingehenden Sinnenprüfung unterzogen werden. Diese sollte sich u. a. auf Aussehen, Farbe, Konsistenz, Bruchanteil und Staub, Geruch, Geschmack, Verunreinigungen, Schädlingsbefall und Schimmel erstrecken. Der Geruch des Trockengemüses muß frisch und arteigen, darf aber nicht muffig oder heuartig sein. Farbe, Aussehen, Konsistenz und Geschmack der zubereiteten Produkte müssen denen der frisch zubereiteten Ware weitgehend, möglichst vollständig, entsprechen. Weder stärkere Farbabweichungen noch Bräunungen dürfen auftreten. Trockengemüse ist häufig von etwas zäher Konsistenz, darf aber keinesfalls strohig und leer schmecken. Die Rekonstitution beim Wiederaufquellen in Wasser sollte gut sein.

Als *Rekonstitutionstest* empfahl H. MOHLER (1961), 10 g feines bzw. 20 g grobes Trockengemüse mit 500 ml siedenden Wassers, in dem zuvor 5 g Natriumchlorid gelöst wurden, zu übergießen und anschließend Karotten und Petersilie 10 min, Lauch 15 min und Blumenkohl 20 min zu kochen. Danach wird die Probe auf ein Drahtsieb (14 mesh = DIN-Sieb mit 1,2 mm lichter Maschenweite) gegeben und eine Minute lang abgetropft. Die weitere Entfernung des überschüssigen Wassers erfolgt durch 1 min langes Aufbringen auf Filtrierpapier. Hierauf wird sofort gewogen.

Zum Teil läßt man auch 20 g Trockengemüse 30—45 min in 500 ml Wasser von 20° C stehen.

Das Ergebnis kann als Rekonstitutionsfaktor

$$= \frac{\text{Gewicht des feuchten Gutes}}{\text{Gewicht des trockenen Gutes}} \text{ mitgeteilt werden.}$$

Zur Beurteilung schlug H. MOHLER (1961) weiterhin einen *Sprödigkeitstest* vor. Hierbei wird eine bestimmte Menge Trockengemüse in einer Blechbüchse von 11 cm Höhe und 10 cm

Durchmesser auf einem Schüttelapparat horizontal bewegt (z. B. 300 Schüttelbewegungen/ min bei einer Amplitude von 20 mm) und durch Siebversuch die Veränderungen festgestellt. Als Absiebzeiten wurden 30 sec auf einer Siebmaschine vorgeschlagen.

Zur *chemischen Prüfung* wird das Trockengemüse in einer Mühle grob zerkleinert, wobei in der Mühle verbliebene Anteile mit in die Untersuchung einzubeziehen sind. An chemischen Bestimmungen kommen u. a. die Ermittlung des Wassergehaltes (4 Std bei 105° C oder 6 Std bei 70° C im Vakuum (vgl. S. 124 dieses Bandes), wobei die Werte unterschiedlich ausfallen können), des Sandes (HCl-Unlösliches der Asche), des SO_2-Gehaltes und einer Peroxydase-Restaktivität (Prüfung auf ausreichendes Blanchieren) in Frage. Wegen der Bestimmung des SO_2 in Trockengemüse wird auf die Arbeit von H. ZONNEVELD u. A. MEYER (1960) verwiesen, vgl. auch S. 124 und S. 161 dieses Bandes.

Zur Bestimmung von Zell- und Strukturveränderungen während der Trocknung empfahlen H. SULSER u. H. MOHLER (1964) einen sog. „*plasmolytischen*" *Test*, wobei das ausgelaugte Kalium flammenphotometrisch gemessen wird.

Zum *Peroxydasetest* wird 0,2 g (bis 0,5 g) gepulvertes Trockengemüse (oder Stückchen mit Seesand) in 10 ml 0,05 m-Phosphatpuffer (1 Teil 0,1 m-Dinatriumhydrogenphosphatlösung + 2 Teile 0,1 m-Kaliumdihydrogenphosphatlösung + 3 Teile Wasser) im Mörser gut verrieben. Dann werden 4 Tropfen 3%ige Wasserstoffperoxidlösung und 2 Tropfen 5%ige methanolische Guajakollösung zugefügt und wird weiter bis 5 min verrührt. Bei Anwesenheit von Peroxydase tritt mehr oder weniger bald eine rotbraune Färbung auf. Bei niedrigeren Peroxydase-Aktivitäten erfolgt die Färbung langsam und in geringer Stärke.

5. Hinweise für die lebensmittelrechtliche Beurteilung

Die Anforderungen an Trockengemüse sind in den „Qualitätsnormen und Deklarationsvorschriften für verarbeitetes Obst und Gemüse" (1965) festgelegt, in deren Abschnitt III Bohnen, Karotten, Kohl (Grün-, Weiß-, Rot-, Wirsing-, Rosen-, Blumenkohl), Erbsen und sonstige Gemüse (Spinat, Sellerieknollen, Zwiebeln, Lauch, Spargel) sowie Gewürzkräuter und Gemüsemischungen neben Pilzen behandelt sind. Unter Bohnen sind Schnitt-, Brech-, Wachsschnitt-, Wachsbrech- und Prinzeßbohnen in verschiedenen Qualitätsstufen aufgeführt. Karot-

Tabelle 1. *Richtwerte für die höchstzulässigen Wassergehalte in %*
(P. GÖRLING 1962b/1963)

Trockenerzeugnis	Verpackung in	Lagerung bei 20° C für 1 Jahr	Lagerung bei 20° C für 2 Jahre
Schnittbohnen	Luft	9	4,5
	Stickstoff	10	6
Sulfitierte Schnittbohnen	Luft	—	6
	Stickstoff	—	7
Brechbohnen	Luft	7,5	3,5
	Stickstoff	10,5	6
Sulfitierte Brechbohnen	Luft	8,5	4,5
	Stickstoff	10	5,5
Grünkohl	Luft	5	—
	Stickstoff	8,5	5
Sulfitierter Grünkohl	Stickstoff	6,5	3
Wirsing	Stickstoff	—	4,5
Weißkohl	Stickstoff	—	4,5
Rotkohl	Stickstoff	—	4,5
Karotten	Stickstoff	—	7
Porree (unblanchiert)	Luft	5	—
	Stickstoff	6,5	4
Porree (blanchiert)	Luft	4,5	—
	Stickstoff	6	3
Sulfitierte Zwiebeln	Luft	4	—
	Stickstoff	4,5	2

ten kommen in Streifen und Würfeln, weniger in Scheiben in den Handel. Bei Blattkohl werden ganze Blätter, gerebelt und geschnitten unterschieden; Strünke und schadhafte oder verfärbte Blätter sind unzulässig. Gerebelter und geschnittener Kohl soll annähernd frei von der Mittelrippe sein. Bei Blumenkohl sind holzige Teile und Blätter unzulässig. Erbsen müssen im Rahmen des technisch Erreichbaren frei von Ranken, Schotenteilen, Unkraut und zerschlagenen Erbsen sein. Der Gehalt an gelben Erbsen ist je nach Qualität, die durch die Größe bestimmt ist, auf 1—5% festgelegt. Bei Spinat beträgt die Toleranz für salzsäureunlösliche Bestandteile (Sand) in der Asche bis zu 1%. Sellerieknollen (Würfel, Scheiben, Streifen) müssen annähernd frei von Rost- und Stockflecken sowie holzigen Teilen sein.

Verschimmeltes, stark verunreinigtes und von Schädlingen befallenes Trockengemüse dürfte wie entsprechendes Trockenobst (vgl. S. 125) als verdorben zu beurteilen sein.

Eine künstliche Färbung ist bei Trockengemüse verboten. Für den SO_2-Restgehalt, bei dem z. Z. in gewissem Umfange die Berufung auf einen technischen Hilfsstoff in Frage kommen könnte, ist im Rahmen der EWG beabsichtigt, als Höchstgehalte für Sellerie und Porree 0,25 g/kg, Wirsing, Rote Rüben, Spargel, Zwiebeln, Knoblauch, Pastinaken und gemischtes Gemüse 0,5 g/kg, Blumenkohl, Meerrettich und Schwarzwurzeln 1 g/kg und für Knollensellerie 2 g/kg SO_2 zuzulassen (Dtsch. Lebensmittel-Rdsch. **60**, 25 [1964]).

Bei Erzeugnissen in Packungen und Behältnissen sind die Bestimmungen der Verordnung über die äußere Kennzeichnung von Lebensmitteln in der Fassung vom 9. IX. 1966 (BGBl. I S. 590) zu beachten.

Bibliographie

Cruess, W. V.: Commercial fruit and vegetable products. 4. Aufl. New York-Toronto-London: McGraw-Hill Book Co. 1958.

Heiss, R.: Fortschritte in der Technologie des Konservierens von Gemüse und Obst. Braunschweig: Dr. Serger & Hempel 1955.

Loesecke, H. W. von: Drying and dehydration of foods. 2. Aufl. New York: Rheinhold Publ. Co. 1955.

Nehring, P., u. H. Krause: Konserventechnisches Taschenbuch der Obst- und Gemüseverwertungsindustrie. 14. Aufl. Braunschweig: G. Hempel 1963.

Schormüller, J.: Die Erhaltung der Lebensmittel. Stuttgart: Ferdinand Enke 1966.

Zeitschriftenliteratur

Ayers, J. E., M. J. Fishwick, D. G. Land and T. Swain: Off-flavour of dehydrated carrot stored in oxygen. Nature (Lond.) **203**, 81—82 (1964).

Engl, R.: Einfluß des Blanchierens auf die Qualität und auf das Lagerverhalten von Trockengemüsen. 1. Mitt. Orientierende Versuche. Industr. Obst- u. Gemüseverwert. **50**, 831—840 (1965).

— Einfluß des Blanchierens auf die Qualität und die Lagerstabilität von Trockengemüsen. 2. Mitt. Abhängigkeit der Lagerbräunung von stofflichen Veränderungen beim Blanchieren am Beispiel getrockneter Kohlrabis. Dtsch. Lebensmittel-Rdsch. **62**, 170—175 (1966).

Görling, P.: Orientierende Versuche über die qualitativen Vorteile der Gefriertrocknung von Gemüse. Industr. Obst- u. Gemüseverwert. **47**, 60—62 (1962a).

— Einfluß der Lagerbedingungen auf die Qualitätserhaltung von Trockenerzeugnissen. I. II. III. Industr. Obst- u. Gemüseverwert. **47**, 673—675, 703—709 (1962b); **48**, 32—38 (1963).

Gooding, E. G. B., C. G. Tucker and D. B. MacDougall: Dehydration of carrots. Food Manufact. **35**, 249—254 (1960).

Hewitt, E. J., D. A. M. MacKay, K. Konigsbacher and T. Hasselstrom: The role of enzymes in food flavors. Food Technol. **10**, 487—489 (1956).

Joslyn, M. A., and J. B. S. Braverman: The chemistry and technology of the pretreatment and preservation of fruit and vegetable products with sulfur dioxide and sulfites. Advanc. Food Res. **5**, 97—160 (1954).

Kallistratos, G., u. R. von Sengbusch: Probleme um die Gefriertrocknung von Lebensmitteln. Z. Lebensmittel-Untersuch. u. -Forsch. **126**, 344—356 (1965).

Lee, F. A.: The blanching process. Advanc. Food Res. **8**, 63—109 (1958).

Lynch, L. J., R. S. Mitchell and D. J. Casimir: The chemistry and technology of the preservation of green peas. Advanc. Food Res. **9**, 61—151, besonders 139—141 (1959).

Mohler, H.: Die Bedeutung der Enzyme in der Lebensmittelindustrie. Mitt. Lebensmitteluntersuch. Hyg. **49**, 406—422 (1958).

— Bewertung getrockneter Lebensmittel. Mitt. Lebensmitteluntersuch. Hyg. **52**, 526—538 (1961).

Nemitz, G.: Vergleichende Untersuchungen über die Wasserwiederaufnahme gefriergetrockneter und warmluftgetrockneter Gemüse. Industr. Obst- u. Gemüseverwert. **47**, 409—412 (1962).

Schwimmer, S.: Alteration of the flavor of processed vegetables by enzyme preparations. J. Food Sci. **28**, 460—466 (1963).

Sulser, H., u. H. Mohler: Bewertung getrockneter Lebensmittel. Ein Test zur Bestimmung von Zell- und Strukturveränderungen während der Trocknung. Mitt. Lebensmitteluntersuch. Hyg. **55**, 134—143 (1964).
Tressler, D.K.: New developments in the dehydration of fruits and vegetables. Food Technol. **10**, 119—124 (1956).
Wuhrmann, J.J., M. Simone and C.O. Chichester: The storage stability of freeze-dried soup mixes. Food Technol. **13**, 36—40 (1959).
Zonneveld, H., u. A. Meyer: Bestimmung der schwefligen Säure in Lebensmitteln, insbesondere in Trockengemüse. Z. Lebensmittel-Untersuch. u. -Forsch. **111**, 198—207 (1960).

E. Tomatensäfte und andere Tomatenprodukte sowie andere Gemüsesäfte

Von

Dr. **Karl Herrmann**, Stuttgart

I. Begriffsbestimmungen

Aus Tomaten können in der Regel — außer geschälten Tomaten in Dosen — (vgl. S. 421 dieses Bandes) folgende wesentlichen Produkte gewonnen werden: 1. Tomatenmark, für das allein deutsche Beurteilungsrichtlinien bestehen, 2. Tomatenketchup, 3. Tomatensaft und 4. Tomatenpulver. Tomatenmark wird u. a. für Tomatenketchup, Tomatensoße, Tomatensuppe und dgl. verwendet, Tomatenpulver für trockene Zubereitungen. Hinzukommen Spezialitäten z. B. des süd- und südosteuropäischen Raumes, wie lecsó (Letscho) Ungarns, das ungefähr zu gleichen Teilen aus gelben geschnittenen Paprikaschoten und teilweise eingedicktem Tomatensaft besteht und dessen Refraktometerwert etwa 10—12 beträgt (K. Vas 1963).

Tomatenmark stellt das eingedickte, fein passierte, von Schalen und Samen (Kernen) befreite Mark reifer Tomaten dar und kommt einfach, doppelt und dreifach konzentriert in den Handel. Es muß von reinem tomatenroten Aussehen, angenehm frischem Geruch, süßsäuerlich-aromatischem Geschmack und von gleichmäßiger, breiiger Konsistenz sein und sollte keine schwarzen Stellen aufweisen. In den englisch sprechenden Ländern wird es als Tomatenpaste oder -püree, bisweilen auch als Tomatenkonzentrat bezeichnet. Häufig wird unter Paste das höher konzentrierte Mark verstanden (z. B. 28 % Trockensubstanz und höher). Die entsprechenden Bezeichnungen sind in Italien: Concentrato di pomodoro, in Spanien: Concentrado de tomate und in Frankreich: Extrait des tomates (Purée des tomates).

Tomatenketchup enthält außer Tomatenmark würzende Zutaten (Salz, Zucker, Essig und Gewürze).

Tomatensaft kann man nach J. Koch (1958) in Übereinstimmung mit den US-Vorschriften wie folgt definieren: Tomatensaft ist der aus frischen, reifen, roten Tomaten gewonnene unkonzentrierte Saft, der frei von Schalenteilen, Samen und groben Gewebestücken sein muß, feinzerkleinertes Fruchtfleisch enthält und homogenisiert sein kann. Ein Zusatz von Wasser, chemischen Konservierungsmitteln oder Farbstoffen ist verboten, dagegen ein Kochsalzzusatz erlaubt. Die Haltbarmachung des Saftes hat ausschließlich durch Wärmeanwendung zu erfolgen. Danach kann Tomatensaft nicht aus Tomatenmark durch Verdünnen mit Wasser hergestellt werden. In USA kennt man noch einen gelben Tomatensaft aus gelben Tomatensorten (C. A. Greenleaf 1961).

Aus Tomatensaft können *Saftkonzentrate* (vgl. S. 192) und Trockenpulver (vgl. S. 463) gewonnen werden.

In ähnlicher entsprechender Weise wie Tomatensaft können auch die *Gemüsesäfte* definiert werden.

II. Tomatensaft, Tomatenmark und Tomatenketchup

1. Herstellung

a) Tomatensaft

Die Herstellung des Tomatensaftes (vgl. W.V. CRUESS 1958; C.A. GREENLEAF 1961; R. HEISS 1950; J. KOCH 1958; H.M. RAUEN 1948a) sowie die Gewinnung von Tomatensaft-Konzentraten und Tomatenpulver aus dem Saft unterscheiden sich im Prinzip nicht wesentlich von den Verfahren, die bei Fruchtsäften üblich sind. Schließlich ist die Tomate ebenfalls eine Frucht, wenn sie auch zum Gemüse und nicht zum Obst zählt. Es wird daher weitgehend auf die Beiträge von K. HERRMANN (vgl. S. 176 und S. 122 dieses Bandes) verwiesen.

Bei der Verarbeitung von Tomaten zu Saft müssen einerseits die pektinabbauenden und andererseits die Oxydationsenzyme möglichst rasch inaktiviert werden.

Entweder werden die gewaschenen und verlesenen Tomaten, die von einwandfreier Qualität und weder überreif noch unreif sein sollen und von denen die Stiele und Kelchblätter zu entfernen sind, mit Dampf blanchiert, dann zerkleinert (Mühle) und in geeigneter Weise entsaftet, oder es werden die Tomaten ohne Wärmeanwendung zuerst zerkleinert, z. T. von den Samen befreit und dann einer sog. Maischeerhitzung (vgl. S. 183) bei Temperaturen über 70° C — etwa in einem Röhrenerhitzer bzw. Dämpfprozeß — unterworfen, an welche sich die Entsaftung anschließt. Eine Behandlung mit pektinabbauenden Enzymen unterbleibt natürlich, da ein trüber Saft gewonnen werden soll.

Die Entsaftung kann mit kontinuierlich arbeitenden Schnecken-(Korb)-„Pressen“ (auch Schrauben-„Pressen“ genannt), die eigentlich Passiermaschinen darstellen, vorgenommen werden. Das Gut wird mittels einer Förderschnecke (abnehmende Gewindesteigung bei zunehmendem inneren Querschnitt) durch einen Siebkorb unterschiedlicher Ausbildung und Lage gedrückt (A. SCHALLER 1965). Häufig wird auch der Saft in einer Siebschleuder abgetrennt, wobei unreife Fruchtteile praktisch nicht entsaftet werden. Die Saftausbeute beträgt gegen 70% des Frischgewichtes der Früchte. Höhere Ausbeuten sollen die Qualität des Saftes mindern.

Zur Stabilisierung (z. B. Ascorbinsäureerhaltung) kann der Saft entlüftet (vgl. S. 189) und zur Vermeidung des Absetzens (vgl. S. 463) homogenisiert werden. Durch diese Operation wird die Viskosität erhöht. Auch erfolgt in der Regel Kochsalzzugabe.

Der Saft kann entweder heiß in Dosen oder Gläser abgefüllt und in diesen bei 90—95° C 10—15 min lang pasteurisiert werden, oder es erfolgt eine Kurzzeit-Hocherhitzung bei 115 bis 130° C (z. B. 42 sec bei 121° C) und danach eine Abfüllung bei 90—95° C bzw. nach rascher Abkühlung auf 15° C eine Lagerung in Vorratsbehältern (Tanks). Nach J. KOCH (1958) garantiert eine Endtemperatur von 117° C bei der Kurzzeit-Hocherhitzung eine völlige Enzyminaktivierung und eine solche von 135° C eine völlige Entkeimung der Tomatensäfte. Die gegenüber Obstsäften höheren Temperaturen sind durch das Vorkommen wärmeresistenter und säureresistenter Bakterien notwendig.

b) Tomatenmark

Tomatenmark wird durch Eindampfen der Pulpe gewonnen (W.V. CRUESS 1958; P.G. GOOSE u. R. BINSTED 1964; R. HEISS 1950).

Hierzu werden die gewaschenen und sortierten bzw. von beschädigten Stellen befreiten Früchte z. B. in Passiermaschinen mit grobem Sieb zerkleinert, wobei die Samen (Kerne) entfernt werden. Die Pulpe, die häufig die zerkleinerten Schalen noch enthält, wird anschließend auf 65—90° C erhitzt, dann z. B. in sog. „Cyclonen“ fein passiert (moderne Anlagen: 0,3 mm-Sieb) und somit von den Schalenanteilen befreit und schließlich bis zum gewünschten Konzentrationsgrad eingedickt. Diese Anlagen arbeiten bisweilen in zwei Stufen und in der Regel bei geringem Unterdruck (W.V. CRUESS 1958; P.G. GOOSE u. R. BINSTED 1964).

In Deutschland wird bei der Abfüllung des Tomatenmarks bisweilen so vorgegangen, daß das aus Italien, Bulgarien oder anderen Exportländern eingeführte Mark durch Zusatz von passierter Pulpe aus frischen Tomaten bis zum geforderten Trockensubstanzgehalt (vgl. S. 468) verdünnt wird.

c) Tomatenketchup

Zur Herstellung von Tomatenketchup werden z. B. 400 g Tomatensaftkonzentrat von 22% Trockensubstanzgehalt mit 75 g Zucker, 13 g Kochsalz, 1,3 g Gewürzmischung, 750 ml 15%igem Essig und 370 ml Wasser versetzt (H. C. Mannheim u. J. Kopelman 1964).

Nach W. V. Cruess (1958) wird häufig das Eindampfen des Tomatenpürees nach Zusatz der erforderlichen Gewürze, wie Zimt, Pfeffer, Gewürznelken, gelegentlich auch Zwiebeln, Knoblauch sowie Paprika vorgenommen. Erst zu Ende des Eindampfprozesses werden Salz, Zucker und Essig zugefügt. Der Trockensubstanzgehalt soll mindestens 12% betragen.

Zum Schluß werden Tomatenmark und Tomatenketchup häufig nochmals fein passiert, um noch vorhandene Schalenteilchen, Samen (Kerne) und gröbere Gewürzpartikel zu entfernen, und z. T. auch entlüftet. Die Abfüllung erfolgt meist bei über 80° C in Dosen, Gläsern oder Tuben.

2. Zusammensetzung

Für die Zusammensetzung der Tomatensäfte gilt das gleiche, was auf S. 195 dieses Bandes über die Fruchtsäfte ausgeführt worden ist. Vor allem wird auf ein ausgewogenes harmonisches Verhältnis der beiden Hauptbestandteile Zucker und Säuren zueinander aus Qualitätsgründen Wert gelegt (Gehalt an titrierbaren Säuren bis 10% der Trockensubstanz). Ein zu saurer Tomatensaft wird nicht geschätzt, so daß die Hauptanbauländer Höchstwerte für den Säuregehalt festgelegt haben. Die Zusammensetzung soll möglichst der frischer Tomaten entsprechen mit Ausnahme des Gehaltes an Rohfaser.

Angaben über die Zusammensetzung des Tomatensaftes können Tab. 1 und solche über Tomatenmark Tab. 2 entnommen werden. Die analytischen Werte, die u. a. durch Reifegrad, Belichtung der Frucht, Standort und Düngung

Tabelle 1. *Zusammensetzung von Tomatensaft*

Herkunft		Grenzwerte	Deutschland 1959/1960 (naturrein)	Ungarn/Bulgarien 1959/1960	Deutschland 1954/1956 (naturrein)	Ausland	Südosteuropa	USA
Literatur:		W. Andrae (1961)	W. Andrae (1961)	W. Andrae (1961)	J. Koch (1958)	J. Koch (1958)	B. Vladimirov u. D. Popova (1963)	C. A. Greenleaf (1961)
Trockensubstanz	g/l	41,2—89,2	41,2—59,5	48,4—83,9	41,2—62,4	42,1—63,4	62,5—82,0	63
Gesamtzucker (Invertzucker)	g/l	19,9—73,0	21,1—35,6	25,7—50,1	25,2—39,2	29,5—46,6	33,2—49,5	40
Titrationsacidität (ber. als Citronensäure)	g/l	1,5—7,7	4,8—6,1	3,8—5,8	3,3—4,5	3,3—5,2	4,0—5,8	—
Asche	g/l	4,2—13,4	4,3—6,4	7,3—11,9	4,9—13,4	4,2—13,3	7,8—10,2	11
Natriumchlorid	g/l	0,2—15,0	0,6—1,9	4,0—8,4	—	0,4—7,9	—	—
Rohprotein	g/l	5,3—9,4	6,9—9,6	6,9—8,9	7,0—9,4	6,3—8,8	8,4—10,2	9
Ascorbinsäure	mg/l	43—400	—	bis 207	114—179	77—256	270—420	144
β-Carotin	mg/l	4,0—7,7	—	—	4,7—7,4	4,0—7,7	1,7—5,5	5,1
pH-Wert		3,90—4,42	4,0—4,3	3,8—4,2	4,0—4,3	—	—	—

beeinflußt werden, weisen z. T. eine beträchtliche natürliche Schwankungsbreite auf.

An weiteren Inhaltsstoffen sind im Tomatensaft mitgeteilt worden: Thiamin: 0,53 mg/l, Riboflavin: 0,27 mg/l, Nicotinsäure: 7,8 mg/l (138—164 Proben; C.A. GREENLEAF 1961); Extraktgehalt (durch Refraktion bei 20° C im filtrierten Saft ermittelt): 36,5—70,9 in deutschen und 58,8—102,4 g/l in ungarischen und bulgarischen

Tabelle 2. *Die Zusammensetzung von Handels-Tomatenmark*

Herkunft	im wesentlichen USA	USA (Californien)	Italien, Israel, Frankreich	Italien, Frankreich, Ungarn
Literatur:	J.C. MORPETH (1948)	J.C. UNDERWOOD (1950)	J.C. MORPETH (1951)	H. HADORN u. Mitarb. (1951)
Probenzahl	31	16	16	9
Unlösliche Stoffe . . .	11,04 (7,73—16,30)	8,2—12,4	7,02—16,18	9,1—13,3
Gesamtzucker . . . . (als Invertzucker)	56,63 (45,09-61,84)	46,8—56,8	42,89—66,13	58,1—66,2
Titrationsacidität. . . (ber. als Citronensäure)	6,48 (4,19—9,71)	4,6—6,5	7,10—11,05	5,3—8,7
Asche	8,37 (6,29—11,00)	7,5—9,1	8,21—11,99	6,2—9,1 (NaCl-frei)

Anmerkung: Alle Werte sind auf Trockensubstanz (g/100 g) bezogen.

Säften (W. ANDRAE 1961); Pektinstoffe: 0,60—1,47 g/l; Cellulose: 1,84—2,42 g/l (B. VLADIMIROV u. D. POPOVA 1963); Extraktgehalt: 41—80 g/l; Unlösliche Stoffe: 3,7—10,9 g/l; zuckerfreier Extrakt: 19,4—41,9 g/l; Formolwert: 18—34 ml 0,1 n-NaOH/100 ml (E. BENK 1955).

Der Gehalt an Mineralstoffen und Phosphorverbindungen im Tomatensaft wurde wie folgt angegeben:

Calcium: 70 mg/l (C.A. GREENLEAF 1961); 25—252 mg/l (D. WAGNER u. J.J. MONSELISE 1963); 121—158 mg/l (B. VLADIMIROV u. D. POPOVA 1963);
Kalium: 1,52—2,92 g/l, häufig um 2,0 g/l (W. ANDRAE 1961); 2,9—5,1 g/l (D. WAGNER u. J.J. MONSELISE 1963);
Natrium: 30—60 mg/l (W. ANDRAE 1961); in californ. Tomaten 46 (30—75) mg/kg (H.W. ADAMS 1961);
Eisen: 9 mg/l (C.A. GREENLEAF 1961); 7,2—14,0 mg/l (B. VLADIMIROV u. D. POPOVA 1963);
Phosphor: 180 mg/l (C.A. GREENLEAF 1961); 102—183 mg/l (D. WAGNER u. J.J. MONSELISE 1963);

C.A. GREENLEAF (1961) gab Mittelwerte aus 138—164 Proben an, während D. WAGNER u. J.J. MONSELISE (1963) 12 Proben israelischen Tomatensaftes untersuchten.

H. HADORN u. Mitarb. (1951) fanden in 9 Proben Tomatenmark (bzw. 2 Proben Tomatensaft) P_2O_5-Gehalte von 0,33—0,89 (0,71—0,79) % und Gehalte an zucker- und kochsalzfreiem Extrakt von 23,3—29,2 (30,6—31,4) %, berechnet auf Trockensubstanz. J.C. UNDERWOOD (1950) erhielt in 16 Proben Tomatenmark um 120 mg Eisen/kg (52—416), 1,96—3,32 g Ascorbinsäure/kg, 1,65—2,58 g Lycopin/kg und 0,088—0,144 g β-Carotin/kg, ebenfalls berechnet auf Trockensubstanz.

Der Extraktgehalt der Tomate besteht zum größten Teil (50—70 %) aus *Zuckern*, wobei Saccharose praktisch nicht vorkommt. Das Unlösliche (Zellwände und Inhaltsstoffe) macht 12—16 % aus. Daneben enthält das Fruchtfleisch noch Proteine, organische Säuren und Mineralstoffe, darunter 290—390 mg/kg an

Chlorid. In reinen Tomatenkonserven soll der Zuckergehalt mindestens 50 % der kochsalzfreien Trockensubstanz ausmachen, was für ausgereifte Tomaten zutrifft (H. HADORN u. Mitarb. 1951).

Der Kaliumgehalt der Asche beträgt in Produkten, denen kein Natriumchlorid zugesetzt worden ist, meist über 50 %.

Für die *Aschenalkalität* wurden folgende Werte angegeben: 36—50 ml n-NaOH/l (H. HADORN u. Mitarb. 1951); 36—53 (W. ANDRAE 1961); 40—53 (D. WAGNER u. J.J. MONSELISE 1963).

Die *organischen Säuren* bestehen in Tomatenprodukten überwiegend (bis zu 80 %) aus Citronensäure. Auf Äpfelsäure entfallen bis 10 %. Außerdem kommt Pyrrolidoncarbonsäure vor (vgl. S. 462), die sich während der Verarbeitung bildet. Der Ameisensäuregehalt wurde mit 1,3—1,8 mg/100 g Frischgewicht angegeben (F. VILLARREAL u. Mitarb. 1960). Angaben über die Aminosäuren des Tomatensaftes können bei G. SARAVACOS u. Mitarb. (1958) nachgelesen werden.

Die *Carotinoide* der Tomate bestehen hauptsächlich aus Lycopin. So wurden in isrealischem Tomatensaft 20,6—22,6 mg Lycopin/l und 4,7—5,3 mg β-Carotin/l aufgefunden (H.C. MANNHEIM u. J. KOPELMAN 1964). Californische Tomatensäfte enthielten 90 mg Lycopin/kg und 6,3 mg β-Carotin/kg (B.S. LUH u. Mitarb. 1958b).

Die durchschnittlichen *Vitamin-C-Gehalte* frischer Tomaten wurden mit 24 mg/100 g, die pH-Werte mit 4,5—4,9 angegeben (H.M. RAUEN 1948a).

Weitere Angaben über Inhaltsstoffe vgl. u. a. H.M. RAUEN (1948b), vgl. auch diesen Bd., S. 345.

Von den Schwermetallen, die während der Verarbeitung oder durch Pflanzenschutzmittel in die Produkte gelangen können, ist u. a. Eisen dadurch von Bedeutung, daß es mit der in Tomaten reichlich vorkommenden Chlorogensäure an den mit Luft in Berührung stehenden Stellen, z. B. im Hals von Ketchupflaschen, zu schwarzen Verfärbungen Anlaß geben kann.

3. Veränderungen während der Herstellung und Lagerung

Die aus Tomaten hergestellten Produkte können während der Verarbeitung und der anschließenden Lagerung Veränderungen erleiden.

Hierbei nimmt besonders der *Ascorbinsäuregehalt* beträchtlich ab. Schon bei der Verarbeitung werden Verluste von bis 50 % (J. KOCH 1958) bzw. im Mittel 33 % (10—65 %) (C.A. GREENLEAF 1961) je nach Technologie und für Gesamt-Vitamin C Verluste von 20 % (H.M. RAUEN 1948a) angegeben. Diese Verluste treten vor allem durch Umsetzungen mit Luftsauerstoff während der (Saft-) Herstellung, durch Einwirkung höherer Temperaturen auf diese Säfte sowie Kontamination mit Metallen, insbesondere Kupfer, ein. Bei Abwesenheit von Sauerstoff ist Tomatensaft auch gegen höhere Temperatureinwirkung ziemlich stabil. Bei der Lagerung steigt der Ascorbinsäureverlust mit der Lagertemperatur und -zeit und dem Konzentrationsgrad in gleicher Weise wie bei Fruchtsäften an. Er hängt nicht zuletzt auch von der Sorte, dem Reifegrad, den Anbaubedingungen und der Verarbeitungsmethode ab, so daß der Ascorbinsäureverlust keine sichere Auskunft über die Lagerverhältnisse vermittelt.

Bei der Lagerung von Tomatensaft wurden folgende Ascorbinsäureverluste angegeben: 18 Monate bei 21° C: 8 %, bei 32° C: 35 % und bei 38° C: 55 % (S. BRENNER u. Mitarb. 1948), 1 Jahr bei 0° C und 4,5° C: 10 %, 29° C: 30 % (N.B. GUERRANT u. Mitarb. 1945), je 50 % Ascorbinsäureverlust bei 20° C nach 541, bei 35° C nach 188 Tagen (B.S. LUH u. Mitarb. 1958b).

In Tomatenmark von 26 % Trockensubstanz betrug die Ascorbinsäureabnahme im Laufe von 448 Tagen bei 6° C 0 %, bei 20° C 20 % und bei 25° C 40 %, wobei diese ziemlich linear erfolgte (B.S. LUH u. Mitarb. 1958a). Bei Lagerung eines anderen Tomatensaftkonzentrats von 22 % Trockensubstanz nahm der Ascorbinsäuregehalt in 16 Wochen bei 20° C um 50 % ab (H.C. Mannheim u. J. Kopelman 1964).

Demgegenüber sind die Vitamine *Riboflavin* und *Nicotinsäure* ziemlich beständig, während die Gehalte an *Thiamin* und *Pantothensäure* bei Temperaturen über 20° C beträchtlich reduziert werden können (S. Brenner u. Mitarb. 1948; N.B. Guerrant u. Mitarb. 1945). Auch B.B. Sheft u. Mitarb. (1949) fanden Riboflavin, Nicotinsäure sowie Carotin in Tomatensäften ziemlich stabil, während Ascorbinsäure und Thiamin bei der Lagerung abnahmen (vgl. Tab. 14, S. 208 dieses Bandes).

Der Gehalt an *β-Carotin* und *Lycopin* wird durch schonende Herstellungsbedingungen und eine übliche Lagerung nicht wesentlich beeinflußt (J. Koch 1958; H.C. Mannheim u. J. Kopelman 1964). Selbst eine kürzere Lagerung des Tomatensaftes bei höherer Temperatur, z. B. 52 Tage bei 55° C, vermindert den Gehalt an β-Carotin und Lycopin nur wenig (B.S. Luh u. Mitarb. 1958b). Dagegen kann der Lycopingehalt bei der Herstellung von Tomatenmark unter dem Einfluß von stärkerer Wärmeeinwirkung, Sauerstoff und Licht beträchtlich abnehmen, z.B. bei 3stündigem Erhitzen auf 100° C bis um 30 % (E.R. Cole u. N.S. Kapur 1957).

Wie in anderen Fruchtsäften ist auch in Tomatenprodukten mit einer *nichtenzymatischen Bräunung* zu rechnen, die mit zunehmender Lagertemperatur und -zeit sowie steigender Konzentration beträchtlich zunimmt (R. Andreotti u. U. Casoli 1960; H.H. Hernandez u. J.F. Feaster 1960; H.C. Mannheim u. J. Kopelman 1964). Die Bräunung ist am besten im klaren Saft (Serum) zu erkennen (spektrophotometrische Messung bei 420 mμ). Während der Lagerung bleibt die Farbe des Serums eine Zeitlang konstant, ehe sich die Produkte von einem bestimmten Zeitpunkt an bräunen, z. B. bei 35° C nach 140 und bei 45° C nach 80 Tagen. Bei 20° C bleibt die Farbe des Tomatensaftes mindestens 1 Jahr lang unverändert. Das gleiche gilt für den Aminosäuregehalt, der bei höherer Lagertemperatur, z. B. bei 35° C mit der Zeit abnimmt. Die Titrationsacidität steigt bei höheren Lagertemperaturen an (B.S. Luh u. Mitarb. 1958b).

In Tomatenmark mit einem Trockensubstanzgehalt von 26 % wurde die Farbe des Serums während einer 448tägigen Lagerung bei 20—25° C nur geringfügig und der Hydroxymethylfurfurolgehalt (vgl. auch S. 206), der ebenfalls als Qualitätskriterium herangezogen werden kann und ca. 5 mg/kg betrug, nicht verändert. Aber schon eine Lagertemperatur von 35° C führte zu einer raschen Bräunung und einem beträchtlichen Anstieg des Hydroxymethylfurfurolgehaltes (nach 224 Tagen ca. 50 mg/kg) (E. Trifiro 1961). Während in Tomatenmark (Trockensubstanz 26 %), das nach Herstellung gut herunter gekühlt worden war, auch nach 300tägiger Lagerung bei 20° C, Hydroxymethylfurfurol-Gehalte von unter 5 mg/kg gemessen wurden, betrugen diese bei gleicher Herstellung und einer Lagerung bei 30° C nach 300 Tagen 40—100 mg/kg. Nach 120tägiger Lagerung bei 30° C, die ohne wesentlichen Einfluß war, begann der stärkere Anstieg (B.S. Luh u. Mitarb. 1964). Der Aminosäuregehalt nahm bei 20—25° C innerhalb von 448 Tagen um ca. 7—15 % ab (B.S. Luh u. Mitarb. 1958a).

Auch Tomatenketchup benötigt zur Qualitätserhaltung ebenso wie die anderen Tomatenprodukte eine Lagertemperatur von 20° C oder darunter (B.S. Luh 1960).

Gebräunte Tomatenprodukte sind von minderer Qualität und können auch oft in geschmacklicher Hinsicht nicht befriedigen. Bei einem Abfall des Ascorbinsäuregehaltes um die Hälfte und einer Abnahme des Aminosäuregehaltes um ca. 10 % resultiert ein wenig ansprechender Tomatensaft (B.S. Luh u. Mitarb. 1958b).

Bei der Verarbeitung sowie der Lagerung entsteht aus Glutaminsäure eine mehr oder weniger beträchtliche Menge an Pyrrolidoncarbonsäure. Eine Konzentration von 0,05 % ruft in Tomatensaft einen wahrnehmbaren Nebengeschmack hervor (A.A. Mahdi u. Mitarb. 1961). In anderen Produkten liegt die Konzentration höher. In frischem Tomatensaft ist Pyrrolidoncarbonsäure oft noch nicht enthalten, kann aber bei ungünstiger, besonders mehrjähriger Lagerung bis 35 % des Gesamtsäuregehaltes in Tomatensaft betragen (A.C. Rice u. C.S. Peterson 1954; vgl. auch F. Villarreal u. Mitarb. 1960).

Durch Abbauprodukte der Ascorbinsäure und des entmethylierten Pektins kann das Dosenmaterial bei konzentrierteren Tomatenprodukten erheblich angegriffen werden. Hierzu tragen bei der Herstellung neben der Aufnahme von Luft und einer zu langsamen Inaktivierung der Enzyme besonders ein zu langsames Abkühlen (Hitzeschäden) bei (H.H. Hernandez 1961).

Weiterhin soll Tomatensaft nicht zum Absetzen neigen. Der Absetzungsgrad hängt von der Menge der unlöslichen Stoffe ab und wird weniger vom Pektingehalt beeinflußt. Allgemein zeigen Säfte von höherer Viskosität ein geringeres Absetzen. Durch Zerstören der intakten Zellen mittels Homogenisation wird das Absetzen weiter vermindert (W.B. Robinson u. Mitarb. 1956).

III. Tomatenpulver

Zur Herstellung von Tomatenpulver aus konzentrierten Tomatenprodukten eignen sich u. a. die Sprühtrocknung (M.E. Lazar u. Mitarb. 1956; J.C. Miers u. Mitarb. 1958; H. Troesch u. G. Wilk 1963), die Schaummattentrocknung (L.F. Ginnette u. Mitarb. 1963), die Kühllufttrocknung (Birs-Verfahren) (P.G. Goose u. R. Binsted 1964) sowie die Gefriertrocknung. Auf diese Verfahren wurde bei Besprechung der Obsttrocknung (vgl. S. 120 dieses Bandes) näher eingegangen.

Bei der Sprühtrocknung kann z. B. mit Hilfe eines hohen Druckes in der Zerstäubungsdüse (Einstoffdruckdüse oder Niederdruck-Zweistoffdüse) ein genau definierter Zerkleinerungsgrad erzielt werden (H. Troesch u. G. Wilk 1963).

Während der Herstellung der Ausgangsprodukte und des Trocknungsvorganges muß darauf gesehen werden, daß möglichst keine Luft zusätzlich in das Produkt gelangt, da hierunter die Farbe zusehends leidet und ein hellrotes Pulver resultieren kann. Je gröber die Partikel gemacht werden können, desto dunkler wird die rote Farbe des Produktes. Auch ist Tomatenpulver gegen die Einwirkung von Hitze äußerst empfindlich, was den Geschmack beeinflußt.

Daher ist es günstiger, ein Tomatenkonzentrat mit ca. 20 % als ein solches mit ca. 45 % Trockensubstanz zu trocknen, da letzteres häufig einen Wärmeschaden erlitten hat. Schon bei einer Wärmeeinwirkung von 80° C läßt sich nach wenigen Minuten eine Schädigung des Pulvers feststellen (H. Troesch u. G. Wilk 1963).

Nicht zuletzt soll ein Tomatenpulver, für das ein Wassergehalt bis 3 % günstig ist, nach leichtem Wiederauflösen in Wasser den Geschmack, das Aroma, die Farbe und die sonstigen Eigenschaften eines qualitativ einwandfreien Tomatensaftes aufweisen. Das Wiederauflösevermögen muß gut sein, wird aber vor allem durch einen höheren Gehalt an gebrochenen Zellen deutlich verschlechtert. So kann aus Pulvern, deren suspendierte Gewebeteilchen zu 70—90 % aus gebrochenen Zellen des Fruchtfleisches und zellulosehaltigen Wandfragmenten bestehen, kein befriedigender Saft mehr erhalten werden. Dagegen wird ein Pulver, dessen suspendierte Gewebeteilchen zu ca. 60 % aus intakten Zellen bestehen, innerhalb von 4 min zu einem guten Tomatensaft aufgelöst (R.M. Reeve u. Mitarb. 1959).

Unter ungünstigen Lagerbedingungen (höhere Temperatur, höherer Restwassergehalt) können Tomatenpulver sowie Tomatentrockensuppen empfindliche Farbveränderungen erfahren, mit denen unerwünschte Geruchs- und Geschmacksveränderungen verbunden sind. So können sich Tomatentrockensuppen in handelsüblich verschweißten Beuteln bei einjähriger Lagerung bei 20° C und insbesondere bei 30° C farblich, geruchlich und geschmacklich derart verändern, daß sie nicht mehr handelsfähig sind, wobei Wassergehalt und Feuchtigkeitsaufnahme eine wesentliche Rolle spielen (J. SCHORMÜLLER u. H.-J. LANGE 1962a). Wird Tomatenmehl mit einem Wassergehalt von 9—12% 1 Jahr bei 30° C und 70% relativer Luftfeuchtigkeit gelagert, so tritt ein Lycopinverlust von fast 60% und eine rasche Bräunung der Produkte ein (J. SCHORMÜLLER u. H.-J. LANGE 1962b). Wird dagegen ein Tomatenpulver mit sehr niedrigem Wassergehalt in Dosen gebracht, die ein Trockenmittel enthalten, und in den Behältnissen unter einem inerten Gas aufbewahrt (Restwassergehalt 0,1—0,3%), so sind bei einjähriger Lagerung bei 38° C weder Verluste der empfindlichen Ascorbinsäure noch Veränderungen der anderen Inhaltsstoffe und des Geschmacks festzustellen (J.C. MIERS u. Mitarb. 1958). Bei einer Lagertemperatur von 21° C und einem Restwassergehalt von 2,5% treten bei einjähriger Lagerung auch ohne zusätzliches Trockenmittel und ohne inerte Atmosphäre keine wesentlichen Qualitätsveränderungen ein (F.F. WONG u. Mitarb. 1956).

Nach J. SCHORMÜLLER u. H.-J. LANGE (1962b) eignen sich zur Qualitätsüberprüfung von trockenen Tomatenprodukten neben der Feststellung des Restwassergehaltes die Bestimmung des Lycopins, die Messung der Bräunung (380 bis 420 mμ) und die Bestimmung des Hydroxymethylfurfurolgehaltes (Messung bei 285 mμ) (Methoden vgl. J. SCHORMÜLLER u. Mitarb. 1962).

IV. Gemüsesäfte (außer Tomatensaft)

Ebenso wie aus Tomaten können aus anderen Gemüsearten Säfte oder püreeartige Produkte gewonnen werden, von denen eine Reihe als Baby-Nahrung Bedeutung erlangt hat (Literatur: E. DONATH 1954; C.S. PEDERSON 1961).

Für Gemüsesäfte kommen im wesentlichen in Frage: Karotten, Spinat, Rote Rüben, Gurken, Rettich, Sellerie und Sauerkraut, bisweilen auch Rhabarber, Bohnen u. a. Gemüsearten. Von diesen enthalten nur der Sauerkraut- und Rhabarbersaft wie der Tomatensaft genügend natürliche Säure, wodurch im Gegensatz zu den anderen Gemüsesäften (pH-Wert 5,5—6,5) die Erhaltung von Aroma, Geschmack und Aussehen sowie die Haltbarmachung erleichtert werden.

Hinzukommen noch die sog. Kräutersäfte, die in sehr unterschiedlicher Qualität und Zusammensetzung für arzneiliche und diätetische Zwecke aus Arzneipflanzen gewonnen werden.

Ein Gemüsesaft soll den Saft der betreffenden Art in möglichst unveränderter Form enthalten und den gleichen Geschmack und das gleiche Aroma aufweisen. Die Veränderungen, die teilweise noch nicht zu vermeiden sind, müssen auf das technisch bedingte Maß beschränkt bleiben, wobei berücksichtigt werden sollte, daß die Herstellung in Geschmack und Aussehen guter Gemüsesäfte heute noch bisweilen mit erheblichen Schwierigkeiten verbunden ist. So läßt ein Rettichsaft das typische Rettícharoma vermissen. Ein bitterer Neben- oder Nachgeschmack von Gemüsesäften sollte dagegen vermieden werden.

Da sich die einzelnen Gemüsearten voneinander stärker als die Obstfrüchte unterscheiden, erfordert jede Gemüseart eine abgewandelte, häufig sogar spezielle Technologie, die von den Herstellern meist empirisch entwickelt worden ist. Wie bei den Fruchtsäften und Süßmosten spielt auch für die Gemüsesäfte eine günstige Sortenwahl eine Rolle. Der geringe Gehalt an freier Säure (Titrationsacidität) erfordert eine höhere Wärmeeinwirkung zur Haltbarmachung (ca. 120° C), so daß die Herstellung oft wesentlich größere Schwierigkeiten bereitet als die eines einwandfreien Fruchtsaftes. Höhere Temperaturen führen häufig zur Coagulation der Produkte und zu einem Kochgeschmack. Bisweilen gelingt die Herstellung geschmacklich einwandfreier Säfte durch Sauerstoff-Ausschluß oder durch Anwendung eines hohen Vakuums bei der Saftgewinnung.

Zur *Gewinnung des Gemüsesaftes* wird das Gemüse gut geputzt, einwandfrei gewaschen, meist blanchiert (in der Regel 3—5 min) und anschließend in einer geeigneten Mühle, z. B. Hammermühle, zerkleinert. Der Saft wird entweder durch eine hydraulische Presse oder durch Zentrifugieren abgepreßt. Zur Verbesserung von Aroma und Geschmack wird häufig 0,25 bis 1,0% Natriumchlorid zugefügt. Zur Haltbarmachung kann die Kurzzeit-Hocherhitzung in Plattenapparaten (vgl. S. 185) verwendet werden. Die Sterilisation erfolgt meist bei Temperaturen von mindestens 118° C.

Karotten (Möhren) können auch vor dem Pressen 5—15 min im siedendem Wasserbade blanchiert werden. Ein Zerkleinern vor dem Blanchieren ist günstig. Nach einem anderen Verfahren werden die Möhren in einer Kolloidmühle gemahlen. Der Brei wird auf 80° C erhitzt, um wärmelabile Bestandteile zu coagulieren, homogenisiert, auf 70° C erhitzt, in Dosen gefüllt und 30 min bei 120° C sterilisiert. Ein geschmacklich besseres Produkt entsteht aus gut ausgereiften im Gegensatz zu jungen Möhren.

Für die Qualität der Gemüsesäfte ist es günstig, wenn sie auf einen pH-Wert von 4,2 und tiefer angesäuert werden. Damit reicht eine Pasteurisierung bei 80—100° C aus, wodurch die Qualität der Säfte verbessert wird. Zum Ansäuern eignen sich Citronen- oder Milchsäure sowie ein Verschnitt mit Citrus-, Tomaten- und Ananassäften sowie Sauerkrautsaft, von dem H. Maass (1954) über ein neues Herstellungsverfahren berichtet hat.

Neben reinen Gemüsesäften aus einer Gemüseart sind Mischungen im Handel, die in der Regel einen starken Anteil an Tomatensaft enthalten und eine Reihe anderer Gemüsesäfte in meist geringerer Menge aufweisen.

Konzentrate und Pulver aus Gemüsesäften können zur Färbung von Lebensmitteln Verwendung finden (vgl. S. 470), z. B. Produkte aus Roten Rüben (E. Benk 1962b; H.H. Weichel 1966) und Spinat (E. Benk 1962a).

Rote Rüben-Trockenpulver werden erhalten, wenn der Saft nach dem Zerkleinern und Auspressen — möglichst ohne Metallbeeinflussung — schnell versprüht wird. Bei weitestgehendem Wasserentzug sind die Pulver gut haltbar, jedoch stark hygroskopisch. Für die Qualitätsbeurteilung ist der Gehalt an rotem Betanin ausschlaggebend, der in guten Produkten 0,9—1,1% in der Trockenmasse betragen soll (H.H. Weichel 1966). Der gleiche Autor gab von sprühgetrocknetem Rote Rüben-Trockenpulver des Handels folgende Werte an: Roter Farbstoff (bestimmt als Betanin) 0,1—1,0%; Saccharose 67—71%; Glucose 7—9%; Pektine 0,2—0,6%; Eiweiß 7—11%; Titrationsacidität (ber. als Citronensäure) 0,5—1,0%; Asche 6—8%; Wasser 2,5—4,0%.

Analytische Werte von Säften aus Roten Rüben, Möhren und Spinat können Tab. 3 entnommen werden. Der Gehalt an Gesamtcarotinoiden betrug in Möhrensäften 45—86 mg/l, der an β-Carotin 23—72 mg/l (E. Benk 1963).

Tabelle 3. *Zusammensetzung verschiedener Gemüsesäfte*

	Möhren-(Karotten-) Säfte	Rote Rüben-Säfte	Spinat-Säfte
Literatur:	E. Benk (1963)	E. Benk (1962b)	E. Benk (1962a)
Probenzahl	7	3	2
Wasserunlösliche Stoffe . . . g/l	bis 8,9	—	—
Extrakt . . . g/l	79,9—103,2	108,4—115,8	34,1—39,2
Gesamtzucker (Invertzucker) . . . g/l	50,0—72,0	72,6—79,9	3,9—6,1
Zuckerfreier Extrakt . . . g/l	28,5—36,3	35,1—40,5	—
Titrationsacidität . . . g/l	0,7—1,8	1,0—1,2	—
berechnet als	Äpfelsäure	Citronensäure	
Eiweißstoffe (N × 6,25) . . . g/l	5,1—11,9	10,8—15,8	10,3—17,6
Asche . . . g/l	6,6—8,6	7,8—10,7	13,9—15,4
P_2O_5 . . . g/l	0,57—0,88	0,66—0,86	0,93—1,08

3 Sauerkraut-Preßsäfte enthielten an Trockensubstanz 52,6, 43,6 und 69,9 g/l, Asche 13,7, 7,2 und 26,9 g/l; Natriumchlorid 10,5, 3,5 und 22,8 g/l; Natriumchlorid-freier Asche 3,2, 3,7 und 4,1 g/l; P_2O_5 aus Asche 645, 566 und 602 mg/l; Titrationsacidität (ber. als Milchsäure) 13,5, 12,9 und 18,8 g/l sowie Gesamtascorbinsäure 158, 165 und 242 mg/l, wobei fast die Hälfte auf Dehydroascorbinsäure entfiel (O. Wyler 1956).

Von H. Rentschler (1963) wurden folgende Durchschnittswerte für Ascorbinsäure und Asche (diese in Klammern) angegeben:

Karottensaft 60 mg/l Ascorbinsäure (3 g/l Asche);

Selleriesaft	70 (11)	Gurkensaft	80 (5)
Weißkohlsaft	300 (9)	Petersiliensaft	1400 (24)
Spinatsaft	590 (15)		

An β-Carotin sind im Karottensaft 8000 und Spinatsaft 10000 IE/100 ml Saft ermittelt worden.

V. Untersuchung

Für Tomatenprodukte sowie für Gemüsesäfte können die gleichen analytischen Methoden wie für Fruchtsäfte und Süßmoste verwendet werden, die ausführlich im Beitrag von K. Herrmann: „Fruchtsäfte, Süßmoste, Konzentrate, Fruchtmuttersäfte und Obstsirupe“, (vgl. S. 210 dieses Bandes) abgehandelt worden sind, wie Bestimmung von Trockensubstanz, Gesamtzucker (Invertzucker), Titrationsacidität, ferner Asche, Aschenalkalität, Ascorbinsäure, flüchtige Säuren, Formolwert, gelegentlich künstl. Farbstoffe, β-Carotin-Zusatz, Hydroxymethylfurfurol, Serumfarbe, Sand; vgl. auch „Veränderungen während der Herstellung und Lagerung“, S. 461). Hinzu kommt die Bestimmung des Natriumchloridgehaltes. Die unlöslichen Stoffe können ähnlich wie in Konfitüren und Marmeladen (vgl. S. 153 dieses Bandes) erfaßt werden.

Zusatz von Mehl oder Stärke wird mittels der Jodreaktion erkannt. Ein Konzentrat wird hierzu mit Wasser gekocht, warm filtriert und das Filtrat mit Jodlösung geprüft. Verfälschungen mit Karotten lassen sich unter Umständen durch einen höheren Gehalt an unlöslichen Stoffen und durch eine mikroskopische Untersuchung nachweisen.

Bei Tomatenmark und Tomatenketchup ist stets zu empfehlen, eine kleine Menge auf einer weißen Kachel mit einer kleinen Glasplatte oder zwischen zwei Objektträgern zu einer dünnen Schicht zu pressen. Anzahl und Größe etwa vorkommender Pericarpstückchen und schwarze oder sonst verfärbte Stellen sowie Verunreinigungen lassen sich so gegen einen weißen Untergrund feststellen. Ebenfalls wird hierbei die Homogenität geprüft. Tomatenmark soll keinen Flüssigkeitsabsatz aufweisen. Zur vergleichenden Prüfung wird der sog. Ausbreitungstest empfohlen (D. Dickinson u. P. Goose 1955): 1 g des gut durchgemischten Tomatenmarks wird auf die Mitte eines Filtrierpapierstückes aufgetragen und nach 10 min wird der durchschnittliche Radius der vom Papier dem Tomatenmark entzogenen und auf dem Papier ausgebreiteten Flüssigkeit gemessen.

Geeignete bewährte Methoden zum einwandfreien Nachweis von Pilzbefall, Hefen oder Sporen, Fliegeneiern, Maden sowie Insektenfragmenten in Tomatenprodukten beschreiben die US-Analysenmethoden (W. Horwitz 1960) ausführlich (z. T. mit Abbildungen), z. B. Howard mould count; vgl. auch P. G. Goose u. R. Binsted (1964).

Der *Trockensubstanzgehalt* kann durch (4stündiges) Trocknen bei 105° C in einer mit Sand beschickten Nickelschale ermittelt werden (H. Hadorn u. Mitarb. 1951) oder in dünner Schicht in einer Schale bei 70° C im Vakuum.

Die Qualitätsnormen und Deklarationsvorschriften für verarbeitetes Obst und Gemüse lassen im Tomatenmark den Trockensubstanzgehalt auf refraktometrischem Wege bestimmen. Die Methode ist heute allgemein eingeführt. Zur Bestimmung gibt man 1—2 Löffel des Tomatenmarks auf ein Nesseltuch, dreht zu einem Beutelchen zusammen, verwirft die ersten austretenden Safttropfen und verwendet die nächsten zur Refraktometrie. Im Tomatensaft kann der Extraktgehalt nach Zentrifugieren des Saftes refraktometrisch bestimmt werden.

Bei genauen Analysen sollte berücksichtigt werden, daß auf einen Zusatz von je 0,1% Natriumchlorid 0,12 Zuckerskalenteile des ABBE-Refraktometers entfallen (J.F. KEFFORD 1955) und daß die Refraktometerwerte nur bis zum Wert 20 der Trockensubstanz parallel sein und darüber hinaus etwas zu hoch ausfallen sollen, z. B. beim Refraktometerwert 29 um 1,0, bei 37 um 2,0 und bei 48 um 3,0 (H.M. RAUEN 1948b), vgl. nicht zuletzt Tab. 4.

Tabelle 4. *Die Beziehung zwischen der Refraktion und dem Trockensubstanzgehalt in Tomatenprodukten* (W.D. BIGELOW u. Mitarb. 1950)

Refraktion bei 20° C	Trockensubstanz-gehalt in %	Refraktion bei 20° C	Trockensubstanz-gehalt in %
1,3384	4,0	1,3627	21,0
1,3398	5,0	1,3643	22,0
1,3412	6,0	1,3658	23,0
1,3426	7,0	1,3674	24,0
1,3440	8,0	1,3690	25,0
1,3454	9,0	1,3706	26,0
1,3468	10,0	1,3723	27,0
1,3481	11,0	1,3739	28,0
1,3495	12,0	1,3756	29,0
1,3509	13,0	1,3772	30,0
1,3523	14,0	1,3790	31,0
1,3538	15,0	1,3807	32,0
1,3553	16,0	1,3825	33,0
1,3567	17,0	1,3842	34,0
1,3582	18,0	1,3860	35,0
1,3597	19,0	—	—
1,3612	20,0	—	—

Unter *Chlorid-Gehalt* wird in der Lebensmittelanalytik in der Regel die auf Natriumchlorid umgerechnete Konzentration an Halogenionen (Chlorid + Bromid + Jodid) verstanden, welche mit maßanalytischen Verfahren ermittelt wird. Bei der Chlorid-Bestimmung in Tomatenprodukten und anderen Gemüsesäften kann entweder von der Gesamtasche oder direkt vom Produkt ausgegangen werden, wodurch die schwierige und zu Verlusten führende Veraschung kohlenhydratreicher Produkte umgangen und eine beträchtliche Arbeitseinsparung erzielt werden kann.

Nach A. SCHALLER (1964) eignen sich die beiden folgenden Methoden, die befriedigend übereinstimmende Werte ergeben:

Argentometrische Bestimmung nach VOLHARD:

Arbeitsvorschrift: 25 ml einer filtrierten Lösung von 10 oder 20 g Produkt/200 ml Wasser werden in einem 100 ml-Meßkolben mit 25 ml 0,1 n-Silbernitratlösung versetzt, mit Wasser bis zur Marke aufgefüllt und einige Minuten kräftig geschüttelt. Nach Filtration durch ein trockenes Filter werden die ersten 20 ml verworfen und 50 ml des übrigen Filtrats mit 5 ml 25%iger Salpetersäure und 5 ml kalt gesättigter mit Salpetersäure angesäuerter Eisen(III)-ammoniumsulfat-Lösung versetzt und mit 0,1 n-Ammoniumthiocyanatlösung bis zum ersten Auftreten einer Rotbraunfärbung titriert.

$$\text{Berechnung:}\quad \%\,\text{NaCl} = \frac{(a-2b)\times 0{,}005845\times 100\times 8}{\text{Einwaage}}$$

(a = zugesetzte ml 0,1 n-Silbernitratlösung; b = verbrauchte ml 0,1 n-Ammoniumthiocyanatlösung).

Der natürliche Chloridgehalt (als NaCl berechnet), der in Tomaten bei ca. 6% Trockensubstanz ca. 0,1% beträgt, wird wie folgt errechnet:

$$c = \frac{(d-e)\times 0{,}1}{5{,}9}$$

wobei c = natürlicher NaCl-Gehalt, d = Trockensubstanzgehalt und e = Gesamt-NaCl-Gehalt bedeuten. Die Differenz zwischen Gesamt- und natürlichem NaCl-Gehalt ergibt den Natriumchloridzusatz.

Mercurimetrische Bestimmung (A. SCHALLER 1964, vgl. H. MEYER 1962):

Reagentien: Quecksilber(II)nitrat-Maßlösung: 14 g Quecksilber(II)nitrat werden unter Zusatz von 100 ml 30%iger Salpetersäure zu einem Liter gelöst. Zur Einstellung wird eine NaCl-Lösung verwendet, die genau 5 g im Liter enthält. Hierzu gibt man in einen 100 ml-Erlenmeyerkolben 20 ml NaCl-Lösung (a), 5 ml Wasser, 5 ml 30%ige Salpetersäure und ungefähr 50 mg Natrium-cyanonitrosylferrat (Nitroprussidnatrium) und titriert mit der Quecksilbernitratlösung bis zum Auftreten einer bleibenden, schwachen Trübung. Entspricht die Maßlösung mehr als 5 g NaCl/l, so kann sie wie folgt durch Zugabe von Wasser korrigiert werden:

$$\frac{a-b}{b} \times c = \text{ml Wasser}$$

(a = vorgelegte ml NaCl-Lösung; b = verbrauchte ml Quecksilbernitratlösung; c = ml zu verdünnende Quecksilbernitratlösung,
30%ige Salpetersäure,
CARREZ I-Lösung (150 g/l Kaliumcyanoferrat(II)),
CARREZ II-Lösung (300 g/l Zinksulfat),
Natrium-cyanonitrosylferrat.

Arbeitsvorschrift: 10—50 g mit mindestens 250 mg NaCl werden in ein Becherglas eingewogen und mit Hilfe von Wasser in einen 250 ml-Meßkolben übergeführt. Die Mischung wird mit Wasser auf ca. 200 ml aufgefüllt, gut durchgemischt und mit gleichen Volumina (je 3—5 ml) CARREZ I- und II-Losungen versetzt, wobei dazwischen durchgemischt wird. Nach Auffüllen bis zur Marke mit Wasser wird kräftig geschüttelt und am besten sofort über ein Faltenfilter blank filtriert.

25 ml des Filtrats werden in einem 100 ml-Erlenmeyerkolben mit 5 ml 30%iger Salpetersäure und etwa 50 mg Natrium-cyanonitrosylferrat versetzt. Hierauf wird mit der Quecksilber(II)nitrat-Maßlösung gegen einen schwarzen Hintergrund bis zum Auftreten der ersten schwachen bleibenden Trübung titriert.

$$\text{Berechnung:} \quad \% \text{ NaCl} = \frac{\text{ml verbrauchte Maßlösung} \times 5}{\text{Einwaage}}$$

Der Verbrauch an Maßlösung soll mindestens 5 ml betragen und die Produkteinwaage 50 g nicht überschreiten, so daß nur Produkte mit einem NaCl-Gehalt von mindestens 0,5% analysierbar sind. Mit dieser Menge ist aber in der Regel zu rechnen, da geringere Zusätze geschmacklich kaum wirksam sind.

Auch wird z. T. empfohlen, eine mit Wasser verdünnte, filtrierte und mit 0,1 n-NaOH neutralisierte Probe nach Zusatz einiger Tropfen Kaliumchromatlösung mit 0,1 n-Silbernitratlösung nach MOHR zu titrieren (H. HADORN u. Mitarb. 1951; P. G. GOOSE u. R. BINSTED 1964). Eine semiquantitative Schnellmethode kann bei A. SCHALLER (1964) nachgelesen werden.

Weitere Bestimmungen, z. B. Kupfergehalt, Konsistenz, Farbe (ausführlich!) vgl. bei P. G. GOOSE u. R. BINSTED (1964). Zur Zuckerbestimmung vgl. auch W. KROMREY (1959) sowie L. ACKER in Bd. II/2 dieses Handbuches.

VI. Hinweise für die lebensmittelrechtliche Beurteilung

1. Tomatenmark

Die Anforderungen an Tomatenmark sind in den „Qualitätsnormen und Deklarationsvorschriften für verarbeitetes Obst und Gemüse“ (1965) festgelegt, welche ausdrücklich auch die Verarbeitung von Tomatenmark aus Vorratsdosen und Fässern zulassen. Der Trockensubstanzgehalt (refraktometrisch gemessen) wurde je nach Eindickungsgrad (einfach, doppelt bzw. dreifach konzentriert) auf mindestens 14, 28 bzw. 36% (ohne Toleranz) festgelegt. Der Natriumchloridgehalt des Markes darf 0,8, 1,6 bzw. 2,0% nicht überschreiten. Hier ist billigerweise der geringe Chloridgehalt des Markes mit eingerechnet.

Auf die organoleptometrische Bewertung von konzentrierten Tomatenprodukten ging H.M. RAUEN (1948b) ein, wobei Geschmack, Geruch und Aussehen zur Beurteilung herangezogen werden. Beim Geschmack werden Aroma, Süße, Säure und Bitterkeit berücksichtigt. Tomatenmark soll einen angenehmen mild-aromatischen, süß-säuerlichen Tomatengeschmack ohne bitteren Neben- oder Nachgeschmack aufweisen. Beim Aussehen werden Farbe („tomatenrot") und Homogenität, weniger die Konsistenz bewertet. Jede bräunliche Verfärbung, die z. B. auch auf der Verwendung grüner Tomatenteile beruhen kann, ist qualitätsmindernd.

Ein Zusatz von Zuckern, Dickungsmitteln, anderen Gemüsepürees, Farbstoffen, Konservierungsmitteln und Süßstoffen ist nicht gestattet, dagegen ein Gewürzzusatz unter Kenntlichmachung. Als Natriumchloridzusatz sind 2 % bis zu einem Trockensubstanzgehalt von 22 %, 3 % bis zu einem solchen von 36 % und 5 % bis zu einem solchen von 45 % unter Kenntlichmachung zulässig.

D. DICKINSON u. P. GOOSE (1955) beurteilen in ihrem Punktsystem Tomatenmark dann am besten, wenn der Zuckergehalt (praktisch Invertzucker) über 65 %, die Titrationsacidität (ber. als Citronensäure) unter 7 % und der Kupfergehalt unter 10 mg/kg, alle Werte berechnet auf Trockensubstanz, liegen. 0 Punkte werden jeweils gegeben für einen Zuckergehalt von unter 40 %, eine Titrationsacidität von über 11 % und einen Kupfergehalt von über 50 mg/kg. In der Regel beträgt der Zuckergehalt 50—60 %. Für auf 30 und 40 % Trockensubstanz konzentriertes Tomatenmark beträgt nach H.M. RAUEN (1948b) der Zuckergehalt 51 (43,5 bis 61) % und der Säuregehalt 7 (5,6—8,7) % in der Trockensubstanz.

2. Tomatensaft

Nach der heutigen Verbrauchererwartung wird unter einem Tomatensaft ein Erzeugnis von kräftig roter Farbe und herzhaftem aromatischem Geschmack und Geruch bei einer gleichbleibenden sämigen Konsistenz erwartet. Der Saft soll nicht zum Absetzen neigen, wodurch dieser an Aussehen und häufig auch an Geschmack verliert. Trubinstabile Säfte sind normalerweise nicht handelsfähig. Tomatensaft soll einen deutlichen Vitamin C-Gehalt besitzen und keine bräunliche Verfärbung aufweisen.

Gesetzliche Bestimmungen und/oder Beurteilungsrichtlinien existieren indessen in Deutschland nicht. Nach einem französischen Dekret vom 1. Oktober 1938 dürfen Gemüsesäfte nicht verdünnt oder konzentriert, wohl aber gesalzen werden, wobei jedoch ein entsprechender Hinweis, bei Zusätzen über 1 g/l auch die Mengenangabe erfolgen muß. Die US-Standards (vgl. u. a. S. 232) untersagen ebenfalls eine Verdünnung bzw. Konzentration und gestatten allein einen Natriumchlorid-Zusatz. Nach P. NEHRING u. H. KRAUSE (1963) ist ein Zusatz von 0,5—0,7 % Natriumchlorid handelsüblich. Ob allerdings solche Säfte noch als „naturrein" deklariert werden können, erscheint sehr fraglich. Zum Teil soll auch mit Zuckerzusätzen, wie z. B. Glucose, gearbeitet werden, was bei kleineren Mengen nur sehr schwer nachweisbar ist. Auch Aromatisierung wird z. T. angewendet, z. B. in Frankreich und Ungarn (Paprika) (W. ANDRAE 1961).

Wichtig ist der Nachweis einer Wässerung. Hier schlug W. ANDRAE (1961) auf Grund umfangreicher Untersuchungen folgende Grenzwerte vor, wobei die Mindestwerte wichtig sind:

Trockensubstanz	g/l	41—60
Gesamtzucker (Invertzucker)	g/l	21—50
Asche	g/l	4— 6
Chlorid (ber. als Natriumchlorid)	g/l	bis 2
Natrium	mg/l	30—100

Stickstoff- und Lycopingehalt sind wegen der natürlichen Schwankungen als Grundlage nicht geeignet. Durch die Verarbeitung grünfleckiger Tomaten werden die Werte für Trockensubstanz, Extrakt, Zucker, Eiweißstoffe, Titrationsacidität, Kalium, insbesondere für Ascorbinsäure und Carotinoide erniedrigt.

H. M. RAUEN (1948b) gab für Tomatensaft folgende Mittel- und Grenzwerte an: Trockensubstanz = 50,5 (39—65) g/l; Gesamtzucker (Invertzucker) 28,5 (21—39) g/l; Natriumchlorid 0,42 (0,27—0,74) g/l; Zuckergehalt der Trockensubstanz 55 (48—63) %, Säuregehalt der Trockensubstanz (ber. als Citronensäure) 8,5 (6,5—10,8) %. Eine Reihe von Ländern haben einen Mindestextraktgehalt von 50 g/l festgelegt. Ein Kochsalzzusatz, der sich erst ab 5 g/l geschmacklich auswirkt, ist aus der Chloridbestimmung leicht zu erkennen.

3. Übrige Produkte

Tomatenpulver kann in Analogie zu Tomatensaft beurteilt werden. Hierbei ist zu berücksichtigen, daß Tomatenpulver häufig nicht nur aus Tomatensaftanteilen besteht, sondern einen wechselnden Gehalt an „Trockenstoffen“ enthält; vgl. hierzu die Angaben im Abschnitt: Obstpulver, S. 122 dieses Bandes.

Die Beurteilung des *Tomatenketchups* wird sich in der Regel auf den Sinnenbefund in Verbindung mit der Ermittlung des Trockensubstanzgehaltes beschränken.

Für die *anderen Gemüsesäfte* können sinngemäß die Angaben zum Tomatensaft herangezogen werden. Auch sei darauf hingewiesen, daß nach einer Stellungnahme des Arbeitskreises lebensmittelchemischer Sachverständiger der Länder und des Bundesgesundheitsamtes vom 16./17. November 1962 „Trockenprodukte und Konzentrate von färbenden Frucht- und Gemüsesäften, die durch Entzug des Wassers erhalten werden, ohne daß eine besondere Anreicherung des in den Säften enthaltenen Farbstoffs vorgenommen wird, keine fremden Stoffe, sondern bearbeitete Lebensmittel sind“ (Bundesgesundh.-Bl. **5**, 209 (1962)).

Bibliographie

BIGELOW, W. D., H. R. SMITH and C. A. GREENLEAF: Tomato products. Res. Labor. Nat. Canners' Ass. Bull. Nr. 27 L (1950).

CRUESS, W. V.: Commercial fruit and vegetable products. 4. Aufl. New York-Toronto-London: McGraw-Hill Book Co. 1958.

DICKINSON, D., and P. GOOSE: Laboratory inspection of canned and bottled foods. S. 40—56. London-Glasgow: Blackie & Son 1955.

GOOSE, P. G., and R. BINSTED: Tomato paste, purée, juice and powder. London: Food Trade Press 1964.

GREENLEAF, C. A.: Tomato juice. In: Fruit and vegetable juice. Processing technology, S. 970—991. Hrsg. von D. K. TRESSLER and M. A. JOSLYN. Westport (USA): The AVI Publ. Co. 1961.

HEISS, R.: Lebensmitteltechnologie. Einführung in die Verfahrenstechnik der Lebensmittelverarbeitung, S. 197—201. München: J. F. Bergmann 1950.

HORWITZ, W., Hrsg.: Official methods of analysis of the Assoc. off. agric. Chemists. 9. Aufl., S. 626—630. Washington: Assoc. off. agric. Chemists 1960.

NEHRING, P., u. H. KRAUSE: Konserventechnisches Taschenbuch der Obst- und Gemüseverwertungsindustrie. 14. Aufl. Braunschweig: G. Hempel 1963.

PEDERSON, C. S.: Natural, acidified and fermented vegetable juices. In: Fruit and vegetable juice. Processing technology, S. 992—1011. Hrsg. von D. K. TRESSLER and M. A. JOSLYN. Westport (USA): The AVI Publ. Co. 1961.

Zeitschriftenliteratur

ADAMS, H. W.: A statistical survey of pH variation and sodium content of tomatoes. Food Technol. **15**, 16—18 (1961).

ANDRAE, W.: Untersuchung und Charakterisierung der Tomatensäfte. Fruchtsaft-Industr. **7**, 404—413 (1961).

ANDREOTTI, R., u. U. CASOLI: Über die Bräunungserscheinungen des Tomatensaftes und Tomatenkonzentrates. Einfluß der Temperatur und Erhitzungsdauer [ital.]. Industr. ital. Conserve **35**, 206—211 (1960).

BENK, E.: Zusammensetzung von Tomatensaft. Flüssig. Obst **22**, Nr. **4**, 14—15 (1955).
— Zur Zusammensetzung und Beurteilung färbender Gemüsesäftezubereitungen. Industr. Obst- u. Gemüseverwert. **47**, 617—619 (1962a).
— Rote-Rüben-Säfte und Rote-Rüben-Saft-Pulver. Industr. Obst- u. Gemüseverwert. **47**, 715—716 (1962b).
— Zur Zusammensetzung und Beurteilung von Möhren(Karotten)säften. Industr. Obst- u. Gemüseverwert. **48**, 159—160 (1963).
BRENNER, S., V.O. WODICKA and S.G. DUNLOP: Effect of high temperature storage on the retention of nutrients in canned foods. Food Technol. **2**, 207—221 (1948).
COLE, E.R., and N.S. KAPUR: The stability of lycopene. II. Oxidation during heating of tomato pulps. J. Sci. Food Agric. **8**, 366—368 (1957).
DONATH, E.: Fragen zur Herstellung und Verwendung von Kräutersäften. Pharmazie **9**, 761—766 (1954).
GINNETTE, L.F., R.P. GRAHAM, J.C. MIERS and A.I. MORGAN, jr.: Tomato powder by foam-mat-drying. Food Technol. **17**, 811—813 (1963).
GUERRANT, N.B., M.G. VAVICH and R.A. DUTCHER: Nutritive value of canned foods. XIII. Influence of temperature and time of storage on vitamin contents. Industr. Engin. Chem. **37**, 1240—1243 (1945).
HADORN, H., R. JUNGKUNZ u. K.W. BIEFER: Analyse und Beurteilung von Tomatenkonserven. Mitt. Lebensmitteluntersuch. Hyg. **42**, 37—49 (1951).
HERNANDEZ, H.H.: Factors affecting the corrosiveness of concentrated tomato products. Food Technol. **15**, 543—548 (1961).
—, and J.F. FEASTER: Optical density of tomato serum from concentrates as a measure of heat induced changes in product corrosivity. Food Technol. **14**, 468—471 (1960).
KEFFORD, J.F.: Laboratory examination of canned foods. IX. Solids content in specific canned foods. Food Preserv. Quart. **15**, 72—76 (1955).
KOCH, J.: Zur Herstellung von Tomatensaft aus deutschen Tomaten. Fruchtsaft-Industr. **3**, 133—152 (1958).
KROMREY, W.: Zuckerbestimmung im Tomatenmark nach MEISSL und ALLIHN mit der quantitativen Sedimentationsanalyse. Z. Lebensmittel-Untersuch. u. -Forsch. **109**, 348—349 (1959).
LAZAR, M.E., A.H. BROWN, G.S. SMITH, F.F. WONG and F.E. LINDQUIST: Experimental production of tomato powder by spray drying. Food Technol. **10**, 129—134 (1956).
LUH, B.S.: Chemical and color changes in canned tomato ketchup. Food Technol. **14**, 173—176 (1960).
—, C.O. CHICHESTER, H. Co and S.J. LEONARD: Factors influencing storage stability of canned tomato paste. Food Technol. **18**, 561—564 (1964).
—, S. LEONARD and G.L. MARSH: Objective criteria for storage changes in tomato paste. Food Technol. **12**, 347—351 (1958a).
— — — Storage changes in tomato juice. Food Technol. **12**, 380—384 (1958b).
MAASS, H.: Über die Herstellung saurer Gemüsesäfte, insbesondere Sauerkrautsaft. Industr. Obst- u. Gemüseverwert. **39**, 303—305 (1954).
MAHDI, A.A., A.C. RICE and K.G. WECKEL: Effect of pyrrolidonecarboxylic acid on flavor of processed fruit and vegetable products. J. agric. Food Chem. **9**, 143—146 (1961).
MANNHEIM, H.C., and J. KOPELMAN: Evaluation of two methods of tomato juice concentration. II. Product comparisons. Food Technol. **18**, 911—914 (1964).
MEYER, H.: Die merkurimetrische Chloridbestimmung in der Lebensmittelanalytik. Dtsch. Lebensmittel-Rdsch. **58**, 138—140 (1962).
MIERS, J.C., F.F. WONG, J.G. HARRIS and W.C. DIETRICH: Factors affecting storage stability of spray-dried tomato powder. Food Technol. **12**, 542—548 (1958).
MORPETH, J.C.: The composition of concentrated tomato purée and the estimation of the tomato content of tomato ketchup. Analyst **73**, 449—457 (1948).
— The composition of concentrated tomato purées of non-american origin. Analyst **76**, 611 to 613 (1951).
RAUEN, H.M.: Fabrikationskontrolle in der Konservenindustrie. I. Vitamin C-Analyse von Tomatenkonzentraten. Angew. Chem. Ausg. A, **60**, 100—108 (1948a).
— Fabrikationskontrolle in der Konservenindustrie. II. Die Güteziffern von Tomatenkonzentraten. Angew. Chem. Ausg. A, **60**, 320—329 (1948b).
REEVE, R.M., V.F. KAUFMAN and F.F. WONG: Microscopic structure and reconstitution of vacuum-dried tomato powders. Food Technol. **13**, 561—566 (1959).
RENTSCHLER, H.: Die Rolle von Frucht- und Gemüsesäften und der daraus bereiteten Getränke für die Versorgung der Bevölkerung mit Vitaminen und Mineralstoffen. Qualitas Plant. Mater. Vegetabiles **10**, 208—219 (1963).
RICE, A.C., and C.S. PEDERSON: Chromatographic analysis of organic acids in canned tomato juice, including the identification of pyrrolidonecarboxylic acid. Food Res. **19**, 106—114 (1954).

Robinson, W.B., L.B. Kimball, J.R. Ransford, J.C. Moyer and D.B. Hand: Factors influencing the degree of settling in tomato juice. Food Technol. **10**, 109—112 (1956).

Saravacos, G., B.S. Luh and S.J. Leonard: Ion-exchange chromatography of amino acids in tomato juice. Food Res. **23**, 329—337 (1958).

Schaller, A.: Schnellmethoden zur Bestimmung des Chlorid-Gehaltes von Tomatenprodukten. Fruchtsaft-Industr. **9**, 147—161 (1964).

— Maschinen für die Entsaftung von Früchten durch Pressen. Fruchtsaft-Industr. **10**, 263 bis 291 (1965).

Schormüller, J., W. Andräss, H.-J. Lange u. K.-H. Müller: Einfluß chemischer Umsetzungen bei trockenen Lebensmittelgemischen in Hinsicht auf die Lagerfestigkeit. I. Einleitung, analytische Methoden und Problemstellung. Z. Lebensmittel-Untersuch. u. -Forsch. **117**, 379—389 (1962).

—, u. H.-J. Lange: Einfluß chemischer Umsetzungen bei trockenen Lebensmittelgemischen in Hinsicht auf die Lagerfestigkeit. IV. Weitere Untersuchungen an Lebensmitteltrockengemischen. Z. Lebensmittel-Untersuch. u. -Forsch. **118**, 116—127 (1962a).

— — Einfluß chemischer Umsetzungen bei trockenen Lebensmittelgemischen in Hinsicht auf die Lagerfestigkeit. V. Analytische Erfassung farblicher Veränderungen und ihrer Vorstufen in Tomatenprodukten. Z. Lebensmittel-Untersuch. u. -Forsch. **118**, 214—223 (1962b).

Sheft, B.B., R.M. Griswold, E. Tarlowsky and E.G. Halliday: Effect of time and temperature of storage on vitamin content of commercially canned fruits and fruit juices stored 18 and 24 months. Industr. Engin. Chem. **41**, 144—155 (1949).

Trifiro, E.: Über die Bildung und Bedeutung des Hydroxymethylfurfurols in Tomatensaftkonzentraten [ital.]. Industr. ital. Conserve **36**, 314—318 (1961).

Troesch, H., u. G. Wilk: Zerstäubungstrocknung von Tomatenkonzentraten. Dtsch. Lebensmittel-Rdsch. **59**, 76—78 (1963).

Underwood, J.C.: Factors influencing quality of tomato paste. I. Chemical composition of California commercial tomato paste. Food Res. **15**, 366—372 (1950).

Vas, K.: Die Anwendung von Nisin bei der thermischen Konservierung von Tomatenerzeugnissen. Fruchtsaft-Industr. **8**, 73—77 (1963).

Villarreal, F., B.S. Luh and S.J. Leonard: Influence of ripeness level on organic acids in canned tomato juice. Food Technol. **14**, 176—179 (1960).

Vladimirov, B., u. D. Popova: Eignung einiger Tomatensorten für die Herstellung von Saft. Chranitelna Promišlenost **12**, Nr. 11, 26—28 (1963), zit. nach Fruchtsaft-Industr. **9**, 176 (1964).

Wagner, D., and J.J. Monselise: The determination of some components of citrus and tomato juices produced in Israel. Israel J. Technol. **1**, 33—37 (1963).

Weichel, H.H.: Beurteilung von sprühgetrockneten Lebensmitteln. 1. Mitt. Beurteilung von sprühgetrocknetem Rote Beete-Pulver. Dtsch. Lebensmittel-Rdsch. **62**, 53—54 (1966).

Wong, F.F., W.C. Dietrich, J.G. Harris and F.E. Lindquist: Effect of temperature and moisture on storage stability of vacuum-dried tomato juice powder. Food Technol. **10**, 96—100 (1956).

Wyler, O.: Untersuchungen an Sauerkraut und Sauerkrautsaft. Mitt. Lebensmitteluntersuch. Hyg. **47**, 424—431 (1956).

Kartoffeln und Kartoffel-Erzeugnisse

Von

Prof. Dr. H. Mohler und Dr. H. Sulser, Zürich

Mit 5 Abbildungen

I. Die Kartoffel

1. Geschichtliches und Wirtschaftliches

Die Kartoffel war ursprünglich in Südamerika beheimatet, wo noch heute viele wildwachsende Stammformen vorkommen. Im peruanischen Hochland ist der Anbau bis in die Zeit um 200 n. Chr. zurück historisch überliefert. In der zweiten Hälfte des 16. Jahrhunderts gelangte die Kartoffel zunächst an den spanischen Königshof. Francis Drake brachte sie nach England und von da breitete sie sich auf das europäische Festland und nach den Vereinigten Staaten aus, wo sie aber noch lange Zeit als bloße Kuriosität galt. In Deutschland wurden Kartoffeln erst im 18. Jahrhundert nach Hungersnot und Teuerungsjahren angepflanzt, und etwa um die gleiche Zeit gelang es Antoine-Auguste Parmentier, die Vorurteile der Adeligen Frankreichs zu beseitigen und die Kartoffel hoffähig zu machen. Nach dem allerorts einsetzenden Siegeszug

Tabelle 1. *Weltproduktion in Millionen Tonnen* (nach Amer. Pot. Yearbook 1964)

	1955—59[1]	1962	1963[2]
Europa (ohne UdSSR) .	153,0	149,5	155,4
Nordamerika	15,1	16,4	16,6
UdSSR	95,8	69,2	75,5
Japan	3,5	4,1	3,8
Südamerika	3,6	3,5	3,8
Total	271,0	242,7	255,1

[1] Durchschnitt. [2] vorläufige Schätzung.

im Laufe des 19. Jahrhunderts nahm die Kartoffel in ganz Europa bereits die Stellung eines Hauptlebensmittels ein (vgl. W. S. Lechnowitsch, Aus der Geschichte der europäischen Kulturkartoffel, in R. Schick u. M. Klinkowski, Bd. I, 1961; F. Hasler, unveröffentlicht; W. Voelksen 1964).

Bei einer jährlichen Welternte von über 250 Mio t gilt die Kartoffel heute in manchen Teilen der Welt als Hauptnahrungsquelle des Menschen. Mehr als die Hälfte der Gesamtproduktion stammt aus Europa, ca. $^1/_3$ aus der UdSSR und weniger als $^1/_{10}$ aus den Vereinigten Staaten (Tab. 1). Polen liegt an der Spitze der europäischen Produktionsländer, gefolgt von Westdeutschland und Frankreich.

2. Wachstum, Anbau und Ernte

Die Kartoffel (*Solanum tuberosum L.*), eine Staudenpflanze der Nachtschattengewächse (*Solanaceae*), besitzt als verdickten unterirdischen Sproßabschnitt eine Knolle, die während jeder Vegetationsperiode neu gebildet wird. Die Ansatzstelle des Ausläufers an der Knollenbasis wird als Nabel bezeichnet. Am gegenüberliegenden Teil, der Krone, häufen sich die spiralförmig angeordneten Seitenknospen, gewöhnlich „Augen“ genannt. Das Wachstum der Kartoffelpflanze beginnt mit der Keimung eines Samens oder einer Knolle. Zahlreiche Stoffverlagerungen und Stoffwechselvorgänge im Innern der Knolle beenden die Periode der Keimruhe und schaffen die physiologischen Voraussetzungen für den Keimungsvorgang, worauf die Knollen auf Kosten der in ihr vorhandenen Vorräte an Wasser- und Speicherstoffen zu keimen beginnen. Abgesehen von der Temperatur wird dieser Vorgang durch Umweltfaktoren kaum beeinflußt. Zu Beginn der Wachstumsperiode nehmen die Triebe ihr Längenwachstum auf, und mit der fortschreitenden Ausbildung der Blätter und Wurzeln übernehmen diese Organe mehr und mehr die weitere Entwicklung der Pflanze, welche von der Wasser-, Nährstoff- und Kohlensäure-Versorgung und vor allem auch von der Belichtung abhängt. Ausmaß und Zeitpunkt des Knollenansatzes, der ungefähr mit der Blütezeit zusammenfällt, stellen Sortenmerkmale dar. Den wichtigsten wachstumsgestaltenden Einfluß auf die Knollen üben Temperatur und Feuchtigkeit aus.

Zur Erzielung guter Erträge sind beim Kartoffelanbau eine Vielfalt von Einzelfaktoren zu berücksichtigen, die hier lediglich gestreift werden können: Zustand des Pflanzgutes, Anbau- und Erntebedingungen sowie Standortfragen, im besonderen Klima, Witterungs- und Bodenverhältnisse, Bodenbearbeitung, Düngung usw. Letztere beeinflussen auf mannigfaltige Weise auch gewisse Knolleneigenschaften, wie Trockensubstanzgehalt, Verfärbungsneigung usw. In bezug auf Klima, Bodenbeschaffenheit und Pflege ist die Kartoffel ziemlich anspruchslos. In Nordeuropa kann man sie noch in Gegenden bis zum 70. Breitengrad (damit übertrifft sie die Ausbreitung der Gerste nach Norden) und in subtropischen Klimaten antreffen, während sie in den Tropen nur vereinzelt angebaut wird. In den Alpen gedeiht sie bis zur 2000 m-Grenze. Gleichmäßig verteilte Niederschlagsmengen der mittelfeuchten bis feuchten Gebiete und gemäßigte Temperaturen bieten die besten Vorbedingungen für hohe Kartoffelerträge. Oberhalb 26—29° C finden Anlage und Entwicklung der Knollen in der Regel nicht mehr statt. Gut durchlüftete und leicht erwärmbare Lehm- und Sandböden von ausreichender Wasserführung eignen sich vorzüglich zum Kartoffelanbau. Zur Vorbehandlung des Pflanzgutes ist das Vorkeimen zweckmäßig, da hierbei die Zeit vom Stecken bis zum Auflaufen der Knollen kurz gehalten werden kann und letzteres gleichmäßig erfolgt. Die in der Regel kühl und im Dunkeln gelagerten Knollen werden dazu auf eine Temperatur von 12—15° C gebracht und belichtet. Die vorgekeimten Kartoffeln (nicht nur die eigentlichen Frühsorten, sondern auch Sorten anderer Reifegruppen) sollten möglichst früh angepflanzt werden (die Pflanzzeit schwankt je nach klimatischen und pedologischen Gegebenheiten von Mitte März bis Mitte Mai). Wo Vorkeimen nicht möglich ist, sollte das Pflanzgut 2—3 Wochen vor dem Stecken in Keimstimmung versetzt werden. Damit bezeichnet man jenen Zustand, der dem Vorkeimen vorangeht und auch als „Anwelken“ beschrieben wird. Die besonderen Schwierigkeiten der Ernte ergeben sich aus der Tatsache, daß die Kartoffelknolle vollständig unterirdisch reift. Da die Lagerfähigkeit der Kartoffeln und ihre spätere Verwendbarkeit stark vom Reifezustand und vom Ausmaß der Beschädigungen abhängt, muß dem richtigen Erntetermin, der sich nach der Sorte richtet, und geeigneten Erntemethoden Beachtung geschenkt werden.

Für weitere Fragen der Morphologie, Anatomie, Biologie, Physiologie, Ökologie, des Kartoffelbaus, sowie Bodenfragen, Rationalisierung der Pflegearbeiten usw. sei verwiesen auf: S. DANERT, Morphologie und Anatomie; H. BUHR, Biologie und Ökologie mit Berücksichtigung physiologischer Fragen; K.-H. ZILLMANN, Standortfaktoren; H. STRICKER, Bodenbearbeitung und Pflege; M. SEIFFERT, Fruchtfolge; W. NEYE, Vorbereitung des Pflanzgutes und Auspflanzen; H. GALL, Ernte und Aufbewahrung; M. SEIFFERT, Frühkartoffelbau; K. BAGANZ, Mechanisierung des Kartoffelbaues, alle in R. SCHICK u. M. KLINKOWSKI (1961); W. SCHULZE (1951), L.M. KOPETZ u. O. STEINECK (1958), W. SCHLEUSENER (1959), J.D. IVINS u. F.L.

MILTHORPE (1963), O. FISCHNICH u. H. KRUG (1963), P. MADEC (1963), N.W. SIMMONDS (1963), C. PAETZOLD (1964), R. THAER u. H.-G. CLAUS (1963, 1964), F. ROEHRS (1964).

3. Sorten

Einer Sorte (Varietät) gehören die durch vegetative Vermehrung einer Mutterpflanze entstandenen erbgleichen Pflanzen mit konstant bleibenden Merkmalen an. Die Sorte stellt die unterste systematische Einheit einer Kulturpflanze dar. Nach Untersuchungen über die Abstammungsbeziehungen der verschiedenen Kartoffelvarietäten ist das heutige Kartoffelsortiment aus verhältnismäßig wenigen Ausgangssorten hervorgegangen. Zur Erzeugung neuer Sorten wenden die Züchter häufig das Verfahren der Fremdbestäubung an. In mehrjährigen Anbauversuchen muß dann die Ertragsleistung einer Sorte, ihre Speisequalität, Kochfestigkeit, Neigung zur Schwarzfärbung nach dem Kochen, Resistenz gegenüber Krankheiten usw. abgeklärt werden. Über den Verbrauch der verschiedenen Verwendungszwecken zugeführten Kartoffeln orientiert Tab. 2. Für die technische Weiterverarbeitung der Kartoffel haben neuerdings sog. Ausgleichssorten Bedeutung erlangt. Während bei den einzelnen Sorten die anatomischen und physiologisch-chemischen Differenzen geringfügig sind, unterscheiden sie sich in biologischen Eigenschaften, wie Wachstumsintensität und Entwicklungsdauer, erheblich. In den einzelnen Ländern und Regionen werden für die praktischen Bedürfnisse künstliche Gruppeneinteilungen benutzt. Sehr gebräuchlich ist seit langem die Unterteilung in frühe, mittelfrühe und späte Sorten im Hinblick auf den Reifezeitpunkt (Ernte bei frühen Sorten vor Mitte August, bei späten Sorten ab Ende September bis Oktober).

Tabelle 2. *Verwendung der Kartoffel* (nach O. FISCHNICH u. Mitarb. 1961)

Futterkartoffeln	45%
Speisekartoffeln	33%
Pflanzgut	11%
Industrie	2%
Schwund (Ernte- und Marktverluste)	9%

(Die Zahlen basieren auf einer durchschnittlichen jährlichen Produktion von 23—25 Mio t Kartoffeln in der Bundesrepublik Deutschland.)

Die Anzahl der in den europäischen und nordamerikanischen Listen geführten Kartoffelsorten beträgt gegen 700. In der westdeutschen Sortenliste 1957 sind 81 zum Inlandverkehr zugelassene Sorten aufgeführt. Das schweizerische Richtsortiment (E.R. KELLER 1961) nennt 17 Sorten, die für den Anbau und die Verwertung empfohlen werden können (vgl. Tab. 3).

Vergleiche ferner S. DANERT, Sortensystematik, in R. SCHICK u. M. KLINKOWSKI, Bd. I (1961); K.H. MOELLER, Europäische und nordamerikanische Sorten; R. SCHICK u. A. HOPFE, Die Züchtung der Kartoffel, in R. SCHICK u. M. KLINKOWSKI, Bd. II (1962); N.R. THOMPSON, Potato varieties, in W.F. TALBURT u. O. SMITH (1959).

4. Lagerung

Die Aufbewahrung von Kartoffeln ist mit vielerlei Problemen verknüpft, da die Knollen sehr leicht Beschädigungen und Krankheitserregern ausgesetzt sind; sie wollen atmen, sind frostempfindlich und haben die Tendenz auszukeimen. Von einer zweckmäßigen Kartoffellagerung, an die je nach Verwendungszweck unterschiedliche Anforderungen gestellt werden, wird verlangt, daß möglichst wenig Verluste entstehen und die Qualität erhalten bleibt. Die Lagerung der Kartoffeln erfolgt in Hauskellern, in den Großlagern des Handels oder am vorteilhaftesten in modernen, gebläsebelüfteten Kartoffelscheunen in Stapelhöhen von einigen Metern (O. SMITH, Effect of transit and storage conditions on potatoes, in W.F. TALBURT

Tabelle 3. *Qualitätsmerkmale einiger deutscher und schweizerischer Kartoffelsorten* (nach E.R. KELLER 1961)

Sortenname	Knollenertrag	Stärkegehalt %	Kocheigenschaft	Anfälligkeit für			Ergänzende Merkmale
				Fäule	Viruskrankheiten	Krebs	
Ackersegen	hoch bis mittel	15,5—17,5	rauh, Speisequalität nach Lagerung besser; mehlig, trocken, aufspringend und zerfallend	wenig bis mittel	stark für Blattroll und Strichel, feldresistent f. Virus A	resistent	späte Wirtschaftssorte
Bintje	mittel bis hoch	14,5—16	beliebte Speisekartoffel, fest, für alle Zwecke geeignet, schwach mehlig bis kompakt	stark	ziemlich stark für Blattroll und Mosaik, feldresistent für Virus A	anfällig	Vorkeimen vorteilhaft
Datura	hoch	15,0—18,5	ähnlich wie Ackersegen	wenig	Blattroll ziemlich tolerant, widerstandsfähig gegen Virus Y	resistent	mittelspäte Wirtschaftssorte
Lori	mittel bis hoch	14,5—16,5	wie Bintje	wenig bis mittel	ziemlich tolerant, widerstandsfähig gegen Virus Y	resistent	zur Einlagerung geeignet
Maritta	mittel bis ziemlich hoch	17,0—19,5	ähnlich wie Ackersegen	wenig	Blattroll ziemlich stark, Virus Y wenig	resistent	mittelspäte Wirtschaftssorte

u. O. SMITH 1959; H. GALL, Ernte und Aufbewahrung, in R. SCHICK u. M. KLINKOWSKI, Bd. I, 1961, W. v. CAMPEN 1961, W. G. BURTON 1963).

a) Bedingungen und Vorgänge während der Lagerung

Die wichtigsten Grundsätze zur Frischhaltung von Kartoffeln lauten: Gesundes, trockenes und möglichst sortiertes Lagergut, Kühlung der Kartoffelstapel auf 3—4° C, Einhaltung einer Luftfeuchtigkeit von 90—95 %, gute Belüftung des Lagerraums. Bei Temperaturen unter 4° C werden die Knollen süß, bei über 5° C beginnen die meisten Sorten bald zu keimen. Bei Pflanzgut, das während der Lagerung in den Zustand optimaler Keimbereitschaft versetzt werden soll, ist besonders auf mögliche Kälteschädigungen zu achten. Als auffälligste Prozesse während der

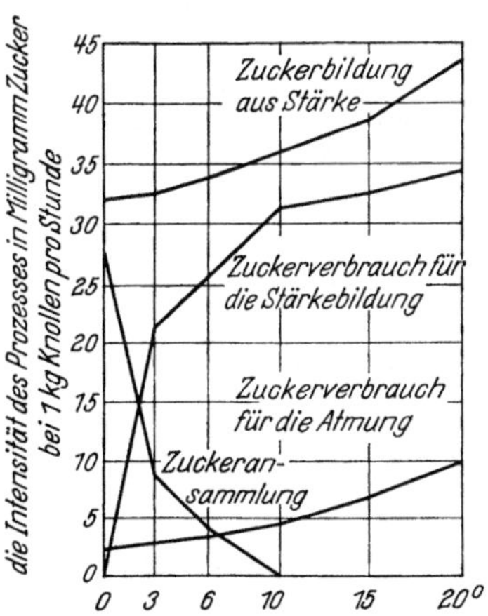

Abb. 1. Zuckerbildung und -verbrauch in Kartoffelknollen bei verschiedenen Lagertemperaturen (nach J. HERRMANN 1963)

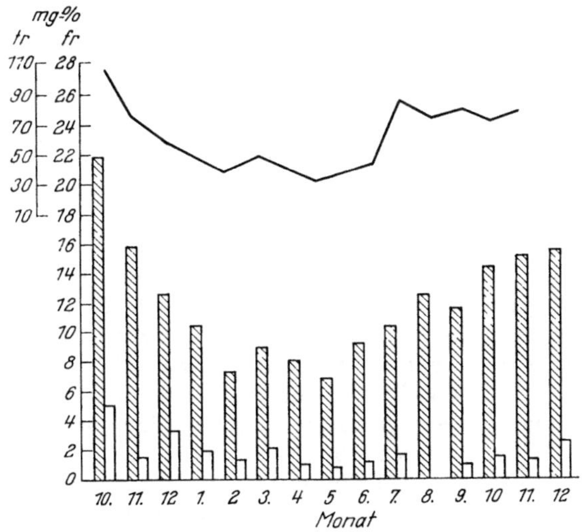

Abb. 2. Veränderung des Vitamin C-Gehaltes bei langer Lagerung. Sorte: Johanna. Schraffierte Säulen: Gesamt-Vitamin C in mg/100 g der Frischsubstanz. Weiße Säulen: Dehydroascorbinsäure in mg/100 g der Frischsubstanz. Ausgezogene Kurve: Gesamt-Vitamin C in mg/100 g der Trockensubstanz (nach R. SCHICK u. M. KLINKOWSKI, Bd. I, 1961)

Lagerung finden in der Kartoffelknolle statt: Veratmung des Zuckers zu Kohlendioxid und Wasser, enzymatische Umwandlung der Stärke in Zucker und umgekehrt (vgl. Abb. 1). Bei Lagerung unter optimalen Bedingungen bleibt das spezifische Gewicht der Knollen praktisch unverändert. Das Welk- und Runzligwerden, welches oft bei keimenden Knollen auftritt, beruht auf der Abnahme des Stärkegehaltes. Das seit langem bekannte Süßwerden der Knollen bei zu tiefer Lagertemperatur beruht auf der Anhäufung von Zucker infolge eines Überwiegens des Stärkeabbaues. Durch langsame Senkung der Temperatur kann man die Zuckerbildung stark einschränken. Eine weitere Möglichkeit zur Reduktion der Zuckerbildung ist durch die Zumischung von Kohlendioxid zur Lageratmosphäre gegeben. Ferner lassen sich durch die Zusammensetzung der Atmosphäre Respiration und Gewichtsverlust und damit die Kartoffelqualität vorteilhaft beeinflussen. Der zum Zeitpunkt der Ernte hohe Vitamin C-Gehalt fällt im Verlaufe der Lagerung außerordentlich stark ab, und zwar besonders schnell in den ersten Monaten, wobei Verluste zwischen 50—70 % der ursprünglich vorhandenen Menge als normal zu betrachten sind (vgl. W. FRANKE 1957). Der Vitamin C-Gehalt, der nach 6- bis 8monatiger Lagerung einen Tiefstand erreicht, beginnt später wieder anzusteigen (Abb. 2).

Kartoffeln, die dem Licht ausgesetzt sind, werden an der Oberfläche nach und nach grün (R. E. HARDENBURG 1964). Für den oft bitteren Geschmack der grünen Knollen ist das Solanin verantwortlich, das sich gleichzeitig mit dem Chlorophyll, obgleich in einem unabhängigen Prozeß, bildet (D. D. GULL u. F. M. ISENBERG 1960). Auch unreif geerntete Knollen weisen einen höheren Solaningehalt auf.

An neueren Untersuchungen über den Einfluß der Lagerbedingungen auf Inhaltsstoffe und Reaktionen der Kartoffeln seien erwähnt: N. I. MONDY u. Mitarb. (1961, 1963); C. C. CRAFT (1963), B. SAMOTUS u. S. SCHWIMMER (1963), E. A. TALLEY u. Mitarb. (1964), R. W. HYDE u. J. W. MORRISON (1964).

b) Keimhemmung

Die Haltbarkeit der Kartoffeln kann durch Anwendung chemischer Präparate verbessert werden, welche Keimung und Atmung herabsetzen (O. FISCHNICH u. F. WOLLNER 1951; R. L. SAWYER, Sprout inhibition, in W. F. TALBURT u. O. SMITH 1959; E. KROELLER 1960; W. V. v. VLIET u. W. H. SCHRIEMER 1963). Durch Begasung oder Besprühung der Lagerräume mit diesen Präparaten ist es möglich, die erhöhte Keimbereitschaft von Industriekartoffeln, welche zur Niedrighaltung der Zuckerbildung bei höherer Temperatur (12—15° C) gelagert werden, erfolgreich zu bekämpfen. Diese Substanzen können auch dem Waschwasser zugesetzt oder (wie z. B. Maleinsäurehydrazid) zur Spritzung der Kartoffelfelder einige Wochen vor der Ernte benutzt werden. Von den heute in Gebrauch befindlichen Chemikalien sind zu nennen: α-Naphthylessigsäuremethylester, 2,3,5,6-Tetrachlornitrobenzol, Urethanderivate wie Isopropyl-N-phenylcarbamat und Isopropyl-N-chlorphenylcarbamat. Letzteres ist das stärkste bisher bekannte Keimhemmungsmittel. Gelangt es als Gas zur Anwendung, so genügt davon bereits eine Dosis von weniger als 1 g/100 kg zur wirksamen Keimverhinderung. Maleinsäurehydrazid bewirkt in einer Dosis von 5 kg/ha Anbaufläche vollständige Keimhemmung. Weitere wirksame Mittel wurden von W. NULTSCH (1962) und R. L. SAWYER u. W. H. THORNE (1962) vorgeschlagen.

Durch die Bestrahlung ist ein weiteres, wirkungsvolles Mittel zur Keimhemmung gegeben. Zum Teil wurden mit dieser Methode sehr befriedigende Resultate erzielt. Mit Gammastrahlen (Dosis: 5000—10000 rad) behandelte Kartoffeln können bei 5° C 1 Jahr und länger gelagert werden, ohne daß sie auskeimen oder faulen. Das Verfahren, das in Kanada und in der UdSSR industriell angewendet und neuerdings in den USA bereits bewilligt ist, bietet vor allem für die kartoffelverarbeitende Industrie wirtschaftliche Vorteile, da für die Produktion während des ganzen Jahres Material zur Verfügung steht. Zur Ausschaltung von Verfärbungsreaktionen, Geschmacksveränderungen, Vitamin C-Verlusten und der Bildung von toxischen Substanzen ist die Ermittlung minimaler wirksamer Dosen wesentlich (J. KUPRIANOFF u. K. LANG 1960; A. BERGER 1960; L. W. METLITZKI u. J. M. MUCHIN 1961; C. E. HENDEL u. H. K. BURR 1961; B. A. RUBIN u. L. W. METLITZKI 1961; H. WOGGON 1963; H. HANSEN u. TH. GRÜNEWALD 1964; E. V. KAZAKOV 1964; K. KUBICKI 1964; A. M. KUSIN u. A. K. KASSYMOW 1964; N. F. LEWIS u. P. B. MATHUR 1964; H. MOHLER 1965).

c) Kartoffelkrankheiten

Vor Einlagerung der Kartoffeln muß der Gesundheitszustand der Ware mittels Stichproben geprüft werden. Wir kennen eine Reihe von Kartoffelerkrankungen, deren wichtigste hier lediglich erwähnt werden können: Die Braunfäule, hervorgerufen durch den Pilz *Phytophthora infestans*, besonders in feuchten Sommern auftretend, wobei zuerst die Blätter, bei späterer Entwicklung auch die Knollen befallen werden; die Schwarzbeinigkeit oder Naßfäule (*Bacterium phytophthorum*); der Kartoffelkrebs (*Synchytrium endobioticum*); der Kartoffelschorf (*Streptomyces scabies*); ferner Virusbefall, Blattrollkrankheit, Mosaikkrankheiten usw. Nichtparasitäre Knollenveränderungen: Fadenkeimigkeit, Knöllchensucht, Pfropfbildung, Schwarzadrigkeit, Hohlherzigkeit usw. Tierische Schädlinge sind der Kartoffel- oder Coloradokäfer, Drahtwürmer und Engerlinge (vgl. R. SALZMANN 1950; W.J HOOKER, Tuber Diseases, in W.F. TALBURT u. O. SMITH 1959; G. SEMBDNER 1959; M. KLINKOWSKI u. H. KEGLER, Viruskrankheiten der Kartoffel; G.M. HOFFMANN, Pilz- und Bakterienkrankheiten der Kartoffel; H.-W. NOLTE, Tierische Schädlinge; H. BUHR, Der Kartoffelkäfer; G.M. HOFFMANN, Nichtparasitäre Krankheiten, alle in R. SCHICK u. M. KLINKOWSKI, Bd. II, 1962; A.E.W. BOYD 1963; H. GOFFART 1963; G. ROLAND 1963).

5. Zusammensetzung

In der Kartoffel wurden mehr als 200 verschiedene Inhaltsstoffe nachgewiesen. Die wichtigsten Bestandteile und deren Verteilung in der Knolle geben Tab. 4 und Abb. 3 wieder. Von Sorte zu Sorte ergeben sich qualitative und quantitative Unterschiede, aber auch innerhalb einer Sorte ändert sich die Zusammensetzung in Abhängigkeit von Klima und Düngung während des Aufwuchses u. a. m.

Das *Wasser* liegt zum größten Teil „frei", d. h. als sog. Hydratationswasser vor, zu einem kleineren Teil als „gebundenes" Wasser, das den Quellungszustand der Zellkolloide bestimmt und starken Schwankungen unterworfen ist. Die wichtigste Kohlenhydratverbindung, die *Stärke*, beansprucht etwa $^3/_4$ der Trockensubstanz.

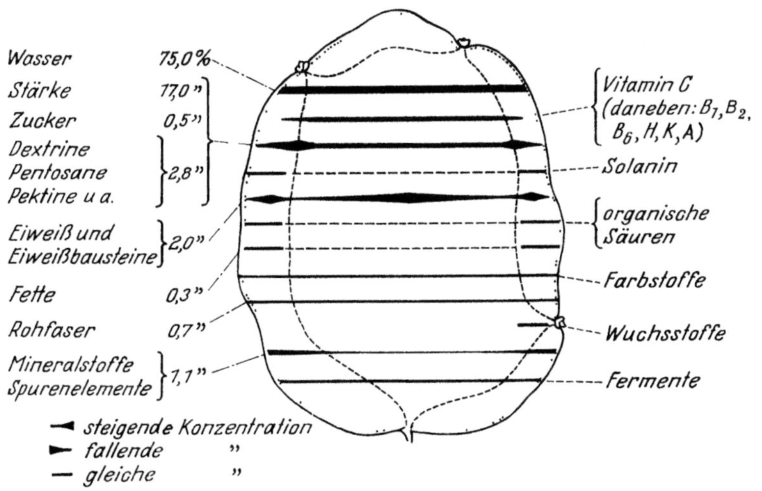

Abb. 3. Verteilung der Inhaltsstoffe der Kartoffelknolle (nach O. FISCHNICH u. Mitarb. 1961)

Der Stärkegehalt der Knolle, der im wesentlichen eine Sorteneigentümlichkeit darstellt, also genetisch bedingt ist, variiert unter den Speise- und Wirtschaftskartoffeln des westdeutschen Sortimentes zwischen rd. 15 und 18,5 %. Die Stärke besteht zu etwa 80 % aus Amylopektin und zu etwa 20 % aus Amylose (vgl. A. KLEMER, Kohlenhydrate, Glykoside, Bd. I und G. GRAEFE, Stärke, Bd. V dieses Handbuchs). Außer den in Tab. 4 aufgeführten löslichen Kohlenhydraten finden sich die Zucker Maltose, Galaktose, Mannose, Raffinose, Melezitose, Arabinose und Xylose, die sich z. T. nur unsicher oder in Spuren feststellen ließen. Der Zuckergehalt der neugebildeten Knollen (ca. 5 % der Trockensubstanz) sinkt mit der Reife der Knolle auf durchschnittlich 2%, steigt jedoch bei zu kühler Lagerung wieder an. In der Kartoffel finden sich einige weitere Polysaccharide, die unter die Sammelbegriffe *Rohfaser*, *Hemicellulosen* und *Pektinstoffe* fallen. Bei der Rohfaserbestimmung wird hauptsächlich die Cellulose erfaßt, welche zur Hauptsache am Aufbau der Zellwände und der Schale beteiligt ist. Zu den Hemicellulosen rechnet man verschiedene Hexosane (z. B. Galaktan) und einige Pentosane und Methyl-

Tabelle 4. *Inhaltsstoffe der Kartoffel* (nach S. W. SOUCI u. Mitarb. 1962)

Bestandteile	Gehalt, bezogen auf Frischsubstanz in Gewichts-% und mg/100 g	
	Mittelwert	Schwankungsbreite
	%	%
Wasser	77,8	74,9—77,8
Roheiweiß	2,0	1,14—2,50
Reineiweiß	1,25	0,81—1,81
essent. Aminosäuren:		
Isoleucin	0,11	0,088—0,14
Leucin	0,12	0,10—0,13
Valin	0,10	0,086—0,11
Methionin	0,033	0,025—0,042
Cystin	0,018	0,015—0,19
Phenylalanin	0,086	0,080—0,090
Tyrosin	0,076	0,050—0,107
Threonin	0,081	0,079—0,082
Tryptophan	0,028	0,021—0,032
Lysin	0,10	0,081—0,12
Histidin	0,034	0,029—0,040
Arginin	0,10	0,099—0,11
Kohlenhydrate	18,9	17,0—20,9
Stärke	14,1	9,0—21,4
Saccharose	bis 5,51	—
D-Fructose	—	0,35—2,91
D-Glucose[1]	—	0,5—1,5
Gesamtpektin	—	0,2—0,8
Rohfaser	0,78	0,40—1,0
org. Säuren:		
Citronensäure	bis 1,0	—
Äpfelsäure	bis 1,0	—
Oxalsäure	(0,04)	—
	mg/100 g	mg/100 g
Mineralstoffe	1100	—
Natrium	19	6—30
Kalium	523	339—600
Magnesium	32	15—39
Calcium	13	2,9—17
Mangan	0,15	0,05—0,28
Eisen	0,90	0,70—1,1
Kupfer	—	0,16—0,17
Zink	—	0,02—0,4
Phosphor	58	31—86
Fluorid	0,050	0,021—0,077
Chlorid	45	26—59
Jodid	0,005	0,003—0,007
Schwefel als SO_3 [2]	60	40—170
Silicium als SiO_2 [2]	40	9—90
Vitamine:		
Carotin	0,029	0,002—0,06
Vitamin K	0,08	—
Vitamin B_1	0,11	0,054—0,18
Vitamin B_2	0,051	0,038—0,11
Nicotinamid	1,22	1,00—2,36
Pantothensäure	0,46	0,24—0,70
Vitamin B_6	0,19	0,098—0,23
Biotin	(0,0006)	—
Vitamin C	15	3,0—30,0
Solanin[3]	—	3,2—24,5

[1] W. KROENER u. W. VOELKSEN (1950). [2] S. GERICKE (1964). [3] J. SIMEK (1964).

pentosane. Die *Kallose*, eine celluloseähnliche polymere Verbindung, hat im Zusammenhang mit dem Virusnachweis kranker Kartoffeln in letzter Zeit starkes Interesse wachgerufen (G. SCHUSTER 1956; H. WENZL 1956; F. SPRAU 1958). Der Gehalt an löslichem Pektin nimmt im Verlauf der Knollenentwicklung zu.

Acidität (pH = 5,6—6,2) und Pufferwirkung des Kartoffelzellsaftes werden neben Phosphorsäure und Phosphorsäureestern durch zahlreiche organische Säuren bedingt, die in erster Linie im Zuge der stufenweisen Oxydation (Citronensäurezyklus) entstehen und oft in beträchtlichen Mengen als Zwischenprodukte des intermediären Stoffwechsels angereichert sein können. Neben den am auffallendsten in Erscheinung tretenden organischen Säuren — *Citronensäure* und *Äpfelsäure* — wurden, wenn auch z. T. nur in geringen Mengen, nachgewiesen: Brenztraubensäure, Isocitronensäure, α-Ketoglutarsäure, Bernsteinsäure, Oxalessigsäure, Weinsäure, Fumarsäure, Malonsäure, Glyoxylsäure, Oxalsäure und unter anaeroben Bedingungen L-Milchsäure (J.H. SCHWARTZ u. Mitarb. 1962).

Der Gehalt an Eiweiß steht in einem bestimmten Verhältnis zum Stärkegehalt. Als *Rohprotein* faßt man das Kartoffeleiweiß und seine Bausteine (Aminosäuren und Amide) zusammen. Das *Reinprotein* besteht aus mehreren Komponenten. Der Gehalt an *Tuberin* (ein leicht lösliches Globulin) beträgt 30—50 % des Gesamtproteins. Neben einem schwer löslichen Globulin und dem *Tuberinin*, einem Albumin, wurden geringe Mengen eines Prolamins und Glutelins nachgewiesen. Während die proteinogenen Aminosäuren in der Knolle vorwiegend als Eiweißbausteine vorliegen, findet man Glutamin- und Asparaginsäure und deren Amide, die für den Stickstoff-Stoffwechsel eine große Rolle spielen, bevorzugt in freier Form. Das Tripeptid Glutathion hat evtl. für die Regulierung der Ruheperiode der Knolle Bedeutung. Am Rande sei erwähnt, daß gewisse Kohlenhydrat-Eiweiß-Verbindungen, sog. *Mucoproteide*, die in der Kartoffel vorkommen sollen, vermutlich für die Kälteresistenz eine Rolle spielen.

Die Kartoffel enthält nur sehr geringe Mengen an *Lipiden*, die sich aus Triglyceriden und Phosphatiden zusammensetzen. Im verseifbaren Anteil finden sich Palmitin-, Myristin-, Öl-, Linol- und Linolensäure (C. COTRUFO u. P. LUNSETTER 1964). Diese Substanzen sind mitentscheidend für Geschmack und Geruch der Kartoffel.

Von den Vitaminen der Kartoffelknolle herrscht mengenmäßig die L-*Ascorbinsäure* vor. Wie schon erwähnt, ist der Vitamin C-Gehalt starken Schwankungen unterworfen, indem er während der Wachstumsperiode der Knollen ansteigt (im Durchschnitt bis gegen 20 mg/100 g) und, vermutlich im Zusammenhang mit dem Reifungsprozeß, besonders in den ersten Wochen nach der Ernte wieder stark abfällt. Da die Dehydroascorbinsäure, wie die Ascorbinsäure selbst, antiskorbutisch wirksam ist, sollte die Dehydroform bei analytischen Bestimmungen mitberücksichtigt werden. Ihr Anteil am Gesamt-Vitamin C beträgt je nach Zustand der Knollen zwischen 0 und 20 %. Untersuchungen über die Verteilung des Vitamin C an einigen schweizerischen Kartoffelsorten ergaben, daß, entgegen einer weitverbreiteten Meinung, nicht die äußerste Schicht unmittelbar unter der Schale am vitaminreichsten ist, sondern eine Zone, die einige Millimeter unter der Oberfläche liegt (J.C. SOMOGYI 1964). Man darf heute annehmen, daß die relative Höhe des Vitamin C-Gehaltes und das Ausmaß der Lagerverluste ein Sortenmerkmal darstellen. Die Züchtung vitaminreicher Sorten soll bereits mit Erfolg durchgeführt worden sein. Von den Vertretern der B-Gruppe weist das *Nicotinamid* einen relativ hohen Gehalt auf. Die B-Vitamine sind ungleichmäßig in der Knolle verteilt; beim Schälen geht ein beträchtlicher Teil der Gesamtmenge verloren. Auch die fettlöslichen *Vitamine A* und *K* kommen in der Kartoffelknolle, wenn auch in geringen Mengen, vor. Der *Mineralstoffgehalt* unterliegt starken Schwankungen, die u. a.

durch exogene Faktoren (z. B. Mineralstoffdüngung) bedingt sind. Da er bei der Veraschung hinsichtlich Höhe und Zusammensetzung verändert wird, gibt man mit Vorteil den Gehalt an Einzelelementen in der Trockensubstanz an, wobei aber über den wahren Bindungszustand der Elemente nichts ausgesagt wird. Für den Mineralstoffbedarf der Knolle vgl. F. LUEDDECKE u. W. BORCHMANN, Nährstoffbedarf und Düngung, in R. SCHICK u. M. KLINKOWSKI, Bd. I (1961).

Auf weitere Inhaltsstoffe der Kartoffel kann nur summarisch eingegangen werden. Die Farbe von Fleisch und Schale geht im wesentlichen auf Carotinoide, Anthocyane, Flavine und Xanthine zurück. Ferner wurden in der Knolle verschiedene, das Wachstum regulierende Verbindungen nachgewiesen. Wie in einem späteren Abschnitt noch näher erläutert wird, spielen bei der Dunkelfärbung nach dem Kochen verschiedene o-Diphenole, wie *Chlorogen-* und *Kaffeesäure*, und vielleicht bestimmte Flavone als Farbvorstufen eine Rolle. Die Bedeutung der Chlorogensäure als Resistenzfaktor des Kartoffelschorfs ist wiederholt diskutiert worden (H. WOLFFGANG u. G.M. HOFFMANN 1959). Während bei der gekochten Kartoffel schmutzig-grüne bis blau-graue Verfärbungen (Blaufleckigkeit) vorherrschen, zeigen sich bei der Dunklung roher Kartoffeln zunächst rotbraune, dann tiefbraune und schließlich schwarzbraune Färbungen. Die Dunklung roher Kartoffeln geht auf eine enzymatische Reaktion zurück, wobei die durch Polyphenoloxydasen katalysierte Oxydation des Tyrosins und weiterer phenolischer Verbindungen über mehrere Reaktionsstufen schließlich zu melanoiden Produkten führt. Über den Einfluß der Anbau- und Lagerbedingungen auf die Verfärbungstendenz der Knollen berichtete L.W. MAPSON u. Mitarb. (1963).

Etwa 100 *Enzyme*, welche die einzelnen Reaktionsschritte des gesamten Stoffwechsels bestimmen, hat man bis heute in der Kartoffel nachgewiesen, aber nur wenige in reiner Form aus der Pflanze gewonnen. Da die grundlegenden Stoffwechselprozesse aller Organismen im allgemeinen gleichartig verlaufen, kann auch für die Kartoffel das Vorkommen zahlreicher weiterer Enzyme oder Enzymsysteme als sicher angenommen werden, selbst wenn ein direkter Nachweis bis heute noch aussteht. So sind z. B. die für die Umwandlung der Stärke in Zucker der kühl gelagerten Knolle verantwortlichen Reaktionsmechanismen und Enzymsysteme bis heute im wesentlichen noch unbekannt.

Das mit dem Sammelnamen *Solanin* bezeichnete Kartoffel-Alkaloid gehört zur Gruppe der Glykoalkaloide. Es besteht aus einem Gemisch mindestens zweier, wahrscheinlich aber mehrerer verschiedener Verbindungen (α-Solanin, α-Chaconin u. a.), die sich im Aufbau ihres Kohlenhydratanteils (D-Galaktose, D-Glucose, L-Rhamnose) unterscheiden und als zuckerfreies Aglykon ein Steroid, das sog. *Solanidin*, aufweisen (V. PRELOG u. O. JEGER 1960). Solaningehalte einiger Speise-, Wirtschafts- und Industriekartoffeln gibt J. SIMEK (1964) an (Tab. 4). Niedrige Solaningehalte bei Kartoffeln sind als Folge langjähriger Veredlung anzusehen. Für weitere Einzelheiten über Inhaltsstoffe und Zusammensetzung der Kartoffel vgl. W. KROENER u. W. VOELKSEN (1950), K. SCHREIBER: Chemie und Biochemie unter besonderer Berücksichtigung qualitätsbestimmender Faktoren, in R. SCHICK u. M. KLINKOWSKI, Bd. I (1961).

Bedeutung für die Ernährung. Die Kartoffel ist wegen ihres Gehaltes an hochwertigen Nähr- und Wirkstoffen von großem Wert für die menschliche Ernährung. Obgleich zu den eiweißärmeren landwirtschaftlichen Erzeugnissen gehörend, kommt ihrer Eiweißleistung wegen der hohen Knollenerträge je Flächeneinheit große volkswirtschaftliche Bedeutung zu. Auf Grund seines Gehaltes an essentiellen Aminosäuren besitzt das Kartoffeleiweiß die höchste biologische Wertigkeit aller untersuchten pflanzlichen Produkte, ist allerdings nicht gleich geeignet zur Bedarfsdeckung wie Eiweiß tierischen Ursprungs. Eine durch äußere Faktoren erzwungene, nicht sortenbedingte Erhöhung des Rohproteingehaltes führt meist zu einer Abnahme der biologischen Wertigkeit. Der zur Hauptsache durch den Stärkegehalt bedingte Kalorienwert ist niedrig, er liegt mit 80 kcal/100 g nur wenig über demjenigen von Früchten. Im Gegensatz zu vielen anderen Lebensmitteln ist die Kartoffel sehr fettarm. Da das Kartoffelfett aber essentielle Fettsäuren enthält, kommt ihm trotz der geringen Menge eine relativ hohe ernährungsphysiologische Bedeutung zu. Die Kartoffel ist ein wichtiger Lieferant für Vitamin C. Unter der Annahme eines Gehaltes von 20—25 mg/100 g frisch geernteter Kartoffeln und einer durchschnittlichen täglichen Verbrauchsmenge von 200 g pro Person können rd. zwei Drittel des täglichen Bedarfes gedeckt werden. Bis zum Frühjahr verliert die Kartoffel allerdings etwa die Hälfte ihres Vitamin C-Gehaltes. Sie ist aber auch in der gemüsearmen Jahreszeit über den Winter bis zum Ende des Frühjahrs eine wichtige Vitaminquelle und hat in früheren Jahrhunderten wesentlich dazu beigetragen, die oft wie Epidemien aufgetretenen Skorbuterkrankungen bei uns zum Verschwinden zu bringen. Über die bei verschiedenen Zubereitungsarten der Kartoffeln zu beachtenden Vitaminverluste vgl. S. 494. Neben den organischen Nährstoffen finden die Mineralstoffe und Spurenelemente der Kartoffel meist nur wenig Beachtung, obgleich sie für die Bedarfsdeckung des Menschen, z. B. im Falle des Kaliums, des Magnesiums, des Eisens und des Phosphors eine nicht unbedeutende Rolle spielen.

Allgemein wird die Meinung vertreten, daß Knollen mit einem Solaningehalt unter 20 mg/100 g nicht gesundheitsschädigend sind. Da sich die Hauptmenge des Solanins in und unmittelbar unter der Schale befindet und sich der größte Teil desselben beim Kochen löst, sollte das Kochwasser daher nicht genossen werden (E. KROELLER 1962). Für zusammenfassende Darstellungen der Toxikologie und Pharmakologie des Solanins vgl. O. KRAYER u. L.H. BRIGGS (1950), R. RUEHL (1951).

Das bei der industriellen Verarbeitung der Kartoffeln häufig benutzte Schwefeldioxid kann sich auf den Nährwert auf zwei verschiedene Arten auswirken: Einerseits hilft es die Ascorbinsäure erhalten, andererseits wirkt es zerstörend auf das Vitamin B_1 (L.W. MAPSON u. H.G. WAGER 1961).

6. Spezielle Untersuchungsmethoden

Die allgemeinen Analysenmethoden finden sich in Bd. II dieses Handbuches. Hier wird deshalb nur auf einige besondere Methoden eingegangen.

a) Bestimmung des Stärkegehaltes der Knolle

Für die praktischen Zwecke der Landwirtschaft und der kartoffelverarbeitenden Industrie hat sich eine physikalische Methode zur Stärkebestimmung eingebürgert, die auf einer Dichtemessung beruht. Unter der Annahme eines annähernd konstanten Nicht-Stärke-Anteils der Trockensubstanz von ca. 6% steigt mit zunehmendem prozentualen Stärke- und damit Trockensubstanzgehalt auch die Dichte der Kartoffel praktisch linear an. Die Dichtebestimmung der Knolle kann entweder durch einen Dichtevergleich mittels verschieden konzentrierter Kochsalzlösungen (die Lösung gleicher Dichte läßt die Knollen eben gerade zu Boden sinken) oder durch eine Differenzwägung in Wasser und Luft durchgeführt werden. Dafür stehen spezielle Stärkewaagen in Gebrauch. Zur Berechnung der Dichte dient die Beziehung:

$$\text{Dichte} = \frac{\text{Masse}}{\text{Volumen}} = \frac{a}{a-b}$$

wobei a das Gewicht bei Luftwägung, b dasjenige bei Unterwasserwägung bezeichnet. Die zur berechneten Dichte gehörenden Trockensubstanz- und Stärkewerte gibt Tab. 5 an. Ein dem gleichen Zweck dienendes Nomogramm findet sich bei G.W. HOPE (1964). Diese einfache Methode der Stärkebestimmung — sie wurde verschiedentlich kritisch beurteilt (L. GISIGER u. A. METZGER 1956; W.L. PORTER u. Mitarb. 1964; G.R. SAINI 1964) — erwies sich als für praktische Bedürfnisse ausreichend.

Tabelle 5. *Ermittlung des Trockensubstanz- und Stärkewertes aus der Dichte der Kartoffelknollen* (nach R. SCHICK u. M. KLINKOWSKI, Bd. I, 1961)

Unterwassermasse von 5 kg Kartoffeln in g	Dichte	% Trockensubstanz	% Stärke	Unterwassermasse von 5 kg Kartoffeln in g	Dichte	% Trockensubstanz	% Stärke
250	1,0526	15,12	8,17	460	1,1013	25,63	18,35
255	1,0537	15,36	8,40	465	1,1025	25,89	18,60
260	1,0549	15,62	8,65	470	1,1038	26,17	18,88
265	1,0560	15,86	8,88	475	1,1050	26,43	19,13
270	1,0571	16,09	9,11	480	1,1062	26,69	19,38
275	1,0582	16,33	9,34	485	1,1074	26,94	19,63
280	1,0593	16,57	9,57	490	1,1086	27,20	19,88
285	1,0604	16,81	9,80	495	1,1099	27,48	20,15
290	1,0616	17,06	10,05	500	1,1111	27,74	20,40
295	1,0627	17,30	10,28	505	1,1123	28,00	20,65
300	1,0638	17,54	10,51	510	1,1136	28,28	20,92
305	1,0650	17,80	10,77	515	1,1148	28,54	21,18
310	1,0661	18,04	11,00	520	1,1161	28,82	21,45
315	1,0672	18,27	11,23	525	1,1174	29,10	21,72
320	1,0684	18,53	11,46	530	1,1186	29,36	21,97
325	1,0695	18,77	11,71	535	1,1199	29,64	22,24
330	1,0707	19,03	11,96	540	1,1211	29,90	22,49
335	1,0718	19,26	12,19	545	1,1223	30,16	22,74
340	1,0730	19,52	12,44	550	1,1236	30,44	23,02
345	1,0741	19,76	12,67	555	1,1249	30,72	23,29
350	1,0753	20,02	12,92	560	1,1261	30,98	23,54
355	1,0764	20,26	13,15	565	1,1274	31,26	23,81
360	1,0776	20,52	13,40	570	1,1287	31,54	24,08
365	1,0787	20,75	13,63	575	1,1299	31,80	24,33
370	1,0799	21,01	13,88	580	1,1312	32,08	24,60
375	1,0811	21,27	14,13	585	1,1325	32,36	24,88
380	1,0823	21,53	14,38	590	1,1338	32,64	25,15
385	1,0834	21,77	14,61	595	1,1351	32,92	25,42
390	1,0846	22,03	14,86	600	1,1364	33,20	25,69
395	1,0858	22,28	15,11	605	1,1377	33,48	25,96
400	1,0870	22,54	15,36	610	1,1390	33,76	26,23
405	1,0881	22,78	15,59	615	1,1403	34,04	26,51
410	1,0893	23,04	15,85	620	1,1416	34,32	26,78
415	1,0905	23,30	16,10	625	1,1429	34,60	27,05
420	1,0917	23,56	16,35	630	1,1442	34,88	27,32
425	1,0929	23,82	16,60	635	1,1455	35,16	27,59
430	1,0941	24,08	16,85	640	1,1468	35,44	27,87
435	1,0953	24,33	17,10	645	1,1481	35,72	28,14
440	1,0965	24,59	17,35	650	1,1494	36,01	28,41
445	1,0977	24,85	17,60	655	1,1507	36,29	28,68
450	1,0989	25,11	17,85	660	1,1521	36,59	28,97
455	1,1001	25,37	18,10	665	1,1534	36,87	29,24

b) Solaninbestimmung

Die meisten der älteren Solaninbestimmungsmethoden genügen in ihrer derzeitigen Ausführungsform kaum den zu stellenden Ansprüchen. Eine weitgehend spezifische Farbreaktion auf Solanin, Chaconin und Solanidin mittels Paraformaldehyd-Phosphorsäure wurde von E. G. C. CLARKE (1958) beschrieben. Im folgenden wird die ausführliche Analysenvorschrift nach P. SCHWARZE (1962) wiedergegeben.

a) **Qualitativer Nachweis** zur Unterscheidung solaninarmer und solaninreicher Knollen. Zur Herstellung eines Knollensaftes werden die Knollenhälften zunächst tiefgefroren und nach Auftauen ca. 3 mm dick geschält. Die ausgequetschte Schale und 1—3 ml Saft werden in ein mit 5 Tropfen 20%iger Trichloressigsäure beschicktes Zentrifugenglas gegeben. Zur Vervollständigung des Eiweißniederschlages wird 3 min in einem Wasserbad von etwa 55° C erwärmt und hernach zentrifugiert. Von der überstehenden Lösung werden ca. 20 μl auf ein Filtrierpapier gegeben. Nach dem Trocknen läßt man auf das Zentrum des Fleckes ein Gemisch von Essigsäure-Essigsäureäthylester (9:1) langsam auftropfen, wobei sich eine etwa 0,5 cm breite Diffusionszone um den Fleck ausbildet. Das Solanin wandert in diese Zone, während störende Substanzen zurückbleiben. Nach dem Trocknen wird das Papier in eine 38%ige Lösung von Antimontrichlorid in Chloroform getaucht. Nach einer Einwirkungszeit von 10 min bei Zimmertemperatur und 1 min bei 80° C färbt sich bei solaninreichen Kartoffeln die Diffusionszone je nach Gehalt deutlich bis intensiv rot. Bei solaninarmen Knollen ist sie nicht oder nur sehr schwach gefärbt.

β) **Quantitative Bestimmung.** Zur Extraktion des Solanins werden eine oder mehrere Knollen mit dem gleichen Gewichtsanteil 5%iger Essigsäure homogenisiert und das Homogenat filtriert. 5 ml des Filtrates werden zur Ausfällung des Eiweißes 2 min in ein kochendes Wasserbad gestellt. Nach Zentrifugation des Niederschlages wird zum Überstand 1 ml konz. Ammoniak gegeben und nach 2minütiger Erhitzung im siedenden Wasserbad erneut zentrifugiert. Der Überstand wird verworfen, der Niederschlag in 0,5 ml Äthanol gelöst und im Vakuumschrank bei 50—60° C getrocknet, wobei das Solanin als feiner Film zurückbleibt. Zu diesem Rückstand werden 3 Tropfen einer gesättigten, wäßr. Lösung von Paraformaldehyd und 3 ml 85%ige Orthophosphorsäure gegeben. Glas bis zur Auflösung des Niederschlages wiederholt schwenken. Nach 1stündiger Einwirkung des Reagens wird die Intensität der Violettfärbung bei 595 mμ im Photometer gemessen. Zur Herstellung der Eichkurven werden 1—5 ml einer 0,02%igen Lösung von Solanin in 5%iger Essigsäure jeweils auf 5 ml mit Essigsäure ergänzt und dem beschriebenen Analysengang einschließlich Ausfällung des Solanins mit Ammoniak unterworfen. Die erhaltene Kurve verläuft nahezu linear.

Eine neue colorimetrische Methode zur Bestimmung des Steroidalkaloid-Gehaltes geben L. Gracza u. K. Szász (1962) an.

c) Chlorogensäure-Bestimmung

Die gelegentlich in der Literatur getroffene Feststellung, wonach man bei der quantitativen Bestimmung des Chlorogensäuregehaltes in gedämpften Kartoffeln höhere Werte findet als in rohen, dürfte damit zusammenhängen, daß die an das Zellgewebe adsorbierte Chlorogensäure je nach Zerstörungsgrad der Zellen und Extraktionsdauer verschieden rasch desorbiert wird. Bei geeigneter Vorbereitung der Proben (z. B. Homogenisieren in Methanol und längeres Stehenlassen) fallen die vermeintlichen Unterschiede zwischen rohen und gedämpften Kartoffeln dahin. Bei einer zusätzlichen Extraktion im Soxhlet-Apparat wird aber nochmals Chlorogensäure herausgelöst. Diese Erscheinung ist noch nicht genügend geklärt; für Vergleichsuntersuchungen müssen somit Extraktionsmittel und -dauer konstant gehalten werden. Eine weitere Schwierigkeit bei der quantitativen Erfassung der Chlorogensäure in Kartoffeln ergibt sich aus ihrer ungleichen Verteilung in der Knolle (in den Schalen und äußeren Gewebepartien angereichert), weshalb die auf das Gewicht bezogene Gehaltsangabe nur bei nicht zu stark voneinander abweichenden Knollenformen verbindliche Werte liefert. Erschwert wird die Chlorogensäure-Bestimmung ferner durch chemisch ähnlich reagierende Verbindungen (J. Voigt u. R. Noske 1964). Bei der im folgenden angeführten Arbeitsvorschrift folgen wir der von W. Diemair u. H. Huck (1962) und J. Voigt u. R. Noske (1964) vorgeschlagenen Methode.

Für vergleichende Untersuchungen werden ganze Knollen mit möglichst gleichem Gewicht und übereinstimmender Form ausgewählt und mit Vorteil gedämpft. Unter Zusatz von 125 ml Aceton wird jeweils eine Kartoffel im Ultra-Turrax oder einem gleichwertigen Homogenisator während 3 min zerkleinert. Nach $^1/_2$ Std Acetoneinwirkung wird das Homogenat filtriert, mit Aceton nachgewaschen und auf 250 ml aufgefüllt. Zur qualitativen Analyse überträgt man den Extrakt von je 0,2 g Frischkartoffelsubstanz (Chlorogensäuremengen von 10—50 μg entsprechend) auf Chromatographiepapier Schleicher & Schüll Nr. 2045b, gewaschen, und entwickelt mit dem Fließmittel n-Butanol/Eisessig/Wasser (4:1:5), obere Phase; aufsteigende Methode, zweifach: einmal 15 Std (Laufstrecke 18—20 cm), nach dem Trocknen erneut 36 Std (Laufstrecke 35—40 cm). Von den zahlreichen phenolischen, im UV-Licht ohne bzw. bei Einwirkung von Ammoniakdampf fluorescierenden Verbindungen wird der der Chlorogensäure zuzuordnende Fleck durch Vergleich mit der Reinsubstanz identifiziert. Fluorescenzfarbe im UV-Licht: intensiv blau; bei Einwirkung von Ammoniak: intensiv grüngelb; beim Besprühen mit Hoepfners Reagens, sauer: intensiv gelbbraun, alkalisch: intensiv rot. Zur quantitativen Bestimmung der Chlorogensäure werden die im UV markierten Flecke ausgeschnitten, 3 Std mit je 5 ml Wasser extrahiert und die Extinktionen bei λ = 324 mμ, dem Absorptionsmaximum der Chlorogensäure, gemessen. Zur Auswertung dient eine mit reiner Chlorogensäure aufgestellte Eichkurve.

II. Kartoffelerzeugnisse

1. Einführung

Die Verarbeitung der Kartoffel ist nahezu gleich alt wie deren Anbau. Bereits die Inkas überließen mit den Füßen zerquetschte Kartoffeln den starken täglichen Temperaturschwankungen der Hochgebirgslagen und gewannen durch Lufttrocknung, welche durch den häufigen

Wechsel von Gefrieren und Auftauen begünstigt wird, die „*Chuño*", „*Moraya*" und „*Tunta*" genannten Dauerprodukte von jahrelanger Haltbarkeit, wie sie in ähnlicher Weise auch heute noch von den südamerikanischen Indianern zur Sicherstellung der Versorgung bei Ernteausfällen hergestellt werden. Erst die Anstrengungen zur Verbesserung der Ernährungslage während der beiden letzten Weltkriege führten zu einer „Wiederentdeckung" dieser uralten Methode. Während Kartoffelstärke in Europa und in den USA schon vor 100 Jahren erzeugt wurde, stellt die Veredlung der Kartoffel zu Ernährungszwecken eine verhältnismäßig junge Industrie dar. Aus Tab. 6 geht das für die USA auffallend starke Überhandnehmen getrock-

Tabelle 6
Entwicklung der einzelnen Industriezweige in den USA
(nach U.S. Dept. of Agriculture und National Potato Council)

	1940 in 10^3 t	1950 in 10^3 t	1960 in 10^3 t
Chips	136,9	644,9	1080,4
Tiefgefrorene Produkte . .	—	36,5	762,6
Kartoffel-Trockenprodukte .	12,2	130,2	588,3
Übrige	15,2	71,9	142,4
Total	164,3	883,5	2573,7
in % der Gesamtproduktion	1,9	11,3	30,0

neter und gefrorener Produkte gegenüber dem stetigen Wachstum der am längsten eingebürgerten Kartoffelchips-Industrie deutlich hervor. Infolge des Aufschwungs der gesamten Veredlungsindustrie ist in den USA innerhalb des letzten Jahrzehntes eine Stabilisierung des in den letzten 50 Jahren rückläufigen Pro-Kopf-Verbrauchs und des Kartoffelmarktes eingetreten. Getrocknete Speisekartoffeln, deren Herstellungsverfahren in den USA entwickelt wurden, faßten in Europa vor etwa 25 Jahren Fuß, konnten sich hier aber erst allmählich durchsetzen. Mit schätzungsweise 2% industriell verarbeiteten Kartoffeln hat die Schweiz heute etwa den Stand erreicht, den die USA im Jahre 1940 innehatten (W.F. TALBURT, History of potato processing, in W.F. TALBURT u. O. SMITH 1959; W. ECKART 1961).

Die einschlägige technologische Literatur stammt daher größtenteils aus den USA. Bei Betrachtung europäischer Verhältnisse muß im Auge behalten werden, daß die große und oft entscheidende Erfahrung in verfahrenstechnischen Einzelheiten an bestimmten Rohmaterialien gesammelt wurde, die in Europa nicht verwendet werden. Allgemein wird der Kartoffeltrocknung heute eine große Zukunft vorausgesagt; die technischen Möglichkeiten zur Erhaltung der Eigenschaften der Kartoffel scheinen im gegenwärtigen Zeitpunkt noch nicht ausgeschöpft zu sein.

Die Herstellung von Stärke, Stärkederivaten, Alkohol u. dgl. aus der Kartoffel wird hier nicht behandelt (vgl. z. B. R.H. TREADWAY, Potato Starch, in W.F. TALBURT u. O. SMITH 1959; E. BERGANDER u. H.-U. LAATSCH, Industrielle Verarbeitung der Kartoffel, in R. SCHICK u. M. KLINKOWSKI, Bd. II, 1962; M.L. JACKSON 1962).

2. Qualitätsbestimmende Faktoren

Verschiedene Eigenschaften des Rohmaterials sind für die Eignung zur industriellen Verarbeitung ausschlaggebend. Einer der wichtigsten Einzelfaktoren, welche Qualität und Kosten beeinflussen, ist zweifellos der Stärkegehalt. Während man für Speisezwecke im Haushalt im allgemeinen Kartoffeln mit niedrigem bis mittlerem Stärkegehalt bevorzugt, verwendet die Industrie vorwiegend stärkereiche Sorten (15 % und darüber). Viele Untersuchungen deuten auf eine gesicherte Korrelation zwischen dem Stärkegehalt der Knolle und ihrer Mehligkeit nach dem Kochen hin (vgl. z. B. M.V. ZAEHRINGER u. D. LE TOURNEAU 1962). Indessen scheinen auch das Amylose-Amylopektin-Verhältnis der Stärke und die Pektinstoffe Mehligkeit und Zerkochungsgrad der Kartoffeln mitzubestimmen. Eine objektive Messung der Mehligkeit mittels der Scherpresse schlugen L. LUJAN u. O. SMITH (1964a) vor. Die in den USA zur Verarbeitung gelangenden Knollen sind im allgemeinen stärkeärmer als die europäischen Sorten. Nach J. CORDING u. Mitarb. (1957) sind für Kartoffelflocken guter Qualität Knollen von mindestens 13% Stärkegehalt erforderlich. Für die Erzielung einer befriedigenden Textur der Fertigprodukte spielen, besonders bei stärkearmen Sorten, außerdem verschiedene Verfahrensfaktoren eine wesentliche Rolle (D.R. ISLEIB 1962). Bei Kartoffelchips steigt die Produktausbeute um etwa 1% je Dichtezunahme von 0,005. Der Stärkegehalt ist ferner für die Rekonstitution (Aufnahmebereitschaft gegenüber Wasser) getrockneter Produkte maßgebend.

Um Bräunungsreaktionen während der Herstellung oder Aufbewahrung von Kartoffelprodukten, insbesondere gebackenen Produkten, zu vermeiden, sollte der Zuckergehalt der verwendeten Knollen möglichst gering sein (vgl. z. B. E.F. HOOVER u. P.A. XANDER 1961). Wie schon erwähnt, ist für Industriekartoffeln eine Lagerung bei erhöhter Temperatur angezeigt, da sich dadurch die Saccharosebildung zurückdämmen läßt. Wo solche Lagerbedingungen nicht eingehalten werden können, sollte mindestens für eine genügend langsame Rekonditionierung der Knollen auf hohe Temperatur zur Rückbildung des entstandenen Zuckers gesorgt werden. Man nimmt an, daß ein Gehalt an reduzierenden Zuckern von über 0,5% die Farbe von Kartoffelchips bereits nachteilig beeinflußt. In jenen Fällen, in denen der angestrebte niedrige Gehalt an freien Zuckern nicht erreicht wird, muß der Bräunungstendenz der Fertigprodukte mit anderen Mitteln (Sulfitbehandlung, Senkung der Aufbewahrungstemperatur) gesteuert werden.

Die durch Lagerdauer und Reifezustand bedingte Festigkeit von Industriekartoffeln ist vor allem in Hinblick auf die mechanische Beanspruchung während des Transportes wichtig. Eine Resistenzprüfung der Knollen geben z. B. E.E. FINNEY u. Mitarb. (1964) an. Verschiedentlich wurden auch die Einflüsse von Bodentemperatur, Erntezeit, Düngung usw. auf bestimmte Qualitätsmerkmale untersucht, ohne daß sich hier schon generelle Gesichtspunkte aufstellen lassen (vgl. O. SMITH, Effect of cultural and environmental conditions of potatoes for processing, in W.F. TALBURT u. O. SMITH 1959; R.H. TREADWAY 1961a; F. LUEDDECKE u. W. BORCHMANN, Nährstoffbedarf und Düngung, in R. SCHICK u. M. KLINKOWSKI, Bd. I, 1961).

3. Hilfs- und Zusatzstoffe

In der kartoffelverarbeitenden Industrie gelangen gewisse Fremdstoffe zur Anwendung, ohne die Fortschritte und Verbesserungen in der Verfahrenstechnik und in der Qualität, Stabilität und Textur der Fertigerzeugnisse kaum denkbar sind.

Schwefeldioxid schützt das Trockenprodukt nicht nur vor bakteriellem Verderb, sondern verhindert auch Verfärbungsreaktionen enzymatischer und nicht-enzymatischer Art und hemmt die Aromaverschlechterung. Infolge dieser Kombinationswirkung ist es allen anderen zu ähnlichem Zweck verwendeten Stoffen überlegen. Meist wird die Sulfitbehandlung im Anschluß an das Schälen durch Besprühen oder Eintauchen in Lösungen von Natriumsulfit, -hydrogensulfit, -metahydrogensulfit oder deren Mischungen vorgenommen oder läßt sich mit dem Blanchieren in einem Arbeitsgang kombinieren, indem das Sulfit in zweckmäßiger Form dem Blanchierwasser beigegeben wird. Die Höhe des Restgehaltes an Schwefeldioxid im Fertigprodukt bestimmt weitgehend dessen Lagerfähigkeit (W.F. TALBURT u. O. SMITH 1959). Über Anwendung und erforderliche Mengen vgl. auch: L.R. ROSS u. R.H. TREADWAY (1961); F.J. FRANCIS u. B.L. AMLA (1961); C.R. FURLONG (1961); S.R. MUDAMBI u. F. HANNING (1962); W. DIEMAIR (1962); C.O. DAVIS u. O. SMITH (1963); K. HEINTZE (1964). Auf die physiologisch nicht ganz unbedenkliche Wirkung bei Individuen mit suboptimaler Vitamin B-Versorgung weist D. HOETZEL (1962) hin. Zur Verhinderung der Dunkelfärbung nach dem Kochen wird ferner das Eintauchen der rohen Kartoffeln in heiße Lösungen von Citronen-, Phosphor-, Ascorbinsäure und deren Salzen empfohlen (M. HUNSADER u. F. HANNING 1958; W.W. HAWKINS u. Mitarb. 1959; P. MICHELS 1960; W.W. HAWKINS u. Mitarb.

1961; L.R. ROSS u. R.H. TREADWAY 1961; O. SMITH u. C.O. DAVIS 1962a; A. HURST u. A.D. TODD 1963). Eine zusätzliche Behandlung mit Calciumsalzen kommt besonders dann in Betracht, wenn getrockneten Kartoffelstücken erhöhte Formbeständigkeit verliehen werden soll. Auch Kochsalz zeigt eine festigende Wirkung (J.W. CYR 1961). Emulgatoren, hauptsächlich vom Typ der Glycerinmonostearate, werden zur Texturverbesserung von rekonstituiertem Kartoffelbrei verwendet (W.O. HARRINGTON u. Mitarb. 1960; J.M. FOGELBERG 1962). Durch Zusatz von Antioxydantien kann der Oxydationsneigung der Fertigprodukte entgegengewirkt werden. Erfahrungen haben gezeigt, daß Antioxydantien hauptsächlich vor Geruchs- und weniger vor Geschmacksveränderungen schützen.

4. Zubereitung der Kartoffeln für die Verarbeitung

Bei praktisch allen industriellen Kartoffelerzeugnissen geht der eigentlichen Fabrikationsphase ein einheitlicher Arbeitsgang, bestehend aus Selektionieren, Waschen, Verlesen, Schälen, Nachputzen und Kontrollieren, voran.

Die vorteilhafterweise bereits vom Abladeort weg auf dem Wasserwege transportierten Kartoffelknollen werden, zumeist in zylindrischen Siebtrommeln, von anhaftender Erde gründlich freigewaschen. Nach Entfernung beschädigter, fauler und grüner Knollen, Staudenreste u. dgl. werden die verlesenen Knollen, evtl. über Waage und Sortiertrommel, in die Vorratsbehälter der Schälmaschinen befördert.

Das Schälen stellt hinsichtlich Wirtschaftlichkeit und Qualität des Fertigproduktes einen wichtigen Verfahrensschritt dar, denn seine Kosten machen einen hohen Prozentsatz der totalen Verfahrenskosten aus. Die Wahl der geeigneten Schälmethode ist daher wichtig. Beim mechanischen Schälen wird die rohe Schale in Trommeln durch Raspeln oder an Carborundum-Scheiben entfernt. Beim Dampfschälen wird die Knollenoberfläche durch Dampf aufgeweicht, wobei sich die Schale abhebt. Solche mehr für die Großproduktion bestimmte Anlagen arbeiten kontinuierlich. Beim Laugenschälen wird die Schale durch Eintauchen in heiße Natronlauge gelöst. Beim Flammenschälen wendet man kurzzeitig sehr hohe Hitzegrade von 1000—2000° C an, worauf die verkohlte Schicht im Wasserstrahl oder durch Abreiben entfernt wird. Eine weniger gebräuchliche Methode sieht Schälen in 150—200° C warmem Öl oder in Salzlake vor. Letzteres Verfahren wurde besonders in Kombination mit dem Dampfschälen als geeignet befunden.

Für die Wirksamkeit einer Schälanlage ist die Sicherstellung eines gleichmäßigen Abtrages der Schale ausschlaggebend; Detergentien können dabei gute Hilfe leisten. Die Vorteile des mechanischen Schälens liegen in den verhältnismäßig niedrigen Installationskosten und der bequemen Handhabung. Es bringt aber relativ hohe Schälverluste mit sich, die zudem von der Knollengröße und -form abhängig sind (J. VOGEL 1960). Als Vorteil des Dampfschälens wird angeführt, daß die Schale in mehr oder weniger konstanter Schichtdicke abgehoben wird und daß die Schältiefe durch die eingehaltenen Bedingungen gesteuert werden kann. Die durch Hitzeeinwirkung veränderte Oberfläche macht sich aber unter Umständen noch im fertigen Produkt (z. B. bei Chips) störend bemerkbar. Während das Dampfschälverfahren mit neuen Kartoffeln zu Beginn der Saison am besten arbeitet, soll das Laugenverfahren nach Zäherwerden der Knollen rationeller sein, weshalb große Fabriken oft mit beiden Anlagen ausgerüstet sind (H.W. ADAMS u. F.D. HICKEY 1960). Beim Laugenschälen muß auf peinliche Entfernung der Laugenreste geachtet werden, da sich sonst die Oberfläche durch die im Kartoffelgewebe anwesenden Flavonfarbstoffe leicht gelb färbt. Das Flammenschälen verfolgt das Ziel, nur die Korkschale ohne Fruchtfleisch mit dem geringstmöglichen Schälverlust zu entfernen. Es bedingt die teuersten Anlagen und hat sich für Kartoffeln kaum durchgesetzt.

Auf das mit allen Schälverfahren verbundene, abschließende Waschen folgt ein Nachputzen zur Entfernung der Augen usw., das stets von Hand geschieht. Als maschinelle Hilfen kommen elektronische Sortiergeräte in Frage. Da geschälte Kartoffeln sich an der Luft rasch dunkel färben, sollten sie bis zur Weiterverarbeitung stets unter Wasser gehalten werden.

Vorgeschälte Kartoffeln. Der Verkauf roher, geschälter Kartoffeln, die zum Schutz gegen enzymatische Dunkelfärbung mit Sulfit behandelt und kühl gelagert werden, spielt besonders in den USA eine zunehmende Rolle. Hier wird mechanisches Schälen dem Dampfschälen vorgezogen, da unter der hitzebehandelten Schicht liegende Stellen verstärkt zur Verfärbung neigen. Diese vorgeschälten Kartoffeln bieten den Vorteil unmittelbarer Weiterverwendung und konstanter Qualität je nach Anforderungen (I.C. FEUSTEL u. W.O. HARRINGTON 1957; R.L. OLSON u. W.R. MULLINS, Pre-peeled potatoes, in W.F. TALBURT u. O. SMITH 1959; K. HEINTZE 1962; O. STRUCK 1963; G.W. FULLER u. Mitarb. 1964).

5. Herstellung von Kartoffelerzeugnissen

a) Kartoffelwalzmehl

Dieses seit langem bekannte Produkt fand ursprünglich hauptsächlich als Backhilfsmittel bei der Brotbereitung, ferner als Suppenmehl, zum Strecken von Mehlen im Haushalt und als Futtermittel Verwendung. Neuerdings fand das Kartoffelmehl für die Herstellung von Kartoffelcrackers ein neues Absatzgebiet (W. JANY 1954; M.J. WILLARD, Potato flour, in W.F. TALBURT u. O. SMITH 1959; R.H. TREADWAY 1961 b). Kartoffelmehl wird durch einen einfachen Trocknungsprozeß hergestellt, indem die durch Dämpfen geschälter oder ungeschälter Kartoffeln gewonnene verkleisterte Masse auf beheizte Walzen gepreßt und der trokkene Film zu Mehl vermahlen wird. Ehe die verfeinerten Verfahren zur Herstellung von Flocken für Kartoffelpüree bekannt waren, wurde in England ein Mehl für Speisezwecke hergestellt, wobei die Trocknung in zwei Stufen durchgeführt und der halbgetrocknete Brei bei möglichst tiefen Temperaturen gelagert und anschließend gesiebt wurde.

b) Produkte für sofortfertigen Kartoffelbrei

Getrocknete Kartoffelmasse in Form von Granulat oder von Flocken, die sich zur Herstellung von Kartoffelpüree im Haushalt eignen, sind in den USA zu unentbehrlichen Standardprodukten geworden. Da sie lediglich mit heißer Flüssigkeit angerührt werden müssen, stellen sie ein typisches „convenience food" dar.

Bei der Rekonstitution des gewöhnlichen Walzmehles erhält man einen zerfließenden und nicht formbaren Kleister von schleimig-weicher Konsistenz. Diese starke Quellfähigkeit ist darauf zurückzuführen, daß der größte Teil der Kartoffelzellen während des Herstellungsprozesses platzt und die Stärke in die intercellulären Räume austritt. In einem aus Frischkartoffeln bereiteten Püree liegt die Stärke zwar auch in vollständig verkleistertem Zustand vor, wird aber von den unverletzten Zellen umschlossen, so daß der Anteil an freigesetzter Stärke gering ist. Zur Erzeugung eines Pürees von trocken-mehliger oder naß-lockerer, jedoch nicht gummiartiger Beschaffenheit ist die Verwendung von Knollen mit nicht zu niedrigem Stärkegehalt erforderlich.

Für eine möglichst weitgehende Erhaltung der Zellstruktur muß durch schonendes Trocknen dafür gesorgt werden, daß die Zellwände nicht brüchig werden; andererseits kann der Texturverschlechterung, die auf bereits freigesetzte, lösliche Stärke zurückzuführen ist, durch Zusatz von Emulgatoren während des Fabrikationsprozesses Einhalt geboten werden. Bei Anwesenheit von extracellulärer Stärke werden die Eigenschaften des rekonstituierten Produktes auch durch die sog. Retrogradation der Stärke verbessert. Man versteht darunter eine rückläufige Entquellung des Stärkegels, das sich in den gekochten Kartoffeln gebildet hat, d.h. eine Assoziation der Stärkemoleküle, die wahrscheinlich durch Wasserstoffbrückenbindung zwischen aktiven Molekülgruppen zustande kommt. Obwohl im einzelnen nicht geklärt ist, welche Rolle die verschiedenen Stärkefraktionen bei der Retrogradation spielen, handelt es sich praktisch um die Rückverwandlung der freien löslichen in unlösliche Stärke (A.L. POTTER jr. 1954; T.J. SCHOCH u. A.L. ELDER 1955; H. WEGNER 1959; G. HAMPEL 1962).

Kartoffelbreipulver (Granulat). Das nach dem „Add-back"-Verfahren hergestellte Produkt wurde in den USA im Jahre 1948 auf den Markt gebracht (C.E. HENDEL, Dehydrated mashed potatoes, potato granules, in W.F. TALBURT u. O. SMITH 1959; H. WEGNER 1956)[1]. Der Prozeß

[1] An der Entwicklung und Vervollkommnung des Verfahrens ist das Quartermaster Food and Container Institute for the Armed Forces und das Western Regional Research Laboratory in USA maßgebend beteiligt.

spielt sich etwa wie folgt ab (vgl. Abb. 4): Die geschälten Kartoffeln werden, je nach Rohmaterial, 20—40 min unter geringem Überdruck gedämpft und zu einem homogenen Brei zerkleinert, der mit trockenem Pulver (add-back) in einem Mischer zu einem lockeren Granulat zerrieben wird. Nach Kühlung auf Raumtemperatur mit Hilfe eines kalten Luftstroms folgt die Konditionierung der Masse auf einem Band während etwa einer Stunde, wobei sich durch

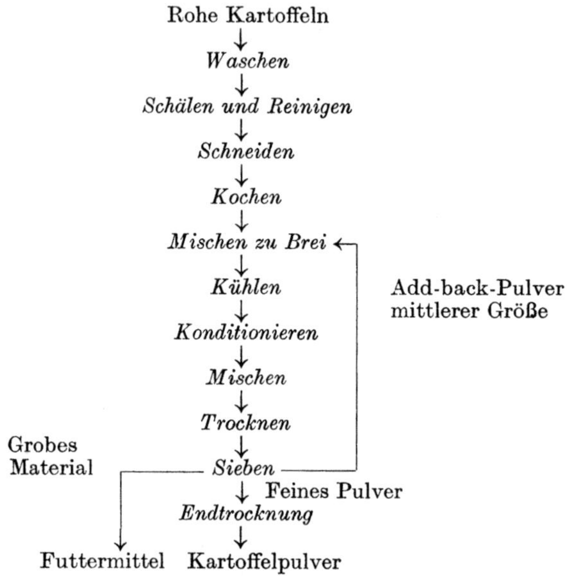

Abb. 4. Schema des Add-back-Verfahrens für die Herstellung von Kartoffelbreipulver (nach W. F. TALBURT u. O. SMITH 1959)

Feuchtigkeitsaustausch während der Mischungsperiode ein gleichmäßiger Feuchtigkeitsgehalt von 30—40% einstellt. Bei optimalem Feuchtigkeitsgehalt finden gewisse Änderungen der physikalischen Eigenschaften der Kartoffelmasse statt, welche die Granulation begünstigen (A.L. POTTER jr. 1954). Das Produkt wird, vor Agglomeration geschützt, in zwei Stufen, und zwar zunächst im Zyklon und dann im Fließbetttrockner, auf einen Endwassergehalt von 8—10% getrocknet. Die Temperatur des trocknenden Gutes sollte in der Regel 60° C nicht überschreiten. Das trockene Material wird gesiebt, wobei die gröbste Fraktion ausgeschieden und eine mittlere als add-back cyclisch in den Prozeß zurückgeführt wird.

Erst das add-back-Verfahren ermöglichte die Herstellung eines Kartoffelgranulates, d.h. ein vorwiegend in individuelle Zellen zerfallenes Gewebe mit geringem Anteil an Zelltrümmern. Die Verhinderung der Zellverletzung durch andere Maßnahmen gelingt nur bedingt, und entsprechende kommerzielle Produktionsverfahren konnten sich nicht durchsetzen.

In neuester Zeit sind Anstrengungen zur Entwicklung eines direkten Verfahrens unter Umgehung des add-back-Schrittes unternommen worden, das gegenwärtig noch im Versuchsstadium begriffen ist. Hierbei wird versucht, eine Granulation der vorgetrockneten Kartoffelmasse durch Tiefgefrieren und nachfolgendes Auftauen zu erreichen. Das fertiggetrocknete Produkt soll sich durch hohes Wasserbindungsvermögen auszeichnen (G. NOTTER u. C. HENDEL 1960; C.E. HENDEL u. Mitarb. 1962; M.E. LAZAR u. Mitarb. 1964).

Kartoffelflocken. Im Unterschied zum add-back-Prozeß werden beim Flockenherstellungs-Prozeß die gekochten und zerdrückten Kartoffeln in einem Arbeitsgang auf der Walze getrocknet. Der Gebrauch eines Walzentrockners für Kartoffelbrei geht auf verschiedene Autoren zurück; ein brauchbares Verfahren wurde jedoch vom Eastern Utilization Research Laboratory entwickelt, wo die Ermittlung zahlreicher Faktoren, wie Walzengeschwindigkeit, deren Verhältnis zum Dampfdruck, Regelung des Temperaturflusses, Plattendicke, optimale Schichtdicke und Feuchtigkeitsgehalt des zu trocknenden Kartoffelfilms, Material-Auftrag, Abstand der Auftragwalzen usw. Gegenstand ausgedehnter Forschungsarbeiten bildete (J. CORDING jr. u. Mitarb. 1954, 1957; R.K. ESKEW, Potato flakes, in W.F. TALBURT u. O. SMITH 1959; J.G. MOORE u. O.C. SAMUEL 1964). Abb. 5 gibt schematisch die einzelnen Verfahrensschritte wieder. Die in üblicher Weise vorbehandelten Kartoffeln werden in Scheiben geschnitten, von der auf der Schnittfläche ausgetretenen Stärke durch Abspülen befreit und während 20 min bei etwa 70° C vorerwärmt (sog. precooking), so daß die Stärke verkleistert und das Gewebe zäh und elastisch wird (A.L. POTTER jr. u. Mitarb. 1959). Besonders für nichtmehlige Kartoffelsorten mit geringem Trockensubstanzgehalt hat sich eine unterbrochene Erhitzung als zweckmäßig erwiesen (J. CORDING jr. 1960). Die während 20—40 min gekochten Kartoffeln werden durch einen perforierten Zylinder gepreßt (ricing), der entstandene Brei gleichmäßig auf die gesamte Länge der Walze aufgetragen und die gewünschte Schichtdicke mittels mehrerer kleiner nichtbeheizter Andrück-Walzen eingestellt. Brechwalzen zerkleinern den trockenen

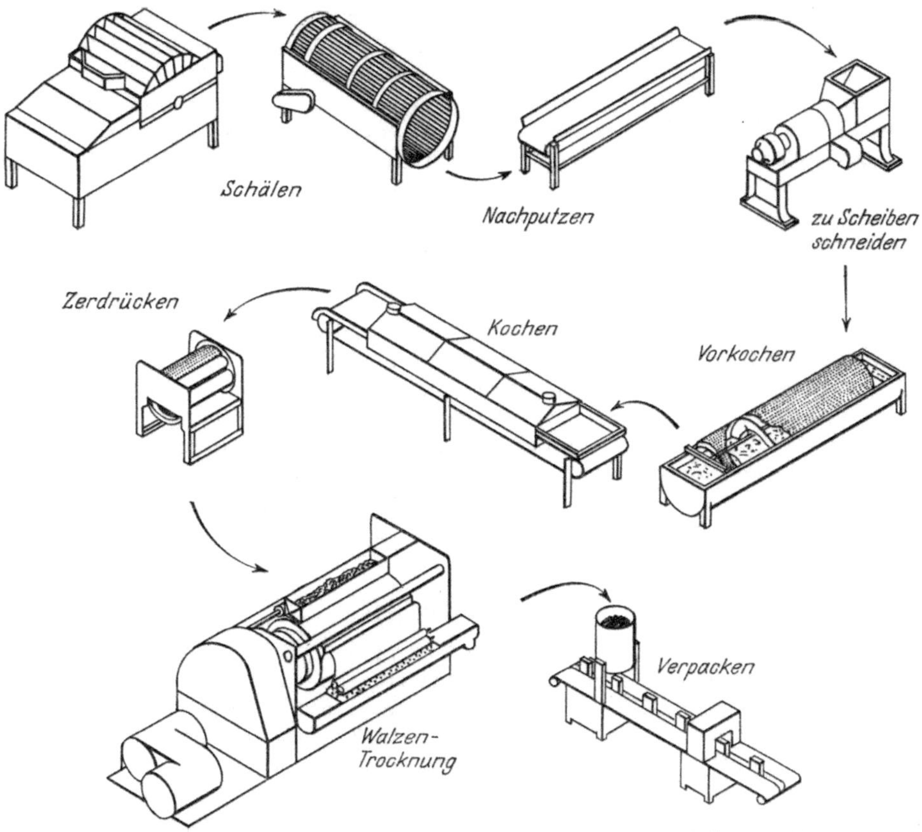

Abb. 5. Schema zum Kartoffelflocken-Prozeß (nach W. F. TALBURT u. O. SMITH 1959)

ca. 0,2 mm dicken Film zu Flocken. Normalerweise beträgt die Umlaufgeschwindigkeit der Walze 2—3 U/min, und die Reduktion der Feuchtigkeit von 80 auf 7—8% des Endproduktes benötigt ca. 20 sec. Die Erhöhung der Produktionsmenge durch größere Umlauffrequenz der Walze ist nur begrenzt möglich, da zur Erhaltung des notwendigen Wärmeflusses eine sehr starke Steigerung des Dampfdruckes erforderlich ist (F.H. DRAZGA u. R.K. ESKEW 1962). Die Trocknung stellt zweifellos die wichtigste Produktionsphase bei der Flockenherstellung dar. Um dem Produkt eine befriedigende Rehydratation zu verleihen, sollte die Trocknung des Breis möglichst in monocellulärer Schicht erfolgen. Aus dem gleichen Grunde ist die partielle Trocknung auf der Walze, verbunden mit Endtrocknung durch Belüftung, von Vorteil. Die Herstellung von Flocken guter Qualität ist auch bei Verwendung fein zerkleinerter und getrockneter Kartoffeln möglich, die gebrochene Zellen enthalten (Unilever 1960).

Kartoffelflocken sind sehr voluminös, was sich vor allem für Lagerung und Versand nachteilig auswirkt. Durch ein modifiziertes Verfahren gelingt es, Flöckchen (sog. Flakelets) von etwa 3mal höherer Dichte (ca. 0,8 kg/dm^3) bei gleichzeitiger Erfüllung aller Qualitätsansprüche herzustellen. In einem speziellen Manipulator werden die Flocken mit einem bestimmten Anteil feuchten Kartoffelbreis vermischt und nachträglich getrocknet. Die dadurch entstehende Zusammenballung von Blättchen und kugeligen Teilchen bedingt das höhere Schüttgewicht (R.K. ESKEW u. F.H. DRAZGA 1962).

c) Trockenkartoffeln in Würfel- oder Scheibenform

Derartige Erzeugnisse finden in bescheidenem Umfang vor allem als Ausgangsprodukte für die weitere küchenmäßige oder industrielle Verarbeitung, z. B. als Zusatz für Fleisch- und Gemüsekonserven, Verwendung (R.W. KUENEMAN, Dehydrated diced potatoes, in W.F. TALBURT u. O. SMITH 1959). Zur Inaktivierung der Enzyme, Reduktion der Bakterienflora und Verbesserung der Rekonstitutionseigenschaften werden diese Produkte vor der Trocknung, je nach der gewünschten Beschaffenheit des Fertigproduktes, zwischen 2 und 12 min blanchiert. Einen auf dem Aktivitätsverlust der Polyphenoloxydase beruhenden Blanchiertest geben z. B. L.W. MAPSON u. A.W. TOMALIN (1961) an. Als Nachteile allzu intensiven Blanchierens sind starker Schwund und Schrumpfungserscheinungen beim Trocknen und großer Nährwertverlust bekannt. Um ein Aneinanderkleben beim Trocknen zu verhindern, ist es wichtig, die blanchierten Kartoffelstücke sorgfältig zu spülen und gequollene Stärke an der Oberfläche zu entfernen. Zur Trocknung geformter Kartoffelstücke werden Bandtrockner bevorzugt. Nach Untersuchungen von G.D. SARAVACOS u. S.E. CHARM (1962) wächst die zum Trocknen benötigte Zeit proportional mit dem Quadrat der Schichtdicke. Bei raschem anfänglichem Wasserentzug läßt sich die Phase der Endtrocknung verkürzen. Bei großer Trocknungsgeschwindigkeit verringert sich die Dichte des Fertigproduktes, und die Rekonstitutionseigenschaften werden verbessert. Extrem rasche Wasseraufnahme zeigen Trockenprodukte, die zwischen Blanchieren und Trocknen in nassem Zustand gefroren und wieder aufgetaut wurden oder denen durch eine Expansions-(Puff-)Behandlung eine poröse Struktur verliehen wurde (N.H. EISENHARDT u. Mitarb. 1962; J. CORDING jr. u. Mitarb. 1963, 1964). Ein neuartiges Verfahren zur Kartoffeltrocknung durch direktes Mischen mit flüssigem Ammoniak beschreibt M. ANDERSON (1962).

d) Kartoffelchips

Die Herstellung von Kartoffelchips hat sich zunächst in den USA, dann auch in Europa von einem Kleingewerbe zu einem bedeutungsvollen Zweig der Veredlungsindustrie entwickelt (O. SMITH, Potato chips, in W.F. TALBURT u. O. SMITH 1959). Chips sind dünne, etwa 1 mm dicke Kartoffelscheiben oder -streifen, die in heißem Fett oder Öl gebacken werden.

Von der Schneidevorrichtung kommende Stücke werden in rotierenden Drahtsieben durch Spülung mit dem Wasserstrahl von anhaftender Stärke befreit und bei 170—180° C während etwa $2^1/_2$ min gebacken, wobei die Chips auf eine Restfeuchtigkeit von 1,5—2,0% entwässert werden. Für den Röstprozeß kommen Erdnuß-, Mais- und Baumwollsamenöl, ferner Hartfette wie hydriertes vegetabilisches Backfett und desodoriertes, stabilisiertes Schweinefett in Frage. Reinigung des Öles durch regelmäßige Filtration oder Zentrifugation zur Entfernung von Stärkekörnern und Chips-Bruchstücken ist wichtig, um eine gute Produktqualität zu gewährleisten. Fortlaufender Ersatz des durch den Fabrikationsprozeß verbrauchten Öles und nicht übermäßig hohe Temperatur beim Frittieren verhindern eine rasche thermische Zersetzung desselben. In gut geführten Chips-Anlagen sollte der Gehalt an freier Fettsäure 0,5% nicht überschreiten. In den USA ist man neuerdings zu kontinuierlich arbeitenden Anlagen und automatisierten Fabriken übergegangen.

Chips von guter Qualität zeichnen sich durch eine hellgelbe bis goldbraune Farbe aus. Ihr Geschmack hängt mit Art und Zustand des verwendeten Öles eng zusammen. Stärke- und Fettgehalt liegen beide bei 40%. Kartoffeln von niedrigem spezifischen Gewicht ergeben ein Produkt von höherem Fettgehalt, der nicht nur hohe Kosten bedingt, sondern auch den Genußwert herabsetzt. In den USA sind verschiedene Versuche unternommen worden, um die Kartoffelchips durch Zusätze von Natriumglutamat oder Proteinhydrolysaten aus Rohkartoffeln zu aromatisieren.

e) Weitere Kartoffelerzeugnisse

Tiefgefrorene Kartoffelprodukte, zur Hauptsache Pommes frites, sind seit einigen Jahren auch auf dem europäischen Markt vermehrt anzutreffen (Anonym 1963a, b; I.C. FEUSTEL u. Mitarb. 1963). Diese Fertigprodukte braucht der Konsument vor dem Servieren lediglich aufzuwärmen.

Der Fabrikationsgang umfaßt die übliche Vorbehandlung der Kartoffeln: Blanchieren, Backen, Entfernen des überschüssigen Fettes und schließlich Tiefgefrieren. Sogenannte „parfries" sind ein halbgares Produkt, das, vor allem für Gaststätten bestimmt, noch fertig zubereitet werden muß (vgl. I.C. FEUSTEL u. R.W. KUENEMAN, Frozen french fries and other frozen potato products, in W.F. TALBURT u. O. SMITH 1959).

Das vor allem in Deutschland bekannte Kartoffelkloßmehl und ähnliche, in den USA hergestellte Produkte wie Pfannkuchen-Mix, sollen hier lediglich erwähnt werden. Die Industrie hat ferner eine Reihe weiterer Produkte entwickelt, die vor allem als Zwischenverpflegung gedacht sind und von Hand gegessen werden.

Kartoffelpuffs werden aus blanchierten Stücken hergestellt, die, einem rasch bewegten Heißluftstrom ausgesetzt, an der Oberfläche rasch trocknen und durch den im Innern gebildeten Wasserdampf expandiert werden, so daß sie eine knusperige Struktur erhalten. Durch Mischen gekochter, zerdrückter Kartoffeln mit Magermilch und Extrudieren der teigigen Masse in Streifen und anschließendes Rösten entstehen chipsähnliche Produkte (Anonym 1962; B.H. WEBB u. R.H. TREADWAY 1962).

Bei der Herstellung von Kartoffelnuts geht man von gewürfelten Trockenkartoffeln aus, die nach Aufnahme einer gewissen Feuchtigkeit in Öl gebacken werden. Weitere Spezialitäten nennt I.C. FEUSTEL, Miscellaneous products from potatoes, in W.F. TALBURT u. O. SMITH (1959).

Verglichen mit den getrockneten und tiefgefrorenen Erzeugnissen blieben hitzekonservierte (eingemachte) Kartoffelprodukte bis heute ohne größere Bedeutung (vgl. W.F. TALBURT, Canned white potatoes, in W.F. TALBURT u. O. SMITH 1959).

6. Veränderung von Inhaltsstoffen bei der Verarbeitung

Eine möglichst genaue Kenntnis über das Verhalten der Inhaltsstoffe von Rohkartoffeln bei der Herstellung und Aufbewahrung von Industrieerzeugnissen ist in Anbetracht des anwachsenden Konsums solcher Erzeugnisse besonders zur Abklärung ernährungsphysiologischer Fragen von Nutzen.

In haushaltsüblicher Weise hergestelltes Kartoffelpüree unterscheidet sich hinsichtlich Aminosäurezusammensetzung und -Konzentration nicht von einem rekonstituierten, großtechnisch hergestellten Trockenerzeugnis (E. HUFNAGEL 1959). Bei der Untersuchung verschiedenartiger, thermischer Einwirkungen (Kochen, Backen, Eindosen) wiesen nur eingemachte Kartoffeln deutliche Verluste in ihrem Protein- und Aschegehalt auf (R.N.R. CHOUDHURI u. Mitarb. 1963). Beim Dämpfen nimmt der durchschnittliche Polymerisationsgrad des Amylopektins der Kartoffelstärke ab (W. DIEMAIR u. E. HUFNAGEL 1960). Als mögliche Hauptursache für das Weichwerden der Kartoffel während des Kochens führt H.G. WAGER (1963) die Fällung des Pektin-Calciums durch Phytin an. Bei den bis gegen 50% betragenden Solaninverlusten beim Garen von Kartoffeln überlagern sich auslaugende und thermische Effekte (M. ZOBEL u. J. SCHILLING 1964). Während beim Dämpfen der Chlorogensäuregehalt unverändert zu bleiben scheint, findet man beim Vergleich von Frischkartoffeln mit ihren Trockenerzeugnissen große Unterschiede (W. DIEMAIR u. H. HUCK 1962; J. VOIGT u. R. NOSKE 1964).

Einen Hinweis für die zu erwartenden Nährstoffverluste im Zusammenhang mit Blanchier- und Trocknungsart liefert ein von H. SULSER u. H. MOHLER (1964) entwickelter Test. Chemische und physikalische Änderungen von in schwimmendem Fett gebackenen Kartoffeln im Zusammenhang mit Temperatur und Ölumwälzung untersuchte H. STROCK (1964).

Zur Beurteilung der Aromaveränderung getrockneter und gelagerter Produkte werden neuerdings gaschromatographische Aromagramme herangezogen (R.G. BUTTERY 1962; T.P. DORNSEIFER u. J.J. POWERS 1963). Unter den flüchtigen Komponenten gekochter Kartoffeln wurden u. a. Acrolein, Aceton, Methylisopropylketon, Acetaldehyd und andere niedere Aldehyde, Methyl- und Äthylmercaptan, Dimethylsulfid und Schwefelwasserstoff identifiziert (M.R. GUMBMANN u. H.K. BURR 1963; R. SELF u. Mitarb. 1963; T. SWAIN u. R. SELF 1964).

Die meisten Untersuchungen liegen über das Verhalten des Vitamins C vor. Durch den Wundreiz beim Schälen und Schneiden der Kartoffeln tritt eine Intensivierung des Atmungsstoffwechsels ein, die zu einer Neubildung von Vitamin C führt (W. FELDHEIM u. G. HJELM 1963; J.C. SOMOGYI 1964). Beim Wässern erleiden zerkleinerte Kartoffeln schon in sehr kurzer Zeit hohe Vitamin C-Verluste (M. MARKETAN 1963). Im Gegensatz zu einer weitverbreiteten Meinung sind die beim Kochen auftretenden Vitamin C-Verluste, besonders wenn direkte Sauerstoffeinwirkung vermieden wird, nicht sehr groß. Allerdings ist hervorzuheben, daß der Gesamt-Vitamin C-Gehalt gekochter Kartoffeln bei anschließender Aufbewahrung außerordentlich schnell und stark abfällt. So können beim Warmhalten der Kartoffelspeisen bereits in 2—4 Std 40—70% des Vitamin C-Gehaltes verlorengehen. Nach W. FRANKE (1960) muß bei verschiedenen Zubereitungsmethoden mit folgenden Vitamin C-Verlusten gerechnet werden: Kochen mit Schale (Pellkartoffeln) 4—8 %, Kochen ganzer geschälter Kartoffeln in Wasser 13,5—30 %, zusätzliche Verluste bei der Zubereitung von Bratkartoffeln 20—40 %, von Kartoffelpüree 3—7 %. Sehr hohe Einbußen an Vitamin C erleiden die Kartoffeln beim Backen in Öl (I.E. DE JONGH u. T.E. TJALMA 1962; R.N.R. CHOUDHURI u. Mitarb. 1963). Nach W. FRANKE (1960) sind allerdings die Vitamin C-Verluste bei der Zubereitung von Pommes frites gering (5—17%). Kartoffelflocken büßen beim Trocknen auf 5% Restfeuchtigkeit etwa $^1/_3$ ihres Vitamins C ein. Während 28-wöchiger Lagerung bei Raumtemperatur fällt der nach der Verarbeitung zu Flokken festgestellte Gehalt an Vitamin C nochmals um 25—30%, wogegen unter Verpackung in Stickstoff keine weiteren Verluste beobachtet wurden (J. CORDING jr. u. Mitarb. 1961; A. SCHILLINGER u. G. ZIMMERMANN 1965). Vitamin C-Verluste bei verschiedenen Trockenformen untersuchten ferner P.W. MYERS u. G.H. ROEHM (1963). Hohe Kochverluste wurden bei den Vitaminen der B-Gruppe beobachtet (E. PAGE u. F.M. HANNING 1963).

7. Verderbsmöglichkeiten bei Kartoffelerzeugnissen

Einen Überblick über die hauptsächlichsten Verderbsarten und deren Ursache und Verhinderung gibt Tab. 7. Die nichtenzymatische Bräunung, eine vor allem bei der Chipsherstellung gefürchtete Erscheinung, hängt direkt mit dem Gehalt an reduzierenden Zuckern zusammen, aus denen in Gegenwart von Aminoverbindungen in einem komplizierten, heute noch weitgehend ungeklärten Reaktionsablauf (Maillard-Reaktion) braun gefärbte Pigmente entstehen (E.F. HOOVER u. P.A. XANDER 1961). Die Bräunungsreaktion besitzt einen hohen Temperatur-Koeffizienten; eine Temperaturerhöhung um 10° C bewirkt eine Reaktionssteigerung um das fünf- bis siebenfache. Verschiedene Untersuchungen zeigen, daß die Bräunung bei einem Wassergehalt zwischen 15—20 % am stärksten ist; unterhalb etwa 7 % ist sie stark verzögert. Daraus geht hervor, daß vor allem die Endtrocknung unter schonenden Bedingungen durchgeführt werden sollte. P. GOERLING (1963) weist darauf hin, daß Bräunungsreaktionen auch unterhalb der Grenze des Schimmelpilzwachstums auftreten können. Bei hohen Friture-Temperaturen findet oft eine Caramelisierung des Zuckers statt, die der eigentlichen Bräunungsreaktion parallel geht.

Der oxydative Verderb ist praktisch temperaturunabhängig, wird aber durch Senkung der Gutsfeuchtigkeit gesteigert. Ihm unterliegen vorwiegend Kartoffelflocken und -pulver während der Lagerung, obschon der Fettgehalt meist unter 0,5 % liegt. Bei gebackenen Produkten hängt die oxydative Anfälligkeit eng mit den Eigenschaften des verwendeten Öls zusammen. Bei geschmacklichen und farblichen Veränderungen oxydativer Art dürften neben den eigentlichen Fetten auch

Tabelle 7. *Verderbsmöglichkeiten bei Kartoffel-Trockenprodukten*

Nachteilige Veränderung	Ursache	Verhinderungsmöglichkeiten
Nichtenzymatische Bräunung	hoher Zuckergehalt, erhöhte Temperatur, hoher Wassergehalt	Schweflige Säure, Reduktion des Wassergehaltes, Erniedrigung der Temperatur
Ranziger Geruch und Geschmack	Oxydation der Lipoide durch Luftsauerstoff	Antioxydantien, Stickstoff, optimaler Wassergehalt etwa 10 %
Dunkelverfärbung nach dem Kochen	Oxydation von Eisen-Chlorogensäure-Komplexen	Säure, Komplexbildner
Abgestanden- oder Stumpfsein (staleness)	nicht näher bekannt	Antioxydantien ?

Carotinoide u. a. Bestandteile in die Reaktion einbezogen werden. Unter den Autoxydationsprodukten wurden einfache von der Linol- und Linolensäure abgeleitete Kohlenwasserstoffe und Aldehyde nachgewiesen (R. G. BUTTEREY u. Mitarb. 1961). Vergleichende organoleptische und gaschromatographische Untersuchungen haben gezeigt, daß das Auftreten von oxydativer Ranzigkeit bei luftgelagertem Kartoffelbreipulver demjenigen von Hexanal parallel geht, weshalb dieser Aldehyd als Ranziditätsindex in Frage kommt (M.M. BOGGS u. Mitarb. 1964). Wegen der prooxydativen Eigenschaften gewisser Schwermetallionen ist bei Verwendung von Kupfer und Kupferlegierungen für Teile der Fabrikationsanlagen, die mit dem Gut in Berührung kommen, Vorsicht geboten.

Eines der heikelsten Probleme stellt sich dem Hersteller getrockneter und gefrorener Kartoffelerzeugnisse durch die Tendenz mancher Knollenpartien, nach dem Kochen grau oder schwarz anzulaufen (E. YANOVSKI 1955). Zwischen der Dunkelfärbung roher und gekochter Kartoffeln bestehen keine direkten Beziehungen (N.I. MONDY u. B.P. KLEIN 1961). Die größte Schwierigkeit ergibt sich daraus, daß störende Stücke nicht vorher erkennbar sind, da sie im rohen, geschälten Zustand ganz normal erscheinen. Die Verfärbung tritt kurze Zeit nach dem Kochen, besonders beim Stehen an der Luft, ein und ist im allgemeinen am Stengelende intensiver als an den Augen. Sie wird durch die natürliche Säure des Kartoffelsaftes und durch verdünnte Säuren (pH unterhalb 4—5) unterbunden (E.G. HEISLER u. Mitarb. 1964). Die Ursache der Verfärbung liegt sehr wahrscheinlich in der Reaktion von Eisensalzen mit Chlorogensäure und möglicherweise anderen o-Diphenolen zu Komplexen, die dann durch Luftsauerstoff leicht zu dunklen Polymeren oxydiert werden. Der Verfärbungsgrad ist von der Konzentration beider Komponenten abhängig (J.C. HUGHES u. Mitarb. 1962; J.C. HUGHES u. T. SWAIN 1962a, b; R.T. WURSTER u. O. SMITH 1963). Kartoffeln, die auf kaliumarmen Böden gezogen wurden, neigen weniger zur Dunkelfärbung (E.G. HEISLER u. Mitarb. 1962; L. LUJAN u. O. SMITH 1964b). Die Verfärbungsreaktion kann durch Komplexbildner gehemmt werden.

Zur einigermaßen zuverlässigen Prognose der voraussichtlichen Haltbarkeit eines Kartoffelerzeugnisses ist somit eine Anzahl von Teilfaktoren zu berücksichtigen, denen beim einen Produkt mehr, beim anderen weniger Wichtigkeit beigemessen werden muß. Eine der besten, aber auch kostspieligsten Maßnahmen zur Erhöhung der Haltbarkeit jener Produkte, die vorwiegend der oxydativen Ranzigkeit anheimfallen, bietet zweifellos die Verpackung unter Stickstoff (vgl. z. B. F.H. DRAZGA u. Mitarb. 1964). Da der Endwassergehalt eines Produktes auf Bräunung und auf Autoxydation einen divergenten Einfluß ausübt, muß zu seiner optimalen Einstellung meist ein Kompromiß eingegangen werden (H. MOHLER 1961).

8. Qualitätsermittlung

Obwohl sich zahlreiche Kontrolltests zur Bewertung von Farbe, Aroma und Textur als praktisch erwiesen haben, stellt die subjektive Taxierung durch geübte Testpersonen doch die einzig verläßliche Basis für eine Qualitätsbewertung dar.

Für die Beurteilung der Mehligkeit eines Kartoffelbreis wurden verschiedene Methoden vorgeschlagen: viscosimetrische Messung (A.M. COOLEY u. Mitarb. 1954), subjektiver Vergleich (E.R. WOOD u. Mitarb. 1955), mikroskopische Auszählung der aufgebrochenen Zellen (R.M. REEVE u. G.K. NOTTER 1959), Isolierung und direkte Bestimmung der extracellulären Stärke (R.M. REEVE 1963). Der einfach zu bestimmende Blauwert (W.R. MULLINS u. Mitarb. 1955), bei dem die freie Stärke des rekonstitutierten Kartoffelpürees durch Jodlösung ermittelt wird, eignet sich vor allem zur Verfahrenskontrolle. Da der Test vor allem die Amylose und weniger das Amylopektin (die Hauptfraktion der Kartoffelstärke) erfaßt, läßt sich anhand des Blauwertes nur dann auf die Textur der fraglichen Probe schließen, wenn Verfahren und Rohmaterial nicht zu stark differieren. Für die Bestimmung des Verkleisterungsgrades getrockneter Kartoffelschnitzel oder -scheiben gibt E.-R. FRANKE (1964) eine Schnellmethode an. Zur Messung der Frischfarbe und der Bräunung von Kartoffelgranulat wird die Photometrie, die Remissionsphotometrie oder der Vergleich mit gefärbten Glasstandards angewandt (C.E. HENDEL u. Mitarb. 1950; R.M. STEPHENSON u. Mitarb. 1958; G.C. NUTTING u. Mitarb. 1959). Die Remissionsphotometrie wird auch zur Farbbestimmung von Kartoffelchips (D.R. ISLEIB 1963) und zur Messung der Graufärbung verschiedener Trockenprodukte (O. SMITH u. C.O. DAVIS 1962b) eingesetzt. Die während des Backens auftretende Blasenbildung und die Verteilung des Fettes im Gewebe läßt sich durch eine mikroskopische Prüfung ermitteln (R.M. REEVE u. E.M. NEEL 1960). S.L. SPIRUTA u. A. MACKEY (1961) untersuchten die mikroskopische Struktur gefrorener Kartoffelprodukte in Beziehung zum Genußwert.

Für die Bestimmung des Gehaltes an Wasser, Fett, Antioxydantien und Schwefeldioxid — die beiden letzteren sind im Interesse der Produktionskontrolle und des Konsumentenschutzes wichtig — vgl. die einschlägigen Kapitel in Bd. II/2 dieses Handbuches.

III. Kartoffelähnliche Wurzelgewächse

Neben der Kartoffel spielen andere kohlenhydratreiche Knollenpflanzen, wie Topinambur und Japanknolle, in der gemäßigten Zone nur eine bescheidene Rolle. In tropischen und subtropischen Gebieten werden hingegen mehrere wichtige Nutzpflanzen angebaut, die zwar kaum weltwirtschaftliche, sondern mehr regionale Bedeutung haben und in den betreffenden Gegenden die Kartoffel ersetzen, indem sie von den Eingeborenen für Speisezubereitungen benutzt werden (A. SPRECHER v. BERNEGG 1929).

1. Topinambur

Die in Nordamerika beheimatete Sonnenblumenart Topinambur (*Helianthus tuberosus L., Compositae*), auch Erdbirne, Weißwurzel, Jerusalemartischocke oder Judenkartoffel genannt, kam nach dem 30jährigen Krieg über England nach Deutschland und Frankreich, wurde hier jedoch bald durch die Kartoffel verdrängt. Die 4—5 cm dicken und bis 15 cm langen, höckerigen, birnenförmig zugespitzten Topinamburknollen besitzen ein weißes, ziemlich festes Knollenfleisch, das außen von einer je nach Sorte rötlichen, bläulichen oder weiß gefleckten Schale umgeben ist. Die Kultur der Topinambur gleicht jener der Kartoffel. Hinsichtlich des Bodens ist sie wenig anspruchsvoll, so daß sie auch noch auf leichten, losen Sandböden gedeiht, die für den Kartoffelbau wenig geeignet sind. Hingegen verlangt sie sonnige, windgeschützte Lagen in einem Reben- oder wenigstens Weizenklima. Da die Kürze unseres Sommers zur Reife der Fruchtkerne nicht ausreicht, erfolgt die Vermehrung stets auf vegetativem Wege durch Ausläufer. Die erst spät sich entwickelnden Knollen sollen nicht vor dem Welkwerden des Stengels, also in der Regel nicht vor November, geerntet werden. Wegen der sehr geringen Frostempfindlichkeit kann man die Knollen je nach Bedarf bis über den Nachwinter hinaus im Boden ruhen lassen. Sie sind jedoch nicht lange haltbar. Eine einzige Staude liefert etwa 7—10 kg Knollen; der Ertrag schwankt je nach Sorte und Anbaubedingungen (vgl. auch F. A. Lee, Jerusalem artichoke, in M. B. Jacobs 1951, Bd. II; W. Rudorf, Topinambur, in H. Kappert u. W. Rudorf, Bd. III, 1958).

Über die Zusammensetzung orientiert Tab. 8. Die äußere Schicht ist reicher an Trockensubstanz und Gesamtzuckern als das Zentrum, der Zuckergehalt schwankt aber mit der Pflanzenvarietät und der Größe und Form der Knollen. Das Speicherkohlenhydrat besteht zur Hauptsache aus dem Polyfructosan Inulin. Sind während der Knollenentwicklung etwa gleich viel reduzierende Zucker wie Saccharose vorhanden, so finden sich in der Reife nur noch Spuren von Hexosen. Während des Winters erhöht sich der Saccharose-Gehalt auf Kosten des Inulins; dessen rascher, durch hydrolytische und Transfructosidase-Enzyme katalysierter Abbau ist jedoch bei Hemmung der Atmung in kohlendioxidhaltiger Luft verzögert. Reifegrad und Zeitpunkt der Untersuchung müssen bei Feststellung der Inhaltsstoffe berücksichtigt werden. Gut definierte Saccharide neben der D-Fructose sind Inulenin, Helianthenin and Synanthrin. Erschöpfende Literaturübersichten über chemische Untersuchungen der Topinambur lieferten F. W. Conti (1953a, b, c, 1955) u. C. Paetzold (1957). Da das Knollenfleisch im gekochten Zustand süßlich schmeckt, eignet sich die Topinambur weniger als Gemüse und kommt vorwiegend als Zutat, z. B. zu Fleischbrühsuppen, in Frage. Sowohl Knollen als auch das Kraut lassen sich als Viehfutter verwenden. Wegen des reichen Inulin-Gehalts eignet sich die Topinambur auch als Diät-Gemüse und -Salat für Zuckerkranke. Ferner dient sie der Spiritus-Gewinnung. Knollentragend sind auch *Helianthus laetiflorus* Pers. und der in Italien bekannte *H. macrophyllus* Willd.

2. Japan-Knolle

Die in Japan heimische Gemüsepflanze mit eßbaren Rhizom-Knollen (*Stachys siboldii* Miqu., *Labiatae*), auch als Japan-Knolle, Stachys, Knollen-Ziest, in Japan als Choro-gi bezeichnet, wurde gegen Ende des 19. Jahrhunderts nach Frankreich eingeführt und dort unter dem Namen Crosnes du Japon in den Handel gebracht. Die winterharte Pflanze — die Aussaat kann schon im Herbst erfolgen — verlangt in nicht zu kalkhaltigen Böden sehr wenig Pflege. Geerntet wird Ende Oktober, wobei von 1 kg Saatknollen über 2 t Knollen erhalten werden können. Die Ernte ist infolge der langen Ausläufer recht mühsam. An der Luft halten sich die Knollen schlecht. Unter den Inhaltsstoffen (vgl. Tab. 8) ist besonders das aus zwei Molekülen D-Galaktose und je einem Molekül D-Glucose und D-Fructose bestehende Tetrasaccharid Stachyose bemerkenswert. Die weißlichen Knollen sind sehr weich, daher auch ungeschält genießbar und von angenehmem Geschmack. Sie ersetzen die Kartoffel nicht, dienen aber als Beilagen und eignen sich wegen ihres hohen Gehalts an leicht verdaulicher Stachyose als Schonkost.

Tabelle 8. *Inhaltsstoffe von Topinambur, Japanknolle und Süßkartoffel* (nach S.W. SOUCI, W. FACHMANN u. H. KRAUT 1962, sowie W. ZIESAK 1963)

	Topinambur	Japanknolle	Süßkartoffel
Wasser	75—80%	76—80%	66,1—71,0%
Roheiweiß	1,8—2,3	—	1,57—2,08
Fett	0,15—0,24	0,04—0,18	0,4—1,0
Kohlenhydrate	ca. 20	—	24,0—26,9
Stärke	0	0	9,42—25,9
Inulin	ca. 16	0	0
Stachyose	0	14—18	0
Rohfaser	1,25—1,5	ca. 0,7	0,67—2,62
Mineralstoffe	1,0—1,2	—	1,03—1,19
Saccharose	3—5	—	0,53—5,55
Glucose	—	—	0,91—0,98

Die Angaben beziehen sich auf Gew.-% der Frischsubstanz.

3. Süßkartoffel

Die aus Mittelamerika stammende Süßkartoffel oder Batate (*Ipomoea batatas* POIR., *Convolvulaceae*) ist eine wichtige Nahrungspflanze der tropischen und subtropischen Gebiete, in denen sie die Kartoffel ersetzt. Ihre klimatischen Ansprüche decken sich ungefähr mit denen des Reises oder des Sesams. Im warmen Klima ist sie in bezug auf den Boden anspruchslos, sie bringt aber auf leichten Lehmböden auch in der gemäßigten Zone noch Erträge. Der Anbau der Batate hat sich von Amerika aus über den ganzen Tropengürtel verbreitet, wo man sie in zahlreichen Kulturformen antrifft. 3—4 Monate nach dem Auspflanzen werden die spindel- oder walzenförmigen, etwa 1—2 kg schweren Knollen (morphologisch eigentlich verdickte Stengelabschnitte wie bei der Kartoffel) geerntet (vgl. auch F.A. LEE, Sweet potato, in M.B. JACOBS 1951, Bd. II). Die Knollen halten sich nicht lange und müssen trocken und frostfrei aufbewahrt werden. Bei der Lagerung scheint sich aus der Stärke zunächst reduzierender Zucker und aus diesem Saccharose zu bilden. Die Atmungsgröße ist vom Gehalt an Monosacchariden abhängig, die einmal gebildete Saccharose ist dagegen verhältnismäßig beständig. Wie Tab. 8 zeigt, ist der Gehalt an Inhaltsstoffen, besonders an Kohlenhydraten, stark schwankend. Eine Übersicht der bisher in Süßkartoffeln nachgewiesenen organischen Verbindungen gab D.G. CROSBY (1964).

In Amerika war die Batate unter dem Namen ,,sweet potatoes" schon seit Jahrzehnten eine beliebte Konserve. In jüngster Zeit wurden Süßkartoffeln auch zu Trockenprodukten, vor allem Flocken, verarbeitet (M.W. HOOVER u. D.T. POPE 1959; J.J. SPADARO u. E.L. PATTON 1961; L.J. MOLAISON u. Mitarb. 1962; M.W. HOOVER 1963; J.F. SULLIVAN u. Mitarb. 1963; R.A. BAUMGARDNER u. L.E. SCOTT 1963; Anonym 1964; H.J. DEOBALD u. T.A. MCLEMORE 1964). Die industrielle Verarbeitung führte zu eingehenderen Untersuchungen des Lagerverhaltens und verschiedener Erkrankungsformen (vgl. z. B. J.M. LUTZ u. J.W. SIMONS 1958; E.M. HILDEBRAND u. H.T. COOK 1959). Infolge ihres hohen Gehaltes an Stärke wird die Süßkartoffel ähnlich wie die Kartoffel auf Stärke verarbeitet; als Handelsgegenstand spielt die Batatenstärke jedoch eine untergeordnete Rolle.

4. Maniok

Der Wurzelmaniok (*Manihot utilissima* POHL, *Euphorbiaceae*) auch Cassave, Yuca, Mandioca genannt, ist eine wichtige Nutzpflanze für die Eingeborenen Afrikas, Südamerikas und Westindiens. Die zylindrischen, leicht kegelförmigen Knollen tragen eine derbe, verschiedenfarbige Schale und werden im Durchschnitt etwa 5 kg schwer. Die meisten Varietäten brauchen zum Ausreifen 1—2 Jahre. Die

Tabelle 9. *Inhaltsstoffe von tropischen und subtropischen Wurzelknollen* (nach A. SPRECHER V. BERNEGG 1929)

	Maniok	Yamswurzel	Taroknolle	Pfeilwurz
Wasser	59—70%	78—80%	81—82,5%	63,5—65,5%
Roheiweiß	0,9—2,3	1,5—2,2	1,8—2,0	1,5—1,7
Fett	0,1—0,7	0,1—0,5	0,14—0,20	ca. 1,0
Stärke	20—40	16,3—25,7	ca. 17	26—28
Rohfaser	0,8—6,5	0,7—1,0	0,64—0,70	4—6
Glucose	ca. 0,1	—	—	—
Mineralstoffe	0,5—2,0	0,6—1,5	0,82—0,88	0,9
Blausäure „gebunden“	ca. 0,01	—	—	—

Die Angaben beziehen sich auf Gew.-% der Frischsubstanz.

wechselnde chemische Zusammensetzung wird durch die Varietät und in hohem Maße durch den Standort bedingt (Tab. 9). Bemerkenswert ist der Gehalt an Blausäure, die sich beim Erhitzen aus Glykosiden abspaltet und verflüchtigt (L. ADRIAENS 1946; T. WOOD 1965). Über Maniokkrankheiten vgl. J. CHEVANGEON (1956). Die Knollen werden auf mancherlei Weise verwertet, als Tierfutter in der Regel ungekocht; zur Nahrungszubereitung werden sie in Scheiben geschnitten oder zu einer breiigen Masse gestampft, geformt und getrocknet. In letzterer Form kommen sie auch in den Handel und werden für den Hausgebrauch zerrieben, mit kochendem Wasser angerührt und mit Fisch, Fleisch usw. gebraten (vgl. ferner L. W. J. HOLLEMANN u. A. ATEN 1956). Über die in Nigeria übliche Fermentation der Maniok-Knollen zur Zubereitung der Gari-Speise vgl. I. A. AKINRELE (1964). Im großen wird der Maniok zur Gewinnung der Tapioka-Stärke (= Maniok-Sago oder brasilianisches Arrowroot) angebaut.

5. Yams-Wurzel

Verschiedene Vertreter der über 200 Arten zählenden Gattung *Dioscorea* (*Dioscoreaceae*), Yam oder Igname genannt, liefern eßbare Knollen. Nur Tropenländer mit gleichmäßig hoher Wärme und Luftfeuchtigkeit kommen für den Anbau in Frage. Die Knollen werden nach 9—11 Monaten geerntet. In tiefgründigem, lockerem Boden werden sie lang und dünn, in wenig tiefer Oberschicht hingegen kurz und dick. Die mehrere Monate frisch bleibenden, etwa 2—5 kg schweren Knollen werden ähnlich wie die Süßkartoffel aufbewahrt. Die Yams-Knollen gleichen hinsichtlich Zusammensetzung (Tab. 9), Nährwert und Geschmack der Kartoffel und werden den Süßkartoffeln vielfach vorgezogen. In Kamerun und Togo ist der Yam die wichtigste Knollenfrucht, während er in Ostafrika durch Batate und Maniok mehr oder weniger verdrängt wurde; in Europa ist die Yams-Wurzel ein Luxus-Gemüse geblieben.

6. Taro

Die Taro-Knolle (*Colocasia antiquorum* SCHOTT, *Araceae*) ist im allgemeinen weniger wärmebedürftig als die Yams-Wurzel. Ihr Anbau kann wie beim Reis in nasser, trockener oder in Sumpfkultur geschehen; ihr Nährwert erreicht denjenigen der Kartoffel oder des Yam nicht (Tab. 9). Die Colocasia spielt als Nahrungspflanze in Asien und Afrika (vor allem Japan, Archipel, Indien, Ägypten, Zypern, Nordafrika, Südspanien) eine wichtigere Rolle als in Amerika. Gewisse Varietäten erzeugen, wenn sie roh gegessen werden, ein unangenehmes, wahrscheinlich durch Kristallnädelchen von Calciumoxalat verursachtes Kratzen an der Mundschleimhaut. Die Zubereitung als Speise in frischem oder fermentiertem Zustand ist ähnlich derjenigen des Maniok und des Yam.

7. Pfeilwurz

Hauptanbaugebiete der Pfeilwurz (*Maranta arundinacea* L., *Marantaceae*) sind die Bermuda-Inseln, die Kleinen Antillen, Natal, dann auch Ceylon, die Philippinen und Australien. Die aus der Pfeilwurz gewonnene Stärke (Amylum marantae, westindisches Arrowroot) gilt als feine Stärkesorte und findet wegen ihrer leichten Verdaulichkeit besondere Verwendung.

8. Verschiedene

Das Blumenrohr (*Canna sp.*), verschiedene Curcuma-Arten und die schon von den Azteken kultivierte Chayote (*Sechium edule* SWARTZ) seien hier lediglich erwähnt als einige weitere Pflanzen mit kohlenhydratreichen Wurzelknollen.

Bibliographie

ADRIAENS, L.: Toxicité du manioc au Congo belge. Brüssel: Institut royal colonial belge 1946.

American Potato Yearbook. Hrsg. von C.S. MACFARLAND, New Jersey 1964.

BURTON, W.G.: The Potato. London: Chapman & Hall Ltd. 1948.

v. CAMPEN, W., G. HOHLS, W. KOERNER, H. POHLMANN u. G. ELBE: Ratgeber für Bau und Betrieb von Kartoffellagerräumen. Hildesheim: Th. Mann GmbH 1961.

FEUSTEL, I.C., C.E. HENDEL and M.E. JUILLY: Potatoes. In: Food Dehydration, Bd. II, Products and Technology. Hrsg. von W.B. VAN ARSDEL and M.J. COPLEY. Westport, Conn.: The AVI Publishing Co., Inc. 1964.

FISCHNICH, O., u. F. WOLLNER: Über den Einfluß keimhemmender Substanzen auf Pflanzkartoffeln. Braunschweig-Völkenrode: Schriftenr. d. Forschungsanst. Landwirtsch., H. 3, 1951.

HERRMANN, J.: Lehrbuch der Vorratspflege. Haltbarmachen, Frischhalten und Lagern von Lebens- und Futtermitteln. Berlin: VEB Deutscher Landwirtschaftsverlag 1962.

HOLLEMAN, L.W.J., et A. ATEN: Traitement du manioc et produits à base de manioc dans les industries rurales. FAO collection: Progrès et mise en valeur-agriculture, No. 54. Rom 1956.

HOETZEL, D.: Einfluß suboptimaler Versorgung mit B-Vitaminen auf die Belastungsfähigkeit des Stoffwechsels. Schriftenr. d. Inst. f. Ernährungswiss. d. Justus-Liebig-Univ. Gießen. Hamburg-Berlin: B. Behr GmbH 1962.

IVINS, J.D., and F.L. MILTHORPE: The growth of the potato. London: Butterworths 1963.

JACOBS, M.B.: The chemistry and technology of food and food products. New York: Interscience Publishers, Inc. 1951.

JANY, W.: 60 Jahre deutsche Kartoffeltrocknung. Hildesheim: Th. Mann GmbH 1954.

KAPPERT, H., u. W. RUDORF: Handbuch der Pflanzenzüchtung. Berlin u. Hamburg: P. Parey 1958.

KOPETZ, L.M., u. O. STEINECK: Neue Wege im Kartoffelbau. Graz u. Stuttgart: Leopold Stocker 1958.

KROENER, W., u. W. VOELKSEN: Die wichtigsten Eigenschaften der Knolle als Lebensmittel und Rohstoff. Leipzig: Johann Ambrosius Barth 1950.

KUPRIANOFF, J., u. K. LANG: Strahlenkonservierung und Kontamination von Lebensmitteln. Darmstadt: Dietrich Steinkopff 1960.

PRELOG, V., and O. JEGER: Steroid alkaloids: The solanum group. In: The alkaloids chemistry and physiology. Bd. VII, S. 343—361. Hrsg. von R. H. F. MANSKE. New York u. London: 1960.

SALAMAN, R. N.: The history and social influence of the potato. Cambridge: University Press 1949.

SALZMANN, R.: Die wichtigsten Krankheiten und Schädlinge der Kartoffel und ihre Bekämpfung. Bern: Verbandsdruckerei A.G. 1950.

SCHICK, R., u. M. KLINKOWSKI: Die Kartoffel. Ein Handbuch in 2 Bänden. Berlin: VEB Deutscher Landwirtschaftsverlag 1961/62.

SCHLEUSENER, W.: Neuzeitlicher Kartoffelbau. Eine Anleitung für Bauern, Vermehrer, Berater. Frankfurt/Main: DLG-Verlag 1959.

SCHOCH, T.J., and A.L. ELDER: Starches in the food industry, in use of sugars and other carbohydrates in the food industry. Washington: Publ. American Chemical Society 1955.

SCHULZE, W.: Die Keimstimmung der Kartoffel und ihre Bedeutung für die Züchtung und Pflanzguterzeugung. Hannover: M. u. H. Schaper 1951.

SEMBDNER, G.: Die Bakterien- und Pilzkrankheiten der Kartoffel. Die Neue Brehm-Bücherei, Heft Nr. 241. Stuttgart: A. Ziemsen 1959.

SOUCI, S.W., W. FACHMANN u. H. KRAUT: Die Zusammensetzung der Lebensmittel (Nährwerttabellen). Stuttgart: Wissensch. Verlagsgesellschaft 1962.

SPRECHER v. BERNEGG, A.: Tropische und subtropische Weltwirtschaftspflanzen. Ihre Geschichte, Kultur und volkswirtschaftliche Bedeutung. I. Teil: Stärke- u. Zuckerpflanzen. Stuttgart: Ferdinand Enke 1929.

TALBURT, W.F., and O. SMITH: Potato processing. Westport, Conn.: The AVI Publishing Co. Inc. 1959.
VOELKSEN, W.: Auf den Spuren der Kartoffel in Kunst und Literatur. Hildesheim: Th. Mann GmbH 1964.
—, u. H. WEGNER: Kartoffeltrocknung. Radebeul u. Berlin: Neumann 1951.
ZIESAK, W.: Unsere Nahrungsmittel. Handbuch und Nachschlagewerk für Erzeuger, Händler und Verbraucher. Stuttgart: Franckh'sche Verlagshandlung 1963.

Zeitschriftenliteratur*

ADAMS, H.W., and F.D. HICKEY: Lye-pressure steam peeling of potatoes and other products. Food Technol. **14**, 1—3 (1960).
AKINRELE, I.A.: Fermentation of cassava (Manihot utilissima). J. Sci. Food Agric. **15**, 589 bis 594 (1964).
Anonym: New Potato Crisp Plant at Widnes. Food Trade Review **32** (9) 121—130 (1962).
Anonym: Pommes frites-Produktion in den USA. Tiefkühlpraxis **4** (8) 12—13 (1963a).
Anonym: Tiefgefrorene Kartoffelerzeugnisse. Tiefkühlpraxis **4** (2) 15—16 (1963b).
Anonym: Instant sweet potato flakes. Food Technol. **18** (1) 48 (1964).
BAUMGARDNER, R.A., and L.E. SCOTT: The relation of pectic substances to firmness of processed sweet potatoes. Proc. Amer. Soc. hort. Sci. **83**, 629—640 (1963).
BERGER, A.: Lagerverhalten röntgenbestrahlter Kartoffeln. Atompraxis **6**, 301 (1960).
BOGGS, M.M., R.G. BUTTERY, D.W. VENSTROM and M.L. BELOTE: Relation of hexanal in vapor above stored potato granules to subjective flavor estimates. J. Food Sci. **29**, 487 bis 489 (1964).
BOYD, A.E.W.: Recent developments in mycology and bacteriology. Ber. 2. Dreijahrestag. europ. Ges. Kart.-forsch., S. 60—93, Pisa 1963.
BURTON, W.G.: The basic principles of potato storage as practised in Great Britain. Europ. Pot. J. **6**, 77—92 (1963).
BUTTERY, R.G.: Gas chromatography studies of flavor in dehydrated mashed potatoes. 12th Natl. Potato Utiliz. Conf. Proc. Bakersfield, Calif., S. 90—94 (1962).
—, C.E. HENDEL and M.M. BOGGS: Autoxidation of potato granules. J. agric. Food Chem. **9**, 245—252 (1961).
CHEVANGEON, J.: Recherches sur les maladies cryptogamiques du manioc „Manihot utilissima POHL" en Afrique occidentale. Dissertation Universität Paris, 1956.
CHOUDHURI, R.N.R., A. A. JOSEPH, V.A. DANIEL, M.M. RAO, M. SWAMINATHAN. A. SCREENIVASAN and V. SUBRAHMANYAN: Effect of cooking, frying, baking, and canning on the nutritive value of potatoes. Food Sci. (Mysore) **12** (9) 253—255 (1963).
CLARKE, E.G.C.: Identification of solanine. Nature (Lond.) **181**, 1152—1153 (1958).
COOLEY, A.M., D.E. SEVERSON, D.E. PEIGHTAL and J.R. WAGNER: Studies on dehydrated potato granules. Food Technol. **8**, 263—269 (1954).
CONTI, F.W.: Die Gewinnung der Kohlenhydrate der Topinambur. Zucker Nr. **6**, 120—125 (1953a).
— Versuche zur Gewinnung von Sirup aus Topinambur. Stärke **5**, 310—318 (1953b).
— Die Inulide der Topinambur. Z. Lebensmittel-Untersuch. u. -Forsch. **96**, 335—342 (1953c).
— Das Glukose/Fruktose-Verhältnis in den Knollen der Topinambur. Diss. Techn. Hochschule Braunschweig, 1955.
CORDING Jr., J., R.K. ESKEW, G.J. SALINARD and J.F. SULLIVAN: Vitamin stability in fortified potato flakes. Food Technol. **15**, 279—282 (1961).
— —, J.F. SULLIVAN and N.H. EISENHARDT: Quick-cooking dehydrated vegetables. Food Engin. **35** (6) 52—55 (1963).
—, J.F. SULLIVAN and R.K. ESKEW: Quick-cooking dehydrated potato pieces. Food Engin. **36** (6) 49—52 (1964).
—, M.J. WILLARD, R.K. ESKEW and P.W. EDWARDS: Potato flakes. A new form of dehydrated mashed potatoes. I. Pilot-plant process using double drum drier. U.S. Dept. Agr., Agricultural Research Service Circ. ARS-73-2 (1954).
— — — and J.F. SULLIVAN: Advances in the dehydration of mashed potatoes by the flake process. Food Technol. **11**, 236—240 (1957).
COTRUFO, C., and P. LUNSETTER: The fatty acids of potato tubers (*saolanum tuberosum*). Amer. Pot. J. **41**, 18—22 (1964).

* Wegen des außerordentlichen Umfangs an einschlägiger Literatur wurden, abgesehen von grundlegenden oder zusammenfassenden Arbeiten, nur neuere Publikationen ab etwa 1960 ins Verzeichnis aufgenommen. Die ältere Literatur findet sich in zahlreichen Handbuchartikeln und Übersichtsreferaten zusammengestellt, auf welche an entsprechender Stelle verwiesen wird.

Craft, C.C.: Respiration of potatoes as influenced by previous storage temperature. Amer. Pot. J. **40**, 289—298 (1963).
Crosby, D.G.: The organic constituents of food. III. Sweet potato. J. Food Sci. **29**, 287—293 (1964).
Davis, C.O., and O. Smith: Potato quality. XVI. Low temperature storage of raw french-fry cuts and potato slices for chipping. Amer. Pot. J. **40**, 193—199 (1963).
De Jongh, I.E., and T.E. Tjalma: French-fried potatoes as a vitamin C source, and their fat content. Voeding **22**, 416—428 (1961); zit. nach Chem. Abstr. **56**, 3865 (1962).
Deobald, H.J., and TA. McLemore: The effect of temperature, antioxidant, and oxygen on the stability of precooked dehydrated sweet potato flakes. Food Technol. **18** (5) 145—148 (1964).
Diemair, W.: Die schweflige Säure und ihre Funktion bei Trockenerzeugnissen. Z. analyt. Chem. **192**, 81—82 (1962).
—, u. H. Huck: Das Verhalten der Stärke und der Chlorogensäure bei der technologischen Bearbeitung und Lagerung von Kartoffeln. Nahrung **6**, 675—687 (1962).
—, u. E. Hufnagel: Veränderungen bei der Stärke und anderen Kohlenhydraten durch thermische Einflüsse. Stärke **12**, 65—72 (1960).
Dornseifer, T.P., and J.J. Powers: Changes in the volatile carbonyls of potato chips during storage. Food Technol. **17** (10) 118—120 (1963).
Drazga, F.H., and R.K. Eskew: Observation on drum drying mashed potatoes. Food Technol. **16** (12) 103—105 (1962).
— — and F.B. Talley: Storage properties of potato flakelets. Food Technol. **18** (8) 91—94 (1964).
Eckart, W.: Die Bedeutung der Kartoffel-Veredlung in Deutschland. Europ. Pot. J. **4**, 74—86 (1961).
Eisenhardt, N.H., J. Cording jr., R.K. Eskew and J.F. Sullivan: Quick-cooking dehydrated vegetable pieces. I. Properties of potato and carrot products. Food Technol. **16** (5) 143—146 (1962).
Eskew, R.K., and F.H. Drazga: Potato flakelets. A new dense product from flakes. Food Technol. **16** (4) 99—101 (1962).
Feldheim, W., u. G. Hjelm: Über die Askorbinsäuresynthese in zerschnittenen Kartoffeln. Ernährungs-Umsch. **10** (7) 145—147 (1963).
Feustel, I.C., and W.O. Harrington: Potato pre-peeling. Amer. Pot. J. **34**, 51—55 (1957).
—, M.E. Juilly and W.O. Harrington: Processing of frozen french fried potatoes and other frozen potato products. U.S. Dept. of Agriculture, Agr. Res. Adm. Western Reg. Lab., Albany, Calif. ARS 74—78 (1963).
Finney, E.E., C.W. Hall and N.R. Thompson: Influence of variety and time upon the resistance of potatoes to mechanical damage. Amer. Pot. J. **41**, 178—186 (1964).
Fischnich, O., E. Hoeppner, H. Kraut u. W. Wirths: Nahrungsmittel „Kartoffel". Verbraucherdienst **6**, 221—224 (1961).
—, u. H. Krug: Entwicklung der Kartoffelpflanze in Abhängigkeit von der Pflanzgutvorbehandlung. Europ. Pot. J. **6**, 24—34 (1963).
Fogelberg, J.M.: Dehydrated mashed potato. J. Sci. Food Agric. **13**, 1—287 (1962).
Francis, F.J., and B.L. Amla: Effect of residual sulphur dioxide on the quality of pre-peeled potatoes. Amer. Pot. J. **38**, 89—94 (1961).
Franke, E.-R.: Der Verkleisterungsgrad der Stärke von Trockenkartoffeln aus verschiedenen Trockensystemen. Stärke **16**, 20—22 (1964).
Franke, W.: Der Vitamin C-Gehalt von Pflanzen in Abhängigkeit von der Temperatur und das Verhältnis Ascorbinsäure zu Dehydroascorbinsäure unter besonderer Berücksichtigung gelagerter Kartoffeln. Planta **49**, 345—388 (1957).
— Über die Änderungen des Vitamin C-Gehaltes bei der küchenmäßigen Verwendung von Kartoffeln. Z. Lebensmittel-Untersuch. u. -Forsch. **112**, 11—31 (1960).
Fuller, G.W., F.J. Francis and H.M. El-Bisi: Alcohol content as an index of quality for pre-peeled potatoes. Amer. Pot. J. **41**, 279—282 (1964).
Furlong, C.R.: Preservation of peeled potato. II. Uptake of sulfite by peeled and chipped potato treated with sodium metabisulphite. J. Sci. Food Agric. **12**, 49—54 (1961).
Gericke, S.: Die Mineralstoffe der Kartoffel in der menschlichen Nahrung. Ernährungs-Umsch. **11**, 171—172 (1964).
Gisiger, L., u. A. Metzger: Beitrag zur Bestimmung des Trockensubstanz- und Stärkegehaltes von Kartoffeln. Z. Pflanzenernähr. Düng., Bodenkunde **75**, 204—216 (1956).
Goffart, H.: Neueste Entwicklungen der Nematodenforschung. Ber. 2. Dreijahrestag. europ. Ges. Kart.-forsch., S. 94—107, Pisa 1963.
Goerling, P.: Über die Qualitätserhaltung von Trockenerzeugnissen. 3. Mitt. Das Trocknen von Gemüsen und Kartoffeln auf niedrige Endwassergehalte. Industr. Obst- u. Gemüseverwert. **48**, 32—38 (1963).

Gracza, L., u. K. Szász: Bestimmung des Steroid-Alkaloid-Gehaltes einiger Solanaceen-Drogen mit Hilfe einer neuen, kolorimetrischen Methode. Arch. Pharmaz. (Weinheim) **295**, 859—860 (1962).

Gull, D.D., and F.M. Isenberg: Chlorophyll and solanine content and distribution in four varieties of potato tubers. Proc. Amer. Soc. hort. Sci. **75**, 545—556 (1960).

Gumbmann, M.R., and H.K. Burr: Gas chromatography of sulphur-containing volatiles from cooked potatoes. Amer. Pot. J. **40**, 325 (1963).

Hampel, G.: Über die Retrogradation von Kartoffelstärken. Arbeitsgemeinsch. Getreideforsch. e.V., Ber. Getreide-Chem.-Tag. S. 59—69 (1962).

Hansen, H., u. T. Grünewald: Die Abhängigkeit der zur Keimhemmung erforderlichen Strahlendosis von der Kartoffelsorte. Dtsch. Lebensmittel-Rdsch. **60**, 50—51 (1964).

Hardenburg, R.E.: Greening of potatoes during marketing. A review. Amer. Pot. J. **41**, 215—220 (1964).

Harrington, W.O., R.L. Olson and M.-D. Nutting: Effects of glycerolmonostearate on reconstituted potato granules. Amer. Pot. J. **37**, 160—165 (1960).

Hasler, F.: Unveröffentlichtes Manuskript.

Hawkins, W.W., M.E.G. Chipman and V.G. Leonard: After-cooking darkening in oil-blanched french-fried potatoes. Amer. Pot. J. **36**, 255—261 (1959).

—, V.G. Leonard and J.E. Armstrong: Effectiveness of ascorbic acid in preventing the darkening of oil-blanched french fried potatoes. Food Technol. **15**, 410 (1961).

Heintze, K.: Zum Problem der Farberhaltung bei geschälten, rohen Kartoffeln. Industr. Obst- u. Gemüseverwert. **47**, 495—499 (1962).

— Das Problem des Sulfitierens von getrockneten Gemüseprodukten einschließlich Kartoffeln im Rahmen der EWG. Dtsch. Lebensmittel-Rdsch. **60** (2) 36—38 (1964).

Heisler, E.G., J. Siciliano and R.H. Treadway: After-cooking discoloration of potatoes. Potassium content of juice in relation to blackening tendency of tissue. Food Technol. **16**, 120—124 (1962).

— —, C.F. Woodward and W.L. Porter: After-cooking discoloration of potatoes. Role of the organic acids. J. Food Sci. **29**, 555—564 (1964).

Hendel, C.E., G.F. Bailey and D.H. Taylor: Measurement of non-enzymatic browning of dehydrated vegetables during storage. Food Technol. **4**, 344—347 (1950).

—, and H.K. Burr: Treatment of potatoes with gamma rays: Effects of delay between harvest and irradiation. Food Technol. **15**, 218—219 (1961).

Hildebrand, E.M., and H. Th. Cook: Sweetpotato diseases. U.S. Dept. of Agriculture, Washington, Farmers bulletin No. 1059 (1959).

Hoover, E.F., and P.A. Xander: Potato composition and chipping quality. Amer. Pot. J. **38**, 163—170 (1961).

Hoover, M.W.: Preservation of the natural color in processed sweet potato products. I. Flakes. Food Technol. **17** (5) 128—130 (1963).

—, and D.T. Pope: Factors influencing the quality of sliced, procooked frozen sweet potatoes. Food Technol. **13**, 449—450 (1959).

Hope, G.W.: A nomograph for calculating specific gravity of potato tubers. Amer. Pot. J. **41**, 221—222 (1964).

Hufnagel, E.: Kartoffel- und Getreideerzeugnisse. Dissertation Univ. Frankfurt/Main 1959.

Hughes, J.C., J.E. Ayers and T. Swain: After-cooking blackening in potatoes. I. Introduction and analytical methods. J. Sci. Food Agr. **13**, 224—229 (1962).

—, and T. Swain: After-cooking blackening in potatoes. II. Core experiments. J. Sci. Food Agric. **13**, 229—236 (1962a).

— — After-cooking blackening in potatoes. III. Examination of the interaction of factors by in vitro experiments. J. Sci. Food Agric. **13**, 358—363 (1962b).

Hunsader, M., and F. Hanning: Effect of complexing and chelating agents on the after-cooking discoloration of potatoes and upon the iron and phenolic content of the juice. Food Res. **23**, 269—273 (1958).

Hurst, A., and A.D. Todd: Preservation of potatoes. J. Sci. Food Agric. **14**, 1—161 (1963).

Hyde, R.B., and J.W. Morrison: The effect of storage temperature on reducing sugars, pH, and phosphorylase enzyme activity in potato tubers. Amer. Pot. J. **41**, 163—168 (1964).

Isleib, D.R.: Dehydrated mashed potatoes made from different varieties and sources. Amer. Pot. J. **39**, 149—151 (1962).

— Objective method for potato chip color determination. Amer. Pot. J. **40**, 58—60 (1963).

Jackson, M.L.: The industrial use of potatoes. Industr. Engin. Chem. **54**, 50—56 (1962).

Kazakov, E.V.: Effective doses for irradiation of potatoes in storage. Zit. nach Chem. Abstr. **61**, 9955 (1964).

Keller, E.R.: Das schweizerische Richtsortiment im Kartoffelbau 1961/62. Mitt. Schweiz. Landwirtschaft **9** (10) 153—160 (1961).

KRAYER, O., and L.H. BRIGGS: Studies on solanum alcaloids. II. The anti-accelerator cardiac action of solasodine and some of its derivatives. Brit. Pharmacol. Chemotherapy **5**, 517 to 525 (1950).
KROELLER, E.: Untersuchungen zur Verwendung von IPC als Keimhemmungsmittel bei der Lagerung von Kartoffeln. Dtsch. Lebensmittel-Rdsch. **56**, 13—17 (1960).
— Untersuchungen des Solaningehaltes von Speisekartoffeln. Bundesgesundh.-Blatt **5**, 415 bis 416 (1962).
KUBICKI, K.: The use of gamma rays of radioactive cobalt (^{60}Co) in the storage of potatoes; zit. nach Chem. Abstr. **61**, 15267 (1964).
KUSIN, A.M., u. A.K. KASSYMOW: Bildung von wachstumshemmenden Stoffen in Kartoffelknollen nach Gamma-Bestrahlung. Radiobiologie [russisch] **3**, 472—476 (1963); zit. nach Chem. Zbl. **135** (47) 158 (1964).
LAZAR, M.E., G.K. NOTTER, G.S. SMITH, R.M. REEVE, C.E. HENDEL and A.I. MORGAN jr.: The WRRL direct process for potato granules. Food Technol. **18** (7) 109—111 (1964).
LEWIS, N.F., u. P.B. MATHUR: Verlängerung der Lagerzeit von Kartoffeln und Zwiebeln durch Bestrahlung mit ^{60}Kobalt-γ-Strahlen. Int. J. appl. Radiat. Isotopes **2**, 447—453 (1963); zit. nach Chem. Zbl. **135** (47) 288 (1964).
LUJAN, L., and O. SMITH: Potato quality. XXIV. Objective measurement of mealiness in potatoes. Amer. Pot. J. **41**, 244—252 (1964a).
— — Potato quality. XXV. Specific gravity and aftercooking darkening of Katahdin potatoes as influenced by fertilizers. Amer. Pot. J. **41**, 274—278 (1964b).
LUTZ, J.M., and J.W. SIMONS: Storage of sweet potatoes. U.S. Dept. of Agriculture, Washington, Farmers bulletin No. 1442 (1958).
MADEC, P.: Les développements les plus récents dans le domaine de la physiologie de la pomme de terre. Ber. 2. Dreijahrestag. d. europ. Gesellsch. f. Kart.-forsch., S. 36—59, Pisa 1963.
MAPSON, L.W., T. SWAIN and A.W. TOMALIN: Influence of variety, cultural conditions and temperature of storage on enzymic browning of potato tubers. J. Sci. Food Agric. **14**, 673 to 684 (1963).
—, and A.W. TOMALIN: Preservation of peeled potatoes. III. The inactivation of phenolase by heat. J. Sci. Food Agric. **12**, 54—58 (1961).
—, and H.G. WAGER: Preservation of peeled potatoes. I. Use of sulphite and its effects on the thiamine content. J. Sci. Food Agric. **12**, 43—49 (1961).
MARKETAN, M.: Der Einfluß des Wässerns auf die Kartoffel. Lebensmittel u. Ernährung **16** (3) 5—7 (1963).
METLITZKI, L.W., u. J.N. MUCHIN: Einfluß ionisierender Strahlung auf die Lagerfestigkeit von Kartoffeln, Gemüse und Obst. Konserven- u. Dörrgemüse-Industr. **7**, 22—25 (1961).
MOHLER, H.: Bewertung getrockneter Lebensmittel. Mitt. Lebensmitteluntersuch. Hyg. **52**, 526—538 (1961).
— Konservierung von Lebensmitteln und Sterilisierung von medizinischen und pharmazeutischen Produkten. Chimia **19**, 21—34 (1965).
MOLAISON, L.J., J.J. SPADARO, M.T. ROBY and F.H. LEE: Dehydrated diced sweet potatoes. A pilot-plant process and product evaluation. Food Technol. **16** (11) 101—104 (1962).
MONDY, N.I., and B.P. KLEIN: The interrelationships of potato discoloration, polyphenol oxidase activity, and nitrogen content of potatoes. Amer. Pot. J. **38**, 14—21 (1961).
— — and L.I. SMITH: The effect of maturity and storage on phenolic content, enzymatic activity and discoloration of potatoes. Food Res. **25**, 693—705 (1960).
—, L.R. MATTICK and E. OWENS: The effect of storage on the total lipids and the fatty acid composition of potatoes. J. agric. Food Chem. **11**, 328—329 (1963).
MOORE, J.G., and O.C. SAMUEL: Advances in drum drying process. Food Proc. **25** (7) 58—61 (1964).
MUDAMBI, S.R., and F. HANNING: Effect of sulfiting on potatoes. Acceptability, and thiamine and ascorbic acid content. J. Amer. diet. Ass. **40**, 214—217 (1962).
MULLINS, W.R., W.O. HARRINGTON, R.L. OLSON, E.R. WOOD and M.D. NUTTING: Estimation of free starch in potato granules and its relation to consistency of reconstituted product. Food Technol. **9**, 393—395 (1955).
MYERS, P.W., and G.H. ROEHM: Ascorbic acid content in dehydrated potatoes. J. Amer. diet. Ass. **42**, 325—327 (1963).
NUTTING, G.C., A.M. SMITH, B.A. BRICE and M. SIMON: Color standards for white potato granules. Food Technol. **13**, 30—32 (1959).
PAGE, E., and F.M. HANNING: Vitamin B_6 and niacin in potatoes. Retention after storage and cooking. J. Amer. diet. Ass. **42**, 42—45 (1963).
PAETZOLD, C.: Die Topinambur als landwirtschaftliche Kulturpflanze. Land- u. hauswirtschaftlicher Auswertungs- u. Informationsdienst e.V. 1957.
— Untersuchungen zum Reihenabstand im Kartoffelbau. II. Pflanzenentwicklung. Europ. Pot. J. **7**, 1—12 (1964).

PORTER, W.L., T.J. FITZPATRICK and E.A. TALLEY: Studies of the relationship of specific gravity to total solids of potatoes. Amer. Pot. J. **41**, 329—336 (1964).
POTTER jr., A.L.: Changes in physical properties of starch in potato granules during processing. J. agric. Food Chem. **2**, 516—519 (1954).
—, E.M. NEEL, R.M. REEVE and C.E. HENDEL: Change in the physical condition of starch of the potato during precooking heating. Amer. Pot. J. **36**, 444—449 (1959).
REEVE, R.M.: Estimation of extra-cellular starch of dehydrated potatoes. J. Food Sci. **28**, 198—206 (1963).
—, and E.M. NEEL: Microscopic structure of potato chips. Amer. Pot. J. **37**, 45—52 (1960).
—, and G.K. NOTTER: An improved microscopic method for counting ruptured cells in dehydrated potato products. Food Technol. **13**, 574—577 (1959).
ROEHRS, F.: Maschinelles Rupfen von Kartoffelkraut. Untersuchungen an Rupfmaschinen. Europ. Pot. J. **7**, 172—183 (1964).
ROLAND, G.: Les développements les plus récents dans la virologie de la pomme de terre. Ber. 2. Dreijahrestag. europ. Ges. Kart.-forsch. S. 108—123, Pisa **1963**.
ROSS, L.R., and R.H. TREADWAY: Factors affecting the sulfur dioxide uptake in sulfited prepeeled potatoes. Amer. Pot. J. **38**, 9—13 (1961).
RUBIN, B.A., and L.V. METLITZKI: Biochemical basis of the use of x-rays to extend the storage life of potatoes. Proc. Intern. Congr. Biochem. 5th, Moscow **8**, 161—167 (1961).
RUEHL, R.: Beitrag zur Pathologie und Toxikologie des Solanins. Arch. Pharm. **284**, 67—74 (1951).
SAINI, G.R.: Determination of dry matter in potatoes. Amer. Pot. J. **41**, 123—125 (1964).
SAMOTUS, B., and S. SCHWIMMER: Changes in carbohydrate and phosphorus content of potato tubers during storage in nitrogen. J. Food Sci. **28**, 163—167 (1963).
SARAVACOS, G.D., and S.E. CHARM: A study of the mechanism of fruit and vegetable dehydration. Food Technol. **16** (1) 78—81 (1962).
SAWYER, R.L., and W.H. THORNE: Alcohols for sprout inhibition of potatoes. Amer. Pot. J. **39**, 167—175 (1962).
SCHILLINGER, A., u. G. ZIMMERMANN: Über die Stabilität verschiedener Vitamine in Trockenkartoffeln und Trockengemüsen. Dtsch. Lebensmittel-Rdsch. **61**, 45—52 (1965).
SCHUSTER, G.: Zum Kallosetest für den Virusnachweis an Kartoffeln. Nachrichtenbl. dtsch. Pflanzenschutzd. **10**, 143—250 (1956).
SCHWARTZ, J.H., R.B. GREENSPUN and W.L. PORTER: Identification and determination of the major acids of the white potato. J. agric. Food Chem. **10**, 43—46 (1962).
SCHWARZE, P.: Methoden zum Solaninnachweis und zur Solaninbestimmung in Kartoffelzuchtmaterial. Züchter **32**, 155—160 (1962).
SELF, R., H.L.J. ROLLEY and A.E. JOYCE: Some volatile compounds from cooked potatoes. J. Sci. Food Agric. **14**, 8—14 (1963).
SIMEK, J.: Untersuchungen über das Alkaloid Solanin in Kartoffelknollen. Průmysl Potravin **13**, 380—381 (1962); zit. nach Chem. Zbl. **135**, (14) 288 (1964).
SIMMONDS, N.W.: Experiments on the germination of potato seeds. Europ. Pot. J. **6**, 45—60, 69—76 (1963).
SMITH, O., and C.O. DAVIS: Potato quality. XIII. Preventing after-cooking discoloration in oil blanched french fries. Amer. Pot. J. **39**, 45—56 (1962a).
— — Potato quality. XIV. Prevention of graying in dehydrated potato products. Amer. Pot. J. **39**, 135—148 (1962b).
SOMOGYI, J.C.: Änderungen des Vitamin C-Gehaltes von Kartoffeln unter verschiedenen Versuchsbedingungen. Int. Z. Vitaminforsch. **34**, 122—131 (1964).
SPADARO, J.J., and E.L. PATTON: Precooked dehydrated sweetpotato flakes. Food Engin. **33** (7) 46—48 (1961).
SPIRUTA, S.L., and A. MACKEY: French-fried potatoes: Palatability as related to microscopic structure of frozen par-fries. J. Food Sci. **26**, 656—662 (1961).
SPRAU, F.: Ein neues Färbeverfahren für Kallose und die Überprüfung seiner Anwendung zur Diagnose blattrollkranker Kartoffeln. Nachrichtenbl. dtsch. Pflanzenschutzd. **10**, 3—6 (1958).
STEPHENSON, R.M., T. SANO and P.R. HARRIS: Storage characteristics of potato granules. Food Technol. **12** (11) 622—624 (1958).
STROCK, H.: Chemical and physical changes occuring in the deep fat frying of potatoes. Dissert. Abstr. **24**, 2861 (1964); zit. nach J. Sci. Food Agric. **15**, ii—206 (1964).
SULLIVAN, J.F., J. CORDING and R.K. ESKEW: Quick-cooking dehydrated sweet potatoes. Food Engin. **35** (11) 59 (1963).
SULSER, H., u. H. MOHLER: Bewertung getrockneter Lebensmittel. Ein Test zur Bestimmung von Zell- und Strukturveränderungen während der Trocknung. Mitt. Lebensmitteluntersuch. Hyg. **55**, 134—143 (1964).
SWAIN, T., and R. SELF: Studies on potato flavour. Europ. Pot. J. **7**, 228—237 (1964).

TALLEY, E.A., T.J. FITZPATRICK and W.L. PORTER: Chemical composition of potatoes. IV. Relationship of the free amino acid concentrations to specific gravity and storage time. Amer. Pot. J. **41**, 357—366 (1964).
THAER, R., u. H.-G. CLAUS: Untersuchungen zum Reihenabstand im Kartoffelbau. I. Pflegearbeiten. Europ. Pot. J. **6**, 271—281 (1963).
— — Untersuchungen zum Reihenabstand im Kartoffelbau. III. Sammelernte. Europ. Pot. J. **7**, 13—20 (1964).
TREADWAY, R.H.: Factors affecting the processing quality of potatoes for frozen, dehydrated, and canned products. Pot. Handbook **6**, 12—17 (1961a).
— Recent research and development in potato flour and potato starch. Amer. Pot. J. **38**, 25—29 (1961b).
v. VLIET, W.F., and W.H. SCHRIEMER: High-temperature storage of potatoes with the aid of sprout inhibitors. Europ. Pot. J. **6**, 201—217 (1963).
VOGEL, J.: Untersuchungen über die Höhe des Schälverlustes bei Kartoffeln. Züchter **30**, 57—61 (1960).
VOIGT, J., u. R. NOSKE: Zur Frage des Chlorogensäuregehaltes roher und gedämpfter Kartoffeln. Nahrung **8**, 19—27 (1964).
WAGER, H.G.: The role of phytin in the texture of cooked potatoes. J. Sci. Food Agric. **14**, 583—586 (1963).
WEBB, B.H., and R.H. TREADWAY: A "new" potato-skim milk wafer. Proc. 12th Natl. Potato Utiliz. Conf. Bakersfield, Calif. S. 87—89 (1962).
WEGNER, H.: Kartoffelpüreepulver und Kartoffelkloßmehl. Dtsch. Lebensmittel-Rdsch. **52** (8) 199—205 (1956).
— Der kolloidchemische Zustand der Stärke in Trockenkartoffelerzeugnissen. Techn. wissensch. Jahrestag. d. Arbeitsgemeinsch. Kartoffelforsch. S. 142—150 (1959).
WENZL, H.: Die Diagnose der Fadenkeimigkeit an ungekeimten Kartoffelknollen mittels der Kallose-Reaktion. Pflanzenschutzber. **16**, 21—35 (1956).
WOGGON, H.: Über den Vitamin C-Gehalt keimungsgehemmter Kartoffeln. Ernährungsforsch. **8**, 387—405 (1963).
WOLFFGANG, H., u. G.M. HOFFMANN: Die Bedeutung der Chlorogensäure als Resistenzfaktor des Kartoffelschorfes. Züchter **29**, 335—339 (1959).
WOOD, E.R., R.L. OLSON and M.D. NUTTING: A method for the comparison of consistency in potato granule samples appraised at different times. Food Technol. **9**, 164—168 (1955).
WOOD, T.: The toxic and nutritional qualities of cassava. W. Afr. Pharmacist **7**, 2—4 (1965).
WURSTER, R.T., and O. SMITH: Potato quality. XVIII. The distribution of radio iron in the potato tuber and its significance in after-cooking darkening. Amer. Pot. J. **40**, 415—420 (1963).
YANOVSKY, E.: The after-cooking discoloration of potatoes. A review. U.S. Dept. Agric. Circ. ARS, 73—77 (1955).
ZAEHRINGER, M.V., and D. LE TOURNEAU: Textural quality of potatoes. Food Technol. **16** (10) 131—138 (1962).
ZOBEL, M., u. J. SCHILLING: Über das Verhalten des Solanins in Kartoffeln bei verschiedenen Garmachungsarten. Z. Lebensmittel-Untersuch. u. -Forsch. **124** (5) 327—333 (1964).

Patente

ANDERSON, M.: Extraction of water from foodstuffs. U.S.P. 3049430 (ausg. 1962).
CORDING, J.: Verfahren zur Herstellung dehydratisierter Kartoffeln. Österr. Patentauslegung A 797/60 (1960).
CYR, J.W.: Process of dehydrating potatoes. U.S.P. 2973276 (ausg. 1961).
HENDEL, C.E., G.K. NOTTER and R.M. REEVE: Preparation of dehydrated potatoes. U.S.P. 3031314 (ausg. 1962).
MICHELS, P.: Verfahren zur Verhinderung des Verfärbens von geschälten oder zerkleinerten Kartoffeln. Deutsche Pat.-Anmeld. DAS 1082792 (ausg. 1960).
NOTTER, G., and C. HENDEL: Production of dehydrated potatoes. U.S.P. 2959487 (ausg. 1960).
NULTSCH, W.: Äthylglykol als Synergist zur Hemmung der Keimung von Kartoffeln. Deutsches Ostzonen-Pat. 23648 (ausg. 1962).
STRUCK, O.: Verfahren zum Frischhalten von geschälten rohen Kartoffeln in Kunststoffbeuteln. Deutsche Pat.-Anmeld. DAS 1132785 (ausg. 1963).
Unilever Ltd.: Production of dehydrated cooked mashed potato. Engl.P. 919452 (ausg. 1960).

Pilze und Pilzdauerwaren

Von

Dr. W. BÖTTICHER, München

A. Frischpilze

I. Vorkommen, Ernte, Statistik

Pilze sind chlorophyllfreie pflanzliche Organismen. Weil ihnen Chlorophyll fehlt, verläuft ihr Stoffwechsel anders als bei grünen Pflanzen. Sie sind auf die Zufuhr organischer Stoffe aus totem oder lebendem Gewebe angewiesen.

Unsere Waldpilze stellen nur einen kleinen Teil aller Pilze dar, die botanisch unter diesem Namen zusammengefaßt sind. Die Natur stellt uns im Pilzwachstum in unseren Wäldern gewaltige Rohstoffschätze zur Verfügung, die noch nicht im entferntesten ausgeschöpft sind.

Nach Schätzungen von W. BÖTTICHER (1954) beläuft sich in der Bundesrepublik bei einer Waldfläche von rund 7 Mill. ha bei einem Durchschnittsertrag von 100 kg für 1 ha Wald, die Gesamtmenge der Pilze auf 700000 t, entsprechend 70000 t Pilztrockensubstanz. Ähnliche Ertragsberechnungen hat T. RAUTAVAARA (1947) für Finnland angestellt. Danach werden dort jährlich zwischen 80 und 175 kg Pilze pro ha Wald geerntet. Die angegebenen Zahlen können je nach Erntejahr erheblichen Schwankungen unterliegen. Die Angaben für Deutschland beziehen sich auf ein mittelgutes Pilzjahr. Es kann der Ertrag bei einem ausgesprochenen Rekordjahr — wie 1963 — noch vervielfacht werden. Wenn man die Waldfläche in den einzelnen Ländern der Welt berücksichtigt und die für Finnland und Deutschland errechneten Zahlen zugrunde legt, so kommt man auf geradezu astronomische Ertragszahlen. Nur ein Bruchteil dieser Erträge wird bisher der Ernährungswirtschaft zugeführt.

Die Hauptmenge der geernteten Pilze wird vom Verbraucher selbst verwertet. Ein weiterer Teil geht auf die Frischmärkte. Über die industrielle Verwertung gibt Tab. 1 Aufschluß. In dieser Tabelle sind auch die Produktionszahlen für Kulturchampignons mit angegeben. Sämtliche Zahlen beziehen sich auf eine mittlere Ernte.

Die Kultivierung von Pilzen ist bisher in großem Maßstabe nur bei Champignons (*Psalliota bispora*) gelungen. Pionierarbeit auf diesem Gebiet hat Frankreich geleistet. Die Erträge an Kulturchampignons haben im letzten Jahrzehnt gewaltige Ausmaße angenommen. Im Jahre 1965 wurden in der Welt rund 250000 t Kulturchampignons erzeugt, davon in USA allein 80000 t. Die Champignonzucht ist heute bereits ohne Pferdedung möglich. Als Ersatzrohstoffe werden Stroh, Sägemehl, Reiskleie u. dgl. verwendet. Mit diesem Problem hat sich in Deutschland E. PABST (1956) beschäftigt. Außer Champignons werden noch kultiviert einzelne Pilzarten, wie Stockschwämmchen (*Kuehneromyces mutabilis*), Violette Ritterlinge (*Lepista nuda*) und Vertreter der Seitlingsgruppe (Gattung *Pleurotus*). Über die Kultivierung des Stockschwämmchens liegen Arbeiten von W. LUTHARDT (1956) vor. Ihm gelang die Massenkultivierung dieses Pilzes auf Buchenstubben. In Fortführung seiner Arbeiten gelang ihm auch die Herstellung von Mykoholz. Die Kultivierung der Mykorrhizapilze, wie Steinpilze, Pfifferlinge, Rotkappen usw. ist bisher trotz großangelegter Versuche in verschiedenen Ländern noch nicht möglich. In der Bundesrepublik Deutschland beschäftigt sich u. a. die Zentralstelle für Pilzforschung mit diesem Problem. J. J. Karpinski (1961), dem wir umfangreiche Arbeiten auf diesem Gebiet verdanken, ist es gelungen, Steinpilze (*Boletus edulis*) im Reagensglas zu züchten. G. Eger (1963) hat sich mit der Regeneration von Fruchtkörperanlagen aus Fruchtkörpern von Hutpilzen beschäftigt. An dem

Tabelle 1. *Die industrielle Verwertung der Pilze in der Weltwirtschaft* (nach W. Bötticher 1966)
Produktion an:

Land	Waldpilzen			Kulturchampignons
	Dosenpilze t	Trockenpilze t	Salz- und silierte Pilze t	t
Argentinien	50	100	30	200
Australien	—	keine nennenswerten Mengen infolge zu geringer Waldfläche		3000
Belgien	—	keine nennenswerten Mengen trotz reichhaltiger Pilzflora		3500
Bulgarien	—	50—100	200—600	800
Chile	—	300—350	30	200
China (Formosa)	—	keine nennenswerten Mengen infolge zu geringer Waldfläche		30000
Dänemark	—	keine nennenswerten Mengen infolge zu geringer Waldfläche		5000
Deutschland (BR)	4000	40—60	500	9000
England	—	keine nennenswerten Mengen infolge zu geringer Waldfläche		25000
Finnland	50	—	250	200
Frankreich	500	100—150	—	52000
Holland	—	keine nennenswerten Mengen infolge zu geringer Waldfläche		9000
Irland	—	keine nennenswerten Mengen infolge zu geringer Waldfläche		1500
Italien	100	100—250	—	1000
Japan	5000	6000	—	6000
Jugoslawien	—	250—700	500	500
Kanada	—	keine nennenswerten Mengen trotz reichhaltiger Pilzflora		8000
Mexiko	—	keine nennenswerten Mengen trotz reichhaltiger Pilzflora		350
Norwegen	—	keine nennenswerten Mengen trotz reichhaltiger Pilzflora		250
Österreich	150	50	500	500
Polen	500	100—250	2000	1500
Rumänien	—	100—200	300	500
Schweiz	—	keine nennenswerten Mengen trotz reichhaltiger Pilzflora		3000
Schweden	300	20—30	—	2500
Sowjetunion	200	2000	3000	2000
Spanien	500	10—20	—	1000
Südafrika	—	10	—	300
Tschechoslowakei	—	80—150	500	500
Ungarn	200	100—150	150	1300
USA	—	keine nennenswerten Mengen trotz reichhaltiger Pilzflora		80000

Problem der Kultivierung von Mykorrhizapilzen arbeitet auch M. Moser (1959 u. 1963). Mit der Kultivierung von verschiedenen Pilzarten in submerser Kultur haben sich in USA S. Block u. Mitarb. (1960), mit Morchelzucht ebenfalls in submerser Kultur J. Szuecs (1958) sowie J.H. Litchfield u. Mitarb. (1963) beschäftigt. Allen in submerser Kultur erzeugten Pilzarten fehlt noch das typische Pilzaroma. Diesem Mangel wird durch Zusatz von Glutamat abgeholfen. Nach dem

Verfahren von J. SZUECS werden in USA bereits größere Mengen von Pilzpulver aus in submerser Kultur gezüchteten Morcheln hergestellt, die wegen ihres schwachen Pilzaromas mit Glutamat angereichert werden.

II. Einteilung der Pilzarten

1. Blätterpilze

Die Sporen befinden sich auf der Hutunterseite an Blättern (Lamellen).

a) Eßbare Arten

α) Wiesenchampignon, Agaricus campestris Fr. Der Hut ist erst kugelig, dann gewölbt bis verflacht, 5—12 cm breit, dickfleischig. Er ist erst weiß, im Alter auch bräunlich, oft mit bräunlichen Schuppen, seidig glänzend, mit leicht abziehbarer Oberhaut. Die blassen Blätter werden schon sehr bald lebhaft rosa, später fleischrot und zuletzt tief schokoladenbraun. Der weiße, volle Stiel ist 5—8 cm lang und trägt einen weißen, dünnen, im Alter leicht vergänglichen Ring. Das Fleisch ist weiß und läuft bei Bruch schwach rötlich an. Sein Geruch erinnert an frisch gesägtes Holz. Vorkommen Mai bis Oktober auf gedüngten Wiesen, Äckern, Pferdekoppeln und Gärten, oft massenhaft. Wert: Ein geschätzter Speise- und Marktpilz.

β) Parasolpilz, Riesenschirmpilz, Macrolepiota procera Sing. Der Hut ist anfangs eiförmig, glatt, gleichmäßig hellbraun. Beim Aufschirmen reißt die Oberhaut in breite, sperrig abstehende Schuppen. Nur die Mitte bleibt glatt braun. Der Hut wird schließlich fast flach, 10—30 cm breit. Die Blätter sind weiß. Der Stiel kann fast 40 cm Länge erreichen. Er verdickt sich am Grunde allmählich zu einer Knolle. Er ist genattert und trägt einen verschiebbaren Ring. Das Fleisch ist weiß, zart, zuerst saftig, später im Hut weich, im Stiel holzig. Es riecht angenehm und schmeckt nußartig. Vorkommen: Juli bis Oktober in lichten Wäldern, auf grasigen Hängen, einzeln oder truppweise, sehr häufig. Wert: Jung ein guter Speisepilz, besonders schmackhaft als Schnitzel gebraten. Im Alter ist der Pilz geschmacklos.

γ) Hallimasch, Honigpilz, Heckenschwamm, Armillaria mellea Karst. Der Hut des büschelig an Holzstümpfen wachsenden Pilzes ist hell oder dunkel honiggelb mit haarig-zottigen, vergänglichen Schuppen bedeckt, jung kugelförmig geschlossen, später gewölbt mit eingebogenem Rand, dann flach, 5—10 cm breit. Die Blätter sind erst weißlich, dann rötlich-gelblich oder bräunlich, kurz am Stiel herablaufend. Der Stiel ist 5—12 cm hoch, am Grund etwas verdickt und trägt einen Ring. Vorkommen: Als Massenpilz vom September bis November an Holzstümpfen. Er befällt auch lebende Bäume und verursacht die Weißfäule. Wert: Die Stiele müssen, weil sie holzig sind, weggelassen werden. Roh ist der Pilz ungenießbar. Beim Kochen vergeht der eigentümliche säuerliche Geschmack des rohen Pilzes, doch gibt es auch Personen, die ihn gekocht nicht vertragen.

δ) Stockschwämmchen, Stockschüppling, Kuehneromyces mutabilis Sing ex Smith. Die durchfeuchteten Hüte des Stockschwämmchens sind rostbraun, die trockenen honiggelb. Die Trocknung verläuft vom Scheitel bis zum Rand, letzterer ist deshalb dunkler als die Mitte. Dabei ist er so dünnfleischig, daß die Blätter durchscheinen. Er ist 5—6 cm breit. Der Stiel ist faserig, beringt und schuppig, 5—8 cm hoch. Das Fleisch duftet würzig. Vorkommen: April bis Dezember büschelig an modernden Stöcken oder Stubben, besonders von Laubhölzern (Buchen). Wert: Ausgezeichneter, beliebter Speise- und Würzpilz, besonders geeignet für Suppen. Die Stiele sind zäh.

ε) Speisetäubling, Russula vesca Fr. Das Rot des Hutes dieses bekanntesten Vertreters der Täublinge ist das Rot des rohen Fleisches mit allen Abstufungen nach rosa-lila und braun. Der Hut hat noch drei typische Merkmale. Die rostfarbigen Flecke; die Entblößung des Hutrandes durch millimeterbreites Zurückweichen der Oberhaut und die radialadrige Runzelung der Hutoberfläche. Hutbreite 6—10 cm. Stielhöhe bis 7 cm. Stiel, Blätter und Fleisch sind reinweiß. Das Fleisch ist geruchlos. Roh und gekocht durchweg süß. Vorkommen: Juni bis Oktober in Laub- und Nadelwäldern, besonders in der Nachbarschaft von Eichen und Buchen. Wert: Wohlschmeckender Speisepilz.

ζ) Echter Reizker, Blutreizker, Wacholderschwamm, Lactarius deliciosus Gray. Der Hut ist in der Jugend gewölbt, mit eingerolltem Rand und orangerot. Später wird er flach und leicht trichterförmig. Er ist durch dunklere Kreise gezont. Die Blätter sind gelbrot. Der Stiel ist 2—7 cm hoch und hohl. Bei Anbruch des Fleisches tritt ein karottenroter Milchsaft aus, der sich durch Oxydation an der Luft spangrün verfärbt, was ein untrügliches Zeichen der Art ist. Der Geruch ist angenehm würzig. Vorkommen: Juli bis September in Nadelwald, besonders in Fichtenschlägen und auf Wacholderheiden, häufig. Wert: Vorzüglicher Speisepilz. Zum Trocknen weniger geeignet, da er dabei Geruch und Geschmack verliert.

η) **Echter Ritterling, Grünling, Tricholoma flavovirens Lund.** Der Hut ist vielfach unregelmäßig gebuckelt und verbogen. Er ist chrom- bis olivgelb mit dunklerem Scheitel und wird 6—9 cm breit. Die Oberhaut ist bei feuchtem Wetter schmierig. Die Blätter sind gedrängt und reingelb. Der Stiel ist 4—6 cm hoch. Das Fleisch ist weiß und fest. Es riecht und schmeckt schwach nach Mehl. Vorkommen: September bis November in sandigen Kiefernwäldern. Er ist ein ausgesprochener Massenpilz. Wert: Ausgezeichneter Speisepilz.

b) Ungenießbare, giftige Arten

α) **Knollenblätterpilze. Grüner Knollenblätterpilz, Amanita phalloides Secr.** Er ist mit den beiden weißen Knollenblätterpilzarten unser gefährlichster Giftpilz. Die Farbe des Hutes schwankt zwischen zitronengrün über olivgrün bis ins Bräunliche und Blasse mit feiner dunkler Faserung. Die Oberhaut ist abziehbar. Der Hut ist anfangs halbkugelig, später flach gewölbt und kann bis 12 cm breit werden. Die Blätter sind reinweiß. Der schlanke bis 12 cm hohe Stiel ist weiß oder gelblich, bisweilen auch grünlich gemasert und hat eine gleichfarbige, herabhängende Manschette. Am unteren Ende steckt der Stiel in einer halbunterirdischen Knolle, die sich in einer lockeren, ansehnlichen Hülle (Scheide) befindet. Der Geruch ist angenehm nach Honig, bei älteren Exemplaren unangenehm süßlich und widerlich. Vorkommen: Juli bis Oktober unter Eichen, auf Parkwiesen, auch unter Buchen, selten im Nadelwald. Er führt zu Verwechslungen mit grünen Täublingen, die aber weder Knolle noch Manschette besitzen. Er ist tödlich giftig. Vergiftungserscheinungen treten nach 8—24 Std auf. Näheres über die Giftwirkung vgl. S. 521.

Verwandt mit dem Grünen Knollenblätterpilz und ebenfalls tödlich giftig sind der *Frühlings-Knollenblätterpilz, Amanita verna Bull.* und der Weiße oder *Kegelhütige Knollenblätterpilz, Amanita virosa Lam ex Secr.* Schwächer in seiner Giftwirkung ist der *Gelbliche Knollenblätterpilz, Amanita citrina Gray.*

β) **Fliegenpilz, Amanita muscaria Hooke.** Der Hut ist leuchtend scharlachrot bis orangegelb, schmierig glänzend. In der Jugend ist er von einer schorfartig, bröckeligen, weißen Hülle bedeckt, die beim Aufschirmen des Pilzes in Warzen zerreißt, die jedoch leicht vom Regen abgewaschen werden. Der Hut ist erst halbkugelig, dann ausgebreitet bis niedergedrückt und kann bis 20 cm breit werden. Die Blätter sind weiß. Der Stiel, der eine schlaff herabhängende Manschette trägt, endet in einer Knolle, die mit der Scheide verwachsen ist. Vorkommen: Juli bis November in jeder Waldart. Er ist giftig. Durch Abziehen der Huthaut wird die Giftigkeit nicht aufgehoben! Über die Gifte des Fliegenpilzes vgl. S. 522.

γ) **Birkenreizker, Zottiger Reizker, Lactarius torminosus Fr.** Er ist der giftige Doppelgänger des Echten Reizkers. Er unterscheidet sich jedoch durch das gelbliche bis fleischblasse Rosa des Hutes, aber auch durch seinen stark eingerollten, zottig-filzigen Rand und am deutlichsten durch die blassen Blätter und die weiße, scharf brennende Milch. Der Hut kann 5 bis 10 cm breit werden, der Stiel wird bis 6 cm hoch. Vorkommen: August bis Oktober im Nadel- und Laubwald, gern auf der Heide in Lebensgemeinschaft mit der Birke.

2. Leistenpilze

Die Sporen befinden sich an der Hutunterseite in strahlenförmig vom Stiel ausgehenden Leisten (Falten).

a) Eßbare Art

Pfifferling, Pfefferling, Eierschwamm, Reherl, Cantharellus cibarius Fr. Bei jungen Pilzen ist der Hut gewölbt und der Rand nach unten eingerollt. Der ausgewachsene Pilz hat eine trichterförmige Gestalt. Der Rand ist wellig gebogen. Hutbreite 2—8 cm, Stielhöhe 2—6 cm. Die Hutunterseite hat leistenartige Rillen. Die Farbe des Pilzes ist dottergelb. Geruch obstartig, Geschmack scharf. Vorkommen: Juni bis November in Laub- und Nadelwald, gesellig. Wert: Vorzüglicher Speisepilz.

b) Ungenießbare Art

Orangegelber Gabelblättling, Falscher Pfifferling, Hygrophoropsis aurantiaca R. Mre. Er ist der minderwertige Doppelgänger des Pfifferlings, unterscheidet sich aber von diesem schon durch seine dunklere Färbung. Er ist mit dem Pfifferling nicht verwandt. Hut 3—8 cm breit, Stiel 3—6 cm hoch. Er galt früher als giftig. Vorkommen: Juli bis Dezember, besonders im Nadelwald. Wert: Ungenießbar.

3. Röhrlinge, Röhrenpilze

Das Sporenlager befindet sich auf der Hutunterseite in einer Röhrenschicht, die sich leicht abnehmen läßt.

a) Eßbare Arten

α) Steinpilz, Herrenpilz, Boletus edulis Bull. ex Fr. Die Farbe des Hutes variiert von hellbraun über rotbraun bis schwarzbraun. Hutbreite 8—10 cm. Der Stiel ist erst dickförmig, dann keulenförmig, manchmal auch schlank und hat ein zartes weißes oder hellbräunliches Adernetz. Stielhöhe 6—12 cm. Die Röhren sind zunächst weiß, später grüngelb, schließlich olivgrün. Das Fleisch ist weiß, der Geruch angenehm, der Geschmack nußartig. Vorkommen: Mai bis November in Nadel- und Laubwäldern, auch an Weg- und Waldrändern. Wert: Vorzüglicher Speisepilz.

Mit dem Steinpilz zu verwechseln ist der bitterschmeckende *Gallenröhrling oder Bitterpilz, Tylopilus felleus Karst,* mit weißen, später rosa Röhren, weißem, leicht rosa anlaufendem Fleisch. Der Stiel hat ein ausgeprägtes und großmaschiges Adernetz mit bräunlich dunklen Rippen. Geschmack des Fleisches gallebitter, daher ungenießbar.

β) Rotkappe, Rothautröhrling Leccinum aurantiacum Gray. Die Hutfarbe geht von orangegelb oder gelbbraun bis rot oder braunorange. Die Röhren sind anfangs weiß, später grauweiß. Hutbreite 7—20 cm. Der Stiel zeigt auf weißlichem Grund schwärzliche Schuppen und wird 10—15 cm hoch. Das Fleisch wird beim Anschneiden schiefergrau und beim Kochen schwarz. Geruch und Geschmack angenehm. Vorkommen: Juni bis Oktober in Laub- und Mischwäldern, auf Heiden unter Birken. Wert: Wohlschmeckender Speisepilz.

γ) Maronenröhrling, Marone, Xerocomus badius Fr. ex Linné. Der polsterförmige Hut ist kastanienbraun mit eingerolltem, filzigen Rand. Die gelbgrünen Röhren laufen bei Berührung grünblau an. Hutbreite 5—12 cm. Der gelblich-braune Stiel ist anfangs bauchig und streckt sich später. Stielhöhe 6—12 cm. Das Fleisch ist weißlich, später gelblich und läuft an der Luft grünblau an. Geruch und Geschmack sind angenehm. Vorkommen: Juni bis November in Nadelwäldern, oft am Grunde von Baumstümpfen. Wert: Vorzüglicher Speisepilz.

b) Giftige Art

Satanspilz, Boletus satanas Lenz. Das helle Grau des Hutes spielt auch öfters ins Olivgraue (Totenschadelfarbe). Die Röhrenspitzen sind dunkel- bis karminrot. Hutbreite 6—25 cm. Der Stiel ist gewöhnlich kurz und dickbauchig, an seiner Spitze zitronengelb und in der Mitte mit karminroter Zone. Er hat ein blutrotes feinmaschiges Adernetz. Stielhöhe bis 15 cm. Das Fleisch ist weißlich und läuft beim Anschneiden schwach blau an. Der Geruch ist unangenehm. Vorkommen: Juli bis Oktober, meist unter Eichen und Buchen auf kalkreichen Böden. Er ist giftig und zwar im rohen Zustand noch giftiger als im gekochten. Zu verwechseln ist er mit den Hexenröhrlingen, Boletus erythropus Fr. und Boletus luridus Fr., die sich aber durch ihren braunen bis dunkelbraunen Hut und stark blauendes Fleisch von ihm unterscheiden.

4. Stachelpilze

Die sporenbildende Schicht überzieht Stoppeln und Stacheln der Hutunterseite.

Semmelstoppelpilz, Hydnum repandum L. Der Hut ist semmelfarben bis rötlichgelb, die Stoppeln sind weißlich bis gelblich, leicht zerbrechlich und vom Hut leicht zu lösen. Von oben sieht er wie ein Pfifferling aus. Hutbreite 6—12 cm. Der Stiel ist meist blasser als der Hut und 3—6 cm hoch. Hüte und Stiele verwachsen oft miteinander. Das Fleisch ist weiß. Der Geruch ist angenehm. Vorkommen: Juli bis November in Laub- und Nadelwäldern. Wert: Nur jung genießbar, im Alter ist er zäh und bitter.

Mit ihm verwandt ist der *Habichtspilz oder Hirschling, Sarcodon imbricatum Quel.* Der Hut ist schokoladenbraun mit zahlreich konzentrisch angeordneten Schuppen. Jung ist er eßbar, aber ziemlich herb; im Alter ist er bitter.

5. Korallenpilze

Sie sind strauchartig verzweigt. Das Sporenlager befindet sich auf der Oberfläche.

Krause Glucke, Sparassis crispa Fr. Der Fruchtkörper ist anfangs weißlich, dann gelblich gefärbt, 5—20 cm hoch, 6—30 cm breit. Sie kann 2—5 kg schwer werden. Der Strunk kommt meist tief aus der Erde, ist fleischig und in zahlreiche flachgedrückte, gewundene Äste geteilt, deren Enden abgestuft wellig kraus oder gelappt sind. Das Fleisch ist weiß und wachsartig. Geruch würzig, Geschmack nußartig. Vorkommen: August bis November, besonders in Kiefernwäldern. Wert: In jungem Zustand guter, ergiebiger Speisepilz. Ältere Exemplare sind bitter.

In diese Gruppe gehören auch noch die *Rötliche Koralle oder Hahnenkamm, Ramaria botrytis Pers.* und die *Schwefelgelbe oder Zitronengelbe Koralle, Ramaria flava Schaeff.* Beide sind in jungem Zustand eßbar.

6. Morcheln und Lorcheln

Der Hut ist grubenförmig gefaltet oder gelappt. Das Sporenlager befindet sich in den Gruben.

α) **Speisemorchel, Morchella esculenta L.** Der Hutteil ist gelblich-bräunlich oder gelblichgrau, mit dem Stiel verwachsen und mit grubiger oder wabenartiger Oberfläche. Der zylindrische Stiel ist 3—6 cm hoch, blaßgelb und hohl. Das Fleisch ist zart, sehr brüchig und wohlschmekkend. Vorkommen: von April bis Ende Mai an lichten Waldstellen, am Waldrand und auf Kiefernschlägen. Wert: Vorzüglicher Speisepilz.

β) **Frühjahrslorchel, Frühlorchel, Gyromitra esculenta Pers.** Der Hutteil ist dunkelbraun und besteht aus kraus gewundenen Wülsten, die wie Darm- oder Gehirnwindungen aussehen. Der Stiel ist 3—7 cm hoch, meist faltig, weiß oder grauweiß. Das Fleisch ist zart und zerbrechlich, von angenehmem Geruch und Geschmack. Vorkommen: Ende März bis Anfang Mai in sandigen Kiefernwäldern. Wert: Roh giftig (Gyromitrin!). Wegen des giftigen Gyromitrins muß sie 5—10 min abgekocht und das Kochwasser weggeschüttet werden. Dieses enthält den Giftstoff. Trotzdem zeigen die Erfahrungen der letzten Jahre, daß das Abkochen keine absolute Gewähr gegen Vergiftungserscheinungen bietet.

7. Boviste oder Stäublinge

Die Boviste, auch Stäublinge oder Bauchpilze genannt, zeichnen sich durch einen bauchförmigen, allseits geschlossenen Fruchtkörper aus. Das Sporenlager befindet sich im Innern des Fruchtkörpers. Die wichtigsten Vertreter dieser Gattung sind der *Flaschenbovist, Lycoperdon perlatum Pers.* Seine Form ist die einer umgekehrten bauchigen Flasche. Die äußere Hülle besteht in jungem Zustand aus zahlreichen weißen Stacheln, die sich leicht ablösen. Er wird 3—8 cm hoch und 3—5 cm breit. Wenn die Innemasse noch rein weiß ist, ist er eßbar und wohlschmeckend. Sobald sich die Innenmasse gelblich zu verfärben beginnt, soll man ihn nicht mehr nehmen. Vorkommen: Juni bis November, gesellig in Wald und Heide.

Ähnlich ist der *Schwärzende Eierbovist, Bovista nigrescens Pers.* und der *Riesenstäubling, Calvatia gigantea Batsch.* Dieser kann bis kopfgroß werden. Das Fleisch dieser Boviste wird später braun und zerfällt schließlich zu Staub. In jungem Zustand sind sie eßbar.

Giftige Vertreter der Boviste sind die *Kartoffelboviste, Scleroderma aurantium Pers. und Scleroderma verrucosum Pers.*, die einen kartoffelähnlichen Fruchtkörper besitzen. Der Inhalt bleibt bis zur Sporenreife hart und fest. Die reife Sporenmasse ist schwarz. Infolge der schwarzen Farbe wurde der Kartoffelbovist früher zur Fälschung von echten Trüffeln verwendet.

8. Trüffeln

Das Sporenlager befindet sich im Innern der Knolle. Die Trüffeln wachsen als unterirdische Knollen und müssen, damit sie ihre Sporen verbreiten können, erst durch Tiere oder Menschen ausgegraben werden.

α) **Sommertrüffel, Tuber aestivum Vitt.** Sie besitzt eine höckerige Knolle von 4—10 cm Durchmesser und schwarzbrauner Farbe mit vieleckigen breiten Warzen. Der Querschnitt der Knolle ist anfangs weißlich, später gelbbraun, zuletzt graubraun marmoriert. Das Fleisch ist wohlschmeckend. Sie wächst von August bis März in lichten Laubwäldern, besonders unter Eichen und Buchen, 3—15 cm unter der Humusschicht. Sie bevorzugt warmes Klima und kommt daher in Deutschland selten vor.

Verwandt ist die *Wintertrüffel, Tuber brumale Vitt.* mit grauschwarzer marmorierter Innenmasse. Auch sie kommt in Deutschland selten vor. Sie übertrifft die Sommertrüffel an Wohlgeschmack.

β) **Weiße Trüffel, Choiromyces maeandriformis Vitt.** Sie kommt besonders häufig in Deutschland vor (Deutsche Trüffel). Ihr Fruchtkörper von 250—300 g ist einer Kartoffel in Form und Größe ähnlich. Beim Durchschneiden zeigt die Innenmasse eine Marmorierung durch kleine braune Adern. Sie ist wohlschmeckend. Sie wächst von Juli bis September im Buchen- und Eichenwald, ziemlich an der Oberfläche, wobei sie sich z. T. aus dem Boden schiebt.

Sehr beliebt ist die *Französische oder Perigord-Trüffel, Tuber melanosporum Vitt.*, die auch nach Deutschland importiert wird. Sie ist walnuß- bis apfelgroß, schwarz mit vieleckigen Warzen bedeckt, die rötliche Spitzen haben. Das Fleisch ist braunrot bis violettschwarz, mit schwarzen und weißglänzenden Adern. Geruch und Geschmack sehr aromatisch. In Frankreich wird die Trüffel auch auf Eichenholz kultiviert.

III. Zusammensetzung

Die chemische Zusammensetzung der Pilze hat schon früh Analytiker und Forscher interessiert. Die ersten Untersuchungen über die Chemie der höheren Pilze gehen auf E. BOUILLON-LAGRANGE (1804), N. VAUQUELIN (1813) und H. BRACONNOT (1811) zurück. Seither sind zahlreiche Untersuchungen über Pilzinhaltsstoffe durchgeführt worden. Die bedeutendsten und umfangreichsten Arbeiten stammen von J. ZELLNER (1907) und in neuerer Zeit von J. L. BONNET (1959) auf die besonders hingewiesen sei. Die verschiedenen Pilzarten weisen je nach Standort, Bodenbeschaffenheit und Entwicklungsstufe große Unterschiede in ihrer Zusammensetzung auf. Im Nährwert setzt man die Pilze den besseren Gemüsen gleich, jedoch unterscheiden sie sich von ihnen durch verschiedene Bestandteile. Pilze enthalten sehr viel Wasser (88—92 %); ihre Trockensubstanz besteht zu $^1/_4$ bis $^1/_3$ aus Eiweißstoffen neben größeren Mengen an Kohlenhydraten, Mineralstoffen, Vitaminen und Antibiotica. Nicht zu unterschätzen ist der Würzwert der Pilze. Die ersten Analysen über die Zusammensetzung von Pilzen wurden von J. KÖNIG (1920) veröffentlicht. Umfangreiche Analysen aus jüngster Zeit finden sich bei D. TÖRLEY u. J. NEDELKOVITS (1961) und bei I. KARKOCHA u. H. MLODECKI (1962). In den Tab. 2 und 3 sind einige Analysen von frischen Pilzen angegeben. Ähnliche Werte sind von W. BÖTTICHER (1950—1965) in umfangreichen Untersuchungsreihen erhalten worden.

1. Stickstoffsubstanz

Die im Schrifttum angegebenen Zahlen für den Gehalt der Pilze an Eiweiß sind aufgrund des Stickstoffgehaltes berechnet. Da Pilze neben Eiweiß aber eine recht erhebliche Menge stickstoffhaltiger Nichteiweiß-Verbindungen wie z. B. Chitin und Harnstoff enthalten, wird der über den Stickstoff berechnete Eiweißgehalt stets zu hoch gefunden. Die qualitative und quantitative Zusammensetzung des Pilzeiweißes haben C. SEELKOPF u. H. SCHUSTER (1957) mit Hilfe der Papierchromatographie untersucht. Am Aufbau des Pilzeiweißes sind alle wichtigen Aminosäuren beteiligt: Asparaginsäure, Glutaminsäure, Serin, Glykokoll, Threonin, Alanin, Valin, Tyrosin, Methionin, Isoleucin, Leucin, Phenylalanin, Lysin, Arginin, Prolin, Histidin, Cystin und Tryptophan. Die quantitative Verteilung der Aminosäuren ist innerhalb der einzelnen Pilzarten oft recht unterschiedlich. Hingegen konnte bei ein und derselben Pilzsorte kein großer Unterschied in der quantitativen Zusammensetzung des Eiweißes der jungen oder alten Pilze gefunden werden. In Tab. 4 sind drei Pilzarten einigen wichtigen Nahrungsmitteln hinsichtlich ihres Gehaltes an essentiellen Aminosäuren gegenübergestellt. An die Spitze aller untersuchten Pilzarten stellen SEELKOPF und SCHUSTER in bezug auf den Eiweißgehalt den Steinpilz. In vieler Hinsicht übertrifft das Eiweiß des Steinpilzes das sonst zur menschlichen Ernährung dienende pflanzliche Eiweiß und reicht in mancher Beziehung an das Fleischeiweiß heran. Über Aminosäuren in verschiedenen Champignonarten berichten auch P. HEINEMANN u. J. CASIMIR (1961). Z. BANO u. Mitarb. (1963) berichten über die Zusammensetzung der Aminosäuren bei Pilzarten der Gattung Pleurotus (Seitlinge). Über die Stickstoffbestandteile und die Aminosäuren des getrockneten Steinpilzes berichten J.D. CRASKE u. F.H. REUTER (1965) und über die Aminosäurezusammensetzung des Eiweißes von verschiedenen eßbaren Pilzarten J. SZYMCZAK (1962). Die Verdaulichkeit von Pilzeiweiß hat W. LINTZEL (1943) bei Versuchen an Menschen eingehend untersucht, in neuerer Zeit in Tierversuchen H. KUBIN (1957). Die Ergebnisse von W. LINTZEL zeigen, daß die Eiweißverdaulichkeit zwischen 72 und 83% des Gesamteiweißes liegt und daß es sich bei dem Pilzeiweiß, besonders dem der eiweißreichen Pilze,

Tabelle 2. *Chemische Zusammensetzung verschiedener Pilze* (nach D. Törley u. J. Nedelkovits 1961)

Pilzart	Wasser %	Trocken-substanz %	Asche %	Rohfett %	Roheiweiß N · 6,25 %	Rohfaser %	Kohlen-hydrate
Steinpilz, Boletus edulis Bull.	90,0	10,0	0,93	0,79	3,1	—	—
Butterpilz, Boletus luteus Fr.	92,6	7,4	0,45	0,27	1,48	1,22	3,95
Rotkappe, Boletus rufus Schff.	92,3	7,7	0,86	0,78	2.18	0,94	3,04
Pfifferling, Cantharellus cibarius Fr.	91,3	8,7	1,03	0,88	1,62	—	—
Echter Reizker, Lactarius deliciosus Fr.	88,9	11,1	0,62	0,83	1,94	—	—
Parasolpilz, Lepiota procera Scop.	86,3	13,7	1,28	0,84	5,95	1,69	3,94
Nelkenschwindling, Marasmius oreades Fr.	86,9	13,1	1,45	0,82	1,66	1,65	7,52
Kultur-Champignon, Psalliota bispora Tr.	89,5	10,5	1,25	0,19	3,94	1,09	4,01
Frauentäubling, Russula cyanoxantha Fr.	91,5	8,5	0,70	0,68	1,48	0,72	4,92
Geballter Ritterling, Tricholoma conglobatum Vitt.	92,1	7,9	0,92	0,60	1,45	0,72	4,21
Frühjahrslorchel, Gyromitra esculenta Fr.	92,62	7,38	0,63	0,42	1,81	—	—
Schwefelgelbe Koralle, Ramaria flava Fr.	91,1	8,9	0,72	0,42	1,93	0,82	5,0
Schwefelporling, Polyporus sulphureus Fr.	60,0	40,0	1,53	0,94	6,04	1,69	29,8
Perlpilz, Amanita rubescens Fr.	93,9	6,1	0,64	0,45	0,97	0,90	3,14
Fliegenpilz, Amanita muscaria Fr.	92,2	7,8	0,37	1,28	0,97	0,95	4,23
Grüner Knollenblätterpilz, Amanita phalloides Fr.	92,9	7,1	0,63	1,58	1,31	0,98	2,6

Tabelle 3. *Chemische Zusammensetzung verschiedener Pilzarten* (nach W. SCHUPHAN 1961)

Pflanzenfamilie	Pilzart	Sortierung	Trockensubstanz	Reineiweiß (N · 6,25)	Gesamt-N	Reineiweiß-N	Relativer Eiweißgehalt (Reineiweiß-N in % d. Gesamt-N)	Gesamtzucker	Monosaccharide	Dissaccharide	Carotin (Provitamin A)	Gesamt-Vitamin C
			in % des Frischgewichtes					in % des Frischgewichtes			in mg/kg d. Frischgewich.	
Agaricaceae (Blätterpilze)	Grünling	große	7,5	0,5	0,158	0,084	55	0,151	0,154	—	—	n. best.
	Tricholoma equestre L.	kleine	7,6	0,8	0,194	0,120	62	0,115	0,096	0,019	—	30
	Parasolpilz Lepiota procera Scop.	kleine	8,6	—	0,851	n. best.	—	0,087	0,061	0,026	—	40
	Kahler Krempling, Paxillus involutus Batsch	kleine	5,5	0,9	0,229	0,150	66	0,187	0,130	0,057	—	70
Boletaceae (Röhrlinge)	Steinpilz, Boletus edulis Bull.	kleine	8,3	1,1	0,180	0,168	93	0,811	0,534	0,277	—	50
	Maronenpilz	große	6,0	0,9	0,179	0,150	84	0,202	0,158	0,044	—	40
	Boletus badius Fr.	kleine	6,1	0,5	0,259	0,074	29	0,138	0,094	0,044	—	30
	Butterpilz	große	4,8	1,0	0,178	0,156	88	0,241	0,182	0,059	—	140
	Boletus luteus Fries	kleine	5,3	0,8	0,168	0,135	80	0,149	0,124	0,025	—	n. best.
	Birkenpilz, Boletus scaber Fr.	kleine	7,5	0,9	0,210	0,143	68	0,949	0,502	0,447	—	70
	Speisepilze	mittel	6,7	0,8	0,210	0,131	62	0,303	0,204	0,099	—	60

um ein hochwertiges pflanzliches Eiweiß handelt. Auch die von H. FINK u. Mitarb. durchgeführten Tierversuche lieferten besonders bei Steinpilzen recht günstige Werte. Ungünstiger lagen die Resultate bei den Versuchen mit Kulturchampignons und Pfifferlingen.

Im Gegensatz zu den höheren Pflanzen besteht die Gerüstsubstanz der meisten Pilzarten aus Chitin. Chitin ist ein wichtiger stickstoffhaltiger Bestandteil der Pilze. Reines Chitin wurde zuerst von E. SCHOLL (1908) aus Steinpilzen in einer Ausbeute von 5—6 % der Pilztrockensubstanz gewonnen. Dieses Chitin verhält sich chemisch wie tierisches Chitin, z. B. wie solches aus Krebsschalen. Später

Tabelle 4. *Zusammensetzung des Eiweißes einiger wichtiger Nahrungsmittel unter besonderer Berücksichtigung der essentiellen Aminosäuren* (nach C. SEELKOPF u. H. SCHUSTER 1957)

Aminosäuren	Gehalt des Eiweißes an Aminosäuren							
	Steinpilz ganz %	Champignon ganz %	Trüffel %	Vollei %	Fleisch %	Casein %	Weizen %	Kartoffel %
Threonin	3,8	2,6	6,8	4,9	5,3	3,9	3,0	3,7
Valin	2,8	2,7	4,4	7,3	5,8	7,0	4,1	4,8
Tyrosin	4,3	2,9	3,3	4,5	3,1	6,4	4,4	—
Methionin	2,1	0,5	—	4,1	3,2	3,5	1,0	1,6
Isoleucin	1,1	1,1	2,9	8,0	6,3	6,5	3,6	—
Leucin	4,2	5,4	7,3	9,2	8,0	12,1	6,8	11,3
Phenylalanin	3,7	4,0	3,5	6,3	4,5	4,5	3,8	5,4
Lysin	6,8	9,4	8,8	7,2	7,6	6,9	2,5	5,0
Arginin	9,2	9,0	11,8	6,4	7,2	4,1	4,5	4,4
Cystin	10,6	8,9	2,6	2,4	1,1	0,4	1,8	1,7
Histidin	8,1	2,8	1,7	2,1	1,9	2,5	2,0	1,7
Tryptophan	7,4	11,8	0,3	1,5	1,2	1,8	1,4	0,8

wurde es nach dem Verfahren von E. SCHOLL auch aus anderen Pilzen mit ähnlichen Ausbeuten isoliert. N. J. PROSKURIAKOV (1926) hat aus verschiedenen Pilzarten, wie Hallimasch, Brätling, Wiesenchampignon und Birkenporling Chitin in Mengen von 2,8—5,5 % gewonnen. H. J. NEBEL (1955) erhielt Chitingehalte von 3—7 % aus verschiedenen Pilzarten.

N. N. IVANOV (1923) konnte bei seinen Untersuchungen in einigen Pilzen eine große Harnstoffanhäufung feststellen. Der Harnstoff rührt von den Aminosäuren her und wird bei der Reifung der Pilze in Arginin und Purin eingebaut oder unter Mitwirkung der Urease in Wasser und Ammoniak gespalten. Nach HENCH (1941) gehören die Pilze zu den Nahrungsmitteln mit mäßigem Puringehalt. Er hat bis zu 75 mg Purin in 100 g Frischgewicht gefunden.

Außer den erwähnten Stickstoffsubstanzen sind in den Pilzen auch Amine aufgefunden worden, so Phenyläthylamin, Putrescin und — sehr verbreitet — Cholin. Nach P. H. LIST (1958) kommt dieses Amin bei den Basidiomyceten vor, manchmal begleitet von Betain.

2. Lipide

Die *Lipide der Pilze* sind noch verhältnismäßig wenig untersucht worden. Nach J. ZELLNER (1907) ist der Gesamtfettgehalt in den frischen Pilzen äußerst gering. Er schwankt zwischen 0,2 und 1,6 %, bei den getrockneten Pilzen zwischen 0,8—7 %. Charakteristisch ist das Vorherrschen der freien Fettsäuren. So enthielt z. B. Steinpilzfett 56 % freie Fettsäuren und 44 % Neutralfett (W. HÄMMERLE 1941). Die Lipide der Pilze enthalten auch Phosphatide, insbesondere Lecithin, das bisweilen in erheblicher Menge vorgefunden wurde.

3. Ätherische Öle

Über *ätherische Öle* in Pilzen liegen Untersuchungen von D. Aye (1932) und in neuerer Zeit von E. Sprecher (1958) vor. Pilze sind in der Lage, ätherisches Öl zu synthetisieren und nach außen oder in Safthyphen auszuscheiden. Als Bestandteile dieser ätherischen Öle kommen auch Terpene in Frage. Duftstoffe von Pilzen finden zusammen mit den Geschmacksstoffen vor allem in Form von Extrakten als Würze für Suppen, Saucen usw. Verwendung.

4. Kohlenhydrate

Für die *Kohlenhydrate* der Pilze ist das Fehlen der Stärke charakteristisch. H. J. Nebel (1955) hat auf papierchromatographischem Wege Kohlenhydratgehalte und deren Zusammensetzung bei einer größeren Anzahl von Pilzarten (38 Basidiomyceten und 2 Ascomyceten) ermittelt. Danach schwankt der Kohlenhydratgehalt der untersuchten Fruchtkörper zwischen 17 und 55 %. An Monosacchariden konnten nachgewiesen werden Galaktose, Glucosamin, Glucose, Mannose, Ribose und Xylose. An den Kohlenhydraten im Gesamtfruchtkörper hat die Glucose den größten Anteil (bis zu 92 % des Kohlenhydratgehaltes). S. Inagaki u. M. Toki (1944) stellten in japanischen Pilzen Mannit, Trehalose und Glucose fest. Weiter berichten D. Törley u. J. Nedelkovits (1963) über den Kohlenhydratgehalt verschiedener Pilzarten. Über den Glucose-Stoffwechsel bei höheren Pilzen berichten M. Quillet u. G. Legrand (1952). K. Kratzl u. H. Silbernagel (1963) wiesen das Vorkommen von Xylit in Kulturchampignons (*Psalliota bispora*) in einer Menge von 100 mg/kg Trockensubstanz nach. E. Mergenthaler (1961) erhielt in Steinpilzpulver Rohfaser in Höhe von 8 %. Über Chitin wurde bereits unter Stickstoffsubstanzen berichtet.

5. Mineralstoffe

Menge und Zusammensetzung der *Mineralstoffe* in Pilzen wechseln mit deren Herkunft. Die Mineralstoffe schwanken in Frischpilzen zwischen 0,34 und 2,0 %. In Trockenpilzen liegen die Werte zwischen 3,5 und 15 % (W. Bötticher 1950). Nach den Untersuchungen von W. Friese (1929) enthalten gleiche Pilzarten je nach ihrer Herkunft verschiedenartig zusammengesetzte Mineralstoffe. Neben anderen Faktoren besteht Abhängigkeit von Bodenuntergrund der Fundstelle und von der Bewaldungsart. Der mineralstoffreichste Teil ist die Hutoberhaut. Die Stiele enthalten weniger Mineralbestandteile. Mangan konnte in fast allen Pilzarten festgestellt werden. Tab. 5 gibt einen Überblick über die Zusammensetzung der Mineralbestandteile in einzelnen Pilzarten. Hauptbestandteile der Mineralstoffe sind Kalium und Phosphorsäure. Über den Mineralstoffgehalt bei Pilzen berichten O. Högl u. E. Lauber (1961). Den Mangangehalt der Pilze ermittelten G. Bertrand u. L. Silberstein (1956) im Mittel zu 26,5 mg in 100 g Asche. J. Kulajew u. Mitarb. (1961) berichten über das Vorkommen von hochpolymeren Phosphaten in Champignons und Morcheln. Den Fluorgehalt in Pilzen haben W. Bötticher u. K. E. Quentin (1958) untersucht und bei 28 verschiedenen Pilzarten Fluorwerte zwischen 0,2 und 1,0 mg/kg in Frischpilzen bzw. 2,0—10 mg/kg in der Trockenware gefunden. An weiteren Spurenelementen fanden im Kulturchampignon L. Randoin u. S. Billaud (1956) Zink, Kupfer, Brom, Silber, Titan, Rubidium, Vanadium und Lithium. Chrom wurde als Spurenelement in Kulturchampignons und einer Boletus-Art von L. de Saint-Rat (1948) nachgewiesen. Über das Vorkommen von Kobalt in Pilzen berichten H. Mlodecki u. Mitarb. (1965).

Tabelle 5. *Zusammensetzung der Mineralstoffe verschiedener Pilzarten* (nach W. FRIESE 1929)

Bestandteile (Prozente der Asche)	Perigord-Trüffel	Kultur-champignon	Steinpilz	Pfifferling	Toten-trompete	Grünling	Speise-morchel	Pfeffer-milchling	Knollen-blätterpilz	Fliegen-pilz	Mittel-werte
Kaliumoxid (K_2O)	55,17	43,94	48,52	46,63	48,43	43,98	51,68	47,21	47,70	50,21	48,35
Natriumoxid (Na_2O)	0,72	2,31	2,29	3,57	2,11	0,71	1,22	6,42	2,51	1,68	2,35
Calciumoxid (CaO)	2,35	1,32	3,26	0,09	0,31	0,20	1,62	0,78	0,55	1,27	1,18
Magnesiumoxid (MgO)	2,07	0,21	1,35	0,10	0,18	0,63	2,12	1,96	2,35	1,98	1,30
Eisen(III)-oxid (Fe_2O_3)	0,136	0,240	0,264	0,289	0,263	0,439	0,169	0,480	0,427	0,254	0,296
Mangan(III)-oxid (Mn_2O_3)	0,018	0,019	0,022	0,053	0,088	0,019	0,065	—	0,050	0,049	0,038
Aluminiumoxid (Al_2O_3)	1,37	2,31	1,44	1,83	0,16	1,90	1,20	2,00	2,58	2,86	1,79
Phosphorsäure (P_2O_5)	25,84	24,25	22,99	22,16	22,92	20,09	33,40	31,20	20,87	24,10	24,78
Kieselsäure (SiO_2)	2,60	8,23	5,68	9,46	8,05	12,99	1,60	3,20	6,41	8,00	6,62
Chlor (Cl)	2,12	9,22	4,56	10,62	11,38	9,28	1,00	1,98	7,64	5,80	6,35
Schwefelsäure (SO_3)	5,68	3,01	6,08	4,25	4,79	5,80	3,99	3,14	2,47	1,66	4,09

6. Vitamine

Über den *Vitamingehalt* der Pilze liegen eine Anzahl von Untersuchungen vor. S. HARA (1923) hat Vitamin A im Hallimasch, Steinpilz, Pfifferling und Semmelstoppelpilz festgestellt. Nach H. WILLSTAEDT (1941) enthalten Pfifferlinge viel Carotin, nicht dagegen andere stark gelb oder gelbrot gefärbte Pilze. Den Vitamin B-Komplex haben in Wiesenchampignons (*Psalliota campestris*) C. R. ORTON u. Mitarb. (1922) untersucht. H. WILLSTAEDT (1941) ermittelte in verschiedenen Pilzarten Vitamin B_1 und B_2, ebenso K. KAWAKAMI u. H. MIYAYOSI (1940) in einigen in Japan wachsenden Pilzarten. Zahlenangaben über den Vitamin B-Komplex in Kulturchampignons, Pfifferlingen und Steinpilzen finden sich bei S. W. SOUCI u. Mitarb. (1962). Das Vorkommen von Vitamin C in Pilzen haben verschiedene Autoren bestritten. Andererseits konnte in Dosenpilzen Vitamin C in geringen Mengen nachgewiesen werden und zwar von H. WILLSTAEDT (1941) und K. KAWAKAMI u. H. MIYAYOSI (1940). T. A. KEZELI (1944) hat verschiedene Pilzarten auf ihren Vitamin C-Gehalt untersucht und kommt zu Werten für Ascorbinsäure zwischen 4,8 und 52 mg/kg. In Pfifferlingen wurden bis zu 140 mg/kg Ascorbinsäure ermittelt. 50—70 % des Vitamin C gehen bei der Konservierung verloren.

Vitamin D ist nach den Untersuchungen von A. SCHEUNERT u. Mitarb. (1935) in Steinpilzen, Pfifferlingen und Lorcheln enthalten, wenig dagegen in den Champignonarten. Sie stellten bei Steinpilzen und Pfifferlingen 0,83 I. E., bei Lorcheln 1,25 I. E. jeweils in 1 g frischer Substanz fest.

Über den Vitamin E-Gehalt in Pilzen berichten H. FINK u. H. KUBIN (1961). Sie haben in verschiedenen Pilzarten Vitamin E-Gehalte zwischen 9 und 130 mg/kg in der Trockensubstanz gefunden.

K. LANG u. R. SCHÖN (1952) geben den Vitamin K-Gehalt von Champignons mit etwa 30 Damschen Einheiten pro g Trockengewicht an. Auf die bei S. W. SOUCI u. Mitarb. (1962) und bei W. SCHUPHAN (1948) angeführten Vitaminwerte in Pilzen wird hingewiesen. Über Vitamine in Pilzen berichten auch O. HÖGL u. E. LAUBER (1961).

7. Enzyme

In höheren Pilzen sind von *Fermenten* Maltase, Trehalase, Glykogenase, Amylase, Proteinase, Laccase und Katalase aufgefunden worden. Weiter läßt sich bei allen höheren Pilzen Urease nachweisen. Untersuchungen darüber haben N. N. IVANOV u. M. J. SMIRNOVA (1929) durchgeführt. Die Aktivität der Urease steigert sich bis z. Z. der Reife und nimmt dann stark ab.

Außer J. ZELLNER (1907) hat sich insbesondere M. FRÈREJACQUE (1953) mit der Aufklärung des Fermentes Trehalase beschäftigt. Über Laccase liegen Arbeiten von G. FAHRAEUS (1952) vor. L. ROSENTAL (1935) hat Untersuchungen über Katalase durchgeführt. Die Enzymsysteme von Mykorrhizapilzen behandelten B. A. RUBINI u. N. V. OBRUCHEVA (1954), die Peroxydase höherer Pilze H. LYR (1956).

8. Farbstoffe

In den Pilzen sind zahlreiche *Farbstoffe* vorhanden. Umfassende Arbeiten darüber haben F. KÖGL u. Mitarb. (1925—1935) veröffentlicht. Die Farbstoffe des Blutroten Hautkopfes (*Dermocybe sanguinea*) und der bläuenden Boletusarten wurden von ihnen als Derivate des Anthrachinons, die Farbstoffe des Orangeseitlings (*Phyllotopsis nidulans*), des Samtfußkremplings (*Paxillus atromentosus*) und des Fliegenpilzes (*Amanita muscaria*) als Abkömmlinge des 2,5-Diphenylchinons erkannt. Im Echten Reizker (*Lactarius deliciosus*) wurde neben dem rot-violetten Lactarioviolin Lactarazulen, ein Kohlenwasserstoff der Formel $C_{15}H_{18}$ aufgefunden, eine ähnliche Verbindung, wie sie im Kamillenöl auftritt. F. KÖGL hat sich auch um die Isolierung und Konstitutionsermittlung von Boletol, das er aus verschiedenen Boletusarten isolierte, verdient gemacht. Die Hexenröhrlinge (*Boletus erythropus* und *Boletus luridus*) sind an den Stielen bzw. Röhrenmündungen rot gefärbt. Sehr charakteristisch ist die rasch eintretende Blaufärbung des gelblichen Fleisches an frischen Bruch- und Schnittstellen. In wäßrigen Lösungen von Boletol tritt bei Gegenwart von Oxydase sofort Blaufärbung ein. Sie beruht auf der Umwandlung der kaum gefärbten Purpurin-a-carbonsäure in die chinoide Form einer Hydroxyanthrachinon-carbonsäure. Mit den Farbstoffen Aurantiacin aus dem Orangegelben Korkstacheling (*Hydnum aurantiacum*) und Cinnabarin aus der Zinnoberroten Tramete (*Trametes cinnabarina*) haben sich J. GRIPENBERG u. Mitarb. (1957—1960) beschäftigt.

9. Säuren

An *Säuren* kommt in Pilzen vor die Oxalsäure in Form ihres Calciumsalzes. Sie wird im Schwefelporling (*Polyporus sulphureus*) und der Schwefelgelben Koralle (*Ramaria flava*) von W. M. HAMLET u. C. B. PLOWRIGHT (1877) beschrieben. Über Fumarsäure wurde von W. KEIL u. H. BARTMANN (1935) berichtet. In höheren Pilzen wurden ferner nachgewiesen Essigsäure, Ameisensäure, Buttersäure, Stearinsäure, Malonsäure, Citronensäure, Weinsäure und Milchsäure (J. L. BONNET 1959).

10. Inhaltsstoffe mit pharmakologischer und antibiotischer Wirkung

Pilze und ihre Inhaltsstoffe spielen seit altersher in der *Heilkunde* eine bedeutende Rolle. A. BIRKFELD (1954) berichtet in einer Broschüre umfassend über Pilze in der Heilkunde. Im Altertum wurden besonders Trüffeln, der echte Zunderschwamm, der Lärchenschwamm und die Stinkmorchel zu Heilzwecken verwendet. Unter dem Namen „Teepilz" ist eine Pilzart bekannt geworden, aus der ein Getränk bereitet wird, dem oft unter der Bezeichnung Kombucha, japanischer Pilz oder Hongo, besonders in der Volksheilkunde verschiedene Heilwirkungen zugeschrieben werden. Mit der chemischen Zusammensetzung dieses Getränkes haben sich P. H. LIST u. W. HUFSCHMIDT (1959) beschäftigt und u. a. Äthylamin, Adenin, Cholin sowie 14 Aminosäuren festgestellt.

Bei den niederen Pilzen sind Penicillin und Streptomycin Begriffe geworden, die aus der modernen Chemotherapie nicht mehr wegzudenken sind. Es ist eigentlich verwunderlich, daß die höheren Pilze (Basidiomyceten) in bezug auf ihre *antibiotische* Wirkung eine noch recht bescheidene Rolle spielen. Immerhin dringt die Antibiotica-Forschung auch in diesen Bereich erfolgreich vor. Es besteht die Möglichkeit, daß immer mehr antibiotische Stoffe auch von den Basidiomyceten zu erwarten sind, worauf W. BÖTTICHER (1950) hinweist.

Ein Überblick über Antibiotica aus höheren Pilzen ist bei P. KORZYBSKI u. W. KURYLOWICZ (1961) zu finden. Erwähnenswert ist besonders die Isolierung von Clitocybin aus dem Riesentrichterling (*Clitocybe gigantea*). Nach den Arbeiten von A. C. HOLLANDE u. G. MÉTROD (1946) erwies sich Clitocybin u. a. gegen Tuberkelbacillen in vivo, im Tierversuch und in vitro als sehr wirksam. Auch das auf künstlichem Nährboden gezüchtete Mycel enthält die aktive Substanz. Zweifellos beschränken sich die antibiotischen Stoffe nicht nur auf Clitocybe gigantea. So wurde z. B. auch aus dem Nebelgrauen Trichterling (*Clitocybe nebularis*) das thermostabile Nebularin gewonnen, das ebenfalls gegen Tuberkelbacillen wirksam ist (N. LÖFGREN u. Mitarb., 1954). H. WILLSTAEDT u. B. ZETTERBERG (1946) isolierten aus dem Echten Reizker (*Lactarius deliciosus*) das Lactarioviolin, einen gegen Tuberkelbacillen wirksamen Stoff. Antibiotica fand man weiter im Maipilz oder Georgiritter (*Calocybe georgii*). Bei diesem Pilz beobachtete M. POTRON (1956) übrigens auch eine blutzuckersenkende Wirkung. Dies wurde auch bestätigt von K. KRONBERGER (1961/63), der übrigens auch bei anderen Pilzarten blutzuckersenkende Wirkung feststellte. Auch in verschiedenen Porlingsarten, besonders im Birkenporling (*Polyporus betulinus*) wurden antibiotische Stoffe entdeckt. In Pleurotus mutilus (Seitlingsart) wurde ein wasserlöslicher antibiotischer Wirkstoff nachgewiesen, der auch gegen penicillin-widerstandsfähige Mikrokokken tödlich bzw. wachstumshemmend wirkt. Aus dem Ast-Schwindling (*Marasmius rameales*) wurde der antibiotische Stoff Marasin isoliert. S. R. BOSE (1953) gewann aus Wiesenchampignons einen antibiotischen Stoff mit bemerkenswerter Wirkung gegen Typhuskeime und Typhuserkrankungen. E. H. LUCAS u. Mitarb. (1957) berichten über tumorwirksame Substanzen aus Steinpilzen. Sie haben ferner nachgewiesen, daß auch im Wurzelrübling (*Oudemansiella radicata*) und in der Gattung Mehlpilz (*Clitopilus*) tumorhemmende Stoffe vorhanden sind und zwar nicht nur in den Sporen, sondern auch im Mycel, das in Aufschwemmungskulturen gezüchtet wurde. E. H. LUCAS u. Mitarb. (1959) haben ferner tumorhemmende (oncostatische) Eigenschaften bei Auszügen aus frischen und tiefgefrorenen Sporophoren (Sporenträger) verschiedener Arten der Gattung Calvatia (Groß-Stäublinge) entdeckt. Diese Arbeiten sind von E. S. BENEKE u. Mitarb. (1961—1963) fortgesetzt worden. Über tumorhemmende Stoffe aus Basidiomyceten, Ascomyceten und Phycomyceten haben auch N. KOMATSU u. Mitarb. (1961) gearbeitet.

11. Radioaktivität

Erste Berichte über den Einfluß *radioaktiver Niederschläge* auf Pilze finden sich bei A. E. MARAH u. Mitarb. (1962). Sie haben den ^{90}Sr-Gehalt einiger Pilzarten untersucht. In Übereinstimmung mit den bei Moosen, Gräsern und Beeren gemachten Erfahrungen lassen auch die bisher untersuchten Pilzarten eine höhere Kontamination erkennen. Bei Untersuchungen über die Aufnahme der im atmosphärischen Fallout enthaltenen Spaltprodukte durch die Vegetation wurde in mehreren einheimischen Speisepilzarten eine selektive Anreicherung des Strahlers ^{137}Cs festgestellt. Darüber berichtet H. GRÜTER (1964).

12. Pilzgifte

Pilzvergiftungen durch *Pilzgifte* sind meistens die Folge großer Leichtfertigkeit und Unkenntnis. Die Zahl der Todesfälle durch Genuß von Giftpilzen betrug früher im Jahresdurchschnitt etwa 30—40 und ist infolge intensiver Aufklärungsarbeit in den letzten Jahren auf 10—20 abgesunken. 90% aller tödlichen Pilzvergiftungen sind auf den Genuß des Grünen Knollenblätterpilzes (*Amanita phalloides*) und des Weißen Knollenblätterpilzes (*Amanita virosa*) zurückzuführen. Um die Isolierung und Aufklärung der Gifte des Knollenblätterpilzes haben sich besonders H. WIELAND, TH. WIELAND u. Mitarb. (1937—1962) verdient gemacht. Aus dem Grünen Knollenblätterpilz wurden bisher 5 Toxine isoliert und zwar Phalloidin, Phalloin und die α-, β- u. γ-Amanitine, von denen α-Amanitin am giftigsten ist. Sie sind chemisch einander nahe verwandt. Sie sind Cyclopeptide, die aus wenigen Aminosäuren aufgebaut sind. Sie halten ein Schwefelatom im Molekül, das einem Cystein angehört, aber nicht als Sulfhydrylgruppe, sondern als Thioäther vorliegt. Die Konstitution von Phalloin und Phalloidin kann heute als gesichert gelten (TH. WIELAND u. H. W. SCHNABEL 1962) (vgl. auch Bd. I dieses Handbuchs, S. 206). Bei den giftigeren, allerdings auch in geringerer Konzentration vorkommenden Amanitinen sind die Untersuchungen noch nicht ganz abgeschlossen.

In dem weniger giftigen gelben Knollenblätterpilz (*Amanita citrina*) wiesen TH. WIELAND u. Mitarb. (1953) das Bufotenin nach, das bisher nur aus dem Hautsekret von Kröten bekannt war. Bufotenin ist ein Indolkörper und zwar 5-Hydroxy-N-dimethyltryptamin.

Die Gegenmaßnahmen bei Vergiftungen durch den Grünen und Weißen Knollenblätterpilz sind deswegen sehr schwierig, weil die Vergiftungserscheinungen nach dem Genuß dieser Pilze erst nach 8—30 Std (im Durchschnitt 12 Std) auftreten. Das Gift ist dann bereits in die Blutbahn übergegangen und verursacht eine Degeneration der Leber. Der Grüne und der Weiße Knollenblätterpilz sind in ihrer Giftwirkung gleich stark.

Interessant sind die Ergebnisse von Fütterungsversuchen mit Grünen Knollenblätterpilzen bei Schweinen, die W. BÖTTICHER 1950 durchführen ließ. Nach Verfütterung großer Mengen Grüner Knollenblätterpilze zeigten die Schweine lediglich Verdauungsstörungen und erholten sich sehr schnell. H. WIELAND, der diese Befunde bestätigte, vermutete, daß das Gift des Grünen Knollenblätterpilzes durch ein im Schweinemagen vorhandenes Ferment in unschädliche Verbindungen aufgespalten wird.

Der Giftstoff des Fliegenpilzes (*Amanita muscaria*), des Pantherpilzes (*Amanita pantherina*) und des Ziegelroten Rißpilzes (*Inocybe Patouillardi*) wurde in den Forschergruppen um F. Kögl (1931—1957) und um C.H. Eugster (1956—1959) untersucht und in seiner Konstitution aufgeklärt.

Mit dem Ziegelroten Rißpilz haben sich H. Müller (1959) sowie C. H. Eugster u. G. Müller (1959) beschäftigt. Dieser Pilz enthält je nach Ernte 120—380 mal mehr Muscarin als der Fliegenpilz. Der Farbstoff des Ziegelroten Rißpilzes ist das Inocybin. Außer Muscarin kommt im Fliegenpilz und Pantherpilz noch Pilz-Atropin vor. Dieses Pilzatropin ist ein ausgesprochenes Nervengift. Während das Atropin zu rauschartigen Delirien mit Bewußtseinstrübungen und nachfolgenden vorübergehenden Lähmungen führt, erregt das Muscarin das vegetative Nervensystem. Es führt nach A. E. Alder (1960) zu einer Steigerung der Drüsensekretion, zu Sehstörungen und Verlangsamung der Herztätigkeit. Muscarin erregt überall da, wo Atropin lähmt.

Interessante Untersuchungen liegen vor über den mexikanischen Rauschpilz (*Psilocybe mexicana*). Aus diesem Pilz haben R. Heim u. A. Hofmann (1958) als halluzinogene Substanz die Stoffe Psilocybin und Psilocin isoliert. Beide Stoffe sind Derivate des 4-Hydroxytryptamins. Mit der Erforschung dieser Stoffe haben sich auch T. Herrera u. M. Zenteno (1958) beschäftigt. In diesem Zusammenhang wird noch auf ein Sammelwerk von V.P. Wasson u. R.P. Wasson (1957) "Mushroom, Russia and History" hingewiesen. Dort ist alles zusammengetragen, was die Autoren über die Verwendung von Rauschpilzen z. B. bei religiösen Riten in Mexiko im volkstümlichen Brauchtum finden konnten.

In neuerer Zeit berichtet S. Grzymala (1962) über Vergiftungen, teilweise mit tödlichem Ausgang, durch den Orangefuchsigen Hautkopf (*Cortinarius orellanus*). Er wies als Giftstoff das Orellanin nach. Die Vergiftungen wurden besonders in Polen registriert, während in Deutschland derartige Vergiftungen noch nicht beobachtet worden waren, wohl infolge des hier seltenen Vorkommens dieses Pilzes. J. Herbich u. Mitarb. (1966) berichten über eine tödliche Vergiftung mit dem Grünblättrigen Schwefelkopf (*Nematoloma fasciculare*). Es wurde eine schwere Leberschädigung festgestellt.

Es gibt nun noch eine zweite Gruppe von Pilzen, die zwar als genießbar gelten, aber in *rohem* Zustand giftig sind. Hierher gehören u. a. die Frühjahrslorchel (*Gyromitra esculenta*), der Kahle Krempling (*Paxillus involutus*), der Hallimasch (*Armillaria mellea*), und die Hexenröhrlinge (*Boletus erythropus* und *luridus*). Diese Pilzarten sind zwar nach längerem Abkochen genießbar, werden aber auch dann noch nicht von allen Personen vertragen. Der Giftstoff in der Frühjahrslorchel soll die Helvellasäure sein (E. Streibel 1950). Nach neueren Untersuchungen von S. Franke (1965) und P.H. List (1965) ist der Giftstoff nicht die sog. Helvellasäure, sondern das Gyromitrin, ein N-substituiertes Imid der Äthylenoxid-dicarbonsäure. Es ist leicht löslich in heißem Wasser. Es geht daher ins Kochwasser über, so daß die Pilze nach Weggießen des Kochwassers genießbar werden. Beim Trocknen der Pilze verliert die Lorchel ihre Giftigkeit.

Vom Kahlen Krempling berichten F. Bschorr u. H. J. Mallach (1963), daß er auch in zubereiteter Form schwere Vergiftungserscheinungen hervorruft. Es empfiehlt sich bei Verwendung des Kahlen Kremplings, ihn möglichst lange zu braten (20—30 min). Mit der Ausmittlung des Giftstoffes des Kahlen Kremplings beschäftigt sich H. Rüssel (1965).

Vergiftungserscheinungen sollen auch eintreten bei Alkoholgenuß nach einem Pilzgericht. Diese Erscheinungen werden besonders den Pilzarten der Gruppe Tintlinge und Hexenröhrlinge nachgesagt. P. H. List u. H. Reith (1960) haben am Beispiel des Faltentintlings die dem Tetraäthyl-thiuramdisulfid (*Antabus*) ähnliche Wirkung nachgeprüft. Sie haben in Selbstversuchen nach Genuß *roher* Pilze keine Wirkung feststellen können. Die Anwesenheit von Antabus konnte auf chemischem Wege ausgeschlossen werden. Wirksam sind nur die gekochten Pilze. Worauf die Wirkung beruht, ist noch nicht bekannt. Über einen Nachweis von Pilzvergiftungen durch die Differenzierung von Fragmenten giftiger und eßbarer Pilze aufgrund ihrer hämagglutinierenden und hämolytischen Eigenschaften berichtet S. RASZEJA (1965).

Da Pilze leicht verderblich sind, dürfen in Zersetzung begriffene Pilze unter keinen Umständen verwertet werden. Bei der Zersetzung des Eiweißes treten ähnlich wie bei der Fäulnis von Fleisch und Fisch Abbauprodukte auf, die außerordentlich giftig wirken.

IV. Untersuchung

Die Bestimmung der allgemeinen Bestandteile, wie Wasser, Gesamteiweiß, Fett, Kohlenhydrate, Rohfaser, Asche usw. erfolgt nach den üblichen Methoden ähnlich wie bei Gemüse. Bei der Untersuchung der Eiweißbausteine werden immer mehr und mit gutem Erfolg papierchromatographische Methoden angewandt. Die Untersuchung frischer Pilze wird sich auf die Feststellung von Verdorbenheit und auf die Gegenwart nicht genießbarer, giftiger Arten erstrecken.

Nachweis einzelner Pilzarten durch chemische Reaktionen

Die moderne Pilzsystematik bedient sich seit einer Reihe von Jahren bestimmter Reagentien, die in vielen Fällen auffallende Farben hervorrufen und dadurch das Erkennen vieler Pilzarten unterstützen. Bestimmte chemische Verbindungen ergeben eine Farbreaktion, wenn sie mit dem Fleisch oder der Hutoberhaut bzw. der Stielrinde in Verbindung gebracht werden. Nach B. HENNIG (1958) werden Farbreaktionen mit folgenden Reagentien zur Erkennung verschiedener Pilzarten angewandt:

Ammoniak (25%ige und 10%ige Lösung): Violettfärbung beim Tannen-Reizker (*Lactarius turpis*), gelb beim Schafporling (*Polyporus ovinus*), rosa-lila und dann blaßblau beim Körnchen-Röhrling (*Suillus granulatus*) und Butterpilz (*Suillus luteus*), karmin bis lila beim Kuhpilz (*Suillus bovinus*), ziegelrot und dann grün beim Gelben Röhrling (*Boletus flavus*).

Starke Basen (Natronlauge und Kalilauge in 10—15%iger Lösung): orangegelb beim Pantherpilz (*Amanita pantherina*), dunkelbraun beim Kupferroten Gelbfuß (*Gomphidius viscidus*), gelb beim Rotschuppigen Dickfuß (*Cortinarius bolaris*), rotbraun bei der Oberhaut vom Rosablättrigen Klumpfuß (*Continarius calochrous Fries*).

Eisen(II)-sulfatlösung (1 g $FeSO_4 \cdot 7\,H_2O$ in 10 ml Wasser, dazu einige Tropfen konz. Schwefelsäure, besonders für Täublingsarten): Grün beim Sparrigen Schüppling (*Pholiota squarrosa*), der Schwefelgelben Koralle (*Ramaria flava*) usw., grün und dann schwarzgrün beim Grünblättrigen Schwefelkopf (*Nematoloma fasciculare*), bläulichgrau beim Körnchen-Röhrling und Butterpilz, grau und dann schwarz beim Kuhpilz, grauschwarz beim Schafporling. Die meisten Täublinge ergeben eine mehr oder weniger rosige Färbung, außer dem Frauen-Täubling (*Russula cyanoxantha*), der nicht reagiert; beim Brätling (*Lactarius volemus*) tritt Grünfärbung auf.

Schwefelsäure (10%): Violett beim Grünen Knollenblätterpilz (*Amanita phalloides*).

Anilinwasser (3 %): Der Herings-Täubling (*Russula xerampelina*) ergibt eine blaßrötliche Farbe.

Formollösung (Formaldehyd zu 40 %): Das Fleisch im Stielende beim Rötenden Ritterling (*Tricholoma orirubens*) wird rot gefärbt, während es beim Erd-Ritterling (*Tricholoma terreum*) unverfärbt bleibt.

Guajak-Tinktur (ein Teil Guajakharz in fünf Teilen Alkohol gelöst): ruft bei vielen Arten eine blaue Färbung hervor, die auf das Vorhandensein einer Oxydase hinweist.

Mit *Salpetersäure* geben fast alle Ritterlinge (65 %) eine blassere oder sattere Rosa- bis Purpurreaktion. Trichterlinge zeigen sie nicht, ausgenommen der Nebelgraue Trichterling (*Clitocybe nebularis*), der dem Habitus nach den Ritterlingen nahesteht.

Der Schafporling (*Polyporus ovinus*) läuft durch *Lauge* sofort intensiv an, mit Salpetersäure fast mohrrüben-fleischrötlich; der Semmelstoppelpilz (*Hydnum repandum*) dagegen färbt sich mit Lauge fast milchig-weiß. Über weitere Farbreaktionen und Färbungen an frischen Blätterpilzen und Röhrlingen berichtet R. SANDOR (1956—1957).

V. Hinweise auf die lebensmittelrechtliche Beurteilung

Bundesrechtliche Vorschriften für Pilze bestehen mit Ausnahme der Polizei-VO über den Verkehr mit Frühjahrslorcheln (1939) bisher nicht. Es gelten nur die allgemeinen Vorschriften des Lebensmittelgesetzes und Landesrecht, insbesondere örtliche Polizeiverordnungen, die sich auf den Verkauf von frischen Pilzen beziehen. Meist schreiben derartige Verordnungen vor, daß frische Pilze — insbesondere auf dem Markt — nur feilgehalten werden dürfen, wenn sie von einem hierfür bestellten Sachverständigen (amtlicher Pilzberater) als einwandfrei befunden worden sind. Weiter wird vorgeschrieben, daß zum Verkauf auf dem Markt nur bestimmte Pilzsorten zugelassen sind und daß Pilze nur in ganzen Stücken angeboten werden dürfen, die die Pilzart erkennen lassen. Werden aus bestimmten Gründen Pilze geschnitten (halbiert oder geviertelt) in den Handel gebracht, müssen sie so beschaffen sein, daß die betreffende Pilzart noch einwandfrei feststellbar ist. Bei Verkauf von *Blätter- oder Lamellenpilzen*, ist das Schneiden nicht zu gestatten, sondern nur bei *Röhrenpilzen*. Die gleiche Regelung gilt auch für die Verarbeitung von Pilzen zu Pilzdauerwaren.

Derartige Bestimmungen werden erlassen, um Pilzvergiftungen vorzubeugen, die durch Verwechslung giftiger Pilzarten mit ähnlich aussehenden eßbaren Arten verursacht werden (z. B. Verwechslung der Knollenblätterpilze mit den Champignons). Als Beispiel für eine derartige örtliche Polizeiverordnung sei die Marktordnung für den Großmarkt Hamburg (Obst- und Gemüsegroßmarkt) vom 10. April 1962 genannt. Die Bestimmungen für Pilze sind hier in § 19 niedergelegt worden. Ähnliche Polizeiverordnungen bestehen auch in anderen Großstädten des Bundesgebietes (z. B. München, Hannover). Nach A. KLOESEL, H. SPERLICH u. K.G. BERGNER (1959) ist für die Folgen strafrechtlich verantwortlich, wer ohne besondere Kenntnisse in der Pilzkunde Pilze sammelt. Verdorbene Pilze sind als gesundheitsschädlich anzusehen.

Innerhalb des Codex Alimentarius Europaeus, 1963 sind Leitsätze für Pilze und Pilzerzeugnisse geschaffen worden, die für den europäischen Handel mit Pilzen eine einheitliche Auffassung und Beurteilung herbeiführen und dadurch den zwischenstaatlichen Verkehr mit Pilzen und Pilzerzeugnissen erleichtern sollen (vgl. W. BÖTTICHER 1961). Die Leitsätze für Pilze und Pilzerzeugnisse im Deutschen Lebensmittelbuch vom 8. IV. 1965 (Bundesanzeiger Nr. 101 vom 2. VI. 1965) lehnen sich an diese Leitsätze an.

B. Pilzdauerwaren

I. Pilze in Dosen und Gläsern

Das Eindosen der Pilze ist eine der gebräuchlichsten und in der Bundesrepublik am meisten verwendeten Methoden zur Konservierung von Pilzen. Die Pilze werden nach der Anlieferung geputzt, gewaschen, blanchiert und dann in den Dosen in der üblichen Weise sterilisiert. Es dürfen nur einwandfreie und gesunde Pilze verwendet werden. Im Blanchierprozeß werden die Enzyme inaktiviert, die Zellstruktur der Pilze wird aufgelockert, gewisse Mikroorganismen werden bereits abgetötet und der Waschprozeß wird zugleich fortgesetzt. Die Pilze werden in Blanchierkesseln 2—4 min lang erhitzt. Beim Blanchiervorgang schrumpfen die Pilze bis etwa auf die Hälfte ihres Volumens zusammen. Nach dem Blanchierprozeß werden sie abgekühlt und in Dosen gefüllt. Darauf übergießt man sie mit einer 1 %igen Kochsalzlösung und verschließt die Dosen mit einer Verschlußmaschine. Die anschließende Sterilisation, die jetzt meist im Überdruckautoklaven vorgenommen wird, ist für die Haltbarkeit der Ware von ausschlaggebender Bedeutung. Da Pilze sehr resistente Erdsporen enthalten, wird als normale Sterilisationszeit und Temperatur bei Normaldosen (1/1) 38 min (7 min steigend, 24 min haltend und 7 min fallend) bei 118—121° C angewandt. Nach Ablauf der Sterilisationszeit läßt man die Temperatur im Autoklaven durch entsprechende Dampfregulierung langsam fallen. Es ist erforderlich, daß man sich zu Beginn und während der Fabrikation wiederholt davon überzeugt, daß das angewandte Sterilisationsverfahren einwandfrei arbeitet.

Dazu werden einige Stichproben bei Bruttemperaturen (37° C) mehrere Tage im Brutschrank aufbewahrt. Hat eine 3—4tägige Bebrütung keine Bombage, eine 7tägige Bebrütung keine Säuerung herbeigeführt, so kann mit großer Wahrscheinlichkeit angenommen werden, daß die Sterilisation richtig erfolgt ist. Einen absolut sicheren Aufschluß, ob die Ware bakterienfrei ist, kann allerdings nur eine bakteriologische Untersuchung ergeben.

Wenn die Dosen den Autoklaven verlassen haben, zeigen sie infolge des inneren Überdruckes Bombageerscheinungen, d. h. Deckel oder Boden oder gar beide werden nach außen gewölbt. Bei der anschließenden Abkühlung verliert sich diese Erscheinung von selbst. Da Pilzkonserven einen günstigen pH-Wert von 5,2—6,0 besitzen, ist ihre Haltbarkeit bei sorgfältiger Sterilisation praktisch unbegrenzt. Bei der Konservierung von Pilzen in Gläsern ist der Gang der Fabrikation bis zur Einfüllung der gleiche wie bei der Einlegung in Dosen. Bei der anschließenden Sterilisationszeit müssen dann entsprechende Vorsichtsmaßregeln beachtet und besondere Apparaturen verwendet werden.

Dosenpilze weisen aufgrund zahlreicher Analysen von W. Bötticher Wassergehalte zwischen 87 und 93 % und Werte für Stickstoffsubstanz zwischen 1,8 und 4,5 % auf.

Untersuchungen von W. Schuphan (1961) an einer größeren Anzahl von Pilzkonserven auf ihren Gehalt an essentiellen Aminosäuren ergaben eine günstige Zusammensetzung des Pilzeiweißes in ernährungsphysiologischer Hinsicht (vgl. auch Tab. 3).

II. Trockenpilze

Neben der Eindosung ist die Trocknung die gebräuchlichste Art der Konservierung von Pilzen. Bei der Trocknung ist zu unterscheiden zwischen der Haustrocknung und der Industrietrocknung. Weitaus die größte Menge der im Bundesgebiet hergestellten Trockenpilze wird im Wege der Haustrocknung hergestellt. Dies gilt auch für die übrigen europäischen Länder, die Pilze verwerten.

Die Pilze sind vor dem Trocknungsprozeß nur zu putzen und zu schneiden, aber nicht zu waschen, da sonst, besonders bei Steinpilzen, häßliche Verfärbungen entstehen können und außerdem die Trocknung erschwert wird. Bei der Haustrocknung in waldreichen Gegenden ist die Aufstellung sog. Primitivdarren zu empfehlen. Sie sind unter Schuppen in Dörfern oder in Waldarbeitergehöften zu errichten, damit die Pilze stets geschützt gegen Niederschläge aufbewahrt werden können. Über derartige Primitivdarren und deren Konstruktion berichtet J. STOLLEY (1943). Bei schönem Wetter werden die Pilze zweckmäßig luftgetrocknet, bei feuchter Witterung und fortgeschrittener Jahreszeit wird man sich vorhandener Herd-, bzw. Backöfen bedienen. Diese eignen sich aber nur dann, wenn für geeignete Durchlüftung gesorgt wird, damit die Feuchtigkeit abgeführt werden kann. Die hausgetrocknete Ware ist bei der Herstellung Verunreinigungen durch Fliegen u. a. Insekten ausgesetzt. Auf die Begasung von getrockneten Pilzen zur Abtötung von Mikroorganismen wird später (S. 533) eingegangen. Außerdem liegt der Wassergehalt bei dieser Ware meistens über 12 %. Sie ist dadurch gegenüber Schimmelbefall weniger resistent. Es empfiehlt sich daher, hausgetrocknete Ware, wenn sie in größeren Mengen gehandelt wird, über einen Industrietrockner laufen zu lassen.

Bei der Industrietrocknung werden die Pilze bei einer Temperatur von 60° C getrocknet, da bei dieser Temperatur das sog. Schmoren der Pilze noch nicht eintritt, die Trocknung aber bereits recht lebhaft vor sich geht. Infolge des hohen Wassergehaltes der Pilze ist darauf zu achten, daß die Lüftung der verwendeten Apparaturen einwandfrei funktioniert, damit der überschüssige Wasserdampf abgeleitet wird. Wenn die Hauptmenge des Wassers verdampft ist, kann zum Abschluß die Temperatur auf 70—75° C erhöht werden, um dann die Hitze langsam abklingen zu lassen. Als Trockner werden in der pilzverarbeitenden Industrie hauptsächlich zwei Systeme angewandt, die Kammern- bzw. Hordentrockner und die Bandtrockner. In der pilzverarbeitenden Industrie wird überwiegend der Hordentrockner verwendet. Je nach Größe können diese Trockner erhebliche Mengen von Frischpilzen in kurzer Frist trocknen. Ein mittelgroßer Hordentrockner ist in der Lage, am Tag $2^1/_2$—3 t Frischpilze zu verarbeiten. Die Trocknung einer Charge dauert $2^1/_2$—3 Std. Die Ausbeute beträgt im Durchschnitt etwa 10 %. Die Bandtrockner leisten ungefähr dasselbe wie die Hordentrockner.

Die Aufbewahrung der Trockenpilze muß sehr sorgfältig geschehen, da bei größeren Temperatur- und Feuchtigkeitsschwankungen sich sehr leicht Feuchtigkeit auf dem Trockengut niederschlagen kann, die von den Pilzen leicht aufgenommen wird. Über das Verhalten der Pilze beim Trocknen liegen ausführliche Untersuchungen von P. GÖRLING (1956), vor. Über die Veränderung des Feuchtigkeitsgehaltes von Trockenpilzen unter dem Einfluß verschiedener relativer Luftfeuchtigkeiten berichten W. BÖTTICHER u. H. J. REHM (1961—1962). Auch Z. GALFFY (1956—1957) hat darüber Untersuchungen angestellt. Die Pilze sollten bereits bei der Ersttrocknung auf einen Feuchtigkeitsgehalt von 12 % gebracht werden. Dies zu überwachen und gegebenenfalls Partien, die bei der Einfuhr wesentlich über dieser Grenze liegen, nachzutrocknen, sollte Aufgabe der Importeure und auch der Pilzgroßhändler sein, die diese Ware zum Kleinverkauf abgeben. Dem Verderb durch Mikroorganismen und durch andere Einflüsse, der bei getrockneten Pilzen mit erhöhtem Wassergehalt zu erwarten ist, würde durch eine derartige Trocknung weitgehend Einhalt geboten. Am besten ist es, wenn die getrocknete Ware sofort luftdicht und wasserundurchlässig verpackt wird. Nach den neuesten Erfahrungen ist eine Ware, die mit einem Wassergehalt von 10 % in heißgesiegelte Polyäthylenbeutel verpackt wird, am besten haltbar. Bei längerer Lagerung von größeren Partien unverpackter Ware empfiehlt es sich, das Trockengut öfters durchzusehen und umzuschaufeln. Die Lagerräume müssen kühl und trocken sein.

Zur Pilztrocknung eignen sich fast alle genießbaren Pilzarten. Den Haupthandelsartikel bildet aber nach wie vor der getrocknete Steinpilz. Aus Trockenpilzen können durch Vermahlen Pilzpulver hergestellt werden. Diese sind leichter verdaulich, da durch die Zerkleinerung alle Nährstoffe den Verdauungssäften leichter zugänglich sind. Fütterungsversuche, die W. BÖTTICHER (1950) bei Schweinen mit Pilzmehl durchführen ließ, ergaben sowohl für den pepsinverdaulichen wie auch für den trypsinverdaulichen Anteil recht günstige Werte. So lagen der pepsinverdauliche Anteil zwischen 54 und 63 % des Gehaltes an Gesamteiweiß und der trypsinverdauliche zwischen 10 und 18 %. Die Gesamtverdaulichkeit betrug 69—80 % des Gesamteiweißes. Eine weitere wertvolle Eigenschaft des Pilzpulvers ist sein würziger Geruch und Geschmack, wodurch es für eine den Appetit anregende Würzung der Speisen geeignet ist. Während man Trockenpilze meist mehrere Stunden vor der Verwendung einweichen muß, ist diese vorbereitende Maßnahme bei Pilzpulver nicht notwendig.

Über den Gehalt an Gesamteiweiß in Trockenpilzen liegen Untersuchungen von W. BÖTTICHER vor. Danach schwankte der Gehalt an Gesamteiweiß bei 25 verschiedenen Trockenpilzarten zwischen 16 und 39 % (Mittelwert 23 %). Im allgemeinen haben die wohlschmeckenden Pilzarten auch einen höheren Eiweißgehalt. Verschiedene Pilzarten wurden mehrfach untersucht, um festzustellen, ob und inwieweit die Zusammensetzung einer und derselben Pilzart unter dem Einfluß verschiedener Faktoren, wie Standort, Bodenbeschaffenheit, Witterung und Jahreszeit Schwankungen unterworfen ist. Das bisher vorliegende Analysenmaterial zeigt, daß die untersuchten Pilzarten eine bemerkenswerte Konstanz in ihrer Zusammensetzung aufweisen. Weiteres Analysenmaterial über Trockenpilze ist bei S. W. SOUCI u. Mitarb. (1962) veröffentlicht. Danach sind die Mittelwerte: Wasser 11,6 %, Eiweiß ($^2/_3$ Stickstoff · 6,25) 19,7 %, Fett 3,2 %, Rohfaser 8,1 %, Kohlenhydrate 43,6 %, Mineralstoffe 6,1 %.

In den letzten Jahren ist man dazu übergegangen, gefriergetrocknete Ware herzustellen. Die Versuche sind bisher besonders erfolgreich bei der Herstellung gefriergetrockneter Kulturchampignons gewesen. Darüber berichten G. KALLISTRATOS u. Mitarb. (1965). Diese Ware zeichnet sich durch ein besonders niedriges Raumgewicht, eine schöne Farbe und gute Quellfähigkeit aus. Lediglich das Aroma läßt bei diesen Produkten noch zu wünschen übrig. Der Wassergehalt von gefriergetrockneten Kulturchampignons liegt zwischen 3 und 6% (W. BÖTTICHER u. H. LÜCK 1963).

III. Sonstige Pilzdauerwaren

Die in diese Gruppe fallenden Erzeugnisse wie Pilzextrakte, Salzpilze, silierte Pilze, Essigpilze und tiefgefrorene Pilze spielen im Verkehr mit Pilzprodukten bei weitem nicht die Rolle wie Dosen- und Trockenpilze.

Die Herstellung von *Pilzextrakt* kann für die Zukunft eine größere Bedeutung gewinnen, wenn es gelingt, die wirtschaftlichen Probleme bei der Herstellung dieses Produktes zu lösen. Die industrielle Gewinnung ist eingehend in einer Versuchsanlage im Spreewald in den Jahren 1940—1944 erprobt und durchgeführt worden.

Zur Herstellung von Pilzextrakt werden die Pilze geputzt und kurz gewaschen, wobei sie noch 10—20% Wasser aufnehmen. Dann werden sie in einer Zerreißmaschine grob zerkleinert und mit Hilfe einer hydraulischen Presse solange gepreßt, bis kein Pilzpreßsaft mehr abfließt. 100 kg Pilze geben 70—80 kg Preßsaft. Dieser wird anschließend in einem Vakuumapparat bis zum spez. Gewicht von 1,15—1,20 eingedickt, was einem Gehalt von rund 30% Trockenmasse entspricht. Nach dem Ablassen aus dem Vakuumapparat wird der Extrakt mit etwa 4% Kochsalz und mit 0,1% Konservierungsstoff (p-Hydroxybenzoesäureester oder Sorbinsäure) haltbar gemacht. Der Zusatz eines chemischen Konservierungsmittels läßt sich nach den bisherigen Erfahrungen nicht vermeiden, da die Haltbarkeit durch den hohen Wassergehalt und die Eiweißstoffe begrenzt ist.

Aus 100 kg Frischpilzen erhält man als Endprodukt 5,3—8 kg Extrakt mit 30% Trockenmasse. Den Pilzextrakt mit dem besten Aroma und Geschmack erhält man, wenn man von einem Gemisch möglichst vieler Pilzarten ausgeht. Der fertige Extrakt stellt eine eiweiß- und mineralstoffreiche, braunschwarze, sirupartige Flüssigkeit dar, die an Aroma und Wohlgeschmack mit den besten Suppenwürzen des Handels vergleichbar ist. Nach W. Bötticher, der eine größere Anzahl von Pilzextrakten analysiert hat, lag der Gehalt an Gesamteiweiß (N· 6,25) zwischen 4,25 und 9,16%, der Gehalt an Mineralsalzen zwischen 4,6 und 9,0% (einschließlich Kochsalz). Nach diesen Untersuchungen liefern Grünlinge den geruchlich und geschmacklich besten Extrakt. Man kann Pilzextrakt auch aus Trockenpilzen herstellen.

Das *Einsalzen* der Pilze ist ein Notbehelf, da der Verwendungszweck durch den verhältnismäßig hohen Kochsalzgehalt (12—20%) eingeengt ist. Es kann auch vom ernährungsphysiologischen Standpunkt aus wegen des Verlusts an Nährsalzen nicht als vorteilhaft betrachtet werden. Das Einsalzen wird besonders in den östlichen Ländern (Polen und UdSSR) durchgeführt, wo Überschüsse an Pfifferlingen in Fässer eingesalzen werden. Diese Ware wird dann u. a. auch nach Deutschland exportiert. Hier wird sie nach Entsalzen durch einen Wässerungsprozeß vielfach auch in Dosen umgepackt. Diese Ware muß nach den geltenden lebensmittelrechtlichen Bestimmungen deutlich als solche gekennzeichnet werden (z. B. ,,hergestellt aus gesalzener Rohware"). Der Nachweis des Umpackens gelingt nach W. Bötticher (1958); ferner H. Bosch u. A. Mödl (1966). Geruch und Geschmack dieser Ware ist gegenüber der normal eingedosten Frischware wesentlich schwächer. Der Gehalt an Gesamteiweiß erleidet Verluste.

Silierung (Einsäurung) und *Einlegen in Essig* hat in Deutschland bei Pilzen keine wesentliche Bedeutung erlangt. Diese Verfahren werden hauptsächlich in den Oststaaten und in Italien durchgeführt. Näheres darüber berichtet W. Bötticher (1950).

Dagegen gewinnt das *Tiefgefrieren* von Pilzen zunehmende Bedeutung. Besondes Kulturchampignons, Steinpilze und Pfifferlinge eignen sich für diesen Prozeß. Am besten werden ganze Pilze, aber stets frisch geerntete und völlig unbeschädigte Pilze, zum Tiefgefrieren Verwendung finden. Durch Vorkochen bzw. Blanchieren vorbehandelte Pilze werden in Tiefkühlanlagen bei —36 bis —40° C tiefgefroren und dann bei —18° C gelagert. Ihr Transport erfolgt nur in tiefgekühlten Waggons. Derartige tiefgefrorene Pilze müssen sofort nach dem Auftauen zubereitet werden. Über das Tiefgefrieren von Pilzen vgl. R. Heiss (1942), H. Ohler (1961) und J. Schormüller (1966). Die Wirkstoffe der Pilze bleiben durch den Gefrierprozeß fast vollständig erhalten.

IV. Untersuchung

Da im Handel praktisch nur zwei Sorten von Pilzdauerwaren, und zwar Dosenpilze und Trockenpilze, anzutreffen sind, kann sich die Beschreibung der vorzunehmenden Untersuchungen auf diese beiden Produkte beschränken.

Die folgenden Untersuchungsmethoden sind in jahrelanger Praxis in der Zentralstelle für Pilzforschung und Pilzverwertung, München, ausgearbeitet worden und haben sich gut bewährt. Diese Methoden sind auch zur Aufnahme in das zu schaffende Methodenbuch im Europäischen Lebensmittelkodex vorgeschlagen worden.

1. Untersuchungsmethoden für Dosenpilze

Die Analyse erstreckt sich vor allem auf folgende Bestimmungen: Mindesteinfüllgewicht, Wasser, in Wasser lösliche Stoffe, Asche, Alkalität der Asche, Sand (salzsäureunlösliche Anteile), Gehalt an Kochsalz (NaCl), Stickstoffsubstanzen, Gehalt an schwefliger Säure (SO_2), pH-Wert, Verhalten im ultravioletten Licht und Bestimmung der Madengängigkeit (gestochene Anteile) und der Maden.

Voraussetzung für zuverlässige Vergleichswerte ist die Herstellung einer sorgfältig gemischten Durchschnittsprobe und die schnelle Verarbeitung des leicht veränderlichen Materials.

a) Probeentnahme

Bei der Entnahme von Dosenpilzen ist zu beachten, daß von einem Stapel nicht nur eine Probe, sondern möglichst mehrere Dosen gezogen werden. Dies ist notwendig, da es vorkommen kann, daß z. B. Maden nur in einer Dose vorhanden sind, während in den übrigen Dosen keine Maden festgestellt werden. Nach Öffnen der Dosen muß der Inhalt infolge der leichten Zersetzlichkeit der Pilze möglichst schnell analysiert werden.

b) Mindesteinfüllgewicht (Auswaagegewicht)

Nach Wägen und Öffnen der vollen Dose wird festgestellt, ob die Aufgußflüssigkeit die Pilze bedeckt. Der Inhalt der Dose wird daraufhin in ein Sieb mit 2,5 mm Maschenweite und einem Durchmesser von ca. 20 cm gegossen. Pilze mit einer dünnen Aufgußflüssigkeit läßt man 3 min, Pilze mit eigenem Saft bzw. mit viscoser Aufgußflüssigkeit läßt man 5 min abtropfen, indem das Abtropfgut bei schräg gehaltenem Sieb ab und zu vorsichtig mit einem Löffel gelockert wird. Danach gibt man die abgetropften Pilze in die gut ausgelaufene, leer gewogene Dose zurück und wägt.

c) Sinnenprüfung

In dem abgetropften Gut werden die einzelnen Pilzarten festgestellt und mit der Deklaration der Ware verglichen. Gestochene Anteile, Verunreinigungen, wie Maden, Tannennadeln, Moos, Holzstückchen usw. werden entfernt und gegebenenfalls prozentual ermittelt. Die organoleptische Bewertung des Doseninhalts in bezug auf

1. Geschmack (Wertziffer 3)
2. Farbe (Wertziffer 2)
3. Geruch (Aroma) (Wertziffer 1)
4. Form, Konsistenz, Schnittart (Wertziffer 1)
5. äußere Beschaffenheit, insbesonders Sauberkeit (Wertziffer 3)

erfolgt nach folgender Qualitätsbewertung nach Noten:

sehr gut	5 Punkte	ausreichend	2 Punkte
gut	4 Punkte	mangelhaft	1 Punkt
befriedigend	3 Punkte	ungenügend	0 Punkte

Die festgestellten Qualitätspunkte werden mit den jeweils in Klammern vermerkten Wertziffern multipliziert, die Ergebnisse addiert und die erhaltene Zahl durch 10 dividiert. Das Resultat ist die Endnote für den Doseninhalt.

d) Wassergehalt

3—5 g des durch Zerkleinern in einem Mixgerät gewonnenen Pilzbreies werden in Aluminiumschalen 1 Std im Schnelltrockenschrank (Brabender) oder in Wägegläschen von 3 cm Durchmesser und 3 cm Höhe 3—4 Std im normalen Trockenschrank bei 105° C getrocknet, nach dem Abkühlen im Exsiccator gewogen und jeweils weitere 30 min bis zur Gewichtskonstanz getrocknet.

e) Asche

5—10 g des gut durchgemischten Pilzbreies werden im Trockenschrank getrocknet und dann bei 500—600° C im Muffelofen verascht.

Alkalität der Asche. Die erhaltene Asche wird mit 5 ml n-Salzsäure versetzt und mit heißem dest. Wasser in ein Becherglas gespült. Nach 10 min langem schwachen Erhitzen bei aufgelegtem Uhrglas wird die nicht verbrauchte Säure mit n-Alkalilauge zurücktitriert (Phenolphthalein als Indicator). Die Alkalität der Asche wird ausgedruckt in ml n-Säure, die zur Neutralisation der Asche aus 100 g Substanz erforderlich sind.

f) Sandgehalt (Salzsäure-Unlösliches)

Die nach Bestimmung der Alkalität erhaltene Lösung wird mit verd. Salzsäure (10%ig) angesäuert, erhitzt und durch ein aschefreies Filter filtriert. Das getrocknete Filter mit den in Salzsäure unlöslichen Substanzen wird verascht und der verbliebene Sandrückstand gewogen. Berechung auf 100 g des angewandten Pilzbreies.

g) Kochsalzgehalt

A) der abgetropften Pilze.

a) aus der Asche. Die Lösung der nach e) erhaltenen Asche wird nach Neutralisation mit Natriumcarbonat mit verd. Salpetersäure (10%ig) angesäuert und mit 0,1 n-Silbernitratlösung bis zur bleibenden schwachen Rotbraunfärbung titriert (einige Tropfen gesättigter Kaliumchromatlösung als Indikator). 1 ml 0,1 n-Silbernitratlösung = 0,00585 g NaCl.

b) direkt. 5 g des gut durchgemischten Pilzbreies werden in einem 250 ml-Meßkolben mit ca. 100 ml dest. Wasser versetzt, gut durchgeschüttelt und 10 min lang im kochenden Wasserbad erhitzt. Nach rascher Abkühlung unter der Wasserleitung wird nochmals durchgeschüttelt und dann filtriert. Von dem klaren Filtrat werden 25 ml, wenn nötig, mit Natronlauge neutralisiert, mit verd. Salpetersäure (10%ig) angesäuert und wie unter a) mit 0,1 n-Silbernitratlösung titriert.

B) der Aufgußflüssigkeit.

5 ml der gut durchgemischten Aufgußflüssigkeit werden im 50 ml-Meßkölbchen mit dest. Wasser bis zur Marke aufgefüllt, davon 5 ml (= 0,5 ml angewandte Menge) mit verd. Salpetersäure (10%ig) angesäuert, mit Natriumcarbonat neutralisiert und wie unter a) mit 0,1 n-Silbernitratlösung titriert.

h) Stickstoffsubstanz

2 g des gut durchgemischten Pilzbreies werden in bekannter Weise nach J. Kjeldahl aufgeschlossen. Man verfährt im einzelnen nach Bd. II/2.

i) Schweflige Säure in Champignon-Konserven

a) Qualitativ: Ca. 30 g des gut durchgemischten Pilzbreies bzw. 30 ml des Aufgusses werden in einen 150 ml fassenden Erlenmeyer-Kolben mit eingeschliffenem Glasstopfen (oder Korkstopfen) gebracht. Hierauf wird mit verd. Schwefel- oder Phosphorsäure (10%ig) angesäuert und ein Streifen angefeuchtetes Kaliumjodatstärkepapier so zwischen Stopfen und Hals des Kolbens angebracht, daß ein Teil des Papiers frei in den Kolben hineinhängt. Den Stopfen kann man durch Auftragen von Collodium hermetisch verschließen. Zeigt sich innerhalb von 10 min eine bleibende oder vorübergehende Bläuung des Streifens, so ist schweflige Säure vorhanden.

Das Kaliumjodatstärkepapier wird hergestellt, indem Filterpapier mit einer Lösung von 0,1 g Kaliumjodat in 1 g löslicher Stärke in 100 ml Wasser getränkt wird. Das Papier muß nach dem Trocknen farblos sein.

b) Quantitativ: Durch einen Destillierkolben von 500 ml Inhalt, welcher mit einem zweifach durchbohrten Stopfen verschlossen und an einen Liebig-Kühler angeschlossen ist, leitet man reines, gewaschenes Kohlendioxid, bis alle Luft aus dem Apparat verdrängt ist. Dann bringt man in die Vorlage etwa 50 ml Jodlösung (5 g Jod und 7,5 g Kaliumjodid mit dest. Wasser zu 1 l gelöst) oder 50—80 ml schwefelsäurefreies Wasserstoffperoxid (3%ig), lüftet den Stopfen des Destillierkolbens und gibt die Aufschwemmung von 30 g des gut durchgemischten Pilzbreies in 200 ml dest. Wasser bzw. 30 ml des Aufgusses und 200 ml dest. Wasser in den Kolben. Nachdem noch 10 ml Phosphorsäure (d = 1,30) zugegeben worden sind und der Kolben wieder geschlossen ist, erhitzt man die Untersuchungslösung vorsichtig und destilliert sie unter stetigem Durchleiten von Kohlendioxid, bis die Hälfte der Flüssigkeit übergegangen ist. Man setzt nunmehr der vorgelegten Jodlösung, die noch braun gefärbt sein muß, etwas verd. Salzsäure (10%ig) zu, erhält die Flüssigkeit bis zur Entfernung des größten Teiles des Jodes (schwache Gelbfärbung) im Sieden und fällt die entstandene Schwefelsäure mit der gleichen Flüssigkeitsmenge einer 10%igen, siedendheißen Bariumchloridlösung, unter ständigem Rühren, in einem Gusse aus. Bei sehr kleinen Mengen an schwefliger Säure erscheint der Niederschlag von Bariumsulfat erst nach ungefähr 6stündigem Stehen auf dem siedendheißen Wasserbad. Der Niederschlag wird durch ein aschefreies Filter filtriert, angetrocknet und verascht. Bariumsulfat · 0,2744 = g SO_2. Hinzuweisen wäre noch auf Bestimmung der schwefligen Säure in Lebensmitteln nach J.F. Reith u. J.J. Willems, die sich auch für die Bestimmung der schwefligen Säure in Pilzkonserven gut eignet (vgl. auch S. 161 sowie Bd. II/2).

k) Trockensubstanz des Aufgusses

Die Konzentration der gelösten Bestandteile im Aufguß wird mittels des Hand-Zuckerrefraktometers oder Abbé-Refraktometers festgestellt.

l) pH-Wert des Aufgusses

Zur Feststellung der Wasserstoffionenkonzentration bedient man sich eines pH-Meters, in den meisten Fällen genügt jedoch die pH-Messung mit Lyphanpapier.

m) Verhalten im ultravioletten Licht

Neben einem Absinken des Eiweißgehaltes der Dosenpilze unter 1,80% gibt das Verhalten im ultravioletten Licht gute Anhaltspunkte für die Feststellung, ob für das Eindosen Frischpilze oder Salzpilze verwendet worden sind. Aus frischer Rohware hergestellte Dosenpilze weisen eine helleuchtende Lumineszenz auf, während aus Salzware hergestellte Dosenpilze (umgepackte Ware) nur eine schwache oder gar keine Lumineszenz zeigen.

n) Madengängigkeit (gestochene Anteile) und Maden

Nach Feststellung des Gewichtes der in der zu untersuchenden Dose befindlichen Pilze (abgetropfte Ware) werden diese auf dem vorher benutzten Sieb unter der Wasserleitung abgebraust, bis das Schleimige der Aufgußflüssigkeit verschwunden ist. Darauf wird jedes Pilzstückchen makroskopisch auf Madengänge geprüft. Stücke mit 4 und mehr Einstichstellen werden ausgesondert, zur Feststellung etwa vorhandener Maden im Innern einmal durchgeschnitten, später ingesamt gewogen und prozentual berechnet.

Auch in der Aufgußflüssigkeit etwa festgestellte Maden werden bei der Beurteilung mit berücksichtigt.

2. Untersuchungsmethoden für Trockenpilze

a) Probeentnahme

Bei der Probeentnahme von Trockenpilzen ist bei größeren Partien unbedingt darauf zu achten, daß gute Mischproben gezogen werden und zwar z. B. bei einer Lagermenge von 100 kg Trockenpilzen etwa 10 Mischproben aus verschiedenen Stellen der lagernden Partie. Es ist anzuraten, infolge des hygroskopischen Verhaltens der Trockenpilze die Wasserbestimmung sofort nach der Probeentnahme durchzuführen.

b) Vorbereitung des Probenmaterials

Die Proben, welche in einer Menge von mindestens 100—150 g vorliegen sollten, werden nach gestochenen, graubeschlagenen, verbrannten und fremden Pilzarten durchsucht; diese Anteile werden jeweils für sich prozentual bestimmt. Etwa 50 g der Probe werden im Mixgerät pulverisiert und für die nachfolgenden Untersuchungen verwendet.

c) Wassergehalt

3—5 g des Pilzpulvers werden im Trockenschrank in Wägegläschen bei 105° C und einer Dauer von 3 Std getrocknet. Wägungen bis zur Gewichtskonstanz erfolgen nach Weitertrocknung von jeweils 30 min.

d) Asche

2—3 g des Pilzpulvers werden vorsichtig verbrannt. Die Kohle wird im Muffelofen bei 500—600° C verascht. Zur Vermeidung einer Schmelze wird empfohlen, nicht bei höheren Temperaturen zu veraschen.

e) Alkalität der Asche

Die Alkalität der Asche wird wie unter e) Dosenpilze angegeben bestimmt.

f) Sandgehalt (Salzsäure-Unlösliches)

Der Sandgehalt wird in bekannter Weise durch Ausziehen der Asche mit 10%iger Salzsäure bestimmt.

g) Stickstoffsubstanzen nach Kjeldahl

1—2 g des Pilzpulvers werden wie unter Dosenpilzen angegeben behandelt.

h) Schweflige Säure

a) *Qualitativ* wie bei Dosenpilzen.

b) *Quantitativ:* Die quantitative Bestimmung der *gesamtschwefligen Säure* erfolgt durch Destillation der mit Phosphorsäure angesäuerten Substanz im Kohlensäurestrom (vgl. Konservenpilze).

Die *freie*, nicht in organischer Bindung vorhandene *schweflige Säure* bestimmt man in folgender Weise:

50 g des Pilzpulvers werden in einem Meßkolben von 500 ml Inhalt mit 400 ml ausgekochtem, kaltem dest. Wasser $^1/_2$ Std lang geschuttelt, darauf mit ebensolchem Wasser zur Marke aufgefullt, gemischt und durch ein trockenes Faltenfilter abfiltriert. 100 ml des schwach gefarbten, meist trüben Filtrates werden nach Zusatz von etwas Stärkekleister mit einer Jodkaliumlosung, die 1 g Jod im Liter enthält, titriert, bis die entstehende Blaufarbung nach vier- bis fünfmaligem Umschwenken nicht mehr verschwindet und mindestens $^1/_2$ min anhält.

die *organisch gebundene schweflige Säure* ergibt sich aus der Differenz.

i) pH-Wert

2—3 g des Pilzpulvers werden im 100 ml-Becherglas mit 50 ml dest. Wasser übergossen und gut umgerührt. Nach 6 Std wird der pH-Wert der Flüssigkeit mittels pH-Meter oder mittels Lyphanpapier gemessen.

k) Bestimmung der Madengängigkeit (gestochene Anteile)

Aus einer gewogenen Menge von Trockenpilzen, die wenigstens 30 g betragen soll, werden die makroskopisch erkennbaren, mehrfach gestochenen Stücke (4 und mehr Einstiche) ausgesondert. Bei sehr großen Stücken — wie Scheiben getrockneter, halbierter Steinpilze — welche nur an einer Stelle Madengänge bzw. Madenfraß aufweisen, ist der befallene Teil abzuschneiden oder abzubrechen und auszusondern. Die ausgesonderten Stücke werden später insgesamt gewogen und prozentual berechnet.

Ob Trockenpilze aus madigem Frischmaterial hergestellt oder erst nachträglich vermadet sind, erkennt man daran, daß im letzteren Fall fast immer lebende Maden, leere Puppenhülsen, Gespinste oder Kot von Maden der Kornmotte (*Tinea granella*), im ersteren Fall nur tote Maden von Pilzmücken (*Mycedophiliden*) vorhanden sind.

V. Hinweise auf die lebensmittelrechtliche Beurteilung

Bundesrechtliche Vorschriften bestehen auch für Pilzdauerwaren bisher nicht. Sie sind nach den allgemeinen Bestimmungen des Lebensmittelgesetzes zu beurteilen. Reeller Handelsbrauch und Verbrauchererwartung haben ihren Niederschlag in den Leitsätzen für Pilze und Pilzerzeugnisse für das Deutsche Lebensmittelbuch gefunden. Mit dem Problem des Gehaltes an Maden und gestochenen Anteilen in Pilzkonserven haben sich W. Bötticher (1961), W. Kaske (1962) und A.F. Lindner u. M. Löweneck (1964) beschäftigt. Über den Befall von Pilzen mit verschiedenen Insekten berichtet I. Eisfelder (1961). Die Frage des Gehaltes an Maden und gestochenen Anteilen in Pilzkonserven wurde in den oben genannten Leitsätzen geklärt.

Über das Verhältnis von Füllgewicht zu Auswaagegewicht bei Pilzkonserven liegen umfangreiche Untersuchungen von W. Bötticher (1959—1964) vor. Hinsichtlich der Füllung von Waldpilzkonserven wird auf die oben genannten Leitsätze verwiesen. Im Europäischen Lebensmittelkodex wird im Kapitel Pilze und Pilzerzeugnisse gefordert, daß das Auswaagegewicht in jedem Fall auf der Dose zu deklarieren ist.

Getrocknete Pilze

Hier hat man bei getrockneten Steinpilzen drei verschiedene Klassen bzw. Sortierungen zugelassen und zwar sind sie in ihrer Bezeichnung eingeteilt nach ihrem Gehalt an madengängigen (gestochenen) Anteilen: Getrocknete Steinpilze, Klasse I, dürfen nur bis 5% gestochene Anteile aufweisen. Bei Klasse II sind bis zu 15%, bei Klasse III bis zu 25% gestochene Anteile erlaubt.

Weiterhin wird für getrocknete Steinpilze Sandfreiheit verlangt mit einer Toleranz bis zu 2% salzsäureunlösliche Bestandteile, bezogen auf das Fertigfabrikat. Getrocknete Steinpilze müssen von heller Farbe sein (Klasse I und II) und nach dem Wiederaufquellen weichfleischig und nicht schleimig sein. Der Wassergehalt soll höchstens 12% betragen (W. Bötticher u. H. J. Rehm 1961—1962). Als zulässig wird eine Behandlung durch Hitze oder insektentötende Gase bei anschließender restloser Entfernung der Gase angesehen.

Trockenpilze weisen, soweit sie nicht maschinengetrocknet werden, einen hohen Anfälligkeitsgrad gegen Ungeziefer auf. In Deutschland, aber auch in den anderen erzeugenden z. B. osteuropäischen Ländern wird der Hauptanteil der Trockenware durch Haustrocknung hergestellt. Diese Ware ist durch die Art der Herstellung besonders anfällig gegen Mikroorganismen und tierische Organismen (Fliegenbefall). Soweit die Pilze nicht maschinell nachgetrocknet werden und damit zumindest ein Teil des Ungeziefers abgetötet wird, werden die Pilze einer Begasung mit Schwefeldioxid, Schwefelkohlenstoff, Kohlendioxid oder neuerdings mit Methylbromid oder Äthylenoxid unterworfen. Um diese Gase wieder restlos aus den Pilzen zu entfernen, müssen diese nach der Begasung gründlich durchlüftet werden. Die Behandlung mit Gasen hat sich als notwendig erwiesen, da sonst erhebliche Bestände von Trockenpilzen durch die begrenzte Haltbarkeit sehr schnell verderben würden. Über Untersuchungen von Trockenpilzen, die einer Begasung unterworfen waren und den qualitativen und quantitativen Nachweis dieser Begasungsmittel berichtet G. MAYR.

Die Leitsätze enthalten ferner noch Anforderungen an *Pilzpulver und Pilzgrieß*. Pilzpulver sortenrein muß sandfrei mit einer Toleranz für Sand bis zu 3 % salzsäureunlösliche Bestandteile in der Asche, bezogen auf das Fertigfabrikat, sein. Der Wassergehalt soll höchstens 9 % betragen.

Soweit Pilzkonserven einschließlich Trockenpilze in Packungen oder Behältnissen an den Verbraucher abgegeben werden, ist die Lebensmittelkennzeichnungsverordnung zu beachten (§ 1, Abs. 1, Nr. 5 u. 6 der Lebensmittelkennzeichnungs-VO).

Ausgenommen hiervon sind getrocknete Pilze in Kleinpackungen zwischen 5 und 25 g (vgl. E. GOLDSTEIN 1953). Der Inhalt der fraglichen Packungen ist nach seiner Zweckbestimmung als ein Würzmittel bzw. ein Gewürz anzusprechen; Gewürze in Packungen bis zu 25 g Inhalt bedürfen einer Gewichtsangabe nicht. Außerdem werden Trockenpilze auch nicht als eine gemüseartige Mahlzeit zubereitet.

Für den zwischenstaatlichen Verkehr mit Pilzerzeugnissen hat der Codex Alimentarius Europaeus Richtlinien geschaffen.

Als Grundlage für diese Richtlinien haben die deutschen Qualitätsnormen für Pilzkonserven gedient. Hervorzuheben wäre, daß in § 13 ausdrücklich gefordert wird, daß Pilznaßkonserven, die nicht aus frischer oder tiefgefrorener Pilzrohware, sondern aus Essigpilzen, eingesalzenen Pilzen oder silierten Pilzen hergestellt wurden, so bezeichnet sein müssen, daß die Art des Ausgangsmaterials aus der Bezeichnung eindeutig hervorgeht.

Die Leitsätze über Pilze und Pilzerzeugnisse im Deutschen Lebensmittelbuch haben sich eng an die entsprechenden Richtlinien im Europäischen Lebensmittelkodex angeschlossen.

Bibliographie

BIRKFELD, A.: Pilze in der Heilkunde. Wittenberg: A. Ziemsen 1954.
BÖTTICHER, W.: Erläuterungen zu den Abschnitten I und III, Pilzkonserven in luftdicht verschlossenen Behältnissen und Trockenpilze. Braunschweig: Günter Hempel 1957.
— Pilzverwertung und Pilzkonservierung. München: Oldenbourg 1950.
— Technologie der Pilzverwertung. Biologie, Züchtung, Verwertung und Untersuchung von Speisepilzen. Stuttgart: E. Ulmer 1968.
HEISS, R.: Tiefgefrieren von Pilzen. In: Fortschritte der Lebensmittelforschung. Wehrmachtsverpflegung. Leipzig und Dresden: Theodor Steinkopff 1942.
HENNIG, B.: Handbuch für Pilzfreunde. Jena: VEB Gustav Fischer 1958.
HOGL, O., u. E. LAUBER: Nährwert der Lebensmittel. Gehalt derselben an Kalorien, Hauptnährstoffen und Vitaminen. Bern: Eidg. Drucksachen- und Materialzentrale 1961.
KLOESEL, A., H. SPERLICH u. K.G. BERGNER: Deutsches Lebensmittelrecht. Stuttgart: W. Kohlhammer 1959.
KÖNIG, J.: Chemie der Nahrungs- und Genußmittel. Bd. II. 843—844. Berlin: Springer 1920.
KORZYBSKI, T., u. W. KURYLOWICZ: Antibiotica. Herkunft. Arten. Eigenschaften. Jena: VEB Gustav Fischer 1961.
LANG, K., u. R. SCHOEN: Die Ernährung. Berlin-Göttingen-Heidelberg: Springer 1952.
LUTHARDT, W.: Speisepilze, die auf Holz wohnen. Steinach (Thür.): Vogel & Apitz 1956.
PABST, E.: Jeder sein eigener Champignon-Anbauer. Dissen (T.W.): H. Beucke & Söhne 1956.
Qualitätsnormen und Deklarationsvorschriften für verarbeitetes Obst und Gemüse. Fassung 1965. Braunschweig: Gunter Hempel 1965.

Rautavaara, T.: Studien der Pilzernte in Finnland und deren Nutzanwendung. Porvoo-Helsinki: Werner Söderström 1947.
Rehm, H.J.: Industrielle Mikrobiologie. Berlin-Heidelberg-New York: Springer 1967.
Schormüller, J.: Die Erhaltung der Lebensmittel. Stuttgart: Ferdinand Enke 1966.
Schuphan, W.: Gemüsebau auf ernährungswirtschaftlicher Grundlage. Hamburg: Hans A. Keune 1948.
Souci, S.W., W. Fachmann u. H. Kraut: Die Zusammensetzung der Lebensmittel. Stuttgart: Wissenschaftl. Verlagsgesellschaft 1962.
Wasson, V.P., and R.P. Wasson: Mushrooms, Russia and History. New York: Pantheon Books 1957.
Zellner, J.: Chemie der höheren Pilze. Eine Monographie. Leipzig: W. Engelmann 1907.

Zeitschriftenliteratur

Alder, A.E.: Die Pilzvergiftungen in der Schweiz während 40 Jahre. Schweiz. Z. Pilzkunde **38**, 65 (1960).
Aye, D.: Ätherische Öle in Pilzen. Apotheker-Ztg. **47**, 1027 (1932).
Bano, Z., K.S. Srinivasan and H.C. Srivastava: Amino acid composition of the protein from a mushroom (Pleurotus sp.). Appl. Microbiol. **11**, 184—187 (1963).
Beneke, E.S., M. Sedlmayr and J.A. Stevens: Physiological studies on Calvatia species. Mykologia **101**, 98—108 (1961).
— Calvatia, calvacin and cancer. Mykologia **55**, 257—270 (1963).
Bertrand, G., et L. Silberstein: Sur la teneur des champignons en Manganèse. C.R. Acad. Sci. (Paris) **242**, 37—40 (1956).
Block, S.: Developments in the production of mushroom mycelium in submerged liquid culture. J. biochem. microbiol. Technol. Engng. **2**, 243—252 (1960).
Bötticher, W.: Die industrielle Verwertung der Pilze in der Weltwirtschaft. X. Internationaler Kongreß d. landwirtschaftl. Industrien. Kongreßbericht, Bd. III, S. 2671. Madrid 1954.
— Analytische Betrachtungen über die Zusammensetzung von Pilzkonserven, die aus Salzpfifferlingen hergestellt wurden. Industr. Obst- u. Gemüseverwert. **43**, 240 (1958).
— Europäische Normen für Pilze und Pilzerzeugnisse. Dtsch. Lebensmittel-Rdsch. **57**, 175 bis 178 (1961).
— Zuchtchampignons in der Qualitätsbeurteilung im Hinblick auf die deutschen Qualitätsnormen und den Europäischen Lebensmittelkodex. Industr. Obst- u. Gemüseverwert. **46**, 45—47 (1961).
— Bisher unveröffentlichtes Material, 1959—1964.
— u. H. Lück: Bisher unveröffentlichtes Material, 1963.
— u. K.E. Quentin: Über den Fluorgehalt in Pilzen. Dtsch. Lebensmittel-Rdsch. **54**, 189 bis 192 (1958).
— u. H.J. Rehm: Studie zur Kenntnis des Wassergehaltes von Trockenpilzen. I., II. u. III. Mitt. Industr. Obst- u. Gemüseverwert. **46**, 379—382 (1961); **46**, 568—571 (1961); und **47**, 287—291 (1962).
Bonnet, J.L.: Application de la chromatographie sur papier à l'étude de divers champignons. Bull. Soc. Mycol. de France, Bd. LXXV, Nr. 3, Paris 1959.
Bosch, H., u. A. Mödl: Über den Natrium- und Kaliumgehalt von frischen und eingedosten Pfifferlingen mit besonderem Hinblick auf den Nachweis umgepackter Salzware. Industr. Obst- u. Gemüseverwert. **51**, 261—265 (1966).
Bose, S.R.: Antibiotica aus höheren Pilzen. Arch. Mikrobiol. **18**, 349—355 (1953).
Bouillon-Lagrange, E.: Analyse de deux espèces d'Agaric: le Boletus larix et le Boletus ignarius (L.). Ann. Chim. (Paris) **51**, 75 (1804).
Braconnot, H.: Suite des recherches analytiques sur la nature des champignons. Ann. Chim. (Paris) **80**, 272—292 (1811).
Bschorr, F., u. H.J. Mallach: Vergiftungen durch den Kahlen Krempling, einer genießbaren Pilzart. Arch. Toxikol. **20**, 82 (1963).
Codex Alimentarius Europaeus. Beschlüsse. Pilze und Pilzerzeugnisse. Herausgegeben vom Europ. Rat d. Codex Alimentarius, Bern 1963.
Craske, J.D., and F.H. Reuter: Nitrogen constituents of a dried mushroom (Boletus edulis) and its relation to flavour. J. Sci. Food Agric. **16**, 243 (1965).
Eger, G.: Über die Regeneration von Fruchtkörperanlagen aus Fruchtkörpern von Hutpilzen. Z. Pilzkunde **29**, 24—26 (1963).
Eisfelder, I.: Käferpilze und Pilzkafer. Z. Pilzkunde **27**, H. 2—4, 44—54 (1961).
Eugster, C.H., and G. Müller: Further work on muscarine. XII. Helv. chim. Acta **42**, 1189 (1959).
Fahraeus, G.: Formation by Polyporus versicolor of laccase in different culture media. Physiol. Plantarum **5**, 284—291 (1952).

FINK, H., u. H. KUBIN: Beitrag zur Bestimmung des gesamten Vitamin-E-Gehaltes und einzelner Tocopherole in einigen tierischen und pflanzlichen Eiweißträgern. Fette u. Seifen **63**, 280—286 (1961).
FRANKE, S.: Über den Giftstoff der Frühjahrslorchel (Gyromitra esculenta Fr.). Dissertation Techn. Univ. Dresden 1965.
FRÉREJACQUE, M.: Remarques au sujet de la tréhalase. C.R. Acad. Sci. (Paris) **236**, 2451 (1953).
FRIESE, W.: Über die Mineralbestandteile von Pilzen. Z. Lebensmittel-Untersuch. u. -Forsch. **57**, 604—613 (1929).
GALFFY, Z.: Einfluß der Umweltbedingungen bei dem Trocknen und Lagern auf die Qualität der getrockneten Steinpilze. OMMI 1956—1957 évi évkönyveböl (Bd. IV), Ungarn; zit. nach Z. Lebensmittel-Untersuch. u. -Forsch. **112**, 447 (1960).
GÖRLING, P.: Untersuchungen zur Aufklärung des Trocknungsverhaltens pflanzlicher Stoffe. In: VDI Forschungsheft 458, Beilage zur Forschung auf dem Gebiet des Ingenieurwesens, Ausg. B, Bd. 22, 1956.
GOLDSTEIN, E.: Fallen Packungen von Trockenpilzen als Gemüsedauerwaren unter die Kennzeichnungsverordnung? Mitt.-Bl. GDCh., Fachgr. Lebensmittelchem. **5**, 74 (1953).
GRIPENBERG, J., E. HONKANEN and O. PATOHARJU: Fungus pigments. V. Degradation of cinnabarin. Acta chem. scand. **11**, 1485—1492 (1957).
— Fungus pigments. VIII. The structure of cinnabarin and cinnabarinic acid. Acta chem. scand. **12**, 603—610 (1958).
— Fungus pigments. IX. Some further constituents of Hydnum aurantiacum Batsch. Acta chem. scand. **12**, 1411—1414 (1958).
— Fungus pigments. XII. The structure and synthesis of thelephoric acid. Tetrahedron **10**, 135—143 (1960).
GRUTER, H.: Eine selektive Anreicherung des Spaltprodukts 137 Cs in Pilzen. Naturwiss. **51**, 161—162 (1964).
GRZYMALA, S.: L'isolement de l'orellanine poison du Cortinarius orellanus Fries et l'étude de ses effets anatomo-pathologiques. Bull. Soc. Mycol. de France **78**, 394—404 (1962).
HÄMMERLE, W.: Neuere Erkenntnisse der Pilzchemie. Schweiz. Z. Pilzkunde **19**, 33—37 (1941).
HAMLET, W.M., and C.B. PLOWRIGHT: On the occurrence of oxalic acid in fungi. Chem. News **36**, 93 (1877).
HARA, S.: Über den Vitamingehalt verschiedener Speisepilze. Biochem. Z. **142**, 77—99 (1923).
HEIM, R., et A. HOFMANN: Isolement de la psilocybine à partir du Stropharia cubensis Earle. et d'autres espèces de champignons hallucinogènes mexicains appartenant au genre Psilocybe. C.R. Acad. Sci. (Paris) **247**, 557 (1958).
HEINEMANN, P., et J. CASIMIR: Distribution des acides aminés libres dans le genre Agaricus Fr. sensu stricto. Rev. Mycol. (Paris) **26**, 24—33 (1961).
HENCH: Puringehalt der wichtigsten Nahrungsmittel. J. Amer. med. Ass. **116**, 453 (1941).
HERBICH, J., K. LOHWAG u. L. ROTTER: Tödliche Vergiftung mit dem Grünblättrigen Schwefelkopf (Nematoloma fasciculare). Arch. Toxikol. **21**, 310—320 (1966).
HERRERA, T., u. M. ZENTENO: Halluzinogene Pilze aus Mexiko. Ann. Inst. Biol. T. XXIX. Nr. 1 und 2, Mexiko 1958.
HOLLANDE, A.C., et G. MÉTROD: Les champignons à clitocybine et les champignons leur ressemblant. In: La lutte contre la tubercolose. Montpellier 1946.
— A propos de la clitocybine cristallisée. C.R. Acad. Sci. (Paris) **228**, 1758 (1949).
INAGAKI, S., and M. TOKI: Components of japanese mushrooms. IV: Mannitol, trehalose and glucose contents of mushrooms. J. Pharm. Soc. Japan **64**, 132 (1944).
IVANOV, N.N.: Über den Harnstoffgehalt der Pilze. Über die Bildung des Harnstoffes in Pilzen. Biochem. Z. **136**, 1—19 (1923).
—, and M.J. SMIRNOVA: The importance of oxygen in the formation of urea in mushrooms. Z. exp. Biol. Med. **11**, 79—89 (1929).
KALLISTRATOS, G., G. RICHLE u. R. v. SENGBUSCH: Grundlagen für die industrielle Verwendung der Gefriertrocknung zur Konservierung von Obst und Gemüse. Industr. Obst- u. Gemüseverwert. **50**, 127 (1965).
KARKOCHA, I., u. H. MLODECKI: Untersuchungen uber den Nährwert einiger einheimischer Pilze. Roczn. Zak. Hig. (Warsz.) **13**, 473—482 (1962).
KARPINSKI, J.J.: Ergebnisse der Arbeiten über die Fruchtkörperanzucht von Steinpilzen (*Boletus edulis*) auf künstlichem Nährboden unter Laborbedingungen. In: Prace Instytut Badawczego Lesnictwa Nr. 245, Warschau 1961; zit. nach Z. Lebensmittel-Untersuch. u. -Forsch. **125**, 65 (1964).
KASKE, W.: Zur Beurteilung von Pilzkonserven. Dtsch. Lebensmittel-Rdsch. **58**, 31—34 (1962).
KAWAKAMI, K., and H. MIYAYOSI: Vitamin content of dried mushrooms produces in Mandchoukuo. Rept. Inst. Sci. Research Mandchoukuo **4**, 399—403 (1940); zit. nach Z. Untersuch. Lebensmittel **82**, 85 (1941).

KEIL, W., u. H. BARTMANN: Über das Vorkommen von Phenyläthylamin in Pilzen. Biochem. Z. **280**, 58—60 (1935).

KEZELI, T.A.: Vitamin C from fungi. Bull. Acad. Sci. georgian S.S.S.R. **5**, 993—996 (1944); zit. nach Chem. Abstr. 3172 (1947).

KÖGL, F., u. W.B. DEIJS: Untersuchungen über Pilzfarbstoffe. XII: Die Synthese von Boletol und Isoboletol. Ann. Chem. **515**, 24—33 (1935).

—, H.C. COX u. C.A. SALEMINK: Über Muscarin. Synthese eines Gemisches von Muscarin und seinen stereoisomeren Formen. Experientia (Basel) **13**, 1378 (1957).

KOMATSU, N., M. HAMADA, S. NAKAZAWA u. S. OGATA: Studien über tumorhemmende, aus höheren Pilzen gewonnene Substanzen. J. Ferment. Ass. Japan **19**, 464 (1961).

KRATZL, K., u. H. SILBERNAGEL: Über das Vorkommen von Xylit im Speisepilz Champignon (*Agaricus bisporus*). Monatsh. Chem. **94**, 106—109 (1963).

KRONBERGER, K.: Pilze und Diabetes. Bericht der naturwissenschaftlichen Gesellschaft Bayreuth **11**, 231—235 (1961/63).

KUBIN, H.: Über einige physiologische Eigenschaften verschiedener höherer Pilze — unter besonderer Berücksichtigung ihres ernährungsphysiologischen Wertes und ihrer Lebernekrose auslösenden Wirkung. Dissertation Univ. Köln 1957.

KULAJEW, J.: Hochpolymere Phosphate in Champignons und Morcheln. Ber. Akad. Wiss., UdSSR **130**, 667—670 (1960); zit. nach Chem. Zbl. **132**, 33, 11767 (1961).

Leitsätze für Pilze und Pilzerzeugnisse im Deutschen Lebensmittelbuch. Beilage zum Bundesanzeiger Nr. 101 vom 2. VI. 1965.

LINDNER, A.F., u. M. LÖWENECK: Beitrag zur Untersuchung von Pilzkonserven. I. Anteil an madengängigen Stücken, seine Ermittlung und Beurteilung. Z. Lebensmittel-Untersuch. u. -Forsch. **125**, 172—179 (1964).

LINTZEL, W.: Über den Nährwert des Eiweißes eßbarer Pilze. Chemiker-Ztg. **67**, 33 (1943).

LIST, P.H.: Basische Pilzinhaltsstoffe. Pharmaz. Zentralh. **97**, 448—449 (1958).

—, u. W. HUFSCHMIDT: Basische Pilzinhaltsstoffe. V.: Über biogene Amine und Aminosäuren des Teepilzes. Pharmaz. Zentralh. **98**, 593—598 (1959).

—, u. H. REITH: Basische Pilzinhaltsstoffe. IX.: Der Faltentintling, Coprinus atramentarius Bull. und seine dem Tetraäthyl-thiuramdisulfid ähnliche Wirkung. Arzneimittel-Forsch. **10**, 34—40 (1960).

— Über den Giftstoff der Frühjahrslorchel. Bisher unveröffentlichtes Material des Instituts für Pharmazeutische Chemie und Lebensmittelchemie der Universität Marburg 1965.

LITCHFIELD, J.H., R.C. OVERBECK and R.S. DAVIDSON: Factors affecting the growth of morel mushroom mycelium in submerged culture. J. agric. Food Chem. **11**, 158—162 (1963).

LÖFGREN, N., B. LÜNING and H. HEDSTRÖM: The isolation of nebularine and the determination of its structure. Acta chem. scand. **8**, 670—680 (1954).

LUCAS, E.H., R.L. RINGLER, R.U. BYERRUM, J.A. STEVENS, D.A. CLARKE and C.C. STOCK: Tumor inhibitors in Boletus edulis and other Holobasidiomycetes. Antibiot. and Chemother. **7**, 1 (1957); zit. nach Z. Lebensmittel-Untersuch. u. -Forsch. **107**, 303 (1958).

—, R.U. BYERRUM, D.A. CLARKE, H.C. REILLY, J.A. STEVENS and C.C. STOCK: Production of oncostatic principles in vivo and in vitro by species of the genus Calvatia. Antibiot. Ann. 1958—1959. Medic Encyclopedia Inc., New York; zit. nach Z. Lebensmittel-Untersuch. u. -Forsch. **114**, 225 (1961).

LUTHARDT, W.: Was ist Mykoholz? Myk. Mitt.-Bl. **6**, 44 (1962).

LYR, H.: Untersuchungen über die Peroxydasen höherer Pilze. Planta **48**, 239—265 (1956).

MARAH, A.E., D. MERTEN u. F. SZAFFRANIETZ: Zum 90 Strontiumgehalt einiger Pilzarten. Med. u. Ernährung **3**, 253 (1962).

Marktordnung für den Großmarkt Hamburg (Obst- und Gemüsegroßmarkt) und den Blumenmarkt v. 10. 4. 1962. Hamburger Gesetzes u. Verordnungsblatt 1962.

MAYR, G.: Restgehalt von Begasungsmitteln in Trockenpilzen. Bisher unveröffentlichtes Material d. Deutschen Gesellschaft f. Schädlingsbekämpfung m.b.H., DEGESCH, Frankfurt/M.

MERGENTHALER, E.: Zur Analytik der Rohfaser. Z. Lebensmittel-Untersuch. u. -Forsch. **109**, 316—321 (1959) u. **114**, 18 (1961).

MLODECKI, H., W. LASOTA and S. TERSA: Mushrooms as a source of cobalt in food. Farm. Polska **21**, 337—343 (1965); zit. nach Chem. Abstr. **63**, 13941 g (1965).

MOSER, M.: Pilz und Baum. Schweiz. Z. Pilzkunde **37**, 37 (1959).

— Förderung der Mykorrhizabildung in der forstlichen Praxis. Ökologische Untersuchungen in der subalpinen Stufe zum Zwecke der Hochlagenaufforstung. Teil II. Mitt. der Forstlichen Bundes-Versuchsanstalt Mariabrunn, Heft 60, 691—720 (1963).

MULLER, H.: Über die Inhaltsstoffe des Ziegelroten Rißpilzes (*Inocybe Patoiullardi*). Dissertation Univ. Würzburg 1959.

NEBEL, H.J.: Die Kohlenhydrate einiger Pilze. Dissertation Univ. Würzburg 1955.

OHLER, H.: Führt die Tiefgefrierung von Pfifferlingen und Steinpilzen zu einem Erfolg? Konserventechn. Inform. **12**, 4321 (1961) u. **12**, 4387 (1961).

ORTON, C. R., E. V. MACCOLLUM and N. SIMMONDS: Observation on the presence of the antineuritic substance watersoluble Vitamin B in chlorophyllfree plants. J. biol. Chem. **53**, 1—6 (1922).

Polizeiverordnung über den Verkehr mit Frühjahrslorcheln, vom 6. 4. 1939 (Reichsgesetzbl. I, S. 747.

POTRON, M.: Antidiabetische Stoffe in Pilzen. Concours Médical **36**, 3795 (1956).

PROSKURIAKOV, N. J.: Über die Beteiligung des Chitins am Aufbau der Pilzzellwand. Biochem. Z. **167**, 68—76 (1926).

QUILLET, M., et G. LEGRAND: Sur le métabolisme glucidique des champignons superieurs. III.: Le fructose glucide intermédiaire du métabolisme du mannitol chez Agaricus campester var. bispora. C.R. Acad. Sci. (Paris) **235**, 628—629 (1952).

RANDOIN, L., et S. BILLAUD: Composition chimique et valeur nutritive du champignon de couche. In: Mushroom Science, III. Kongreßbericht Paris, S. 59 (1956).

RASZEJA, S.: Differenzierung von Fragmenten giftiger und eßbarer Pilze auf Grund ihrer hämagglutinierenden und hämolytischen Eigenschaften. Westf. Pilzbriefe **5**, 85—90 (1965).

ROSENTAL, L.: Catalase of mushrooms. Roczniki-Panstwowego Zaklodu Hig., 291—306 (1935); zit. nach Chem. Abstr. 52, 8341 h (1954).

RUBINI, B. A., and N. V. OBRUCHEVA: Enzym systems of mycorrhiza fungi. Dokl. Akad. Nauk. S.S.S.R. **95**, 337—340 (1954).

RÜSSEL, H.: Unveröffentlicht 1965.

DE SAINT-RAT, L.: Sur la présence de Chrome chez les végétauz. C.R. Acad. Sci. (Paris) **227**, 150—153 (1948).

SANDOR, R.: Neue Farbreaktionen und Färbungen an frischen Blätterpilzen und Rohrlingen. Z. Pilzkunde **22**, Heft 4, 97 (1956) und **23**, Heft 2, 33 (1957).

SCHEUNERT, A., M. SCHIEBLICH u. J. RESCHKE: Über den Vitamin D-Gehalt einiger eßbarer Pilze. Hoppe-Seylers Z. physiol. Chem. **235**, 91—96 (1935).

SCHOLL, E.: Die Reindarstellung des Chitins aus Boletus edulis. Monatsh. Chem. **29**, 1023—1036 (1908).

SCHUPHAN, W.: Unveröffentlichtes Material der Bundesanstalt für Qualitätsforschung pflanzlicher Erzeugnisse, Geisenheim, 1961.

SEELKOPF, C., u. H. SCHUSTER: Qualitative und quantitative Aminosäurebestimmungen an einigen wichtigen Speisepilzen. Z. Lebensmittel-Untersuch. u. -Forsch. **106**, 177—187 (1957).

SPRECHER, E.: Ätherische Öle in Pilzen. Pharmazie **4**, 218—220 (1958).

STOLLEY, I.: Ein primitiver Darrofen für Pilze. Reichsarbeitsgemeinschaft Ernährung aus dem Wald. München: G. Frannz 1943.

STREIBEL, E.: Ein Beitrag zur Pilzvergiftung. Dissertation Univ. Göttingen 1950.

SZYMCZAK, J.: Amino acid composition of edible mushroom's proteins. Roczn. Zak. Hig. (Warsz.) **13**, 467—472 (1962); zit. nach Chem. Abstr. **61**, 6279b (1964).

TÖRLEY, D., u. J. NEDELKOVITS: Chemische Zusammensetzung der eßbaren und giftigen Pilze. I. Elelmiszervizsgalati Közlemenyek **7**, 344—348 (1961).

— — Chemische Zusammensetzung der eßbaren und giftigen Pilze. II. Der Aschegehalt. Elelmiszervizsgalati Közlemenyek **8**, 34—40 (1962).

— — Chemische Zusammensetzung der eßbaren und giftigen Pilze. III. Der Kohlenhydratgehalt. Elelmiszervizsgalati Közlemenyek **9**, 309—316 (1963).

— — Chemische Zusammensetzung der eßbaren und giftigen Pilze. IV. Quantitative Verteilung der gesamten Kohlenhydrate von Agaricus hortensis. Elelmiszervizsgalati Közlemenyek **11**, 199—204 (1965).

VAUQUELIN, N.: Expériences sur les champignons. Ann. Chim. Phys. **85**, 5—25 (1813).

WIELAND, TH., W. MOTZEL u. H. MERZ: Über das Vorkommen von Bufotenin im gelben Knollenblätterpilz. Ann. Chem. **581**, 10—16 (1953).

—, u. H. W. SCHNABEL: Über die Giftstoffe des grünen Knollenblätterpilzes. XXII. Neue Sequenzanalyse von Phalloidin und Phalloin. Liebigs Ann. Chem. **657**, 225—228 (1962).

WILLSTAEDT, H.: Vitamingehalt einiger eßbarer Pilze. Svensk. Kem. Tid. **53**, 23—28 (1941); zit. nach Z. Untersuch. Lebensmittel **82**, 395 (1941).

—, and B. ZETTERBERG: Lactarioviolin, an antibiotic against the tubercolous bacillus. Svensk Kem. Tidskr. **58**, 306 (1946).

Patente

SZUECS, J.: Fort Lauderdale, Florida, USA: U.S.P. 2.850.841 (ausg. 9. 9. 1958).

Mikroskopische Untersuchung der Gemüse, Salate, Küchenkräuter und Speisepilze

Von

Prof. Dr. **Alphons Th. Czaja**, Aachen

Mit 25 Abbildungen

A. Gemüse, Salate und Küchenkräuter

Nachweis und Erkennung von Gemüsen, Salatpflanzen und Küchenkräutern haben infolge der zunehmenden Herstellung und der Verwendung von Gemüsekonserven, Trockengemüsen und Trockenpräparaten, z. B. für Suppen, Suppenwürfel, Saucen und in anderen Formen, sehr an Bedeutung gewonnen. Auch die Verwendung von Wildgemüsen ist hier zu berücksichtigen. Die Identifizierung der zu solchen Zubereitungen verwendeten Pflanzen ist meist nur auf mikroskopischem Wege möglich.

I. Unterirdische Pflanzenteile

(Wurzeln, Knollen, Zwiebeln, Sprosse)

1. Familie der Liliaceen

a) Zwiebeln bestehen aus fleischig angeschwollenen Blattbasen (Zwiebelschuppen) und dem kegelförmigen Zwiebelkuchen, einer gestauchten Sproßachse. Der Kuchen und die äußeren trockenen Hüllen werden bei der Verarbeitung meist entfernt und finden sich daher nur gelegentlich in Zubereitungen. Nur die Perlzwiebel wird ganz verwendet. Alle benutzten Arten enthalten ätherische Öle.

Trockene und fleischige Schalen sind im Bau nur wenig verschieden. Die Epidermiszellen sind meist langgestreckt, viereckig, bei einigen Arten auch keilförmig, bei den trockenen Schuppen meist etwas verdickt. Stomata finden sich nur auf der äußeren Epidermis, bei den trockenen Schalen nur spärlich. Die Hypodermzellen sind quer zur Längsrichtung angeordnet, vorwiegend sechseckig, bei der trockenen Schale mit prismatischen Kristallen. In den fleischigen Schalen finden sich nahe der Epidermis bei den meisten Arten unverzweigte Milchsaftschläuche (Hansteinsche Schläuche), mit körnigem, trübem Inhalt. Das aus großzelligem Parenchym bestehende Mesophyll enthält die Leitbündel (Spiralgefäße). Der Zwiebelkuchen besitzt zahlreiche Leitbündel mit Netz- und Spiralgefäßen und sklerotisierte Zellen.

α) Die Sommerzwiebel oder Bolle (Allium cepa L.) wird in zahlreichen Formen kultiviert. Die trockenen Schalen sind gelb bis rotbraun, farben sich mit Lauge gelb. Kristalle in den Hypodermzellen. Die Kristalle liegen vorwiegend an einer Schmalseite und kommen oft zu mehreren, häufig als Zwillinge vor. Meist nur das erste fleischige Blatt enthält gewöhnlich noch kleine, oft würfelförmige Kristalle. Die Hansteinschen Schlauche sind ziemlich schmal, die in einer Reihe angeordneten Leitbündel von großeren olhaltigen Zellen umgeben.

β) Die Winterzwiebel (A. fistulosum L.) und die Schalotte (A. ascalonicum L.) sind anatomisch der Sommerzwiebel sehr ähnlich. Die Schalotte besteht aus einer Haupt- und kleinen Nebenzwiebeln, die von einer gemeinsamen trockenen Hülle umgeben sind.

Zwiebelpulver kommt als Gewürz in den Handel und findet sich häufig in Zubereitungen. Es besteht aus dem dünnwandigen Parenchym des Mesophylls mit Leitbündelbruchstücken. Trockene Schalen mit den charakteristischen Kristallen sind selten. Bei Laugenzusatz treten Schalenteile durch Gelbfärbung deutlich hervor. Langgestreckte, verdickte und verholzte Zellen entstammen der Basis der trockenen Hülle.

γ) *Perlzwiebel* (Allium ampeloprasum L. f. holmense A. u. G.). Die Perlzwiebeln sind bis haselnußgroß, weiß, etwas glänzend. Die Hypodermzellen der trockenen, sehr dünnen Schale enthalten meist mehrere Kristalle, in der Regel Zwillinge oder Drillinge. Perlzwiebeln finden im unzerkleinerten Zustand als Gewürz für Senfgurken, Mixed Pickles u. dgl. Verwendung.

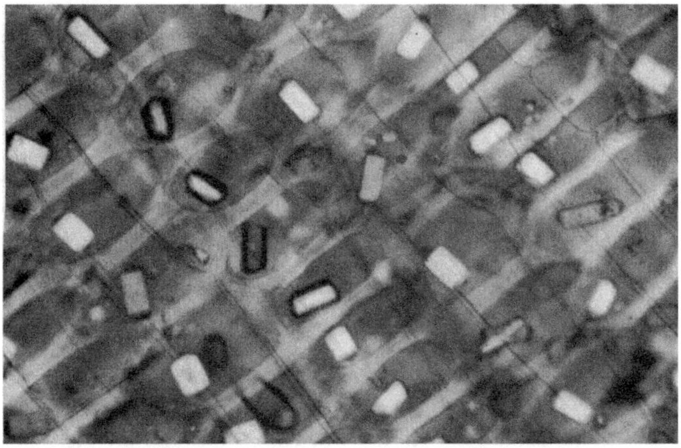

Abb. 1. Allium sativum, Zwiebelschuppe mit Kristallen (Vergr. 120:1)

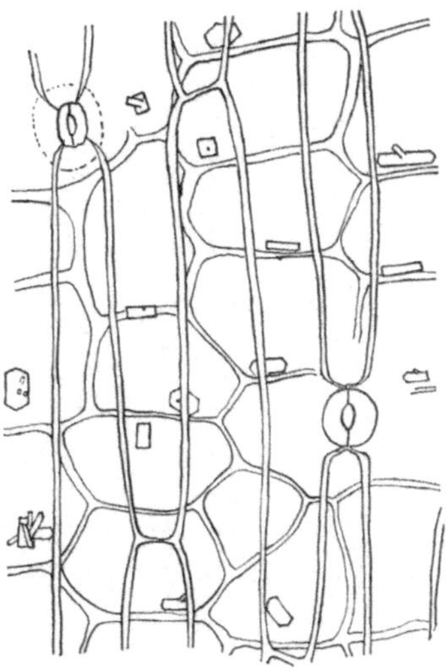

Abb. 2. Allium porrum. Blattscheide, Flachenansicht (Vergr. 200:1) (nach W. DRUDE)

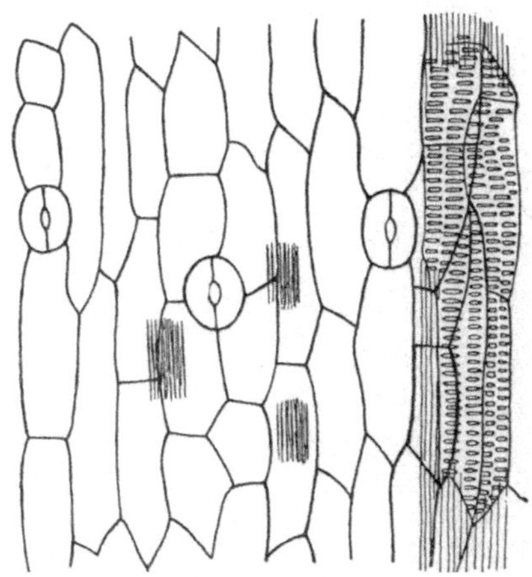

Abb. 3. Spargelkopf, Schuppenblatt, innere Epidermis; Raphiden im Mesophyll, rechts Gefaßbundel mit Netztracheiden (Vergr. 225:1) (nach C. GRIEBEL)

δ) *Knoblauch* (Allium sativum L.), vielfach Wurzmittel von Wurst- und anderen Fleischwaren, Soßen usw. hat eine zusammengesetzte, von mehreren trockenen weißen Hüllen umgebene Zwiebel. Die dem harten Zwiebelboden aufsitzenden und von eigenen Hüllen umgebenen Nebenzwiebeln (Zehen) schließen so dicht aneinander, daß sie abgeflacht werden. Die trokkenen Hüllen am Hypoderm sind reich an Kristallen (Abb. 1), die kürzer sind als bei A. cepa. Die Hypodermzellen sind stark verdickt, an den Enden gerundet. Die Zehen sind von einer zähen Hülle überzogen, ihre faserartigen Epidermiszellen stark sklerotisiert und getüpfelt.

Das Hypoderm der fleischigen Blätter enthält keine Kristalle. Hansteinsche Schläuche sind nach DRUDE nicht vorhanden. Die die Leitbündel umgebenden ölführenden Zellen sind größer als die übrigen Mesophyllzellen. Der stark verholzte Zwiebelkuchen besteht aus rundlichen bis gestreckten, verschieden stark sklerotisierten Zellen. Da Reste des Bodens den Zehen fast stets anhaften, gelangen auch leicht verholzte Zellen in die Zubereitungen.

Knoblauchpulver, das außer als Gewürz auch als Heilmittel dient, (Pillen, Tabletten, Bonbons u. dgl.), enthält zahlreiche, langgestreckte Sklerenchymfasern aus der zähen Hülle und zuweilen auch verdickte Hypodermzellen (Herstellung und Nachweis nach S. BAČVAROV u. T. BAČVAROVA 1959).

ε) *Porree, Lauch, Breitlauch* (Allium ampeloprasum L. f. porrum Regel) hat eine schmale, längliche, aus gewölbten Blattscheiden bestehende Zwiebel, die zusammen mit den Blättern (S. 544) als Gemüse oder Suppenkraut gebraucht wird. Die Blattscheiden zeigen langgestreckte, viereckige Epidermiszellen, zwischen denen sich im oberen Teil Spaltöffnungen befinden. Die Hypodermzellen enthalten Kristalle verschiedener Gestalt (Abb. 2). Die Hansteinschen Schläuche sind sehr schmal und inhaltsarm. Der flache Zwiebelkuchen enthält Netz- und Spiralgefäße sowie rundliche, dickwandige, stark getüpfelte, aber unverholzte Zellen.

b) Spargel (Asparagus officinalis L.). Die fleischigen, unterirdischen Sprosse sind mit breit dreieckigen Niederblättern besetzt, die an der Spitze der Sprosse sich dachziegelartig decken. Zwischen den schmalen, langgestreckten Epidermiszellen des Sprosses liegen einzelne Spaltöffnungen. Die schmale Rindenzone wird durch einen geschlossenen Faserring abgegrenzt und enthält Parenchymzellen mit Raphidenbündeln. Innerhalb des Faserringes liegen Leitbündel mit Netz- oder Treppen- und Spiralgefäßen. Die Schuppenblätter (Abb. 3) sind von parallelen Leitbündeln durchzogen, Stomata auf beiden Epidermen. Einzelne Mesophyllzellen enthalten Raphiden.

2. Familie der Umbelliferen

Die hierher gehörigen Wurzelgemüse zeigen histologisch viele Übereinstimmungen, so daß eine sichere Unterscheidung im stark zerkleinerten Zustand oft nicht möglich ist. Der von einem dünnwandigen Periderm bedeckte Rindenteil enthält unverholzte, faserartige Elemente und isolierte, in Radialreihen angeordnete Sekretschläuche mit ätherischem Öl, die in der Nähe des Periderms besonders weit sind. Im Holzteil befinden sich weite Netzgefäße. Rinde und Holzteil enthalten in der Regel kleinkörnige Stärke (Ausnahme Sellerie).

a) Sellerie, Knollen-S. (Apium graveolens var. rapaceum (Miller) DC). Die bis über faustgroßen Sellerieknollen zeigen am Querschnitt eine schmale weiße Rinde und einen graubräunlichen, etwa viermal so breiten, strahlig gestreiften Holzkörper und weißes Mark. Die Rinde trägt großzelligen, dünnwandigen Kork und enthält Sekretschläuche (bis 50 μ) mit rötlichgelbem, ätherischem Öl. Die Netzgefäße (20—40 μ) sind eng- und weitmaschig, Rinden- und Holzparenchym sind frei von Stärke. Das Mark besteht aus lockeren, zartwandigen Zellen (bis 100 μ).

b) Wurzelpetersilie (Petroselinum crispum var. tuberosum (Bernh.) Thellung). Die rübenförmigen, gelblichweißen oder bräunlichen, ringförmig gestreiften Wurzeln zeigen am Querschnitt eine fein gestreifte, gegen den Holzkörper bräunliche Rinde. Holzkörper und Rinde sind deutlich strahlig. Die Sekretgänge in der äußeren Rinde sind 45 μ, im übrigen nur bis 25 μ weit. Die Netzgefäße sind engmaschig, 20—65 μ weit. Das Parenchym enthält kleinkörnige Stärke, die häufig aus zwei bis fünf und mehr Teilkörnern zusammengesetzt ist (Unterschied von Petersilienwurzel).

c) Kerbelrübe. Die von kultivierten Pflanzen (Chaerophyllum bulbosum L.) stammende Wurzel ist rübenförmig oder mehr knollig, bis 10 cm lang, bis 5 cm dick, auf der Oberfläche grob querrunzelig mit quergestreckten Wurzelnarben besetzt. Auf dem Querschnitt erscheinen die breite weiße Rinde und der schmälere Zentralzylinder deutlich strahlig. Die Netzgefäße sind schmal und weitmaschig 16—35, nur im zentralen Teil bis 46 μ). Alle Parenchymzellen sind reich an Stärke, ähnlich der Petersilienwurzel.

d) Mohrrübe, Möhre, gelbe Rübe, Karotte ist die durch Kultur fleischig gewordene Wurzel von Daucus carota L. Mit spindel- oder walzenförmiger Wurzel bezeichnet man sie als Mohrrübe, die kürzeren, rundlichen oder kreiselförmigen Formen sind die Karotten. Der Querschnitt zeigt hellen, strahligen Holzkörper und dunklere Rinde. Diese trägt dünnwandigen Kork, dessen meist gestreckte Zellen bis 75 μ lang werden. Die zartwandigen Rindenparenchymzellen (bis über 100 μ) enthalten durch Carotin gelbrot gefärbte Chromoplasten. Die nur ausnahmsweise über 50 μ (bis 75 μ) weiten, verholzten Netzgefäße sind engmaschig. Zuweilen finden sich Übergänge zu Spiral- und Treppengefäßen. Kleinkörnige Stärke (im Mittel 4—5 μ) kommt in geringer Menge auch in ausgewachsenen Möhren vor, bei jüngeren Wurzeln in allen Parenchymzellen (vgl. S. 297).

3. Familie der Chenopodiaceen

Rote Rübe, Rote Beete oder Salatrübe (Beta vulgaris L. var. rapacea (Koch) Aell. f. rubra DC.) mit stark färbendem rotem Zellsaft, ist wie nahe verwandte Formen durch süßen Geschmack (Saccharosegehalt) ausgezeichnet. Diagnostisch wichtige Merkmale sind die im Parenchym vereinzelt vorkommenden Kristallsandschläuche und die weitmaschigen, verholzten Netzgefäße; gewöhnlich 40 auch bis 80 μ weit. Die Leitbündel werden von zahlreichen, wenig oder nicht verholzten Sklerenchymfasern verschiedener Gestalt begleitet.

4. Familie der Cruciferen

a) Weiße Rübe. Die Wurzel der in zahlreichen Formen kultivierten Brassica campestris L. f. rapifera METZG. führt Bezeichnungen wie weiße Rübe, Stoppelrübe, Wasserrübe, Teltower Rübe usw.; oben häufig rötlich oder violett angelaufen. Der Querschnitt zeigt schmale, leicht ablösbare Rinde und fleischigen, strahligen Holzkörper. Die Korkzellen (15—30 μ)

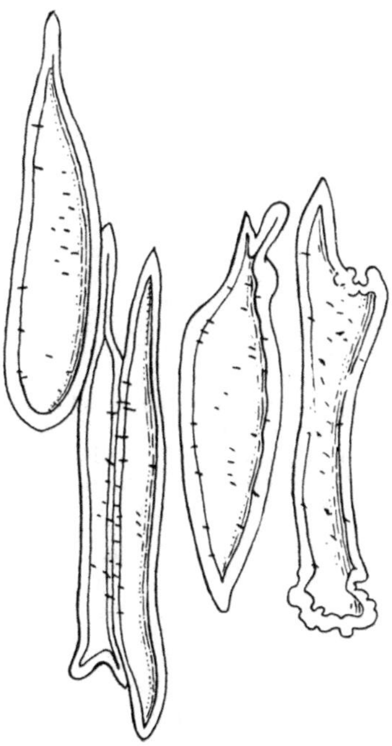

Abb. 4. Gelbe Kohlrübe, Faserzellen der Rinde (Vergr. 225:1) (nach C. GRIEBEL)

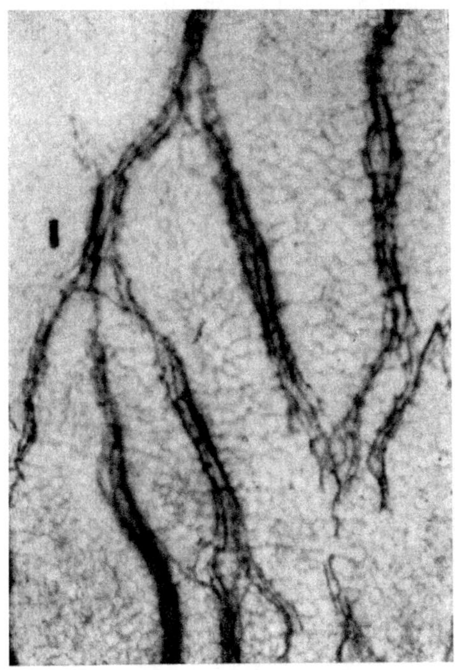

Abb. 5. Schwarzwurzel, Milchrohren (Vergr. 250:1)

sind kleiner als bei den übrigen Rüben, die dünnwandigen Parenchymzellen groß (bis 500 μ) und enthalten oft Proteinkörner, die sich mit Jod braun färben. Die engmaschigen Netzgefäße sind kurzgliedrig.

b) Kohlrübe, Steckrübe, Wruke oder Erdkohlrabi, die knollige Wurzel von Brassica napus L. var. Napobrassica L., ist im Innern meist gelblich gefärbt. Die Glieder der verholzten Gefäße sind ziemlich lang und dicht mit runden oder spaltenförmigen Tüpfeln, Durchmesser 45—60 μ versehen. Die stärkeren Leitbündel sind oft von dünnwandigen, weitlumigen, bis 15 μ breiten Fasern begleitet, welche auch stark verdickt, knorrig und zuweilen gegabelt sein können (Abb. 4).

c) Speiserettich (Raphanus raphanistrum L. var. esculentus (Metzger) Alef. bildet fast kugelige bis rübenförmige, außen schwarze, gelbe oder weiße Wurzeln.

Die schmale Rinde läßt sich vom Holzkörper leicht ablösen. Durch die dunkleren Holz- und helleren Markstrahlen ist der Holzkörper im äußeren Teil strahlig. Rinden- und Holzparenchym enthalten kleinkörnige Stärke, z. T. aus zwei bis drei Teilkornern zusammengesetzt. Der Holzteil enthält bis 40 μ weite Netzgefäße.

d) Radieschen sind die außen meist rot gefärbten Knollen von Raphanus raphanistrum L. subvar. radicula Pers., welche teils dem Hypokotyl und teils der Wurzel angehoren. Bei den gefärbten Sorten liegen unter dem Kork einige Zellschichten mit rotem bis violettrotem Zellsaft. Das Parenchym enthalt gewohnlich keine Stärke.

e) Meerrettich oder Kren ist die fast walzenformige, mehrkopfige Wurzel von Armoracia lapathifolia Gilib. Sie ist außen bräunlichgelb, innen weiß und zeigt im Querschnitt breite Rinde und einen ebenso breiten gelblichen Holzkörper mit Mark. Die mit dünnem Kork bedeckte primäre Rinde zeigt Steinzellen einzeln oder in kleinen Gruppen. Der Holzteil enthält bis 100 μ weite Netzgefäße mit kurzen Gliedern, im Parenchym kleinkörnige Stärke. Einige Zellen sind stärkefrei und farben sich beim Erwärmen mit Millons Reagens rot (Myrosinzellen). Diese sind bei den Cruciferen weit verbreitet; jedoch gelingt ihr Nachweis in gekochten Gemüsen meist nicht mehr. Verfalschung durch weiße Ruben (H. DILLER 1956).

5. Familie der Compositen

a) Schwarzwurzel. Die mehrköpfige, fast zylindrische Wurzel der häufig kultivierten Scorzonera hispanica L. wird 20—30 cm lang und 2—3 cm dick. Sie ist außen schwarzbraun, trägt oben Blattreste. Das Periderm besteht aus dunkelbraunen Korkzellen. Die Rinde enthält zahlreiche, stark verzweigte Milchsaftschläuche (meist 15—25 μ Durchmesser) mit feinkörnigem Inhalt in radialen Reihen mit den Siebröhren in kleinen Gruppen angeordnet. Im Holzteil finden sich verholzte, engmaschige Netzgefäße (Durchmesser 25—60 μ, vereinzelt 70 μ). Als Reservestoff ist nur Inulin vorhanden. Die zubereiteten Wurzeln sind an den reich verzweigten Milchsaftschläuchen zu erkennen (Abb. 5). Schwarzwurzel ist gelegentlich an Stelle von Spargel im Leipziger Allerlei beobachtet worden. Die in südlichen Ländern verwendeten Haferwurzeln (Tragopogon porrifolius L.) und Goldwurzeln (Scolymus hispanicus L.) sind im Bau der Schwarzwurzel ähnlich.

b) Topinambur, Erdbirne, Erdschocke oder Jerusalemartischocke nennt man die etwa birnförmigen Rhizomknollen der bei uns als Futter- und Lebensmittel häufig angebauten, aus Nordamerika stammenden knolligen Sonnenblume (Helianthus tuberosus L.). Sie sind meist rötlichbraun, 4—7 cm dick, durch Blattscheiden quer geringelt. Das weiße Gewebe hat süßlichen Geschmack. Am Querschnitt erkennt man eine sehr schmale (bis 1 cm) Rinde mit Milchsaftschläuchen. Das Periderm besteht aus einer mehrreihigen Schicht polygonaler Zellen, die aber nur stellenweise verkorkt sind. Die Zellen des Rindenparenchyms sind sehr regelmäßig quadratisch bis rechteckig, ganz vereinzelt etwas sklerotisiert. Die Milchsaftschläuche mit gelbem bis rotlichgelbem Inhalt sind hauptsachlich in der Richtung der Achse gestreckt und zeigen etwas ausgebuchtete Wandungen (Abb. 6); auch der Zentralzylinder enthält kleinere Sekretschläuche. Innerhalb des Cambiumringes finden sich enge Netzgefäße (12—35 μ); vereinzelt kommen auch Netztracheiden von 55—70 μ vor. Das gesamte Parenchym ist reich an Inulin. In Quetschpräparaten aus zubereiteten Knollen fallen die Sekretschläuche (c) mit ihrem gelbroten Inhalt, Teile des Rindengewebes aus sehr regelmäßigen Zellen (a), schmale Netzgefaße (b) auf. Ebenso wie Topinambur finden die gelblichgrünen, spindelförmigen Helianthiknollen (Helianthus doronicoides TORR. und GRAY) Verwendung, die histologisch nur geringe Unterschiede aufweisen, aber in Quetschpräparaten an den langgestreckten, verdickten und verholzten Bastfasern erkannt werden.

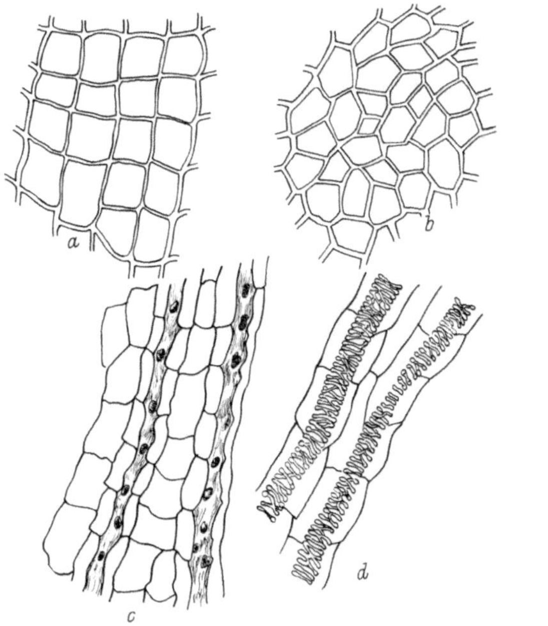

Abb. 6. Helianthus tuberosys. *a* Parenchym, *b* Kork, *c* Sekretschlauche, *d* Gefaße (Vergr. 75 : 1) (nach H. VOLGER)

6. Verschiedene Pflanzenfamilien

a) Kartoffel oder Erdapfel (Solanum tuberosum L.-Solanaceae). Die an unterirdischen Ausläufern entstehenden Knollen tragen außen großzelligen Kork (Abb. 7), mit polygonalen Zellen. Das Grundgewebe ist großzellig und stärkereich und enthält in der außerhalb der Leitbündelzone liegenden Rindenschicht einzelne schwach verdickte und getüpfelte Zellen (70—240 μ) (Abb. 8). Die Leitbündel enthalten Spiral-, Ring- und Netzgefäße. Einzelne

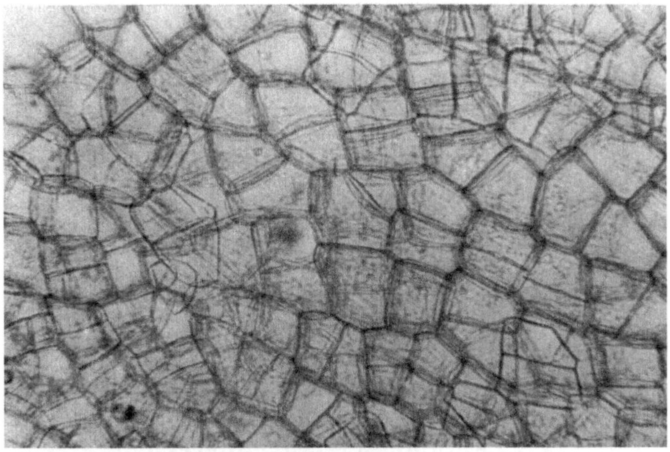

Abb. 7. Kartoffelknolle, Kork (Vergr. 100:1)

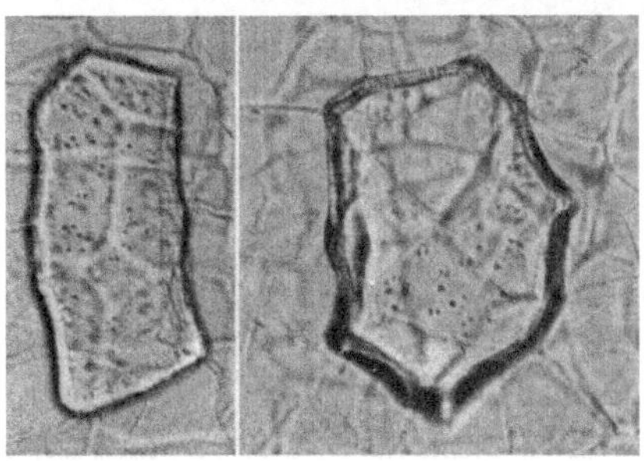

Abb. 8. Kartoffelknolle, sklerotisierte Zellen der Rindenschicht (Vergr. 100:1)

kurzgliedrige Netztracheiden sind bis 100 μ weit. Über die Stärkekorner (vgl. Bd. V/1 S. 211), über Kartoffelflocken und Walzmehl (Bd. V/1 S. 392). Kartoffelpülpe ist das bei der Stärkegewinnung abfallende Produkt (Futtermittel). Die Pülpe ist durch das dünnwandige, immer noch Stärke enthaltende Parenchym gekennzeichnet. Auch Korkfetzen sind reichlich vorhanden, Leitbündelelemente treten mehr zurück.

b) Bataten oder süße Kartoffeln (Sweet potatoes) sind die Wurzelknollen von Batatas edulis Chois (Convolvulaceae), in Mittelamerika heimisch, aber vielfach, u. a. auch in Sudeuropa, kultiviert. Die walzen- oder spindelförmigen, süß schmeckenden Knollen dienen zur Gewinnung von Stärke und werden wie Kartoffeln gegessen. Bei uns kommen sie zeitweilig auf den Markt. Das braune Periderm besteht aus dünnwandigem Kork. Die schmale Rindenschicht enthält reichlich unverzweigte Milchsaftschläuche, seltener finden sich solche innerhalb des Cambiums. In der Nähe des Cambiums liegen einzelne Netzgefäße (45—75 μ), alle übrigen sind in Gruppen zerstreut von sekundären Cambien umgeben. Die Parenchymzellen enthalten reichlich Stärke (vgl. Bd. V/1 S. 226). In der Nähe des Periderms enthalten außerdem zahlreiche — sonst nur einzelne — Zellen je eine große Oxalatdruse. Im gekochten Material findet man reichlich Oxalatdrusen einzeln oder in Kammerzellen, gegliederte Milchsaftschläuche, deren Inhalt z. T. in Tropfenform ausgetreten ist, verholzte Netzgefäße und die Zellen des Stärkeparenchyms, oft reihenförmig angeordnet.

c) Stachysknollen, Japanknollen oder Japankartoffeln, sind die Rhizomknollen der aus Ostasien stammenden, hier und da auch bei uns kultivierten Stachys siboldii Miquel (Labiatae). Sie sind 2—8 cm lang, 1—2 cm dick, durch tiefe Einschnürungen gegliedert und tragen am Ende die nach aufwärts gebogene Knospe. Die Oberhaut besteht aus rechteckigen bis polygonalen Zellen mit vereinzelten Spaltöffnungen. Die eine schmale Rindenschicht abgrenzenden Leitbundel sind verholzt, enthalten Netz- und Spiralgefäße (12—35 μ). Das Parenchym enthält als Reservestoff ein losliches Kohlenhydrat (Stachyose), die Herbstknollen angeblich auch Stärke.

II. Blattgemüse, Salate und Küchenkräuter

1. Familie der Liliaceen

Laucharten

a) Schnittlauch (Allium schoenoprasum L.). Die Blätter sind pfriemförmig, röhrig. Die äußere Epidermis besteht aus schmalen, langgestreckten Zellen mit zahlreichen Spaltöffnungen. Die Epidermiszellen der Innenseite sind etwa rechteckig, größer als die der Außenseite. Das aus zwei Reihen Palisaden und lockerem Schwammparenchym gebildete Mesophyll ist von Leitbündeln mit Spiralgefäßen durchzogen.

b) Zwiebelblätter oder **Zwiebelschlutten,** Winterzwiebel (Allium fistulosum L.), zum Würzen von Salaten und Suppen gebraucht, sind ebenfalls röhrig. Die beiden Epidermen sind wie bei voriger Art ungleich, nur sind die Zellen größer, die Spaltöffnungen zahlreicher und gleichmäßiger verteilt. Sonst bestehen gegenüber der vorgenannten Art nur wenig Unterschiede.

c) Porreeblätter (Allium ampeloprasum L. f. porrum Regel) sind flach, auf der Außenseite gekielt. Beide Epidermen sind fast gleich mit vielen Spaltöffnungen, Palisaden nur einreihig. Zu erwähnen sind ferner *Schalotte, Eschlauch* (Allium ascalonicum L.) und *Rockenbolle*, echter Schlangenlauch (All. sativum var. ophioscordon Don.).

2. Familie der Polygonaceen

a) Ampferarten. *α*) Sauerampfer (Rumex acetosa L.). Verwendung finden die Blätter von kultivierten und wilden Pflanzen. Die Epidermiszellen der Blattspreite sind gerundet polygonal bis flachwellig; unterseits kleiner und stark gewellt, Stomata beiderseits, von drei, selten mehr Nebenzellen umgeben, in geringer Menge Drüsen mit vierteiligen Köpfchen auf zwei niedrigen Stielzellen. Auf und in der Nähe der großen Nerven, besonders auf der Blattunterseite, kommen Papillen mit gestreifter Cuticula vor. Die Palisaden sind kurz, die rundlichen Schwammparenchymzellen enthalten große Drusen.

β) **Gemüseampfer, Gartenampfer** oder **Englischer Spinat** (Rumex patientia L.), bei uns im Garten gezogen, hat große, scheidig gestielte Blätter. Die Papillen sind nur schwach entwickelt, Drüsenköpfchen wie bei der vorigen Art. Im Mesophyll große Oxalatdrusen und würfelformige Kristalle.

b) Rhabarber (Rheum undulatum L.) die Blattspreite ist als Gemüse nicht verwendbar, infolge des hohen Gehaltes an Oxalsäure sogar giftig. Mikroskopisch ist sie sehr gut charakterisiert. Wegen Einzelheiten vgl. J. Möller u. C. Griebel (1928), bezüglich der Verwendung der Blattstiele vgl. S. 296.

3. Familie der Chenopodiaceen

a) Spinat (Spinacia oleracea L.) wird in zwei Hauptformen (Sommer- und Winterspinat) angebaut. Beim Winterspinat tragen die Früchte hornartige Stacheln. Solche „dornigen" Früchte finden sich zuweilen in nicht unerheblicher Menge in der Marktware. Die Blätter sind ganzrandig, nur in der Jugend behaart. Die Epidermiszellen der Oberseite polygonal, die Seitenwände wenig gebogen bis gebuchtet, unterseits wellig gebuchtet, Stomata beiderseits reichlich (Abb. 9), von drei bis fünf Epidermiszellen umgeben. Die Spaltöffnungen sind sehr charakteristisch. Bei ganz jungen Blattern finden sich unterseits, namentlich im basalen Teil, auch am Rande Blasenhaare mit mehrzelligem Stiel und Gliederhaare mit keuliger oder ovaler Endzelle. Das Mesophyll enthalt bis 100 μ große Drusen, z. T. von sphäritischer Struktur, ferner prismatische, rhombische oder würfelförmige Kristalle. Ganz junge Blätter sind zuweilen kristallfrei.

b) Mangold oder Rippenkohl (Beta vulgaris var. cicla [L.] Aell.) wird wegen der fleischigen Blattstiele und der jungen Blätter als Gemüsepflanze angebaut. Beide Epidermen sind fast gleich, mit polygonalen bis leicht buchtigen Zellen und vielen Stomata, im Mesophyll zahlreiche Kristallsandzellen. Der weißgelbe oder rote fleischige, außen gerippte Stiel ist von zahlreichen mit Kollenchymbelägen versehenen Leitbündeln durchzogen. Die Rippen des Stieles bestehen aus Kollenchymfasern. Im Parenchym ebenfalls zahlreiche Kristallsandzellen.

Von geringer Bedeutung sind Gartenmelde (Atriplex hortensis L.), Erdbeerspinat (Chenopodium virgatum JESSEN und Chenopodium capitatum ASCHERS) und Guter Heinrich (Chenopodium bonus Henericus L.).

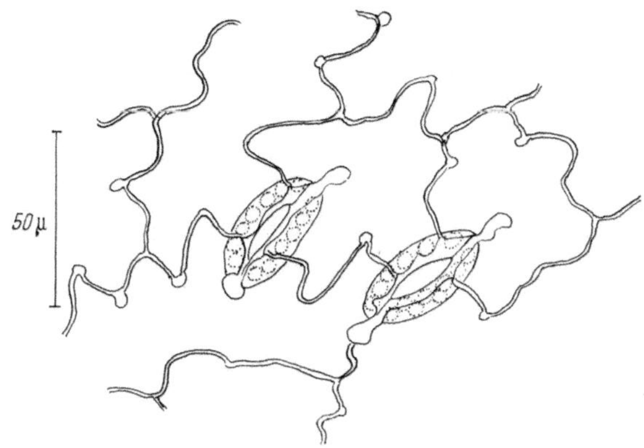

Abb. 9. Spinatblatt, Unterseite, Spaltöffnungen

4. Familie der Cruciferen

Den Cruciferenblättern fehlen Kristalle und Drüsenhaare. Die bei einzelnen der hier beschriebenen Arten vorkommenden Deckhaare sind stets einzellig und dünnwandig. Die Stomata sind stets von drei Nebenzellen umgeben, von denen eine etwas kleiner ist. Die bei den Cruciferen verbreiteten Myrosinzellen, mit *Millons* Reagens rosa bis rot färbend, sind von geringer diagnostischer Bedeutung, weil die Reaktion bei zubereitetem Gemüse versagt.

a) Kohl. Die bei uns angebauten Kohlsorten sind Kulturformen von Brassica oleracea L. Die wichtigsten, deren jede in zahlreichen Zuchtsorten existiert, sind folgende:

α) Var. capitata (Kopfkohl). Nach der Farbe unterscheidet man forma alba D.D., den Weißkohl (liefert das Sauerkraut), und forma rubra L., den Rotkohl (Rotkraut), beide mit glatten Blättern.

β) Var. sabauda L., Wirsing, mit blasig-runzeligen oder krausen Blättern.

γ) Var. acephala D.C., Grün- oder Braunkohl, mit krausen Blättern, nicht zu einem Kopf geschlossen.

δ) Var. gemmifera D.C., Rosenkohl oder Sprossenkohl, mit kopfförmigen bis walnußgroßen Blattknospen in den Achseln der Stengelblätter.

ε) Var gongylodes L., Kohlrabi (Stengelknolle).

ζ) Var. botrytis, Blumenkohl oder Karfiol, von dem nur der durch Kultur fleischig gewordene Blütenstand Verwendung findet.

Bei allen Formen zeigen die Blätter mikroskopisch weitgehende Übereinstimmung. Die beiden Epidermen bestehen aus polygonalen Zellen mit geraden oder gebogenen Wänden. Die beiderseits vorhandenen Stomata sind klein, mitunter fast kreisrund mit drei Nebenzellen. Das Mesophyll ist beim Grünkohl deutlich in Palisaden- und Schwammparenchym gegliedert, die Stomata sind dicht und gleichmäßig verteilt (Abb. 10). Ähnlich ist die Ausbildung bei Rosenkohl und Kohlrabi, bei Wirsing, Weißkohl (Abb. 11) und Rotkohl sind sie spärlicher vorhanden und oft unregelmäßig angeordnet. Bei letzterem liegen öfter zwei Stomata dicht nebeneinander, zuweilen auch beim Weißkohl, beim Wirsing häufig in kleinen Gruppen. Beim Wirsing, Weiß- und Rotkohl besteht das Mesophyll gewöhnlich aus fast gleichmäßigen, rundlich-polygonalen Zellen, die Mittel-

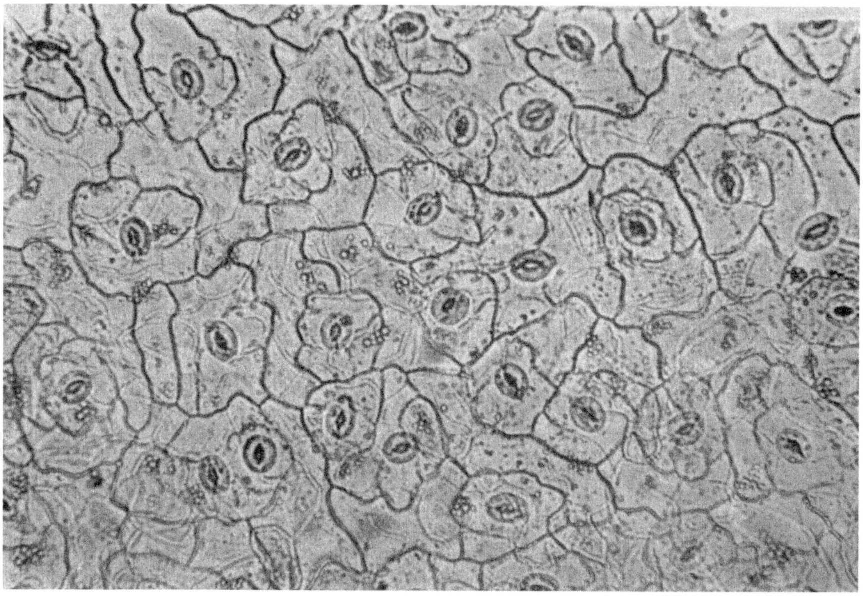

Abb. 10. Grünkohlblatt, Unterseite Epidermis (Vergr. 210:1)

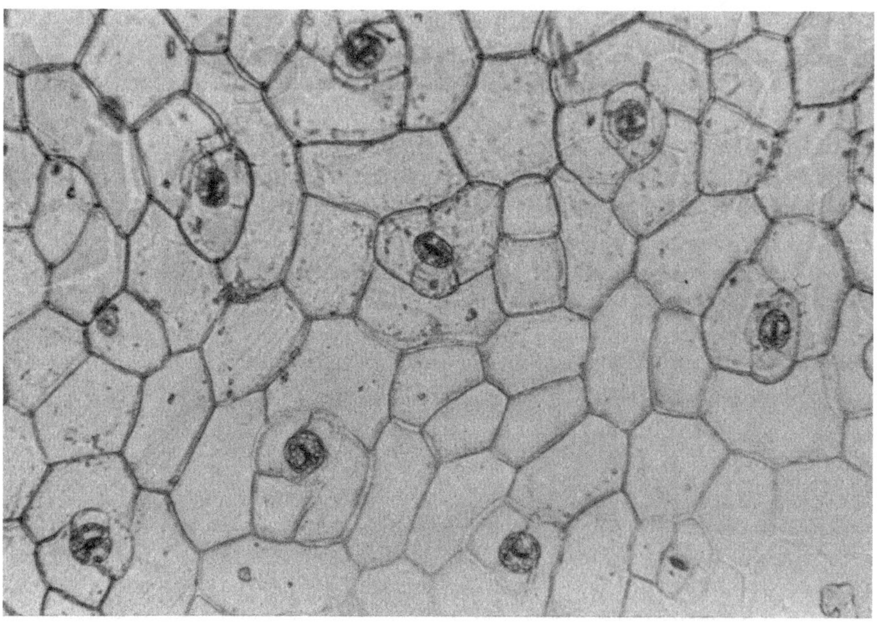

Abb. 11. Weißkohlblatt, Unterseite Epidermis (Vergr. 210:1)

rippe tritt bei diesen auf der Blattunterseite stark hervor. Beim Wirsing gilt dies auch für die Seitenrippen und kleineren Nerven. Diese enthalten kollaterale Leitbündel mit Spiralgefäßen. Bei den dickeren Rippen sind die Leitbündel zu kleinen Gruppen vereinigt. Beim Kohlrabi werden auch die jungen Blätter als Gemüse verwendet. In der Rindenschicht der Kohlrabiknollen kommen verdickte und verholzte, z. T. faserartige Zellen vor, Netz- und Spiral-, seltener Tüpfelgefäße (bis 70 μ). Das übrige Gewebe besteht aus dünnwandigem Parenchym, nicht selten mit geringer Menge kleinkörniger Stärke. In holzigen Knollen finden sich verdickte, langgestreckte Holzfasern, mitunter auch isodiametrische, schwach verholzte Sklereiden. Beim Blumenkohl handelt es sich um fleischig gewordene Blütenstände aus zartem, kleinzelligem Gewebe mit Spiralgefäßen.

Speisereste aus zubereiteten Kohlsorten sind im allgemeinen leicht diagnostizierbar, schwieriger nach der Maceration im Magen, weil man oft nach unverletzten Epidermisstücken suchen muß. Härtung des Materials durch Alkohol ist notwendig. Rotkohl wird schon an der Färbung erkannt, Blumenkohl an der charakteristischen Form — meist auch bei kleinen Teilchen — mit Lupe oder Mikroskop. Sauerkraut ist an den schmalen Blattstreifen zu erkennen, sonst findet man, wie auch bei Wirsing, neben der Epidermis noch Teile der dicken Blattrippen. Grünkohl ist durch den Chlorophyllreichtum gekennzeichnet, Kohlrabi durch die Netzgefäße, die neben Spiralgefäßen in den Knollen vorkommen.

b) Chinakohl oder Pe Tsai (Brassica pekinensis [Lour.] Rupr.) wird zwar nicht in Deutschland angebaut, kommt aber seit Jahren — zumeist aus Holland — auch bei uns auf den Markt. Er findet als Gemüse, vorwiegend aber als Salat Verwendung, weil er keinen ausgeprägten Kohlgeschmack hat. Die Blätter bilden einen walzenförmig gestreckten, oben fest zusammenschließenden Kopf. Sie sind im oberen hellgrün bis gelblich gefärbten Teil, namentlich auf den Blattnerven der Unterseite, mit kurzen Haaren besetzt. Der untere gelbliche Teil ist fleischig verdickt und deutlich gerippt. Die Epidermis zeigt besonders auf der Unterseite unregelmäßig geformte Zellen. Die Stomata liegen bei großen Blättern auf der Oberseite bisweilen zu Gruppen von drei bis vier zusammen. Die Haare sind einzellig, dünnwandig, unten abgerundet, oben spitz. Die Epidermiszellen sind am Fuß der Haare häufig vorgewölbt. Das Mesophyll zeigt undeutlich Schwamm- und Palisadenparenchym.

c) Gartenkresse (Lepidium sativum L.) wird vielfach als Salatpflanze angebaut. Nur die jungen, bis etwa 10 cm hohen Pflanzen werden verwendet. Die gefiederten Blättchen zeigen meist linealische bis spatelförmige Abschnitte. Sie sind kahl oder am Rande behaart. Die Blattabschnitte endigen in ein bis zwei zahn- oder dolchförmige einzellige Haare. Die Seitenwände der Epidermiszellen sind beiderseits wellig, Stomata, von drei Epidermiszellen umgeben, finden sich auf beiden Blattseiten.

d) Brunnenkresse (Nasturtium officinale R. BR.) wird als Salat oder als Gemüsepflanze kultiviert, oder im Freien gesammelt und vielfach verwechselt mit Veronica beccabunga L. von ähnlichen Standorten. Die Sprosse tragen etwas fleischige, unpaarig gefiederte Blätter, die Fiederblättchen sind breit-elliptisch bis eiförmig, stets kahl. Epidermiszellen beiderseits wellig-buchtig; Stomata auf beiden Epidermen vorhanden, von drei bis vier Epidermiszellen umgeben. Das Mesophyll ist deutlich in Palisaden- und Schwammparenchym differenziert.

5. Familie der Umbelliferen

Die Umbelliferenblätter sind wie die der Cruciferen ohne Drüsenhaare und Oxalat-Kristalle. Sie besitzen aber — nicht immer leicht auffindbare — schizogene Sekretgänge entlang den Leitbündeln.

a) Selleriekraut, Schnittsellerie (Apium graveolens L. var. silvestre Presl. f. secalinum Alef.), Suppengewürz (über Knollensellerie vgl. S. 540). Die dunkelgrünen, glänzenden Blätter sind fiederteilig und zeigen gestielte, dreilappige bis dreischnittige Fiedern mit fast rautenförmigen, ungleich eingeschnittenen gesägten Zipfeln. Die Seitenwände der Epidermiszellen sind gewöhnlich stark wellig, selten gerade. Die meist von drei zwei bis fünf Epidermiszellen umgebenen Stomata sind auf der Unterseite etwa doppelt so zahlreich wie auf der Oberseite, zuweilen mit strahliger Cuticularstreifung. Eine solche ist auch an den uber den Nerven liegenden gestreckten Epidermiszellen zu sehen.

b) Bleichsellerie (Apium graveolens L. v. dulce MILLE Pers.) besteht aus den durch Zudecken mit Erde gebleichten, fleischigen Blattstielen, die roh und als Gemüse gegessen werden. Querschnitt etwa nierenförmig, auf der Außenseite gerippt. Die Rippen zeigen starke Kollenchymbildung und darunter je ein kollaterales Leitbündel mit halbmondförmigem Siebteil. Die 20—45 μ weiten Netz- und Spiralgefäße sind verholzt.

c) **Petersilie, Blattpetersilie** (Petroselinum crispum (Mill.) Nym. var. foliosum (Alef.) Thellung hat flache, glänzende, dreifach fiederteilige Blatter mit etwa keilförmigen Abschnitten, deren Zipfel in eine kurze Stachelspitze endigen. Bei der „gefüllten“ Petersilie sind die Blätter kraus, eine Form, die als Schnittpetersilie besonders zu empfehlen ist, weil dann Verwechslungen mit der giftigen Hundspetersilie (Aethusa cynapium) nicht möglich sind. Der drei- bis fünfkantige, oberseits rinnige Blattstiel enthält drei bis fünf kollaterale Leitbündel und in den Kanten Kollenchymbündel. Zwischen beiden sowie im Siebteil liegen Sekretschläuche. Die Epidermiszellen sind welligbuchtig, nur über den Nerven geradwandig mit Cuticularstreifen oberseits, über den stärkeren Nerven auch vielfach papillös vorgewölbt. Die von drei bis vier Zellen umgebenen Stomata sind unterseits etwa dreimal zahlreicher als oberseits. Zu beiden Seiten der Mittelnerven sind weite Sekretgänge erkennbar (Wurzelpetersilie vgl. S. 544).

d) Die giftige **Hundspetersilie** (Aethusa cynapium L.) (Früchte vgl. S. 262), häufig auf Kulturland anzutreffen und daher zuweilen mit der gewöhnlichen Petersilie zu verwechseln, ist im blühenden Zustand leicht erkennbar an den dreiblättrigen zurückgeschlagenen Hüllchen, länger als die Döldchen. Die Hüllchen der Petersilie bestehen aus sechs bis acht kürzeren Blättchen. Der breit fünfeckige Blattstiel enthält ein bis zwei Gefäßbündel, deren Siebteil vom Holzteil fast vollständig umfaßt wird (Unterschied von Petersilie). Spaltöffnungen finden sich auf der Oberseite der Blätter nur spärlich, unterseits reichlich. Auf der Unterseite der Leitbündel ist ein weiter Sekretkanal erkennbar.

e) **Gartenkerbel** (Chaerophyllum cerefolium [L.] Schinz et Thellung) wird als Suppenkraut angebaut. Die drei- bis vierfach gefiederten Blätter aus fiederspaltigen Abschnitten mit lanzettlichen Zipfeln sind unterseits wie die Blattstiele zerstreut behaart. Die Epidermis mit wellig-buchtigen Zellen trägt nur auf der Unterseite von drei bis vier Zellen umgebene Spaltöffnungen. Am Rande der Blattabschnitte finden sich zumeist in der Nähe der Spitze ein-, selten zweizellige zahn- oder pfriemenartige, derbwandige Haare, an der Spitze selbst ein bis drei derartige Trichome, die häufig abgebrochen sind. Die Unterseite der Blattstielchen und stärkeren Nerven trägt einzelne, ziemlich lange, einzellige Haare.

f) **Dill** (Anethum graveolens L.) wird als Küchenkraut frisch und getrocknet (als Pulver) für Soßen und Salate sowie zum Einlegen der Salzgurken gebraucht. Der runde, hohle, fein längsstreifige Stengel trägt drei- bis vierfach fiederteilige Blätter, die in linealisch-fiederförmige, kahle Zipfel geteilt sind. Die aus welligen Zellen bestehende Epidermis enthält beiderseits Stomata, die gewöhnlich von zwei, weniger häufig von drei bis vier Zellen umgeben sind. Auf der Unterseite jedes Leitbündels liegt ein weiter Sekretkanal.

g) **Zwiebelfenchel,** Finocchiofenchel (Foeniculum vulgare Miller, var. azoricum [Miller] Thellung), der als Gemüse oder roh als Salat gegessen wird, kommt vorwiegend aus Italien. Nur die süßlich schmeckenden, über 5 mm dicken, saftigen gerippten Scheiden der Grundblätter, die eine seitlich abgeflachte Zwiebel bilden, werden verwendet. Die Epidermiszellen der Blattscheiden sind polygonal, die Wände erscheinen bei der äußeren Epidermisschicht fein, bei der inneren gröber geperlt. Die spärlich vorhandenen Stomata sind auf der Außenseite vorwiegend von zwei, seltener von drei, auf der Innenseite vorwiegend von drei Zellen umgeben. Die in dem dünnwandigen Parenchym des Grundgewebes verlaufenden kollateralen Leitbündel enthalten überwiegend Spiral- (20—70 μ) und Treppengefäße (bis 45 μ), weniger häufig sind Ring- und Netzgefäße. Die Sekretkanäle führen gelben Inhalt. Zwischen dem Kollenchym jeder Rippe und dem Leitbündel liegt ein besonders stark entwickelter Sekretkanal.

6. Familie der Compositen

a) **Der Gartenlattich oder Lattichsalat** (Lactuca sativa L.) wird in verschiedenen Spielarten angebaut, die in Form und Farbe der Blätter variieren, anatomisch aber kaum Unterschiede aufweisen. Besonders verbreitet ist der Kopf- oder Häuptelsalat (var. capitata L.). Bei ausgewachsenen Blättern wird der äußerste Blattrand — ausgenommen an den Blattausstülpungen (Zähnchen) — aus mehreren Reihen gestreckter Epidermiszellen mit wenig gebogenen Wänden und meist knopfförmigen Erhebungen gebildet. Weiter innen sind die Zellen beider Epidermen mehr oder weniger stark wellig-buchtig. Die beiderseits häufigen Stomata sind meist von vier Epidermiszellen umgeben. Während die Blätter älterer Pflanzen fast kahl sind, finden sich bei jüngeren auf beiden Seiten vielzellige Deckhaare, deren Glieder meist zerknittert oder ganz zusammengefallen sind und Drüsenhaare mit ein- bis zweizelligem Köpfchen und mehrzelliger Basis. Bei einzelnen Formen kommen auf der Unterseite des Hauptnervs auch lange, am Grunde vielzellige Zotten vor. Die Nerven werden an der Unterseite von Milchsaftschläuchen begleitet, die durch körnigen Inhalt auffallen, bei jungen Blättern aber auch im gebleichten Präparat nicht immer erkennbar; stärkere Nerven mit deutlicher Parenchymscheide.

b) Salatzichorie, „Chicorée“, (Cichorium intybus L. var. foliosum Bisch.) findet, wenn im Dunkeln gezogen, als Gemüse und Salat Verwendung. Chicorée besteht zur Hauptsache aus den fleischigen Blattrippen, deren Epidermiszellen länglich, beiderseits spitz sind, fast ohne Stomata. Auf der Epidermis der noch wenig entwickelten Blattspreite meist von vier Zellen umgebene Spaltöffnungen und vielzellige Deckhaare sowie kurze Drüsenhaare mit mehrzelligem Köpfchen und ein- oder zweizellreihigem Stiel. Die Blattnerven enthalten kollaterale Leitbündel mit Milchröhren.

c) Wurzelzichorie (Cichorium intybus L. var. sativum Bisch.). Die Blätter sind in der Behaarung etwas abweichend.

d) Winter-Endivie (Cichorium endivia L. var. latifolium Hegi) Eskariol, Endivie, mit ungeteilten Blättern. Krause Endivie (Cich. end. var. crispum Hegi) mit feingeschlitzten und krausen Blättern. Beide Varietäten werden als Salatpflanzen angebaut. Mikroskopisch sind die Kulturformen von denen der Zichorie nur wenig verschieden. Beim Escariol finden sich neben Gliederhaaren beiderseits vereinzelte zottenähnliche Haare mit breiter Basis, die gewöhnlich spitz endigen. Auf der Unterseite kommen auch gleichartige Haare mit kleinen Köpfchen vor, auf dem Hauptnerv vielzellige Haarnarben. Bei den geschlitzten und krausblättrigen Pflanzen fehlen die Haarnarben, die zottenähnlichen Haare und Köpfchenhaare sind kleiner, die einfachen Gliederhaare größer.

e) Cardy sind die durch Lagerung im Keller gebleichten, fleischigen Blattstiele und Blattrippen einer Form der Kardenartischocke (Cynara cardunculus L. subsp. cardunculus L.), die in den Mittelmeerländern kultiviert und als Gemüse auch bei uns verwendet wird. Auch das Rhizom ist eßbar.

f) Artischocke (Cynara scolymus L.). Die noch nicht entfaltenen Blütenköpfe finden als Gemüse Verwendung. Genießbar ist nur der fleischige Grund der Hüllblätter und der fleischige Blütenboden. Im basalen Teil der Hüllblätter und im Blütenboden befinden sich im Parenchym Leitbündel (enge Spiralgefäße) und Sekretschläuche mit dunkelbraunem Inhalt. Die in Frankreich als Konserven in den Handel kommenden Artischockenböden werden nach A. VILLERS u. E. COLLIN (1900) bisweilen mit Topinambur oder Sellerie verfälscht.

7. Aus verschiedenen Pflanzenfamilien

a) Rapünzchen, Feldsalat, Ackersalat oder Schafmäulchen (Valerianella olitoria Poll.-Valerianaceae). Verwendet werden die im Winter und ersten Frühling geernteten Blattrosetten der Wildform sowie die Gartenformen mit größeren und dickeren Blättern. Die länglich-spatelförmigen Blätter sind im unteren Teil leicht gewimpert, die Epidermiszellen wellig,

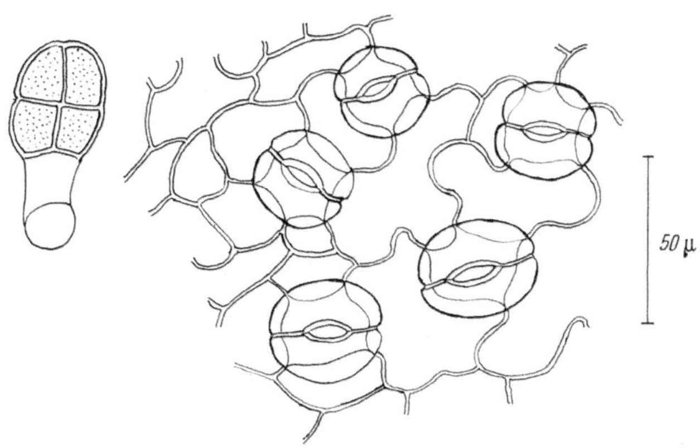

Abb. 12. Feldsalat, Blatt, Unterseite, Spaltöffnungen

Stomata unterseits reichlicher vorhanden, oft zu zwei bis vier Gruppen (Abb. 12). Beide Epidermen tragen vereinzelte keulenförmige Drüsenhaare mit einzelligem Stiel und mehrzelligem Köpfchen. Oberseits finden sich noch kurze kegelförmige, einzellige Deckhaare mit derber Wand und gestreifter Cuticula. Noch größere Deckhaare stehen am Rande des Blattgrundes und auf der Unterseite des Hauptnervs.

b) Borretsch, Gurkenkraut (Borago officinalis L.-Boraginaceae) dient hauptsächlich als Zusatz zu verschiedenen Salaten. Die etwas runzeligen Blatter tragen beiderseits steife borstige Haare; diese sind oberseits einzellig, bis 2 μ lang, unterseits schlanker, z. T. zweizellig. Der angeschwollene Fußteil enthält häufig einen Cystolithen zuweilen auch der Schaft. Bei großen Borsten beobachtet man auch in den umgebenden Epidermiszellen zystolithische Gebilde. Oxalat fehlt.

c) Portulak (Portulaca oleracea L.-Portulacaceae) wird auch bei uns zuweilen als Salat oder Gemüsepflanze gezogen (Bürzelkohl). Die spatelförmigen Blätter sind fleischig, unbehaart. Die in beiden Epidermen reichlich vorhandenen Stomata sind von zwei ungleichen zum Spalt parallelen Nebenzellen umgeben. Ein zweites Paar ahnlich gestalteter Zellen umgibt gewöhnlich die ganze Spaltoffnung. Das Mesophyll besteht größtenteils aus chlorophyllfreiem Wassergewebe. Nur die Leitbündel sind von chlorophyllhaltigem Parenchym umgeben, in dessen Nähe zahlreiche kleine Oxalatdrusen vorkommen.

d) Neuseeländer Spinat (Tetragonia expansa Murr.-Aizoaceae) wird in Mitteleuropa gelegentlich als Gemüsepflanze angebaut. Zwischen den Epidermiszellen der eirunden bis rautenförmigen Blätter ragen auf beiden Flächen Wasserblasen hervor, welche die Blätter wie mit Kristallen bedeckt erscheinen lassen. Stomata sind beiderseits reichlich vorhanden (Abb. 13).

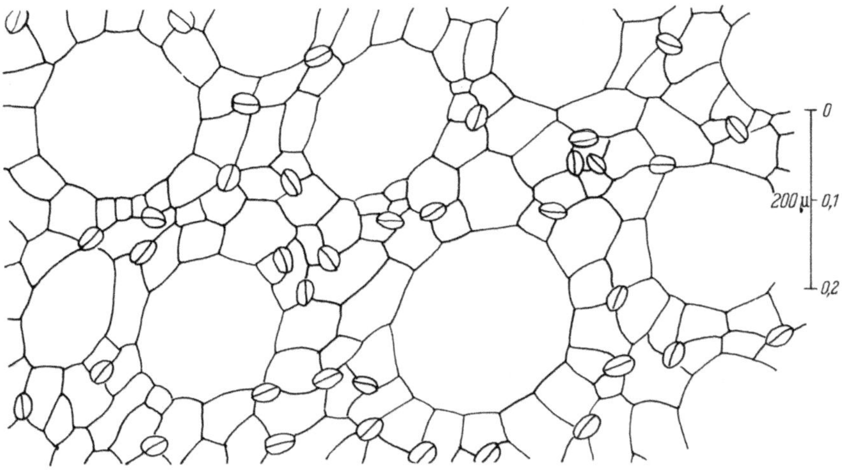

Abb. 13. Neuseeländer Spinat, Blatt, Oberseite, Wasserblasen und Spaltöffnungen

Das Mesophyll enthält zahlreiche Drusen. Über Malabarspinat (Basella alba L. u. B. rubra L.-Basellaceae) vgl. H. Gottschaldt (1934). Über „Fruhlingskräuter" (Glechoma hederacea, Stellaria media, Ficaria ranunculoides, Anemone nemorosa, Ranunculus bulbosus, Oxalis acetosella) berichtet V. Mouka (1937, 1938a, b), über die Mikroskopie heimischer Gewürzpflanzen G. Mäckel (1936).

III. Früchte und Teile von Gemüsearten

a) Gurke (Cucumis sativus L.-Cucurbitaceae). Die Früchte finden meist im unreifen Zustand als Salat oder eingemacht als Pfeffer-, Essig-, Salz- oder Gewürzgurken, nach Entfernung der Samen auch zur Bereitung von Gemüse oder Senfgurken Verwendung. Sie enthalten in drei zweiteiligen Fächern zahlreiche flache, weiße Samen, die an ganz jungen Exemplaren noch nicht ausgebildet sind. Mikroskopisch zeigt die Gurke folgende Unterschiede gegenüber dem Kürbis (S. 295): Das Fruchtfleisch besteht im äußeren Teil aus chlorophyllreichem Parenchym. Die Palisaden der Samenoberhaut sind fast vollständig verquollen. Die Samen enthalten eine zweireihige Sklereidenschicht, deren innere Lage fast quadratisch geformte, viel größere und stärker verdickte Zellen aufweist. Das Sternparenchym besteht meist aus einer einfachen Zellenreihe.

b) Kürbis (vgl. S. 295).

c) Zugghetti (deutsch-schweiz.) Zucchetta (ital.), Zuchette (franz.) sind die langen und schmalen gurkenförmigen Früchte von Cucurbita pepo L. var. giromontia (var. italica Todaro

= var. cucurbitella Béguinot; = C. cucurbitella Béguinot). Die langen gurkenähnlichen Früchte, welche an aufrechten, etwa 30—50 cm hohen beblätterten Stengeln wachsen, werden als Gemüse ähnlich wie Gurken verwendet.

d) Tomate (Lycopersicum esculentum Mill.-Solanaceae), Liebesapfel oder Paradiesapfel, ist die Frucht der aus Südamerika stammenden, bei uns jetzt überall angebauten einjährigen Pflanze. Reif werden sie mit oder ohne Zutaten roh gegessen und finden außerdem als Zusatz zu Suppen und Soßen sowie zur Herstellung von Konserven (Saft, Mark oder Pasten) Verwendung. Unreife Früchte werden in Zucker und Essig eingemacht. Epidermis und Hypoderm, die zusammen die Schale bilden (Abb. 14), bestehen aus rundlich polygonalen Zellen,

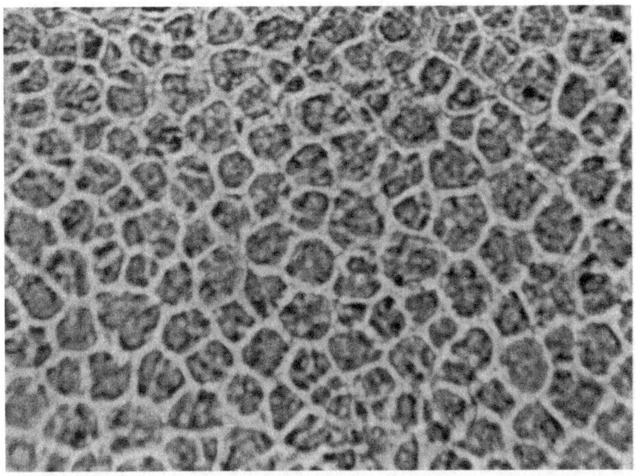

Abb. 14. Tomate, Exokarp mit Hypoderm (Vergr. 132:1)

Abb. 15. Tomatensame, Leisten der Schleimepidermis (Vergr. 100:1)

deren Wände getüpfelt, bei der Epidermis ausgesprochen gelb sind. Die Hypodermzellen sind größer. Das aus rundlichen Zellen gebildete Fruchtfleisch ist von Leitbündeln mit verholzten Spiralgefäßen (bis 30 μ) durchzogen. Das großzellige Gewebe der schwammigen Zentralplacenta enthält bei nicht ganz reifen Früchten häufig sehr viel kleinkörnige Stärke. Neben Spiralgefäßen finden sich in der Placenta auch Netzgefäße und sklerotische Elemente. Die eiförmig flachen, etwa 3—4 mm langen Samen liegen in einer gallertigen Masse und erscheinen nach deren Entfernung von haarformigen Gebilden besetzt. Diese über 0,5 mm langen Schleimleisten gehen aus den Seitenwänden der in der Aufsicht dicht welligen Epidermiszellen der Samenschale hervor (A. Th. Czaja 1963) (Abb. 15). In eingedicktem Tomatenmark und ähnlichen Zubereitungen beobachtet man bis zu 30 μ weite Spiral-, selten Netzgefäße, Teile der Fruchtoberhaut mit Hypoderm, Bruchstücke der Samenschale mit den stark gewundenen

Epidermiszellen und den Schleimleisten. Bei Mitverarbeitung unreifer Früchte finden sich außerdem Stärkezellen mit verkleistertem Inhalt aus dem Placentargewebe.

Das heute im Handel befindliche Tomatenmark (Tomatenpüree) in Tuben, dreifach konzentriert, ist soweit aufgeschlossen und passiert, daß hauptsächlich nur noch Fibrillenbündel der Fruchtmarkzellen in großer Anzahl und vereinzelt geringe Gefäßanteile zu erkennen sind. Die Fibrillenbündel leuchten zwischen gekreuzten Polarisatoren in den Diagonallagen auf und lassen vor dem völligen Ausloschen zahlreiche Knickstellen (Haftpunkte) erkennen. In großer Anzahl sind sehr kleine Oxalatkristalle vorhanden (A. TH. CZAJA 1965). Beimengung von Möhren gibt sich durch das Vorkommen weiter Netzgefäße (bis 50, selten bis 75 μ) oder auch Korkgewebe zu erkennen. Da Tomaten häufig von Pilzen befallen werden, beobachtet man im konservierten Mark sehr oft auch verzweigte Fäden von Schimmelpilzen. Nachweis von Verfalschungen nach C. TROMBARA u. Mitarb. (1956).

e) Gemüsepaprika (Capsicum annuum L.-Solanaceae). Eine Anzahl großfrüchtiger milder Sorten dieser einjährigen Pflanze ist in Südeuropa in rohem Zustand als Salat oder auch als Gemüse sehr beliebt. Bei uns gedeiht die Sonne und Wärme liebende Pflanze unter Glas. Die meist hängenden Früchte werden 10 und mehr cm lang, bis 8 cm breit. Die Sorte „Elefantenrüssel" trägt bizarre, rote, bis 15 cm lange Früchte. Je nach Sorte sind die Früchte grün, gelb oder rot. Der Gehalt an Vitamin C ist hoch, 125 mg in der frischen, 100 mg in der gekochten Frucht je 100 g.

f) Die Eierfrucht oder Aubergine (Solanum melongena L.-Solanaceae) wird im gebackenen oder gerosteten Zustand gegessen. Die gurken- oder eiformige, dunkelviolette bis weiße Beerenfrucht ist undeutlich vierfächerig. Die zahlreichen flachen, fast nierenförmigen Samen sind von schwammigem Gewebe umgeben (Abb. 16).

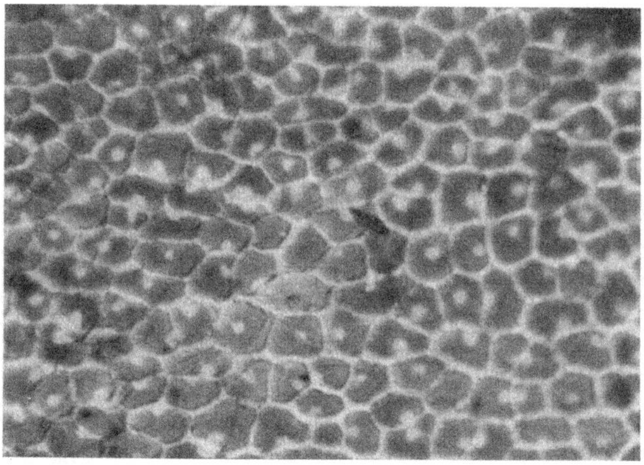

Abb. 16. Aubergine, Exokarp (Vergr. 210 : 1)

g) Unreife Leguminosenfrüchte. Die unreifen Fruchte der Garten- und Feuerbohne werden als Gemüse oder Salat gegessen, die der Zuckererbse roh oder als Gemüse.

α) Gartenbohne (Phaseolus vulgaris L.) und Feuerbohne (Phaseolus multiflorus Lam.). Die Oberhaut der Fruchtwand (Hulse) der Gartenbohne besteht aus derbwandigen, rundlich polygonalen Zellen mit gestreifter Cuticula. Sie trägt ziemlich große, oft von schmalen gebogenen Nebenzellen umgebene Stomata, kürzere hakig gebogene (bis 200 μ) und weniger häufig länger pfriemige (bis 300, zuweilen 500 μ), oft über der Basis mit einer Querwand versehene Deckhaare, die beim Abbrechen eine Narbe mit zackigem Rand hinterlassen und vereinzelt gedrungene, keulenformige Drüsenhaare mit gekammerten Köpfchen. Das Hypoderm wird aus ein bis drei Reihen spindelförmiger, derbwandiger Zellen gebildet, die bei der Reife zu Fasern werden und durch stark quellende Wände ausgezeichnet sind. Im inneren Mesokarp liegt eine mehrreihige, bei jungen Früchten noch wenig ausgeprägte Faserschicht, deren Zellen schräg zur Längsachse der Frucht und rechtwinklig zur Hypodermschicht verlaufen. Auf dieser Hartschicht liegen kleine Kammerzellen mit länglichen Einzelkristallen (Abb. 17). Auch in den innersten Lagen des Mesokarps finden sich Einzelkristalle, die aber zuweilen regellos verteilt sind. Ebenso sind die Bastfaserbeläge, die sich an der Bauch- und Ruckennaht der Hülle befinden, außen von Kammerzellen eingefaßt, deren Kristalle den bei der Erbse vorkommenden ähnlich sind. Die Mesokarpzellen enthalten häufig kleinkornige, z. T. zusammengesetzte Stärke. Genuß der rohen grünen Hülsen kann durch den Gehalt an Toxalbumin *Phasin* zu Vergiftungen führen (O. RAINER 1962).

Bei der *Feuerbohne* sind die Pfriemenhaare viel zahlreicher und länger (bis zu 900 μ), die hakigen Haare durchschnittlich länger (bis 370 μ); Drüsenhaare sehr zahlreich. In Begleitung der Gefäße auf der Bauch- und Rückennaht finden sich an älteren Früchten zahlreiche Gerbstoffschläuche mit gelbem Inhalt.

β) Gartenerbse (Pisum sativum L.). Genießbar sind die jungen kahlen Hülsen der als „Zuckererbsen“ (var. macrocarpum Ser.) und der als „Markerbsen“ (var. medullare Alef.) bezeichneten Varietäten. Die Oberhaut besteht aus gestreckt polygonalen, oft derbwandigen Zellen, deren Cuticula mit feinen Wachskörnchen bedeckt ist. Die Stomata sind meist von drei

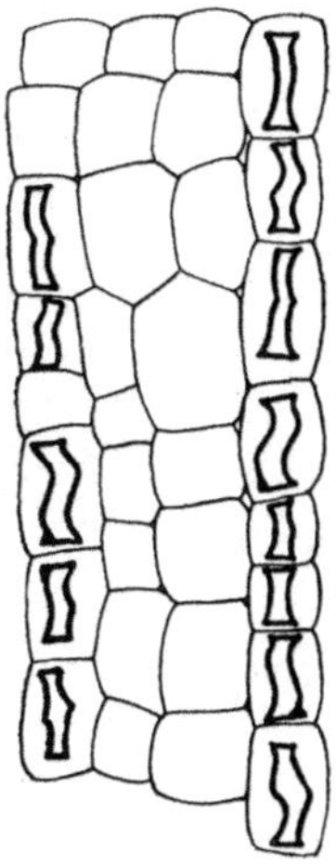

Abb. 17. Gartenbohne, Oxalatzellen im Mesokarp (Vergr. 225:1) (nach C. GRIEBEL)

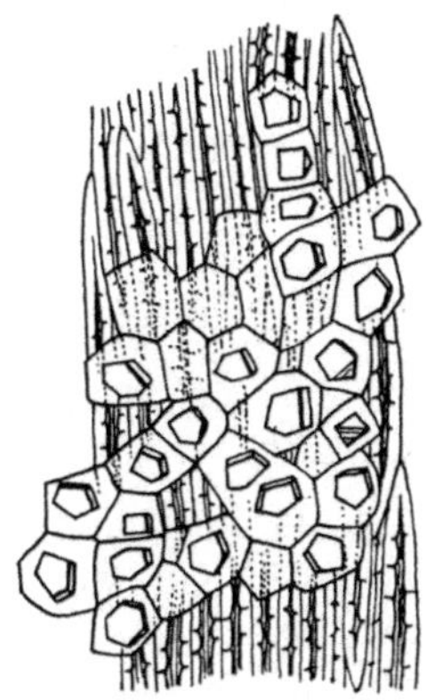

Abb. 18. Erbsenhulse, Faserschicht mit Kristallzellen (Vergr. 225:1) (nach C. GRIEBEL)

Nebenzellen umgeben. Wie bei allen Leguminosenhüllsen befindet sich im inneren Teil des Mesokarps eine mehrreihige, aus verdickten Fasern bestehende Hartschicht, die von zahlreichen Einzelkristallen in Kammerzellen bedeckt ist (Abb. 18). Die Endokarpzellen sind papillös vorgewölbt und stellenweise zu mehrgliedrigen schlauchförmigen Haaren ausgewachsen (Unterschied von der Bohne), die bisweilen ineinander verschlungene Knäuel bilden. Das Mesokarp enthält meist kleinkörnige Stärke in erheblicher Menge. Kennzeichnend für Erbsenhülsen sind die zahlreichen rhomboëdrischen Kristalle, in Kammerzellen an der Außenseite der Hartfaserschicht und als Begleiter der Gefäßbündelstränge sowie der Bastfaserbeläge an Rücken- und Bauchnaht.

Über die *Krankheiten und Schädlinge der Gemüsepflanzen, Salate und Küchenkräuter, sowie der Kartoffelknollen* berichten ausführlich O. APPEL (1948), H. BRAUN (1958), H. BRAUN u. W. RIEHM (1957), J. BECKER-DILLINGEN (1956), H. BREMER (1962) und W. KOTTE (1960).

B. Botanisch-mikroskopische Untersuchung der Speisepilze

Die als „Pilze“ oder „Schwämme“ bezeichneten Fruchtkörper höherer Pilze gehören zum größten Teil zu den *Basidiomyceten*, welche meist vier Sporen auf besonderen Trägerzellen, den Basidien, (Abb. 19) bilden, zum kleineren Teil zu den *Ascomyceten*, bei denen vier oder acht Sporen im Inneren von runden oder länglichen Schläuchen (Asci) entstehen, (Abb. 20). Zwei große Familien der Basidiomyceten stellen die hauptsächlichen Speisepilze und zugleich giftigen Arten, die *Blätterpilze* (Agaricaceae), deren Hut auf der Unterseite vom Sporenlager

(Hymenium) überzogene Lamellen (Blätter) trägt, und die *Röhrenpilze* (Polyporaceae, Boleteae), deren Hutunterseite aus zahlreichen, vom Hymenium ausgekleideten Röhrchen besteht. Von den vielen genießbaren Arten von Hutpilzen

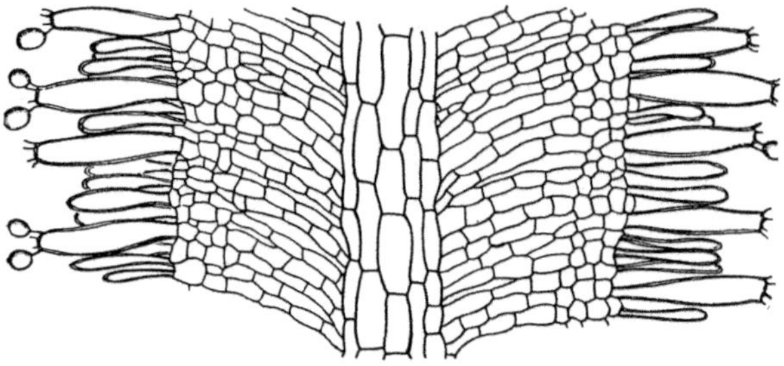

Abb. 19. Knollenblätterpilz, Lamelle, Querschnitt (nach C. MEZ)

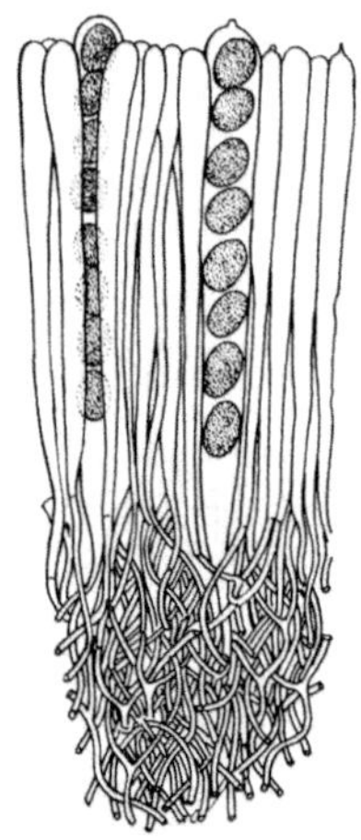

Abb. 20. Lorchel, Hymenium, Querschnitt (nach C. MEZ)

gelangen nur verhältnismäßig wenige in den Marktverkehr; sie wechseln außerdem mit der Gegend. Nur wenige Speisepilze gehören der Familie der *Stachelpilze* (Hydnaceae) an.

Zur Bestimmung frischer Hutpilze sind *Pilzfloren* mit guten Abbildungen und eindeutigen Beschreibungen, Angaben über Sporenfarbe und Sporenmaße notwendig, am besten unter Anleitung eines guten Pilzkenners. Eine wirklich sichere Diagnose der Arten ist in schwierigen Fällen nur mit Hilfe der mikroskopischen Sporenmessung möglich.

Die Fruchtkörper der Pilze bestehen aus einem Pseudogewebe (Plectenchym oder Pseudoparenchym), aus fadenförmigen untereinander verwachsenen Zellen (Hyphen). Im *Hymenium* finden sich außerdem häufig Cystiden, ferner die Sporenträger und Sporen. Eine Unterscheidung von genießbaren und giftigen Pilzen ist nur durch gründliche Kenntnis der morphologischen Merkmale der einzelnen Pilze und der Färbungen im trockenen und feuchten Zustand möglich. Irgendwelche Regeln zur Erkennung der Giftigkeit von Pilzen gibt es nicht. Im Zweifelsfall ist die Sporenmessung ausschlaggebend. Bei dem Mycel von Basidiomyceten handelt es sich um sogenanntes Schnallenmycel, bei den Ascomyceten um einfach septierte Hyphen. Ist ein Pilz nicht mit Sicherheit zu bestimmen, so ist in jedem Fall vom Genuß abzuraten.

In diesem Abschnitt kann, dem Vorgehen von C. GRIEBEL (1938) folgend, nur auf die gebräuchlichsten Speisepilze hingewiesen werden, die in Zubereitungen auch in zerkleinertem Zustand angetroffen werden. Im Zusammenhang damit wird auf die häufigsten Giftpilze aufmerksam gemacht, im übrigen aber muß auf die gebräuchlichen Pilzfloren verwiesen werden (O. BIANCO u. Mitarb. 1955; F. ENGEL 1963; O. GRAMBERG 1917; H. HAAS 1951; H. JAHN 1949; H. KLEIJN 1962; E. MICHAEL u. B. HENNIG 1949, 1958, 1960; W. RAUH 1959; A. RICKEN 1915, 1920).

I. Basidiomyceten

1. Blätterpilze

(Agaricaceae)

a) Champignon (Egerling). Bei allen Champignonarten sind die Lamellen in der Jugend grauweißlich, dann hellrosa, später schokoladebraun bis schwarzbraun. Der Stiel ist in der Mitte mit einem häutigen Ring versehen, am Grunde aber nicht knollig verdickt und auch nicht von einer Hülle umgeben (vgl. Knollenblätterpilze).

Querschnitte durch die Lamellen zeigen in der Mitte eine Schicht verhältnismaßig breiter, in einer Richtung verlaufender Hyphen (Abb. 21), beiderseits von einer kleinzelligen Schicht umsäumt, aus der die Basidien, und Paraphysen entspringen. Die Sporen sind elliptisch

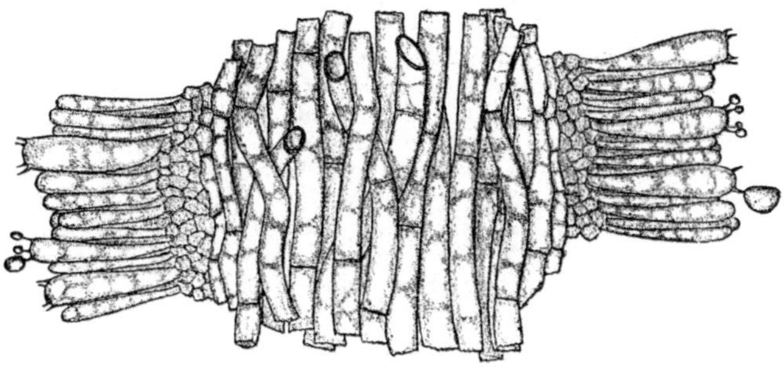

Abb. 21. Champignon, Lamelle, Querschnitt stark vergrößert (nach C. MEZ)

Abb. 22. Champignon und Knollenblätterpilz, Sporen, Champignon links, Knollenblätterpilz rechts (Vergr. 200 und 1000 1) (nach G. GASSNER)

(Abb. 22), beim Feldchampignon oder Feldegerling (Psalliota campestris [L.] Fr.) und Schafchampignon (Psalliota arvensis [SCHÄFF.] FR.) im ausgewachsenen Zustand 8—9 μ lang, 6 μ breit, beim Waldchampignon (Psalliota silvatica [SCHÄFF.] FR.) 6—7 μ lang, 3—4 μ breit. Ihre Membran ist braun, im jugendlichen Zustand hell.

Schaf- und Waldchampignon finden sich ebenso wie der sehr giftige Knollenblätterpilz auch in Wäldern, wodurch die immer wieder vorkommenden und oft zu tödlichen Vergiftungen führenden Verwechslungen beider zu erklären sind, obwohl sich Champignon und Knollenblätterpilz nur im Jugendzustand ähneln.

b) Als Knollenblätterpilze werden drei verwandte Arten bezeichnet, der grüne (Amanita phalloides FR.), der gebliche (A. mappa BATSCH) und der weiße oder Frühlingsknollenblätterpilz (A. verna BULL.). Der gefährlichste aller Giftpilze ist der grüne Knollenblätterpilz, der im ausgewachsenen Zustand eher mit grünen Täublingen als mit einem Champignon verwechselt werden kann. Er kommt besonders unter Eichen vor. Der auch sehr giftige gelbliche Knollenblätterpilz findet sich vorwiegend in Nadelwäldern, kommt aber zuweilen in Gesellschaft von Champignons vor und kann daher leichter mit diesen verwechselt werden. Der Stiel der Knollenblätterpilze ist am Grunde zu einer oft tief im Boden sitzenden Knolle verdickt, die von einer häutigen Scheide umgeben ist. Diese Scheide bildet zusammen mit den auf dem Hut befindlichen — durch Regen aber abwaschbaren und daher mitunter fehlenden — flockigen Hautfetzen den Rest des im Jugendzustand zwischen Hutrand und Stiel ausgespannten Velum partiale. Durch diesen doppelten Schleier, der bei allen Amanita-Arten vorkommt, unterscheidet sich der Knollenblätterpilz vom Champignon u. a. Speisepilzen. Zum Unterschied vom Champignon bleiben die Lamellen beim Knollenblätterpilz im Alter stets weiß. Bei gründlicher Beachtung dieser Merkmale kann eine Verwechslung mit dem Champignon nicht unterlaufen.

Querschnitte durch die in Alkohol gehärteten Lamellen zeigen, daß sich an die mittlere geradlinige Hyphenschicht beiderseits bogenförmig nach außen verlaufende Hyphen anschließen (Abb. 19). Die Sporen (Abb. 20) sind fast kugelig (8—10 μ), die Membran ist farblos. Noch einige andere Amanita-Arten gehören zu den Giftpilzen: der Fliegenpilz (Amanita muscaria [L.] Pers.), kenntlich an dem hochroten, mit weißen Geweberesten (durch Regen abwaschbar) besetzten Hut, weißen Fleisch und weißen Lamellen, während das Fleisch und die Lamellen des ihm ähnlichen genießbaren Kaiserlings (A. caesarea) gelb sind. Beim sehr giftigen Königsfliegenpilz (A. muscaria var. regalis) ist der Hut braun, desgleichen beim kleineren Pantherpilz (A. pantherina Quel.), dessen Hut mit ziemlich regelmäßig gestellten, kleinen weißen Warzen bedeckt ist. Auch diese Amanita-Arten weisen den gleichen Bau auf wie der Knollenblätterpilz, jedoch sind die Sporen elliptisch, beim Fliegenpilz 10—14 μ, beim Perlpilz 7—8 μ lang. Diese Amanita-Art (A. rubescens Pers.) ist eßbar. Sie besitzt braunroten bis schmutzig rötlichen, gewölbten Hut mit mehlig-warzigen Hüllresten bedeckt. Die Lamellen sind weiß, später etwas rötlich. Der Stiel ist anfangs weiß, rötet sich später, mit großem weißem, gestreiftem, hängendem Ring. Das weiße Fleisch verfärbt sich an der Luft meist rötlich oder rot.

c) Milchlinge und Täublinge. Zum Unterschied von allen anderen Blätterpilzen sind die Milchlinge und Täublinge immer ohne Ring und enthalten zwei verschiedene Gewebe. Neben den langen verflochtenen Hyphen finden sich rosettenartige Gruppen von größeren Zellen, zwischen denen bei den Milchlingen Milchröhren auftreten. Bei den meisten Arten der beiden Gattungen Lactarius (Milchlinge) und Russula (Täublinge) tragen die kugeligen bis ellipsoiden Sporen auf der farblosen oder geblichen Membran kleine zerstreute Stacheln. Von den Milchlingen sind mehrere Arten wegen ihres scharfen Geschmackes ungenießbar bzw. erst nach Abkochen in Salzwasser zu verwenden. Das Kochwasser wird weggegossen. Der Geschmack des Birkenreizkers (Lactarius torminosus Fr.), Doppelgänger des echten Reizkers, ist brennend scharf. Der echte Reizker (Lactarius deliciosus Grey) hat gelbroten Milchsaft und rötlichgelbes, mild schmeckendes Fleisch, das sich an Druck- und Bruchstellen grün verfärbt, und ebensolche Lamellen. Der Birkenreizker hat zottig-faserigen Hutrand, weißen Milchsaft, weiße Lamellen und helleres, auch an Wund- und Druckstellen sich nicht grün verfärbendes Fleisch. Eine Anzahl Arten der Täublinge ist wegen ihres brennend scharfen Geschmackes ungenießbar oder giftig, z. B. der Speitäubling (Russula emetica Fr.), mit rotem Hut. Die eßbaren Täublinge erkennt man am milden Geschmack, daher ist stets eine Kostprobe erforderlich.

d) Von Blätterpilzen sei noch der *ziegelrote Rißpilz* (Inocybe lateraria Ricken) genannt. Die gelegentlich vorgekommenen tödlichen Vergiftungen haben gezeigt, daß es sich um eine sehr giftige, allerdings nicht sehr häufige Art handelt. Von häufigeren Speisepilzen mögen noch erwähnt werden

Eierschwamm oder Pfifferling, Cantharellus cibarius Fr.
Stockschwämmchen, Pholiota mutabilis Fr.
Hallimasch, Armillaria mellea Fr.
Austernseitling, Pleurotus ostreatus Jacquin.

2. Röhrenpilze

a) Der bekannteste Röhrenpilz und zugleich beste Speisepilz ist der *Steinpilz* (Boletus edulis Bull.), dessen Hut auf der Unterseite eine leicht ablösbare, engporige Röhrenschicht trägt. Die Röhren sind anfangs weiß, später gelb oder grüngelb.

Das Hymenium in den Röhren besteht aus radial angeordneten Basidien, an deren Spitze die spindelförmigen Sporen (4—5/15—18 μ) (Abb. 19) mit glatter, gelblicher oder bräunlicher Membran gebildet werden. Die dem Steinpilz nahestehenden Röhrlinge (Birkenpilz, Rothäuptchen, Butterpilz, Ziegenlippe, Maronenpilz usw.) lassen sich morphologisch gut, mikroskopisch von diesem nicht unterscheiden.

b) Dem Steinpilz ähnlich ist der sehr bitter schmeckende, aber ungiftige *Gallenpilz* (Trachypus felleus Fr.). *Ein* Exemplar kann das Pilzgericht ungenießbar machen. Er hat weiße, später blaßrosafarbene Röhren, die sich im Alter beträchtlich erweitern.

Die Sporen (4/12—14 μ) haben fast farblose Membran und enthalten im frischen Zustande rostrote Öltröpfchen. Der Satanspilz (Boletus satanas LENZ), ist giftig, zu erkennen an den blutroten Mündungen der gelben bis grünlichen Röhrchen (Sporen 6—7/12—13 μ) und an dem bauchigen, mehr oder weniger karminroten, im oberen Teil mit orangeroter Netzzeichnung versehenen Stiel. Giftverdächtig sind außerdem die ebenfalls durch lebhafte Färbung ausgezeichneten Arten, der Dickfußröhrling (Boletus pachypus FR.) (Sporen 4—4,5/12—13 μ), sehr bitter, und der Wolfsröhrling (Boletus lupinus FR.) (Sporen 6—7/11—14 μ). Mikroskopisch sind diese Arten von den genießbaren nur durch die Sporenmaße zu unterscheiden.

Häufige und beliebte Speisepilze sind ferner:

Birkenröhrling, Leccinum scabrum Fr.
Rotkappe, L. versipellis Fr.
Sandröhrling, Suillus variegatus Fr.
Lärchenröhrling, S. viscidus Fr.
Maronenröhrling, Xerocomus badius Fr.
Ziegenlippe, X. subtomentosus Fr.
Rotfußröhrling, X. chrysenteron Fr.

3. Stachelpilze

Bei der kleinen Familie der *Stachelpilze* (Hydnaceae) überzieht die Basidienschicht die zahlreichen kurzen Stacheln auf der Unterseite des Hutes. Häufigere eßbare Vertreter sind der Habichtspilz (Hydnum imbricatum Fr.) und der Semmel-Stachling (Hydnum repandum Fr.).

Von der Familie der *Korallen-* oder *Keulenpilze* (Clavariaceae), auch Ziegenbärte genannt, ist die Oberfläche der meist stark zerteilten Fruchtkörper von der Basidienschicht bedeckt. Eßbar sind z. B. die krause Glucke (Sparassis crispa Fr.), der steife Korallenpilz (Ramaria stricta Pers.) und der gelbe Ziegenbart (Ramaria flava Quel.).

II. Ascomyceten (Schlauchpilze)

Von Speisepilzen gehören hierher die Morcheln und Trüffeln.

1. Morcheln und Lorcheln

Bei den zur Familie der Helvellaceae zählenden Gattungen Morchella (Morchel) und Helvella (Lorchel) überzieht das Hymenium die Lappen oder Gruben des Fruchtlagers. Es besteht aus palisadenartig angeordneten Schläuchen (Abb. 20). die je acht glatte, meist ellipsoidische Sporen enthalten. Bei der eßbaren und sehr geschätzten *Speisemorchel* (M. esculenta Pers.), der *Spitzmorchel* (M. conica Pers.) u. a. als Speisepilze benutzten Arten ist der Hut durch Längs- und Querleisten in unregelmäßige, tiefe Kammern geteilt und dem hohlen Stiel in der ganzen Länge — bei einigen Arten nur teilweise — angewachsen. Die Sporen sind hellgeblich, etwa ebenso groß wie bei Helvella.

Häufig kommt auch die *Lorchel* (Gyromitra esculenta Fr.), als Frühlingsmorchel oder Stockmorchel bezeichnet, auf den Markt. Auf hohem Stiel trägt sie einen lappigen, z. T. hohlen, braunen Hut. Die Sporen sind weiß (8—10/17—20 μ), mit zwei kleinen farblosen Öltröpfchen. Fast regelmäßig treten Vergiftungserscheinungen nach dem Genuß der Lorcheln auf, da der Pilz die giftige Helvellasäure und wahrscheinlich einen weiteren Giftstoff enthält. Diese sollen durch Abkochen (mindestens 5 min) und Verwerfen des Kochwassers beseitigt werden (oder auch durch Trocknen der Pilze — mindestens 6 Monate). Dieser Pilz muß als giftig bezeichnet werden. Nach F. ENGEL (1963) ist es verboten, diesen Pilz in den Verkehr zu bringen. Fast doppelt so lang sind die ellipsoidischen Sporen der ebenfalls giftigen *Riesenlorchel* (G. gigas KROMBH.).

2. Trüffeln

a) Eine Anzahl Schlauchpilze mit knollenformigen, unterirdischen Fruchtkörpern der Tuberaceen und Terfeziaceen werden als *Trüffeln* bezeichnet. Sie dienen zum Würzen von Speisen und zur Herstellung bestimmter Zubereitungen (z. B. Trüffelleberwurst). Bei den Tuberaceen zeigt der Querschnitt des Fruchtkörpers

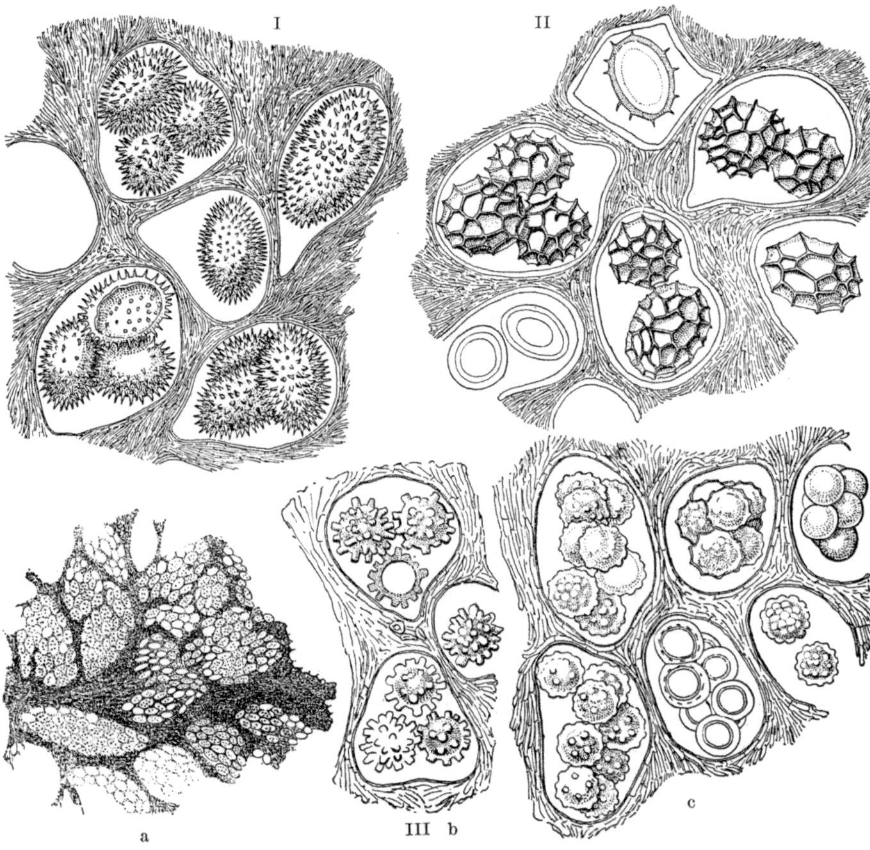

Abb. 23. Truffel, Fruchtkorper, Querschnitt. I Perigordtruffel (Vergr. 350:1). II Deutsche Truffel (Vergr. 350.1). III Afrikanische Truffel. *a* nestartige Anordnung der Asci (Vergr. 25 1), *b* ausgewachsener Fruchtkorper (Vergr. 350.1), *c* Schnitt mit verschieden reifen Sporen (nach K. GIESENHAGEN)

zahlreiche labyrinthartige Gänge, deren Wände vom Hymenium ausgekleidet sind. Dieses besteht aus dem Hyphengeflecht mit den Asci (Abb. 23 und 24), darin ein bis vier einzellige Sporen, welche die mikroskopische Unterscheidung der Arten ermöglichen.

α) Die französische oder *Perigordtrüffel* (Tuber brumale var. melanosporum VITT.) ist wegen des starken Aromas die wertvollste. Sie kommt in Südfrankreich, Norditalien, im Elsaß und in Baden vor, meist unter Eichen. Die kartoffelgroßen, oft unregelmäßig gestalteten schwarzen Fruchtkörper sind dicht mit abgeflachten 2—3 mm großen Warzen besetzt. Das Fleisch ist schwarzviolett, durch zahlreiche helle labyrinthartige Adern marmoriert.

Die fast schwarzen Sporen sind elliptisch, bis 45 μ lang, dicht mit Stacheln besetzt (Abb. 23 und 24). Bei der weniger aromatischen Wintertrüffel (Tuber brumale Vitt.), Stammform der vorigen, sind die braunen Sporen kleiner.

β) Die deutsche oder *Sommertrüffel* (Tuber aestivum VITT. mit der Abart mesentericum VITT.), weiter nördlich verbreitet, hat größere schwarze Warzen und bräunliches Fleisch, mit weißen Adern, das viel weniger aromatisch ist als bei der vorigen.

Die Sporen sind elliptisch, bis 45 μ lang, hellbraun, weitmaschig genetzt (Abb. 23 und 24). Die übrigen Tuber-Arten spielen als Speisepilze eine untergeordnete Rolle.

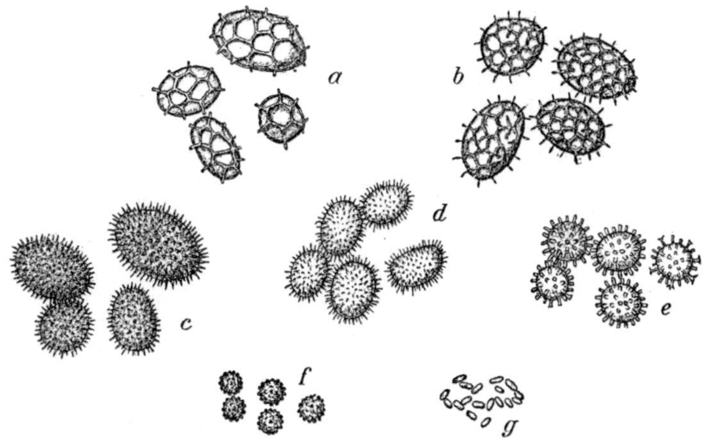

Abb. 24. Sporen der Trüffelarten. *a* und *b* deutsche Trüffel, *c* und *d* französische Trüffel, *e* weiße Trüffel (Choiromyces), *f* Hartbovist (Scleroderma), *g* falsche Trüffel (Rhizopogon) (nach C. MEZ)

Die Terfeziaceae (nur Choiromyces und Terfezia kommen in Betracht) haben achtsporige Asci.

γ) *Die weiße Trüffel* in Mitteleuropa (Choiromyces maeandriformis VITT.) bildet kartoffelähnliche gelbbraune Knollen mit zäherem weißlich bis bräunlichem, kaum geaderten, wenig aromatischem Fleisch. Die keulenförmigen Asci sind in mäandrisch verlaufenden dunklen Bändern palisadenartig angeordnet. Die Sporen sind kugelig (15—20 μ) hellbraun, mit zahlreichen Stacheln besetzt Abb. 24).

δ) Die *afrikanische Trüffel* oder Terfaz (Terfezia leonis TUL.) (Nordafrika) gelangt zu uns nur getrocknet in etwa 0,5 cm dicken gelbbraunen Scheiben. Die Asci stehen in nestartigen Gruppen, getrennt durch verzweigte sterile Adern. Die kugeligen Sporen (16—20 μ), blaßgelb, tragen stumpf kegelförmige Höcker (Abb. 23). Die Fruchtkörper der Handelsware sind meist unreif. Die Skulptur der Sporenwand ist daher nur wenig entwickelt, bei jungen Exemplaren fast ganz glatt.

ε) *Verfälschungen und Verwechslungen frischer Trüffeln.* Der Hart- oder Kartoffelbovist (Scleroderma vulgare HORN.) wird gelegentlich als Trüffel verkauft. Dieser Gastromycet bildet oberirdische knollige Fruchtkörper mit heller 2—3 mm dicker, oft warzig gefelderter Außenwand (Peridie). Das anfangs weiße Innere wird zur schwarzen Sporenmasse. Die kugeligen, schwarzen und stacheligen Sporen (8—12 μ) stäuben aus. Solange im jungen Bovist die *Gleba* (Fruchtmasse) weiß ist, gilt er als genießbar, später als giftig.

b) Zu den Bauchpilzen gehört auch die *Schweinetrüffel* (Rhizopogon rubescens TUL.) mit walnußgroßen Fruchtkörpern und länglich elliptischen (7—9 μ) farblosen, glatten Sporen (Abb. 24), die gelegentlich als Ersatz der echten Trüffel auf den Markt kommt, in mehreren Gegenden im gerösteten Zustand heiß gegessen wird, sowie der Erbsenstreuling (Pisolithus arenarius ALB. u. SCHW.), der als Würzpilz gesammelt und zur Wurstbereitung verwendet werden soll. Letzterer hat eigroße Fruchtkorper. Bei der Reife zerfallen diese in erbsengroße Kammern, darin die kastanienbraunen kugeligen, mit rundlichen Wärzchen besetzten Sporen (8 μ). Die den echten Trüffeln verwandte Hirschtrüffel Elaphomyces cervinus (PERS.) SCHRÖDER ist ungenießbar; sie wird auch als Hirschbrunst bezeichnet. Ihr unterirdischer Fruchtkörper enthält bei der Reife eine pulverformige Sporenmasse. Da die Hirschbrunst als Aphrodisiacum gilt, soll man dem Sporenpulver gelegentlich in Speisen oder anderen Zubereitungen begegnen. Die Sporen sind kugelig (28—32 μ), undurchsichtig, schwarz; ihre Oberfläche erscheint uneben.

c) *Trüffelkonserven.* Konservierte Trüffeln sind geschält und ungeschält im Handel. Nicht selten enthalten die Konserven verschiedene Trüffelarten nebeneinander.

Mitunter werden auch Pilze, die gar keine Trüffeln sind, als solche ausgegeben. So fand M. BRÜLLAU (1933) in Wurst Pilzbruchstücke, an denen z. T. noch deutlich eine Röhrenschicht mit vereinzelten Sporen zu beobachten war. Aus der schwarzen Färbung der Teilchen schloß sie auf das Vorliegen von Tubiporus (Boletus) rufus SCHAEFF. (Rothäuptchen), weil sich dieser Pilz beim Kochen grauschwarz verfärbt.

Eine späterhin von C. GRIEBEL (1935) untersuchte, als „Allerfeinste schwarze Trüffeln" bezeichnete Konserve, die aus etwa 1 cm großen, annähernd würfelförmigen Stücken von unnatürlich schwarzem Aussehen bestand, war aus einem Blätterpilz hergestellt und mit Teerfarbstoff gefärbt. Querschnitte sowie tangentiale und radiale Längsschnitte aus Stücken, die als Stiefelteilchen erkannt wurden, zeigten den Aufbau des Pilzkörpers aus zwei verschiedenen Zellelementen (normalen schlauchförmigen Hyphen und rosettenartig angeordneten rundlichen Zellen), daneben außerdem Milchsaftschläuche. Die an den geringen Lamellenresten spärlich vorhandenen rundlichen, farblosen Sporen zeigten stachelige Membran. Es handelte sich daher um einen Lactarius (Milchling). Trüffelbestandteile fehlten vollständig.

Bei der mikroskopischen Untersuchung von Pilzstücken aus Konserven oder aus Wurst u. dgl. muß zunächst das Material mit Alkohol gehärtet werden. Nach Beobachtungen von K. GIESENHAGEN (1911) wird die bei der Schälung der Trüffeln abfallende Rinde, die wenig oder gar keine Sporen enthält, zur Herstellung billigerer Ware verwendet. Das Fehlen der Sporen kann daher nicht immer als Beweis für die Abwesenheit von Trüffelteilchen gelten.

d) *Getrocknete Pilze.* Im Handel kommen hauptsächlich getrocknete Steinpilze, Champignons, Morcheln, Mousserons und gemischte Pilze vor. Die letzteren bestehen oft aus den verschiedensten Arten und können unter Umständen gesundheitsschädliche Stoffe enthalten. Da die Hutstücke fast immer noch Teile des Hymeniums enthalten, lassen sie sich unschwer in solche von Blätterpilzen und Rohrenpilzen trennen, denn nur diese beiden Gruppen kommen bei gemischten Pilzen praktisch in Betracht. Unter den Röhrenpilzen gibt es zwar einige giftige Arten (Satanspilz und Dickfuß), jedoch sind diese im allgemeinen so selten, daß ihre Anwesenheit in gemischten Pilzen in wesentlicher Menge wenig wahrscheinlich ist. Mikroskopisch lassen sie sich im getrockneten und zerkleinerten Zustande nicht sicher nachweisen, weil ihre Sporen von denen anderer Boletusarten nicht verschieden sind. Bei Gesundheitsschädigungen hat sich daher die Prüfung in erster Linie auf die vorhandenen Blätterpilze zu erstrecken. Nun kann man zwar bei guten Lamellenquerschnitten am Bau der Mittelschicht (Trama) unter Berücksichtigung der Sporenform erkennen, ob die Teilchen einer Amanita-Art entstammen (Abb. 19). Eine Unterscheidung der giftigen und ungiftigen Amanita-Arten ist jedoch mikroskopisch nicht möglich. Gleichwohl besteht beim Auffinden von Amanita-Teilchen der begründete Verdacht, daß es sich um den Knollenblätterpilz handelt, der auch im getrockneten Zustand die Giftigkeit in der Regel nicht verliert. Von Bedeutung ist auch das Auffinden von Täublingen oder Milchlingen (vgl. oben). Auch bei diesen beiden Gattungen lassen sich die genießbaren Arten von den schädlichen (Speitäubling und Giftreizker) mikroskopisch nicht unterscheiden. Trotzdem besteht aber bei vorgekommenen Erkrankungen der dringende Verdacht, daß eine der giftigen Arten vorhanden ist, wobei berücksichtigt werden muß, daß trockene Pilze auch giftige Zersetzungsprodukte enthalten können, nämlich dann, wenn sie aus nicht mehr einwandfreiem Material hergestellt wurden. Bei der mikroskopischen Untersuchung von Trockenpilzen weicht man die ausgesonderten Teilchen in Wasser auf und härtet mit 70%igem Alkohol. Dann stellt man dünne Schnitte her, wobei die Lamellen rechtwinkelig zur Schneide getroffen werden müssen. Ebenso verfährt man bei der Untersuchung von Pilzresten aus Magen- oder Darminhalt.

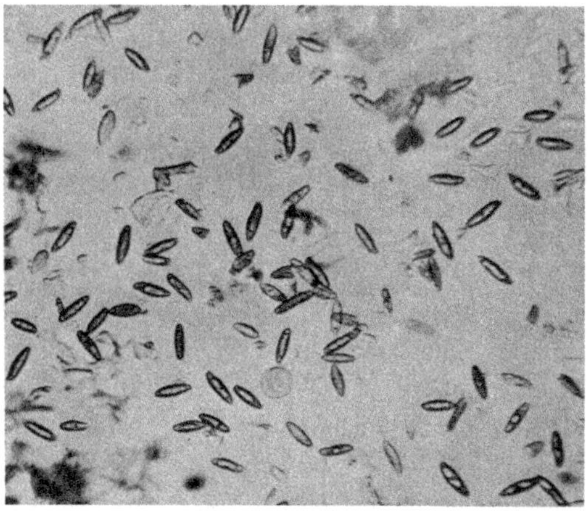

Abb. 25. Sporen im Pilzpulver von Boletusarten (Vergr. 300:1) (Photo C. GRIEBEL)

Verfälschungen von Trockenpilzen bestehen gewöhnlich im Ersatz bestimmter Arten durch andere (z. B. Champignon durch andere Blätterpilze oder Steinpilze). Von GIESENHAGEN (1911) wurde aber auch ein Zusatz ganz anderer Art, nämlich Seerosenwurzel, beobachtet, die an dem luftreichen, maschenförmigen Gewebe und den reichlich vorhandenen Stärkekörnern kenntlich ist.

Pilzpulver wird durch Mahlen von getrockneten Pilzen gewonnen und als Würzmittel verwendet. Bei der mikroskopischen Prüfung lassen sich *nur* aus der Form und Farbe der meist reichlich vorhandenen Sporen Rückschlüsse auf die etwa vorhandenen Arten ziehen, da sonst keine hinreichend charakteristischen Zellelemente vorhanden sind. Elliptische, mit brauner glatter Membran versehene Sporen (bis 9 μ) deuten auf Champignons hin, größere (bis 17 μ) spindelförmige bis ellipsoidische (Abb. 25) mit gelblicher bis hellbrauner glatter Membran auf Boletusarten (Steinpilz, Birkenpilz, Ziegenlippe usw.). Täublinge und Milchlinge sind durch kugelige bis länglichrunde Sporen mit farbloser bis gelblicher, fein stacheliger Membran gekennzeichnet. Ellipsoidische, an der einen Seite abgeflachte Sporen (bis 9 μ) mit Öltröpfchen, lassen auf Pfifferlinge schließen. Wie bei allen Pilzuntersuchungen ist auch hier zu berücksichtigen, daß die in der Literatur angegebenen Größenverhältnisse sowie die Farbe der Sporen nur für ausgewachsene und ausgereifte Exemplar zutreffen.

Bibliographie

APPEL, O.: Kartoffelkrankheiten. 1. Teil: Knollenkrankheiten. 4. Aufl. Berlin u. Hamburg: P. Parey 1948.

BECKER-DILLINGEN, J.: Handbuch des gesamten Gemüsebaues einschließlich der Küchenkräuter. 6. Aufl. Berlin u. Hamburg: P. Parey 1956.

BIANCO, O., u. M. TH. JUNG: Pilze. 520 Pilzbeschreibungen. München: Verlag für Biohygiene 1955.

BRAUN, H.: Die wichtigsten Krankheiten der Kartoffelknollen. Erkennen, Bedeutung und Bekämpfung. 3. Aufl. Berlin u. Hamburg: P. Parey 1958.

—, u. E. RIEHM: Krankheiten und Schädlinge der Kulturpflanzen und ihre Bekämpfung. 8. Aufl. Berlin u. Hamburg: P. Parey 1957.

BREMER, H.: Krankheiten und Beschädigungen der Gemüse und Küchenkräuter. Stuttgart: E. Ulmer 1962.

ENGEL, F.: Pilzwanderungen. Eine Pilzkunde für Jedermann. 5. Aufl. Wittenberg: A. Ziemsen 1963.

GASSNER, G.: Mikroskopische Untersuchung pflanzlicher Nahrungs- und Genußmittel. 3. Aufl. Stuttgart: G. Fischer 1955.

GRAMBERG, O.: Pilze der Heimat. 2 Bde. Leipzig: Quelle u. Meyer 1917.

GRIEBEL, C.: Mikroskopische Untersuchung der Gemüse, Salate, Küchenkräuter und Speisepilze, mykologische Untersuchung der Wurzelgewächse und Gemüse. In: Handbuch der Lebensmittelchemie. Hrsg. von A. JUCKENACK, E. BAMES, B. BLEYER u. J. GROSSFELD. Bd. V., S. 827—855. Berlin: Springer 1938.

HAAS, H.: Pilze Mitteleuropas. I. Speisepilze. Stuttgart: Kosmos, Verlag der Naturfreunde; Frankh'sche Verlagsbuchhandlung 1951.

JAHN, H.: Pilze rundum. Taschenbuch zum Bestimmen und Nachschlagen von rund 500 einheimischen Pilzarten. Hamburg: Park-Verlag, Claassen & Goverts 1949.

KLEIJN, H.: Großes Photobuch der Pilze. München: Bayer. Landwirtschaftsverlags-Ges. 1962.

KOTTE, W.: Krankheiten und Schädlinge im Gemüsebau und ihre Bekämpfung. 3. Aufl. Berlin u. Hamburg: P. Parey 1960.

MICHAEL, E., u. B. HENNIG: Führer für Pilzfreunde. Volksausgabe. Heidelberg: Quelle u. Meyer 1949.

— — Handbuch für Pilzfreunde. 3 Bde. Jena: G. Fischer. Bd. I: Die wichtigsten und häufigsten Pilze mit besonderer Berücksichtigung der Giftpilze; 1958. Bd. II: Die Nicht-Blätterpilze; 1960.

MOELLER, J., u. C. GRIEBEL: Mikroskopie der Nahrungs- und Genußmittel aus dem Pflanzenreiche. 3. Aufl. Berlin: Springer 1928.

RAUH, W.: Unsere Pilze. Heidelberg: Quelle u. Meyer 1959.

RICKEN, A.: Die Blätterpilze (Agaricaceae). Bd. I Text; Bd. II Tafeln. Leipzig: Th. O. Weigel 1915.

— Vademecum für Pilzfreunde. Leipzig: Quelle u. Meyer 1920.

VILLIERS, A., et E. COLLIN: Traité des altérations et falsifications des substances alimentaires. Paris (1900).

Zeitschriftenliteratur

BAČVAROV, S., u. T. BAČVAROVA: Herstellung von Knoblauchmehl. Hran. promislenost **8**, 21—22 (1959). Ref. Zbl. bulgar. wissenschaftl. Literatur **3**, H. 2 (1960).

BRÜLLAU, M.: Trüffelwurst mit Rothäubchen (Tubiporus rufus Schff.). Z. Untersuch. Lebensmittel **65**, 645—646 (1933).

CZAJA, A. TH.: Zur Diagnostizierung der Tomate in Zubereitungen. Z. Lebensmittel-Untersuch. u. -Forsch. **123**, 18—24 (1963).

— Mikroskopische Untersuchung von Tomatenmark. Z. Lebensmittel-Untersuch. u. -Forsch. **128**, 28—32 (1965).

DILLER, H.: Zur Beurteilung von Meerrettichkonserven. Dtsch. Lebensmittel-Rdsch. **52**, 251—253 (1956).

DRUDE, W.: Beiträge zur mikroskopischen Diagnostik der Gemüse. Z. Untersuch. Lebensmittel **65**, 497—540 (1933).

GIESENHAGEN, K.: Trüffeln als Speisenwürze in Fleischwaren des Handels. Z. Untersuch. Nahrungs- u. Genußmittel **21**, 641—645 (1911).

GOTTSCHALDT, H.: Beiträge zur mikroskopischen Diagnostik der Gemüse. III. Salate und Spinate. Z. Untersuch. Lebensmittel **67**, 465—510 (1934).

GRIEBEL, C.: Nachgemachte Trüffelkonserven (aus Lactaria bestehend). Z. Untersuch. Lebensmittel **69**, 251—253 (1935).

— Springkraut (Impatiens parviflora DC.) als Wildgemüse. Z. Lebensmittel-Untersuch. u. -Forsch. **89**, 411—414 (1949).

KONECSNI, J.: Mikroskopischer Nachweis von Speisepaprika im Mahlgut von Gemüsepaprika. Ommi-Jahrb. **4**, 429—437 (1959).

KÜPPERS-SONNENBERG, G. A.: Die Topinambur als Nahrungs- und Genußmittel. Dtsch. Lebensmittel-Rdsch. **53**, 40—45 (1957).

MÄCKEL, G.: Zur Mikroskopie heimischer Gewürzpflanzen. I. Der Bibernell (Sanguisorba minor Scop). Z. Untersuch. Lebensmittel **72**, 385—394 (1936).

MOUKA, V.: Beiträge zur mikroskopischen Untersuchung und Erkennung von „Frühlingskräutern“. Z. Untersuch. Lebensmittel **71**, 58—68 (1936).

— Mikroskopische Untersuchung der „Frühlingskräuter“. II. Mitt. Z. Untersuch. Lebensmittel **74**, 412—420 (1937).

— Mikroskopische Untersuchung der „Frühlingskräuter“. III. Mitt. Z. Untersuch. Lebensmittel **75**, 330—339 (1938a).

— Mikroskopische Untersuchung der „Frühlingskräuter“. IV. Mitt. Z. Untersuch. Lebensmittel **76**, 247—253 (1938b).

RAINER, O.: Zur Vergiftung mit rohen, grünen Bohnen (Phasinvergiftung). Med. Klin. **57**, 270—272 (1962).

SCHEIDIG, K.: 50 deutsche Wildpflanzen als Salate, Gemüse und Rohkost. Diss. Jena 1936. Stuttgart, Leipzig: Hippokrates 1937.

TROMBARA, C., D. CECI u. R. SALA: Nachweis fremder, zu Tomatenkonserven zugesetzter Vegetabilien durch mikroskopische Identifizierung histologischer Merkmale. Ind. Conserve (ital.) **31**, 103—110 (1956).

Die mikrobiologische Erzeugung von Nahrungsmitteln

Von

Prof. Dr. F. REIFF, Ludwigshafen

Mit 3 Abbildungen

I. Einleitung

Obwohl in jüngster Zeit zweifellos sowohl in der präparativen Chemie wie in der Biosynthese wichtiger Naturprodukte außerordentliche Fortschritte erzielt worden sind, ist es bis heute noch nicht so weit, daß man Nahrungsmittel für den täglichen Bedarf auf chemisch-präparativem Wege erzeugt. Alle bisherigen Bemühungen auf diesem Gebiet haben weder zu einer technisch noch zu einer wirtschaftlich befriedigenden Lösung geführt. Im Hinblick auf das reichhaltige Angebot der Natur an billigen pflanzlichen und tierischen Nahrungsmitteln ist auch in nächster Zeit nicht zu erwarten, daß die chemische Synthese von Nahrungsmitteln eine größere Bedeutung erlangen wird.

II. Geschichtliche Entwicklung der mikrobiologischen Eiweiß- und Fettsynthese

In den letzten Jahrzehnten ist es jedoch gelungen, durch Züchtung von Mikroorganismen in geeigneten Nährlösungen eine mikrobiologische Synthese von eiweiß- und fetthaltigen Nahrungsmitteln in technischem Maßstab durchzuführen. Daß eine Züchtung von Mikroorganismen auch im Großen durchführbar ist, wußte man schon lange. Die Erkenntnis, daß die Erzeugung alkoholischer Getränke durch Vergärung zuckerhaltiger Substrate auf der Tätigkeit der Hefepilze beruht, führte dazu, diese durch Belüftung zuckerhaltiger Substrate zu züchten. Die Hefezüchtung ist allerdings bei allen Gärverfahren nur ein Nebenprozeß, und die nach Beendigung der Gärung zurückbleibende Hefe dient in der Regel — sieht man von gelegentlicher Verwendung der Bierhefe ab — nicht als Nahrungs- oder Futtermittel. Im Gegensatz zu diesen Gärverfahren steht bei der Backhefefabrikation die Erzeugung von Hefesubstanz im Vordergrund. Daher wählt man hier die Arbeitsbedingungen so, daß die Bildung von Gärungsprodukten ganz oder fast ganz unterdrückt und die Erzeugung von Hefesubstanz begünstigt wird.

Mit dieser Arbeitsweise ist grundsätzlich die Frage der mikrobiologischen Eiweißsynthese bereits gelöst, und zwar streng genommen sogar für ein Spezialprodukt, da man an Backhefe zusätzliche spezielle Anforderungen stellt, wie z. B. eine gute Triebkraft, die für ein normales Nahrungsmittel nicht notwendig ist.

Die erste technische Erzeugung einer als Nahrungs- und Futtermittel geeigneten Hefe geht auf Arbeiten zurück, die M. DELBRÜCK (1915) im ersten Weltkrieg im „Institut für das Gärungsgewerbe" in Berlin ausgeführt hat. Er benutzte dabei als Mikroorganismus die sehr anspruchslose Wuchshefe Torulopsis utilis, die neuerdings als Candida utilis bezeichnet wird und in verdünnter Melasselösung bei starker Belüftung ohne Zusatz von organischen Stickstoffverbindungen und Wuchsstoffen außerordentlich schnell wächst. Da man sich von diesem Verfahren eine deutliche Verbesserung der damals unzureichenden Eiweißversorgung versprach, wurde noch im ersten Weltkrieg die Errichtung von zehn Anlagen mit einer Jahreserzeugung von 50000—60000 t geplant. Gegen Ende des Krieges waren jedoch die verfügbaren Melassemengen so knapp geworden, daß es nicht mehr zu einer großtechnischen Erzeugung kam.

Aber schon in den dreißiger Jahren begann man sich wieder für die mikrobiologische Eiweißsynthese zu interessieren, nachdem sich gezeigt hatte, daß billige kohlenhydrathaltige Substrate in den Würzen der Holzverzuckerung und in den Ablaugen der Zellstoffkochung zur Verfügung standen. Zunächst war man der Ansicht, daß die Wuchshefen, ähnlich wie die echten Saccharomyceshefen nur Hexosen zum Substanzaufbau verwerten können. Der Gehalt an Hexosen ist aber in Holzzuckerwürzen und Sulfitzellstoffablaugen nur dann groß genug, wenn man von Nadelholz ausgeht. Da man aber in dieser Zeit bestrebt war, die teuren, zum großen Teil aus dem Ausland bezogenen Nadelhölzer durch billigere Laubhölzer, in erster Linie durch einheimische Buche, zu ersetzen, war von entscheidender Bedeutung die Klärung der Frage, ob Pentosen, die bei Verwendung von Buchenholz sowohl in Holzzuckerwürzen wie in Zellstoffablaugen 80% des Kohlenhydratanteiles ausmachen, von Wuchshefen auch assimiliert werden können. Daß dies der Fall ist, wurde bei Strohhydrolysat von den Russen E. A. Plevako u. Mitarb. bereits 1932 festgestellt und für Buchenzellstoffablauge durch Untersuchungen des Berliner Arbeitskreises bestätigt, der ferner bald danach fand, daß Wuchshefen auch einfache organische Kohlenstoffverbindungen, wie z. B. Alkohol, Acetaldehyd und Essigsäure assimilieren können (F. Ehrlich 1916 und H. Fink u. Mitarb. 1938). Eingehende technische Versuche der Zellstoffabrik Waldhof führten zur Entwicklung eines kontinuierlich arbeitenden Verfahrens, so daß schon 1939/40 in Mannheim-Waldhof die Züchtung von Wuchshefe in Buchenzellstoffablauge in großtechnischem Maßstab aufgenommen werden konnte (E. Schmidt 1947). Etwa zur gleichen Zeit führte die I. G. Farbenindustrie AG in Wolfen in Zusammenarbeit mit H. Scholler in einer halbtechnischen Anlage ausgedehnte Versuche über die Verhefung von Buchenzellstoffablauge und Fichtenablaugenschlempe durch, während sich H. Scholler in Tornesch und die Bergin AG in Mannheim-Rheinau mit der Verhefung von Holzzuckerwürzen beschäftigten (G. Butschek 1962a).

Ein weiteres, für die Hefezüchtung geeignetes Substrat ergab sich durch eine neue Arbeitsweise in der Sulfatzellstofferzeugung. Nach diesem Verfahren konnten bis dahin nur pentosanreiche Zellstoffe erzeugt werden, die für verschiedene Zwecke, wie z. B. für die Verarbeitung auf Cellulosefasern, nicht geeignet sind. Bei eingehender Bearbeitung dieses Problems zeigte sich, daß aus Holz und Einjahrespflanzen pentosan-arme Zellstoffe erzeugt werden können, wenn man durch eine „Vorhydrolyse" der Faserrohstoffe mit Wasser oder verdünnten Säuren die Pentosane hydrolysiert. Die „Vorhydrolysate" eignen sich, wie Versuche der Phrix AG gezeigt haben, dank ihres hohen Gehaltes an Pentosen ebenfalls gut zur Verhefung. Das gleiche gilt auch für andere kohlenhydrathaltige Substrate, wie Molke, Buttermilch, Torf sowie landwirtschaftliche Abfallprodukte, wie Kartoffelfruchtwasser, Rübenpreßwasser und Hydrolysate von Reis- und Maisabfällen, Sonnenblumenschalen und Olivenpreßrückständen. Von industriellen Abwässern hat man die Abwässer der Holzverkohlung und die Dialysenlauge der Viscoseherstellung vorgeschlagen (G. Butschek 1962a).

Neuerdings haben F. Just u. Mitarb. (1951) gefunden, daß einige Candidaarten sogar in der Lage sind, Paraffinkohlenwasserstoffe als alleinige C-Quelle zu benutzen. Als N-Quelle genügt Ammoniumsulfat. Eingehend hat sich in den letzten Jahren ein Arbeitskreis der Société Française des Pétroles BP mit der Verhefung des im Petroleum enthaltenen Petroleumwachses beschäftigt und gefunden, daß die Assimilierung der Kohlenwasserstoffe fast quantitativ erfolgt. Aus 1 t Paraffinwachs erhält man 1 t Hefesubstanz, die offensichtlich im Eiweiß- und Vitamingehalt den üblichen Wuchshefen entspricht (A. CHAMPAGNAT 1963).

Von den zahlreichen hier aufgeführten Substraten werden heute in Deutschland nur Buchenzellstoffablauge, im Ausland außerdem in einigen Fällen Fichtenablaugenschlempe, Holzzuckerwürze und Melasse verheft.

III. Chemisch-technische Voraussetzungen der mikrobiologischen Eiweißsynthese

Die Erfahrungen der Brennereien und Backhefefabriken legten es nahe, auch bei der Verhefung mit der in diesen Industrien üblichen Heferasse Saccharomyces cerevisiae zu arbeiten. Man erkannte aber bald, daß diese Hefe bei der technischen Züchtung sehr schnell durch die anspruchslosen und schnellwachsenden Wuchshefen zurückgedrängt wird. Dies kommt daher, daß aus wirtschaftlichen Gründen die Verhefung unter Bedingungen durchgeführt werden muß, die für die Saccharomyceshefen ungünstiger sind als für die Wuchshefen. Besonders groß ist die Gefahr der Verdrängung, wenn in offenen Bütten und kontinuierlich gearbeitet wird. Aus diesem Grunde hat — wie bereits erwähnt — schon M. DELBRÜCK (1915) für seine Versuche in Melasselösung die Wuchshefe *Torulopsis utilis* genommen, die nach der neuen Nomenklatur von J. LODDER u. N.J.W. KREGER VAN RIJ (1952) als „Candida utilis" bezeichnet wird. Diese Hefe ist nicht nur schnellwüchsig, sondern auch gegen Hemmstoffe und Verunreinigungen sehr unempfindlich. Daher gedeiht sie z. B. auch in Zellstoffablaugen vorzüglich. Die in diesem Substrat enthaltenen Hemmstoffe beeinträchtigen zwar das Wachstum von Bakterien, nicht aber das von Wuchshefen. Ein weiterer Vorteil der Wuchshefen ist, daß sie nicht auf Hexosen angewiesen sind, sondern auch Pentosen und — wie schon F. EHRLICH (1916) gefunden hat — einfache Kohlenstoffverbindungen, wie z. B. Alkohol, Acetaldehyd, Essigsäure und Glycerin assimilieren können. Diese Fähigkeit ist von technischer Bedeutung für die Verhefung von Buchenzellstoffablaugen, da diese neben etwa 40 g/l an Zuckern etwa 10—12 g/l Essigsäure enthalten.

Es wurde bereits darauf hingewiesen, daß die Hefezüchtung kontinuierlich und in offenen Bütten durchgeführt wird. Unter diesen Umständen ist natürlich nicht zu erwarten, daß die geerntete Hefe zu 100% aus Candida utilis besteht. Vielmehr findet man stets schon nach kurzer Zeit auch andere Wuchshefen. Für die mikrobiologische Eiweißsynthese ist es aber unwichtig, ob die geerntete Hefe aus einer Hefeart oder aus einem Gemisch mehrerer Hefearten besteht. Falls man jedoch fettreiche Hefen züchten will, stört die Anwesenheit der üblichen Wuchshefen, weil sie erheblich schneller wachsen als die fettreichen Hefen und diese daher verdrängen. Daraus folgt, daß man, wenn man fettreiche Hefen züchten will, steril arbeiten muß, um die eiweißreichen Wuchshefen fernzuhalten.

Während in der Regel für die mikrobiologische Eiweißsynthese die schon erwähnten Wuchshefen verwendet werden, benutzte das im letzten Kriege vom „Zellwolle- und Kunstseide-Ring" entwickelte „Biosyn-Verfahren" (M.E. PEUKERT 1943) ein Pilzmycel, vorzugsweise wohl „Oospora lactis". Auch andere, Mycel bildende Pilze sind vorgeschlagen worden, haben sich aber gegenüber den Wuchshefen nicht behaupten können.

Wenn man eine mikrobiologische Eiweißsynthese mit Hilfe von Wuchshefen in technischem Maßstabe durchführen will, müssen verschiedene Voraussetzungen erfüllt sein. Als Nährlösung kommen nur solche Substrate in Betracht, die — wie z. B. Buchenzellstoffablaugen — billige, sonst nicht verwertbare Kohlenhydrate oder andere assimilierbare Kohlenstoffverbindungen in ausreichender Menge enthalten. In der Praxis haben sich Lösungen, die etwa 3—4 % Kohlenhydrate bzw. andere assimilierbare Substanzen enthalten, als besonders günstig erwiesen. Hemmstoffe, die das Wachstum der Wuchshefen beeinträchtigen, müssen vorher entfernt werden. Die für den Aufbau der Hefesubstanz benötigten Stickstoff-,

Phosphor-, Kalium- und Magnesiumverbindungen und eventuelle Spurenelemente müssen, wenn sie in der erforderlichen Menge nicht bereits im Substrat vorhanden sind, zugesetzt werden, was allerdings meist nur bei Stickstoff-, Kalium- und Phosphorverbindungen der Fall ist. Ein Zusatz von organischen Stickstoffverbindungen oder von Vitaminen und sonstigen Wirkstoffen ist nicht erforderlich.

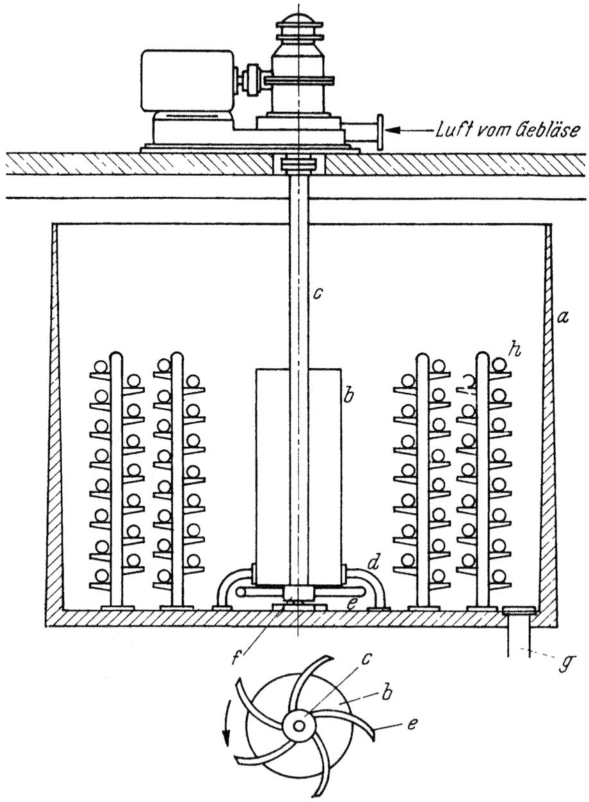

Abb. 1. Verhefungsbütte mit Claus-Belüfter. *a* offene Verhefungsbütte, *b* Zylinder für Schaumführung, *c* Hohlwelle, *d* Ständer für den Zylinder, *e* Luftverteilungsrohre, *f* Grundplatte für e, *g* Entleerungsleitung, *h* Kühlschlangen

Die Nährsalzmengen errechnet man aus der erwarteten Hefeernte. Diese enthält im Durchschnitt etwa 50% Roheiweiß, was einem N-Gehalt von 8% entspricht, und 2—4% P_2O_5. Ein Überschuß an Nährsalzen ist unnötig und bringt keine Vorteile.

Die Wachstumsgeschwindigkeit der üblichen Wuchshefen ist von der Temperatur und dem pH-Wert des Substrates abhängig. Der Einfluß ist aber innerhalb gewisser Grenzen nicht groß. Zweckmäßig arbeitet man bei einer Temperatur von 36—38° C und einem pH-Wert von 5,0—5,8. Bei höheren pH-Werten können Infektionen auftreten. Die Konstanthaltung der Temperatur erreicht man durch in der Verhefungsbütte verlegte Kühlschlangen. Das Absinken des pH-Wertes verhindert man durch Zusatz von Ammoniak. Von besonderer Bedeutung ist eine gute und wirksame Belüftung, weil die für den Aufbau von Hefesubstanz benötigte Energie durch Verbrennung eines Teiles der im Substrat vorhandenen Kohlenhydrate geliefert werden muß.

Von den zahlreichen Belüftungseinrichtungen, die in den letzten Jahrzehnten konstruiert worden sind, soll hier nur der Claus-Belüfter erwähnt werden, der 1940 von der *Zellstoffabrik Waldhof* für die Verhefung von Buchenzellstoffablaugen entwickelt wurde.

In der Verhefungsbütte, die etwa 250—300 m^3 faßt, befindet sich ein Zylinder und in dessen Mitte eine rotierende Hohlwelle, die am unteren Ende eine Grundplatte trägt, auf die mehrere Luftverteilungsrohre aufgeschweißt sind. Der Zwischenraum zwischen dem unteren Ende des Zylinders und den Luftverteilungsrohren beträgt wenige Millimeter. Die Luft wird durch die Hohlwelle und die Verteilungsrohre in die Bütte eingepreßt. Da das Belüftungsrad sich gegensinnig zur Krümmung der Verteilungsrohre dreht, entsteht an den Enden der Rohre ein Unterdruck, der in der Bütte für eine gute und wirksame Luftverteilung sorgt. Der Unterdruck ist so groß, daß man bei kleineren Bütten auf Druckluft verzichten kann, weil die benötigte Luft angesaugt wird.

Durch die Belüftung wird das in der Bütte befindliche Substrat verschäumt. Der Schaum steigt im äußeren Raum der Bütte hoch, fällt in den in der Mitte befindlichen Zylinder herunter und wird an seinem unteren Ende durch die aus den rotierenden Luftverteilungsrohren austretende Luft wieder in den äußeren Büttenraum geschleudert. Auf diese Weise wird die verschäumte Würze ständig im Kreislauf geführt, wodurch verhindert wird, daß sich an der Oberfläche eine flüssigkeitsarme Schaumdecke bildet.

Die Hefezüchtung wird heute allgemein kontinuierlich im „Durchlaufverfahren" durchgeführt, das dadurch charakterisiert ist, daß ständig frisches Substrat der Hefebütte zugeführt und am unteren Ende der Bütte eine gleiche Menge verhefte Ablauge abgezogen wird.

Die Bedingungen, unter denen die Verhefung zuckerhaltiger Würzen durchgeführt wird, richten sich danach, welches Substrat genommen wird. Allerdings sind die Unterschiede nicht groß. Infolgedessen ist es erlaubt, die Beschreibung auf die Verhefung *eines* Substrates zu beschränken. Da — wie bereits ausgeführt — in Deutschland Buchenzellstoffablauge das wichtigste Substrat für die Wuchshefeerzeugung ist, soll ihre Verhefung hier näher beschrieben werden.

IV. Die technische Durchführung der Verhefung von Buchenzellstoffablauge

Die Herstellung von Buchenzellstoff nach dem sauren Sulfitverfahren geschieht heute noch fast ausschließlich im diskontinuierlichen Verfahren. Buchenzellstoffablauge enthält neben den assimilierbaren Substanzen noch größere Mengen an Ligninsulfonaten und sauren Sulfiten. Da die Verhefung kontinuierlich durchgeführt wird, muß die periodisch anfallende Ablauge, die den Kocherbau mit einer Temperatur von 90—95° C und einem pH-Wert von 1,8—2,5 verläßt, in Stapelbütten aufgefangen werden. Von dort strömt sie in Neutralisationsbütten, in denen sie durch Zugabe von Ammoniak in der für den Hefezuwachs errechneten Menge und Kalkmilch oder Scheideschlamm auf einen pH-Wert von 4,2—4,6 gebracht wird. Durch Einblasen von Luft oder Dampf wird der größte Teil der Hemmstoffe, wie schweflige Säure und Furfurol, ausgetrieben. Darauf wird die geklärte Ablauge auf die Verhefungstemperatur abgekühlt. Das auf diese Weise vorbereitete Substrat wird nunmehr kontinuierlich der Verhefungsbütte zugeführt. Die für den Aufbau der Hefesubstanz notwendigen Kaliumsalze und Phosphate werden erst in der Bütte zugesetzt. Um Verluste zu vermeiden, dosiert man jeweils nur soviel Nährsalz, wie jeweils gebraucht wird. Auf 100 kg verkaufsfertige Hefe benötigt man rund 12 kg N, 4 kg P_2O_5 und 1,8 kg K_2O, ferner für die Neutralisierung 25—40 kg CaO. Wie oben ausgeführt, geht man bei der Neutralisierung der Ablauge nur bis zu einem pH-Wert von 4,2—4,6, obwohl das Optimum der Verhefung bei 5,0—5,8 liegt. In der Hefebütte stellt sich trotzdem der optimale pH-Wert ein, weil die in der Nährlösung vorhandene Essigsäure als Calciumacetat vorliegt und daher die Assimilierung der Essigsäure zu einer Erhöhung des pH-Wertes führt. Bei guter Belüftung — für 1 kg Hefetrockensubstanz benötigt man beim Claus-Belüfter 8—15 m³ Luft — werden die mit der frischen Nährlösung zulaufenden assimilierbaren Substanzen schnell verbraucht. Im unteren Teil der Hefebütte wird laufend ebensoviel Maische abgezogen, wie an frischer Würze

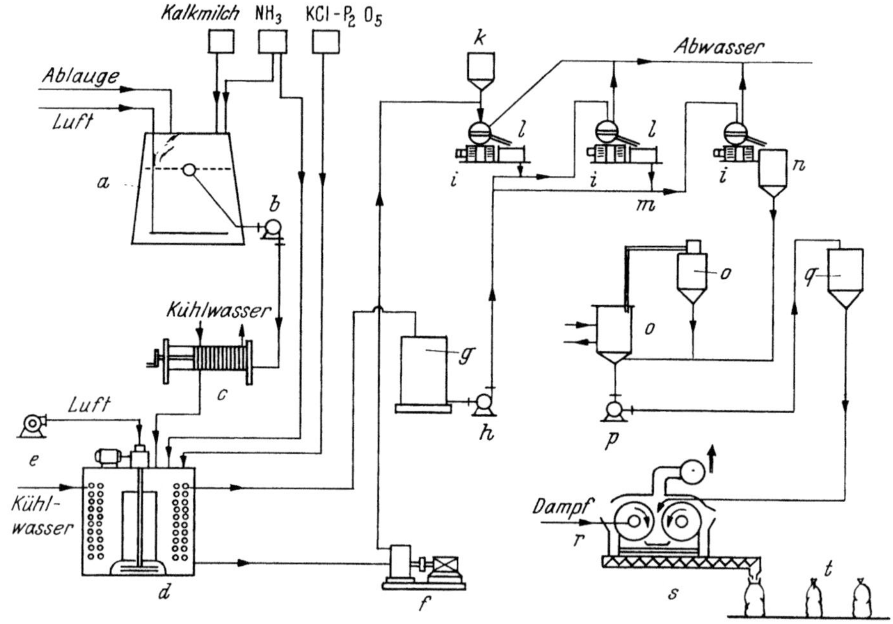

Abb. 2. Verhefung von Buchenzellstoffablauge nach dem Waldhof-Verfahren. *a* Neutralisationsbütte, *b* Pumpe, *c* Kühlvorrichtung, *d* Verhefungsbütte, *e* Luftgebläse, *f* Entschäumungsschleuder, *g* Zwischenbehälter für Kühlwasser, *h* Pumpe für Waschwasser, *i* Separatoren, *k* Druckausgleichbehälter, *l* Sammelbehälter für Hefekonzentrat, *m* Injektoren für Förderung des Hefekonzentrates, *n* Sammelbehälter für gewaschenes Hefekonzentrat, *o* Vakuumverdampfer, *p* Pumpe für eingedicktes Konzentrat, *q* Behälter für thermolysierte Hefe, *r* Walzentrockner, *s* Förderschnecke für getrocknete Hefe, *t* Abfüllung der Trockenhefe

oben zuläuft. Die Verweilzeit der Würze liegt in der Regel bei 4—4$^1/_2$ Std. Die ablaufende Maische enthält etwa 5—6 % Nährhefe, was einem Gehalt an Trockenhefe von 1,2—1,5 % entspricht. Von der Hefebütte aus passiert die Maische zunächst eine Entschäumungsschleuder. Anschließend wird die Hefemilch in Zentrifugen mehrmals mit frischem Wasser gewaschen und zentrifugiert. Das die Zentrifugenstation verlassende Hefekonzentrat hat einen Gehalt von etwa 12—14 % Hefetrockensubstanz. Es wird in einem Vakuumtrockner weiter eingedickt und schließlich in einem Walzen- oder Zerstäubungstrockner zu Ende getrocknet. Die erhaltene Hefe enthält noch 6—8 % Wasser. Nach dem Waldhof-Verfahren erhält man aus 1 m³ Ablauge mit 3,5 % reduzierender Substanz etwa 12—15 kg Trockenhefe. Bezogen auf 100 kg reduzierende Substanz ergibt dies eine Ausbeute von 40—45 kg Trockenhefe.

Bei der Bewertung dieser Zahlen muß man berücksichtigen, daß eine exakte Berechnung der Ausbeute auf diese Weise aus verschiedenen Gründen nicht möglich ist. Einmal werden bei der Bestimmung der „reduzierenden Substanz" in der Buchenzellstoffablauge nicht nur die Zucker, sondern auch andere reduzierende Substanzen erfaßt, die von Wuchshefen nicht assimiliert werden können. Dadurch erklärt sich, daß in der abgezogenen Hefemaische noch etwa 20 % der ursprünglich vorhandenen „reduzierenden Substanz" verbleiben. Andererseits enthält, wie bereits erwähnt, Buchenzellstoffablauge noch erhebliche Mengen Essigsäure, die zwar leicht assimilierbar ist, aber natürlich bei einer Bestimmung der reduzierenden Substanz nicht erfaßt wird.

Eine exakte Berechnung der Ausbeute ist ferner dadurch erschwert, daß bei der Hefezüchtung — worauf schon hingewiesen wurde — ein beträchtlicher, nicht genau abzuschätzender Teil der im Substrat vorhandenen assimilierbaren Substanzen verbrannt wird, um die für das Hefewachstum erforderliche Energie zu liefern.

Von verschiedenen Forschern ist versucht worden, unter Berücksichtigung der Verbrennung und anderer Nebenreaktionen eine theoretisch mögliche Ausbeute wenigstens für Glucose zu berechnen. Nach H. Claassen beträgt diese für 100 kg Glucose 47,5 kg Hefetrockensubstanz, nach H. Brahmer 47,2 kg. H. Fink hält 52,5 kg für erreichbar (G. Butschek 1962b). In der Praxis werden diese Werte nicht erreicht. Für ein Substrat, dessen Gehalt an assimilierbaren Substanzen so kompliziert und schwankend ist, wie dies bei Buchenzellstoffablauge der Fall ist, stößt die Berechnung der theoretischen Höchstausbeute auf noch größere Schwierigkeiten und wird daher in der Praxis auch nicht angestellt.

Wenn, wie dies bei Buchenzellstoffablauge der Fall ist, die assimilierbaren Substanzen anderweitig nicht verwertbar sind, ist für die Rentabilität die Ausbeute an Hefe, bezogen auf die vorhandenen assimilierbaren Substanzen, weniger wichtig als die Hefemenge, die in einer Hefebütte pro Zeiteinheit erhalten wird, da der ziemlich hohe Energieaufwand, der für die Belüftung in der Zeiteinheit benötigt wird, von der Menge der assimilierten Substanz praktisch unabhängig ist.

Wie alle anderen mikrobiologischen Verfahren erfordert auch die kontinuierliche Hefeerzeugung eine sorgfältige Betriebskontrolle. Mit registrierenden Geräten wird die Menge des zulaufenden Substrates, seine Temperatur, sein pH-Wert und die Luftmenge laufend kontrolliert, in Zellstoffablauge auch der Gehalt an SO_2 und Essigsäure. In der austretenden Hefemaische bestimmt man den „Restzucker", also den Gehalt an nichtassimilierten reduzierenden Substanzen, den Rest-Stickstoff- und -Phosphatgehalt.

Die bei der Verhefung von Buchenzellstoffablauge gewonnene Hefe besteht, da in offenen Bütten und kontinuierlich gearbeitet wird, nicht aus einer einzigen Rasse. Allerdings findet man gewöhnlich bis 90% und mehr von der zu den asporogenen Hefen gehörigen Wuchshefe Candida utilis (früher Torulopsis utilis). In den meisten Fällen beobachtet man aber im Mikroskop außerdem noch andere Hefearten. Die Wuchshefen sind — wie die anderen Hefen — einzellig, Form und Größe sind abhängig von den Wachstumsbedingungen. Die Einzelzellen sind 6—10 μ lang und 4—8 μ breit. Wie aus der Abb. 3 ersichtlich ist, treten die Einzelzellen meist zu mehr oder weniger lose verbundenen Zellverbänden zusammen.

Die Hefezelle besteht aus Zellwand und Cytoplasma, in ihm befindet sich der Zellkern und eine oder mehrere mit Zellsaft gefüllte Vakuolen. Während die Zellwand in der Hauptsache aus Polysacchariden besteht, ist das gelartige Cytoplasma reich an Eiweiß, Ribonucleinsäure und Enzymen. Der Zellkern enthält die Chromosomen und ist daher reich an Desoxyribonucleinsäure. Die Vermehrung der Wuchshefen geschieht asexuell durch Sprossung.

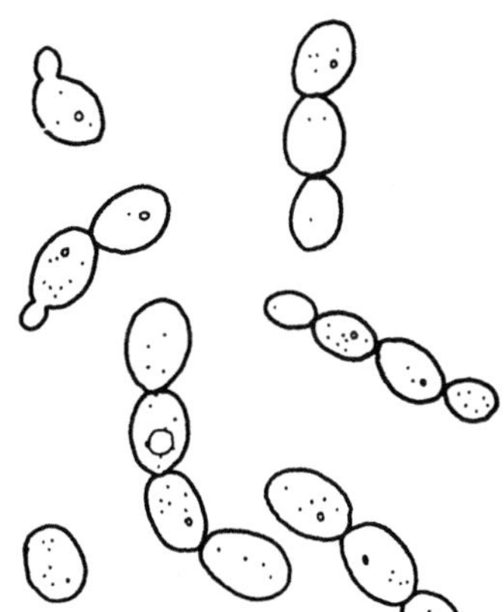

Abb. 3. Schematische Darstellung von Hefezellen der Wuchshefe Candida utilis

V. Chemische Zusammensetzung der Wuchshefen

Die chemische Zusammensetzung der Wuchshefen schwankt wie die anderer Naturerzeugnisse und wird durch die Züchtungsbedingungen mehr oder weniger stark beeinflußt.

Tabelle 1. *Chemische Zusammensetzung von in Buchenzellstoffablauge gezüchteter Wuchshefe (die Werte beziehen sich auf Hefetrockensubstanz)*

6—8% Wasser	4—7% Gesamt-Lipide	6,5—8,5% Asche
46—54% Rohprotein	0,35—0,55% Ergosterin	2,7—4,3% P_2O_5
5—7% Ribonucleinsäure	25—35% Gesamtkohlenhydrate	

Unter „Rohprotein“ versteht man den nach Kjeldahl bestimmten Gehalt an N, multipliziert mit dem Faktor 6,25. In dem Rohprotein-Wert ist daher einbegriffen auch der N-Gehalt der Ribonucleinsäure und der Phosphatide. Die Aminosäurezusammensetzung des Hefeeiweißes schwankt je nach Hefeart, Substrat und Züchtungsbedingungen. Für das Eiweiß der Wuchshefe Candida utilis, dessen Zusammensetzung aus der folgenden Tabelle ersichtlich ist, ist ein verhältnismäßig hoher Gehalt an Lysin und Glutaminsäure und ein niedriger Gehalt an Methionin und Cystin charakteristisch.

Tabelle 2. *Aminosäuregehalt von Wuchshefen, in Prozent bezogen auf Hefetrockensubstanz* (R. Brunner 1960)

Alanin	5,8%	Lysin	6,8%
Arginin	2,3%	Methionin	1,1%
Asparaginsäure	1,1%	Hydroxyprolin	2,3%
Cystin	0,8%	Phenylalanin	2,0%
Glutaminsäure	5,3%	Prolin	1,6%
Glycin	4,5%	Threonin	2,5%
Histidin	1,7%	Tryptophan	1,6%
Isoleucin	3,7%	Tyrosin	1,7%
Leucin	3,8%	Valin	3,5%

Der biologische Wert des Hefeeiweißes entspricht dem eines guten pflanzlichen Eiweißes. Zur alleinigen Deckung des Eiweißbedarfes reicht seine Zusammensetzung nicht aus. Hefeeiweiß ist aber ein besonders gutes Ergänzungseiweiß, wie vor allem die Untersuchungen von A. Hock (1960) gezeigt haben.

Zur Gruppe der Hefelipide gehören nach der heute üblichen Nomenklatur nicht nur Neutralfett, freie Fettsäuren und Phosphatide, sondern auch die übrigen, in organischen Lösungsmitteln löslichen Hefebestandteile, wie das Ergosterin, der stark ungesättigte Kohlenwasserstoff Squalen und das Cerebrin. Interessant ist, daß die Wachstumsbedingungen die Zusammensetzung der Lipidfraktion sehr stark beeinflussen. Bei hoher Wachstumsgeschwindigkeit und einem Gesamtlipidgehalt von 6—7% machen die Phosphatide — im wesentlichen Lecithin und Kephalin — 40—60% der Hefelipide aus und übertreffen damit sogar den Anteil des Neutralfettes (F. Reiff u. Mitarb. 1948). Andererseits überwiegt bei fettreichen Hefen mit 12—14% Gesamtlipiden das Neutralfett, während der Phosphatidanteil nur 5—10% der Gesamtlipide beträgt. Bemerkenswert ist noch, daß die Hefelipide ziemlich reich an ungesättigten Fettsäureresten sind, und zwar findet man neben Ölsäure auch Palmitölsäure, Linol- und Linolensäure.

Der Wert der Wuchshefen für die menschliche Ernährung beruht ferner auf ihrem hohen Gehalt an Vitaminen der B-Gruppe. Auch die Höhe des Vitamingehaltes ist von den Züchtungsbedingungen abhängig und schwankt in verhältnismäßig weiten Grenzen; vor allem gilt dies für Thiamin (= Vitamin B_1), wie aus der Tabelle ersichtlich ist.

Tabelle 3. *Vitamingehalt von Wuchshefen* (in mg/kg bezogen auf Hefetrockensubstanz) (H. Kirchhoff 1960)

Thiamin (= Vitamin B_1)	10— 20
Riboflavin (= Vitamin B_2)	40— 70
Pyridoxin (= Vitamin B_6)	30— 90
Nicotinsäure(-amid)	400—700
Pantothensäure	40—100
Folsäure (Pteroylglutaminsäurederivate)	20— 50

Neuerdings findet man im Handel auch Hefen, die mit Thiamin und Riboflavin angereichert sind. In Wuchshefen fehlen die Vitamine A, E, D und B_{12} (Cobalamin).

Schließlich ist noch zu erwähnen der sehr niedrige Gehalt an Schwermetallen, der bei Blei 1—5 mg/kg und bei Arsen 1—3 mg/kg beträgt.

VI. Untersuchung der Trockenhefe

1. Wasser: Trocknung im Trockenschrank bei 105° C bis zur Gewichtskonstanz.

2. Rohprotein: 0,2—0,4 g Trockenhefe werden nach Kjeldahl aufgeschlossen; zur N-Bestimmung vgl. Bd. II/2. Der N-Gehalt, mit dem Faktor 6,25 multipliziert, gibt den Rohproteingehalt.

3. Gesamtlipide: Durch Extraktion mit Äther wird auch bei gut zerkleinerter Hefe nur ein Teil extrahiert. Daher wird die Hefe zunächst mit 25%iger Salzsäure am Rückflußkühler gekocht. Aus der Aufschlußlösung extrahiert man die Lipide mit Petroläther. Durch Eindampfung des Petrolätherextraktes erhält man die Gesamtlipide. Dabei ist zu beachten, daß beim Säureaufschluß empfindliche Lipide (z. B. Phosphatide) ganz oder teilweise zerstört werden.

4. Gesamtkohlenhydrate: 1,2 g Trockenhefe werden mit 10 ml Schwefelsäure (80%ig) hydrolysiert. Dann verdünnt man die Lösung mit 150 ml Wasser und kocht 4 Std am Rückfluß. Danach stumpft man das Hydrolysat bis zu schwach saurer Reaktion ab, entfernt Eiweiß mit Kaliumhexacyanoferrat(II)- und Zinkacetatlösung und bestimmt im klaren Filtrat die Zucker reduktometrisch (vgl. Bd. II/2).

5. Asche: 1—2 g Trockenhefe werden im Porzellantiegel im Muffelofen verascht und der Rückstand gewogen.

6. Phosphat: 2 g Trockenhefe werden mit Schwefelsäure — Salpetersäure aufgeschlossen und das Phosphat nach den üblichen Methoden kolorimetrisch oder gravimetrisch bestimmt (vgl. Bd. II/2).

7. Vitamine: Zu ihrer Bestimmung eignen sich am besten die mikrobiologischen Methoden.

8. Blei: 10 g Hefe werden mit 160 ml konz. Schwefelsäure naß verascht und Blei mit Dithizon bestimmt.

9. Arsen: 1 g Hefe wird mit 5 ml Schwefelsäure — Salpetersäure naß verascht und das Arsen nach Gutzeit mit Quecksilberbromid-Papier bestimmt.

VII. Erzeugung von Hefen mit erhöhtem Gehalt an Fett und anderen Substanzen

Es wurde bereits mehrfach erwähnt, daß man durch geeignete Variierung der Züchtungsbedingungen den Gehalt der Hefe an ihren Bestandteilen verändern kann. So kann man durch Senkung der Stickstoff- und Phosphatgabe und durch Verlängerung der Umtriebszeit den Lipidgehalt von Wuchshefen auf 12—15% und mehr erhöhen, wobei allerdings der Eiweißgehalt entsprechend sinkt. Für die Gewinnung fettreicher Hefen empfiehlt sich eine steril arbeitende Apparatur und die Verwendung von Hefearten, die als gute Fettbildner bekannt sind, wie Candida Reukaufii, Torula lipofera oder Torulopsis pulcherrima. Nachteile dieser Arbeitsweise sind, daß infolge der geringeren Wachstumsgeschwindigkeit die in der Zeiteinheit erzeugte Hefemenge sehr viel geringer ist als bei normaler Wuchshefe und daß das sterile Arbeiten einen hohen technischen Aufwand erfordert. In Schweden ist ein zweistufiges Verfahren entwickelt worden. In der ersten Phase wird bei starker Belüftung und normaler Stickstoffgabe eine größere Hefemenge erzeugt, die in der zweiten Phase bei guter Belüftung und unter Stickstoffmangel bei langsamerem Wachstum reichlich Fett bildet. Man erhält so Rhodotorula-Hefen mit 42% Fett, aber nur 23% Eiweiß. Auch diese Arbeitsweise hat sich in der Praxis nicht einführen können.

Auf Versuche zur Erzeugung von Wuchshefen mit erhöhtem Gehalt an Ergosterin, Thiamin, Aminothiosäuren und Schwermetallen kann hier nur kurz hingewiesen werden.

VIII. Verwendung der Hefe für die menschliche Ernährung

Die Grundlagen für die Verwendung von Trockenhefe für die menschliche und tierische Ernährung bildeten die zuerst von F. Honcamp u. Mitarb. (1905) und später von W. Völtz u. A. Baudrexel (1910) durchgeführten Untersuchungen über die Verdaulichkeit von getrockneter Bierhefe, wobei sich ein Verdauungskoeffizient von etwa 90% ergab. Ähnliche Werte wurden später auch für Wuchshefen gefunden. Die gute Verdaulichkeit der Hefen gab Veranlassung, daß schon vor dem ersten Weltkrieg getrocknete Bierhefe und im ersten Weltkrieg — auf Grund der bereits erwähnten Arbeit von M. Delbrück (1915) — auch Wuchshefe für die menschliche Ernährung empfohlen wurde. Erfahrungen im und nach dem zweiten Weltkrieg haben gezeigt, daß Nährhefen in Notzeiten auch in größeren Mengen gern gegessen und gut vertragen werden.

Von verschiedenen Seiten wurde zunächst bemängelt, daß der Gehalt der Hefe an Purinsubstanzen, einem wesentlichen Bestandteil der lebenswichtigen Ribonucleinsäure, zu hoch und der Gehalt an schwefelhaltigen Aminosäuren zu niedrig sei. Von H.D. Cremer u. Mitarb. (1943) wurde aber gefunden, daß tägliche Gaben bis 20 g Hefe keine Änderung des Purinstoffwechsels ergaben. Auf den niedrigen Gehalt an Methionin und Cystin wurde bereits hingewiesen und angeführt, daß aus diesem Grunde Hefe nicht der einzige Eiweißträger in der Nahrung sein soll, was praktisch auch nicht in Betracht kommt, daß aber Hefeeiweiß ein besonders gutes Ergänzungseiweiß ist.

Heute nimmt man für die menschliche Ernährung sowohl die üblicherweise als Trockenhefe bezeichneten Wuchshefen als auch getrocknete Bierhefe. Letztere muß jedoch wegen ihres Gehaltes an Hopfenbitterstoffen zunächst entbittert werden. Diese Substanzen werden bei dem üblichen Waschprozeß nicht entfernt, da sie in Wasser unlöslich sind. Löslich sind sie dagegen in verdünnten Basen. Die Entbitterung mit Basen muß unter sehr milden Bedingungen erfolgen, um eine Herauslösung oder eine chemische Veränderung wichtiger Hefebestandteile zu vermeiden. Man behandelt daher Bierhefe kurze Zeit bei gewöhnlicher Temperatur mit 1—2%iger Lösung von Natrium- oder Ammoniumcarbonat oder mit 0,2—0,3%iger Natronlauge. Anschließend wird die Bierhefe gewaschen und im Sprühturm oder Walzentrockner getrocknet.

Die so behandelte Bierhefe kommt ebenso wie die Wuchshefe in Pulver- oder in Flockenform in den Handel. Die Farbe der Nährhefe soll hellgelb, der Geruch angenehm und würzig und der Geschmack leicht fleischbrühartig oder pilzähnlich sein. Durch eine übliche Räucherbehandlung kann man der Hefe einen typischen Räuchergeschmack verleihen. Die Bedeutung der Hefen für die Ernährung liegt in ihrem hohen Gehalt an Eiweiß und B-Vitaminen sowie in ihrem angenehm würzigen Geschmack. Ihr relativ hoher Gehalt an Ergosterin gibt die Möglichkeit, durch Bestrahlung eine Vitamin D_2-haltige Nährhefe herzustellen.

Die einfachste Form der Verwendung der Hefe besteht darin, daß man sie Suppen, Soßen und Gemüsen zusetzt und dadurch deren Wohlgeschmack erhöht. In ähnlicher Weise kann man Hefe in Wasser, Milch oder Fruchtsaftgetränken aufschlämmen. Vielfach diskutiert ist die Zumischung von Nährhefe zum Brot, die bereits 1920 von C. van Noorden vorgeschlagen wurde. Durch Hefezusätze kann man im Brot sowohl den Gehalt an Eiweiß wie an Vitaminen erhöhen. Als optimal und den Brotgeschmack nicht störend wird ein Zusatz von 1,25% Magermilchpulver, 1,25% Sojamehl und 0,5% Trockenhefe empfohlen. In gleicher Weise kann Hefe auch anderen Backwaren (Kuchen, Kleingebäck usw.) und Süßwaren, wie Schokolade, Bonbons und Kunsthonig zugesetzt werden. Eine Verbesserung bzw. Variierung des Hefegeschmackes läßt sich durch Extrakte von Gewürzkräutern erzielen. In Notzeiten haben sich auch Brotaufstriche auf Hefebasis und ein Zusatz von Hefe zur Wurst als möglich erwiesen. Die weitere Verfolgung dieser und ähnlicher Möglichkeiten kann in Ländern mit geringer Eigenerzeugung eiweißhaltiger Nahrungsmittel größere Bedeutung erlangen.

IX. Herstellung und Verwendung von Hefeextrakten

Neben der Trockenhefe haben Hefeextrakte ausgedehnte Verwendung gefunden. Für ihre Herstellung kann man alle Trockenhefen, also Wuchshefe wie entbitterte Bierhefe, nehmen. Man gewinnt diese Extrakte entweder durch Plasmolyse oder Autolyse. „Plasmolyse“ ist eine „Verflüssigung“ der Hefe unter Ausschaltung enzymatischer Abbaureaktionen, die man z. B. durch Erhitzen wäßriger Hefeaufschlämmungen erreicht. Bei dieser Behandlung, die man auch als „Thermolyse" bezeichnen kann, zerplatzen die Hefezellen und der Zellinhalt tritt aus. Mit Separatoren trennt man die unlöslichen Hefebestandteile ab, versetzt mit der notwendigen Menge Natriumchlorid und dampft in einem Verdampfer auf einen Wassergehalt von 25—30 % ein. Zur Plasmolyse eignen sich auch konzentrierte Salz- oder Zuckerlösungen.

Bei der „Autolyse" wird die Hefesubstanz durch ihre eigenen Enzyme abgebaut. Ein Teil der Hefeenzyme ist auch nach der Abtötung noch reaktionsfähig und beteiligt sich am Substanzabbau. Bei der Autolyse werden alle Hefeinhaltsstoffe mehr oder weniger zu wasserlöslichen Substanzen abgebaut, wobei diese Abbaureaktionen nicht in allen Stufen geklärt sind. Wichtig ist, daß durch steriles Arbeiten andere Mikroorganismen, vor allem Bakterien, ausgeschaltet werden. Dies erreicht man in einfacher Weise dadurch, daß man der Hefeaufschlämmung geringe Mengen antiseptisch wirkender Substanzen, wie Toluol, Chloroform oder Essigester zusetzt oder bei Temperaturen über 50° C arbeitet. Die durch Autolyse gewonnenen Hefeextrakte werden in gleicher Weise wie die Plasmolysate aufgearbeitet. Sie unterscheiden sich von den Plasmolyseextrakten durch höhere Ausbeute an Vitaminen, Aminosäuren und Geschmacksstoffen.

Gute Hefeextrakte enthalten etwa 30 % Wasser, 30—38 % Rohprotein und 10—20 % Natriumchlorid bei 20—30 % Gesamtasche. Der pH-Wert liegt bei 5,5—6,0. Die Farbe ist dunkel- bis hellbraun, Geschmack und Geruch sind ähnlich wie bei Bratensoße. Auch beim Hefeextrakt ist neben dem hohen Eiweiß- und Vitamingehalt die Würzkraft die Ursache für seine vielseitige Verwendung. Ein Zusatz von Hefeextrakt zu Speisen, vor allem zu Suppen und Soßen, erhöht nicht nur den Nährwert, sondern verbessert auch den Geschmack. Häufig setzt man den Extrakten zur Geschmacksabrundung vor dem Eindampfen wäßrige Auszüge verschiedener Gewürze und Würzkräuter zu. Durch seinen angenehm würzigen Geschmack hat sich Hefeextrakt überall durchsetzen können, wo früher Fleischextrakt genommen wurde, so zum Würzen von Suppen, Soßen, Braten, Gemüse und Salaten. Ganz allgemein eignet er sich gut zur Vitaminierung von Lebensmitteln und Getränken.

Die Untersuchungsmethoden der Hefeextrakte entsprechen den bei der Hefe aufgeführten Methoden. Darüber hinaus interessiert der Gehalt an „Hefegummi", der im Hefeextrakt, aber nicht im Hefehydrolysat und Fleischextrakt vorhanden ist, an Glutathion, das ebenfalls im Fleischextrakt nicht zu finden ist, und der Gehalt an Natriumchlorid, der mit 10—20 % im Hefeextrakt erheblich über dem im Fleischextrakt liegt. Da verschiedentlich festgestellt wurde, daß in Handelsprodukten durch Harnstoffzusatz ein höherer Gehalt an Stickstoff bzw. Rohprotein vorgetäuscht wurde, empfiehlt sich eine Prüfung auf Harnstoff. Ausführliche Angaben über die Analysenmethoden findet man in der einschlägigen Literatur (vgl. Bd. II/2).

X. Herstellung von Suppenwürzen

Neben den Hefeextrakten besitzen auch die durch Säurehydrolyse von Hefen hergestellten Speisewürzen eine große Verbreitung. Die Hydrolyse wird mit 25 %iger Salzsäure in säurefesten Gefäßen bei 100—105° C durchgeführt und dauert 48—72 Std. Statt Hefe kann auch der Rückstand der Hefeextraktgewinnung genommen werden. Bei dieser Behandlung werden praktisch alle Hefebestandteile zu wasserlöslichen Substanzen abgebaut. Dadurch, daß die Abbauprodukte teilweise miteinander reagieren, entstehen Substanzen mit hoher Würzkraft, weshalb man diesen Hydrolysaten die Bezeichnung „Speise- oder Suppenwürzen" gegeben hat. Die Vitamine u. a. Wirkstoffe werden bei dieser Behandlung natürlich zerstört. Nach Beendigung der Hydrolyse wird die Säure durch Zusatz von Soda auf einen pH-Wert von 5—6 abgestumpft. Die Zugabe der Base muß in kleinen

Portionen erfolgen, um eine Erwärmung zu vermeiden. Nach Abtrennung ungelöster Anteile wird die Rohwürze bis zu einem spezifischen Gewicht von 1,25 bis 1,27 eingeengt. Gegebenenfalls werden auch hier zur Geschmacksabrundung Auszüge von Gewürzen und Suppenkräutern zugesetzt. In Verdampfungsapparaten kann Suppenwürze bis zur pastenförmigen Konsistenz eingeengt werden. „Gekörnte Brühen" erhält man aus „Brühpaste" durch Trocknen bei 50° C im Vakuum. Dieses Produkt ist, in kleine Würfel gepreßt, als „Suppenwürfel" im Handel. Sowohl Brühpaste wie auch gekörnte Brühe sind ein wichtiger Bestandteil kochfertiger Suppen.

XI. Wirtschaftliche Gesichtspunkte zum Einsatz der Hefe in der menschlichen Ernährung

Aus den vorstehenden Ausführungen ergibt sich, daß es technisch möglich ist, beliebig große Mengen an Hefe zu erzeugen. Die verfügbaren Mengen an Sulfitablauge sind, solange Laubholz nach dem Sulfitverfahren aufgeschlossen wird, sehr groß. Außer anderen Substraten steht in zuckererzeugenden Ländern auch Melasse zur Verfügung. Dazu kommt in Zukunft vielleicht noch die Möglichkeit, auch Petroleumwachs als Substrat zu benutzen. Trotz dieser Möglichkeiten wird der Einsatz von Hefe als Nahrungsmittel in Ländern mit hohem Lebensstandard nur in besonderen Fällen eine größere Bedeutung erlangen. Dagegen ist es in Ländern mit einer unterernährten Bevölkerung und Eiweißdefizit durchaus möglich, die Ernährungsverhältnisse durch Hefe deutlich zu verbessern. Im Hinblick auf die mit Sicherheit zu erwartende starke Bevölkerungszunahme besonders in den unterentwickelten Ländern ist es jedenfalls erfreulich, daß es heute mit Hilfe der mikrobiologischen Technik möglich ist, aus kohlenhydrathaltigen Abfällen und sogar aus Kohlenwasserstoffen hochwertige, eiweiß- und vitaminhaltige Produkte in praktisch beliebiger Menge herzustellen.

XII. Verwendung von Algen als Nahrungsmittel

Während für die Verwendung von Hefe in der menschlichen Ernährung von der technischen und der rohstofflichen Seite aus keine Schwierigkeiten mehr bestehen, ist die Massenzüchtung von Algen trotz aller Fortschritte in den letzten 20 Jahren technisch noch nicht so ausgearbeitet, daß sie unter wirtschaftlich tragbaren Bedingungen großtechnisch durchgeführt werden kann.

Daß Algen für die menschliche Ernährung geeignet sind, geht schon daraus hervor, daß sie von jeher in Ostasien sehr geschätzt und in großen Mengen verzehrt werden. Seit Jahrhunderten gilt dies in Japan für die Alge Porphyra tenera. Die geernteten Algen werden getrocknet, pasteurisiert und als Würzmittel und Beikost gegessen. Porphyra tenera kommt aber für eine Massenzüchtung nicht in Betracht, da sie in ihrem Wachstum sehr empfindlich gegen Temperaturschwankungen ist. Ungünstig ist ferner ihr hoher Gehalt an Polysacchariden, dem ein relativ niedriger Gehalt an Eiweiß, Lipiden und Vitaminen gegenübersteht. Man hat sich daher bei neueren Versuchen, vor allem in Deutschland und den USA, mit einzelligen Süßwasseralgen, wie Chlorella und Scenedesmus befaßt. Systematische Züchtungsversuche mit diesen Algen ergaben, daß die chemische Zusammensetzung der Algensubstanz durch die Züchtungsbedingungen sehr stark beeinflußt wird. Man fand, daß der Gehalt an Rohprotein bis zu 88% und der an Lipiden bis zu 85% steigen kann. Für Züchtung in technischem Maßstab haben sich Algen mit ca. 50% Rohprotein als zweckmäßig erwiesen.

Das Problem der Massenzüchtung von Algen ist dadurch besonders reizvoll, weil sie mit CO_2 als alleiniger Kohlenstoffquelle wachsen können. CO_2 steht als Bestandteil aller Rauchgase in praktisch unbeschränkter Menge zur Verfügung, und es bedarf hier nur einer Reinigung der Rauchgase. In Deutschland werden diese Arbeiten in dem von F. GUMMERT in Essen gegründeten kohlenstoffbiologischen Forschungsinstitut, das vor einigen Jahren nach Dortmund verlegt wurde, betrieben. In runden oder rechteckigen Behältern, die 2000 l Suspension enthalten, wurden ausgedehnte Freilandversuche mit Scenedesmus obliquus durchgeführt und dabei eine C-Ausbeute von 50 %, bezogen auf das eingesetzte Kohlendioxid, erreicht (M.-E. MEFFERT 1959). Da die Massenzüchtung von Algen auch in USA und Japan mit großem Aufwand studiert wird (R.W. KRAUSS 1962), ist anzunehmen, daß die nächsten Jahre weitere kostensenkende Verfahrensverbesserungen bringen werden, die möglicherweise zu einer wirtschaftlich tragbaren Lösung des Problems führen.

Unter günstigen Kulturbedingungen beträgt der Rohproteingehalt von Scenedesmus obliquus 50 % und mehr. Die Aminosäurezusammensetzung von Algeneiweiß ist offenbar für die menschliche Ernährung sehr günstig. Lipid- und Vitamingehalt sind ähnlich wie bei den Hefen, zusätzlich enthalten Algen — im Gegensatz zu den Hefen — deutliche Mengen an Carotin, Ascorbinsäure und Vitamin K sowie möglicherweise geringe Mengen an Vitamin B_{12}.

Eine Schwierigkeit für den Einsatz von Algen in Nahrungsmitteln liegt in der geringen Durchlässigkeit der Zellmembran. Störend wirkt auch die grüne Farbe und der eigenartige Geschmack. Diese Nachteile lassen sich aber beheben, z. B. durch eine Kombination von Autolyse und Butanolbehandlung oder durch Extraktion mit Methanol. Ferner kann man die Zellwände durch wiederholtes Frieren und Auftauen, durch Vakuumtrocknung, durch Walzentrocknung oder durch Aufkochen der Algensubstanz so schädigen, daß die wichtigsten Bestandteile der Algensubstanz dem menschlichen Organismus in verwertbarer Form zugeführt werden.

Bibliographie

REIFF, F., R. KAUTZMANN, H. LÜERS u. M. LINDEMANN: Die Hefen. Bd. I, 1960; Bd. II, 1962. Nürnberg: Hans Carl.

BRUNNER, R.: Eiweiß der Hefen. In: Die Hefen. Hrsg. von F. REIFF, R. KAUTZMANN, H. LÜERS u. M. LINDEMANN, Bd. I, S. 389. Nürnberg: Hans Carl 1960.

BUTSCHEK, G.: Nähr- und Futterhefen. In: Die Hefen. Hrsg. von F. REIFF, R. KAUTZMANN, H. LÜERS u. M. LINDEMANN, Bd. II, S. 614f. Nürnberg: Hans Carl 1962a.

— Nähr- und Futterhefen. In: Die Hefen. Hrsg. von F. REIFF, R. KAUTZMANN, H. LÜERS u. M. LINDEMANN, Bd. II, S. 634f. Nürnberg: Hans Carl 1962b.

HOCK, A.: Verwertung der Hefeinhaltsstoffe im Stoffwechsel. In: Die Hefen. Hrsg. von F. REIFF, R. KAUTZMANN, H. LÜERS u. M. LINDEMANN, Bd. I, S. 951. Nürnberg: Hans Carl 1960.

KIRCHHOFF, H.: Die Vitamine der Hefen. In: Die Hefen. Hrsg. von F. REIFF, R. KAUTZMANN, H. LÜERS u. M. LINDEMANN, Bd. I, S. 567. Nürnberg: Hans Carl 1960.

LODDER, J., and N.J.W. KREGER VAN RIJ: The Yeasts. New York: Interscience Publishers 1952.

MEFFERT, M.-E.: Zur Methodik der Freilandkultur einzelliger Grünalgen. In: Forschungsberichte des Landes Nordrhein-Westfalen Nr. 716. Köln: Westdeutscher Verlag 1959.

Zeitschriftenliteratur

CHAMPAGNAT, A., C. VERNET, B. LAINE u. J. FILOSA: Ein Verfahren zur Biosynthese von Protein-Vitamin-Konzentraten aus Petroleum. Nature (Lond.) **197**, 13 (1963); Chem.-Ing.-Techn. **38** A, 425—427 (1966).

CREMER, H.D., u. L. BEISIEGEL: Der Einfluß von Holzzuckerhefe auf den Purinstoffwechsel. Klin. Wschr. **22**, 187—188 (1943).

DELBRÜCK, M.: Die Massenherstellung von Futtereiweiß. Z. Spiritusindustrie **38**, 121 (1915).

FINK, H., u. J. KREBS: Züchtungsversuche mit einfachen Kohlenstoffverbindungen. Biochem. Z. **300**, 175—182 (1938).

HONCAMP, F., M. POPP u. S. VOLKARD: Landwirtsch. Versuchsst. **63**, 263 (1905).
JUST, F., W. SCHNABEL u. S. ULLMANN: Submerse Züchtungen von kohlenwasserstoffzehrenden Hefen und Bakterien. Brauerei, wiss. Beilage **4**, 57—60 (1951).
KRAUSS, R. W.: Massenzüchtung von Algen für die Ernährung. Amer. J. Botany **49**, 425—435 (1962).
PEUKERT, M. E.: Biologische Eiweißsynthese mit Sulfitablauge als Substrat. Wochbl. Papierfabr. **74**, 77—79 (1943).
PLEVAKO, E. A., u. N. J. ALTOVSKAJA: Verwertung von Pentosen durch Oospora. Schrift. zentral. biochem. Forschungsinstitut f. Nahrungs- und Genußmittelindustrie **2**, 212—220 (1932).
REIFF, F., u. O. HUMMEL: Zur Kenntnis der Lipide von Wuchshefen. Angew. Chem. **60**, 251 bis 252 (1948).
SCHMIDT, E.: Eiweiß- und Fettgewinnung über Hefe aus Sulfitablauge. Angew. Chem. **59**, 16—20 (1947).
VOELTZ, W., u. A. BAUDREXEL: Biochem. Z. **30**, 457 (1910); **31**, 355 (1911).

Patente

EHRLICH, F. *und Consortium für elektrochem. Industrie,* Nürnberg: DRP 313617 (angem. 1916).
Zellstoffabrik Waldhof, Mannheim: DRP 759121 (angem. 1940) und DBP 905965 (angem. 1941).

Sachverzeichnis

(Die wichtigste Verweisung ist durch *kursiv*-gedruckte Seitenzahl gekennzeichnet)

Batch number: 10683525

Printed by Printforce, the Netherlands